W0259311

Gotthard Franz · Kurt Schäfer

Konstruktionslehre des Stahlbetons

Band II: Tragwerke

Zweite, völlig neubearbeitete Auflage

Teil A: Typische Tragwerke

Mit 348 Abbildungen

Springer-Verlag Berlin Heidelberg New York
London Paris Tokyo 1988

Dr.-Ing., Dr.-Ing. E. h. GOTTHARD FRANZ
em. o. Professor an der Universität Karlsruhe (TH)

Dr.-Ing. KURT SCHÄFER
Professor, Institut für Massivbau der Universität Stuttgart

In der ersten Auflage erschien Bd. II „Tragwerke“ dieses Werkes ungeteilt.

ISBN-13:978-3-642-82862-1 e-ISBN-13:978-3-642-82861-4
DOI: 10.1007/978-3-642-82861-4

CIP-Kurztitelaufnahme der Deutschen Bibliothek
Franz, Gotthard:
Konstruktionslehre des Stahlbetons/Gotthard Franz; Kurt Schäfer.
Berlin; Heidelberg; New York; London; Paris; Tokyo: Springer
Teilw. verf. von Gotthard Franz. —
Teilw. mit d. Erscheinungsorten Berlin, Heidelberg, New York. —
Teilw. mit d. Erscheinungsorten Berlin, Heidelberg, New York, Tokyo
NE: Schäfer, Kurt:
Bd. 2. Tragwerke. Teil A. Typische Tragwerke —
2., völlig neubearb. Aufl. — 1988.
ISBN-13:978-3-642-82862-1

Satz: Th. Müntzer, GDR

2362/3020-543210

Vorwort

Der vorliegende Band II A schließt die eigentliche „Konstruktionslehre" grundsätzlich ab, indem er den Aufbau der in Band I B behandelten „Bauelemente" zu „Tragwerken" vorführt. Als solche werden nicht nur Kombinationen aus geraden Stäben verstanden, sondern auch Türme, Bögen, Faltwerke und Schalen sowie gedrungene Baukörper.

Im als letzten geplanten Band II B sollen ergänzend spezielle Probleme erörert werden, die schon in Band II A auftauchen, aber dessen Rahmen sprengen würden. Sie konnten deshalb hier nur normengemäß behandelt werden, was weder ihrer Wichtigkeit noch der Absicht dieses Werkes nach tieferer Einsicht entspricht. Das betrifft insbesondere Lasten und Abstützungen, die Einflüsse von Verformungen und die Definition der Sicherheit. Es erschien außerdem zweckmäßig, diese Problemkreise mehr von übergeordneten Gesichtspunkten aus zu behandeln, als das im Zusammenhang mit den einzelnen Tragwerken möglich gewesen wäre.

Das Ziel der Darstellung ist im ganzen Werk, die Überlegungen zu schildern, die beim Entwurf von Tragwerken gewissermaßen *vor* dem Einsatz des Computers anzustellen sind. Im Vorwort zu Band I B ist bereits formuliert, was in dem Schlagwort zusammengefaßt werden kann: „Erst denken, dann rechnen!" Selbstverständlich sind sich die Verfasser über die Nützlichkeit der elektronischen Hilfsmittel klar, ohne die ein technisches Büro nicht mehr auskommt. Aber immer wieder warnen erfahrene Ingenieure vor blinder „Computer-Gläubigkeit" (vgl. „Bauingenieur" 1985, S. 323). Stets ist das Verständnis für den mechanischen Inhalt des eingegebenen Programms und die Kontrolle des Ergebnisses mittels einfacher Überschläge unerläßlich.

Der vorliegende Band II A hat mit dem ursprünglichen Band II dieses Werkes aus dem Jahre 1969 nur noch wenig gemein und ist fast vollständig neu geschrieben. Das kommt auch darin zum Ausdruck, daß jetzt zwei Autoren zusammengearbeitet haben und verantwortlich zeichnen: Zu dem bisherigen (Franz), der die erste Auflage dieses Bandes während seiner aktiven Tätigkeit als Hochschullehrer noch allein verfaßt hat, ist jetzt Prof. Dr.-Ing. Kurt Schäfer/Stuttgart, sein früherer Assistent, getreten. Der Erstverfasser ist überzeugt davon, daß die verständnisvolle, aber auch kritische Mitarbeit eines Ingenieurs der jüngeren Generation ein Gewinn für das Werk ist und dessen Kontinuität auch für die Zukunft sichert; der jüngere nützt diese Gelegenheit, um seinem verehrten Lehrer für die völlig gleichberechtigte Partnerschaft und seine undogmatischen Diskussionsbeiträge zu danken. Beide danken an dieser Stelle auch anderen Kollegen für fruchtbare Diskussionen sowie Dr.-Ing. Rolf Berner für manche Anregung.

Karlsruhe und Stuttgart, im Sommer 1987 G. Franz K. Schäfer

Inhaltsverzeichnis

Einleitung (G. Franz) 1

1 Überblick über die Tragwerke (G. Franz) 3

2 Stabtragwerke (G. Franz) 16

2.1 Tragwerke aus Stäben mit vorherrschender Längskraft 16
2.1.1 Fachwerke 16
2.1.2 Bögen 18
2.1.2.1 Tragwirkung und Anordnung der Fahrbahn 18
2.1.2.2 Die Ausführung von Bogenbrücken 29
2.1.3 Hängetragwerke 31

2.2 Balken: Stabtragwerke mit vorwiegender Biegung, drehbar gelagert ... 33
2.2.1 Der Querschnitt 35
2.2.1.1 Biegung und Querkraft 35
2.2.1.2 Torsion 39
2.2.2 Ausbildung in der Längsrichtung und Balkenroste 59
2.2.3 Ausführung von Balken 70
2.2.3.1 Ausführung in Ortbeton 74
2.2.3.2 Fertigbalken 78
2.2.3.2.1 Vollmontagebalken 78
2.2.3.2.2 Halbmontagebalken (Stahlbeton- und Stahlverbundbauweise) 80
2.2.3.3 Die Segmentbauweise 87
2.2.3.4 Freivorbau von Balken 91
2.2.3.5 Vorschubbauweise (Taktschiebeverfahren) 93

2.3 Rahmen: Balken in steifer Verbindung mit Stützen 98
2.3.1 Grundlagen des Tragverhaltens 98
2.3.2 Einfeldrahmen 110
2.3.2.1 Rahmen mit senkrechten Stielen 110
2.3.2.2 Rahmen mit schrägen Stielen 124
2.3.2.3 Rahmen mit V-förmig aufgelösten Stielen 128
2.3.3 Mehrfeldrahmen 129
2.3.4 Planungs- und Ausführungshinweise 132

3 Decken (G. Franz) ... 135

3.1 Plattenbalkendecken ... 135
3.1.1 Die Balkendurchbiegungen ... 136
3.1.2 Die Plattendurchbiegungen ... 140
3.1.3 Resultierende Druckspannungen ... 142
3.1.4 Membran- (Gewölbe- und Seil-) Wirkung ... 143
3.2 Pilz- und Flachdecken ... 145
3.2.1 Biegemessung ... 145
3.2.2 Durchstanzen ... 152
3.3 Konstruktion von Decken im Hochbau ... 165
3.3.1 Konstruktionshöhe ... 169
3.3.2 Schall- und Erschütterungsschutz ... 173
3.3.3 Wärmeschutz ... 174
3.3.4 Brandschutz ... 178
3.3.5 Feuchtigkeitsschutz ... 180
3.3.6 Ausführung ... 180
3.3.6.1 Ortbetonbauweise ... 181
3.3.6.2 Fertigteilbauweise (Halb- und Vollmontage) ... 184
3.4 Straßen- und Rollfelddecken ... 193

4 Stockwerkbauten (K. Schäfer) ... 199

4.1 Lasten und andere Einwirkungen auf Stockwerkbauten ... 199
4.1.1 Lasten ... 199
4.1.2 Andere Einwirkungen ... 202
4.2 Wandbauten ... 206
4.2.1 Grundsätzliches ... 206
4.2.2 Ortbeton- und Mauerwerksbau ... 208
4.2.3 Tafelbauweise ... 210
4.2.4 Raumzellenbauweise ... 218
4.3 Skelettbauten ... 219
4.3.1 Abtragung der Vertikallasten ... 220
4.3.1.1 Tragwerksformen ... 220
4.3.1.2 Stützenstellung und Deckensystem ... 222
4.3.1.3 Hinweise zur statischen Berechnung ... 226
4.3.2 Abtragung der Horizontallasten ... 231
4.3.2.1 Grundsätzliches ... 231
4.3.2.2 Aussteifung durch Kerne und Scheiben ... 236
4.3.2.3 Aussteifung durch mehrgeschossige Rahmen ... 241
4.3.2.4 Kombination mehrerer Aussteifungsprinzipien ... 248
4.3.3 Wechselwirkungen zwischen Zwang, Fugen und Aussteifungen ... 251
4.3.3.1 Grundsätzliches ... 251
4.3.3.2 Zwang in Stützen ... 253
4.3.3.3 Zwang in Decken ... 258
4.3.3.4 Zwang in Kernen und Windscheiben ... 262
4.3.4 Bauverfahren ... 263

4.3.4.1 Ortbetonbauweisen 264
4.3.4.2 Fertigteilbauweisen 265
4.4 Fassadenkonstruktion 274
4.5 Kellerkasten und Gründung 276
4.6 Treppen 277
4.6.1 Treppen aus Ortbeton 278
4.6.2 Treppen aus Fertigteilen 279
4.7 Ausbau 281

5 Türme und Masten (K. Schäfer) 282

5.1 Belastung 282
5.2 Der Turmschaft, ein lotrechter Kragträger 284
5.2.1 Querschnittswahl und Längsprofil 284
5.2.2 Berechnung und Bemessung des Schaftes 285
5.2.3 Herstellen und Bewehren des Schaftes 290
5.3 Plattformen und Turmköpfe 293
5.4 Ein- und Aufbauten des Schaftes 299
5.5 Die Gründung von Türmen 302

6 Faltwerke (K. Schäfer) 308

6.1 Tragwirkung und Schnittkräfte 308
6.1.1 Das Faltwerk mit starren Scheiben 310
6.1.2 Das prismatische Faltwerk als Gelenkkette („Technische Theorie") 316
6.1.3 Die Biegetheorie des prismatischen Faltwerks 321
6.1.4 Faltwerke mit konischen Scheiben 332
6.1.5 Strenge Theorie 333
6.2 Verformungen 334
6.3 Zum Entwurf und der konstruktiven Durchbildung 337

7 Schalen (K. Schäfer) 340

7.1 Formen und Eigenarten der Schalen 340
7.2 Der Membranzustand 344
7.2.1 Voraussetzungen für die Membranwirkung 344
7.2.2 Ermittlung der Membrankräfte und -verformungen 345
7.2.2.1 Allgemeines, Hauptgleichung der Membrantheorie 345
7.2.2.2 Membrankräfte und -verformungen bei Rotationssymmetrie von System und Belastung 348
7.2.2.3 Membrangleichungen der Rotationsschalen mit veränderlicher Belastung 352
7.2.2.4 Membrankräfte und Verschiebungen von Zylinderschalen 354
7.2.2.5 Membrankräfte von Kegelschalen 361

7.3 Grenzen der Brauchbarkeit der Membrantheorie und ihre Ergänzung durch die Biegetheorie 363

7.4 Hinweise für den Entwurf und die Bemessung 367
7.4.1 Zum Entwurf von Schalen 367
7.4.2 Bemessung von Schalen 369
7.4.3 Vorspannung von Schalen 373

7.5 Kreiszylinderschalen 374
7.5.1 Zylinderschalen mit rotationssymmetrischen Radiallasten (Behälter) 374
7.5.1.1 Lösungsfunktionen für die Biegestörungen 374
7.5.1.2 Biegestörungen von Zylinderschalen mit Flächenlasten .. 378
7.5.1.3 Zylinderschalen mit Ringlinienlasten 383
7.5.1.4 Vorspannung von zylindrischen Behältern 387
7.5.1.5 Gegenseitige Beeinflussung der beiden Ränder 390
7.5.2 Zylinderschalen mit nicht rotationssymmetrischer Last 392
7.5.2.1 Störungen am gekrümmten Rand 392
7.5.2.2 Störungen am geraden Rand, Tonnen- und Shedschalen 394
7.5.2.3 Vorspannung von freitragenden zylindrischen Schalen (Tonne, Shed, Wellenschale) 401

7.6 Kegel- und Kuppelschalen 405
7.6.1 Tragverhalten als Membran unter rotationssymmetrischer Belastung 405
7.6.2 Randstörungen bei rotationssymmetrischer Belastung 407
7.6.2.1 Biegeverformungen des Schalenrandes 407
7.6.2.2 Der Zug- oder Druckring 409
7.6.2.3 Beispiele 411
7.6.2.4 Vorspannung von Rotationsschalen 418
7.6.3 Unsymmetrische Belastung von Rotationsschalen, Schalenausschnitte 422

7.7 Wellenschalen 424

7.8 Hyparschalen (Hyperbolisches Paraboloid) 426
7.8.1 Zur Geometrie 426
7.8.2 Die Membranwirkung der Hyparschalen 426
7.8.3 Der Einfluß von Verformungen 432
7.8.4 Die Randglieder von Hyparschalen 436
7.8.5 Das Rotationshyperboloid 437

7.9 Schalenkombinationen 438
7.9.1 Rotationsschalen mit gleicher Achse, Schalenbögen 438
7.9.2 Schalenkombinationen aus sektorförmigen Ausschnitten 439

7.10 Hinweise zur Ausführung von Schalen 442
7.10.1 Ausführung in Ortbeton 442
7.10.2 Schalen aus Fertigteilen 445
7.10.2.1 Fertigteile über die ganze Spannweite 445
7.10.2.2 Aus vorgefertigten Teilen zusammengesetzte Schalen .. 445

8 Gedrungene Tragwerke (K. Schäfer) 449

Literaturverzeichnis 454

Sachverzeichnis 489

Inhaltsübersicht der weiteren Bände

Band I: Grundlagen und Bauelemente (von G. Franz)

Teil A: Baustoffe
- 1 Schwerbeton
- 2 Leichtbeton
- 3 Baustahl
- 4 Zusammenarbeit von Beton und Stahl
- 5 Schutz des Betons gegen Angriffe
- 6 Fugen im Beton
- 7 Ausbreitspannungen (Spaltzugkräfte)

Teil B: Die Bauelemente und ihre Bemessung
- 1 Grundlagen der Berechnung
- 2 Druckstäbe
- 3 Zugstäbe
- 4 Balken und Konsolen
- 5 Platten
- 6 Wände
- 7 Lager und Gelenke

Band II: Tragwerke

Teil B: Spezielle Probleme
Lasten, Abstützung,
Theorie II. Ordnung, Sicherheit

Verweisungen

im Text und bei den Abbildungen

1. Auf andere Stellen des *vorliegenden* Bandes II, Teil A: Abschnittszahl in runden Klammern, z. B. (2.2.1);
2. auf Stellen des Bandes I, Teil A oder B, Abschnittszahl mit Zusatz IA bzw. IB in runden Klammern, z. B. (IA, 3.2.3) oder (IB, 6.2); auf Literatur des Bandes I, Teil A oder Teil B, z. B. [IA, 1/1.2] oder [IB, 5/2.6];
3. auf Stellen des Bandes IIB: Abschnittszahl mit Zusatz IIB in runden Klammern, z. B. (IIB, 2.2.4);
4. auf Literatur des *jeweiligen* Abschnittes: lfd. Nr. in eckigen Klammern, z. B. [15];
5. auf Literatur eines *anderen* Abschnittes: Abschnittszahl und lfd. Nr. (getrennt durch einen Schrägstrich) in eckigen Klammern, z. B. [5/37]; denn das Literaturverzeichnis ist abschnittsweise gegliedert;
6. auf Abbildungen: Abschnittszahl und lfd. Nr. (getrennt durch einen Schrägstrich), z. B. Abb. 4.2/35 oder Abb. 6/5.
7. Der Hinweis im Text [a. a. O. S. ...] (am angeführten Orte) bezieht sich jeweils auf die kurz vorher angeführte Literaturstelle.
8. Zum leichteren Auffinden bestimmter Stellen in umfangreicheren Büchern wird mitunter die Abschnitts- oder Seitenzahl hinzugefügt; z. B. bedeutet [30.1, 10]: Ziffer 10 in [30.1], während einem Semikolon z. B. [30.1; 34], eine weitere Literaturziffer folgt.
9. Bei den im Text erwähnten Normblättern ist stets auf die neueste Ausgabe zu achten, die (vgl. Einleitung zu IA) z. B. durch DIN 1075 (81) gekennzeichnet ist, ausgenommen die Grundnormen für Stahlbeton DIN 1045 (78) und für Spannbeton DIN 4227 Teil 1 (79), ferner die ZTVK (81) (zusätzliche Technische Vorschriften für Kunstbauten) des BMV.
10. Auftretende Abkürzungen von Zeitschriften, Periodica oder Institutionen siehe entsprechende Erläuterungen zu Beginn des Literaturverzeichnisses.

Berichtigungen für Band I, Teil A

Seite 31, Abb. 1.1/14, letzte Zeile: m/h statt m/s.
Seite 32, Abb. 1.1/15, 2. Zeile sowie auf waagrechter Achse von **a** und **c**: m/h statt m/s.
Seite 170, Abb. 6/6, 2. Zeile von unten: IB, 6.3.2.2 statt B 6.3.3.2;
1. Zeile von unten: IB, Abb. 6/26 statt B 6.3.
Seite 177, Abb. 6/18a: 20 ... 30 mm statt cm.
Seite 193, Literatur [21]: Linse statt Inse.

Berichtigungen für Band I, Teil B

Seite 15, Abb. 1/7, 2. Zeile: $\int pr\,\mathrm{d}\varphi$ statt $pr\,\mathrm{d}\varphi$.
Seite 33, Abb. 2/2, 2. Zeile: 1,0 MN statt MN.
Seite 88, Zeile 21 von oben: $\bar{\mathrm{M}}$ statt M.
Seite 90, Zeile 21 von oben E_0 .../... $(1 + \varphi)$ statt E_0 ...$(1 + \varphi)$/... .
Seite 117, Zeile 11 von unten: Kunstbauten statt Kunststoffbauten.
Seite 137, Abb. 4.3/17d: rechts neben der Z/Z_0-Achse: Bezugsstriche zu „σ_Z ohne" und „σ_z' mit" vertauschen.
Seite 138, Zeile 6 von oben: 0,057 ΔP . . . statt: 0,057P ... .
Seite 145, Tabellenwerte Zeile 5, 9. Zahlenkolonne: 0,595 statt 0,695;
Zeile 7, 7. Zahlenkolonne: 0,174 statt 0,474,
Zeile 7, 11. Zahlenkolonne: 0,169 statt 0,469;
Zeile 16, 9. Zahlenkolonne: 0,238 statt 0,233;
Zeile 17, 3. Zahlenkolonne: 0,277 statt 0,291;
Seite 146, Tabellenwert Zeile 2, 1. Zahlenkolonne: 0,183 statt 0,188.
Seite 224, Zeile 8 von unten: H.240 statt H.220.
Zeile 5 von unten einfügen: Diese Werte gelten bei versagender Drillsteifigkeit (Balkenrost); bei einer Platte wachsen die m_{xm} nur um 15/13/10%.
Seite 308, Abb. 7/12 rechts unten: ergänzen **d** (Teilbild).
Seite 310, Zeile 14 von oben: nach N/mm^2 ergänzen;
Seite 325, Zeile 20 von oben: in „Neüber": u statt ü.
Seite 343, Zeile 9 von oben: „Publishing Co." statt Co. Publishing.
S. 346 [51.1] Zusatz: 1984 erschienen als Heft 220 des Österr. Bundesministeriums für Bauten und Technik.
Seite 351, Zeile 31 von oben: in „Mehlborn": h statt b

Geänderte Verweisungen in Band IB auf Band IIA:

Seiten 83, 181, 187, 206: 2.2$x.y$ statt 2.2.1. $x.y$.
Seite 240: 3.2.2 statt 3.2.1.
Seiten 186, 296: 4 statt 2.3.

Einleitung

In diesem II. Band der „Konstruktionslehre" werden die „*Tragwerke*" behandelt. Er setzt damit den I. Band fort, dessen Gegenstand die *Bauteile* sind, aus denen sich die Tragwerke zusammensetzen. Die Grundlagen zu ihrer „richtigen" Bemessung und zum Verständnis ihres Verhaltens (Band I B) setzen die genaue Kenntnis der Baustoffe voraus, die in Band I A vermittelt wird. Die in I B zum „Bemessen" kurz entwickelten Grundsätze sind, wie dort schon angekündigt, neu und ausführlich dargelegt und für die Anwendung aufbereitet von J. Schlaich und K. Schäfer im Beton-Kalender 1984 II, S. 787 im Abschnitt „Konstruieren im Stahlbetonbau". Diese systematisch aus den Kräftezuständen entwickelte Anweisung für das Bewehren ist unentbehrlich für die praktische Arbeit.

In gleicher Weise ist die Lehre der Tragwerke unterteilt. Der vorliegende Band II A beschreibt zunächst die *Strukturen* (lat. structura: das Zusammengefügte, der Bau), die der Aufnahme und Weiterleitung der Lasten dienen. Nach Kenntnis dieser Möglichkeiten führt der Weg in Band IIB weiter zur Betrachtung der *äußeren Einwirkungen*, die mit der Rolle der Tragwerke als Skelett der Bauwerke verbunden und zu berücksichtigen sind. Unter „Einwirkungen" werden nicht nur die Lasten und örtlichen Gegebenheiten, sondern auch die Forderungen, Wünsche und Ideen verstanden, die bei der Gestaltung mitsprechen.

Ich beschränke mich hier allerdings nur auf die rationalen, deshalb eindeutigen Bedingungen, die bei der Aufgabe, ein Bauwerk zu schaffen, obligatorisch einzuhalten sind. Die formale Gestaltung obliegt dem subjektiven, ja oft irrationalen Ermessen des Architekten (vgl. II B, 1), dessen Verständnis für die gleichberechtigten konstruktiven Gedanken des Ingenieurs und deren *rechtzeitige* Berücksichtigung allerdings unerläßlich ist, wenn in jeder Beziehung ausgewogene Bauten entstehen sollen.

Dieser Synthese von guter Konstruktion mit formal befriedigender Erscheinung geht neuerdings besonders für die landschaftbeherrschenden Brücken Leonhardt nach [1]. Denn ein häßliches Bauwerk läßt sich ja nicht wie ein mißfallendes Bild einfach beiseite stellen! (vgl. Motto zum Vorwort in Band I A).

Die Einteilung des Stoffes entspricht einem Lehrbuch, das schrittweise in das Konstruieren einführen will. Sie wird manchem willkürlich erscheinen und ist — zugegeben — ungewöhnlich. Aber ich habe schon wiederholt betont, daß die Wirklichkeit unsere Abgrenzungen, unsere Begriffe (gleichsam „Schubkästen") nicht kennt (und das gilt für sehr viele Wissensgebiete!), sondern daß alles zusammen- und voneinander abhängt. Man denke etwa an den „Balken", der ohne scharfe Grenze bei wachsender Breite zur „Platte", bei zunehmender Höhe zur „Scheibe" wird oder an ein „Fachwerk“, in dem stets durch die steife Knotenausbildung auch die Wirkung eines „Rahmens“ vorhanden ist. Eine der wichtigsten Aufgaben des entwerfenden Ingenieurs besteht in der nachträglichen Vervollständigung seiner Modelle durch konstruktive Maßnahmen zur Korrektur bei der Berechnung vernachlässigter Eigenschaften und Zusammenhänge. Er ist aber gezwungen, sofern er seinen Horizont nicht auf die Routine beschränkt, zunächst die große Vielfalt der konstruktiven Möglichkeiten zu analysieren und die Elemente zu ordnen, um bei der Synthese, dem Konstruieren, aufgrund dieses Wissens Zweckmäßigkeit, Sicherheit und Wirtschaftlichkeit in gleicher Weise „einzubauen“. Erst dann, wenn er die Souveränität der Meisterschaft erlangt hat, kann er auch eine ungewöhnliche Aufgabe „ganzheitlich“ erfassen und gestalten.

Bei der Meisterschaft, die sich unter anderen P. W. Abeles († 1981) erworben hatte, sind aber stets seine Mahnungen zu Maß und Bescheidenheit zu beherzigen [2]:

1. **You cannot have everything.** (Each solution has advantages and disadvantages which ought to be weighed up.)
2. **You cannot have something for nothing.** (One has mostly to pay in one way or another for something which is offered as a free gift into the bargain: not-withstanding the possibility of aiming at a solution offering the optimum advantages.)
3. **It is never too late** (e.g. to alter a design or to strengthen a structure before it collapses, or to adjust or even change principles previously employed in the light of increased knowledge and experience).
4. **There is no progress without considered risk.** (While it is important to ensure sufficient safety, over-conservatism can never lead to an understanding of novel structures.)
5. **The proof of the pudding is in the eating.** (This is in direct connection with the previous principle indicating the necessity of tests.)
6. **Simplicity is always an advantage but beware of over-simplification.** (This may, for example, lead to theoretical calculations which are not always correct, or to simplifications in detailing which do not cover all conditions.)
7. **Do not generalize but rather qualify the specific circumstances.** (Serious misunderstandings may be caused unreserved generalizations.)
8. **The important question is 'how good' not 'how cheap'.** (A cheap price given by an inexperienced Contractor usually results in bad work, similarly the use of cheap, unproved appliances may result in later replacement.)
9. **Nobody is perfect, we live and learn.** (It is always possible to increase one's own knowledge and experience although this may already be old knowledge to others.)
10. **There is nothing completely new.** (Nothing is achieved instantaneously but by a step-by-step development.)

1 Überblick über die Tragwerke

Tragwerke sind gewissermaßen die gedachten Skelette der Bauten, die jedoch in Wirklichkeit nicht existieren. Sie sind idealisierte Modelle, die wir in jene „hineinsehen", um sie der mechanischen Analyse leichter zugänglich zu machen. Das Haupthilfsmittel besteht darin, die stets dreidimensionalen Bauglieder in zwei Dimensionen abzubilden (Flächentragwerke) oder, wenn sie hinreichend schlank sind, sich mit einer Dimension zu begnügen (Stäbe). Nur in Ausnahmefällen (gedrungene Bauwerke) wenden wir die große Mühe auf, die dreidimensionale Tragwirkung zu berücksichtigen.

Jahrtausendelang haben die Menschen gebaut, ohne aus der Wirklichkeit ihrer Werke eine Idealisierung herauszulesen. Als früheste massive „Bauwerke" in Europa kennen wir aus der megalithischen Zeit die Dolmen und „Tore", die auf zwei Menhiren einen Sturz tragen, wie wir sie etwa in Stonehenge finden. Die ältesten Kulturen in Mesopotamien und am Nil, aber auch die Griechen blieben bei diesem „Balken" aus Stein oder Holz auf Wänden oder Stützen: ein Tragwerk, das in der Natur kaum vorkommt, wenn man nicht die Äste der Bäume als „Kragbalken" ansieht.

Den ersten selbständigen Schritt als Baumeister taten die Sumerer vor etwa 4000 Jahren mit der Erfindung des Gewölbes, das sich auch im alten Ägypten schon findet [3], aber erst von den Römern auf Anregung der Etrusker meisterhaft beherrscht wurde. Es ist ein bewundernswerter Gedanke, die große Druckfestigkeit des Steins durch das Versetzen im Bogen mit radialen Fugen zum Bewältigen von Spannweiten auszunutzen, die mit Steinplatten wegen deren kleiner Zugfestigkeit nie erreichbar gewesen wären — und das, ohne den Begriff einer Stützlinie zu kennen! Diese taucht erst bei Hooke 1670 bewußt als umgekehrte Kettenlinie auf [3].

Ein weiterer Schritt gelang in mykenischer Zeit mit dem Bau von Kuppeln. Freilich begnügte man sich noch mit der gegenseitigen Abstützung der Steine in *horizontalem* Sinne, baute also gewissermaßen waagerechte, nach oben enger werdende Ringgewölbe, die man zu Unrecht herabsetzend „falsche Gewölbe" nennt. Erst die Römer erkannten den Vorteil, die Gewölbewirkung auch in *Meridian*richtung durch entsprechenden Fugenschnitt in Anspruch zu nehmen. Ihr Meisterstück, das Pantheon, allerdings nicht aus einzelnen Steinen, sondern monolithisch aus dem von ihnen erfundenen „Beton" bestehend, erregt noch heute unsere Bewunderung. Einen ausführlichen, höchst aufschlußreichen Gang durch die Geschichte und Ordnung der Tragwerke findet man in [4] sowie in [I A, 1/15]. Hier werden auch Vergleiche zu den Tragstrukturen der Lebewesen, wie z. B. die Auflösung in räumliche Stab- oder Flächentragwerke aufgezeigt. Verschiedene Autoren haben auch die mit Hilfe des Mikroskops entdeckten Raumstrukturen der Radiolarien-Skelette mit Raumtragwerken verglichen.

Aber zwei Gründe lassen es nicht zu, aus dieser formalen Ähnlichkeit Schlüsse zur Gestaltung unserer Tragwerke zu ziehen: Zunächst muß man sich vergegenwärtigen, daß die Radiolarien im Wasser leben, von ihm allseitig getragen werden, also gar keinen Anlaß haben, ein „Traggerüst" zu bilden. Die ästhetisch außerordentlich schönen Strukturen (Abb. I/1) haben also nur die Bedeutung eines „Korsetts" für die Schleimklümpchen. Der zweite Grund, weshalb wir keine Anregungen für unsere Tragwerke aus diesen filigranen Gebilden beziehen können — und das ist der eigentliche Anlaß zu diesem Exkurs — ist das sogenannte Gesetz von Rubner (1885). Dieses besagt, daß die Vergrößerungsmöglichkeit für alle ruhenden, auch

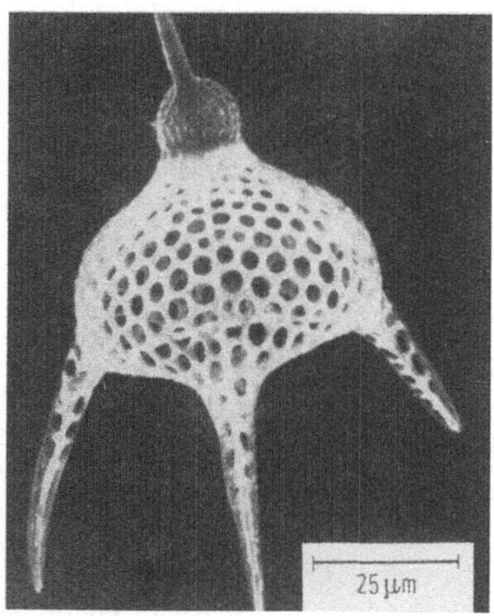

Abb. 1/1. Kieselgerüst einer Radiolarie [4.1, S. 35] 600fach vergrößert

sich bewegenden organischen und anorganischen Raumgebilde durch die gegebenen Festigkeiten der zur Verfügung stehenden Stoffe für Tragen und Antreiben begrenzt ist. Vergrößert man nämlich einen Körper linear um den Faktor n, so wächst seine Masse mit n^3, die Querschnitte seiner stützenden (Knochen) oder antreibenden Glieder (Muskeln) jedoch nur mit n^2. Die Spannungen in den Gliedern wachsen mithin mit n, so daß schließlich die mögliche Grenze der passiven oder aktiven Beanspruchung erreicht wird. Als Beispiele aus der organischen Welt eignen sich die Pflanzen nicht, da sie hauptsächlich durch Wind beansprucht werden und diesem entweder durch das Ausweichprinzip (z. B. Getreide) oder das Widerstandsprinzip (z. B. Bäume) begegnen. Die Tierwelt eignet sich besser, die „Qual der Größe" zu zeigen: Wal und Brontosaurus vermögen nur im Wasser zu leben; an Land könnten sie sich nicht abstützen und erstickten unter der Last ihres Leibes. Das größte lebende Landtier, der Elefant, vermag nur sich selbst und längere Zeit rd. 1/10 seines Gewichtes zu tragen. Als anderes Extrem diene der Floh, der das Mehrfache seines Gewichtes anzuheben vermag (Flohzirkus!). Wir brauchten indessen vor einem $n = 2000$fach vergrößerten Floh — also von Elefantengröße — keine Furcht zu haben: Er wäre, gleiche spezifische Muskelkraft vorausgesetzt, genauso schwerfällig wie letzterer!

Die dynamische Leistungsfähigkeit von Tieren beim Springen zeigt ebenfalls die „Last der Größe". Aus der Sprungweite l und der -höhe f leitet man den Krümmungsradius $r = l^2/8f$ im Scheitel der Bahn ab, wo die Zentrifugalbeschleunigung v^2/r gleich der Erdanziehung g, deshalb $v = rg$ sein muß. Um sich auf diese Geschwindigkeit über den Weg s, der durch die Länge der Beine bestimmt ist, zu bringen, muß sich das Tier mit $b = v^2/2s = rg/2s$ beschleunigen, wodurch wiederum das mit zunehmender Größe ungünstigere Verhältnis von Muskel-(Sehnen-)Kraft zu seiner Masse gekennzeichnet wird. In ungefähren Zahlen ist z. B.:

Tier	l m	f m	r m	v m/s	s m	b/g
Floh	0,40	0,10	0,2	1,4	0,001	100
Heuschrecke	1,0	0,20	0,6	2,5	0,03	10
Reh	6,0	1,2	3,6	6,0	0,5	3,6
Pferd	5,0	1,5	2,0	4,5	1,5	0,7

Für Bauwerke wichtiger als diese dynamische Betrachtung ist die statische Aussage des Gesetzes: Es wäre unmöglich, z. B. das Gerüst der Radiolarie Abb. 1/1 (∅ etwa 0,05 mm) um $n = 200000$ etwa auf 10 m zu vergrößern: ihr Stoff hielte bei n-fachen Abmessungen aller Teile die 200000fache Beanspruchung nicht aus, man müßte viel „plumper" konstruieren oder ein viel festeres Material verwenden.

Oder: Wenn man einem Silo in allen Richtungen doppelte Abmessungen geben wollte, stiege seine Masse auf das Achtfache, ebenso auch die Kräfte in seinen Stützen von P_1 auf $P_2 = 8P_1$. Deren Querschnitte wären aber nur auf das Vierfache, mithin die Längsspannung σ auf das Zweifache gestiegen. Um die gleiche Spannung σ einzuhalten, müßten die Seiten d_1 der Querschnitte also mehr als verdoppelt werden und zwar auf $d_2 = d_1 \sqrt{8} \cong 2{,}8 d_1$.

Wir müssen daraus die wichtige Folgerung ziehen, daß auch unsere Bauwerke nur sehr begrenzt geometrisch ähnlich vergrößert werden können; denn eine wesentliche Steigerung der Festigkeit unserer Baustoffe ist nicht zu erwarten.

Veranschaulichen wir uns die Auswirkungen dieses Gesetzes an speziellen Beispielen:

Ein *Biegebalken* mit Rechteckquerschnitt (Höhe d_1 und Breite $b = 1$), den wir als homogen annehmen, reagiert unter Eigenlast g noch empfindlicher auf eine Vergrößerung der Spannweite von l_1 auf l_2, sofern man eine gleichbleibende Randspannung $\sigma = M_1/W_1 = M_2/W_2$ fordert, wobei $g = d\gamma$, $M_1 = d_1\gamma l_1^2/8$ und $W_1 = d_1^2/6$, $M_2 = d_2\gamma l_2^2/8$ und $W_2 = d_2^2/6$ ist. Das Gleichsetzen liefert die notwendige Vergrößerung von d_1 auf $d_2 = nd_1$ im Verhältnis $n = d_2/d_1 = l_2^2/l_1^2$.

Das bedeutet: Wenn man die Balkenhöhe d_1 verdoppelt ($n = 2$), darf die Spannweite nur auf das $\sqrt{2} \cong 1{,}4$fache wachsen. Oder anders: die doppelte Spannweite würde eine viermal so große Balkenhöhe fordern! Bei geometrisch ähnlicher Querschnittsvergrößerung eines Balkens mit I-Profil ergibt sich die gleiche Beziehung, denn es ist ja der Querschnitt $A = \alpha bd$, die Eigenlast $g = A\gamma$ und das Widerstandsmoment $W = \beta bd^2$ (α und β maßstabsunabhängig bei geometrisch ähnlichen Querschnitten).

Wenn der Balken außerdem eine verteilte konstante Nutzlast $p = \lambda g_1$ tragen soll, mindert diese den Einfluß der Eigenlast g. Das Gleichsetzen der Randspannung σ liefert dann eine Beziehung für $n = d_2/d_1$ in der Form $n^2 = (l_2/l_1)^2\,(n + \lambda)/(1 + \lambda)$, deren Auflösung nach n Abb. 1/2 zeigt.

Diese Beziehungen gelten für reine Biegung, bei der stets $M_{zul} = Kh^2$ ist, sowohl im Zustand I und II: $M_{zul} = W\sigma_b$, wobei $W_I = bd^2/6$ oder $W_{II} = bh^2\xi(1 - \xi/3)/2$ mit $\xi = f(\mu) = \text{const}$ ist, als auch im Zustand IIIa: $M_{zul} = M_u/\gamma$, $M_u = bh^2\mu\beta_S\zeta$ mit μ und $\zeta = f(\mu) = \text{const}$.

Man kann die notwendige Vergrößerung der Querschnittshöhe mit wachsender Spannweite naturgemäß vermindern, wenn man Beton höherer Festigkeit oder mit geringerer Wichte γ (Leichtbeton nach [I A, 2/24]) verwendet. Auch andere Querschnittsprofile erweitern die konstruktiven Möglichkeiten (Abb. 2.2/2).

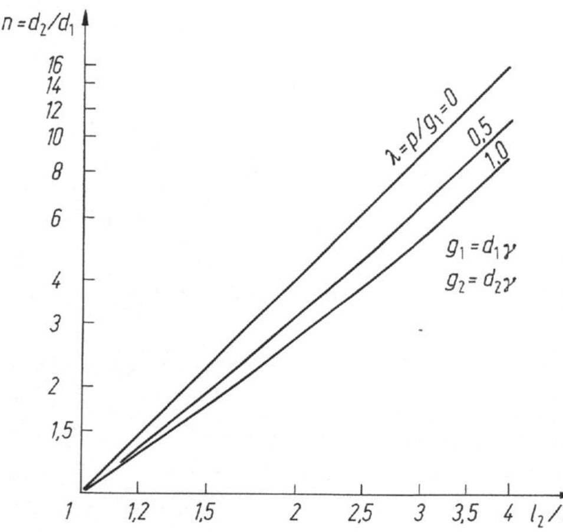

Abb. 1/2. Freiaufliegender Balken mit der Breite $b = 1$ bei Vergrößern der Spannweite l_1 auf l_2, gleichbleibender Randspannung $\hat{\sigma}$ (homogener Baustoff) und Nutzlast p. Vermehren der Eigenlast von g_1 auf $g_2 = g_1 d_2/d_1$. Bei doppelter Spannweite bereits 2,8- bis 4fache Balkenhöhe nötig! Die Leistungsfähigkeit von Balken mit verschieden profilierten Querschnitten wird in Abb. 2.2/2 beschrieben

Platten ohne Nutzlast und solche mit Flächenlast $p = \lambda g_1$ folgen dem gleichen Gesetz wie Balken, da das für die Bemessung maßgebende Einheitsmoment $m = tgl^2$ (t: Tabellenwert) ebenfalls proportional zu l^2 ist. Eine Einzellast P ruft dagegen Momente $m = P\eta$ (I B, 5.1.1) unabhängig von der Plattengröße hervor, so daß für P allein die erforderliche Dicke unabhängig von der Spannweite ist. Bei kombinierter Last wird die Dickenzunahme infolge g wiederum gemildert.

Scheiben reagieren auf eine Vergrößerung der Dicke mit einer Vermehrung der Eigenlast und der tragenden Querschnitte in gleichem Maße. Es genügt also, eine Scheibe mit der Dicke „1" zu betrachten. Bei einer geometrisch ähnlichen Vergrößerung der übrigen Abmessungen um den Faktor n wächst die Eigenlast mit n^2. Auf die Längeneinheit eines Schnittes bezogen, steigen die Spannungen daher linear mit n an. Da die Druckkräfte im Inneren einer Scheibe meist klein sind, wird eine Vergrößerung kaum an die Grenze des zulässigen Maßes von σ_b stoßen. Der kritische Punkt wird das Auflager sein: Wenn schon anfangs die zulässige Spannung ausgenutzt war, reicht die lineare Verbreiterung um n nicht aus. Die Stütze muß dann auf den n^2-fachen Querschnitt gebracht und die Einleitung der Kraft in die Scheibe verstärkt werden.

Bei *Schalen*, die man im Verhältnis n geometrisch ähnlich vergrößert, wachsen die Membranschnittkräfte N mit n^2 an, da sowohl die Eigenlast $g = d\gamma$ als auch die Krümmungsradien R mit n zunehmen ($N = cgR$). Die Spannungen $\sigma = N/d = c\gamma R$ nehmen daher unvermeidbar mit n zu, so daß der Vergrößerung die Grenze durch die zulässige Spannung gesetzt wird.

Man sieht die Nutzlosigkeit einer größeren Dicke sofort ein, wenn man sich die Schale (wie oben schon die Scheibe) in lauter einzelnen Schichten der Dicke „1“ aufgespalten vorstellt: in jeder herrscht eine Druckspannung, die ausschließlich von der Krümmung abhängt und sich im gezeigten Sinne mit dieser ändert. (Die Stabilität der dünnen Membranen (Beulen) wird hier außer acht gelassen). Eine von der Vergrößerung der Schale unabhängige, gleichförmig verteilte Nutzlast p ruft konstante Spannungen $\sigma = cpR/d$ hervor, da R und d mit n linear zunehmen. Die gleichzeitige Wirkung von g und p mildert deshalb den Einfluß der Vergrößerung auf die Spannungen. Die gleichen Überlegungen wie bei Schalen treffen auch für Bögen zu, die nach der Stützlinie geformt und entsprechend belastet sind (vgl. 2.1.2.1).

Insgesamt buchen wir die wichtige Erkenntnis, daß die Proportionen unserer Tragwerke ebenso wie die der Lebewesen, seien es Tiere oder Pflanzen, stets auf eine bestimmte Größenordnung zugeschnitten sind. Sie können nicht beliebig geometrisch vergrößert werden, da man an bestimmte Beanspruchungen gebunden ist, die durch die Festigkeit der Stoffe begrenzt sind. Neue, festere Baustoffe helfen ein Stück weiter, ebenso die Vorspannung der Bewehrung (I B, 4.3.2.1), welche durch die Lage der Spannglieder den Druckrand zu entlasten vermag. Wesentliche Fortschritte können aber nur Tragwerke bringen, die auf andere Weise die Kräfte abtragen. Das ist möglich durch die Anpassung der Form an den Kräfteverlauf, insbesondere auch durch Hängetragwerke (2.1.3).

Tragwerke haben im wesentlichen senkrecht und waagerecht wirkende Flächenlasten, zu denen gelegentlich konzentrierte Lasten (Fahrzeuge) treten, aufzunehmen und dem Baugrund zuzuleiten. Grundsätzlich ist hierbei der kürzeste konstruktive Weg im allgemeinen auch der wirtschaftlichste, und er führt meist auch zur geringsten Verformung. Jedoch ist stets die weitere Forderung zu berücksichtigen, Verkehrs- und Nutzungsräume, die überquert werden, von Abstützungen freizuhalten. Gelegentlich zwingt auch ungeeigneter Baugrund oder die Überbrückung von Wasserläufen, die Lasten „spazierenzuführen“, d. h. größere Spannweiten anzuwenden.

Außer der tragenden Funktion sind vom Bauwerk meist noch Nebenbedingungen zu erfüllen: Der Abschluß von Räumen in waagrechtem Sinne durch Zwischen- und Dachdecken sowie in senkrechtem Sinne durch Wände, die beide als tragende und aussteifende Scheiben in das Tragwerk einbezogen werden können. Werden besondere Eigenschaften, z. B. Wärmedämmung von Decken oder Wänden gefordert, trennt man oft die raumabschließende von der tragenden Funktion und verwendet hierfür Leichtbaustoffe (I A, 2).

Die Verkehrsströme für Zu- und Abgang der Räume verlangen Rampen, Treppen oder Aufzüge, die beim Entwurf des Tragwerkes eingeplant werden müssen. Sie unterbrechen mitunter in unliebsamer Weise ein gewähltes Tragsystem, besonders wenn hierfür ein bestimmtes Raster zur rationellen Ausführung zugrunde gelegt worden ist. Andererseits bieten sie oft die Möglichkeit, ihnen als „steife Kerne“ die Horizontalkräfte von Mehrgeschoßbauten zuzuweisen (4).

Auf gewisse Ähnlichkeiten unserer Tragwerke mit parallelen Lösungen, welche die

„Natur“ gefunden hat, wird in [4.1; 5] ausführlich hingewiesen. Jedoch weichen die Randbedingungen der Nutzung, vor allem aber die Herstellmethoden meist fundamental voneinander ab: In der Natur wachsen die Zellen, gesteuert von einem uns unbekannten „Plan“, mit festen Wänden als Traggerüst für das ganze Lebewesen. Es entstehen höchst zweckmäßige Gebilde, die mit minimalem Gewicht größte Widerstandsfähigkeit gegen die auftretenden Lasten besitzen. Abb. 1/3 zeigt als Beispiel den Schnitt durch einen Getreidehalm, der außen die engen „Tragzellen“, innen die weiten „Versteifungszellen“ mit den darin eingebetteten „Leitungszellen“ erkennen läßt.

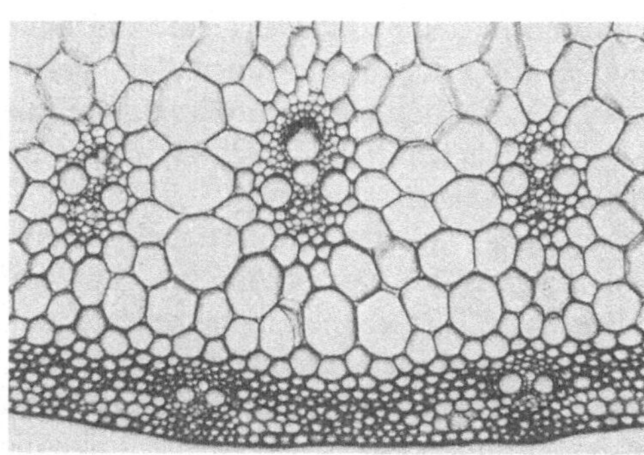

Abb. 1/3. Schnitt durch einen Getreidehalm, der mit minimalem Stoffaufwand maximale Biegesteifigkeit erreicht. Entsprechend ist ein Bambushalm aufgebaut, der zudem durch „Knoten“ gegen Beulen versteift wird. Beide passen ferner den Durchmesser dem jeweiligen Biegemoment an: einerseits durch Konizität des Halmes, anderseits durch Dickenwachstum

Von der extremen Zähigkeit und Leichtigkeit des ähnlich aufgebauten Bambus, die erst jetzt durch die hohlen GFK-Stäbe erreicht werden, macht man auch heute noch viel Gebrauch.

Ein hervorragendes Beispiel für die Vereinigung von Tragfähigkeit und „Leichtbau“ ist der menschliche Oberschenkelknochen. Die im Gelenkkopf angreifende Flächenlast p und Tangentialkräfte T werden durch ein Raumgitter aus dünnen Knochenschichten, die sich gegenseitig aussteifen, weitergeleitet zum kräftigen Röhrenknochen (Abb. 1/4a). Es ist überraschend, daß die Mechanik bei der Lösung der gleichen (ebenen) Aufgabe für ein Kontinuum zu einem vollständig analogen Zug- und Drucklinienverlauf (I A, Abb. 1.2/4) führt (Abb. 1/4b). Die Regeln optimaler Ausbildung tragender Bauteile sind also auch der Natur immanent, weil beide den Naturgesetzen der Mechanik gehorchen [6].

Leider ist es aber bis auf wenige Ausnahmen viel zu kompliziert, unsere Bauten nach diesen organischen Regeln zu konstruieren. Wie schon in I A, 1.1.9.1 erwähnt, stehen bei Holz und Stahl nur Elemente mit bestimmten Profilen zur Verfügung, und die Formen der Betonglieder werden weitgehend von der Schalung bestimmt. Der Feingliedrigkeit von Naturformen kann man sich nur etwa bei stählernen Raumfachwerken annähern. Im Massivbau wird die Biege- und „Schub“bewehrung wenigstens in groben Zügen dem Zugtrajektorienbild angenähert (I B, 4.5.1.1) und es ist anerkannt, daß dann der Stahlaufwand am geringsten ist.

Unsere Tragwerke sind jedoch aus wenigen einfachen Bauteilen, deren Bemessung Gegenstand von I B ist, zusammengesetzt. Hierzu zwingen wirtschaftliche Gründe der Herstellung, aber auch von der Nutzung diktierte Gesichtspunkte.

Wie können wir die Tragwerke einteilen angesichts der Erkenntnis, daß jede Systematik willkürlich ist und stets vorhandene Übergänge zerschneidet? Als fast klassisches

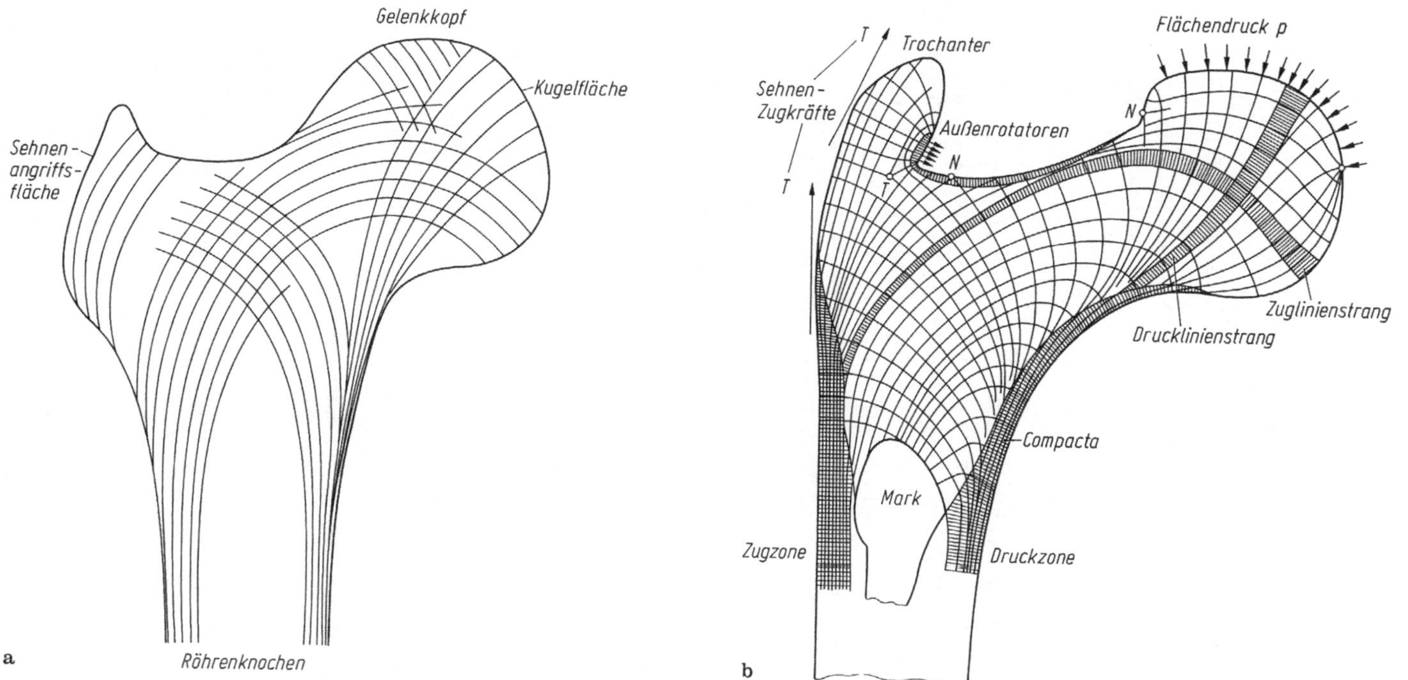

Abb. 1/4. Hauptspannungslinien in einem homogenen Körper für die Kräfte p und T. **a** Spongiosa-Gewebe im oberen Ende des menschlichen Oberschenkelknochens (schematisiert dargestellt in [7] nach Schnittfoto) mit der Randbedingung der Drehbarkeit um drei Achsen in der Gelenkpfanne; **b** Kraftlinien-(Trajektorien-)feld für einen gleichgeformten und gleichbelasteten ebenen Körper [8]

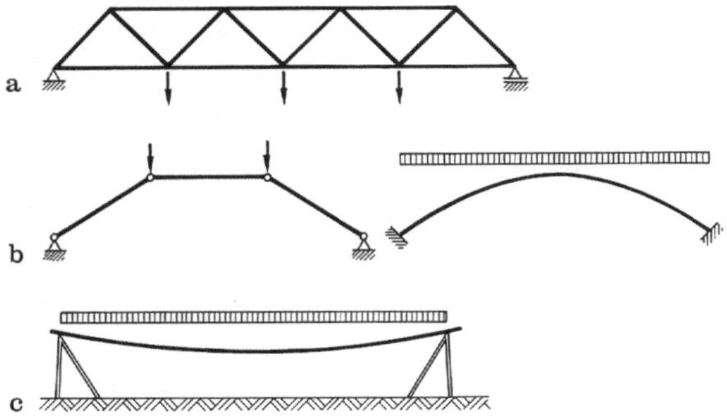

Abb. 1/5. Tragwerke aus vorwiegend durch Längskräfte beanspruchten Stäben. **a** Fachwerk; **b** Sprengewerk und Bogen mit vorwiegend ruhender Belastung; **c** Hängeband auf Fachwerkstützen

Beispiel hierfür sei der „Balken" erwähnt, der als „Stab" mit vorwiegenden Längsspannungen (einachsiger Zustand) berechnet wird. Wir müssen jedoch berücksichtigen, daß dieses Modell in der Nähe des Auflagers nicht ausreicht, um die Sicherheit zu gewährleisten: Die Hauptdruck- und Zugspannungen verlaufen hier schräg (I B, Abb. 4.3/7). Der Balken wirkt als „Scheibe" (I B, 6.3.1.2) mit zweiachsigem Spannungszustand, weil die senkrechten Druckspannungen infolge der Stützkraft die lineare σ_x-Verteilung beeinflußt. In I B, 4.7 wird auf diese Zusammenhänge bei „gedrungenen Balken" näher eingegangen.

Wie bereits I B, Abb. 1/1 zeigt, bietet sich die Gliederung der Bauteile in Stäbe, Flächen und Körper an entsprechend dem Vorherrschen einer, zweier oder aller drei Längendimensionen und demzufolge von ein-, zwei- oder dreiachsigen Spannungszuständen. Die aus Stäben zusammengesetzten Tragwerke herrschen vor und sind so mannigfaltig, daß zunächst eine Gruppe (2.1) gebildet wurde, deren Stäbe vorwiegend auf *Längskraft* (Druck oder Zug) beansprucht werden. (Fachwerke, Abb. 1/5a) Darin sind auch „Stäbe" mit geknickter oder gekrümmter Achse inbegriffen wie Sprengwerke und Bögen (Abb. 1/5b) sowie Hängetragwerke (Abb. 1/5c), auch wenn sie meist mit Balken in Verbindung stehen.

Die zweite Gruppe (2.2) umfaßt Balken als vorwiegend auf *Biegung* beanspruchte Stäbe mit nur *einer* Nutzlastebene (Abb. 1/6a), deren Querschnitte und Stützungen den jeweiligen Aufgaben angepaßt werden. Sie gehen ohne scharfe Grenze in Rahmen (2.3) (Abb. 1/6b) über, wenn man sie mit den Stützen konstruktiv verbindet. Deren Steifigkeit bringt eine merkbare Einspannung der Balken und vermindert die Feldmomente entsprechend.

Zusätzliche Gesichtspunkte treten bei Tragwerken mit *mehreren* Nutzlastebenen auf, so daß sie eine weitere Gruppe (4) bilden. Diese wird unterteilt in Gebäude mit wenigen (bis etwa 5) Geschossen (Abb. 1/7a), bei denen die waagrechten Kräfte

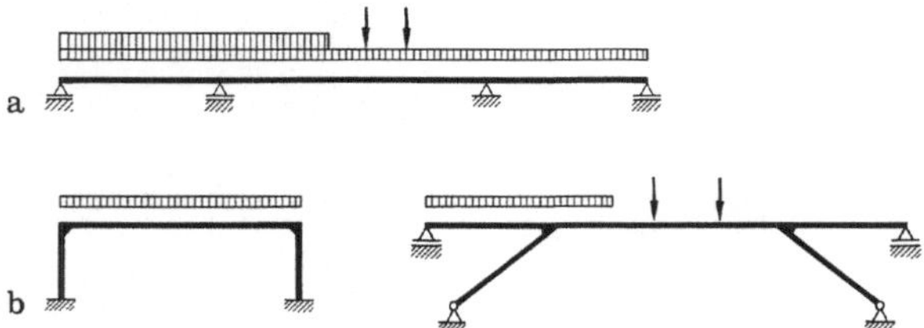

Abb. 1/6. Tragwerke für nur eine Nutzlast. **a** Balken, drehbar gelagert; **b** Balken, konstruktiv mit den Stützen verbunden: Rahmen

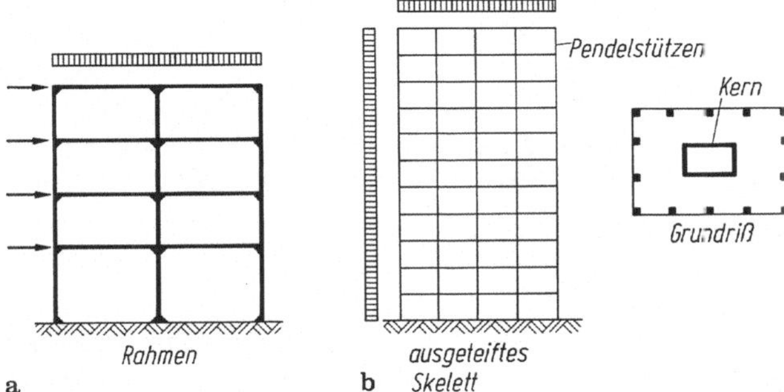

Abb. 1/7. Tragwerke mit mehreren Nutzlastebenen: Stockwerkbauten. **a** Bei wenigen Geschossen bildet man aus Balken und Stützen Rahmen aus; **b** bei größerer Höhe (Hochhäuser) werden die Horizontalkräfte aus Wind zweckmäßigerweise auf einen „Kern" (z. B. Aufzugsschacht) aus steifen Wänden geleitet, der unten eingespannt wird

ohne größere Vorkehrungen aufgenommen werden können, und in Hochhäuser, deren horizontale Steifigkeit besondere Erwägungen und Maßnahmen fordert (Abb. 1/7b).

Als letzte Gruppe (5) der Stabtragwerke werden kurz die senkrechten Kragträger wie Pfeiler und Kragstützen (Abb. 1/8a), Schornsteine und Türme (Abb. 1/8b), auch Masten, betrachtet, die bei großer Schlankheit meist unter den Lasten so starke Verformungen aufweisen, daß diese bei der statischen und dynamischen Berechnung nicht vernachlässigt werden dürfen.

Decken verdienen wegen der Mannigfaltigkeit ihrer Aufgaben und Bauarten eine besondere Behandlung (3); dabei ist ihr Zusammenhang mit dem Gesamttragwerk (Balken, Wände, Skelett) in Betracht zu ziehen (Abb. 1/9a). Hier sind auch die Platten mit zweiachsiger Biegung auf Einzelstützen (Flachdecken) ohne Balken eingeordnet, obgleich sie wegen der konstruktiven Verbindung von Platte und Stützen rahmenartig wirken (Abb. 1/9b).

Gegenstand der Abschnitte 6 und 7 sind die räumlich tragenden Flächen mit Spannungen, die in beiden Achsrichtungen gleiche Größenordnung besitzen. Während bei gekrümmten Flächen (Schalen) die Längskräfte vorherrschen (Abb. 1/10a), über-

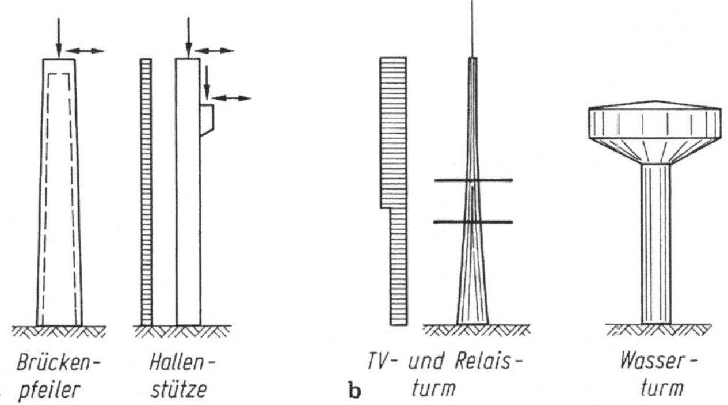

Abb. 1/8. Freistehende Kragträger. **a** Für Brücken Hohl-, für Hochbauten Vollquerschnitte wirtschaftlich; **b** Türme mit Kreisringprofil, um Biegesteifigkeit mit geringem Querschnitt zu erzielen

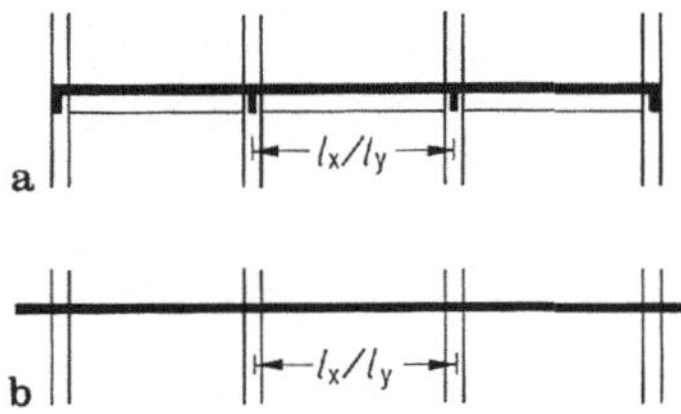

Abb. 1/9. Decken verbinden tragende, raumabschließende und aussteifende Funktionen. **a** Platte mit tragenden Balken; **b** balkenlose Platte auf Einzelstützen

lagern sich bei „gefalteten Platten" (Faltwerke) Biege- und Längsbeanspruchung (Abb. 1/10b). Auch bei diesen Tragwerken treten meist zusätzliche Längs- und Biegekräfte aus „Randstörungen" auf.

Die gedrungenen Bauwerke wie z. B. Fundamente (Abb. 1/11a), Widerlager (Abb. 1/11b), Staumauern (Abb. 1/11c) und Reaktordruckbehälter (Abb. 1/11d) weisen grundsätzlich stets dreiachsige Spannungszustände auf, zumindest infolge von inneren Temperatur- und Feuchtigkeitsgefällen. Bei der Berechnung ihrer Lastspan-

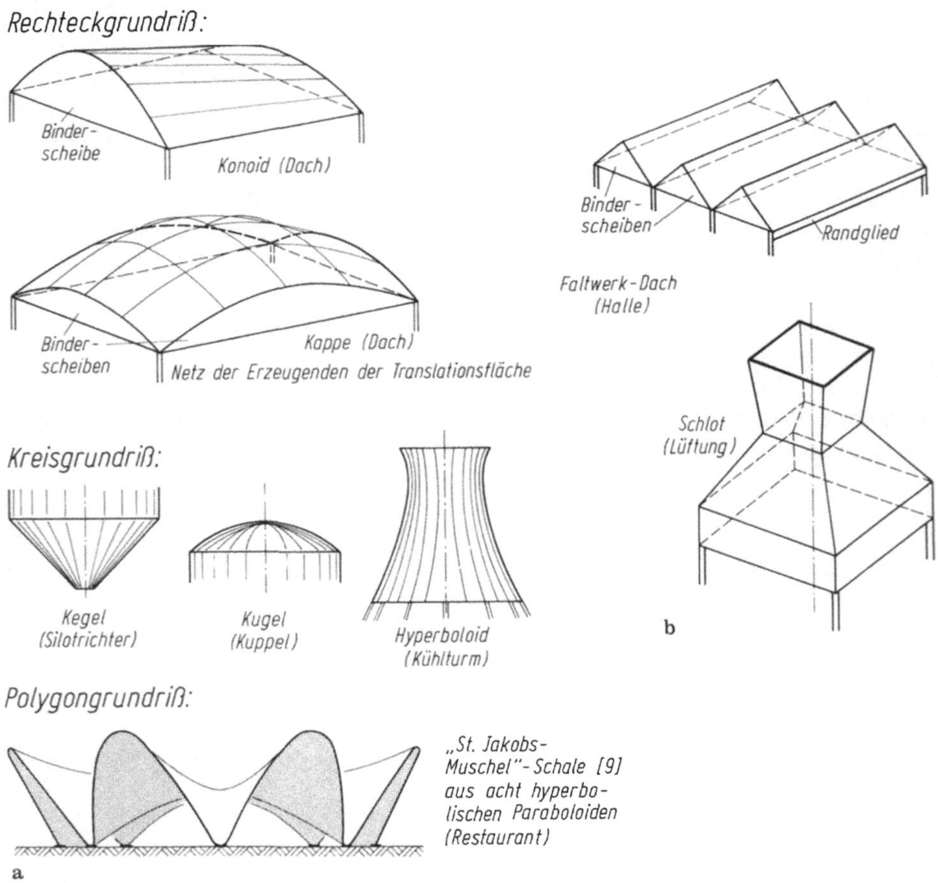

Abb. 1/10. Räumliche Flächentragwerke. **a** Gekrümmte Flächen (Schalen) über verschiedenen Grundrißformen; **b** Kombinationen aus ebenen Flächen (Faltwerke)

nungen begnügt man sich allerdings in der Regel mit der Betrachtung ebener Zustände und wendet nur in seltenen Fällen die Statik des dreiachsigen Kontinuums an, das praktisch ohnehin erst durch die Finite-Element-Methode (FEM) zugänglich geworden ist.

Diese dürre Systematik wird naturgemäß dem Reichtum an Formen der Bauwerke nicht gerecht, denn diese bestehen ja meist aus *Kombinationen* der aufgezählten Elementarformen. Es ist hier nicht möglich, jenen nachzugehen.

Eine vorliegende Bauaufgabe hat nie nur *eine* in jeder Hinsicht optimale Lösung, wie Wettbewerbe zeigen. Formale und konstruktive Phantasie lassen auch im Rahmen der Wirtschaftlichkeit meist verschiedene zu. Außerdem ist das Urteil einer Jury nie frei von subjektiver Gewichtung der Kriterien. Einen Begriff von der Vielfalt der konstruktiven Möglichkeiten geben u. a. [4.1; 10].

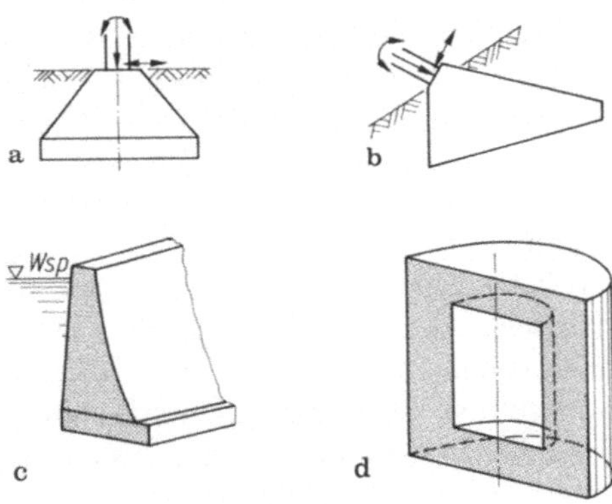

Abb. 1/11. Massige Baukörper. **a** Einzelfundament; **b** Widerlager für einen Bogen oder Rahmen; **c** Staumauer; **d** Reaktor-Druckgefäß

Zur Berechnung der Tragwerke noch einige ergänzende Bemerkungen: Die Ermittlung der Schnittkräfte ist in I B, 1.1.1 in den Grundzügen beschrieben. Es wird dort ausdrücklich auf den erwähnten Modellcharakter der statisch berechneten Systeme hingewiesen. Er ist in der geometrischen Vereinfachung der Bauelemente als „Stäbe“ oder „Flächen“, in den physikalischen Annahmen der Homogenität und Isotropie sowie in der vorausgesetzten Linearität der Verformungsgesetze der Baustoffe begründet. Daraus geht hervor, daß eine genaue Übereinstimmung der ermittelten Schnittkraftzustände mit der Wirklichkeit nicht erwartet werden kann, ja eine Selbsttäuschung ist, auch wenn ein erheblicher mathematischer Aufwand getrieben worden ist und Fortschritte erzielt wurden [11].

Auch an dieser Stelle wird davor gewarnt, Computerprogramme unbesehen zu verwenden, ohne daß man über die zugrundeliegende Theorie vollständig im klaren ist. Die Maschine kann eigenes Wissen, Denken und Urteilsfähigkeit nicht ersetzen. Deshalb wird dringend empfohlen, zu Anfang System und Belastung zu skizzieren und am Ende der elektronischen Berechnung das Ergebnis aufzutragen und dem einer einfachen Vergleichsrechnung gegenüberzustellen. Boese [I B, 1/21.11] hat eine Reihe schwerer Fehler zusammengetragen, die durch unüberlegte Anwendung von Programmen entstanden sind. Auch von Duddeck wird im B, Kal. 1982 I, S. 582 und 764, auf Fehlermöglichkeiten und Ungenauigkeiten hingewiesen. Stein [I B, 1/21.6] macht auf die Grenzen der FEM aufmerksam. Aber sinnvoll angewandt, können Rechner beim Entwurf sehr nützlich sein [12]. Zu beachten ist bei jeder elektronischen Berechnung das in [13] gegebene Schema der VPI.

Zitiert sei ferner Bachmann [I B, 4/60.1, S. 160]: „Meist ist es ein Irrtum zu glauben, daß sich mit komplizierten Bemessungsverfahren und ausgeklügelten Vorschriften bessere Bauwerke schaffen lassen. Denn die Gefahr ist nicht zu verkennen, daß in Formelgläubigkeit gerechnet und zahlreiche vorgeschriebene Nachweise geführt werden, ohne daß ein wirklich gutes Tragwerk entsteht, und daß sich wegen der fast unübersehbaren Rechnerei grobe Fehler, besonders im konstruktiven Bereich, einschleichen. Wir brauchen möglichst einfache Verfahren, die auch dem Ingenieurverstand noch ein Betätigungsfeld offen lassen. Jeder ersparte Nachweis bedeutet für den Ingenieur freie Zeit zum Denken!"

Quellen für Abweichungen zwischen Theorie und Wirklichkeit sind auch in den Annahmen über die Stützung zu suchen: Eine volle Einspannung von Fundamenten ist nie vorhanden; die elastische Nachgiebigkeit kann die Schnittkräfte, z. B. von Rahmen, recht deutlich beeinflussen (Abb. 2.3/17) [14]. Auch eine „unverschiebliche", drehbare Lagerung ist in Wirklichkeit mehr oder weniger verformbar. Diese Nachgiebigkeit wird aber nur ausnahmsweise verfolgt, obgleich sie z. B. die Momente von Platten, die auf Balken ruhen (vgl. Abb. 3/1), oder von schiefen Platten auf Gummilagern (I B, Abb. 5/37), erheblich verändern kann.

Schließlich ist zu erwähnen, daß während der Ausführung umfangreicher, statisch unbestimmter Tragwerke im Hochbau oftmals schon einzelne Abschnitte ihr Eigengewicht und das des nächsten tragen müssen, ohne daß man sich in der Regel von der Wirkung dieser Unterteilung rechnerisch überzeugt. Bei Stockwerkrahmen werden deutliche Abweichungen gegenüber der üblichen Annahme, daß alle Lasten nur auf das Gesamttragwerk wirken, nachgewiesen [15]. Diese Berechnungen werden sehr umfangreich, wenn das während der Ausführung zu erwartende Schwinden und Kriechen berücksichtigt wird. Letzteres baut die entstehenden Zwänge allerdings weitgehend wieder ab (I B, 4.2.4.2). Bei Brücken werden die Auswirkungen abschnittweiser Herstellung meistens genauer verfolgt (2.2.3.1) [16].

Auf die Bedeutung, die sowohl geometrisch als auch physikalisch nichtlineares Verhalten der Tragwerke besitzen kann, wurde in I B, 2 bereits hingewiesen. In II B, 4 werden die genannten Einflüsse ausführlich verfolgt werden.

Die Voraussetzungen für die Berechnung von Stahlbetontragwerken (I B, 1.1.2) entsprechen infolge teilweisen Versagens der Zugzonen (I B, 4.2.3) auch nicht voll der Wirklichkeit, so daß die Ergebnisse ebenfalls nur den Charakter von Näherungen besitzen.

Grundsätzlich werden beim Bemessen alle Zugkräfte der Bewehrung zugewiesen. Stillschweigend wird aber doch von der Zugfestigkeit des Betons Gebrauch gemacht, wie bereits in I B, 1.3 erwähnt, und eine Spannung von etwa 0,4 bis 1,0 N/mm je nach Betonsorte zugelassen. Ferner seien die Biegespannungen erwähnt in unbewehrten Fundamenten oder Stützmauern, Spaltzugspannungen unter mäßigen Einzellasten (I A, 7), Eigenspannungen infolge von Temperatur- und Schwinddifferenzen (I A, 1.3.3 u. 1.3.4). Auch im Stahlbeton-Verbundbau (2.2.3.2 u. 3.3.6.2) werden zwischen Alt- und Neubeton ohne Bewehrung der Fuge kleine „Schub" (=Zug)spannungen als unbedenklich betrachtet. Diese Inkonsequenz gegen den Grundsatz ist aber eine Mahnung, der Betongüte stets größte Aufmerksamkeit zu schenken!

In den folgenden Abschnitten wird auf die hauptsächlichen Tragwerke, ihre Funktion als Lastträger des Bauwerkes und die Methoden ihrer Ausführung eingegangen. Dabei wird an das über „Bauteile" in I B Gesagte angeknüpft und dasjenige ergänzt, was sich aus dem Zusammenwirken im Tragwerk ergibt; denn auch hierbei gilt: das Ganze ist mehr als die Summe seiner Teile.

2 Stabtragwerke

Erst durch die hochwertigen Baustoffe ist die Entwicklung vom „Gebäude“ aus Wänden zum „Skelett“ aus „Stäben“, die vorwiegend durch Biegung und Längskraft beansprucht werden, möglich geworden. Das Abtrennen der tragenden von der raumabschließenden Funktion gewährt die Freiheit, die Belichtung beliebig zu steuern und für Wärme-, Schall-, und Feuchtigkeitsschutz Sonderbaustoffe anzuwenden.

2.1 Tragwerke aus Stäben mit vorherrschender Längskraft

Diese einfache Beanspruchung gerader oder gekrümmter Stäbe nutzt den Baustoff auf Druck oder Zug über den ganzen Querschnitt annähernd gleichmäßig aus und ergibt daher die leichtesten Tragwerke. Dabei muß angestrebt werden, die Stabführung dem Kräftefluß (oder umgekehrt) anzupassen. Das ist aber nie vollkommen möglich, so daß Biegung in den Stäben auftritt, die jedoch im allgemeinen eine untergeordnete Rolle spielt.

2.1.1 Fachwerke

Sie verwirklichen dieses Prinzip am reinsten. Ihr Kräftefluß ist auch so klar durchschaubar, daß er oft als mechanische Hilfsvorstellung bei der Bemessung von Balken oder Scheiben herangezogen wird („Fachwerkgleichnis“ für Balken (I B, 4.5.1.1).

Das Fachwerk hat den Stahlbau im 19. Jahrhundert beherrscht, und man hat oft versucht, es in Stahlbeton nachzubauen. Während die Stahlwalzprofile geradezu den Weg zum Fachwerk wiesen, ist im Massivbau die Schalung, Bewehrung und das Betonieren dieser Stabwerke sehr arbeitsaufwendig und entsprechend teuer. Von Ausnahmen abgesehen, sind daher nur serienmäßig liegend hergestellte Fachwerke

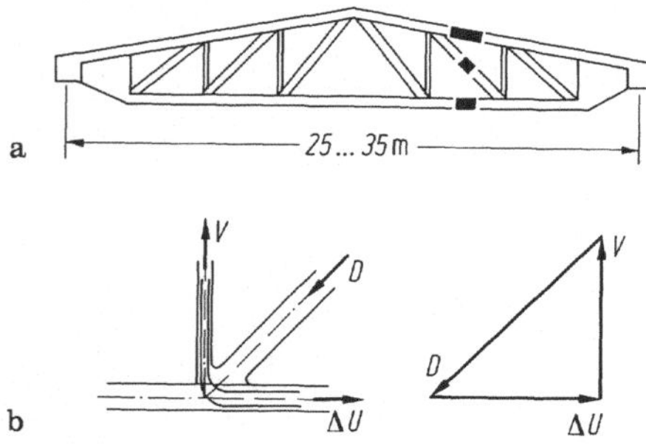

Abb. 2.1/1. Stahlbeton-Fachwerkbinder für Industriehalle, (für Straßenbrücke vgl. I A, Abb. 3.2/6) mit Wand- und Gurtgliedern verschiedener Breite, um Eckbewehrung durchführen zu können. Gezogene Pfosten evtl. ohne Ummantelung aus Stahl, aber mit gutem Rostschutzanstrich. **a** Übersicht; **b** Bewehrungsführung UG-Knoten. Leibungs- und Spaltzugkräfte nachweisen!

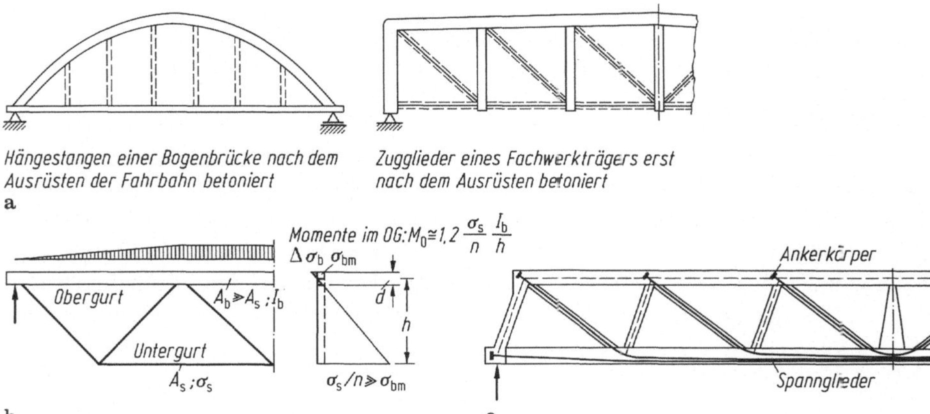

Abb. 2.1/2. Vermindern der Betonzugspannungen in gezogenen Stäben. **a** *Teilweises* Ausschalten durch Ummanteln erst *nach* wirksamwerden des Eigengewichts. Kraftanteile aus Verkehrslast und Schwinden verbleiben jedoch dem Gesamtquerschnitt; **b** einfacher Überschlag der Nebenspannungen $\Delta\sigma_b$ im biegesteifen Obergurt (Beton) eines Fachwerkes infolge der Dehnung des Untergurtes (Stahl). Verformung und Nebenspannungen der Wandglieder vernachlässigt. $\Delta\sigma_b \cong \pm M_0 d/2I_b = 0{,}6\sigma_s d/nh$. Beispiel mit $d/h = 1/10$; $n = E_s/E_b = 7$; $\sigma_s = 240$ N/mm² ergibt $\Delta\sigma_b \cong \pm 3{,}5$ N/mm² $\cong 0{,}3$ zul σ_b; **c** vollständiges Ausschalten von Zug durch „Überdrücken" der *Gesamt*stabkraft aus Eigen- und Nutzlast mittels Spanngliedern. Wahl des Systems mit Rücksicht auf kleine Umlenkwinkel mit nach der Mitte zu fallenden Diagonalen (schematische Darstellung).

für Hallenbinder wirtschaftlich (Abb. 2.1/1). Sie erfordern zudem besondere Vorsicht bei Transport und Montage, weil ihre filigranen Glieder nur für Beanspruchungen *in* der Fachwerkebene bemessen werden. Ein weiterer Nachteil ist ferner die Notwendigkeit, die Risse in den Zuggliedern so fein zu halten, daß die Bewehrung nicht korrodiert (I A, 3.1.7). Die hierzu notwendige Aufteilung der Bewehrung in viele Stäbe erschwert die Anschlüsse an den Knoten. Man umgeht bei großen Fachwerken diese Schwierigkeit, indem man die Bewehrung der Zugstäbe erst dann mit Beton ummantelt, wenn sie ihre Kraft aus Eigenlast bereits enthält (Abb. 2.1/2a) (I B, Abb. 3/4 u. 5) [1].

Man handelt sich aber damit den Nachteil ein, daß ein Fachwerk mit „nackten" Stahlzuggliedern wesentlich größere Durchbiegungen aufweist als mit Stahlbeton-Zugstäben im Stadium I und infolgedessen die „Nebenspannungen" in den Druckgliedern aus den steifen Anschlüssen der Stäbe in den Knoten entsprechend vermehrt werden, obgleich man die Nebenspannungen im allgemeinen nicht nachweist. Abb. 2.1/2b zeigt einen Überschlag dieser Spannungen. Wirksamer als diese „natürliche" An- (nicht Vor-)spannung durch die Eigenlast g ist die „künstliche" Vorspannung der Zugstäbe mittels Spanngliedern, welche die *gesamte* Stabkraft aus Eigen- und Nutzlast p zu „überdrücken" gestattet und die Dehnung auf 1/6 bis 1/3 herabsetzt (I B, 3.2). Zum Verringern des Arbeitsaufwandes sollte man in Gurt- und Wandgliedern durchlaufende Spannglieder anwenden (Abb. 2.1/2c).

Die Umlenkkräfte der Druck- und Zugkräfte infolge Vorspannung halten sich in den Knoten das Gleichgewicht. Den Versuch einer rationellen Herstellung zeigt [2]. Große Sorgfalt ist der Aufnahme der Spaltkräfte infolge der Leibungs- und Ankerkräfte an den Knoten zu widmen (Umschnürung) (I A, 7). Außerdem ist der schlanke

Obergurt von Fachwerken gegen Knicken aus der Ebene zu sichern, wozu bei Hallenbindern meist die Dachdecke herangezogen werden kann (II B, 4.4).

2.1.2 Bögen

Sie verwirklichen das Prinzip des vorwiegend auf Längsdruck beanspruchten Stabes, das dem Beton besonders gemäß ist, durch ihre Krümmung und die festgehaltenen Enden. Hierdurch entsteht zusätzlich zu den senkrechten Stützkräften ein Horizontalschub *H*, der durch die „Erdscheibe" oder ein „Zugband" aufgenommen wird. Dieser Schub bildet durch geometrische Addition mit den Lasten eine „Stützlinie" aus, (Abb. 2.1/3), der man die Mittellinie des Bogens möglichst anpaßt [3] sowie umfassend

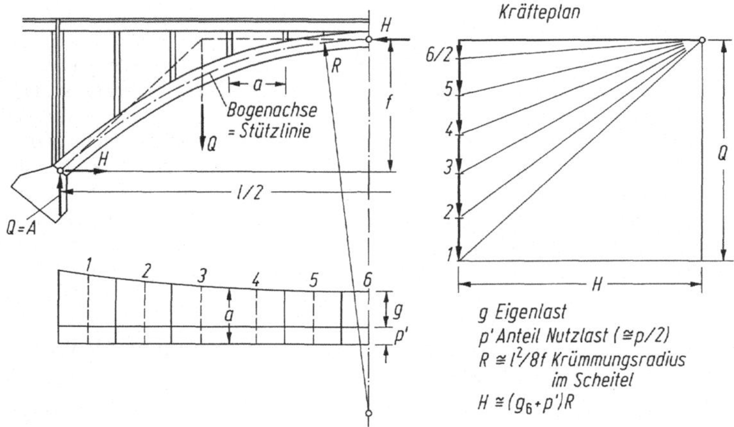

Abb. 2.1/3. Graphische, besser analytische Berechnung der Bogenmittellinie als Stützlinie zu der zunächst geschätzten Eigenlast und einem Nutzlastanteil, z. B. als Kettenlinie [4, S. 510]

in [4]. Hierbei wird ein grundsätzlicher Unterschied zum Fachwerk deutlich: Ein Bogen ist nur für *eine* Lastkonstellation zentrisch beansprucht, bei vorrückender Verkehrslast p schlägt die Stützlinie um Ordinaten e_p auf die Last zu aus, und es entstehen infolge der Exzentrizitäten der Längskraft N Biegemomente $M_p = He_p$ (Abb. 2.1/4a). Im Fachwerk dagegen bleibt es unter allen Belastungen bei der reinen Längskraftbeanspruchung. Immerhin sind die Ausschläge der Stützlinie unter der Gesamtlast in der Regel klein, so daß man bei den schweren (Werkstein- und Beton-) Gewölben ohne und bei den leichten (Stahlbeton-)Bögen mit nur wenig Bewehrung auskommt.

2.1.2.1 Tragwirkung und Anordnung der Fahrbahn

Beide hängen von den örtlichen Verhältnissen ab. Bei sicherem Baugrund spannt man beide Kämpfer ein und verteilt damit die Biegemomente aus den Nutzlasten auf Kämpfer- und Feldquerschnitte. Sind Lastsetzungen der Fundierung zu erwarten, werden schlanke Bögen mit Kämpfergelenken versehen; steife oder aus zwei Hälften montierte Bögen erhalten außerdem noch ein Scheitelgelenk und werden dadurch unabhängig von den Setzungen. Allerdings bedeuten Gelenke stets die Zusammen-

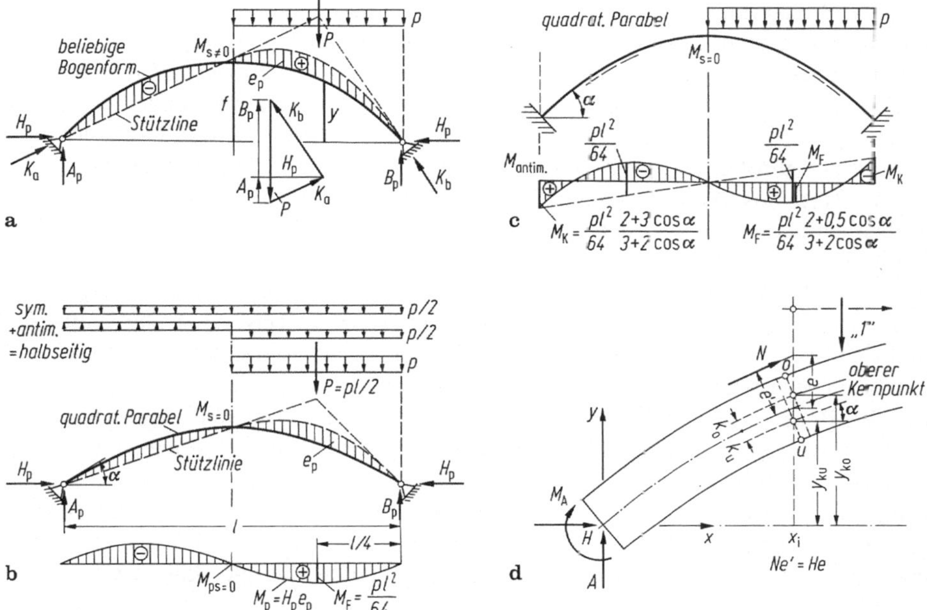

Abb. 2.1/4. Stützlinien für einen Bogen mit halbseitiger verteilter Nutzlast p. **a** Zweigelenkbogen mit beliebiger Form der Achse. Ermitteln der Kämpferkräfte K_a und K_b für einfach statisch unbestimmtes System liefert $M_p = M_{p0} - H_p y$ (M_{p0}: Balkenmoment) und die Exzentrizität der Stützlinie $e_p = M_p/H_p$; **b** für Sonderfall: Mittellinie = Stützlinie für gleichförmige Eigenlast. Aufteilung von p in symmetrischen und antimetrischen Anteil $p/2$. Für ersteren ist $M_p = 0$, $A = B = pl/4$, $H_p = A/\tan\alpha = pl^2/16f$, da für Parabel $\tan\alpha = 4f/l$ ist, für letzteren $H_p = 0$, $M_{ps} = 0$, $A = -B = -pl/8$, $M_{pF} = pl^2/64$, $e_p = M_p/H_p$ unabhängig von der Bogenform! **c** Nullgelenk- (eingespannter) Bogen aus Symmetriegründen wieder $M_s = 0$, $H_p = A/\tan\alpha = pl^2/16f$.
Genauere Werte: $\alpha = 10 \quad 20 \quad 30°$
$M_F = 0{,}502 \quad 0{,}506 \quad 0{,}514 \cdot pl^2/64$;
d Ableiten der Randspannungen $\sigma_{o,u}$ aus den Kernpunktmomenten $M_{ko,u}$ statt aus Längskraft N und Moment M; dadurch leichteres Auffinden der Grenzwerte von $\sigma_{o,u}$ und der Bewehrung mittels der Einflußlinien für $M_{ko,u}$

führung der Bogenkraft auf eine Schneide (I B, 7), also zusätzliche Kosten; außerdem zieht eine auftretende Verdrehung im Gelenk den Verkehrsweg in Mitleidenschaft und macht eine Fuge in der Fahrbahn mit Übergangskonstruktion nötig (I A, 6.2.2), die Pflege erfordert.

Die Eigenart als Stützlinientragwerk erfordert bei der Formgebung der Bögen besondere Überlegungen:

(a) Die Hauptabmessungen (Spannweite l, Stich oder Pfeilhöhe f) ergeben sich zumeist aus der Trasse und der möglichen Gründung. Immerhin sollte man anstreben, das „Pfeilverhältnis" f/l nicht zu klein werden zu lassen, da sonst der Horizontalschub H groß und der Bogen sehr empfindlich auf Verschiebungen der Widerlager wird. Der Horizontalschub läßt sich nach Abschätzung der Gesamtlast $q = g + p$ überschlagen als $H = qR \cong ql^2/8f$, wobei $R = l^2/8f$ der Scheitelkrümmungsradius einer quadratischen Parabel ist. Am anschaulichsten wird daher ein Bogen durch den

Radius R charakterisiert, der 1/8 der sogenannten „Kühnheitszahl" l^2/f ist. Die großen bestehenden Bogenbrücken weisen $R = 140 \ldots 300$ m auf [5].

(b) Die Bogenschwerlinie soll möglichst der Stützlinie für ständige Last g folgen, die dann nur Längskräfte erzeugt. Außerdem werden die Bogenabmessungen durch die Exzentrizitäten der Stützlinie infolge Verkehrslast p bestimmt. Man kann sich nur iterativ der günstigsten Form nähern und wird zunächst von einer analytisch definierten Form ausgehen (Parabel, Kettenlinie, Kreis), für die die gesuchten Daten einschließlich der Zustands- oder Einflußlinien für Verkehrslast in geschlossener Form vorliegen [4, S. 508]. Die Biegemomente aus Verkehrslast (Abb. 2.1/4a bis c) hängen ebenfalls von der Bogenform ab, jedoch in geringerem Maße als die Momente aus ständiger Last, da die Stützlinie aus Verkehrslast viel größere Ausschläge aufweist und sich deshalb kleine Änderungen der Bogenachse nur wenig bemerkbar machen. Um einen gewissen Ausgleich der Verkehrslastmomente zu erzielen, wird oft empfohlen, den Bogen nach der Stützlinie für $g + p/2$ zu formen. Die Wirkung halbseitiger Last p läßt sich dann durch Überlagern antimetrischer Last $\pm p/2$ (hierfür ist $H = 0$!) leicht übersehen.

(c) Der Verlauf der Querschnitte wirkt sich um so mehr auf die Schnittkräfte und Spannungen aus, je kleiner die Zahl der Gelenke ist. Bei drei Gelenken (stat. best. Syst.) gar nicht, für einen Nullgelenkbogen dient als Beispiel Abb. 2.1/5.

(d) Die Spannungen in den Bogenquerschnitten ergeben sich aus den zwei Schnittgrößen Moment M und Längskraft N, die ihre Grenzwerte bei verschiedenen Stellungen der Verkehrslast erreichen. Um ein Probieren der ungünstigsten Laststellung zu vermeiden, macht man davon Gebrauch, daß sich die Randspannungen $\sigma_{o,u}$ durch die Größe und die Lage der Längskraft N in bezug auf die Kernpunkte der Querschnitte ausdrücken lassen:

$$\sigma_{o,u} = -\frac{N}{F}\left(1 \pm \frac{e'}{k_{u,o}}\right) = -\frac{N}{W_{o,u}}(k_{u,o} \pm e') = \mp \frac{M_{ku,o}}{W_{o,u}},$$

wobei

$k_{o,u}$ = Kernweiten,
N = $H/\cos\alpha$ Längskraft, als Druckkraft positiv,
e' = M/N Exzentrizität in bezug auf die Bogenachse,

$$\left.\begin{aligned} M_{ku} &= N(e' + k_u) = M + Nk_u \\ M_{ko} &= N(e' - k_o) = M - Nk_o \end{aligned}\right\} \text{ Kernpunktmomente.}$$

Die Grenzwerte der Randspannungen lassen sich aus den Einflußlinien der Kernpunktmomente ableiten (Abb. 2.1/4d). Zum Vereinfachen der Rechnung darf man die Randspannungen für zwei benachbarte Querschnitte berechnen, deren Kernpunkte auf der gleichen Abszisse liegen, z. B. Last „1" rechts von x_i:

$$M_{ku} = M_A + Ax - Hy_{ku}; \qquad M_{ko} = M_A + Ax - Hy_{ko}.$$

Für die Bemessung liefern die Kernpunktmomente wie gezeigt unmittelbar die Randspannungen $\sigma = M_k/W$. Die Bewehrung A_s im Abstand s von der Achse berechnet man angenähert durch Decken des Zugkeils des Spannungsdiagramms. Genauer wird sie für die auf die Stahlachse bezogenen Schnittkräfte $M_s = M + Ns$ und N (Druck) als $A_s = (M_s/z - N)/\sigma_s$ oder mit den Tafeln 1.2.4.2 in DAfSt H. 220 ermittelt.

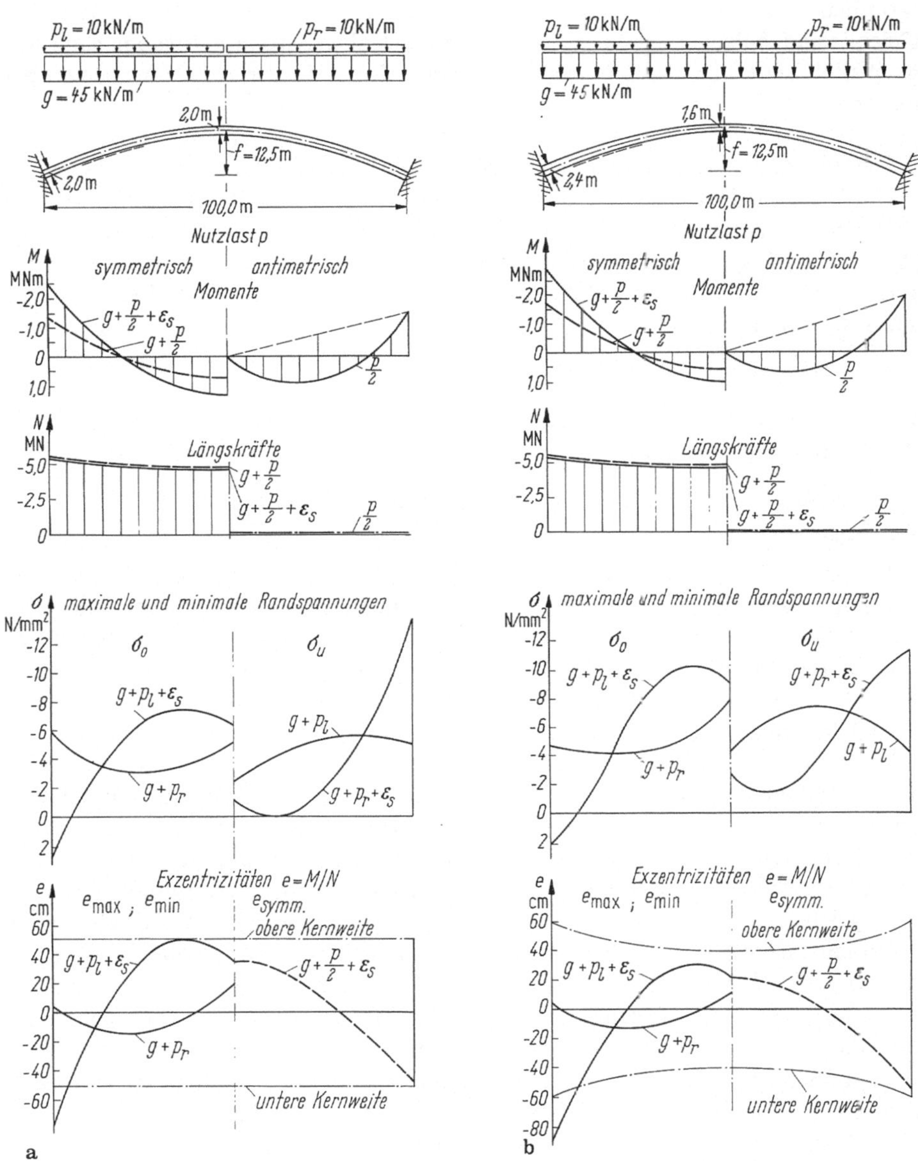

Abb. 2.1/5. Beispiel für die Auswirkung der Veränderlichkeit des Bogenquerschnittes auf die Schnittgrößen, Randspannungen und Längskraftexzentrizität in einem flachen, eingespannten Bogen. **a** Querschnittshöhe konstant; **b** Querschnittshöhe am Kämpfer größer als im Scheitel. Annahmen: Bogenachse nach der Stützlinie für g = const geformt (Parabel); Hohlkastenquerschnitt mit $A = 0{,}50d$ m²/m $I = Ad^2/8$; $\varepsilon_s = 15 \cdot 10^{-5}$; g = const; p = const; p_l, p_r = halbseitige Verkehrslast links bzw. rechts; Theorie I. Ordnung. Alles unabhängig von $E = 30000$ N/mm², außer σ infolge ε_s (I B, 1.1.1).

(e) Die Längenänderungen der Bogenachse infolge der Lasten sowie aus Temperatur, Kriechen und Schwinden fallen um so mehr ins Gewicht, je geringer die Zahl der Gelenke und je flacher der Bogen ist. Bei drei Gelenken wird ihre Wirkung ganz ausgeschaltet; sie können sich jedoch durch einen Knick in der Fahrbahn bemerkbar machen.

Die mit Bögen erreichbaren Spannweiten stoßen an zwei Grenzen: Einerseits gilt auch für sie das in 1 erwähnte Rubnersche Gesetz der durch die Baustoffbeanspruchung beschränkten Größe. Für ein Stützliniengewölbe mit dem Radius R im Scheitel ($R \cong l^2/8f$; l Spannweite, f Stich oder Pfeil) ist der Schub unter der Gleichlast q: $H_q = qR$ („Kesselformel“, I A, Abb. 4.1/1). Bei Ausnutzen der zulässigen zentrischen Spannung σ_{zul} ist

$$H_{zul} = A\sigma_{zul} = H_g + H_p$$

und mit Eigenlast $g = A\gamma$ (A Bogenquerschnitt im Scheitel) und Nutzlast p (beide gleichförmig angenommen):

$$A\sigma_{zul} = (A\gamma + p)\,R\,, \quad \text{d. h.} \quad A = pR/(\sigma_{zul} - \gamma R)\,.$$

Wenn sich die Klammer dem Wert Null und damit R der Grenze $\sigma_{zul}/\gamma = 8000\ \text{kN/m}^2/25\ \text{kN/m}^3 = 320$ m nähert, ist die Grenze der Ausführbarkeit für eine zulässige mittlere Betonspannung von z. B. 8,0 N/mm² erreicht (Spielraum für M und N aus Verkehrslast p zu 2,0 N/mm² Randspannung geschätzt). In der Tat ist der größte bisher ausgeführte Radius $R = l^2/8f = 285$ m bei der Brücke in Gladesville/Australien ($l = 305$ m, $f = 40{,}8$ m) und 315 m bei der Insel Křk/Jugoslawien ($l = 390$ m, $f = 60{,}0$ m) [6].

Die andere Grenze für die Größe eines Bogens ist seine Stabilität, da ein Bogen wie ein schlanker Druckstab *in* seiner Ebene ausknicken kann. Um die Knicksicherheit zu verbessern, muß die Steifigkeit des Querschnitts gegebenenfalls durch Profilieren erhöht werden, während seine Fläche beibehalten werden kann (Abb. 2.1/6a). Dieses Problem wird in DIN 1075 (81), 6 und in größerem Zusammenhang in II B, 4.5 behandelt. Hier sei aber schon darauf hingewiesen, daß bei halbseitiger Belastung eines Bogens der Ausschlag e der Stützlinie und die Durchbiegung w des Bogens sich *addieren* (Abb. 2.1/7), so daß die Momente $\Delta M = Hw$ zu einem weiteren Anwachsen der Durchbiegung führen (Theorie II. Ordnung). Das kann bei einem schlanken Bogen schon lange vor dem Erreichen der Knickgrenze für Vollast zu einer Erschöpfung des Baustoffs führen. Das Superpositionsgesetz gilt in diesem Falle nicht mehr; es muß stets die Wirkung der *Gesamt*last $g + p$ untersucht werden!

Bei den profilierten Querschnitten nach Abb. 2.1/6a ist zu beachten:

(a) die Stützenflucht ist stets hinter die Gewölbestirn zurückzusetzen, um deren Schwung nicht zu unterbrechen und die Anschlußfuge zu verbergen.

(b) Bei Kastenquerschnitten mit Fahrbahnstützen nur über den Randwänden sind die Umlenkkräfte der inneren Wände durch Querschotten nach den äußeren zu übertragen.

(c) Die Querbiegung gekrümmter Platten infolge der Leibungskräfte (vgl. Abb. 2.2/20c) ist in jedem Falle zu untersuchen.

Wenn alte Gewölbe aus Werksteinen, oft mit „trockenen Fugen“, selbst solche aus römischer Zeit, mitunter heute noch dem viel schwerer gewordenen Straßenverkehr dienen, danken sie diese Steifigkeit ausschließlich den Stirnmauern, die keine Verformung der Bögen zulassen [7]. Aus dem gleichen Grunde konnte die Gotik ihre Spitzbögen ausführen, deren Stützlinien weit aus dem eigentlichen Bogen heraustreten müssen. Diese so leistungsfähige Kombination von Bogen und Scheiben führt, in Stahlbeton übersetzt, zu den „Kastenbögen" (Abb. 2.1/6b). Diese ermöglichen sehr

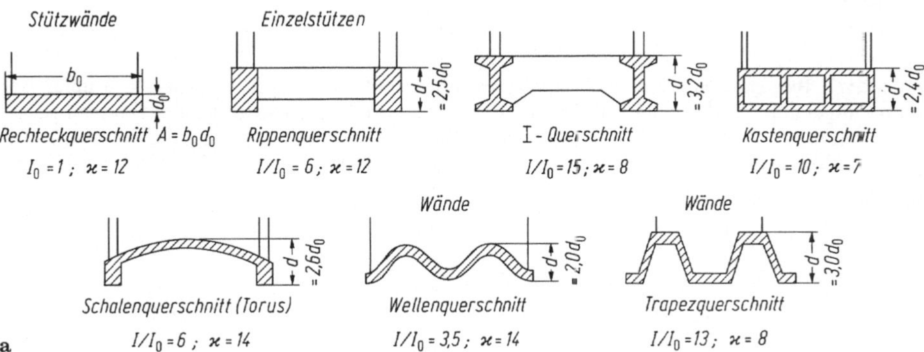

a

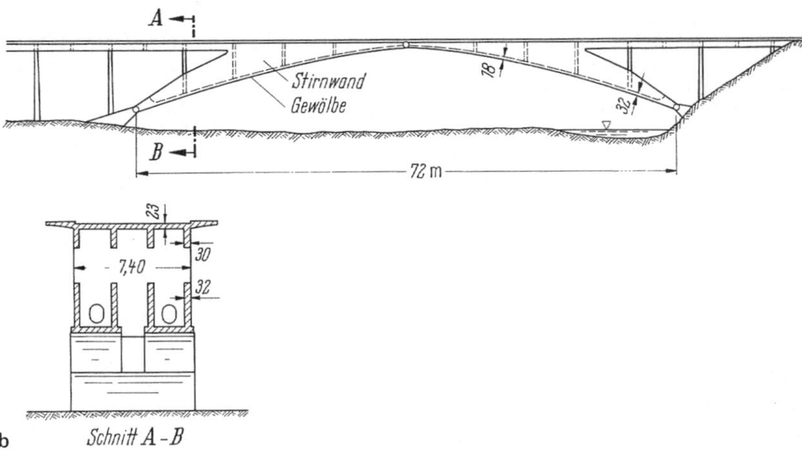

b

Abb. 2.1/6. Profile für die Querschnitte großer Bögen. **a** Beispiele für die Erhöhung des Trägheitsmomentes bei gleicher Querschnittsfläche (Abb. 2.2/2).

Für Überschlag: $I = Ad^2/\varkappa$

A = Querschnittsfläche = A_0 für alle Profile gleich!

d = Querschnittshöhe,

$\varkappa$ = berücksichtigt Querschnittsform; praktisch 7 ... 14:

$\varkappa$ = 4 theoretischer Grenzfall (zwei flache Gurte ohne Steg).

$\varkappa$ = 7 ... 8 stark profilierte Querschnitte, steigend mit Konzentration des Querschnitts in den Flanschen,

$\varkappa$ = 9 ... 10 schwächer profilierte Querschnitte,

$\varkappa$ = 12 Rechteckquerschnitt,

$\varkappa$ = 10 ... 14 abgerundete, profilierte Querschnitte,

$\varkappa$ = 16 Kreisquerschnitt;

b Bögen mit U-Querschnitt an der Stelle großer Ausschläge e_p der Stützlinie infolge Verkehrslast p (Bauart Maillart)

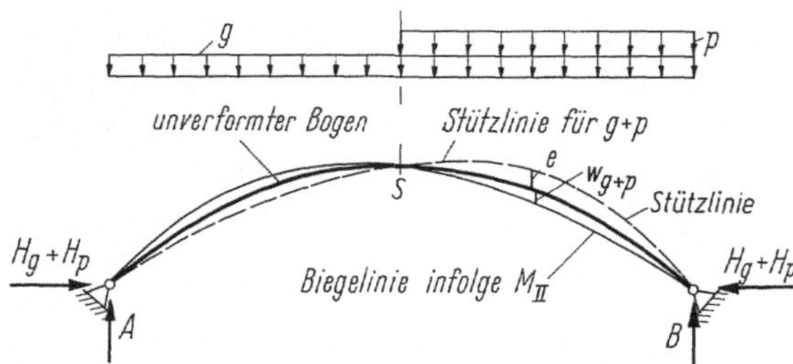

Abb. 2.1/7. Biegemomente bei einem Zweigelenkbogen mit halbseitiger Verkehrslast p unter Berücksichtigung der Verbiegungen w (Theorie II. Ordnung). Für den Gesamtschub kann man genau genug setzen: $H = H_{g+p} \cong H_g + H_p$, da der Einfluß der Theorie II. Ordnung auf die Stützkräfte gering ist. Momente nach Theorie I. Ordnung: $M_I = (H_g + H_p)\, e_{g+p}$; Zusatzmomente nach Theorie II. Ordnung: $\Delta M = (H_g + H_p)\, w_{g+p}$, wobei $w'' = \frac{M}{EI} = \frac{H}{EI}(e + w)$; insgesamt: $M_{II} = M_I + \Delta M = (H_g + H_p)(e_{g+p} + w_{g+p})$

$A_s; I_s$ d_s S z
Momente
H_N H_N
Momente: $M_g = H_N\, z \cong H_0\, e_g$
H_N = Schub infolge Achsenverkürzung
g
Mittellinie = Stützlinie für g ohne Achsenverkürzung
Stützlinie für g mit Achsenverkürzung (überhöht)
Stützlinie e_g f
$H_0 - H_N$ $H_0 - H_N$
H_0 = Schub des unverformten Stützlinienbogens
$H_g = H_0 - H_N$ = Schub des verformten Bogens

a

Momente
z
Momente: $M_g = H_N\, z \cong H_0\, e_g$
H_N = Schub
M_N = Einspannmoment
} infolge Achsenverkürzung
M_N H_N M_N H_N
g
Probe: $H_N \int z\, dx\, \frac{I_c}{I} = 0$
Stützlinie
Mittellinie = Stützlinie für g ohne Achsenverkürzung
Stützlinie für g mit Achsenverkürzung (überhöht)
$H_0 - H_N$ M_N e_g M_N $H_0 - H_N$
$gl/2$ $gl/2$
l
H_0 = Schub des unverformten Stützlinienbogens
$H_g = H_0 - H_N$ = Schub des verformten Bogens
Exzentrizität der Stützlinie $e_g = \frac{M_g}{H_0 - H_N} \cong \frac{M_g}{H_g} \cong \frac{M_g}{H_0}$

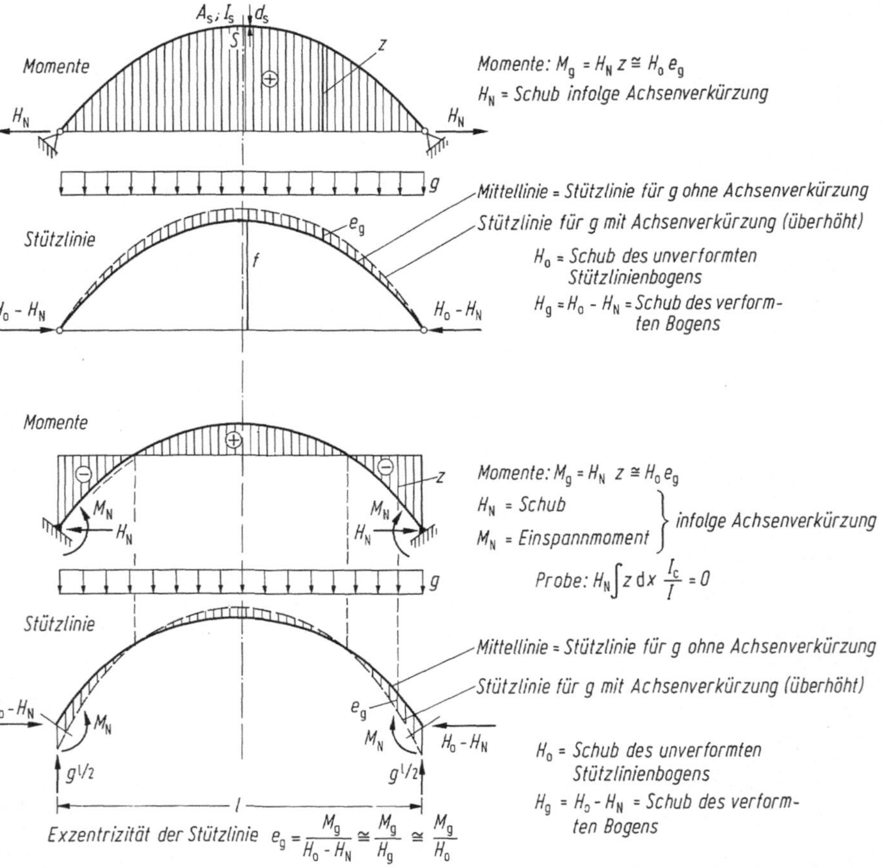

b

Abb. 2.1/8. Zusatzmomente infolge Verkürzens der Bogenachse (elastisch und zeitunabhängig) aus Eigengewicht. **a** Für parabolischen Zweigelenkbogen; ein Überschlag mit vereinfachten Annahmen [4, S. 515] liefert $H_N/H_g \cong \nu \cong 1{,}8(i/f)^2$; $i^2 = I_s/A_s$ mithin im Scheitel bei Rechteckquerschnitt $e_g/f \cong \nu = 0{,}15(d/f)^2$; für $d/f = 0{,}20; 0{,}15; 0{,}10$: $e_g/f = 0{,}60\ 0{,}34\ 0{,}15\,\%$; **b** für Nullgelenkbogen. H_N/H_g in ähnlicher Größenordnung wie bei Zweigelenkbogen

leichte Brückentragwerke, die bis zu 90 m Spannweite ausgeführt worden sind [8]. Sie müssen zwei oder drei Gelenke erhalten, da ihre große Steifigkeit sonst übermäßige Temperatur- und Schwindspannungen zur Folge hätte.

Der Idealzustand reiner Längskraftbeanspruchung läßt sich auch bei einem Stützliniengewölbe nicht erreichen: Beim Ausrüsten eines Bogens wird die Mittellinie elastisch komprimiert, was sich wie eine Verlängerung der Spannweite in einer Verringerung des Horizontalschubes auswirkt und zu Zusatzmomenten im Bogen führt (Abb. 2.1/8). Diese sind *als Lastspannungen unabhängig* von der Elastizitätszahl des Betons, und ihre Größe wird deshalb auch durch das Kriechen nicht geändert (I B, 1.1.1.1 u. 4.2.2). Man hat nun diese Zusatzspannungen, die zu einer Herabsetzung der Mittelspannung zwingen, durch das künstliche Wiederherstellen der Bogenlänge und des Schubes beseitigen wollen, indem man mittels hydraulischer Pressen eine Fuge im Scheitel entsprechend vergrößerte („Gewölbe-Expansionsverfahren"). Das gelingt für den elastischen Zustand. Das Kriechen baut aber solche aus einem *äußeren Zwang* herrührenden Schnittkräfte zum größeren Teile wieder ab (I B, 1.1.1.2 u. 4.2.4.2), so daß die anfangs beseitigten Zwangsspannungen zu mind. 70% wiederkehren [I B, 4/8.1]. Auch für Bögen gilt die alte Erfahrung, daß ein statisch unbestimmtes Tragwerk unter Dauerlast sich „zurechtkriecht", wobei die nichtlineare Arbeitslinie des Betons und mitunter die im Stadium II verkleinerte Steifigkeit zusätzlich helfen.

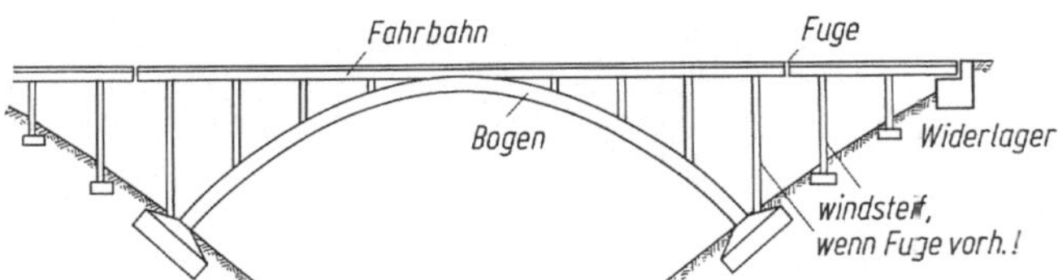

Abb. 2.1/9. *Steifer* Bogen unter der Fahrbahn, Längsträger relativ weich: erfordert enge Stützenstellung

Bei der klassischen Bogenbrücke liegt die Fahrbahn oben (Abb. 2.1/9). Die vorrückenden Verkehrslasten erzeugen Biegemomente im Bogen, während die „aufgeständerte" Fahrbahn nur feldweise Biegung erfährt. Immerhin nimmt sie an den Verformungen des Bogens teil und erhält Zusatzmomente, die den Bogen entlasten [9]. Diese lassen sich infolge der annähernd gemeinsamen Biegelinie durch Verteilen der für den Bogen allein für halbseitige Last berechneten Momente M_0 auf Bogen (M_B) und Fahrbahn (M_F) im Verhältnis der Steifigkeiten $I_F/I_B = k$ leicht abschätzen zu $M_B = M_0/(1 + k)$ und $M_F = M_B k$.

Man kann die Verkehrsmomente praktisch voll dem Längsträger zuweisen, wenn man ihn sehr steif im Verhältnis zum Bogen macht („versteifter Stabbogen", Abb. 2.1/10). Letzterer wird zwar sehr leicht, wodurch die Rüstung billiger wird; er kann aber erst nach Fertigstellung der Fahrbahn ausgerüstet werden, da er keine ungleichförmige Belastung verträgt.

Die Windkräfte überträgt die Fahrbahn als horizontaler Balken auf die Widerlager. Ist sie über den Bogenfundamenten unterbrochen, müssen dort steife Querrahmen angeordnet werden. Die Reduktion des Stabbogens zu einem einfachen Sprengwerk führt zum Balken mit Schrägstützen (Abb. 2.1/11).

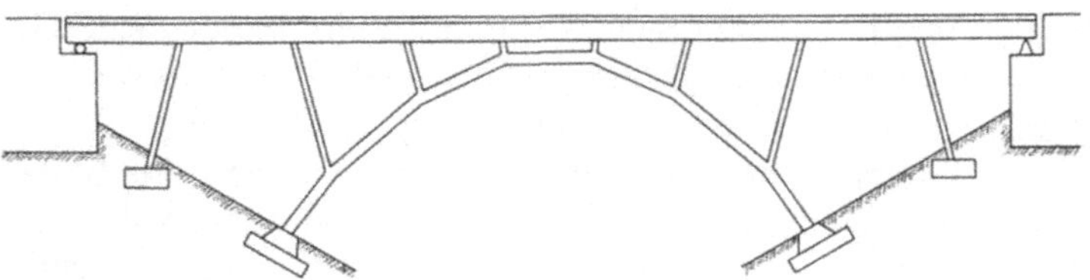

Abb. 2.1/10. *Weicher* Bogen („Stabbogen") unter der steifen Fahrbahn: Weitere Stützenstellung möglich, jedoch Unterrüstung des Bogens bis Fertigstellung des Längsträgers nötig

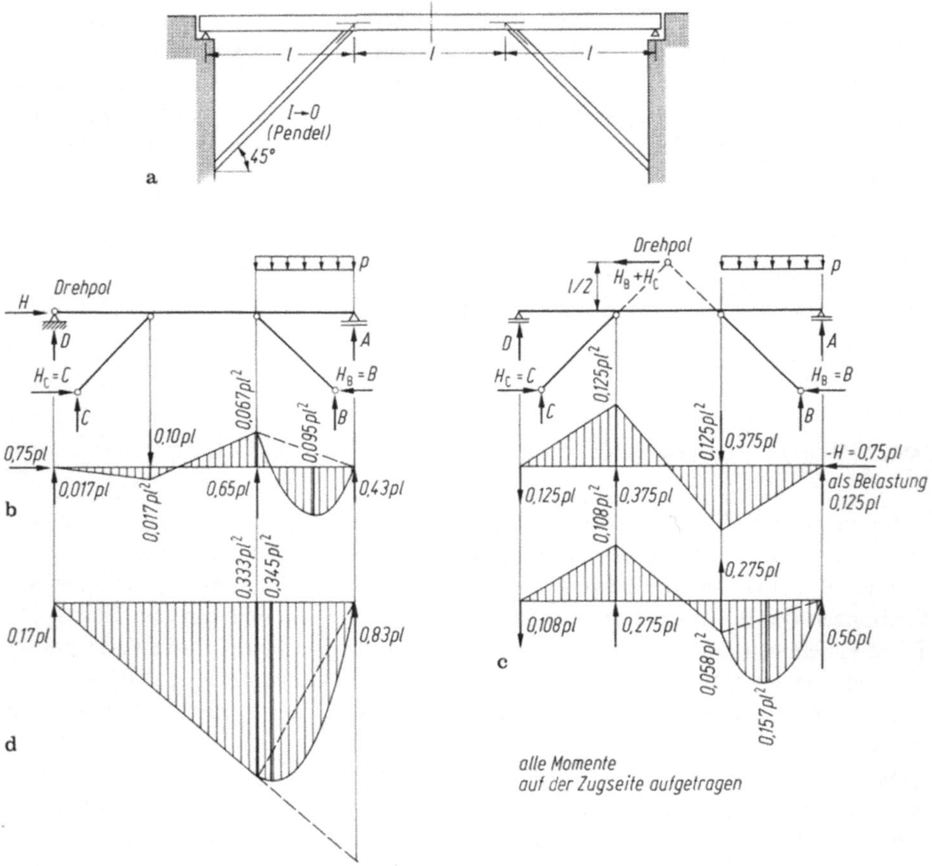

Abb. 2.1/11. Bogen zu Sprengewerk vereinfacht, Stützensteifigkeit vernachlässigbar klein (Pendel). Unterschied gegenüber Balken bei unsymmetrischer Last kinematisch verdeutlicht. **a** System; **b** Balken mit einem *festen* Lager: Momentenverlauf wie Durchlaufträger; **c** Balken mit zwei *verschieblichen* Lagern: $H = H_B + H_C$ wird im Schnittpunkt der Streben aufgenommen, Stabilisierung durch Endauflager A und D, daraus erhebliche Zusatzmomente im Balken. System ungeeignet für wesentliche Verkehrslasten! **d** Balken vergleichsweise ohne Schrägstützen

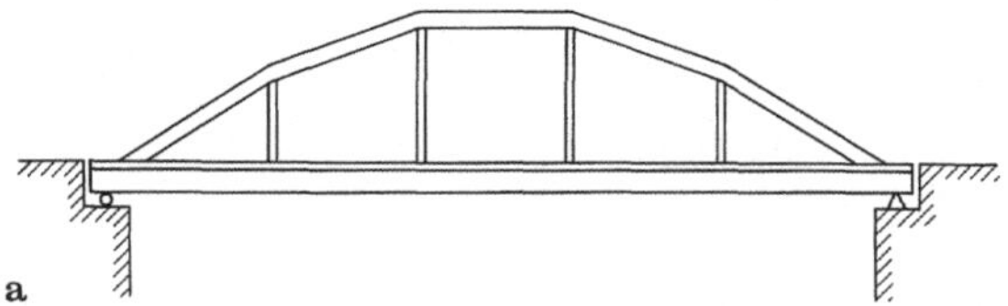

a

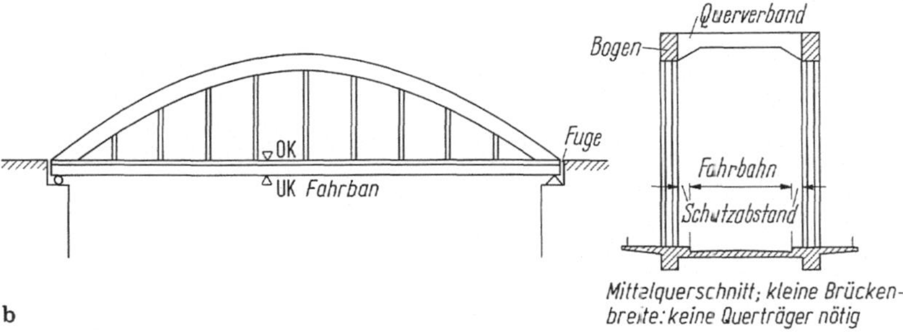

b

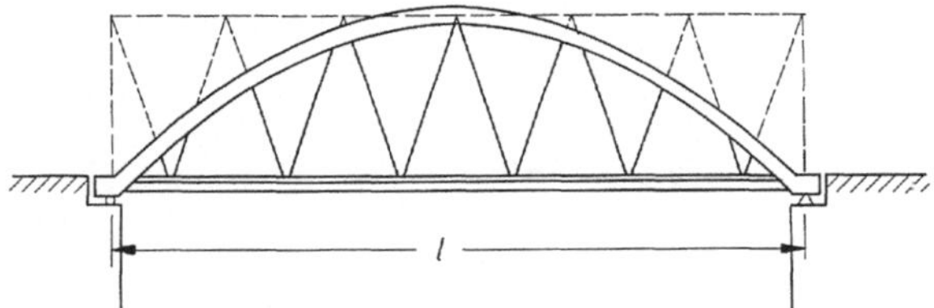

c

Abb. 2.1/12. Bögen über der Fahrbahn ermöglichen minimale Bauhöhe, aber nur für ein bis zwei Fahrspuren geeignet, sonst Querträger zu schwer **a** Weicher (Stab-) Bogen, steifer „Streck"-Balken: etwas größere Bauhöhe, weniger Hängeglieder („Langerscher" Balken); **b** steifer Bogen, enge Hängeglieder: Kleinste Bauhöhe; **c** Bogenbrücke Bauart Nielsen mit schlaffen, auf Druck versagenden, schrägen, nicht einbetonierten Hängegliedern

Der Stabbogen eignet sich gut bei unten liegender Fahrbahn (Abb. 2.1/12a). Die „Bauhöhe" von Oberkante (OK) Fahrbahn bis Unterkante (UK) Längsträger kann jedoch auf ein Minimum gebracht werden, wenn man den *Bogen* relativ steif macht (Abb. 2.1/12b). Dessen Biegemomente aus Verkehrslasten werden durch schräg angeordnete stählerne Hängestangen gleicher Neigung auf etwa ein Viertel vermindert, ohne daß man wie bei Bogenfachwerken ungleiche Feldweiten erhält (Abb. 2.1/12c) [10]. Hochliegende Bögen eignen sich nur für geringe Fahrbahnbreiten (zwei Fahrspuren), da sonst die Querträger zu schwer werden. Für ihre seitliche Aussteifung gibt es verschiedene Möglichkeiten: Steife, in die Querträger eingespannte Hängeglieder wirken sehr klobig (Abb. 2.1/13a); ein oberer K- oder Rautenverband muß durch schräg liegende Portalrahmen gegen den Auflagerquerträger festgelegt werden

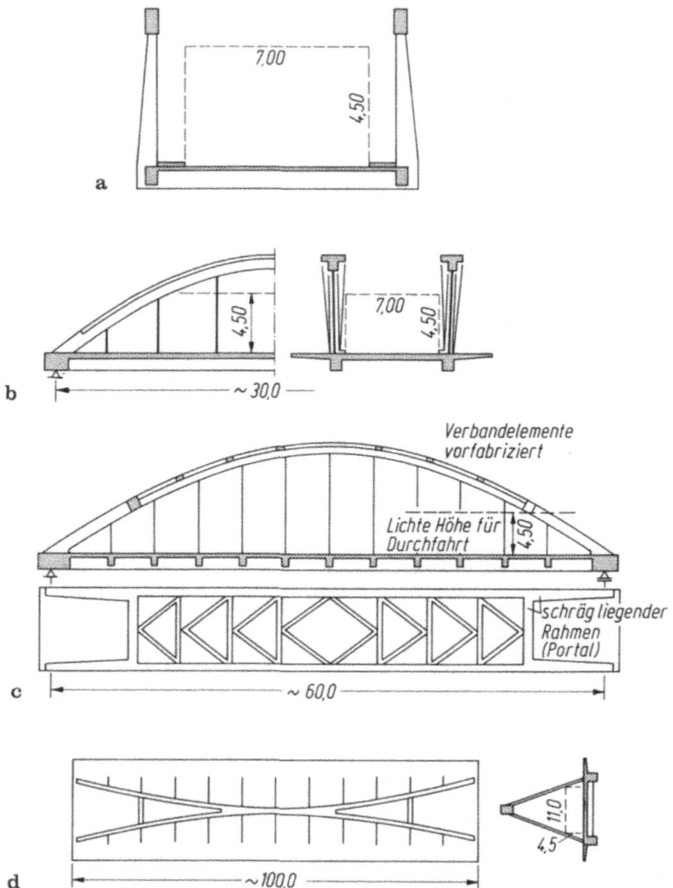

Abb. 2.1/13. Möglichkeiten der Aussteifung von Bögen über der Fahrbahn gegen Ausknicken aus ihrer Ebene und Aufnahme der Windkräfte (schematisch) **a** Für kleinere Spannweiten (30 bis 40 m) biegesteife Ausbildung der Hängeglieder, die mit den Querträgern Rahmen bilden (Nachteil: wandartige Längsansicht bei Durchfahrt!) **b** Bögen mit ausreichender Quersteifigkeit (T-Profil), eingespannt in Endquerträger; **c** für große Bogenbrücken (60 bis 120 m) Fachwerkverband mit Überleitung der Stabilisierungs- und Windkräfte durch schrägliegende Rahmen zu den Auflagern; **d** gegeneinander geneigte Bögen, die im Scheitel zusammenwachsen („Korbhenkelbrücke") und sich räumlich stabilisieren

(Abb. 2.1/13c). Elegant lassen sich Bögen mit T-Profil ohne oberen Verband ausführen, da sie genügend Quersteifigkeit in der Mitte besitzen. Die Breite des Obergurtes läßt man nach den Auflagern zu bis auf das Rechteck des Steges abnehmen, um den Lichtraum für den Verkehr frei zu lassen (Abb. 2.1/13b). Weiteres über die seitliche Aussteifung bringt II B, 4.5.3.

Bei den Bögen über der Fahrbahn wirkt diese als Zugband zur Aufnahme des Bogenschubes. Man hat früher *vor* dem Betonieren der Fahrbahn das Zugband mit dem Schub für *Eigen*last *an*gespannt (IB, Abb. 3/5), womit man einen ähnlichen Teilerfolg wie mit dem Expansionsverfahren erzielte. Wirksamer ist das *Vorspannen* des fertig betonierten Fahrbahnlängsträgers mit dem Schub für die *Vollast*.

Eine Übersicht von Bauarten und viele Details von Bogenbrücken findet man bei Leonhardt [11.2].

Im *Hochbau* findet man Bögen mit Zugband als Hallenbinder. Sie sind zwar leichter als Balken, erfordern aber ab und zu einen Neuanstrich des Zugbandes und der Hängestangen, die man gewöhnlich nicht mit Beton ummantelt. Außerdem werden die Zugbänder oft aus formalen Gründen abgelehnt, und man verwendet Rahmen mit gebogenem Riegel (2.3.2). Die seitliche Stabilisierung übernimmt die Dachhaut (vgl. Abb. 3/46) oder ein Verband zwischen zwei Bindern, an den die weiteren „angehängt" werden (II B, 4.3.4).

Bogenreihen wurden früher für Brücken über breite Täler oder mehrschiffige Hallen viel verwendet, sind aber jetzt durch Balken weitgehend verdrängt. Da sich die Schübe benachbarter Öffnungen weitgehend ausgleichen, konnten die Pfeiler sehr schlank gehalten werden. Die Zerstörungen des letzten Krieges zeigten aber die Wichtigkeit der bei alten Bauwerken üblichen Maßnahme, jeden dritten oder vierten Pfeiler als „Gruppenpfeiler" auszubilden, der einseitigen Schub aufzunehmen vermag. Als katastrophal erwies sich z. B. auch eine Reihe von acht Dreigelenkbindern für einen Bahnhof, die sich nach Art von Zirkuselefanten aufeinander abstützten und erst durch den „Anführer" stabilisiert wurden. Sie brachen alle zusammen, als ausgerechnet dieser einer Bombe zum Opfer fiel. Es ist also immer anzustreben, Teilbereiche langer Bauten in sich stabil auszubilden, um die Wirkung unvorhersehbarer örtlicher Zerstörungen zu begrenzen!

2.1.2.2 Die Ausführung von Bogenbrücken

Sie wird von den örtlichen Verhältnissen im weitesten Sinne bestimmt. Früher kam nur Ortbeton auf Standrüstungen aus Holz in Betracht, vielfach wahre Meisterwerke der Zimmerkunst! (11.1). Wegen der hohen Kosten für Anschaffen und Verarbeiten sind sie durch Stahlrohrgerüste abgelöst worden [I B, 4/105]. Beim Ausführen eines Bogens in zwei Längsstreifen kann das Gerüst durch Querverschieben zweimal eingesetzt werden. Auch das Unterteilen des Bogens in zwei oder mehrere Schichten, ein sehr altes Bauverfahren und schon bei gemauerten Gewölben angewendet, spart Rüstkosten, da die zuerst betonierte Schicht den größten Teil der Last der folgenden übernimmt und die Rüstung dann nur noch zur Stabilisierung dient. Wirtschaftlich sind mitunter noch freitragende hölzerne Fachwerkbögen, deren Hälften vor dem Einbau seitlich abgebunden und mit Kranen montiert werden [11.1, S. 113].

In jedem Falle ist der Betoniervorgang in Abschnitte zu unterteilen, damit die Rüstung gleichmäßig in Spannung versetzt und verformt wird. Das Betonieren einfach von den Kämpfern an ist falsch, denn das Gerüst wird ungleichmäßig zusammengedrückt, was schon zu Einstürzen geführt hat! Ebenso sorgfältig muß das Ausrüsten geplant werden. Eine freitragende Rüstung soll gleichmäßig mittels Spindelschrauben, Sandtöpfen oder hydraulischer Pressen abgesenkt werden, damit die gesamte Eigenlast wirksam wird und sich die Stützlinie ausbildet.

Bei großen Brücken ist eine streckenweise Balkenwirkung des Bogens infolge ungleichmäßiger Absenkung sehr gefährlich! Am sichersten ist das beschriebene Expansionsverfahren, da es die Rüstung gleichmäßig aus dem „Zwang" bringt. Jedenfalls ist das Umlagern der gewaltigen Last von der Rüstung auf den Bogen stets ein wichtiges Ereignis, und der bauleitende Ingenieur wird gut tun, sein Vertrauen in das Werk durch seine Gegenwart an exponierter Stelle vor der Belegschaft zu beweisen!

Der *Freivorbau* hat den hinsichtlich Baustoffaufwand und Widerstandsfähigkeit vorzüglichen Bogentragwerken neuerdings wieder Auftrieb gegeben. Das Standgerüst wird bei diesem Bauverfahren durch eine Verspannung ersetzt, welche die Lasten der Vorbauabschnitte durch zurückverankerte Seile aufnimmt (Abb. 2.1/14a), bis nach Bogenschluß die Stützlinienkraft diese Aufgabe übernimmt [12]. Die Elemente können in einer Versetzschalung an Ort betoniert werden, wobei durch fugenübergreifende Bewehrung die Biegesteifigkeit hergestellt wird (als Beispiele [13.1 bis 4].

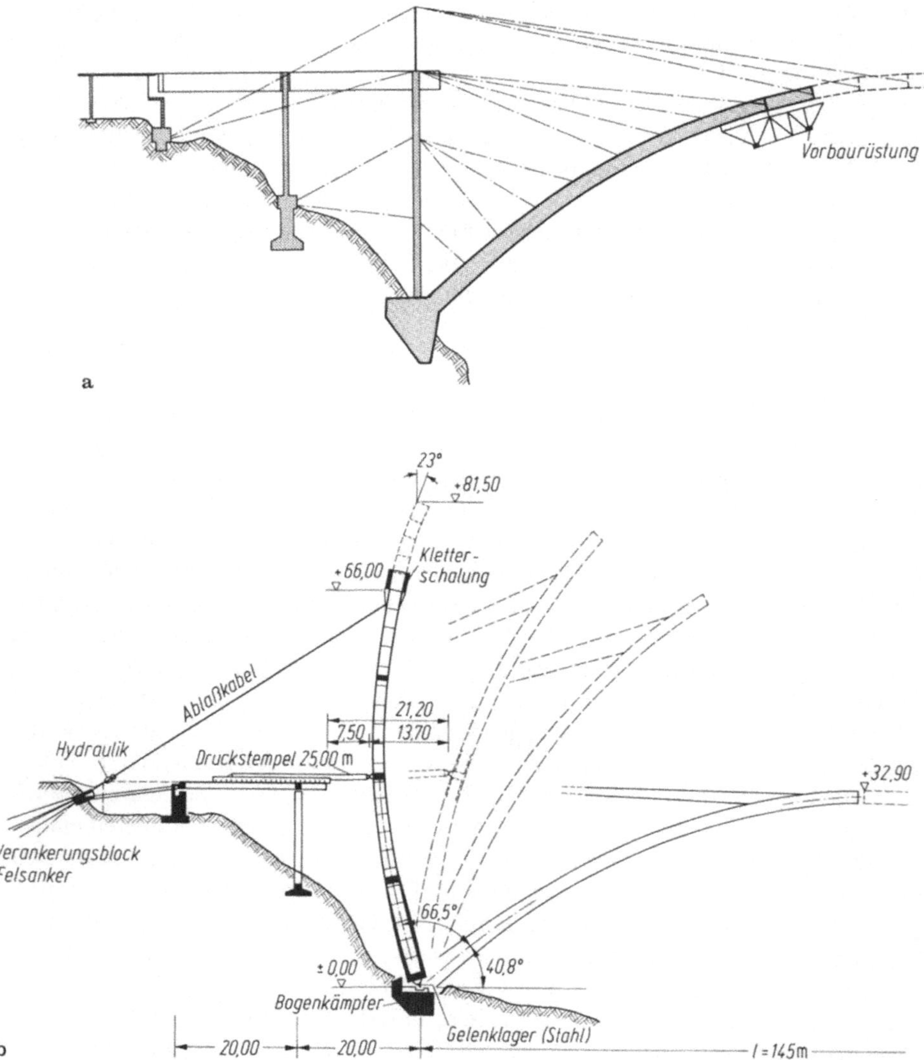

Abb. 2.1/14. Ausführen von großen Bogenbrücken ohne Lehrgerüst. **a** Freivorbau mittels Wanderschalung (2.2.3.4) und zurückverankern durch Drahtseile [13.3]; **b** „Klappverfahren". Betonieren der Bogenhälften mittels Kletterschalung (I B, Abb. 6/28) und Ablassen in die Waagerechte [13.5]

Der Arbeitsfortschritt, der durch Schalen—Bewehren—Betonieren—Erhärten bestimmt wird, läßt sich wie bei Balken (Abb. 2.2/40) wesentlich beschleunigen, wenn vorfabrizierte Elemente versetzt werden. Sie erfordern allerdings schweres Hubgerät (Derrick oder Kabelkran). Wegen der kleinen Ausschläge der Stützlinie, die bei profilierten Querschnitten mit relativ großen Kernweiten keine Zugspannungen hervorrufen, genügt das Verkleben der Fugen mit Epoxidharz. In allen Fällen ist eine laufende Kontrolle der Kräfte in den Rückhalteseilen oder -spannstäben, die sich ja gegenseitig beeinflussen, erforderlich, um dem stets schwach bewehrten Bogen im Bauzustand nicht zu große Biegung zuzumuten.

Abb. 2.1/14b zeigt ein neues Bauverfahren, bei dem man die beiden Bogenhälften in senkrechter Lage herstellt und hydraulisch in die endgültige Lage abläßt [13.5 u. 6]. Die Scheitelfuge wird dann ausbetoniert und kann durch herausstehende Schlaufenbewehrung biegesteif ausgebildet werden.

Nach Aufsetzen der Stützen auf den Bogen wird die Fahrbahn wie ein durchlaufender Balken (vgl. 2.2.3) in Ortbeton oder aus vorfabrizierten Teilen hergestellt. Auch das „Taktschiebeverfahren" (2.2.3.5) ist hierbei anwendbar.

2.1.3 Hängetragwerke

Einfach gekrümmte Hängetragwerke sind in statischer Hinsicht umgekehrte Stützlinienbögen, mithin „gekrümmte Zugstäbe". Doppelt gekrümmte Hängetragwerke werden in 7.3.5 behandelt.

Wie in I B, 3 geschildert, kann eine Zugkraft entweder allein durch Stahl oder durch vorgespannten Beton aufgenommen werden. Wenn man auf die Ummantelung mit Beton verzichtet, den Stahl auf andere Weise gegen Korrosion schützt, und nur eine ganz leichte Dachhaut (Kunstharz) verwendet, gelangt man zu den „Seilnetzen", die aber in diesem Werk nicht behandelt werden (es sei auf [14] verwiesen).

Massive Hängetragwerke müssen aus wirtschaftlichen Gründen stets mit hochwertigem Stahl bewehrt werden. Dessen Dehnung ist unter der zulässigen Gebrauchsspannung 10- bis 20mal größer als diejenige des Betons unter der Rißbeanspruchung (I A, Abb. 4.4/1). Die Bewehrung von Zuggliedern muß daher vorgespannt werden (I B, 3.2). Dieser zusätzlichen Eigenlast und Arbeit steht aber der Vorteil gegenüber, daß solch ein massives Zugglied nur etwa 1/12 der Dehnung wie ein gleich tragfähiges hochwertiges Stahlband aufweist.

Ein Zugglied kann nicht knicken und nimmt angenähert die Form der Zuglinie der Lasten an. Es wird daher möglichst weich ausgebildet und besitzt damit ein viel geringeres Gewicht als ein Bogen gleicher Abmessungen, der eine Mindeststeifigkeit aufweisen muß, um stabil zu sein (2.1.2.1). Zudem *subtrahieren* sich die Zusatzmomente bei halbseitiger Last aus der Exzentrizität e der Stützlinie und der elastischen Durchbiegung zu $\Delta M = H(e - w)$, weil e und w gleiche Richtung besitzen (Abb. 2.1/15), im Gegensatz zum Bogen, wo sie sich *addieren* (Abb. 2.1/7 u. II B, 4.5). Aufgrund dieser günstigen Eigenschaften sind schon mehrere Spannbandbrücken ausgeführt worden [15]. Ihre Berechnung bringt [16.1].

Nachteilig in wirtschaftlicher Hinsicht wirkt sich der hohe Angriffspunkt des Horizontalschubes aus, der ein schweres Widerlager (Abb. 2.1/16a) oder eine Bockkonstruktion mit Gegengewicht oder Erdankern (Abb. 2.1/16b) nötig macht. Besondere Sorgfalt erfordern die Vorkehrungen an den Auflagern, um die Drehwinkel

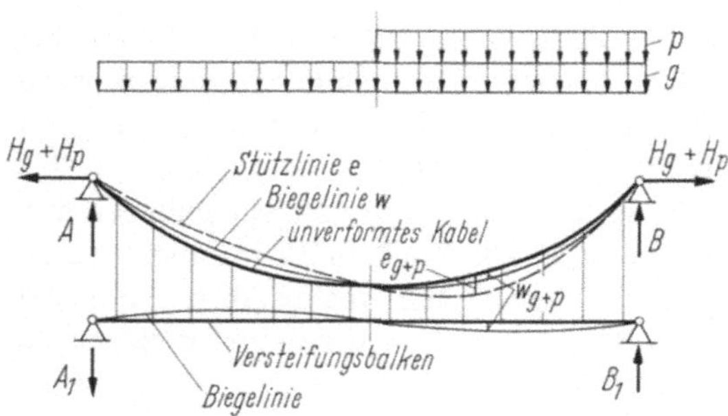

Abb. 2.1/15. Schematische Darstellung des Einflusses der Verbiegungen w infolge halbseitiger Verkehrslast (Theorie II. Ordnung) bei einer Hängebrücke im Gegensatz zu der Auswirkung bei einer Bogenbrücke (Abb. 2.1/7). Momente nach Theorie I. Ordnung: $M_I = (H_g + H_p)\, e_{g+p}$; Zusatzmomente nach Theorie II. Ordnung: $\Delta M = -(H_g + H_p)\, w_{g+p}$; insgesamt: $M_{II} = M_I + \Delta M = (H_g + H_p)(e_{g+p} - w_{g+p})$

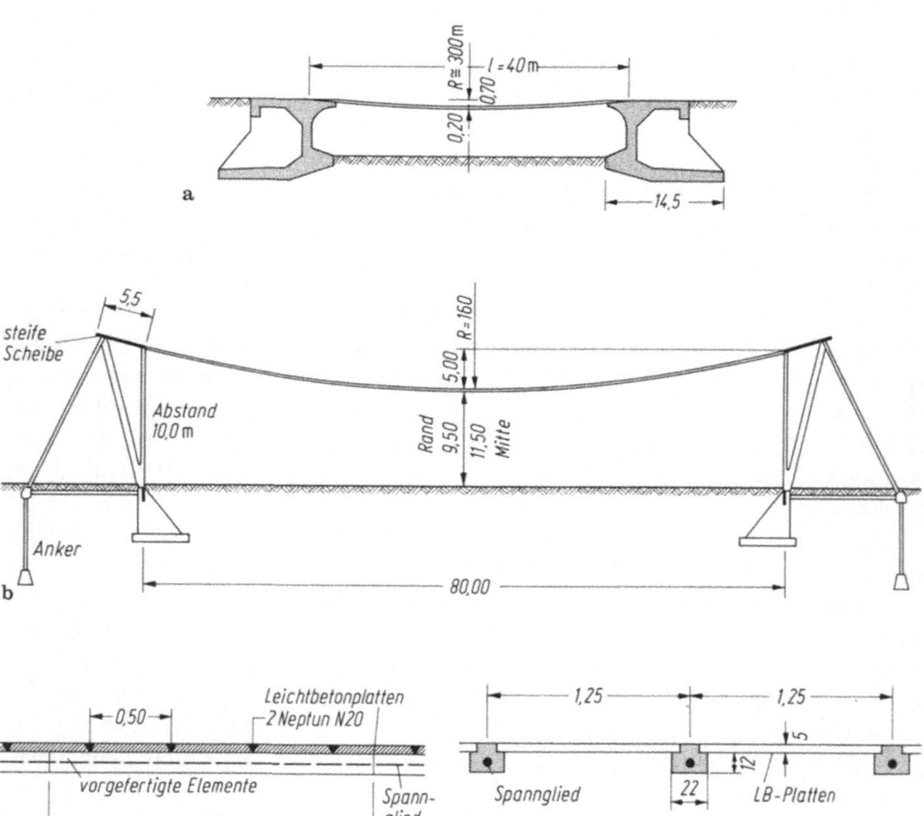

Abb. 2.1/16. Hängetragwerke und ihre Verankerung. **a** Spannbandbrücke für Fußgänger [15, S. 172] (schematisch); **b** Hängedach für Sporthalle [I B, 2/10.4, S. 58]; **c** Längsschnitt zu **b**; **d** Querschnitt zu **b**; Dachfläche in dieser Richtung zur Wasserableitung gewölbt

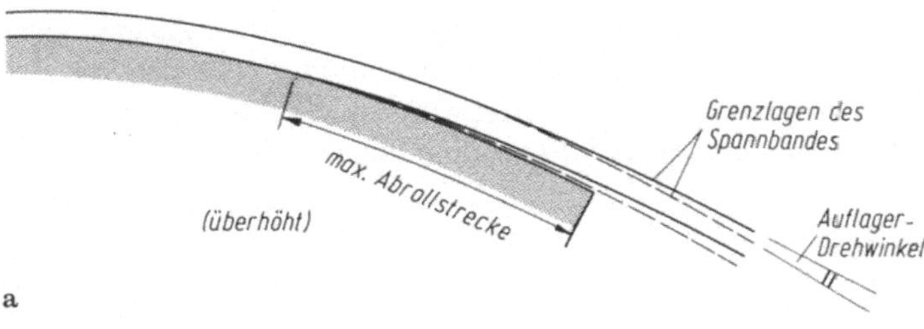

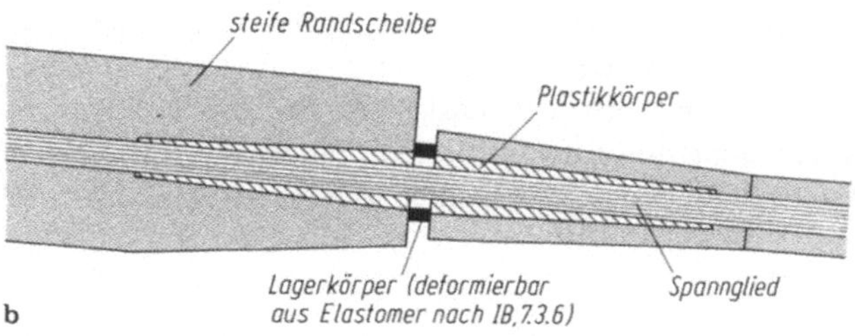

Abb. 2.1/17. Vermindern der Biegespannungen in den Spanngliedern infolge der Auflager-Drehwinkel. **a** Spannband der Fußgängerbrücke Abb. 2.1/16a kann sich der Lagerfläche mit dem zulässigen Radius anschmiegen; **b** Spannglieder des Hängedachs Abb. 2.1/16b sind in plastischem Kunststoff gebettet

des weichen Hängebogens infolge ungleichförmiger Nutzlasten und Temperaturdehnungen auf genügend Verformungslänge des Spannstahls zu verteilen (Abb. 2.1/17). Deshalb eignen sich Hängebögen vor allem für Dächer [I B, 2/10.4] und [16.2], aber auch für Fußgängerbrücken mittlerer Spannweite (etwa 40 m). Für Straßenlasten sind Spannbandbrücken nur für große Spannweiten (etwa 200 m) geplant worden [15, S. 172].

Zu den Hängetragwerken kann noch der unterspannte Balken (Abb. 2.1/18), gewissermaßen die Spiegelung des Stabbogens über der Fahrbahn, gezählt werden. Sein Schub wird durch die als Druckglied wirkende Fahrbahn aufgenommen, wodurch kaum zusätzlicher Aufwand nötig ist, und das Ganze kann als Balken mit senkrechten Stützkräften aufgelagert werden.

Stehen geeignete örtliche Verhältnisse für die provisorische Aufnahme des Zuges zur Verfügung (Felsanker), kann der Hängegurt ohne Rüstung montiert und betoniert, dann Stützen und Balken darauf gebaut werden. Schließlich wird der Zug auf die Fahrbahn umgelagert (Beispiel aus Norwegen).

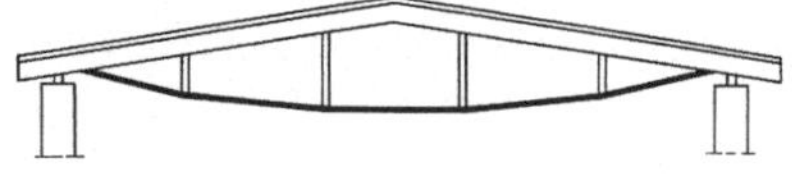

Abb. 2.1/18. Unterspannter Balken (vorfabriziert) als Dachbinder einer Halle

2.2 Balken: Stabtragwerke mit vorwiegender Biegung, drehbar gelagert

Balken als Stäbe mit vorwiegender Biegebeanspruchung sind als „Bauteile" Gegenstand von Abschnitt 4 des Bandes I B. Dabei mußte auch auf die Beeinflussung durch benachbarte Felder eingegangen werden. Hier werden spezielle Ausbildungen von Quer- und Längsschnitt, Balkenroste sowie die Ausführungsmethoden von Balken behandelt. Die über die einfache Plattenbalkenwirkung hinausgehenden Folgen des monolithischen Zusammenhanges von Platte und Balken sind in Abschnitt 3 (Decken) enthalten.

Balken werden im *Hochbau* meist als frei drehbar gelagert angesehen, obgleich sie monolithisch mit den Stützen verbunden sind. Im Balken werden hierdurch in der Regel nur so kleine Zusatzmomente erzeugt, wie sie infolge der anderen vereinfachenden Berechnungsannahmen ohnehin vorhanden sind (I B, 1.1.1). Schwerer wiegen die Kontinuitätsmomente M für die Stützen, wo sie eine „unbeabsichtigte" Exzentrizität $e = M/N$ der Stützenlast N bewirken und wenigstens näherungsweise berücksichtigt werden müssen (I B, 2.1). An den Enden eines durchlaufenden Balkens ist der Auflagerdrehwinkel das Zwei- bis Vierfache desjenigen bei einer Innenstütze (Abb. 2.2/1), so daß die Verbindung mit der Stütze dort angenähert berechnet werden muß, um Risse in Balken und Stütze am Knoten zu vermeiden (Abb. 3.3) [H. 240, 1.6].

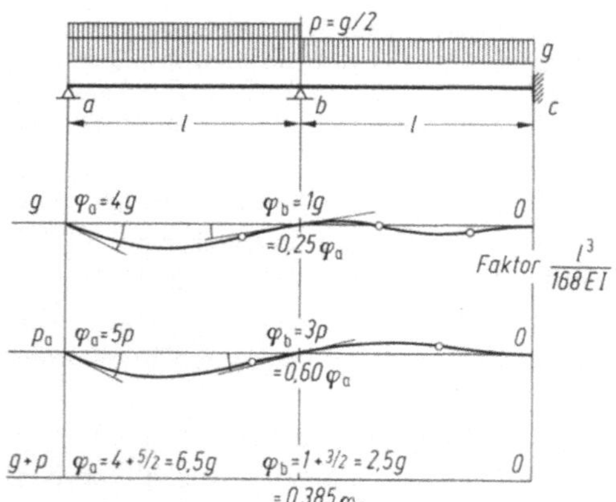

Abb. 2.2/1. Auflagerdrehwinkel φ am End- und Innenauflager eines Balkens oder einer Streifenplatte unter Eigen- und Nutzlast

Bei *Brücken* müssen die Beanspruchungen von Balken sowie Pfeilern und Widerlagern wegen der größeren Lasten und Spannweiten genauer verfolgt werden. Man konzentriert daher die Stützkräfte mittels Lagern (I B, 7) und schaltet die Zwänge aus den Verschiebungen und Verdrehungen des Trägers durch die Bewegungsmöglichkeiten der Lager aus. Neue Vorschriften für „Lager im Bauwesen" bringt DIN 4141 Teil 1 bis 14 E (83). Über „Lagerung und Lager im Hochbau" gibt [21] eine gute Übersicht sowie B. Kal. 1985 II, S. 543.

Balkenbrücken werden ausführlich behandelt in [11.2] und [17] sowie B. Kal. 1986 II, Massivbrücken; viele Beispiele finden sich in [18; 1/1.1]. Die teilweise Vorspannung [I B, 4/60] dringt auf diesem Gebiet vor [19]. Beachtenswerte Gedanken bringt [I B, 4/62] und besonders [20]. Spannbetonbrücken und andere Balken werden in B. Kal. 1985 II, S. 821 beschrieben.

2.2.1 Der Querschnitt

2.2.1.1 Biegung und Querkraft

Bei weitgespannten Balken muß der Querschnitt möglichst große Steifigkeit (EI) mit geringer Eigenlast $g = A\gamma$ (γ Wichte) verbinden, d. h. seine Fläche A ist bei gegebenem E weitgehend an die Randfasern zu verlagern. Um von diesem Zusammenhang einen Begriff zu geben, sind in Abb. 2.2/2 die erreichbaren Spannweiten l für einen einfachen Stahlbetonbalken mit verschiedenen Querschnittsformen aufgetragen,

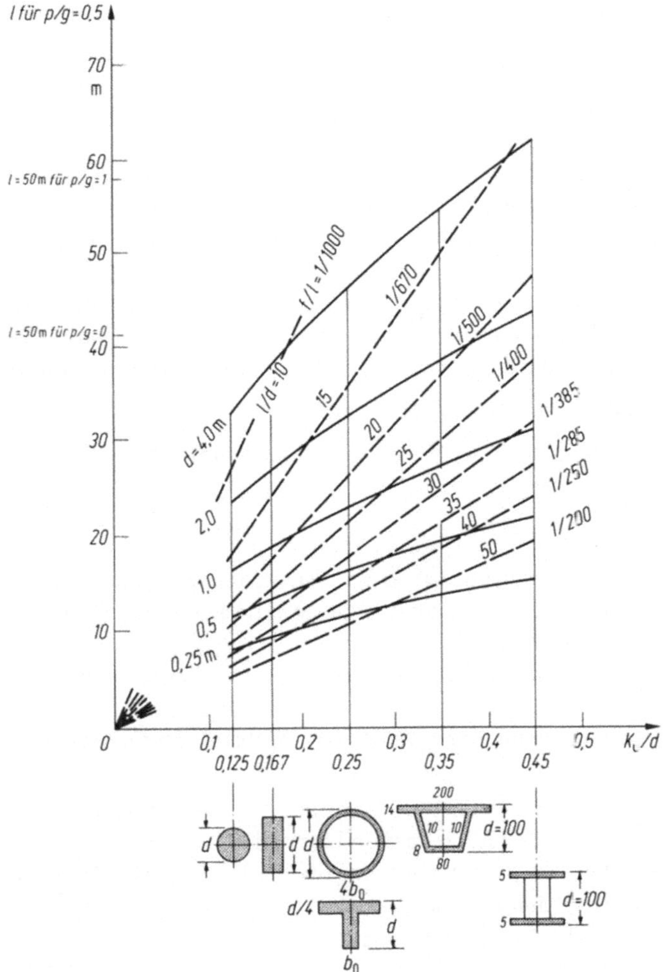

Abb. 2.2/2. Erreichbare Spannweiten und Schlankheiten l/d eines einfachen Balkens mit verschiedenen Querschnitten, wenn am oberen Rand eine größte Druckspannung von $\sigma_0 = 10$ N/mm² im Zustand I eingehalten wird und das Verhältnis Nutz- zu Eigenlast $p/g = 0{,}5$ beträgt. Für andere Verhältnisse p/g ist der Maßstab für l wie angegeben zu verändern. Die den Schlankheiten l/d proportionalen Durchbiegungen f/l sind für $E = 30000$ N/mm² (B 25) und eine Nullinienlage $y_0/d = 1/3$ (etwa Zustand II entsprechend) er rechnet

wenn am oberen Rand eine Druckspannung $\sigma_0 = 10\ \text{N/mm}^2$ eingehalten wird. Der Querschnitt ist als homogen wirkend angenommen (Zustand I).

Es soll also sein

$$\sigma_0 = M_m/W_0\,; \qquad M_m = (g + p)l^2/8\,; \qquad W_0 = I/y_0 = Ai^2/y_0 = Ak_u\,,$$

worin g Eigenlast, p Verkehrslast, y_0 Abstand Druckrand von Achse, k_u untere Kernweite und $i^2 = I/A$ Trägheitsradius ist. Daraus folgt

$$l = \sqrt{8k_u\sigma_0/\gamma(1 + p/g)}$$

und mit k_u/d als Leitwert

$$l = \sqrt{8\sigma_0 d/\gamma(1 + p/g)}\,\sqrt{k_u/d}\,.$$

Das Diagramm zeigt:

(a) Mit einer bestimmten Querschnittsform und -höhe ist nur eine begrenzte Spannweite möglich, die nur mit $\sqrt{d}$ zunimmt (vgl. Abb. 1/2).

(b) Für eine gegebene Spannweite l läßt sich die Schlankheit l/d eines Balkens durch Profilierung des Querschnitts, d. h. durch „Spreizung" der Kernpunkte vergrößern. Als Leitwert wurde daher die auf d bezogene untere Kernweite k_u gewählt.

(c) Die Schlankheit l/d eines Balkens wird aber durch seine Verformung begrenzt. In DIN 1045, 17.7.2 geschieht das nur mittelbar durch die Festlegung von $l/h \cong 1{,}1\ l/d = 35$. Die Durchbiegung ist nach I B, 4.2.3, Abb. 4.2/17 für Vollast

$$f = \sigma_0 l^2/10Ey_0 \quad \text{oder} \quad f/l = (\sigma_0 l/d)/(10Ey_0/d)$$

und mit $E = 30000\ \text{N/mm}^2$; $\sigma_0 = 10$ N/mm und $y_0/d \cong 1/3$ im Zustand II (Abb. 2.2/2)

$$f/l = 10^{-4} l/d\,.$$

Diese Werte sind (I B, 4.2.3.1) mit etwa $0{,}3\varphi$ (φ Kriechzahl) zu multiplizieren, um die zusätzliche Kriechdurchbiegung abzuschätzen. Hierbei ist aber nur der Anteil der ständigen Last an σ_0 anzusetzen.

Diese zur Darstellung der funktionalen Zusammenhänge dienenden Kurven lassen sich aber auch anwenden:

(d) auf eine andere zulässige Randspannung σ_0', indem der Maßstab der Grenzspannweiten l im Verhältnis $\sqrt{\sigma_0'/\sigma_0}$ umgerechnet wird;

(e) auf durchlaufende Balken, wenn unter l der Abstand $l_i = \alpha l$ der geschätzten Momentennullpunkte (DIN 1045, 17.7.2) verstanden wird;

(f) auf Spannbetonbalken. Die Lastspannung σ_{q0} am oberen Rand wird hier durch die Spannkraft Z um σ_{v0} vermindert, so daß statt $\sigma_0 = \sigma_{q0} + \sigma_{v0} = \sigma_d^0$ (vgl. I B, Abb. 4.3/18) $\sigma_{q0} = \sigma_0/(1 + \sigma_{v0}/\sigma_{q0})$ eingesetzt werden darf.
Oberhalb eines Eigenlastanteils $Mg = 0{,}3 \ldots 0{,}4\ Mq$ wird nach den in I B, 4.3.2.1 und Abb. 4.3/20 entwickelten Zusammenhängen

$$\sigma_{q0} = M_q/W_o = M_q/Ak_u \quad \text{und} \quad \sigma_{v0} = Z(1 - e^*/k_u)/A\,,$$

wobei $Z = M_q/e^* + k_o$ sich aus der Erfüllung der Nullbedingung unter M_q am unteren Rand bei y_u ergibt. $e^* \cong y_u - d/10$ ist die ausführbare Lage des

Spanngliedes, die Kernweiten sind $k_o = i^2/y_u$ und $k_u = i^2/y_0$. Daraus ergibt sich

$$\sigma_{q0}/\sigma_0 = (e^* + k_o)/(k_u + k_o)$$

und beispielsweise für die in I B, Abb. 4.3/21 b angegebenen Querschnittsformen die folgenden Werte:

	y_u	e^*	k_o	k_u	σ_{q0}/σ_0	$\sqrt{\sigma_{q0}/\sigma_0}$
	0,5 d	0,4 d	0,17 d	0,17 d	1,67	~1,3
	~0,63 d	~0,53 d	~0,15 d	~0,25 d	~1,70	~1,3
	~0,5 d	~0,4 d	~0,25 d	~0,25 d	~1,30	~1,15

Die Grenzspannweiten l sind daher um 30% bzw. 15% größer als bei Stahlbetonbalken mit gleicher Querschnittsform. Man erkennt an diesem einfachen Überschlag die überlegene Leistungsfähigkeit von Spannbetonbalken. Auch hinsichtlich der Durchbiegung sind diese günstiger. Bei voller Vorspannung unter Vollast ist $y_0 = d$ zu setzen, da die Nullinie am unteren Rand liegt. y_0/d wurde für den Stahlbetonbalken mit 1/3 abgeschätzt, so daß f/l auf etwa 1/3 des Wertes für Stahlbeton im Zustand II zurückgeht!

Über die Kriechdurchbiegung kann man nichts aussagen, ohne das Verhältnis g/q zu kennen; bei geringem Anteil an ständiger Last g ist die Druckspannung am unteren Rand infolge der Vorspannung größer als am oberen, wodurch die Kriechdurchbiegung negativ wird, d. h. ein Aufwölben des Balkens eintritt. Diese Erscheinung ist z. B. bei Brücken oder Kranbahnen schon sehr unliebsam aufgefallen (vgl. I B, Abb. 4.2/13). Wenn die Eigenlast vorwiegt, sollte man besser nur „beschränkt" oder „teilweise" vorspannen und sich der „formtreuen Vorspannung" annähern, bei der unter ständiger Last der ganze Querschnitt etwa gleichmäßig gedrückt wird und sich nicht verbiegt (I B, 4.2.3.2). „Teilweise" vorgespannte Balken behandelte neuerdings [22].

Die Wahl des Querschnitts einer Brücke erfordert vielseitige Kenntnis und Erfahrung, ist also eine „Kunst". Denn es ist ja nicht dessen Tragfähigkeit in Quer- und Längsrichtung allein maßgebend, sondern noch eine Reihe anderer Anforderungen:

(a) In der Querrichtung ist die Beanspruchung der Fahrbahnplatte durch die Nutzlast, vor allem die Schwerfahrzeuge, zu berücksichtigen. Die Biegung infolge verteilter Last nimmt mit dem Quadrat der Plattenspannweite zu, während diejenige aus einer Punktlast von der Spannweite unabhängig ist (I B, 5.1.1), weil sie sich in zwei Richtungen ausbreitet. Diejenige aus über eine kleine Fläche verteilten Fahrzeuglasten wächst daher nur wenig mit der Spannweite an. Das gilt sowohl für beiderseits gestützte [23] wie für auskragende Plattenfelder. Nach den Stegen zunehmende Plattendicke verstärkt in beiden Fällen diese Wirkung [24]. Näherungswerte für vierseitig drehbar gelagerte Fahrbahnplatten gibt [25] an.

(b) Ein großer Hauptträgerabstand wird dort wirtschaftlich sein, wo man als Druckzone für die Längsbiegung ohnehin eine dickere Platte benötigt, also bei großen Balkenspannweiten.

(c) Die Seitenschalung für die Stege, besonders, wenn diese profiliert sind, bringt einen wesentlichen Kostenanteil, der mit steigendem Balkenabstand sinkt. Bei kleineren Balkenspannweiten braucht man nur eine dünnere Druckzone und die Seitenschalung fällt nicht so stark ins Gewicht, so daß auch ein kleinerer Hauptträgerabstand zweckmäßig ist. Platten- und Balkenspannweite sind daher aufeinander abzustimmen, um die wirtschaftlichste Lösung zu finden.

(d) Ein weiterer Gesichtspunkt für die Wahl des Brückenquerschnitts ist die Abtragung der Fahrzeuglasten in die Stege, wofür die Platte allein (Abb. 2.2/24 u. 3/1), besondere Querträger (Abb. 2.2/23), auch die Torsionssteifigkeit der Balken (Abb. 2.2/16 u. 17) herangezogen wird [26]. Diese kann durch aussteifende Querstege erhöht werden, welche die Tragwirkung der Platte nicht beeinträchtigen (Abb. 3/2b). Die Verbindung zweier oder mehrerer Balkenstege durch eine untere Platte zu einem Hohlquerschnitt mit Rahmenwirkung, wodurch auch die Torsionssteifigkeit auf das Vielfache gesteigert wird (Abb. 2.2/11 bis 15), ist für diesen Zweck eindeutig überlegen und herrscht im Großbrückenbau vor, obgleich das Herstellen des Kastens zusätzliche Kosten verursacht. Die untere Platte wird über Innenstützen meist ohnehin als Druckplatte gebraucht. Es ist zu beachten, daß ihre „mitwirkende Breite“ an der Stelle einer Einzelkraft nach [H. 240, 1.2.1] und wie in I B, Abb. 4.3/1 dargestellt, wesentlich kleiner als im Feld unter *verteilter* Last ist.

(e) Ferner ist daran zu denken, daß innerhalb des Querschnitts durch Schwind- und Temperaturdifferenzen erhebliche Spannungen entstehen können, besonders wenn die Dicken von Platten und Stegen stark voneinander abweichen. Angesichts mehrfacher Rißschäden, die nicht auf Lastspannungen zurückzuführen waren [27], wird hier auf die inneren Zwangsspannungen ausdrücklich hingewiesen, die besonders bei Hohlkästen durch die erheblichen Temperaturdifferenzen zwischen Innen- und Außenraum auftreten (vgl. I A, Abb. 1.3/19 u. 21 a), ferner auf die Temperatur-Eigenspannungen in Längsrichtung (vgl. I B, Abb. 1/4b) [28]. Da die Betontemperatur im Tagesrhythmus rasch wechselt, werden, wie in I A, 1.3.4 erwähnt, die entsprechenden Spannungen im Gegensatz zu denjenigen aus den langsamen Schwindvorgängen durch Kriechen des Betons kaum abgebaut. Ferner entstehen durch das abschnittsweise Herstellen von Hohlquerschnitten infolge von Temperatur- und Schwinddifferenzen häufig Risse, wenn nicht Schutzmaßnahmen (I A, 1.1.7) getroffen werden, beispielsweise Stegrisse über einer vorbetonierten Bodenplatte, wie in I B, 6.3.2.2 gezeigt. Es empfiehlt sich daher, in einer 0,5 bis 1 m breiten Zone des Neubetons Längsstäbe sowie durchgehend beiderseits eine leichte Netzbewehrung zur Rißverteilung zu verlegen [27].

(f) Die Ausführungsweise gibt meist den Ausschlag für die Wahl des Brückensystems und damit auch des Querschnitts [29], weshalb in 2.2.1.3 die wichtigsten Bauweisen geschildert werden. In diesem Zusammenhang ist auf die besondere Sorgfalt hinzuweisen, die beim Betonieren der zur Gewichtsersparnis oftmals allzusehr abgemagerten Stege, die meist dicke Pakete von Bewehrung und Spanngliedern enthalten, aufzuwenden ist. Da sie große schräge Druck- und Spaltzugspannungen aus dem Um-

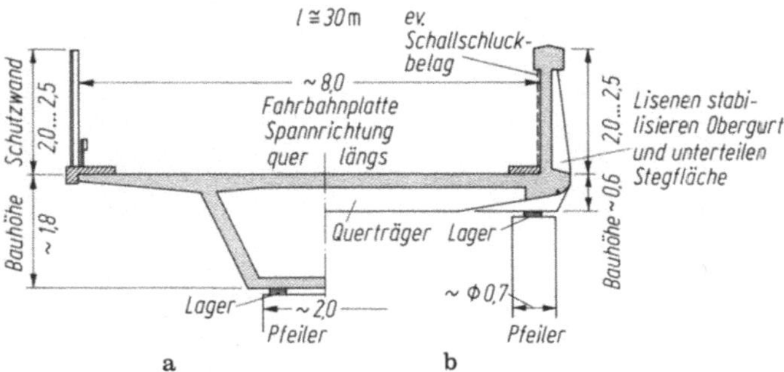

Abb. 2.2/3. Beispiel einer durchlaufenden Straßenhochbrücke mit etwa 30 m Spannweite und 8 m Breite, versehen mit Abstrahlungsschutz für Verkehrsschall. **a** Deckbrücke mit Kastenprofil auf *einem* Pfeiler und besonderen Schutzwänden; **b** Trogbrücke, deren Seitenwände die Schallausbreitung verhindern erfordert *zwei* Pfeiler unter den Tragwänden, aber kleinere Bauhöhe

lenken der Spannkräfte aufzunehmen haben, ist die Schwächung durch Hüllrohre zu berücksichtigen (I B, 4.3.2.2) [30; 18, S. 145). Leider sind zudem mehrfach in allzudünnen Stegen unzureichende Betondeckungen und Kiesnester gefunden worden, wodurch der Korrosionsschutz des Stahls gefährdet wird. Also nicht zu dünne Stege (mindestens 20 bis 25 cm je nach Höhe und Bewehrung) vorschreiben. Planmäßige „Rüttelgassen" bereits auf den Zeichnungen, gewissenhaftes Verdichten und möglichst Einbringen von Mischungen ohne Grobkorn an diesen Stellen sind bei feingliedrigen Querschnitten unumgänglich nötig!

(g) Seit einigen Jahren „Umweltschutz" ist auch beim Bau von Hochbrücken in Wohngebieten die Belästigung durch das Verkehrsgeräusch zu berücksichtigen. Man löste dieses Problem zunächst durch Schallschutzwände aus Metall, Holz oder Kunststoff am Rande von Deckbrücken (Abb. 2.2/3a). Diese wirken aber durch die Addition von Bauhöhe und Schutzwand sehr klobig. Man vereinigt neuerdings die Trag- und Schutzfunktion durch Trogbrücken (Abb. 2.2/3b). Die Bauhöhe wird dann nur durch die Querträger bestimmt, wodurch allerdings die Brückenbreite auf 8 bis 12 m beschränkt ist, damit jene nicht zu hoch und teuer werden. Diese Bauart eignet sich für Spannweiten von 25 bis 40 m, um einerseits die gegebene Schutzwandhöhe auszunutzen, anderseits diese aber nicht unnötig zu vergrößern.

Das Bemessen der Rechteck- und T-Querschnitte auf Biegung, Schub und Torsion wird in I B, 4.3.1 behandelt. Für die gegliederten Querschnitte, insbesondere Hohlkästen finden sich eingehende Angaben in [11.2, S. 167] und [31], letztere werden besonders umfassend in [32] behandelt.

2.2.1.2 Torsion

Die *Torsionsmomente* der einzelnen Querschnitte können wie die Biegemomente nur aus dem Lastangriff und den Randbedingungen des ganzen Balkenfeldes abgeleitet werden. Hierbei ist wesentlich, daß die Steifigkeit $I_{T\,II}$ im gerissenen Zustand II nur einen kleinen Bruchteil (etwa 1/5 bis 1/10 je nach Bewehrung (I B, 4.3.1.3; H. 240, 1.4) von $I_{T\,I}$ im (homogenen) Zustand I beträgt. Der Abfall ist weitaus größer als bei der Biegesteifigkeit ($I_{II}/I_{I} = 1/3$ bis 2/3, vgl. I B, Abb. 4.2/18). Die Verdrehungen je

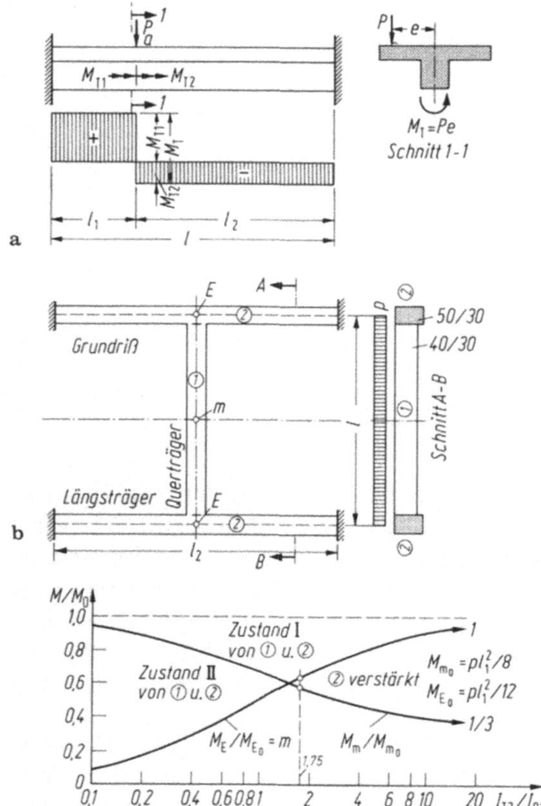

Abb. 2.2/4. Torsionsmomente in beidseitig eingespannten Balken. **a** Torsion aus exzentrischer Einzellast P für Gleichgewicht erforderlich (τ Grundspannung); **b** Torsion als stat. unbestimmte Größe infolge des Auflagerdrehwinkels des Querträgers von Verformung abhängig (τ Zusatzspannung nach IB, S. 7)

Längeneinheit nehmen ja umgekehrt proportional zu I_T zu, so daß ein tordierter Balken im Zustand II sehr „weich" wird.

Bei der Torsionsbeanspruchung sind zwei Fälle grundsätzlich zu unterscheiden (I B, 4.3.1.3):

(a) Die Torsionsmomente aus äußeren Lasten (Abb. 2.2/4a), die im gleichen Verhältnis wie die Last anwachsen, und notwendig sind, um das *Gleichgewicht* aufrechtzuerhalten. Sie sollten als Grundspannungen (I B, 1.1.1.1) möglichst durch Torsionsspannungen, genauer gesagt: Hauptzugspannungen, aufgenommen werden, und, zusammen mit denjenigen aus der Querkraft, genügend unterhalb der Zugfestigkeit des Betons bleiben. Jedoch ist stets eine für Zustand II berechnete Bewehrung einzulegen. Wenn dieser eintritt, sind infolge der Schrägrisse wesentlich größere Verdrehungen zu erwarten (I B, 4.3.1.3). Dabei verlieren aber Zwangsspannungen (I B, 1.1.1.2) z. B. aus Temperatur ihre Bedeutung [I B, 1/2, Teil 6, S. 105 u. I B, 4/27.4]. Bei Spannbeton treten je nach Vorspanngrad (I B, 4.3.2) Risse und damit das Anwachsen der Verformungen und der Abbau von Zwängen erst bei höheren Laststufen auf.

Das Torsionsmoment $M_T = Pe$ (Abb. 2.2/4a) verteilt sich umgekehrt proportional zu den Abständen von den Auflagern. Denn in Teilbild a fordert das *Gleichgewicht*:

$M_{T1} + M_{T2} = Pe$ und die Kontinuität der zu M_T proportionalen Drehwinkel $\vartheta = cM_T$:

$$\vartheta_1 l_1 = cM_{T1} l_1 = \vartheta_2 l_2 = cM_{T2} l_2\,, \quad \text{also} \quad M_{T1}/M_{T2} = l_2/l_1\,.$$

Daraus folgt:

$$M_{T1} = M_T l_2/l \quad \text{und} \quad M_{T2} = M_T l_1/l\,.$$

M_T wird also wie eine Last P umgekehrt proportional zu den Entfernungen den Auflagern zugeleitet.

(b) Torsionsmomente aus äußeren Lasten sind *Zusatzkräfte* im Sinne von I B, 1.1.1, wenn sie lediglich aus behinderten Verformungen (stat. unbest. Stützung) herrühren und nicht für das Gleichgewicht, also auch für die Tragsicherheit gebraucht werden. Wenn die dadurch verursachten Hauptzugspannungen die Zugfestigkeit des Betons überschreiten, gehen der Torsionswiderstand und damit die Torsionsmomente auf einen Bruchteil zurück, so daß zu ihrer Aufnahme eine „konstruktive Bewehrung" genügt, die außerdem zur Rißverteilung benötigt wird. Abb. 2.2/4b zeigt als Beispiel zwei eingespannte Balken mit einem gleichförmig belasteten Querträger. Seine Enden werden bei starrer Festhaltung mit $M_{E0} = pl^2/12$ eingespannt. Dieser Wert wird durch die Verdrehung der Längsträger herabgesetzt auf $M_E = X_1$. Die Einflußzahlen dieser statisch Überzähligen

$$\delta_{10} = \frac{pl_1^3}{24EI_{B1}} \quad \text{und} \quad \delta_{11} = \frac{l_1}{2EI_{B1}} + \frac{l_2}{4GI_{T2}}$$

(I_{B1} = Biegeträgheitsmoment des Querträgers I; I_{T2} = Torsionsträgheitsmoment der Längsträger 2)

liefern

$$X_1 = M_E = \delta_{10}/\delta_{11} = M_{E0}\bigg/\left(1 + \frac{1}{2}\,\frac{l_2}{l_1}\,\frac{E}{G}\,\frac{I_{B1}}{I_{T2}}\right) = M_{E0}m$$

und

$$M_m = M_{m0} - M_E = M_{m0}(1 - m/1{,}5)\,.$$

Mit $G = 0{,}4E$, $l_1/l_2 = 5/4$ und den eingetragenen Abmessungen der Querschnitte ist

$$I_{B1} = 30 \cdot 40^3/12 = 160\,000\ \text{cm}^4\,,$$

$$I_{T2} = 1{,}67 \cdot 30^3 \cdot 50/8 = 282\,000\ \text{cm}^4 \quad \text{(I B, Abb. 4.3/14)}\,,$$

$$I_{T2}/I_{B1} = 1{,}75\,; \qquad m = 0{,}636\,.$$

Das Diagramm zeigt die starke Abnahme von M_E bei abfallender Torsionssteifigkeit im Zustand II. Diese Betrachtung ist z. B. wichtig für eine Deckenplatte, die in einem Randunterzug eingespannt ist (Abb. 3/3).

Die Torsionsmomente sind also stets unter dem Aspekt der in I B, 1.1.1 ausgesprochenen Erkenntnis zu beurteilen: *Das Gleichgewicht ist heilig, die Kontinuität ist mit Skepsis zu betrachten!*

Die *Torsionssteifigkeit* wird besonders bei Brückenträgern in Anspruch genommen, bei denen die Verkehrslast P um das Maß e seitlich von der Symmetrieachse stehen

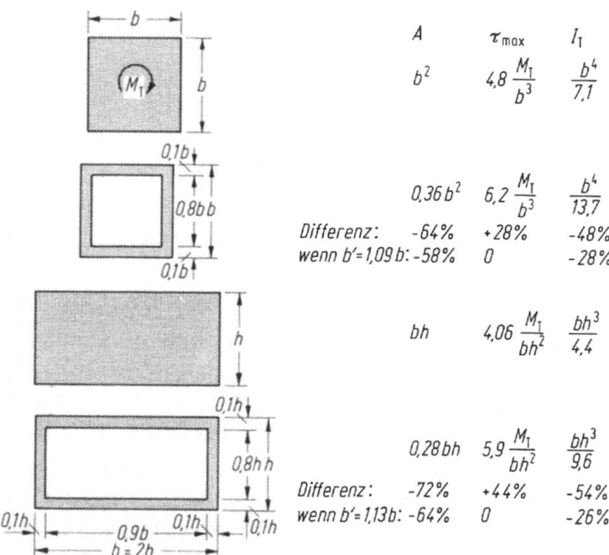

Abb. 2.2/5. Vergleich der größten Schubspannung und der Schubsteifigkeit von Voll- und Hohlquerschnitten im Zustand I. Bei geringer Vergrößerung der äußeren Abmessungen von b/h auf b'/h' (rd. $+10\%$) wird in beiden Fällen τ_{max} gleichgroß, der benötigte Querschnitt geht aber auf rd. 1/3 zurück

kann. Außer dem Biegemoment bei axialer Stellung ist noch ein Torsionsmoment $M_T = Pe$ (Abb. 2.2/4a) aufzunehmen. Da bei einem schmalen Rechteckquerschnitt die längere Seite nur wenig zum Torsionsträgheitsmoment I_T beiträgt (I B, Abb. 4.3/14), genügt bei einem Plattenbalkenquerschnitt meist die Berücksichtigung seines Steges. Dieser reicht nur bei sogenannten Einstegbalken für Fußgängerbrücken, nicht jedoch für Fahrzeuglasten aus. Deshalb muß man den Steg „spalten" und gelangt so zu Hohlquerschnitten. Da bei der Aufnahme der Torsion im wesentlichen nur die Außenschicht wirksam ist (I B, Abb. 4.3/15), gewinnt man bei gleichem Querschnitt A sehr viel an Steifigkeit und setzt die Torsionsspannungen stark herab (Abb. 2.2/5). Entscheidend hierbei ist der *geschlossene* Hohlquerschnitt (Abb. 2.2/6). Man überzeugt sich von diesem Sachverhalt sehr anschaulich, indem man einen Schuhkarton einmal *mit* und einmal *ohne* seinen Deckel tordiert! Ein weiterer sehr günstiger Erfolg dieser „Aufspaltung" des Trägersteges (oder der Verbindung zweier Stege durch eine untere Platte) ist die Verminderung der Spannweite und der Auskragung der Fahrbahnplatte. Wenn man außerdem die Stege schräg stellt (Abb. 2.2/7), verringert man ohne wesentliche Einbuße an Steifigkeit die Auflagerbreite, was bei hohen Pfeilern wirtschaftlich günstig ist. Deshalb werden diese Trapez-Hohlkästen heute für Straßenbrücken vorwiegend verwendet.

Man hat mitunter alle vier Fahrspuren einer Autobahn bei großen Talbrücken auf *einem* Kastenträger mit weit auskragenden Konsolen zusammengefaßt und brauchte diesen dann nur für die Verkehrslasten *einer* Seite zu berechnen. Bei zwei getrennten Überbauten müßte man jeden für die gleiche Last bemessen. Dieser Ersparnis an Bau- und Stoffkosten steht aber der Nachteil gegenüber, daß man bei

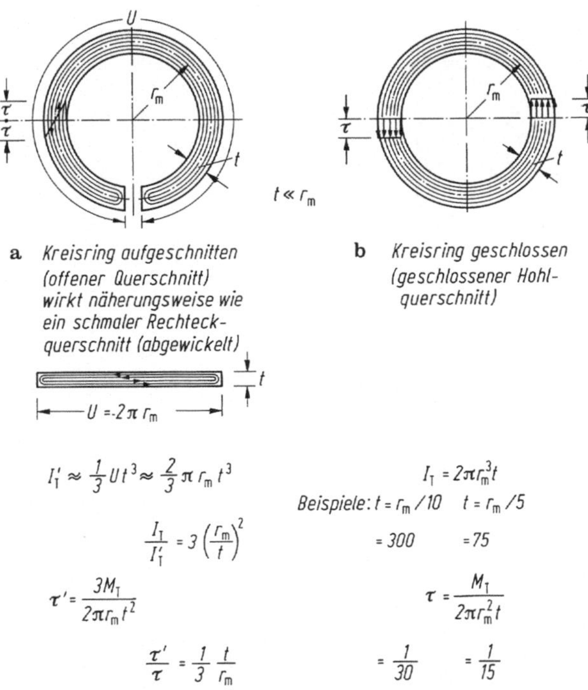

Abb. 2.2/6. Vergleich zwischen offenem und geschlossenem Hohlquerschnitt am Beispiel eines Kreisringes. Die Linien mit Richtungspfeilen deuten den Verlauf der Schubspannungen, identisch mit den Strömungsfäden der hydrodynamischen Analogie an

zwei Überbauten die Möglichkeit hat, einen für Sanierungsarbeiten zu sperren. Auch an den Katastrophenfall ist zu denken [33].

Bemerkenswert ist, daß der „Schubfluß" t (Schubkraft je Einheit des mittleren umschlossenen Hohlquerschnitts A_H) $t = M_T/2A_H$ („erste Bredtsche Formel") unabhängig von der jeweiligen Wanddicke d ist. Die Schubspannungen $\tau = t/d$ (und damit die Hauptzug- und -druckspannungen σ_1 und σ_2) sind dann umgekehrt proportional zu dieser. Der „Schubfluß" deutet auf das „hydrodynamische Gleichnis", das sich in mathematisch analogem Ansatz und Randbedingungen beider Erscheinungen ausdrückt: Dem Schubfluß entspricht eine gleichgerichtete laminare Flüssigkeitsströmung konstanter Menge, deren Geschwindigkeit v wie die Schubspannung τ im umgekehrten Verhältnis zum jeweiligen Querschnitt stehen muß, da $vd = \text{const}$

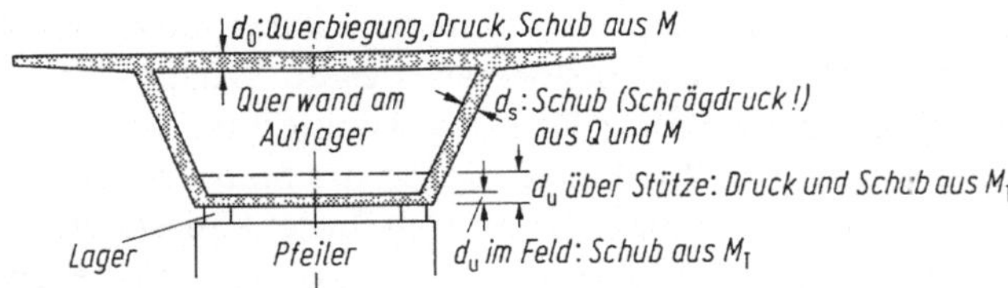

Abb. 2.2/7. Trapez-Hohlquerschnitt einer Straßenbrücke (vereinfacht) mit den Beanspruchungen angepaßten Wanddicken d [11.2, 8.5]

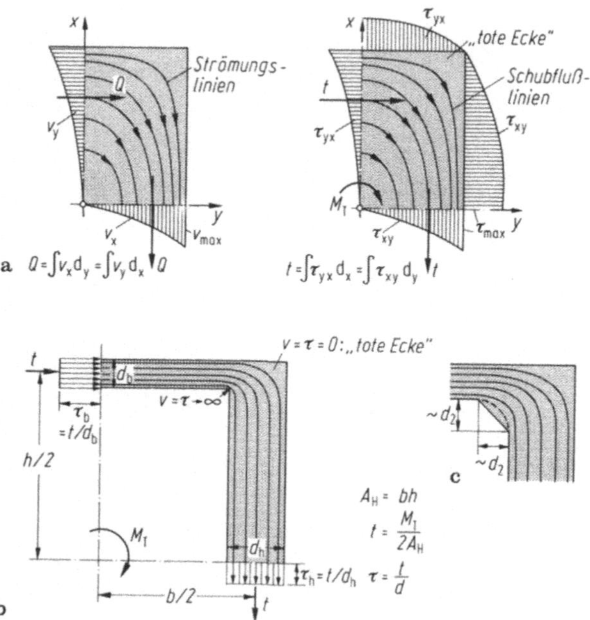

Abb. 2.2/8. Schubfluß- und analoge Strömungslinien bei Torsion. **a** In einem vollen Rechteckquerschnitt; **b** in einem hohlen Rechteckquerschnitt; **c** Ausrunden oder Brechen einspringender Ecken, um (theoretisch) ∞ große Schubspannungen zu vermeiden. Praktisch werden die Spitzen der Hauptdruckspannungen $\sigma_1 = -\tau$ wie bei einer Rahmenecke (IA, Abb. 1.3/8b) durch das nichtlineare Verhalten des Betons abgebaut und der Hauptzug $\sigma_2 = +\tau$ durch Bewehrung aufgenommen. Immerhin wird die Bildung von lokalen Rissen vermieden

wie $\tau d = t = \text{const}$ ist (Abb. 2.2/8a). Diese sehr anschauliche Entsprechung gilt auch für volle Querschnitte (Abb. 2.2/8b) und macht verständlich, warum an den Enden des *kleinsten* Durchmessers, d. h. in den Mitten der langen Seiten, die *größten* Schubspannungen auftreten. Man sieht auch ein, daß in einer *aus*springenden Ecke die Strömungsgeschwindigkeit und Schubspannung Null sind, aber an einer *ein*springenden Ecke unendlich groß werden. Es empfiehtl sich daher, solche Ecken auszurunden oder wenigstens zu brechen (Abb. 2.2/8c). Durch Zwischenwände wird die Torsionssteifigkeit von Hohlkästen nur wenig beeinflußt, wie die Analysis z. B. [I B, 1/14.2, S. 127] und Abb. 2.2/9 anschaulich durch das Strömungsbild sowie Abb. 2.2/10 für eine exzentrische Zwischenwand zeigen. Man liegt stets auf der „sicheren Seite“, wenn man bei der Rechnung nur die äußeren Flächen des Hohlkastens berücksichtigt. Über Bruchversuche berichten [35].

Bisher wurde unterstellt, daß die Verformungen des tordierten Stabes unbehindert vor sich gehen können, wie das die Theorie der Torsion nach den St. Venant voraussetzt. Zunächst ist festzustellen, daß danach die einzelnen Querschnitte ihre Form nicht ändern, sondern sich nur um einen Winkel ϑ je Längeneinheit des Stabes gegeneinander verdrehen, die Stabkanten also eine Schraubenlinie bilden. In der Längsrichtung muß sich jedoch der Querschnitt infolge der wechselnden Schubspannung aus seiner Ebene heraus verwölben. (Abb. 2.2/14). Die Wölbordinaten z sind bei konstanten M_T in jedem Querschnitt gleich groß, so daß kein Zwang entsteht. Wenn auch die

Belastung M_T sowie die Lagerreaktionen der Schubspannungsverteilung entsprechend eingetragen werden (Abb. 2.2/11), sind die Ergebnisse der St. Venant-Theorie „streng“ richtig. Nun macht man sich aber über die Störungen infolge der Lasteintragung meist keine Gedanken und führt als Rechtfertigung das Prinzip des gleichen Mathematikers de St. Venant an (vgl. I B, 1.1.1.4). Hiernach klingen die Störungen infolge einer angreifenden Gleichgewichtsgruppe in einem „festen“ Körper im Abstand d (Querschnittshöhe) ab.

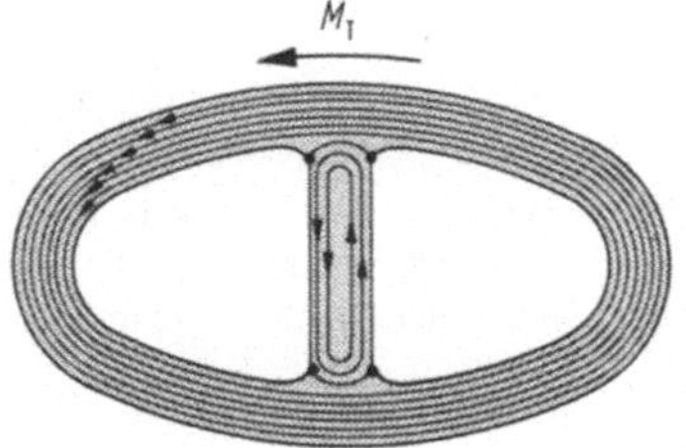

Abb. 2.2/9. Auswirkung eines Mittelsteges in einem tordierten Hohlquerschnitt, veranschaulicht durch die Strömungsanalogie; der Steg in der Symmetrieachse gibt nur einen sehr kleinen Beitrag in Höhe seiner Eigensteifigkeit [34]

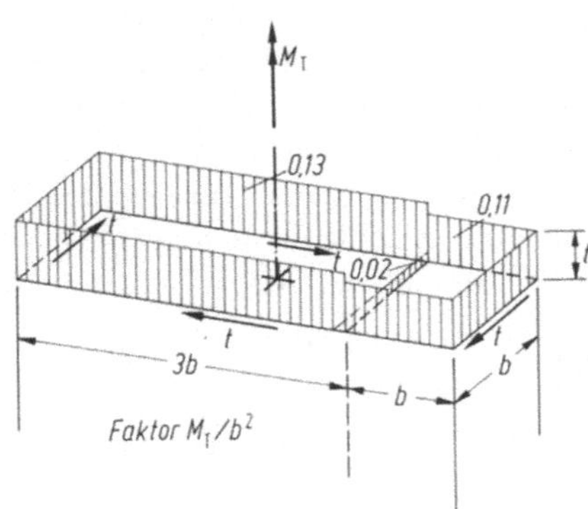

Abb. 2.2/10. Ein exzentrischer Steg nimmt auch nur einen kleinen Teil des Schubflusses auf [IB, 1/11.1., S. 225], kann also vernachlässigt werden

Hohlkästen ohne Aussteifungen sind jedoch nicht mehr „feste“ Körper im Sinne des St. Venant-Prinzips, sondern werden sich je nach Anordnung der tordierenden Lasten verformen. Man muß deshalb durch versteifende Scheiben dafür sorgen, daß M_T sowohl an dessen Angriffspunkt als auch an den Auflagern „torsionsgerecht“ eingetragen wird. (Abb. 2.2/11). Allerdings müssen diese Scheiben „dünn“ in *dem* Sinne sein, daß sie die Verwölbung des Querschnitts nicht behindern. Es sei vergleichsweise hingewiesen auf die „Binderscheiben“ einer als Balken gelagerten Tonnenschale (7.3.1.3), die ebenfalls dafür zu sorgen haben, daß die Stützkräfte „membrangerecht“ tangential in die Schale eingetragen werden. Denn auch auf den dünnwandigen Zylinder darf man das St. Venant-Prinzip nicht mehr anwenden.

Wenn nun die Querschnittsverwölbung durch die Einspannung in eine starre Wand, durch einen Querschnittswechsel oder durch einen plötzlichen Sprung von M_T behindert wird, entstehen Zusatzspannungen in Längsrichtung, die die Querschnittsverwölbung rückgängig machen und als „Wölbspannungen“ bezeichnet werden. Sie bilden in *jedem* Falle eine Gleichgewichtsgruppe, die sich den Torsionsspannungen überlagert, und tragen zur Herstellung des Gleichgewichts mit M_T nichts bei.

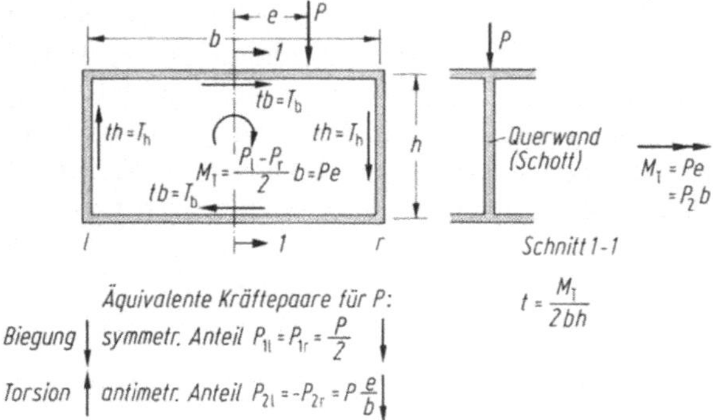

Abb. 2.2/11. Hohlkastenträger mit einer exzentrischen Last P. Deren Wirkung wird zerlegt in zwei Kräftegruppen: P_1 verursacht reine Biegung, P_2 reine Torsion. Letztere erfordert unter P ein Querschott, um $M_T = Pe$ „torsionsgerecht" einzutragen, d. h. einen überall gleichgroßen Schubfluß (Abb. 2.2/8b) unabhängig von den Wanddicken zu erzeugen

Bei einem Hohlquerschnitt läßt sich die Mechanik am einfachsten übersehen. Ein Element der Wandung (Abb. 2.2/12) wird durch die Schubspannung τ verformt um $\gamma = \tau/G$. Ferner erleidet es eine Verdrehung um ϑr entsprechend der spiraligen Verwindung ϑ des Stabes auf die Länge 1 multipliziert mit dem senkrechten Abstand r bis zur Drehachse des Stabes, wobei seine Form jedoch nicht geändert wird. Die Differenz zwischen beiden ist der „Wölbwinkel" $\varphi = \gamma - \vartheta r$, der aus der Geometrie des Hohlquerschnitts bestimmt wird: die Verwölbungszuwächse $\mathrm{d}z = \varphi\,\mathrm{d}U$ müssen aus Verträglichkeitsgründen über den Umfang U die Summe $\int_U \mathrm{d}z = \int_U \varphi\,\mathrm{d}U = 0$ ergeben, woraus sich $\vartheta = M_T/GI_T$ mit $I_T = 4A_H^2/\int_{\Gamma} \mathrm{d}U/d$ („zweite Bredtsche Formel")

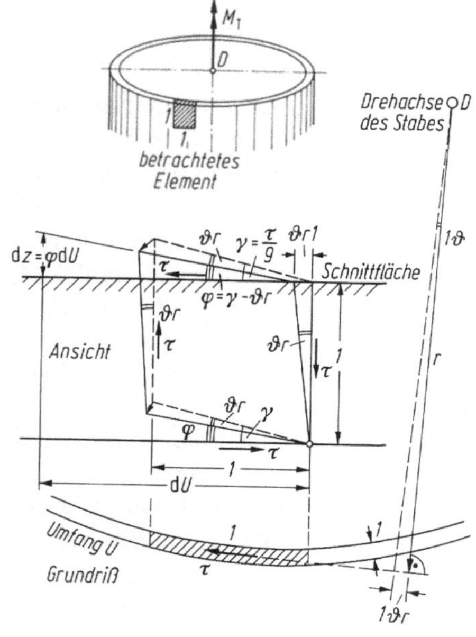

Abb. 2.2/12. Verformung eines Elements aus einem Hohlkastenbalken. **a** Gesamtquerschnitt; **b** Ansicht des Elements und Draufsicht. $\gamma = \tau/G$ Schubverformung des Elements; ϑ Verwindung des Balkens (Verdrehung je Längeneinheit); $\varphi = \gamma - \vartheta r$ Wölbwinkel des Elements; r Radiusvektor des Elements bis zur Drehachse; $\mathrm{d}z = \varphi\,\mathrm{d}U$ Zunahme der Wölbordinate z auf dem Umfangselement $\mathrm{d}U$

ergibt. Bei einem Rechteckquerschnitt (Abb. 2.2/8a) ist der Nenner gleich $b/d_o + b/d_u + 2h/d_s = 2(b+h)/d$, wenn $d = \text{const}$ ist, somit $I_T = 2b^2h^2d/(b+h)$. Wegen der Nullbedingung müssen die Wölbordinaten z bei einem symmetrischen Querschnitt antimetrisch verteilt sein, mithin in den Symmetrieachsen verschwinden. Ein Kreisquerschnitt besitzt unendlich viele Symmetrieachsen, er verwölbt sich daher nicht. Auch bei anderen Querschnitten mit $d = d_0 = \text{const}$ und $r = r_0 = \text{const}$ ist $\varphi = \gamma - \vartheta r = 0$ (Abb. 2.2/13a), da dann auch für gerade Seitenflächen jeweils τ und ϑr gleichgroße Werte sind. Diese Eigenschaften haben ebenso diejenigen Querschnitte, bei denen $\gamma = t/Gd = \vartheta r$, also $dr = \text{const}$ ist (Abb. 2.2/13b), da die übrigen Größen Konstante sind.

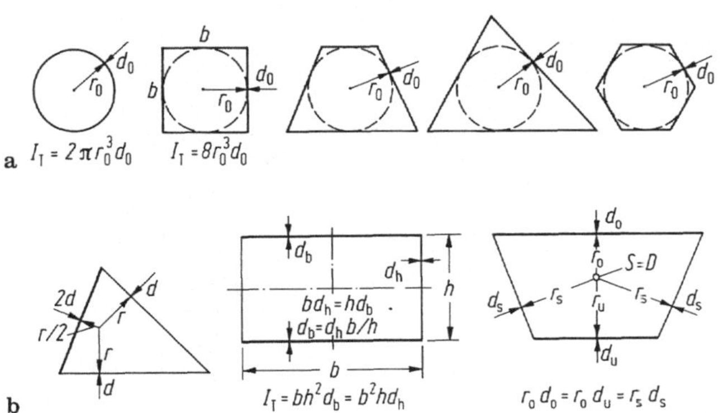

Abb. 2.2/13. Bei Torsion wölbfreie Hohlquerschnitte. **a** Querschnitte mit $r = r_0 = \text{const}$ und $d = d_0 = \text{const}$ für alle Wandungen; **b** Querschnitte mir $rd = \text{const}$. Drehpol D und Schwerpunkt S sind nur unter dieser Voraussetzung identisch

Die Verwölbung berechnen wir am Beispiel eines Hohlkastens mit rundum gleicher Wanddicke d (Abb. 2.2/14a), an dem in der Mitte ein Torsionsmoment M_T angreift. Die Wölbwinkel sind

$$\varphi_b = \gamma - \vartheta h/2 \quad \text{und} \quad \varphi_h = \gamma_h - b/2$$

und mit $\gamma_b = \gamma_h = \gamma = \tau/G = M_T/4bhdG$ sowie $I_T = 2b^2h^2d/(b+h)$ ist der Verdrehungswinkel

$$\vartheta = M_T/2GI_T = \tau(b+h)/bhG$$

und

$$\varphi_b = \tau(b-h)/2bG = \tau(1-\lambda)/2G \quad \text{mit}$$

$$\lambda = h/b; \qquad \varphi_h = -\tau(b-h)/2hG = -\tau(1-\lambda)/2\lambda G\,.$$

Für beide Balkenhälften zusammen ergeben sich die Klaffungen

$$\varphi_{b0} = 2\varphi_b \quad \text{und} \quad \varphi_{h0} = 2\varphi_h$$

und die Wölbordinate an der Ecke (Abb. 2.2/14b, c)

$$z_0 = \varphi_{b0}b/2 = \varphi_b b = -\varphi_{h0}h/2 = -\varphi_h h = \tau(b-h)/2G = \tau b(1-\lambda)/2G\,.$$

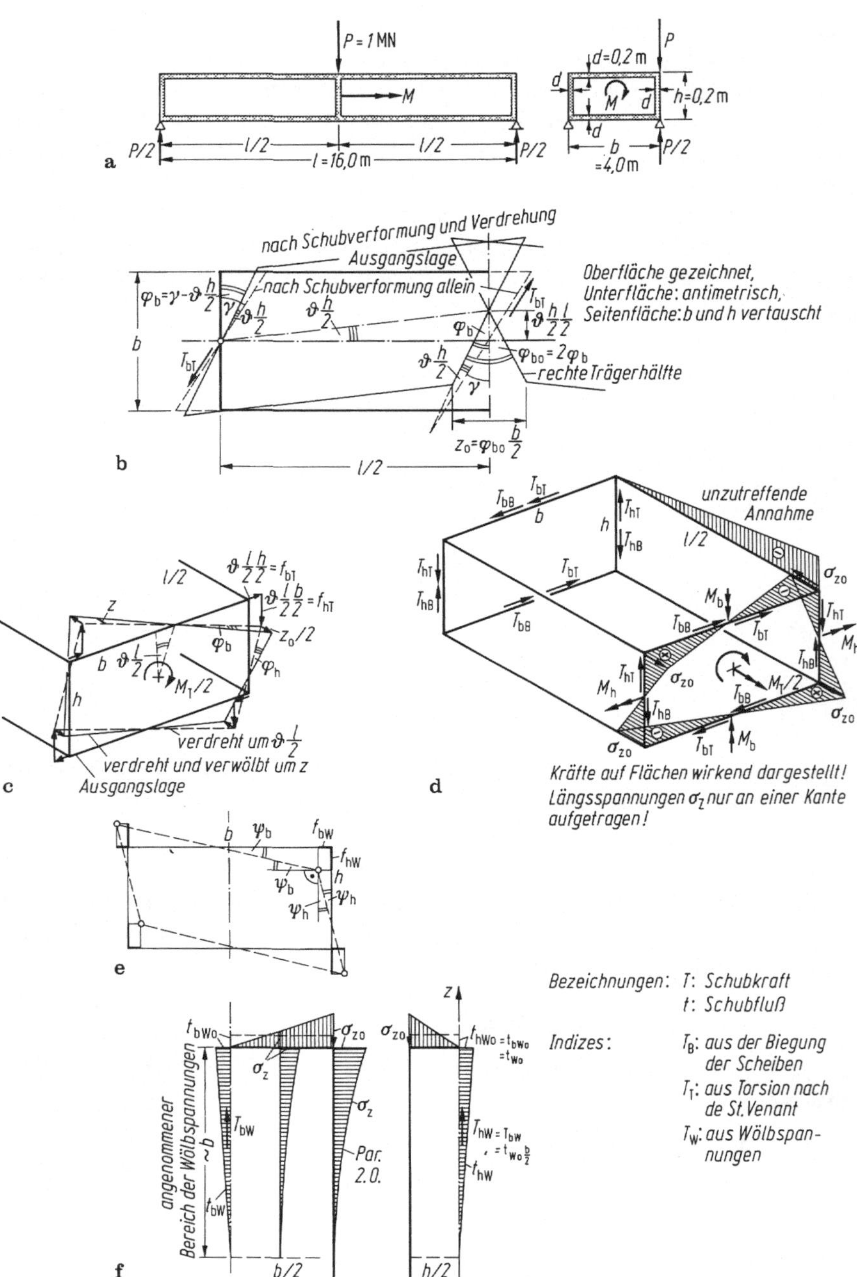

Abb. 2.2/14. Beispiel für das Berechnen der Wölbspannungen an einem Kastenträger mit einem Querschott am Kraftangriffspunkt. **a** Träger in Längs- und Querschnitt; **b** Schubverformung γ und Verdrehung ϑ der oberen Fläche (verzerrt); **c** Plan der Verschiebungsvektoren der Mittelfläche aus der Verdrehung ϑ und der Verwölbung z. Diese ist überhöht dargestellt; **d** die Annahme, daß die σ_z sich linear bis zum Auflager abnehmend fortsetzen, wird widerlegt durch **e**, wonach sich dann der Mittelquerschnitt zu einem Parallelogramm verformen müßte; **f** deshalb werden wie bei einem Vollquerschnitt die σ_z auf eine „Störzone" $\cong b$ beschränkt

Für $b = h$ ist $\lambda = 1$ und $z_0 = 0$: das Quadrat ist ein wölbfreier Querschnitt (Abb. 2.2/13).

Es ist bemerkenswert, daß weder die φ_0 noch z_0 von l, auch nicht vom Ort des Angriffs von M_T abhängen! Bei außermittigem Angriff von M_T (Abb. 2.2/3) teilt sich M_T in M_{T1} und M_{T2} auf, im gleichen Verhältnis auch φ_{b1} und φ_{b2}. Die Summe ist aber wieder M_T bzw. $\varphi_{b0} = \varphi_{b1} + \varphi_{b2}$ und $\varphi_{h0} = \varphi_{h1} + \varphi_{h2}$ sowie $z_0 = \tau(b - h)/2G = \tau b(1 - \lambda)/2G$; $(\lambda = h/b)$.

Wie kann man nun die Wölbspannungen σ_z abschätzen, die im Querschnitt affin zu den Wölbordinaten verlaufen (Abb. 2.2/14d)? Wir brauchen also nur den Wert σ_{z0} an der Ecke zu berechnen. Man findet in der Literatur die Annahme, daß die σ_z sich linear bis zum Auflager fortsetzen, wo sie Null sein müssen. Abb. 2.2/14e zeigt, daß sich dann die Kastenflächen in ihrer Ebene unter der Wirkung der Momente $M_b = T_{bB}l/2$ und $M_h = T_{hB}l/2$

$$\text{um} \quad f_{bw} = \sigma_{z0}l^2/6E_b \quad \text{und} \quad f_{hw} = \sigma_{z0}l^2/6E_h$$

verbiegen müßten, wodurch sich der mittlere Querschnitt um den Winkel

$$\psi = \psi_b + \psi_h = 2f_{hw}/b + 2f_{bw}/h = 4f_{hw}/b = 4f_{bw}/h$$

zu einem Parallelogramm verformte, was aber durch die vorausgesetzte Querscheibe verhindert wird. Diese verleiht dem Kasten daher die Eigenschaft eines „festen Körpers" im Sinne von St. Venant und man wird zum Abschätzen dementsprechend annehmen dürfen, daß die σ_z parabolisch auf Null etwa in einer Länge b abklingen (Abb. 2.2/14f). Ohne auf die Scheibenspannungen in diesem Endbereich näher einzugehen, wird man einen linearen Verlauf der zugehörigen Schubflüsse t_{bw} und t_{hw} mit den zwei resultierenden Schubkräften T_{bw} und T_{hw} in den Symmetrieachsen annehmen. Ihre Summe muß gleich den in dem Quadranten angreifenden Längsspannungen σ_z sein ($d = 1$ gesetzt).

$$T_{bw} + T_{hw} = b(t_{bw0} + t_{hw0})/2 = \sigma_{z0}(b + h)/4 .$$

Die Schubflüsse t_{w0} müssen als zugeordnete Schubspannungen auch an der Querscheibe angreifen. Deren Gleichgewicht gegen Verdrehen fordert

$$t_{bw0}bh/4 = \tau_{hw0}hb/4 , \quad \text{mithin} \quad t_{bw0} = t_{bw0} = t_{w0}$$

und

$$bt_{w0} = \sigma_{z0}(b + h)/4 , \quad \text{also} \quad t_{w0} = \sigma_{z0}(1 + \lambda)/4 .$$

Die Wölbspannung σ_{z0} an der Kante muß die halbe Wölbklaffung z_0 rückgängig machen (Abb. 2.2/14b), so daß für den angenommenen Verlauf von σ_z (Abb. 2.2/14f) an der Kante ist:

$$\int_0^b \sigma_z d_z/E = \sigma_{z0}b/3E = z_0/2 , \quad \text{also} \quad \sigma_{z0} = 3z_0E/2b .$$

Für den St. Venant-Schubfluß $t_T = \tau_T$ ($d = 1$!) wurde berechnet $z_0 = \tau_T b(1 - \lambda)2G$. Daher ist

$$\sigma_{z0} = 3E\tau_T(1 - \lambda)/4G \cong 1{,}9\tau_T(1 - \lambda) \quad \text{mit} \quad G = 0{,}4E .$$

Für einen quadratischen Kastenquerschnitt ist $b = h$, d. h. $\lambda = 1$ und $\sigma_{z0} = 0$; es entstehen also keine Wölbspannungen.

Um eine Vorstellung von der Bedeutung der Wölbbehinderung zu geben, errechnen wir zunächst die Verschiebungen der Querschottecken aus Torsion (Abb. 2.2/14c)

$$f_{bT} = \vartheta hl/4 = \tau_T l(1 + \lambda)/4G\,,$$

$$f_{hT} = \vartheta bl/4 = f_{bT}/\lambda = \tau_T l(1 + \lambda)/4\lambda G$$

und beziehen hierauf die Wölbordinate $z_0/2$ einer Balkenhälfte

$$z_0/2f_{hT} = b\lambda(1 - \lambda)/l(1 + \lambda) = h(1 - \lambda)/l(1 + \lambda)\,.$$

Ferner werden die Wirkungen eines Torsionsmomentes $M_T = Pb/2$ infolge einer Last P auf einem Steg des Kastenträgers Abb. 2.2/14a mit denjenigen aus reiner Biegung bei zentrischer Stellung der Last P verglichen, die sich ja beide überlagern. Hierfür ist:

Torsionsmoment je Balkenhälfte	$M_T/2 = Pb/4\,,$
zugehörige Schubspannung	$\tau_T = M_T/4bhd = P/8hd\,,$
Biegemoment in der Mitte	$M_B = Pl/4\,,$
max. Biegespannung (Stege vernachlässigt)	$\sigma_B = M_B/bhd = Pl/4bhd\,,$
max. Schubspannung aus Biegung	$\tau_B \cong 1{,}0P/4hd\,,$
max. Durchbiegung aus Biegung (I B, Abb. 4.2/17)	$f_B = \sigma_B l^2/6Eh\,,$
Daraus werden folgende Vergleichszahlen abgeleitet:	
aus St. Venant-Torsion:	$\tau_T/\tau_B = 0{,}5\,,$
	$f_{ht}/f_B \cong 1{,}9(b/l)^2\,(1 + \lambda);$
aus Wölbbehinderung an den Kanten	$\sigma_{z0}/\sigma_B \cong 0{,}95(b/l)\,(1 - \lambda)\,,$
	$\sigma_{z0}/\tau_T \cong 1{,}9(1 - \lambda)\,,$
	$\tau_{w0}/\tau_T \cong 0{,}47(1 + \lambda)\,(1 - \lambda)\,.$

Für den Kastenträger Abb. 2.2/14a ($\lambda = h/b = 0{,}5$) mit einer Last $P = 1{,}0$ MN ergeben sich folgende Zahlenwerte:

$M_B = 4{,}0$ MNm, $\sigma_B = 2{,}5\ \mathrm{N/mm^2}$, $\tau_B = 0{,}63\ \mathrm{N/mm^2}$,
$M_T = 2{,}0$ MNm, $\tau_T = 0{,}31\ \mathrm{N/mm^2}$, $\tau_{w0} = 0{,}11\ \mathrm{N/mm^2}$;

sowie die Verhältniszahlen:

$\tau_T/\sigma_B = 12{,}5\%$	allein von der Schlankheit des Kastens im Grundriß abhängig;
$f_{hT}/f_B = 17{,}6\%$	der Kasten ist also bei einseitiger Last außerordentlich verdrehungssteif!
$z_0/2f_{hT} = 4{,}2\%$	die Verwölbung in der Mitte ist klein gegenüber der Schubdurchbiegung;
$\sigma_{z0}/\tau_T \cong 94\%$	die max. Wölbspannung ist etwa gleich der Torsionsspannung;
$\sigma_{z0}/\sigma_B \cong 12\%$	die Wölbspannung an der Kante darf also gegenüber der Biegespannung meist vernachlässigt werden, erst recht ihr Einfluß auf die Durchbiegung;
$\tau_{w0}/\tau_T = 35\%$	die Schubspannung aus Wölbbehinderung ist klein gegenüber der das Gleichgewicht haltenden St. Venant-Schubspannung.

Auf die zur „torsionsgerechten Eintragung“ von M_T nötige Querwand, deren Wirkung durch die Kräfte S (Abb. 2.2/15a) ersetzt werden kann, verzichtet man allerdings meist mit Rücksicht auf die erschwerte Ausführung und die wandernde

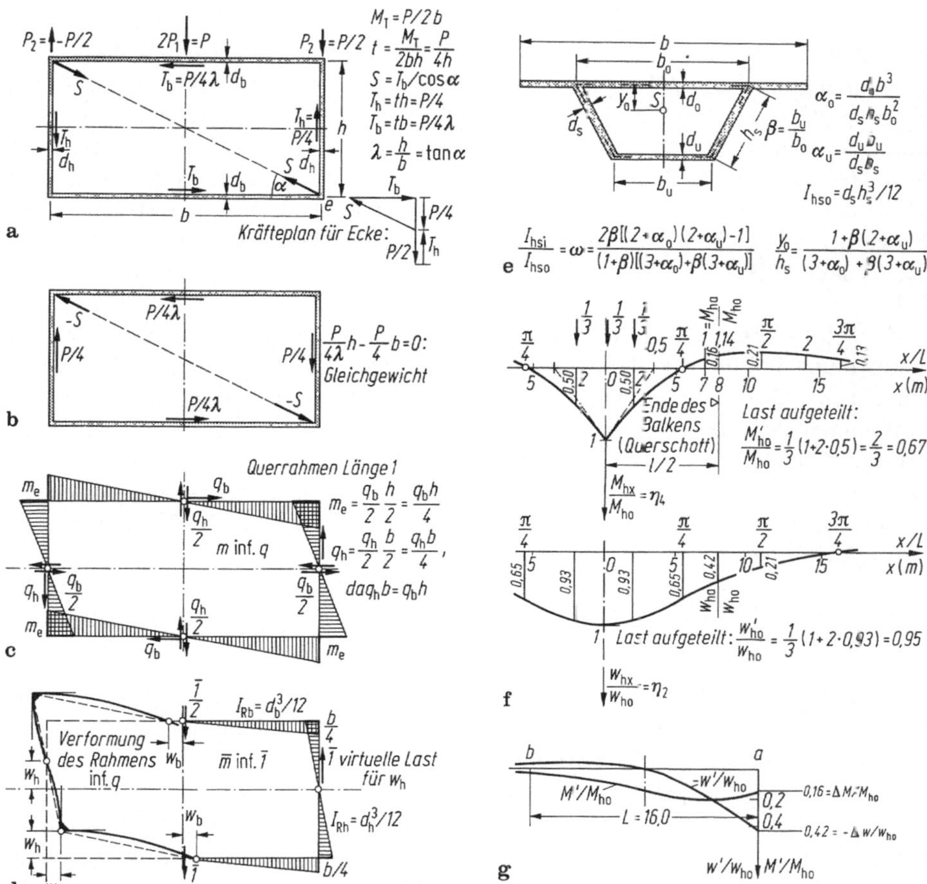

Abb. 2.2/15 Beispiel für die Berechnung der Quer-Biegebeanspruchung eines Hohlkastens *ohne* Querschott infolge eines Torsionsmomentes $M_T = P_2 b$ in der Mitte. **a** Kräftezustand eines *vorhandenen* Querschotts; **b** Zusatzkraft $-S$ am Kasten bei *fortfallendem* Querschott; **c** Biegung eines Kastenelements von der Länge 1 unter einer Gleichgewichtsgruppe q_h und q_b proportional zu den Seitenkomponenten von $-S$; **d** Verformung des Elements und virtuelle Belastung $\bar{1}$, um deren senkrechte Komponente w_h zu berechnen; **e** ideelles Trägheitsmoment I_{hsi} einer Seitenwand für einen nur einachsig symmetrischen Querschnitt nach [32, S. 57], das die Faltwerkwirkung berücksichtigt; **f** der Verlauf von M_{hx} und w_{hx} (vgl. Abb. 7/34) erlaubt den Einfluß einer in drei Teile aufgeteilten Last P auf M_{h0} und w_{h0} zu beurteilen; **g** Verlauf der Zusatzmomente M' und -durchbiegungen w' infolge der Korrekturkräfte ΔM und ΔQ in **a**, berechnet für einen nach **b** zu ∞ langen, elastisch gebetteten Balken

Last. Der Querschnitt verformt sich dann unter den Kräften $-S$ zu einem Parallelogramm, wogegen die Rahmensteifigkeit Widerstand leistet (Abb. 2.2/15b u. c), die bei reiner Torsion überhaupt nicht beansprucht wird. Da der Rahmen bei weitem nicht so steif wie eine Querwand ist, wird die Torsionssteifigkeit nicht voll ausgenutzt, und die Stege erhalten stärker voneinander abweichende Anteile der exzentrischen Last. Das Rechenverfahren hierfür liegt in [36; 32] aufbereitet vor. Varianten sind in [37] berechnet.

Ein einfaches Beispiel (Abb. 2.2/14a) soll „den Witz der Sache" vorführen. Der symmetrische Anteil $P_1 = P/2$ gemäß Abb. 2.2/11 erzeugt in jedem Falle Längs-Biegespannungen σ_B. *Mit* Querwand wird, wie gezeigt, der antimetrische Anteil $P_2 = \pm P/2$, durch den „St. Venant"-Schubfluß $t = M_t/2bh = P/4h$ mit $M_t = Pb/2$ aufgenommen. Jene erhält die in Abb. 2.2/15a gezeichnete Kraft S. Läßt man die Wand fort, dann ist die Kraft $-S$ als äußere Kraft am Kasten anzubringen (Abb. 2.2/15b), der nur durch seine Rahmensteifigkeit Widerstand zu leisten vermag. Die Frage ist, auf welche Länge sich die Wirkung der Einzelkraft verteilt. Der Satz von St. Venant hilft hier nichts, da der Kasten kein „fester elastischer Körper" ist (I B, 1.1.1.4).

Zunächst müssen wir die Rahmensteifigkeit je m Länge definieren, indem wir die Verformung infolge der Kräfte q_h und $q_b = q_h b/h$, die im Gleichgewicht stehen, berechnen (Abb. 2.2/15c). Die Biegemomente der Stäbe des dreifach statisch unbestimmten Rahmens können unmittelbar angegeben werden, da wegen der zweiachsigen Symmetrie des Systems die Momenten-Nullpunkte in den Mitten der Seiten liegen müssen. So ist das Eckmoment $m_e = q_h b/4 = q_b h/4$. Die Verformung zu einem Parallelogramm berechnen wir mit einer virtuellen Last $\bar{1}$ und dem Reduktionssatz (Abb. 2.2/15d) zu

$$w_h = q_h b^3(i + \lambda)/48EI_{Rh};$$

$$I_{Rh} = d_h^3/12; \qquad I_{Rb} = d_b^3/12; \qquad i = (d_h/d_b)^3 .$$

Im allgemeinen Falle eines Trapezquerschnitts mit nur *einer* Symmetrieachse ist $m_e = m_{eu}$ und in [4, S. 608] oder [32, S. 54] zu finden. Die Reaktion des Rahmens bei gegebener senkrechter Verschiebung ist

$$q_h = 48EI_{Rh}/b^3(i + \lambda)\, w_h = Cw_h \quad \text{mit} \quad C = 48EI_{Rh}/b^3(i + \lambda) .$$

Nun leistet aber auch die Seitenwand h als Balken einer mit x veränderlichen Verschiebung w_h Widerstand und zwar $p_h = \mathrm{d}^2M_x/\mathrm{d}x^2$, wobei $\mathrm{d}^2w_h/\mathrm{d}x^2 = M_x/EI_h$, also

$$\mathrm{d}^4w_h/\mathrm{d}x^4 = w_h^{IV} = p_h/EI_h \text{ ist.}$$

Vom Angriffspunkt von S abgesehen müssen p_h und q_h im Gleichgewicht stehen, woraus $p_h = -q_h$ oder

$$EI_h w_h^{IV} + Cw_h = 0$$

folgt. Dies ist dieselbe Differentialgleichung, wie sie die Biegung eines elastisch gebetteten Stabes beschreibt [4, S. 140] und bei einem Kreisbehälter unter Innendruck auftritt (vgl. 7.5.1). Allerdings benötigen wir dabei nur die Lösung der homogenen Gleichung, da keine Belastung vorhanden ist. Der Einfachheit halber benutzen wir hierzu zunächst die Funktionen für den unendlich langen Stab, die als $\eta_{1\,\ldots\,4}$ in Abb. 7/34 oder als $\zeta_{1,2}$ in [4, S. 142] oder als $U \ldots D$ in [32, S. 60] zu finden sind.

Die Bedingungen $w_h = 0$ und $w_h' = 0$ in $x = 0$ erfüllt $w_h/w_{h0} = \eta_2 = e^{-\xi}(\cos\xi + \sin\xi)$ mit $\xi = x/L$. Wir entnehmen auch, daß dann $M_x = M_{h0}\eta_4$ mit $\eta_4 = e^{-\xi}(\cos\xi - \sin\xi)$ ist, sowie daß in $x = 0$ die Größtwerte $M_{h0} = PL/4$ und $w_{h0} = P/2LC$ sind. $L = \sqrt[4]{4EI_{hi}/C}$ ist die „charakteristische Länge".

Nun ist I_{hi} nicht einfach $I_{h0} = dh^3/12$ zu setzen, da die Scheiben des Kastens in den Kanten verbunden sind und bei Biegung derselben Kantenkräfte auftreten, die mittels der Theorie der Faltwerke (6.1.2) berechnet werden müssen. Das Ergebnis läßt sich als „ideelles“ Trägheitsmoment I_{hi} der Scheibe h im allgemeinen Falle nach Abb. 2.2/15e und für vorliegendes Beispiel mit zweiachsiger Symmetrie des Kastens als

$$I_{hi} = \frac{(2+\alpha)^2 - 1}{6 + 2\alpha} I_{h0} = \omega I_{h0}; \qquad \alpha = \frac{b}{h}\frac{d_b}{d_h} = \frac{1}{\lambda}$$

darstellen.

Beispielsweise ist für:

	$\alpha = 1$	1,5	2,0	2,5	3,0
bei $d_h = d_b$:	$\lambda = 1$	0,67	0,5	0,4	0,33
$\omega = I_{hi}/I_{h0}$	$= 1$	1,25	1,50	1,75	2,0 ,

d. h. die senkrechte Seitenscheibe h „partizipiert“ um so mehr an der waagrechten, je flacher der Kasten ist. Dann wird

$$L_h = h \sqrt[4]{\left(\frac{b}{d_h}\right)^2 \frac{\omega}{12}\left(1 + \frac{i}{\lambda}\right)}$$

und in unserem Falle $d_b = d_h = d$: $i = 1$; $\lambda = h/b = 0{,}5$; $\omega = 1{,}5$:

$$L_h = h \sqrt[4]{\left(\frac{b}{d}\right)^2 0{,}375} = 3{,}50h = 7{,}0 \text{ m}.$$

Damit findet man für $x = 0$ das Moment in der Seitenscheibe aus der senkrechten Komponente $P/4$ von $-S$:

$M_{h0} = PL_h/4 \cdot 4 = PL_h/16 = 0{,}22Ph$ sowie die Längsspannung in der Kante

$\sigma_{h0} = M_{h0}/W_h = 0{,}88P/hd$ mit $W_h = 2\omega I_{h0}/h = h^2d/4$.

Sie addiert sich an der oberen rechten Kante zu $\sigma_B = 1{,}0P/hd$ für zentrische Last, an der linken Kante entsteht die Differenz.

Es erübrigt sich, die gleiche Rechnung für die waagrechte Scheibe b durchzuführen, weil sie eine zu h affine Biegelinie besitzen muß und durch die Faltwerkwirkung dafür gesorgt ist, daß die Kantenspannungen $\sigma_b = \sigma_h = \sigma_x$ übereinstimmen.

Die Biegebeanspruchung σ_{R0} des Rahmens in $x = 0$ finden wir auf dem Wege über

die Biegeordinate $w_{h0} = P/8L_hC_h$ für $P/4$,
die Seitenlast $q_{h0} = C_hw_{h0} = P/8L_h = P/28h$,
das Eckmoment $m_{e0} = q_{h0}b/4 = P/112\lambda = 0{,}018P = P/55$.

In [36.1, S. 41] ist sehr vorsichtig als Schätzwert $m_{e0} = 0{,}1 \ldots 0{,}2\,P\sqrt{\dfrac{d}{b}} = P/45 \ldots 22{,}5$ angegeben. Die Biegespannung in der Rahmenecke ist $\sigma_{R0} = 6m_{e0}/d^2 = 0{,}11P/d^2$ und im Vergleich zu der Längsspannung $\sigma_{R0}/\sigma_{h0} = 0{,}125h/d \cong 1{,}3$.

Die Durchbiegung ist $w_{h0} = P/8L_hC_h = Pb^3/75Ehd^3 = 105P/Eh$. Ohne Rahmenwirkung, also als Kasten mit Scharnierkanten, müßte die Seitenwand h allein $P/4$ aufnehmen und würde sich durchbiegen um

$$f'_B = M'_{h0} l^2/12EI_{hi} \qquad M'_{h0} = Pl/16$$
$$= 213P/Eh\,.$$

Hierzu kommt aus der St. Venant-Torsion wie früher berechnet

$$f_T = \tau l(1 + \lambda)/4\lambda G \qquad \tau = P/8hd; \qquad G = 0{,}4E$$
$$= 19P/Eh$$

und die Durchbiegung unter der zentrischen Last P:

$$f_B = \sigma_B l^2/6Eh \qquad \sigma_B = M_B/bhd = Pl/4bhd$$
$$= 106P/Eh\,.$$

Es ergibt sich also folgender dimensionsloser Vergleich der Durchbiegungen der rechten Seite unter P (Faktor P/Eh):

zentrische Last M_B $2P = 2xP/2$:		106,
dazu aus Torsion M_T $2P_2 = \pm P/2$:		
mit Querschott	106 + 19	125,
ohne Querschott mit Rahmenwirkung	106 + 19 + 105	230,
ohne Querschott ohne Rahmenwirkung	106 + 213	320.

Die vorstehende Ableitung für *eine* exzentrische Last P läßt sich für *mehrere* Lasten $P_2 = \pm P\frac{e}{b}$ anwenden, da die Zustandslinien für M_{h0} und w_{h0} auch die Einflußlinien für diese Größen sind (Abb. 2.2/15f). Die Längsverteilung der Last wirkt sich danach wesentlich stärker auf M_{h0} als auf w_{h0} aus.

Aus dieser Abbildung ist auch zu ersehen, daß die benutzten Funktionen η für den unendlich langen Stab die Randbedingungen $w_h = 0$ und $M_h = 0$ am Auflager a, wo man stets eine Querwand zur Aussteifung anordnen muß, nicht erfüllen. Der Kasten müßte etwa doppelt so lang sein (rd. $2 \cdot 2{,}5L = 17{,}5h \cong 35$ m), um die Näherungen η anwenden zu können. Für den gedrungenen Kasten wären die Funktionen $U_{1\ldots4}$ [4, S. 142] des kurzen Balkens zu benutzen, die *vier* Randbedingungen einzuführen gestatten.

Die verletzten Randbedingungen $w_a \neq 0$ und $M_a \neq 0$ lassen sich jedoch einfacher korrigieren, indem man an beiden Balkenenden ein Moment ΔM und eine Querkraft ΔQ anbringt, die zusammen M und w zu Null machen. Diese Kräfte bilden mit den zugehörigen Reaktionen q_h der Querrahmen-Steifigkeit des Kastens eine Gleichgewichtsgruppe, geben also keine äußere Stützkraft. Die Matrix dieser Überzähligen lautet (Index h fortgelassen), wenn man sie an einem einseitig ∞ langen, elastisch gestützten Balken [4, S. 142] anbringt:

ΔM	ΔQ	
1	0	$-M_a$
$\dfrac{2}{L^2C}$	$\dfrac{2}{LC}$	$-w_a$

und liefert

$$\Delta M = -M_a$$

$$\Delta QL = w_a L^2 C/2 - \Delta M\,.$$

Nun ist

$$M_0 = PL/4 \quad \text{und} \quad w_0 = P/2LC$$

für den ∞ langen Stab, mithin

$$w_0 = 2M_0/L^2C\,,$$

und nach Abb. 2.2/15f

$$w_a = 0{,}42w_0$$

und

$$M_a = -0{,}16M_0\,.$$

$$w_a = 0{,}42 \cdot 2M_0/L^2C\,,$$

womit

$$\Delta QL = 0{,}42M_0 - 0{,}16M_0 = 0{,}26M_0$$

wird.

Mit Hilfe der Funktionen η in Abb. 7/34, die jetzt vom Balkenende an zählen, werden die Verläufe der Zusatzmomente M' und -durchbiegungen w' (Abb. 2.2/15g):

$$M' = \Delta M\eta_2 + \Delta QL\eta_3 = M_{h0}(0{,}16\eta_2 + 0{,}26\eta_3)$$

und

$$w' = -(2\Delta M/L^2C)\,\eta_4 - (2\Delta Q/LC)\,\eta_1 = -w_{h0}(0{,}16\eta_4 + 0.26\eta_1)\,.$$

Setzt man $\xi' = 8{,}0/L = 1{,}14$ (von a beginnend) ein, so erhält man für die Balkenmitte die Zunahme von M_{h0} mit den Beiträgen der beiden ΔM an den Enden

$$M' = 2M_{h0}(0{,}42 \cdot 0{,}16 + 0{,}078 \cdot 0{,}26) = 0{,}28M_{h0}$$

und

$$w' = 2w_{h0}(-0{,}16 \cdot 0{,}16 + 0{,}13 \cdot 0{,}26) = -0{,}02w_{h0}\,.$$

Die Durchbiegung bleibt also etwa erhalten, während die Biegung um 28% zunimmt. Durch Einsetzen von $\xi' = 16{,}0/L = 2{,}28$ für das andere Balkenende überzeugt man sich leicht, daß dort M' und w' nur jeweils 4% von M_{h0} bzw. w_{h0} sind, die Rechnung für den einseitig ∞ langen Balken also ausreicht.

Wie wirkt sich die Behinderung der Querschnittsverwölbung bei einem *Vollquerschnitt* aus? Ich zeige als Beispiel einen Balken mit quadratischem Querschnitt, auf den innerhalb seiner Spannweite ein Torsionsmoment M_T eingetragen wird (Abb. 2.2/16a). Die hervorgerufenen Schubspannungen τ nach [38; I B, 1/11] (Abb. 2.2/16b) sind ungleichförmig verteilt, so daß die Wölbwinkel $\varphi = \gamma - \vartheta r$ der Elemente einer Seitenfläche sich mit $\gamma = \tau/G$ ändern, während ϑr ja konstant ist. Mithin treten Wölbordinaten $z = \int \varphi \, \mathrm{d}U$ auf, wobei die Integration an einer Symmetrieachse m (wie bei allen Rechteckquerschnitten) beginnend, an der nächsten wieder $z = 0$ liefern muß. Für das gewählte Quadrat sind die Diagonalen ebenfalls Symmetrieachsen, so daß auch an den Ecken e $z = 0$ ist. Infolgedessen ist $z_e = \int_m^e \varphi d_s = 0$, d. h. die Flächen

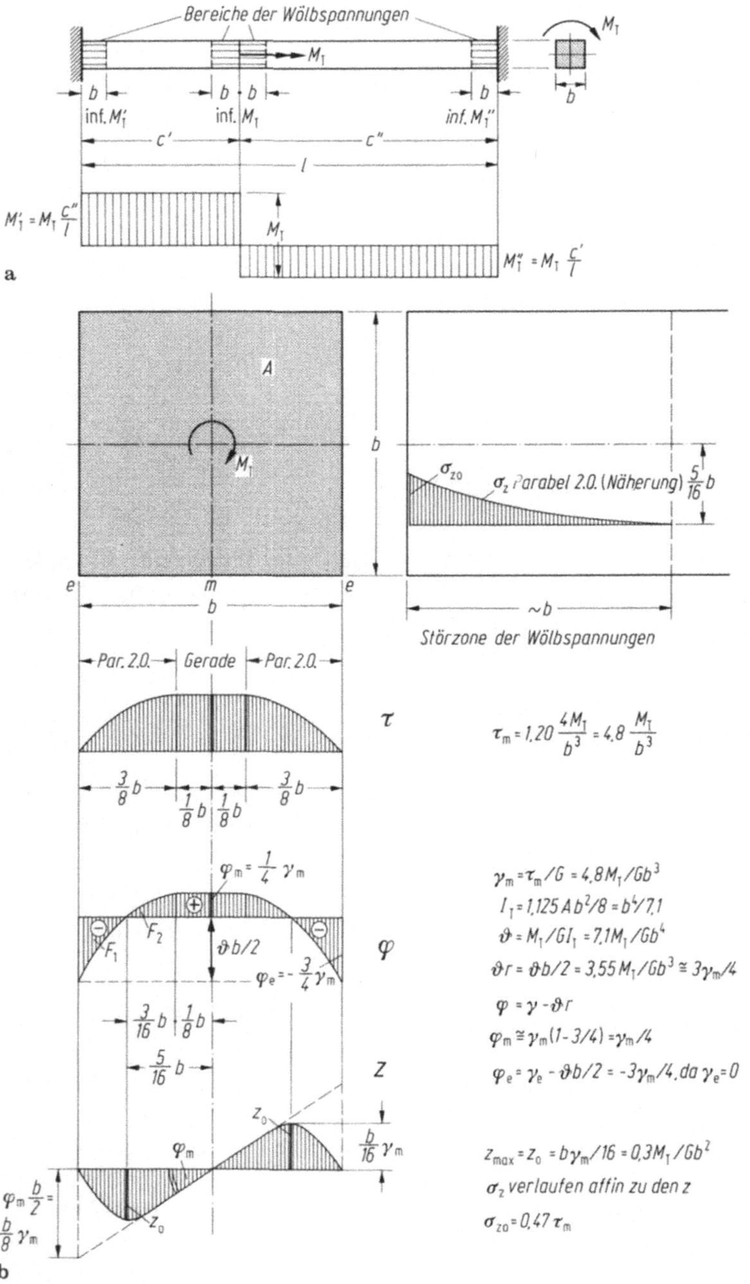

Abb. 2.2/16. Wölbspannungen in einem beiderseits eingespannten Balken mit vollem Rechteckquerschnitt, der innerhalb seiner Spannweite l durch ein Torsionsmoment M_T beansprucht wird. **a** System und Aufteilung von M_T nach Abb. 2.2/4. Berechnet werden die Wölbspannungen σ in Längsrichtung für den Angriffsquerschnitt von M_T; **b** Gang der Berechnung von den Schubspannungen über den Drehwinkel ϑ und die Wölbwinkel φ zu den Wölbordinaten z. Die Wölbspannungen σ zum Beseitigen der Klaffung z sind affin zu den z verteilt mit dem Größtwert σ_0 an der Stelle von z_0. Die σ sind unabhängig von Angriffsort von M_T

F_1 und F_2 müssen gleich sein. Dort, wo $\varphi = d_z/d_s = 0$ ist, finden wir $z_{max} = z_0$. Der Verlauf von τ wurde zur Vereinfachung der Rechnung durch eine Gerade und zwei Parabeln approximiert. Die Ordinaten z' des einen Balkenteils (Abb. 2.2/16a) sind von M'_T und z'' von M''_T abhängig. Wir haben aber durch Wölbspannungen σ_z die Summe der Klaffungen $z_0 = z' + z''$ zu beseitigen, so daß die Aufteilung von M_T herausfällt, d. h. der Ort, an dem M_T angreift, ist wie beim Hohlquerschnitt für die Größe der Wölbspannungen gleichgültig. Man pflegt anzunehmen, daß sie sich gegenseitig nicht beeinflussen, also affin zu den z verteilt sind, so daß wir uns auf die Auswirkung des Größtwertes σ_{z0} beschränken können. Ferner wurde schon erwähnt, daß die Wirkung der Gleichgewichtsgruppe aller σ_z innerhalb einer Strecke gleich der Seitenlänge b ungefähr parabolisch auf Null abklingt. Daraus folgt $\sigma_{z0}b/3E = z_0$ und $\sigma_{z0} = 3z_0E/b$. Mit den Werten aus Abb. 4.3/14a in I B ist

$$\gamma_m = \tau_m/G = 1,2 \cdot 4M_T/AdG = 4,8M_T/b^3G$$

und mit

$$I_T = 1,125Ad^2/8 = b^4/7,1, \qquad \vartheta = 7,1M_T/b^4G$$

sowie

$$\vartheta r = \vartheta b/2 = 3,55M_T/b^3G \cong 0,75\gamma_m ,$$

woraus folgt

$$\varphi_m \cong \gamma(1 - 0,75) \cong \gamma_m/4 .$$

An der Nullstelle von φ ergibt das Integral $z = \int_U \varphi \, dU$ das Maximum $z = \gamma_m b/16$ und damit $\sigma_z = 3E\tau_m/16G = 0,47\tau_m (G = 0,4E)$.

Wie erwähnt, darf für B 25 $\tau_m = 1,8$ N/mm nicht überschreiten, weshalb die maximale Wölblängsspannung nicht größer als $\sigma_z = \pm 0,47 \cdot 1,8 = 0,85$ N/mm² werden kann. Sie fällt daher gegenüber einer Biegespannung von z. B. 8,0 N/mm² nicht wesentlich ins Gewicht. Auch die Verformungen des Balkens werden hierdurch nicht merkbar beeinflußt, da der Bereich der Wölbspannungen begrenzt ist. Bei einem schmalen Rechteck rückt die größte Wölbspannung mehr nach der Ecke zu und kann bei $b/d \cong 4\sigma_{z0} \cong 0,75\tau_m$ erreichen.

Unregelmäßige volle Querschnitte werden in Stahlbeton selten ausgeführt. Bei der Ermittlung der Spannungen, die in geschlossener Form nur für Zustand I möglich ist, hat man davon auszugehen, daß ein *Momentenvektor* ein *freier* Vektor ist, der außer auf seiner Trägerlinie auch parallel dazu verschoben werden darf, ohne seine Wirkung zu verändern. Ein *Kraftvektor* (Last oder Querkraft) ist aber an seine Trägerlinie *gebunden*. Die Biegespannungen sind daher nur von der *Richtung*, die Schubspannungen außerdem von der *Lage* der Lastebene abhängig! Die beiden Komponenten des Momentenvektors M_x und M_y in Richtung der beiden Hauptachsen rufen jede für sich ein Spannungsdiagramm σ_x und σ_y mit dem Nullpunkt im Schwerpunkt S des Querschnitts hervor (Abb. 2.2/17). Der freie Vektor M legt nun zwangsläufig eine bestimmte Lage x_D der zugehörigen Querkraft Q_x als Resultierende der Schubflüsse $t_x = b\tau_x = Q_x S'_x/I_x$ fest. Die Lage der t_x wird in Streifenmitte angenommen, obgleich die τ_x über die Breite b nicht konstant sein können, weil sie an den Rändern parallel dazu verlaufen müssen. Durch Zerlegen des Querschnitts in Streifen nach Abb. 2.2/17 findet man x_D und y_D als Achsabstände der beiden Resultierenden Q der t_x bzw. t_y, womit der sogenannte Schubmittelpunkt festgelegt wird. Die Komponenten Q_x und Q_y der nach D parallel verschobenen Querkraft Q liefern dann die Schubspannungen τ. Das Versetzmoment $Q_x x_Q = Q_y y_Q = Qa$ (a Radiusvektor von Q bis D) $= M_T$ muß durch Torsionsspannungen im Querschnitt aufgenommen werden. Da eine Querkraft in D keine Drehung ϑ des Querschnitts erzeugt, kann ein M_T keine Verschiebung von D zur Folge haben: der Schubmittelpunkt ist daher zugleich der Drehpol bei der Torsion.

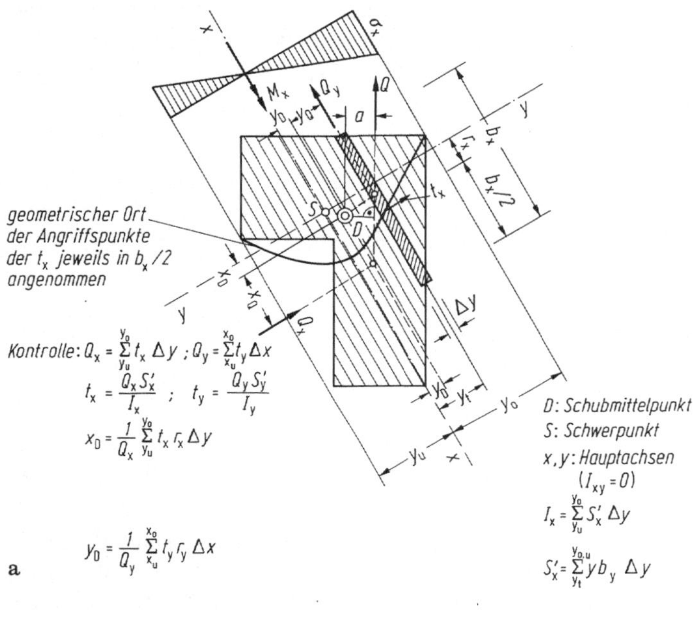

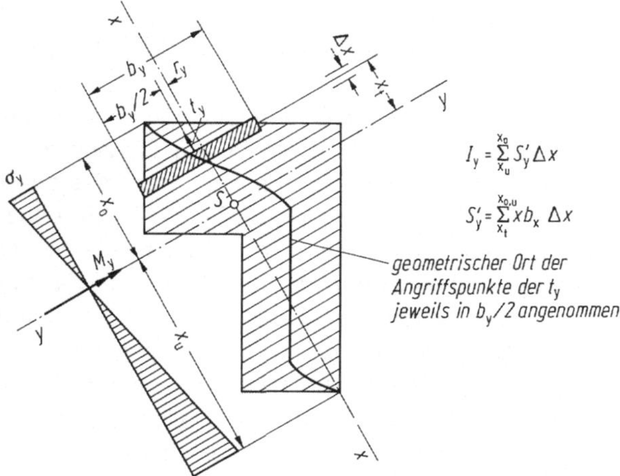

Abb. 2.2/17. Ermittlung der Koordinaten x_D und y_D des Schubmittelpunktes D für einen unregelmäßigen kompakten Querschnitt mittels Zerlegen in Streifen parallel zu den Hauptachsen x und y für Biegung. Da die Größe von Q_x und Q_y herausfällt, ist D unabhängig von der Höhe der Beanspruchung! **a** Ermitteln von x_D; **b** Ermitteln von y_D

Dünnwandige, offene, unregelmäßige Querschnitte sind selten. Auch sie haben neben ihrem Schwerpunkt, der durch die beiden Biegehauptachsen festgelegt wird, einen getrennten Schubmittelpunkt *D*. Jede Last, deren Wirkungsebene nicht durch *D* verläuft, erzeugt im Balken Torsion. *D* kann aufgrund des gleichen Gedankenganges wie für einen gedrungenen Querschnitt gefunden werden, wobei der geometrische Ort der Schubflüsse in den dünnen Querschnittsteilen jeweils in deren Mitte angenommen werden darf. In [39] findet man für die verschiedensten Profile, die ja im Stahlbau viel gebraucht werden, entsprechende Angaben. Zu dieser Gruppe von Querschnitten gehören auch die freitragenden Faltwerke (6.1), die meist so dünn sind, daß die Querschnitte nicht mehr als unverformt angesehen werden können. Die durch die Querbiegung entstehenden Verformungen beeinflussen dann auch die Verteilung der Längsspannungen.

2.2.2 Ausbildung in der Längsrichtung und Balkenroste

Sie ist ebenfalls meist eine sehr komplexe technisch-wirtschaftliche Aufgabe (vgl. I B, 4.1). In einfachen Fällen ohne einschränkende Nebenbedingungen kann man z. B. für eine lange Balkenbrücke das Kostenminimum als Funktion der Feldweite aufsuchen. Man sieht aus Abb. 2.2/18, daß, wie stets, der Gesamtaufwand sich nur wenig ändert, wenn man von der „wirtschaftlichsten Spannweite" um einiges abweicht.

Im *Hochbau* wird die Form von Balken wesentlich von der Schalung geprägt (I A, 1.1.9.1), die meist aus rechteckigen Holztafeln besteht: es herrscht also der gleichbleibende Rechteckquerschnitt mit Druckplatte vor. Die früher bei durchlaufenden Balken üblichen Auflagerschrägen („Vouten") vermindern zwar durch die größere Nutzhöhe die Bewehrung über den Stützen, erschweren aber die Schalarbeit

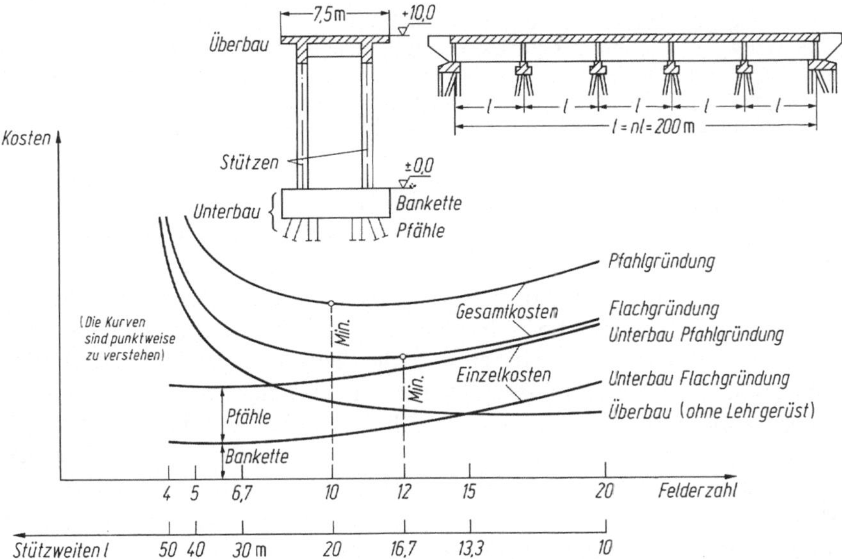

Abb. 2.2/18. Aufsuchen der wirtschaftlichsten Einteilung einer langen Flutbrücke bei gleichmäßigem Baugrund

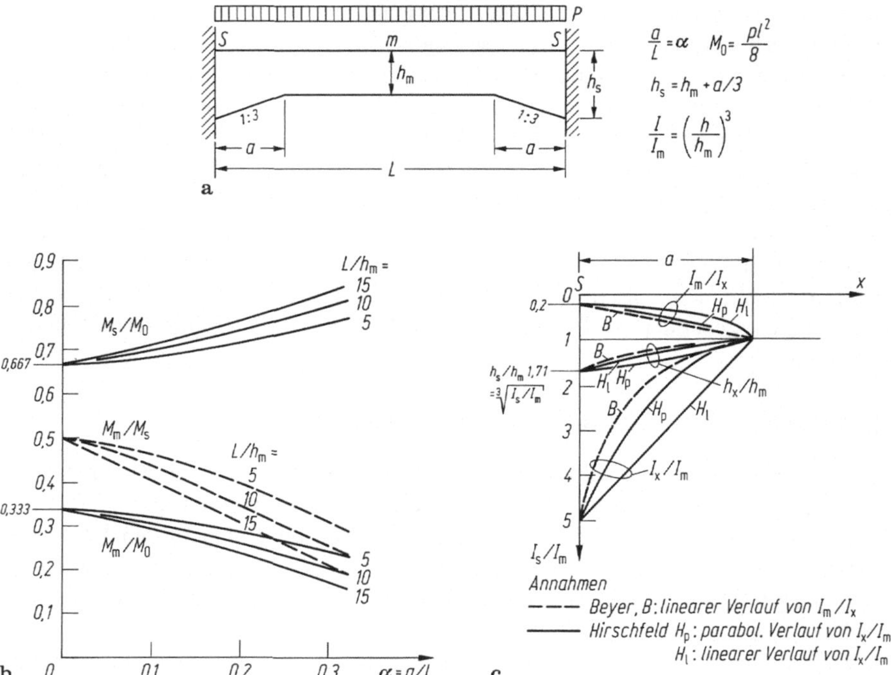

Abb. 2.2/19. Beiderseits starr eingespannter Balken. Einfluß von Auflagerschrägen mit Neigung 1:3 auf Einspann (M_s)- und Feld (M_m)-Moment, abhängig von der Länge a der Schrägen und der Schlankheit l/h_m des Balkens. $M_s = \frac{\delta_{10}}{\delta_{11}} = M_0 \frac{8K}{c_1 + c_2} \cdot k$ und c-Werte nach [I B, 1/14.2, S. 1084].
a Balken; **b** Momente M_s und M_m bezogen auf M_0, das Moment des freiaufliegenden Balkens; bereits bei $a/l = 1/5$ und $l/h_m = 10$ nimmt das Verhältnis M_m/M_s von 0,5 bei $a/l = 0$ auf 0,35, d. h. um 30% ab! **c** Vergleich verschiedener Annahmen zur Berechnung der Verformungen von Balken für $I_s/I_m = 5$ nach [4, S. 118]: linearer Verlauf von I_m/I_x, daraus abgeleitet I_x/I_m und h_x/h_m; nach [1/14.2, S. 1082]: linearer Verlauf von I_x/I_m sowie a. a. O. S. 1084 parabolischer Verlauf von I_x/I_m, daraus abgeleitet I_m/I_x und h_x/h_m. Der Auflagerschräge kommt parabolisches I_x/I_m am nächsten. Eine ähnliche Näherung findet man in [I B, 4/3]. Enddrehwinkel von freien Stabenden Abb. 2.3/2

derart, daß man heute meist auf Schrägen verzichtet. Allerdings wurden etwaige Auflagerverstärkungen bei der Ermittlung der Schnittkräfte stets vernachlässigt, obgleich der Einfluß einer Erhöhung der Balkensteifigkeit gerade an den Stellen großer Momente sehr beachtlich ist (Abb. 2.2/19). Auch die Auswirkung des „Massivstreifens" einer Rippendecke (Abb. 3/26c) berücksichtigt man nicht. Wenn ich hier auf diese „Ungenauigkeiten" der üblichen statischen Berechnungen hinweise, so wird doch nicht erwartet, diesen Einflüssen rechnerisch nachzugehen. Die mindestens ebenso großen Änderungen der Steifigkeitsverhältnisse im Zustand II (I B, Abb. 4.2/3) werden ja auch vernachlässigt. Übergang vom Zustand I in II durch Reißen der Zugzone, der das Trägheitsmoment je nach Bewehrungsgehalt meist auf weniger als die Hälfte herabsetzt (I B, Abb. 4.2/18, 19), machen die „Genauigkeit" unserer Berechnungen wie schon erwähnt ohnehin zur Illusion.

Noch größer wird die „Umlagerung" der Biegemomente bei Überschreiten der Gebrauchslast bis zum Erreichen der Streckgrenze in „kritischen" Querschnitten, wie in I B, 4.2.5 beschrieben. Dieser Zustand wird ja unserer Querschnittsbemessung zugrunde gelegt, wobei aber nach DIN 1045, 15.1.2 von der Schnittkraftverteilung im elastischen Zustand auszugehen ist. Immerhin läßt dieselbe Norm in üblichen Hochbauten eine Umlagerung der Stützmomente um $\pm 15\%$ des Größtwertes zu. Denn man kann ja die Momentenverteilung durch die Bewehrungsstärke beeinflussen [H. 240, 1.5], da der Momentenverlauf im Grenzzustand IIIa sich nach den plastischen Momenten richtet, die ihrerseits durch die Bewehrungsstärke bestimmt werden (I B, 1.2.2 u. Abb. 4.2/33). Ergänzend zu [I B, 4/33] wird auf [40] hingewiesen.

Im *Brückenbau* stehen für Balken über mehrere Felder ebenfalls Einzelträger, Gelenkbalken oder Durchlaufbalken zur Wahl, deren Vor- und Nachteile in I B, 4.1 erörtert worden sind. Die Fugen sind stets dem Verschleiß aus den Verkehrslasten unterworfen und verursachen laufende Unterhaltskosten. Die Vorteile von Montagebalken und dem Fortfall von Übergangskonstruktionen lassen sich durch Koppel-(Feder-)Platten vereinigen (2.2.3.2, Abb. 2.2/37b). Tunlichst werden jedoch kontinuierliche Balken bevorzugt, deren Tragreserven infolge der statischen Unbestimmtheit im Notfall ein wichtiger Pluspunkt sind. Allerdings darf man von der plastischen Umlagerung bei Brücken keinen Gebrauch machen, da sie das Überschreiten der Streckgrenze voraussetzt und zu bleibenden Rissen führen kann, die den Bestand der Bewehrung gefährden. Außerdem ist die Dauerschwingfestigkeit der Stähle in diesem Bereich relativ klein (I A, Abb. 3.1/3), so daß angesichts der sehr häufig wechselnden Verkehrslasten diese Möglichkeit entfällt.

Die Schnittkraftermittlung im Zustand I hat bei Brücken meist besseren Bezug zur Wirklichkeit, besonders bei vorgespannten Balken, die vorwiegend mit ungerissenen Querschnitten arbeiten. Hier ist man also eher berechtigt, den Einfluß wechselnder Abmessungen auf den Schnittkraftzustand auszunutzen (I A, Abb. 4.1/8). Dadurch mögliche Ersparnisse an Baustoffen und Bauhöhe sind gegen die höheren Herstellkosten abzuwägen. Ausführlicher zeigt diesen Zusammenhang Abb. 2.2/20a an einem dreifeldrigen Kastenträger mittels der Einflußlinien für symmetrisch zur Mitte m_2 wandernde Einzellasten P sowie der Momente für durchgehende Nutzlast p.

Bei dem Kragträger mit veränderlicher Höhe (Abb. 2.2/20b) wurde der Vergleich durch die Annahme einer Nutzlast $p = g_0$ (Eigenlast am Ende des Kragträgers) und der Forderung gleicher maximaler Gurtkraft (Bewehrung) M_s/h_s für alle Untergurtformen weitergeführt. Der Träger mit variablem Querschnitt erfordert dann stets eine geringere Höhe h_s an der Einspannstelle als derjenige mit konstanter Querschnittshöhe h'. Die Ersparnis an Beton ist also beträchtlich und ermöglicht größere Auskragungen, was z. B. für Tribünendächer sehr wertvoll ist (vgl. auch Kragplatte I B, Abb. 5/26).

Bei diesen Hohlkästen mit gekrümmtem Gurt ist die Wirkung der Umlenkung der Druckkraft zu bedenken: Auf der Zugseite ist das Abplatzen der Betondeckung, wie in I A, Abb. 4.1/5 bis 7 dargestellt, zu verhindern. Eine gekrümmte Druckplatte wird durch die Umlenkkräfte auf Biegung beansprucht (Abb. 2.2/20c). Diese Querbiegung wird allerdings durch Schalenwirkung wesentlich herabgesetzt [41].

Bei vorgespannten durchlaufenden Balken wirkt sich eine wechselnde Balkenhöhe ebenfalls wirtschaftlich günstig aus. Zusätzlich kann man von einer „diskordanten Spanngliedführung“ (I B, 4.2.1.2, Abb. 4.2/7) Gebrauch machen, die durch eine Verlagerung der Stützkräfte gegeneinander charakterisiert ist. Es wird daran erinnert, daß eine solche Beeinflussung der Momentenverteilung („Zusatzmomente“ M_v' aus Vorspannung, vgl. I B, 4.2.1.2) durch das Kriechen des Betons *nicht* geändert wird (I B, 1.1.1.1), sofern man von der Kriechbehinderung durch die Bewehrung absieht. Dagegen wird eine Beeinflussung des Tragwerks durch *äußeren* Zwang (Stützenabsenkung) durch Kriechen zum größeren Teil rückgängig gemacht (I B, 1.1.1.2 u. 4.2.4.2).

Nun haben sich die Stoff- und Lohnkostenanteile an den Herstellkosten im Laufe der Zeit erheblich gegeneinander verschoben. Vor dem Kriege, etwa im Jahre 1938, bekam ein Facharbeiter (FA) einen Grundlohn von 0,90 RM/h, wozu Lohnnebenkosten von etwa 60% kamen, die FAh also 1,45 RM kostete. Jetzt ist deren Preis auf etwa 12,50 + 150% ≅ 32.— DM gestiegen.

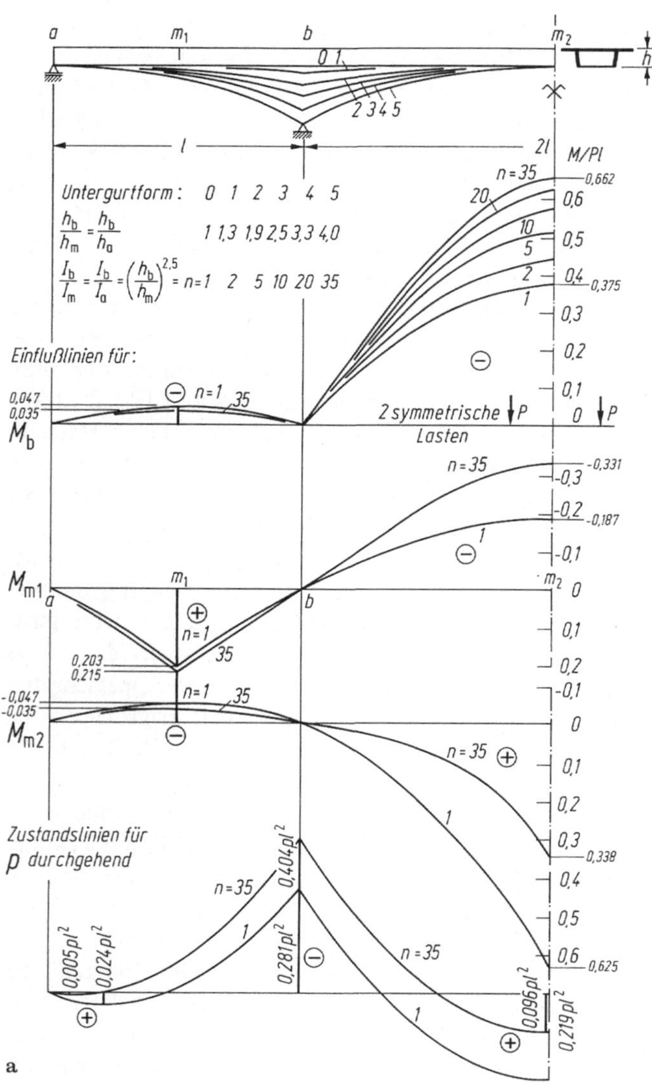

Abb. 2.2/20

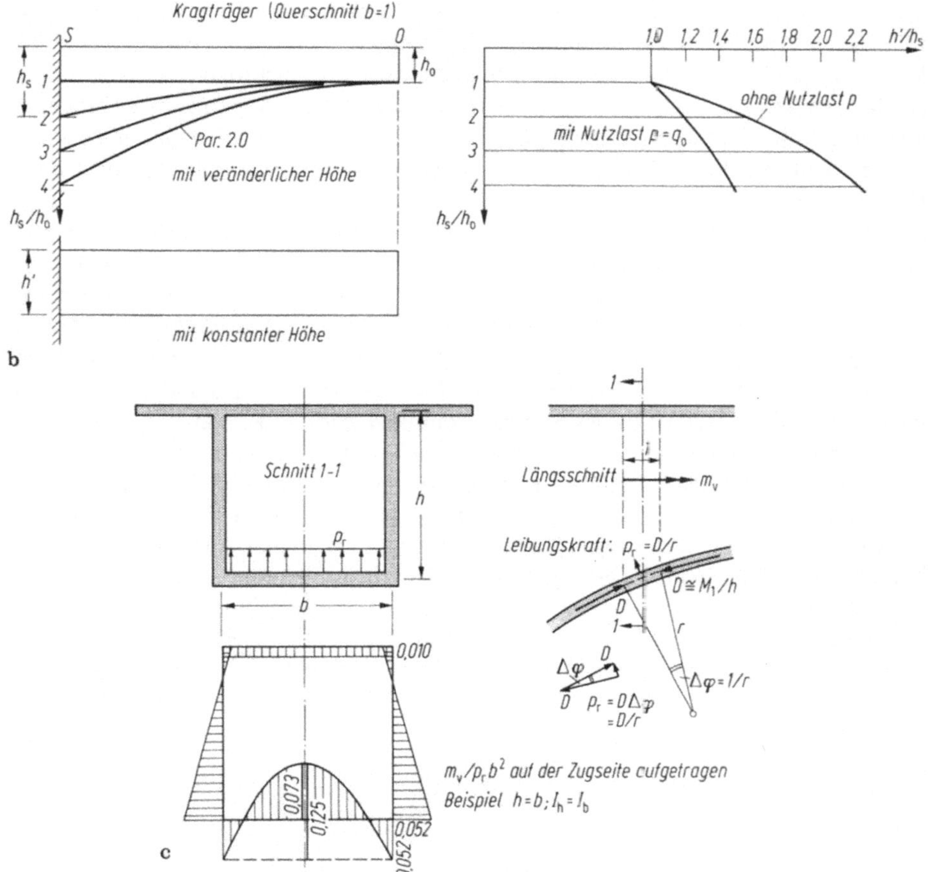

Abb. 2.2/20. Beispiel für die Auswirkung der veränderlichen Bauhöhe. **a** Für einen Hohlkastenbalken über drei Felder unter der empirischen Annahme $I_b/I_m = (h_b/h_m)^{2,5}$. Berechnet mit den Verformungswerten in [I B, 1/14.2, S. 1084] die Einflußlinien für Stütz- und Feldmomente für zwei symmetrisch zur Mitte m_2 wandernde Lasten P sowie die Zustandslinien für durchgehende Gleichlast p; **b** Kragbalken (Hohlkasten) mit annähernd parabolisch verlaufendem Untergurt; erforderliche Nutzhöhe h_s am Einspannquerschnitt, wenn dort für alle Formen die gleiche Gurtkraft (Bewehrung) M_s/h_s eingehalten wird, verglichen mit der Nutzhöhe h' = const; ohne und mit Nutzlast $p = g_0$. Eigenlast ang. $g_s = g_0 \sqrt{h_s/h_0}$, linear verlaufend; **c** Querbiegung des Bodens eines Kastenträgers infolge der umgelenkten Druckkraft im Bereich negativer Momente, berechnet für einen geschlossenen Rahmen [4, S. 603] unter der Annahme gleicher Seitenlängen und Trägheitsmomente

Die Hauptbaustoffe kosteten also ausgedrückt in FAh:

	1938		1982		Verhältnis in FAh 1982/1938
	RM	FAh	DM	FAh	
1 t Zement	36.–	25	85.–	2,7	~11%
1 t BSt III	150.–	100	620.–	19,5	~20%

Das bedeutet, daß heute das Einsparen von Baustoffen kaum noch ins Gewicht fällt gegenüber den Kosten für deren Verarbeiten! Vor dem Kriege bestand die Kunst des Konstrukteurs darin, mit möglichst wenig Baustoffen eine Aufgabe zu erfüllen, so daß die beschriebenen Maßnahmen zur Materialersparnis mehr brachten, auch wenn für kompliziertere Schalung und Bewehrung mehr Stunden aufzuwenden waren. Heute wird die Wirtschaftlichkeit in erster Linie durch einfache Formen der Bauteile erreicht, die wenig Lohnstunden erfordern (Baufacharbeiter haben ja außerdem Seltenheitswert!). Auch FAh-sparende, industrialisierte Ausführungsmethoden (2.2.3), bei denen möglichst nur angelernte Hilfskräfte nötig sind, entscheiden zunehmend die Wirtschaftlichkeit und damit auch die Konstruktion, selbst wenn wesentlich mehr Maschinen (Hebezeuge usw.) und Vorrichtungen (bewegliche Rüstungen) als früher verwendet werden. Die Einsparung von einigen kg Beton oder Stahl fällt demgegenüber unter den heute und hier gegebenen Umständen nur wenig ins Gewicht. Das Aufsuchen des Stoffminimums ist mithin meist überflüssige Mühe. In Entwicklungsländern oder unter schwierigen Transportumständen kann es jedoch bei einem ganz anderen Verhältnis der Stoff- zu den Lohnkosten Bedeutung besitzen.

Angaben für den Stoffbedarf bei Spannbetonstraßenbrücken findet man in [42]. In Abb. 2.2/21 sind Mittelwerte hierfür aufgetragen, die einer Auswertung von 330 in den Jahren 1966 bis 1973 gebauten Spannbetonbrücken entnommen sind [43]. Sie streuen sehr stark, so daß sie nur als erster Anhalt dienen können.

Die Belastung der Brückenüberbauten ist in Vorschriften geregelt, die in B. Kal. 1986 II, Massivbrücken, 3 und in I B, 4.2 zusammengestellt sind und ausführlich in

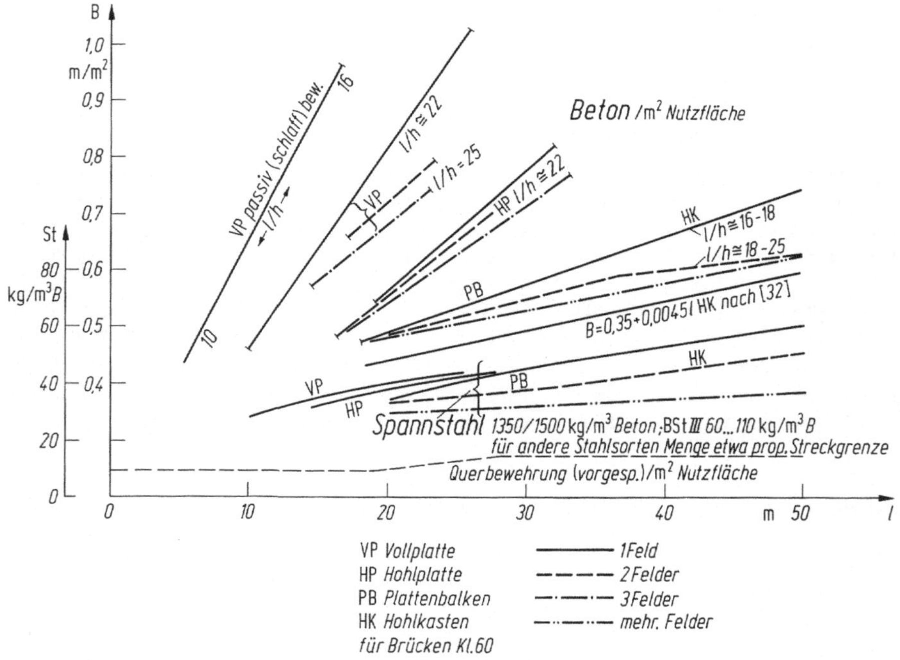

Abb. 2.2/21. Mittelwerte des Baustoffaufwandes von 1966 bis 1973 ausgeführten Stahl- und Spannbetonstraßenbrücken [43]. Die mittlere Betondicke nach [32] und [42] stimmen fast überein. Variation je nach Lastklasse und Brückenbreite erheblich

II B, 2.2 behandelt werden. Die Reibung beweglicher Lager (I B, 7) besitzt in der Regel für die Überbauten kaum Bedeutung. Für die Bemessung der Abstützungen (Pfeiler, Widerlager) sind dagegen die Reibungskräfte der Lager neben den Bremskräften der Verkehrslasten und den Windkräften entscheidend wichtig. Sie werden deshalb in 5 und II B, 4.2 verfolgt.

Im Hinblick auf die Lagerwege ist es bei langen, mehrfeldrigen Balken empfehlenswert, den Festpunkt etwa in seine Mitte zu legen. Das gilt jedoch nur bei niedrigen, steifen Pfeilern. Hohe Pfeiler würden auf diese Weise horizontal unnötig stark beansprucht, so daß man in diesem Falle den Festpunkt besser an ein Ende legt und größere Lagerwege in Kauf nimmt.

Die *Windkräfte* auf Brückentragwerk und Verkehrsband (II B, 2.2.3) werden möglichst besonderen Horizontalabstützungen (I B, 7.3.7.2) in den Widerlagern zugeleitet, wenn die Reibung der Lager dazu nicht ausreicht. Die steife Fahrbahnplatte ist bei mittleren Brückenlängen (um 100 m) meist in der Lage, das in ihrer Ebene wirkende Moment aufzunehmen. Bei sehr langen Überbauten muß man die horizontale elastische Stützung durch die Pfeiler heranziehen, wobei die kürzeren Pfeiler größere Anteile erhalten, da ihre Steifigkeit umgekehrt proportional zur dritten Potenz ihrer Höhe ist. Ein Beispiel (Abb. 2.2/22)zeigt die Zusammenarbeit von Fahrbahntafel und Pfeiler. Die Diagramme veranschaulichen, daß unter den angenommenen Verhältnissen bereits bei einer Pfeilerhöhe $h = 0{,}42l = 21$ m der Überbau die Windlast w wie drei frei aufliegende Einzelbalken abträgt und erst bei noch höheren Pfeilern die Horizontalmomente der Fahrbahntafel stark anwachsen.

Balkenroste entstehen durch die Verbindung parallel verlaufender Balken mittels „lastenverteilender Querträger" in der Mitte der Spannweite. Im *Hochbau* wird in der Regel mit gleichförmig verteilten Flächenlasten gerechnet, für die man solche Querträger nicht benötigt. Sie werden aber vorsichtshalber besonders bei Rippendecken (DIN 1045, 21.2.2.3) gefordert, um ungleichmäßige Beanspruchung der Rippen und der Platte infolge von teilweiser oder lokaler Belastung auszugleichen.

Im *Brückenbau* setzen solche Querträger, die naturgemäß in der Mitte der Spannweite am wirksamsten sind, die Biegemomente mehrerer paralleler Hauptträger stark herab, da der Laststreifen nach DIN 1072 (67) samt den „Regelfahrzeugen" nur 3,0 m breit ist. Die neuerdings vorgeschriebenen *zwei* Laststreifen nach DIN 1072 (85) vermindern diesen Effekt. Die Ersparnis an den Hauptträgern rechtfertigt oft den Arbeits- und Baustoffaufwand für den Querträger. Abb. 2.2/23 gibt einen Begriff von der Wirkung eines Querträgers verschiedener Steifigkeit I_Q im Verhältnis zu derjenigen der Hauptträger I_H unter einer Einzellast „1" für einen Rost mit fünf Hauptträgern. Die Einflußzahlen X sind den Tabellen [44] entnommen, in denen ausschließlich die Biegesteifigkeit der Träger berücksichtigt wird, in [45] auch die Torsionssteifigkeit. Diese bringt nur bei relativ schmalen Rosten einen merkbaren, aber im Zustand II unsicheren Beitrag (Abb. 2.2/4). Ein Näherungsverfahren für Belastungen der Hauptträger außerhalb der Querträger gibt [46], einen modernen Ansatz findet man in B. Kal. 1980 II, S. 573.

Durch die Verbiegung des Querträgers werden die Hauptträger verdreht, wobei deren Torsionssteifigkeit Widerstand leistet und wie erwähnt die Lastverteilung unterstützt. Dieser Einfluß ist um so größer, je kleiner die Zahl der Hauptträger ist, am bedeutendsten bei zwei Hauptträgern. Allerdings geht, worauf in 2.2.1 bereits hingewiesen wurde, die Torsionssteifigkeit der Balken schon im Zustand II auf einen

Bruchteil zurück. Es ist daher fragwürdig, diese entlastende Wirkung in Rechnung zu stellen, insbesondere im plastischen Zustand IIIa, der ja der Querschnittsbemessung zugrunde gelegt wird.

Die Wirkung vieler Querträger („Kassettenplatten") wird zweckmäßigerweise „verschmiert", d. h. die Steifigkeit der Querträger durch den Abstand voneinander dividiert. Man kann dann auf den Rost die Theorie der orthotropen zweiseitig gestützten

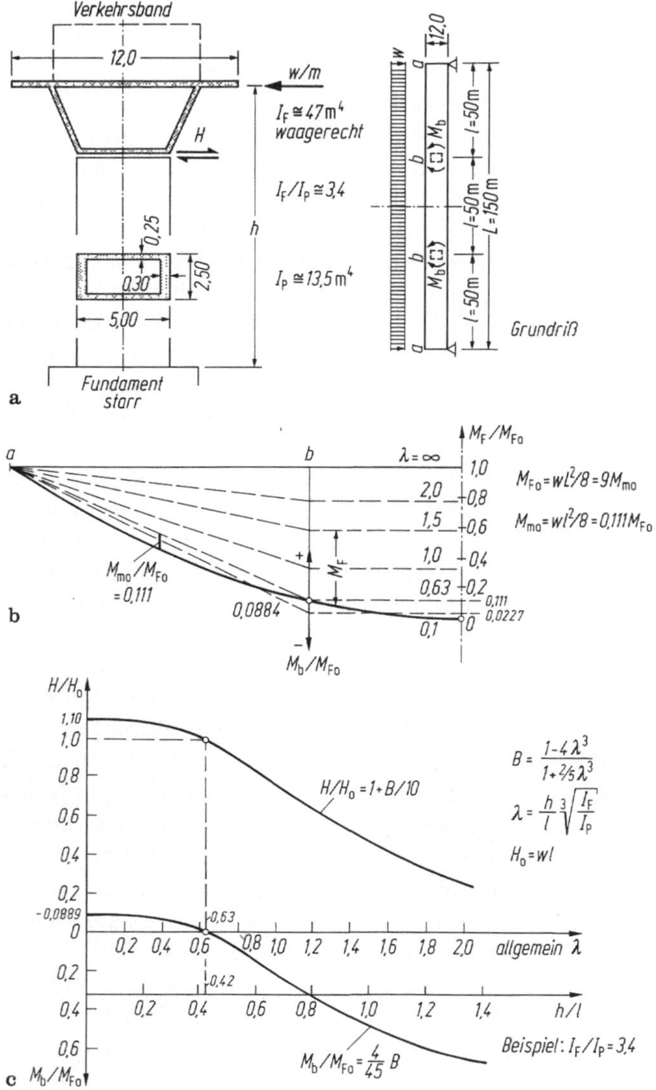

Abb. 2.2/22. Waagrechte Beanspruchung eines Brückenüberbaues mit drei Feldern, starr an den Endwiderlagern und dazwischen elastisch durch zwei Pfeiler verschiedener Höhe h und Steifigkeit I_P bei Windlast w; waagrechte Steifigkeit der Fahrbahntafel und des Hohlkastens I_F. **a** Schnitt und Grundriß des Tragwerkes; **b** waagrechte Biegemomente M_F der Fahrbahntafel als Funktion des Steifigkeitsverhältnisses λ; **c** Stützreaktion H eines Pfeilers und waagrechtes Biegemoment M_b der Fahrbahntafel an dieser Stelle

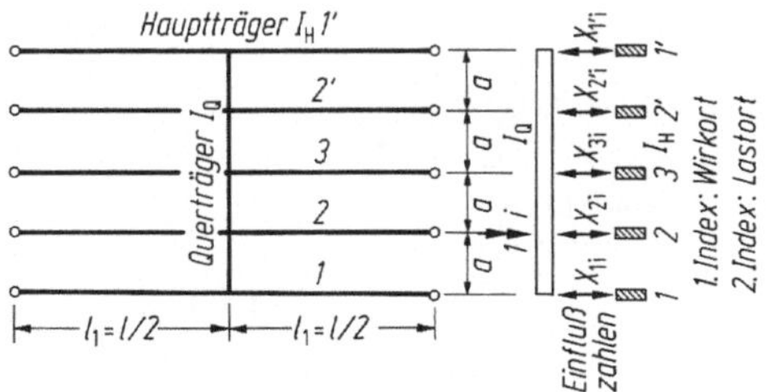

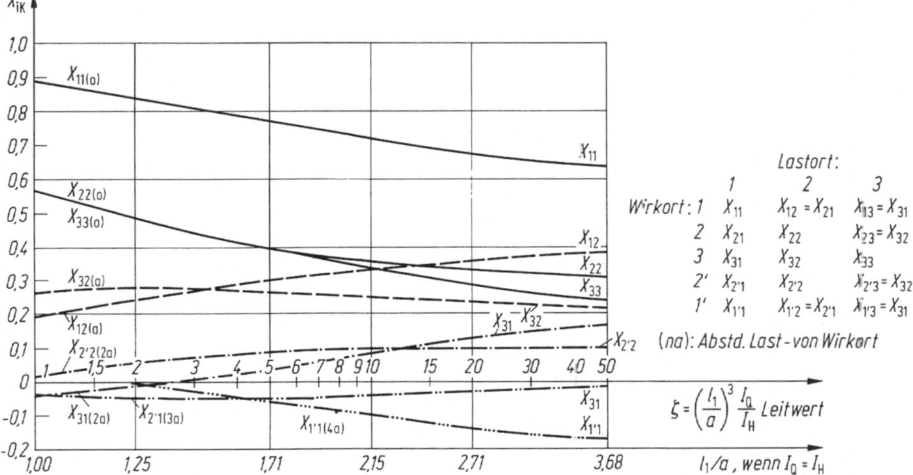

Abb. 2.2/23. Rost aus fünf freiaufliegenden Balken mit einem Querträger in der Mitte. Beispiel für die Querverteilung einer Einheitslast (Einflußzahlen) für verschiedene Längen- und Steifigkeitsverhältnisse [44]. *Ergebnis*: Für relativ steife Querträger ($\zeta > 30$) kann dessen Krümmung vernachlässigt werden; die Einflußzahlen sind dann linear verteilt

Platte [47] anwenden und erfaßt hiermit die Wirklichkeit besser als mit dem stark vereinfachten Modell des „Balkenrostes". Denn in der Regel sind ja die Obergurte der Balken durch eine Platte verbunden, die als Scheibe wirkt und so die Spannungen in den Druckzonen ausgleicht. In I B, 4.3.1.1 ist diese Wirkungsweise für einen einzelnen Plattenbalken beschrieben, die sowohl die Biegesteifigkeit als auch die Bemessung beeinflußt.

Abb. 2.2/24 zeigt an einem einfachen Modell dreier Balken mit gemeinsamer Druckplatte, von denen der mittlere mit p belastet ist, wie sich die Druckkraft $D = M_m/z$ im Mittelquerschnitt ausbreitet. Dabei wird die Schubkraft des Steges angenähert in ihrem Schwerpunkt als Einzelkraft in die Scheibe eingetragen und ihre Wirkung nach [I A, 4/22.1] verfolgt. Die Nachbarstege werden vernachlässigt. Die Druckkraft D wird um so gleichmäßiger auf die ganze Platte verteilt, je schlanker diese im Grundriß ist. Nach Abb. 2.2/24b bis d verbleiben dem mittleren Plattendrittel

für $b = l/3$; $2l/3$; $4l/3$;

etwa $D_1 = 0{,}33D$; $0{,}4D$; $0{,}7D$.

Für eine eingehendere Untersuchung mittels der Scheibentheorie wird man sich der Lit. [I B, 4/43 u. 6/21] bedienen.

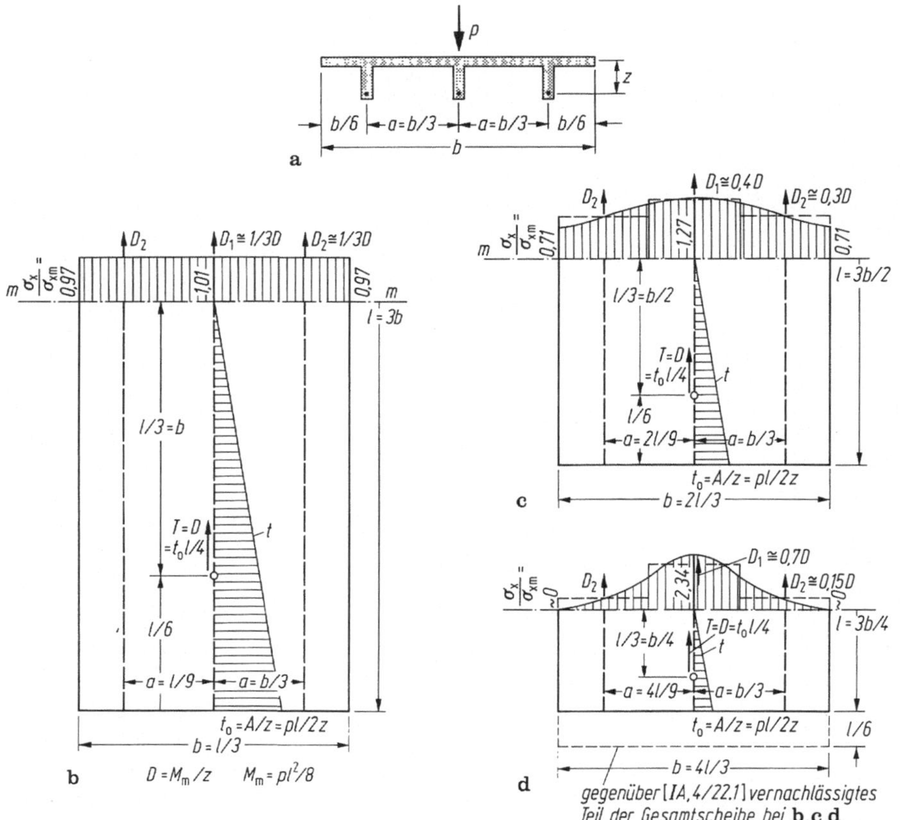

Abb. 2.2/24. Ausbreiten der Obergurtkraft D eines mit p belasteten Plattenbalkens auf die gemeinsame Druckplatte dreier Stege, deren Mitwirkung vernachlässigt wird. **a** Querschnitt; **b** Verteilung der σ_x in der Mitte m der Platte für $b = l/3$; **c** desgl. für $b = 2l/3$; **d** desgl. für $b = 4l/3$

Dieser Scheibenwirkung überlagert sich die Plattenbiegung in Querrichtung aus den Differenzen der Durchbiegungen (Abb. 3/1) sowie aus der Feldbelastung der Platte. Geht diese dabei in Zustand II über, wird die Kontinuität der Scheibe durch die Biegedruckzone gewährleistet. Der Spaltzug in der Platte infolge der Ausbreitung der Schubkraft P kann in der Regel ohne Nachweis der Biegebewehrung zugemutet werden. Wegen der einfachen Ausführung sind gekoppelte Plattenbalken ohne Querträger mehrfach behandelt worden (B. Kal. 1986 II, Massivbrücken, 7.5 sowie [48]).

Über gekrümmte Balken und ihre zweckmäßige Vorspannung schrieben [49] und [I B, 4/7.3]; für deren Konstruktion, ohne die Torsion zu Hilfe zu nehmen, macht [50] einen einfachen Vorschlag.

Schiefe Balkenroste lassen sich wie rechtwinklige berechnen, wenn die Querträger parallel zu den Auflagerlinien verlaufen und gelenkig aufliegen (Abb. 2.2/25a). Bei steifen Anschlüssen werden die Drehwinkel der Querträger an allen Lagerpunkten nicht nur durch die Torsions- sondern auch durch die Biegesteifigkeit der Hauptträger behindert, was stets berücksichtigt werden muß. (Abb. 2.2/25b) [51]. Sofern die Hauptträger durch die Einspannung in einen kräftigen Auflager-Querträger entlastet werden,

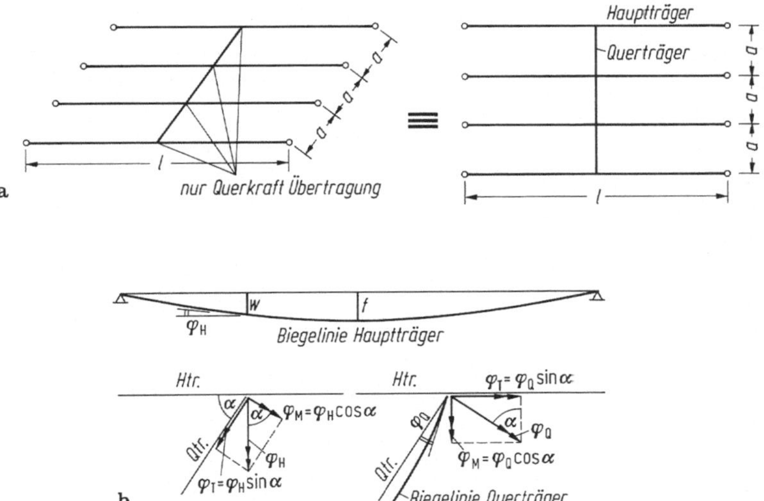

Abb. 2.2/25. Wirkungsweise schiefer Balkenroste. **a** Bei gelenkiger Verbindung von Quer- und Hauptträgern Verhalten wie rechtwinklige Roste; **b** die örtlichen Verdrehungswinkel der belasteten Hauptträger φ_H haben Komponenten in Richtung der Querträgerachsen und senkrecht dazu, sie erzeugen demnach bei fester Verbindung Torsion und Biegung, ebenso die Verdrehungswinkel der verformten Querträger φ_Q in den Hauptträgern. Fortsetzung der **Abb. 2.2/25c** u. **d** auf S. 70

darf der Torsionsanteil nur vorsichtig abgeschätzt werden, da die Torsionssteifigkeit wie erwähnt, unzuverlässig ist. Abb. 2.2/25c und d zeigen an einem einfachen Beispiel diesen Einfluß abhängig von der Schiefe α. Die Torsionssteifigkeit macht sich weniger bemerkbar, wenn die Querträger rechtwinklig zu den Hauptträgern angeordnet werden (Abb. 2.2/26a); zudem sind sie wirksamer als Auflagerparallele.

Vorgespannte Balkenroste zeichnen sich dadurch aus, daß Spannglieder in den Hauptträgern nicht voll zur Wirkung kommen, wenn die Querträger durch Lager festgehalten sind („Kreuzwerk"). Weil jene sich nicht der Vorspannung entsprechend verformen können, wandert ein Teil der Leibungskräfte in diese ab und spannt sie auch vor, allerdings ohne eine Längskraft zu erzeugen. Wie bei Spannbetonplatten (I B, 5.2) gilt auch für Roste:

„Keine Vorspannung ohne (zugehörige) Verformung!"

(vgl. auch I B, Abb. 4.2/15). Abb. 2.2/26b zeigt ein einfaches Beispiel.

Sich rechtwinklig kreuzende aber gekrümmte Balken hat man in einzelnen Fällen, bei denen weniger das Minimum der Kosten als der Wunsch maßgebend war, eine „organische" Lastabtragung sichtbar werden zu lassen, als Roste von Balken realisiert, die dem Trajektorienverlauf einer entsprechenden Platte folgen. In den Richtungen der Hauptmomente gibt es keine Drillmomente, so daß solche Balken aus dem Bemessungslastfall keine Torsionsmomente erhalten. Abb. 2.2/27a zeigt eine solche Pilzdecke [52], Abb. 2.2/27b die Decke eines Hörsaals. Die Richtung der Hauptmomente in dieser sehr unregelmäßig aufgelagerten Kreisplatte wurde im Institut des Verfassers zunächst an einem homogenen Plattenmodell aufgesucht. Dann wurde ein kassettiertes Modell aus Kunstharz angefertigt, an dem die Balkenbeanspruchungen mit elektrischen Dehnungsmeßstreifen gemessen wurden.

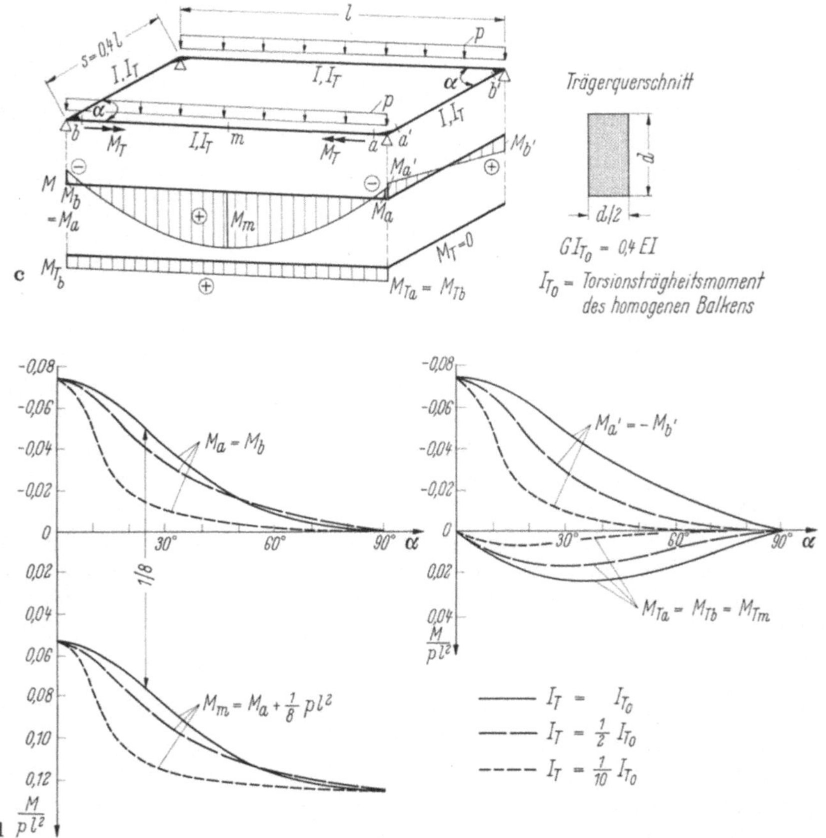

Abb. 2.2/25c u. d. c Beispiel für den Einfluß der Schiefe α eines einfachen Balkenrostes mit Auflager-Querträgern in fester Verbindung mit den Hauptträgern. Schnittkraftverlauf bei gleichförmiger Belastung der Hauptträger für $\alpha = 45°$ im Zustand I; **d** Biege- und Torsionsmomente abhängig von α und verschiedenen Annahmen für die Torsionssteifigkeit I_T im gerissenen Zustand II

2.2.3 Ausführung von Balken

Das Herstellverfahren von Balken muß gleichzeitig mit der Konstruktion überlegt werden, da es, wie erwähnt, ausschlaggebend für die Wirtschaftlichkeit ist. Die Baumethoden von Decken im Hochbau werden deshalb im Zusammenhang mit diesen in 3.3.6 geschildert. Hier werden nur die Balkentragwerke von Brücken behandelt. Die grundlegenden Gesichtspunkte für Einzelbalken finden sich in I B, 4.5 und 4.6.

Sehr lehrreich für die Ausführung von Stahlbetonbauten ist die Sammlung von Erfahrungen beim DBV in [53] sowie in [I A, E/31], allgemein in [I A, 1.1].

Auf die Wichtigkeit klarer Bewehrungszeichnungen, die sowohl die statisch nachgewiesenen Kräfte richtig erfassen und die Verteilung der fast unvermeidlichen Risse gewährleisten als auch das notwendige Verdichten des Betons (auch bei Fließbeton!) berücksichtigen und die entscheidend wichtige Betondeckung des Stahls [54] deutlich angeben, wird hier nochmals hingewiesen. Anderseits ist ein rationelles Aufzeichnen und Verlegen der Bewehrung anzustreben (DIN 1356 Teil 10 E (78) u. [55]).

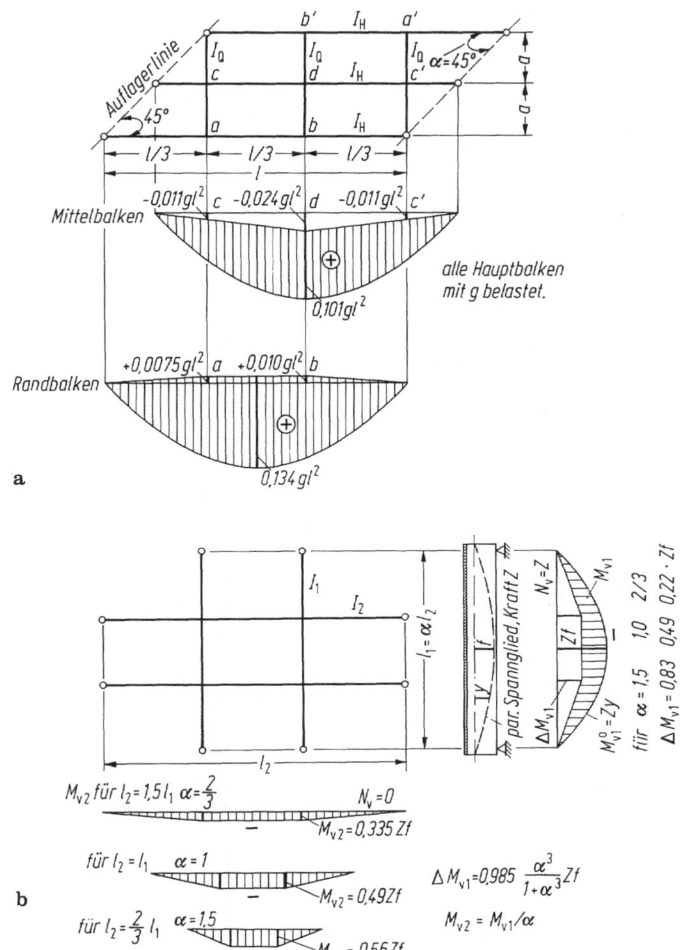

Abb. 2.2/26. Beispiele für Balkenroste. **a** Schiefer Balkenrost mit Querträgern rechtwinklig zu den Hauptbalken, die alle mit g belastet sind. Rechenannahmen für Beispiel: Quer- und Längsträger drehbar verbunden, $I_H/I_Q = 2$; $a/l = 1/6$. *Ergebnis*: Mittelbalken wird um 20% entlastet, Randbalken werden um 8% belastet, während auflagerparallele Querträger in diesem Falle wirkungslos wären; **b** gerader Balkenrost über rechteckigem Grundriß, wovon *ein* Balkenpaar ein parabolisches Spannglied erhält. Das andere Balkenpaar ($l_2 = l_1/\alpha$) wird dadurch ebenfalls vorgespannt, es werden jedoch nur Momente M_v, keine Längskräfte erzeugt

Ich erinnere ferner an „konstruktive Bewehrungen" in Querrichtung, die in Plattenbalken über Zwischenstützen den ungleichmäßig verteilten Längsspannungen (vgl. I B, Abb. 4.3/1 u. 2 sowie 4.5/6 u. 7a) Rechnung tragen [56], sowie an den Steganschluß [57]. Bruchversuche mit Plattenbalken wurden in [58] ausgewertet. Am Ende bedarf die Platte einer Randbewehrung (vgl. I B, Abb. 4.5/7b) sowie einer Verstärkung, da eine konzentrierte Last dort mehr als doppelt so große Biegung verursacht als weiter innen (vgl. I B, Abb. 5/16b). Dazu dient meist ein Endquerträger, auf dessen Aufgabe [59] eingeht. Spezielle Fragen betr. Hohlkästen erörtern [60; 30.3].

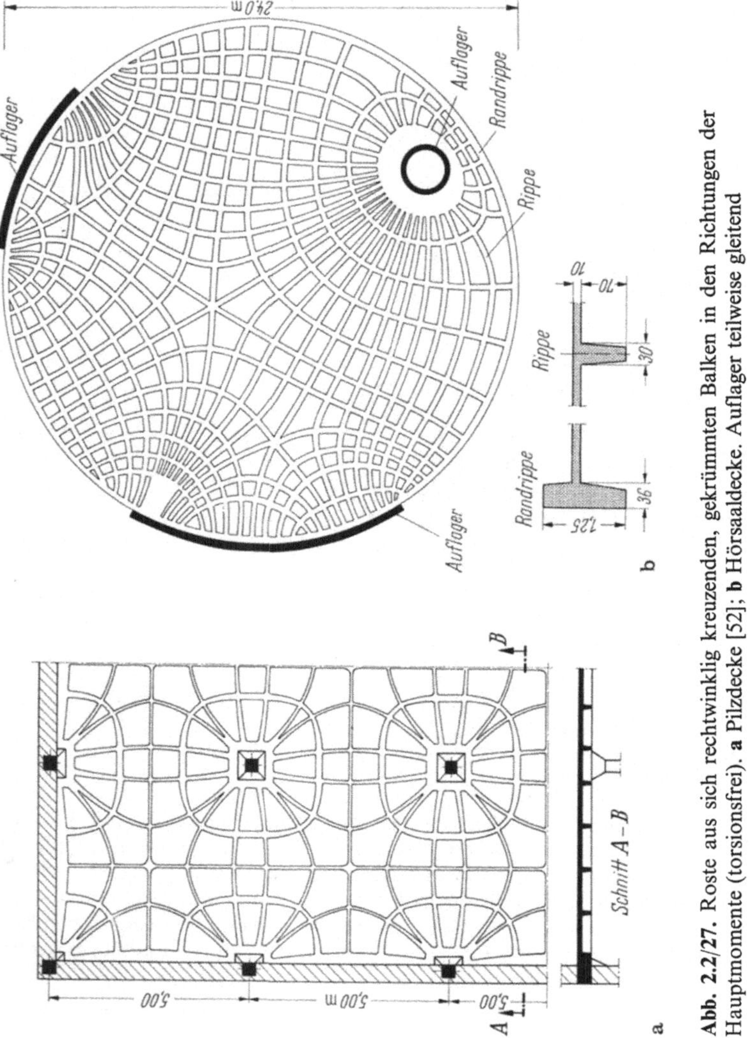

Abb. 2.2/27. Roste aus sich rechtwinklig kreuzenden, gekrümmten Balken in den Richtungen der Hauptmomente (torsionsfrei). **a** Pilzdecke [52]; **b** Hörsaaldecke. Auflager teilweise gleitend

Balkenbrücken werden meist voll oder beschränkt vorgespannt (I B, 4.3.2), die Spannglieder in Hüllrohren im Beton geführt und zur Herstellung des Verbundes und zum Korrosionsschutz mit Zementmörtel verpreßt. Neuerdings sind in Frankreich, versuchsweise auch bei uns, Spannglieder *ohne* Verbund, die außerhalb des Betons (frei im Inneren von Kastenträgern) liegen, ausgeführt worden. Als Vorteile werden angeführt:

(1) Die Gefahr des Angriffes durch Tausalz, das tief in den Beton einzudringen vermag und schon viele Schäden angerichtet hat (I A, 3.1.7), wird bei zuverlässiger Umhüllung der Spannglieder (z. B. Kunststoffrohre und Verpressen mit Fett vgl. DIN 4227 Teil 6) beseitigt.

(2) Der Zustand der Spannglieder kann überwacht, notfalls ein schadhaftes ausgewechselt werden. Auch kann man nachspannen, wenn man die Anker zugänglich hält, aber stets wieder wirksam vor Rosten schützt. Allerdings sollte diese Möglichkeit nicht von vornherein vorgesehen werden; sie würde gegen den Grundsatz verstoßen:

ein Bauwerk nicht zu einer Maschine machen!

Man weiß aus Erfahrung mit einer solchen Brücke, daß in turbulenten Zeiten (2. Weltkrieg) Menschen, Akten und Geräte verstreut wurden, die geplanten Manipulationen unterblieben und grobe Biegerisse auftraten, welche die Druckzone und damit den Bestand gefährdeten.

(3) Die Spannungsschwankungen in den hochwertigen, dagegen sehr empfindlichen Stählen infolge Last- und Temperaturwechseln sind im Gebrauch kleiner als bei Vorspannung mit Verbund, was besonders an Ankerstellen günstig ist (I B, Abb. 4.3/17d: hier ist allerdings neben der Z/Z_0-Achse „σ_z ohne" und „σ_z' mit" versehentlich vertauscht). Jedoch schlagen infolge des Verbundes diese Wechsel bei „richtiger" Anordnung der Anker kaum bis dorthin durch.

(4) Die Stege der Kästen sind besser zu betonieren, da sich erfahrungsgemäß, besonders in Auflagernähe durch die Häufung aufgebogener Spannglieder und der Bügel zur Querkraftaufnahme, leicht Kiesnester bilden.

Jedoch sind auch gravierende *Nachteile* durch den Verzicht auf den Verbund festzustellen:

(1) Im Gebrauch verhalten sich Balken mit voller Vorspannung annähernd gleich, unabhängig davon, ob nachträglich Verbund hergestellt worden ist oder nicht. Wenn aber die Rißlast überschritten wird, steigt die Spannung im Stahl ohne Verbund nur noch wenig an (I B, Abb. 4.3/17d), wie in I B, 4.3.2 beschrieben. Die Bruchlast ist dann erheblich kleiner, weil die Streckgrenze des Stahles in der Regel nicht erreicht wird, bevor die Druckzone bricht (unangekündigter Bruch). Um die geforderte Bruchsicherheit zu gewährleisten und die Risse zu verteilen, muß man daher reichlich passive Baustahlbewehrung zulegen. Bei der Segmentbauweise (2.2.3.3) ist das nicht möglich und die aktive (vorgespannte) Bewehrung muß erheblich verstärkt werden.

(2) Wenn man sich dem Verlauf der Momente anpassen und die Querkraft in der Auflagerregion vermindern will, werden die Spannglieder trapezförmig geführt. Die Umlenkstellen an Querwänden oder Konsolen sind sorgfältig als Lager auszubilden, da dort, zunächst beim Spannen, aber auch später infolge von Last- und Temperaturwechseln die Zugglieder gleiten, was u. U. zu Reibungskorrosion führen kann. Ausschließlich gerade Spannglieder vermeiden diese Schwierigkeit, erfordern aber kräftigere Stege zur Querkraftaufnahme.

Außer diesen konstruktiven Gesichtspunkten sind für die Wahl der Bauweise noch die Kosten für den Stoff- und Arbeitsaufwand zu vergleichen.

Für die „Ausrüstung“ von Straßenbrücken (Fußwegkappen, Geländer, die sehr wichtige Entwässerung, usw.) gibt es Normalien [61], ferner findet man Muster in [11.2] und B. Kal. 1986 II, Massivbrücken, 6.

2.2.3.1 Ausführung in Ortbeton

Sie hat gegenüber der Verwendung von Fertigteilen durch das Anliefern vorgemischten Betons („Transportbeton“ I A, 1.1.4 u. [62]) und weitreichender Rohrleitungen, durch die der Beton mittels Pumpen gefördert wird, wieder an Boden gewonnen (I B, 4.5.2). So wird die kostspielige Einrichtung einer örtlichen Betonmischanalage erspart. Betonzusätze (I A, 1.1.3) u. [63]) erleichtern u. U. das Einbringen des Betons; z. B. Abbindeverzögerer bei großen Flächen [64] oder Fließbeton [65], [I A, 1.1/18] und B. Kal. 1987 I, S. 18 u. II, S. 315. Auch das Verwenden von Schalelementen zunehmender Größe, aus Holz nach DIN 1052 (85), meist aus Stahl nach DIN 4421 (82) und DIN 18800 (81) oder Aluminium gefertigt, begünstigt den Ortbeton [66; 3/67]. Als Beispiel zeigt Abb. 2.2/45 b eine Klappschalung für Hohlkastenträger. Eine Übersicht moderner Schalungen und Rüstungen bietet [67]. Über die sowohl für das Handhaben der Schalung als auch für die Betonoberfläche maßgebenden Trennmittel findet man systematische Angaben in [68; 53; 128].

Eine dritte gewichtige Komponente der wirtschaftlichen Herstellung von Ortbeton ist die Rüstung (B. Kal. 1985 II, S. 905 u. [69]), deren Auf- und Abbau ebenfalls durch Einsatz größerer Elemente Einsparungen an Löhnen bringt. Bereits bei der Verwendung durchgehender Standgerüste (I B, 4.5.3) läßt sich, wenn zwei getrennte Fahrbahnen zu betonieren sind, die Wirtschaftlichkeit durch Querverschiebung steigern. Ein weiterer Schritt ist das Auflösen in Rüsttürme (Joche) und aufgelagerte Stahlträger (Abb. 2.2/28). Da Letztere weich im Verhältnis zum Betonbalken sind, können beim langsamen, an einem Ende beginnenden Betonieren Risse im bereits erstarrenden Beton auftreten, gegen die die angedeuteten Maßnahmen zu treffen sind.

Den Folgen von Durchbiegungen freitragender Rüstträger sind besondere Überlegungen zu widmen, denn sie üben durch ihr Rückfedern aktive Kräfte auf den Balken

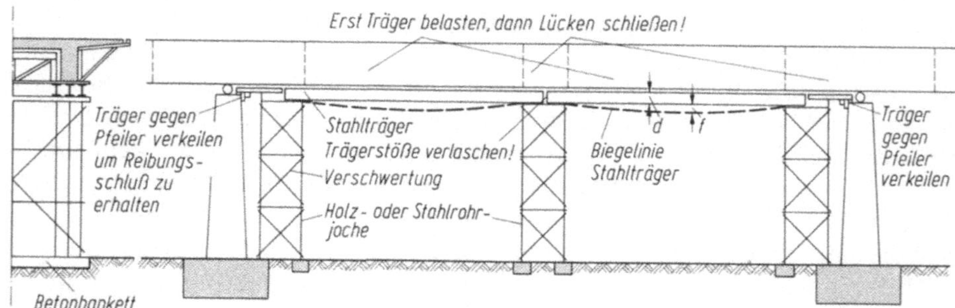

Abb. 2.2/28. Lehrgerüst einer Balkenbrücke aus Jochen (Gerüstpfeiler: Stahl oder Holz) und Stahlträgern. Schalung um Betonträgerdurchbiegung aus ständiger Last + Stahlträgerdurchbiegung f unter Betongewicht $\left(f \cong \frac{\sigma_s l^2}{5E_s d}\right)$ + Zusammendrückung der Joche überhöhen. Bei größeren Holzgerüsten Anschlüsse der Riegel und Diagonalen mit Bolzenschrauben durch Krallenplatten oder Dübel versteifen

etwa in Höhe von dessen Eigenlast aus (Abb. 2.2/29a, b). Sie werden erst durch das Absenken des unter „Zwang" stehenden Gerüstes beseitigt. Bei Spannbetonbalken wird jedoch der beabsichtigte Spannungszustand aus der Überlagerung von Spannkraft und Eigenlast (Abb. 2.2/29c) nicht erreicht, da die Verformung der Rüstträger im allgemeinen ein Mehrfaches der Aufwölbung des Balkens beträgt. Infolgedessen fehlen dann an der Oberseite Druckspannungen aus Eigenlast, während die Zugspan-

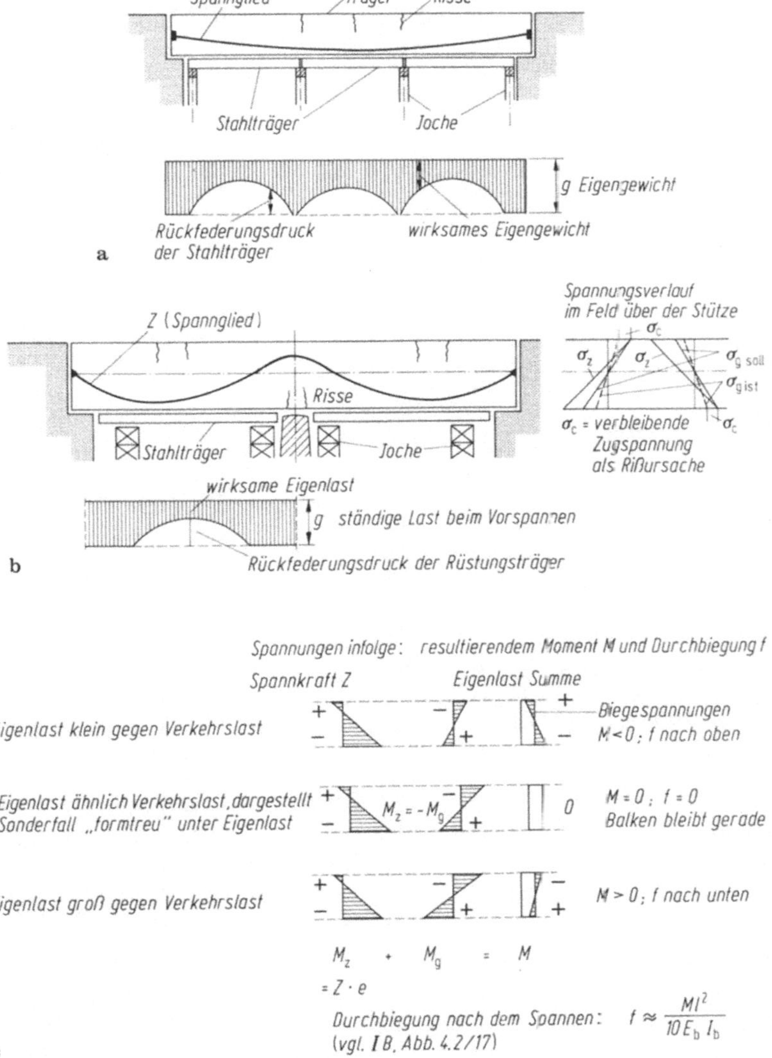

Abb. 2.2/29. Schäden an vorgespannten Balken infolge der Rückfederkräfte einer elastischen Rüstung (Stahlträger). **a** Bei einem Einfeldbalken (Risse oben); **b** bei einem Zweifeldbalken (Risse im Feld oben, neben der Mittelstütze unten); **c** beabsichtigte Spannungszustände in Feldmitte eines Balkens, wobei sich die Wirkung von Spannkraft Z und Eigenlast g subtrahieren. Bei auch nur teilweisem Fortfall von g durch Rückfedern der Träger ändern sich die resultierenden Spannungen daher erheblich!

nungen aus Spannkraft in voller Größe erzeugt werden, wodurch dort mitunter Risse auftreten (Abb. 2.2/29a). Bei durchlaufenden Balken sind solche außerdem an der Unterseite über der Stütze beobachtet worden (Abb. 2.2/29b). Sie schienen zunächst unerklärlich, waren aber ebenfalls auf verminderte Wirkung der Eigenlast zurückzuführen. In beiden Fällen muß fortschreitend mit dem Spannen das Lehrgerüst abgesenkt werden. Die erwähnten Risse sind um so unangenehmer, als sie sich auch bei voller Wirkung der Eigenlast nicht mehr schließen, wenn man den Balken auf der Rüstung längere Zeit liegen läßt. Das dann schon einsetzende Kriechen beschränkt sich auf die Druckzone und vergrößert die Rißweite (I A, Abb. 1.3/7e).

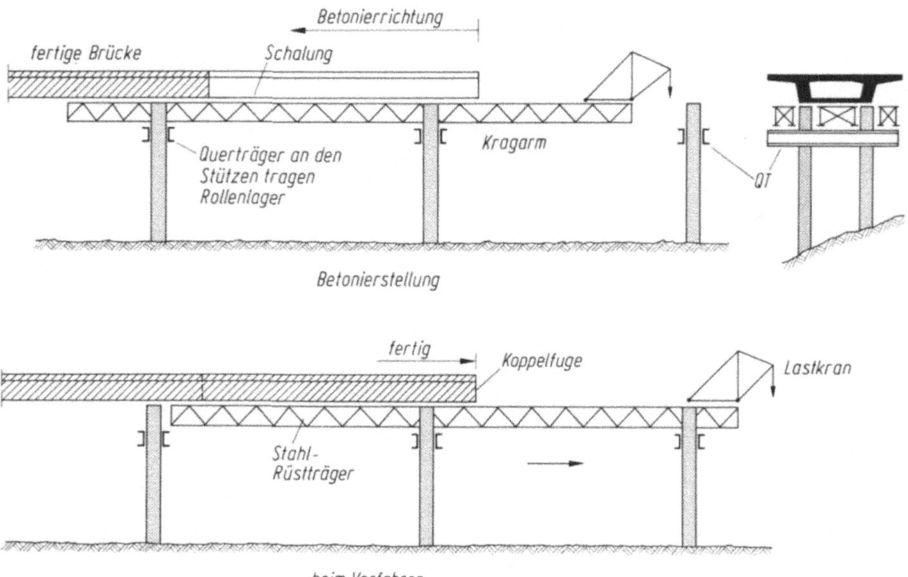

Abb. 2.2/30. Ausführen einer über mehrere Pfeiler durchlaufenden Balkenbrücke auf einer Vorschubrüstung [11.2, S. 40]. Die Pfeiler erhalten provisorische stählerne Querträger mit Rollen, auf denen die Rüstung vorgeschoben wird. Beim Betoniervorgang elastische Durchbiegungen der Rüstträger berücksichtigen

Freitragende längsverschiebbare Rüstungen für Brücken (Beispiele [1/4.2]) stützen sich auf die Pfeiler ab und sind daher unabhängig von der lichten Höhe über dem Erdboden und von dessen Beschaffenheit. Sie überbrücken jeweils zwei Spannweiten und reichen etwa bis 1/5 in das Nachbarfeld hinein. Man ordnet etwa in der Nähe des Momentennullpunktes eine Arbeitsfuge an, wie in Abb. 2.2/30 schematisch dargestellt ist. Nach Erhärten und Vorspannen des entsprechenden Balkenabschnittes wird die Rüstung um eine Feldweite vorgeschoben und auf dem nächsten Pfeiler gelagert.

Mit diesen beiden Geräten: Vorschubschalung und Vorschubrüstung können nur Balken mit gleichbleibendem Querschnitt hergestellt werden. Bereits die Verstärkung der Druckzone über einer Zwischenstütze ist nur im Inneren eines Hohlkastens möglich und verursacht um so mehr Schwierigkeiten, je zwangläufiger die Klappschalung konstruiert ist.

Die Balken werden meist in Abschnitten hergestellt (Arbeitsfugen etwa in $l/5$, wo $M \cong 0$ ist) und vorgespannt. Hierbei verformen sie sich abweichend voneinander elastisch und auch zeitabhängig (Kriechen), bedingt durch das verschiedene Alter. Auf diese Weise entstehen Zwängungen und Umlagerungen der Momente, die man nach [70] verfolgen kann, wobei allerdings die Kriechverformungen immer nur abgeschätzt werden können. Ergänzend zu [I B, 4/21] weise ich auf [71] hin). Auch die Last-, Zwangs-, Temperatur- und Schwindmomente streuen erheblich (I B, 4.2) und von den Spanngliedkräften sind weder die Anfangskräfte noch die Reibungsverluste „genau" bekannt [72] (I B, Abb. 4.5/17). Da die Betonspannungen sich als *Differenzen* dieser Kraftwirkungen ergeben, sind sie prozentual um eine Größenordnung fehlerempfindlicher als die Ausgangswerte (I B, Abb. 4.3/18). Neue Ergebnisse von Reibungsversuchen teilen [73] mit.

Diese Unsicherheit, die dem Spannbeton grundsätzlich anhaftet und worauf in I B, 3.2 bereits hingewiesen wurde, ist in den Arbeitsfugen ohne nennenswerte Zugfestigkeit besonders unangenehm. Zudem müssen hier die Spannglieder durch Kupplungen (B. Kal. 1986 II, S. 224) gestoßen werden, wodurch ihre Schwingungsfestigkeit empfindlich leidet, besonders wenn durch Öffnen der Fuge Feuchtigkeit zutritt.

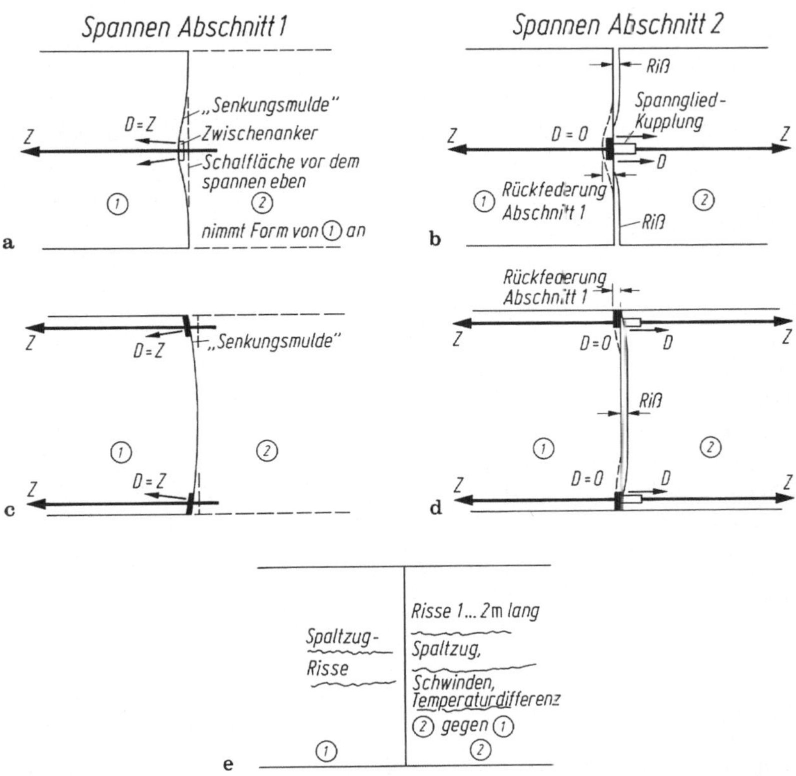

Abb. 2.2/31. Ursachen von Schäden an Koppelfugen infolge Zwischenverankern einzelner Spannglieder (stark vergrößerte Verformungen). **a** Nach dem Vorspannen des Abschnitts 1; **b** nach dem Vorspannen des Abschnitts 2 verschwindet die Druckkraft *D* des Zwischenankers auf Abschnitt 1, so daß sich dieser ausdehnt und die Kraft *D* auf Abschnitt 2 ausübt; **c** und **d** gleicher Vorgang bei an der Außenseite liegenden Spanngliedern; **e** weitere beobachtete waagerechte Risse an Koppelfugen

Ferner wird der Beton in diesen sogenannten *Koppelfugen* [74] durch die Ankerkräfte lokal stark komprimiert (Abb. 2.2/31 a). Der weitere, dagegen betonierte Abschnitt, gleicht sich diesem deformierten Querschnitt an. Wenn dann die verlängerten Spannglieder gespannt werden, verschwinden die Druckkräfte der Zwischenverankerungen (Abb. 2.2/31 b), der Altbeton dehnt sich aus und übt eine entsprechende Druckkraft auf den Neubeton aus. Die Druckspannungen aus dem Anpressen des Neubetons verteilen sich daher nicht wie die Rechnung annimmt linear über den Querschnitt, sondern konzentrieren sich in der Mitte. Der Effekt kehrt sich um, wenn die Zwischenverankerungen oben und unten liegen (Abb. 2.2/31 c): dann führt das elastische „Aufblähen" des Altbetons zu einem Riß in der Mitte der Fuge (Abb. 2.2/31 d). Diese besonders bei Hohlkästen leider häufig auftretenden Risse sind mitunter über 0,3 mm breit und beeinträchtigen den Korrosionsschutz, wodurch die Spannstähle gefährdet werden, ja mitunter spröde gerissen sind. Die Rißweite kann durch gleichmäßiges Verteilen der Zwischenverankerungen über die Höhe und muß durch eine ausreichende passive Bewehrung, welche die Fuge durchsetzt, vermindert werden. Die nötigen Maßnahmen, zu denen auch die Annahme eines Zusatzmomentes $\Delta M = EId \cdot 10^{-4}$ entsprechend einem Temperaturgefälle von $\Delta T = 10$ K gehört, findet man in [75; I B, 4/62]. Nach neueren Erkenntnissen treten aber häufig wesentlich höhere ΔT auf (bis ~ 20 K).

Mehrfach hat man auch 1 bis 2 m lange feine Risse an Koppelfugen im Steg gefunden (Abb. 2.2/31 e). Sie sind im Altbeton vermutlich auf Spaltzug, im Neubeton auf Schwind- und Temperaturdifferenzen gegenüber dem Altbeton zurückzuführen (vgl. I B, Abb. 6/25). Es wird daher empfohlen, in dieser Zone die Verbügelung zu verstärken.

Auch in der Bodenplatte sind beiderseits der Fuge gleiche Längsrisse beobachtet worden, die wohl dieselben Ursachen haben dürften und durch verstärkte Querbewehrung fein zu halten sind. Diese Maßnahmen werden auch in [11.2, S. 191] begründet und empfohlen.

2.2.3.2 Fertigbalken

Deren Ausbildung ist in I B, 4.7 geschildert und in DIN 1045, 19.2 sowie DIN 1084, Teil 2 (78) geregelt. Werkmäßige Vorfabrikation und der fast vollständige Fortfall von Rüstungen sowie die bis auf 1/4 gegenüber Ortbeton verkürzte örtliche Bauzeit (I B, 2.3.1) bringen mitunter wirtschaftliche Vorteile. Die modernen, straßengehenden Krane können 120 t und mehr heben und ermöglichen daher Balken mit Spannweiten von 40 bis 50 m [67; 76; I B, 2/10.8]. Der Transport vom Herstellwerk kann sich bis zu 200 km lohnen, wobei allerdings die Trägerlänge auf etwa 30 m beschränkt ist. Bei größerer Trägerzahl kommt auch die Einrichtung einer „Feldfabrik" an Ort und Stelle in Betracht.

2.2.3.2.1 Vollmontagebalken

Für den Hochbau werden Montagebalken als Bestandteile von Decken in 3.3.6.2 beschrieben. Große Fertigbalken bis etwa 40 m Spannweite beherrschen den Hallenbau und haben hier den Ortbeton in Form von Rahmen, Schalen und Faltwerken nahezu verdrängt. Sie sind stets profiliert, um Eigenlast zu sparen. Abb. 2.2/32 zeigt als Beispiele den „klassischen", aber noch sehr gebräuchlichen T-Balken (Teil-

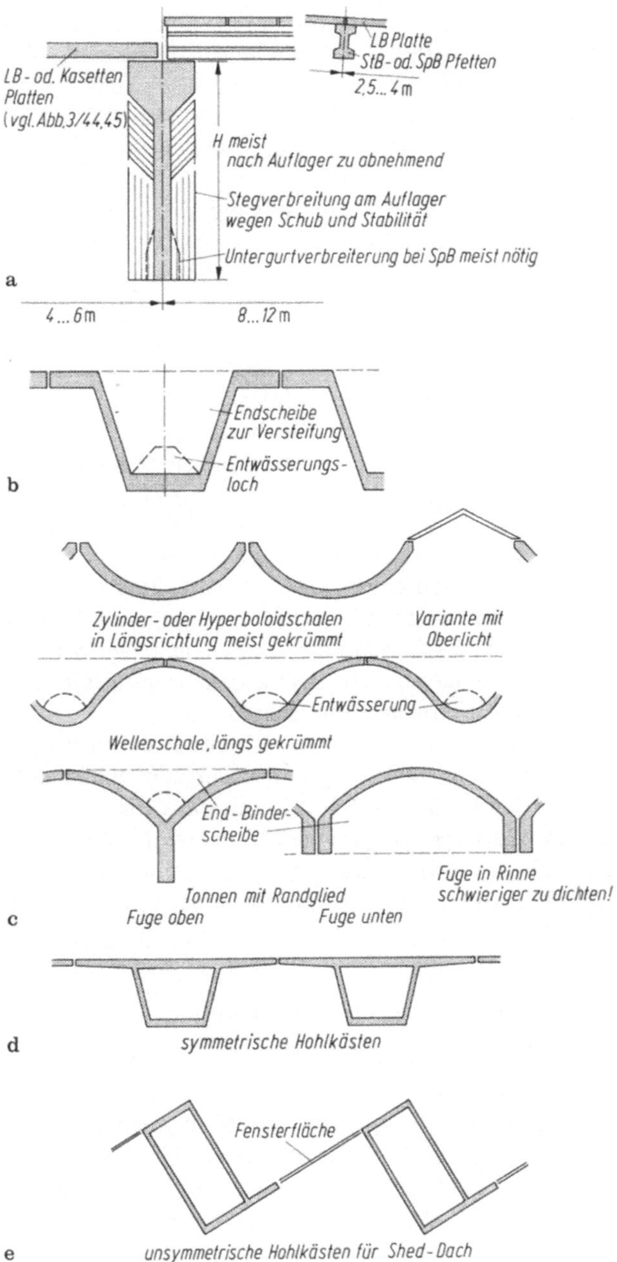

Abb. 2.2/32. Beispiele vorgefertigter Balken für Hallenbinder (Fachwerk- und Bogenbinder Abb. 2.1/1 u. 2). Weitere Beispiele und ausführlichere Angaben in [I B, 2/10.1]. **a** Einstegiger Hallenbinder wie I B, Abb. 4.3/9c mit angedeuteter Ausbildung des Daches; **b** Faltwerkbinder vereinigen Tragwirkung und Raumabschluß; **c** Schalenbinder bieten den gleichen Vorteil, sind sehr leicht, meist vorgespannt, wegen gekrümmter Schalung nur in Großserie wirtschaftlich; **d** steife Hohlkästen für große Spannweiten besonders geeignet, bei kleineren auch Stegplatten (Abb. 3/44). **e** mittels unsymmetrischer Hohlkästen in Schräglage lassen sich gut belichtende Shed-Dächer ausbilden

bild a), Faltwerkbalken (Teilbild b), Schalenbalken (Teilbild c), Hohlbalken (Teilbilder d und e). Die Wahl hängt von örtlichen Anforderungen (Belichtung, Belüftung) und den Produktionsprogrammen der Werke im näheren Umkreis ab. Einbetonierte Tragschlaufen und -bolzen sind sorgfältig zu bemessen [77.1; I B, 2/10.6, S. 58]. Auf die Gefahr des Auskippens schlanker Balken wird in I B, 4.6.4 hingewiesen [77.2].

Im *Brückenbau* herrschen T-Balken bis zu 50 m Spannweite vor, die zum Verteilen der schweren Fahrzeuglasten durch Querträger verbunden werden müssen (Abb. 2.2/33a). Mit Hohlbalken läßt sich diese Bauweise für mittlere Spannweiten (rd. 20 m) anwenden, wobei infolge der großen Torsionssteifigkeit Querträger entbehrlich sind (Abb. 2.2/33b). Volle Balken für kleinere Spannweiten (rd. 12 m) und in geringem Abstand können ebenso durch Quer-Vorspannung ausreichend solidarisiert werden (Abb. 2.2/33c). Eingehende Empfehlungen findet man in [61.1].

Eine durch Querspannglieder monolithisch wirkende Fahrbahntafel (Abb. 2.2/33b u. c) verteilt die Fahrzeuglasten sehr wirksam, da die Einzelbalken sich nicht um ihre Schwerachse verdrehen, sondern infolge der Scheibenwirkung der Platte um eine Achse in deren Mittelfläche. Dadurch leistet zusätzlich zur Torsionssteifigkeit die waagerechte Biegesteifigkeit der Balken Widerstand. Durch Einführen der Kräfte m, n und q in den Fugen als Überzählige und einer plausiblen Annahme für deren Verlauf in Längsrichtung, läßt sich dieses hochgradig statisch unbestimmte System im Zustand I erfassen. Für Zustand II und IIIa wäre die Torsionssteifigkeit zu vermindern (2.2.1), jedoch pflegt man üblicherweise die 1,75fachen Schnittkräfte des Zustandes I für den Nachweis der Tragsicherheiten einzuführen.

Diese Bauweise ist allerdings nur wirtschaftlich für relativ breite Brücken (rd. 15 bis 20 m), da der Einheitspreis des Spannstahls wegen des längenunabhängigen Aufwandes für Spannen und Verpressen bei kurzen Bündeln stark ansteigt.

Zur Montage der oft hinter einem Widerlager hergestellten Träger wird zweckmäßig ein verfahrbares Gerüst benutzt (Abb. 2.2/33d). Bei kleineren Spannweiten und Fahrbahnbreiten läßt sich ein erträgliches Montagegewicht mit nur einem Kastenträger erreichen, der den Vorzug großer Torsionssteifigkeit besitzt (Abb. 2.2/7).

2.2.3.2.2 Halbmontagebalken (Stahlbeton- und Stahlverbundbauweise)

Bei Brücken mit Öffnungen von 10 bis 25 m kann die *Stahlbetonverbundbauweise*, die in kleinerem Maßstab auch für Decken (3.3.6.2) benützt wird, konkurrenzfähig sein (Abb. 2.2/34). Hierbei werden je nach Transport- und Montagemöglichkeit Balken verschiedener Höhe verwendet und durch Ortbeton ergänzt. Um dessen Gewicht beim Einbringen aufzunehmen und so mit leichteren Balken auszukommen, können diese Zwischenunterstützungen erhalten, bis der Ortbeton erhärtet ist und als Druckgurt wirken kann.

Die Verformungseigenschaften von Werk- und Ortbeton weichen wegen verschiedenen Alters sowie anderer elastischer und plastischer Eigenschaften erheblich voneinander ab, so daß sich die Spannungen bei wechselnder Last und im Laufe der Zeit ständig umlagern. Die Theorie dieser Balken [I B, 4/6.4, Bd. 1, S. 193] sowie [78] ist daher kompliziert, wenn man die Kriech- und Schwindvorgänge berücksichtigt, und steht wegen der notwendigen Annahmen für Größe und zeitlichen Verlauf der Verformungsvorgänge auf recht schwachen Füßen. An Stelle der Überlage-

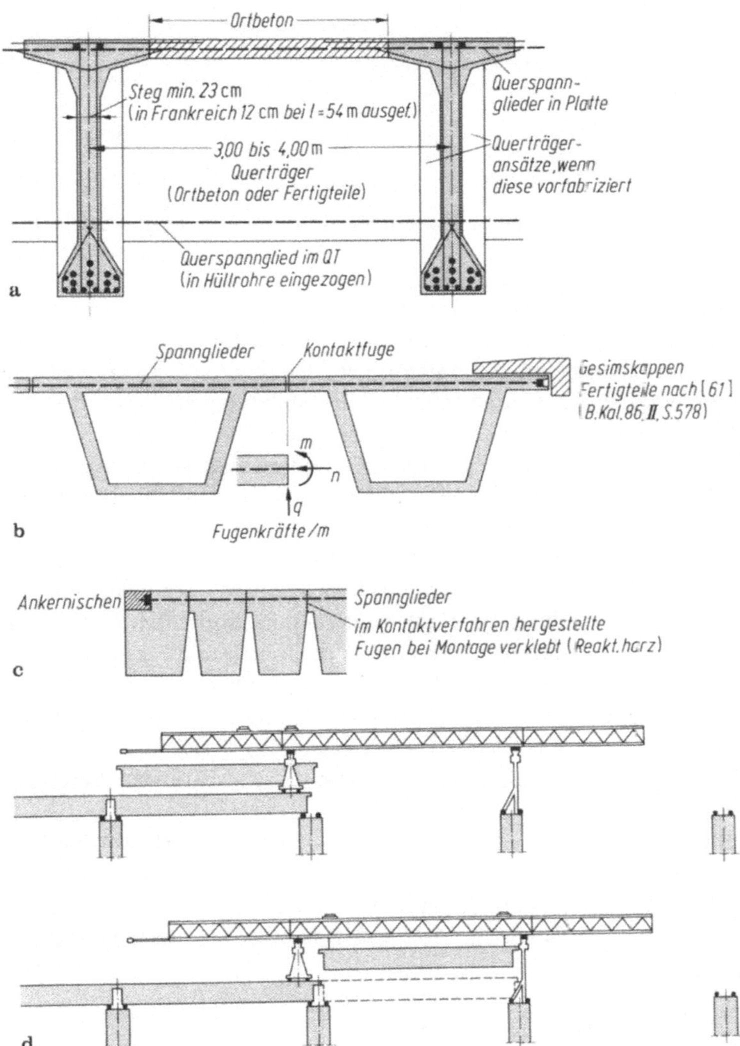

Abb. 2.2/33. Vollmontagebalken aus Spannbeton für Brücken mit monolithischer Wirkung durch nachträglich in Hüllrohre eingezogene Querspannglieder [I E, 1/2 Teil 6, S. 59). **a** Große Balken mit **T**-Profil (30 bis 50 m Spannweite). Ergänzen der Fahrbahnplatte und der Querträger mittels Ortbeton (letztere evtl. vorfabriziert); **b** Hohlkästen für rd. 20 bis 25 m Spannweite, Längsfugen vermörtelt oder im Kontaktverfahren passend hergestellt; **c** volle Rechteckbalken für 10 bis 15 m Spannweite; **d** Verlegen großer Fertigbalken mittels quer und längs verfahrbarem Montagegerüst. Herstellen der Balken seitlich, zweckmäßiger auf Planum hinter dem Widerlager und zugeführt auf fertigem Brückenteil [a. a. O. S. 45]

rungsberechnung verschiedener Spannungszustände (Abb. 2.2/35a) ist deshalb in DIN 1045, 19.4 zugelassen, nur den Anfangszustand (Fertigbalken belastet mit Eigengewicht und Ortbeton, sofern ihr Obergurt es zuläßt) und den Endzustand zu untersuchen (Abb. 2.2/35b). Bei letzterem darf man vereinfacht sämtliche Lasten auf den *Gesamtquerschnitt* wirken lassen. Das ist nach DIN 4227 Teil 1 (79), 7.1 auch bei

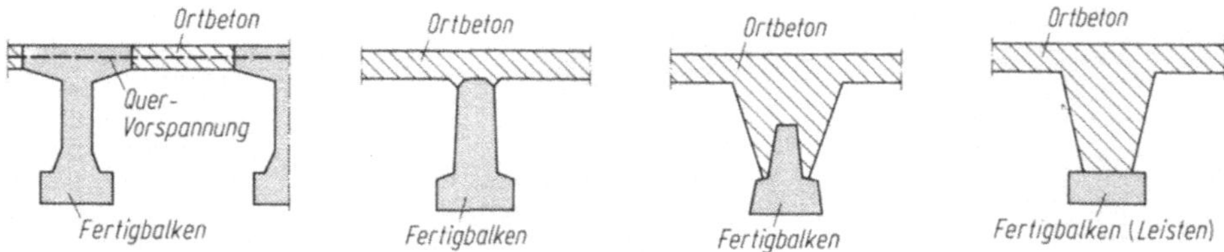

Abb. 2.2/34. Halbmontagebauweise (Stahlbetonverbundbau) für Brücken und weit gespannte Decken im Hochbau

Spannbeton im Bruchzustand zugelassen. Diese Vernachlässigung aller Umlagerungen ist im Hinblick auf den plastischen Bruchzustand berechtigt, weil bei ihm die Stauchungen der verschiedenen Betonsorten so groß werden (bis 3,5‰), daß dagegen die elastischen Verkürzungen aus unterschiedlichen Spannungen (etwa 0,1‰) sowie die Zwangsspannungen aus Kriech- und Schwinddifferenzen (etwa 0,3‰) praktisch verschwinden. Versuche [79] haben bestätigt, daß die Eigenspannungen verschiedener Verbundträger sich zwar in unterschiedlichen Rißlasten bemerkbar machen, aber die Bruchlasten hiervon praktisch unabhängig sind.

Von ausschlaggebender Bedeutung ist die Verbundfestigkeit zwischen Ortbeton und Fertigteil [80], die im allgemeinen nach DIN 1045, 19.4 und 19.7.2, bei Spannbeton nach DIN 4227 Teil 1, 12.7 nachzuweisen und nötigenfalls durch Bewehrung zu sichern ist (Abb. 2.2/35c). Diese hat die senkrechten oder schrägen Zugkräfte aufzunehmen, die aus den Schubkräften infolge der hinzukommenden Lasten entstehen. Die Eigenspannungen aus Schwinden und Kriechen werden im allgemeinen vernachlässigt. Die Anschlußfläche des Ortbetons wird zweckmäßigerweise verzahnt, was durch eine flachere Druckstrebenneigung und dementsprechend geringere Verbügelung „belohnt" wird (Abb. 2.2/35d).

Alle Kontaktflächen zwischen Alt- und Neubeton müssen rauh sein. Entweder werden sie im frischen Zustand der Fertigteile mit einem Kratzer bearbeitet oder erhärtet sandgestrahlt. Vor dem Betonieren sind sie sorgfältig zu säubern, jedoch nicht anzunässen. Einbürsten von Zementmilch ist gut; diese darf aber keinesfalls eintrocknen. Nach Versuchen [80.1] ist

$$\tau_u = \tau_{0u} + \mu(\sigma_u + \mu_s \beta_s)$$

μ = 0,75 Reibungszahl,
σ_u = Normaldruck,
μ_s = Bewehrungszahl in der Fuge,
τ_{0u} = 1,0 N/mm² Fuge glatt,
= 2,0 N/mm² Fuge aufgerauht,
= 3,0 ... 5,0 N/mm², Fuge grob verzahnt.

Im Gebrauch dürfte $\tau_0 = \tau_u/2{,}5$ angenommen werden, wenn eine „Zulassung" vorliegt. Aufgrund neuerer Versuche [80.2] schlägt Kupfer vor, unter den genannten Voraussetzungen ohne Bewehrung zuzulassen:

$\tau_0 = 0{,}5\tau_{011b}$	τ_{011b} nach DIN 1045 Tabelle 13		
	= 0,5	0,6	0,7 N/mm²
	für B 25	35	45 .

Bei größeren Balken kann eine „statische Durchlaufwirkung" hergestellt und für die hinzukommenden Lasten (Nutzlast) in Rechnung gestellt werden. Dabei muß

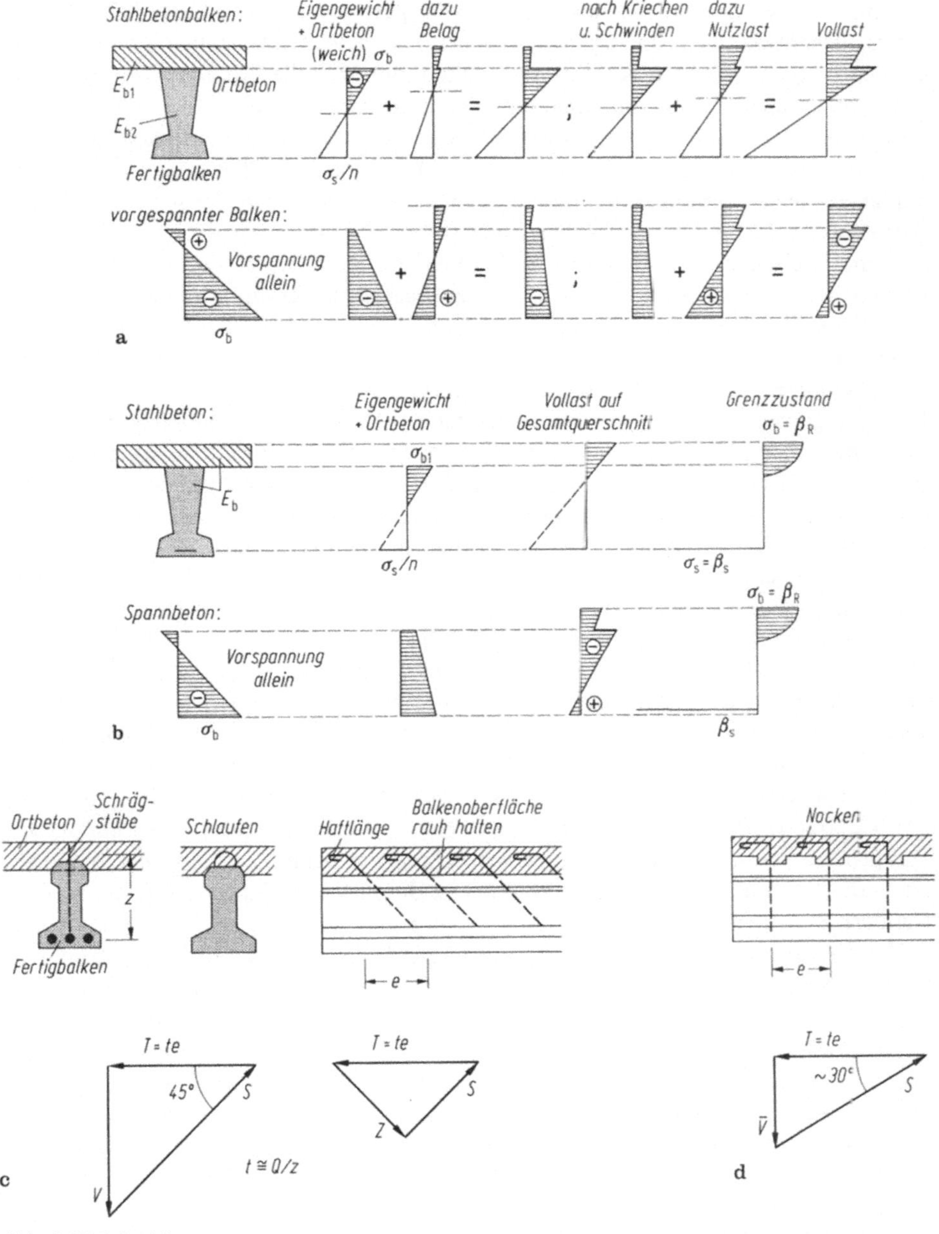

Abb. 2.2/35. Stahlbetonquerschnitte in Verbundbauweise für Hochbauten. **a** Schema der „genauen" Berechnung im Gebrauchszustand bei Montage der Balken ohne Zwischenunterstützung; **b** vereinfachte Bemessung im Gebrauchs- und Grenzzustand ($\varepsilon_b < 3{,}5‰$, $\varepsilon_s = 5‰$ nach DIN 1045, 19.4 (I B, 4.3.1.2 u. 4.3.2.2)); **c** Schubsicherung zwischen Ortbeton und Fertigbalken mit ebener, rauher Oberfläche nach DIN 1045, 19.7.2 durch Anschlußbewehrung (Schlaufen oder Schrägstäbe) für die Schubkraft $= QS'/I \cong Q/z$ (I B, 4.3.1.1.2). Verankerungslängen l_0 ab Ende der Schräge nach DIN 1045, 18.5; **d** bei verzahnter Oberfläche verläuft die Druckstrebe S flacher, so daß nur $\bar{V} \cong 0{,}6V$ zu verankern ist (DIN 4227, Teil 1 (79), 12.7)

gewährleistet sein, daß die Druckkraft im Untergurt zwischen den Stirnflächen durch sattes Vermörteln der Fuge übertragen wird. Die Balkenenden müssen naturgemäß eine entsprechende obere Bewehrung erhalten, die über die Stoßfuge hinweg durch Übergreifen oder Zulagen miteinander zu verbinden ist, wie in I B, 4.6.1 beschrieben und dort in Abb. 4.6/1 dargestellt ist. Bei durchgehendem Ortbeton wird die Kontinuitätsbewehrung in die Platte gelegt. Die Notwendigkeit, einen Teil davon beiderseits neben den Balken in die Platte zu verlegen, um grobe Risse zu vermeiden, wurde bereits in I B, Abb. 4.5/6 dargestellt.

Durch Zwischenunterstützungen in den Feldern kann wie erwähnt *vor* Aufbringen des Ortbetons ein großer Teil von dessen Last dem vervollständigten Tragwerk zugewiesen werden. Man verringert zudem dadurch bei Durchlaufbalken die Umlagerung der Feldmomente nach den Stützen infolge Kriechens. Diese Zeitverformung unter ständiger Last wirkt ja ohnehin in Richtung des Aufbaues eines Stützmomentes bei anfänglicher statisch bestimmter Lagerung (I B, 4.2.2). Für die Sicherheit ist es allerdings ohne Belang, inwieweit man diese Umlagerung bei der Bemessung im plastischen Zustand berücksichtigt. Die Unterschätzung des nachträglich aufgebauten Stützmomentes kann sich höchstens infolge zu schwacher Bewehrung in Rissen unerwünschter Breite an dieser Stelle bemerkbar machen. Die Kriechumlagerung ist, wenn sich Eigengewichts- und Vorspannmomente etwa die Waage halten, praktisch vernachlässigbar (formtreue Vorspannung; I B, Abb. 4.2/6g).

Um bei *Brücken* die Fahrzeuglasten auf die Fertigbalken zu verteilen, hat man mitunter, wie Abb. 2.2/33a zeigt, nachträglich Querträger eingezogen. Das Durchfädeln der nötigen Querspannglieder, welche die Träger solidarisieren, ist jedoch lästig. Auch entstehen durch konzentriert eingetragene Torsion in den Balken Wölbspannungen, die für „aufgeteilte Last“ vermindert werden (Abb. 2.2/15f).

Beides wird vermieden, wenn man die Ortbetonplatte entsprechend kräftig ausbildet (Abb. 2.2/36a) (B. Kal. 1986 II, Massivbrücken, 10.1.2 sowie [81]). Die Torsion der Hauptträger wird zudem noch durch die Scheibenwirkung der Platte herabgesetzt. Die monolithische Wirkung des Tragwerks ist durch Verbindungsbewehrung an den Rändern der Flanschen der T-Balken zu sichern.

Diese Bauweise erlaubt es ferner, bei mehrfeldrigen Brücken die unerwünschten Fugen in der Fahrbahn über den Auflagern zu vermeiden (Abb. 2.2/36b), wenn man es nicht vorzieht, volle Kontinuität herzustellen (I B, Abb. 4.2/29 u. 4.6/1). Man führt die Platte über die ganze Brückenlänge durch und unterbricht nur ihre Verbindung mit den Balken auf eine gewisse Länge, die sich aus der Belastung und der Plattendicke ergibt. Sie wirkt als „Koppelplatte“, muß die Verkehrslasten und Lagerwiderstände aufnehmen sowie die Auflagerdrehwinkel elastisch mitmachen. Sie wird also sehr kompliziert beansprucht [82], so daß Risse nicht auszuschließen sind. Die Balken sind als frei aufliegend zu berechnen.

Bei mäßigen Spannweiten (bis ~20 m) erreicht man mit dicht an dicht oder in geringen Abständen verlegten Balken, die durch Ortbeton und eingefädelte Querbewehrung ergänzt werden, (Abb. 2.2/36c) die Querverteilung der Fahrzeuglasten infolge orthotroper Plattenwirkung mit guter Quersteifigkeit, d. h. wegen der kleineren Nutzhöhe in Querrichtung y ist $I_y < I_x$ (Berechnung nach [47.2]). Wenn die gleiche Balkenanordnung quer vorgespannt wird (Abb. 2.2/36d), ist die Steifigkeit in beiden Richtungen praktisch gleich groß (Isotropie).

Der Stahlverbundbau, wobei auf Stahlträger eine Ortbetonplatte aufgebracht wird, ist der *Halbmontagebauweise* zuzurechnen. Sie übernimmt einen wesentlichen Teil der Obergurtkraft im Feld. Wesentlich wirtschaftlicher als durch Stahl ist die Aufnahme von Druck durch Beton (I B, Abb. 2/2). Die Berechnung der Schnittkräfte und Spannungen [83] im Gebrauchszustand geht wie bei Stahlbeton von ebenbleibenden Querschnitten aus. Dabei sind außer den unterschiedlichen Elastizitätszahlen von Stahl und Beton noch dessen Zeitverformungen (Schwinden und Kriechen) zu berück-

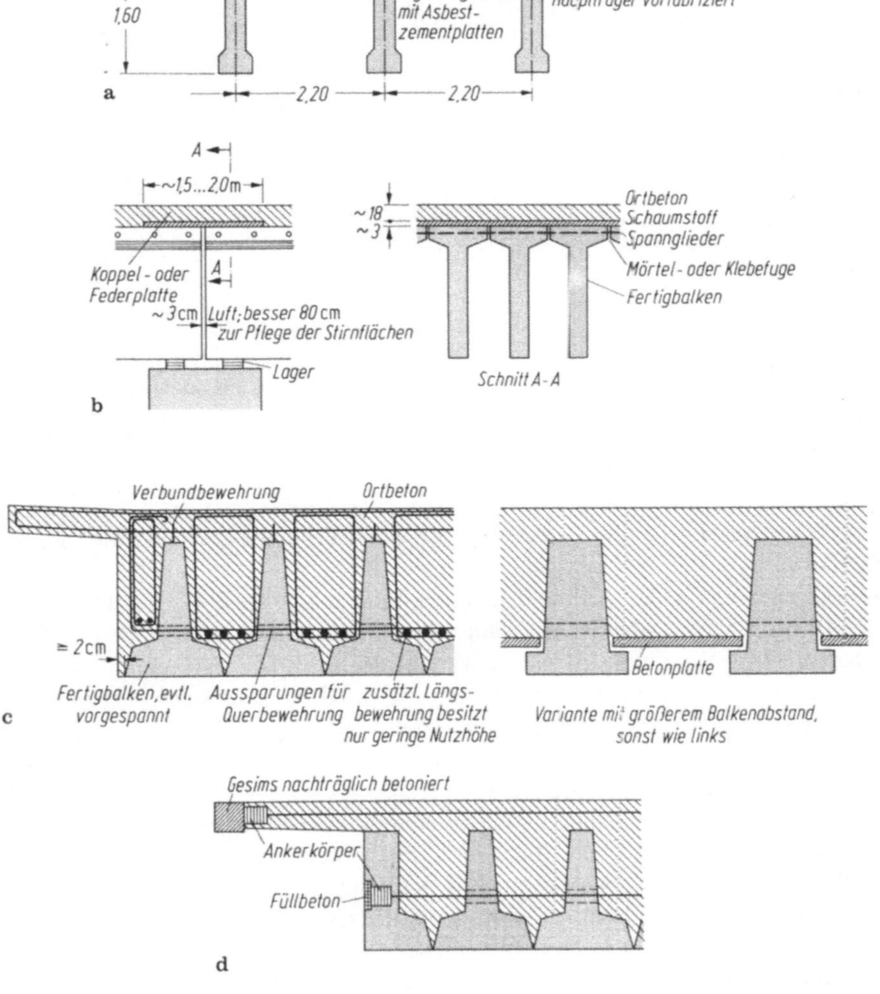

Abb. 2.2/36. Brückenplatte aus vorfabrizierten Balken mit Ortbetondeckschicht und Querbewehrung zum Verteilen von Fahrzeuglasten (Stahlbetonverbundbauweise). **a** T-Balken mit etwa $l = 35$ m Spannweite; **b** Einfeld-T-Balken (etwa $l = 25$ m), über den Zwischenstützen durchlaufend, dort hohlliegende Koppelplatte; **c** Spannbetonbalken für $l = 10 \dots 15$ m mit passiver Querbewehrung, die als orthotrope Platte wirkt; **d** ebensolche Balken für Brücke mit großer Breite, in Querrichtung solidarisiert durch aktive Bewehrung (Spannglieder), praktisch mit voller Plattenwirkung

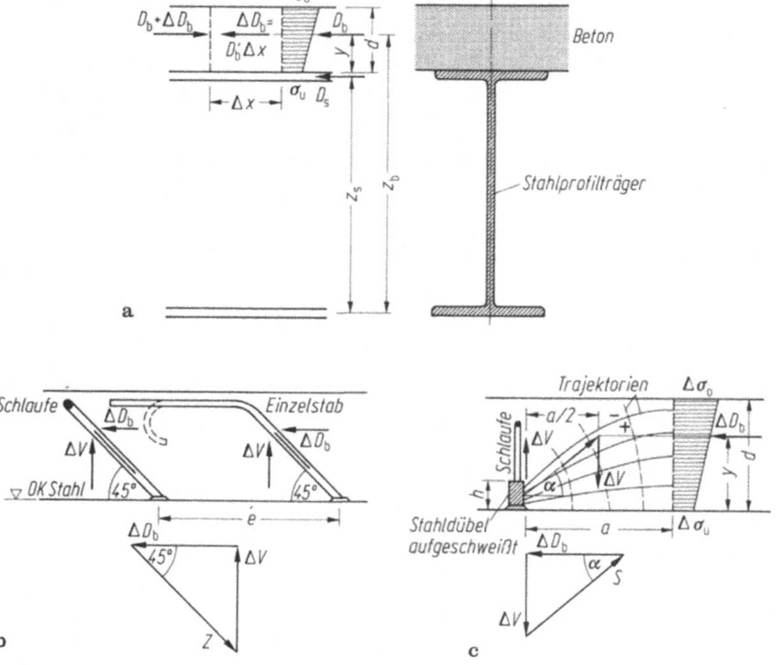

Abb. 2.2/37. Verbundmittel für Stahlverbundbalken. **a** Aufteilen der Druckkraft im Obergurt eines solchen Balkens auf den Beton- und Stahlquerschnitt; **b** Aufnahme der Gurtkraftdifferenz ΔD durch aufgeschweißte Zugstäbe unter 45° in Form von Schlaufen oder Einzelstäben; **c** Aufnahme von ΔD durch aufgeschweißte Blockdübel, die senkrechte Schlaufen zur Aufnahme der Umlenkkraft ΔV von ΔD erhalten müssen. Variante: aufgeschweißte Kopfbolzen (Abb. 3/20b)

sichtigen. Maßgebend für die Bemessung von Stahlverbundbalken sind die „Richtlinien" [83.9].

Das Biegemoment M läßt sich in den Anteil M_s des Stahls und M_b des Betons aufteilen (Abb. 2.2/37a). Dabei ist näherungsweise das Moment M allein den Gurten, die Querkraft Q allein dem Steg zugewiesen. $M_b = D_b z_b = \varkappa M$ ergibt sich aus den errechneten Betonspannungen $D_b = (\sigma_o + \sigma_u)\, d/2$; dem Stahl verbleibt $M_s = (1 - \varkappa)\, M$. $\varkappa$ liegt etwa zwischen 0,6 und 0,9. Die Lage der Druckkraft D_b streut praktisch zwischen $y = 2d/3$ und $y = d/2$, wenn $\sigma_u = 0$ bzw. $\sigma_u = \sigma_o$ ist. Für eine Abschätzung genügt der Mittelwert $y = 0{,}6d$, also $z_b \cong z_s + 0{,}6d$.

Am wichtigsten ist, durch konstruktive Maßnahmen die Zusammenarbeit von Beton und Stahl zu sichern, da zwischen ihnen nicht wie bei Stahlbetonverbund eine Schubfestigkeit angenommen werden kann. Die Reibung infolge der Anpreßkraft, die künstlich mittels Bolzenschrauben erzeugt wird, darf nach den „Richtlinien" 12.5 nur bei Gehwegen in Anspruch genommen werden.

Die Verbundmittel im Abstand e haben die Änderung $\Delta D_b = \Delta M_b/z_b$ der Betondruckkraft

$$D_b = M_b/z_b$$

oder, differential ausgedrückt,

$$\Delta D_b = D_b' e = e\,\mathrm{d}D_b/\mathrm{d}x = (e/z_b)\,\mathrm{d}M_b/\mathrm{d}x = eQ_b/z_b = e\varkappa Q/z_b$$

zu übertragen. Hierzu dienen aufgeschweißte Schräganker, Blockdübel oder Kopfbolzen (Richtl. 12).

Abb. 2.2/37b zeigt die Aufnahme von ΔD_b durch Schrägstäbe oder schräge Schlaufen unter 45°, die für die Kraft $Z = \Delta D_b/\cos 45° \cong 1{,}4\Delta D_b$ zu bemessen, bis dicht unter die Betonoberfläche zu führen und dort nach DIN 1045, 18.5 zu verankern sind. Die senkrechte Druckkomponente ΔV erzeugt an der Stahloberfläche Reibung, die jedoch im allgemeinen nicht berücksichtigt wird.

Die in Abb. 2.2/37c dargestellten Blockdübel nehmen die Kraft ΔD_b durch Leibungsdruck auf, der nach den Richtlinien 12.3 durch die Betonfestigkeit begrenzt wird. Dabei ist zu beachten, daß ein Versetzmoment $\Delta D_b(y - h/2) \cong \Delta Va/2$ entsteht oder, anders ausgedrückt, ΔD_b durch eine schräge Druckkraft S unter dem Winkel α übertragen wird. Aus dem Krafteck liest man $\Delta V/\Delta D_b = V'/D_b' = 2(y - h/2)/a = \tan\alpha = \varkappa Q \tan\alpha/z_b$ ab. Um den Leibungsdruck zu verankern, müssen auf die Blockdübel senkrechte Schlaufen, zu bemessen nach DIN 1045, 18.5.2 für $\Delta V = V'e$ geschweißt werden. Die Kraft ΔV ist allerdings vom Beton zu den Nachbardübeln zu übertragen. Der Dübelabstand e soll deshalb $2d$ nicht übersteigen (nach [83.1] $2 \ldots 3d$).

Aufgeschweißte Kopfbolzen (Abb. 3/20) nach Richtlinie 12.2 nehmen ΔD ebenfalls durch Leibungsdruck auf und verankern die Kraft ΔV durch die überstehenden Köpfe. Sie könnten zur Aufnahme der Schubkraft ΔD ebenfalls relativ kurz sein, weil sie diese ohnehin nur nahe der Wurzel übertragen. Denn sie verbiegen sich stets etwas. Von der auf die ganze Plattendicke verteilten Umlenkkraft ΔV muß dann aber der größere Teil durch Betonzug aufgenommen werden, was schon bei Versuchen zu Abplatzungen geführt hat. Die Bolzen sollten daher wenigstens etwa $0{,}75d$ lang sein.

Der Winkel α hängt von der Dübelhöhe h im Verhältnis zur Plattendicke d sowie von der Länge a des „Störbereiches" ab. Nimmt man ΔV in der Mitte von a an, so ist $\tan\alpha = (0{,}6d - 0{,}5h)/(a/2) = (d/a)(1{,}2 - h/d)$. [83.1] empfiehlt $h \approx 4$ cm, bei $d = 25$ cm, woraus folgt $h/d = 0{,}16$ und

$\tan\alpha = 1{,}04d/a$ und mit $a/d =$	1,5	1,75	2,0	2,5 ;
$\tan\alpha =$	0,70	0,60	0,52	0,41 ;
$\alpha =$	35°	31°	27,5°	22° .

Einen Anhalt für die Wahl von α kann B. Kal. 1984 II, S. 841 geben, indem man die Symmetrielinie mit der Stahloberfläche gleichsetzt und die Länge der Störzone mit $2d$ annimmt. Dann ist dort für $a/l = 0{,}15$, $\alpha \approx 23°$. Im vorliegenden Falle ist jedoch die Gegenkraft F nicht auf beide Hälften gleichmäßig verteilt, weil im allgemeinen ΔD_b oberhalb der Plattenmitte liegt und dadurch α zunimmt.

Man wird für die meist niedrigen Blockdübel deshalb $\alpha \approx 25°$ wählen, also $\tan\alpha \approx 0{,}45$. Diese Überlegungen beruhen auf dem Gleichgewicht im Zustand I. Es ist möglich, daß sich in höheren Laststufen bei nichtlinearem Verhalten der Stoffe die Kräfte umlagern. Darüber können jedoch nur Versuche Auskunft geben.

2.2.3.3 Die Segmentbauweise

In vorfabrizierte Elemente zerlegte Balken, die durch Vorspannen monolithisch zusammenwirken, erhalten durch Hüllrohre gebildete oder mit Aufblähschläuchen hergestellte Kanäle. In diese werden nach dem Auslegen auf einer Rüstung oder

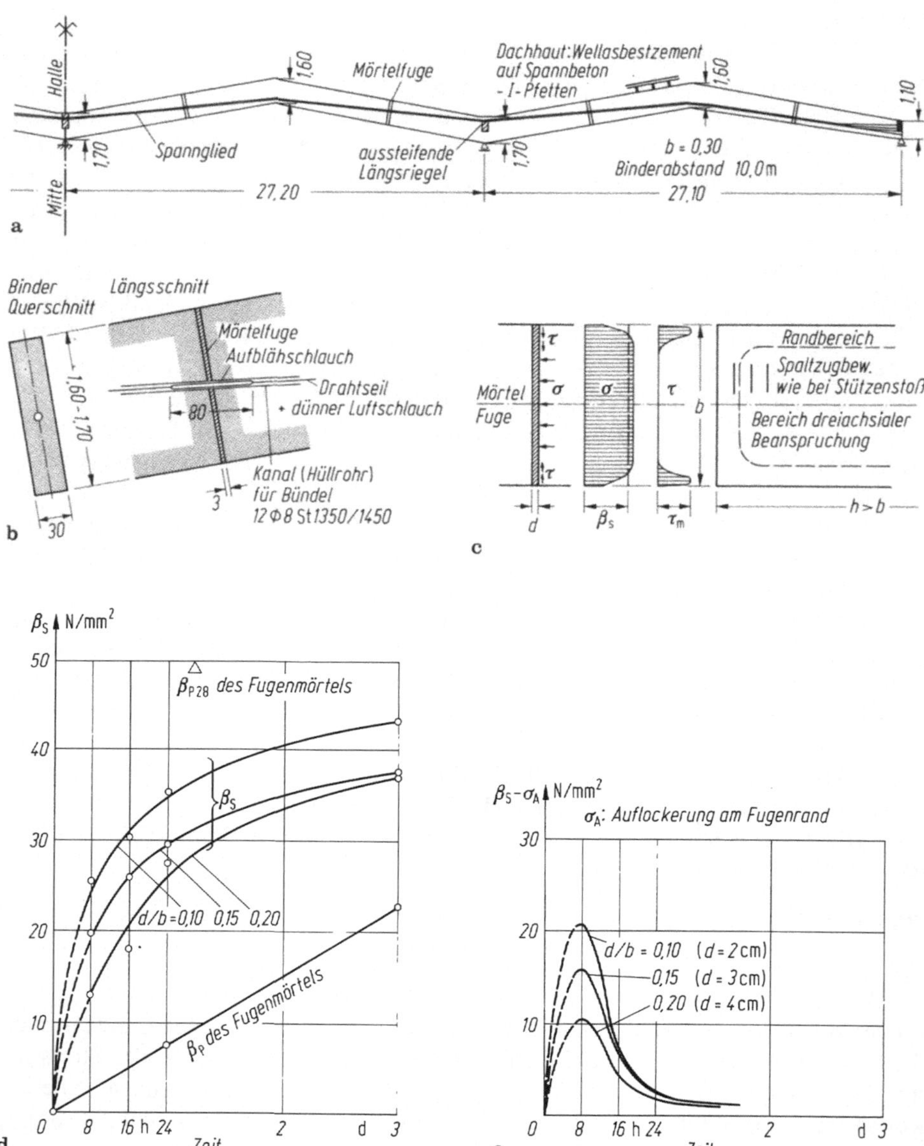

Abb. 2.2/38. Hallenbinder aus vorfabrizierten, zusammengespannten Teilen [I B, 2/10.4, S. 32]. **a** System und Spanngliedführung; **b** Mörtelfuge mit Aufblähschlauch, um Eindringen von Mörtel in Bündelkanal zu verhindern; **c** Spannungsverteilung in der zentrisch gedrückten Mörtelfuge. Aufbau eines dreiachsigen Spannungszustandes im Inneren durch Schubspannungen τ infolge behinderter Querdehnung des Mörtels im Randbereich. Spaltzugbewehrung nach I B, Abb. 2/11 b! **d** Frühfestigkeit β_s einer Mörtelfuge (450 kg Z 475/m³, Körnung 0 bis 3 mm, W/Z = 0,6) nach Versuchen, abhängig von der rel. Fugendicke d/b, und Entwicklung seiner Prismenfestigkeit β_P [I B, 2/10.4, S. 2]; **e** mittlere Spannung σ_A, bei der der Mörtel am Rande auszubrechen beginnt

zurückverankert mit Drahtseilen Bündel von Spanndrähten mittels Kabelstrumpf eingezogen oder mit einer Spitzhülse voran eingeschoben. Derartige Balken müssen voll vorgespannt werden (I B, 4.3.2.1), damit sich die Stoßfugen auch bei Vollast nicht öffnen und Anlaß zur Stahlkorrosion geben können. Guter Verbund der Spannglieder ist wichtig, um die Rißbreiten bei Überlast zu begrenzen. Anderseits führt die Vorspannung der „abgelagerten" Elemente zu einem kleineren Schwind- und Kriechverlust, mithin zu einer Stahlersparnis gegenüber Ortbeton.

Im *Hochbau* ist diese Bauweise z. B. für eine vierschiffige Halle (Abb. 2.2/38a) angewendet worden [I B, 2/10.4]. Die Einzelteile der Binder wurden aufeinanderliegend hergestellt, auf einem Gerüst ausgelegt und die 2 cm breiten Fugen mit plastischem Zementmörtel (W/Z = 0,6) ausgestopft. Dabei wurden die Kanäle durch Aufblähschläuche abgedichtet, damit kein Mörtel eindringt (Abb. 2.2/38b). Mittels der anschließend eingezogenen Spannglieder wurde bereits nach wenigen Stunden eine solche Teilvorspannung aufgebracht, daß die Binder ihr Eigengewicht tragen konnten. Das Gerüst konnte dann gleich für die Montage des nächsten Binders verschoben werden. Die Spanngliedkanäle durften naturgemäß erst nach voller Vorspannung verpreßt werden. Entscheidend für diese Bauweise ist die Tragfähigkeit des Fugenmörtels, der infolge der Reibung gegen den Balkenbeton im Inneren dreiachsig beansprucht wird (Abb. 2.2/38c). Er kann also schon bei mäßiger einachsiger Festigkeit σ_A im Mittel über die ganze Fläche wesentlich höher beansprucht werden. Versuche [I B, 2/10.4, S. 2] über die Entwicklung der Tragfähigkeit $\beta_s = P/A = P/bd$ einer Fuge (Abb. 2.2/38d) zeigten die zunehmende Ausbildung der dreiaxialen Wirkung bei relativ abnehmender Fugendicke. Ferner war festzustellen, bei welcher Spannung σ_A der Mörtel am Rande der Fuge auszuweichen beginnt (Abb. 2.2/38e). Für den Gebrauchszustand wurde aus den Versuchen die zulässige Druckspannung in einer Fuge

$$\sigma_{zul} = 10b/d + 0{,}5\beta_{WM} \leqq \beta_{WB}/3 \quad \text{mit}$$

β_{WM} der Würfelfestigkeit des Mörtels und β_{WB} derjenigen des Bauwerkbetons abgeleitet [84.1]. DIN 1045, 19.5.4 und 17.3.4 läßt in Mörtelfugen $b/d \geqq 7{:}\beta_B/2{,}1$ zu, was ungefähr $\beta_W/3$ entspricht. Ähnliche Ergebnisse hatten andere Versuche [84.2] und [I B, 2/11].

Bei kalter Witterung, die das Erhärten des Zements empfindlich verzögert (I A, 1.1.8), können die Fugen zur Beschleunigung des Baufortschrittes auch mit Reaktionsharz-(Gießharz-)mörtel ausgefüllt werden. Dieser erhärtet auch bei normaler Temperatur rascher als Zementmörtel, was durch Zusätze beeinflußt werden kann [85; 53, S. 71].

Die Übertragung der Querkraft in den Stoßfugen ist ebenfalls durch Versuche geklärt worden [I B, 2/10.4, S. 25]). Diese ergaben eine Reibungszahl Mörtel auf Beton von $\mu = 0{,}7 = \tan \varrho (\varrho \cong 35°)$, so daß durch eine Spannkraft Z bei zweifacher Sicherheit eine Querkraft $Q = 0{,}35Z$ aufgenommen werden kann. Andere Autoren haben den gleichen Wert von μ gefunden. Für größere Querkräfte ist die Fuge zu verzahnen.

Auch im *Brückenbau* ist vor allem im Ausland die Segmentbauweise vielfach angewendet worden [86], wobei die Stoßfugen zur Beschleunigung des Bauvorgangs meist mit Reaktionsharz oder -mörtel ausgefüllt wurden.

Mörtelfugen müssen mindestens 2 bis 3 cm breit sein und seitlich abgeschalt werden. Bei reiner Reaktionsharzfüllung kommt man mit 1 bis 2 mm Weite aus, benötigt keine Schalung und kann sie sogleich belasten. Allerdings müssen die Stirnflächen der Fertigteile genau aufeinanderpassen. Mit beiderseitiger Schalung der Fugen ist das, besonders bei den üblichen Hohlkästen, unmöglich zu verwirklichen, so daß man besser „angepaßte Segmente" herstellt, indem man die Stirnfläche eines Elements mit einem Trennmittel bestreicht und dann das anschließende dagegen betoniert („Kontaktverfahren") [I B, 2/10.4, S. 120]. Zum bequemen Zentrieren bei der Montage hat man vielfach Nocken in den Stirnflächen angeordnet (Abb. 2.2/39) oder teilweise 45°-Zähne angebracht.

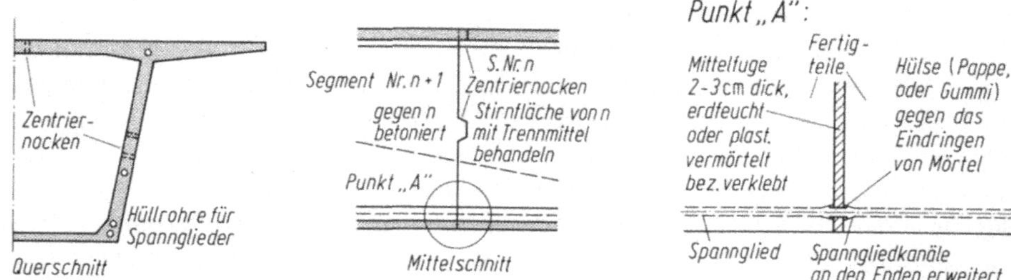

Abb. 2.2/39. Herstellen von „Segmenten" eines Hohlkastens im „Kontaktverfahren" mit Zentriernocken für die Montage, ev. zur Querkraftaufnahme herangezogen

Bei uns ist die Segmentbauweise neuerdings erst versuchsweise für wenige Brücken zugelassen worden, weil bisher DIN 4227 Teil 1 (79), 10.3 noch hindernd entgegenstand. Sie forderte, daß jede „Arbeitfuge" von einer Mindestmenge an passiver (schlaffer) Bewehrung gekreuzt werden muß.

DIN 4227 Teil 3 V (83) gibt nunmehr aufgrund umfangreicher Versuche [87] Regeln für diese Bauweise. Bei trockenen Fugen wird volle Vorspannung verlangt, während bei solchen, die mit Zementmörtel ausgepreßt oder mit Reaktionsharz verleimt sind, unter Vollast (+einem geschätzten Zusatzmoment) „teilweise Vorspannung" zugelassen wird. Hierbei wird aber nicht die Zugspannung, sondern die entstehende Fugenspaltbreite w bei versagender Zugfestigkeit begrenzt. Beide Bedingungen sind etwa gleichbedeutend, da die Haftfestigkeit eines Leims oder Mörtels an einer rauhen (sandgestrahlten) Betonfläche etwa dessen Zugfestigkeit entspricht [88]. Der CEB-Code [I B, 1/30.1], 19.4.2 begnügt sich mit dem einfacheren Nachweis der Zugspannung.

Die fiktiven oder durch andere Umstände (z. B. Setzungen) verursachten wirklichen Risse sind um so breiter, je schlechter der Verbund der Spannglieder und je schmaler die Zugzone ist [89]. Kastenprofile sind also auch in dieser Hinsicht T-Querschnitten vorzuziehen und gerippte Stäbe besser als glatte.

Hinsichtlich der Querkraft, die nach Versuchen [89] durch $N\mu$ mit einer Reibungszahl $\mu = 0{,}7$ (vgl. [I B, 2/10.4]) in den Fugen aufgenommen werden kann (Nocken beteiligen sich hieran nicht merkbar), ist DIN 4227 Teil 3 übervorsichtig; der CEB-Code, 19.5.2 trifft die Tragfähigkeit besser.

Die ausländischen umfangreichen Erfahrungen mit dieser Bauweise sind in einem Lehrbuch [90] zusammengefaßt.

2.2.3.4 Freivorbau von Balken

Hierbei kommt man ganz ohne Rüstung aus, kann daher Wasserläufe, tiefe Einschnitte, Verkehrswege usw. ohne Abstützung überbrücken. Die Vorteile der Segmentbauweise kommen dabei erst voll zur Geltung. Allerdings werden große Versetzgeräte nötig. Die in der Nähe angefertigten Elemente werden entweder auf dem Planum der Straße (Abb. 2.2/40a), auf dem zu überbrückenden Gelände oder mittels Lastschiffen (Abb. 2.2/40b) der Einbaustelle zugeführt. In diesem Falle hat man Elemente bis zu 275 t Gewicht bewältigt [91]. Man baut vorzugsweise von den Pfeilern gleichzeitig nach beiden Seiten vor, wobei natürlich auf strenge Symmetrie der Lasten zu achten ist. In der „Feldfabrik“ werden bei großen Brücken der Höhe nach verstellbare Schalungen verwendet, so daß man die in 2.2.2 vorgeführten statischen Vorteile variabler Steghöhe ausnutzen kann. Die in die ausgesparten Kanäle (Hüllrohre) nach und nach eingezogenen Spannglieder (Abb. 2.2/41) liefern für jede Fuge gleich den nötigen Anpreßdruck [92].

Der Freivorbau wurde zunächst für die Ausführung in Ortbeton entwickelt [15, S. 134]. Hierbei wird lediglich ein auskragendes Gerüst für einen Vorbauabschnitt von 3 bis 5 m Länge benötigt (Abb. 2.2/42a). Auf die Stabilität beim Vorbau ist sorgfältig zu achten (Abb. 2.2/42b). Auch hier kann die Steghöhe durch stetiges Verändern der Schalung variiert werden. Die Spannglieder in Form von starken Stangen mittelharten Spannstahls erhalten an den Enden Gewinde und werden an jeder Fuge durch Muffen angekoppelt. Der Baufortschritt ist naturgemäß langsamer als bei Verwendung von vorfabrizierten Elementen, da mit dem Spannen der Stäbe und dem folgenden Umbau der Schalung bis zum ausreichenden Erhärten des Betons gewartet werden muß. Diese Frist läßt sich zwar durch Einsatz höchstwertigen Zements verkürzen, dessen rasche Entwicklung der Abbindewärme (I A, 1.1.8) kann aber zu gefährlichem Temperaturgefälle und -rissen in den etwa 40 bis 80 cm dicken Stegen führen. Eingebaute Kühlrohre können Abhilfe schaffen. Immerhin nimmt ein Vorbauabschnitt etwa eine Woche in Anspruch. Rüstträger über der Brücke (Abb. 2.2/42c) erleichtern die Baustoffzufuhr (kein Aufzug am Pfeiler nötig), das Aufhängen und Versetzen der Schalung und die Stabilisierung. Die Länge der Vorbauabschnitte kann dann auf etwa 8 m vergrößert und die Bauzeit entsprechend verkürzt werden.

Beim Freivorbau als Kragträger bis zur Feldmitte entstehen im Endzustand sehr große Stützmomente, denen man meist durch in gleicher Richtung zunehmende Trägerhöhe begegnet (Abb. 2.2/41 u. 42). Dabei muß man in der Mitte ein verschiebliches Lager mit Querkraftübertragung anordnen (Abb. 2.2/42d) oder einen kurzen Träger einhängen (Abb. 2.2/42e), wodurch allerdings mehr Fugen und Übergänge entstehen, die ständiger Unterhaltung bedürfen. Damit hier kein Knick in der Fahrbahn entsteht, sind die Durchbiegungen so genau, wie es die streuenden Verformungszahlen ermöglichen, zu berechnen [93.1].

Um einen Balken mit gleichbleibender Höhe herstellen zu können, was natürlich eine einfachere Schalung ermöglicht, gibt es verschiedene Wege, das übergroße Kragmoment zu umgehen. Zunächst wird man den Überbau nach dem Schluß in Feldmitte an der Unterseite mit Spanngliedern versehen, welche die Kontinuität für die Verkehrslast herstellen. Auch durch das Kriechen des Betons wird dann ein Teil des Stützmomentes ins Feld verlagert. Ferner kann man das Kragmoment schon während

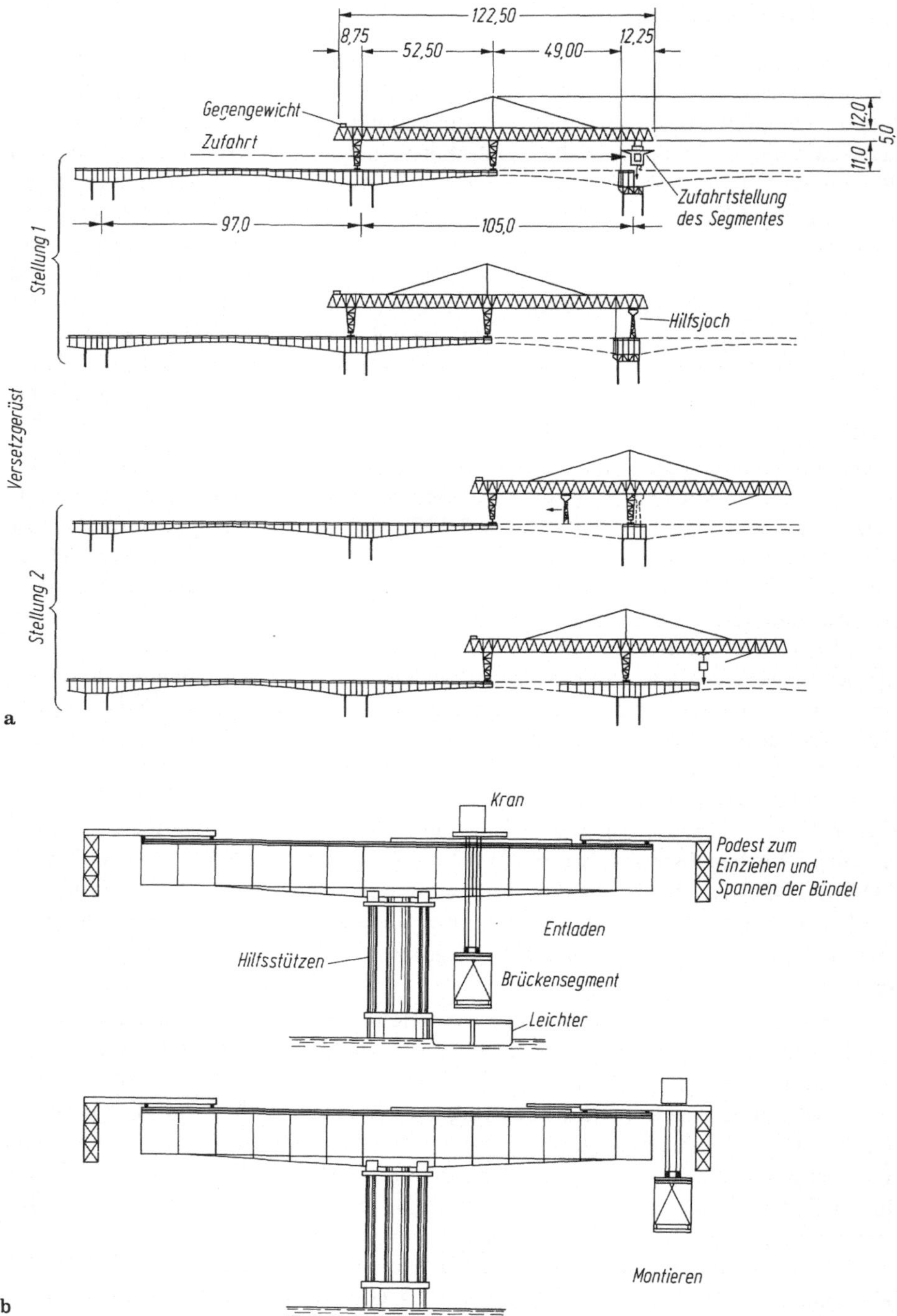

Abb. 2.2/40. Ausführen einer Hohlkastenbrücke im Freivorbau aus aneinandergeklebten und -gespannten Elementen. **a** Mittels eines Montagegerüstes bei Zufahrt der Segmente auf der fertigen Brücke [I B, 2/10.4, S. 129]; **b** mittels eines Laufkranes bei Zufahrt der Segmente mittels Leichtern [a. a. O., S. 123]

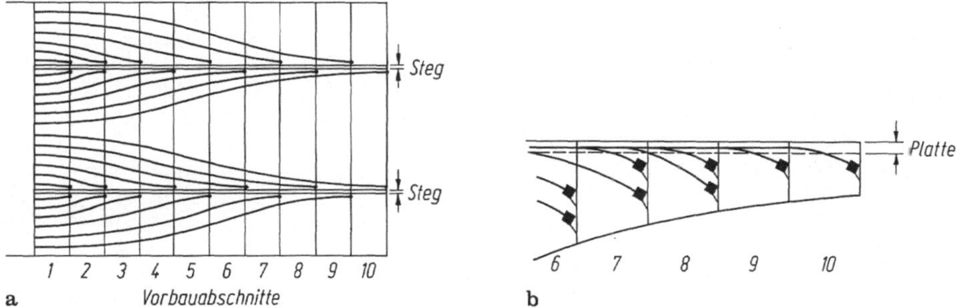

Abb. 2.2/41. Spanngliedführung beim Freivorbau mit Segmenten [92.2, S. 198]. **a** Im Grundriß; **b** im Aufriß

des Baues auf verschiedene Weise vermindern. Mitunter hat man über einem Pfeiler ein provisorisches Hilfsportal mit Kabelverspannungen aufgestellt (Abb. 2.2/43 a). Dann braucht man nur in *einer* Richtung über die ganze (allerdings nicht allzu große) Spannweite frei vorzubauen. Das erleichtert die Materialzufuhr, hat aber eine längere Bauzeit zur Folge, als wenn man von den Pfeilern aus nach *beiden* Seiten frei vorbaut.

Bei anderen, sehr breiten Brücken wurde zunächst nur der tragende Hohlkasten frei vorgebaut, der bereits soviel Kragbewehrung erhielt, wie für das Stützmoment im Endzustand als Durchlaufträger infolge *Voll*querschnitt und Verkehrslast erforderlich war. Erst nach Schluß des „Kernes" in Feldmitte wurden die Kragplatten samt ihren Schrägstützen (Abb. 2.2/43 b) von einem in Querrichtung auskragenden, verfahrbaren Gerüst abschnittweise angefügt. Die große Torsionssteifigkeit des Hohlkastens (vgl. 2.2.1) erlaubte es, für die ganze Autobahnbreite mit *einem* Überbau auszukommen und den erwähnten Vorteil zu nutzen, daß dieser nur für *einen* Schwerlaststreifen nach DIN 1072 (67 u. 76) berechnet zu werden brauchte. Auch an Pfeilerbreite wurde auf diese Weise gespart. Nach DIN 1072 (85) sind jetzt *zwei* Schwerlaststreifen vorgeschrieben.

Schrägseilhängebrücken, bei denen Überspannungen als dauernde Tragelemente dienen (Abb. 2.2/44), haben in Ortbeton- oder Segmentbauweise bei 150 bis 300 m Spannweite mehrfach erfolgreich gegen Stahlhängebrücken konkurriert. Die Horizontalkomponenten der Schrägseile vermindern erheblich die erforderlichen Spannglieder der Fahrbahnbalken. Das größere Gewicht gegenüber Stahlbalken vermindert die Schwingbreite der Seilkräfte und die Durchbiegungen infolge Verkehrslast. Ferner wird die Windstabilität durch die Masse und Steifigkeit des Balkens wesentlich höher. Beispiele findet man in [94; 15, S. 184].

In den Berechnungen der Freivorbaubrücken müssen sämtliche Bauzustände sowohl statisch erfaßt, als auch die elastischen und zeitabhängigen Verformungen infolge der zunehmenden Belastung verfolgt werden, damit das geplante Längsprofil schließlich erreicht wird. Sie werden deshalb sehr umfangreich.

2.2.3.5 Vorschubbauweise (Taktschiebeverfahren)

Es liefert sozusagen die „Brücke aus dem Extruder" (Strangpresse), freilich nicht kontinuierlich, sondern in Abschnitten von 10 bis 25 m. Die Schalung hierfür wird auf einem Widerlager fest installiert (Abb. 2.2/45 a). Der Überbau muß daher gleichblei-

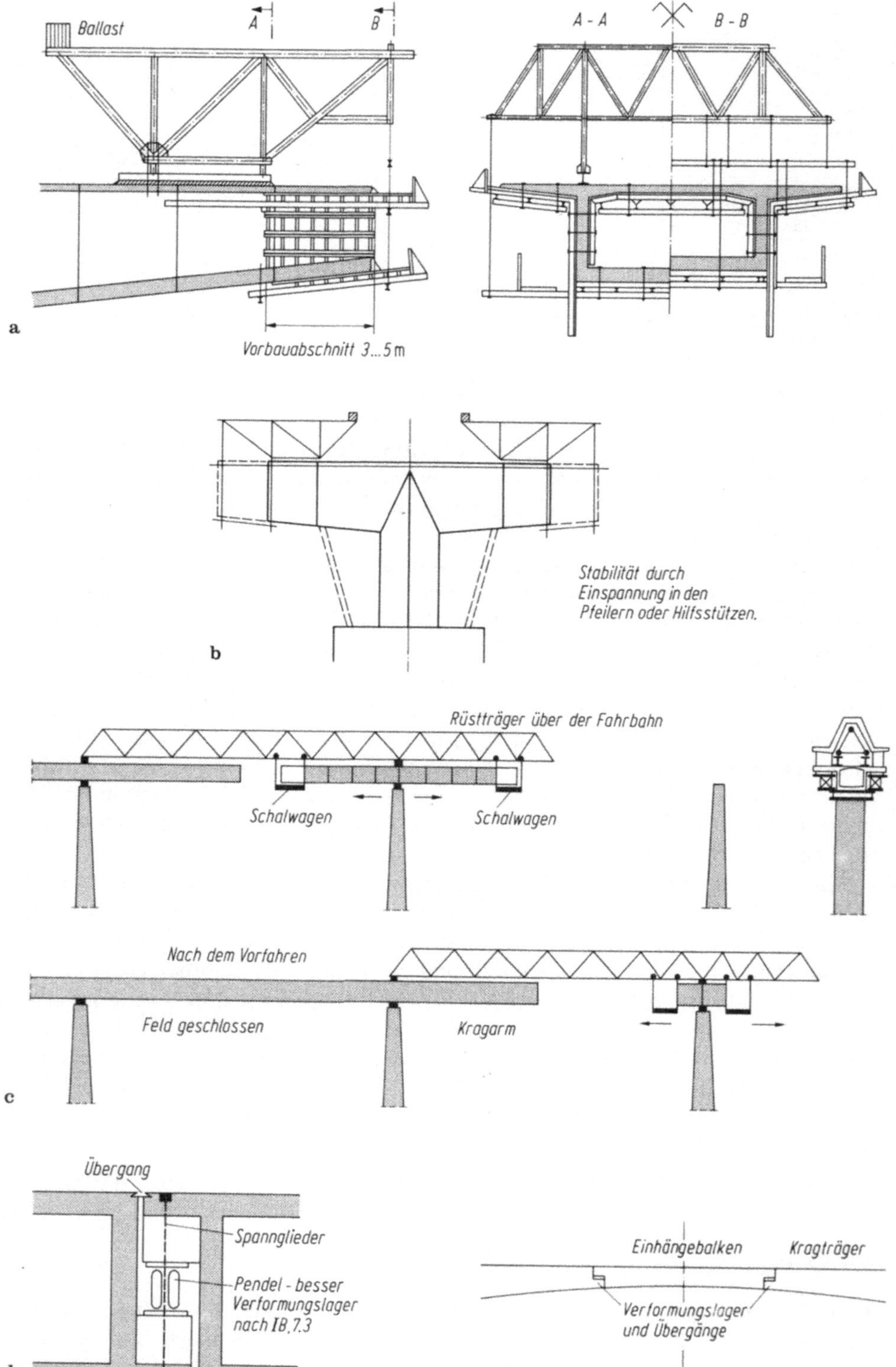
Ballast
A
B
A - A
B - B
a
Vorbauabschnitt 3...5 m
Stabilität durch
Einspannung in den
Pfeilern oder Hilfsstützen.
b
Rüstträger über der Fahrbahn
Schalwagen
Schalwagen
Nach dem Vorfahren
Feld geschlossen
Kragarm
c
Übergang
Spannglieder
Pendel - besser
Verformungslager
nach IB, 7.3
d
Einhängebalken
Kragträger
Verformungslager
und Übergänge
e

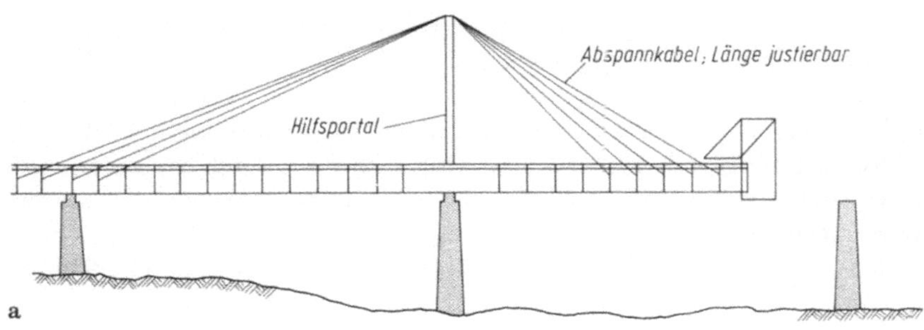

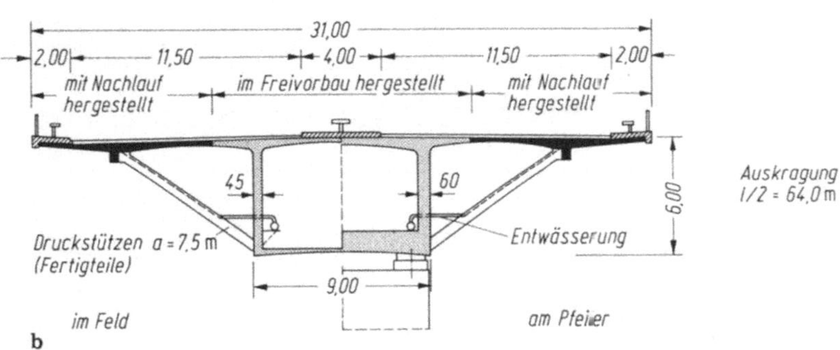

Abb. 2.2/43. Freivorbau von Balken konstanter Höhe. **a** in nur *einer* Richtung durch Abspannseile, die über ein Hilfsportal laufen [11.2, S. 43], ferner, um Montagegewicht zu verkleinern; **b** zunächst nur des mittleren Querschnitteils einer sehr breiten Brücke bis $l/2 \cong 65{,}0$ m und späteres Anfügen der Kragplatten mit Schrägstützen (Fertigteile) von einem Nachlaufgerüst aus [94.7, S. 369]

benden Querschnitt aufweisen, kann aber durch entsprechende Form der Schalung eine konstante Krümmung sowohl in horizontalem als auch in vertikalem Sinne erhalten. Querwände können nachträglich einbetoniert werden. Da zunächst die Bodenplatte des Hohlkastens betoniert wird und die Stege erst nach dem Schalen und Bewehren der darüberliegenden Teile, sind mehrfach die in 2.2.1 erwähnten, durch Temperaturdifferenz und Frühschwinden verursachten Stegrisse beobachtet worden. Man begegnet ihnen durch Verminderung der Feuchtigkeits- und Wärmeableitung (I A, 1.1.7) und legt eine leichte Rißverteil-Bewehrung ein. Der gesamte Herstellvorgang der Abschnitte ist stationär, so daß er im Winter umbaut und beheizt werden kann und der Betrieb wegen Kälte nicht unterbrochen zu werden braucht.

◀ **Abb. 2.2/42.** Freivorbau von Brücken in Ortbetonbauweise. **a** Versetzbares Hilfsgerüst und Schalung mit Arbeitspodest [11.2, S. 43]; **b** Stabilisieren des symmetrisch von einem Pfeiler aus vorgebauten Überbaues; **c** Einsatz eines Rüstträgers erleichtert Baustoffzufahrt, das Versetzen der Schalung und die Stabilisierung [a. a. O. S. 44]; **d** Gelenk in der Mitte zum Übertragen der Querkraft bei einseitiger Last, sofern die Kragträger nicht durch Spannglieder unten biegesteif verbunden werden; **e** verminderte Kragträgerlänge durch einen vorfabrizierten Einhängebalken. Nachteile: mehr Fahrbahnübergänge, größere Durchbiegung

Jeweils wenn ein Element erhärtet ist (Arbeitstakt etwa eine Woche), wird es mit einer hydraulischen Zugvorrichtung um eine Abschnittlänge vorgeschoben, wobei es sämtliche fertigen Teile vor sich herschiebt (daher „Taktschiebeverfahren") (Abb. 2.2/45b). Der nächste Abschnitt wird wieder dagegenbetoniert und die Arbeitsfuge durch passive Bewehrung gesichert, aber auch noch durch einige Spannglieder aktiv zentrisch vorgespannt. Denn die Querschnitte sind im weiteren Verlauf der Montage wechselnden Biegemomenten ausgesetzt. Allerdings läßt man diese im Bauzustand nicht zu groß werden. Dazu wird am vorderen Ende des Balkens ein

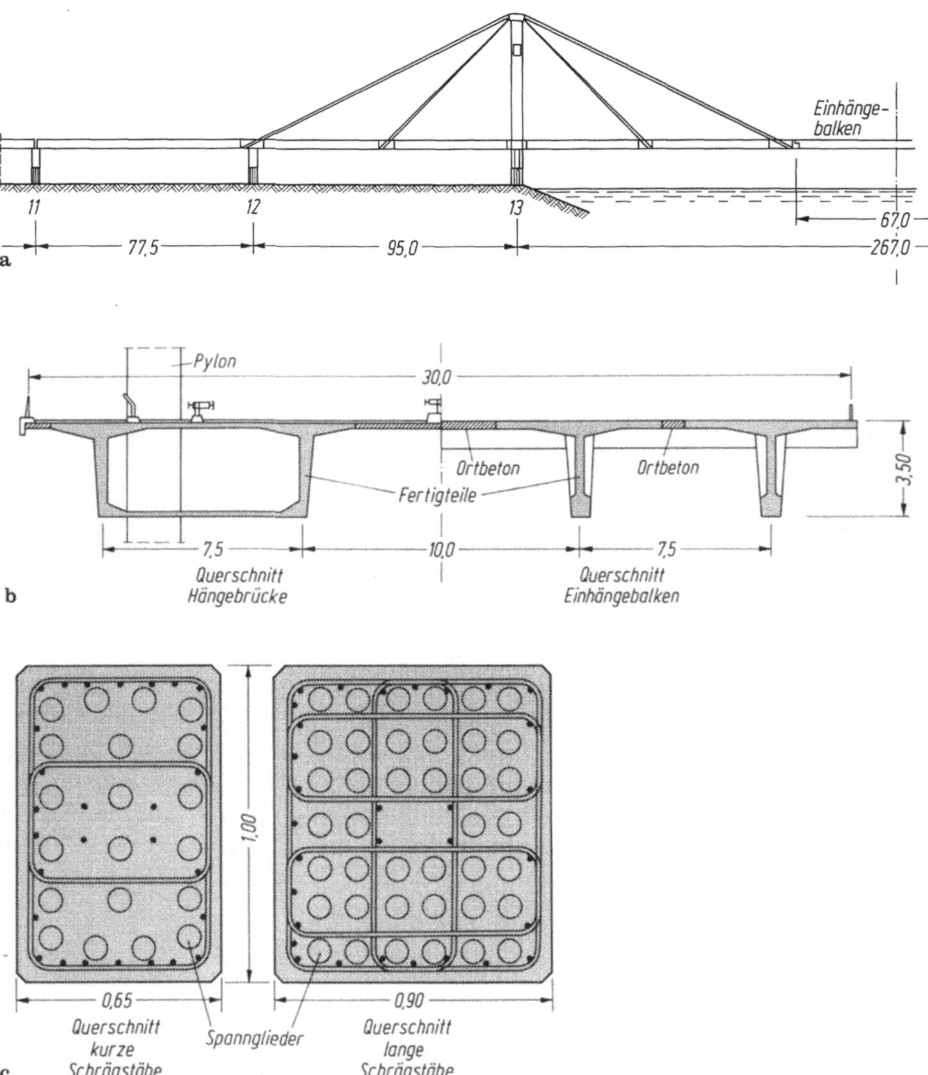

Abb. 2.2/44. Hängebrücke aus großen vorgespannten Fertigteilen [94.2, S. 338]. **a** Längsschnitt; **b** Querschnitt der Strombrücke; **c** Querschnitt der Zugglieder aus Spannbeton. Diese dehnen sich infolge Verkehrslast weniger als reine Stahlkabel (I B, 3.2) und schützen diese vor Korrosion

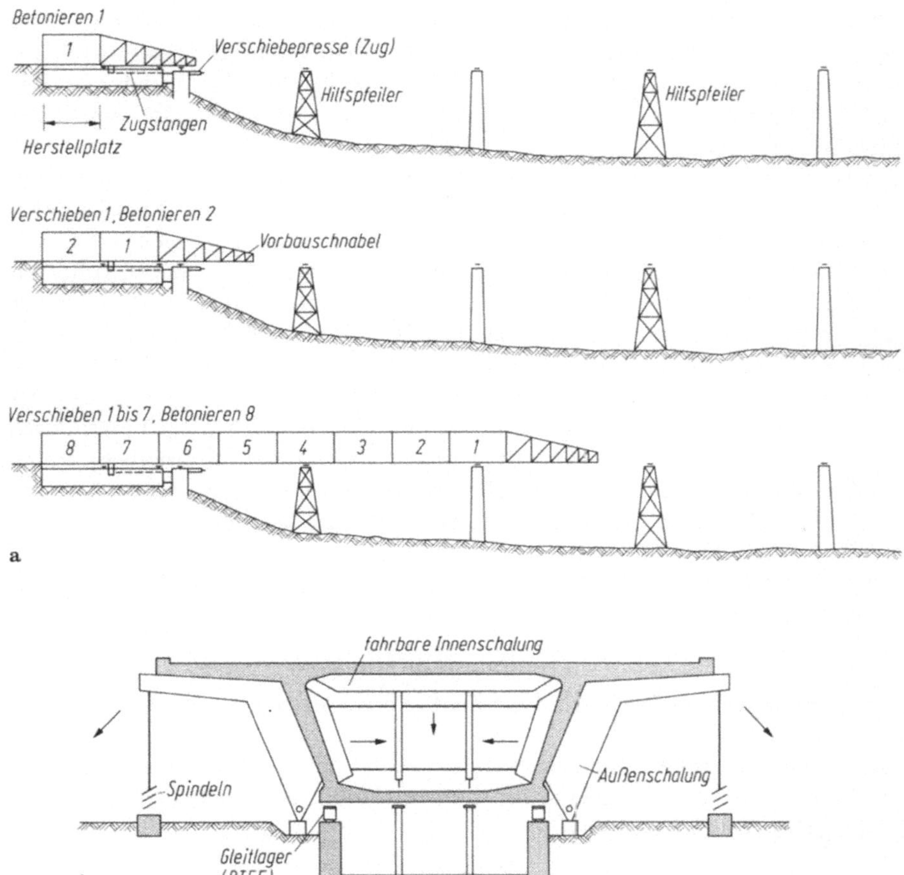

Abb. 2.2/45. Taktschiebeverfahren [I B, 2/10.4, S. 138]. **a** Bauvorgang am Herstellplatz; **b** hinter einem Widerlager feststehende Schalung [a. a. O., S. 137]

stählerner Kragträger („Vorbauschnabel") angebracht, der an der nächsten Stütze beim Vorschieben aufläuft und so bewirkt, daß der schwere Betonbalken nicht allzuweit auskragt. Ferner werden größere Spannweiten durch provisorische Stahlpfeiler unterteilt, denn freie Spannweiten beim Vorschieben über etwa 50 m sind kaum ausführbar. Entscheidend wichtig ist naturgemäß ein geringer Reibungswiderstand an allen Stützpunkten, was sich am einfachsten mit PTFE- (z. B. Teflon-)Platten erreichen läßt (I B, 7.3.2), die gegen polierte, ebene Stahlflächen eine Reibungszahl von nur 1 bis 2% aufweisen. Man belegt daher die provisorischen Lagerblöcke aus Beton mit Nitrostablechen und läßt mit PTFE beschichtete Polymer- (z. B. Neopren-) Platten, die beim Auflaufen am Überbau haften und Unebenheiten ausgleichen, beim Vorschieben darüber hinweglaufen und setzt sie nach Freiwerden an der anderen Seite wieder an. So bleibt auch bei Brückenlängen bis etwa 600 m die zum Vorschieben nötige Pressenkraft auf wenige MN beschränkt. Die Montagelager müssen auch eine Seitenführung für den Überbau besitzen und werden schließlich gegen endgültige Lager (meist Verformungslager nach I B, 7.3.6) ausgetauscht, wobei man den Überbau hydraulisch etwas anhebt. Die Einzelheiten, die sehr sorgfältig vorzubereiten sind, damit das Vorschieben glatt verläuft, findet man in [95]. Neuere Beispiele dieser sehr rationellen Bauweise bringt [18]. Hiernach ist das Vorschubverfahren erst wirtschaftlich überlegen, wenn die Länge des Überbaus mind. 250 m (170 m) und seine UK 10 m (15 m) über dem waagerechten Gelände liegt. Sonst ist ein festes oder bewegliches Lehrgerüst vorzuziehen.

Der Balken erhält nach Erreichen der endgültigen Lage seine Hauptvorspannung, die man nun in Girlandenform dem Momentenverlauf anpaßt. Die Bündel werden entweder einzeln in vorbereitete Kanäle (Hüllrohre) eingeschoben oder als Großbündel im Inneren des Hohlkastens verlegt. Diese geben ihre Umlenkkräfte an Konsolen ab, die nachträglich an die Stege betoniert werden. Beim Verlegen dieser Bündel ist peinlich darauf zu achten, daß der Spannstahl nicht an scharfen Kanten Kratzer erhält, da diese erfahrungsgemäß Sprödbrüche zur Folge haben können! Ferner ist für dauerhaften Korrosionsschutz durch Verpressen (I A, 3.2.4) der Kanäle (Entlüftungs- und Kontrollöffnungen an Hochpunkten nötig!) oder durch Ummanteln der freiliegenden Bündel mit Mörtel (Schalkasten erforderlich) größte Sorgfalt nötig. Auch bei diesen Spanngliedern ist wie bei der Segmentbauweise der Kriech- und Schwindverlust geringer als bei Ortbeton, da gegen verhältnismäßig „gereiften" Beton gespannt wird.

Infolge der wechselnden Beanspruchung der Querschnitte ist der Bedarf an Spannstahl bei Vorschubbrücken bis zu 50% höher als bei Ausführung in Ortbeton.

2.3 Rahmen: Balken in steifer Verbindung mit Stützen

Diese Tragwerke besitzen mit zunehmender Felderzahl eine wachsende Zahl von Zusatzkräften und werden daher schrittweise analysiert, wobei ich mich auf ebene, einstöckige Strukturen beschränke.

2.3.1 Grundlagen des Tragverhaltens

In 2.2 wurde bereits darauf hingewiesen, daß durchlaufende Balken im Hochbau zwar meistens mit den Stützen konstruktiv verbunden ausgeführt, aber in der Regel als freiaufliegend berechnet werden. Lediglich an den Enden ist, wegen der dort auftretenden größeren Drehwinkel (Abb. 2.2/1), nach DIN 1045, 15.4.2 die Einspannung in die Stützen mittels der Näherung in H. 240, 1.6 zu berücksichtigen.

Bei monolithischer Verbindung eines Balkens mit steiferen Stützen erweist es sich jedoch als notwendig und vorteilhaft, dieser Verbindung auch rechnerisch genauer nachzugehen. Die folgende Zusammenstellung gibt einen qualitativen Überblick der Verhältnisse.

Betrachtetes System	Einspannung und Fortleitung der Momente des Riegels	Steifigkeit, abhängig von	Waagrechte Kraft, aufgenommen von
Balken: ein Feld	0	1 Feld	1 Lager
mehrere Felder	in 2 Nachbarfelder	3 Feldern	1 Lager an beliebiger Stelle
Rahmen: ein Feld	in 2 Stützen	Feld + 2 Stützen	2 Stützen
mehrere Felder	in 4 Nachbarstäbe	3 Feldern + 2 Stützen	≧2 Stützen

Rahmen, insbesondere mehrfeldrige, haben mithin den statischen Vorteil größerer Steifigkeit im Gebrauchszustand und auch großer Traglastreserven im Falle lokaler Schwachstellen oder übermäßiger Beanspruchungen. Dem steht der Nachteil einer komplizierteren Bewehrung gegenüber, die den Momenten mit wechselnder Größe und verschiedenem Vorzeichen angepaßt werden muß. Da ferner Rahmen meist in Ortbeton ausgeführt werden, fallen die Kosten von Schalung und Rüstung ins Gewicht. Rahmen können zwar auch aus Fertigteilen aufgebaut werden, jedoch ist die Herstellung der biegesteifen Knoten schwierig (vgl. Abb. 3/47 u. I B, Abb. 4.6/2). Dieses Problem läßt sich durch den Zusammenbau aus Segmenten mittels Vorspannung nach Art der Abb. 2.2/38 und 39 lösen, wobei auch die biegesteife Verbindung mit den Stützen durch senkrechte Spannglieder erreicht wird. Aber diese Bauweise ist nur bei großen Abmessungen möglich, da kurze Spannglieder relativ sehr teuer sind,

	$M_a=1$				$\varphi_a=1$		
	$\frac{EI_c}{l'}\varphi_{a1}$	$\frac{EI_c}{l'}\varphi_{b1}$	$\frac{\varphi_{b1}}{\varphi_{a1}}$	M_b	$\frac{l'}{EI_c}M_{a1}$	$\frac{l'}{EI_c}M_{b1}$	$\frac{x_W}{l}$
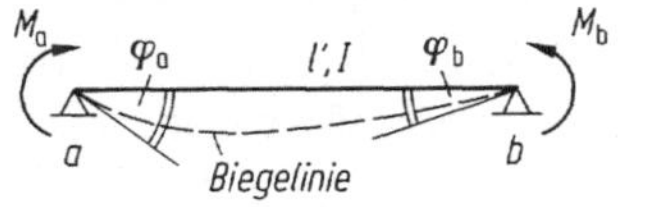	0,3333	0,1667	0,5	0	3	0	1
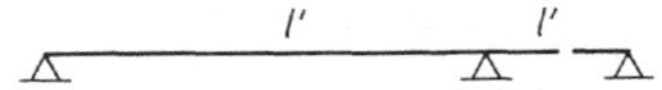	0,2917	0,0833	0,2856	-0,25	3,428	-0,857	0,8
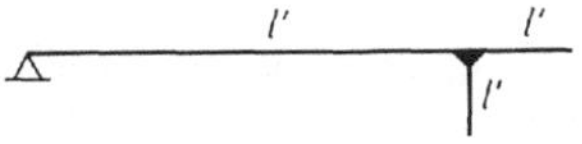	0,2778	0,0556	0,2	-0,333	3,6	-1,2	0,75
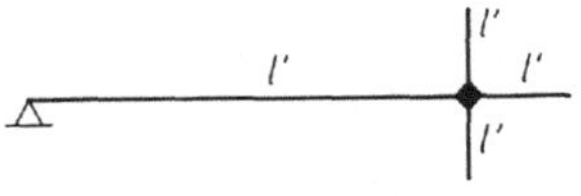	0,2708	0,0417	0,1540	-0,375	3,693	-1,385	0,727
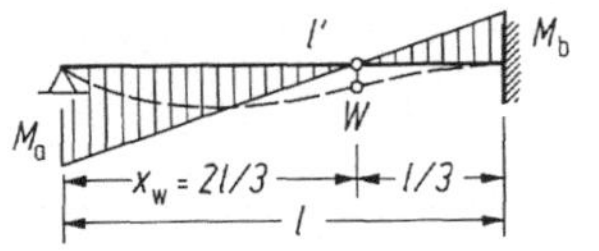	0,25	0	0	-0,5	4	-2	0,667
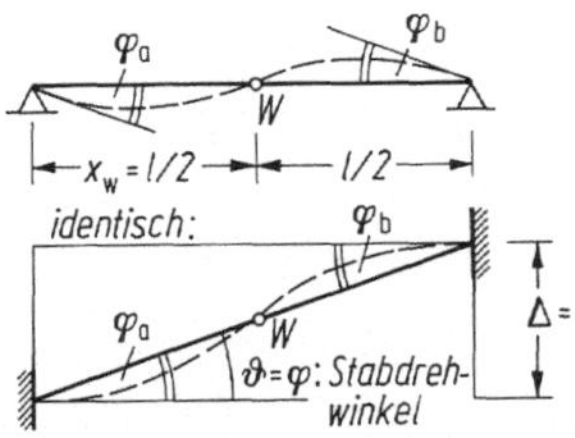	0,16	-0,16	1	-1	6	-6	0,5

$l' = l\,I_c/I$; I_c: Vergleichsträgheitsmoment W: Wendepunkt der Biegelinie an der Stelle $M=0$

Abb. 2.3/1. Endmomente M und -verdrehungen φ eines geraden Stabes, dem bei a entweder ein Moment $M_a = 1$ oder eine Verdrehung $\varphi_a = 1$ aufgezwungen wird. Das Ende b ist zwischen den Grenzen „frei drehbar" und „starr eingespannt" durch anschließende Stäbe elastisch festgehalten. In der letzten Zeile wird eine gleichsinnige Verdrehung φ von a und b angenommen, entsprechend einer Verdrehung der Stabachse um φ bei festgehaltenen Enden

weil die Kosten der Verankerungen und Spannarbeiten unabhängig von der Spanngliedlänge sind. Immerhin hat langjährige Erfahrung bewiesen, daß monolithische Rahmen sich auch in Katastrophenfällen (Erdbeben, Explosionen, Versagen von einzelnen Fundamenten) als überaus zäh erwiesen haben, während auf Stützen verlegte Fertigbalken hierbei von ihren Lagern abrutschen können.

Die übliche Nichtachtung der theoretisch unendlich großen Druckspannung in einspringenden Ecken wurde in I A, 1.3.2.2 begründet und neuerdings durch das starke Ansteigen des Kriechens oberhalb der Gebrauchsspannungen bestätigt [96, S. 9].

Um einen Einblick in die Steifigkeit eines Rahmenstabes zu geben, ist in Abb. 2.3/1 seine Endverdrehung φ_{a1} aus einem angreifenden Moment $M_a = 1$ und die Fortleitung zu seinem anderen Ende, wo das Moment M_b erzeugt wird, dargestellt. Dabei wird das Stabende b durch ein, zwei oder drei Stäbe gleicher Steifigkeit wie der betrachtete Stab festgehalten. Als Ausgangswert für die „Drehwinkelmethode" ist in der Tabelle ferner der Widerstand $M_{a1} = 1/\varphi_{a1}$ des Stabes angegeben, den er einer Verdrehung $\varphi_a = 1$ entgegensetzt. Man liest ab, daß dieser Wert immer zwischen 3 und $4EI/l$ liegt und nur wenig um $3{,}6EI/l$ streut, sofern das Ende b elastisch gehalten wird. Entsprechend ist $\varphi_{a1} = 0{,}28l/EI$ ein guter Mittelwert für die Verdrehung. Diese Feststellung ist für eine Abschätzung des Kräfteverlaufs, die in vielen praktischen Fällen ausreicht, sehr wichtig. Wie mehrfach (z. B. I B, 1.1.2 u. 4.2.1.1) betont, ist die „Genauigkeit" der Schnittkraftberechnung ohnehin eine Illusion.

Verformungen und Kräfte werden naturgemäß vom Verlauf der Stabsteifigkeit I stark beeinflußt. Abb. 2.3/2a zeigt einen Stab, der zur Aufnahme der großen Stützmomente Auflagerschrägen mit dem üblichen Steigungsmaß 1:3 und variabler Länge $a = \alpha l$ besitzt. Wie Abb. 2.2/18c zeigt, deckt die Annahme eines parabolisch verlaufenden I nach [I B, 1/14.2, S. 1084] angenähert auch den Fall einer parabolisch verlaufenden Balkenhöhe h.

Mittels der Werte aus diesen Tabellen lassen sich für verschiedene Lagerungsarten am Ende b des Stabes folgende Endmomente und Drehwinkel als Funktionen von $\alpha = a/l$ ermitteln, wobei folgende Beziehungen benutzt wurden:

bei a:	$M_a = 1$			$\varphi_a = 1$		
bei b:	M_b	φ_a	φ_b	φ_b	M_a	M_b
bei b:						
frei drehbar	0	φ_{a1}	φ_{b1}	$\dfrac{\varphi_{b1}}{\varphi_{a1}}$	$M_{a1} = \dfrac{1}{\varphi_{a1}}$	0
starr eingespannt	$M'_b = \dfrac{\varphi_{b1}}{\varphi_{a1}}$	$\varphi'_{a1} = \varphi_{a1}\left[1 - \left(\dfrac{\varphi_{b1}}{\varphi_{a1}}\right)^2\right]$	0	0	$M'_{a1} = \dfrac{1}{\varphi'_{a1}}$	$M'_{b1} = \dfrac{M'_b}{\varphi'_{a1}}$

Man ersieht aus den Kurven deutlich die starke Wirkung schon mäßiger Auflagerschrägen vor allem bei schlanken Stäben.

Auch die Annahme $I = \infty$ für die Bereiche gegenseitiger Versteifung von gedrungenen Riegeln und Stützen ist mittels der Tabellen [I B, 1/14.2, S. 1080] leicht möglich

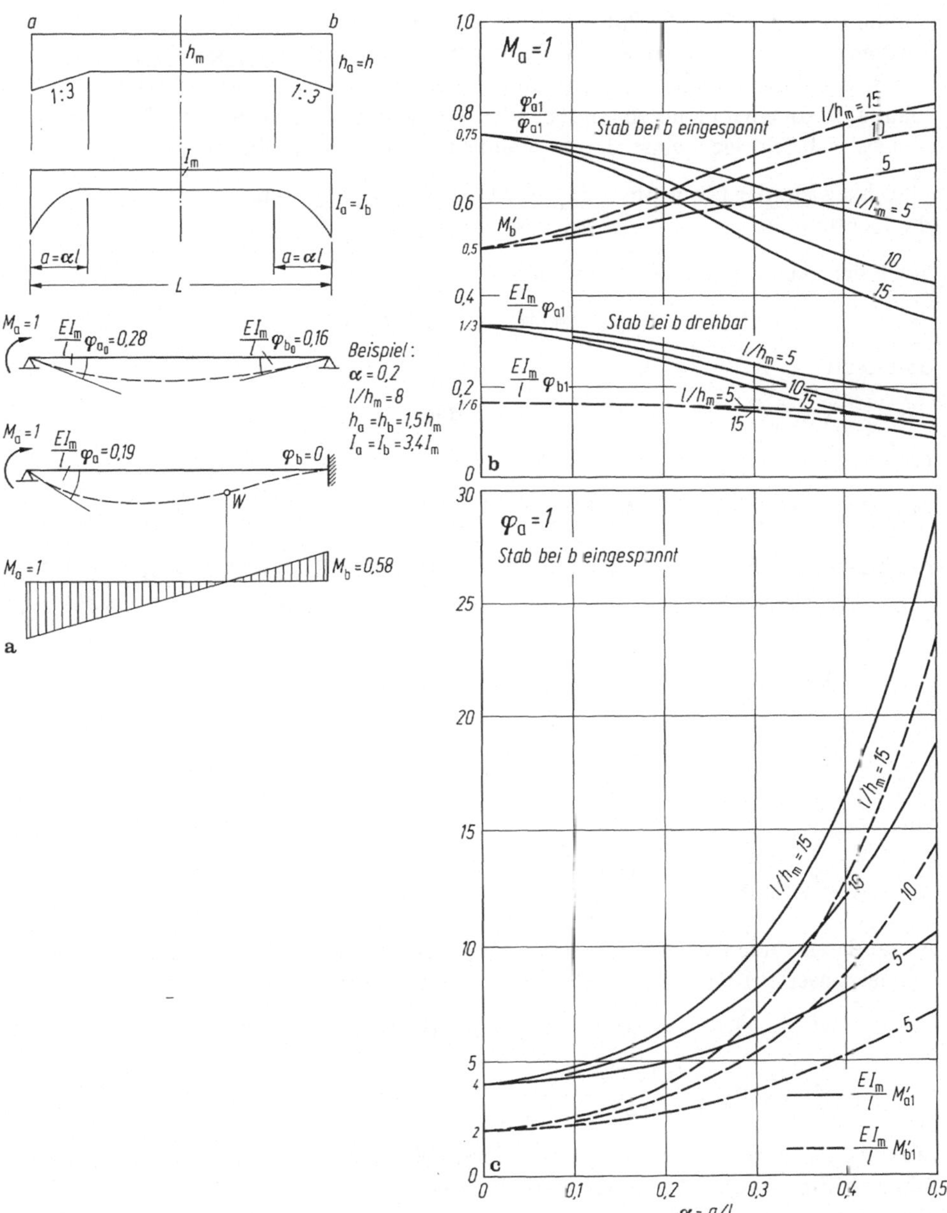

Abb. 2.3/2. Endmomente M und -verdrehungen φ eines Stabes mit Auflagerschrägen 1:3 für die Grenzen „frei drehbar" und „starr eingespannt" in b unter der Annahme $I_x/I_m \cong (h_x/h_m)^3$. **a** Stab mit Biegelinien und Momentenverlauf bei starrer Einspannung in b; **b** Endwerte für $M_a = 1$ als Funktion von α und l/h_m; **c** Endomente von M für $\varphi_a = 1$. Einspannmomente eines gleichen Stabes unter Gleichlast vgl. Abb. 2.2/19

und zeigt u. U. ebenfalls bedeutende Abweichungen gegenüber der üblichen Annahme $I = \text{const}$ (Abb. 3/26). Auch in [4, S. 105ff] findet man Angaben für Endverdrehungen und Biegelinien von Stäben mit veränderlichem Querschnitt.

Mit den Fortleitungszahlen von einem Stabende zum anderen läßt sich die Verteilung des an einem Knoten angreifenden Momentes M_{ao} angeben. Am Innenknoten a eines mehrfeldrigen, einstöckigen Rahmens (Abb. 2.3/3a) fordert das

Gleichgewicht der Momente: $M_{al} + M_{ar} + M_{au} = M_{ao}$ und
die Kontinuität: $\varphi_{al} = \varphi_{ar} = \varphi_{au} = \varphi_{ao} = \varphi$.

Nach der oben gegebenen Definition ist

$$M_{al} = M_{al1}\varphi\ ; \qquad M_{ar} = M_{ar1}\varphi\ ; \qquad M_{au} = M_{au1}\varphi$$

und somit

$$\varphi(M_{al1} + M_{ar1} + M_{au1}) = M_{ao} \quad \text{oder} \quad \varphi = M_{ao}/\Sigma M_{a1}$$

und

$$M_{al}/M_{ao} = M_{al1}/\Sigma M_{a1}\ ; \qquad M_{ar}/M_{ao} = M_{ar1}/\Sigma M_{a1}\ ; \qquad M_{au}/M_{ao} = M_{au1}/\Sigma M_{a1}\ .$$

Nach Abb. 2.3/1 wird für die elastisch eingespannten Riegel $M_{al1} = M_{ar1} \cong 3{,}6/l'$ (EI_c fortgelassen) und für die unten starr eingespannte Stütze $M_{au1} = 4/h'$ mit $l' = lI_c/I_l$ und $h' = hI_c/I_h$ gesetzt. Dann ist

$$\Sigma M_{a1} = 2 \cdot 3{,}6/l' + 4/h' = 7{,}2(1 + 0{,}56l'/h')/l'$$

und

$$M_{al} = M_{ar} = M_{ao} 0{,}5/(1 + 0{,}56l'/h')$$

und

$$M_{au} = M_{ao}\frac{0{,}56l'/h'}{1 + 0{,}56l'/h'}\ .$$

Am anderen Ende der Riegel ist $M_b = M_a/3$ und am Fuße der Stütze $M_c = M_{au}/2$. Vergleichsweise erhält man für Stützen mit Fußgelenk:

$$M_{au1} = 3/h'\ ; \qquad M_{al} = M_{ar} = M_{ao} 0{,}5/(1 + 0{,}42l'/h')$$

$$M_{au} = M_{ao}\frac{0{,}42l'/h'}{1 + 0{,}42l'/h'}\ .$$

In Abb. 2.3/3b ist die Verteilung des äußeren Momentes M_{ao} auf die anschließenden Stäbe als Funktion des Steifigkeitsverhältnisses l'/h' aufgetragen. Die Fußausbildung der Stütze macht sich viel weniger bemerkbar als ihre Steifigkeit $h' = hI_c/I_h$. Man entnimmt daraus, daß für $l'/h' \cong 0{,}25$ der Stützenanteil am Knotenmoment unter 10% bleibt (bei $l'/h' = 0{,}15$ unter 5%), womit die übliche Vernachlässigung der Steifigkeit von Innenstützen gerechtfertigt wird.

Die weitere Ausbreitung eines Knotenmomentes $M_{ao} = 1$ zeigt Abb. 2.3/3c unter der Annahme von $l'/h' = lI_h/hI = 2 \cdot 1/1 \cdot 2 = 1$. Zu beachten ist hierbei, daß M_{ao} auf drei, die an den Nachbarknoten ankommenden Momente $M_{bl} = M_{cr} = 1/3 \cdot 3$ jedoch nur auf zwei Stäbe zu verteilen sind, da sie ja unter Berücksichtigung der

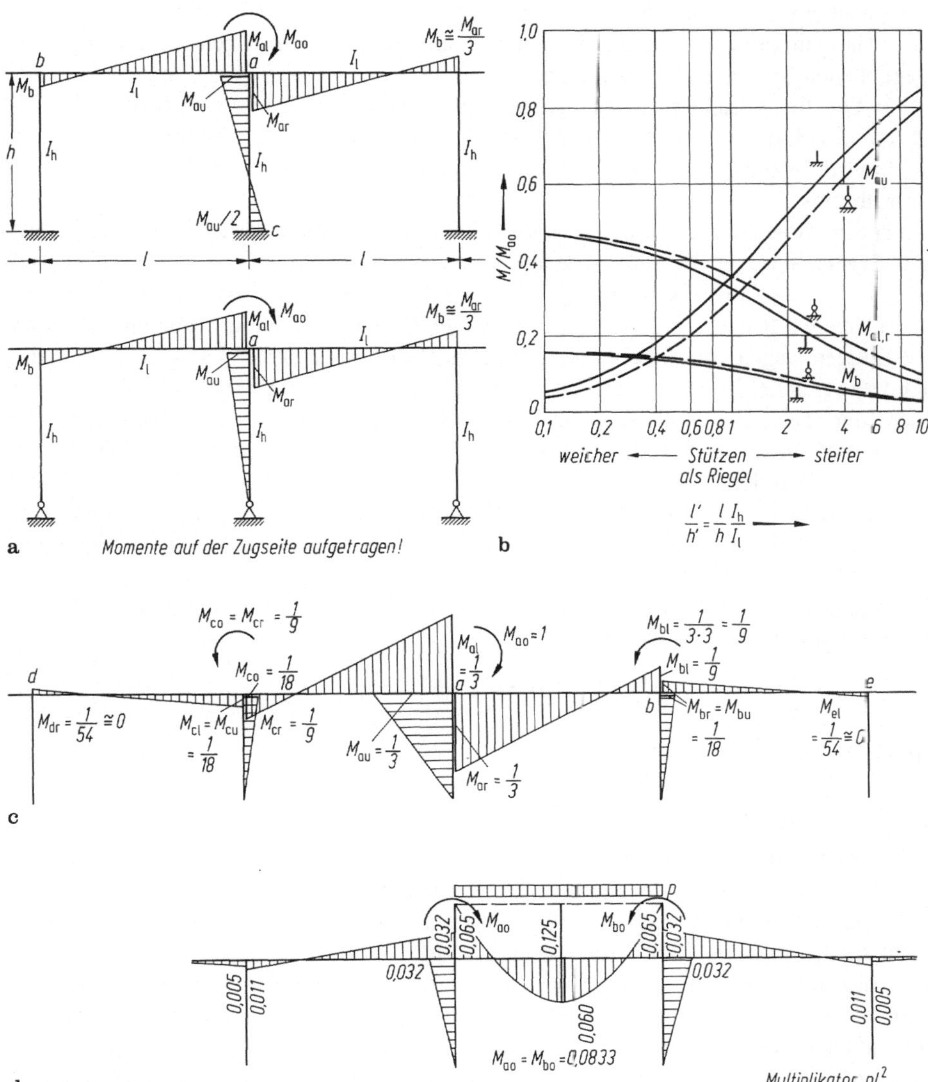

Abb. 2.3/3. Verteilen eines Knotenmomentes M_{ao} in die anschließenden Stäbe und Fortleiten in die Felder eines durchlaufenden Rahmens. **a** Rahmen mit gleichen Feldern; **b** Verteilen von M_{ao} auf Riegel und Stütze als Funktion von deren Steifigkeitsverhältnis und Fußausbildung. Letztere hat nur einen geringen Einfluß! **c** rasches Abklingen der Wirkung von M_{ao} nach beiden Seiten (Annahme: $h'/l' = 1$) berechtigt, angesichts sonstiger Ungenauigkeiten, näherungsweise zu rechnen! **d** dementsprechend können die Momente infolge einer Gleichlast p, ausgehend von den Starreinspann-Momenten $M_a = M_b = pl^2/12$, die als äußere Kräfte M_{ao} und M_{bo} eingeführt werden, angeschrieben werden

Elastizität der Knoten *b* und *c* berechnet worden sind! Am übernächsten Knoten *d* und *e* ergeben sich bereits so kleine Werte (rd. 2% von M_{ao}), daß man sie vernachlässigen kann. Wir stellen für den betrachteten eingeschossigen Rahmen mit ausgeglichenen Steifigkeitsverhältnissen fest:

(1) Die Fortleitung zum Nachbarknoten ist beim Rahmen zwar stärker ($M_b/M_a \cong 1/3 \dots 1/3{,}5$) als beim Balken ($M_b/M_a \cong 1/4$), aber die Übertragung ins Nachbarfeld wird infolge des Verteilens am Knoten durch die Mitwirkung der Stütze „abgebremst".

(2) Eine rohe Abschätzung der Stabsteifigkeiten ist vollauf ausreichend und ändert am Ergebnis wenig. Es sind in jedem Falle, wie schon in Abschnitt 1 betont und in I B, 1.1.1 ausführlicher begründet, ohnehin keine genauen Werte, da sich beispielsweise in den Riegeln bereits Risse (Zustand II) gebildet haben können, während die Stützen wegen vorherrschender Längskraft noch im Zustand I arbeiten. Auch die Knotenbereiche, in denen sich Stütze und Riegel gegenseitig versteifen, entsprechen nicht der Idealisierung als eindimensionale Stäbe und das gerade an den Stellen der größten Momente und Verformungen, so daß diese sich ähnlich wie durch Schrägen (Abb. 2.3/2) ändern.

Auf dieser Grundlage läßt sich die Wirkung der Belastung *p* eines Innenfeldes rasch überschlagen (Abb. 2.3/3d). An den starr gedachten Knoten *a* und *b* greifen die beiden Einspannmomente $M_{ao} = M_{bo} = pl^2/12 = 0{,}083pl^2$ an. Bei gleichen Steifigkeitverhältnissen wie in Abb. 2.3/3c sind diese auf die anstoßenden Stäbe zu verteilen, so daß im Stabanschluß entsteht:

$$M_{ar} = M_{bl} = -M_{ao}(1 - 1/3) + M_{bo}/3 \cdot 3 = -0{,}065pl^2$$

und in Feldmitte

$$M_m = pl^2(0{,}125 - 0{,}065) = 0{,}050pl^2 \,.$$

Die Anschlußmomente M_{ar} und M_{bl} werden dann wieder hälftig auf Stütze und Nachbarfeld verteilt und mit dem Faktor 1/3 fortgeleitet zum nächsten Knoten.

Diese Berechnungsweise soll nur die Zusammenhänge verdeutlichen. Praktisch zieht man, wenn man „zu Fuß" rechnet, jedoch ein mehr schematisches Verfahren vor, das aber erst mittels einer meist rasch konvergierenden Iteration zu praktisch gleichen Ergebnissen führt. Hierbei nimmt man die Nachbarknoten zunächst als starr an und hat dann, sofern der Stab I = const besitzt, in jedem Falle eine Fortleitungszahl (vgl. Abb. 2.3/4a) von $M_b'/M_a = 1/2$. Dann wird dieses Moment auf die vier anstoßenden Stäbe verteilt, von denen jeder (gleiche Steifigkeit vorausgesetzt) 1/4 erhält, so daß das Anschlußmoment $M_b = M_b'\ (1 - 1/4) = 1/2 \cdot 3/4 = 3/8$ wird. Denselben Wert hatten wir bei der Fortleitung unter Berücksichtigung der Elastizität des Nachbarknotens unmittelbar angeschrieben (Abb. 2.3/4b). Diese Rahmenberechnung ist als „Cross-Verfahren" (B. Kal. 1985 I, S. 473) viel angewendet und aus der „Deformationsmethode" (I B, 1.1.1) abgeleitet worden. Nach Cross werden die Knoten zunächst als unverschieblich betrachtet, weshalb die Iteration sehr rasch konvergiert. Die Festhaltekräfte der Knoten sowie waagerechte Lasten werden in einem zweiten Rechnungsgang berücksichtigt. Man kann auch die Stabdrehwinkel im ersten Rechengang einbauen („Kani-Verfahren"). Die Konvergenz ist dann aber u. U. schlecht.

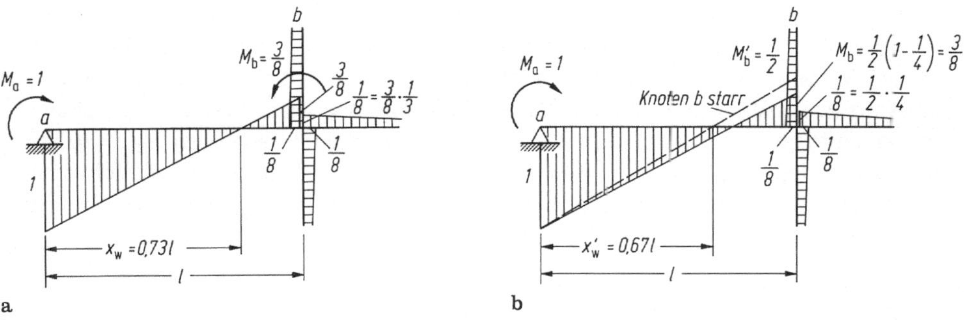

Abb. 2.3/4. Momentenverteilung im Knoten b bei Angriff von $M = 1$ in a. **a** Unter sofortiger Berücksichtigung der (abgeschätzten) Steifigkeiten der anschließenden *drei* Stäbe nach Abb. 2.3/3, z. B. für $h'/l' = 1$: $M/M_{ao} \cong 0{,}375 = 3/8$; **b** Berechnen in zwei Stufen: zunächst b als starr angesehen: $M_b = M_a/2$, dann M_b auf alle *vier* anschließenden Stäbe verteilt; identisches Ergebnis

Allerdings liegen derzeit so universelle Programme (Software) für Rahmen vor (B. Kal. 1985 I, S. 481), daß man diese kaum mehr „zu Fuß" berechnet. Immerhin sollte man stets noch vor Augen haben, *was* man berechnet, d. h. die mechanischen Zusammenhänge übersehen, die durch das rasche Abklingen der Momente aus lokalen, senkrechten Lasten gekennzeichnet sind, wozu die vorstehenden Überlegungen dienen sollen.

Bei senkrechter Belastung können die Stabdrehwinkel meistens vernachlässigt werden. Das System der Abb. 2.3/5a soll zeigen, wie sich der Angriff einer Kraft H_1 je Stütze als Funktion des Steifigkeitsverhältnisses l'/h' auswirkt. Aus Gründen der Antimetrie muß in der Mitte jeden Feldes $M = 0$ sein. Die Höhe des Momentennullpunktes W in der Stütze ergibt sich aus dem Gleichgewicht des Knotens a:

$M_{al} = M_{ar} = M_o/2$. Ferner ist die Kontinuität am Knoten a zu wahren, d. h. die Verdrehung des oberen Stützenendes (Abb. 2.3/5 b)

$$\varphi_h = h(M_u/2 - M_o/2)/EI_h \quad \text{mit} \quad M_u = H_1 y_w = H_1 h\eta\ ; \quad \eta = y_w/h$$

$$M_o = H_1 y'_w = H_1 h(1-\eta)$$

$$= H_1 hh'(2\eta - 1)/2EI_c \text{ und diejenige des Riegels}$$

$$\varphi_l = M_{al} l/6EI_l$$

$$= H_1 hl'(1-\eta)/12EI_c \text{ müssen übereinstimmen.}$$

Daraus ergibt sich $\eta = (1 + \lambda)/(2 + \lambda)$ mit $\lambda = l'/6h'$.

Die seitliche Verschiebung δ des Riegels ist

$$\delta = h^2(M_u/3 - M_o/6)/EI_h = H_1 h^2 h'(3\eta - 1)/6EI_c$$

oder

$$\delta/\delta_0 = (3\eta - 1)/2\,, \quad \text{bezogen auf die Ausbiegung}$$

$$\delta_0 = H_1 h^2 h'/3EI_c \quad \text{der Stütze ohne Versteifung durch den Riegel.}$$

Man ersieht aus den Diagrammen Abb. 2.3/5c, daß bei mittlerem Steifigkeitsverhältnis von $l'/h' = 2 \dots 4$ der Momentennullpunkt W (Wendepunkt der Biegelinie) der

Stützen in Höhe 0,6 ± 5% liegt, so daß ein Abschätzen meist genügt. Wenn ein weiteres Geschoß mit gleicher Querkraft folgt, lassen die Einspannmomente der oberen Stützen den Punkt W mehr gegen $0{,}55h$ rücken. Mit Rücksicht auf die stets vorhandene Fundamentverdrehung (II B, 3.1.2) wird man bei mehrstöckigen Rahmen in den unteren Geschossen mit $y_w = 0{,}5h$, im obersten Geschoß mit $y_w = 0{,}65h$ rechnen dürfen. Die Kurve für die Verschiebung δ/δ_0 bringt allerdings nicht zum Ausdruck, daß die Bezugsgröße $\delta_0/h = H_1hh'/3EI_c = H_1h^2/3EI_h$ bei dünnen Stützen

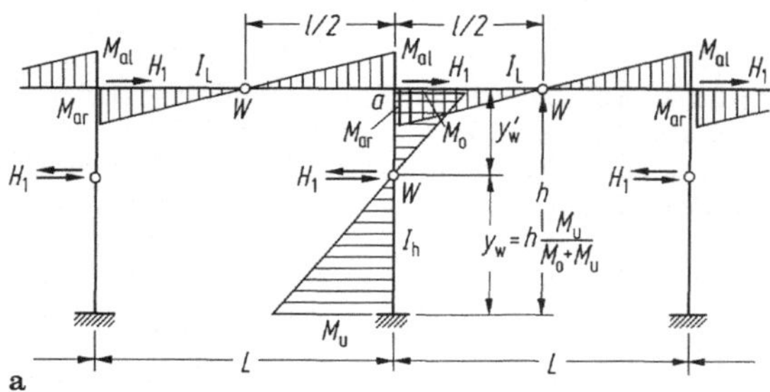

a

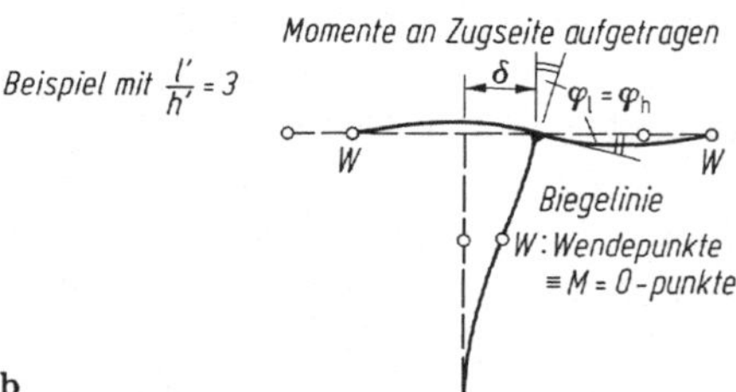

b

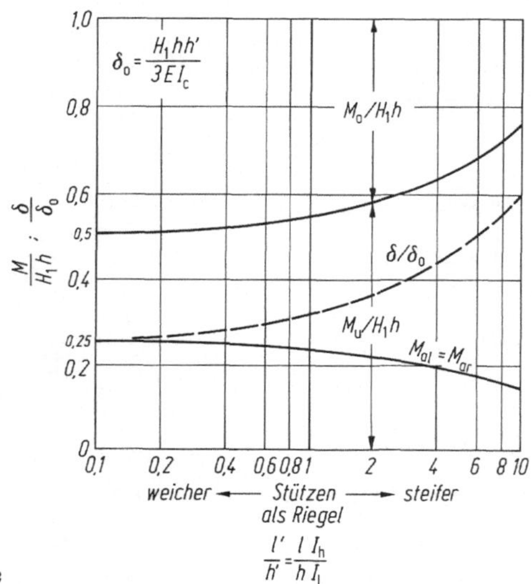

c

Abb. 2.3/5. Angriff einer waagerechten Last H_1 je Knoten an dem Rahmen Abb. 2.3/3a. **a** Momentenverlauf und Biegelinie. Wendepunkt = Momentennullpunkt wegen Antimetrie in Feldmitte; **b** Momente und waagerechte Verschiebung δ als Funktion des Steifigkeitsverhältnisses l'/h'

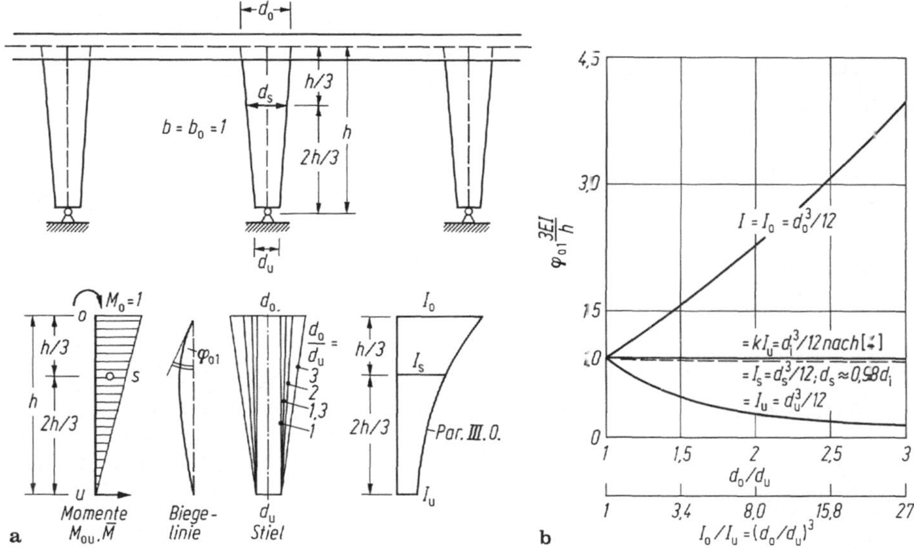

Abb. 2.3/6. Verdrehung φ_{o1} des oberen Endes einer einfach konischen Stütze unter dem Angriff eines Momentes $M_o = 1$. **a** Stütze mit verschiedenen Anläufen; **b** Endverdrehung φ_{o1} nach [4, S. 100] als Funktion von d_o/d_u, ferner berechnet mit verschiedenen konstanten Trägheitsmomenten

stark anwächst, so daß der Rahmen sehr weich gegen horizontale Lasten wird. Man wird dann das Rahmentragwerk mittels Diagonalstäben oder Scheiben aussteifen müssen (4), wodurch Querkräfte und Biegespannungen in den Stützen vermieden werden.

Auch Rahmenstützen werden mitunter mit veränderlichem Querschnitt ausgeführt, sei es, um sich dem Momentenverlauf bei gelenkiger Auflagerung oder ästhetischen Forderungen anzupassen. Die lineare Änderung nur *einer* Querschnittsabmessung läßt sich mittels rechteckiger Schaltafeln leicht bewerkstelligen, die Änderung *beider* Abmessungen ist sehr aufwendig (konische Schaltafeln). Die Verbiegung solcher „Tischbein"-Stützen (Abb. 2.3/6a) lassen sich mit den Angaben in [4, S. 100] berechnen.

Wird die Endverdrehung $\varphi_{o1} = l/3EI$ unter $M_o = 1$ angenähert mit $I = I_s$ (I_s im Schwerpunkt der M-Fläche) berechnet, so liegt der Fehler unterhalb 2% (Abb. 2.2/51 b).

Die Rahmenstäbe haben stets Längskräfte N und Momente M aufzunehmen. Bei den Riegeln herrschen letztere vor, so daß der Einfluß der Druck- und Zugkräfte in der Regel nicht verfolgt zu werden braucht. In den Stützen ist dagegen die gleichzeitige Berücksichtigung von M und N unerläßlich. H. 220, 1.2.4 enthält hierfür Bemessungstabellen. Die Querkraft Q ist bei Rahmenstielen meist klein. Zudem wird der Hauptzug σ_1 durch eine Druckkraft im Stiel herabgesetzt (I B, Abb. 4.3/31), daß die Mindestverbügelung ausreicht.

Wenn jedoch der „Stiel" Zug erhält, wird der Hauptzug $\sigma_1 > \tau$, wie z. B. in einer Silo-Zwischenwand, die ja mit der Außenwand einen durchlaufenden Rahmen bildet (Abb. 2.3/7a). Da er zudem schräg zur Stabachse gerichtet ist, kann der Stiel zwischen zwei Bügeln reißen, wie das im Momentennullpunkt des Beispiels Abb. 2.3/7b

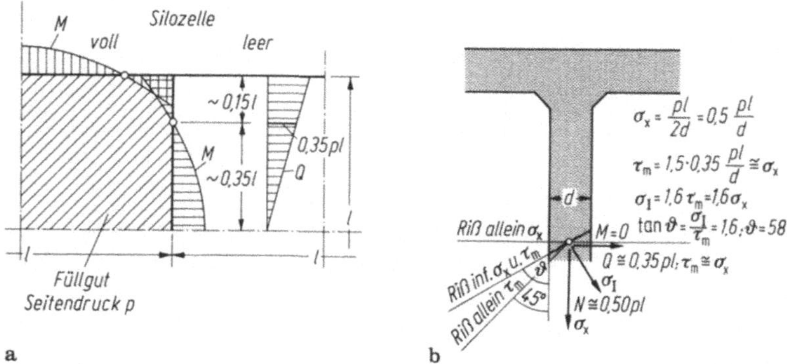

Abb. 2.3/7. Bruch des Stieles (Wand) eines durchlaufenden Rahmens (Ecke einer Silozelle) infolge Querkraft Q und *Zug N* im Momentennullpunkt; **a** System und Momentenverlauf; **b** Riß rechtwinklig zum Hauptzug $\sigma_I = \frac{\sigma_x}{2}\left(1 + \sqrt{1 + \left(\frac{2\tau}{\sigma_x}\right)^2}\right) = \frac{\sigma_x}{2}(1 + \sqrt{1 + 2^2}) = 1{,}62\sigma_x$ (I A, Abb. 1.2/14 und B. Kal. 1986 I, S. 579)

eingetreten ist. Denn dort ist keine Druckzone vorhanden, die Q übertragen könnte. In diesem Bereich sind daher entsprechende Bügel einzulegen oder besser, einige Stäbe der Längsbewehrung aufzubiegen.

Bei durchlaufenden Rahmen mit vorrückender Nutzlast läßt sich nicht ohne weiteres übersehen, welche Stellung der Last die Größtwerte der Randspannungen hervorruft. Der Zug-Grenzwert wird als Kriterium für die Bemessung der Bewehrung benutzt. Aufschluß darüber gibt wie bei Bögen der Bezug der Schnittkräfte auf die Kernpunkte (Abb. 2.1/4d). Bei einem Einfeldrahmen (Abb. 2.3/8a) treten wesentliche Zugspannungen nur an der Außenseite (Punkt l) auf. Ihr Grenzwert wird erreicht, wenn nur die negative Beitragsfläche der Einflußlinie von M_k mit p belastet wird. Der Unterschied gegenüber der Belastung des ganzen Feldes ist nicht groß, wird aber bedeutender bei einem Zweifeldrahmen (Abb. 2.3/8b). Um den Anschlußquerschnitt der Stütze ausreichend zu bewehren, darf die Verkehrslast p dann nur streckenweise aufgebracht werden.

Die Verformungen infolge Längs- und Querkraft werden bei unseren Betrachtungen wie üblich außer acht gelassen. Sie spielen nur in Ausnahmefällen eine Rolle (sehr gedrungene Stäbe).

Umfangreiche Tafeln, welche die Schnittkräfte von Rahmen für verschiedene Formen und Belastungen in ausgezeichneten Punkten angeben, findet man in B. Kal. 1985 I, S. 542 sowie z. B. in [97; 4] und [I B, 4/3, 4].

Abb. 2.3/8. Ermitteln der Grenzwerte der Randspannungen σ_l und σ_r im Anschlußquerschnitt einer Rahmenstütze mit Hilfe der Kernpunktmomente M_{kl} und M_{kr} anstelle des zweigliedrigen Spannungsausdruckes $\sigma_{l,r} = \frac{N}{R} \pm \frac{M}{W}$ mit auf die Achse bezogenen Schnittkräften. **a** für einen Einfeldrahmen; **b** für die Mittelstütze eines Zweifeldrahmens aus den Einflußlinien der Rahmenschübe H_a und H_b sowie der Stützkraft B ▶

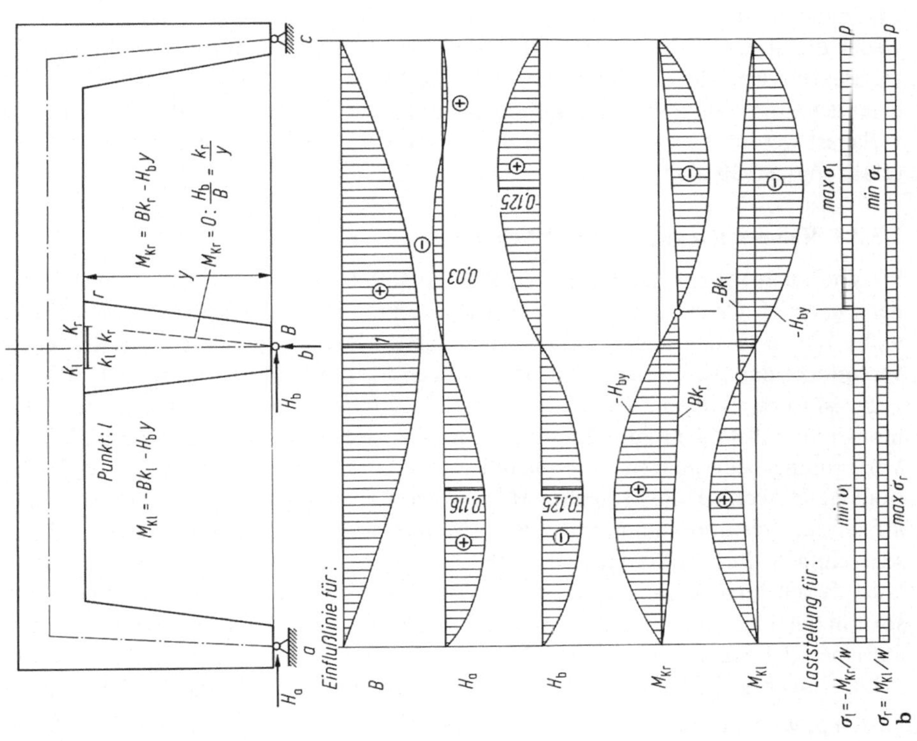
Punkt: l
M_Kl = -Bk_l - H_b y
M_Kr = Bk_r - H_b y
M_Kr = 0: H_b/B = k_r/y
Einflußlinie für:
B
H_a
H_b
M_Kr
M_Kl
0.03
0.116
0.125
-Bk_l
Bk_r
-H_by
Laststellung für:
σ_l = -M_Kr/W
σ_r = M_Kl/W
max σ_l
min σ_r
min σ_l
max σ_r
b

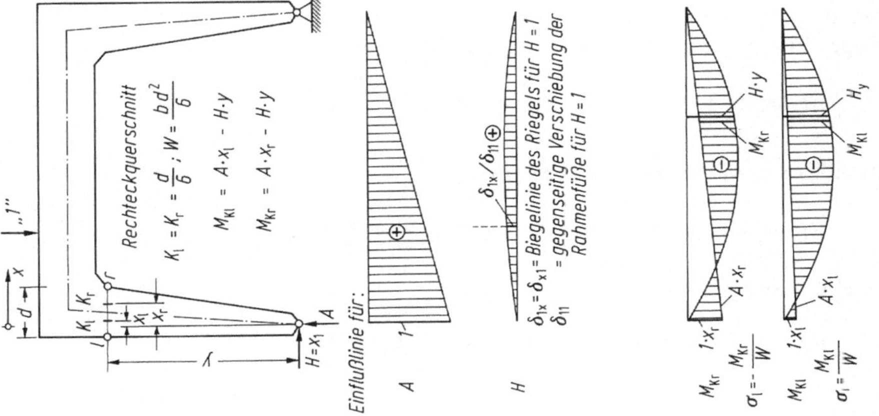
„1"
Rechteckquerschnitt
K_l = K_r = d/6 ; W = bd²/6
M_Kl = A·x_l - H·y
M_Kr = A·x_r - H·y
Einflußlinie für:
A
H
δ_1x/δ_11
δ_1x = δ_x1 = Biegelinie des Riegels für H = 1
δ_11 = gegenseitige Verschiebung der Rahmenfüße für H = 1
σ_l = -M_Kr/W
σ_r = M_Kl/W
a

2.3.2 Einfeldrahmen

An diesem einfachen System wird zunächst vorgeführt, wie durch konstruktive Maßnahmen seine Tragwirkung verändert werden kann. Um in der Ansicht entweder die Stützen oder den Riegel stärker hervortreten zu lassen oder die Bauhöhe zu beeinflussen, können durch die Wahl der Steifigkeitsverhältnisse der Glieder zueinander sowie durch die Anwendung der Vorspannung die Schnittkräfte weitgehend verlagert werden. Der Gesamtaufwand an Baustoffen wird durch diese Maßnahmen erfahrungsgemäß aber nur wenig verändert.

2.3.2.1 Rahmen mit senkrechten Stielen

Sie sind auch bei nahezu gelenkigen Knoten stabil. Horizontale Lasten führen nach der Theorie I. Ordnung nur zu einer waagerechten Parallelverschiebung des Riegels, wobei die vertikalen Lasten keine Arbeit leisten. Diese gegenseitige Unabhängigkeit vereinfacht das Aufsuchen der Laststellungen für die Grenzwerte der Schnittkräfte.

Es ist zumindest für den Lernenden sehr zu empfehlen, den Verlauf der Biegemomente maßstäblich aufzutragen und mittels virtueller Lasten $\bar{1}$ die Erfüllung der Verformungsbedingungen zu kontrollieren. Das ist unter Verwendung des Reduktionssatzes, wonach die Momente $\bar{M}^{(0)}$ infolge $\bar{1}$ an einem beliebigen stabilen Teil des n-fach statisch unbestimmten System (Moment $M^{(n)}$) angebracht werden können, sehr einfach durchzuführen (I B, Abb. 1/13) (Abb. 2.3/9a). Dieser Kontrollansatz läuft darauf hinaus, daß in jedem geschlossenen Rahmengefach infolge einer Last p sowohl die Summe der $M_p^{(n)} I_c/I$ (Abb. 2.3/9b) als auch ihr statisches Moment in bezug auf einen der Stäbe (Abb. 2.3/9c) Null sein muß.

Die Integrale $\int M_p^{(n)} \bar{M}^{(0)}\,\mathrm{d}x\; I_c/I$ genügen nur bei Beanspruchung durch äußere Lasten p, wobei der Beitrag der Längskräfte $(I_c/A_c) \sum_k N_p^{(n)} \bar{N}^{(0)} l_k A_c/A_k$ über die von $\bar{1}$ erfaßten k Stäbe meist vernachlässigt werden kann. Im Falle eines Zwanges leisten jedoch die Schnitt- und Stützkräfte infolge $\bar{1}$ in a zusätzlich Arbeit, die ergänzende Glieder bringen. Dann muß sein z. B. bei:

einseitiger Erwärmung der Stäbe um ΔT (d Stabhöhe)

$$EI_c \bar{1} \delta_a = \int M_{\Delta T}^{(n)} \bar{M}^{(0)}\,\mathrm{d}x I_c/I + EI_c \alpha_T \int \frac{\Delta T}{d} \bar{M}^{(0)}\,\mathrm{d}x = 0\,,$$

gleichmäßiger Erwärmung der Stäbe um T_k

$$EI_c \bar{1} \delta_a = \int M_T^{(n)} \bar{M}^{(0)}\,\mathrm{d}x I_c/I + EI_c \alpha_T \sum_k T_k l_k \bar{N}^{(0)} = 0\,,$$

Senkung des Stützpunktes e um Δe

$$EI_c \bar{1} \delta_a = \int M_{\Delta e}^{(n)} \bar{M}^{(0)}\,\mathrm{d}x I_c/I - EI_c \bar{F}_e^{(0)}\,\Delta e = 0$$

($\bar{F}_e^{(0)}$: Stützkraft in e infolge $\bar{1}$ in a).

Beispiele findet man in [98, S. 194].

Die Verschiebungen oder Verdrehungen einzelner Rahmenpunkte können ebenfalls, wie schon in I B, 4.2.4 gezeigt, mittels virtueller Lasten rasch ermittelt werden, z. B. die Durchbiegung eines Riegels (Abb. 2.3/9d) oder die horizontale Verformung eines Rahmenstockwerkes (Abb. 2.3/9e).

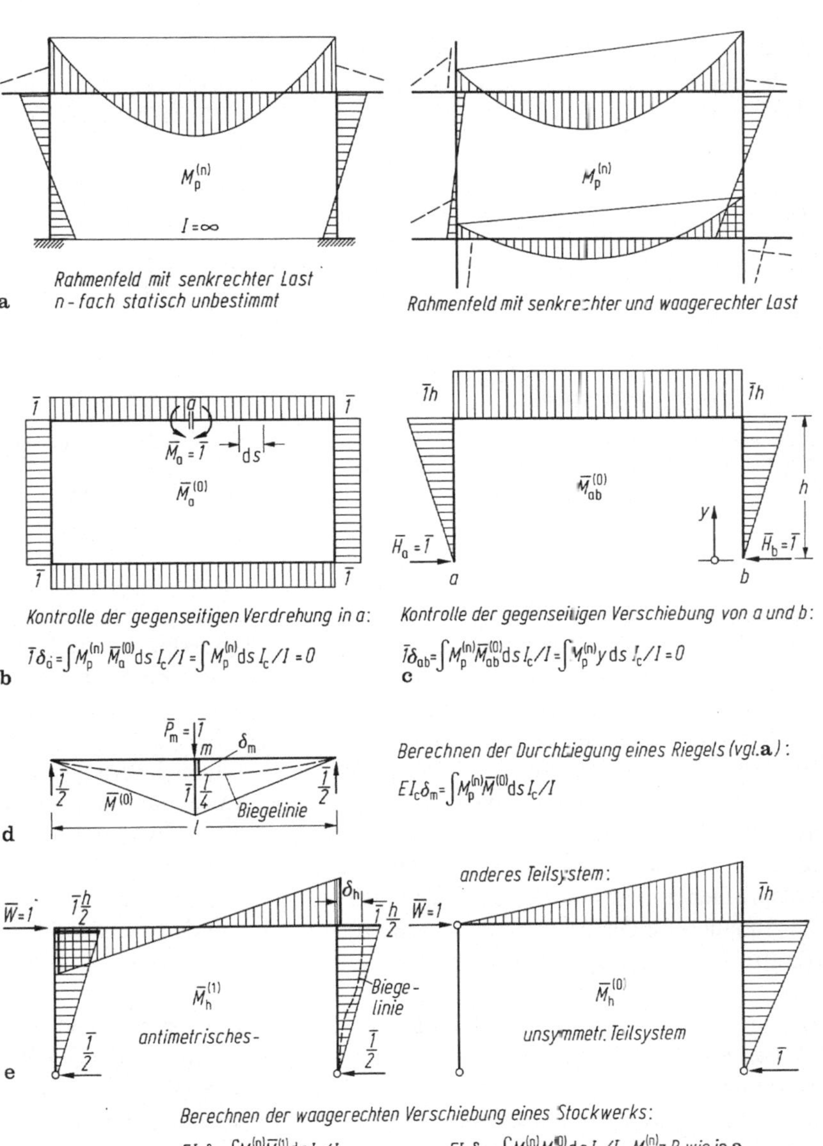

Abb. 2.3/9. Kontrolle der Momentenverläufe $M_p^{(n)}$. **a** Im Gefach eines eingeschossigen oder eines mehrgeschossigen Rahmens; **b** Aufschneiden an beliebiger Stelle und Berechnen der gegenseitigen Verdrehung der Querschnittsufer in *a* mittels eines virtuellen Momentes $\bar{M}_a = 1$ in einem beliebigen, statisch bestimmten Teilsystem; **c** Freimachen der Fußpunkte *a* und *b* und Berechnen der gegenseitigen Verschiebung mittels eines virtuellen Schubes $\bar{H}_a = 1$; **d** Benutzen des Reduktionssatzes zum Berechnen der Durchbiegung eines Riegels in der Mitte; **e** Berechnen der waagerechten Verschiebung eines Gefaches; zwei verschiedene, statisch bestimmte Teilsysteme zur Wahl

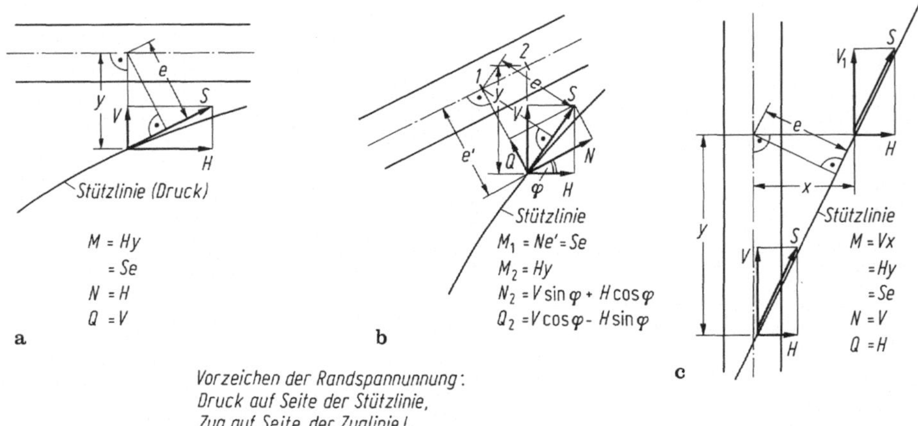

Abb. 2.3/10. Schnittkräfte M, N, Q, abgeleitet aus Größe und Lage der Mittelkraft (Resultierende der äußeren Kräfte bis zum Schnitt), die als Stütz- (Druck-) oder Seil- (Zug-)Linie mittels Krafteck gezeichnet wird. **a** Für einen waagrechten; **b** für einen schrägen; **c** für einen senkrechten Stab

Der Momentenverlauf eines Rahmens läßt sich sehr anschaulich ableiten mittels der Stütz- oder Mittelkraftlinie, aus der auch die Längs- und Querkräfte abgelesen werden können. Sie wird graphisch mit Hilfe eines Kraftecks als Seillinie konstruiert. Obgleich die „Graphostatik" heute nicht mehr gelehrt und angewendet wird, bringe ich wegen des guten Einblicks in den Kräftezustand einige Beispiele hierzu. In Abb. 2.3/10 werden die Schnittkräfte M, N und Q, bezogen auf die Schwerlinie eines Stabes, aus der Stützlinie abgeleitet. Abb. 2.3/11 zeigt die Anwendung auf einen Rahmen mit Fußgelenken; Abb. 2.3/12 mit eingespannten Stützen, wodurch diese steifer werden, die Momente „anziehen" und der Riegel entlastet wird. Abb. 2.3/13 bringt die entsprechenden Verläufe für einen Rahmen mit geknicktem Riegel (Hallenbinder). Die Annäherung der Schwerlinie an die Stützlinie vermindert stets deutlich die Schnittkräfte M und Q (vgl. auch Abb. 2.3/22), was den Baustoffaufwand verringert.

Ich habe in Abb. 2.3/15 für verschiedene Lasten die Verformungen einfeldriger Rechteckrahmen als Funktion der Steifigkeits- und Längenverhältnisse dargestellt, deren Auswirkung sich in einem Leitwert $k = hI_l/lI_h$ ausdrücken läßt. Große Verformungen weisen auf große Schnittkräfte und damit auf wachsenden Baustoffaufwand hin! Es lassen sich folgende Hinweise ableiten:

(a) bei *senkrechter Last* macht sich die Fußausbildung auf die Riegelbeanspruchung nur wenig bemerkbar. Das ist beruhigend im Hinblick auf die elastische Nachgiebigkeit des Bodens, die insbesondere die „starre Einspannung" beeinträchtigt, wie Abb. 2.3/17 zeigt. Die vollständige Unabhängigkeit des statisch bestimmten Dreigelenkrahmens von Fundamentbewegungen wird mit sehr großen Eckmomenten und Durchbiegungen erkauft, die um ein Vielfaches größer als diejenigen eines Rahmens mit durchgehendem Riegel sind.

(b) Bei *waagerechter Einzellast* wird die Steifigkeit des Rahmens durch die Fußeinspannung wesentlich erhöht. Fußgelenke führen zu erheblich höheren Eckmomen-

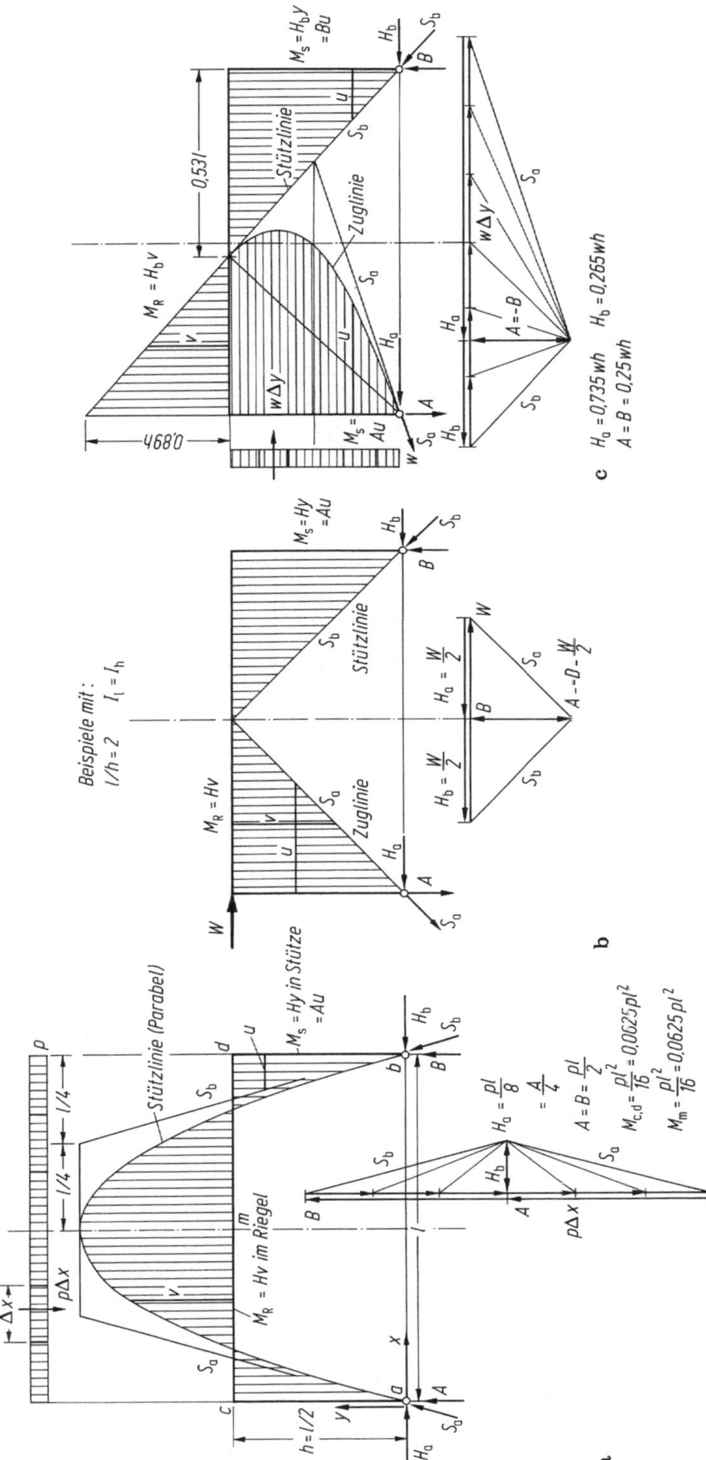

Abb. 2.3/11. Stützlinien für einen Zweigelenkrahmen ($l/h = 2$; $I_l = I_h$). **a** Unter senkrechter Gleichlast p; **b** unter waagerechter Einzellast W; **c** unter waagerechter Gleichlast w. (Stützkräfte nach [4, S. 580]) M_R Riegelmoments; M_S Stielmomente

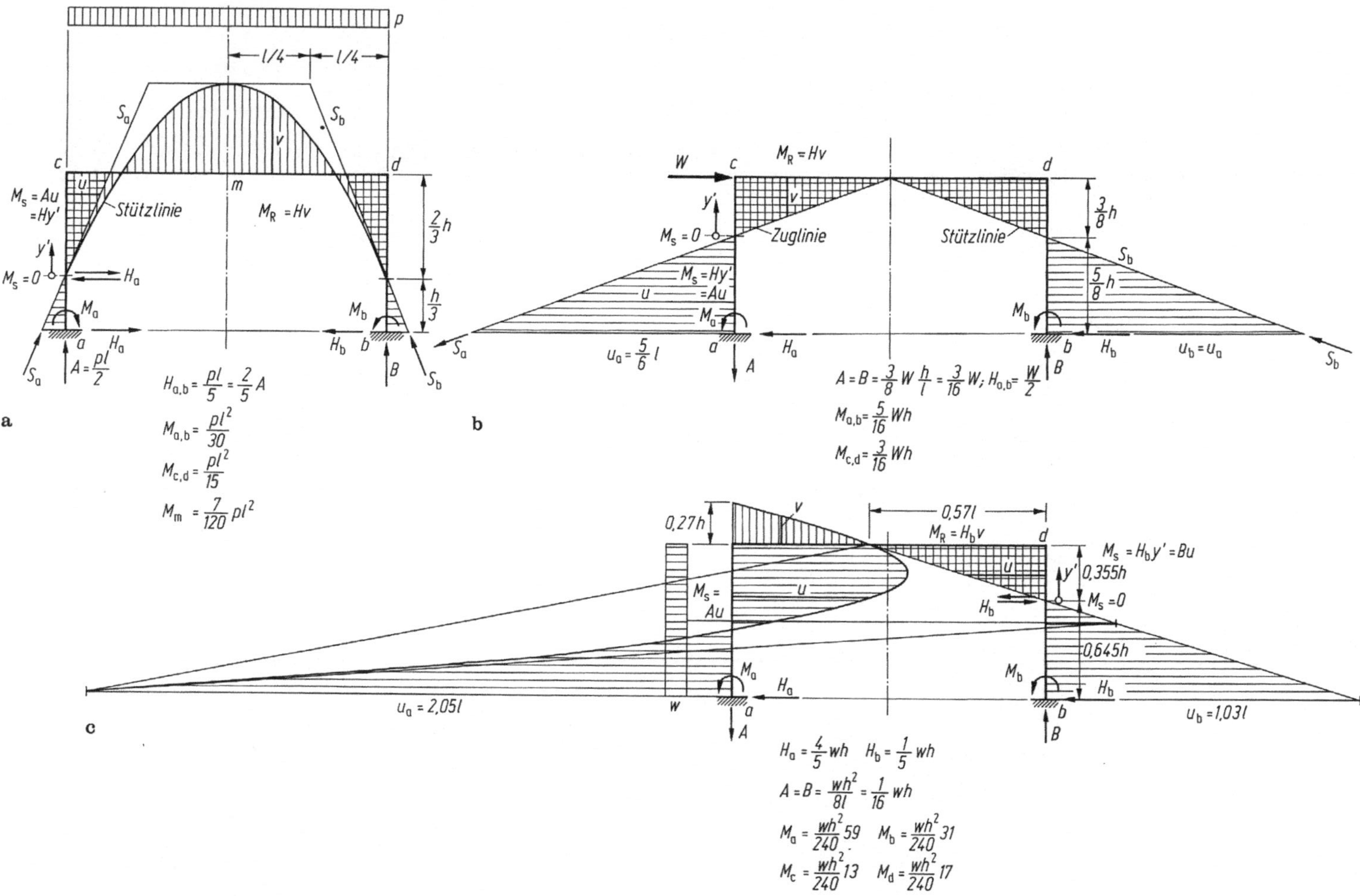

a
p
l/4
l/4
S_a
S_b
v
c
d
m
$M_s = Au = Hy'$
Stützlinie
$M_R = Hv$
$\frac{2}{3}h$
$\frac{h}{3}$
y'
$M_s = 0$
H_a
M_a
M_b
H_b
$A = \frac{pl}{2}$
B
$H_{a,b} = \frac{pl}{5} = \frac{2}{5}A$
$M_{a,b} = \frac{pl^2}{30}$
$M_{c,d} = \frac{pl^2}{15}$
$M_m = \frac{7}{120}pl^2$
b
W
$M_R = Hv$
$\frac{3}{8}h$
$\frac{5}{8}h$
Zuglinie
Stützlinie
$M_s = Hy' = Au$
$u_a = \frac{5}{6}l$
$u_b = u_a$
$A = B = \frac{3}{8}W\frac{h}{l} = \frac{3}{16}W;\ H_{a,b} = \frac{W}{2}$
$M_{a,b} = \frac{5}{16}Wh$
$M_{c,d} = \frac{3}{16}Wh$
c
0,27h
0,57l
$M_R = H_b v$
$M_s = H_b y' = Bu$
0,355h
$M_s = 0$
0,645h
$M_s = Au$
w
$u_a = 2,05l$
$u_b = 1,03l$
$H_a = \frac{4}{5}wh \quad H_b = \frac{1}{5}wh$
$A = B = \frac{wh^2}{8l} = \frac{1}{16}wh$
$M_a = \frac{wh^2}{240}59 \quad M_b = \frac{wh^2}{240}31$
$M_c = \frac{wh^2}{240}13 \quad M_d = \frac{wh^2}{240}17$

ten und mehrfach größeren horizontalen Verformungen. Wegen der Antimetrie der Last unterscheiden sich Zwei- und Dreigelenkrahmen nicht.

Der Kräftezustand eines Rahmens läßt sich wie bei einem durchlaufenden Balken (I B, 4.2.1.2) durch *Vorspannen* stark beeinflussen, wobei im allgemeinen durch statisch unbestimmte Lagerung zusätzliche Stützkräfte hervorrufen werden. Die Drucklinie (Lage der Resultierenden der Betonspannungen) fällt dann nicht mehr mit der Spanngliedlinie zusammen (Diskordanz, I B, Abb. 4.2/7), wie das bei statisch bestimmter Lagerung der Fall ist (Konkordanz). Abb. 2.3/16a zeigt an einem einfachen Beispiel die Wirkung eines gekrümmten Spanngliedes im Riegel, Abb. 2.3/16b diejenige der Vorspannung der Stützen.

Bemerkenswert ist der Fall, daß ein sonst gerades Spannglied über die Ecke durchläuft oder dort mit gleichen Exzentrizitäten e gekreuzt wird (Abb. 2.3/16c). Es entsteht eine horizontale Stützkraft H, welche die schräglaufende Spannkraft in die Schwerlinie des Stieles umlenkt. Ebenso wird die Umlenkkraft S des Spanngliedes im Gelenk in die Schwerlinien von Stiel und Riegel zerlegt, so daß die Rahmenstäbe nur zentrisch mit Z beansprucht werden. Infolgedessen ist überall $M_0 = Zy = 0, \delta_{10} = 0$ und $X_1 = 0$. Erst wenn das Spannglied im Riegel gekrümmt geführt wird (Abb. 2.3/16d) entstehen Momente, die nach Abb. 2.3/16a zu berechnen sind. Diese Biegung ist jedoch ausschließlich von der *Form* des Spanngliedes abhängig, so daß dieses beliebig parallel verschoben werden kann, ohne die Momente zu ändern (I B, 4.2.1.2, Abb. 4.2/6d). Der Rahmen verhält sich wie ein Dreifeldbalken!

Ferner kann für eine bestimmte Belastung, z. B. ständige Last, der Riegel ein in Höhe seiner Schwerachse verankertes Spannglied erhalten, dessen Umlenkkräfte p_L über gleich groß und entgegengesetzt gerichtet wie die Last g sind (Abb. 2.3/16e). Dann treten keine Verformungen und Horizontalkräfte an den Füßen auf („formtreue Vorspannung"), sondern nur eine Längskraft im Riegel (I B, Abb. 4.2/6g). Allerdings ist der Verbrauch an Spannstahl in diesem Sonderfall höher, weil der Riegel für die betreffende Last nur noch als Balken wirkt und man auf die Rahmenwirkung verzichtet. Diese wird erst durch eine hinzukommende Nutzlast in Anspruch genommen.

Auch bei Rahmen wird man, je nach dem Prozentsatz, mit dem man die Zugspannungen „überdrückt", wählen zwischen „voller", „beschränkter" und „teilweiser" Vorspannung, besser charakterisiert durch Vorspanngrad k (I B, Abb. 4.1/2). Die restlichen Zugkräfte sind durch passive Bewehrung zu decken, wie in I B, 4.3.2 gezeigt wird.

Meist nimmt man an, daß die Rahmenfüße durch die Fundamente starr gegen Verschieben und Verdrehen festgehalten werden. Diese Voraussetzung ist allerdings nie streng erfüllt, weil sich Plattenfundamente verbiegen, vor allem aber weil sich der Baugrund elastisch (rolliger Boden) oder sogar plastisch (bindiger Boden) verformt. Hierauf wird in II B, 3.1.2 ausführlicher eingegangen. Um diesen Einfluß abzuschätzen, wird er hier am Beispiel eines niedrigen Rahmens (Abb. 2.3/17a) überschlägig verfolgt. Zunächst werden die Stiele unten gelenkig gelagert angenommen und der Schub $H = X_1'$ als Überzählige eingeführt (Abb. 2.3/17b). Aus den Einflußzahlen

◀ **Abb. 2.3/12.** Stützlinien für den eingespannten Rahmen. **a** Unter senkrechter Gleichlast p; **b** unter waagerechter Einzellast W; **c** unter waagerechter Gleichlast w (Stützkräfte nach [4, S. 595])

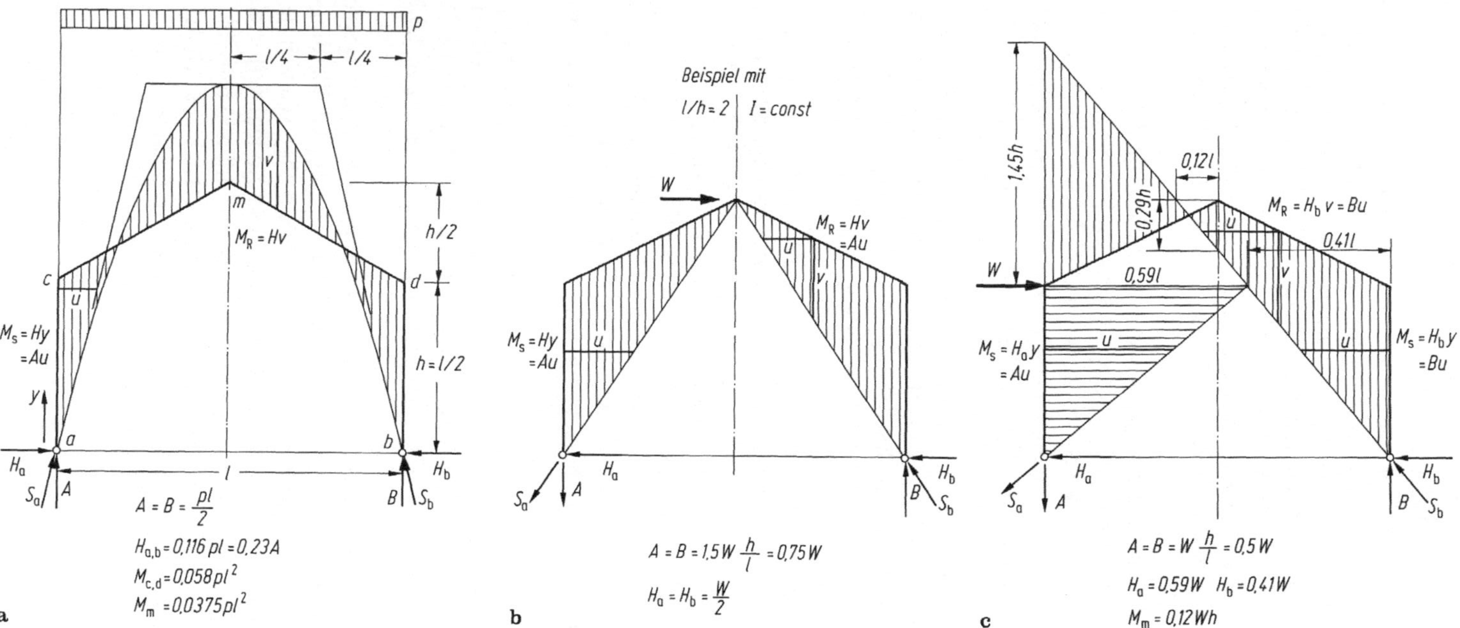

Abb. 2.3/13. Stützlinien für einen Zweigelenkrahmen mit dachförmigem Riegel. **a** Unter senkrechter Gleichlast p mit dem *Ergebnis*: Durch die Annäherung der Systemlinie an die Stützlinie wird das Scheitelmoment halb so groß wie beim Rahmen mit geradem Riegel! **b** unter einer waagrechten Last W im Scheitel; **c** unter einer waagrechten Last W an der Traufe (Stützkräfte nach [4, S. 582]).

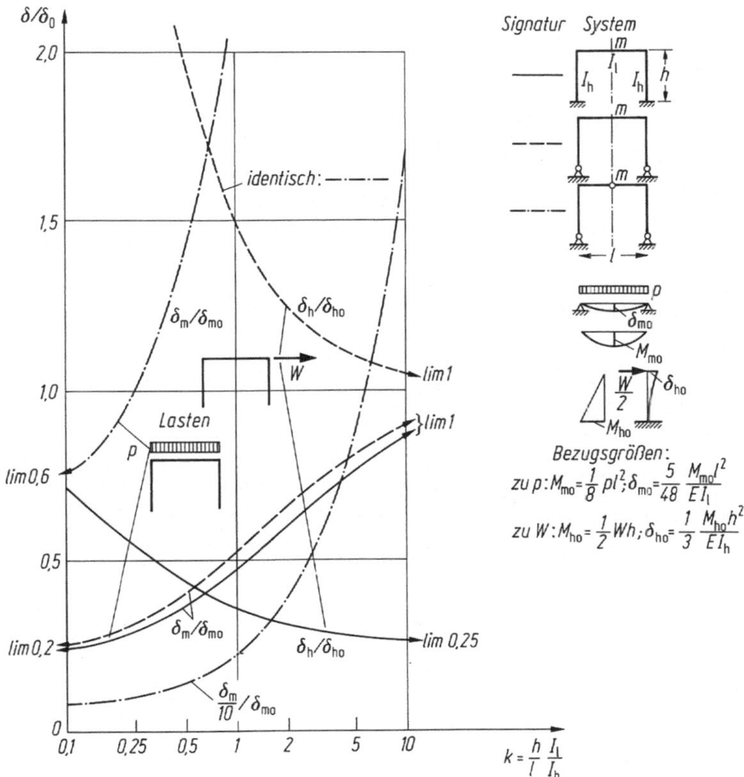

Abb. 2.3/15. Verformungen von Einfeldrahmen unter senkrechter und waagrechter Last als Funktion der geometrischen- und Steifigkeitsverhältnisse

bei starrer Stützung für das halbe Tragwerk

$$EI\delta'_{10} = pl^3h/24$$

$$EI\delta'_{11} = lh^2\left(3 + 2\,\frac{h}{l}\right)\Big/6 = 2lh^2/3 \quad \text{mit} \quad h/l = 1/2$$

ergibt sich

$$X'_1 = \delta'_{10}/\delta'_{11} = pl/8 \quad \text{und} \quad M_b = M_m = pl^2/16\,.$$

Bei horizontaler, elastischer Verschiebung der beiden Fundamente (das Gelenk wird so tief angenommen, daß X'_1 kein wesentliches Kippmoment verursacht) wird allein δ'_{11} vergrößert um

$$\delta''_{11} = \frac{\tau_1}{S}$$

$$= 2{,}2\sigma_0\sqrt{A}/plE_s\,.$$

τ_1 = $1/A$ mittlere Schubspannung infolge $X_1 = 1$,
σ_0 = gewählte mittl. Bodenpressung infolge der Auflast $pl/2$,
A = $pl/2\sigma_0$ Fundamentsaufstandsfläche,
S = Schubzahl $\cong 0{,}4C$ (B. Kal. 1978 II, S. 852),
C = Bettungszahl für senkrechte Pressungen = $E_s/f\sqrt{A}$,
E_s = Steifemodul des Bodens,
f $\cong$ 0,44 Formbeiwert für Rechteck $a/b = 1/1{,}5$.

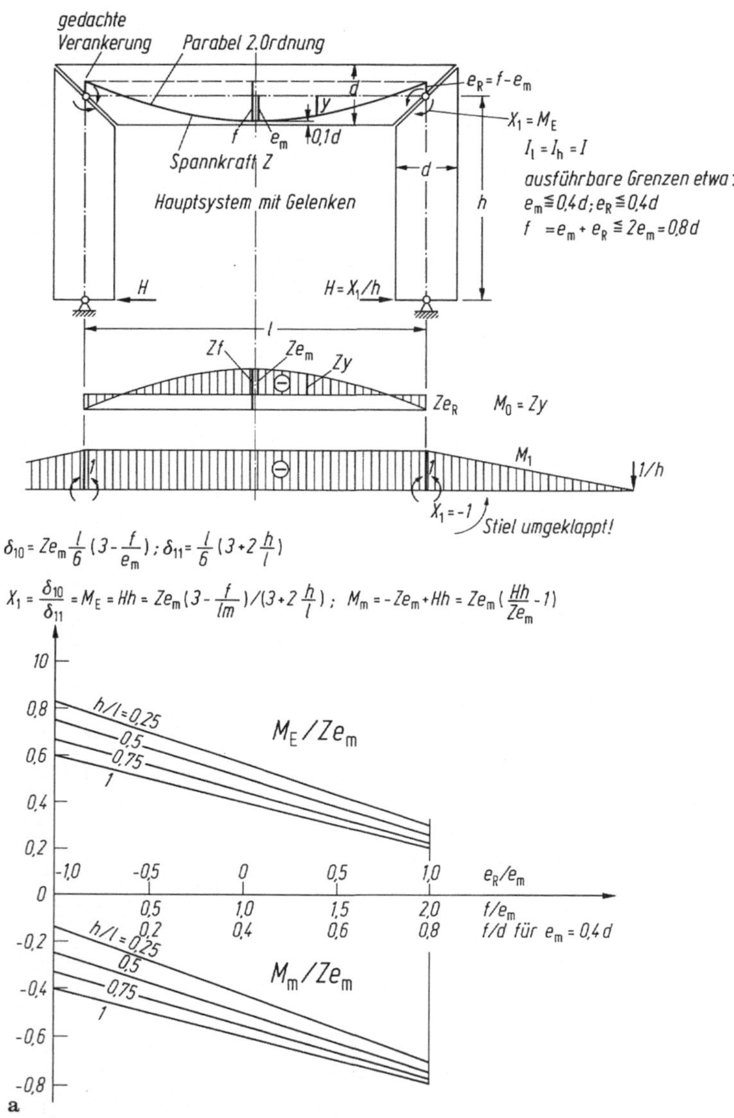

Abb. 2.3/16a—e. Vorspannen eines Zweigelenkrahmens mit einer Spannkraft Z. **a** Parabolisch gekrümmtes Spannglied im Riegel mit dem Stich f und der praktisch noch möglichen Exzentrizität $e_m \cong 0{,}4d$ in der Mitte. Eckmoment M_E und Feldmoment M_m abhängig von dem Stich f des Spanngliedes. Praktisch ist keineswegs der größte Stich am zweckmäßigsten, sondern $f/d \cong 0{,}4 \ldots 0{,}5$, da aus Riegellast $M_E > M_m$ ist.

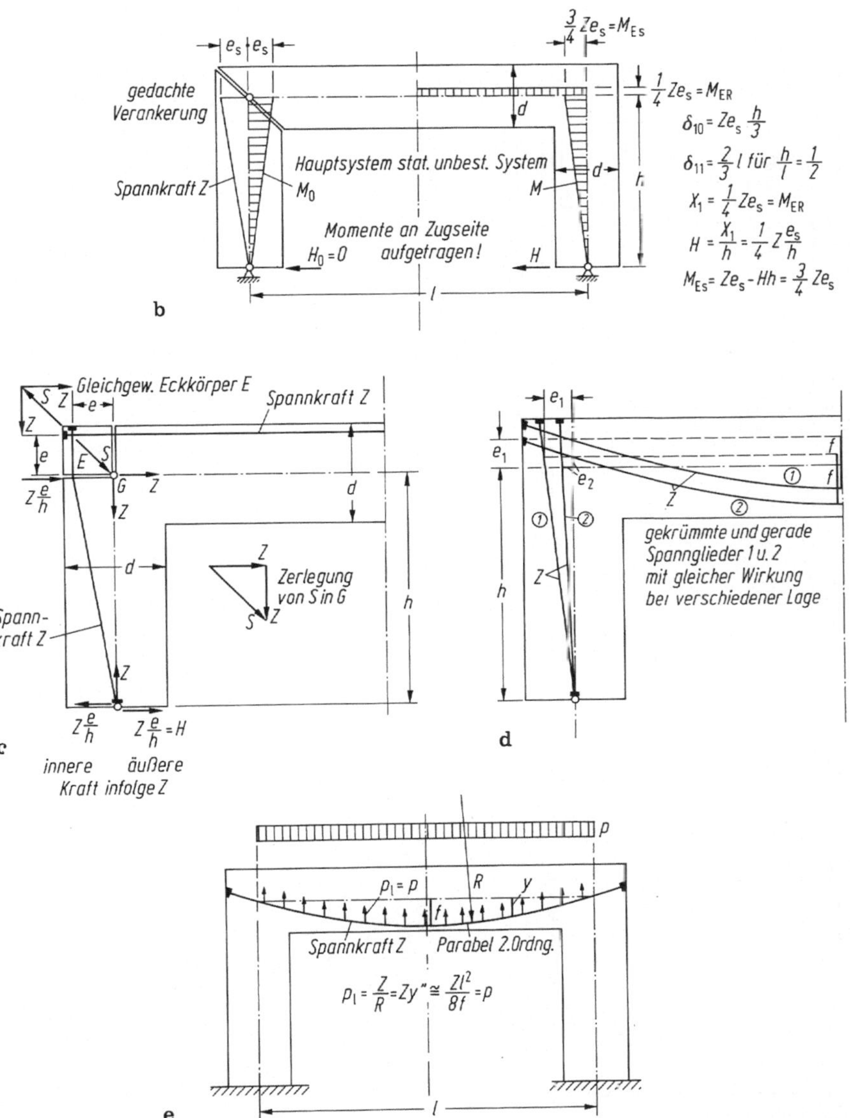

Abb. 2.2/16b—e. b Gerade Spannglieder in den Stielen mit max. Exzentrizität $e_s \cong 0{,}4d$ liefern negative Momente (oben Zug) im Riegel; **c** „formtreue Vorspannung ohne Last", d. h. gerade Spannglieder in Riegel und Stielen mit gleicher Spannkraft Z und Exzentrizität e in der Ecke liefern nur zentrische Vorspannungen ohne Biegung; **d** ein gekrümmtes Spannglied im Riegel kann demnach beliebig parallel verschoben und seine Wirkung nach a mit $e_R = 0$ berechnet werden, wenn es durch gerade Spannglieder in den Stielen mit gleicher Eckexzentrizität e ergänzt wird; **e** „formtreue Vorspannung" für eine bestimmte Gleichlast p durch ein parab. Spannglied im Riegel mit $e_R = 0$, dessen Leibungskräfte $p_l = p$ sind, ohne Stielvorspannung. Für das Überdrücken weiterer Lastspannungen steht noch die zentrische Druckkraft $N_v = Z$ zur Verfügung

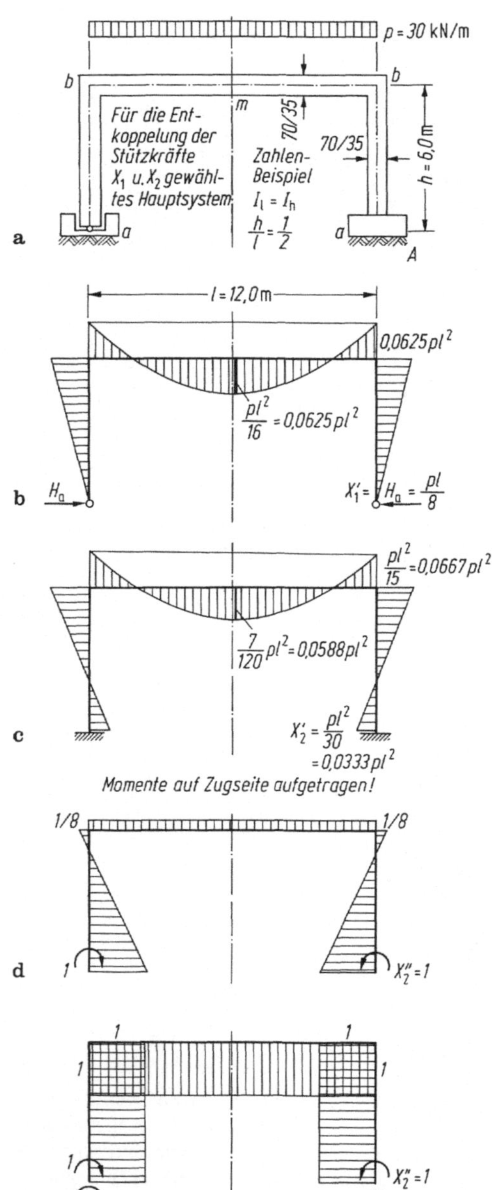

Abb. 2.3/17. Wirkung der Elastizität des Baugrundes auf die überzähligen Stützkräfte H_a und M_a eines eingespannten Rahmens. **a** Gewähltes System, Abmessungen und Riegellast p; **b** Lastmomente des Zweigelenkrahmens bei starrer Stützung nach [4, S. 580]; **c** Lastmomente des starr eingespannten Rahmens nach [4, S. 595]; **d** Momente des Zweigelenkrahmens unter dem Angriff von $X_2'' = 1$ nach [4, S. 581]; **e** System zur Berechnung der gegenseitigen Verdrehung von Rahmenfuß und Fundament infolge $X_2'' = 1$

Der Nenner von X_1 wird daher

$$\delta_{11} = \delta'_{11} + \delta''_{11} = \delta'_{11}(1 + \delta''_{11}/\delta'_{11})$$
$$= \delta'_{11}(1 + 3{,}3\sigma_0 \sqrt{A}\, E_b I/E_s pl^2h^2) = \delta'_{11}(1 + \Delta)\,.$$

Um zu einer quantitativen Abschätzung zu gelangen, wird I aus dem Eckmoment $M_b = plh/8 = pl^2/16$ abgeleitet zu $I = M_b d/2\sigma_b = pl^2 d/32\sigma_b$, indem man im Zustand I σ_b vorschreibt, anstatt auf Zustand II einzugehen. X_1 wird dann verringert auf $1/(1 + \Delta) \cong 1 - \Delta$ um

$$\Delta = 0{,}1\,\frac{\sigma_0}{E_s}\,\frac{E_b}{\sigma_b}\,\frac{d\sqrt{A}}{h^2}\,.$$

Mit den Werten $E_s = 40\,\mathrm{MN/m^2}$ (mitteldichter Sand, a. a. O. S. 850); $\sigma_0 = 0{,}3\,\mathrm{MN/m^2}$; $E_b = 30\,000\,\mathrm{MN/m^2}$; $\sigma_b = 10\,\mathrm{MN/m^2}$ hängt $\Delta = 2{,}2d\sqrt{A}/h^2$ nur noch von der Geometrie des Rahmens ab. Mit den Abmessungen von Abb. 2.3/17a: $d = 0{,}7$ m; $h = 6{,}0$ m; $A = 1\,\mathrm{m^2}$ ändert sich $H_a = X_1$ um

$$\Delta = 2{,}2 \cdot 0{,}020 = 0{,}044 \cong 5\%\,.$$

Der Einfluß der Seitenverschiebung der Fundamente liegt also innerhalb der Streuung der Rechenannahmen und kann daher meist vernachlässigt werden.

Wenn die Rahmenfüße eingespannt sind, verdrehen sich die Fundamente zusätzlich unter der Wirkung von $M_a = X_2$. Bei der angenommenen Lage von $H = X_1$ ist $\delta''_{12} = 0$, d. h. die Überzähligen X''_1 und X''_2 sind entkoppelt. $X_2 = 1$ wird am Zweigelenkrahmen angebracht, und aus den Momentenverlauf (Abb. 2.3/17b) nach [4, S. 581] ergibt sich für einen Stielfuß:

$$EI\delta'_{22} = 2{,}5l/16$$

und

$$EI\delta'_{20} = \frac{pl^3}{192}\,,$$

mithin

$$X'_2 = \delta'_{20}/\delta'_{22} = pl^2/30 \quad \text{und} \quad M'_b = pl^2/240\,.$$

Die Verdrehung eines Fundaments vergrößert

$$\delta_{22} \text{ um } \delta''_{22} = \frac{1}{I_A C} = 4{,}2/a^2 E_s \sqrt{A}$$

nach B. Kal. 1978 II, S. 853 ist
$I_A = a^3b/12 = Aa^2/12$,
$C = E_s/f'\sqrt{A}$,
$f' = 0{,}35$ für $z \to \infty$ und $a/b = 1{,}5$.

Der Nenner von X_2 wird daher

$$\delta_{22} = \delta'_{22} + \delta''_{22} = \delta'_{22}(1 + \delta''_{22}/\delta'_{22}) = \delta'_{22}(1 + \Delta')$$

mit

$$\Delta' = \frac{4{,}2}{\sqrt{A}\,a^2 E_s}\,\frac{16 E_b I}{2{,}5 l}$$

und

$$A = pl/2\sigma_0; \qquad a^2 = a \cdot 1{,}5b = 1{,}5A; \qquad I = pl^2 d/32\sigma_b$$

ist

$$\Delta' = 1{,}12\,\frac{E_b}{\sigma_b}\,\frac{\sigma_0}{E_s}\,\frac{d}{\sqrt{A}}.$$

Die mittlere Bodenpressung wird mit Rücksicht auf die erhöhte Kantenpressung auf $\sigma_0 = 0{,}2\ \mathrm{MN/m^2}$ herabgesetzt und ergibt $A = 1{,}5\ \mathrm{m^2}$ sowie $d = 0{,}7$ m und $\Delta = 17{,}0 d/\sqrt{A} \cong 10$. Das bedeutet, daß die Verdrehung des Fundamentes etwa 10mal größer als diejenige des Rahmenfußes ist, und $M_b = X_2$ auf $pl^2/30(1 + 10) = pl^2/330 \cong 0$ herabgesetzt wird. Der Rahmen wirkt daher nur wie ein solcher mit Fußgelenken! Tröstlich angesichts dieser überraschenden Feststellung ist jedoch, daß, wie Abb. 2.3/13 und 14 ausweisen, die Riegelbeanspruchung in der Regel dadurch nur wenig geändert wird.

Bei allen Schnittkraftermittlungen wurde bis hierher gemäß DIN 1045, 15.1.2 elastisches und homogenes Verhalten (Zustand I) der Baustoffe (vgl. I B, 1.1.1) angenommen. Aber schon der teilweise Übergang in Zustand II ändert die Steifigkeitsverhältnisse und damit den Verlauf der Schnittkräfte, erst recht das Erreichen der Streckgrenze im höchst beanspruchten Querschnitt. Deshalb wird wie bei Balken (I B, 4.2.5) die Tragsicherheit aus der E-Theorie meist unterschätzt [99] und hierfür im Ausland vielfach der *Bruchzustand* zugrunde gelegt, bei dem sich durch Fließen des Stahls „plastische Gelenke" bilden (I B, 1.2.2) [100]. Da auch die CEB/FIP-„Mustervorschrift" [4/1, 8.4] diese Berechnungsweise zuläßt, führe ich in Abb. 2.3/18 diesen Gedankengang kurz an einem Einfeldrahmen vor, der ganz demjenigen bei einem Balken (I B, Abb. 4.2/33) entspricht.

Man geht davon aus, daß bei Anwachsen einer senkrechten Last P (Abb. 2.3/18 a) zunächst in *einem* Querschnitt (2) das plastische Moment $M_{2\mathrm{pl}} = A_{s2}\beta_S z$ erreicht wird und nicht weiter anwachsen kann. Eine weitere Laststeigerung kann dann nur durch Zunahme der Momente in den Schnitten (1) und (3) aufgenommen werden, bis z. B. auch in (1) das Grenzmoment $M_{1\mathrm{pl}}$ eintritt. Der Einfluß von N, der M_{pl} vergrößert (vgl. I B, Abb. 2/3a), wird vernachlässigt. Dann ist nur noch das Moment in (3) steigerungsfähig, bis auch hier bei $M_{3\mathrm{pl}}$ der Stahl fließt. Dann ist keine weitere Steigerung von P mehr möglich, da der Riegel zu einer kinematischen Kette wird, die im Gleichgewicht mit der „Traglast" $P_u = (M_{1\mathrm{pl}}\lambda_2 + M_{2\mathrm{pl}} + M_{3\mathrm{pl}}\lambda_1)/l\lambda_1\lambda_2$

Abb. 2.3/18. Plastizitätsberechnung eines eingespannten Rahmens unter einer bis zur Traglast P_u steigenden Einzellast P. Bildung von „Fließgelenken" in ausgezeichneten Punkten, jeweils wenn $M_u = A_s\beta_s z$ erreicht ist. Die Differenz $P_3 - P_1$ ist der Gewinn an Traglast gegenüber der „elastischen" Berechnung. **a** Momentenverläufe bis zum Erreichen einer kinematischen Kette infolge von drei Fließgelenken unter einer Einzellast P auf dem Riegel; **b** desgleichen unter einer Horizontallast W (vier Fließgelenke) ▶

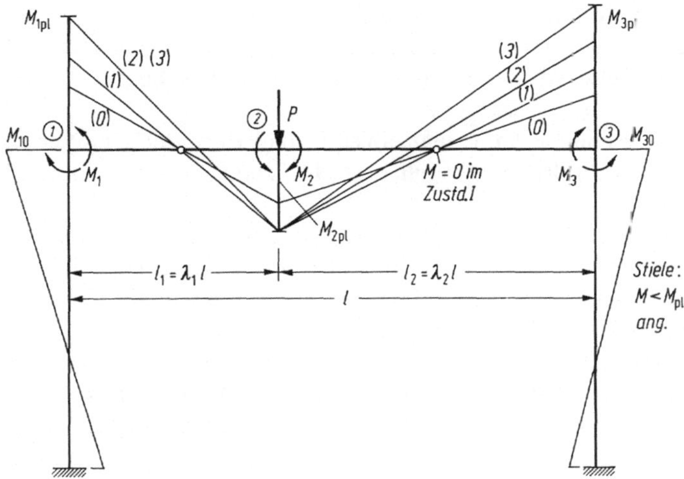

Stufen der Last: P_0: (0) Gebrauchslast, elastischer Zustand (E-Theorie)

P_1: (1) $M_2 = M_{2pl}$; $M_1 < M_{1pl}$; $M_3 < M_{3pl}$

P_2: (2) $M_2 = M_{2pl}$; $M_1 = M_{1pl}$; $M_3 < M_{3pl}$

$P_3 = P_u$: (3) $M_2 = M_{2pl}$; $M_1 = M_{1pl}$; $M_3 = M_{3pl}$

Riegel bildet kinematische Kette mit 3 Gelenken.

Deren Gleichgewicht liefert die Traglast P_u:

$$P_u = \frac{M_{1pl} + M_{2pl}}{l_1} + \frac{M_{2pl} + M_{3pl}}{l_2} = \frac{M_{1pl}}{l_1} + M_{2pl}\left(\frac{1}{l_1} + \frac{1}{l_2}\right) + \frac{M_{3pl}}{l_2} =$$

$$(M_{1pl}\lambda_2 + M_{2pl} + M_{3pl}\lambda_2)/l_1\lambda_1\lambda_2$$

und im Falle der Symmetrie $l_1 = l_2 = \frac{l}{2}$; $M_{1pl} = M_{3pl}$:

$$P_u = \frac{4}{l}(M_{1pl} + M_{2pl})$$

a

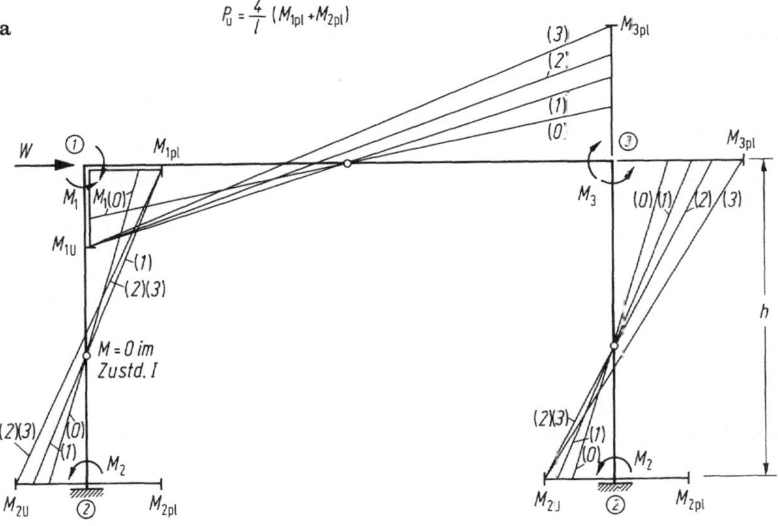

Stufen der Last: W_0: (0) Gebrauchslast, elastischer Zustand

W_1: (1) $M_1 = M_{1pl}$; $M_2 < M_{2pl}$; $M_3 < M_{3pl}$

W_2: (2) $M_1 = M_{1pl}$; $M_2 = M_{2pl}$; $M_3 < M_{3pl}$

$W_3 = W_u$: (3) $M_1 = M_{1pl}$; $M_2 = M_{2pl}$; $M_3 = M_{3pl}$

Rahmen bildet eine kinematische Kette mit 4 Gelenken

Dessen Gleichgewicht liefert die Traglast W_u:

$$W_u = \frac{1}{h}(M_{1pl} + 2M_{2pl} + M_{3pl})$$

b

steht. Wenn am gleichen Rahmen eine waagrechte Last W (Abb. 2.3/18b) angreift, müssen sich nacheinander erst die Gelenke (1), (2) und (3) bilden, bis schließlich wieder eine kinematische Kette entsteht, aus deren Gleichgewichtsbedingung sich die waagrechte Traglast $W_u = (M_{1pl} + 2M_{2pl} + M_{3pl})/h$ ergibt.

Aus der skizzierten Berechnung kann man ablesen, daß es mittels der Bewehrungsführung in einem gewissen Rahmen möglich ist, die Schnittkraftverteilung willkürlich zu „trimmen".

Jede Belastung ist durch *eine* bestimmte Traglast begrenzt, gegen die ein vorgeschriebener Sicherheitsabstand (im allgemeinen global $\gamma = 1{,}75$) einzuhalten ist. Diese entspricht derjenigen eines statisch bestimmten Systems, das zu einer kinematischen Kette wird, wenn in *einem* Querschnitt M_{pl} erreicht wird.

Die plastische Berechnung von Rahmen ist durch die gleichen Bedingungen begrenzt, wie sie in I B, 4.2.5 für Balken formuliert sind. Außerdem ist zu untersuchen, ob nicht die Druckzone von Stützen infolge der M_{pl} vernachlässigten Längskraft vorzeitig versagt.

Darüber hinaus weise ich ausdrücklich darauf hin, daß ich mich hier auf die „Theorie I. Ordnung" beschränke. Wenn die Verformungen der Rahmen jedoch groß werden, sowohl im plastischen wie auch im elastischen Bereich, erzeugen die senkrechten Lasten durch die Schrägstellung der Stiele zusätzliche Momente, die überlinear anwachsen. Sie können, ähnlich wie bei Stützen (I B,2) Festigkeit und Stabilität gefährden. Für Rahmen hat Palotás [101] einen einfachen Ansatz im Fließbereich gegeben. Ausführlicher wird dieses Problem in II B, 4.3 behandelt.

2.3.2.2 Rahmen mit schrägen Stielen

Sie verbinden mäßige Riegellänge mit vergrößerter Spannweite, benötigen aber für eine durchgehende Nutzlastebene seitlich anschließende Träger (Abb. 2.3/19), die

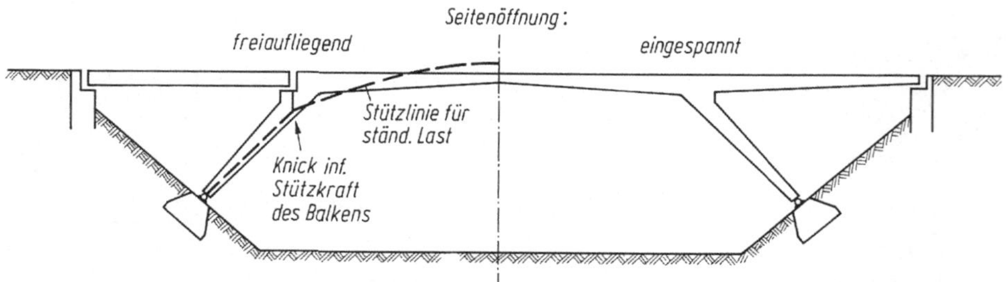

Abb. 2.3/19. Rahmenbrücke mit schrägen Stielen. Spannweite 20 bis 30 m und mehr. Geringe Ausschläge der Stützlinie für ständige Last gegenüber Mittellinie, aber empfindlich gegen einseitige Last! (Abb. 2.3/21)

Abb. 2.3/20. Zweigelenkrahmen mit senkrechten Stielen [4, S. 580]. **a** Symmetrische Riegellast. Momentenverläufe bei verschiedenen Steifigkeitsverhältnissen; **b** antimetrische Riegellast erzeugt antimetrischen Kräftezustand, daher keine Momente in den Stielen; **c** Verformung des Riegels infolge **d** führt zu Horizontalverschiebung δ_h. Hierdurch hervorgerufene Momente nach Theorie II. Ordnung (II B, 4.3) vergrößern δ_h! *Merke*: Die Biegelinie von Rahmen hat *nie* einen „Adlerschnabel", d. h. ungleichsinnige Krümmung der Stäbe an einer Ecke, es sei denn, es greift dort ein Moment an! ▶

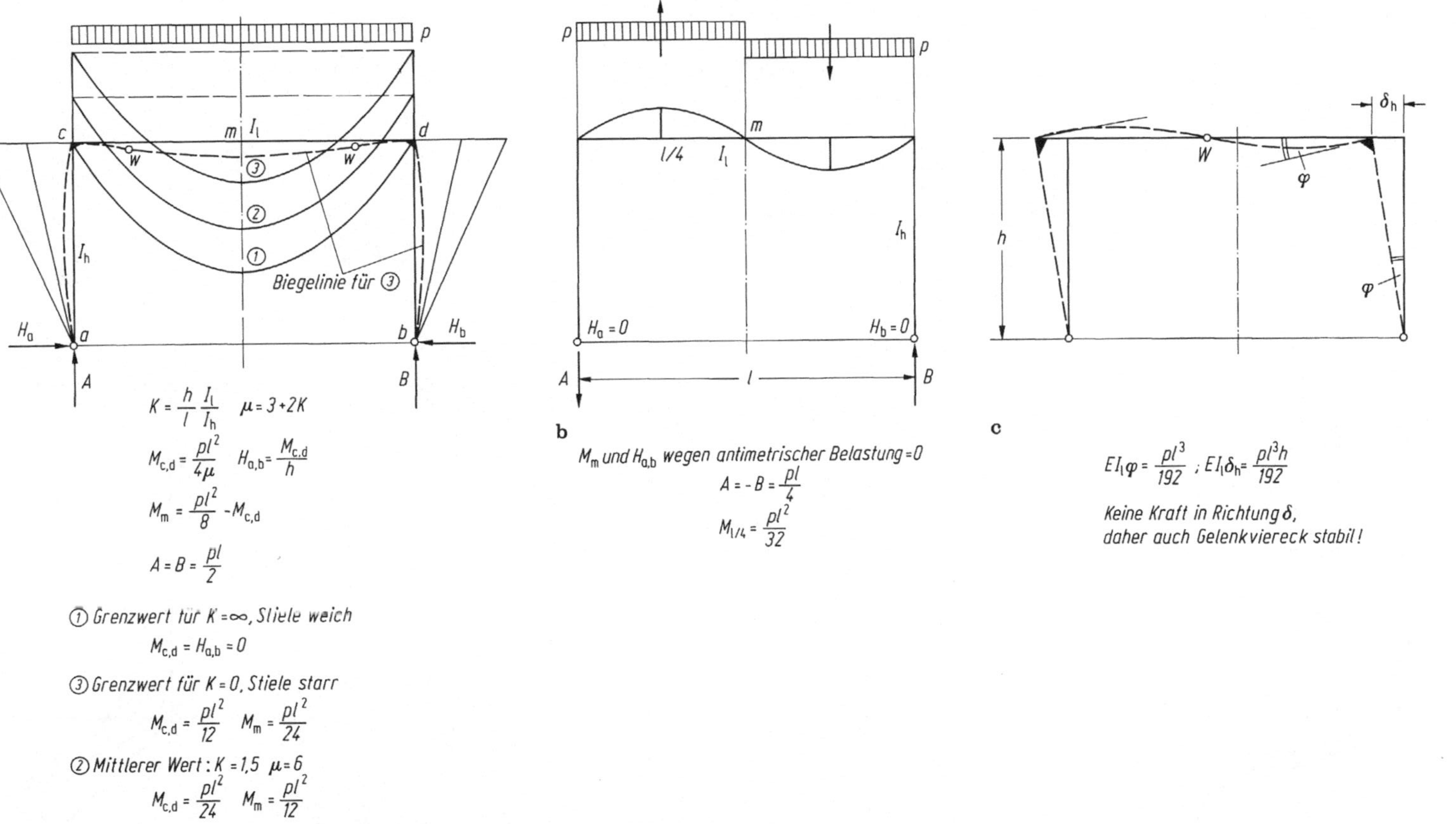
a
Biegelinie für ③
$K = \frac{h}{l}\frac{I_l}{I_h}$ $\mu = 3+2K$
$M_{c,d} = \frac{pl^2}{4\mu}$ $H_{a,b} = \frac{M_{c,d}}{h}$
$M_m = \frac{pl^2}{8} - M_{c,d}$
$A = B = \frac{pl}{2}$
① Grenzwert für $K=\infty$, Stiele weich
$M_{c,d} = H_{a,b} = 0$
③ Grenzwert für $K=0$, Stiele starr
$M_{c,d} = \frac{pl^2}{12}$ $M_m = \frac{pl^2}{24}$
② Mittlerer Wert: $K=1{,}5$ $\mu=6$
$M_{c,d} = \frac{pl^2}{24}$ $M_m = \frac{pl^2}{12}$
b
M_m und $H_{a,b}$ wegen antimetrischer Belastung = 0
$A = -B = \frac{pl}{4}$
$M_{l/4} = \frac{pl^2}{32}$
c
$EI_l\varphi = \frac{pl^3}{192}$; $EI_l\delta_h = \frac{pl^3h}{192}$
Keine Kraft in Richtung δ,
daher auch Gelenkviereck stabil!

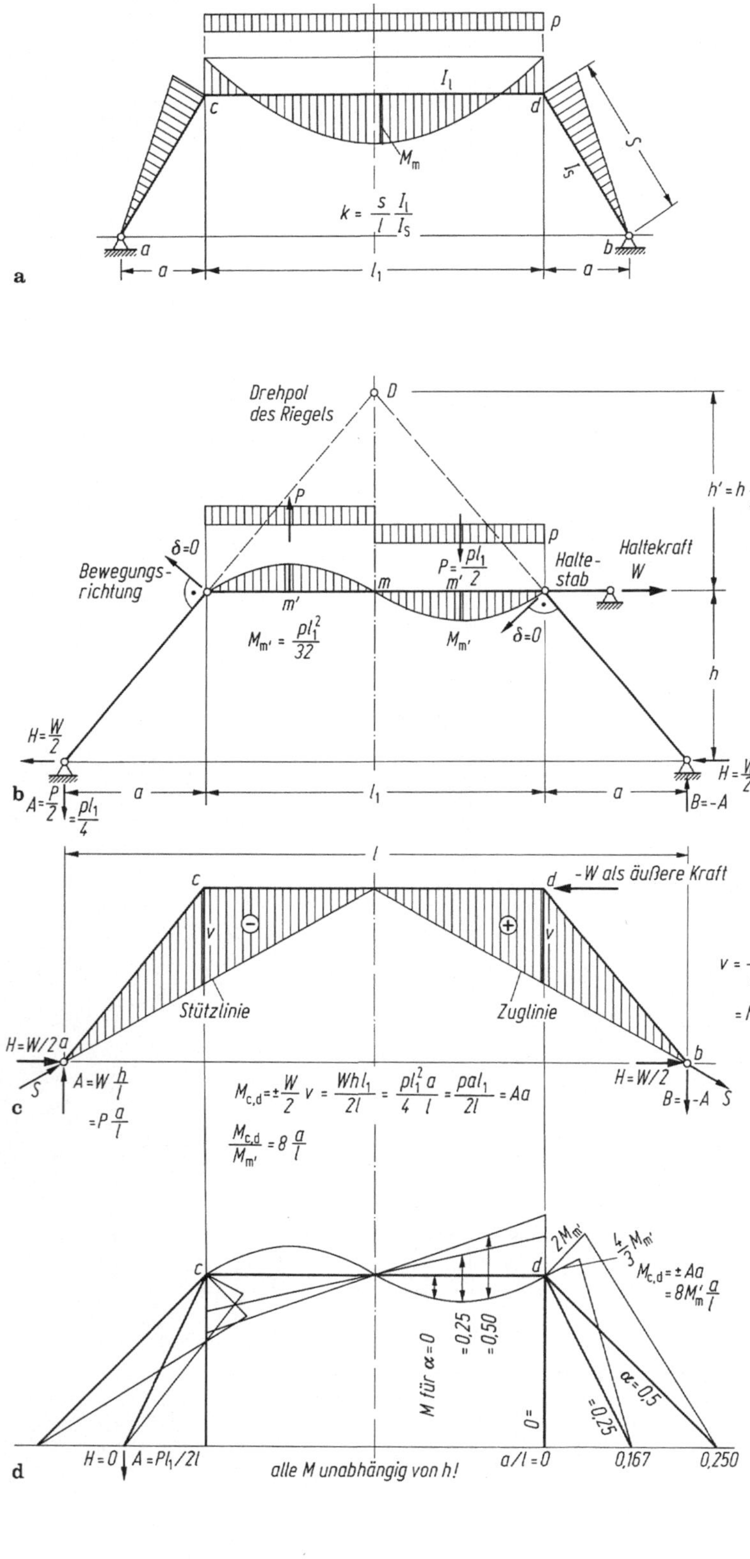

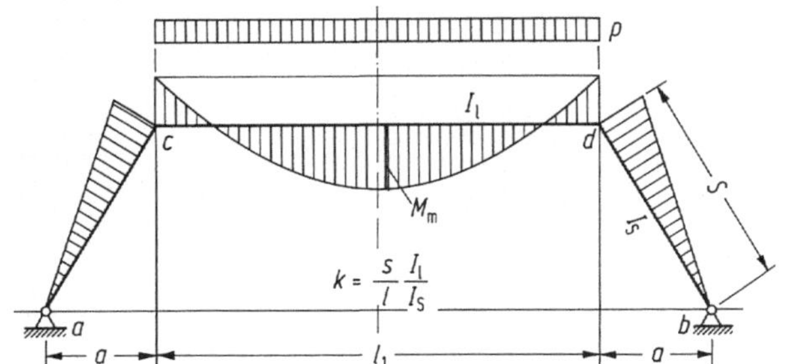

a

Drehpol des Riegels
D
P
p
$\delta = 0$
Bewegungs-richtung
m
$P = \frac{pl_1}{2}$
m'
Halte-stab
Haltekraft W
$M_{m'} = \frac{pl_1^2}{32}$
$M_{m'}$
$\delta = 0$
$h' = h\frac{l_1}{2a} = \frac{h}{2\alpha}$
$\alpha = \frac{a}{l_1}$
$W = P\frac{a}{h}$
h
$H = \frac{W}{2}$
$H = \frac{W}{2}$
$A = \frac{P}{2} = \frac{pl_1}{4}$
a
l_1
a
$B = -A$

b

l
c
d
−W als äußere Kraft
⊖
⊕
v
v
$v = \frac{h}{1+2\alpha}$
$= h\frac{l_1}{l}$
Stützlinie
Zuglinie
$H = W/2$ a
b
S
$A = W\frac{h}{l}$
$= P\frac{a}{l}$
$M_{c,d} = \pm\frac{W}{2}v = \frac{Whl_1}{2l} = \frac{pl_1^2}{4}\frac{a}{l} = \frac{pal_1}{2l} = Aa$
$\frac{M_{c,d}}{M_{m'}} = 8\frac{a}{l}$
$H = W/2$
$B = -A$
S

c

c
d
$2M_{m'}$
$\frac{4}{3}M_{m'}$
$M_{c,d} = \pm Aa$
$= 8M'_m\frac{a}{l}$
M für $\alpha = 0$
$= 0{,}25$
$= 0{,}50$
$= 0$
$= 0{,}25$
$\alpha = 0{,}5$
$H = 0$
$A = Pl_1/2l$
alle M unabhängig von h!
$a/l = 0$
0,167
0,250

d

Abb. 2.3/21

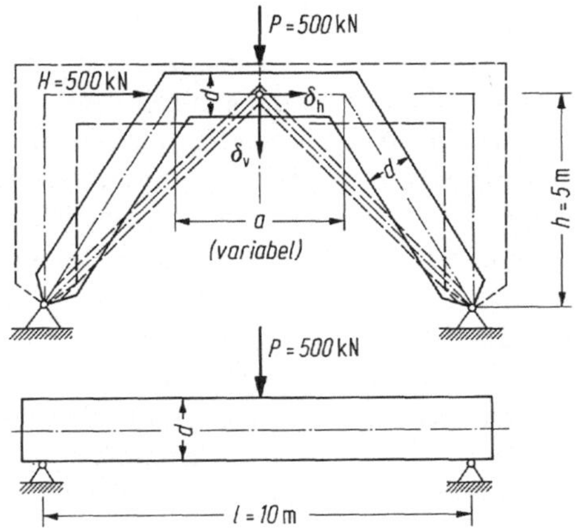

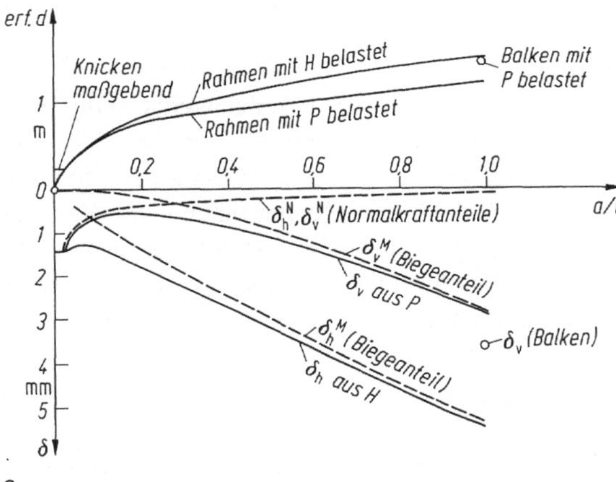

Abb. 2.3/21. Biegemomente eines Trapezrahmens unter senkrechten Riegellasten. **a** Bei symmetrischer Last entsprechender Momentenverlauf wie in Abb. 2.3/20a mit s statt h infolge stabiler Grundfigur mit Gelenkecken; **b** bei antimetrischer Last ist die Grundfigur erst durch Haltekraft W stabil; **c** die fiktive Kraft W wird „abgezogen" und wirkt als $-W$ auf den Rahmen mit steifen Ecken (Abb. 2.3/11); **d** überlagern der Anteile aus **b** und **c** für drei verschiedene Werte von $\alpha = a/l_1$; **e** Vergleich von Zweigelenkrahmen mit verschiedener Stielneigung mit einem Balken gleicher Spannweite unter senkrechter und waagrechter Last. Beispiel mit $P = 500$ kN und $H = 500$ kN bei konstanter Breite $b = 50$ cm und maximalen Beanspruchungen $\sigma_b = 8{,}0$ N/mm^2 und $\sigma_s = 240$ N/mm im Zustand II; entsprechende Durchbiegungen δ_v und δ_h berechnet mit $E_b = 21\,000$ N/mm^2 im Zustand I

entweder gelenkig aufliegen oder an den Knoten steif angeschlossen werden. Sie leiten dann über zum Balken mit drei Feldern und Schrägstützen, der bei vorrückender Last sehr große Biegung erfährt (vgl. Abb. 2.1/11). Ebenso empfindlich für unsymmetrische senkrechte Last ist der Trapezrahmen, da der Drehpol D des Riegels bei gelenkigen Ecken im Schnittpunkt der Stützen liegt (Abb. 2.3/21).

Für einen Rahmen mit senkrechten Stützen zeigt Abb. 2.3/20 vergleichsweise die Momente unter voller und unter halbseitiger antimetrischer Riegellast, Abb. 2.3/21 diejenigen für einen Trapezrahmen. Dessen Eckmoment bei Vollast (Abb. 2.3/21 a) wird [4, S. 587] entnommen und weicht unwesentlich von dem des Rechteckrahmens ab. Lastfall b wird in zwei Schritte zerlegt. Der Riegel wird zunächst horizontal durch eine Kraft W festgehalten gedacht (Abb. 2.3/21 b), die sich aus der Momentengleichung um D zu $W = M_D/h' = Pl_1/2h'$ ergibt. Es entstehen die gleichen Riegelmomente wie beim Rechteckrahmen. Dann wird die Festhaltekraft W im umgekehrten Sinne als äußere Kraft am steifen Rahmen angebracht (Abb. 2.3/21c), die durch eine dreieckförmige Stützlinie aufgenommen wird. Diese läßt erkennen, daß das Eckmoment im Verhältnis l_1/l kleiner als bei einem Rechteckrahmen unter W wird.

Das Überlagern der Momente aus beiden Schritten (Abb. 2.3/21 d) zeigt die ungünstige Auswirkung der kinematischen Grundfigur mit schrägen Stielen.

Abb. 2.3/21e zeigt die notwendigen Abmessungen eines Rahmens mit Fußgelenken für zwei Lastfälle (Eigengewicht vernachlässigt) bei konstanter Breite der Querschnitte, wenn eine größte Betondruckspannung eingehalten und die Neigung der Stiele variiert wird. Man erkennt, daß der Baustoffaufwand um so kleiner ausfällt, je weniger man von der Stützlinie — in diesem Falle einem Dreieck — abweicht. Die Aufnahme der Last durch reine Längskräfte ohne Biegung ist bei weitem am günstigsten (2.1)!

Die Empfindlichkeit gegenüber vorrückender Nutzlast wird mit wachsender Größe des Bauwerks und damit vorherrschender Wirkung des Eigengewichts gemildert. In der Form der Abb. 2.3/19 mit steif angeschlossenen Seitenfeldern wird der Trapezrahmen als wirtschaftliche und elegant wirkende Brücke mittlerer bis großer Spannweite (bis rd. 100 m) oft ausgeführt. Ein Anlauf der Glieder nach dem Knoten zu hilft, die Bauhöhe in Feldmitte erheblich zu vermindern. Allerdings dürfen die Seitenöffnungen ein gewisses Maß nicht unterschreiten, sonst werden die Endstützkräfte bei Vollast im Mittelfeld negativ. Die dann notwendige Verankerung ist schwierig (I B, 7.3.7.1) und wird besser vermieden.

2.3.2.3 Rahmen mit V-förmig aufgelösten Stielen

Die durch eine Zug- und eine Druckstrebe gebildeten Stiele (Abb. 2.3/22) sind sehr steif, weil deren Längskraftverformungen klein sind. Allerdings gilt das nur, wenn der Zugstab vorgespannt wird (I B, 3.2), da er sich dann nur etwa 1/5 soviel dehnt wie ein Zugstab aus Baustahl BSt III. In der Regel wird auch der Rahmenriegel vorgespannt. Durch nach der Mitte zu abnehmende Balkenhöhe und dementsprechenden Verlauf des Trägheitsmomentes (vgl. Abb. 2.2/19 u. 20) läßt sich eine minimale Bauhöhe in der Mitte des Feldes erreichen.

Die sehr große Steifigkeit des aufgelösten Stieles erzwingt das Umsetzen der Temperatur-, Schwind- und Kriechdehnungen in Verbiegungen des Riegels, der auch aus diesem Grunde wie auch der Zugstab biegeweich ausgebildet werden muß (Abb. 2.3/23a). Der Druckstab wird meist als Pendelwand oben und unten Gelenke erhalten. Die Biegezugspannungen in den Stäben kann man durch ein gemeinsames Fußgelenk ausschalten (Abb. 2.3/23b), für das wegen des geringen Drehwinkels Betongelenke (I B, 7.3.4) die billigste Lösung sind. Die Gelenkfuge ist senkrecht zum mittleren Kämpferdruck K zu legen. Wenn dieser flach außerhalb des Reibungswinkels geneigt einfällt, erfordert die Aufnahme der horizontalen Komponente in der Fundament-Aufstandsfläche mitunter besondere konstruktive Maßnahmen (II B, 3.1.2) wie z. B. schräge Zugpfähle oder Druckstreben gegen eine Erdreibungsplatte im Damm (Abb. 2.3/23c). Der Erdwiderstand λ_p auf die Stirn des Fundamentes darf

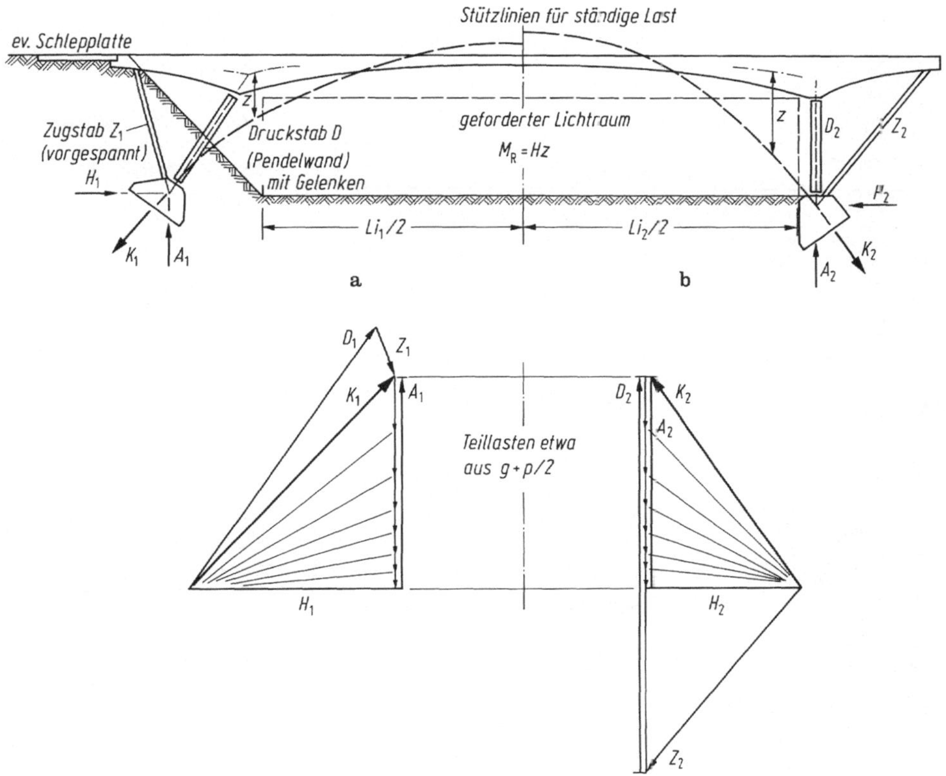

Abb. 2.3/22. Rahmen mit aufgelösten Stielen, die sich in einem ideellen Fußgelenk schneiden. **a** An Stützlinie angepaßte Schrägstellung des Druckstabes führt zu kleiner Kraft im Zugstab und entsprechend geringen Momenten im Riegel; **b** die mit Rücksicht auf einen breiterex Lichtraum erzwungene senkrechte Stellung des Druckstabes vergrößert die genannten Kräfte auf das Mehrfache bei etwa gleicher Kämpferkraft *K*

für Rahmen und Bögen nicht herangezogen werden, da er beträchtliche Verschiebungen voraussetzt [102, S. 196]. Allenfalls kann man den Erdruhedruck λ_0 in Rechnung stellen (II B, 3.4.2).

2.3.3 Mehrfeldrahmen

Sie sind wegen des in 2.3.1 (Abb. 2.3/3) geschilderten raschen Abklingens lokaler Belastungen sehr steif und widerstandsfähig sowohl im Gebrauchszustand als auch bei Überlastung. Der als Platte ausgebildete Riegel wird zur Flach- oder Pilzdecke (3.2), die die Lasten auch in Querrichtung verteilt und deshalb mit sehr geringen Bauhöhen auskommt. Solche Rahmen findet man daher häufig als Decken im Industriehochbau und im Brückenbau für Rampenbauwerke.

Den Tragfähigkeitsreserven des vielfach statisch unbestimmten Systems entspricht naturgemäß eine wachsende Empfindlichkeit gegen Zwänge, die wegen der im Verhältnis zur Höhe großen Länge eine besondere Rolle spielen und innere oder äußere Ursachen haben können.

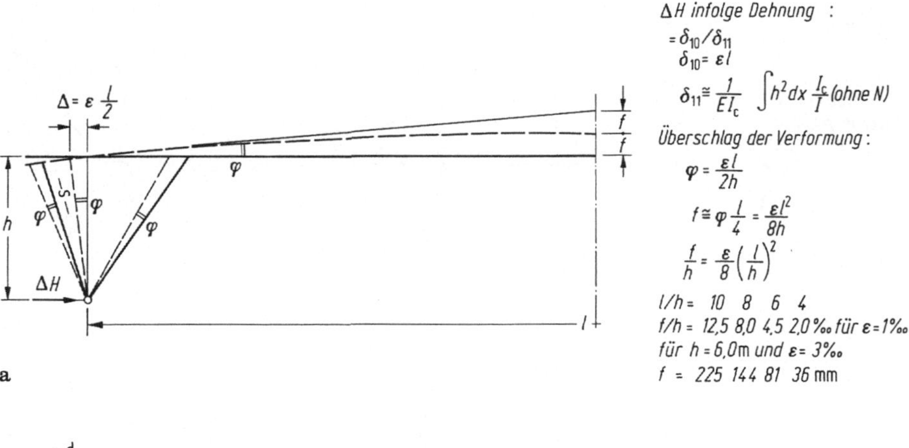

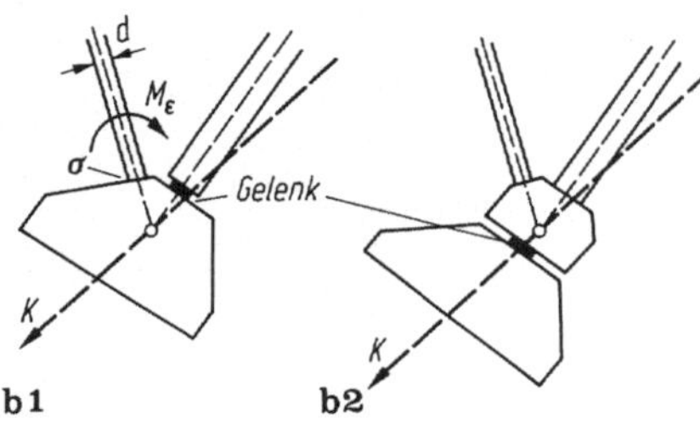

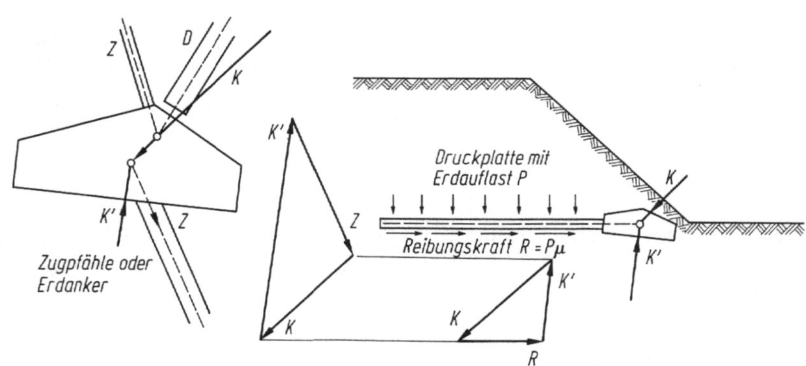

Abb. 2.3/23. Dehnung des Riegels bei einem Rahmen mit aufgelösten Stielen. **a** Geometrie der Verformung: Verdrehung φ am Auflager und Aufbiegung f des Riegels in der Mitte bei Erwärmen um t K: $\varepsilon = \alpha_t K$ ($\alpha_t \cong 1 \cdot 10^{-5}$/K); **b** Berechnen von φ, f und σ bei eingespanntem Zugstab für ein Beispiel mit $\varepsilon = 3‰$, $h = 6{,}0$ m und verschiedenen Pfeilverhältnissen. Hiernach gemeinsamer Fundamentkopf für Zug- und Druckstab stets zu empfehlen! **c** Hilfsmittel, um eine bodenmechanisch ungünstige (außer bei Fels) ansteigende Gründungsfuge zu vermeiden.

An erster Stelle stehen Verformungen des Riegels aus gleichmäßiger oder ungleichmäßiger Erwärmung (I A, 1.3.4) und aus dem Schwinden (I A, 1.3.3) des Betons. Der Berechnung der zugehörigen Schnittkräfte mit den Ansätzen der Statik wird meist der Zustand I (homogene Querschnitte) zugrunde gelegt. Damit überschätzt man aber die Wirkung der Zwänge erheblich, weil der Beton der Zugzonen in der Regel bis über die Zugfestigkeit hinaus beansprucht wird und daher reißt. Die Betonzugkräfte lagern sich auf die Bewehrung um (Zustand II), die sich wesentlich stärker als der Beton dehnt und dadurch den Zwang stark abbaut (I A, Abb. 4.4/1). Immerhin wirkt dabei der Beton durch den Verbund noch teilweise mit, so daß die Steifigkeit einen Wert zwischen derjenigen in Zustand I und II annimmt (I B, 4.2.3). Das konnte nur durch Versuche endgültig geklärt werden. Die Auswirkung auf die Schnittkräfte aus Zwängen wird in I B, 4.2.4 für Balken vorgeführt.

Allerdings bestehen, wie schon in I A, 1.3 erwähnt, grundlegende Unterschiede zwischen verschiedenen Arten von statisch überzähligen Schnittkräften und Spannungen nach der Einteilung in I B, 1.1.1:

Aus *Vorspannung* eintretende Verformungen erzeugen unter „Lasten" zu rechnende Zusatzkräfte (I B, 4.2.1.2) im elastischen Zustand, wobei großenteils unter der ständigen Last Zustand I erhalten bleibt. Das Kriechen vergrößert zwar die Betondehnungen, so daß die Verformungen weiter anwachsen, jedoch nicht die Kontinuität verletzen (I B, 1.1.1.1). Vernachlässigt man, daß das Kriechen durch die Bewehrung behindert wird, darf angenähert mit einem gleichbleibenden Spannungszustand gerechnet werden.

Wärmedehnungen gehen verhältnismäßig rasch vor sich, und die daraus folgenden Zwangsspannungen werden durch Kriechen nur wenig abgebaut. Die Dehnungen im Brandfalle werden in II B, 2.2.6 behandelt, hier sei nur auf [3/62.5] verwiesen.

Aus *Schwinden* herrührende Zwänge stellen sich nach und nach ein, so daß sie durch Kriechen laufend abgebaut werden. Da Schwinden und Kriechen physikalisch verwandt sind, nimmt man zur Vereinfachung der Rechnung einen zeitlich affinen Verlauf an. Die Zwänge aus Schwinden werden dadurch auf einen Bruchteil vermindert (I B, 4.2.4.2).

Als *äußere Ursachen* für Zwänge werden z. B. sich verändernde Lagerbedingungen verstanden. Sie bestehen in lastunabhängigen Fundamentsenkungen (II B, 3.6) oder Setzungen infolge der Belastung des Bodens (II B, 3.1.2). Diese können wiederum rasch vor sich gehen (rollige Böden, elastisches Verhalten) oder langsam (bindige Böden, plastisches Verhalten), wobei aber der Rhythmus vom Kriechverlauf des Betons mehr oder weniger abweichen wird. Ein errechneter Kriechabbau der erzeugten Spannungen kann daher trotz des dabei nötigen schwierigen mathematischen Apparates nur als grobe Abschätzung angesehen werden (I B, 4/11.2].

Diese Zwangskräfte, die sich den Schnittkräften aus den Lasten überlagern und mit diesen in Interaktion treten, d. h. nicht unabhängig voneinander sind, dürfen wegen des nichtlinearen Stoffverhaltens nicht einfach superponiert werden. Der Hinweis darauf soll den Konstrukteur zu zwei Überlegungen veranlassen:

(a) Inwieweit werden die Schnittkräfte aus der „klassischen" statischen Berechnung durch die erwähnten Zwänge (Abschätzung genügt!) hinsichtlich der *Tragsicherheit* beeinflußt? Diese wird im Zustand IIIa der Querschnitte nachgewiesen (I B, 4.3.1), wobei Zwangsschnittkräfte nach DIN 1045, 17.2.2 mit dem 1,0fachen Betrag einzuführen sind. Diese Vorschrift ist sehr vorsichtig, wie eingangs in I B, 4.2.4 nachgewiesen wird.

(b) Wo liegt die Grenze der erträglichen Zwänge in dem Sinne, daß die *Gebrauchsfähigkeit* eines Bauwerkes und die Rostsicherheit des Stahls infolge grober Risse beeinträchtigt wird? Wenn diese Gefahr besteht, muß man die Zwänge z. B. durch Unterteilen des Bauwerkes durch Fugen herabsetzen (I A, 6) oder, wenn man den Fugenübergang scheut, auf die Rahmenwirkung verzichten und die Endfelder durch Pendel oder Gleitlager (I B, 7) abstützen.

2.3.4 Planungs- und Ausführungshinweise

Rahmen wurden früher für Industriebauten, Hallen und Brücken sehr viel verwendet, da sie mit einer geringen Bauhöhe des Riegels auskommen. Außerdem kann durch Heranziehen der Steifigkeit der ohnehin vorhandenen Stützen an Baustoffen gespart werden. Die Ausführung in Ortbeton verlangt jedoch durchgehende Unterrüstung und Einschalung, sie ist also sehr arbeitsintensiv. Da die Lohn- gegenüber den Stoffkosten in den letzten Jahrzehnten wesentlich mehr gestiegen sind, wie in 2.2.2 durch Zahlen belegt, sind Rahmen zunehmend durch vorfabrizierte Balken mit Spannweiten von 30 bis 50 m verdrängt worden (2.2.3.2) [103].

Immerhin wendet man eingeschossige Rahmen noch oft im Industriebau bei speziellen Aufgaben, z. B. als Unterbauten für Behälter, Schornsteine (Abb. 2.3/24) o. dgl., auch zum Abfangen von Geschoßbauten (4) an. Wenn die Stiele in zwei Richtungen

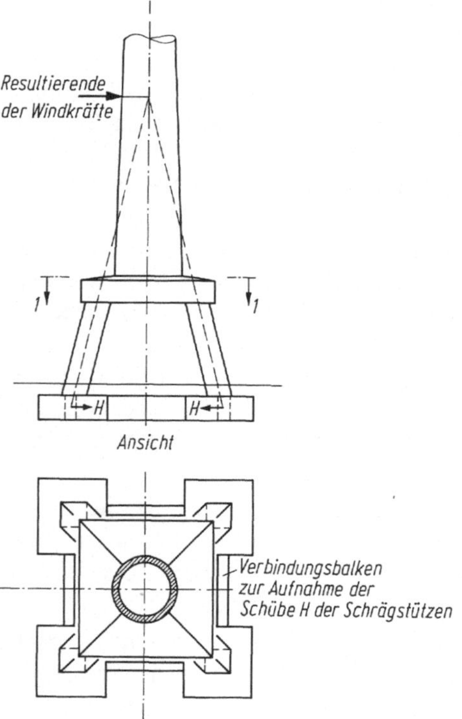

Abb. 2.3/24. Räumlicher Rahmen als Unterbau für einen Schornstein. Schnittpunkt der Stiele etwa in Höhe der resultierenden Windkraft (rechnerische Lage streut praktisch nach oben oder unten!) vermindert deren Biegebeanspruchung erheblich und erhöht die Steifigkeit des Unterbaues! (Abb. 2.3/21 e)

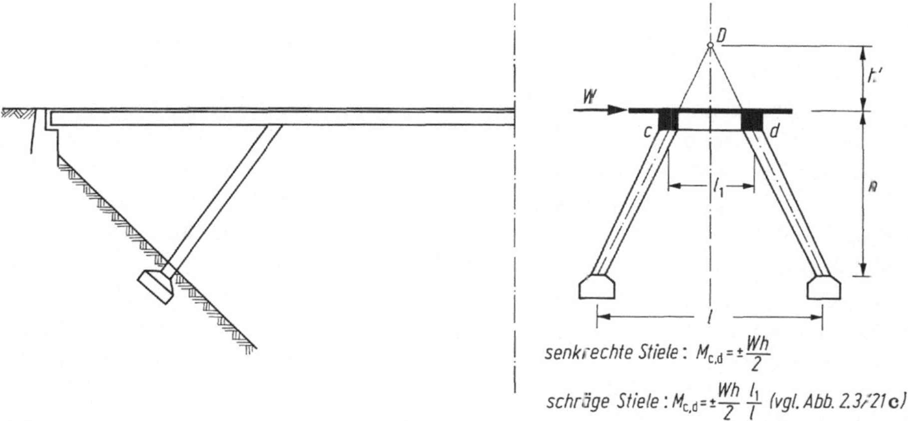

Abb. 2.3/25. Große Rahmenbrücke mit in zwei Richtungen schräg gestellten Stielen. Die Spreizung in Querrichtung vermindert die Biegung in den Stielen infolge von Windkräften und erhöht die Steifigkeit der Querrahmen, so daß die Horizontalbiegung der Fahrbahntafel verringert wird

geneigt werden, läßt sich eine räumliche Tragwirkung erzielen, die bei Abstimmung auf die Lage der Windkräfte die Biegung herabsetzt und die Wirtschaftlichkeit erhöht. Auch bei den noch oft ausgeführten Rahmenbrücken mit Schrägstielen (2.3.2.2) führt deren Neigung in zwei Richtungen (Abb. 2.3/25) zu einer „organischen" Ableitung der Windkräfte. Diese lohnt sich aber erst bei größeren Spannweiten von 50 m und mehr.

Auf die Ausführung von Rahmen braucht nicht besonders eingegangen zu werden. Bei derjenigen der Riegel sind die Hinweise für die Ausführung von Balken (ergänzt in 2.2.3 und I B, 4.5) und der Stützen (I B, 2.3) zu beachten. Arbeitsfugen sollten nicht an die Stellen großer Momente gelegt werden, um ihr Aufreißen und das Durchführen größerer Stabmengen durch die Abstellschalung zu vermeiden. In der Druckzone soll die Fuge angenähert senkrecht zur Druckkraft geführt werden (I A, 1.1.5). Besondere Sorgfalt ist stets den Rahmenecken sowohl hinsichtlich der Bewehrung (Umlenken der Zugkräfte I A, 4.1) [104] als auch des Betons (gutes Ver-

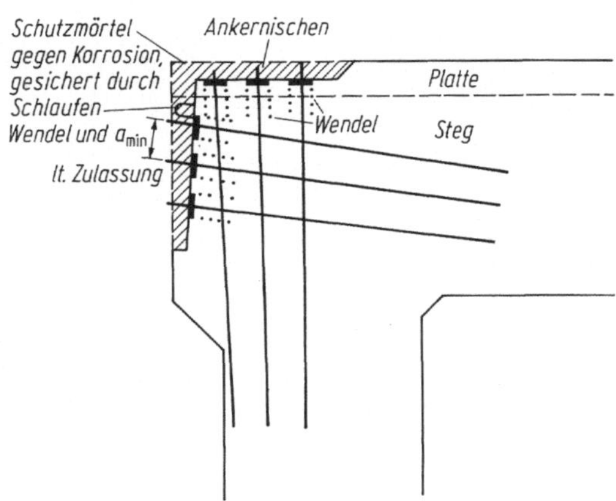

Abb. 2.3/26. Ecke eines vorgespannten Rahmens mit Spanngliedern in Riegel und Stielen

dichten zur Aufnahme der Leibungskräfte der Stäbe und des Druckes auf der Innenseite) zu widmen. In den Ecken vorgespannter Rahmen endigen meist die Spannglieder der Stützen und der Riegel (Abb. 2.3/26). Sie sind für die Baustelle in großem Maßstab aufzuzeichnen, da ihr die räumlichen Kreuzungen der Spannglieder und die Reihenfolge des Einbaues nicht überlassen werden darf. Auch die Unterbringung der Ankerkörper mit den vorgeschriebenen Abständen untereinander und von den Rändern, der zugehörigen druckverteilenden Wendeln, der Spaltzug- und Bügelbewehrung ist *vorher* zu überlegen und darzustellen. Erstere wird durch zweiaxialen Druck *in* einer Ebene vermindert, rechtwinklig dazu jedoch nicht!

Man darf dabei nicht vergessen, daß und wie auch der Beton einwandfrei eingebracht und verdichtet werden soll! An diesen Stellen wird man das Größtkorn meist auf 15, mitunter auf 8 mm beschränken müssen. Nachrütteln ist hier besonders wichtig, denn das Setzen verursacht Hohlräume unter den Stäben und Ankerkörpern (I A, 1.1.6). Alle diese Schwierigkeiten werden herabgesetzt, wenn die Abmessungen der Rahmenecke gegenüber den Außenflächen von Riegel und Stütze, vielleicht auch seitlich, vergrößert werden. Die Ankerkörper und Spanngliedenden müssen ja auch noch nachträglich mit Mörtel umhüllt werden! Der Ingenieur sollte genügend energisch diese konstruktiven Notwendigkeiten dem Architekten gegenüber vertreten!

3 Decken

Mehr als die Hälfte allen Stahlbetons wird in Form von Platten und Decken eingebaut. Letztere tragen zudem mehr als 60% zu den Rohbaukosten von Geschoßbauten bei. Ihrer sachgemäßen und wirtschaftlichen Ausbildung ist also besondere Aufmerksamkeit zu schenken.

Platten werden als „Bauteile" in I B, 5 behandelt, Plattenbalken in I B, 4.3.1, wobei zwangsläufig auch die gegenseitige Beeinflussung von benachbarten Feldern berücksichtigt werden muß. Der vorliegende Abschnitt geht auf die aus Platten und Balken zusammengesetzten Decken im Hochbau ein, die entweder durchgehend auf Balken (Plattenbalken) oder auf Einzelstützen (Pilz- und Flachdecken) ruhen, ferner auf die konstruktive Ausgestaltung verschiedener Bauarten. Brücken-Fahrbahndecken sind Gegenstand von 2.2.1.

Man kann die letzteren von den Hochbaudecken auch dadurch trennen, daß diese vorwiegend gleichförmig belastet sind, so daß die Gesamtlast mit der Spannweite wächst, während bei jenen Einzel-(Fahrzeug-)Lasten vorherrschen, deren Wirkung, wie in 2.2.1 beschrieben, nur wenig mit dem Abstand der tragenden Balken zunimmt.

Sofern Decken als Bestandteile von „Stabtragwerken" wie Hochhäusern noch besondere Aufgaben zu erfüllen haben, werden diese in 4 abgehandelt.

3.1 Plattenbalkendecken

Infolge der elastischen Deformationen sowohl der Platten wie der Balken beeinflussen sich diese gegenseitig. Da die Kräftezustände naturgemäß sehr unübersichtlich sind, rechnet man im allgemeinen mit vereinfachten Modellen, vor allem im Hochbau, wo für die Berechnung der Platten starre Balken angenommen werden. Im Brückenbau verfolgt man die Kontinuität der Tragwerke eingehender, um die darin steckenden Reserven für die Tragfähigkeit zu erfassen und sich ein genaueres Bild der Sicherheit zu verschaffen. Rechnerisch vernachlässigte Zusammenhänge sind zwar für die Tragfähigkeit unwesentliche „Nebenspannungen" (I B, 1.1.1.2), müssen aber durch „konstruktive" Bewehrung gedeckt werden, um grobe Risse zu vermeiden. Deshalb ist die Kenntnis der unbeabsichtigten Kontinuitäten notwendig — notwendiger als deren aufwendiger Nachweis, der ohnehin nur auf dem homogenen Zustand fußt, die Nebenspannungen also meist überschätzt.

Zur Berechnung durchlaufender Reckteckplatten nach der Plastizitätstheorie (I B, 5.3.2) bietet [1] ein praktikables Verfahren. Anstelle der Näherungswerte der Querkräfte an den Auflagern ein- und mehrfeldriger Platten unter Linien- und Rechtecklasten nach H. 240, 2.2.2 gibt [2] genauere Werte.

Die Rolle der Platte als Belastung und als Druckzone des Balkens ist in 2.2.1 und in I B, 4.3.1.1 geschildert. Hier wird ergänzend auf die Rückwirkung des Balkens auf die Platte und umgekehrt eingegangen.

3.1.1 Die Balkendurchbiegungen

Ihr Einfluß auf die Plattenmomente ist um so größer, je ungleichmäßiger die Belastung verteilt ist (Abb. 3/1). Da man im Hochbau im allgemeinen meist mit „Vollast" rechnet, obgleich z. B. bei Fabrik-, Labor- oder Speicherdecken benachbarte Felder erheb-

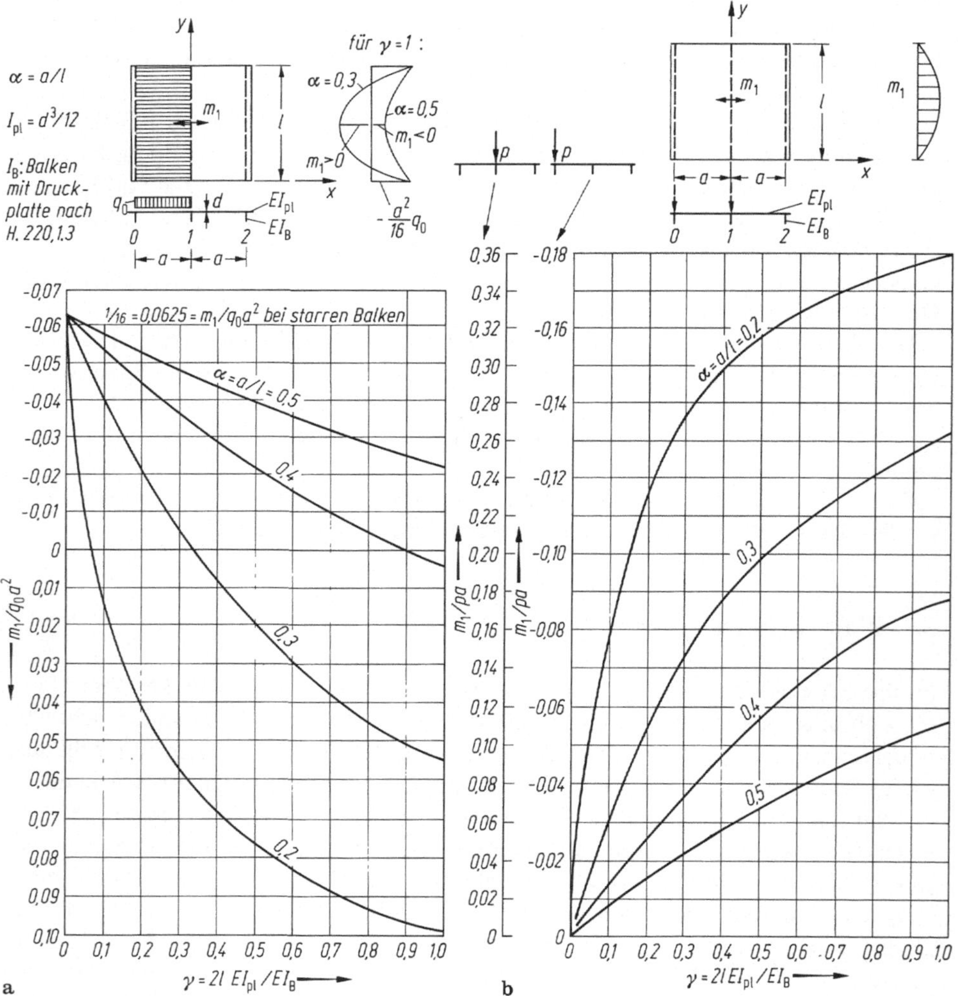

Abb. 3/1. Auswirkung der Balkendurchbiegung auf die Momente einer quer dazu gespannten, teilweise belasteten Platte. Die Plattensteifigkeit in Balkenrichtung und die Torsionssteifigkeit der Balken sind vernachlässigt. **a** Zwei Plattenfelder, eines mit q_0 (kN/m²) belastet; I_B Randbalken = I_B Mittelbalken; **b** zwei Plattenfelder, ein Balken mit p (kN/m) belastet;

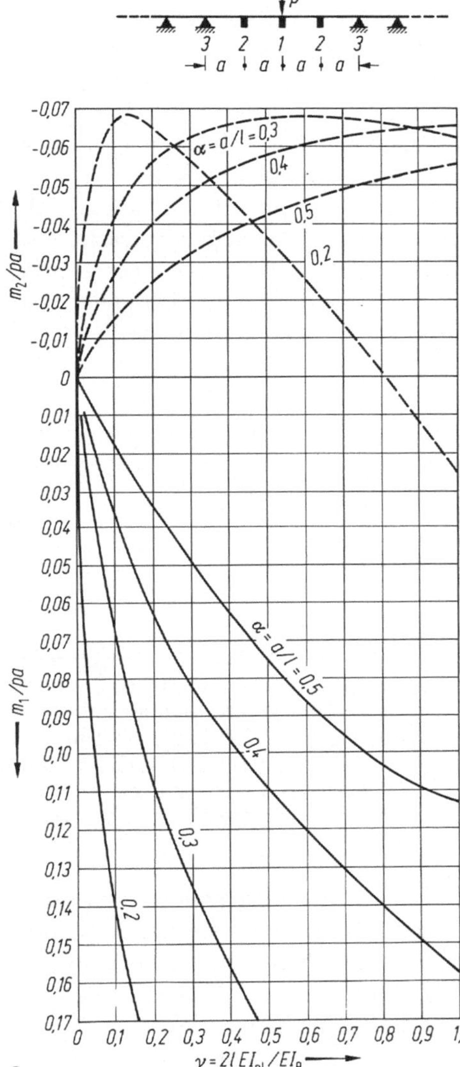

Abb. 3/1c. Viele Plattenfelder, ein Balken mit p (kN/m) belastet

liche Unterschiede der Nutzlast aufweisen können, sollte stets, wie auch DIN 1045, 18.7.5 fordert, ein Viertel der Feldbewehrung im Bereich der Balken unten durchlaufen für den Fall, daß die positiven Momente „durchschlagen". Die negativen Momente werden bei feldweiser Belstung über nachgiebigen Unterzügen kleiner als bei „starren" Balken, so daß die übliche Berechnung auf der „sicheren Seite" liegt.

Die Berechnung der Plattenmomente infolge der Elastizität der Balken ist sehr umständlich [3]. Wie Abb. 3/1 zeigt, sind die Abweichungen der Momente um so größer, je kleiner a/l ist, d. h. je enger die Balken liegen. Deshalb werden bei den sogenannten Rippendecken (3.3) in DIN 1045, 21.2.2.3 Querrippen gefordert, die bei teilweiser Nutzlast gleichmäßigere Durchbiegungen der Balken erzwingen und Schäden an der Platte vermeiden sollen. Die Rippen selbst werden im Hochbau für volle Flächenlast bemessen, so daß die Querrippen ihnen keine Entlastung bringen. Im Brückenbau dagegen sind konzentrierte (Fahrzeug-)Lasten aufzunehmen, so daß hier die Querträger durch Lastverteilung auf mehrere Balken diese wesentlich entlasten (2.2.2).

Bei den in 2.2.1 begründeten großen Plattenspannweiten von Brücken spielen die Durchbiegungsdifferenzen der Hauptträger meist keine wesentliche Rolle.

Herstellungsmäßig sind über Hauptbalken einachsig gespannte Platten (I B, 5.1.3.1) vorzuziehen, da sie keine Querträger erfordern. Allerdings verursacht eine Einzellast P in der Mitte des Endrandes einer solchen Platte auf einer Fläche $t_x = t_y = 0{,}1l$ ein Moment von $m_{xR} = 0{,}65P$, jedoch im Inneren der Platte nur von $m_{xm} = 0{,}25P$ ([I B, 5/26.1] und I B, Abb. 5/16), so daß man kaum ohne eine Verstärkung des Randes auskommt.

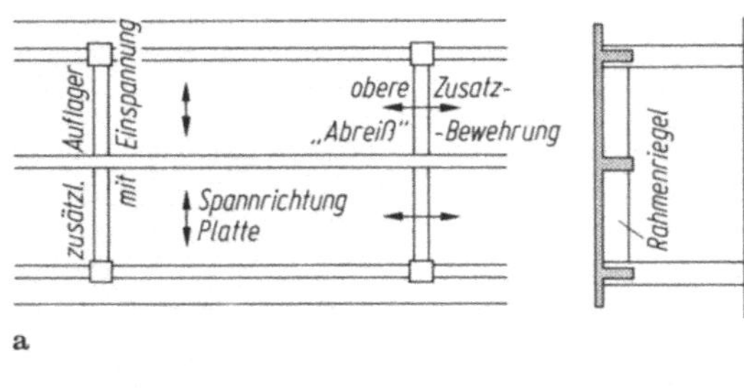

a

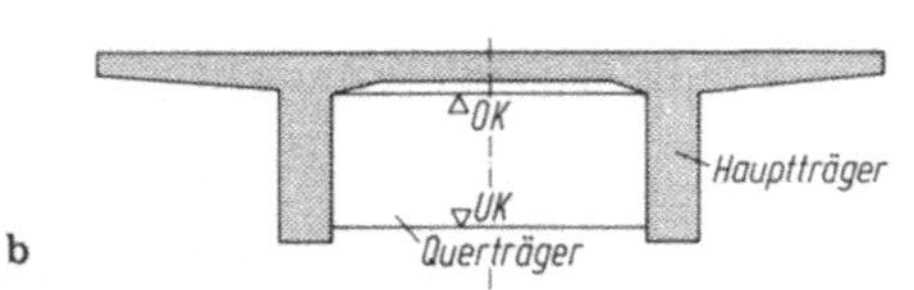

b

Abb. 3/2. Unbeabsichtigte Auflager einer Streifenplatte in Spannrichtung. **a** Bei Hochbaudecke „Abreißbewehrung" für Querbiegung; **b** Brücken-Fahrplatte, die durch einen Spalt von Auflager- und Zwischenquerträgern getrennt ist, um kreuzweise Spannwirkung zu vermeiden

Die Schnittkräfte dieser statisch klaren „Streifenplatte" werden gestört, wenn man stützenverbindende Querträger oder Rahmenriegel in größeren Abständen als die Plattenspannweite anordnet, welche die Platte in Spannrichtung zusätzlich unterstützen (Abb. 3/2a). Dasselbe gilt natürlich auch für Platten, die über eng liegende Nebenbalken gespannt sind und durch Hauptunterzüge in größerem Abstand als die Plattenspannweite gestützt werden [I B, 5/25.1]. Im Hochbau nimmt man diese Störungen in Kauf und deckt die negativen Zusatzmomente durch „Überlage"- oder „Abreiß"-Bewehrung (I B, Abb. 5/17). Bei Brückenplatten mit ihren größeren Lasten läßt sich dieser Nachteil dadurch vermeiden, daß man die Platte frei über den Querträger hinwegführt (Abb. 3/2b), der gebraucht wird, um die Hauptbalken gegen Torsion zu versteifen.

Abb. 3/3. In einen Randbalken eingespannte Deckenplatte [4]. Vergleich der Plattenmomente im homogenen und gerissenen Zustand (Zustand I und II) des Randbalkens, Beispiel für Verkehrslast $p = 5\ \mathrm{kN/m^2}$. **a** Statisches System; **b** Momentenverläufe in den Fluchten der Stützen (s) und der Balkenfeldmitten (m); **c** angewandte Näherungen für die Torsionssteifigkeit I_T des Randbalkens im Zustand I: (1) Mitwirken der Platte vernachlässigt; (2) horizontaler Biegewiderstand des Balkens infolge Verschiebens seines Schwerpunktes S' vernachlässigt ▶

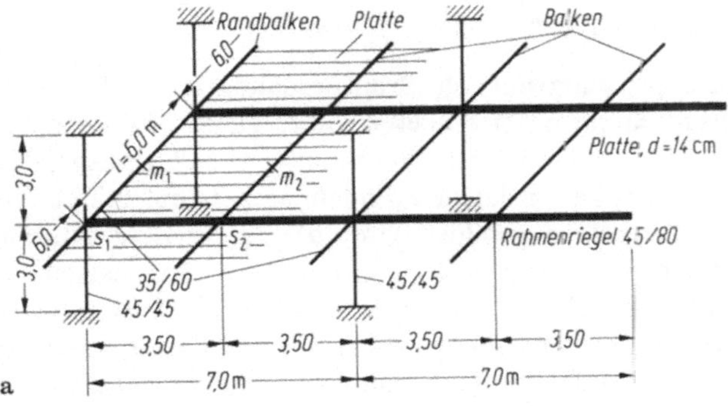

a

3,50 m
3,50 m
2/3 ... 1/2 a
empfohlen: 1/3 a (Schwindeln!)
14 cm
a cm /m entsprechend freier Endauflagerung
35/60
35/60
45/45
Druckzone
x=18
h=55
d=60 cm
b=35
-11,2
m_2 als konstant angenommen
a) homogen: $I_1 = \eta_2 b^3 d/8 = 5{,}4 \cdot 10^{-3}\,\text{m}^4$
b) gerissen: $I_1' = \eta_2 x^3 b/8 = 0{,}46 \cdot 10^{-3}\,\text{m}^4$
(nur Druckzone drehsteif angenommen)
$\eta_2 = 1{,}70$ (IB, Abb. 4.3/14a)
$\eta_2 = 1{,}83$
-5
-4,8
-4,5
-3,4
0,88
an der Stütze bei $s_1 - s_2$
in Feldmitte bei $m_1 - m_2$
s_1 m_1
s_2 m_2
5
mkN
10
3,50
Randbalken:
gerissen (Stadium II)
homogen (Stadium I)

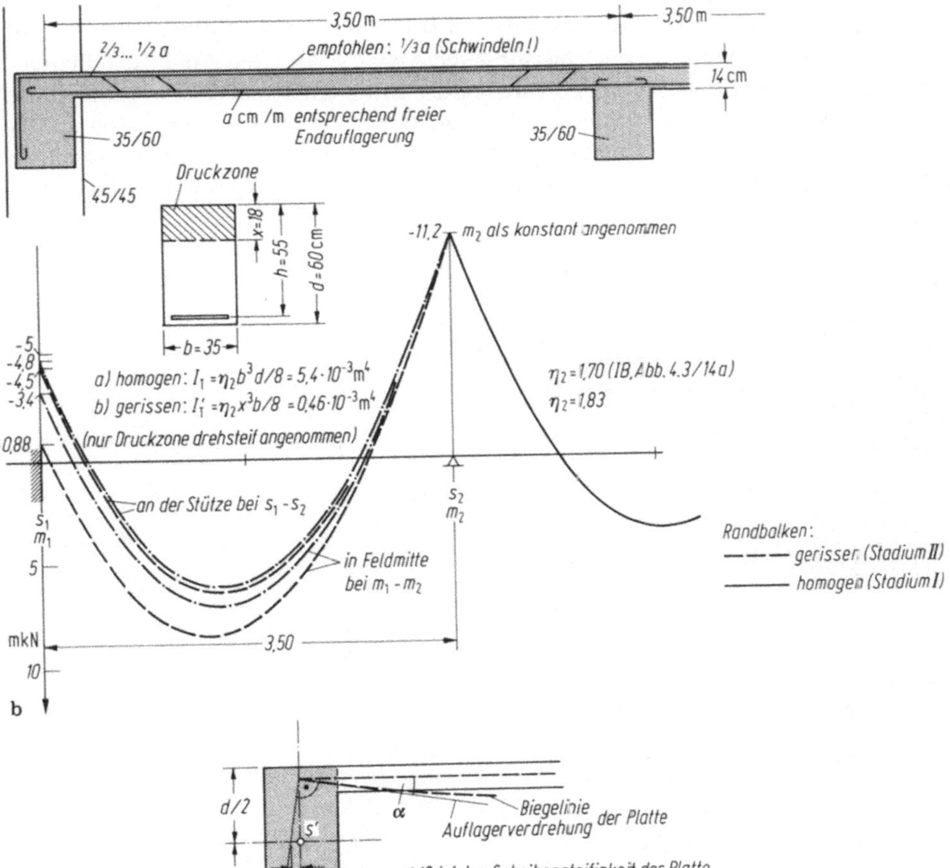

b

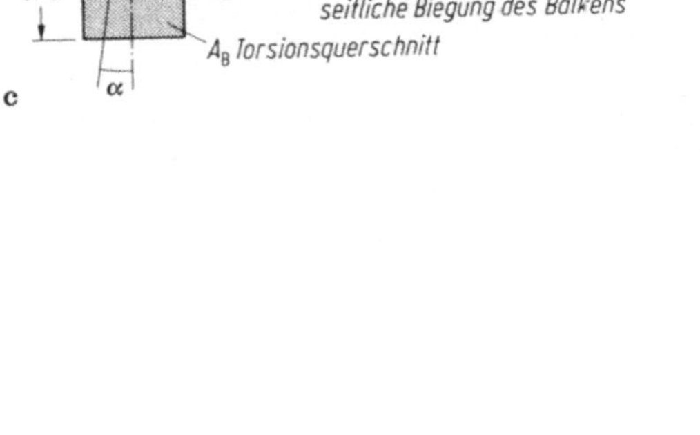

d/2
d/2
α
S'
Biegelinie
Auflagerverdrehung der Platte
$\delta_H = \alpha\, d/2$ infolge Scheibensteifigkeit der Platte
seitliche Biegung des Balkens
A_B Torsionsquerschnitt
α

c

3.1.2 Die Plattendurchbiegungen

Sie stehen in Wechselwirkung mit der Beanspruchung der Balken. Im Hochbau sind die Auflagerverdrehungen einer über mehrere gleiche Felder durchlaufenden Platte über den Innenstützen bei einem Verhältnis $p = g/2$ weniger als ein Viertel derjenigen an einem drehbar gedachten Endauflager (Abb. 2.2/1). Wenn dieses aber durch einen Randbalken gebildet wird, der in gewissen Abständen durch Stützen am Verdrehen elastisch gehindert wird (Abb. 3/3a), entsteht ein statisch hochgradig unbestimmtes Gebilde, das nur mit erheblichem Aufwand zu erfassen ist [4], auch wenn man bei der Berechnung der Torsionssteifigkeit vereinfachende Annahmen macht (Abb. 3/3c). Dieser Rechenaufwand ist aber vollständig überflüssig. Denn die Steifigkeit I_T des auf Verdrehen und seitliche Biegung beanspruchten Randbalkens (seine Oberseite wird durch die Platte zusätzlich festgehalten!) wird bereits im Gebrauchszustand durch feine Risse infolge Torsion und Biegung auf einen Bruchteil (1/3 bis 1/10 I_T [H. 240, 1.4] und [I B, 1/13.1 u. 4/59]) herabgesetzt (I B, 4.3.1.3). Ein einfaches Beispiel hierfür zeigt Abb. 2.2/4b. Der Abfall der Platteneinspannmomente von der Stütze an nach der Mitte des Randbalkens zu ist daher weitaus stärker als die Rechnung für den homogenen Zustand ausweist (Abb. 3/3b). Die Verminderung des Feldmomentes der Platte durch die Einspannung in den Randbalken darf deshalb nicht in Rechnung gestellt werden. Hingegen ist, um Risse fein zu

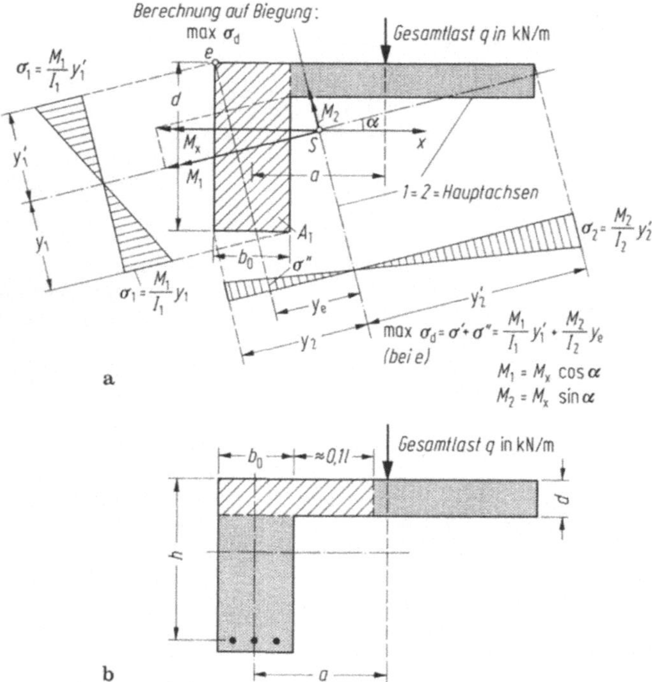

Abb. 3/4. Einseitiger Plattenbalken ohne anschließende Decke. Torsionssteifigkeit für Gleichgewicht nötig! (Abb. 2.2/4a) **a** Zustand I; **b** Zustand II, Näherung nur für untergeordnete Bauteile: waagerechte Nullinie, schraffierte Druckzone; mitwirkende Plattenbreite ist hier kleiner als nach [H. 240, 1.2] anzunehmen, da anschließende Decke fehlt! Vorsichtig geschätzt zu 0,1l

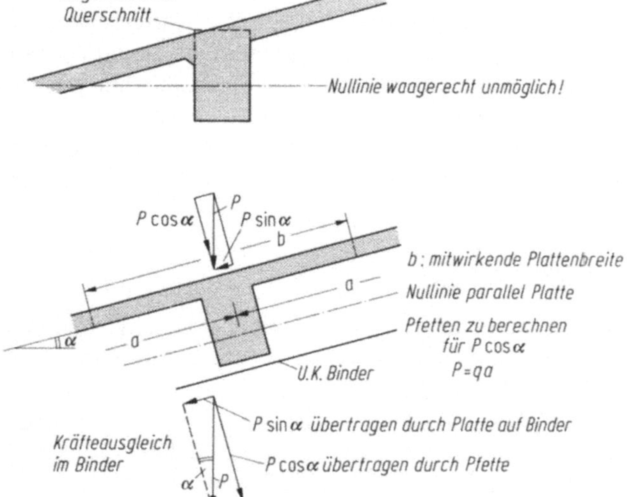

Abb. 3/5. Massive Dachplatte mit Pfetten (Ortbeton) im Abstand a. **a** Unzutreffende Anordnung und Berechnung, da Durchbiegungskomponente in Plattenrichtung nicht möglich; **b** tatsächliche Wirkungsweise: Durchbiegung senkrecht zur Dachplatte

halten und die Querkraftaufnahme zu sichern (vgl. I B, Abb. 5/52 u. 60), auf der Plattenoberseite je nach Steifigkeit des Randbalkens mind. 1/3 bis 1/2 der Feldbewehrung einzulegen (genauer begründet bei Abb. 3/39) und bis etwa $l/5$ ins Feld hinein zu führen. Außerdem sollte der Randbalken für ein Torsionsmoment bewehrt werden, das im Anschlußquerschnitt etwa der Hälfte des Starreinspannmomentes der Platte mal halbe Balkenspannweite entspricht und bis zur Feldmitte auf Null abnimmt. Diese ungünstig abgeschätzte Torsion erzeugt Biegung in der Stütze, die mitunter zu Rissen geführt hat. Die beiden Torsionsmomente der anschließenden Balken gehen angenähert je zur Hälfte in die obere und in die untere Stütze, so daß in diesen eine entsprechende Zulagebewehrung (oberhalb auf der Innen-, unterhalb auf der Außenseite) einzulegen ist. Diese Faustregel kann der Steifigkeit des Rahmenwerkes angepaßt werden.

Einseitige Plattenbalken (Abb. 3/4a) weisen wegen ihrer Unsymmetrie eine schrägliegende Nullinie auf. Für einen homogenen Querschnitt leitet sich diese aus den Biegungskomponenten M_1 und M_2, bezogen auf die Querschnittshauptachsen, ab. Außerdem tritt eine Verdrehung des Querschnitts auf, die sich aus den Momenten der Lasten in bezug auf den Querpunkt (Schubmittelpunkt D) ergibt (Abb. 2.2/17). Um die noch umständlichere Rechnung für den gerissenen Querschnitt (Nullfaser unbekannt) zu umgehen, kann man diesen angenähert mit waagerechter Nullinie berechnen (Abb. 3/4b). Das Torsionsmoment wird man in beiden Fällen einfachheitshalber allein dem Balken zuweisen (I B, 4.3.1.3) und umgeht damit die Ermittlung des Schubmittelpunktes. $\tau_T + \tau_Q$ beschränken auf β_{bz}, sonst große Verdrehung zu erwarten (Abb. 3/3b)!

Wesentlich einfacher liegen die Verhältnisse, wenn ein solcher Plattenbalken Bestandteil einer Decke ist. Er kann sich dann nur in senkrechtem Sinne durchbiegen und muß eine waagrechte Nullinie besitzen. Die mitwirkende Druckplattenbreite ist jedoch geringer als bei symmetrischer Druckplatte [H. 240, 1.2.2]. Entsprechend ist bei Pfetten zu verfahren, die mit einer geneigten Dachplatte monolithisch zusammenhängen (Abb. 3/5). Auch diese können sich nur senkrecht zur Dachfläche durchbiegen und sind daher nur für die entsprechende Komponente der Lasten zu bemessen. Die Lastkomponenten in Dachebene werden von der Platte übernommen und durch Scheibenwirkung den Bindern zugeleitet, in denen sich die Horizontalkomponenten wieder aufheben.

3.1.3 Resultierende Druckspannungen

Der Druck aus der Mitwirkung der Platte als Obergurt des Balkens und aus gleichgerichteter Biegung bei Umfangslagerung mußte früher bei der Bemessung nach zulässigen Spannungen (DIN 1045 (59), 25.3d) addiert werden (Abb. 3/6). Das kann gelegentlich jetzt noch nötig sein, um die Wirkung pulsierender Belastung zu beurteilen. Das Bild soll zeigen, daß vereinfachte Annahmen (gleichmäßige Spannungsverteilung über die „mittragende Plattenbreite") zu Fehlschlüssen führen kann.

Bei der jetzigen Bemessung nach Grenzdehnungen wirkt sich die zusätzliche Längsdruckbeanspruchung der Platte in einer größeren Höhe der Biegedruckzone aus, während die Bewehrung lokal etwas vermindert werden könnte. Man darf daher die Überlagerung guten Gewissens vergessen.

Die entsprechende Addition vom Längs*zug* eines Balkenobergurtes über der Innenstütze, an dem die Platte teilnimmt, mit dem Biegezug der Platte über dem Auflagerquerträger führt bei getrennter Bemessung und Überlagerung der so ermittelten Bewehrung zu ausreichenden Stahlquerschnitten. Auch hier sei nochmals darauf hingewiesen, daß ein Teil der Balkenzugbewehrung in die Platte zu legen ist, um diese vor klaffenden Rissen zu schützen (I B, Abb. 4.5/6).

Die Bemessung der Schubbewehrung für den Anschluß der Platte an den Balkensteg ist in (I B, 4.3.1.2) gezeigt, ihre Führung in I B, 4.5.1.1.

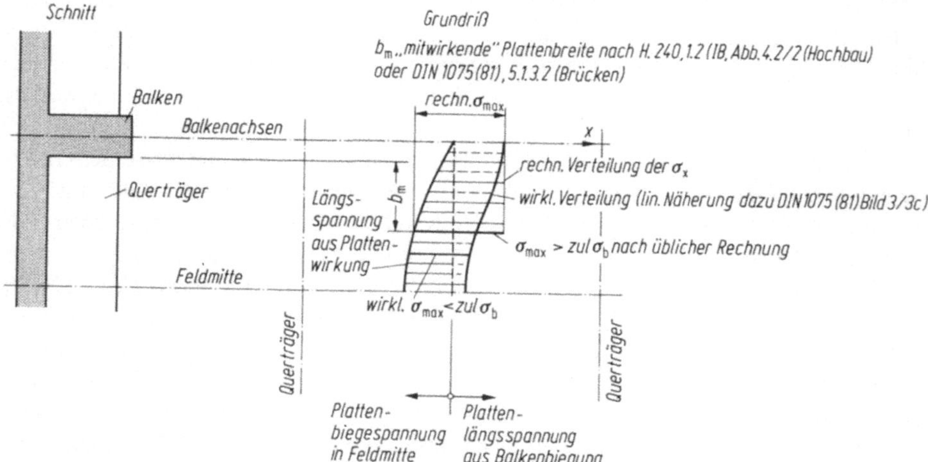

Abb. 3/6. Überlagern von Balken- und Plattenspannungen bei kreuzweise gespannten Platten nach der üblichen Näherung (auf mittragender Plattenbreite b_m ist σ_b = const) und bei genauerer Verteilung der σ_b [5]

3.1.4 Membran-(Gewölbe- und Seil-)Wirkung

Die Durchbiegung des voll belasteten Innenfeldes einer vielfeldrigen Decke ist mit einer Dehnung der Zugzone verbunden, die besonders im Stadium II stark anwächst. Diese wird durch die als steife Scheibe wirkenden Nachbarfelder behindert und führt zu einer *Gewölbebildung* (Abb. 3/7a), welche eine gedrungene Platte befähigt, das

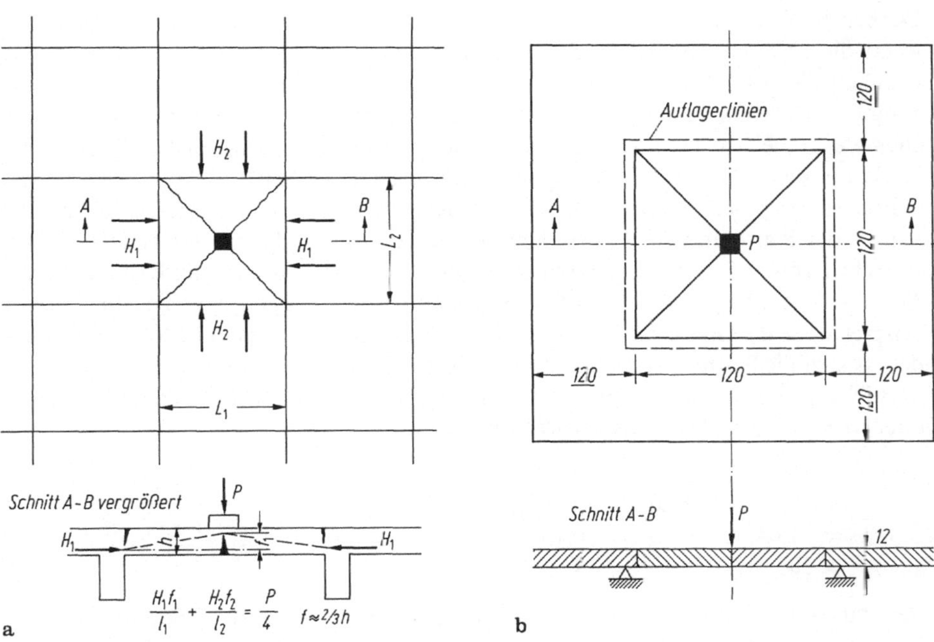

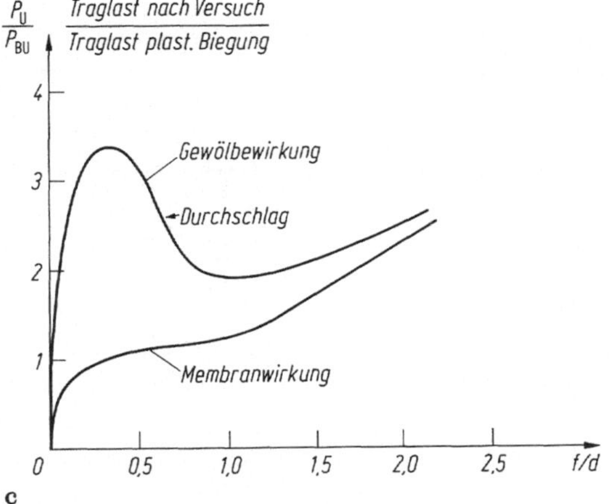

Abb. 3/7. Gewölbebildung im Rißzustand bei mehrfeldrigen Platten mit einer Einzellast in einem Innenfeld. **a** Überschlag für eine Platte im Zustand II [7]; **b** Demonstrationsmodell aus Plexiglas hat $P = 300$ N getragen; **c** Traglasten P_u infolge Gewölbe- und Membranwirkung, bezogen auf die rechnerische plastische Biegebruchlast P_{Bu} (I B, Abb. 5/50) nach [I B, 4/31.4, 2.8]

Mehrfache der rechnerischen Biegebruchlast zu tragen (Abb. 3/7c). Allerdings muß die Bewehrung der Nachbarfelder die Schübe H_1 aufnehmen. Unter vereinfachenden Annahmen über die Lage der Stützlinie läßt sich die daraus resultierende Erhöhung der Tragfähigkeit für kurzzeitige Last abschätzen [6]. An einem Plexiglasmodell, bei dem das belastete Feld aus vier lose aneinandergelegten, genau eingepaßten Dreieckstücken besteht, kann man sich von dieser Tragwirkung überzeugen (Abb. 3/7b). Auch Versuche haben diesen Effekt bestätigt [6.3] und Abb. 3/7c. Bei vorgespannten Decken ist dieser die Biegung entlastende Schub besonders ausgeprägt, vor allem, wenn die Feldlast die Gebrauchslast überschreitet. Immerhin ist diese Erkenntnis lediglich als zusätzliche Sicherheit zu bewerten und nicht in Rechnung zu stellen, zumal sich bei Dauerlast mit zunehmender Kompression des Betons infolge Kriechens der Hebelarm der inneren Kräfte verkleinert, der Schub anwächst und die Gefahr des Durchschlagens infolge Versagens der Druckzone besteht.

Ebensowenig berücksichtigt man die *Zugmembranwirkung*, die infolge des Durchhanges der Platte und der Festhaltung der Ränder durch die anschließenden Felder entsteht (Abb. 3/8a). Bei einer Durchbiegung f ist die Plattenmittelfläche um etwa $\Delta l = 8f^2/3l$ und $\varepsilon_m = \Delta l/l = 8(f/l)^2/3$ gegenüber der Ausgangslage gedehnt. Wenn beispielsweise die Grenzdehnungen ($\varepsilon_b = 3{,}5‰$; $\varepsilon_s = 5{,}0‰$) in der Mitte erreicht werden, besitzt die Platte bei durchgehendem Zustand II eine Krümmung $\varkappa = (\varepsilon_b + \varepsilon_s)/h = 8{,}5‰/h = 10f/l^2$ und biegt sich durch um $f/h = 8{,}5 \cdot 10^{-4}(l/h)^2$ (I B, Abb. 4.2/17), oder $f/l = 8{,}5 \cdot 10^{-4} l/h$. Beispielsweise wäre

bei $l/h =$	35	25	15 ,
$\varepsilon_m =$	2,35	1,20	0,43‰ ,
$f/h =$	1,04	0,53	0,19 ,
$f/l =$	30	21	13‰ .

Bei starrer Festhaltung würde eine Zugkraft je m $Z_1 = a_s\beta_s$ in Feldmitte und ein Moment $\bar{m} = Zf$ entstehen, das einen Lastanteil der Membran $p_M = 8\bar{m}/l^2$ in einer

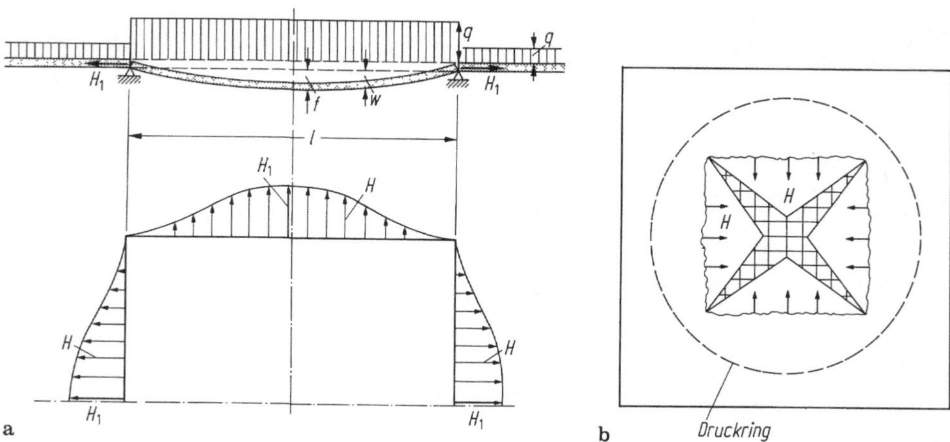

Abb. 3/8. Membranwirkung. **a** Einer schlanken Decke bei Überlasten eines Innenfeldes infolge starr festgehaltener Ränder durch die Nachbarfelder. Vermindern der Biegemomente auf einer Achse um $\Delta m = H_1 w$, in der Mitte um $\Delta m_m = H_1 f$; **b** desgl. eines randgestützten Einzelfeldes durch Ausbilden eines Druckringes im Randbereich nach [I B, 4/31.4, 2.8]

Tragrichtung aufnehmen könnte und die Durchbiegung und damit die Biegebeanspruchung (Lastanteil p_B) vermindern würde. Die tatsächlich auftretende Stahlspannung müßte man aus dem Gleichgewicht $p = p_B + p_{Mx} + p_{My}$ und der Kontinuitätsbedingung $\Delta l = 0$ finden. Allerdings wären diese Gleichungen für jeden Quer- und Längsstreifen der Platte aufzustellen, so daß sich eine sehr umfangreiche Rechnung ergäbe.

Jedoch wird praktisch auf diese Unterstützung der Biegetragfähigkeit [6.3] verzichtet, selbst bei der Plattenberechnung nach der Fließgelenklinientheorie (I B, 5.3), da sie noch wesentlich größere Durchbiegungen als diese voraussetzt. Bei Versuchen macht sich dieses Phänomen schon bei umfangsgestützten Einfeldplatten durch unterlinearen Anstieg der Lastdurchbiegungskurve bemerkbar, weil sich in der Randregion der Platte ein Druckring ausbildet (Abb. 3/8 b).

Immerhin ist das Wissen um diese die rechnerische Tragfähigkeit weit übersteigende und oft beobachtete Zähigkeit von monolithischen Plattendecken auch in Katastrophenfällen (schwere Brände, vielfache Nutzlast) ungemein beruhigend.

3.2 Pilz- und Flachdecken

Diese nur durch Einzelstützen in meist regelmäßigem Raster getragenen Ortbetonplatten haben gegenüber den Balkendecken den Vorteil geringerer Konstruktions- und damit Gebäudehöhe sowie einer schattenlosen Deckenuntersicht. Installationsleitungen unter der Decke können ohne die sonst in den Balken erforderlichen Aussparungen freizügig geführt werden. Die einfache, ebene Schalung bringt einen wirtschaftlichen Vorteil, der den größeren Stahlaufwand infolge der niedrigeren Nutzhöhe meist aufwiegt. Nachteilig ist die geringe Horizontalsteifigkeit mehrgeschossiger Bauten, die zur Aufnahme von Wind- und Erdbebenkräften besondere Versteifungswände (Treppenhäuser o. dgl.) erfordert, weil die Platte an den Stützstellen nur kleine Zusatzmomente verträgt (3.2.2). Die Monographie [8.1] gibt einen Überblick über Anordnung, Berechnung und internationale Vorschriften von Flachdecken.

3.2.1 Biegebemessung

Die strenge Berechnung der punktgestützten Flachdecken auf Biegung nach der Elastizitätstheorie liegt schon seit langem vor [8]. Sie zeigt, daß die Lasten bestrebt sind, den „kürzesten", d. h. den steifesten Weg zu nehmen (Abb. 3/9 a) und sich daher in den Rasterlinien zwischen den Stützen „versteckte Balken" ausbilden, zwischen denen sich die Felder wie umfangsgelagerte Platten spannen (Abb. 3/9 b). Für die Schnitte in den Stützenfluchten und in Feldmitte aufgestellte Momentengleichungen zeigen, daß die *Summe* der Biegemomente für ein Feld *unabhängig* von der Verteilung im Schnitt ist. Ferner erkennt man, besonders deutlich im plastischen Zustand III (Abb. 3/9 c), daß die Platte in *beiden* Richtungen für die *volle* Flächenlast zu berechnen ist.

Das Verhältnis der Momentensummen von Feld zu Stütze läßt sich im Zustand I wie bei einem Balken durch Vergrößern der Konstruktionshöhe über der Stütze verändern (Abb. 3/10), wodurch die Momente „angezogen" werden [9]. Dann kann z. B. $M_{ys} = \int_{l_x} m_{ys}\, dx > (ql_x)\, l_y^2/12$ werden. Noch stärker verlagern sich die Momente

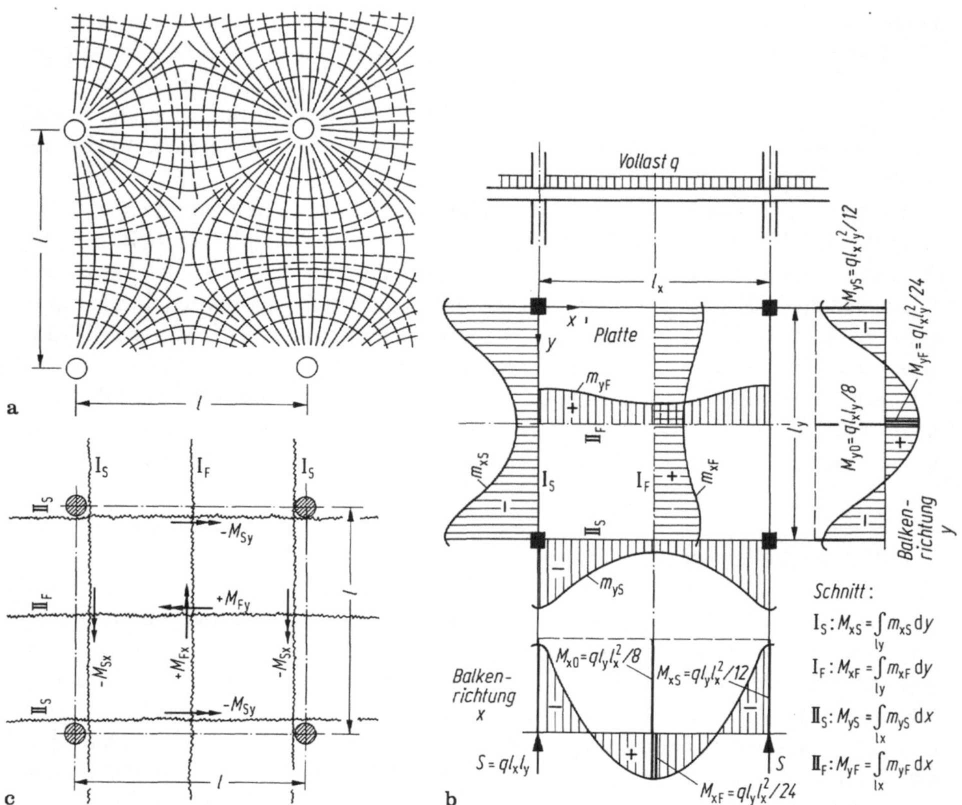

Abb. 3/9. Momentenverlauf im Innenfeld einer Flachdecke unter Vollast q. **a** Richtung der Hauptmomente bei gleichförmiger Vollbelastung aller Felder [I B, 5/2.9]; **b** Verlauf der Biegemomente m_x und m_y (schematisch); ihre Summen M_x bzw. M_y gleichen den Momenten eines Balkens mit den Lasten ql_y bzw. ql_x, sofern q quer zur Tragrichtung konstant ist; **c** „Bruch"linien I und II als Gelenke der Plattenteilflächen (I B, Abb. 5/49) in denen die plastischen Fließmomente $-M_S$ und $+M_F$ (jeweils für die ganze Feldbreite) wirksam sind [27]. Die Gleichgewichtsbedingungen sind sowohl in x-, als auch in y-Richtung für Vollast q anzusetzen!

im Zustand II [10], wodurch man wiederum gewarnt wird, die „Statik" von Stahlbetontragwerken im Zustand I für „genau" zu halten. Im Zustand III ist weitere willkürliche Umlagerung wie bei Balken (I B, 4.2.5) möglich.

Die klassische Plattentheorie liefert über Punktstützen unendlich große Biegemomente, jedoch mit endlicher Summe. Abb. 3/11a zeigt den Einfluß der auf die Spannweite l bezogenen Stützendicke d_s bei gleichförmig über die Querschnittsfläche der Stütze verteilter Kraft. Berechnungen und Tabellen hierzu findet man in [11]. Auch die durchgehende Lagerung des Deckenrandes ließ sich erfassen [12]. Es ist sehr schwierig, die Einspannung der Platte in die Stütze, die besonders bei den Rand- und Eckstützen bedeutsam ist, „streng" zu berechnen [13]. Hierzu hat man mitunter die Modellstatik benutzt [14]. Nach [13.5] sowie [I B, 5/54, hieraus Abb. 5/39 u. 40] liegen die Einspannmomente der Platte in Rand- und Eckstützen, berechnet mit dem „stellvertretendem Rahmen" auf der „sicheren Seite", wenn $\eta = I_s/lI_p$

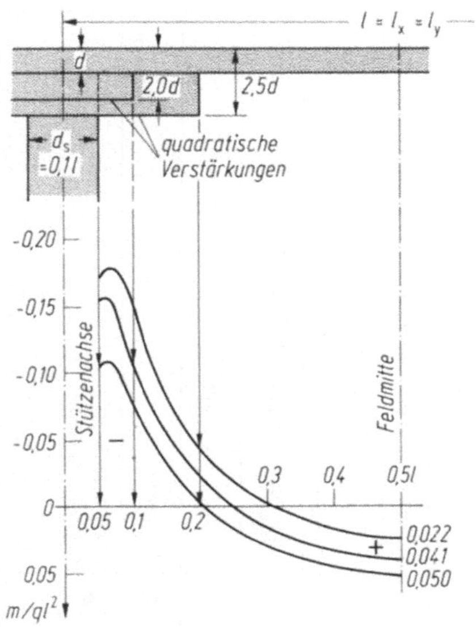

Abb. 3/10. Biegemomente in der Stützenachse des Innenfeldes einer Flachdecke mit Verstärkung der Platte über der Stütze [9.1, S. 5/49] (vgl. Abb. 3/26) bei Vollast

$= (d_s^3/d_p^3)\,(d_s/l) > 0{,}5$ und $0{,}5 < l_y/l_x < 2$ ist. Die Bruchlast war stets $P_u < 3P_{zul}$ nach DIN 1045, ACI (USA) [15] und CP (GB) [16]. Die Interaktionsformel (Abb. 3/24b) liefert ebenfalls konservative Werte.

Einen kritischen Vergleich einiger Berechnungsverfahren bringt [9.1, S. 5/56], kurz zusammengefaßt in Abb. 3/11b.

Praktisch am universellsten und am einfachsten anwendbar hat sich der „stellvertretende Rahmen" erwiesen [H. 240, 3.3], der die Steifigkeitsverhältnisse Stütze zu Platte (Riegelbreite = Feldbreite ⊥ Spannrichtung) sowie von Stützenkopfverstärkungen zu berücksichtigen gestattet. Diese Näherung ist auf ein regelmäßiges Stützenraster mit $0{,}75 \leqq l_x/l_y \leqq 1{,}33$ begrenzt. In Anlehnung an die Ergebnisse der Elastizitätstheorie sind die so für die ganze Feldbreite ermittelten Momente M, die nach Abb. 3/9 ja sowohl den Gleichgewichts- als auch Kontinuitätsbedingungen genügen, nach DIN 1045, 22.3 auf die Gurtstreifen („versteckte Balken") und Feldstreifen zu verteilen. In [H. 240, 3.4] finden sich fertig ausgerechnete Momentenwerte tabelliert. Die Einspannung in Innenstützen darf vernachlässigt werden; für diejenige in Rand- und Eckstützen ist in [H. 240, 3.3] ein Näherungsansatz zugelassen, der im Hochbau für Stockwerkrahmen üblich ist und das „Starreinspannmoment" der Platte auf die drei an den Knoten anschließenden Glieder nach Maßgabe ihrer Steifigkeit verteilt. Besser als alle Versuche zur Abschätzung der sehr ungünstigen Beanspruchung von Platte und Stützen an den Rändern und Ecken ist es, diese Problematik von vornherein durch Auskragen der Platte zu mildern.

In manchen Ländern ist im Bestreben nach der universellen Anwendung der Plastizitätstheorie (I B, 1.2.2) diese auch für Flachdecken gebräuchlich [17], [4/1, 9.1] und [I B, 4/31.4]. Sie muß als reines Nachweisverfahren der Traglast eine im Hinblick auf den Gebrauchszustand zweckmäßig angeordnete Bewehrung voraussetzen und vermag nur die Gesamtfeldmomente M in den Schnitten I und II der Abb. 3/9c, die als Fließgelenklinien angenommen werden, zu liefern. Die Wirkung feldweiser Belastung und der Einspannung in die Stützen gehen in diese Ansätze nicht ein,

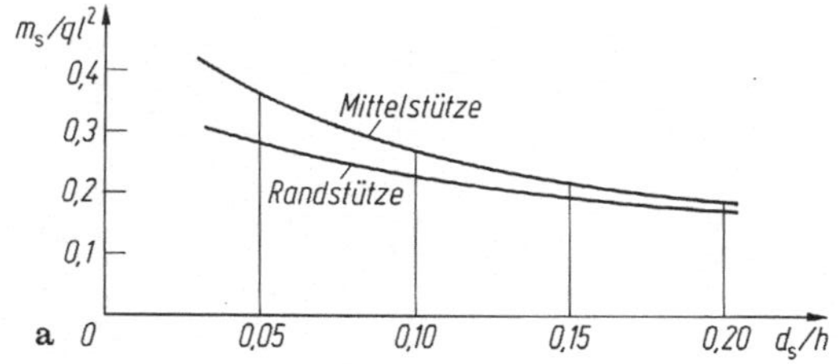

a

Berechnungs-verfahren	$\varepsilon = l_y/l_x$	Innenfeld	Randfeld					Eckfeld							Hauptmomente	Drillmomente	tatsächl. Momente	Bemessungs-momente	Methode	Anschluß-Stütze - Platte	Momenten-grenzwerte max. u. min.
			frei	gelenkig	eingesp.	elastisch gestützt	mit Auskrag	frei / frei	frei / gelenk.	frei / eingesp.	gelenk. / gelenk.	gelenk. / eingesp.	eingesp. / eingesp.	el.gest. / el.gest.							
DIN 1045	0.75 - 1.33	●		●														●	Balkenmodell	keine Berücksichtigung der Stütz.-abmess.	nur am Ersatzrahmen
Pfaffinger/Thürlimann [11.2]	0.6-1.5	●	●	●	●		●		●		●	●			●	●	●		Reihenlösung + Kraftgrößenverfahren	gelenk. mit Berücksicht. der Stütz.-abmess.	max. Feld-momente
Glahn/Trost [11.6]	0.67 - 1.5	●	●	●				●	●		●						●		"	biegesteif + Stütz.-abmess.	Grenzmomenten linien
Glahn/Trost [H.240]	0.67 - 1.5	●	●					●										●	Kraftgrößenverfahren	biegesteif + Stütz.-abmess.	"
Duddeck [11.1]	1.0 - 2.0	●															●		Balkenmodell + modellst. erm. Einflußflächen	biegesteif + Stütz.-abmess.	über Auswert. von Einflußflächen
Bretthauer [11.4] [11.5]	belieb.	●	●													●	●		Funktionen-spiegelung	gelenkig + biegesteif	
Rabe [12.1]			●	●		●		●			●			●	●	●	●		Kraftgrößenverfahren	punktförmig (linien) + Stütz.-abmess.	
Rabe [12.2]	1.0	●	●					●			●				●	●	●		Kraftgrößenverfahren	punktförmig (linien) + Stütz.-abmess.	
ACI-Code [15] (Elast.-theorie)		●	●	●		●												●	Balkenmodell		nur am Ersatzrahmen
ACI-Code [15] (Emp.verfahren)	<1.33	●	●	●		●			●									●	Balkenmodell + emp. ermittelte Faktoren		
Baader	0.5, 1.0 1.5, 2.0	●	●				●										●		analytische Näherungslösung	linienförmig mit Einspanngrad	

b

da ja nur Gleichgewichtsbedingungen aufgestellt werden, welche die plastischen Grenzmomente m_{pl} der Plattenschnitte ($\sigma_s = \beta_s$) sowie die äußeren Lasten eines Feldes enthalten. Die Grenzen der „Fließgelenklinientheorie" gelten natürlich auch hier (I B, S. 254).

Hiernach ist es für die Standsicherheit nur wichtig, ob das Gleichgewicht der Momentensummen nach Abb. 3/9 befriedigt und nicht wie die Bewehrung in der jeweiligen Tragrichtung oder quer dazu verteilt ist. Man hat es daher in der Hand, *in* Tragrichtung das Verhältnis Stütz- zu Feldmomenten durch die Bewehrungsstärken zu beeinflussen (I B, 1.2.2). DIN 1045, 15.1.2 läßt — sehr vorsichtig — zu, daß die Stützmomente M_S im Zustand I (E-Theorie, Ersatzrahmen) um $\pm 15\%$ geändert und die Feldmomente M_F entsprechend korrigiert werden. CEB [4/1, 9.1.2.3] läßt für die Stützmomente den größeren Spielraum $0{,}5 m_{el} \leqq m \leqq 1{,}25 m_{el}$ zu.

Um grobe Risse im Gebrauch infolge der in den Stützenfluchten (Abb. 3/9 b) sehr ungleichmäßig verteilten negativen Momente zu vermeiden, ist es unbedingt nötig, eine Anleihe bei der E-Theorie zu machen, die ja ohnehin über den Gebrauchszustand relativ am besten Auskunft gibt (I B, 1.1.2). Hierzu dienen die erwähnten Gurt- und Feldstreifen, auf welche die Momentensummen aufzuteilen sind. Ähnliche Vorschläge findet man bei CEB [I B, 4/31.4, 5.25].

Aus praktischen Gründen beschränkt man sich auf zwei Bewehrungsscharen parallel zu den Stützenfluchten, obgleich die Hauptrichtungen der Momente größtenteils schief dazu verlaufen (Abb. 3/9 a). Bei 45° Kreuzungswinkel ist $a_x/a_y = a_1/a_2 = m_1/m_2 = K$ (I B, Abb. 5/57), also kein Nachweis nötig. Man erspart sich diesen aber für die Zwischenrichtungen, wenn auch die korrekte Transformation etwas größere Stahlquerschnitte ergäbe. Die zwangläufige Rißbildung sorgt schon für einen Ausgleich (I B, Abb. 5/57).

Neuerdings werden Flachdecken, besonders in USA und der Schweiz, vorgespannt. Die Zugspannungen aus den ständigen Lasten werden dabei meist voll, die aus der Nutzlast nur zum Teil überdrückt („teilweise Vorspannung" DIN 4227 (80) Teil 2) und der Rest durch passive Bewehrung gedeckt. Die zentrischen Randverankerungen der Spannglieder versetzen die Platte in einen gleichförmigen Scheibenspannungszustand. Wie bei Balken (I B, Abb. 4.2/9) führt man die Spannglieder in parabolischen „Girlanden" (Abb. 3/12 a), die durch ihre Leibungskräfte den Lastmomenten entgegengesetzte Momente erzeugen (I B, 5.2). Zweckmäßigerweise teilt man die Spannglieder etwa hälftig auf die Gurtstreifen und die Feldstreifen auf (Abb. 3/12 b), weil dadurch die höher auf Biegung beanspruchten Plattenbereiche entlastet und die nach unten gerichteten Umlenkkräfte p_1 der Spannglieder unmittelbar den Stützen oder den quer dazu verlaufenden Gurtstreifen zugeleitet werden. Die Wendepunkte der Spannglieder sollen daher in Abstand $d/2$ vom Stützenrand liegen (Abb. 3/12 c). Die Scheibenkräfte aus den Gurtspanngliedern verteilten sich jedoch bereits in der ersten Stützenreihe gleichmäßig über die ganze Feldbreite. Bei der sogenannten Gurtstreifenvorspannung [19] läßt man sogar Feldspannglieder ganz fort und begnügt sich dort mit passiver Bewehrung.

◀ **Abb. 3/11. a** Stützmomente einer vierfeldrigen Flachdecke (Stützen d_s/d_s) ohne Randbalken [12.1] bei Vollast q; **b** in [9.1, S. 5/56] empfohlene Anwendungsbereiche der Berechnungsverfahren der Biegemomente in Flachdecken (Lit. für Sonderprobleme a. a. O. S. 57)

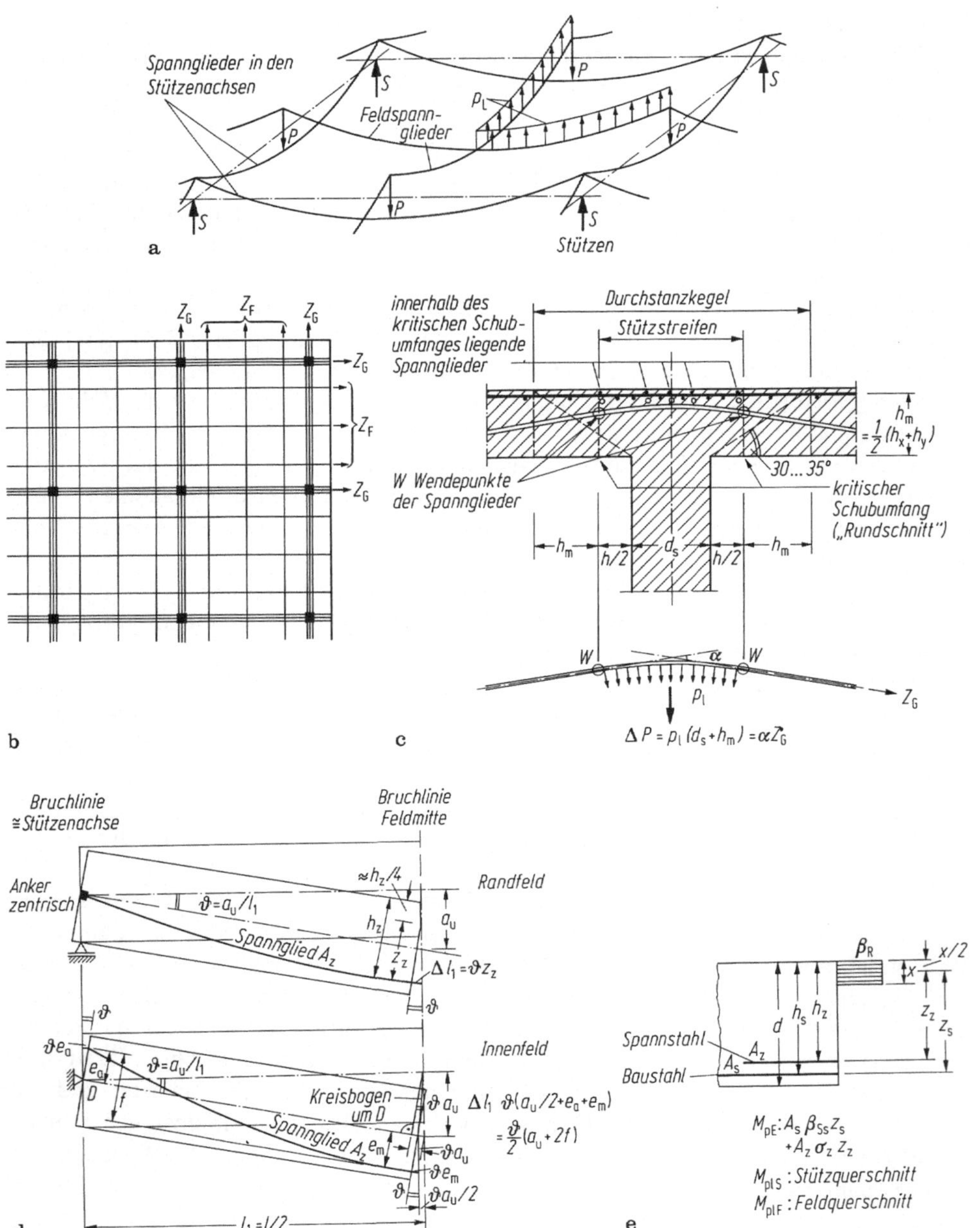

Abb. 3/12. Zweckmäßige Führung der Spannglieder (Bündel mit oder ohne nachträglichen Verbund) in einer Flachdecke [18]. **a** Die Wirkungen der Kräfte aus Umlenkung (p_1 und P) und aus Verankerung (Z_G und Z_F) sind getrennt zu behandeln! **b** Aufteilung in Gurt (Z_G)- und Feld (Z_F)-Spannglieder; **c** über einer Stütze müssen die Z_G stark gekrümmt sein, deshalb sind Bündel aus dünnen Drähten zu verwenden [23]; **d** Kinematik eines halben Plattenfeldes im plastischen Zustand; **e** plastisches Moment M_{pl} aus passiver (A_s) und aktiver (A_z) Bewehrung.

Um das Auspressen der Spanngliedkanäle (I A, 3.2.4) zu sparen, verzichtet man meistens auf den dadurch erzeugten Verbund sowie den dadurch entstehenden Korrosionsschutz [20] und verwendet eingefettete Spannglieder (Litzen) mit einem Kunststoff-Schutzüberzug gegen Korrosion („Monolitzen"). In [23] wird für solche Spannglieder *ohne* Verbund $\mu = 0{,}06$ in Krümmungen, dazu $k = 0{,}5‰/\mathrm{m}$ in geraden Strecken, insgesamt rd. $2{,}5‰/\mathrm{m}$ empfohlen; für Spannglieder *mit* Verbund $\mu = 0{,}20$ und $k = 3{,}0‰/\mathrm{m}$ (flaches Hüllrohr), $k = 0{,}8‰/\mathrm{m}$ (rundes Hüllrohr).

In Spanngliedern ohne Verbund steigt bei örtlicher Dehnung und Rißbildung im Beton die Stahlspannung nicht wesentlich an, weil sich die Rißbreite auf die *gesamte* Länge des Spanngliedes, nur etwas abgebremst durch die Reibung in den Krümmungen, verteilt (I B, 4.3.2). Hierin liegt ein gravierender Nachteil, falls z. B. ein Feld durch Überlastung oder Brand zerstört wird oder ein Spannglied durch Korrosion oder Nachgeben des Ankers versagt, weil dann die Nachbarfelder in Mitleidenschaft gezogen werden [20.1]. Um eine gute Rißverteilung und Bruchsicherheit zu erzielen, ist daher stets schlaffe Zulagebewehrung im Feld und über der Stütze nötig. (DIN 4227, Teil 6 (82) „Vorspannung ohne Verbund") [21]. Über Erfahrungen und Versuche berichten [22].

Eine einfache, allerdings auf dem Bruchzustand fußende Berechnung findet man in [23]. Auf die Schwierigkeit, hierbei die Spannung im Spannglied anzugeben, wird in I B, S. 138 hingewiesen. Der dort benutzte Schätzwert von $\Delta\sigma_z \cong 110\ \mathrm{N/mm^2}$ wird durch eine geometrische Ableitung nach Eintritt des kinematischen Zustandes verbessert. Hierbei bilden sich Bruchlinien nach dem Muster von Abb. 3/9c, die angenähert in Feld- und Stützenmitte verlaufen. Dabei muß zwischen Randfeldern, die sich wie Plattenstreifen verhalten, und Innenfeldern unterschieden werden. Durch die Scheibenwirkung der Nachbarfelder muß sich die Mittelfläche der letzteren dehnen (Abb. 3/8). Man liest in Abb. 3/12d ab, daß das Spannglied bei einem Auflagerdrehwinkel $\vartheta = 2a_u/l$ verlängert wird:

beim Randfeld um $\Delta l = 2\vartheta z = 4a_u z/l$
beim Innenfeld um $\Delta l = \vartheta(a_u + 2f) = (2a_u/l)\,(a_u + 2f)$.

Δl hängt nicht linear von ϑ *ab* und führt ohnehin nicht bis zur Streckgrenze β_{Sz} des Spannstahls. Die Momente in den Rissen sind daher nicht unabhängig vom Betrag des Drehwinkels ϑ. Man definiert daher einen „nominellen Bruchzustand", der durch $a_u/l = 1/40$, also $\vartheta = 1/20$ charakterisiert und auch im „Revisionsvorschlag" der SIA-Norm 162 E (79) [24] enthalten ist. Dann wird mit der Näherung $z = 0{,}75h_z$

im Randfeld $\Delta l = 0{,}075l(h_z/l)$
im Innenfeld $\Delta l = 0{,}05l(0{,}025 + 2f/l)$.

DIN 4227 Teil 6, 14.2 läßt als Näherung $\Delta l = 0{,}06h$ zu.

In einer n-feldrigen Decke, von der nur ein Feld l überlastet wird, repartiert sich Δl auf die Gesamtlänge $L = nl$, so daß σ_z zunimmt um

$$\Delta\sigma_z = (\Delta l/l)\,(l/L)E_s = (\Delta l/L)E_s$$

auf $\sigma_z = \sigma_{z\infty} + \Delta\sigma_z < \beta_{Sz}$ ($\sigma_{z\infty}$: nach Kriechen und Schwinden). Nun kann man das zugehörige „nominelle Bruchmoment" für eine Feldbreite b berechnen (Abb. 3/12e):

$M_{pl} = Z_s z_s + Z_z z_z$ mit: $Z_s = A_s\beta_{Ss}$; die Streckgrenze der passiven Bewehrung A_s wird wegen des Verbundes erreicht!

und $Z_z = A_z\sigma_z$ der aktiven Bewehrung (Spannstahl)
$x = (Z_s + Z_z)/b\beta_R$,
$z_s = h_s - x/2;\ z_z = h_z - x/2$.

Das Verhältnis A_s/A_z soll man über den Stützenstreifen wesentlich höher wählen als im Feld, da ja dort größere Momente zu decken sind und A_z durchläuft, während A_s gestaffelt wird.

Die Traglast $q_u = vq$ mit der globalen Bruchsicherheit $v = 1{,}75$ ist dann für eine Feldbreite und

ein Innenfeld $q_u = 8M_{pl_F}(1 + \lambda)/bl^2$ mit $\lambda = M_{pl_S}/M_{pl_F}$,
ein Randfeld $q_u = 8M_{pl_F}(1 + \lambda/2)/bl^2$.

Die Leibungs- und Längskräfte infolge Vorspannung gehen in diese Bruchbetrachtung nicht ein!

Bei der Rißbeschränkung im Gebrauchszustand wirken diese Kräfte naturgemäß mit. Als Faustformel wird die erforderliche passive Bewehrung für Randfelder in Anlehnung an SIA-Norm 162 E (79) zu $\mu_s = 0{,}15 - 0{,}50\mu_z \geqq 0{,}05\%$ angegeben. In Innenfeldern ist hiernach die Rißverteilung infolge der Spann- und Membrankräfte meist ohnehin gesichert; die aus der Bruchberechnung abgeleitete Bewehrung A_s genügt meist. Im Stützenbereich ist stets eine kräftige passive Zusatzbewehrung einzulegen, wie aus dem erwähnten Verhältnis A_s/A_z für den Bruch ohnehin hervorgeht. Die Angaben in DIN 4227 Teil 6 werden als Richtwerte empfohlen.

Im Brückenbau werden Platten in der Bauart der Flachdecken wegen ihrer geringen Bauhöhe viel verwendet. Sie lassen sich auch gekrümmten Straßentrassen leicht anpassen. Ihre Berechnung verursacht dann viel Aufwand; oft ist auch jetzt noch außer der FEM die Modellstatik hilfreich. Für ein- und mehrfeldrige gerade und schiefe Platten findet man in I B, 5.1.3.1 und 5.1.3.7 umfangreiche Hinweise, sofern die Stützen so eng stehen, daß sie als durchgehende Lager angesehen werden können. Für paarweise Stützen im Abstand $l < 3b$ (b Plattenbreite) gibt [25] Rechenansätze und Einflußfelder.

Wird ein Verkehrsweg mit minimaler Lichthöhe überschritten, kann die Platte meist nicht mehr in die gedrungenen Stützen eingespannt werden, weil dann starke Zwänge aus Vorspannung, Temperatur und Schwinden entstehen. Man stützt die Platte besser durch allseitig bewegliche Lager (I B, 7.3.6) ab.

3.2.2 Durchstanzen

Das Durchstanzen (punching) der Stützen ist die schwierigste Frage bei der Bemessung einer Flachdecke, da eine genaue analytische Erfassung noch nicht gelungen ist. Immerhin liegen sehr viele Versuche vor, die zwar meist ohne mechanische Modellvorstellungen rein empirisch genügend Einblick gewähren, so daß im Bereich der üblichen Abmessungen eine sichere Konstruktion und Bemessung möglich ist. Die Unsicherheit liegt darin, daß die Aufnahme der Querkraft nur biegebewehrter Platten im Gebrauch allein dem Beton zugemutet wird.

Wie spielt sich das Durchstanzen ab? Den Schlüssel bietet wie stets bei der Frage nach der Bruchart, d. h. der Bruchmechanik, der Trajektorienverlauf im homogenen Körper aus der Elastizitätstheorie, insbesondere Größe und Richtung des Hauptzuges

(I B, Abb. 5/53 u. 54). Der räumliche, rotationssymmetrische Spannungszustand in der Platte über der Stütze ist erst jüngst mit Hilfe der FEM berechnet worden [26]. Er bestätigt den 15 Jahre früher mittels der spannungsoptisch ausgewerteten „Einfriermethode" des Verformungszustandes gefundenen Hauptspannungsverlauf (Abb. 3/13).

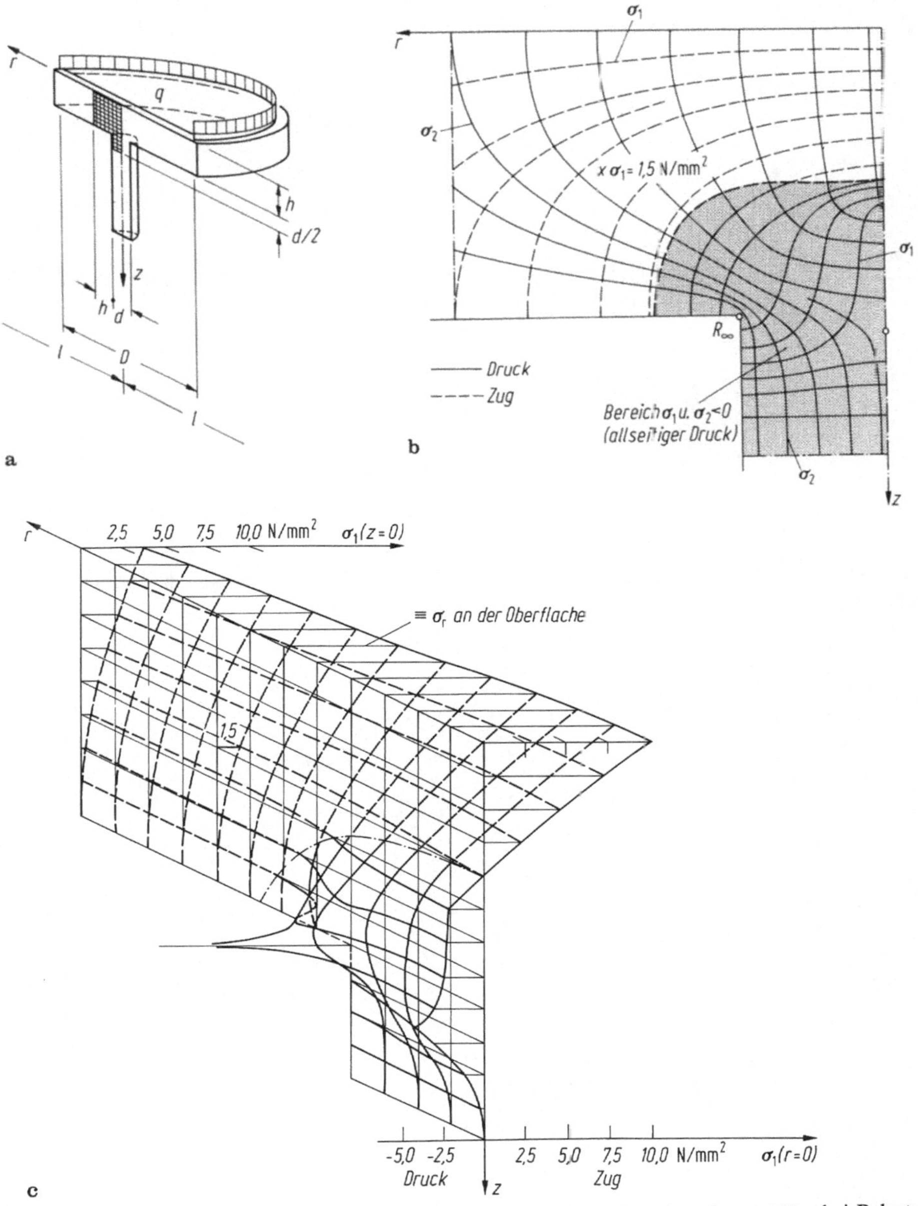

Abb. 3/13. Spannungszustand in einer homogenen Flachdecke über einer Innenstütze bei Belastung im Momentennullkreis ($D = 0{,}44l$), spannungsoptisch scheibenweise mittels Einfrierverfahren ermittelt [I B, 5/24.1]. **a** Modellkörper mit Belastung (Meßbereich gerastert); **b** Hauptspannungstrajektorien im Radialschnitt; **c** Größe der radialen Hauptspannungen σ_1 im Meßbereich

Über der Stütze treffen wie bei dem Zwischenauflager eines Balkens die Größtwerte von Moment und Querkraft zusammen. Der Momentennullpunkt liegt sowohl bei der Flachdecke wie beim Balken etwa in 1/5 der Spannweite. Die Querkraft Q_1 je Breiteneinheit aus verteilter Last nimmt beim Balken linear bis zur Mitte der Spannweite ab, bei der Flachdecke jedoch vom Wert ∞ bei Punktstützung hyperbolisch (Abb. 3/14). Die Gefahr des Querkraftbruches ist mithin sehr groß, jedoch auf einen kleinen Bereich ($\sim 1{,}5h$ ab Stützenrand) beschränkt. Er wird durch das

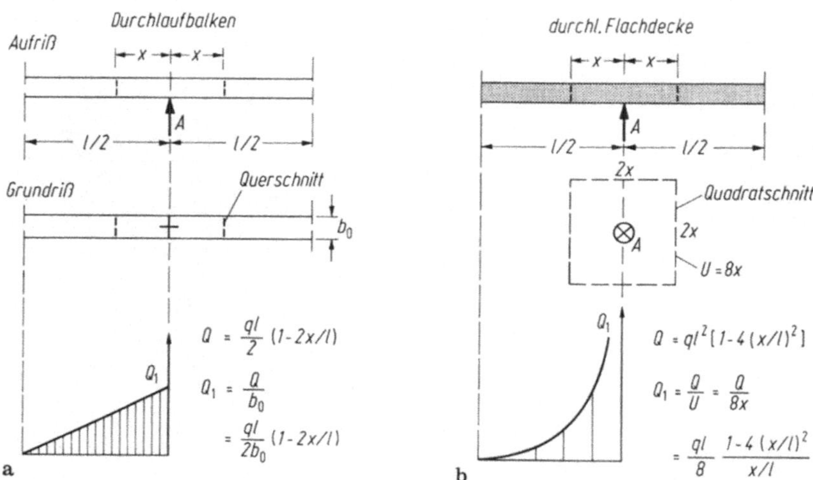

Abb. 3/14. Vergleich des Verlaufs der Querkraft Q_1 je m Breite. **a** Bei einem Balken; **b** bei einer Flachdecke in quadratischen Schnitten im Abstand x von der Stützenachse

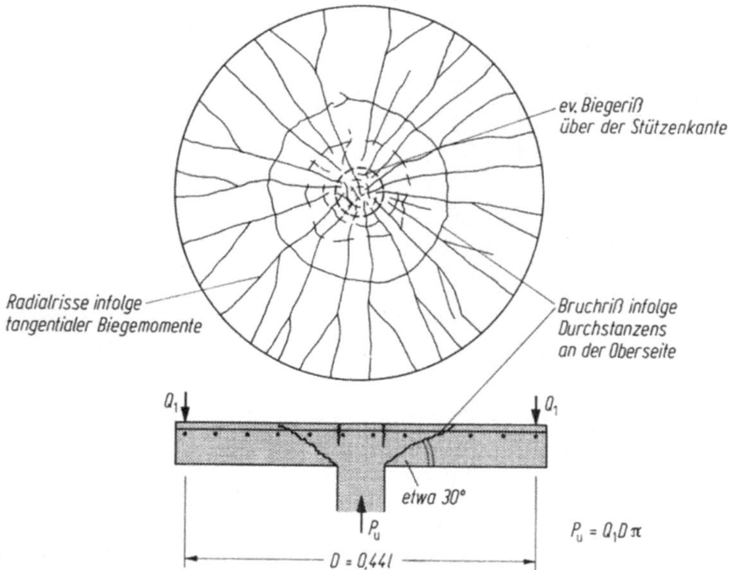

Abb. 3/15. Durchstanzen einer Flachdecke bei ausreichender Biegebewehrung. Rißbild des Plattenausschnitts innerhalb des Momentennullkreises [30.1]

Überwinden der Betonzugfestigkeit etwa in Plattenmitte (beobachtet bei [27]) eingeleitet und verläuft wie beim Balken längs einer Drucktrajektorie (fälschlich „Schubriß" genannt, wie in I A, 1.2.2.2 geschildert und in I B, 4.3.1.1 ausgeführt), so daß sich ein „Durchstanzkegel" mit etwas konkaver Mantellinie bildet (Abb. 3/15). Diese Bruchform wurde auch durch theoretische Bruchbetrachtungen [28] und zahlreiche Versuche

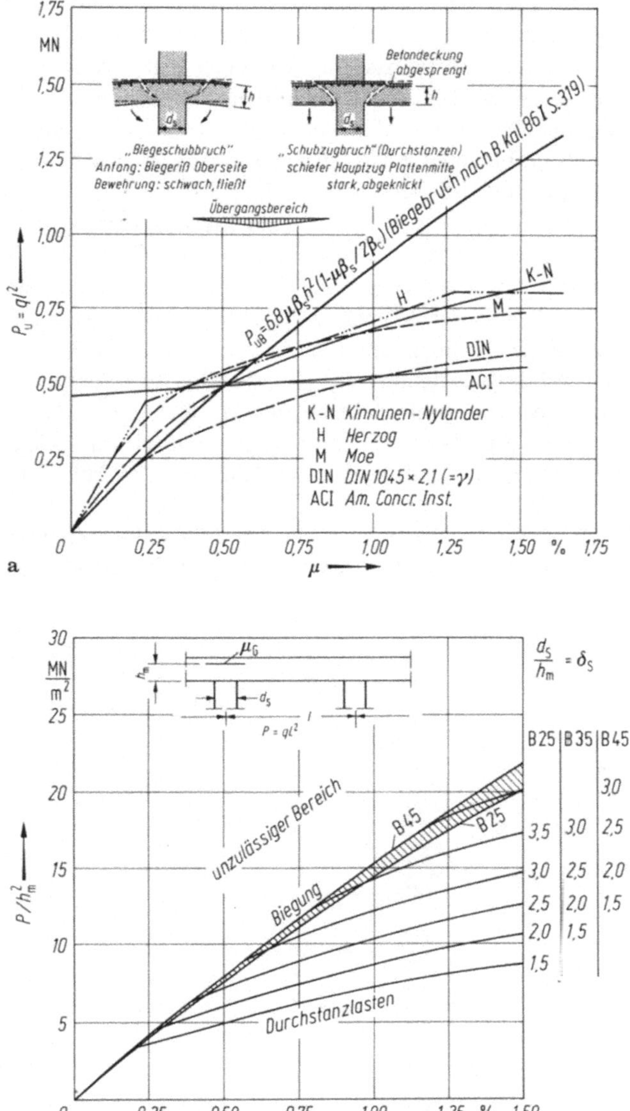

Abb. 3/16. Bruch einer Flachdecke über einer Innenstütze, abhängig vom Bewehrungsgehalt $\mu_x = \mu_y = a_s/h$ im Stützenstreifen ohne „Schub"-Bewehrung. **a** Bruchvorgang und Vergleich verschiedener Berechnungsansätze für die Bruchstützkraft $P_u = ql^2$ an einem Beispiel: $l = 6{,}5$ m; $h_m = 1/2\,(h_x + h_y) = 20{,}5$ cm; $d_s = 20$ cm; $l/h_m = 32$; B 25 [30.1 u. 2]; **b** Vergleich der Biege- und Durchstanzlasten im Gebrauch nach DIN 1045, 22.5 als Funktion der mittleren Bewehrung μ_g des 0,4l breiten Gurtstreifens (B. Kal. 1986 I S. 321)

bestätigt. Sie setzt naturgemäß voraus, daß die Biegezugspannungen durch Bewehrung aufgenommen werden, sonst bricht die Platte über der Stütze radial durch. Die Grenze, bei der Biegebruch *vor* dem Durchstanzen eintritt, liegt bei etwa $\mu = 0{,}5\%$ (BSt III) (Abb. 3/16), was der Mindestbewehrung nach DIN 1045, 22.4 entspricht [29]. Der Stanzbruch wird also, wie erwähnt, durch Versagen des Betons auf Schrägzug eingeleitet, so daß die Biegedruckzone auch die Querkraft aufnehmen muß, und tritt deshalb plötzlich ohne Ankündigung ein [33.2]. Er muß daher mit größerem Sicherheitsabstand ($\gamma = 2{,}5$) als ein durch Biegerisse angekündigter Bruch vermieden werden. Diese Gefahr besteht besonders bei sehr starker Biegebewehrung, wo die Decke bereits *vor* dem Fließen der Bewehrung über der Stütze durchstanzen kann. Ausführlich, allerdings meist auf empirischer Basis, geben Einblick in das Durchstanzproblem [30] und (I B, 4/31.6] sowie B. Kal. 1986 I, S. 318.

Wenn eine mittlere Biegebewehrung ($0{,}5 < \mu < 1{,}5\%$) zu fließen beginnt, stellt sich ein fächerförmiges Rißbild ein mit nur *einem* Ringriß über dem Stützenrand, da die Tangentialmomente größer als die Radialmomente sind (Abb. 3/17a). Außerdem deutet dieses Rißbild auf ein Umlagern der Momente gegenüber dem Zustand I. Die Biegefläche der Platte weist daher die Form eines Rundzeltes auf. (Abb. 3/17b). Die zweckmäßigste Bewehrung wären also Ringe, wie sie sich zwar bei Versuchen [30.2, S. 30] gut bewährt haben, aber praktisch nicht ausführbar sind. Die radialen Druckkräfte im Schnitt rund um die Stütze behalten eine geneigte Lage wie im Trajektorienbild bei und nehmen daher mind. 25% der Stützkraft P auf, wie aus Abb. 3/13 abgeschätzt werden kann.

Dieser Mechanismus läßt den Zusammenhang zwischen der Durchstanzlast und der Stärke der Biegebewehrung erkennen, denn diese bestimmt ja die Größe der

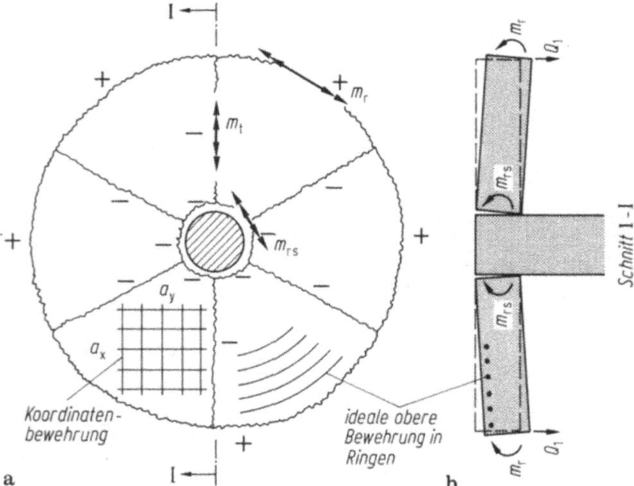

Abb. 3/17. Aus dem beobachteten Rißverlauf (Abb. 3/15) abgeleitetes idealisiertes Rißbild als Grundlage für die „Bruchlinientheorie" des Versagens der Platte über der Stütze [30.1]. **a** Rißbild; **b** Kinematik beim Fließen der Bewehrung unter dem plastischen Moment $m_{pl} = \mu\beta_s h^2(z/h)$: die Plattensektoren bleiben in Radialrichtung eben. Koordinatenbewehrung a_x und a_y wird nach I B, Abb. 5/49a in die Rißrichtungen transformiert

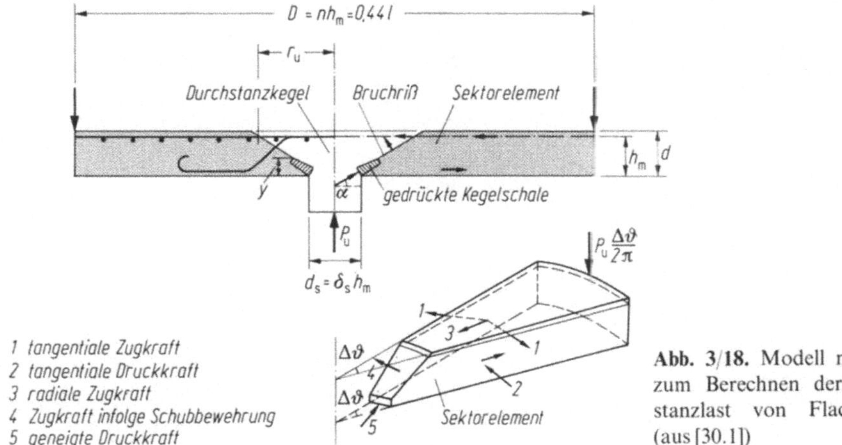

Abb. 3/18. Modell nach [31] zum Berechnen der Durchstanzlast von Flachdecken (aus [30.1])

Druckkraft (5). Auf ihm ist die bisher einzige theoretische Bruchanalyse von Kinnunen-Nylander [31], deutsch in [30.1], französisch in [I B, 4/31.4, 6.22] für zentrisch belastete Innenstützen wiedergegeben, aufgebaut (Abb. 3/18). In dieser werden außer der Biegebewehrung die Betondruckfestigkeit β_R und Betonstauchung ε_{bu} berücksichtigt. Die Zugfestigkeit β_{bz} wird als überschritten betrachtet, jedoch läßt sich eine Querkraftbewehrung einbauen. Dieser Ansatz hat sich sehr gut bewährt, um Versuchsergebnisse auszudeuten. Er ist daher auch geeignet, der Wirkung veränderter Parameter nachzugehen.

Viele Autoren haben umfangreiche Versuchsreihen fast ausnahmslos an kreisförmigen Platten angestellt, deren Durchmesser meist dem theoretischen mittleren Momentennullkreis im Zustand I (Wendepunktlinie oder „Nadai-Schnitt" $r = 0{,}22l$; nach [I B, 4/31.4, 6.2.2]: $r = 0{,}25\sqrt{P/q}$) entsprach. Sie haben auf ein mechanisches Modell verzichtet und aus den gewöhnlich stark streuenden Ergebnissen mitunter sogar dimensionsbehaftete Interpolationsformeln abgeleitet. Diese dürfen nur mit Vorsicht extrapoliert werden und werden z. B. von Thürlimann [32], von Herzog [33.1] mit einfachen Gebrauchsformeln, und neuerdings von Schäffers [30.7] und abschließend von Kordina [33.2] diskutiert.

Bruchversuche an Neunfelddecken in USA [34] und Zürich [27] haben gezeigt, daß man mit den Versuchen am Deckenausschnitt auf der „sicheren Seite" liegt.

Für die Durchstanzbemessung wurden folgende Erkenntnisse gewonnen:

(a) Anstelle der maßgebenden unbekannten Hauptzugspannung wurde international ein Rechenwert $\tau_r = Q_r/uh_m$ in einem Rundschnitt u im Abstand $h_m/2$ von der Stützenkante mit der Höhe $h_m = (h_x + h_y)/2)$ (Abb. 3/19a) definiert, der aber keinerlei mechanische Bedeutung besitzt. Er wird in DIN 1045, 22.5.2 mit etwa $\gamma = 2{,}5$ gegenüber β_{bz} begrenzt, wenn ausschließlich Biegebewehrung vorhanden ist. Denn man nimmt dadurch wie erwähnt — entgegen der Grundregel des Stahlbetons im Gebrauch (I B, S. 23) — die Zugfestigkeit des Betons für die Standsicherheit in Anspruch. Man kann jedoch die Platte in dem kleinen Bereich großer Querkräfte Q_1 (Abb. 3/14b) verstärken, wie man das früher aus konstruktivem Gefühl heraus stets gemacht hat (Abb. 3/19c: „Pilzdecke"). Bereits eine kleine Auskehlung steigert u und setzt τ_r

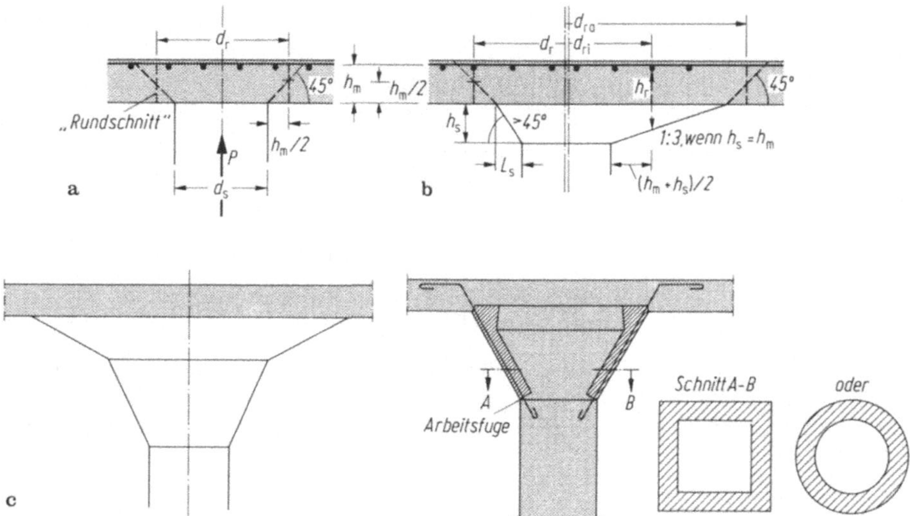

Abb. 3/19. Stützenkopfausbildung ohne und mit Verstärkung nach DIN 1045, 22.5.1. **a** Definition des Rundschnittes $u = d_r\pi$ zur Ermittlung der gedachten Rechenschubspannung $\tau_r = P/uh_m$, $h_m = (h_x + h_y)/2$; **b** kleine Auskehlung zum Vergrößern des Rundschnittes; **c** „Pilzdecke“ alter Bauart in Ortbeton oder unter Verwendung eines vorfabrizierten Kopfes

beträchtlich herab (Abb. 3/19 b) [30.7]. DIN 1045, 22.5.1.2 gibt Regeln für die Wirkung von verbreiterten Stützenköpfen an.

(b) Neuere Versuche, u. a. von Nylander [35], haben bei zunehmender Dicke von Platten ohne Querkraftbewehrung (> 30 cm) kleinere τ_{ru} als bei dünnen ergeben. Allerdings waren diese sehr gedrungen ($l/h \cong 15$) und nicht rotationssymmetrisch belastet, so daß der Hauptzug um so ungleichförmiger verteilt, je dicker die Platte war. Dieser Effekt verschwand jedoch vollständig bei ausreichend verbügelten Platten, in denen der Stahl offenbar für einen plastischen Ausgleich sorgte. Immerhin soll auch nach der „Mustervorschrift“ von CEB [4/1, 13.4.1] τ_r auf $\tau_{r0}(1{,}6 - h) \geqq \tau_{r0}$ (h in m) mit wachsender Dicke abgemindert werden. Die Diskussion ist noch im Gang und Material in [30.7] zu finden. Das Eingehen einer absoluten Maßzahl in diese Formeln fiele aus dem Rahmen aller unserer dimensionslosen Bemessungsformeln heraus, weil in diesen die mechanische Ähnlichkeit bei geometrisch gleichen Proportionen zum Ausdruck kommt. Allerdings setzen diese homogenen Baustoff voraus. Die Abhängigkeit der Durchstanzlast von der Plattendicke kann daher nur auf die Inhomogenität des Betons (I A, 1.2.1.1) (Verhältnis Korngröße zu Plattendicke) zurückgeführt werden, worauf auch neuere Versuche hindeuten. Jedenfalls dürfte bei „dicken“ Brückenplatten, besonders im Hinblick auf die wechselnden und dynamischen Lastwirkungen zu empfehlen sein, kleinere τ_r als im Hochbau zuzulassen. Denn auch bei den oben erwähnten Versuchen wurden die Platten nur gleichförmig und kurzzeitig beansprucht.

(c) Das Vorspannen von Flachdecken setzt auch die Durchstanzgefahr herab [32.1]. Die Längskraft n vermindert wie bei Balken (I B, Abb. 4.3/31) den Hauptzug. Es wird aber in [23] geraten, hiervon keinen Gebrauch zu machen, weil die zugehörige Kompression der Decke in ihrer Ebene meist durch Stützen und Wände behindert wird. Die Leibungskräfte nehmen jedoch einen Teil $\Delta P = \alpha(Z_{Gx} + Z_{Gy})$ der Deckenlasten auf und leiten ihn unmittelbar in die Stützen (Abb. 3/12c), so daß dem Beton der Decke nur die Querkraft $P - \Delta P$ zu übertragen verbleibt. Natürlich darf man nicht vergessen, daß die Spannkräfte vom Rand her durch Reibung abnehmen (3.2.1) (I B, S. 176).

Es ist naheliegend, die Hauptzugspannungen wie bei Balken durch eine Querkraft- („Schub-")Bewehrung aufzunehmen. Diese hat die Aufgabe, Druck- und Zugzone solange wirksam zu „vernähen", bis die Biegetragfähigkeit erschöpft ist. Gegenüber dem Balken muß diese Bewehrung steiler verlaufen als 45° (Abb. 3/13), wie das auch der Durchstanzkegel erkennen läßt, und auf einem schmalen Ring rund um die Stütze mit 1,5h Breite verteilt sein. Sie kann meist nicht aus der Biegebewehrung durch Abbiegen nach unten gewonnen werden. Entsprechende steile Schubzulagen sind unbequem wegen der notwendigen oberen und unteren Verankerungslängen in dem ohnehin stark bewehrten Bereich und erschwerten zudem das Betonieren der Stütze. Die Schwierigkeit besteht nun darin, Querkraftstäbe in der Zug- und der noch dünneren Druckzone (Abb. 3/13) starr zu verankern. Das ist wirksam nur mit *geschlossenen* Bügeln möglich, die jeweils zwei oder drei Stäbe umgreifen. Dazu sind nach DIN 1045, 22.4 50% der Feldbewehrung bis zur Stützenachse durchzuführen. Solche Bügel sind sehr arbeitsaufwendig, da kleine Stabdurchmesser wegen der Biegeradien anzuwenden und etwa 75% der Stützenlast aufzuhängen sind. Sie erhöhen jedoch die Durchstanzlast nach DIN 1045 um rd. 25% bei B 25 und rd. 35% bei B 35, nach [32] bis 60%. Vor allem wird der „plötzliche" Bruch in einen „zähen" verwandelt. Eingehende Vergleiche mit Versuchen zeigten, daß die Ergebnisse nach dieser Vorschrift „konservativ" sind, d. h. auf der „sicheren Seite" liegen. Das gleiche gilt für die Berechnung nach den Vorschriften von CEB [4/1, 13], Code ACI-318 (USA) [15], CP 110 (GB) [16] (abgedruckt B. Kal. 1976 II, S. 923), SIA 162 (CH) [24] (Abb. 3/16b). Eine Übersicht der Wirkung verschiedener „Schub"-Bewehrungen gibt [30.2].

Ein neuer Vorschlag [37] vermeidet die Nachteile der an Ort und Stelle geflochtenen Bewehrung gegen Durchstanzen und sieht entweder dünne I-Stahlprofilabschnitte (Abb. 3/20a) [38] oder vorfabrizierte Elemente aus Flachstäben mit aufgeschweißten Kopfbolzen [39] und B. Kal. I „Stahl", 6; 1987 I, S. 250 (Abb. 3/20b) vor, die radial um die Stütze herum verlegt werden und sehr steif sind. Versuche haben erwiesen, daß in beiden Fällen die Verankerung oben und unten voll wirksam ist, bis die Biegebewehrung fließt. Die Bemessung der Bolzen und Flachstäbe lehnt sich an das Fachwerkgleichnis an (Abb. 3/20c), wie es für Balken gebräuchlich ist. Die Bolzenleisten dürfen nach [37] bis auf $h_m/2$ an einen Rundschnitt $\varnothing\ d_r$ heranreichen, für den $\tau_r = \varkappa_1 \tau_{011}$ nach DIN 1045, 22.5.2 ist. Die Bolzen sollen zusammen 1,5P aufnehmen können und die n Leisten sind jeweils für eine Zugkraft 1,5P/n zu bemessen. Die Biegebewehrung der Platte ist gemäß dem Kräfteplan auf Abb. 3/20c je Leiste um ΔZ_1 innerhalb von d_r mit der nötigen Verankerungslänge zu verstärken.

Die Tragfähigkeit wird gegenüber einer Decke ohne solche „Vernähung" um rd. 75% gesteigert, so daß im allgemeinen nicht mehr die Durchstanzgefahr für die Dicke der Platte maßgebend ist, sondern entweder die Biegetragfähigkeit oder die Durchbiegung. Bei deren Berechnung ist zu beachten, daß für die Feldmitte die Durchbiegungen von Gurt- und Feldstreifen zu addieren sind (Abb. 3/21). Über gemessene Werte berichtet [40].

h
h/2
h/2
h
Haltestäbe
d = 15cm
15
15
15
15

5cm

a

b

Zugkraft der Bewehrung:
Z = m/Z
Z = m/Z + ΔZx
dr
d
hm = 1/2 (hx + hy)
4
4
α
Leisten
ds
e1 = 0,7hm
hm/2
ls
d's
ls
hm/2
P

α
p/n
ΔZ1 = p/(n tan α) = p ls/(n hm)
n : Anzahl der Leisten
ΔZx = n/4 ΔZ1

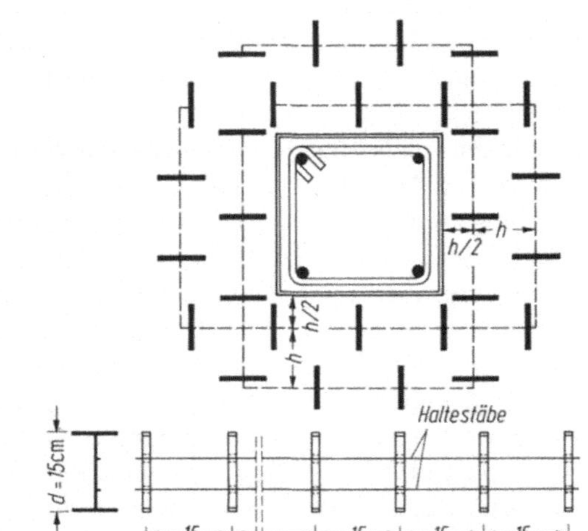

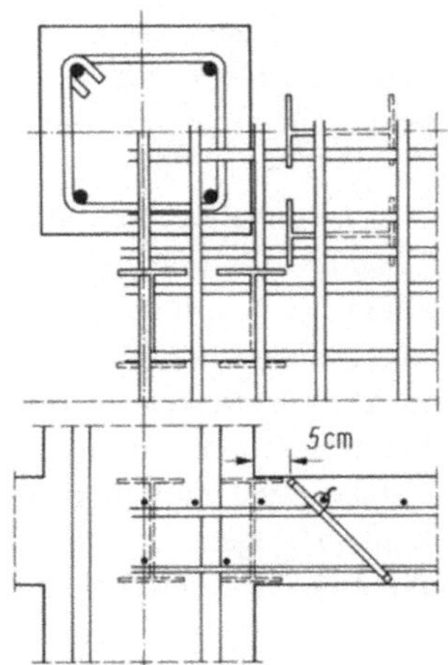

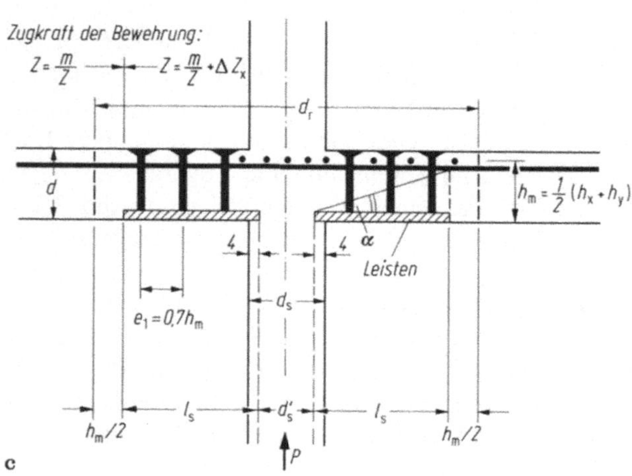

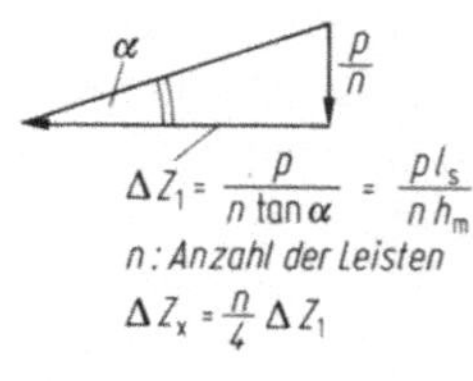

c

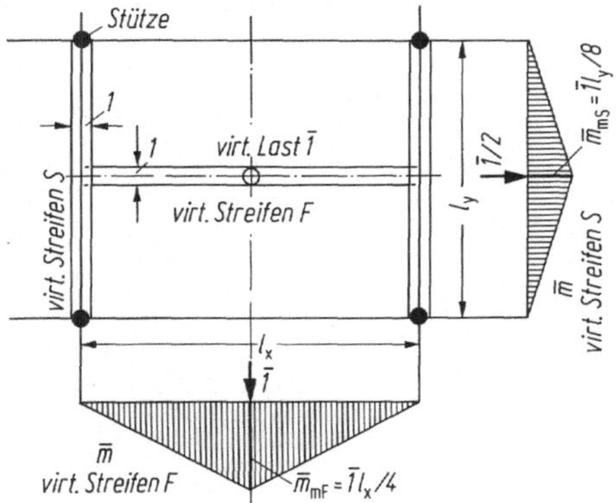

Abb. 3/21. Berechnen der Durchbiegung f in der Mitte eines Plattenfeldes. Eine dort angebrachte virtuelle Last $\bar{1}$ liefert nach dem Prinzip der virtuellen Arbeit: $\bar{1} f = \frac{1}{B} \int m_q \bar{m}\, ds$. $B = EI_1 = Ed^3/12$ im Zustand I, oder EI_{II} im Zustand II. (Grenzwerte: I B, 4.2.4.1) m_q Plattenmomente infolge q. Die $\bar{m}$ brauchen nach dem Reduktionssatz (I B, Abb. 1/13) nicht für die **Platte** unter der Last $\bar{1}$ berechnet zu werden, sondern es genügt deren Ersatz durch statisch bestimmt gelagerte **Streifen** mit der Breite 1.

Die Platte kann gegen Durchstanzen auch durch stählerne Kragen und kurze Querträger verstärkt werden (Abb. 3/22) [41; 30.2]. Sie haben sich bei uns zu Lande nicht als wirtschaftlich erwiesen, so daß nicht weiter darauf eingegangen wird. Über ihre Wirkung sind auch noch wenige Versuche angestellt worden.

Die Kragen sind aber unerläßlich bei den sogenannten Hubdecken (lift slabs) (Abb. 3/23a), die dicht aufeinanderliegend hergestellt und nach Erhärten an den vorfabrizierten Stahl- oder Betonstützen hydraulisch hochgezogen werden [42]. In geeigneten Fällen rechtfertigt die ersparte Schalung und Rüstung durchaus die zusätzlichen Montage- und Blockierungskosten in der endgültigen Lage. Abb. 3/23b zeigt ein Beispiel für die Ausbildung des Lochrandes der Platte an der Stütze mit den Vorrichtungen für das Anheben und Blockieren der Decke.

Derartige Profilstahlverstärkungen sind in DIN 1045 nicht vorgesehen. Sie bedürfen gegebenenfalls einer „Zustimmung im Einzelfall" durch die zuständige Bauaufsichtsbehörde. Denn die Kraftübertragung von den Profilträgern auf den Beton ist rechnerisch kaum zu erfassen und muß durch Versuche nachgewiesen werden [43; 44].

Die Durchstanzlast wird naturgemäß durch ein gleichzeitig wirkendes Einspannmoment der Platte in die Stütze herabgesetzt. Nach DIN 1045, 22.5.1.1 darf diese

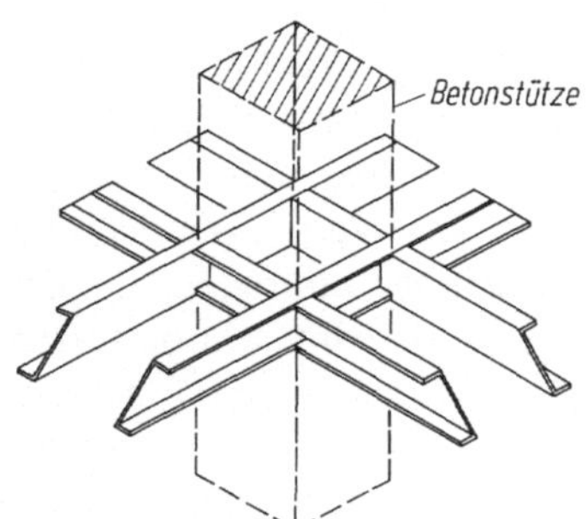

Abb. 3/22. Verstärken der Platte über einer Stütze gegen Durchstanzen mittels eines verschweißten Kreuzes aus Profilstahlträgern [30.2.]. Die Biegebewehrung muß über diesen durchlaufen!

◀ **Abb. 3/20.** Durchstanzbewehrung aus Formstahlteilen [37]. **a** Senkrecht stehende oder schräg liegende kurze Stücke aus I-Profil-Träger geschnitten; **b** Kopfbolzendübel auf Flachstähle stumpf aufgeschweißt; **c** statische Wirkungsweise der „Vernähung" mittels Kopfbolzen nach [30.2] (schematisch)

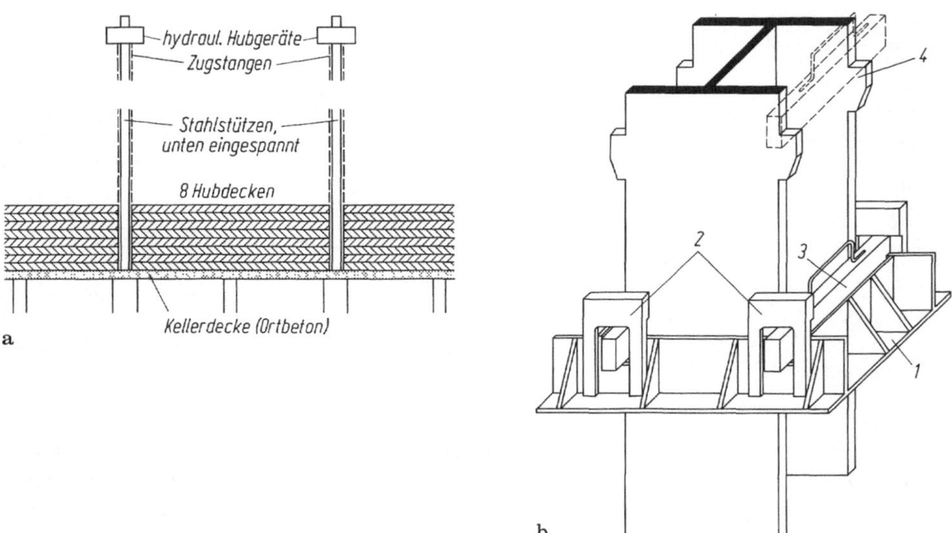

Abb. 3/23. Hubdecken-Verfahren [42]. **a** Schema des Bauvorgangs; **b** Stahlkragen (*1*) der Platte einer Hubdecke mit Aufhängeösen (*2*) zum Heben und Stahltraversen (*3*) zum Blockieren in der Endstellung auf Knaggen (*4*) (Beispiel)

Wirkung bei Innenstützen vernachlässigt werden, da der ungünstige Einfluß einer einseitigen Nutzlast und die zugehörige Verminderung der Stützkraft sich gegeneinander ungefähr aufheben. Bei Rand- und Eckstützen werden ohne Nachweis der Größe des Einspannmomentes die gleichen Werte für τ_r zugelassen, jedoch ein kleinerer Umfang u des Rundschnittes vorgeschrieben. Auch diese Regelung ist auf die Praxis zugeschnitten sehr einfach und wird durch umfangreichen Vergleich mit Versuchen ebenfalls als „konservativ" bezeichnet [45]. Entsprechende Angaben macht CEB in [4/1, 13.2]. Besondere Vorsicht ist geboten, wenn die Platte auf sehr dicken Stützen liegt. Abb. 3/24a zeigt einen Vorschlag für den Schnitt u, der noch etwas vorsichtiger als der von CEB ist.

In die Anweisung von DIN 1045 geht die Größe des Einspannmomentes in die Stütze nicht ein, was zwar einfach, aber unbefriedigend ist. Wenn man jedoch dieses Randmoment M_R, das vom Steifigkeitsverhältnis Stütze/Platte abhängt, nach der Elastizitätstheorie [12.1; 13.3] oder mittels des „stellvertretenden Rahmens" [H. 240, 3] berechnet, kann man aufgrund der umfangreichen Versuchsauswertung in [45] abschätzen, daß die Durchstanzlast P_{uo} *ohne* exzentrische Eintragung auf den Wert P_{ue} *mit* Exzentrizität $e = M_R/P$ angenähert nach der Interaktionsformel $P_{ue} = P_{u0}(1 - M_R/M_u)$ herabgesetzt wird (Abb. 3/24b). Hierzu ist das Einspannmoment M_R für volle Feldbreite unter 1,75facher Gebrauchslast auf das Bruchmoment der Platte $M_u = A_s z \beta_S$ zu beziehen ($z \cong 0{,}9h$; A_s Einspannbewehrung auf die Breite $b_m = 3d_s + h$ einer quadratischen Stütze). Dann ist $P_{e\,zul} = P_{ue}/\nu$ mit $\nu = 2{,}5$ (unangekündigter Bruch!). Verfeinerte empirische Formeln für Innenstützen finden sich für kleine Exzentrizitäten e und P in [30.7] (Abb. 3/24c), für größere e in [30.4] (Abb. 3/24d). Entsprechende Angaben für Rand- und Eckstützen, wegen der größeren Zahl von Parametern tabelliert, bietet [46]. Die eingehende Analyse des

Durchstanzvorgangs bei Rand- und Eckstützen im Bruchzustand [47] weist ebenfalls wieder nach, daß die gebräuchlichen Verfahren auf der „sicheren Seite" liegen.

Um einen klaren Kräftefluß zu erreichen, wird in [47.2] dringend empfohlen (Abb. 3/25), die Platte wenigstens um die Plattenstärke d_p, besser mehr, über die Stützenflucht hinaus zu führen, ihren Rand als „versteckten Balken" reichlich auf Biegung (über der Stütze *oben* liegend) und in der Nähe der Stütze auch auf Torsion zu bewehren. Bügel (3) vermehren die Durchstanzlast wie bei Innenstützen um 30 bis 40%. Am besten wird ein Randbalken auf der Ober- oder Unterseite der Platte angeordnet. Die Wirkung eines solchen wurde in [12.1 u. 2] theoretisch untersucht, woraus auch die Daten zur Berechnung der Einspannmomente entnommen werden können. Bereits ein Steifigkeitsverhältnis zwischen Balken (I_B) und Platte (I_P) von $\lambda = I_B/aI_P \cong 1$ (a: Feldweite, $I_P \cong d^3/12$) führt zu Plattenmomenten wie bei durchgehender, starrer Lagerung des Deckenrandes.

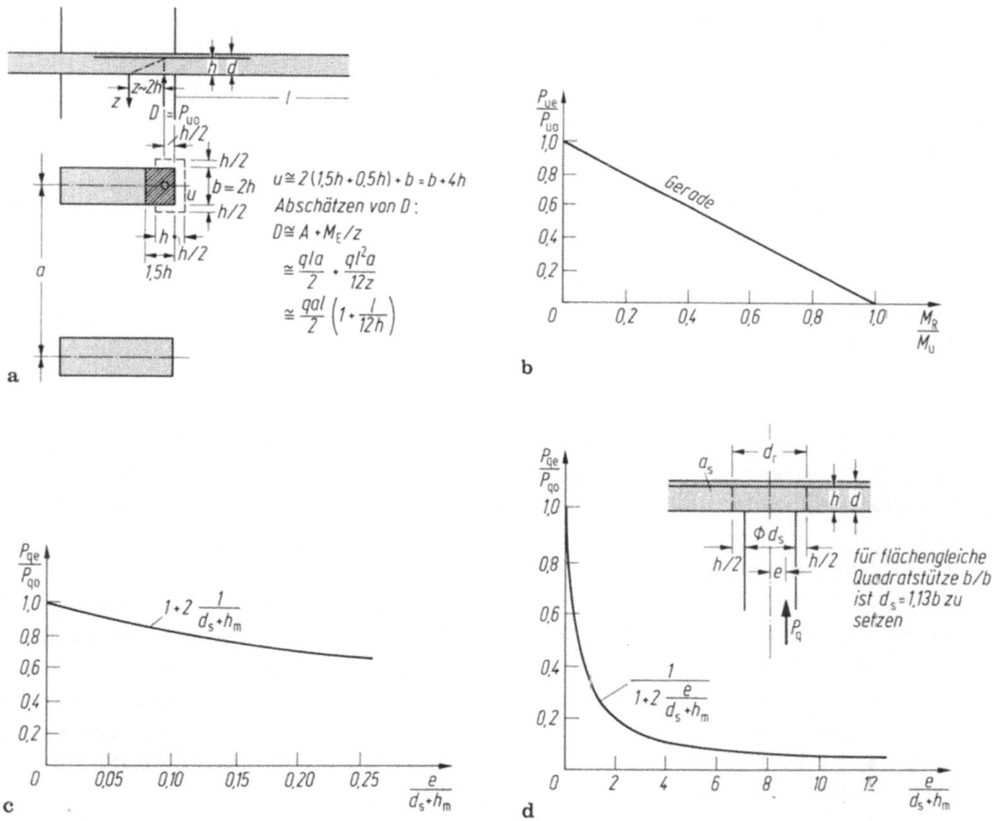

Abb. 3/24. Durchstanzlasten P_{ue} von Platten ohne Querkraftbewehrung infolge einer gleichbleibenden, rechnerischen Exzentrizität e der Stützkraft P (Zustand I), bezogen auf die Durchstanzlast P_{uo} ohne Exzentrizität. **a** Sonderfall dicker, praktisch starrer Stützen: abgeschätzte Druckzone als Stütze mit Kraft $D = P_o$ betrachtet, die überschläglich aus Querkraft und Einspannmoment abgeleitet wird; **b** Faustformel nach [45], gewonnen durch Auswerten vieler Versuche für den Bruchzustand; **c** Gebrauchslast P_{qe} für Innenstützen bei kleiner Exzentrizität nach [30.7]; **d** desgl. nach [30.4] für große Exzentrizität

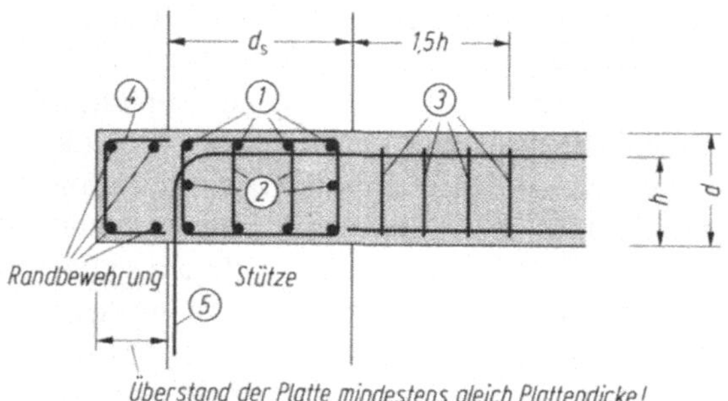

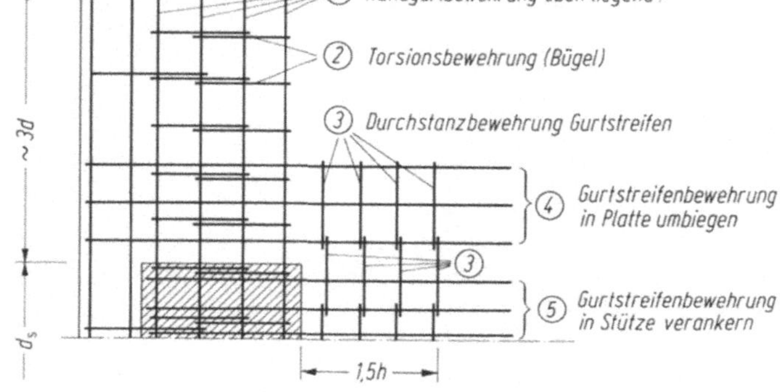

Abb. 3/25. Zusatzbewehrung der Platte an einer Randstütze nach [47.2]. Durchgehende Bewehrung der Platte und Stütze fortgelassen!

Wenn die Randstützen sehr steif sind gegenüber der Platte, wird diese lokal auf Stanzen, Biegung und Torsion beansprucht. Man sollte daher $d_s/h > 5$ überhaupt vermeiden. Am einfachsten wird die Bewehrung in diesem Falle, wenn man zwischen Platte und Stützen einlagige Verformungslager (I B, 7.3.6) einschaltet.

Allerdings bemerkt [27] ausdrücklich, daß alle Durchstanzversuche die Faktoren „Zeit" und „Ermüdung" bisher vernachlässigt haben (nur einmalige Kurzzeitversuche). Das wäre bei einem durch Druck oder Stahlfließen verursachten Versagen im allgemeinen nicht allzu bedenklich. Da jedoch das Durchstanzen durch *Zugversagen* des Betons eingeleitet wird, bei dem der Zeiteinfluß eine noch wenig bekannte Rolle spielt, ist bei der Bemessung eine „stille Reserve" durchaus gerechtfertigt, wenn nicht eine volle „Vernähung" vorhanden ist, d. h. eine Global-Sicherheitszahl von $\gamma = 2{,}5 \ldots 3$.

Unbehagen bereitet dem Konstrukteur oftmals der Wunsch des Architekten, unmittelbar neben einer Stütze eine *Öffnung in der Decke* anzubringen, weil dadurch der so wirkungsvolle rotationssymmetrische Spannungszustand gestört wird. Die kleine Unterbrechung der Druckzone der Platte ist weniger schlimm, da lokale Spannungsspitzen vom Beton ohne weiteres vertragen werden (I A, 1.2.1.2, Abb. 1.2/9), selbst die elastizitäts-theoretisch unendlich große Spannung in der Kehle zwischen Decke und Stütze. Die tangentiale Zugspannung auf der Oberseite der

Platte sowie die Hauptzugspannung in der Plattenmitte neben einem solchen kreisförmigen Loch mit $\varnothing\ d_s$ (d_s Stützendicke) wird aber nach [I B, 5/24.2] auf rund den doppelten Wert der Platte ohne Loch gesteigert. Man sollte eine solche Öffnung nie rechteckig ausführen, da in den Ecken die Kerbwirkung noch wesentlich höhere Zugspannungen erwarten läßt, die wegen der Sprödigkeit des Betons bestimmt zu Einrissen führen würden. Wegen der Spannungsspitzen muß eine solche durchbrochene Decke stets Bügel erhalten, und die auf die Aussparung entfallende senkrechte und waagerechte Bewehrung ist daneben zu verlegen. Außerdem sollte man das Loch auch diagonal durch Zulagestäbe einfassen, um Risse infolge der Spannungshäufungen fein zu halten. DIN 1045, 22.6 gibt verhältnismäßig strenge Beschränkungen für die Größe solcher Durchbrüche, die natürlich niemals nachträglich eingestemmt werden dürfen! Ausführlicher sind die Angaben in [4/1, 13.2.3].

Es ist auch hinsichtlich des Brandschutzes höchst bedenklich, die Platte durch Öffnungen zu unterbrechen. Denn durch diese finden Flammen und Gase leicht einen Weg nach oben und ein Brand bleibt dadurch nicht auf *ein* Geschoß beschränkt, wie das eine nicht durchbrochene Massivdecke erfahrungsgemäß gewährleistet. Unvermeidbare Öffnungen müssen zumindest nach DIN 4102 Teil 4 (81), 7.4 verschlossen werden. In 4 werden die Brandschutzmaßnahmen ausführlicher beschrieben.

3.3 Konstruktion von Decken im Hochbau

Ihre beiden Hauptaufgaben, Lasten aufzunehmen und als Raumabschluß zu dienen, sind durch die Verschiedenartigkeit der Bauwerke mit zahlreichen Nebenforderungen verknüpft und vor allem durch die Abmessungen der zu überspannenden Räume bestimmt. Je größer die Gesamtlänge einer Decke ist, um so sorgfältiger ist ihre Lagerung zu überlegen [2/21].

Die Wahl der zweckmäßigen Decke ist deshalb nicht nur eine wirtschaftliche Frage. Sie kann auch nicht isoliert vom Gesamtbauwerk getroffen werden, da die Decken hierfür meist die wichtige Funktion der Aussteifung in waagerechter Richtung zu übernehmen haben (4). Eine Übersicht der konstruktiven Möglichkeiten findet man im B. Kal. 1976 II, S. 857 und [48].

Das Gewicht der Decken liefert bei vielgeschossigen Bauten den Größtteil der Stützenlasten, so daß eine möglichst leichte Ausbildung vorteilhaft ist. Leichtbeton (I A, 2) scheidet meist aus Preisgründen aus. Bei Spannweiten über etwa 7 m sind den Massivplatten Rippendecken vorzuziehen, bei denen der „faule Beton" der Zugzone fortgelassen ist, soweit es die Querkraftaufnahme ermöglicht. Die Rippen dürfen maximal 70 cm lichten Abstand haben (DIN 1045, 21.2), die Druckplatte muß 1/10 davon dick sein und leicht bewehrt werden. Man stellt hier also wieder einmal die Biegezugfestigkeit stillschweigend in Rechnung! Bei größerem Rippenabstand fallen solche Decken unter den Begriff „Plattenbalken", deren Platte wie üblich auf Biegung zu bemessen ist. Rippendecken müssen zur Solidarisierung der Durchbiegungen der Längsrippen bei größeren Spannweiten wegen der oft ungleichförmigen Belastung Querrippen nach DIN 1045, 21.2.2 erhalten [49]. Außerdem sollen die Rippen unter größeren Lasten verbreitert (Abb. 3/26a) und zur Aufnahme negativer Momente durch „Massivstreifen" (Abb. 3/26b) miteinander verbunden

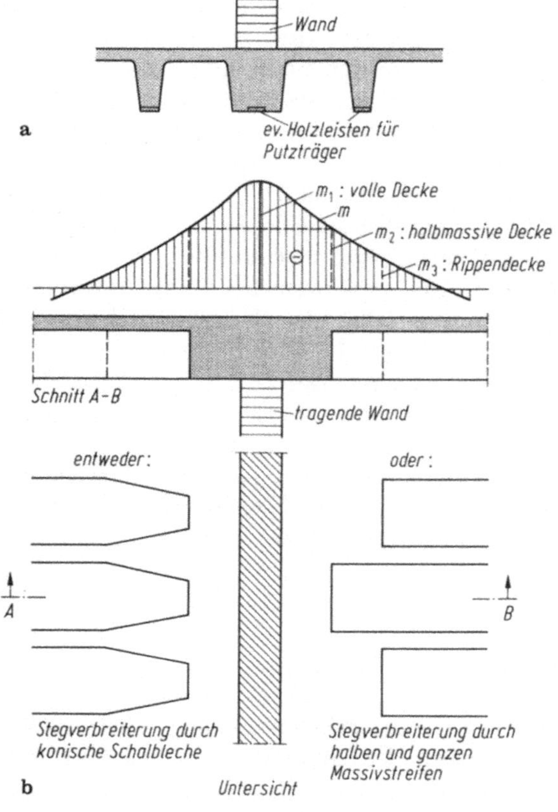
Wand
a
ev. Holzleisten für Putzträger
m_1 : volle Decke
m
m_2 : halbmassive Decke
m_3 : Rippendecke
Schnitt A–B
tragende Wand
entweder:
oder:
A
B
Stegverbreiterung durch konische Schalbleche
Stegverbreiterung durch halben und ganzen Massivstreifen
b
Untersicht

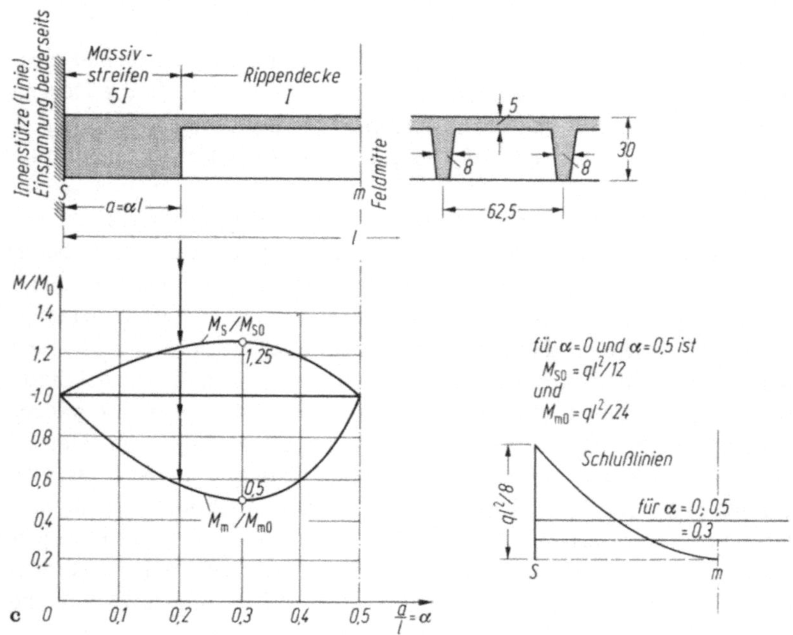
Innenstütze (Linie) Einspannung beiderseits
Massiv-streifen 5I
Rippendecke I
Feldmitte
S
m
a=αl
l
5
8
8
30
62,5
M/M0
MS/MS0
1,25
Mm/Mm0
0,5
a/l = α
für α = 0 und α = 0,5 ist
MS0 = ql²/12
und
Mm0 = ql²/24
Schlußlinien
ql²/8
für α = 0; 0,5
= 0,3
c

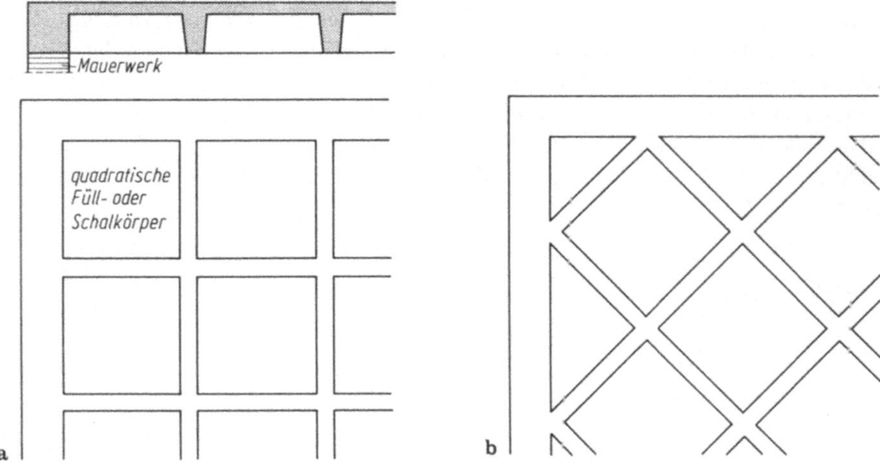

Abb. 3/27. Kreuzrippendecken mit quadratischen Kasetten. **a** Rippen parallel zu den Grundrißseiten (erlauben gegenüber Rippen in einer Richtung geringere Bauhöhe); **b** Rippen diagonal verlaufend

werden [50]. Die damit einhergehende Verschiebung der Momenten-Schlußlinie (Abb. 3/26c) wird allerdings vernachlässigt!

Über näherungsweise quadratischen Räumen sind Decken mit Rippen in beiden Richtungen (Abb. 3/27a) wirtschaftlich, wenn entsprechende Schalungs- oder Füllkörper zur Verfügung stehen; außerdem erlauben sie eine verminderte Bauhöhe. Da ihre Torsionssteifigkeit infolge der Druckplatte mehr derjenigen einer Rippenplatte als eines Rostes aus gelenkig miteinander verbundenen Balken gleicht, wird man der Berechnung die erstere zugrunde legen („orthotrope Platte" = orthogonal anisotrope Platte) [2/47]. Die Aufteilung der Last $q = 1$ nach Markus für den Trägerrostmittelpunkt ohne Drillungsabminderung in

$$q_x = \frac{1}{1 + \lambda^4}; \qquad q_y = \frac{\lambda^4}{1 + \lambda^4}; \qquad \lambda = \frac{l_x}{l_y} \leqq 1$$

liefert nur angenäherte Werte.

In den festgehaltenen Ecken der Roste ist stets wie bei Platten eine obere Netzbewehrung anzuordnen. Diagonalroste (Abb. 3/27b) führen zu etwas größeren Biegemomenten [2/4, S. 625], ergeben aber, in sauberem Sichtbeton ausgeführt, eine mitunter erwünschte Belebung der Deckenuntersicht.

Hohldecken mit röhrenförmigen, verlorenen oder nach der Herstellung herausgezogenen Schalkörpern verbinden die Vorteile ebener Untersicht und eines etwa 30% geringeren Gewichtes gegenüber Vollplatten. Ihre relativ große Quersteifigkeit

◀ **Abb. 3/26.** Rippendecken mit Verstärkungen. **a** Verbreiterte Rippen unter Wänden mit $g > 150$ kg je m^2; **b** Decken negativer Momente m an Zwischenstützen durch Verbreitern der unteren Druckzone; **c** Einfluß eines „Massivstreifens" auf die Momentenverteilung im Innenfeld einer gleichförmig belasteten Rippendecke im Zustand I (vgl. Wirkung einer stetig veränderlichen Balkenhöhe in I B, Abb. 4.1/8). Diese Wirkung wird noch erheblich verstärkt, wenn sich im Feld Zustand II einstellt

erlaubt es, sie auch vierseitig aufzulagern [51]. Die Schalkörper sind gegen den *vollen* Auftrieb des durch das Rütteln verflüssigten Betons an der Schalung zu verankern. Es hat sich als zweckmäßig erwiesen, den Röhren mindestens in den ersten Monaten einen Ausgang für Kondensat- oder Regenwasser zu geben.

Auch die Verwendung des relativ teureren Leichtbetons kann bei vielgeschossigen Gebäuden durch Verringerung der Stützen- und Gründungslasten wirtschaftlich werden (I A, 2).

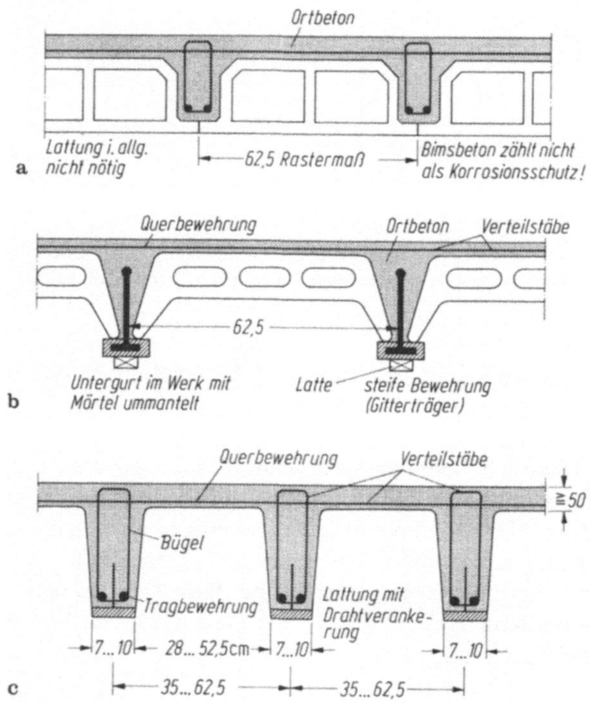

Abb. 3/28. Rippendecken mit ebener Untersicht aus Ortbeton. **a** Füllsteindecke mit Hohlkörpern aus Bimsbeton oder anderen Leichtbaustoffen (Holzspäne usw.) kann unmittelbar geputzt werden; **b** Rippendecke mit gestelzten Füllkörpern und steifer Bewehrung (Gitterträger nach Abb. 3.2/9 in I A). Latten mit rostgeschütztem Draht (Edelstahl, Baustahl verzinkt oder mit Kunststoffüberzug) verankert zum Befestigen des Putzträgers (Rohrmatten, Rabitzgewebe usw. B. Kal. I „Stahl" 7; 1987 S. 259); **c** Rippendecke mit Blech-Schalkörpern hergestellt („Koenendecke") mit Lattung für Putzträger

Während man sich früher nicht scheute, Plattenbalkendecken mit zahlreichen Rippen (1,5 bis 2,5 m Abstand) und Unterzügen zu zeigen, wünscht man heute oft Decken mit glatter Untersicht, die von Fenstern und Lampen gleichmäßig beleuchtet werden. Man bevorzugt daher auch bei größerer Spannweite Massivplatten (bis etwa 6 m einachsig, bis etwa 9 m kreuzweise gespannt), bei denen die Installationsleitungen (Elektro- und Deckenstrahlungsheizungsrohre) vor dem Betonieren auf der unteren Bewehrung verlegt werden, oder man verwendet Rippendecken, die von sich aus eine ebene Unterseite besitzen (Füllkörperdecken Abb. 3/28a). Rippendecken ohne oder mit gestelzten Füllkörpern erhielten früher vielfach eine Lattung (Abb. 3/28b, c), an der Putzmatten befestigt wurden. Heute hängt man Scheindecken meist mittels eingebohrter Dübel (B. Kal. I „Stahl", 7.7; 1987, S. 279) auf. Eingeschossene Bolzen dürfen auf Zug nur nach besonderer Zulassung beansprucht werden.

Im Industriebau werden oft Ankerschienen an der Deckenunterseite angebracht, um an beliebiger Stelle größere oder kleinere Lasten anzubringen (B. Kal. a. a. O. S. 274).

Beim Aufbringen von Putz auf Beton ist auf die Gefährdung seiner Haftung durch manche Trennmittel für die Schalung zu achten (I A, 1.1.9.1).

Die Nutzlasten der Decken sind in DIN 1055 (78) Teil 3 für Zwischendecken, in Teil 5 für Dachdecken festgelegt. Soweit es sich um Flächenlasten handelt, werden diese meist feldweise konstant angenommen. Auf die Auswirkungen von Teilflächenlasten und Einzellasten (Teil 3, 6.3) auf Platten ist in 3.1.1 hingewiesen. Das Eigengewicht ist entsprechend den Angaben in DIN 1055 (78) Teil 1 anzusetzen.

Auf die erwähnte Beanspruchung von Decken als aussteifende Scheiben für waagerechte Lasten (Wind nach DIN 1055 Teil 4 und Erdbeben DIN 4149 (81) wird in 4 eingegangen.

Wenn rhythmische dynamische Lasten durch Maschinen in die Decke eingetragen werden, ist deren Wirkung durch Hoch- oder Tiefabstimmung, Abfederung und Dämpfung (II B, 2.2.4.1) sowohl hinsichtlich der Beanspruchungen des Bauwerks als auch der Belästigung der Benutzer zu begrenzen.

Für Deckenplatten mit streckenweise ausfallendem Randauflager (I B, S. 262) macht Kordina aufgrund von Versuchen einen Bewehrungsvorschlag [52]. Ausführlich werden Streifenplatten mit unterbrochener Innenabstützung in [9.1, 6] abgehandelt.

3.3.1 Konstruktionshöhe

Die Konstruktionshöhe wird nicht nur nach wirtschaftlichen Gesichtspunkten gewählt, sondern es ist auch zu überlegen, wie sich die elastischen und die im Laufe der Zeit eintretenden plastischen Durchbiegungen auswirken (I B, 4.2.4.1). Die Steifigkeit einer Platte nimmt stärker als das Quadrat der Nutzhöhe ab, so daß bei zu großer Schlankheit Durchbiegungen auftreten können, die Schäden verursachen (DIN 1045, 17.7). Hierzu gehören Umkehrungen des Gefälles flach geneigter Dächer. Beispielsweise sollte das Flachdach eines Messepavillons nach hinten entwässern (Abb. 3/29a). Einige Monate nach der Herstellung hatte sich das Gefälle der Kragplatte infolge Kriechens des Betons umgekehrt. Beim Einschalen der Platte war zudem nur die elastische Durchbiegung bei starrer Einspannung ohne die Mitwirkung des anschließenden Feldes berücksichtigt worden (I B, Abb. 5/27). Da aus architektonischen Gründen eine Gefälleschicht oder eine Dachrinne am vorderen Rand ausschied und ein Heben und Abstützen das Aussehen beeinträchtigt hätte, entschied man sich für Abbruch und Neubau der Platte. Das Kragdach einer Lagerhalle konnte dagegen durch Spannglieder wieder auf die beabsichtigte Höhenlage gebracht werden (Abb. 3/29b). Ähnliches Verhalten zeigte die Ecke eines umlaufenden Flachdaches (Abb. 3/30) über dem zurückgesetzten obersten Geschoß eines Hochhauses, das nach hinten entwässern sollte. Das Kragdach selbst hatte genügend Überhöhung erhalten, während die Ecke sich, der Spannweite in Richtung der Diagonalen entsprechend, um mehr als das doppelte Maß durchbog (I B, Abb. 5/28) und das Wasser nach vorn auf die Straße ableitete. Ein Auffüttern mit Gefällebeton kam nicht in Betracht, da die übermäßige Durchbiegung auch optisch auffiel. Um einen Abbruch und Neubau der Ecke zu umgehen, wurde diese mittels eines nach hinten verankerten

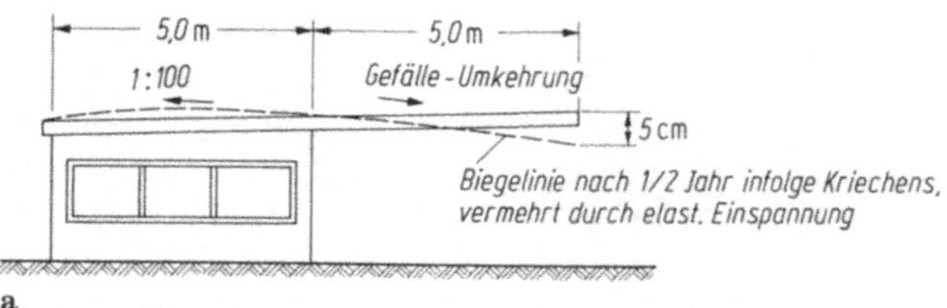

a

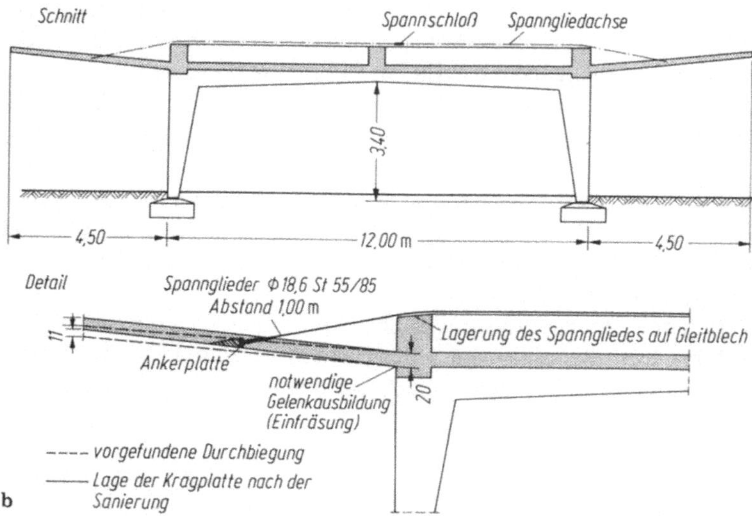

b

Abb. 3/29. Schäden infolge großer Durchbiegungen von Kragdächern (I B, Abb. 5/27). **a** Umkehren des beabsichtigten Gefälles bei einem Kioskdach; **b** Beseitigen der Durchbiegung mittels Spanngliedern, die zuverlässig gegen Rosten zu schützen sind (Bitumenbinden, Kunststoffrohr o. dgl.)

Stahlträgers gehoben. Ihr Gewicht wurde durch zwei Bolzenschrauben über eine Verteilungsplatte an der Unterseite der Platte aufgenommen. Das Anheben mit Unterstützung von der Unterseite her gelang, ohne daß Risse in der Platte auftraten, was auf große Druckspannungen in Richtung der Winkelhalbierenden schließen ließ. Die Stahlteile wurden nach Beendigung der Arbeit mit Beton ummantelt.

Große Durchbiegungen können auch am Mauerwerk Schäden hervorrufen [53]. Eine schlanke Rippendecke (Abb. 3/31 a.) hatte sich stark durchgebogen. Der Betrag ließ sich aber mangels Kenntnis der Ausgangslage nicht mehr feststellen. Die zugehörige Verdrehung des Deckenrandbalkens hatte an der Außenseite des Gebäudes auf Höhe der Deckenunterkante, innen auf Höhe der Deckenoberkante starke horizontale Risse zur Folge. Die Stützkraft hatte sich nach innen verlagert, wodurch dort Putz und Mauerwerk abplatzte. Die Risse waren erst einige Monate nach Fertigstellung des Baues festgestellt worden, rührten also im wesentlichen von der Kriechdurchbiegung her. Sie wurden etwa zwei Jahre nach ihrem Entstehen ausgebessert, da Gipspflaster (Rißmarken) bewiesen, daß sie zur Ruhe gekommen waren.

Die Durchbiegung in der Mitte der Decke machte sich infolge der damit verbundenen Krümmung besonders an leichten Trennwänden zwischen den Wohnräumen im Obergeschoß (Abb. 3/31 b) bemerkbar. Diese Wände begannen ebenfalls erst einige Monate nach Fertigstellung zu reißen. Die elastischen Anfangsdurchbiegungen hatten sie ohne Schäden mitgemacht, da der Mörtel noch weich war. Die Rißbreiten betrugen bis zu 6 mm, so daß einzelne Wandteile keinen Verband mehr besaßen. Diese Erscheinungen waren im vorliegenden Falle besonders stark, da der Beton der Qualitätsforderung nicht entsprach und die Bewehrung schlecht umhüllte. Als Abhilfe wurde sorgfältiges Auspressen der Risse und Ausbessern des Putzes vorgeschlagen, mit der Einschränkung, daß die Risse infolge von Wärme- und Lastwirkungen vermutlich ständig, jedoch mit geringerer Breite arbeiten würden. Es wurde deshalb eine starke Fasertapete empfohlen. Von einer durchgehenden Unterstützung der Decke in der Mitte mußte man absehen, da sie mangels einer oberen Bewehrung sicher einen Querriß in der Decke hervorgerufen hätte. Außerdem wäre die Aufnahme der Querkräfte unsicher gewesen. Durch welche Maßnahmen beim Bau wären die Schäden verhindert worden?

(a) Durch eine größere Deckenhöhe hätte man die Risse vermindert, jedoch wahrscheinlich nicht ganz vermieden. Welche Krümmungen die einzelnen Mauerwerksarten bei verschiedenen Wandhöhen auszuhalten vermögen, ist noch nicht systematisch untersucht worden.

(b) Unterteilen der aufgesetzten Wände durch senkrechte Fugen, die durch Deckleisten verborgen werden, um die Biegesteifigkeit zu beseitigen.

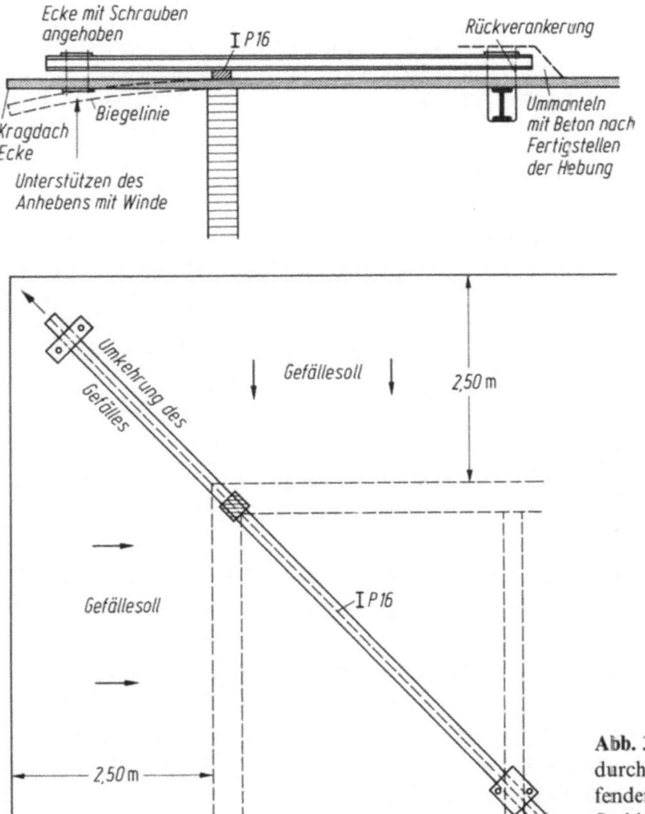

Abb. 3/30. Anheben der übermäßig durchgebogenen Ecke eines umlaufenden Kragdaches mittels eines Stahlträgers und Bolzenschrauben

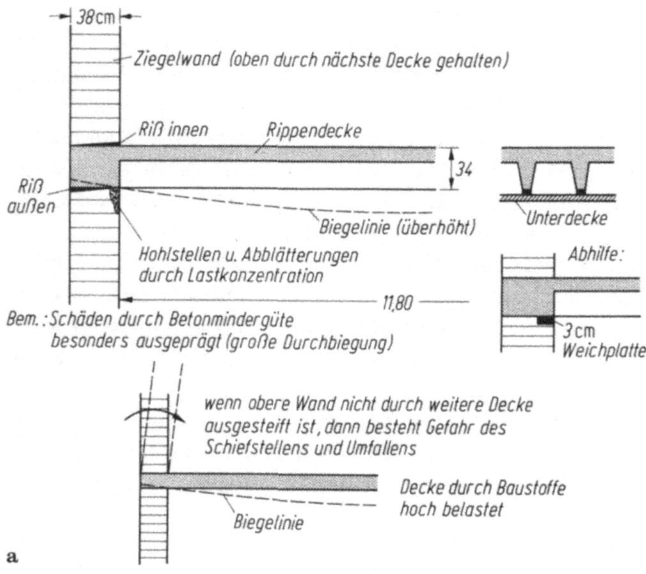

a

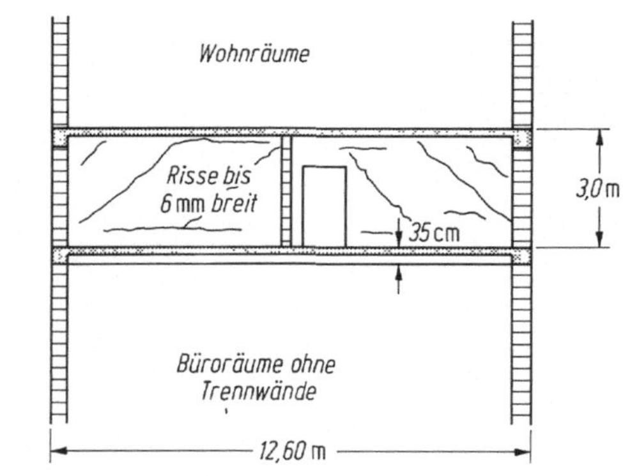

b

Abb. 3/31. Schäden bei sehr schlanken Rippendecken infolge übermäßiger Durchbiegungen. **a** Abplatzungen am Auflager; **b** häufige Risse in Leichtwänden auf weitgespannten Rippendecken

(c) Erhöhen des Biegewiderstandes der Wände durch Ausbilden als frei tragende Stahlbetonscheiben (I B, 6.3.1.2). Diese Lösung ist im Wohnungsbau wegen der Türen und der hohen Kosten meist nicht tragbar, jedoch in Hochhäusern u. U. unumgänglich (I B, Abb. 6/13).

(d) Vorspannen der Decke. Insbesondere lassen sich sowohl elastische als auch plastische Durchbiegungen praktisch vollständig durch „formtreue Vorspannung“ für die ständigen Lasten (I B, 4.2.4.2) unterbinden. Schon eine relativ geringe „teilweise Vorspannung“ (I B, S. 96) nach DIN 4227, Teil 2 (84) kann die Durchbiegung auf unschädliche Werte vermindern, weil dadurch die Steifigkeit der Decke durch Vermeiden der Risse im Zustand II wesentlich vergrößert wird. Bei einem Geschäftshaus mit größeren Spannweiten wie im geschilderten Fall, kann die vorgespannte Bewehrung, vor allem im Hinblick auf mögliche spätere Schäden, durchaus wirtschaftlich sein.

3.3.2 Schall- und Erschütterungsschutz

Für den mehrgeschossigen Wohnungsbau ist die gegenseitige akustische Störung der Bewohner durch die Decken hindurch höchst unerwünscht. Der Luft- und Trittschall darf möglichst wenig in die Decke eingetragen werden, da Stahlbeton den Körperschall sehr gut fortleitet und abstrahlt.

Die Schallamplituden werden mit zunehmendem Gewicht verringert, da dann die zu beschleunigende Masse größer ist. Als Mindestdicke einer Massivplatte wird daher im allgemeinen 16 cm angesehen. Die Schallabstrahlung kann durch untergehängte Weichplatten vermindert werden. Jedoch vermag nur der Fachmann sinnvolle Maßnahmen vorzuschlagen, da gegebenenfalls durch Resonanz in den geschaffenen Hohlräumen eine unerwünschte Schallverstärkung eintreten kann. Die wirksamste Maßnahme ist eine weiche Schalldämmschicht (Federung) auf der Deckenoberseite unter einem „schwimmenden Estrich", um die Schalleinleitung in die Massivplatte abzubremsen (Abb. 3/32) (DIN 18560 Teil 5 (80)).

Nicht selten wird die Dämmung durch ein in der Dämmschicht versehentlich sitzendes größeres Kieskorn oder durch Anstoßen des Estrichs an eine Wand zunichte

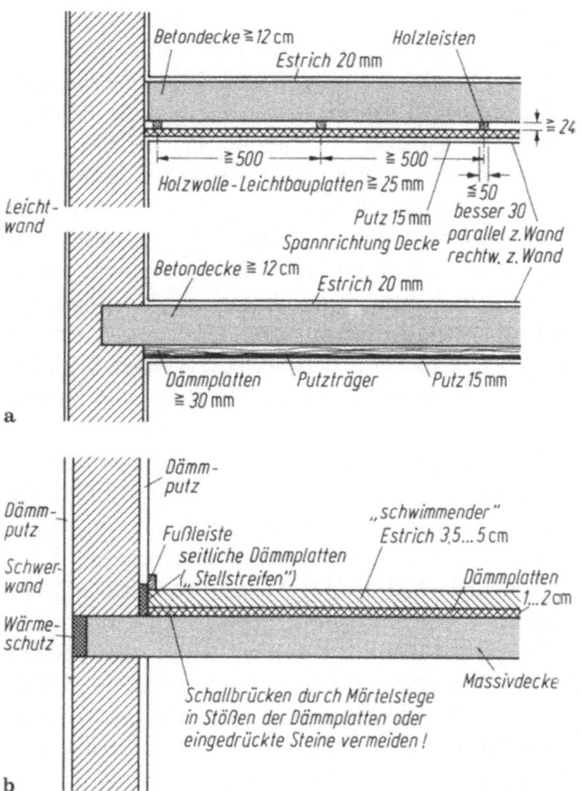

Abb. 3/32. Schalldämmung einer Decke durch zweischalige Bauweise. **a** Untergehängte Leichtplatten gegen Luftschallübertragung; **b** weich gelagerter Estrich gegen Trittschallübertragung. Abtrennen von Wand wichtig („Schallbrücke")!

gemacht, da solche „Schallbrücken" sich auf mehrere m^2 auswirken. An den Wänden sind daher weiche „Stellstreifen" anzuordnen.

Ferner sind auch kleine Öffnungen in Decken (Rohrdurchführungen, Schächte, Ritzen) zu vermeiden oder gut auszufüllen, damit sie nicht als „Schallquellen" wirken.

Die Grundzüge des Schallschutzes sowie weiterführende Literatur findet man im Abschnitt „Bauphysik" des B. Kal. 1983 II, S. 905, M. Kal. 1984, S. 125, ferner in [54] und [I A, 1.3/52]. Die praktischen Forderungen des Schallschutzes im Hochbau sind in DIN 4109 (79) Teil 1 bis 6 enthalten.

Die mit niedrigfrequenten Erschütterungen und Schwingungen zusammenhängenden Probleme, die vor allem im Industriebau auftreten, werden in II B, 2.2.4 behandelt.

3.3.3 Wärmeschutz

Zwei Erscheinungen sind bei Decken im Hochbau im Rahmen normaler Temperaturen besonders zu beachten: der Wärmedurchgang und die Wärmedehnung (I A, 1.3.4).

Bei Zwischendecken treten meist keine so großen Wärmedifferenzen zwischen oben und unten auf, daß besondere Maßnahmen nötig würden, zumal die meist vorhandene Schalldämmschicht unter dem Estrich ohnehin eine gute Wärmedämmung bewirkt. Bei Dachdecken muß jedoch der Wärmeverlust von innen durch eine außenliegende Wärmedämmung vermindert werden, die zugleich im Sommer ein unerwünschtes Aufheizen abbremst (bei Erwärmung auf 25 bis 30 °C wirkt die Decke im Sommer wie eine Strahlungsheizung!). Dabei ist zu beachten, daß im Beton vorhandene Feuchtigkeit stets in gleicher Richtung wie die Wärme wandert, d. h. entsprechend dem Temperaturgefälle. Sie muß durch eine „Dampfsperre" davon abgehalten werden, in die Dämmschicht einzudringen und dort zu kondensieren; denn dadurch wird die Dämmwirkung entscheidend vermindert (I A, Abb. 1.3/17b). Unter der Dampfsperre ist eine Dampfdruckausgleichsschicht (Lochglasvlies, Weichfaserplatte, gefalzte Bitumenpappe) mit Ausgang nach außen, besonders auf einer noch jungen Betonplatte sehr empfehlenswert.

Die Grundlagen des Wärmeschutzes und weiterführende Literatur findet man im Abschnitt „Bauphysik" im B. Kal. 1983 II, S. 849, M. Kal. 1984, S. 99; [55; 4/6] sowie in [I A, 1.3/45; 52 bis 54]. Die praktischen Forderungen des Wärmeschutzes im Hochbau sind in DIN 4108 (81) Teil 1 bis 5 sowie in der Wärmeschutzverordnung 1977 enthalten und beide teilweise abgedruckt im B. Kal. 1983 II, S. 867. Die Wärmeschutz-VO wird durch die VO 1982 verschärft.

In den üblichen Berechnungen der Wärmedämmung werden häufig verschiedene Störungen außer acht gelassen: Bei Wärmedämmschichten zwischen Beton („Sandwich"-Bauweise) lassen sich Querverbindungen meist nicht vermeiden; sie setzen aber die Wirkung mitunter beträchtlich herab („Kälte- oder „Wärmebrücken") (B. Kal. 1983 II, S. 880). Beispielsweise vermindert ein 4 cm breiter Betonsteg auf 1 m Breite den mittleren Wärmedurchlaßwiderstand auf die Hälfte! Auch die Dämmschicht durchsetzende Stahlanker wirken sich ähnlich ungünstig aus. Ja schon das Annageln von Dämmplatten an Betondecken ist fehlerhaft. Die Nägel wirken als „Kältebrücken" und auf ihren Kuppen schlägt sich oft Feuchtigkeit nieder. Sie rosten und verursachen häßliche Flecken, die sich kaum beseitigen lassen.

Ferner sind der Abkühlung stärker ausgesetzte Randbereiche einer Platte gefährdet. Der Wärmeverlust macht sich z. B. am Deckenstreifen längs einer Außenwand bemerkbar. In Räumen mit feuchter Luft (Küche, Bad, Schlafzimmer oder feuchten Betrieben) hat diese Abkühlung Kondensation und Schimmelbildung zur Folge, denn ein Mensch gibt allein durch die Atmung 50 bis 150 g Wasser je Stunde ab. Um die genannte Wärmeableitung zu verhindern, ist der Außenrand der Decke auf die Höhe des „Ringankers" nach DIN 1053, Teil 1 (74), 3.4 mit einer Dämmschicht zu versehen (Abb. 3/33).

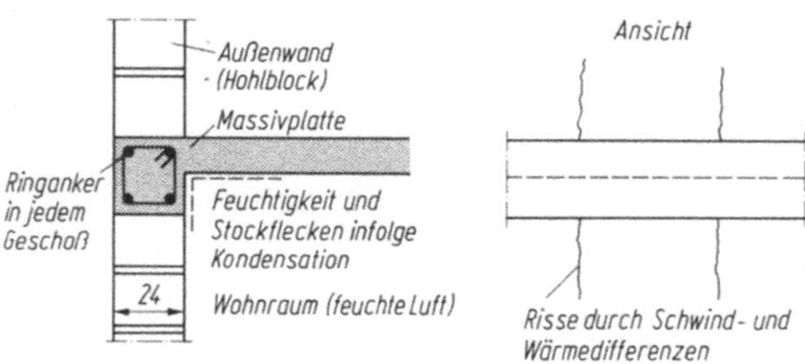

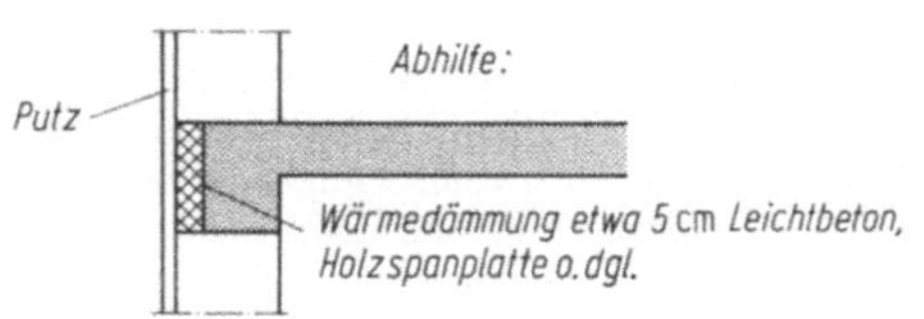

Abb. 3/33. Wärmeschäden am Rand einer Betondecke infolgedessen besserer Wärmeleitfähigkeit gegenüber Hohlsteinen („Kältebrücke"): Kondensation und senkrechte Risse im Mauerwerk

An kühlen Stellen schlägt sich nicht nur Feuchtigkeit nieder, sondern auch Staub, und zwar um so mehr, je größer die Temperaturdifferenz zwischen Luft und Beton ist (Thermodiffusion wie bei Wänden s. I B, 6.2, Abb. 6/5). Diese Erscheinung zeigt sich daher vornehmlich an den Decken von Dachgeschoßwohnungen, die von oben abgekühlt werden. Massivplatten werden in geheizten Räumen rasch schwarz. Bei unmittelbar geputzten Hohlsteindecken zeichnen sich die gut wärmeleitenden, also kühleren Stege von den wärmeren Feldern deutlich ab (Abb. 3/34a). Diese einfache Ausführung führt außerdem häufig zu einem Netz von feinen Putzrissen, die die Umrisse der Deckensteine markieren (Abb. 3/34b). Sie sind auf das Schwinden frischer, zementgebundener Hohlsteine zurückzuführen. Bei hölzernen Dachgeschoßdecken ohne Ausfüllung der Balkenzwischenräume wird der Putz unter den Feldern kühler als unter den Balken, so daß das umgekehrte Bild des Staubniederschlags entsteht. Abhilfe bringt in beiden Fällen nur eine Wärmedämmschicht.

Von großer Bedeutung sind die *gleichmäßigen Temperaturwechsel* einer Decke, wie sie insbesondere bei Flachdächern durch Sonnenbestrahlung oder Winterkälte auftreten, längerfristig unterstützt durch das Schwinden. Nach [56] sind hierauf fast die Hälfte der Bauschäden im Hochbau zurückzuführen. Den Fahrbahntafeln von Brücken entsprechende bewegliche Auflager (I B, 7.1) sind bei Hochbauten mittels Gleitfolien (I B, 7.3.1) zwar möglich, aber teuer [57]. Die Folie ist in den Mitten zweier Wände zu unterbrechen, um Festpunkte zu schaffen, damit die Dachplatte nicht

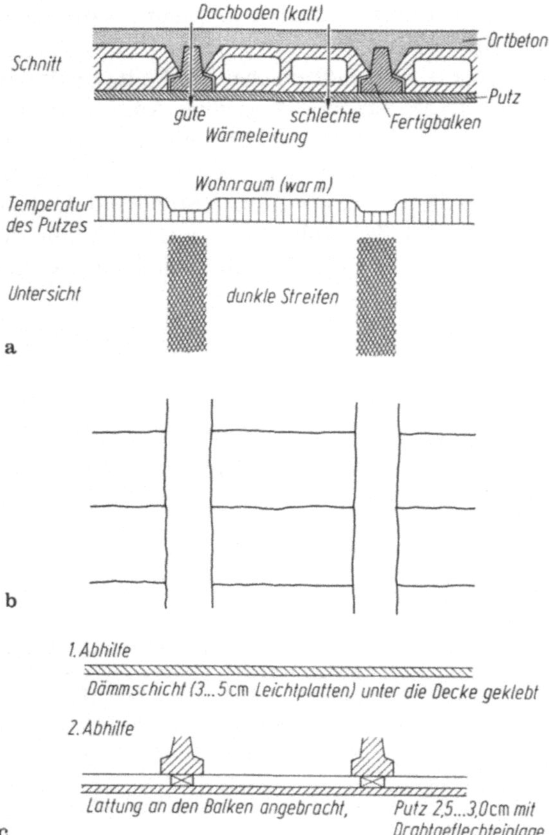

Abb. 3/34. Nachteile unmittelbar geputzter Fertigteildecken mit Füllkörpern. **a** Thermodiffusion (stärkerer Staubniederschlag an kühleren Stellen) an der Deckenunterseite; **b** Schwindrisse, insbesondere bei feucht eingebauten Bimshohlsteinen; **c** Abhilfe: Dämmschicht

„wandert". Außerdem ist die Gleitfuge innen durch Kehlleisten zu überdecken. Eine ungeschützte Dachdecke, die durchgehend auf Mauerwerk aufliegt, kann in diesem bereits bei einem Fugenabstand von 8 m Risse verursachen, die mit der Länge der Platte zunehmen (Abb. 3/35). Sie sollte daher alle 4 bis 6 m Fugen erhalten. Man muß daher das Flachdach möglichst weitgehend vor Temperaturwechseln schützen und braucht dann nur alle 8 bis 12 m eine Fuge. Hierzu gibt es zwei Wege: eine gute Wärmedämmung oberhalb der Dachplatte (einschaliges Dach, früher: „Warmdach", Abb. 3/36a) oder ein belüftetes Flachdach (zweischaliges Dach, früher: „Kaltdach", Abb. 3/36b). Bei letzterem sind die Öffnungen so zu bemessen, daß der Zwischenraum sowohl der Lüftung als auch dem Wärmeschutz gerecht wird. Zu kleine Öffnungen führen im Sommer zu wenig Warmluft ab, zu große Öffnungen geben im Winter eine zu starke Abkühlung der Unterdecke. Es wird ein Mindestquerschnitt von etwa 1‰ der Dachgrundrißfläche für die Zuluft und 20% mehr für die höher zu legenden Abluftöffnungen empfohlen. Eingehendere Angaben in [58]. Über die Ausbildung der Flachdächer gibt es umfangreiche Literatur [I A, 5/44.3] und [59], da hierbei viele Fehler gemacht werden können. Richtlinie ist DIN 18530 (74).

Wiederum bergen, verursacht durch die Wärmedehnung, auch die Randbereiche von Decken besondere Probleme, wenn sie ungeschützt der Außenluft ausgesetzt

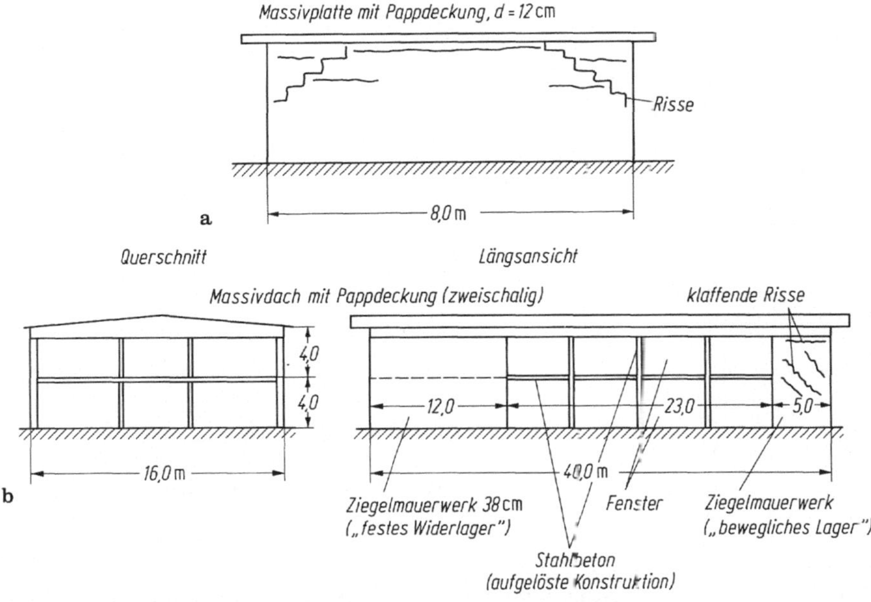

Abb. 3/35. Schäden am Mauerwerk infolge eines Flachdaches ohne ausreichende Wärmedämmung („Flachdachkrankheit"). **a** Kleiner Hochbau (Garage), **b** großer Hochbau (Schule)

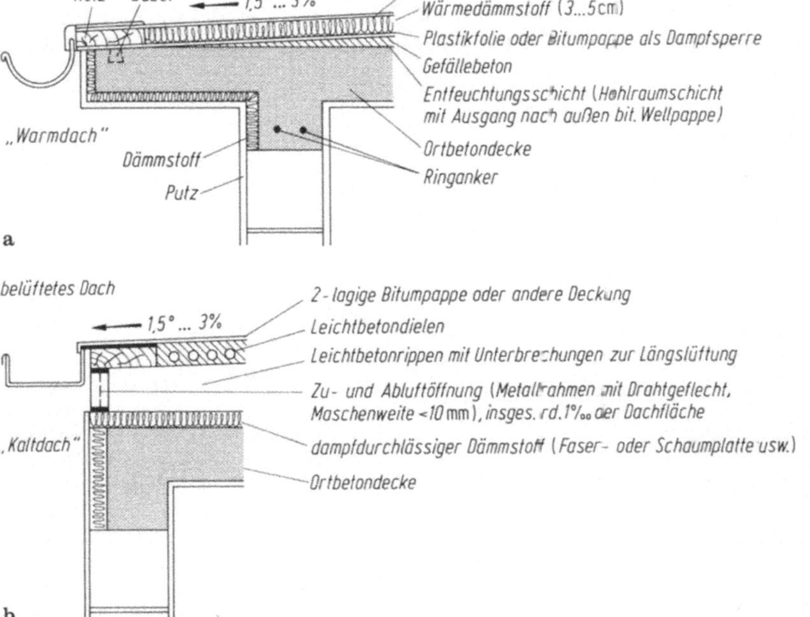

Abb. 3/36. Beispiele für Flachdächer mit Wärmedämmung. **a** Einschaliges Dach mit Dämmung auch der Unterseite des Dachüberstandes; **b** zweischaliges, belüftetes Dach ohne Überstand

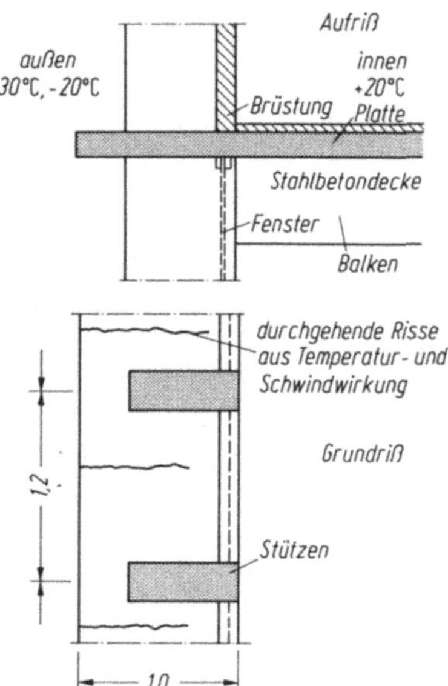

Abb. 3/37. Folgen der Randerwärmung und -abkühlung einer ungeschützt auskragenden Deckenplatte eines Hochhauses

sind (Abb. 3/33) [60]. Beispielsweise sind an einem mehrstöckigen Verwaltungsgebäude die aus architektonischen Gründen außen vorstehenden Deckenplatten in kurzen Abständen gerissen (Abb. 3/37), obgleich eine gute Längsbewehrung eingelegt worden war. Ebenso wies eine Attika zahlreiche Risse auf, die dem Regen Einlaß boten und zu Rost- und Frostschäden führten (Abb. 3/38). In beiden Fällen hätte man — wollte man schon diese überflüssigen und unzweckmäßigen Attribute beibehalten — Fugen, deren Abstand etwa das 1,5 bis 2fache der Auskragung nicht überschreiten durfte, ausbilden und diese in geeigneter Weise ausfüllen oder überdecken müssen (I A, 6.3.2). Die erwähnte Gefahr des „Durchschlagens" der Kälte nach innen bliebe allerdings.

3.3.4 Brandschutz

Von größter Wichtigkeit ist die Feuerwiderstandsfähigkeit von Decken, um im Brandfall die Ausbreitung auf *ein* Geschoß zu beschränken. Je nach der möglichen

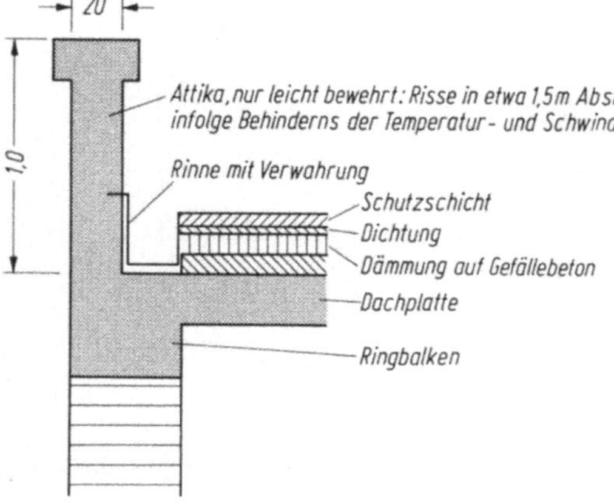

Abb. 3/38. Attika in Verbindung mit der wärmegedämmten Dachdecke wies etwa alle 1,5 m klaffende Risse auf, da Dehnungsfugen mit Verwahrung fehlten. Ferner wirkt die Attika ohne Wärmedämmung (etwa 10fache Wärmeleitfähigkeit gegenüber der Decke!) wie eine „Kühlrippe" und heizt bez. kühlt als „Wärme- bez. Kältebrücke" dem Randbereich der Deckenplatte. Folgen dieses Baufehlers: Schubrisse im Mauerwerk und Kondensation in der Innenkehle (Abb. 3/33)!

Schwere des Brandes („Brandlast“) und der Bedeutung des Gebäudes unterscheidet die DIN 18230 (82) die Klassen F 30, F 60, F 90, wobei die Zahl die Dauer der Feuerwiderstandsfähigkeit in min bei 1000 °C im genormten Brandversuch angibt.

Die Grundlagen für die Widerstandsfähigkeit von Stahlbeton sind in I A, 5.3 geschildert. In erster Linie ist es nötig, die Bewehrung durch die Betondeckung vor dem Erhitzen auf ungefähr 400 °C bei Baustahl, 300 °C bei Spannstahl zu schützen, weil dabei die Streckgrenze auf etwa 2/3 sinkt (I A, Abb. 3.1/5). Bei einfeldrigen Decken ist der Widerstand in Feldmitte dann nahezu erschöpft. Je nach der Feuerwiderstandsklasse F ist daher die Betondeckung *ü* größer als das durch die Korrosion bedingte Mindestmaß nach DIN 1045, 13.2, neuerdings vermehrt gemäß [2/53, S. 16], zu wählen. Wenn $ü \geqq 4$ cm ist, sollte ein an der Bewehrung befestigtes Drahtgewebe eingelegt werden, damit die Schutzschicht nicht abplatzt. Denn die Schubkraft aus den Temperaturspannungen (übrigens auch infolge Schwindens und Lasten!) in Höhe der Bewehrung wächst ja mit der Dicke der Deckschicht.

Bei durchlaufenden Platten, besonders aber bei vielfach statisch unbestimmten Rahmentragwerken tritt jedoch eine Kräfteumlagerung ein: Wenn die Feldmitte beim Brand von unten „weich“ wird, übernehmen durch Kragwirkung die Stützquerschnitte die Lasten [61], während bei einem Brand auf der Oberseite die Stützquerschnitte zuerst gefährdet sind und die Feldbewehrung noch tragfähig bleibt. Diese Überlegenheit mehrfeldriger monolithischer Tragwerke hat sich in vielen Fällen gezeigt. Die vielfältigen das „Brandverhalten“ bestimmenden Eigenschaften der Baustoffe und Konstruktionen sind in DIN 4102 Teil 1 bis 7 niedergelegt. Teil 4 (81) betr. das Brandverhalten von Baustoffen und Bauteilen ist im B. Kal. 1982 II, S. 459 abgedruckt. Literatur hierzu findet man in [62] und [I A, 5/41 bis 50]. Alle Gesichtspunkte und Vorschriften sind in [62.5] gesammelt.

Folgenschwere Schäden können auch durch die thermische Längenänderung im Brandfalle entstehen, die in einem Bauabschnitt mehrere cm betragen und auch benachbarte Bauteile, durch Fugen üblicher Breite abgetrennt, in Mitleidenschaft ziehen können. Bei brandgefährdeten Bauwerken sollten daher die Trennfugen im Normalfall $a/1200$, in Sonderfällen $a/600$ (a: Fugenabstand) breit sein (DIN 1045, 14.4.2). Diese müssen mit einem weichen, jedoch feuerfesten Material ausgefüllt werden, um das Übergreifen des Brandes von einem Stockwerk ins nächste zu verhindern. Da es dergleichen (außer der verbotenen Asbestwolle) nicht gibt, wird empfohlen, die Fugen mit Blech entweder abzudecken (I A, Abb. 6/13b) oder dieses in Wellenform einzulegen (I A, Abb. 6/18a). Die erste Anordnung schützt die Fuge auch vor Verschmutzen, was sie unwirksam machen kann.

Außer durch den Temperaturanstieg sind Stahlbetonbauglieder auch durch die bei Bränden von bestimmten Kunststoffen entstehenden Chlordämpfe gefährdet [I A, 5/51]. Wenn diese bis zur Bewehrung vordringen, ist deren Korrosionsschutz nicht mehr gewährleistet und ein Ersatz der betroffenen Bauteile nicht zu umgehen. Die untere Grenze liegt bei etwa 0,08% Cl-Gehalt des Betons. Diese gilt übrigens auch bei Tausalz ($CaCl_2$)-Einwirkung auf Beton! Allerdings dringen die Chlorgase bei normaler Branddauer (1 bis 2 h) nur wenige mm in guten Beton ein und lassen sich mit Kalklauge neutralisieren. Im Zweifelsfalle ist eine chemische Untersuchung der äußeren Betonschicht angezeigt.

3.3.5 Feuchtigkeitsschutz

Es gelingt zwar, wasserdichten Beton herzustellen (I A, 1.1.3 u. 5.2 sowie Zem. TB. 1979/80 S. 368, B. Kal. 1986 II, S. 487 u. [63], jedoch kann man niemals ausschließen, daß eine Dachplatte nicht durch Zwangsspannungen aus Temperatur- oder Schwinddifferenzen oder aus Setzungen reißt.

Gegen eindringendes Wasser werden Bauwerke, besonders Flachdächer deshalb durch eine Haut auf Bitumen- oder Kunststoffbasis [64] und [2/61.4] am dauerhaftesten, aber kostspieligsten, mit Metallfolien gedichtet. Die Erstgenannten müssen gegen Beschädigungen und versprödende UV-Strahlen eine Schutzschicht (Estrich, Kies) erhalten. Besonders sorgfältig sind alle Anschlüsse an Rändern, Durchbrechungen und Fugen herzustellen, weil Wasser einen „sehr spitzen Kopf" hat. Da Dichtungshaut und Wärmedämmung (3.3.3) unmittelbar aufeinanderliegen, ist ihre Ausbildung und Ausführung aufeinander abzustimmen. Erstere sind in B. Kal. 1984 II, S. 684 beschrieben, und für die Ausführung die „Technischen Vorschriften der VOB" DIN 18531 E (83) heranzuziehen. Die eingangs 3.3.3 angeführte Literatur enthält meist auch Angaben über diffundierende Feuchtigkeit, da diese in gleicher Richtung wie der Wärmestrom wandert.

Bezüglich der Beläge auf Zwischendecken wird hier nur auf die im Industriebau mitunter vorliegende Forderung hingewiesen, eine Betondecke gegen mechanische Beanspruchung (I A, 5.1.2) und gleichzeitig gegen aggressive Flüssigkeiten zu schützen. Hier helfen mit Reaktionsharz gebundene Estriche [65] oder in säurefestem Kitt verlegte keramische Beläge. Da die Kurz- und Langzeitverformungen (E; φ; ε_s; α_T) von Beton und z. B. Klinker erheblich voneinander abweichen (I A, 6.1, *a*), darf kein zu starrer Verlegemörtel verwendet werden; sonst entstehen Risse und Hohlstellen. Es bringt nichts, in größeren Abständen plastische Fugen auszubilden, da sich die Scherkräfte infolge von Dehnungsdifferenzen und starrem Mörtel jeweils an den Rändern der Felder in einer Störzone $\sim 5d$ (d: Belagdicke) konzentrieren (I A, Abb. 6/6) und deshalb nicht von deren Größe abhängen.

3.3.6 Ausführung

Da die Löhne in den letzten 20 Jahren wesentlich stärker als die Stoffkosten angestiegen sind (vgl. 2.2.2), unterliegen auch die Baumethoden dem Zwang zum Rationalisieren. Strebte man früher eine Verminderung des Baustoffaufwandes an, so ist jetzt die Herabsetzung des Lohnanteils durch Mechanisieren der Arbeit vorrangig geworden. Die rapide Abnahme der Zahl der Baufacharbeiter zwingt ebenfalls zu möglichst einfachen Konstruktionen und Ausführungsmethoden, besonders bei Decken, die zu den Rohbaukosten über 60% beitragen.

In die grundsätzliche Entscheidung, ob der Beton an Ort und Stelle eingebracht oder die Deckenteile werkmäßig vorfabriziert und dann montiert werden, spielen verschiedene Faktoren hinein, die ich anfangs 2.2.3 sowie in I B, 2.3.1 gegenübergestellt habe. Darüber hinaus sind diese nicht immer nur sachlicher Natur, sondern mitunter subjektive, ja selbst weltanschaulich gefärbte Vorurteile. Auch die lokale Konkurrenzlage, Schutzrechte und der Beschäftigungsgrad naher Betonwarenwerke spielen in die Auswahl hinein. Es ist Sache des Bauherrn, die Marktlage geschickt auszunutzen. Denn letzten Endes kann man auf verschiedene Weisen sichere und zweckmäßige Decken bauen: dafür sorgen schon unsere Normen und Zulassungen.

Auch die für den Gebrauch wichtige Ebenheit von Decken ist durch DIN 18202 Teil 5 (79) und [66] geregelt.

3.3.6.1 Ortbetonbauweise

Die Ausführung von Platten- und Plattenbalken- (auch Rippen-)decken aus Ortbeton hat durch die Verwendung ausziehbarer Schalungsträger und einstellbarer Stahlstützen sowie von Schalplatten und trapezförmigen Schalkörpern aus „GFK“ (Glasfaser verstärktes Kunstharz) gegenüber Montagedecken erneut Auftrieb erhalten [67; 2/66]. Ferner wird das Einbringen des Betons mittels Pumpen bis etwa 30 m Höhe und mehrfacher Weite oder als Fließbeton (I A, 1.1.4) [2/65] wesentlich verbilligt. Auch die Rationalisierung der Bewehrung durch Baustahlmatten, vorgefertigten Bügelkörben sowie Fachwerkträgern (I A, Abb. 3.2/9b) verbessert die Wirtschaftlichkeit. Wenn deren Untergurt werkseitig in eine durchgehende dünne Platte eingebettet wird, dient diese gleichzeitig als Schalung (I A, Abb. 3.2/9d). Sie enthält meist ganz oder teilweise die Tragbewehrung und liefert durch fugenüberdeckende Zulagen volle Plattenwirkung.

Im einzelnen wird auf die konstruktive Ausbildung und das Herstellen von Balken in I B, 4.5 und von Platten in I B, 5.4 eingegangen. Hier wird besonders auf die nötige Überhöhung von Stahlbetondecken nochmals hingewiesen. Zu berücksichtigen ist die nur aus Erfahrung abschätzbare Verformung von Schalung und Rüstung („toter Gang“ der Stöße außer der elastischen Verformung) und die Durchbiegung der Decke aus ständiger Last sowie Nutzlast (I B, 4.2.4). Auch diese errechneten Werte sind mit Unsicherheiten behaftet, da weder die Elastizitätszahl zum Zeitpunkt des Ausrüstens, noch die plastischen Verformungszahlen φ und ε_s genau bekannt sind und von äußeren Einwirkungen abhängen. Vor allem ist nicht voraussehbar, ob und in welchem Umfang sich die Zugrisse des Zustandes II bilden, d. h. welche Bereiche noch im Zustand I und welche schon in II arbeiten. Die oft beobachtete Zunahme der Durchbiegungen in den ersten Monaten ist nicht nur auf das Kriechen, sondern auch auf vermehrte Risse infolge Schwindens zurückzuführen. Alle Verformungsgrößen sollten daher in Grenzen eingeschlossen werden, indem man günstige und ungünstige Annahmen trifft. Bei Spannbetondecken, die für hohe Nutzlastanteile bemessen sind, kann die elastische und plastische Verformung zu einer Aufwölbung führen, weil infolge des geringen ständigen Lastanteils die unteren Fasern stärker als die oberen gedrückt werden (I B, 4.2.4.2).

Beim Ausführen von Decken werden meist die Voraussetzungen der statischen Berechnung nicht so sauber verifiziert, wie das bei Brücken möglich und nötig ist (I B, 7.3). Ich erwähne beispielsweise die Auswirkung der „Massivstreifen“, die bei Rippendecken zur Aufnahme der Stützmomente angeordnet werden, auf die Momentenverteilung (Abb. 3/26c). Das Stützmoment M_s wird bereits für $a/l = 0{,}2$ um 22,5% erhöht, das Feldmoment um 45% erniedrigt. Dies nur zur Charakterisierung der Genauigkeit unserer Berechnungen!

Schwerwiegender können sich unbeabsichtigte Einspannungen anstelle gelenkiger Auflager bemerkbar machen (vgl. I B, Abb. 5/60). Als warnendes Beispiel sei eine Rippendecke über zwei Felder von 7,5 m Spannweite gezeigt, die am Ende „frei drehbar“ berechnet, aber praktisch in einem sehr steifen Brüstungsträger eingespannt war (Abb. 3/39a). Die Decke hatte sich durch Risse, die bis auf die untere Bewehrung

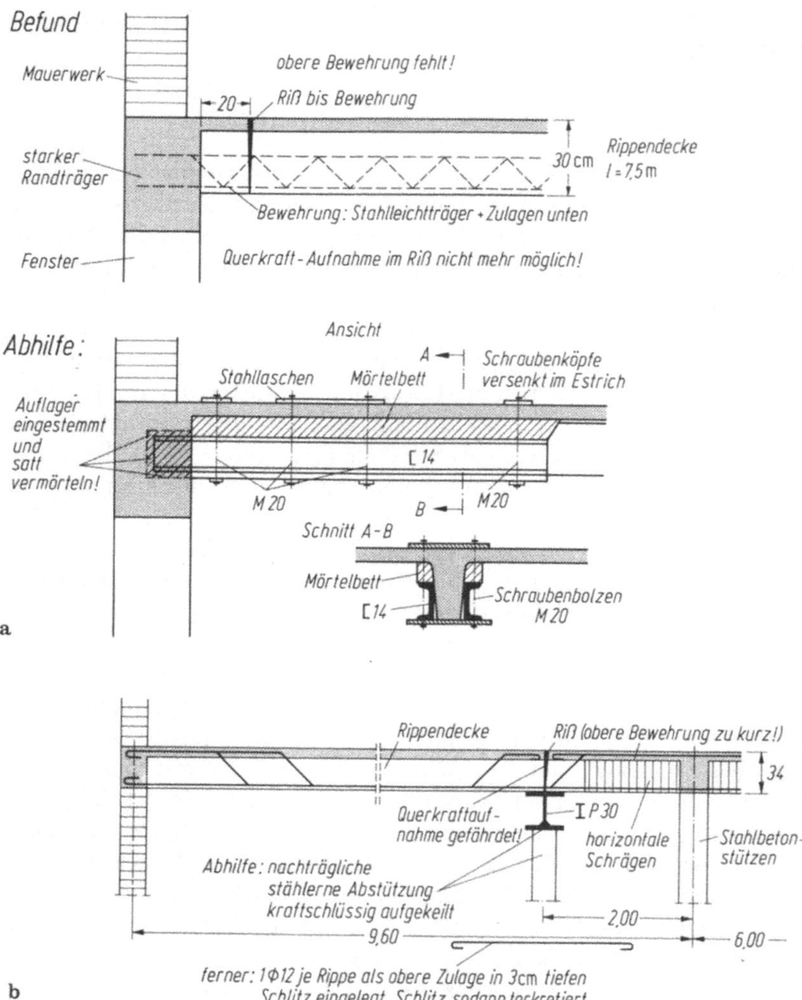

Abb. 3/39. Gefährliche Schäden infolge Verkennens der statischen Verhältnisse und Sichern durch Stahlprofile. **a** Unberücksichtigte Einspannung einer Rippendecke in einen überdimensionierten, steifen Randbalken führte zu durchgehendem Riß kurz vor dem Auflager; **b** gleicher Schaden infolge zu geringer Länge der oberen Bewehrung über einer Innenstütze

reichten, kurz vor dem Auflager „statisch bestimmt" gemacht. Eine obere Bewehrung fehlte. Der neue Momentenzustand entsprach zwar der Rechnung; die praktisch fehlende Übertragungsmöglichkeit der Querkraft war aber bedenklich, zumal die Nutzlast 5,0 kN/m^2 betrug. Da keine Möglichkeit bestand, einen Träger unterzuziehen, mußte jede Rippe einen „Schnabel" aus 2 U 14 erhalten, für den ein Auflager in den Randträger eingestemmt wurde. Die Stützkräfte der Rippen wurden durch Bolzenschrauben mit Gegenplatten in die Verstärkung eingeleitet, die gut gegen die Betonkonstruktion vermörtelt werden mußte. Diese sehr kostspielige Nacharbeit hätte sich durch eine obere Bewehrung vermeiden lassen. Da keine starre Einspannung zu erwarten ist, wird eine obere Bewehrung von 1/3 bis 1/2 der Feldbewehrung zur Deckung der negativen Momente und der Querkraft ausreichen. Diese schon in Abb. 3/3a angegebene Faustregel läßt sich mechanisch begründen durch die Forderung, die Querkraft $Q = A$ durch die Reibung in der Druckzone zu übertragen. A kann man für verschiedene Verhältnisse p/g ausreichend genau gleich $Q \cong 0{,}4ql$ setzen. Die Druckkraft am Auflager ist $D = m_a/z$ und erzeugt die Reibung $D\mu = \mu m_a/z$. Wir fragen nun, welcher Bruchteil n vom Feldmoment $m_m = A^2/2q$ genügt, um A aufzunehmen, d. h.:

$$A = 0{,}4ql = n\mu m_m/z = n\mu A^2/2qz$$

und daraus

$$n = a_a/a_m = m_a/m_m = 2z/0{,}4\mu l = 5{,}9h/l\,.$$

Dabei wird genähert $z \cong 0{,}83h$ und $\mu = 0{,}7$ gesetzt. Dieser Wert der Reibungszahl μ ist für Arbeitsfugen ermittelt (2.2.3.3, Querkraft), jedoch für die homogene Druckzone größer. Außerdem wird die Querkraftaufnahme von der Dübelwirkung der Bewehrung unterstützt. Dann ist

für $l/h =$	8	12	16	20	24 ,
$n = a_a/a_m =$	0,74	0,49	0,37	0,30	0,25 .

Die Angabe $n = 1/2$ gilt also für relativ gedrungene, $n = 1/3$ für schlanke Platten.

Zu kurze obere Bewehrung einer zweifeldrigen Rippendecke über der Innenstütze (Abb. 3/39b) war die Ursache für einen Riß, der einen Momentennullpunkt schuf, wieder bis auf die Bewehrung hinab reichte und die Querkraftaufnahme gefährdete. Diesem Gefahrenzustand wurde durch einen stählernen Unterzug quer zur Spannweite abgeholfen. Da zu erwarten war, daß sich der Riß infolge der Verkehrslasten und der Kriechdurchbiegung noch weiter öffnen würde, mußte außerdem die Decke aufgerauht und ein bewehrter Überbeton mit Verdübelung angeordnet werden. Man erkennt hieraus, wie wichtig die richtige Führung der oberen „konstruktiven" Bewehrung ist! Auf die Verdübelung eines gerissenen Querschnitts durch die untere Bewehrung darf man sich nicht verlassen, da sie durch Abplatzen der Betonüberdekkung leicht versagen kann.

Über Fugen in Decken lese man in I A, 6 nach. Die Problematik ihrer Dichtung ist in [2/53, S. 8] zusammengestellt.

Bei der *Ausführung von Ortbetondecken* sind die in I A, 1.1 (Verarbeiten von Beton) und 3.2 (Verarbeiten der Bewehrung) geschilderten Maßnahmen zu beachten. Dünne Platten sind aber für Verstöße dagegen besonders empfindlich, weshalb ich mich veranlaßt sehe, auf Folgendes nochmals hinzuweisen (vgl. I B, 5.4.1.3):

(a) Die Lage der Bewehrung muß sehr maßgenau sein und stabil fixiert werden. Eine geringe Abweichung der Sollage der Stäbe von nur 1 bis 2 cm verändert den inneren Hebelarm und damit die Tragfähigkeit beträchtlich. Die obere Bewehrung ist daher zuverlässig durch Böcke aus Mattenabschnitten o. dgl. zu sichern, um nicht niedergetreten zu werden.

(b) Eine ausreichende Menge von Abstandhaltern der unteren Stäbe gegen die Schalung (Entfernung je nach Stabdicke) sind unerläßlich, um die Betondeckung nach DIN 1045, 13.2 als „Sollmaße" zu sichern. Diese wurden neuerdings vergrößert nach [I B, 2/8.3], da sich ein „Vorhaltemaß" als notwendig erwies. Ist die Deckung zu gering, zeichnet sich die Bewehrung bald durch poröse Streifen im Beton, später durch Roststreifen und — mitunter erst nach Jahren — durch Absprengungen ab.

(c) Man muß der Versuchung widerstehen, Platten zu naß zu betonieren, was zwar die Arbeit erleichtert, aber das Setzen, verbunden mit der Bildung einer absterbenden Zementhaut, verstärkt und das Schwinden fördert. Fließbeton [2/65] (I A, 1.1.4) kann gerade bei Platten eine gute Hilfe sein.

(d) Beim „Abziehen" des Deckenbetons sind Vorkehrungen zu treffen (Lehren legen), um die geforderte Ebenheit zu erreichen [66].

(e) Das Nachbehandeln des Betons ist bei Decken besonders wichtig, da seine Oberfläche im Verhältnis zum Volumen groß ist [68]. Er trocknet vor allem im Freien durch Sonne und Wind sehr rasch aus, wodurch das meist zu Rissen führende Früh- und Spätschwinden gefördert wird. Auch die Hydratation als Grundbedingung der Festigkeitsentwicklung und der Dichtigkeit wird beeinträchtigt. Da hierfür bei steif-plastischem Beton zusätzlich zum Anmachwasser weiteres Wasser gebraucht wird, ist das Abdecken mit feuchten Jutebahnen und Kunststoffolie oder öfteres Besprengen zweckmäßig. Kunststoffolien oder Besprühen allein genügt hierzu nicht! Bei langen Decken sind temporäre Schwindfugen angezeigt, die später geschlossen werden.

(f) Platten strahlen die Abbindewärme des Zements rasch ab und sind daher bei kaltem Wetter durch Matten o. dgl. zu schützen, um das Erhärten zu sichern.

(g) Das Abbinden hängt stark von Temperatur und Zementsorte ab (I A, 1.1.8). Aus wirtschaftlichen Gründen wird man die Schalung so früh wie möglich wieder gewinnen wollen. Es ist dann nötig, in der Mitte der Spannweite „Notstützen" zu setzen, um u. U. recht lästige Durchbiegungen infolge frühen Kriechens des jungen Betons hintanzuhalten.

(h) Besondere Aufmerksamkeit ist der Deckenoberfläche zu schenken, wenn diese mit Zementmörtel, Asphalt, Kunststoff- oder Keramikbelag [65] beschichtet werden soll. Deren Haftung ist nur auf einer sauberen, festen, staubfreien Betonfläche ausreichend, für die man Regeln in [68.3] findet. Durch zu großen Wassergehalt poröser Beton oder abgesetzte Zementschlämpe sind zu entfernen. Die Abreißfestigkeit soll 1,5 N/mm^2 betragen. Der mit dem Beschichten beauftragte Unternehmer hat sich nach DIN 1961 (VOB) Teil B, § 4.3 *verantwortlich* von der Zuverlässigkeit des Untergrundes zu überzeugen, andernfalls schriftlich Abhilfe zu fordern.

3.3.6.2 Fertigteilbauweise (Halb- und Vollmontage)

Vom reinen Ortbeton auf Schalung über die in I A, Abb. 3.2/9 d beschriebenen Schalplatten mit eingelegter Teilbewehrung und die durch Ortbeton ergänzten Fertigteile (Stahlbetonverbundbauweise) bis zur Herstellung von Decken ausschließlich aus vorfabrizierten Elementen (Vollmontagebauweise) gibt es zahlreiche Übergänge. Maßgebende Vorteile der Fertigteilbauweise sind der Fortfall von Schalung und Verminderung der Unterrüstung (bei Verbundbauweise noch nötig) sowie die Schnelligkeit der Ausführung (I B, 2.3.1).

Die Konstruktion von einzelnen Fertigteilen ist in I B (4.6 Balken, 5.4.2 Platten) abgehandelt, größere Tragwerke (Brücken) aus vorfabrizierten Balken in diesem Band in 2.2.3.2. Zu der früher angeführten Literatur [I B, 2/10] wird ergänzend auf [69] sowie auf DIN 1045, 19 und DIN 1084 Teil 2 (78) hingewiesen. Die Beanspruchungen beim Transport müssen nachgewiesen werden, wenn die Bauteile länger als 4 m sind. Betreffend Bewehren der Enden von vorfabrizierten Stützen wird [I B, 2/11] durch [70] ergänzt. Neueres über Vergußmörtel bietet [71].

Eingangs wird daran erinnert, daß an die Genauigkeit sowohl von vorfabrizierten Bauteilen als auch an ihre Auflager höhere Genauigkeitsanforderungen gestellt werden müssen als bei Ortbeton [I B, 2/9], da sich dieser Maßdifferenzen anpaßt. Um keine Überraschungen bei Deckenelementen, die in größerer Zahl dicht an dicht hinter — oder nebeneinander gelegt werden, zu erleben, ist mit der Fehlerfortpflanzung [72] zu rechnen. Ferner muß man sich darüber klar sein, daß Auflagerflächen nie ganz eben und horizontal hergestellt werden können, weshalb DIN 1045, 19.5.4 außer in untergeordneten Fällen stets eine Zwischenlage aus Zementmörtel oder nachgiebigem Material (Weichfaserplatte, Elastomerstreifen oder dgl.) fordert. Auch an das zweckmäßige Zurücksetzen der Auflagerfläche bei sehr schlanken Decken, um Randabplatzungen (I B, 7.3) zu vermeiden, sei hier nochmals erinnert.

Halbmontagedecken bestehen aus vorfabrizierten Balken mit schlaffer oder vorgespannter Bewehrung und Ortbeton, der die Deckenplatte bildet und auch als Druckzone dient. Die Berechnung dieser sogenannten *Stahlbetonverbundträger* ist in 2.2.3.2 beschrieben.

Wenn Transport- und Montagekosten vermindert werden sollen, wendet man kleine Fertigbalken mit Füllkörpern (Abb. 3/28) an, mitunter reduziert auf den Untergurt, der die Biegebewehrung enthält (Abb. 3/28 b), muß aber dann eine engstehende Zwischenunterstützung in Kauf nehmen, um den Ortbeton im Bauzustand zu tragen (DIN 1045, 19.5.2). Steht ohnehin ein schwereres Hubgerät auf der Baustelle zur Verfügung, wird man stärkere vorgefertigte Balken verwenden und kommt mit wenig oder ohne Zwischenstützen aus.

Im *Wohnungsbau* mit Deckenlasten $<5{,}0\ \mathrm{kN/m^2}$ gelten für den Verbund erleichterte Bedingungen (DIN 1045, 19.7.2). Bei rauher Oberfläche der Balken, wie sie bei Gleitfertigern oder durch Holzschalung entsteht, genügt die natürliche Haftfestigkeit, wenn der Ortbeton die Balken umgreift und gut eingerüttelt wird, was in der jeweiligen „Zulassung" festgelegt ist. Werden vorfabrizierte Leisten als Untergurt (Abb. 3/40 a) verwendet, ist eine „Schubbewehrung" unumgänglich. Solche Leisten lassen sich auch aus keramischen Steinen (Ziegel) mit Kammquerschnitt herstellen (Abb. 3/40 b), in deren Rillen die notwendigerweise vorgespannten Drähte mit hochwertigem Mörtel vergossen werden. Diese Bauart hat den Vorteil noch geringeren Gewichts, einer guten Putzhaftung und eines praktisch kaum merkbaren Schwind- und Kriechverlustes. Da gebrannter Ton porös ist, muß die Bewehrung zum Rostschutz sehr sorgfältig mit Mörtel umhüllt werden. Bei Füllkörpern aus gebranntem Ton darf deren Querschnitt anteilig als Druckzone mitgerechnet werden (DIN 1045, 21.2.1). Eingehende Angaben über Decken und Dachkonstruktionen aus Fertigteilen findet man im B. Kal. 1976 II, S. 857 und in [69].

Fertigteildecken besitzen in der Querrichtung eine sehr geringe Steifigkeit. Die Balken müssen deshalb derart verlegt werden, daß ihre Kriechdurchbiegung nicht behindert wird, da sonst Schäden auftreten (Abb. 3/41). Infolge unbeabsichtigter Stützung von Decken durch darunter und darauf gemauerte „leichte Trennwände" können sich die Deckenlasten in diesen durch mehrere Stockwerke addieren und im untersten Geschoß die Druckfestigkeit der Wand überschritten werden. Größere

Wandlasten müssen wegen der mangelhaften Querverteilung durch mehrere Balken aufgenommen werden (Abb. 3/42), die durch Querträger zu verbinden sind.

Die Auflagertiefen von Fertigbalken entsprechen denen von Ortbetonbalken. Die zulässigen Pressungen und Dicken von Zwischenwänden sind in DIN 1053 Teil 1 (74), 3 geregelt und in M. Kal. 1983, S. 2 bez. Teil 2 in M. Kal. 1984, S. 17 abgedruckt.

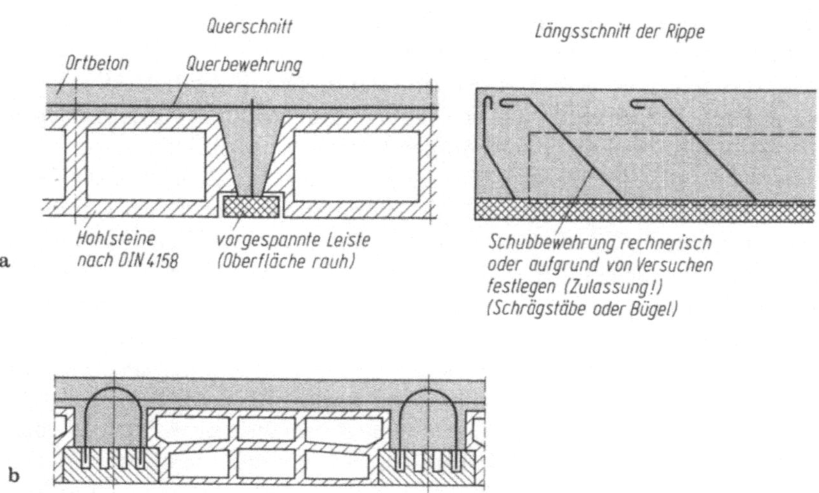

Abb. 3/40. Vorgefertigte Betonleisten als Untergurt für Hohlsteindecken entweder mit passiver (schlaffer) Bewehrung in Form von Gitterträgern (I A, Abb. 3.2/9) oder mit aktiver (vorgespannter) Bewehrung. **a** Leichte Hohlsteine als nicht mittragende Füllkörper nach DIN 4158 (78); **b** keramische Leisten mit aktiver Bewehrung (wegen der Stoßfugen der Ziegel) und statisch mitwirkenden Zwischenbauteilen (DIN 1045, 19.7.8) nach DIN 4158 (78) und 4159 (78)

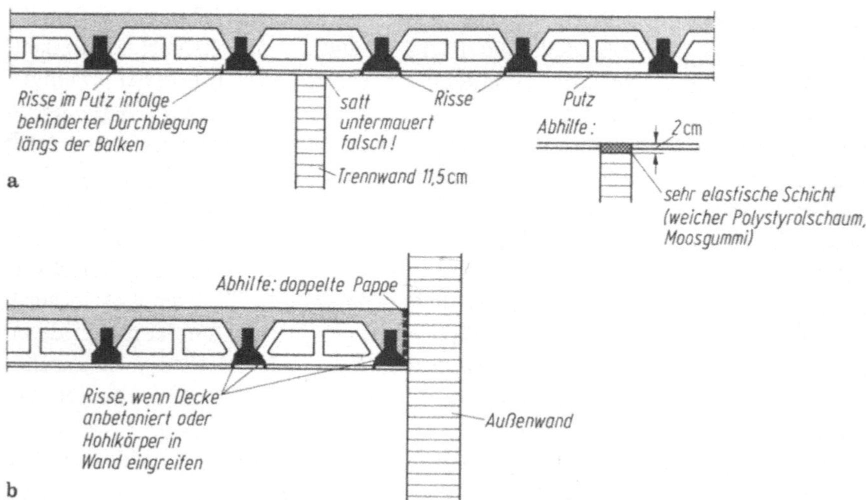

Abb. 3/41. Risse bei unbeabsichtigter Auflagerung einer Fertigbalkendecke auf einer gleichlaufenden Innen- oder Außenwand infolge der kurz- und langzeitigen Durchbiegungen der Balken sowie Hinweise für richtige Ausführung. **a** Innenwand nicht satt unter Decke mauern! **b** Decke nicht an oder gar auf gleichlaufende Wand betonieren!

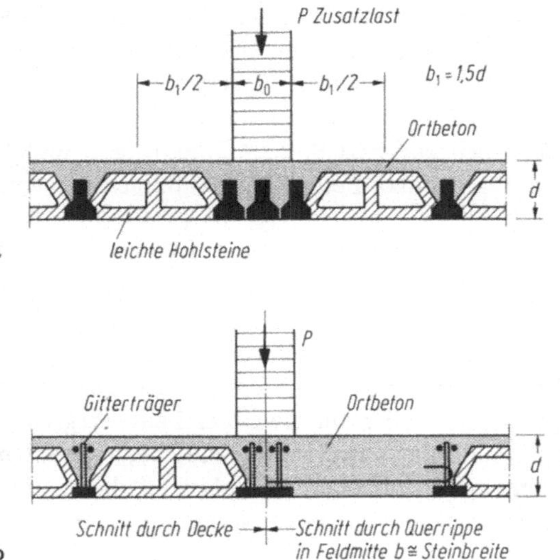

Abb. 3/42. Verstärken einer Fertigbalkendecke unter einer Wand schwerer als $g = 150$ kp/m². **a** Durch dichtere Balkenlage; gemäß DIN 1045, 19.7.7 darf die Druckzone infolge der Zusatzlast (vorsichtig!) zu $b_1 = 1{,}5d \leqq 35$ cm angenommen werden (nach Abb. 2.2/24 wirkt größere Breite mit); **b** zu empfehlen ist das Verteilen der Wandlast auf die Nachbarbalken durch einen Querriegel in Feldmitte

Der Überbeton kann als aussteifende Scheibe in Rechnung gestellt werden, wenn auf den Wänden an den Rändern ein „Ringanker" nach DIN 1045, 19.7.4 (Abb. 3/33) ausgebildet wird. Besonders bei Leichtsteinwänden sollte auf diesen wegen unvorhergesehener Beanspruchungen (Temperaturdifferenzen, Setzungen, Erdbeben) nie verzichtet werden.

Stahlverbunddecken gehören ebenfalls zur Halbmontagebauweise (Abb. 3/43 a). Sie werden im Industrie- und Brückenbau in Verbindung mit Stahlkonstruktionen auf I-Trägern ausgeführt. Die Schalung wird mit Krampen an die Träger angehängt, so daß man die Abstützung spart.

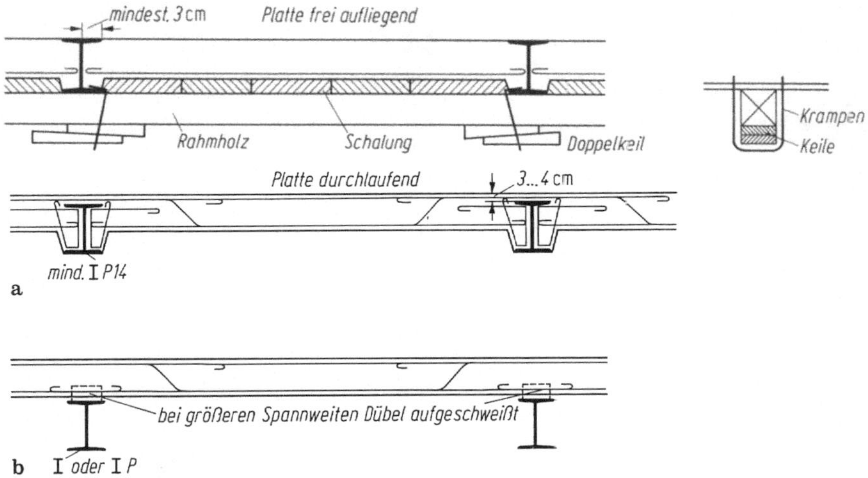

Abb. 3/43. Betonplatte auf Stahlbalken. **a** Stahlträgerdecke für kleine Trägerspannweiten auf angehängter Schalung betoniert; entweder frei aufliegend: Beton mit Trägeroberkante bündig, oder mit über den Trägern durchlaufender oberer Bewehrung zur Herstellung der Kontinuität; **b** eigentliche Stahlverbunddecke für größere Spannweiten (ab etwa 6 m je nach Nutzlast): Betonplatte wirkt als Druckzone. Verbund durch Dübel erforderlich! (vgl. 2.2.3.2.2)

Bei größeren Spannweiten ist die schubfeste Verbindung der Platte mit den Trägern vorteilhaft (Abb. 3/43b), weil sie als Druckgurt wirkt. Die notwendigen Verbundmittel sind in Abb. 2.2/37 dargestellt. Das geringe Gewicht der Stahlträger erleichtert die Montage und setzt die Masse des Bauwerkes herab, was sich gegebenenfalls bei schlechtem Baugrund oder bei Erdbebengefahr (II B, 2.2.4.2) günstig auswirkt. Der geringere Biegewiderstand von Stahl- gegenüber Betonstützen läßt meist größere Dehnfugenabstände zu.

Die Wirtschaftlichkeit kann jedoch nur im Zusammenhang mit dem Gesamtbauvorhaben beurteilt werden und wird mitunter durch kalkulatorische Erwägungen stark beeinflußt.

Vollmontagedecken aus streifenförmigen Elementen, die durch Verguß der Längsfugen eine gewisse Querkoppelung besitzen, sind in I B, 5.4.2 behandelt. Sie haben als Platten den Vorteil ebener Untersicht, sind aber auf etwa 6 m Länge begrenzt. Hierbei ist zu unterscheiden zwischen „Hohldielen" nach DIN 1045, 19.3, die gewissen Beschränkungen der Abmessungen unterworfen sind, und „Hohlplatten", die nur den allgemeinen Bestimmungen der Norm unterliegen. Die Querverteilung von Teillasten beschreibt [73].

Größere Spannweiten erreicht man mit vorfabrizierten Plattenbalken, die für *Dächer* als „Kassettenplatten" bis etwa 6 m Länge ausgeführt werden (Abb. 3/44a). Die Mindestabmessungen sind in DIN 1045, 19.3 geregelt. Der Spiegel darf u. U. bis 2,5 m herab dick sein (unbewehrt Breite höchstens 65 cm), so daß diese Decken sehr leicht sind. Bei Längen größer als etwa 4 m sollten die Stege außer durch die stets nötigen Endquerträger zusätzlich durch Zwischenrippen ausgesteift werden. Gas-

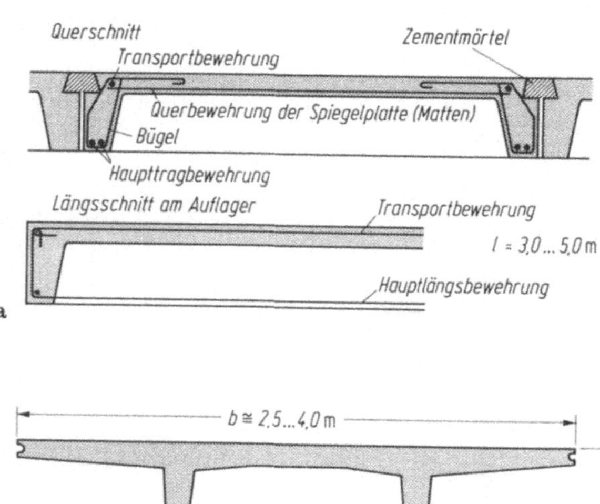

Abb. 3/44. Vorgefertigte Plattenbalken aus Stahl- oder Spannbeton (DIN 1045, 19.3 u. 20.1.3). **a** Kassettenplatten für Dachdecken: Spiegel unbewehrt ≧2,5 cm bei max. 65 cm Stegabstand und B 45; Zwischendecken: Spiegel bewehrt ≧5 cm. **b** Doppelstegplatten („π-Platten"). Endquerträger empfehlenswert wegen Auflagerpressung (begrenzt in DIN 1045, 20.1.2) und waagrechten Kräften sowie als Versteifung beim Transport

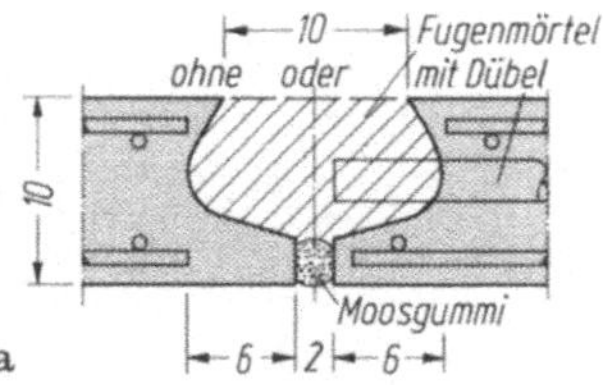

a

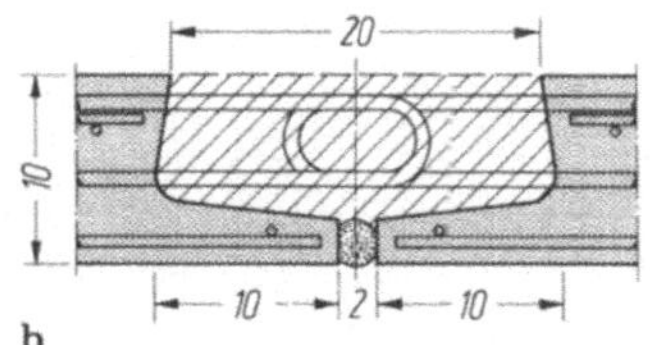

b

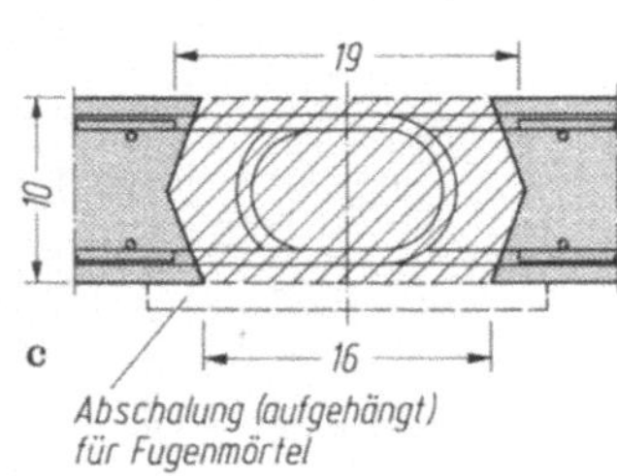

c

Maße in cm

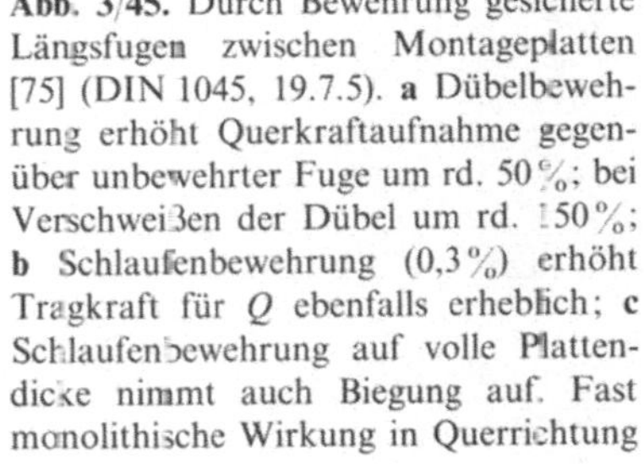

Abb. 3/45. Durch Bewehrung gesicherte Längsfugen zwischen Montageplatten [75] (DIN 1045, 19.7.5). **a** Dübelbewehrung erhöht Querkraftaufnahme gegenüber unbewehrter Fuge um rd. 50%; bei Verschweißen der Dübel um rd. 150%; **b** Schlaufenbewehrung (0,3%) erhöht Tragkraft für Q ebenfalls erheblich; **c** Schlaufenbewehrung auf volle Plattendicke nimmt auch Biegung auf. Fast monolithische Wirkung in Querrichtung

betonplatten nach DIN 4223 (58) geben einen besseren Wärmeschutz als Schwerbeton.

Für *Geschoßdecken* mit größeren Nutzlasten sind Doppelstegplatten („π-Decken") bis zu etwa 12 m Spannweite sehr wirtschaftlich (Abb. 3/44b). Bis etwa 8 m Länge genügt schlaffe Bewehrung, darüber hinaus ist mit Rücksicht auf Risse, Durchbiegung und vorherrschende Eigenlast (vgl. I B, 4.3.2.1) Spannbettvorspannung zweckmäßig. Endquerträger werden oft fortgelassen, sind aber für die Steifigkeit großer Fertigteile doch sehr zu empfehlen.

Die Längsfugen auch dieser Plattenbalken sind nach DIN 1045, 19.7.5, Tab. 27 quer zu verbinden, um unterschiedliches Durchbiegen dieser meist sehr schlanken Elemente bei wechselnder Belastung auszuschließen, was noch wichtiger als bei Platten ist (I B, Abb. 5/64) [74]. Neuere Vorschläge hierfür zeigt Abb. 3/45 [75.1]. Sie erwiesen sich im Versuch als sehr wirksam zur Aufnahme der Querkräfte infolge ungleich belasteter benachbarter Elemente. Über nicht derart gesicherte Längsfugen darf man keinesfalls einen Estrich durchlaufen lassen!

Soll aus vorgefertigten Elementen eine *steife Deckenscheibe* hergestellt werden, so sind sie gegenseitig zu verdübeln (Abb. 3/46) oder die Fugenränder bereits im Werk zu verzahnen. Nach dem Verlegen sind zur Aufnahme von Spreizkräften S in die Längs- und Querfugen Stäbe einzulegen, die die Rolle von Bügeln zur Aufnahme der Quer-(„Schub-")Kräfte spielen, ferner ist an den Rändern eine Biegebewehrung zur Aufnahme des Randzuges anzuordnen (DIN 1045, 19.7.4). Auch für die Aufnahme der Verbindungskräfte mit dem Deckentragwerk ist zu sorgen (Schlaufenbewehrung bei Betonbindern, aufgeschweißte „Schubdübel" bei Stahlbindern) [76].

Für schwere Decken können Voll- oder Kassettenplatten mit den vorfabrizierten Balken zu kontinuierlichen Plattenbalken verbunden werden (Abb. 3/47a). Stehende Haken (gegensinnig beanspruchte Schenkel, DIN 1045, Tab. 20) oder liegende Schlaufen (gleichsinnig beanspruchte Schenkel, DIN 1045, 18.6.1) [I B, 4/108.1] stellen die Durchlaufwirkung der Platten für die Nutzlasten her. Die Haken können durch Querbewehrung zur Aufnahme der Spaltkräfte verkürzt werden (I B, Abb. 4.6/1). Die Anschlußbewehrung hat den Biegezug aus Nutzlast auf den Platten, evtl.

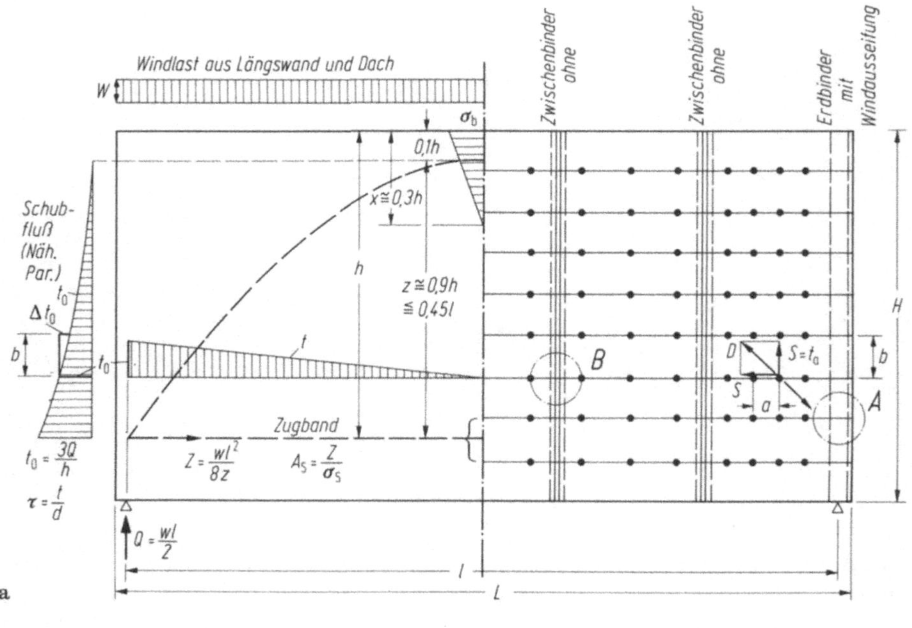

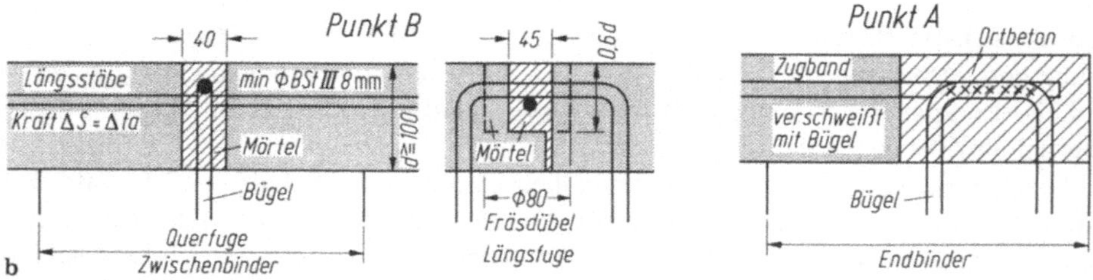

Abb. 3/46. Dachdecke aus vorgefertigten Leichtbeton- oder Kassettenplatten auf Stahlbetonbindern, herangezogen als steife Scheibe nach DIN 1045, 19.7.4 zum Übertragen der Windkräfte auf die Gebäudelängswände nach den Giebelwänden oder Endbindern. Jede Bauart bedarf einer ausführlichen Zulassung, die alle Details regelt! **a** Übersicht und pauschaler Kräfteverlauf (Stützlinie). Der Stich der Stützlinie darf nicht größer als $z \simeq 0{,}45l$ angenommen werden (I B, Abb. 6/17); Zugband A_s auf die beiden untersten Längsfugen verteilen und Enden an Bügelbewehrung in Bindern schweißen; **b** Bewehrung der Längsfugen zwischen den Platten (deren Biegebewehrung ist fortgelassen!) zur Aufnahme der Differenzen $\Delta S = a\,\Delta t$ der Längskomponenten S der schrägen Dübelkräfte D. Die Querkomponenten werden über die Bügel in den Bindern diesen zugeleitet. Bei Stahlbindern treten anstelle der Bügel aufgeschweißte **T**-Profil-Stücke

auch Längsschubkräfte in der Fuge, aufzunehmen, wenn die Reibung in der Druckzone dazu nicht ausreicht (I B, S. 120).

Sehr elegant lassen sich Montagebalken und -platten mittels Spanngliedern zu einer monolithischen Decke zusammenfügen (Abb. 3/47b). Die Schubkräfte in den Fugen werden durch die von der Vorspannung erzeugte Reibung aufgenommen.

Werden Voll- oder Doppelstegplatten auf Konsolen aufgelagert, die jedoch nicht nach unten vorstehen sollen, so müssen die Stege am Auflager ausgeklinkt werden. Diese Punkte starker Kräftekonzentration sind nicht nur besonders sorgfältig zu konstruieren (I B, 4.7) [75.2], sondern auch auszuführen: es entstehen hier sowohl

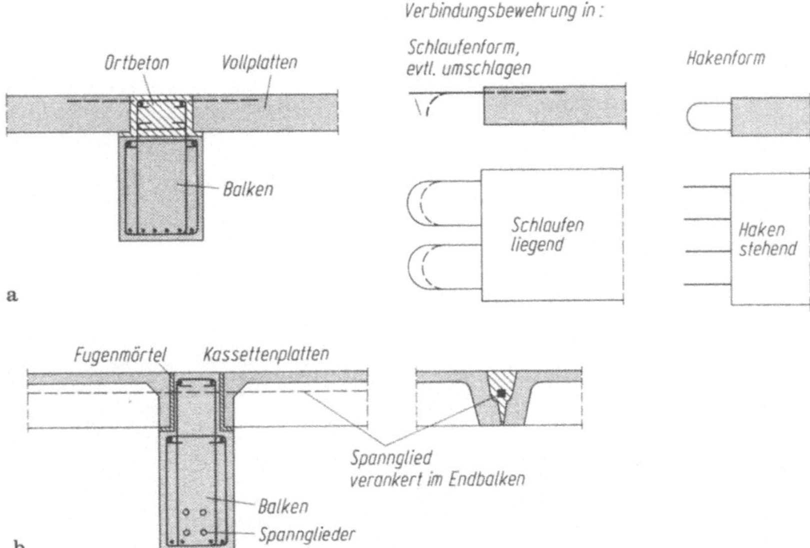

Abb. 3/47. Decke aus Fertigteilen im Hochbau mit monolithischer Wirkung. **a** Verbinden von Massivplatten mit Montagebalken durch Anschlußbewehrung in Form von Schlaufen oder Haken (I B, Abb. 4.6/1); **b** Verbinden von Kassettenplatten mit Montagebalken mittels Vorspannung. Diese wird so bemessen, daß sie das Einspannmoment sowie das Feldmoment der Kassette ganz oder teilweise überdrückt

durch Fehler im Konstruktionsbüro als auch auf der Baustelle sehr häufig Schäden (I B, Abb. 4.7/3), die meist nur durch kostspielige und verunstaltende stählerne Abfangungen (Abb. 3/48) behoben werden können.

Reine Vollmontagedecken werden im Wohnungsbau zum Überdecken ganzer Räume nur bei umfangreichen Bauvorhaben angewendet. Denn nur hier lohnt sich die kostspielige Einrichtung zur Herstellung bis zu etwa 20 m^2 großer, ca. 10 t schwerer Platten sowie der Einsatz entsprechender Transportmittel und Hebezeuge. Die Platten erhalten bereits im Werk die nötige Installation für Heizung und Strom. Die Montage wird in Verbindung mit vorfabrizierten Wänden sehr beschleunigt. Für mehrgeschossige Verwaltungsbauten und dgl., besonders für den Hochschulbau sind Kassettenplatten entwickelt worden, z. B. [77]. Die Anwendung eines einheitlichen Stützenrasters ermöglicht eine Beschränkung der Typen. Die Kassettenplatten bilden mitunter einen Teil des Tragwerkes, sie werden daher in 4 abgehandelt.

Großformatige Deckenelemente sind naturgemäß sehr steif, so daß ihre Auflager in jeder Richtung besonders genau ausgerichtet werden müssen. Die unvermeidlichen Ungenauigkeiten erfordern in jedem Falle die erwähnten ausgleichenden Zwischenlagen. Bei mehrgeschossigen Bauten sind die Deckenstöße auf Innenwänden sorgfältig auszubilden [78], da die Wandlast konzentriert wird und Spaltzug erzeugt.

Schließlich wird noch auf die Wichtigkeit zweckmäßiger und sicherer Aufhängungen der Fertigteile bei der Montage hingewiesen (Abb. 3/49), die wegen ruckweisen oder schiefen Anhebens nicht zu knapp bemessen sein dürfen.

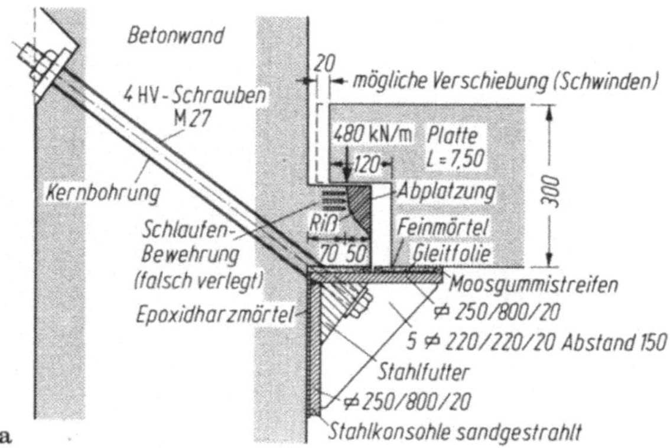

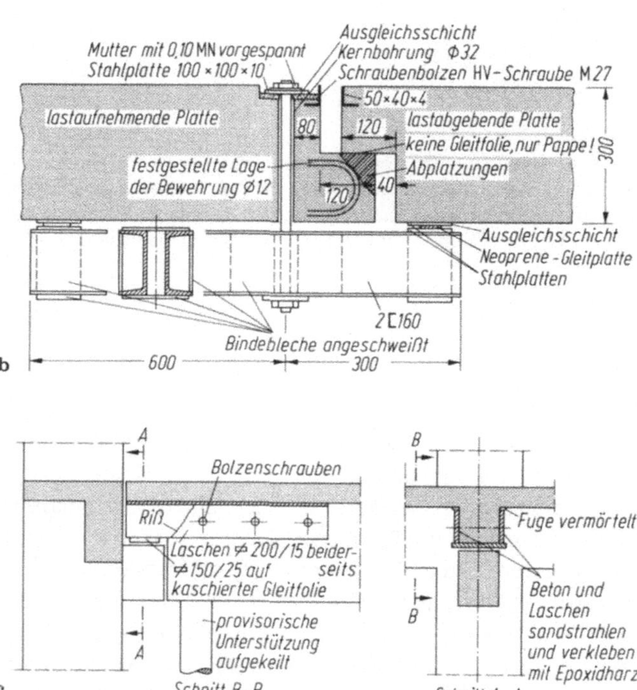

Abb. 3/48. Verstärken von gekröpften Auflagern auf Konsolen, deren Bewehrung falsch angeordnet oder verlegt worden ist (vgl. I B, 4.7) (Beispiele). **a** Schwere Platte auf einer durchlaufenden, zu schwachen Konsole (I B, Abb. 4.7/3e). Unterstützen durch stählernen Winkel, bemessen für die Stützkraft von 0,5 MN/m, gehalten von vier schrägen HV-Schrauben (vorgespannt) zur Aufnahme von Moment und Querkraft, zusätzlich verklebt mit Epoxidharzmörtel; **b** Weitgespannte Platte wie **a**. Unterstützen durch untergezogene, doppelte ⊔-Träger, die durch die vorhandene Scheindecke verdeckt werden; **c** Verstärken eines Plattenbalkens mit zu schwach bewehrtem „Schnabel" (I B, Abb. 4.7/3f) durch beiderseitige, stählerne Laschen, verklebt mit dem Balken mittels Epoxidharz und angepreßt durch Bolzenschrauben. Abstützen (nach Entlasten) auf die Stützenkonsole über angeschweißte Stahlplatte auf kaschierter Gleitfolie oder PTFE-Platte (Teflon) (bewegliches Lager)

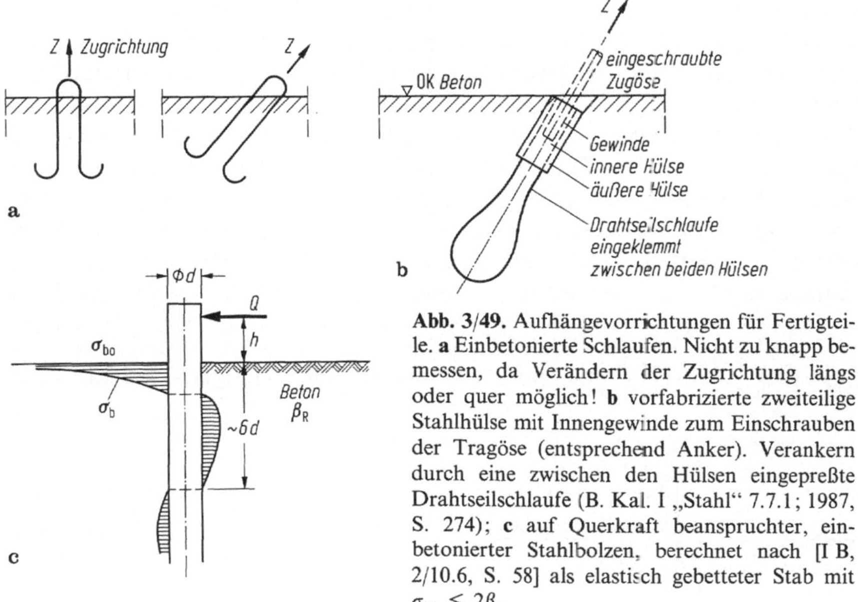

Abb. 3/49. Aufhängevorrichtungen für Fertigteile. **a** Einbetonierte Schlaufen. Nicht zu knapp bemessen, da Verändern der Zugrichtung längs oder quer möglich! **b** vorfabrizierte zweiteilige Stahlhülse mit Innengewinde zum Einschrauben der Tragöse (entsprechend Anker). Verankern durch eine zwischen den Hülsen eingepreßte Drahtseilschlaufe (B. Kal. I „Stahl" 7.7.1; 1987, S. 274); **c** auf Querkraft beanspruchter, einbetonierter Stahlbolzen, berechnet nach [I B, 2/10.6, S. 58] als elastisch gebetteter Stab mit $\sigma_{b0} \leqq 2\beta_R$

3.4 Straßen- und Rollfelddecken

Betondecken haben sich für Verkehrsflächen bei sachgemäßer Herstellung auf frostunempfindlichem (nicht bindigem) Untergrund (Beton ist ein relativ guter Wärmeleiter!) seit langem sowohl für untergeordnete Wege [79] als auch für schwer belastete Straßen und Rollfelder [80] als sehr dauerhaft erwiesen. Die Decken sind zweckmäßig durch Fugen alle 4 bis 8 m zu unterteilen, um Temperatur- und Schwindspannungen zu beschränken.

Die Platten haben die Radlasten auf den Untergrund zu verteilen und werden dabei auf Biegung beansprucht. Die Verformung der Platte weckt ihrerseits Bodengegendrücke p, die mit der Einsenkung w und der Steife des Untergrundes anwachsen. Es besteht also eine Wechselwirkung zwischen Platte und Boden. Schwierig ist dabei die Erfassung der Bodenreaktion, die man deshalb stets in Grenzen einschließen sollte. Hierfür gibt es das Bettungs- und das Steifezifferverfahren, die in II B, 3.2.2 erläutert sind. Beim ersteren wird allein aus der örtlichen Bodenpressung p die Einsenkung $w = p/C$ an dieser Stelle abgeleitet, wobei C eine Art Federkonstante der Bodenelemente darstellt. Bei dem zweiten (genaueren) Verfahren kann näherungsweise die Erkenntnis eingebaut werden, daß auch die Pressungen in der Nachbarschaft einen Beitrag zur Setzung leisten (Setzungsmulde). Die Bettungszahl C wird daher verbessert, abhängig von der Größe der belasteten Fläche A als Mittelwert $C = E_s/f\sqrt{A}$ (E_s Steifezahl des Bodens, B. Kal. 1978 II, S. 850) eingeführt. f ist ein Formbeiwert, z. B. $=0{,}45$ für eine quadratische Lastfläche. Das Bettungszifferverfahren ist in dieser Form für sehr ausgedehnte Platten genau genug und besitzt zudem noch den Vorteil, geschlossene Funktionen für die Pressungsverteilung zu liefern, während diese beim Steifezifferverfahren aus Gleichungssystemen errechnet werden muß. Allerdings sind die Ergebnisse für verschiedene Parameter tabelliert [81]. Die Vernachlässigung der Setzungsmulde macht sich nur an den Plattenrändern stärker bemerkbar. Ein Überschlag zeigt die Auswirkung der verschiedenen Parameter:

Zunächst ist die Bettungszahl C für eine zweiseitig unendlich ausgedehnte Platte mit Einzellast abzuschätzen. Die Theorie (B. Kal. 1986 I, S. 293) liefert die Pressung $p_m = w_m C = P/8L^2$ unter der Last, die glockenförmig abklingt. Man kann diese Kurve näherungsweise durch einen quadratischen Block mit der Seitenlänge b und der Ordinate p_m ersetzen, dessen Inhalt gleich P ist (Abb. 3/50a). Das entspricht der „mittragenden Breite b" bei der Biegung einer freitragenden Platte (I B, Abb. 5/14). Daraus folgt $b^2 = 8L^2$, d. h. $b = L\sqrt{8}$. L ist die „charakteristische Länge" $L = \sqrt[4]{E_b I/C} = \sqrt[4]{E_b d^3/12C}$ und ein Ausdruck für das Steifigkeitsverhältnis von

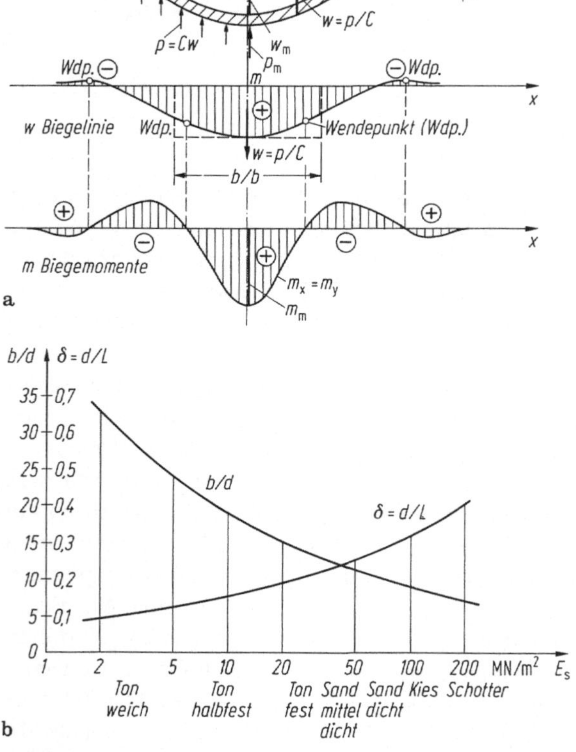

Abb. 3/50. Elastisch gebettete, ∞ ausgedehnte Platte mit einer Einzellast P, verteilt auf eine Kreisfläche mit dem Durchmesser 2a. **a** Einsenkungen w und proportionale Bodenreaktionen $p = Cw$. Die Bettungsziffer C hängt von der Größe der quadratisch angenommenen „Ersatzlastfläche" $A = 8L^2 = b^2$ des Bodens ab; **b** auf die Plattendicke d bezogene „mitwirkende Breite" b und $\delta = d/L$, abhängig von der Steifeziffer E_s des Bodens. Die Elastizitätszahl des Betons wurde $E_b = 30\,000$ MN/m² gesetzt

Platte (E_b und $I = d^3/12$) und Boden (Steifeziffer E_s, Bettungsziffer C). C und E_s lassen sich durch die Größe der Lastfläche b^2 verknüpfen und, zwar ist

$$b = \sqrt{8}\,\sqrt[4]{E_b d^3/12C} = 1{,}52\sqrt[4]{E_b d^3/C}$$

oder, bezogen auf die Plattendicke d

$$b/d = 1{,}52\sqrt[4]{E_b/Cd}$$

und nach Einsetzen von $C = E_s/0{,}45b$

$$= 1{,}25\sqrt[4]{E_b b/E_s d} = 1{,}34\sqrt[3]{E_b/E_s}\,,$$

woraus man

$$Cd = 1{,}66\;E_s\sqrt[3]{E_s/E_b}$$

und

$$L/d = 0{,}472\sqrt[3]{E_b/E_s}$$

gewinnt.

Für einen Konstruktionsbeton setzt man $E_b = 30000\;\mathrm{MN/m^2}$, und entnimmt E_s für verschiedene Bodenarten der DIN 4015 (71) (B. Kal. 1978 II, S. 850). Man erhält dann eine Vorstellung der auf die Plattendicke d bezogenen Seitenlänge b der Ersatzdruckfläche abhängig nur von E_s und E_b (Abb. 3/50b).

Vergleichsweise ist für einen ∞ langen, elastisch gebetteten Plattenstreifen mit der Breite 1

$$L' = \sqrt[4]{4E_b I/C} = \sqrt[4]{E_b d^3/3C} = 1{,}4L\,.$$

Die Bodenpressung unter der Last ist $p'_m = P/2L'$, mithin $b' = 2L' = 2{,}8L$ und das Verhältnis $b'/b = 2L'/L\sqrt{8} = 1$. Die Pressung p'_m ist beim Streifen also wesentlich größer, da sich die Last auf die Länge b, bei der Platte jedoch auf b^2 verteilt.

Die Randspannungen $\sigma_m = \sigma_x = \sigma_y = 6m_m/d^2$ in der Platte unter der Last P hängen im Gegensatz zur Bodenpressung p_m stark von der Größe der Lastfläche ab. Diese wird kreisförmig mit dem Radius a angenommen und allseitig bis zur Plattenmitte um $d/2$ vergrößert. Denn sonst würde für eine Punktlast ($a = 0$) $m_m = \infty$ wie bei einer freitragenden umfangsgelagerten Platte nach der E-Theorie.

Als Beispiele werden ein Flugzeugrad mit $P_1 = 1$ MN und $a_1 = 30$ cm sowie ein Lkw-Rad mit $P_2 = 0{,}1$ MN und $a_2 = 15$ cm gewählt, die auf Platten mit $d = 15$; 30; 45; 60 cm Dicke stehen. Diese sollen auf Böden mit den Steifezahlen $E_s = 20$ und 100 MN/m² liegen. Abb. 3/50b zeigt die von a und d unabhängige bezogene Ersatzbreite b/d der Lastverteilungsfläche und den Parameter $\delta = d/L = 2{,}12\sqrt[3]{E_s/E_b}$. Daraus gewinnt man den bezogenen Lastradius $\alpha = a/L = (a/d)\,(d/L) = (a/d)\,\delta$ und liest aus der Tabelle im B. Kal. 1986 I, S. 294 die Mittenmomente $\eta = m_m/P$ ab. Die Werte η nehmen nur wenig mit δ zu und sind für $\alpha = a/L > 0{,}2$ praktisch davon unabhängig. Die Ergebnisse für die beiden Beispiele sind in Abb. 3/51 aufgetragen und lassen erkennen: Die vierfache Plattendicke d beispielsweise ver-

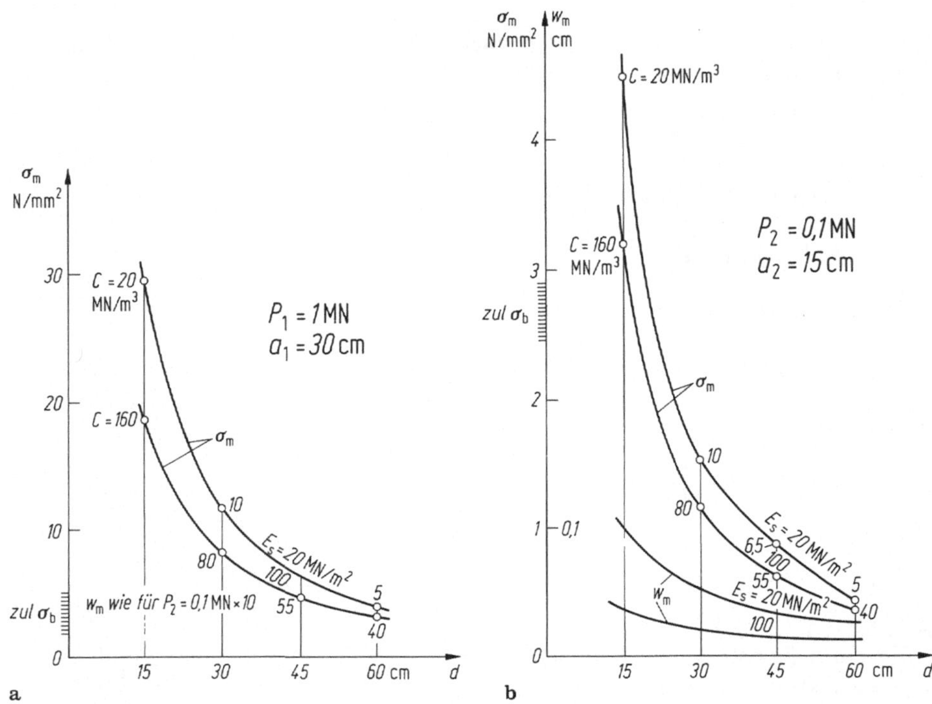

Abb. 3/51. Biegerandspannungen $\pm\sigma_m$ im Beton und Einsenkungen w_m einer Platte mit der Dicke d unter einer Last P in m für verschiedene Steifeziffern E_s des Bodens. Der angedeutete Bereich der zulässigen Biegezugspannung führt zu der notwendigen Plattendicke. **a** Flugzeugrad $P_1 = 1$ MN: $a_1 = 30$ cm; **b** LkW-Rad $P_2 = 0{,}1$ MN: $a_e = 15$ cm

mehrt zwar das Größtmoment $\sigma_m = \pm 6m_m/d^2$ durch die gesteigerte Lastfläche auf etwa das Doppelte, vermindert aber die Randspannung σ_m des Betons auf weniger als 1/6. Die Diagramme zeigen noch die Einsenkung $w_m = p_m/C$, aus der die Bodenpressung $p_m = w_m C$ abgeleitet werden kann. Die Elastizitätszahlen E_b und E_s haben nur einen geringen Einfluß auf den Kräftezustand, da sich L nur mit der 4. Wurzel daraus ändert. Eine Fehleinschätzung von E_b oder E_s um 50% nach oben oder unten macht sich bei L nur mit einer Streuung von $+10$; -15% bemerkbar.

Wenn man die überschläglich errechneten Zugspannungen den zulässigen Werten gegenüberstellt, die nach [80.3, S. 107] ~80% der Zugfestigkeit erreichen dürfen, findet man die üblichen Dicken von Autobahndecken ($d = 20 \ldots 25$ cm) und Rollfeldern ($d = 35 \ldots 50$ cm) bestätigt. Letztere können durch hydraulisch gebundene Tragschichten mit höherem E_s auf etwa 30 cm vermindert werden.

Eingehendere Berechnungen, die auch auf dem Rand und der Ecke einer Platte angreifende Lasten berücksichtigen (hier sind nach [80.3, S. 65] die Momente rd. doppelt so groß wie in Plattenmitte), findet man in [I B, 5/6.1] und [82] sowie B. Kal. 1987 II, S. 666

Die Platten für Verkehrswege werden meist von Verwaltungen geplant. Diese haben eingehende Vorschriften für Bemessung und Ausführung erlassen (B. Kal. 1987 II, S. 641).

Eine Sonderbauart für eine Rollfeldplatte auf sehr schlechtem Baugrund mit kurzen Pfählen beschreibt Hof [83].

Die Decken müssen durch Fugen unterteilt werden, damit sich Temperatur- und Schwinddehnungen des Betons auswirken können, ohne „wilde Risse" zu erzeugen. Auch hierüber enthalten die Vorschriften auf Erfahrungen begründete Angaben. Die Fugen werden bei Decken für schwere Verkehrslasten „verdübelt", um die Stöße abzumildern, die durch darüberrollende Fahrzeuge infolge der Einsenkung des belasteten Randes entstehen. Auch hierfür gibt es Normalien s. B. Kal. 1987 II, S. 689 und [84].

Fugen in Straßendecken sind an sich unerwünscht, da sie sich durch Stöße bemerkbar machen und Unterhaltungskosten verursachen (Erneuern des Bitumenvergusses). Denn wenn sich dieser vom Beton ablöst, kann Tagewasser in den Untergrund eindringen und diesen aufweichen oder zum Auffrieren bringen. Man muß daher eine teuere Entwässerungsschicht anordnen.

Es sind daher zwei Wege beschritten worden, Fahrbahndecken *ohne* Fugen herzustellen.

In den USA sind Autobahndecken ($d = 25$ cm) von mehreren Kilometern Länge fugenlos ausgeführt worden. Sie erhielten eine so starke Bewehrung (je 5∅ 16 Rippenstahl längs oben und unten), daß die aus Temperaturabfall und Schwinden unvermeidlichen Risse fein verteilt blieben und deshalb ihre Breite auf ein unschädliches Maß vermindert wurde. Auch in statischer Hinsicht ist die kontinuierliche Decke vorteilhaft, da die großen Biegespannungen in der Platte infolge der Radlasten, die Fugen überrollen, entfallen. Außerdem wird die Biegung in einer fugenlosen Decke durch Membranwirkung, ähnlich wie in freitragenden Platten (Abb. 3/8), merkbar vermindert. Auch die Bodenpressungsspitzen an den Fugenrändern aus den Verkehrslasten, die das gefürchtete Einrütteln (trotz der Dübel) verursachen, sowie das Eindringen von Wasser werden vermieden.

Die andere Möglichkeit, Fahrbahnplatten mit größerer Ausdehnung fugenlos herzustellen, ohne Risse gewärtigen zu müssen, besteht in der Anwendung der *Vorspannung* nach zwei Achsen (Abb. 3/52). Naturgemäß kann man in einer solchen Platte nur eine gleichförmige Vorspannung erzeugen, weil sie eben bleiben muß. Dazu können die Spannglieder zwar exzentrisch geführt, müssen aber an den Rändern zentrisch verankert werden. Es ist zu beachten, daß die Reibung $R_1 = g \tan \varrho$ ($g = \gamma d$: Eigenlast der Platte je m^2) infolge der Verkürzung des Betons der Spannkraft entgegenwirkt, mithin eine Gleitschicht zu empfehlen ist, um ϱ herabzusetzen.

Aus den Diagrammen der Biegespannungen Abb. 3/51 kann man überschläglich ablesen, daß beispielsweise eine Last von $P = 0{,}1$ MN in einer Platte mit $d = 28$ cm Dicke eine maximale Biegespannung von $\sigma_m = 1{,}2$ N/mm^2 ($E_s = 10$ kN/cm^2) erzeugt. Durch Vorspannen mit 1,0 N/mm^2 könnte man die Dicke auf $d = 19$ cm, d. h. etwa 2/3 vermindern, ohne die Biegespannung $\sigma_m = 2{,}2 - 1{,}0 = 1{,}2$ N/mm^2 zu verändern. Außer dem geringeren Betonaufwand würde in der dünneren Platte ein kleineres Temperatur- und Schwindgefälle erzielt. Bei Straßendecken wiegt allerdings die Betonersparnis die Mehrkosten für den Spannstahl selten auf. Rollfelder müssen wegen der größeren Radlasten der Flugzeuge als Platten mit schlaffer Bewehrung 30 bis 45 cm dick sein (B. Kal. 1987 II, S. 784). Dieses Maß läßt sich durch Vorspannen auf weniger als 1/2 vermindern. Außerdem ist wegen der höheren Rollgeschwindigkeit der Fortfall von Fugen sehr erwünscht. Das Vorspannen gegen feste Widerlager (nur einachsig möglich) hat sich wegen des hohen Kriech- und Schwindverlustes (I B, Abb. 4.3/22b) [85] nicht bewährt.

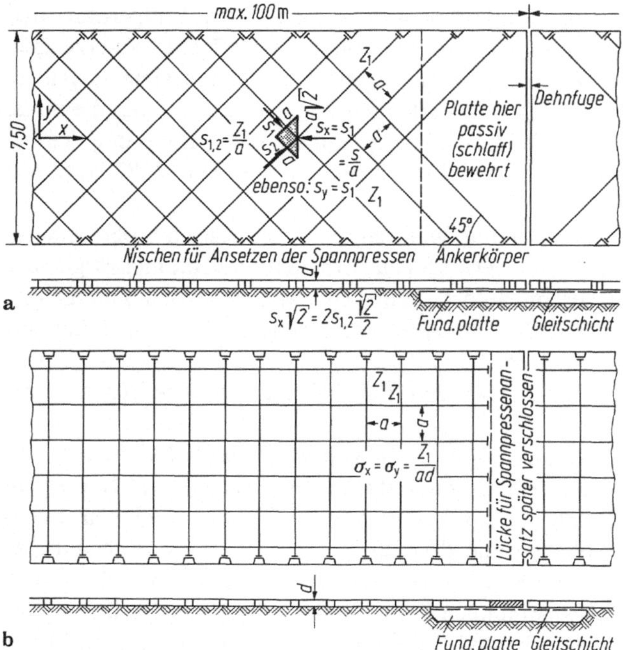

Abb. 3/52. Vorspannen einer Straßendecke in Quer- und Längsrichtung mit σ_x und σ_y. **a** Schräge, gleichlange Spannglieder unter $\alpha = 45°$ ergeben $\sigma_x = \sigma_y$. Variation von σ_x/σ_y durch Ändern von α möglich; **b** Quer- und Längsspannglieder. Fugenabstand durch Bodenreibung der Platte begrenzt!

Die *Ausführung* von Fahrbahndecken auf einem Planum, das gut verdichtet sein muß (evtl. Bodenvermörtelung), um eine ausreichende Steifezahl E_s zu besitzen, ist weitgehend mechanisiert. Dem kommt Fließbeton [2/65] entgegen, für den das BMV besondere Vorschriften erlassen hat (B. Kal. 1987 I, S. 9 u. 18 sowie II, S. 657). Die sehr hohen Anforderungen an die Ebenheit [80.2 u. 3] werden durch elektronische Steuerung der Fertiger erreicht. Mit frühhochfestem Beton [86] läßt sich ein rascher Arbeitsfortschritt erzielen und das Schwinden vermindern. Der Schutz des jungen Betons (I A, 1.1.7) gegen Austrocknen ist besonders wichtig und wird meist durch Schutzdächer und aufgesprühte Kunstharzhäute erreicht (3.3.6.1 e).

Für die Haltbarkeit von Straßen- und Rollfelddecken ist ihre Widerstandsfähigkeit gegen Frost- und Tausalzschäden von entscheidender Bedeutung [2/53, S. 92]. Das wirksamste Mittel ist die Erzeugung von Mikroporen (Luftporenbeton, I A, 1.1.3 u. 5.1.1), wie auch neuere Versuche bewiesen haben [87]. In jedem Fall ist der Unterhaltung von Betondecken Aufmerksamkeit zu schenken [88].

4 Stockwerkbauten

Gebäude mit verhältnismäßig regelmäßig übereinandergeschichteten Geschossen bilden den häufigsten Bauwerkstyp überhaupt. Sie können Wohnungen, Büros, Geschäfte oder Schulen beherbergen; sie dienen als Werkstätten, Lager, Parkhäuser und vieles andere mehr.

Stockwerkbauten werden meistens vom Architekten entworfen, der sich dabei hauptsächlich an der Zweckbestimmung des Gebäudes orientiert und auch für die ästethische Gestaltung Sorge trägt. Die Ingenieure werden leider oft erst dann hinzugezogen, wenn der Entwurf des Bauwerks festliegt. Sie sollen dann dafür die Standsicherheit nachweisen bzw. die vorgesehenen Bauteile so bewehren und bemessen, daß das Gebäude seinen Zweck sicher und dauerhaft erfüllen kann. Dabei werden dann mitunter Konstruktionen „hingerechnet“, die durch eine frühzeitige Beteiligung des Ingenieurs am Entwurf hätten besser und wirtschaftlicher gelöst werden können. Auch die anderen am Bau beteiligten Spezialisten, z. B. diejenigen für Baugrundfragen, Klimatechnik, Schallschutz und für die „Fertigung“ des Gebäudes können nicht frühzeitig genug hinzugezogen werden, weil sie alle den Tragwerksentwurf wesentlich beeinflussen können und weil spätere Änderungen teuer sind. Auch die Baustoffwahl sollte in jedem Einzelfall sorgfältig überlegt werden. Oft stellen Mischbauweisen, z. B. mit Stahlverbunddecken und Wänden aus Beton oder Mauerwerk die zweckmäßigste Lösung für eine gegebene Bauaufgabe dar.

4.1 Lasten und andere Einwirkungen auf Stockwerkbauten

4.1.1 Lasten

Die DIN 1055 enthält ausführliche Angaben zu praktisch allen anzusetzenden Lasten in Stockwerkbauten: Eigenlasten und Reibungswinkel von Lagerstoffen, Baustoffen und Bauteilen (Teil 1); Bodenkenngrößen (Teil 2); Verkehrslasten (Teil 3); Windlasten nicht schwingungsanfälliger Bauwerke (Teil 4); Aerodynamische Formbeiwerte für Baukörper (Teil 45, Entwurf); Schnee- und Eislast (Teil 5). Wir beschränken diesen Abschnitt auf einige Hinweise, denn ausführlich werden die Lasten im Band II B behandelt. Es sei aber nochmals hervorgehoben, daß die einfachen Lastannahmen in den Normen nur stellvertretend für eine außerordentliche Vielfalt unterschiedlicher und veränderlicher Belastungen dazu dienen, die Gebrauchsfähigkeit und Tragfähigkeit der Tragwerke sicherzustellen. Sie sind deshalb mit dem Sicherheitskonzept verflochten und entsprechen nicht immer realistischen Belastungen.

Beispielsweise sind die nach den Normen anzusetzenden gleichmäßig verteilten Verkehrslasten so groß, daß sie praktisch kaum erreicht werden können; mit diesen Gleichlasten werden aber auch örtliche Lastkonzentrationen abgedeckt. Mitunter werden in den (statischen) Lastannahmen auch Einflüsse der Baustoffermüdung oder Lastwiederholung berücksichtigt. Oder die in Wirklichkeit streuenden Lastintensitäten werden durch hohe, mit nur geringer Wahrscheinlichkeit übertroffene Festwerte ersetzt. Die stillschweigende Voraussetzung, daß man mit den höheren Werten „auf der sicheren Seite liegt", ist allerdings nicht erfüllt, wenn ständige Lasten günstig wirken. In solchen Fällen sollte man besser mit 90 oder 95% der Normlasten rechnen.

Geradezu gefährlich ist es, beim Tragfähigkeitsnachweis die Schnittkräfte aus ständigen Lasten mit dem gleichen „Sicherheitsbeiwert" γ zu erhöhen wie diejenigen aus Windlasten, wenn durch die erhöhte Normalkraft aus ständigen Lasten in Stützen oder Wänden die Biegemomente aus Wind (teilweise) überdrückt werden. Man kann sich aber darüber streiten, ob in diesem Fall der „Sicherheitsbeiwert" für die ständigen Lasten auf 1 oder auf 1,25 bis 1,35 herabzusetzen ist; denn mit den üblichen globalen Sicherheitsbeiwerten von $\gamma = 1{,}75$ bzw. 2,1 sind sowohl Lasterhöhungen als auch Minderfestigkeiten im Tragwerk abgedeckt. Unsere derzeitigen Normen sind in dieser und auch anderer Hinsicht überholt und — vor allem bezüglich Zwangsbeanspruchungen — nicht immer brauchbar. Man kann sich in Zweifelsfällen an das modernere Konzept des CEB/FIP-Model Codes [1] oder die Empfehlungen des NABau [2] anlehnen. Im Model-Code werden geteilte Sicherheitsbeiwerte verwendet. Dort sind

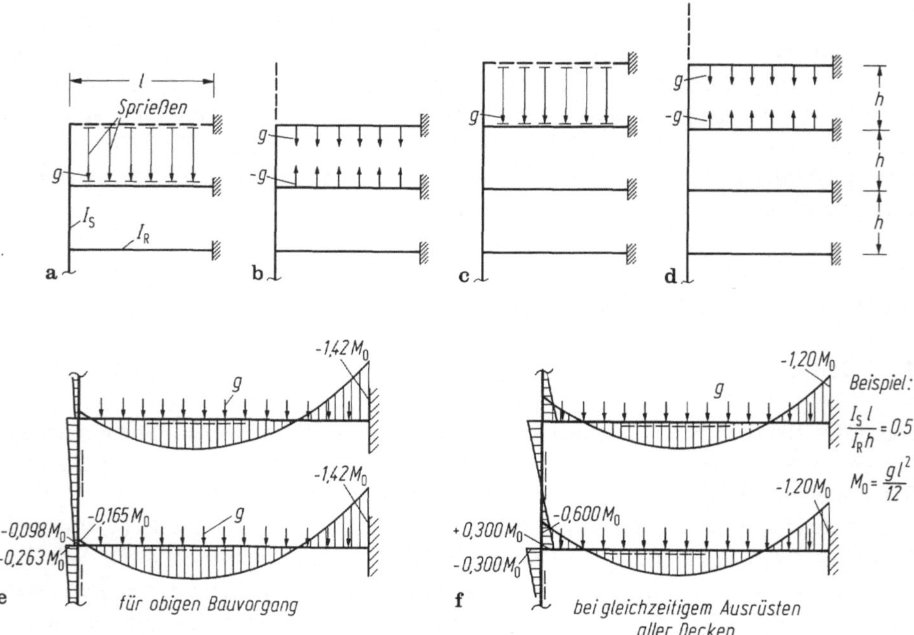

Abb. 4/1. Vorübergehende Bauzustände können die Momente im Endzustand erheblich beeinflussen. **a** und **c** Die frisch betonierte Decke setzt ihre Eigenlast über die Rüstung auf die darunter liegende Decke ab; **b** und **d** Kräfte infolge Entfernens der Rüstung einer Decke; **e** und **f** Vergleich der Momente aus Eigenlast im Endzustand (ohne Kriechumlagerungen)

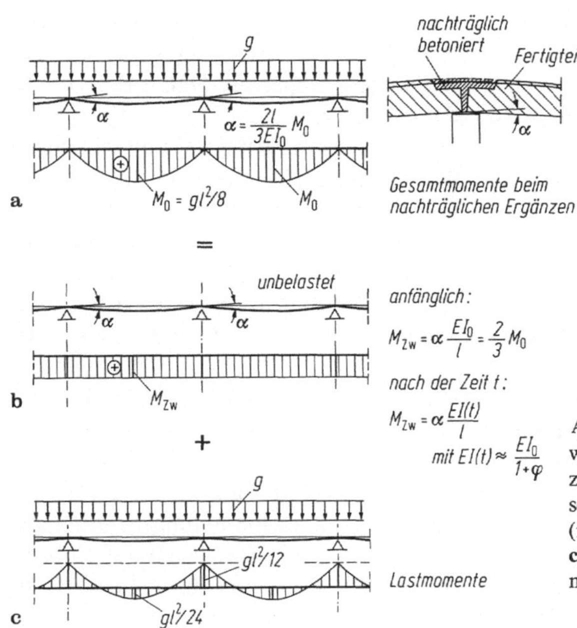

Abb. 4/2. Nachträglich ergänzte Tragwerke. **a** Die Gesamtschnittgrößen setzen sich zusammen aus: **b** Zwangsschnittgrößen des entlasteten Trägers (infolge der Unverträglichkeit α) und **c** Lastschnittgrößen wie beim kontinuierlichen Tragwerk

auch die möglichen Lastfallkombinationen sinnvoller geregelt als in unseren DIN-Normen; denn es ist äußerst unwahrscheinlich, daß voneinander unabhängige Lasten wie Verkehrslasten, Schneelast, Windlast und womöglich noch Sonderlasten gleichzeitig in ihrer größtmöglichen Intensität auftreten. Immerhin brauchen seit 1975 die Windlasten w und Schneelasten s nur noch in den Kombinationen $w + s/2$ und $s + w/2$ angesetzt zu werden.

Die sogenannten „ständigen Lasten" aus Eigenlasten sind in Wirklichkeit erst nach Fertigstellung des Bauwerks vorhanden. Sie werden während des Bauvorgangs allmählich aufgebracht, und zwar auf ein Tragwerk, das sich mit dem Baufortschritt ständig ändert. Von großem Einfluß ist dabei auch die Reihenfolge des Herstellens und Ausrüstens der einzelnen Bauteile (Abb. 4/1). Wenn eine Decke (wie in Abb. 4.1b und d) vor dem Betonieren der darüberliegenden ausgeschalt wird, können die Stützen zwischen diesen Decken zunächst keine Momente aus dem Eigengewicht der unteren Decke erhalten, wie es im fertigen Tragwerk der Fall wäre. Das führt im betrachteten Beispiel sogar zu einer Vorzeichenumkehr des Eigenlastmoments im Stützenfuß (vgl. Abb. 4.1e und f).

Allerdings nähern sich die Beanspruchungen in allen Tragwerken mit nachträglich ergänzten Querschnitten oder hinzugefügten Bauteilen im Laufe der Zeit denjenigen Beanspruchungen, die sich ergeben würden, wenn die Lasten gleich auf das fertige Tragwerk angesetzt werden. Wir betrachten dazu als einfaches Beispiel eine Reihe vorgefertigter Einfeldträger, die durch Ortbeton nachträglich zu einem Durchlaufträger ergänzt werden (Abb. 4/2). Dadurch werden die Relativverdrehungen α der Einfeldträger unter Lasten g im Durchlaufträger quasi „eingefroren". Die Natur der durch α bewirkten Beanspruchungen erkennt man am besten, wenn man sich den Durchlaufträger kurzzeitig von g völlig entlastet denkt (Abb. 4/2b) und die Last g dann wieder aufbringt (Abb. 4/2c). Die Relativverdrehung α in Abb. 4/2b entspricht einer dem Durchlaufträger eingeprägten Zwangsverformung, wie sie auch durch Temperaturdifferenzen bewirkt werden könnte. Die zugehörigen Zwangsbeanspruchungen werden durch Kriechen entsprechend stark abgebaut (vgl. I B, 1.1.1.2), während die Lastmomente in Abb. 4/2c erhalten bleiben.

Außer dem Kriechen helfen auch noch die Rißbildung im Zustand II und schließlich das plastische Verformungsvermögen des Betons und Stahls dabei mit, daß sich in nachträglich ergänzten Tragwerken eine Schnittkraftverteilung wie im fertigen Tragwerk einstellen kann. Man untersucht deshalb bei Hochbauten im allgemeinen nur das endgültige Tragwerk. Stark vom Endzustand abweichende Bauzustände müssen aber nachgewiesen werden. Das gilt insbesondere für Bauzustände, bei denen zeitweise hohe Betonierlasten oder Montagelasten auf andere Bauteile abgesetzt werden (Abb. 4/1).

Die Verminderung der Verkehrslasten gemäß DIN 1055 Teil 3, Abschn. 9 für Bauteile, die Lasten aus mehr als drei Vollgeschossen tragen, ist damit zu rechtfertigen, daß die Wahrscheinlichkeit des Auftretens von Größtlasten mit der Größe der Lasteinzugsflächen abnimmt. Entsprechend sind in DIN 1055 bei einzelnen Traggliedern mit relativ geringer Lasteinzugsfläche oder ungünstiger Lastverteilung Erhöhungen der sonst üblichen Lasten vorgesehen. Beispiele dafür sind Windlasten auf einzelne Tragglieder, sowie Verkehrslasten auf Decken und Treppen ohne ausreichende Lastverteilung. Auf die hohen lokalen Windlasten an Gebäude- und Dachkanten sei nochmals ausdrücklich hingewiesen (vgl. hierzu DIN 1055 Teil 45, Entwurf), ebenso auf die lokale Ansammlung von Schnee in „Schneesäcken“.

Die Wechselwirkung zwischen Tragwerkssteifigkeiten und Bodenpressungen wird in II B, 3.2 (Abschnitt „Gründungen“) behandelt. Zu den Lasten gehört auch der Flüssigkeitsdruck aus Sickerwasser und dem Grundwasser, insbesondere der Auftrieb.

Dynamische Lastwirkungen sind in DIN 1055 nur für befahrene Decken, Hubschrauberlandeplätze und den Anprall von Straßenfahrzeugen geregelt. Dafür werden statische Ersatzlasten angegeben. Für beträchtliche periodisch wechselnde Lasten, z. B. Massenkräfte von Maschinen oder Glocken, ist durch eine Schwingungsberechnung der Einfluß der Tragwerksteifigkeiten auf die Beanspruchungen und Verformungen des Tragwerks genauer zu untersuchen (II B, 2.2 „Lasten“ oder B. Kal. 1978 II, S. 745) [5]. Dasselbe gilt für die stochastisch wechselnden Lasten aus Wind, wenn das Tragwerk schwingungsanfällig im Sinne von DIN 1055 Teil 4 ist. Eine neue Windlastnorm, die auch für schwingungsanfällige Bauwerke gilt, ist in Arbeit. Solange diese noch nicht verabschiedet ist, kann man bei schwingungsanfälligen turmartigen Bauten den Anhang zur neuen DIN 4228 (Maste) zu Rate ziehen, der im Vorgriff auf die neue Windlastnorm ein modernes, leicht zu handhabendes Berechnungskonzept enthält (vgl. auch [31] und [3]). Bewegungen hoher Gebäude im Wind sind nicht nur wegen der Standsicherheit zu beschränken, sondern auch wegen der Belästigung der Gebäudenutzer [5.4; 39].

4.1.2 Andere Einwirkungen

Die im vorigen Abschnitt behandelten Lasten wirken unmittelbar als *Kräfte* auf das Tragwerk ein. Daneben gibt es noch eine Vielzahl anderer Einwirkungen aus der Umgebung (Klima) und Nutzung (Innenklima) des Gebäudes, die das Tragwerk ebenfalls beanspruchen oder beeinflussen. Sie sind — gerade beim Hochbau — von mindestens gleichrangiger Bedeutung für die Gebrauchsfähigkeit und Wirtschaftlichkeit eines Gebäudes, und ihre Bedeutung steigt noch mit den zunehmenden Anforderungen an ein gutes Raumklima und mit steigenden Energiepreisen. Diese Einwirkungen sind im allgemeinen nicht direkt in den Normen geregelt, sondern werden mittelbar durch Konstruktionsregeln oder geforderte Eigenschaften berücksichtigt, z. B. Wasserdichtigkeit, Frostbeständigkeit, Wärmedurchgangswiderstand, Feuerbeständigkeit und vieles andere mehr.

Erdbeben erregen das Bauwerk zu Schwingungen, wodurch Massenkräfte geweckt werden. Hierzu wird auf II B, 2.2.4.2 und auf die sich schnell vermehrende Spezialliteratur verwiesen. Für den Einstieg wird [4] empfohlen oder der Beitrag „Baudynamik" im B. Kal. 1978 II, S. 745. Für die relativ schwachen Erdbeben in Deutschland haben sich die bestehenden Regelungen bewährt, die DIN 4149 „Bauten in deutschen Erdbebengebieten" und die „Vorläufigen Richtlinien für das Bauen in Erdbebengebieten des Landes Baden-Württemberg (Fassung Nov. 1972)".

Erdbebenkräfte sind — obwohl durch Verformungen (des Bodens) verursacht — keine Zwangskräfte und bauen sich dementsprechend auch nicht durch Rißbildung und Plastizierung im Tragwerk ab. Durch die damit verbundene Verringerung der Eigenfrequenz des Tragwerks können die Kräfte sogar zunehmen.

Auch Bauwerke mit nur wenigen Geschossen sind gegenüber Erdbeben empfindlich. Zwar ist die Aufnahme horizontaler Kräfte bei niedrigen Gebäuden im allgemeinen weniger problematisch, aber die auftretenden Beschleunigungen nehmen mit zunehmender Eigenfrequenz des Gebäudes, also abnehmender Geschoßzahl, zu. Bei Bauwerken mit einer ersten Eigenfrequenz über 1 Hz sind die Antwortbeschleunigungen z. B. im obersten Geschoß etwa zwei- bis dreimal größer als die Bodenbeschleunigung [4.4]. Das ist auch durch Messungen an einem achtgeschossigen Gebäude und durch Schäden an neuen „erdbebensicheren" Bauten erwiesen. Die Bemessung für Erdbeben wird in II B, 2.2.4.2 behandelt.

Baugrunderregte Schwingungen gehen auch von Straßenfahrzeugen, U-Bahnen und Eisenbahnen aus, ja selbst von weit entfernten Maschinen. Ein Beispiel: Die Verfasser waren gutachtlich mit einem seitenverschieblichen Rahmengeschoßbau befaßt, der durch einen etwa 2 km(!) entfernten Kompressor in Schwingungen versetzt wurde. Obwohl die gemessenen Amplituden nur kleine Bruchteile von Millimetern betrugen und keine nennenswerten Beanspruchungen im Bauwerk verursachten, waren sie bei einigen Benutzern Anlaß zur Besorgnis. Die DIN 4150 „Erschütterungen im Bauwesen" sollte in solchen Fällen herangezogen werden. Außerdem wird auf II B und [39] verwiesen.

Baugrundsetzungen und -zerrungen. Setzungen können nach DIN 1054 überschläglich berechnet werden. Setzungsunterschiede erzeugen Zwangsbeanspruchungen in statisch unbestimmten Tragwerken, die durch Rißbildung (Zustand II) und Kriechen des Betons erheblich abgebaut werden (I B, 1.1.1.2). Zerrungen können in Bergsenkungsgebieten entstehen oder wenn neben einem bestehenden Gebäude eine tiefere Baugrube ausgehoben wird. Beispielsweise öffneten sich neben einer U-Bahn-Baustelle mit Rückverankerung der Baugrubenwand die Gebäudefugen in 40 m Entfernung von der Baugrubenwand noch um 3 bis 4 cm.

Temperaturänderungen führen zu Dehnungen bzw. Verkürzungen einzelner Bereiche eines Bauelements oder ganzer Bauteile und haben Eigen- und Zwangsspannungen zur Folge, wenn die Temperaturbewegungen behindert sind (I B, 1.1.1.2

u. 1.1.1.3). Temperaturänderungen entstehen schon beim Abbinden des Betons in erheblicher Größe (I A, 1.1.8), danach durch die klimatischen Änderungen der Lufttemperatur, durch die Sonneneinstrahlung und die Abstrahlung des Bauwerks, durch das Heizen und Kühlen des Gebäudes, durch die Energiezufuhr bei der Gebäudenutzung, durch den Wärmeübergang zwischen Gebäude und Erdreich bzw. Grundwasser und durch die Kondensation und Verdunstung von Feuchtigkeit im Bauwerk.

Die DIN 4108 „Wärmeschutz im Hochbau" ist im Hinblick auf die Nutzung der Räume und den Energiebedarf verfaßt, nicht auf die Beanspruchungen des Tragwerks. Da die Normen keine Angaben über die in Stockwerkbauten auftretenden Temperaturänderungen enthalten, werden in Abb. 4/3 einige für die Berechnung von Zwangsbeanspruchungen im Gesamttragwerk brauchbare Richtwerte angegeben (s. auch [62]). Zu bedenken sind außerdem die erheblichen Verlängerungen von Bauteilen im Brandfall, die mitunter noch in einiger Entfernung vom Brandherd zu Schäden oder gar zum Einsturz von Tragwerken führten, weil die Deckenverschiebungen von den Stützen nicht ertragen wurden.

Die Temperaturwirkungen auf die Tragwerke und die Gebäudenutzung sind Teilgebiete der Bauphysik [6], wobei letzteres in der Literatur bei weitem vorherrscht. Bauphysikalische Probleme werden oftmals auch in Abhandlungen über Bauschäden erörtert [7].

Feuchtigkeitsänderungen der Baustoffe verursachen ebenfalls Längenänderungen (Schwinden, Quellen) und damit Eigen- und Zwangsspannungen [59]. Temperaturbedingte Feuchtigkeitsänderungen wirken in der Regel den Temperaturdehnungen entgegen (z. B. Erwärmung und Austrocknung) und werden deshalb vernachlässigt oder sind schon in den Temperaturdehnungen berücksichtigt. Eine wichtige Rolle spielt dagegen die Feuchtigkeit der Baustoffe bei der Wärmedämmung, Schwitzwasserbildung, Korrosionsbeständigkeit und Frostbeständigkeit [6; 7]. Sie beeinflußt außerdem die Kriecheigenschaften des Betons (vgl. DIN 4227).

Feuer ist die bedeutendste Schadensursache im Hochbau, und der Brandschutz ist entsprechend ausführlich geregelt (DIN 18232 „Baulicher Brandschutz", DIN 4102 „Brandverhalten von Baustoffen und Bauteilen" und viele feuerpolizeiliche Vorschriften). Diese Regelungen nehmen erheblichen Einfluß auf die Querschnitte und Ausbildung einzelner Bauelemente und mehr noch auf den Grundriß der Gebäude und damit auch die Tragwerke, z. B. durch Vorschriften über die Anordnung der Treppenhäuser und Fluchtwege. Literatur zum Brandschutz ist unter [8] aufgeführt.

Grundwasser, *Sickerwasser* und *Regen* werden durch Sperrbeton, Dichtungen, Dächer oder Fassadenplatten vom Eindringen in das Bauwerk abgehalten. Sie sind in den diesbezüglichen Vorschriften berücksichtigt. Erwähnt seien DIN 18195 „Bauwerksabdichtungen", DIN 18531 „Dachabdichtungen" und DIN 18540 „Abdichten von Außenwandfugen im Hochbau mit Fugendichtungsmassen". Außerdem wird auf [9; 3/63] und die Literatur über Bauphysik [6; 7], Fassaden [78] und Flachdächer [3/59] hingewiesen. Bei Hochhäusern läuft das Regenwasser infolge des Winddrucks auch über mehrere Zentimeter hohe Schwellen hinweg.

Chemische Angriffe der Baustoffe, z. B. durch agressives Grundwasser, verunreinigte Luft, Streusalz, ungeeignete Betonbestandteile, Korrosion, Karbonatisierung, UV-Strahlung usw. sind bei der Wahl der Baustoffe zu berücksichtigen (I A, 5) [10].

Lärm beeinträchtigt die Gebäudenutzung und ist deshalb durch großes Gewicht oder geeigneten Aufbau der raumabschließenden Elemente abzuhalten [6]. Einzel-

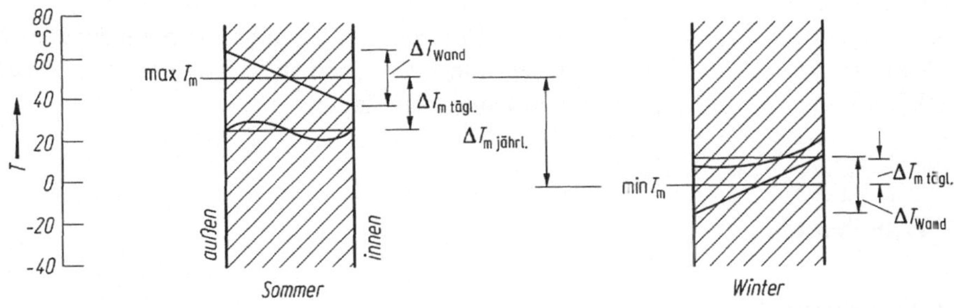

Bauteil		Temperaturen in °C				
	d in cm	max T_m	$\Delta T_{m\ tägl.}$	min T_m	$\Delta T_{m\ jährl.}$	ΔT_{Wand}
Dachplatte ohne Dämmung	10	50	30	-15	65	18
	20	44	20	-13	57	17
	30	41	13	-12	53	17
Dachplatte mit 4 cm Innendämmung	10	63	36	-24	87	8
	20	49	22	-21	77	12
	30	43	17	-18	61	15
Dachplatte mit 4 cm Außendämmung	10	30	5	+3	27	10
	20	29	3	+3	25	10
	30	28	3	+3	25	10
Westwand ohne Dämmung	10	48	30	-16	64	10
	20	40	20	-14	54	15
	30	35	12	-12	47	18
Westwand mit 4 cm Innendämmung	10	50	35	-25	75	8
	20	41	20	-22	63	10
	30	36	12	-19	55	16
Westwand mit 4 cm Außendämmung	10	29	5	+5	25	6
	20	28	4	+5	23	6
	30	28	3	+5	22	6

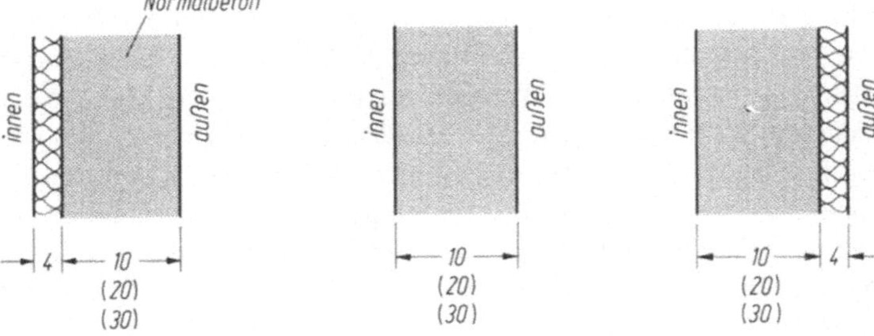

Abb. 4/3. Maximale und minimale Temperaturansätze für die Berechnung von Temperaturverformungen und die Berücksichtigung des Zwangs [60] (zugrundeliegende thermodynamische Kenngrößen jeweils ungünstig angenommen)

heiten regeln die DIN 4109 „Schallschutz im Hochbau" und die ergänzenden Bestimmungen dazu („Richtlinien für bauliche Maßnahmen zum Schutz gegen Außenlärm"). Besonders hingewiesen sei auf das Problem der Schallbrücken, die allzuleicht durch Bauschutt, Mörtelbatzen oder Beton in Dehnfugen entstehen und den Körperschall, z. B. aus Treppen, von Haus zu Haus weiterleiten.

4.2 Wandbauten

4.2.1 Grundsätzliches

Es ist zweckmäßig und wirtschaftlich, die ohnehin zum Raumabschluß benötigten Wände zur Lastabtragung heranzuziehen. Besonders in Wohnbauten sind viele Wände nötig und bleibende, tragende Wände nicht störend. Massive Wände dämmen den Luftschall wesentlich besser als leichte Trennwände und sind oft sogar billiger als diese.

Die DIN 1045 verlangt in Abschnitt 15.8 zu Recht, auf die räumliche Steifigkeit der Bauwerke und ihre Stabilität besonders zu achten. Bei einem rechnerischen Nachweis sind auch Maßabweichungen des Systems, ungewollte Ausmitten der lotrechten Lasten und — bei weichen Systemen — der Einfluß der Formänderungen auf die Schnittgrößen nach der Theorie II. Ordnung zu berücksichtigen. Die Angaben des Abschnitts 15.8 der DIN 1045 hierzu sind praktikabel und bedürfen keiner weiteren Erläuterung. Monolithische Wandbauten sind bezüglich ihrer Stabilität wenig problematisch; denn die Längs- und Querwände bilden mit den Decken zusammen sehr widerstandsfähige, zellenartig ausgesteifte Kästen („Zellenbauweise"), die auch die horizontalen Windlasten — meist ohne zusätzlichen Aufwand — zur Gründung ableiten (Abb. 4/4a). Dabei wirken die Decken und Wände als Scheiben. Bei Fertigteil- und Mauerwerksbauten setzt das Zusammenwirken der Einzelteile als Scheibe evtl. besondere Maßnahmen voraus (4.2.3 u. 4.2.4).

Im allgemeinen genügt es, die Horizontalkräfte der Decken auf die Wände entsprechend ihren (Scheiben-)Trägheitsmomenten im Grundriß zu verteilen und dafür nach der Technischen Biegelehre wie für einen in die Gründung eingespannten Kragbalken die Biegespannungen zu ermitteln. Diese sind dann mit den Vertikalspannungen aus den senkrechten Lasten der Wände zu überlagern. Meistens werden dadurch die Biegezugspannungen überdrückt, es ist aber auch ein Aufklaffen der Fugen von unbewehrten Scheiben bis zur Mitte zulässig. Wegen der damit verbundenen Verformungen sollte man dann besser bewehrte Betonwände ausführen.

In Wirklichkeit sind die Biegebeanspruchungen der Wandscheiben wesentlich geringer, weil etliche davon an ihren Kanten schubfest miteinander verbunden sind und sich dadurch im Grundriß Winkelformen oder andere profilierte Querschnittsformen (Faltwerke) mit wesentlich größeren Steifigkeiten ergeben als ohne die Verbindung in den Kanten. Bei schlanken Hochhäusern kann es sich deshalb lohnen, die Faltwerkwirkung wie bei Skelettbauten genauer zu berücksichtigen (4.3.2). Bei üblichen Wandbauten bis zu sechs Geschossen mit ausreichender Zahl aussteifender Wände erübrigt sich der statische Nachweis für die Horizontalkräfte. Das gilt auch für Mauerwerksbauten.

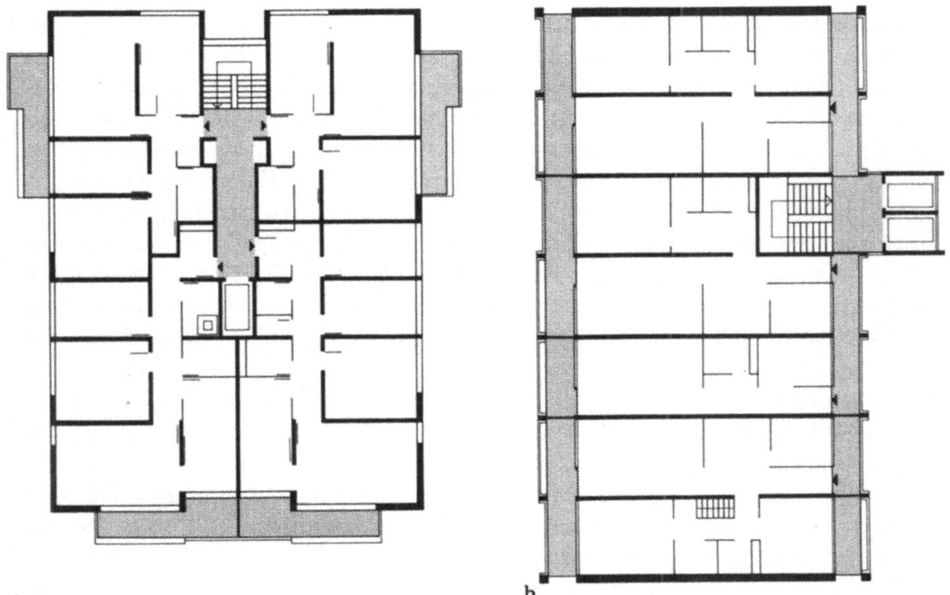

Abb. 4/4. Grundriß von Wandbauten [16.2]. **a** Zellenbauweise, Längs- und Querwände tragend; **b** Schottenbauweise, nur Querwände tragend

Wenn allerdings die Wände fast alle in der Querrichtung des Gebäudes stehen („*Schottenbauweise*", Abb. 4.4b), muß die Horizontalsteifigkeit des Tragwerks in der Längsrichtung wie bei Skelettbauten untersucht werden (4.3.2).

Die tragenden Wände können in Mauerwerk (nach DIN 1053, insbesonders Teil 2: „Mauerwerk nach Eignungsprüfung", und DIN 18554) oder Beton (nach DIN 1045, 19.8 und 25.5), auch unbewehrt (DIN 1045, 27.9), ausgeführt werden. Die Normen regeln insbesondere die zulässigen Abmessungen von „tragenden Wänden" und „aussteifenden Wänden". Letztere sind zwar „nichttragend" insofern, als ihnen keine senkrechten Lasten zugewiesen werden, sie haben aber statische Bedeutung für die Stabilisierung der tragenden Wände gegen seitliches Ausweichen oder Beulen. Selbstverständlich sollten tragende Wände möglichst übereinander stehen. Wenn sie nicht durchgehend unterstützt, sondern in einzelnen Punkten abgefangen werden, sind sie als freitragende Wände (I B, 6.3.1.2) auszubilden.

Die Installationsleitungen werden möglichst in Installationsschächten oder -wänden zusammengefaßt, die unabhängig von der tragenden Konstruktion sind. Horizontale Leitungen werden in die Wände und Decken gelegt oder unter der tragenden Decke geführt und durch abgehängte Decken verdeckt.

Die Herstellungsverfahren beeinflussen in zunehmendem Maße die Tragwerke der Geschoßbauten, und sie müssen deshalb schon beim Entwurf berücksichtigt werden. Die Fertigteilbauweise kommt oftmals nur deshalb nicht zum Zuge, weil dabei ein Hintereinander von Architektenplanung, statisch konstruktiver Bearbeitung, Rohbau und Ausbau nicht möglich ist. Sie erfordert die totale Vorherplanung. Aber auch rationelle Ortbetonbauweisen erlegen der Planung viele Zwänge auf.

Natürlich ist es möglich, ein in Ortbeton entworfenes Tragwerk in Teile zu zerlegen und diese vorzufabrizieren. Aber einen wirtschaftlichen Erfolg wird man damit kaum erringen. Zumeist ist es nötig, einen Fertigteilbau bezüglich seiner Grundrißanordnung, seines Tragwerks und seiner Höhenentwicklung von vornherein auf die vorfabrizierten Teile und deren Montage abzustimmen Grundprinzip muß dabei sein, mit so wenig verschiedenartigen Elementen wie möglich auszukommen, um die Aufwendungen für die Schalung und Lagerhaltung klein zu halten. Ferner ist zu überlegen, inwieweit es nötig oder auch möglich ist, die Fertigteile zu einem monolithisch wirkenden Tragwerk zusammenzufügen. Die Herstellung der Kontinuität in der Deckenebene läßt sich leichter bewerkstelligen als die biegesteife Verbindung von Decken und Stützen. Mehrstöckige Fertigteilbauten benötigen daher einen Kern oder Windscheiben in beiden Richtungen. Schließlich ist die Vorplanungszeit und die Vorbereitungszeit für die Fabrikation von Fertigteilen stets länger als für Ortbetonbauten, und dies kann durch die kürzere Bau- bzw. Montagezeit nur bei sehr großen Bauwerken wieder eingeholt werden. Außerdem sind bei Fertigteilen Änderungen während der Bauausführung kaum möglich. Auch diese Gesichtspunkte sind bei dem Entwurf des Gebäudes und seines Tragwerks zu beachten. Bei Fertigteilbauten haben die Maßordnungen und Regeln über Maßtoleranzen erhöhte Bedeutung [12].

Umfassend sind Fertigteilbauweisen in [16; 3/69.1] behandelt, Fertigteildecken außerdem in [3/69.2].

4.2.2 Ortbeton- und Mauerwerksbau

Tragende Wände aus Mauerwerk sind besonders bei kleineren Bauwerken wirtschaftlich, wurden aber auch schon für Hochhäuser ausgeführt [13]. Vorsicht ist bei einem Nebeneinander von verschiedenartigem Mauerwerk oder Mauerwerk und Beton geboten; denn die unterschiedlichen mechanischen und bauphysikalischen Eigenschaften (E-Modul, Kriechen, Schwinden, Quellen, Temperaturdehnung, Wärmeleitung, Wärmekapazität etc.) führen zu unterschiedlichen Verformungen der verschiedenen Baustoffe. Beispielsweise schwinden Mauerziegel praktisch nicht, Bimssteine dagegen viel mehr als Beton; ebenso kriechen Ziegelsteine weniger als zementgebundene Steine oder Beton, sie erwärmen sich schneller, dehnen sich aber bei gleicher Erwärmung weniger aus als Beton oder Kalksandsteine. Die dadurch ausgelösten Zwangskräfte schaffen sich mitunter in unerwünschter Weise durch Risse oder Ablösungen Luft (Abb. 4/5a bis d). Dies gilt ebenso für nichttragende Wände oder für Ausfachungen und Verblendmauerwerk. Eine weitere häufige Ursache von Mauerwerksschäden sind die Durchbiegungen von Stahlbetondecken, denen die darauf abgestützten Wände wegen ihrer großen Scheibensteifigkeit nicht rissefrei folgen können (Abb. 4/5e u. f) (I B, 4.2.3) [3/53.1].

Mauerwerksbauten müssen gemäß DIN 1053 mit einem Stahlbetonringanker zusammengehalten werden, falls keine zusammenhängende Massivdecke diese Funktion übernimmt.

Mauerwerk und unbewehrte Betonwände benötigen Auflast, um Plattenbiegemomente aufnehmen zu können. Im Bauzustand fehlt sie und die obere Festhaltung durch Decken oder das Dach. Manchmal werden auch die nichttragenden aussteifenden Wände erst nachträglich ausgeführt. Dann sind die freistehenden Wände sehr empfindlich gegenüber Horizontallasten. Schon mancher Giebel ist in diesem Zustand

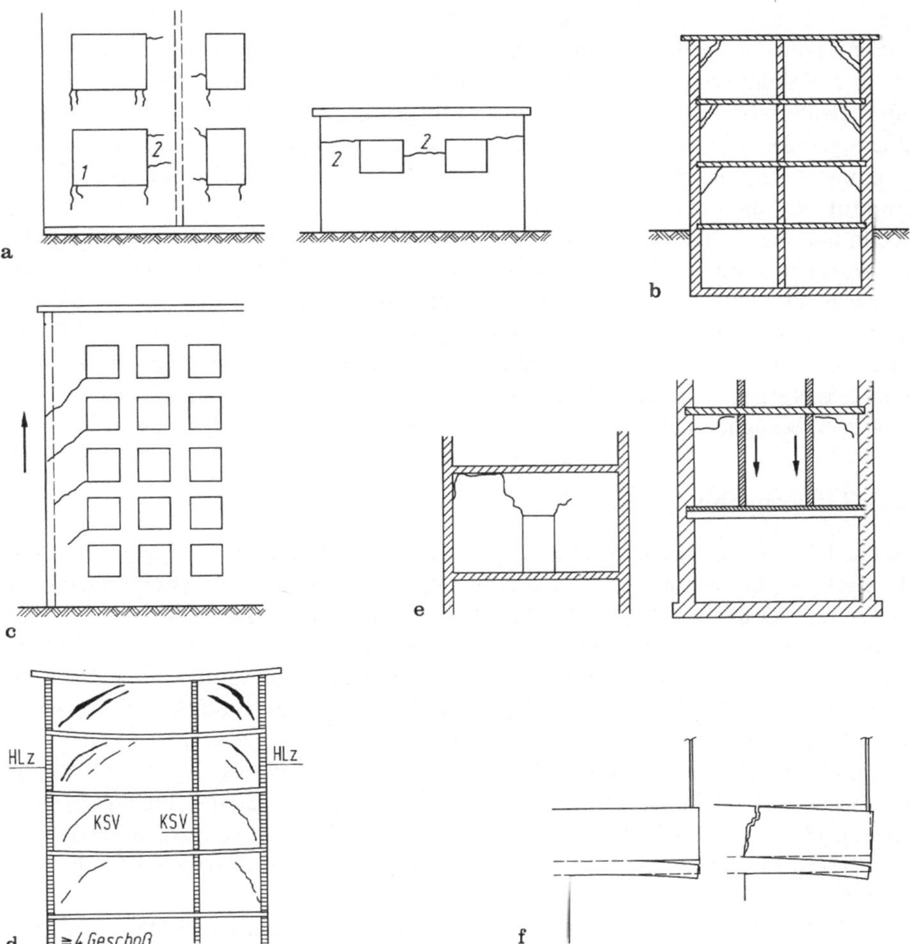

Abb. 4/5. Risse im Mauerwerk [14]. **a** Schwindrisse in Außenwänden: Rißart *1* durch horizontales Schwinden, behindert durch die Decken; Rißart *2* durch unterschiedliches vertikales Schwinden der Innen- und Außenwände; **b** Eckrisse aus schwindender Innenwand; **c** Schrägrisse wegen durchfeuchteter Außenwand; **d** Schrägrisse in Querwänden aus unterschiedlichen lotrechten Wandverformungen, die sich über die Stockwerke nach oben hin aufaddieren; **e** Risse in Innenwänden infolge Durchbiegung der abstützenden Decke; **f** Ablösung des steifen Brüstungsmauerwerks bzw. Riß in der Brüstung infolge Durchbiegung der Balkonplatte

bei einem Gewittersturm eingestürzt, und etliche Kelleraußenwände wurden beim Anschütten der Hinterfüllung vor dem Betonieren der Kellerdecke eingedrückt.

Die Ortbetonbauweise hat durch den Einsatz von technischem Gerät eine wesentliche Rationalisierung durchgemacht. Zu nennen ist hier vor allem die Entwicklung großflächiger stählener Schalungen für Wände und Decken (Schaltische), die sektionsweise verfahren oder mit dem Kran umsetzbar sind [15; 2/66.1; 3/67] (I B, 6.3.2).

Besonders wirtschaftlich ist die *Tunnelschalung*: Ein Schalwagen, der die Seitenwände und Decke eines ganzen Raumes schalt, wird nach dem Abklappen der Deckenschalung auf Rädern zur Front des Bauwerks herausgezogen und komplett mit dem

Kran versetzt. Türzargen, Installationsleitungen und Dübel für die Befestigung von Balkonträgern werden zusammen mit der Bewehrung in die Schalung eingelegt. Mit dem Vakuumverfahren wird eine hohe Betonfestigkeit und vor allem schnelles Entschalen ermöglicht. Dieses Herstellverfahren läßt selbstverständlich keine Randunterzüge oder -überzüge zu. Die Fassade wird vorgehängt. Die Breite der Tunnelschalung verlangt einen konstanten Abstand aller Querwände, der naturgemäß den Grundriß und die Fassade beherrscht.

Man hat auch schon Wände von Scheibenbauten in Gleitschalung ausgeführt [11]. Die Wärmedämmung auf der Wandaußenseite kann dabei in Form von Leichtbauplatten in die Schalung eingelegt werden und läuft auch über die Decken hinweg durch. Mit Rücksicht auf die Seitenreibung der Gleitschalung müssen die Wände mindestens 15 cm dick ausgeführt und bewehrt werden. Für Leichtbetonwände mit hanfwerksporigem Gefüge gilt DIN 4232. Im übrigen wird bezüglich der Wände auf I B, 6, bezüglich der Decken auf 3 dieses Bandes verwiesen.

4.2.3 Tafelbauweise

Bei der Kleintafelbauweise werden die Wände und Decken aus 1,5 bis 3 m breiten vorgefertigten Elementen (Tafeln) zusammengesetzt. Zweckmäßigerweise haben die Wand- und Deckentafeln gleiche Breite, die dann das Rastergrundmaß für den Grundriß darstellt. Die Größe der Räume ist durch Transportmaße nicht eingeschränkt. Die Deckenspannweiten können relativ flexibel gewählt werden, weil die Länge der Tafeln bei der Fertigung leicht zu ändern ist. Diese erfolgt im Werk auf Fertigungstischen, im Wandfertiger (mittels abklappbarer und verschiebbarer Formen) oder in Gruppenschalungen (Batterieschalungen). Das relativ geringe Gewicht der Tafeln läßt sich noch mit leichtem Hebezeug bewältigen. Nachteilig sind die vielen Stoßfugen. Deshalb wird auch der Ausbaugrad (integrierte Installationsleitungen, Beläge, etc.) gering gehalten. Tafeln aus Leichtbeton (I A, 2) kombinieren Raumabschluß und Wärmedämmung.

Bei der *Großtafelbauweise* werden ganze zimmergroße Wände und Decken vorgefertigt, oftmals mit komplettem Innenausbau: Putz, Fliesen, Installation. Die Formen müssen daher außergewöhnlich maßhaltig sein und sind zumeist mit Rüttelvorrichtungen und Dampfheizung ausgerüstet, um eine gute Ausnutzung der teuren Vorrichtungen zu erreichen.

Die Breite der Elemente wird durch den Straßentransport begrenzt auf ca. 4,0 m (4,5 m lichte Durchfahrtshöhe). Dies ist dann auch die größtmögliche Raumbreite, wenn die Decke keine Fuge haben soll. Nimmt man diese in Kauf, so ist praktisch jeder Grundriß fabrikationstechnisch möglich. Zweckmäßigerweise wird man sich aber auf wenige, häufig wiederholte Raumtypen beschränken oder den Grundriß auf einem Raster aufbauen. Die Deckenplatten können ein- oder zweiachsig gespannt werden. Wenn nur die Querwände (Abstand <4 m) tragend sind (Schottenbau, Abb. 4/6a), kann man die Fassade vorhängen (vgl. 4.4). Tragende Längswände — also auch tragende Fassaden — sind selten, ermöglichen aber bei Deckenspannweiten von etwa 5 m großzügigere Grundrisse (Abb. 4/6b).

Tragende Betonwände werden schon wegen der Schalldämmung mindestens 14 cm dick ausgeführt, und nichttragende Betonwände haben wenigstens 7 cm Dicke im Hinblick auf einwandfreie Herstellung und den Transport. Die Wandtafeln werden

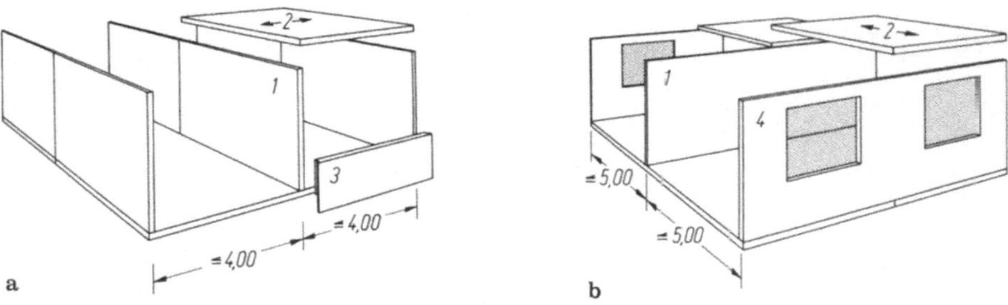

Abb. 4/6. Großtafelbauweise [16.2]. **a** Tragende Querwände (Schottenbau); *1* tragende Querwand, *2* Deckenelement, *3* Vorhangwand; **b** tragende Längswände; *1* tragende Längswand, *2* Deckenelement, *4* tragende Außenwand

meist nur an den Rändern und Aussparungen bewehrt. Außenwände sind im allgemeinen sandwichartig aufgebaut aus einer tragenden Innenschicht (≧ 10 cm dick, mit Mattenbewehrung), einer Wärmedämmschicht und einer Außenschale als Wetterschutz (≧ 6 cm dick mit engmaschiger mittiger Bewehrung). Bezüglich der Verbindung dieser Schichten und der bauphysikalischen Probleme wird auf 4.4 verwiesen. Einschichtige Außenwände aus Gasbeton oder Blähtonbeton lassen sich nur aus verhältnismäßig kleinen Tafeln zusammenbauen, weil diese im Autoklavverfahren hergestellt werden.

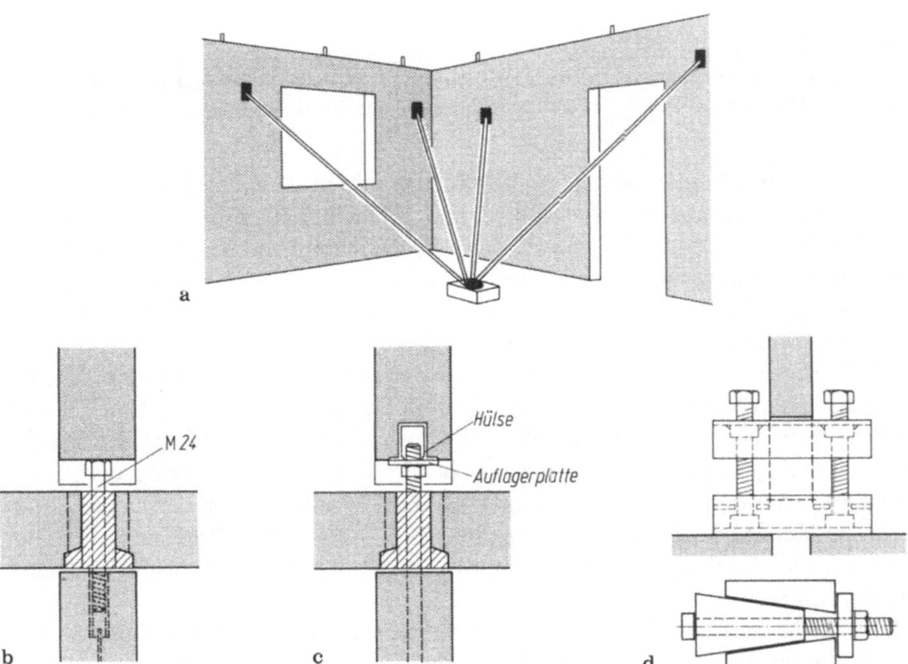

Abb. 4/7. Montagehilfen für Wandtafeln [16.1]. **a** Ausrichten und Festhalten der Wandtafeln mittels Justierstreben; **b** Höhenjustierung von Wandtafeln beim Versetzen mittels Schrauben; nach dem Unterstopfen sind die Schrauben abzusenken, um konzentrierte Lasteinleitung zu vermeiden; **c** dasselbe mit Zentrierung; **d** Wiedergewinnbare Justierhilfen

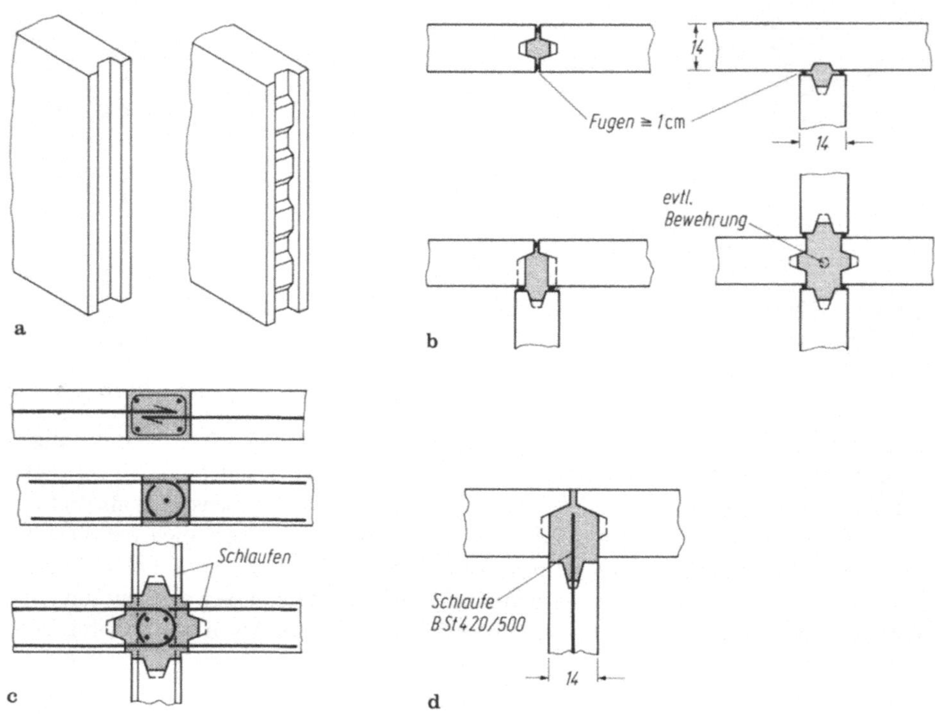

Abb. 4/8. Verbindung von Wandtafeln durch Ortbetonverguß [16.1; 16.2]. **a** Wandtafeln ohne bzw. mit Schubverzahnung; **b** unbewehrte Stöße bzw. Knoten; **c** bewehrte Stöße bzw. Knoten; **d** Anschluß einer aussteifenden Wand durch Bewehrungsschlaufen in den Drittelspunkten der Wandhöhe

Die Deckentafeln sind meistens volle Platten von 14 bis 18 cm Dicke, bei Spannweiten ab etwa 6 m Hohlplatten mit größerer Dicke. Die Durchlaufwirkung herzustellen, ist allenfalls bei Kleintafeln sinnvoll, wo die Durchlaufbewehrung in den Längsfugen in genügend engem Abstand eingelegt werden kann; eine gewisse Einspannung über den Auflagern ist aber durch die Auflast der Wände vorhanden und deshalb durch konstruktive Bewehrung der Plattenenden zu berücksichtigen (I B, Abb. 5/60).

Die Fertigteile werden meistens mittels Turmdrehkran montiert, schwere Elemente mitunter auch mittels Portalkran oder Autokran. Annähernd gleiches Gewicht aller Elemente bei Ausnutzung der Krankapazität beschleunigt die Montage. Die Wände werden durch schräge Spindelsprießen (Justierstreben) ausgerichtet und fixiert, bevor sie vom Kran abgehängt werden (Abb. 4/7a). Die Sprießen sind in der Decke verankert. Die Höheneinstellung der Fertigteile erfolgt mittels Mörtelfuge und Unterlagplättchen, durch Stahlschuhe oder Schrauben (Abb. 4/7b). Zentrierstifte erleichtern das Ausrichten.

Die Tafeln werden an den profilierten Kanten durch Ortbetonverguß, mitunter auch noch durch übergreifende Bewehrung und Fugenbewehrung mehr oder weniger schub- und zugfest miteinander verbunden (Abb. 4/8) [27; 3/76.2]; dabei werden statt der (tangentialen) Schubkräfte in Wirklichkeit Betondruckkräfte schräg zur Fugenrichtung und Bewehrungszugkräfte senkrecht zur Fuge übertragen. Die Übertragung der schrägen Druckkräfte wird durch eine „Schubverzahnung" verbessert (Abb. 4/8a).

Die Schubverzahnung und eine aus den Tafeln herausstehende, die Fugen kreuzende Querbewehrung erschweren allerdings die Herstellung und Montage erheblich.

Die Querbewehrung für die Zugkräfte muß nicht gleichmäßig über die Fugenlänge verteilt werden, sondern kann auch konzentriert in den quer zur „Schubfuge" verlaufenden Fugen eingelegt werden [17; 20]. Stabwerkmodelle zeigen Möglichkeiten für den inneren Kraftfluß auf (vgl. auch [18]): Wenn der vorhandene Reibungswinkel ϱ in den Fugen groß genug oder wenn eine für die Druckstreben ausreichend

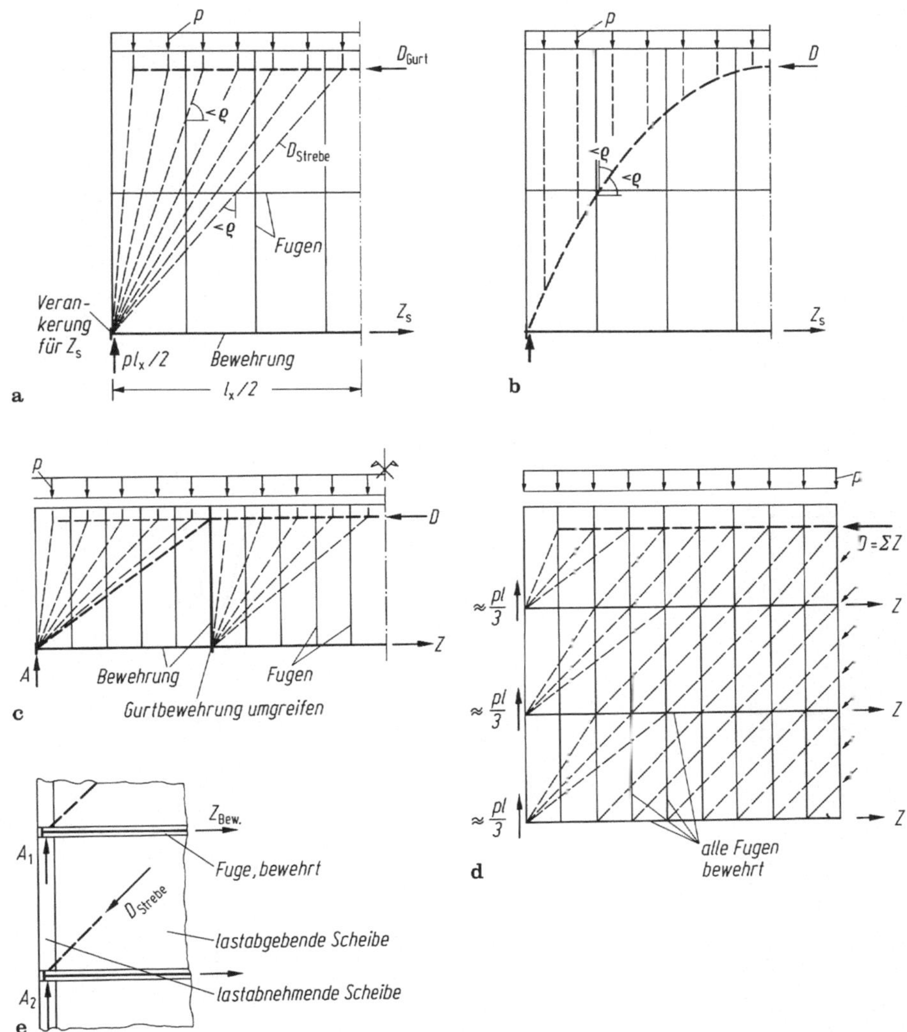

Abb. 4/9. Stabwerkmodelle zur Veranschaulichung des Kraftflusses in einigen aus Fertigteilen zusammengesetzten Scheiben. **a** Das Sprengwerkmodell bzw. **b** das Gewölbemodell verlangt lediglich eine (in praxi rundum laufende) Randbewehrung; **c** schlanke zusammengesetzte Scheiben benötigen auch Fugenbewehrung in Querfugen; **d** kreuzweise Fugenbewehrung in den Innenfugen ermöglicht eine bessere Verteilung der Kräfte, insbesondere eine gleichmäßigere Einleitung der Schubkräfte als bei **a** bis **c**; **e** die Scheibenkräfte können nur an den Knoten der Druckstreben mit der Bewehrung in „Schubkräfte" für die lastabnehmenden Wände umgesetzt werden

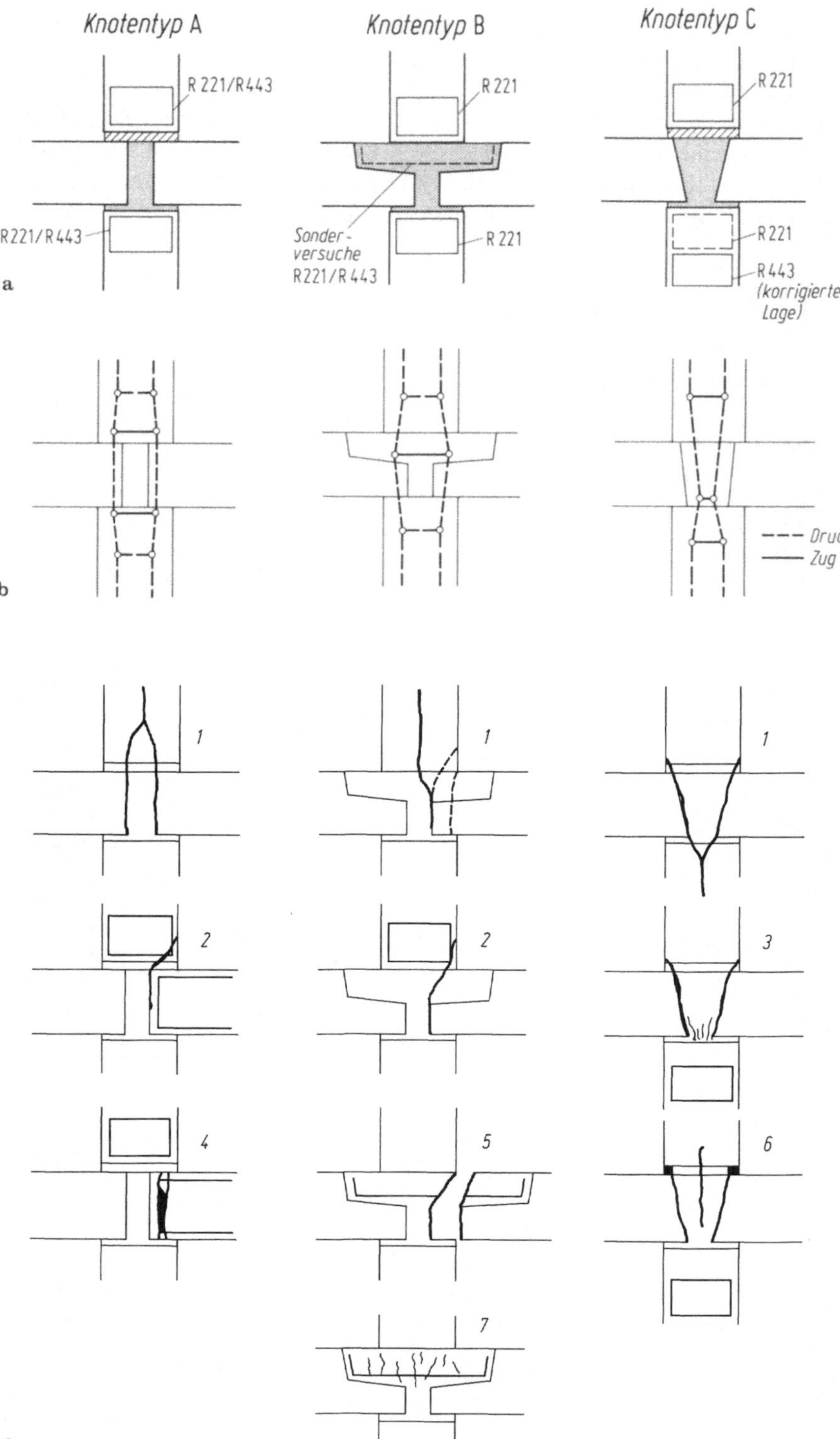
Knotentyp A
Knotentyp B
Knotentyp C
R 221/R443
R221/R443
R 221
Sonder-
versuche
R221/R443
R 221
R221
R221
R443
(korrigierte
Lage)
a
b
Druck
Zug
c
1
2
4
1
2
5
7
1
3
6

bemessene Verzahnung vorhanden ist, genügt schon die Einfassung der Fertigteile durch eine in den Ecken gut verankerte Randbewehrung (Abb. 4/9a u. b), um die Scheibenwirkung herzustellen. Bei „schlanken" Scheiben müssen die kurzen Fugen ebenfalls eine Längsbewehrung erhalten — entsprechend den Bügeln in Balken —, um eine fachwerkartige Lastabtragung zu ermöglichen (Abb. 4/9c). Im allgemeinen empfiehlt es sich, Fugenbewehrung in regelmäßigem Raster in der Scheibe zu verteilen, um die Konzentration der Kräfte an den Rändern und in den Ecken der Gesamtscheibe zu vermeiden (Abb. 4/9d); denn eine aus Fertigteilen zusammengesetzte Dekkenscheibe kann nur dort ihre Lasten als „Schubkräfte" an eine aussteifende Wand abgeben, wo die Betondruckstreben durch quer zur lastabnehmenden Wand verlaufende und im Wand-Decken-Knoten verankerte Bewehrung in die Richtung der Wand umgelenkt werden (Abb. 4/9e). Entsprechendes gilt für die Übertragung von Schubkräften zwischen senkrecht zueinander stehenden Wänden.

Neben diesen Beanspruchungen in Scheibenebene müssen die Fugen auch Querkräfte übertragen [33; 28].

Stahlbaugemäße Verbindungen von Tafeln sind besonders in Osteuropa verbreitet.

Die Decken werden über eine Mörtelschicht oder andere ausgleichende Zwischenlagen auf den Wänden aufgelagert. Dabei sind dieselben Auflagertiefen wie bei Ortbeton einzuhalten. Wegen der ungleichmäßigen Lasteneinleitung in die Wände dürfen nach DIN 1045, 19.8.4 bei Fertigteilwänden in Wand-Decken-Knoten nur 50% des tragenden Wandquerschnitts in Rechnung gestellt werden bzw. 60%, wenn die anschließenden Wandenden eine angegebene Querbewehrung erhalten.

Wand-Decken-Knoten [19; 20; 28] werden nach den Richtlinien des Instituts für Bautechnik typengeprüft [19.1]. Über experimentelle Untersuchungen der Tragfähigkeit typischer Wand-Decken-Knoten berichten Kupfer [3/78] und Hasse [19.2] (Abb. 4/10). Hasse verwendet außerdem einfache Stabwerkmodelle, um den inneren Kraftfluß theoretisch zu erklären und praxisgerechte Nachweise zu entwickeln (Abb. 4/10b). Abb. 4/10c zeigt die Versagensarten der Knoten in den Versuchen. Als Vor- und Nachteile der drei Knotentypen wird vermerkt: Der Knotentyp A hat die einfachsten Schalungsformen. Beim Knotentyp B entfällt die zeitaufwendige Mörtelfuge unter der aufgehenden Wand. Typ B eignet sich auch für das Herstellen der Durchlaufwirkung durch Übergreifungsstöße der oberen Deckenbewehrung. Knotentyp C kommt der gelenkigen Lagerung am nächsten und erspart eine obere Deckenbewehrung. Die Knotentypen A und B können durch Reibung und Betonzug erhebliche Deckeneinspannmomente übertragen. Der Vergußbeton sollte mindestens die Güte des Fertigteilbetons haben, zumal seine Verdichtung erschwert ist, besonders beim Knotentyp B. Für diesen Typ ist unbedingt eine Querbewehrung im Vergußbeton einzulegen. Fehlt sie, so brechen die Wandecken schon frühzeitig aus. Eine zusätzliche Bewehrung der Wandecken kann das Ausbrechen nicht verhindern und ist deshalb beim Typ B zwecklos. Der Knotentyp C verhält sich deutlicher ungünstiger als A und B.

◀ **Abb. 4/10.** Versuche an Wand-Decken-Knoten [19.2]. **a** Typische Knotenausbildungen; **b** Stabwerkmodelle dazu; **c** Versagensarten: *1* Zugversagen der oberen bzw. unteren Wand bei fehlender Wandquerbewehrung, *2* Ausbrechen der Wandecke wird durch Wandfußbewehrung nicht verhindert, *3* Druckversagen des Vergußbetons, *4* Abbrechen der Deckenenden besonders bei großer seitlicher Überdeckung der Verankerungshaken, *5* schlagartiges Zugversagen der Vergußbewehrung, *6* Zugversagen des Vergußbetons, *7* Druckversagen des Vergußbetons bei starker Vergußbewehrung (guter Wirkungsgrad)

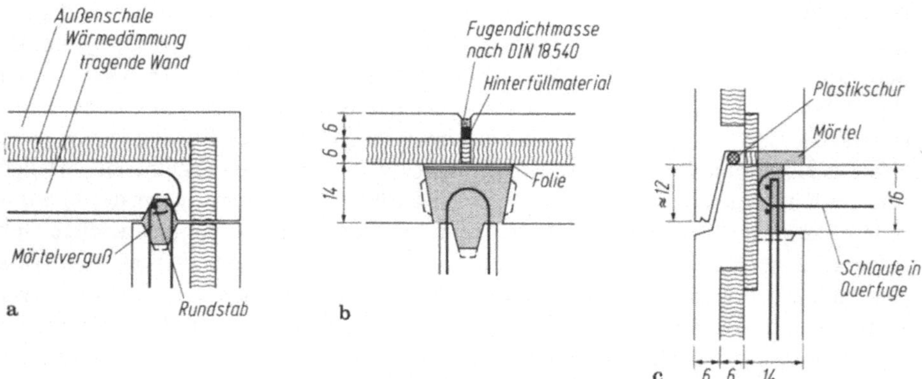

Abb. 4/11. Außenwanddetails [16.1]. **a** Außenwandecke; **b** Anschluß einer Innenwand; **c** Wand-Decken-Knoten

Abb. 4/11 zeigt einige Außenwanddetails (s. auch 4.4). Bei der konstruktiven Durchbildung von Außenwandknoten ist darauf zu achten, daß die Wärmedämmung mit der Außenschale auch im Knotenbereich durchgeht. Sie dient dann zugleich als Schalung für den Fugenbeton. Die etwa 12 cm hohe Schürze der oberen Tafel (Abb. 4/11c) ist nötig, damit nicht Regenwasser durch den Windstau in die Fuge eindringt.

Nichttragende Zwischenwände sollten durch eine weiche Zwischenlage vor ungewollter Belastung durch die darüberliegende Decke bewahrt werden. Wenn eine seitliche Festhaltung durch Mörtelverguß oder Dornen nicht möglich oder nicht ausreichend ist, müssen Dorne in den Decken angeordnet werden, die in Hülsen gleiten können (Abb. 4/12).

Die Großtafelbauten stellen räumliche Faltwerke aus Scheiben und Platten dar, die an ihren Stößen und Kanten im allgemeinen druckfest, aber nicht biegesteif, und

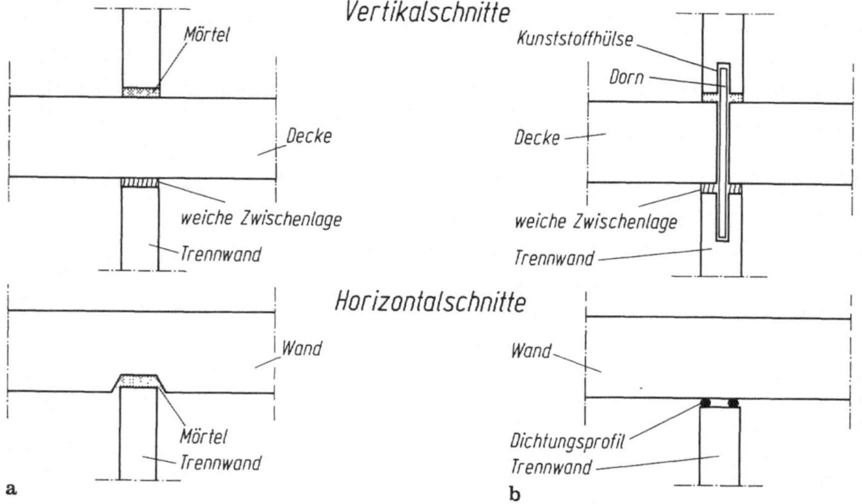

Abb. 4/12. Festhaltung nichttragender Innenwände. **a** seitlich; **b** in der Decke durch gleitende Dorne

nur zum Teil zugfest miteinander verbunden sind. Schubkräfte können nur übertragen werden, wenn gleichzeitig Druckkräfte in der Schubfuge wirken oder eine zugfeste Verbindung vorhanden ist. Es handelt sich somit um statische Systeme mit veränderlicher Gliederung, die sich z. B. bei der Umkehr der Windrichtung ändert [21]. Für die statische Berechnung solcher Strukturen empfiehlt es sich, zunächst Druckkontakte — also wirksame Verbindungen — überall dort anzunehmen, wo sie denkbar sind, und diese Annahmen dann bei einem wiederholten Rechengang entsprechend den Ergebnissen der vorherigen Berechnung zu korrigieren.

Die Minimalanforderung für die statisch bestimmte räumliche Stabilität einer Zelle wird bereits durch drei Wände auf fester Unterlage und eine damit scharnierartig verbundene Deckenscheibe befriedigt (vgl. 4.3.2.3). Dabei müssen die Wände nicht einmal miteinander verbunden sein. Theoretisch kann eine solche Zelle bereits ein ganzes Geschoß aussteifen. In Wirklichkeit sind Tafelbauten hochgradig statisch unbestimmt, so daß nicht alle Kanten zug- und schubfest verbunden sein müssen, um die Stabilität des Bauwerks nachzuweisen. Wenn aber Fugen rechnerisch über größere Längen aufklaffen würden, ist eine zugfeste Verbindung anzuordnen.

Der kartenhausähnliche Einsturz sämtlicher Geschosse eines Gebäudeteils am Ronan Point bei London als Folge einer Gasexplosion im 17. Geschoß (Abb. 4/13) [22] hat die Bedeutung der Verbindung der Tafeln untereinander drastisch vor Augen geführt und zu entsprechenden Vorschriften auch in der DIN 1045 geführt. Nach Abschnitt 19.8.6 sind z. B. bei Hochhäusern die Außenwandtafeln mit den Decken zugfest zu verbinden. Fugenbewehrungen und Ringanker sichern die Scheibenwirkung der Wand- und Deckenscheiben. Es bedarf meist nur eines geringen Mehraufwandes, um die steifen Tafelbauten generell für den Ausfall einzelner Wandtafeln zu bewehren, wie es z. T. im Ausland verlangt wird [24].

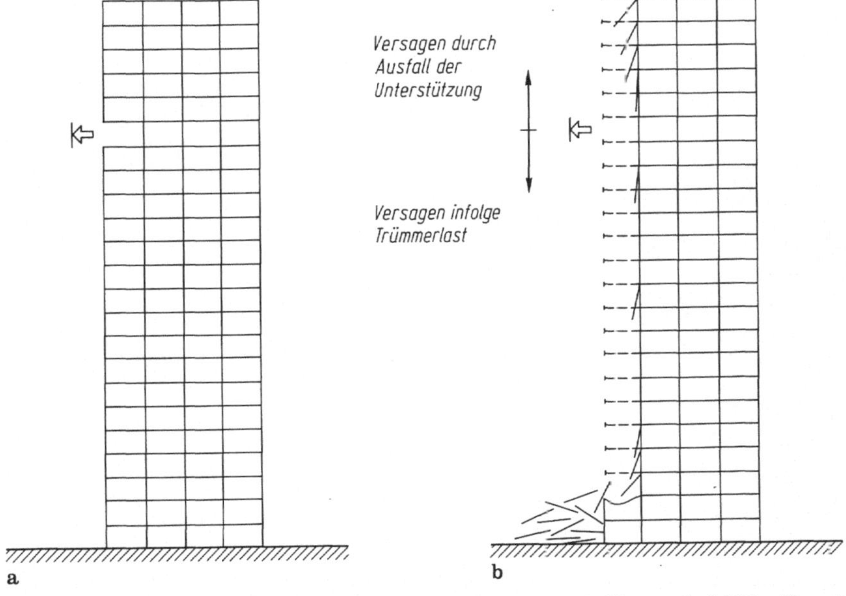

Abb. 4/13. Einsturz einer Hausecke nach einer Gasexplosion im 17. Obergeschoß [22]. **a** Ursprünglicher, örtlicher Ausfall einer Wand; **b** fortschreitender Einsturz aller Geschosse

Tafelbauten verhalten sich insgesamt recht duktil, wie auch Versuche zeigen [23], und weisen weniger Einspannungen auf als monolithische Wandbauten. Dehnungsfugen werden in Abständen von etwa 50 m angeordnet. Unterschiedliche Setzungen führen aber leicht zu Rissen, wobei der rasche Baufortschritt und die Vorfabrikation bezüglich des Abbaus von Zwangskräften durch Kriechen nachteilig sind. Ein steifer Kellerkasten ist deshalb bei schlechtem Boden zweckmäßig.

Risse in Großtafelbauten, besonders an den Ecken von Öffnungen, sind außerdem wegen der Wärmebehandlung bei der Herstellung nicht selten. Schon aus diesem Grunde und für den Transport ist eine konstruktive Bewehrung am Rande von Öffnungen empfehlenswert, auch wenn sie in den Normen nicht verlangt wird.

Der Abschnitt 19 der DIN 1045 regelt viele weitere Einzelheiten. Hinzuweisen ist hier außerdem auf die internationalen Empfehlungen des CEB [25]. Zu den Knoten wird nochmals auf [19] verwiesen.

Die Großtafelbauweise ist nur bei sehr großen Serien, etwa 500 bis 1500 Wohnungen, wirtschaftlich. Bei der Übernahme ausländischer Systeme ist zu bedenken, daß die deutschen Vorschriften, vor allem bezüglich der Schall- und Wärmedämmung, erheblich rigoroser sein können als im Ursprungsland.

4.2.4 Raumzellenbauweise

Bei der Raumzellenbauweise werden ganze Räume oder zweiseitig offene Raumteile nebeneinander und übereinander versetzt [16.2; 26]. Doppelte Wände und Decken bzw. Böden lassen sich durch schachbrettartige Anordnungen vermeiden (Abb. 4/14a), wobei dann allerdings noch Wand- und Deckentafeln erforderlich werden. Die Doppelung von Decke und Boden läßt sich auch durch unten oder oben offene Elemente vermeiden. Die Transportmaße beschränken die Breite geschlossener Zellen und damit die Raumbreite auf maximal 3,3 m (bzw. 4,0 m, wenn die Decken

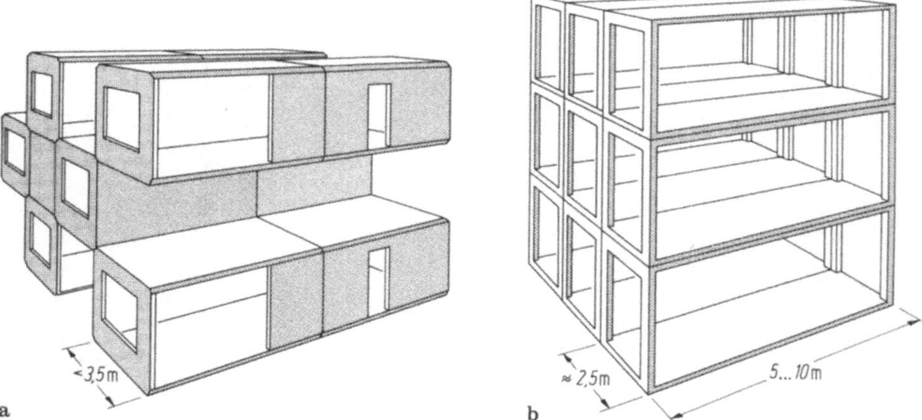

Abb. 4/14. Raumzellenbauweise. **a** Raumzellen in schachbrettartiger Anordnung zur Vermeidung von Doppelwänden. Zusätzliche Stirnwände nicht dargestellt; **b** Ringzellen mit rahmenartig aufgelösten Fassadenwänden ermöglichen großzügige Raumaufteilung

beim Transport senkrecht stehen). Mit ringförmigen, an zwei Seiten offenen Raumelementen sind beliebige Raumlängen und nur durch die Deckenspannweite und das Rastermaß begrenzte Raumbreiten möglich. Dabei können die Raumzellenwände in Gebäudequerrichtung stehen (Schottenbau, Abb. 4/14a) oder in Längsrichtung (Abb. 4/14b). Letzteres ist wegen der größeren Deckenspannweite und deren Abstützung auf die ohnehin durchbrochene Fassade statisch ungünstig und bedingt im allgemeinen besondere Aussteifungselemente (Wände) für die Horizontalkräfte.

Die Raumzellen werden oft in gedrehter Lage monolithisch hergestellt. Mitunter werden die getrennt gefertigten Wände und der Boden durch Spannglieder miteinander verbunden, manchmal auch die Raumzellen untereinander. Bei niedrigen Bauwerken aus geschlossenen Raumzellen kann man auf Verbindungsmittel völlig verzichten. Die Anforderungen an die Maßgenauigkeit sind bei solchen Raumzellenbauten aber noch größer als bei anderen Fertigteilbauten, weil die räumlichen Elemente sehr steif sind.

Die Raumzellenbauweise reiht sich in eine Entwicklungstendenz der Vorfertigung ein, die von linearen Elementen (Stützen, Unterzüge) über flächige Elemente (TT-Decken, tragende Fassaden, Großtafeln) zur alles integrierenden räumlichen Zelle führt und vom Roh(bau)produkt zum fertig ausgebauten Raum. Man hat Raumzellen auch schon in ein tragendes Skelett versetzt, womit man sich einer Vorstellung von Le Corbusier nähert, nach der die Wohnungen wie Schubladen eingeschoben und später auch umgesetzt werden können. In anderer — wenn auch städtebaulich unerfreulicher Weise — ist dies ja in USA mit Millionen von sogenannten mobile-homes bereits verwirklicht. Eine umfassende Sammlung von auf dem Markt befindlichen Systeme enthält [26].

4.3 Skelettbauten

In Büro- und Geschäfthäusern wird größere Flexibilität der Grundrisse als in Wohnbauten verlangt. Das Versetzen von Trennwänden muß möglich sein, Großräume sollen gebildet werden. Diese Anforderungen lassen sich nur mit der Skelettbauweise erfüllen. Sie ist eine Folge der konsequenten Trennung der tragenden Funktion von den anderen Erfordernissen, die ein Bauwerk zu erfüllen hat.

Die Skelettbauweise hat ihre stärkste Ausprägung im Hochhausbau in den USA erfahren. Nachdem die Hochhaustragwerke zunächst ausschließlich aus Stahlprofilen montiert wurden, werden längst auch die Vorteile der Ortbetonbauweise hinsichtlich der Tragwerkssteifigkeit und Wirtschaftlichkeit genutzt. Oftmals finden sich auch Stahl- und Betonelemente zusammen im selben Tragwerk — ein weiterer Hinweis darauf, daß die Einteilung von Baubranchen nach dem Baustoff hinderlich ist. Den besten Überblick über den Stand der Technik im Hochhausbau vermittelt das siebenbändige Compendium des Council on Tall Buildings [30.1], das auf [30.2] aufbaut. Damit im Zusammenhang steht auch der Kongreßbericht [30.3]. Im deutschen Schrifttum ist vor allem der Beitrag von König/Liphardt im B. Kal. 1985 II [31] zu nennen, in dem auch die amerikanischen Quellen verarbeitet sind und ein umfangreiches Literaturverzeichnis enthalten ist. Bezüglich konzeptioneller Fragen wird auch auf [32] verwiesen.

4.3.1 Abtragung der Vertikallasten

4.3.1.1 Tragwerksformen

In Wohnbauten ist die Abtragung der Vertikallasten durch die von oben bis zum Keller durchgehenden Wände (Scheiben- oder Schottenbauweise) wenig problematisch. Bei den meisten anderen Geschoßbauten spielt aber die gegenüber den Obergeschossen andersartige Nutzung des Erdgeschosses eine entscheidende Rolle für das Tragwerk. Während z. B. in den Obergeschossen eines Bürogebäudes enge Stützenstellungen im Hinblick auf den Anschluß von Trennwänden durchaus erwünscht sein können, stören die Stützen im Erdgeschoß mit seinen Läden, Schaufenstern oder der repräsentativen Eingangshalle. Hier ist eher eine Konstruktion am Platz, die das Bauwerk öffnet. Man hätte gerne große Stützenabstände, zurückgesetzte Fassadenstützen oder am liebsten gar keine Stützen außerhalb des Kerns. Die Vielzahl der möglichen Tragwerksformen zur Lösung dieser Aufgaben kann man in vier Gruppen einteilen:

(a) Bei den „*stehenden Konstruktionen*" gehen die Stützen wie in den Obergeschossen auch durch das Erdgeschoß hindurch, wobei im Hinblick auf das Erdgeschoß die Stützenabstände relativ groß gewählt werden. Die wirtschaftlichsten Stützenabstände sind 5 bis 8 m, aber auch 30 m sind ausgeführt worden. Die Fassade wird in den Obergeschossen für die Teilung der Fenster und den Anschluß von leichten Trennwänden durch nichttragende Fensterpfeiler zwischen den Stützen unterteilt (Abb. 4/15a), oder es werden Fassadenelemente vor das Tragwerk gehängt (4.4). Wenn die Deckenspannrichtung quer zur Fassade verläuft, sind in jedem Geschoß kräftige Randunterzüge in der Fassade nötig, die optisch störend wirken können. Man kann die Decken auch parallel zur Fassade spannen, dann stören aber die hohen Querunterzüge im Gebäude.

(b) Die zweite häufig angewendete Möglichkeit liegt in der *Abfangung* eng stehender Fassadenstützen unmittelbar über dem Erdgeschoß durch hohe Längsträger.

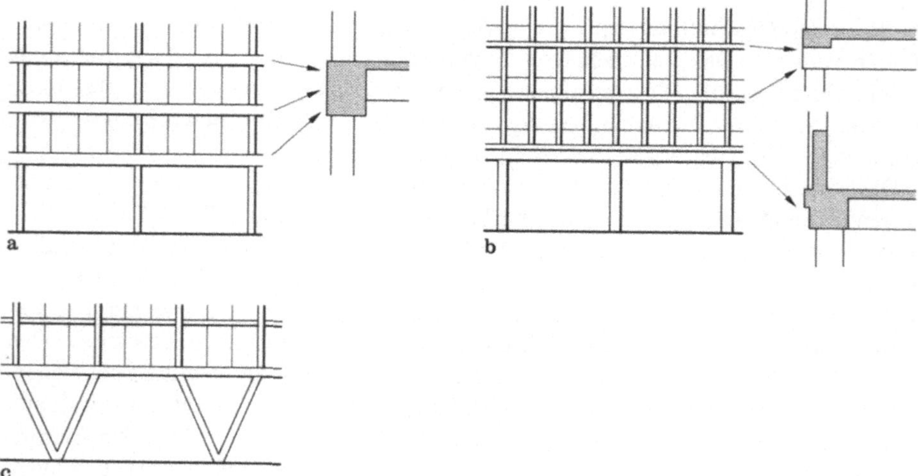

Abb. 4/15. Stützenstellung in der Fassade. **a** Große, über alle Geschosse gleiche Stützenabstände; **b** Abfangung eng stehender Fassadenstützen über dem Erdgeschoß; **c** paarweise Zusammenfassung der Fassadenstützen

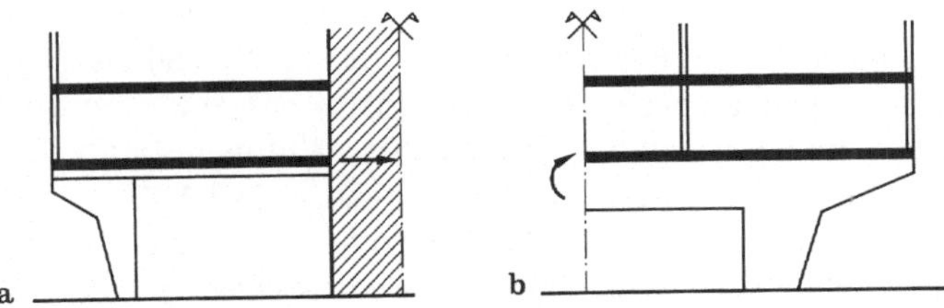

Abb. 4/16. Abfangung mit Rahmen im Erdgeschoß. **a** Einhüftiger Rahmen mit EG-Decke als Zugband; **b** steifer Rahmen, auch zur Windlastabtragung geeignet

Meist muß mit der sichtbaren Konstruktionshöhe gespart werden, weshalb oftmals die Brüstung mit herangezogen wird (Abb. 4/15b). Mitunter wurden die Stützen auch schon V-förmig zusammengefaßt (Abb. 4/15c), was aber wohl mehr wegen des Erscheinungsbildes als der besseren Nutzung geschah.

Wenn die Stützen im Erdgeschoß gegenüber der Fassade zurückgesetzt werden sollen, bieten sich ein- oder zweihüftige Rahmen gemäß Abb. 4/16 an, wobei diese bei entsprechender Ausbildung auch die Horizontalkräfte aus Wind übertragen können. Den nach oben zu dicker werdenden Stützen ohne Rahmenfunktion, wie sie manchmal von Architekten aus formalen Gründen vorgesehen werden, sollte sich der Ingenieur widersetzen.

Steht die Konstruktionshöhe eines Technikgeschosses für Abfangungen zur Verfügung, so kann man durch einen aus dem Kern auskragenden Trägerrost ein völlig stützenfreies Erdgeschoß schaffen (Abb. 4/17a). Solche Kraftumleitungen sind allerdings teuer, die auftretenden Momente liegen in gleicher Größenordnung wie im Brückenbau. Hier liegt ein Anwendungsbereich für die Vorspannung im Hochbau.

(c) Man kann die Abfangekonstruktion auch am oberen Gebäudeende auf den Kern abstützen und die darunter liegenden Geschoßdecken daran aufhängen bzw. auf

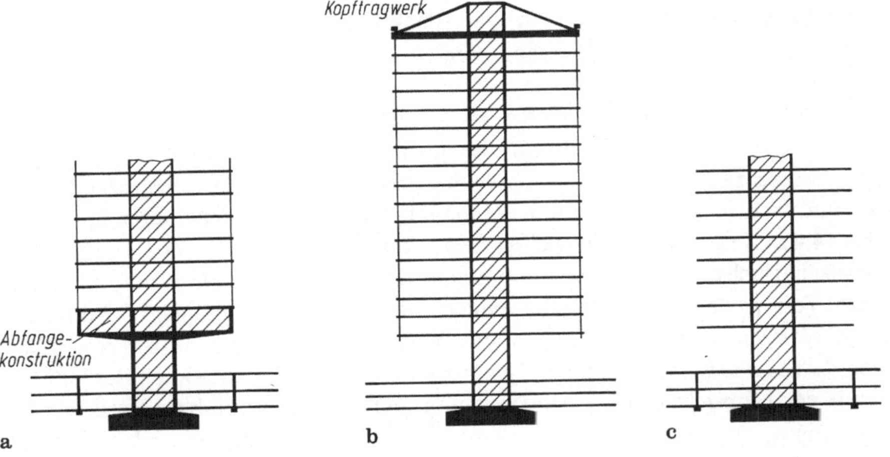

Abb. 4/17. Stützenfreies Erdgeschoß durch **a** Abfangekonstruktion im Technikgeschoß unten; **b** Hängehaus mit Abfangekonstruktion am Kopf; **c** Auskragungs sämtlicher Decken

den Kern abstützen (Abb. 4/17b). Bei diesen „*Hängehäusern*" ist völlige Stützenfreiheit im Erdgeschoß möglich. Die Fassadenstützen („Hänger") sind als Zugglieder nicht knickgefährdet und können deshalb sehr schlank ausgeführt werden. Im Hinblick auf die Verformungen und den Brandschutz wählt man statt Seilen oder Stahlbändern aber besser die steiferen Spannbetonhänger (4.3.4.1).

(d) Der Vollständigkeit halber muß auch die *Kragkonstruktion* erwähnt werden (Abb. 4/17c), bei der überhaupt keine tragenden Fassadenstützen erforderlich sind, weil jede Decke für sich vom Kern auskragt — ein statisch sehr ungünstiges Tragwerk, das aber durch die Gleichheit sämtlicher Decken und die völlige Stützenfreiheit auch wesentliche Vorteile aufweist. Ein weiterer Vorteil dieses Tragwerksystems und auch der Hängehäuser ist die Konzentration aller Vertikallasten im Kern, die wie eine Vorspannung wirkt. Dadurch werden die Biegezugspannungen aus den Windmomenten weitgehend überdrückt und Stahl im Kerntragwerk eingespart. Außerdem ist die Gründung auf einem einzigen zentralen Fundament in Bergsenkungs- oder Erdbebengebieten von Vorteil. Die Zerrkräfte und unterschiedlichen Setzungen werden verringert und ein eventuelles senkrechtes Ausrichten erleichtert. Besondere Aufmerksamkeit ist aber bei Kragkonstruktionen den Durchbiegungen in der Fassade zu schenken, die nur durch Vorspannung der Decken zu beherrschen sind.

Selbstverständlich treten die genannten Tragwerkstypen auch in vielen Varianten und Mischformen auf, z. B. mit mehreren Abfangegeschossen oder brückenartig zwischen zwei Kernen gespannten Abfangegeschossen.

Man muß sich bei all diesen Konstruktionen im Klaren sein, daß das seitliche Versetzen großer Lasten erhebliche Mehrkosten verursacht, da der kürzeste Weg der Kraftabtragung in der Regel auch der billigste ist. Bei Hochhäusern müssen zudem die im Erdgeschoß in wenigen Traggliedern angesammelten Lasten durch die Untergeschosse und Fundamente wieder auf eine große Fläche verteilt werden, um die zulässigen Bodenpressungen einzuhalten (vgl. 4.5). Bei Abfangträgern ist immer auch auf ausreichende Steifigkeit zu achten. Besonders ungünstig ist es, wenn die Windscheiben nicht bis zur Gründung durchgeführt werden.

Wegen der zu erwartenden Setzungsunterschiede zwischen einem Hochhaus und den anschließenden Flachbauten werden die Bauwerke durch Fugen voneinander getrennt oder es werden im Übergangsbereich Koppelplatten angeordnet.

4.3.1.2 Stützenstellung und Deckensystem

Das genormte Rastergrundmaß für die Grundrißplanung beträgt 1,20 m [12.2]. Für das Stützenraster werden üblicherweise ganzzahlige Vielfache davon ab 6,0 m gewählt, und zwar bevorzugt die durch 3,6 m (gängige Raumbreite) teilbaren Spannweiten bis 14,4 m. Die kleinen Stützweiten sind naturgemäß bezüglich der Lastabtragung am wirtschaftlichsten. Große Spannweiten erfordern nicht nur aufwendigere Träger für den Versatz der Vertikallasten, sondern auch größere Bauhöhen, die ihrerseits bei den Wänden, Fassaden, Treppen, etc. Mehrkosten bedingen. Selbstverständlich sollten die Stützen in verschiedenen Geschossen übereinander stehen. Leider läßt sich dies mit der beabsichtigten Gebäudenutzung nicht immer vereinbaren, vgl. 4.3.1.1.

Eine wichtige Rolle bei der Tragwerksplanung spielt die Führung der Installationsleitungen. Glatte Deckenuntersichten, wie sie Flachdecken ermöglichen, können allenfalls im Wohnungsbau oder bei Hochgaragen als Sichtflächen ausgenutzt werden.

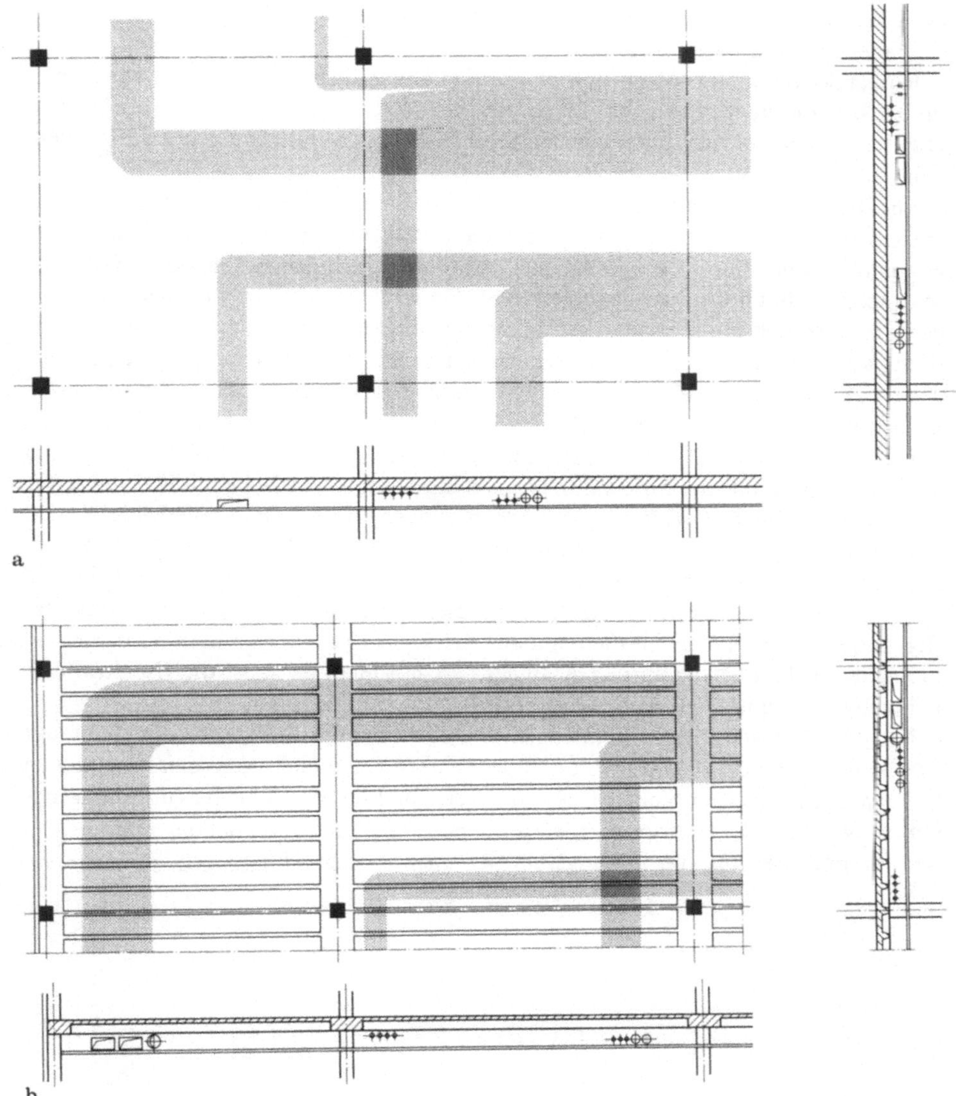

Abb. 4/18. Unbehinderte Installationsführung in beiden Richtungen bei **a** Flachdecke, **b** Rippendecke mit deckengleichen Unterzügen

Im übrigen Stockwerksbau werden die unter der Decke zu führenden Installationsleitungen durch eine untergehängte Decke verdeckt. Flachdecken bieten aber auch hier mit ihrer Freizügigkeit für die Leitungsführung oft die entscheidenden Vorteile bei der Wahl des Deckensystems (Abb. 4/18a).

Flachdecken werden im allgemeinen mit gleichen Stützweiten bis 7,2 m in beiden Richtungen ausgeführt. Sie sollten am Rand, falls sie nicht auskragen, durch Randunterzüge oder -überzüge (Brüstung einbeziehen) mittelbar abgestützt werden. Durch Vorspannung (Gurtstreifenvorspannung, Vorspannung ohne Verbund) lassen sich die Spannweiten noch vergrößern (3.2.1). Flachdecken ermöglichen geringe Bauhöhen, sind aber relativ schwer.

Rippendecken können deckengleich mit den Unterzügen ausgeführt werden, wenn deren Spannweite geringer als die Spannweite der Rippendecke ist (Abb. 4/18b). Die Installationsführung unter solchen Decken ist ebenso freizügig wie bei Flachdekken.

Bei Decken mit Unterzügen ist ein rechteckiges Stützenraster meistens günstiger als ein quadratisches. Die Unterzüge werden dann in Richtung der größeren Spannweite angeordnet und die Decken möglichst als Platten, Rippendecken oder ㅠ-Platten mit niedriger Bauhöhe quer dazu gespannt. Dadurch können die Installationsleitungen zwischen den Hauptunterzügen unter den Decken über mehrere Felder hinweg durchlaufen, und nur Leitungen geringeren Durchmessers müssen die Hauptunterzüge durchdringen (Abb. 4/19). Nebenunterzüge sollte man vermeiden. Nur bei großen Spannweiten über 10 m in beiden Richtungen kann es sich lohnen, die vorhandene Bauhöhe auch für die Nebenunterzüge auszunutzen oder einen quadratischen Trägerrost auszubilden (Abb. 4/20). Decken mit Haupt- und Nebenunterzügen erfordern eine sorgfältige Vorplanung der Aussparungen, am besten in reichlicher Anzahl und regelmäßigen Abständen, weil die endgültige Leitungsführung im Planungsstadium meistens noch nicht bekannt ist. Die Aussparungen für die Installationsleitungen — für Klimaleitungen etwa 35 cm Durchmesser — bestimmen oftmals die Konstruktionshöhe der Unterzüge, die dann mindestens 50 bis 70 cm hoch sein müssen. Sie sind möglichst nicht zu nahe an den Auflagern anzuordnen, da sonst die Querkraftaufnahme schwierig ist (I B, Abb. 4.5/9).

Nicht immer sind gleiche Feldlängen und Konstruktionshöhen für die Unterzüge zweckmäßig. Wenn diese senkrecht zu den Fluren verlaufen und in den Flurwänden Stützen angeordnet werden, ist es günstiger, im Flur die Konstruktionshöhe des Unterzugs stark zu verringern oder dort ganz auf ihn zu verzichten und so eine freie Haupttrasse für die Leitungsführung quer zu den Unterzügen zu gewinnen

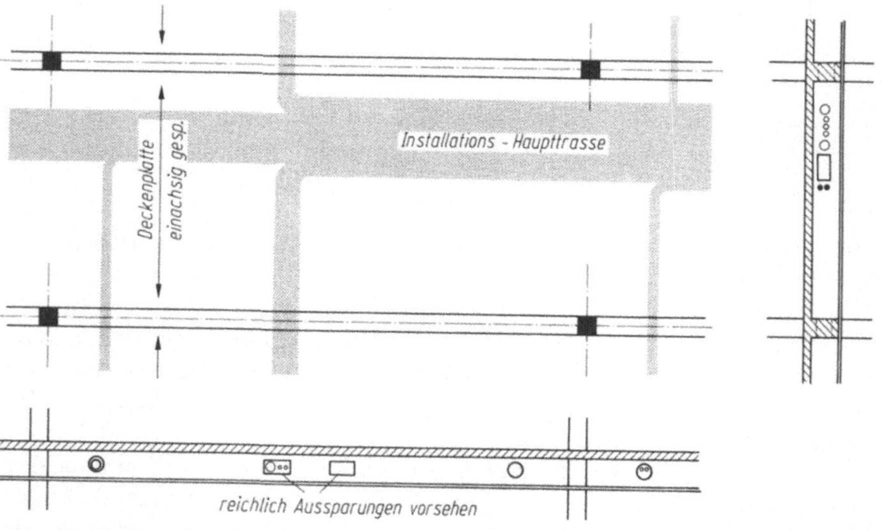

Abb. 4/19. Die Hauptinstallationsleitungen werden parallel zu den weitgespannten Unterzügen geführt, die Nebenleitungen durchdringen die entsprechend hohen Unterzüge

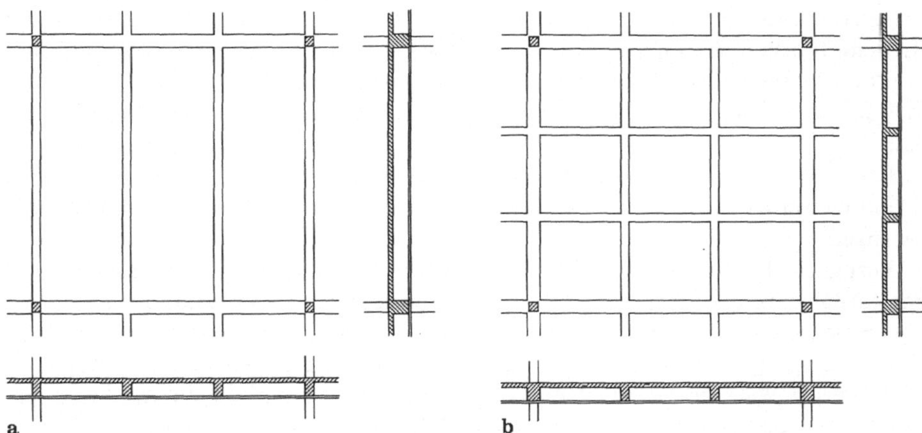

Abb. 4/20. Bei Trägerrosten und gleich hohen Haupt- und Nebenunterzügen durchdringen sich Konstruktion und Installation in beiden Richtungen; **a** Decke mit Haupt- und Nebenunterzügen; **b** quadratischer Trägerrost

(Abb. 4/21 a). In entsprechender Weise können die Leitungen auch in einem unterzuglosen Bereich (Kernbereich) an Längsunterzügen vorbeigeführt und dadurch in Gebäudequerrichtung verteilt werden (Abb. 4/21 b).

Meistens spannen sich die Decken vom Kern oder den mittleren Längsunterzügen frei bis zu den äußeren Stützen, wobei in Bürohäusern auch die Flurwände überspannt werden. Man kann die Spannweite der Decke bzw. Unterzüge verkürzen, wenn man die äußeren Stützenreihen von der Fassade zurücksetzt und die Decken auskragt (Abb. 4/21 c). Dadurch ergibt sich auch eine generell günstigere Momentenverteilung in den Randfeldern und Randstützen. Dann stehen die Stützen allerdings im Raum und

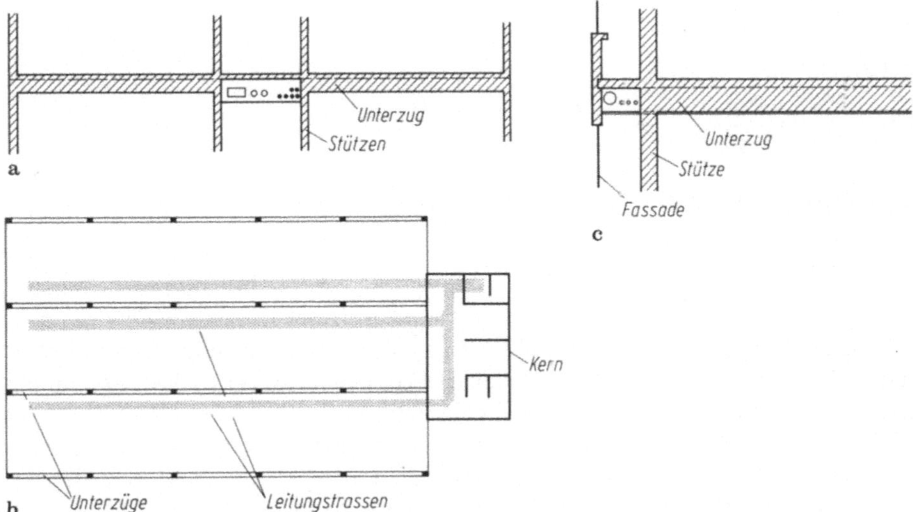

Abb. 4/21. Freie Haupttrassen für die Installation bei **a** kurzem Mittelfeld über dem Flur, **b** Querverteilung der Leitungen im Gebäudekern, **c** von der Fassade zurückgesetzten Stützen

stören eventuell. Solche zurückgestellte Stützen ermöglichen außerdem eine ungestörte Leitungsführung längs der Fassade und vor allem eine sehr einnheitliche, vom Tragwerk unabhängige Fassadengestaltung (vgl. 4.4). Man kann allerdings auch bedauern, daß hinter diesen „curtain walls" vom Tragwerk überhaupt nichts mehr zu erkennen ist.

Bei großen Deckenspannweiten, etwa über 10 m, kommt *Vorspannung* in Betracht. Dadurch werden die Bauhöhen und die Durchbiegungen der vorgespannten Bauteile geringer.

Bezüglich der Massivdecken wird im übrigen auf 3 verwiesen. In Hochhäusern im Ausland werden aber auch oft Stahlprofilbleche (Trapezbleche) verwendet, die relativ schnell montiert werden können und den Vorteil geringen Gewichtes haben [2/83; 32.3; 34]. Aus Schall- und Feuerschutzgründen erhalten sie einen Aufbeton oder Estrich. Auch durch Leichtbetondecken läßt sich Gewicht sparen, was besonders den Stützen der unteren Geschosse und der Fundierung zugute kommt.

4.3.1.3 Hinweise zur statischen Berechnung

Innenstützen werden bei horizontal ausgesteiften Tragwerken unter Vernachlässigung der Rahmentragwirkung als geschoßhohe Pendelstützen berechnet (DIN 1045, 15.4.2). Bei Randstützen muß aber die Einspannung in die Decken bzw. Unterzüge berücksichtigt werden. Im DAfSt Heft 240 sind dafür Näherungsformeln nach dem sogenannten c_o-c_u-Verfahren angegeben. Die ursprüngliche Form dieses Verfahrens, die noch für Rand- und Eckstützen von Pilz- und Flachdecken verwendet wird, entspricht dem ersten Momentenausgleich nach dem Cross-Verfahren. Dabei werden die abliegenden Enden der in einen Randknoten einlaufenden Stützen und Riegel als starr eingespannt betrachtet (Abb. 4/22a). Das Starreinspannmoment $M_R^{(0)}$ des beidseits eingespannt gedachten Riegels erzeugt beim Loslassen des betrachteten Randknotens in den Stützen Eckmomente (Abb. 4/22b)

$$M_{So} = -\frac{c_o}{1 + c_o + c_u} M_R^{(0)}, \qquad M_{Su} = \frac{c_u}{1 + c_o + c_u} M_R^{(0)},$$

wobei

$$c_o = \frac{I_{So} l_R}{I_R h_o}, \qquad c_u = \frac{I_{Su} l_R}{I_R h_u}.$$

Als Einspannmoment des Riegels in die Stützen verbleibt (Abb. 4/22c)

$$M_R = \frac{c_o + c_u}{1 + c_o + c_u} M_R^{(0)}.$$

Für mehrfeldrige Rahmen mit stabförmigen Rahmenriegeln oder Rippendecken sind im Heft 240 modifizierte Formeln angegeben, welche die elastische Einspannung des Riegels in der ersten Innenstütze berücksichtigen.

Die Änderung des Stützmomentes der ersten Innenstütze infolge des Momentenausgleichs am Randknoten kann vernachlässigt werden, da die Ausgleichmomente im Verhältnis zu den Riegelmomenten aus der Berechnung als Durchlaufträger klein sind. Dagegen müssen die Momente an den abliegenden Stützenenden berücksichtigt werden. Die Überlagerung der Stützenmomente mehrerer übereinander liegender

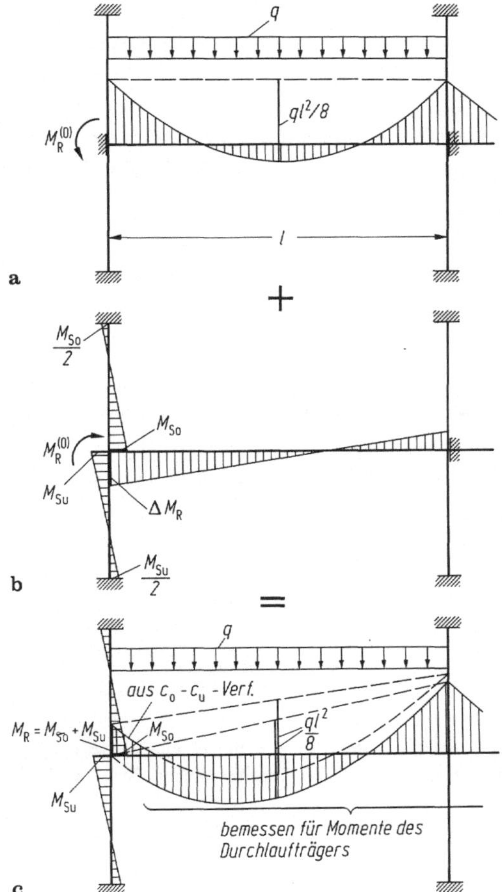

Abb. 4/22. c_o-c_u-Verfahren zur Abschätzung der Momente in Randknoten unverschieblicher Rahmen. **a** Starreinspannmomente; **b** Cross-Ausgleich; **c** Summe aus beiden

gleichartiger Geschosse liefert die 1,5fachen Eckmomente M_{So} bzw. M_{Su} (Abb. 4/23 a). Dieses Ergebnis liegt gegenüber einer Berechnung mit Momentennullpunkten in halber Geschoßhöhe etwas auf der sicheren Seite (Abb. 4/23 b). Es sei aber darauf hingewiesen, daß sich gerade diese Stützenmomente bei einer Berechnung mit wirklichkeitsnahen Materialgesetzen ganz erheblich — und zwar durchaus um einen Faktor 2 — vergrößern können, wie Beispiele gezeigt haben; denn bei zunehmender Belastung werden die Riegel schon bald durch Rißbildung „weich", während die vorwiegend durch Längskraft beanspruchten Stützen im Zustand I verbleiben und deshalb die Momente „anziehen".

„Umlagerungen" der linear-elastisch ermittelten Momente finden auch innerhalb der durchlaufenden Decken statt. In gewissen Grenzen kann man die sich im Bruchzustand einstellende Momentenverteilung sogar durch die eingelegte Bewehrung steuern. Dies wird bei der Bemessung nach Traglastverfahren ausgenutzt [35]. Die DIN 1045 läßt aber bisher im Abschnitt 15.1.2 Umlagerungen der Bemessungsschnittgrößen nur in geringem Umfang (beim Stützmoment $\pm 15\%$) und unter einschränkenden Bedingungen zu. Die Regelwerke vieler anderer Länder und der CEB-Model Code sind in dieser Hinsicht großzügiger [35,3] (I B, 4.2.5).

Da der Querschnitt der Stützen in allen Normalgeschossen möglichst gleich groß sein soll, um gleiche Elemente für die Decken und den Ausbau (z. B. Trennwände zwischen den Stützen) verwenden zu können, ergeben sich in den unteren Geschossen mit ihrer höheren Stützenlasten oftmals statische Probleme. Anstatt die Stützen dort mit Druckbewehrung vollzupacken, die das Betonieren sehr erschwert, ist es besser, Fertigteile aus B 60, Verbundstützen (Abb. 4/24) (DIN 18806 Teil 1) [36; 2/83.9] oder Stahlstützen zu verwenden. Letztere müssen dann noch einen feuer-

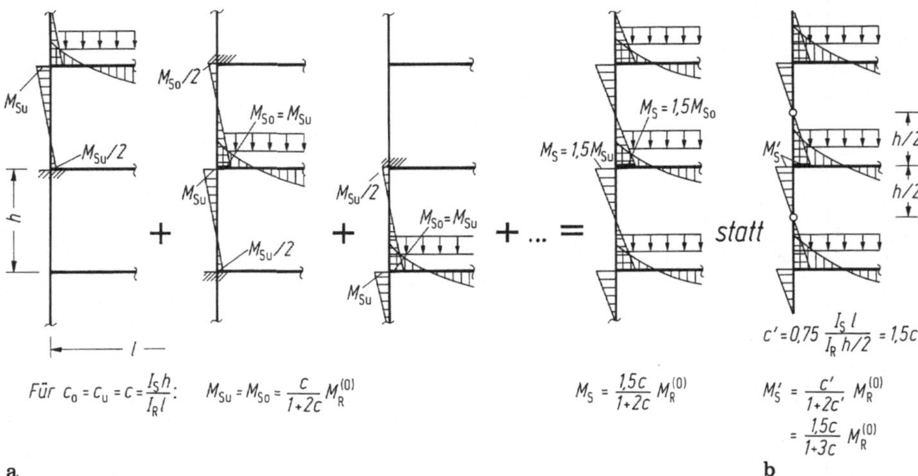

Abb. 4/23. Die Randstützenmomente aus der gleichzeitigen Belastung mehrerer Geschosse müssen berücksichtigt werden. **a** Superposition der Momente aus Abb. 4/22; **b** Abschätzung analog Abb. 4/22, aber mit Momentennullpunkten in Stützenmitte.

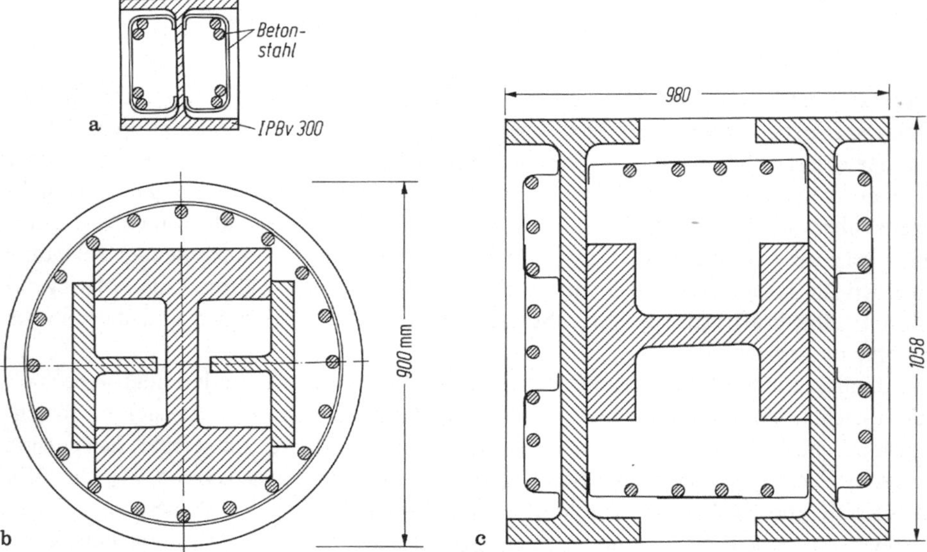

Abb. 4/24. Verbundstützen. **a** Stahlbetonstütze mit Stahlkern; **b** Verbundstütze mit 90 MN Traglast [36.1]; **c** Breitflanschprofil mit ausbetonierten Kammern [36.1]

festen Putz (z. B. Vermiculite oder Spritzasbest) erhalten. In letzter Zeit wurde zur Verminderung des Bewehrungsprozentsatzes auch schon Spannstahl als Druckbewehrung verwendet. Das Platzproblem für die Bewehrung kann auch dadurch entschärft werden, daß Überdeckungsstöße durch Muffenstöße (I A, 3.2.2) ersetzt und die Durchdringung der Stützen mit Unterzugsbewehrungen vermieden werden. Dazu muß man die Unterzüge im Bereich der Stützen gabeln oder sie sehr viel breiter als die Stützen ausbilden.

Die Vorspannung einzelner Deckenelemente, z. B. der Unterzüge, wirkt sich auch auf die Deckenplatten und Stützen aus: Die mittigen Anteile $\sigma_b = V/A_b$ der Vorspannkräfte breiten sich von der Verankerung ausgehend auch in die monolithisch verbundenen Platten aus und gehen damit für die Vorspannung der Balken zum größten Teil verloren; diesen verbleibt im wesentlichen nur der Anteil der Umlenkkräfte. Außerdem werden durch die Verkürzung der Decken infolge Vorspannung unerwünschte Momente in die Stützen eingeleitet, die den Verformungen aus Schwinden und Temperaturunterschieden hinzuzufügen sind. Die Verdrehungen der Rahmenknoten infolge Vorspannung der Riegel sind dagegen im allgemeinen günstig für die Stützen, weil sie den Verdrehungen aus ständiger Last entgegengerichtet sind — bei formtreuer Vorspannung heben sich beide gerade auf (I B, Abb. 4.2/6g). Die Schnittkräfte in den Stützen aus der Vorspannung der Riegel werden durch Betonkriechen nicht erhöht — auch nicht die Schnittkräfte aus der Riegelverkürzung —, sofern die Kriecheigenschaften der Riegel und Stiele gleich sind (vgl. I B, 1.1.1.1); denn die durch Kriechen zunehmenden Verformungen des vorgespannten Riegels werden im gleichen Maße durch die Kriechverformungen der Stiele aus deren anfänglichen, konstant bleibenden Vorspannmomenten ausgeglichen. Bei vorgespannten Ortbetonriegeln im Verbund mit wesentlich älteren Fertigteilstützen ist dies freilich nicht mehr zutreffend.

Abfangträger und darüber in gleicher Ebene stehende Wände wirken zusammen als Scheibe. Der wegen Öffnungen häufig unregelmäßige Kraftfluß wird zweckmäßigerweise mittels Stabwerken nach [18] veranschaulicht und rechnerisch verfolgt, vgl. aber auch [38]. An einspringenden Ecken (rechtwinklige Öffnungen) in Scheiben ergeben sich hohe Spannungsspitzen, die aber durch das plastische Verformungsvermögen des Betons stark abgeflacht werden. In sehr hoch beanspruchten Scheibenbereichen (Stegen) sollten die Aussparungen ausgerundet werden. Mitunter wurden runde Aussparungen auch schon durch Stahl-Panzerrohre eingefaßt, um den für die Lastabtragung fehlenden Beton der Aussparung zumindest teilweise zu ersetzen.

Die Verdrehungen der Unterzüge, die durch die Einspannung von Deckenplatten erzwungen werden, haben in den Unterzügen Torsionsmomente zur Folge, die aber durch die relativ große Abminderung der Torsionssteifigkeit (I B, 4.3.1.3) beim Übergang in Zustand II nahezu verschwinden. Man braucht diese „Verträglichkeitstorsion" nicht nachzuweisen, sollte aber bei so beanspruchten Randunterzügen (Abb. 4/25) die Bewehrung konstruktiv wie für torsionsbeanspruchte Balken ausbilden (Torsionsbügel, Steglängsbewehrung), um grobe Risse zu vermeiden. Auch die Einleitung dieser Torsionsmomente in die Stützen oder in quer zum Randunterzug stehende Rahmen ist zu bedenken. Bei der Bemessung der Decken sollte man die Randeinspannung ebenfalls konstruktiv berücksichtigen, wogegen ihr günstiger, aber bei hoher Beanspruchung verschwindender Einfluß auf die Feldmomente zu vernachlässigen ist.

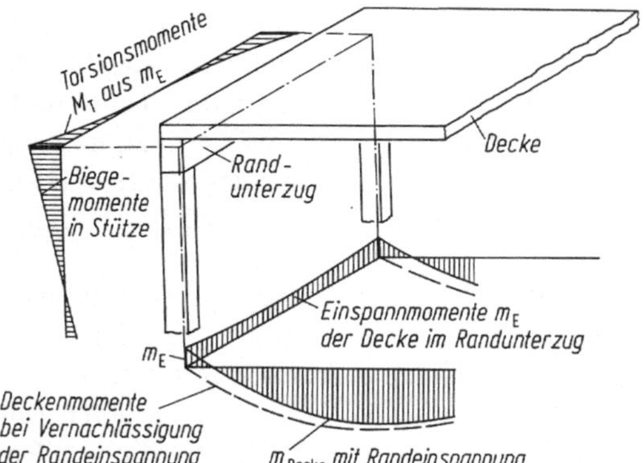

Abb. 4/25. Verträglichkeitstorsion im Deckenrandunterzug braucht nicht nachgewiesen zu werden, ist aber konstruktiv zu berücksichtigen.

Während die Längskraftverformungen schlaff bewehrter Riegel auf die Schnittkräfte keinen nennenswerten Einfluß haben, gilt dies nicht immer für die Längskraftverformungen der senkrechten Tragglieder (Abb. 4/26). In hohen Gebäuden können sich die Dehnungsunterschiede zwischen verschieden stark ausgenutzten Stützen, Kernen oder Wänden zu solchen Beträgen aufsummieren, daß in den oberen Geschossen die Unterzüge diesen „Auflagerverschiebungen" nicht mehr schadensfrei folgen können oder sich die Auflagerkräfte so umlagern, daß einzelne senkrechte Bauteile überbeansprucht werden. Hierbei haben auch unterschiedliche Kriecheigenschaften der senkrechten Bauteile Einfluß.

Ein gegebener Momentenverlauf läßt sich auch in einem hochgradig statisch unbestimmten vielfeldrigen Rahmen schnell stichprobenartig prüfen, wie bereits in Abb. 2.3/9 gezeigt wurde: Das Integral der Krümmungen über den Umfang U eines geschlossenenen Rahmenfeldes muß Null ergeben, wenn keine Gelenke in dem Stabzug vorhanden sind (Abb. 2.3/9b). Dabei sind alle Krümmungen bzw. Momente, die auf der Innenseite des Rahmenfeldes Zug erzeugen, mit gleichem Vorzeichen einzu-

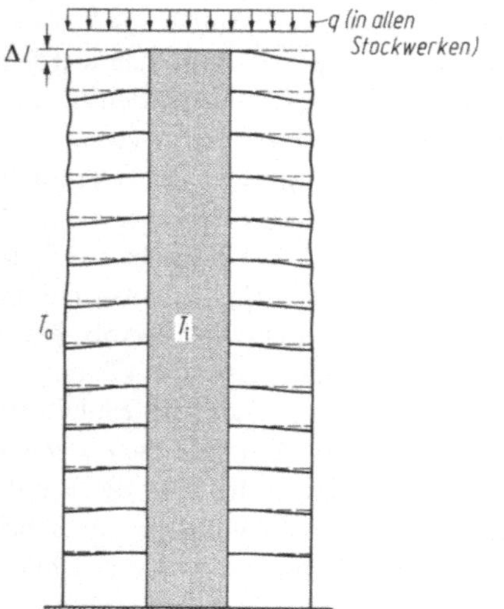

Abb. 4/26. Aus unterschiedlichen senkrechten Verformungen der Stützen und Wände, z. B. infolge der Gewichtslasten oder Temperaturdifferenzen zwischen innen und außen, entstehen erhebliche Biegebeanspruchungen in den oberen Stützen und Riegeln

setzen. Eine weitere Kontrolle prüft die Relativverschiebung (=0) zweier Punkte (Abb. 2.3/9c). Diese sogenannten Mohrschen Proben stellen also Verträglichkeitskontrollen dar und lassen sich auf den Reduktionssatz zurückführen (I B, 1.4).

4.3.2 Abtragung der Horizontallasten

4.3.2.1 Grundsätzliches

Während bei nicht sehr schlanken Wandbauten die Aufnahme der Horizontallasten durch Ausmitten der lotrechten Lasten sozusagen „gratis“ erfolgt, ist bei Skelettbauten die Aussteifung für horizontale Lasten einer der wichtigsten Gesichtspunkte schon beim Entwurf [29–32; 37].

Die Horizontallasten entstehen hauptsächlich aus Wind; mitunter sind auch Erdbebenlasten kritisch (vgl. II B, 2.2.4.2). Hinzu kommen Horizontalkräfte aus ungewollten Stützenschiefstellungen und Erddruck sowie Zwangskräfte aus Baugrundbewegungen, Temperatur und Schwinden, evtl. auch aus Kriechen.

Mit zunehmender Geschoßzahl wächst der Einfluß der Windlasten auf die Gesamtkonzeption des Tragwerks, bis er schließlich bei turmartigen Bauwerken die bei weitem dominierende Rolle spielt; denn die Vertikallasten nehmen näherungsweise proportional mit der Gebäudehöhe zu, das Windmoment (bezogen auf Geländehöhe) steigt dagegen mehr als mit dem Quadrat der Höhe an, weil der Staudruck selbst noch mit der Höhe über Gelände zunimmt. Bei Hochhäusern lohnen sich Modellversuche im Windkanal zur genaueren Bestimmung der Windwiderstandsbeiwerte c_w, die erheblich von der Grundrißform abhängen (vgl. DIN 1055, Teil 4 u. Teil 45).

Man kann bei Skelettbauten nach der Art der Horizontalaussteifung einige typische Bauweisen unterscheiden, die allerdings auch oftmals vermischt werden. Allen gemeinsam ist, daß die Decken als praktisch starre Scheiben die Horizontallasten von den Fassaden zu den aussteifenden Vertikalelementen leiten und diese, falls mehrere vorhanden sind, in horizontaler Richtung miteinander koppeln. Die Decken müssen eine solche Scheibenwirkung natürlich verkraften können, was bei Ortbetondecken und auch bei Fertigteildecken mit Ortbetonauflage immer der Fall ist. Bei anderen Decken sind u. U. besondere Maßnahmen nötig, um die Scheibenwirkung herzustellen, z. B. Fugenverzahnung, Fugenbewehrung, Verdübelung der Einzelelemente, Ringanker oder Deckenverbände (vgl. Abb. 4/8 u. 9, sowie Abb. 3/45 u. 46).

Die Skelette können zwar prinzipiell als Rahmen so ausgebildet werden, daß sie auch Horizontalkräfte aufnehmen (Abb. 4/27a) (2.2 u. 4.3.2.2), wirtschaftlicher ist es aber fast immer, die Horizontalkräfte speziellen aussteifenden Bauelementen zuzuweisen (4.3.2.3), z. B. einzelnen Wänden („Windscheiben“) (Abb. 4/27b), einem Fachwerkverband oder — meistens — einem sogenannten „Kern“ (Abb. 4/27c). Kernzonen aus feuersicheren Treppenhäusern, Sanitärbereichen, Aufzugs- und Versorgungsschächten müssen ohnehin in jedem Geschoßbau vorhanden sein und können mit Gleit- oder Kletterschalung sehr schnell und kostengünstig hergestellt werden. Stahlbetonkerne haben sich auch bei Stahlskelettbauten bewährt.

Bei sehr großen und hohen Gebäuden lohnt es sich, auch die Biegesteifigkeit der zahlreichen Stützen für die Abtragung der Horizontallasten heranzuziehen, und zwar vor allem zur Aufnahme der Torsionsmomente aus ausmittiger Windlast in bezug auf die Kernachse. Die Rahmen aus Stützen und Riegeln bilden in ihrer kastenförmigen Anordnung um den eigentlichen Kern herum dann selbst eine oder gar

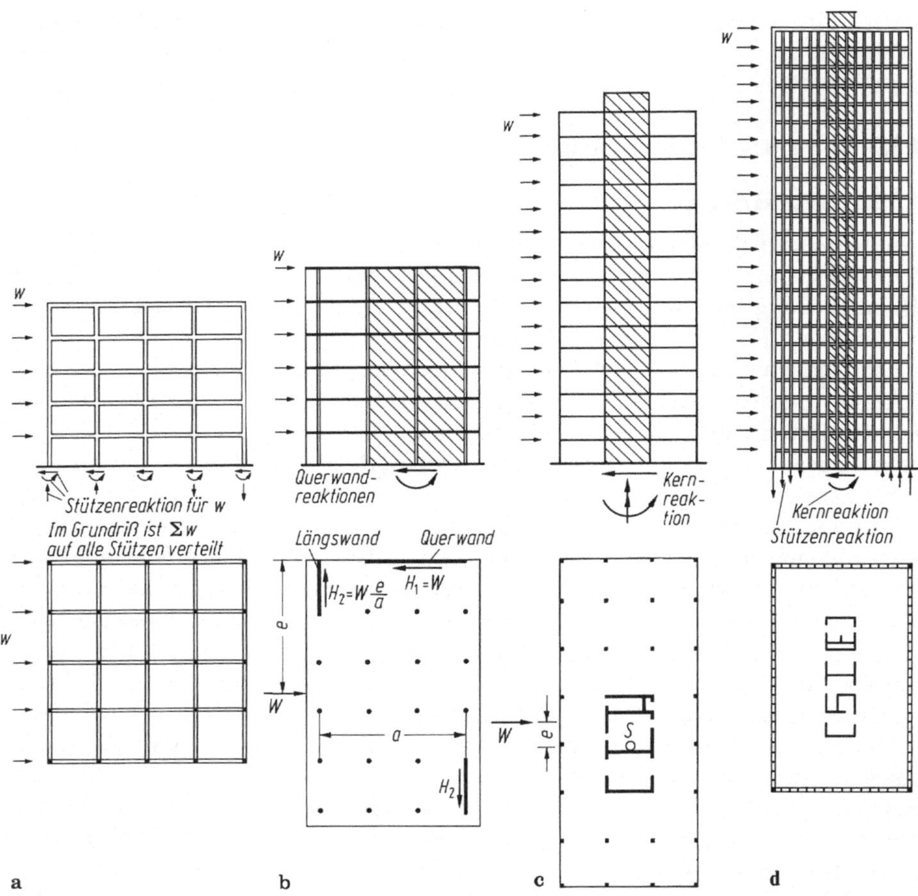

Abb. 4/27. Abtragung der Horizontallasten in Stahlbeton-Skelettbauten durch **a** Rahmen, **b** Windscheiben, **c** Kern, **d** perforierte Röhre und Kern (tube in tube)

mehrere (perforierte) Röhren, weshalb diese in den USA aufgekommene Bauweise „tube in tube" genannt wird (Abb. 4/27d) (4.3.2.3). Dabei werden zur Erhöhung der Rahmensteifigkeit verhältnismäßig kleine Stützabstände von 1,2 bis höchstens 4,5 m gewählt.

Naturgemäß gibt es viele weitere Kombinationen von mehreren gleichartigen und von verschiedenen Aussteifungselementen, sowie fließende Übergänge zwischen verschiedenen Tragwirkungen. Außerdem können in den beiden Hauptachsenrichtungen eines Gebäudes verschiedene Aussteifungsprinzipien zweckmäßig sein, z. B. Längsrahmen und einige Querscheiben; denn hohe Rahmenriegel und enge Stützenstellung stören in den Flurlängswänden weniger als in der Gebäudequerrichtung, und die zugehörige Windlast auf die Gebäudestirnseite ist geringer als auf die Längsseite.

Das Moment M_W aus den horizontalen Windkräften wird in den Wandscheiben, Kernen und Rahmen in vertikale Druck- und Zugspannungen umgesetzt, welche sich den Druckspannungen aus Eigengewicht und Nutzlasten überlagern und die vertikalen Tragglieder auf Zug beanspruchen können (Abb. 4/27 u. 28). Solche Zugkräfte müssen jedenfalls bis zur Bodenfuge durch entsprechende Gewichte oder durch steife Untergeschosse ausgeglichen werden (Abb. 4/28). Aus diesem Grunde ist es zweckmäßig, die Decken so zu spannen, daß möglichst hohe Auflasten in die aussteifenden Wände oder Kerne gelangen (vgl. auch Abb. 4/17). Überhaupt kann man Druckkräfte aus den ständigen Lasten zur Erhöhung der Biegetragfähigkeit — ähnlich wie bei der Vorspannung — ausnutzen.

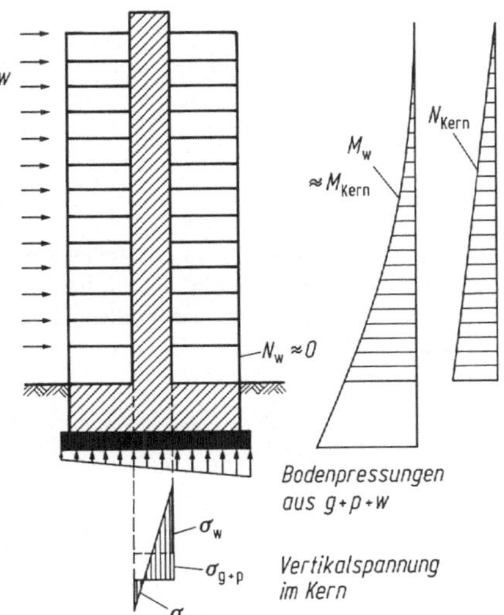

Abb. 4/28. Die Windmomente M_w bewirken Vertikalspannungen σ_w im Kern, denen sich die Vertikalspannungen aus Eigen- und Nutzlasten überlagern. Der steife Kellerkasten verteilt die Spannungen auf die gesamte Grundfläche

Die Vertikalkräfte aus den Windmomenten kann man dadurch verringern, daß man ihren Hebelarm vergrößert. Dies ist beispielsweise durch ein steifes Zwischen- oder Dachgeschoß möglich, das Biegemomente aus dem Kern in Stützenlängskräfte umsetzt (Abb. 4/29). Analog kann es bei hohen Gebäuden zweckmäßig sein, mehrere Kerne durch einzelne steife Geschosse rahmenartig miteinander zu verbinden und dadurch ihre Steifigkeit gegen Horizontalverschiebungen beträchtlich zu erhöhen. Das gleiche Prinzip wird auch bei Wandscheiben ausgenützt, die nur durch Fensterstürze miteinander verbunden sind („gegliederte Scheiben", Abb. 4/30). Die Riegel wirken dabei wie eine nachgiebige Verdübelung bei mehrteiligen Stäben (4.3.2.2).

Bei schlanken Kernen oder Rahmentragwerken müssen nicht nur die Beanspruchungen, sondern auch die Horizontalverformungen untersucht werden, weil diese für die Menschen im Gebäude unangenehm sind [39] und zu Schäden bei den Einbauten führen können. Ein Hochhaus in Boston konnte z. B. jahrelang nicht benutzt werden, weil bei Wind immer wieder die Fensterscheiben zersprangen. Die Vorschriften des ACI (American Concrete Institute) begrenzen die waagerechten Verformungen aus Wind (ohne Böenanteil) auf 2‰ der Systemhöhe und 4 mm Differenz zwischen zwei benachbarten Stockwerken.

Die Horizontalverformungen erhöhen außerdem die Beanspruchungen der aussteifenden Bauteile nach der Theorie II. Ordnung (vgl. II B, 4.3). Da sich mit den aussteifenden Bauteilen auch alle Stützen schiefstellen, wirken sich sämtliche Lasten N des Gebäudes mit ihren horizontalen Umlenkkräften $N\varphi$ (φ: Neigungswinkel

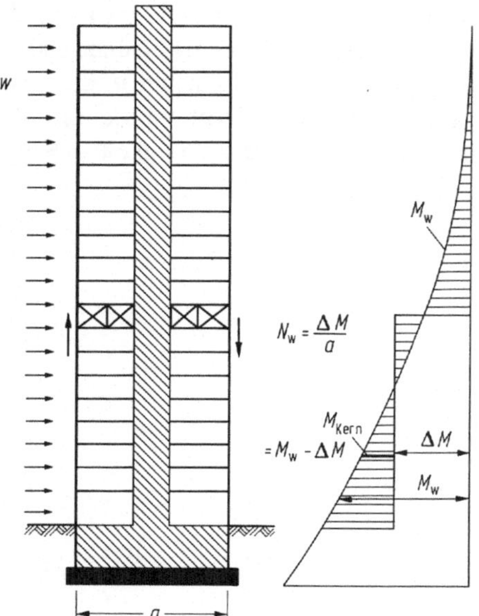

Abb. 4/29. Rahmenwirkung durch steifes Zwischengeschoß vermindert die (schraffierten) Kernmomente und belastet die Außenstützen mit Druck- und Zugkräften

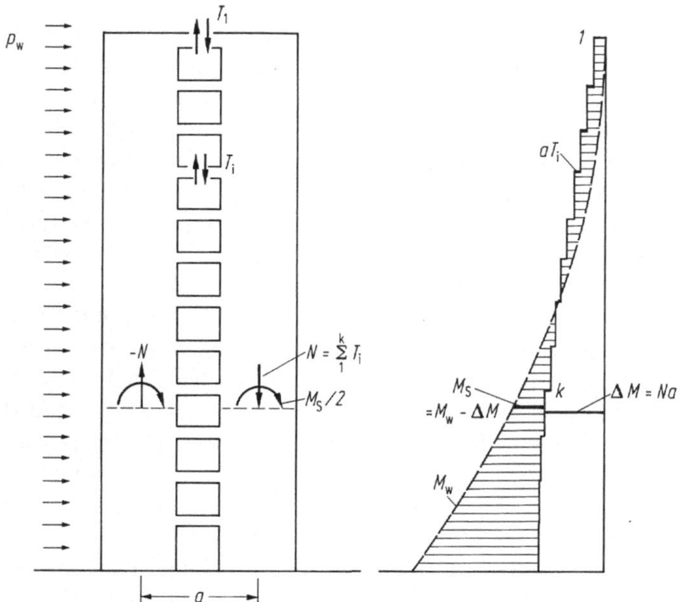

Abb. 4/30. Gegliederte Scheibe. Die Fensterriegel-Querkräfte T_i mindern die Scheibenmomente M_s aus Wind um ΔM und erzeugen Längskräfte $\pm N$ in den Scheibenhälften

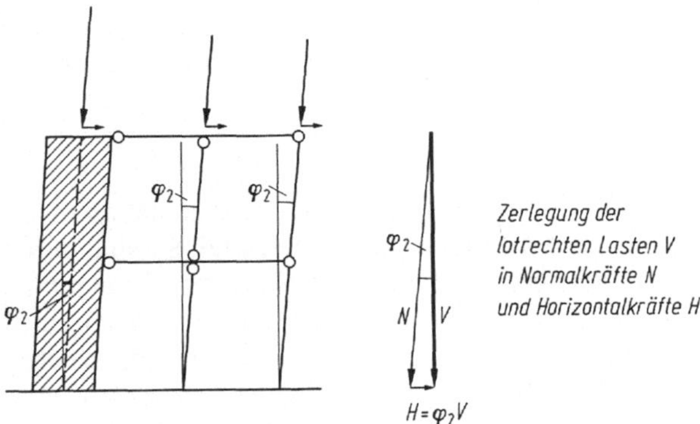

Abb. 4/31. Die Lotabweichung φ_2 der Stützen und aussteifenden Bauteile kann bei der Berechnung der Schnittkräfte am senkrechten System durch horizontale Ersatzkräfte $H = \varphi_2 V$ berücksichtigt werden

gegen die Lotrechte) auf die aussteifenden Bauteile aus. Im gleichen Sinne wirken die ungewollten Lotabweichungen aus Herstellungsungenauigkeiten (Abb. 4/31) [40]. Nach DIN 1045, 15.8 sind diese mit $\varphi_2 = \pm 1/(100\sqrt{h})$ anzusetzen, wobei h die Geschoßhöhe über OK Fundament in m bedeutet. Dort findet man auch Angaben über entsprechende Kräfte zur Berechnung der Deckenscheiben sowie eine Formel für die Gebäudehöhe h, unterhalb der die Verformungen bei der Ermittlung der Schnittgrößen vernachlässigt werden können, weil sie die Schnittgrößen um höchstens 10% erhöhen [31]:

$$h\sqrt{\frac{N}{E_b I}} \leq 0{,}6$$

für mindestens viergeschossige, durch Wände oder Kerne ausgestreifte Gebäude. Die Formel entspricht in ihrem Aufbau der Euler-Formel für den Knickstab $P_k = \pi^2 EI/s_k^2$ und beruht darauf, daß die Verformungen nach Theorie II. Ordnung vernachlässigbar klein bleiben, solange die maximale Normalkraft N einen bestimmten Bruchteil der Knicklast nicht überschreitet (vgl. Abschn. ,,Verformungen als Ursache von Veränderungen der Schnittkräfte" in II B, 4.3). Eine entsprechende verallgemeinerte Formel, die auch Verdrehungen (Verwölbungen) der Scheiben berücksichtigt, ist in [31; 29.2] abgeleitet. In [41] sind aussteifende Bauteile mit wirklichkeitsnahen Werkstoffgesetzen behandelt.

Für die Berechnung von Rahmen nach Theorie II. Ordnung wird auf II B und [42] verwiesen, insbesondere auf [42.1], wo ein sehr praktisches Näherungsverfahren angegeben ist.

Die eben behandelten Horizontalkräfte aus Lotabweichungen und Verformungen sind eigentlich keine Lasten, sondern innere Kräfte, die sich bei einer Schnittkraftermittlung am verformten Gesamtsystem zwangsläufig ergeben; die angegebenen Horizontalkräfte sollen lediglich den Fehler korrigieren, der bei einer Vernachlässigung der Lotabweichung und Verformungen während der Schnittkraftermittlung (Theorie I. Ordnung) begangen wird. Sie sind dann für das Gleichgewicht nötig und deshalb wichtig.

Bezüglich dynamischer Probleme wird zunächst auf II B, 2.2 sowie den Beitrag „Baudynamik" im B. Kal. 1978 II verwiesen. Spezielle Fragen werden in [4] und [5] behandelt.

4.3.2.2 Aussteifung durch Kerne und Scheiben

Die Windscheiben und Kerne werden für die Abtragung der Horizontallasten als vertikale Kragträger angesehen, die in die Gründung eingespannt sind. Sie sind durch die Decken in jedem Geschoß miteinander gekoppelt und bilden zusammen mit diesen ein räumliches Tragwerk, das man allerdings bei der Berechnung gerne nur in einzelnen Ebenen betrachtet. Die Deckenscheiben können dabei in der Regel als unendlich dehnsteif aber biegeweich senkrecht zu ihrer Ebene unterstellt werden. Sie lassen dann nur solche Horizontalverformungen der Wände zu, bei denen sich die Abstände zwischen den Wänden nicht ändern, d. h. daß sich jede Deckenscheibe nur als Ganzes verschieben oder um eine vertikale Achse verdrehen kann.

Die Biegesteifigkeit der Wandscheiben um ihre schwache Achse, ihre Drillsteifigkeit und die Biegesteifigkeiten der Stützen können bei der Berechnung der Horizontalsteifigkeit des Tragwerks im allgemeinen vernachlässigt werden.

Um die Windkräfte aus beliebiger Richtung aufnehmen zu können, sind mindestens drei Wandscheiben nötig (Abb. 4/32 a u. b) oder ein biege- und torsionssteifer Kern (Abb. 4/32c). Die drei Scheiben müssen nicht unbedingt rechtwinklig oder parallel zu den Gebäudeachsen angeordnet sein; ihre Wirkungslinien dürfen sich aber nicht in einem Punkt schneiden, weil dann kein Moment in bezug auf diesen Punkt aufgenommen werden kann (Abb. 4/32d).

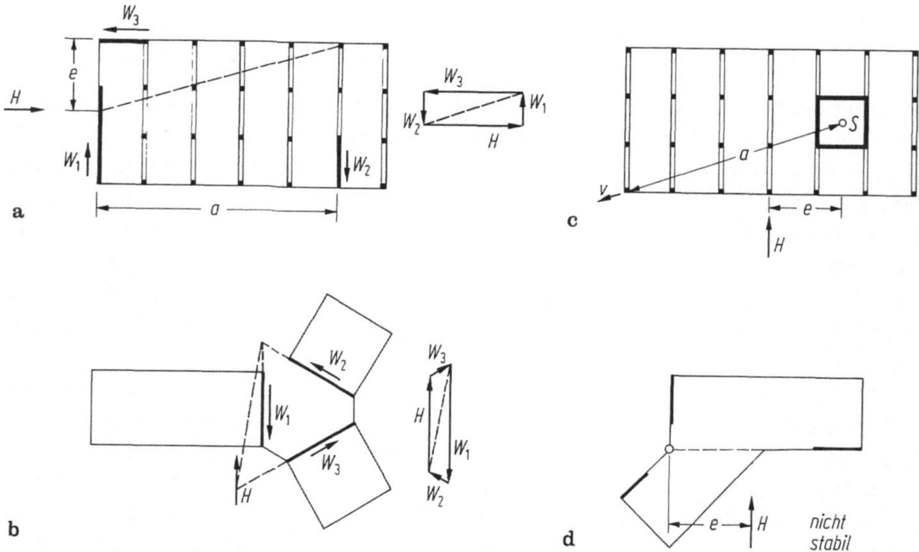

Abb. 4/32. Horizontalaussteifung eines Tragwerks durch mindestens drei Wände oder einen Kern. **a** Moment *He* aus Wind in Gebäudelängsrichtung wird durch Querwände aufgenommen $W_1 = W_2 = He/a$; **b** Zerlegung der *H*-Kraft in die drei Wände nach Culman; **c** Moment *He* wird durch Torsionssteifigkeit des Kerns aufgenommen; **d** Moment *He* kann nicht aufgenommen werden, da sich die Wirkungslinien der Wände in einem Punkt schneiden

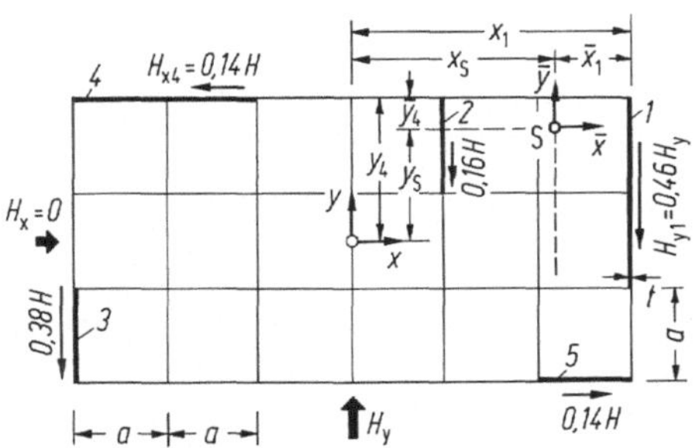

$$I_{x1} = I_{y4} = t\frac{(2a)^3}{12};\; I_{x2} = I_{x3} = I_{y5} = t\frac{a^3}{12};\; I_{y1} = I_{x4} = \ldots \approx 0$$

Schubmittelpunkt S:

$$x_S = \frac{\Sigma(I_{xi}\,x_i)}{\Sigma I_{xi}} = 2{,}20\,a \qquad y_S = \frac{\Sigma(I_{yi}\,y_i)}{\Sigma I_{yi}} = 1{,}17\,a$$

Eine Wand k erhält in der y-Richtung den Anteil

$$H_{yk} = H\,\frac{I_{xk}}{\Sigma I_{xi}} + \underbrace{(H_x\,y_S - H_y\,x_S)}_{M_T}\,\frac{I_{xk}\,\bar{x}_k}{\Sigma(I_{xi}\,\bar{x}_i^2 + I_{yi}\,\bar{y}_i^2)}$$

wobei $\bar{x} = x - x_S$, $\bar{y} = y - y_S$.

Ein Anteil H_{xk} *in x-Richtung ergibt sich durch Vertauschen der Indices x und y in der Formel für* H_{yk}.

Abb. 4/33. Beispiel für die Aufteilung der Windlast auf mehrere Wandscheiben entsprechend den Trägheitsmomenten (die angegebenen Reaktionskräfte der Wände sind unter der Voraussetzung gleicher Wanddicke und über die Höhe konstanter Trägheitsmomente ermittelt)

Wenn mehr als drei Wandscheiben oder zusätzliche Kerne vorhanden sind, können die Belastungen der aussteifenden Elemente im allgemeinen nicht mehr allein aus den Gleichgewichtsbedingungen eindeutig ermittelt werden (statisch unbestimmte Lagerung der Deckenscheiben). Man muß dann die Verträglichkeitsbedingungen — keine gegenseitigen Horizontalverschiebungen der Aussteifungselemente — zu Hilfe nehmen. Demnach sind die Horizontalkräfte auf die einzelnen Wände und Kerne entsprechend ihren (über die Gebäudehöhe konstant vorausgesetzten) Trägheitsmomenten aufzuteilen (Abb. 4/33). Dabei lohnt sich große Genauigkeit nicht, da die Wände oftmals durch Öffnungen geschwächt und ihre Einspannung in die Gründung nicht vollkommen ist; außerdem lagern sich die Kräfte wegen des nichtlinearen Materialverhaltens bei Überlastung eines aussteifenden Bauteils teilweise auf weniger belastete um. Wichtig ist lediglich, daß die steifsten Bauteile unter Einhaltung der Gleichgewichtsbedingungen die Horizontalkräfte zugewiesen bekommen und entsprechend bemessen werden. Bei der Lastabtragung nicht herangezogene Bauteile müssen allerdings den Verformungen des Tragwerks ebenfalls schadensfrei folgen können und erhalten erforderlichenfalls eine konstruktive Bewehrung. Bei Stützen in ausgesteiften Tragwerken bedarf es keiner solchen zusätzlichen Bewehrung für die Verformungen aus den Horizontallasten.

Die Torsionsmomente werden bei der Lastaufteilung nach Abb. 4/33 allein durch den Biegewiderstand der Wandscheiben, also durch Wölbkrafttorsion aufgenommen. Der Ausdruck $\Sigma\,(I_{xi}\bar{x}_i^2 + I_{yi}\bar{y}_i^2)$ in der Formel für H_{yk} stellt den Wölbwiderstand des sogenannten „Gesamtstabes" dar. Statisch unbestimmte Aussteifungen können nämlich immer zu einem einzigen „Gesamtstab" zusammengefaßt werden, der dann statisch wie ein einfacher Balken mit Biegung und Torsion zu behandeln ist. Seine Schnittkräfte und Verformungen lassen sich aus geschlossenen Formeln berechnen, sofern die Querschnittsabmessungen über die Gebäudehöhe konstant sind [43]. Die Saint-Venantsche Torsionssteifigkeit liefert nur bei geschlossenen, hohlkastenförmigen Querschnitten einen wesentlichen Beitrag zur Abtragung der Torsionsmomente, diejenige der einzelnen Scheiben kann vernachlässigt werden.

Wenn die Trägheitsmomente der aussteifenden Wände und Kerne nicht über die ganze Höhe konstant oder zueinander proportional sind, entstehen Koppelkräfte in den Decken, welche gleichgroße Ausbiegungen der aussteifenden Bauteile in jedem Geschoß erzwingen. Die Schnittkraftverteilung dafür wird am einfachsten nach der

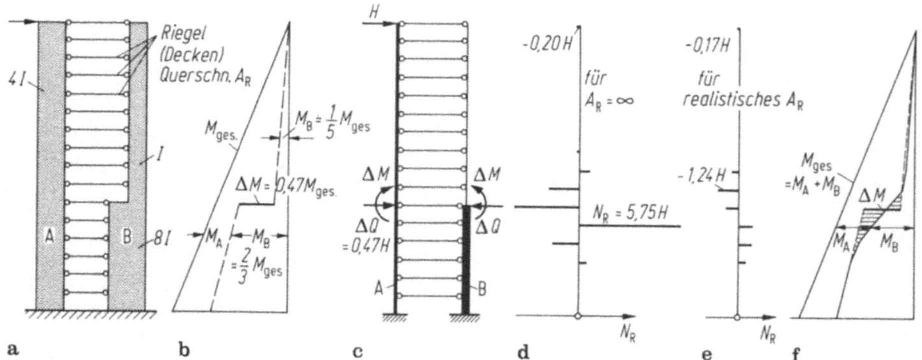

Abb. 4/34. Der Steifigkeitssprung in einer aussteifenden Scheibe verursacht große Koppelkräfte N_R in den Decken. **a** Tragwerk; **b** Momente in den beiden Scheiben bei Annahme genau gleicher Biegelinien; **c** Zusatzlasten ΔM und ΔQ zur Beseitigung des Ungleichgewichts in den Einzelscheiben; **d** daraus entstehende Koppelkräfte bei starrer Kopplung; **e** Koppelkräfte unter Berücksichtigung der Dehnfähigkeit der Decken; **f** endgültige Momentenverteilung in den aussteifenden Scheiben für Koppelkräfte gemäß *e*)

Deformationsmethode ermittelt [44], weil dann für jedes Geschoß nur drei unbekannte Starrkörperbewegungen der Decke (zwei Verschiebungen und eine Verdrehung in der Deckenebene) vorkommen.

Die Koppelkräfte von Decken in der Nähe von Steifigkeitssprüngen in aussteifenden Bauteilen können die Größe der gesamten Windkraft überschreiten. Dies wird in Abb. 4/34 exemplarisch gezeigt: Unterstellt man zunächst der Einfachheit halber, daß die Koppelung durch die Decken dehnungslos und in so engen Abständen erfolge, daß die Biegelinien der austeifenden Bauteile A und B genau gleich sind, dann müssen sich die Momente und Querkräfte in A und B in jeder Höhe wie deren Trägheitsmomente zueinander verhalten (Abb. 4/34b). An der Sprungstelle der Trägheitsmomente ergibt sich damit ein Ungleichgewicht, das durch den Zusatzlastfall in Abb. 4/34c beseitigt wird. Dieser erzeugt Koppelkräfte (Abb. 4/34d), die von der Unstetigkeitsstelle weg schnell abklingen, da es sich bei dem Zusatzlastfall um eine Gleichgewichtsgruppe von Kräften handelt. Die starken Schwankungen und Richtungswechsel der Koppelkräfte werden in Wirklichkeit durch die Nachgiebigkeit der Decken, insbesondere im Zustand II, gemildert (Abb. 4/34e).

Die Koppelkräfte bewirken letztlich, daß sich eine Momentenverteilung einstellt, die dem Verlauf der Trägheitmomente im wesentlichen folgt, die aber im Bereich des Steifigkeitssprunges einen allmählichen Übergang aufweist (Abb. 4/34f). Dort ergeben sich entsprechende Zusatzmomente (im Bild schraffiert).

Die Koppelkräfte sind auf ihrem Weg zwischen den aussteifenden Bauteilen durch die Decken hindurch zu verfolgen; vor allem ihre Einleitung in die Wände von Treppenhäusern oder Fahrstuhlschächten ist zu bedenken (Abb. 4/35).

Falls mehrere aussteifende Wände an ihren Kanten schubfest miteinander verbunden sind, erhöht sich ihre Steifigkeit ähnlich wie bei einem Profilträger. Die Wände wirken dann als Faltwerk zusammen und können auch entsprechend berechnet werden (Abschnitt 6) [45]. Anordnungen, die im Grundriß unsymmetrisch sind, verdrehen sich nur dann nicht, wenn sie im Schubmittelpunkt S belastet werden, der bei

a 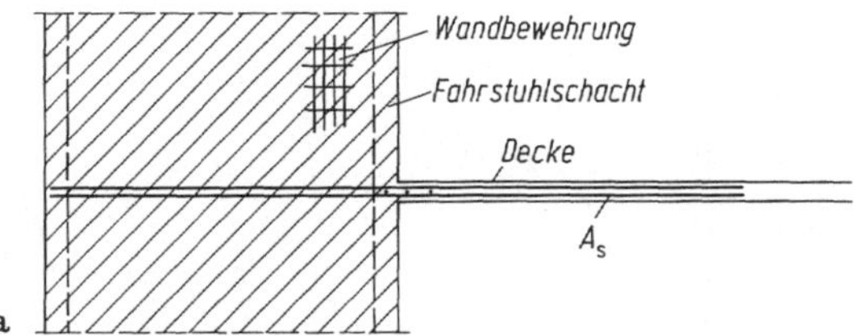

b 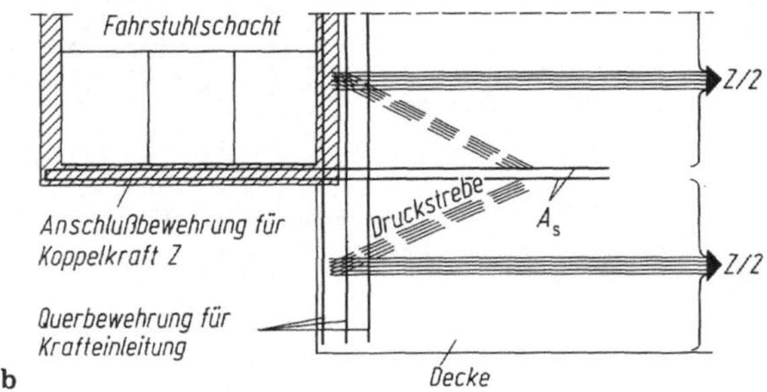

Abb. 4/35. Einleitung der Koppelkraft aus der Decke in einen Fahrstuhlschacht. **a** Aufriß; **b** Grundriß mit Stabwerkmodell der inneren Kräfte

Winkelgrundrissen in der gemeinsamen Ecke liegt. Bei einem geschlossenen Kern liegt der Schubmittelpunkt immer im Querschnittsinneren. Der Kern wirkt dann wie ein vertikaler Hohlkastenträger, der ja sehr verdrehungssteif ist (2.2.1). Bei einem im Grundriß offenen Kern liegt S außerhalb, und der Kern ist dann meist sehr torsionsweich.

Über *„gegliederte Scheiben"* mit regelmäßigen Öffnungsreihen ist viel publiziert worden, z. B. [46] und [47]. Meistens werden dabei die Wirkungen der Riegel über die Höhe des Gebäudes in Form von Lamellen „verschmiert". Die „Lamellenmethode" ermöglicht eine formelmäßige Lösung des Problems. Einige funktionale Zusammenhänge werden mit ihrer Hilfe und Abb. 4/36 erläutert, wobei wegen der Übersichtlichkeit die Normalkraftverformungen vernachlässigt werden:

Die Lamellen stützen die Kragscheiben durch Querkräfte q in der Antimetrieebene (vgl. auch Abb. 4/30). Daraus ergeben sich eingeprägte Momente $m = ql/2$ in den Kragscheiben (Abb. 4/36b). Diese sind dem Drehwinkel $\varphi = \mathrm{d}w/\mathrm{d}z$ der Kragscheiben proportional: $m = c\,\mathrm{d}w/\mathrm{d}z$, wobei c die Drehfederkonstante darstellt (Abb. 4/36f) und alle Größen jeweils auf die Höhe 1 bezogen sind. Nun lassen sich die m aber — in gleicher Weise wie die Drillmomente in Platten oder Schalen (I B, Abb. 5/6) — durch eine verteilte Querbelastung $p_h = \mathrm{d}m/\mathrm{d}z = c\,\mathrm{d}^2w/\mathrm{d}z^2$ und konzentrierte Einzellasten $H = m$ an den Rändern ersetzen (Abb. 4/36c). Die Lasten p_h sind also der Krümmung $\mathrm{d}^2w/\mathrm{d}z^2 = M/EI$ und damit dem Moment der Kragscheiben proportional. Sie wirken auf die Kragscheiben — das mag zunächst verwundern — überwiegend in gleicher Richtung wie die Windlast, aber glücklicherweise mit tiefliegendem Schwerpunkt. Die günstige Wirkung der Riegel kommt allein durch die entgegengesetzt wirkende obere Randlast $H_o = c\varphi_o$ zustande, die gleichgroß wie das Integral der verteilten Lasten p_h ist; denn die untere Randlast $H_u = c\varphi_u$ liefert wegen $\varphi_u = 0$ keinen Beitrag zum Gleichgewicht. Die hiermit erklärte horizontale Abstützung der Kragscheiben am Kopf als Folge der Lamellen ist typisch für die Kopplung

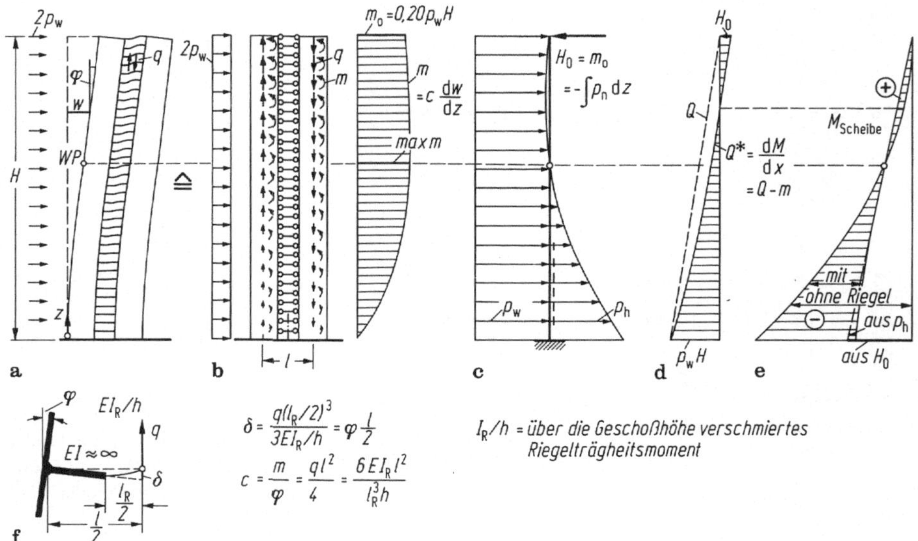

Abb. 4/36. Tragverhalten einer gegliederten Scheibe (mit $H/L = 1{,}73$). **a** Tragwerksverformungen unter Windlast, Riegel als Lamellen verschmiert; **b** Belastung der Scheibenhälften durch Lamellenquerkräfte q und Lamellenmomente m; **c** Ersatzsystem für die linke Scheibenhälfte (Kragarm) mit den Ersatzlasten p_h und H_0 an Stelle der Lamellenmomente m; **d** Querkraft Q und Ersatzquerkraft Q^* in einer Scheibenhälfte; **e** Momente in der linken Scheibenhälfte; **f** Ableitung der Drehfedersteifigkeit c der Lamellen

von Rahmen und Kragträgern (vgl. Abb. 4/45 u. 46). Sie mindert die Scheibenmomente meist ganz erheblich, wobei im oberen Bereich auch geringe Momente mit umgekehrtem Vorzeichen auftreten (Abb. 4/36e).

Die Differentialgleichung der Biegelinie der gegliederten Scheibe ergibt sich aus derjenigen des gewöhnlichen Balkens, wenn die oben abgeleitete Ersatzlast $p_h = c\,\mathrm{d}^2w/\mathrm{d}z^2$ zur Windlast p_w hinzugefügt wird:

$$EI\,\frac{\mathrm{d}^4w}{\mathrm{d}z^4} = p_w + c\,\frac{\mathrm{d}^2w}{\mathrm{d}z^2}\,.$$

Sie hat für konstante Last p_w die allgemeine Lösung

$$w = C_1 \cosh\frac{x}{L} + C_2 \sinh\frac{x}{L} + C_3 + C_4 x - \frac{p_w}{2c}\,x^2\,,$$

wobei C_1 bis C_4 aus Randbedingungen zu bestimmende Integrationskonstanten sind und die charakteristische Länge $L = \sqrt{EI/c}$ den typischen Verlauf der Biegelinie und aller daraus abzuleitenden Schnittgrößen bestimmt, z. B. $M = -EI\,\mathrm{d}^2w/\mathrm{d}z^2$, $m = c\,\mathrm{d}w/\mathrm{d}x$.

Während die Lamellenmethode für den Entwurf und das Verständnis des Tragverhaltens wertvolle Dienste leistet, ist heute für den Nachweis realer, meist nicht ganz regelmäßiger gegliederter Scheiben die Berechnung mit einem Rahmenprogramm

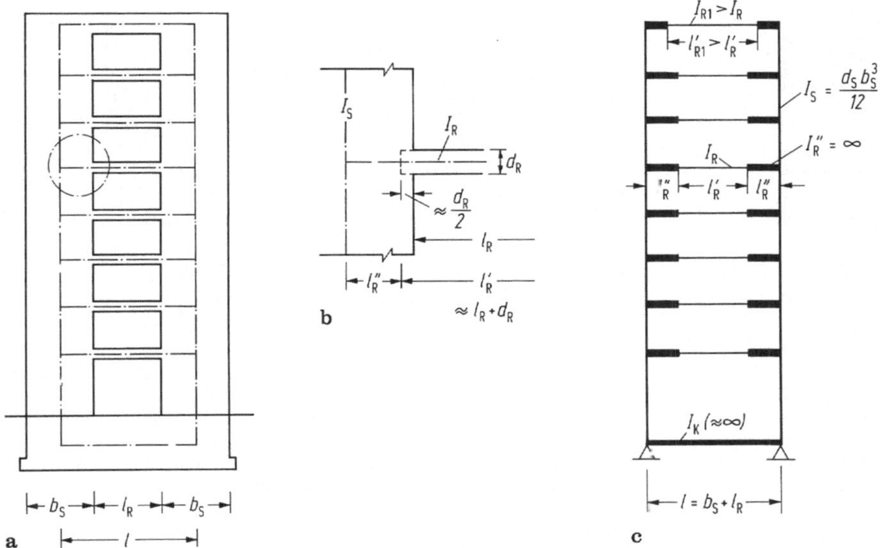

Abb. 4/37. Berechnung einer gegliederten Scheibe als Rahmen. **a** Ansicht; **b** Detail mit Definition einer ideellen Riegellänge l'_R und eines unendlich steifen Riegelbereichs l''_R; **c** Rahmensystem mit angesetzten Trägheitsmomenten

zweckmäßiger. Dabei wird die elastische Einspannung der Riegel in die Stielwände durch eine Verlängerung der lichten Riegellänge l_R um jeweils die halbe Riegeldicke d_R berücksichtigt und die restliche Riegellänge l''_R in der Stielwand als unverformbar angenommen (Abb. 4/37) [47].

Bei hohen Gebäuden lohnt es sich, die biegesteife Koppelung der Windscheiben selbst dann zu berücksichtigen, wenn als Riegel nur die Deckenplatten zur Verfügung stehen. In [48] finden sich Angaben zu der dabei anzusetzenden mitwirkenden Plattenbreite. Die Beanspruchung der Platte wird in [49] behandelt.

4.3.2.3 Aussteifung durch mehrgeschossige Rahmen

Die Abtragung der Horizontallasten durch Rahmenwirkung ist sehr aufwendig und mit großen Verformungen verbunden; außerdem stören oft die erforderlichen hohen Riegel. Rahmentragwerke werden deshalb praktisch nur bis zu etwa vier Geschossen ohne zusätzliche Aussteifung (Wände, Kern, Windkreuze) ausgeführt, und zwar am ehesten noch in der Gebäudelängsrichtung oder bei großen Gebäuden, wo sich die Horizontalkräfte aus Wind auf viele Stützen verteilen.

Andererseits werden bei fast allen Stockwerkbauten die Knoten zwischen Stützen und Decken biegesteif ausgebildet, selbst wenn die Tragwerke durch Kerne oder Scheiben ausreichend ausgesteift sind. Deshalb beteiligen sich die Skelette immer an der Abtragung der Horizontallasten, und es ist angebracht, sich über die darin entstehenden Schnittkräfte und deren Folgen eine Vorstellung zu verschaffen. Bei der tube-Bauweise wird die Rahmenwirkung der Skelette sogar planmäßig ausgenutzt.

Um das Tragverhalten vielgeschossiger Rahmen zu charakterisieren, werden einige einfache Sonderfälle betrachtet: Der mehrfeldrige vielgeschossige Rahmen in Abb. 4/38 läßt sich leicht berechnen, weil die Momentennullpunkte der Riegel in den Feld-

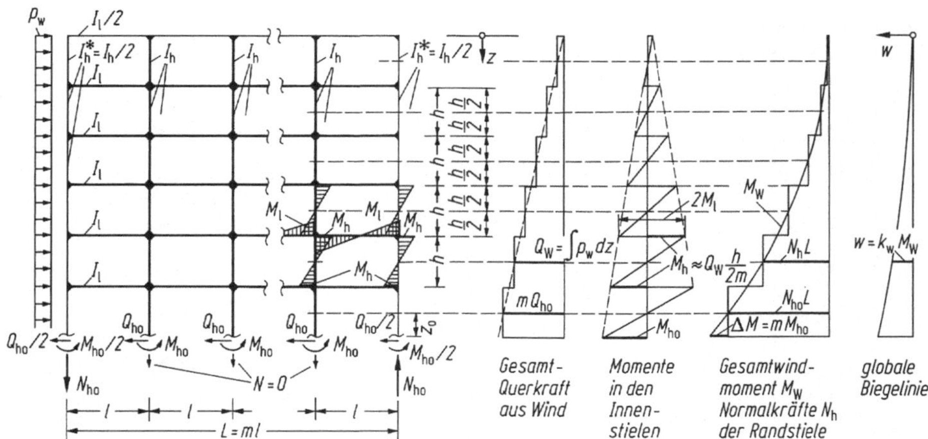

Abb. 4/38. Schnittkräfte in einem vielgeschossigen, mehrfeldrigen Rahmen. Annahme: gleiche Abmessungen über ganze Rahmenhöhe. Biegeverformungen siehe Abb. 4/40

mitten und die der Stiele näherungsweise in halber Höhe der Stiele liegen. Diese Annahmen sind auch bei anderen, aber nicht allzu unterschiedlichen Steifigkeiten der einzelnen Riegel bzw. Stiele für eine Berechnung des globalen Trag- und Verformungsverhaltens oder für eine Kontrolle von umfangreichen Rahmensystemen hinreichend genau. Bei starrer Einspannung der Stützen des untersten Geschosses in Wände oder in die Gründung kann man dort den Momentennullpunkt in 2/3 Geschoßhöhe annehmen.

Die gesamte Querkraft Q_W aus der Windlast ist auf die Stiele entsprechend deren Steifigkeiten EI_{hl} zu verteilen, weil die Riegel gleiche Verformungen w der Stützen erzwingen. Für den Rahmen in Abb. 4/38 ist also die Stielquerkraft der Innenstiele $Q_h = Q_W/m$ (m Anzahl der Felder), und die größten Stielmomente

$$M_h = Q_h h/2 = Q_W h/2\,m$$

sind der Windquerkraft Q_W im betreffenden Geschoß proportional. Dasselbe gilt für die größten Riegelmomente M_l, die ja mit den am Rahmenknoten angreifenden oberen und unteren Stielmomenten im Gleichgewicht stehen. Der generelle Verlauf der Biegebeanspruchungen über die Tragwerkshöhe ist im Rahmen also ganz anders als bei einem Kragträger, wo die Beanspruchungen direkt proportional mit dem Windmoment M zunehmen. Die Momente des dargestellten Windrahmens sind unabhängig von dem Steifigkeitsverhältnis $k = hI_l/lI_h$ der Riegel und Stiele.

Die Normalkräfte aller Innenstiele des Rahmens in Abb. 4/38 sind gleich Null, so daß das gesamte Windmoment M_W in den Geschoßmitten allein durch die Normalkräfte $N_h = M_W/L$ der Randstiele abgetragen wird; nur die relativ geringe Differenz $\Delta M = M_W - N_h L$ außerhalb der M-Nullpunkte wird durch Biegung der Rahmenstiele aufgenommen. Die Verteilung der Normalkräfte über die Rahmenhöhe folgt also dem geschoßweise abgetreppten Verlauf der Windmomente und ist insofern ähnlich wie beim Kragträger.

Die Verformungen eines Rahmens setzen sich aus den Anteilen der Momente, Normalkräfte und Querkräfte zusammen:

Die Querkraftverformungen der Stiele und die Normalkraftverformungen der Riegel aus Windlasten sind praktisch immer vernachlässigbar klein. Die Querkraftverformungen spielen nur bei gedrungenen Riegeln mit $l/d < 10$ eine Rolle. Sie können, falls die Momentennullpunkte der Riegel etwa in Feldmitte liegen, durch ein Ersatzträgheitsmoment I' zusammen mit der Biegeverformung der Riegel erfaßt werden (Abb. 4/39). Bei sehr gedrungenen Riegeln mit $l/d < 3$ ist der Einfluß der Querkraft auf die Verformungen in der gleichen Größenordnung wie der Einfluß der Biegemomente, dann ist aber die Balkenbiegelehre zur Verformungsberechnung nicht mehr brauchbar. Angesichts der Idealisierung solcher Bauelemente im statischen System und im Hinblick auf die großen Steifigkeitsänderungen im Zustand II erscheint der Gewinn an Genauigkeit durch die Berücksichtigung der Schubverformung überhaupt sehr fragwürdig. Deren Einfluß ist beispielsweise geringer und entgegengesetzt demjenigen aus der Annahme eines konstanten Trägheitsmomentes über die gesamte Systemlänge, obwohl die „Stäbe" im Knotenbereich steifer sind (vgl. Abb. 4/37b).

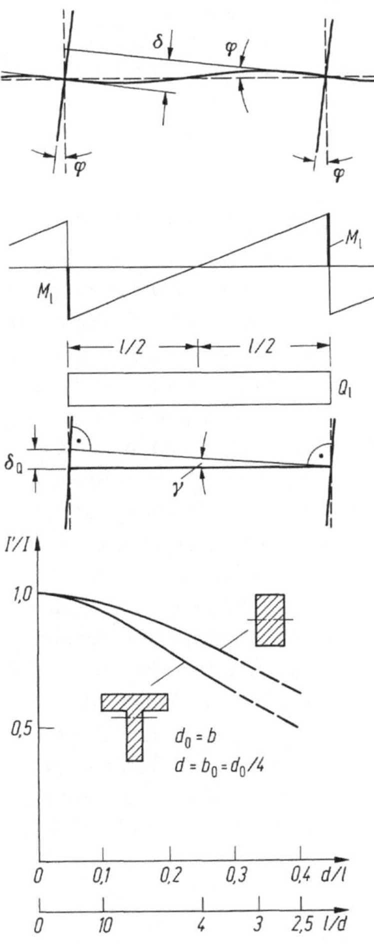

Stabverschwenkung des Riegels $\varphi = \delta/l$ liefert Anteil des Riegels an Horizontalverformung unter Windlast.

Biegeverformung $\delta_M = \dfrac{Ml^2}{6EI_l}$

$Q_l = \dfrac{2M_l}{l} = \text{const}$

Schubverformung $\delta_Q = \gamma l = \dfrac{\max\tau}{G}\, l$ *mit* $G \approx 0{,}4\,E$, $\quad \max\tau = c\,\dfrac{Q_l}{A_S}$

A_S = *Stegquerschnitt bzw. A bei* ▯ *-Querschnitt*

$c \approx 1{,}2$ *für stark profilierte* I *-Querschnitte*

$c \lessapprox 1{,}5$ *für* ▯ *-Querschnitte und Plattenbalken*

also $\delta_Q = c\,\dfrac{l}{GA_S}\,Q_l = \dfrac{5c}{EA_S}\,M_l$

$\alpha = \dfrac{\delta_Q}{\delta_M} = \dfrac{30\,c\,I_l}{A_S l^2} \quad \left(= \dfrac{15}{4}\,\dfrac{d^2}{l^2} \text{ für ▯-Querschnitt} \right)$

Gesamtverformung $\delta = \delta_M + \delta_Q = (1+\alpha)\,\delta_M$ *oder* $\delta = \delta'_M$ *ermittelt mit Ersatzträgheitsmoment* $I'_l = I_l/(1+\alpha)$

Abb. 4/39. Näherungsweise Berücksichtigung der Schubverzerrungen der Rahmenriegel bei den Horizontalverschiebungen aus Windlast (nach Techn. Biegelehre)

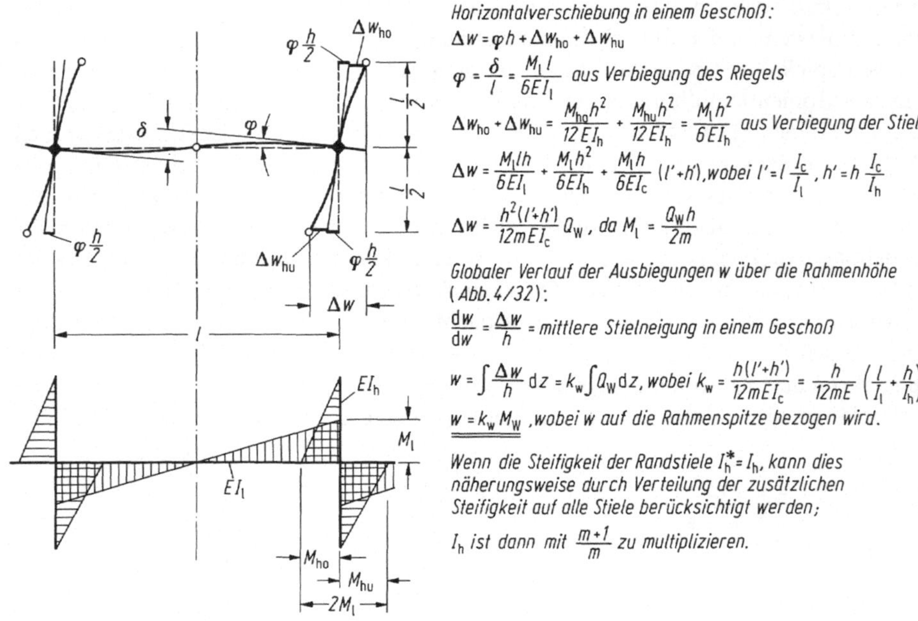

Abb. 4/40. Ermittlung der Biegeverformungen des Rahmens von Abb. 4/38

Bei Rahmen, deren Höhe nicht viel größer ist als die Breite, liefern nur die Verbiegungen der Riegel und Stiele wesentliche Beiträge zu den Gesamtverformungen. Dabei sind die Anteile der Stiele und Riegel natürlich jeweils reziprok zu ihren Steifigkeiten, im übrigen aber völlig gleichwertig zu addieren (siehe Formeln für Δw oder k_w in Abb. 4/40). Bezüglich der Verformungen ist also z. B. mit einer Vergrößerung der Riegelsteifigkeit I_R/l über das Doppelte der Steifigkeit I_S/h hinaus nicht mehr viel zu gewinnen. Entsprechendes gilt für die Stützensteifigkeiten. Die Rahmenverformungen Δw aus der Verbiegung der Stiele und Riegel sind in jedem Geschoß zur Windquerkraft Q_W proportional und addieren sich zu einer Biegelinie auf, die im ganzen gerade entgegengesetzt gekrümmt ist wie die eines Kragträgers (Abb. 4/38 u. 40). Global betrachtet verzerren sich die rechteckigen Rahmenfelder durch die Verbiegung der Stiele und Riegel rombenförmig, weshalb man diese Verformungen bei großen Rahmensystemen auch als „Schubverformungen" bezeichnet. Steife, relativ engmaschige Rahmen verhalten sich ähnlich wie perforierte Scheiben.

Mit zunehmender Rahmenhöhe gewinnen die Normalkraftverformungen w_N der Stiele an Bedeutung. In symmetrischen ein- und zweifeldrigen Rahmen bewirken die Normalkraftverformungen der Stiele horizontale Ausbiegungen des Rahmens in genau gleicher Größe wie in einem Kragträger, der aus den beiden durch *starre* Riegel verbundenen Stielen besteht (Abb. 4/41). Das Verhältnis des Normalkraftanteils w_N zum Biegeanteil w_M der Stiele beträgt am Rahmenkopf (Abb. 4/41)

$$\frac{w_N}{w_M} \approx \frac{n^2(m+1)\,d_h^2}{2\,m^2 l^2}$$

m = Anzahl der Felder,
n = Anzahl der Stockwerke,
d_h = Stielabmessung in Rahmenebene.

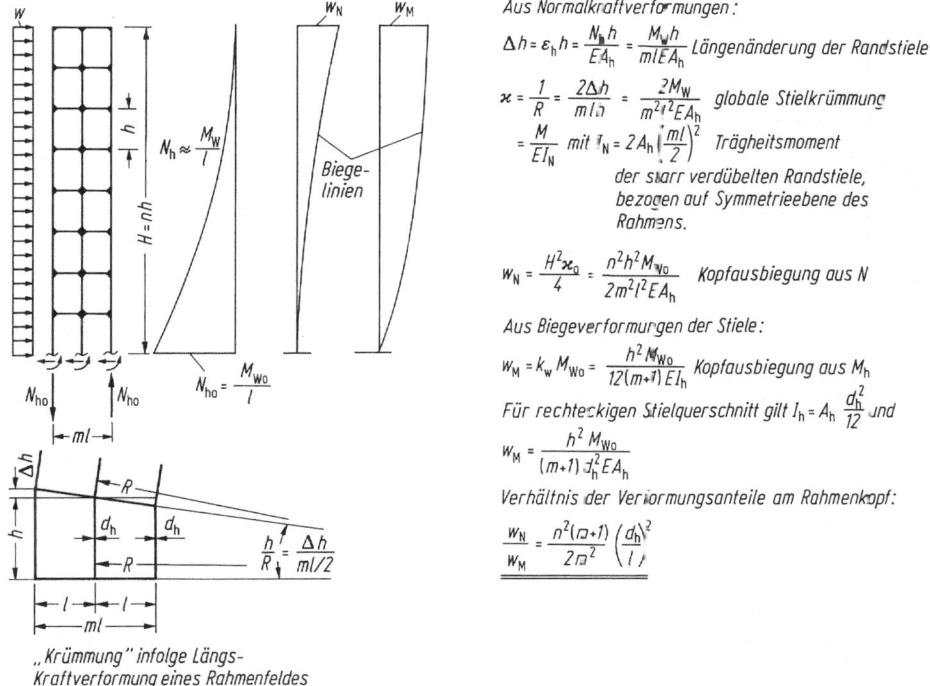

Abb. 4/41. Einfluß der Normalkraftverformungen auf die Biegelinie vielgeschossiger Rahmen

Dieses Verhältnis gibt einen Anhalt dafür, wann die Normalkraftverformung berücksichtigt werden muß. Die Formel kann näherungsweise auch für vielfeldrige Rahmen verwendet werden, obwohl dort nur die Randbereiche des Rahmentragwerks das Bestreben haben, sich entsprechend zu verkrümmen. Wegen deren Koppelung mit den Innenfeldern entstehen Längskräfte in den Riegeln, die eine gemeinsame Kopfauslenkung erzwingen.

Eine weitere Folge der Normalkraftverformungen der Stützen ist die Verteilung der Normalkräfte der Randstützen auf benachbarte Stützen. Sie erfolgt über die Riegel, die als elastische Verdübelung die unterschiedlichen Längskraftverformungen benachbarter Stützen teilweise ausgleichen. Bei schlanken, hohen Rahmentragwerken nähert sich deshalb die Normalkraftverteilung in den Stützen der Geradlinienverteilung nach der Biegelehre.

In hohlkastenförmigen Rahmentragwerken (tubes) breiten sich die hohen Normalkräfte der Eckstützen auch quer zur Belastungsebene in die „Flanschrahmen" hinein aus. Es entsteht dann eine Verteilung der Stützennormalkräfte ähnlich Abb. 4/42. Sie nähert sich der linearen Verteilung nach der Technischen Biegelehre um so mehr, je „schubsteifer" und schlanker (höher) die Rahmen sind.

Man kann solche Rahmentragwerke als perforierte Hohlkasten oder kontinuierliche Balken mit reduziertem Schubmodul berechnen. Meistens wird zur Schnittkraftermittlung in regelmäßigen, hohen Röhren die Lamellenmethode angewendet. Dazu wird die Riegelsteifigkeit über die Stockwerkhöhe gleichmäßig verteilt [50; 31]. Die Wirkungen der Stiele (manchmal auch der Riegel) auf die anderen Tragglieder werden

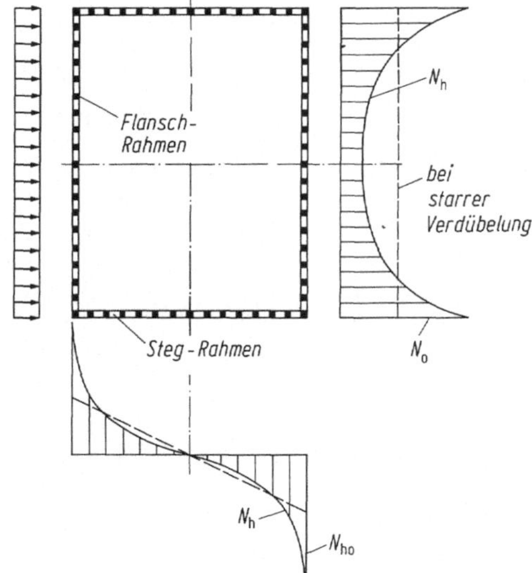

Abb. 4/42. Verteilung der Stielkräfte aus Windlast in einem Hohlkasten aus Rahmen (tube) [50.1]

durch Drehfedern ersetzt, die ebenfalls verschmiert werden. Es ergeben sich dann als Ersatzsysteme für den Rahmen einfache Balken, die drehfedernd elastisch gebettet sind [50].

Bei großen Gebäudegrundrissen kann man auch innenliegende Rahmen zur Aussteifung mit heranziehen und gelangt so zu gebündelten Hohlkästen aus Rahmen („bundled tubes", Abb. 4/43). Bei einer Anordnung wie in Abb. 4/43 b — sie ist in Stahl bereits realisiert — sind vor allem die jeweiligen Stegrahmen hilfreich, indem sie die Schubsteifigkeit des Gesamttragwerks in der betrachteten Belastungsrichtung steigern.

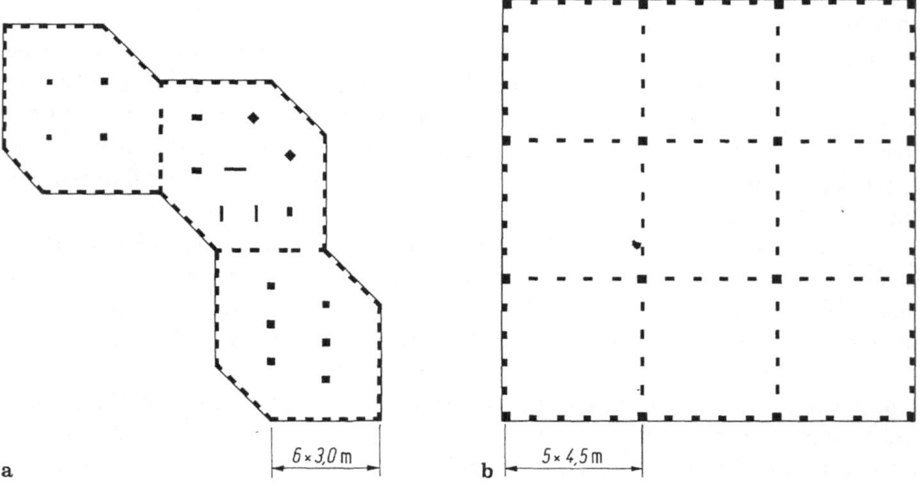

Abb. 4/43. Gebündelte Hohlkästen aus Rahmen („bundled tubes"). **a** One Magnificent Mile-building, Chicago; **b** Sears Tower, Chicago (Stahlkonstruktion)

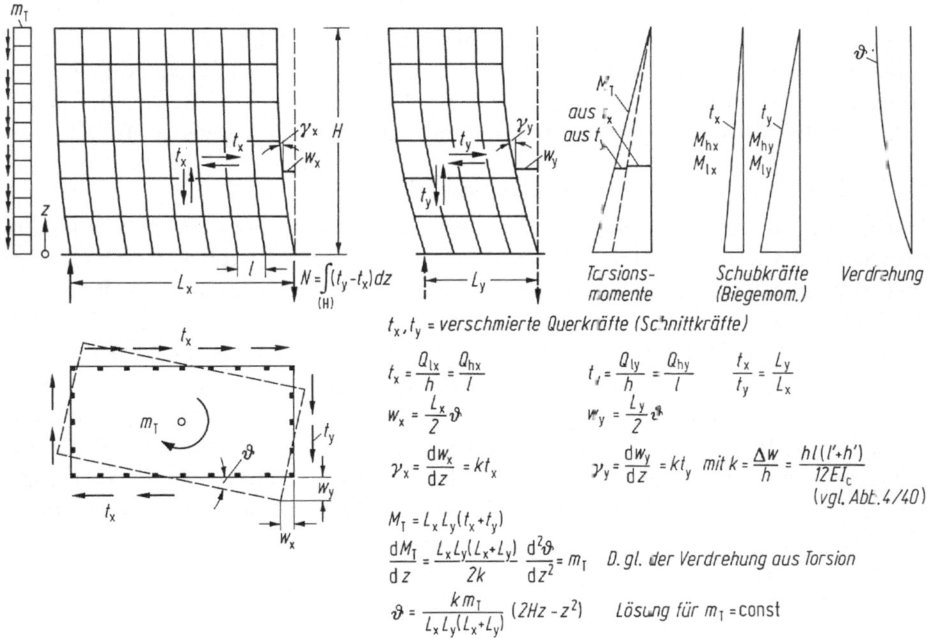

Abb. 4/44. Torsionsbeanspruchung eines Hohlkastens aus Rahmen. Normalkraftverformungen sind vernachlässigt, volle Behinderung der Verwölbung

In bezug auf den Schubmittelpunkt *ausmittige Horizontallasten* beanspruchen die Hohlkästen aus Rahmen zusätzlich auf Torsion. Diese Torsionsmomente werden durch Schubkräfte t_x, t_y aus den Deckenscheiben eingeleitet und beanspruchen die Fassadenrahmen in ihrer Ebene prinzipiell gleich wie die vorher behandelten Horizontallasten p_w. Es entstehen daraus Biegemomente in den Riegeln und Stielen, verbunden mit Schubverzerrungen γ_x, γ_y der ursprünglich rechteckigen Rahmenfelder und Ausbiegungen w_x, w_y in der jeweiligen Rahmenebene (Abb. 4/44). Die Verträglichkeit dieser Ausbiegungen in den Gebäudekanten erzwingt eine Verwindung der Rahmenebenen, die ohne wesentlichen Widerstand des Tragwerks möglich ist, und legt ein bestimmtes Verhältnis der Rahmenausbiegungen zueinander fest (beim rechteckigen Hohlkasten $w_x/w_y = L_y/L_x$). Unterstellt man vereinfacht eine starre Unterlage (steifer Kellerkasten) für den ganzen Hohlkasten und vernachlässigt auch die Normalkraftverformungen der Rahmen, dann sind die Schubverzerrungen γ_x, γ_y, die Schubkräfte t_x, t_y und folglich auch die Beanspruchungen der Fassadenrahmen umgekehrt proportional zur jeweiligen Fassadenbreite L_x bzw. L_y.

Die Querkräfte der aus Längs- und Querrahmen in die Eckstützen einlaufenden Riegel heben sich dort nur teilweise auf. Ihre Differenzen erzeugen Normalkräfte in den Eckstielen, die sich aber in Wirklichkeit — wegen der Normalkraftverformung, vgl. Abb. 4/41 — auch auf die Nachbarstützen verteilen. Diese Normalkräfte entsprechen den Wölbkräften in tordierten Stäben. Sie werden wesentlich geringer, wenn die starre Wölbbehinderung des Hohlkastens durch den Kellerkasten ganz oder teilweise aufgehoben wird, weil dann die Verträglichkeit der Ausbiegungen w_x

und w_y durch Starrkörperverdrehungen der Rahmenwände beeinflußt wird. Dabei verwölben sich die ursprünglich ebenen Querschnitte des Hohlkastens.

Bei quadratischem Grundriß oder anderen wölbfreien Querschnitten (Abb. 2.2/13) verschwinden die Wölbverformungen bzw. Wölbkräfte, weil dann die Ausbiegungen w, die Schubkräfte t und Schubverzerrungen in allen Richtungen gleich groß sind.

4.3.2.4 Kombination mehrerer Aussteifungsprinzipien

Sehr günstig für die Abtragung der Horizontallasten hoher Stockwerkbauten ist die Koppelung der Rahmen mit den ohnehin vorhandenen Kernen (Abb. 4/45). Die Kerne übernehmen in den unteren Geschossen, wo sie sich nur wenig durchbiegen, den größten Teil der Windquerkraft und entlasten dort die Rahmen, während der Rahmen die Kerne am Kopf stützt. Dieses Verhalten läßt sich qualitativ schon aus den entgegengesetzt gekrümmten Biegelinien von Rahmen und Kern voraussagen (Abb. 4/45).

Die Differentialgleichung der gemeinsamen Biegelinie entsteht aus derjenigen des gewöhnlichen Balkens durch Berücksichtigen des Belastungsanteils $p_R = \mathrm{d}Q/\mathrm{d}z$ des Rahmens. Dabei ist Q die Summe der Stielquerkräfte. Da $Q = c\,\mathrm{d}w/\mathrm{d}z$ (vgl. Abb. 4/40, $c = 1/k_w$) ergibt sich dieselbe Gleichung wie für die gegliederte Scheibe (vgl. 4.3.2.1):

$$EI\,\frac{\mathrm{d}^4 w}{\mathrm{d}z^4} - c\,\frac{\mathrm{d}^2 w}{\mathrm{d}z^2} = p_w\,.$$

Das gekoppelte Tragwerk aus Kern und Rahmen verhält sich also prinzipiell wie die gegliederte Scheibe; deshalb können grundsätzlich zur Berechnung auch die gleichen Verfahren verwendet werden [46]. Speziell aufbereitete Berechnungsverfahren und Tafeln zur überschlägigen Ermittlung der Schnittgrößen finden sich unter anderem in [46.8] und [52]. In Abb. 4/46 ist die Aufteilung der Lastabtragung auf Rahmen und Kern für ein Hochhaus dargestellt. Andere Beispiele zeigen, daß schon Kerne mit

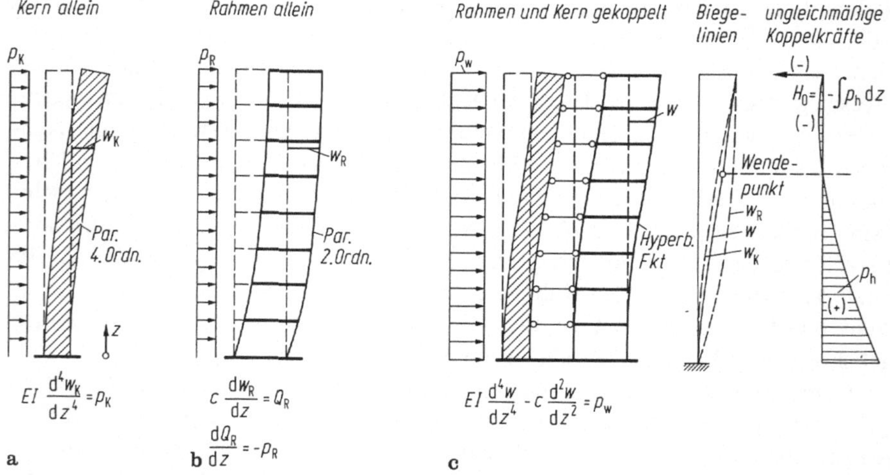

Abb. 4/45. Koppelung von Kern und Rahmen. **a** Der alleinstehende Kern verformt sich unter konstanter Windlast nach einer Parabel 2. Ordnung; **b** der Rahmen verformt sich nach einer entgegengesetzt gekrümmten Parabel 4. Ordnung; **c** Koppelkräfte erzwingen eine gemeinsame Biegelinie

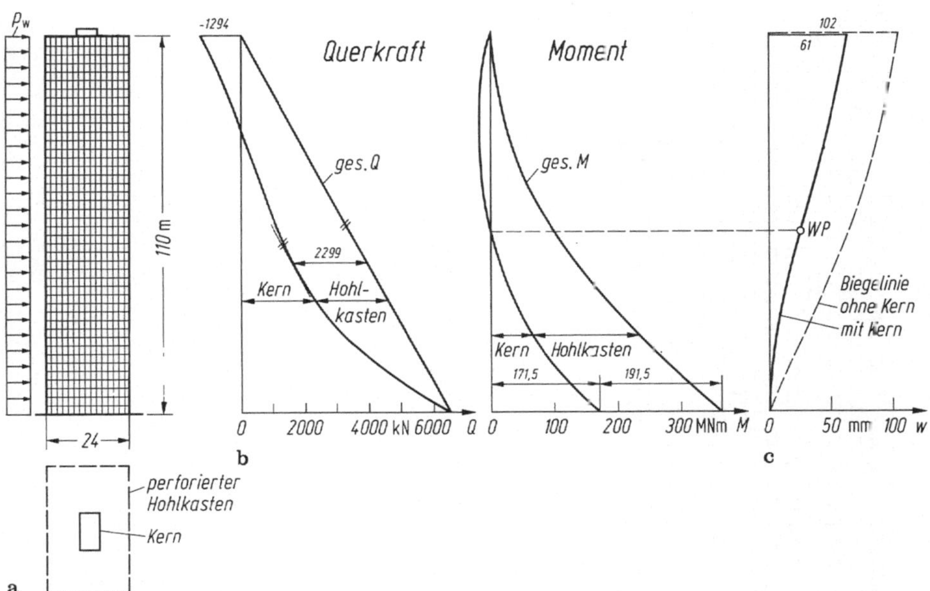

Abb. 4/46. Biegung eines perforierten Hohlkastens mit Kern (tube in tube). **a** Tragwerk; **b** Schnittkraftverteilung; **c** Vergleich der Biegelinien ohne und mit Berücksichtigung des Kerns

Steifigkeiten (Maßstab ist hierbei die Kopfausbiegung) von etwa 1/8 derjenigen des Rahmens genügen, um die maximalen Momente in den Rahmenstützen und -riegeln zu halbieren.

Besonders bemerkenswert ist dabei, daß die den Kern stützenden Koppelkräfte zum größten Teil an der Tragwerksspitze als Einzellast konzentriert sind (vgl. Abb. 4/36 u. 46). Man kann deshalb eine überschlägige Aufteilung des Windmomentes auf den Rahmen und Kern dadurch gewinnen, daß diese beiden Tragwerksteile nur am Kopf horizontal miteinander gekoppelt werden. Die den Rahmen stützende Kraft des Kerns ergibt sich dann aus einer einfach statisch unbestimmten Rechnung, wenn die Verformungen des Rahmens bekannt sind.

Koppelkräfte entstehen in Skelettbauten natürlich auch dann, wenn in üblicher Weise die gesamte Horizontalkraft dem Kern zugewiesen wird. Ihre völlige Vernachlässigung hat schon zu Schäden — senkrechte Risse in den aussteifenden Wänden — geführt (vgl. auch Abb. 4/35). Man muß also zumindest für eine risseverteilende Bewehrung in den betroffenen Bauteilen sorgen.

Die Aufteilung der Torsionsmomente um die lotrechte Gebäudeachse auf Rahmen und Kern ist meistens einfach, weil deren Verformungen näherungsweise affin zueinander verlaufen (vgl. Abb. 4/44). Hohlkastenförmige Rahmen nutzen dabei in geradezu idealer Weise die gesamte Gebäudegrundfläche als Hohlkastenquerschnitt aus und sind deshalb gegen Verdrehen verhältnismäßig steif, so daß bei typischer tube-Bauweise die Torsionsmomente problemlos aufgenommen werden.

In gleicher Weise wie durch Kerne können die Rahmen natürlich auch durch kragträgerartige Scheiben entlastet werden. In sehr hohen Gebäuden sind auch schon Diagonalen in den Fassaden ausgebildet worden (Abb. 4/47) [51]. Mitunter finden sich Kombinationen von Stahl- und Stahlbetonbauteilen zur Gebäudeaussteifung.

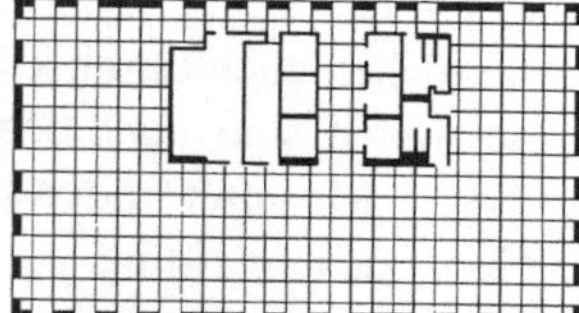

Abb. 4/47. Kombination von Rahmenwirkung und Fachwerkwirkung bei einem Stahlbetonhochhaus in New York (780 3rd Avenue)

F. Khan hat durch die zweckmäßige Kombination verschiedener Materialien und Aussteifungsprinzipien unter Ausnutzung aller vorhandener Tragwirkungen dem Hochhausbau in den USA neue Impulse gegeben, welche die Stahlbetonbauweise dort bei Gebäuden bis zu etwa 50 Stockwerken zum Partner und Konkurrenten des Stahlbaus gemacht haben [53].

4.3.3 Wechselwirkungen zwischen Zwang, Fugen und Aussteifungen

4.3.3.1 Grundsätzliches

Um die Zwangskräfte (I B, 1.1.1.2) nicht so groß werden zu lassen, daß daraus wilde Risse im Bauwerk entstehen, werden größere Gebäude und damit auch deren Tragwerke durch Fugen unterteilt [55]. Abgesehen von den konstruktiven Schwierigkeiten und Kosten der Fugenausbildung hat das Zerschneiden eines Gebäudes durch Fugen den Nachteil, daß die Einzelabschnitte des Tragwerks schlanker und damit empfindlicher gegenüber den Horizontallasten werden. Weil Fugen zudem sehr schadensanfällig sind und ständiger Wartung bedürfen, ist man bestrebt, so wenig Fugen wie möglich in einem Gebäude anzuordnen. Da die erforderlichen Fugenabstände nicht nur von den auftretenden Zwangsverformungen, sondern auch von der Verformungsfähigkeit des Tragwerks abhängen, sind die Zwangsverformungen beim Entwurf des Tragwerks von vornherein mit zu berücksichtigen.

Einfache Regeln über erforderliche Fugenabstände, wie sie manchmal in Handbüchern [56] zu finden sind, und selbst ausführliche Normenregelungen [57] können dem unterschiedlichen Verhalten der verschiedenartigen Baustoffe und Tragwerke nicht gerecht werden. Diese Regeln sind lediglich auf der Erfahrung gegründet, daß danach ausgeführte Gebäude in ihrer überwiegenden Zahl keine wesentlichen Schäden aufweisen. Es kann aber im Einzelfall zur Verminderung des Schadenrisikos oder aus wirtschaftlichen Gründen zweckmäßig sein, davon abzuweichen. Um in großen Stockwerkbauten den gegensätzlichen Forderungen nach einem möglichst zwängungsfreien, also weichen Tragwerk und andererseits einem für die Lastabtragung steifen Tragwerk optimal gerecht zu werden, ist ein gründliches Verständnis des Steifigkeitsverhaltens der Bauteile und Tragwerkstypen nötig. Das gilt insbesondere für die immer häufiger ausgeführten großen fugenlosen Bauwerke, deren Gesamtkonzeption und Einzelteile auf die zu erwartenden großen Verformungen und Zwänge sorgfältig abgestimmt sein müssen, um klaffende Risse zu vermeiden [58].

Die in Betontragwerken (vorwiegend Brücken) entstehenden Temperaturen und die Bemessung dafür sind in [62] abgehandelt. Eine Analyse der aufzunehmenden und aufnehmbaren Zwangsverformungen in Stahlbetonskelettbauten enthält [60]. Diese Arbeit zeigt anhand typischer Fälle die Wechselwirkung zwischen Tragwerk und Fugenabständen und gibt Bemessungshilfen in Form von Diagrammen, die nachfolgend verwendet werden. Sie enthält außerdem eine systematische, nach den Fugenarten (Dehn-, Setzungs-, Schwind-, Montagefugen etc.) geordnete Auswertung der umfangreichen Literatur über Fugen und Fugenschäden.

Zwang entsteht z. B. aus vertikalen Bewegungsdifferenzen infolge unterschiedlicher Fundamentsetzungen oder Erwärmung der Fassadenstützen [59]. Dieser Zwang kann ebenso wie die unterschiedlichen Verkürzungen der Stützen unter Vertikallasten durch gelenkige Verbindung von Stützen und Decken vermieden oder durch schlanke

Decken vermindert werden. Die zwangsarme Lagerung von Fassadenplatten wird in 4.4 behandelt.

In den folgenden Abschnitten 4.3.3.2 und 4.3.3.3 wird derjenige Zwang näher betrachtet, der durch unterschiedliche Verlängerungen oder Verkürzungen der Decken entsteht und durch *horizontale* Bewegungsmöglichkeiten vermindert wird. Diese erfordern im wesentlichen *vertikale* Fugenschnitte durch das Gebäude. Da man die Dekken nicht weit auskragen kann, ergeben sich auch kurze horizontale Lagerfugen, falls man Doppelstützen vermeiden will (Abb. 4/48). Mitunter werden auch größere

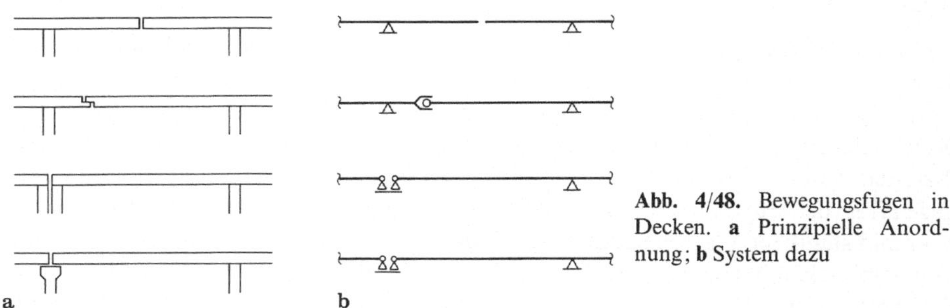

Abb. 4/48. Bewegungsfugen in Decken. **a** Prinzipielle Anordnung; **b** System dazu

Horizontalversätze der Fugen vorgesehen, um die Fugenführung den unterschiedlichen Grundrissen in verschiedenen Geschossen anzupassen. Dies widerspricht allerdings den folgenden Konstruktionsgrundsätzen für Fugen [60], die aus den leider recht häufigen Schäden im Zusammenhang mit Fugen abgeleitet sind:

— Fugenführungen sollen möglichst einfach sein. Vorsprünge und Ecken machen es dem „Mann vom Bau“ oft unmöglich, den Zweck einer Fuge zu erkennen. Diese wird dann allzu leicht im Laufe des Ausbaus funktionsunfähig gemacht.
— Fugenausbildungen sollen möglichst einfach sein. Fugen, die alles können müssen, sind kompliziert und schadensanfällig. Es ist sicherer, unterschiedliche Fugenfunktionen (z. B. Bewegungsmöglichkeit, Kraftübertragung, Abdichtung) verschiedenen Bauelementen zuzuweisen.
— Fugenschnitte sollen vollständig sein. Häufig kommt es vor, daß Fugen einfach irgendwo enden, z. B. durch Decken hindurchgeführt, aber in den anschließenden Wänden vergessen werden. An solchen Stellen konzentrieren sich die Zwangsbeanspruchungen, und die Fuge läuft dann häufig unkontrolliert als grober Riß weiter.
— Bewegungen, die durch eine Fuge ermöglicht werden, müssen konsequent weiterverfolgt werden. Mitunter sind als Folge von Fugenschnitten Gebäudeschiefstellungen aufgetreten.
— Fugen müssen genau geplant und zeichnerisch dargestellt werden. Ihre Ausführung auf der Baustelle und die Erhaltung ihrer Funktionsfähigkeit — insbesondere während des Ausbaus — müssen überwacht werden. Sie dürfen z. B. nicht einfach durch Wandputz oder Fußbodenestrich überdeckt werden, sondern sind auch in diesen auszubilden.

In unseren Tragwerken sind Beweglichkeiten die Ausnahme und bedürfen besonderer Aufmerksamkeit.

Die Zwangsschnittkräfte aus gegebenen Längenänderungen der Decken hängen grundsätzlich von den Biegesteifigkeiten der Stützen, der aussteifenden Wände oder Kerne und der Decken ab. Geht man, wie üblich, von den „freien" Längenänderungen aus, die sich ohne Behinderung durch das statisch unbestimmte Tragwerk einstellen würden, dann ist auch die Längssteifigkeit der Decken von Einfluß. Oft ist die Scheibensteifigkeit der Decken aber so groß, daß deren Längenänderungen aus Zwang vernachlässigt werden können. Das ist immer der Fall, wenn ein (durch Fugen abgetrenntes) Skelett-Tragwerk nur durch *einen einzigen* Kern oder eine entsprechende Gruppe von Windscheiben ausgesteift ist (statisch bestimmte Horizontalabstützung der Deckenscheibe, Abb. 4/32).

4.3.3.2 Zwang in Stützen

Der Widerstand der Stützen gegen Horizontalverformungen der Decken ist sehr viel geringer als derjenige von Kernen oder Scheiben, so daß man die erzwungenen Auslenkungen der Stützen einfach und sicher aus der freien Längenänderung der Decken, ausgehend vom Verformungsruhepunkt der Deckenscheibe, berechnen kann. In einem Skelett-Tragwerk mit *einem* Kern wie in Abb. 4/32 ergibt sich also aus einer Temperaturerhöhung der Dachdecke um $\Delta T = 22$ K eine größte Stützenauslenkung $v = \alpha_{th}\, \Delta T\, a = 10^{-5} \cdot 22 \cdot 22{,}8 = 5$ mm in Richtung des Abstandes $a = 22{,}8$ m vom Kernschwerpunkt. Die so ermittelten Auslenkungen müssen von den Stützen zusätzlich zu ihren Beanspruchungen aus Lasten schadensfrei ertragen werden.

Ein Nachweis dafür ist zwar nicht üblich, kann aber zur Rechtfertigung extremer Fugenabstände oder bei außergewöhnlichen Zwangsverformungen notwendig werden. Er läßt sich mit den folgenden Hilfsmitteln in einfacher Weise führen: Das Diagramm in Abb. 4/49 zeigt mögliche Stützenkopfverschiebungen v_0 von symmetrisch bewehrten Kragstützen in Abhängigkeit vom Verhältnis der vorhandenen Normalkraft N zur Bruchlast N_u bei zentrischer Beanspruchung. Die dort auffallende Streuung der Ver-

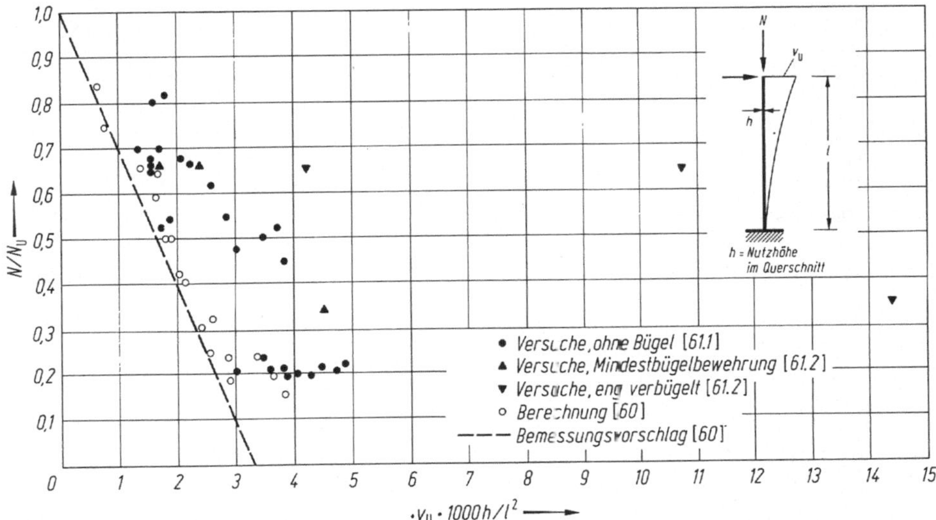

Abb. 4/49. Ertragbare Kopfverschiebungen v_u von symmetrisch bewehrten Kragstützen mit Normalkraft N (vgl. Abb. 4/50)

suchswerte deutet zwar darauf hin, daß wesentliche Parameter in den Diagrammen nicht berücksichtigt sind — z. B. die Umschnürungswirkung der Verbügelung —, der Bemessungsvorschlag liegt aber bezüglich aller Versuchsergebnisse auf der sicheren Seite.

Bei beidseitig starr eingespannten Stützen ist die mögliche Verschiebung der Stützenenden v_2 gerade halb so groß wie v_1 bei der Kragstütze, wenn man von einer beliebigen, aber gleichen M-$\varkappa$-Beziehung für beide Stützen ausgeht (Abb. 4/50a). In Wirklichkeit ist der Unterschied geringer, weil sich in der Nähe der Größtmomente jeweils ein Bereich mit größeren Krümmungen einstellt („plastizierte Länge"), als es dem Momentenverlauf entspricht. Denkt man sich im Grenzfall alle Verformungen in plastischen Gelenken mit gleicher Rotationsfähigkeit konzentriert, so erhält man für beide Stützen die gleichen möglichen Kopfverschiebungen (Abb. 4/50b).

Die möglichen Horizontalverschiebungen von Stützen, die beidseits in Rahmenknoten federnd eingespannt sind (Abb. 4/51), setzen sich aus den Verformungen der Stützen selbst und einem Verschiebungsanteil aus der Knotenverdrehung zusammen. Sie sind deshalb in jedem Fall größer als bei beidseits starr eingespannten Stützen. Für lineare M-$\varkappa$-Beziehungen sind sie in Abb. 4/52 in Abhängigkeit von den möglichen Verformungen v_1 der Kragstütze und dem Einspanngrad k_d der steiferen (elastischen) Einspannung ermittelt. In [60] wurde gezeigt, daß dieses Ergebnis auch bei nichtlinearen M-$\varkappa$-Beziehungen eine gute Näherung darstellt.

In den abgeleiteten Beziehungen sind die Knotenverdrehungen aus Riegellasten noch nicht berücksichtigt. Diese beanspruchen einen Teil der Verformungsfähigkeit

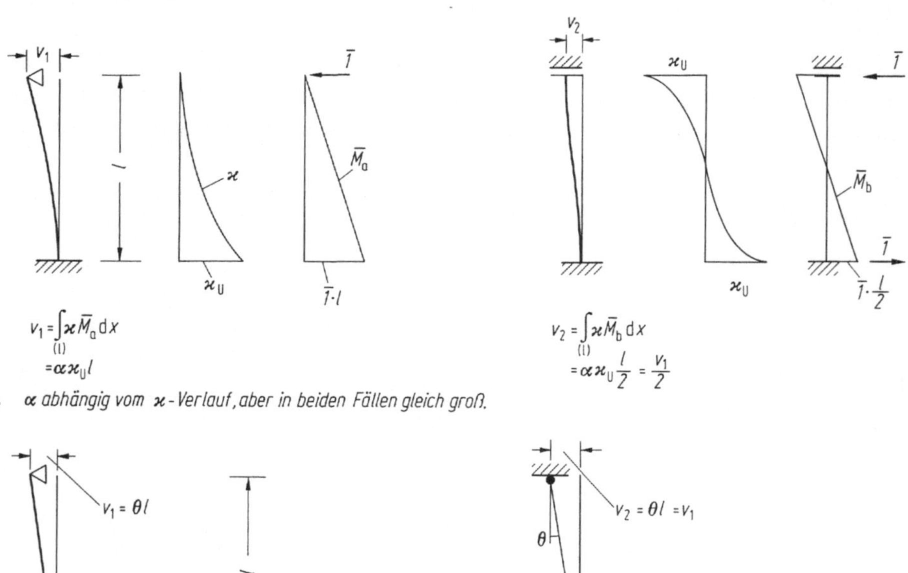

Abb. 4/50. Vergleich der möglichen Stützenkopfverschiebungen von einseitig und beidseitig eingespannten Stützen. **a** Berechnung mittels Arbeitssatz für nichtlineare M-$\varkappa$-Beziehung; **b** Berechnung für plastische Gelenke gleicher Rotationsfähigkeit

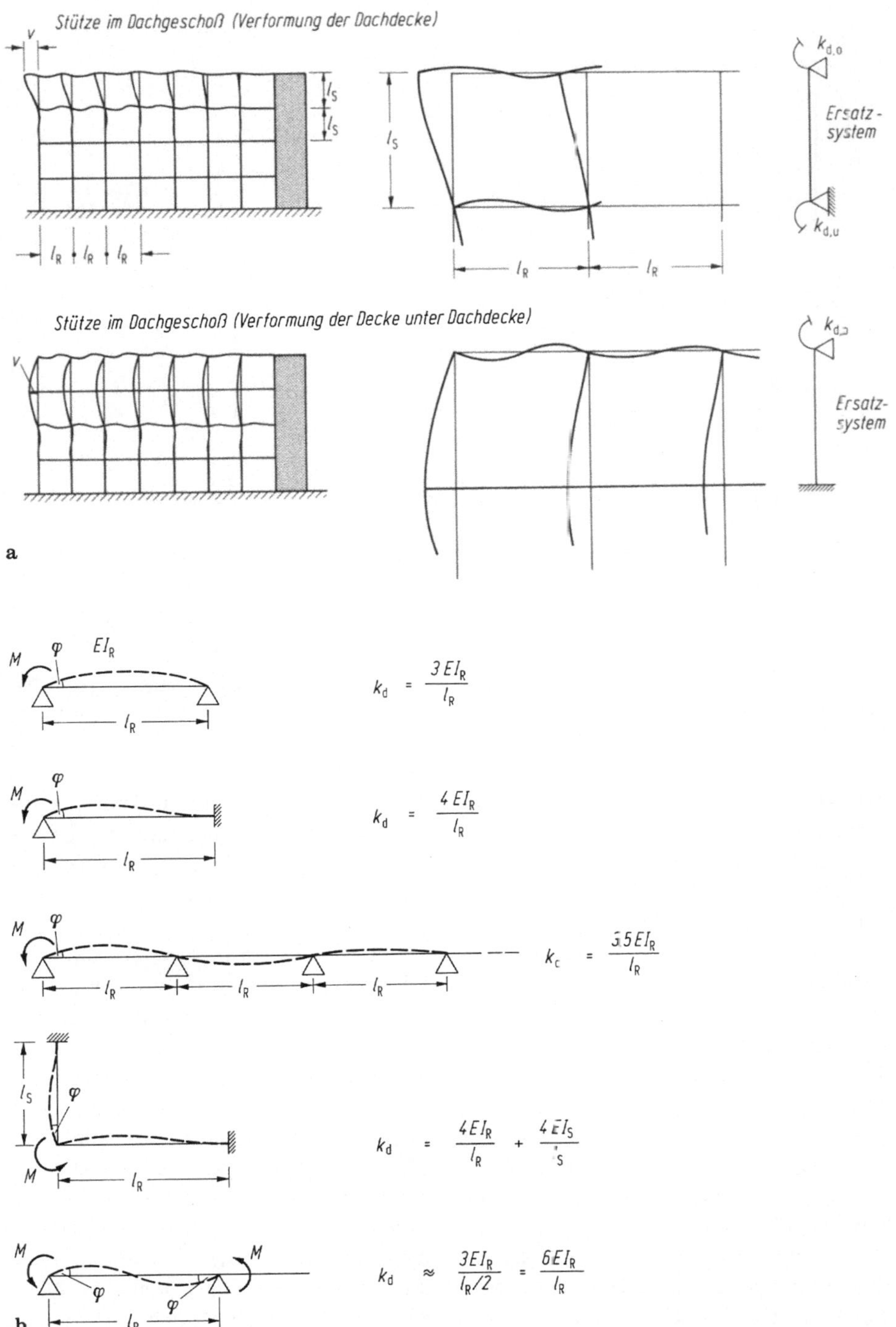

Abb. 4/51. Elastische Einspannung der Stützenenden (vgl. Abb. 2.3/1). **a** Beispiele für Verformungsfiguren infolge von Deckenverlängerungen; zugehörige Ersatzsysteme der Stützen; **b** Drehfedersteifigkeiten $k_d = M/\varphi$ zur Berücksichtigung der elastischen Einspannung der Stützen in die Knoten

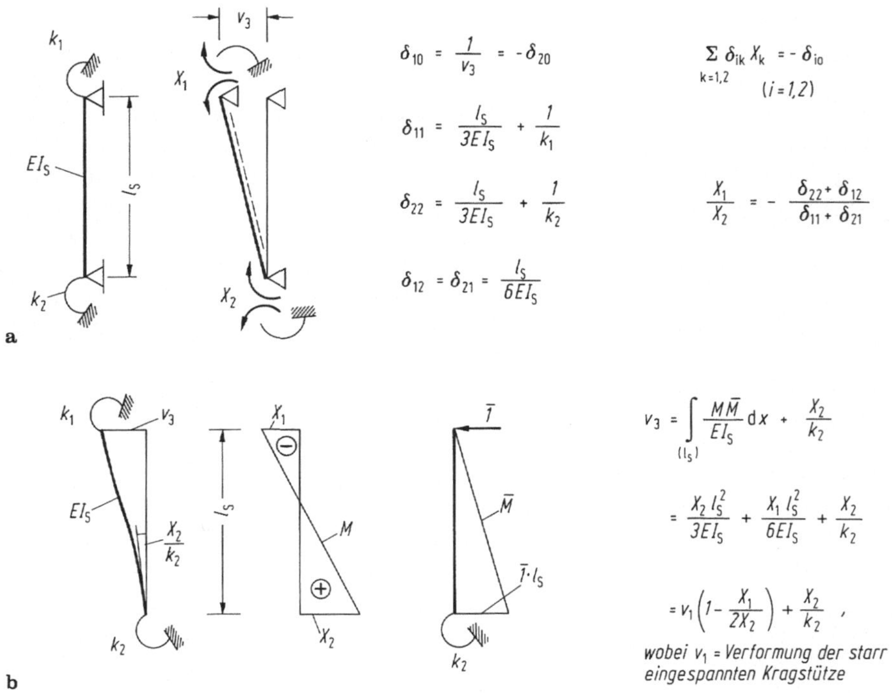

Abb. 4/52. Mögliche Stützenkopfverschiebungen der beidseits elastisch eingespannten Stütze. **a** Berechnung der δ-Werte und Einspannmomente mittels Kraftgrößenverfahren; **b** Berechnung der Verformungen mittels Arbeitssatz

der Stützen, der nach Abb. 4/53 auf der sicheren Seite liegend gleich dem Ausnutzungsgrad M/M_u der Stütze abgeschätzt werden kann. Die Abschätzung ist auch bei Knotenverdrehungen an beiden Stützenenden brauchbar, weil die Knotenverdrehung am jeweils geringer beanspruchten Stützenende die möglichen Gesamtverformungen nur wenig verändert [60].

In entsprechender Weise wie die möglichen Verschiebungen im Grenzzustand der Tragfähigkeit lassen sich auch die zulässigen Verschiebungen im Gebrauchszustand aus den Krümmungen ermitteln. Diese werden durch die zulässigen Rißbreiten w_{zul} begrenzt. Geht man von einem abgeschlossenen Rißbild mit mittleren Rißabständen s_{rm} und mittleren Rißbreiten $w_m \approx 0{,}6\, w_{zul}$ aus, dann beträgt die zulässige Dehnung am Zugrand einer Stütze $\varepsilon_1 = w_m/s_{rm}$, und die Krümmung der Stütze darf $\varkappa_{zul} = \varepsilon_1/d - x$ (x Druckzonenhöhe) nicht überschreiten. Angaben über die Rißabstände und zulässigen Rißbreiten finden sich z. B. in [1] und [63]. Große Genauigkeit darf aber bei Rißberechnungen nicht erwartet werden; meistens werden z. B. die Rißabstände durch die Bügel geprägt. Im allgemeinen genügt es auch, die Verformungen mit linearisierten M-$\varkappa$-Linien zu berechnen, oder den Zustand II durch einen abgeminderten E-Modul bzw. ein verringertes I zu berücksichtigen (vgl. I B, Abb. 4.2/19 u. 21). Dasselbe gilt auch für Kriecheinflüsse bei allmählich gesteigerten Zwangsverformungen, z. B. aus Schwinden oder Setzungen.

Eine wirklichkeitsnahe Berechnung der möglichen Ausbiegung von symmetrisch bewehrten Stützen liegt den Diagrammen in Abb. 4/54 zugrunde [60]. Diese zeigen

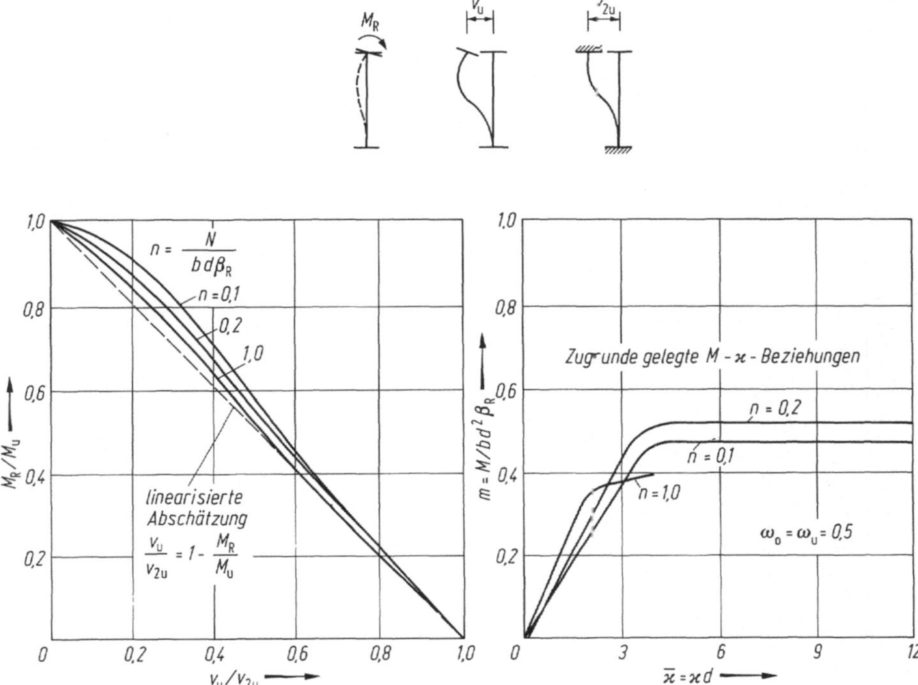

Abb. 4/53. Reduktion der möglichen Verschiebung v_{2u} von beidseitig starr eingespannten Stützen auf v_u infolge gleichzeitig wirkendem Kopfmoment M_R aus Riegellasten

einerseits den günstigen Einfluß zunehmender Normalkraftbeanspruchung N/N_u auf die möglichen Horizontalverformungen v bei beschränkter Rißbreite (konstantem ε_1): andererseits lassen die Endpunkte der angegebenen Kurven erkennen, daß die zum Bruch führenden Ausbiegungen mit zunehmender Ausnutzung der Stützen auf Druck stark abnehmen (vgl. Abb. 4/49). Dafür ist das Versagen des Betons auf Druck verantwortlich.

Parameterstudien mit realistischen Ansätzen für die Zwangsverformungen der Dekken haben gezeigt, daß die Stützen bei geschickter Wahl ihrer Abmessungen und Bewehrung die in Stahlbetonskelettbauten mit zentralem Kern auftretenden Zwangsverformungen auch bei großen fugenlosen Längen von 100 m und mehr ertragen könnten. Bei solchen Abmessungen wird aber schon wegen der Gebäudeaussteifung und maximalen Fluchtweglängen kaum noch eine statisch bestimmte Aussteifung möglich sein, so daß die Verformungsfähigkeit der Stützen praktisch keine Schranke für die Größe fugenloser Bauwerke darstellt. Bei Gebäuden, in denen mit besonders großen Verformungen im Brandfall gerechnet werden muß, kann die Verformungsfähigkeit der Stützen durch eine enge Verbügelung der Stützenenden wesentlich erhöht werden. In Versuchen [61.2] wurde beispielsweise die ertragene Zwangsausbiegung von Stützen mit gleicher Normalkraft durch eine zusätzliche Verbügelung auf das Drei- bis Fünffache gesteigert. Allerdings platzt die Betondeckung beim Erreichen hoher Stauchungen u. U. schon lange vor dem Bruch der Stützen ab.

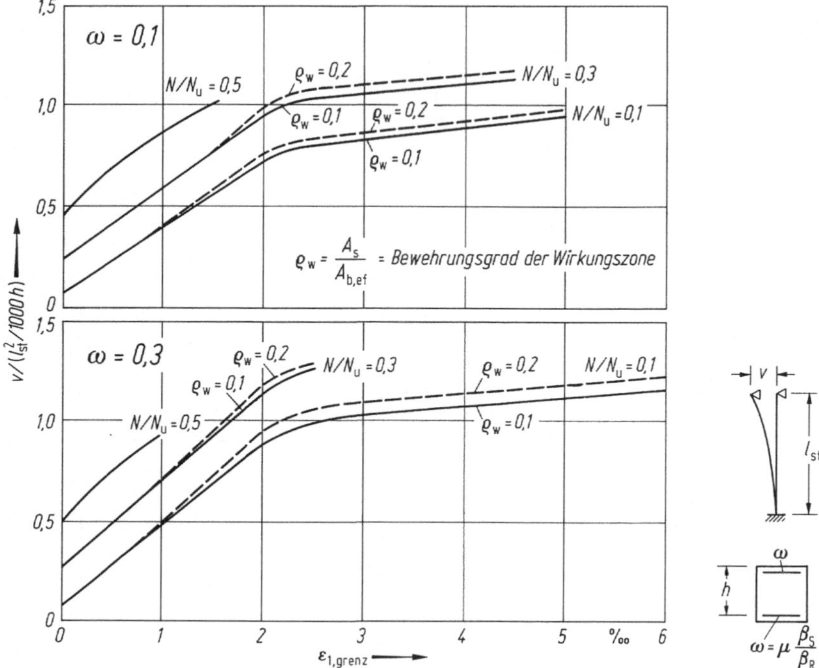

Abb. 4/54. Mögliche Zwangsverschiebungen von symmetrisch bewehrten Stützen mit Normalkraft N [60]. $\varepsilon_{1,\,\mathrm{grenz}}$ = zulässige Dehnung auf der Zugseite zur Beschränkung der Rißbreite

4.3.3.3 Zwang in Decken

Die *Zwangsbiegung* aus Temperaturdifferenzen zwischen Deckenober- und -unterseite beeinträchtigt die Biegetragfähigkeit von Stahlbetondecken nur unwesentlich, weil sich die Zwangsbeanspruchungen vor dem Bruch durch Rißbildung und Plastizieren von Beton und Bewehrung weitgehend abbauen (I B, 1.1.1.2). Lediglich bei sehr großen Zwangsverdrehungen, wie sie z. B. aus unterschiedlichen Setzungen entstehen können, besteht die Gefahr, daß die Betondruckzone versagt, bevor der Stahl fließt, insbesondere bei „starker" Biegebewehrung (($\mu \geqq \mu_{gr}$, vgl. I B, 1.3.2). Ähnlich wie Setzungsunterschiede wirken auch unterschiedliche Verkürzungen der Stützen.

Zu beachten ist auch, daß zu den Lastmomenten hinzutretender Biegezwang die Momentennullpunkte verschiebt und u. U. negative Momente in Bereichen bewirkt, in denen für Lastmomente keine obere Bewehrung erforderlich ist. Beispielsweise entstand in einem Wohnhaus infolge großer einseitiger Setzungen auf der Plattenoberseite ein auffälliger Riß parallel zum Auflager, aber nicht im Bereich der Größtmomente nahe der Stützung, sondern am Ende der oberen Bewehrung im Feld (Abb. 4/55). Wir mußten gutachtlich die Standsicherheit der Decken verneinen, weil die Abtragung der Querkraft über diesen Riß hinweg bei fehlender Betondruckzone ($M \approx 0$) aufs äußerste gefährdet war (vgl. Abb. 3/39).

Zwangsnormalkräfte entstehen vor allem in Decken, deren Verformungen durch zwei oder mehr steife Kerne behindert sind (statisch unbestimmte Gebäudeaussteifung), vgl. 4.3.3.4.

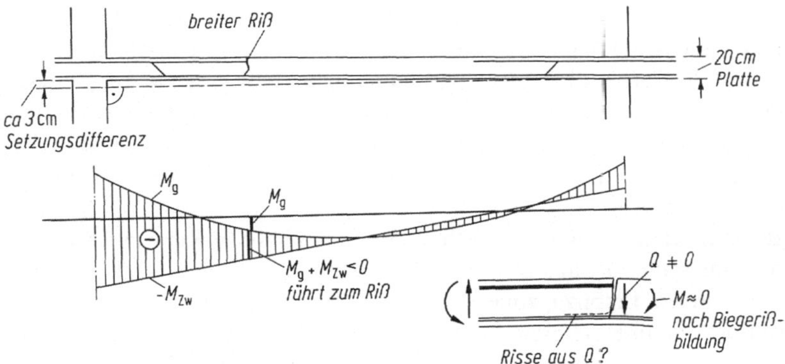

Abb. 4/55. Zwang infolge großer Setzungsdifferenzen führte zu einem Riß, der die Querkraftübertragung gefährdet

Die Zwangsdruckkräfte werden bei der Deckenbemessung meist vernachlässigt, weil sie günstig wirken. Bei einem Grundrißtyp wie in Abb. 4/56 können sich aber am Übergang Decke/Kern sehr hohe Beanspruchungen ergeben, die zumindest einer überschläglichen Berechnung wert sind. Dabei konzentrieren sich die Druckkräfte auf die Verschneidungsbereiche der Decke mit denjenigen Kernwänden, die in Richtung der Zwangskraft stehen; die quer dazu stehende Stirnwand kann die Kräfte nur wenig verteilen. Wie bei allen konzentrierten Lasteinleitungen entstehen auch Querzugkräfte (Abb. 4/56b).

Die Zwangszugkräfte werden durch Rißbildung zwar stark abgebaut, die Zwangsdehnungen vergrößern aber die Rißbreiten aus Lastbeanspruchungen. Es liegt nahe, die erzwungene Verlängerung Δl_{Zw} einer Decke einfach in Rißbreitenver-

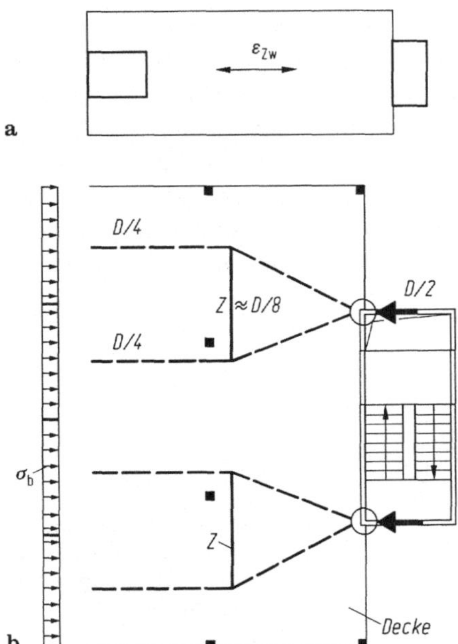

Abb. 4/56. Die Zwangskräfte konzentrieren sich am Übergang in die Kernwände. **a** Die Deckenverlängerung ist durch zwei Kerne behindert; **b** Ausschnitt mit Kräfteverlauf (Stabwerkmodell) von der Decke in den Kern

größerungen umzurechnen, wenn die Rißanzahl n (z. B. über den mittleren Rißabstand $s_{rm} = l/n$ des abgeschlossenen Rißbildes) bekannt ist. Dieses Vorgehen setzt aber voraus, daß sich Δl auf die vorhandenen Risse gleichmäßig verteilt, was nur bei gleichen Steifigkeiten der Decke über die ganze Länge und gleichen Beanspruchungen (aus Last + Zwang) einigermaßen zuträfe. In Wirklichkeit werden sich die Risse in Bereichen mit geringerer Bewehrung oder verringertem Deckenquerschnitt stärker erweitern als um den Mittelwert Δw_m.

Um neben den vorhandenen Rissen durch Verbund zusätzliche Risse zu erzeugen, müßte die Bewehrungszugkraft aus Last und Zwang im Riß größer sein als die Zugfestigkeit der wirksamen Betonzugzone. Diese zur Verteilung der Risse benötigte „Mindestbewehrung" ist in Hochbaudecken aber nur selten vorhanden. Die Zwangsdehnungen der Decken können sich dann in einem einzigen oder in wenigen klaffenden Rissen konzentrieren, in denen die Bewehrung über die Fließgrenze hinaus gedehnt wird. Diese Gefahr ist besonders groß bei Querschnittsschwächungen der Decke, z. B. durch Aussparungen, Treppenlöcher oder in kurzen Bereichen mit verringerter Deckenbreite. Es kann nötig sein, solche Bereiche für Zwang sehr stark zu bewehren (Abb. 4/57). Selbst die übliche Mindestbewehrung zur Risseverteilung genügt dann nicht mehr. Man wird sich vielmehr zwischen folgenden Grenzfällen bewegen:

(a) Die gesamte Verlängerung Δl wird dem geschwächten Bereich zugedacht, der so bewehrt wird, daß sich Δl auf sehr viele Risse mit unschädlichen Rißbreiten verteilt. Die Stahlspannung darf dabei keinesfalls die Fließgrenze erreichen.

(b) Der geschwächte Bereich wird so stark bewehrt, daß er den anderen an Steifigkeit nicht nachsteht und dort gleich große Risse oder Rißerweiterungen erzwungen werden. Dabei helfen die Lastmomente mit.

Im Bruchzustand werden bekanntlich die Zwangskräfte durch die Minderung der Steifigkeiten stark abgebaut und deshalb meistens vernachlässigt. Daß große Zwangsverformungen die Tragfähigkeit aber wesentlich herabsetzen können, soll das Beispiel in Abb. 4/58 aus [60] verdeutlichen (vgl. [61.2]). Die Bewehrung der zunächst durch die Last q beanspruchten Decke sei zu schwach, um rißverteilend zu wirken. Im Grenzzustand der Tragfähigkeit fließt der Stahl im Feld und über der Stütze. Wird nun zusätzlich zur Vertikallast eine Zwangsdehnung aufgebracht, so wird eine Zwangszugkraft aktiviert. Da sich die Stahlzugkraft nicht weiter steigern läßt, muß sich aus Gleichgewichtsgründen die Betondruckkraft verringern. Die maximal mögliche Zwangszugkraft, die die Decke aufnehmen kann, entspricht der Stahlzugkraft des Bruchmoments an der schwächsten Stelle. Im Bild 4/58c, d und e sind für den rechten Teil der Decke mögliche Fälle dargestellt, die das Gleichgewicht in horizonta-

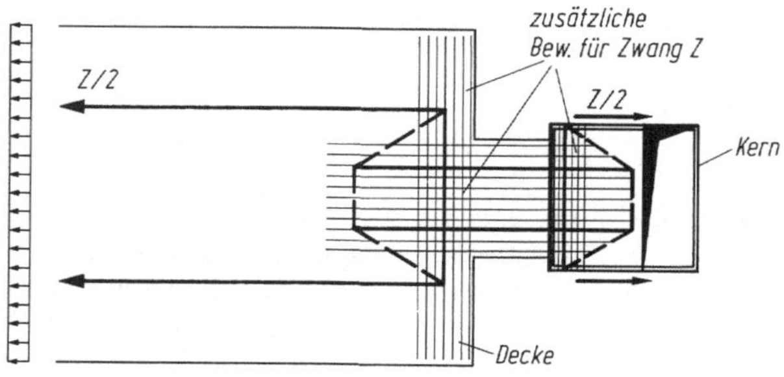

Abb. 4/57. Zusatzbewehrung für Zwang in einer Decke mit einer Querschnittseinschnürung. Kräfteverteilung (Stabwerkmodell) in der Decke

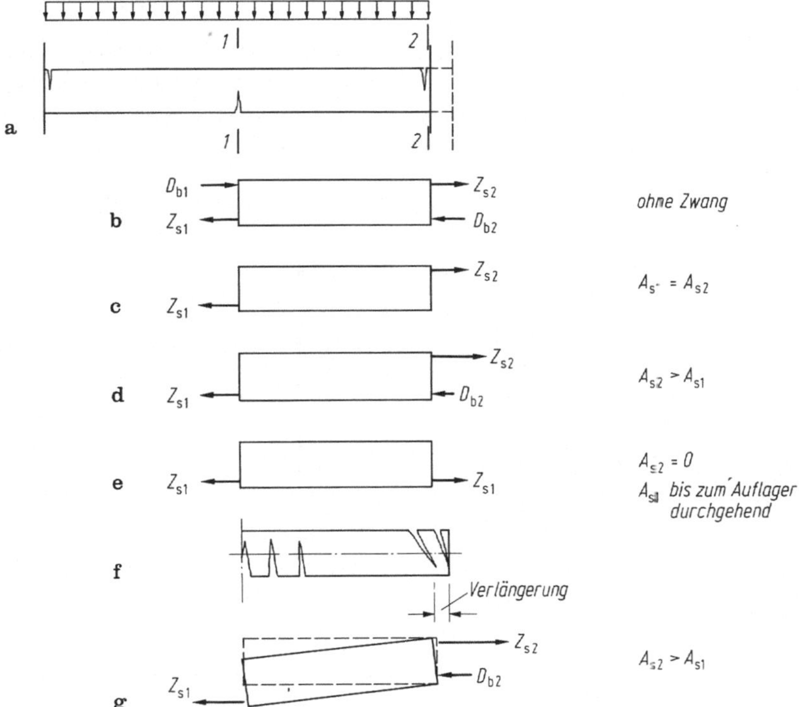

Abb. 4/58. Stahlbetondecke mit Biegung aus Lasten und Zwangszug. **a** Überblick; **b** bis **e** an der rechten Deckenhälfte angreifende innere Kräfte in einigen Grenzfällen; **f** infolge Biegung verlängert sich die Decke beim Übergang in Zustand II; **g** durch den „Hängematteneffekt" vergrößert sich der Hebelarm der Zugkräfte

ler Richtung befriedigen. Um das Momentengleichgewicht zu erfüllen, muß in den Fällen c und d die Last abgemindert werden, während im Falle e kein Gleichgewicht möglich ist.

Die Zwangsdehnungen, die nötig sind, um die Druckgurtkräfte der Balken im Bruchzustand ganz abzubauen, können aus den Integralen der Randdehnungen des Trägers mit und ohne Zwang abgeschätzt werden. Sie sind so groß, daß nur beim Zusammentreffen ungünstiger Umstände die Tragfähigkeitseinbuße wesentlich ist.

Bevor aber überhaupt eine Zwangszugkraft im beschriebenen Sinne entstehen kann, müssen zuerst die Dehnungen der Decke beim Übergang von Zustand I in den Zustand II aufgezehrt werden; denn die Schwerlinie (= Mittellinie bei symmetrischem Querschnitt) liegt im Zustand II fast immer in der Zugzone und verlängert sich deshalb (Abb. 4/58f). Wird diese Verlängerung behindert, entstehen die in Platten als Membranwirkung bezeichneten Längsdruckkräfte (Abb. 3/7).

Ein weiterer günstiger Einfluß ist die Durchbiegung. Sie vergrößert den inneren Hebelarm (Abb. 4/58g). Dieser „Hängematteneffekt" hat schon viele Decken bei Bränden vor dem völligen Einsturz bewahrt (Abb. 3/8).

4.3.3.4 Zwang in Kernen und Windscheiben

Verlängerungen oder Verkürzungen von Decken in statisch unbestimmt ausgesteiften Gebäuden erzeugen Zwangsbiegung in den Kernen oder den aussteifenden Scheiben. Die Biegesteifigkeit der Stützen und Decken ist dabei im allgemeinen vernachlässigbar. Die Zwangsschnittgrößen lassen sich also mit einem Rahmenprogramm ermit-

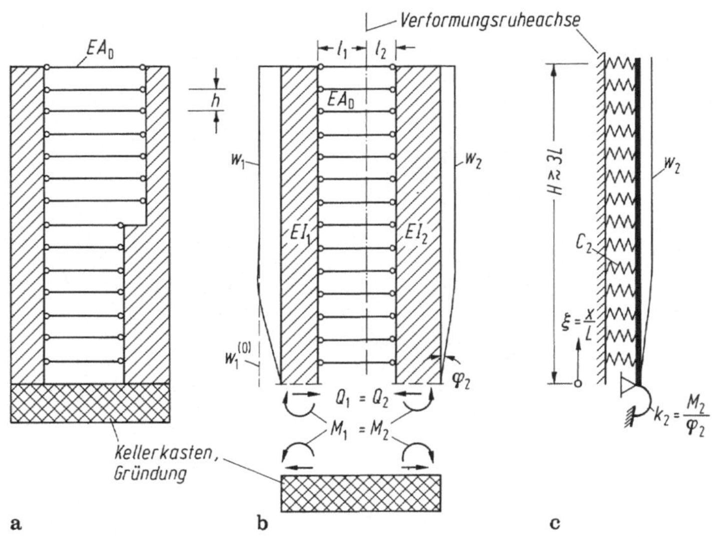

EA_D = Dehnsteifigkeit einer Decke

$\frac{l_1}{l_2} = \frac{w_1}{w_2} = \frac{I_2}{I_1} = \frac{k_2}{k_1} = \frac{\varphi_1}{\varphi_2}$ wegen Affinität der Biegelinie

$C_1 = \frac{EA_D}{l_1 h} \quad C_2 = \frac{EA_D}{l_2 h}$ Bettungmoduln

$L_1 = \sqrt[4]{\frac{4EI_1}{C_1}} = L_2 = \sqrt[4]{\frac{4EI_2}{C_2}}$ Charakterist. Länge (vgl. 7.5.1.1)

Beispiel: Zwang durch Dehnung aller Decken um ε_D gegenüber dem Kellerkasten.

$w_1^{(0)} = \varepsilon_D \, l_1 = -\delta_{20}$ (vgl. Abb. 7/30)

(1) Für gelenkige Kernlagerung:

$Q_1 = -\frac{\delta_{20}}{\delta_{11}} = \frac{\varepsilon_D l_1 C_1 L_1}{2} = \frac{\varepsilon_D EA_D}{2h} L_1$

$M = -Q_1 \, L_1 \, \eta_3$ (η-Funktionen s. Abb. 7/29)

$w_1 = w_1^{(0)}(1-\eta_1)$

(2) Für starre Einspannung der Kerne:

$Q_1 = \frac{\varepsilon_D EA_D}{h} L_1$

$M = Q_1 \frac{L_1}{2} \eta_4$

$w_1 = w_1^{(0)}(1-\eta_2)$

Abb. 4/59. Zwang in Kernen infolge Längenänderungen der Decken. **a** Biegelinien der aussteifenden Bauteile sind nicht affin zueinander: Berechnung als Rahmen; **b** Biegelinien sind affin zueinander: Entkoppelung der aussteifeden Bauteile möglich; **c** elastisch gebetteter Balken als statisches Ersatzsystem und Berechnung der Schnittgrößen für *b* (wird ausführlich in 7.3.1.1 behandelt)

teln, bei dem die Decken nur mit ihrer Dehnsteifigkeit berücksichtigt werden (Abb. 4/59a). Es kann sich dabei lohnen, eine lineare Berechnung mit Zustand II-Steifigkeiten in den gerissenen Bereichen zu wiederholen, weil sich die Zwangsschnittgrößen durch Steifigkeitsminderungen stark abbauen (vgl. I B. 1.1.1.2).

Wenn die Steifigkeiten der aussteifenden Kerne oder Scheiben über die Gebäudehöhe affin zueinander verlaufen, kann jedes dieser Bauteile unabhängig von den anderen als Balken berechnet werden, der durch die Decken federnd gestützt ist (Abb. 4/59b). Verschmiert man die Steifigkeit der Decken über die Höhe, so ergibt sich als statisches System ein elastisch gebetteter Balken (Abb. 4/59c). Für eine überschlägige Berechnung können die Lösungsfunktionen in 7 verwendet werden. Die unterschiedlichen Steifigkeiten der gezogenen und gedrückten Decken lassen sich durch bereichsweise unterschiedliche Bettungsmoduln C_1 bzw. C_2 erfassen.

In [60] sind auf dieser Grundlage aufbauend Tafeln und Hinweise zur Abschätzung der Beanspruchungen bei statisch unbestimmter Aussteifung entwickelt worden. Dabei wird auch die elastische Einspannung des Kerns in die Gründung berücksichtigt.

Berechnungen für verschiedene ausgeführte Bauwerke zeigen eine starke Streuung der Steifigkeiten von Decken und Kernen. Es kommt sowohl der Grenzfall vor, daß sehr steife Kerne die (freien) Zwangsverformungen der Decken nahezu vollständig behindern, als auch das andere Extrem, daß die relativ dehnstarren Decken von den biegeweichen Kernen in ihrer Verformung fast nicht behindert werden. Parameterstudien zeigten, daß eine Abminderung der Steifigkeiten der gerissenen Decken auf 1/10 der Werte des Zustandes I die Beanspruchung des Kerns nur um etwa 20% vermindert. Erst plastische Verformungen, z. B. fließende Deckenbewehrung oder ein Fließgelenk im Kern, verändern die auftretenden Zwangskräfte erheblich. Sie können in der statischen Berechnung durch gleichbleibende Deckenzugkräfte bzw. ein konstantes Moment im Fließgelenk simuliert werden.

Da die Kerne im allgemeinen nur gering durch Normalkräfte ausgenutzt werden, sind im Katastrophenfall (Feuer) klaffende Risse im Beton und sogar gerissene Bewehrungsstäbe in der Zugzone denkbar, ohne daß die Kerne dadurch ihre Tragfähigkeit für die lotrechten Lasten einbüßen. Für Gebrauchszustände sind solche Annahmen natürlich nicht zulässig.

4.3.4 Bauverfahren

Meistens werden im Geschoßbau einzelne Fertigteilelemente, z. B. Deckenplatten, Unterzüge oder Stützen in Verbindung mit Ortbeton verwendet. Dadurch werden die Probleme der Verbindung der Fertigteile untereinander vermieden, und es ergeben sich letztlich monolithische, statisch unbestimmte Tragwerke mit ihren versteckten Tragreserven bei unplanmäßiger Beanspruchung oder Ausführung. Demgegenüber sind reine Fertigteilkonstruktionen viel empfindlicher gegen lokale Überlastungen oder Schwächungen (Abb. 4/13).

Ein objektives Kennzeichen dafür, in welchen Fällen ein Stockwerkbau in Ortbeton oder aus vorfabrizierten Teilen oder in gemischter Bauweise wirtschaftlicher zu errichten sei, läßt sich nicht angeben. Allgemeine Gesichtspunkte sind in 4.1 und I B, 2.3.1 erörtert. Über diese technischen Überlegungen hinaus sind aber auch geschäftspolitische Erwägungen maßgebend, welche die Preisbildung und damit die Konkurrenzfähigkeit beeinflussen. Zum Beispiel spielen die Abschreibungssätze der hohen Investitionen für die Fertigteil-Fabrikationsanlagen, die oft wesentlich höher als der Lohnaufwand des Betriebes sind, eine wichtige Rolle. Selbst irrationale Überzeugungen sind mitunter ausschlaggebend, so z. B. die Auffassung: „der forschrittliche Ingenieur baut in Fertigteilen" wie ich sie in einem östlichen Lande gehört habe (vgl. auch [64]). Schließlich beeinflussen auch örtliche Verhältnisse die Entscheidung. So kann es in einem Entwicklungsland ratsam sein, ein zentrales Werk für die Vorfabrikation zu errichten, das mit wenigen Fachkräften auskommt, um die örtliche Montage, für die man im wesentlichen nur ungelernte Hilfskräfte braucht, zu erleichtern. Die Entscheidung ist also von Fall zu Fall neu zu durchdenken.

4.3.4.1 Ortbetonbauweisen

Die Ortbetonbauweise hat durch den Einsatz von technischem Gerät eine wesentliche Rationalisierung durchgemacht. Zu nennen ist hier vor allem der Einsatz großer *Schaltische* und *Schalwagen*, die sektionsweise verfahrbar oder mit dem Kran umsetzbar sind.

Die Kernwände können wirtschaftlich und vor allem schnell (3 bis 6 m täglich) in *Gleitschaltung* hochgezogen werden [65] (I B, 6.3.2.3). Abstufungen der Wanddicke sind zwar möglich, sollten aber möglichst selten vorgenommen werden. Bei den Aussparungen für die Öffnungen und Deckenauflager müssen Toleranzen von 2 bis 5 cm, also größer als sonst üblich gewählt werden, da man die Schalung dafür ja nicht an einer festen Außenschalung befestigen kann. Ebensowenig läßt sich die Bewehrung fixieren, so daß infolge der noch beim Erhärten vorkommenden Bewegungen sich ein weniger guter Verbund einstellt als beim Betonieren in fester Schalung [66]. Auch die Druckfestigkeit des Betons ist in der Regel um etwa 20% geringer [67].

Diese Nachteile vermeidet die *Kletterschalung*, die in der Kombination mit selbstkletternden Gerüsten einen ähnlich schnellen Baufortschritt ermöglicht [15]. Dabei sind dann auch längere Unterbrechungen des Betoniervorgangs zum Einbringen von Anschlußbewehrung und von Aussparungen möglich.

Bewehrungsanschlüsse für nachträglich anbetonierte Decken und Wände lassen sich auch dadurch herstellen, daß die Bewehrung innerhalb der Schalung zunächst abgebogen und erst nach dem Betonieren in die entgültige Lage zurückgebogen wird. Fertige Elemente, die als „verlorene Schalung" dienen und die abgebogene Bewehrung vor dem Einbetonieren schützen, beschleunigen und erleichtern solche Anschlüsse vor allem bei Gleitschalung, werden aber auch bei anderen Schalungen zunehmend verwendet. Beim Rückbiegen sind die betreffenden Vorschriften sorgältig zu beachten, um Betonabplatzungen und Kröpfungen der Bewehrung zu vermeiden.

Bei dem *Hubdeckenverfahren* (lift slab) [71.1; 3/42] werden sämtliche Decken in Geländehöhe betoniert und dann einzeln oder in Paketen an Hubstangen hochgezogen. Die Hubvorrichtungen stehen auf den vorher montierten Stützen. Die Decken haben Aussparungen um die Stützen herum, die mit einem Kragen eingefaßt sind (Abb. 3/23). An dem Kragen werden die Hubstangen befestigt und auch die stählerne Abstützkonstruktion zur Stütze (meistens schräge Stelzen). Wegen der Kragen müssen die Stützen auf ganze Hubhöhe konstanten Querschnitt haben. Meistens werden Stahlkastenprofile für die Stützen verwendet, in Europa auch Stahlbetonfertigteile, die über zwei bis drei Geschosse durchlaufen. Die Aussparungen in der Decke um die Stützen herum machen es erforderlich, daß die Decken über die Randstützen auskragen. Am besten eignen sich Vollplatten, die im „Blätterteigverfahren" direkt übereinanderliegend (mit Trennschicht) betoniert werden können; man benötigt dann nur die seitliche Schalung; aber auch Kassetten-, Rippen- oder Hohlplatten können mit dem Hubdeckenverfahren ausgeführt werden. Der Rand der Deckenaussparungen muß mit einem Rahmen aus Stahlprofilen eingefaßt werden, um die lokalen Kräfte aus den Hubstangen und der Auflagerung im Beton zu verteilen. Wenn die Decken nicht als lochrand-gestützte Platten berechnet werden, sind die Bewehrungsstäbe, die auf die Stützenaussparungen entfallen, daneben zuzulegen.

Das Anheben erfolgt mittels hydraulischer Pressen mit einer Hubhöhe von 1,5 bis 3 m/h. Ein Hilfsmotor dreht die Muttern, die die Hubstangen auf die Pressen bzw. die Stützen beim Parken und Einfahren der Pressen abstützen. Wichtig ist die Aussteifung der Decken auch im Bauzustand, weshalb das Verfahren mit der Kernbauweise kombiniert wird.

Beim *Jack-block-Verfahren* [70] wird nicht nur die Decke, sondern das ganze Geschoß am Boden gefertigt und dann eine Etage angehoben. Während in der unteren Etage der Rohbau des nächsten Geschosses hergestellt wird, wird in der zweiten und dritten Etage bereits der Innenausbau vorgenommen. Die Fertigung sämtlicher Geschosse findet sozusagen stationär in den unteren drei Etagen statt, in geschütztem Raum und mit entsprechenden Transportvorteilen.

Bei *Hängekonstruktionen* können nach dem Herstellen des Kerns und des Kopftragwerks entweder die Geschoßdecken am Boden hergestellt und hochgezogen werden, oder eine am Kern hochgezogene höhenveränderliche Plattform dient als Schalebene, zunächst für das Kopftragwerk, um danach geschoßweise abgelassen zu werden. In beiden Fällen „wächst" das Bauwerk von oben nach unten [71]. Vorteile dieser Bauweise sind — neben den bereits in 4.3.1.1 genannten — die geringen Schal- und Rüstkosten, der einfache Witterungsschutz und der vom Rohbau unbehinderte Innenausbau der Geschosse von oben nach unten. Dem steht das aufwendige Kopftragwerk und das „Spazierenführen" der Lasten als Nachteil gegenüber. Die Kopftragwerke haben Ähnlichkeit mit Brückentragwerken und sind auch schon im Taktschiebeverfahren hergestellt worden [2/95.1].

Die zugbeanspruchten Stützen (Hänger) werden, sofern sie nicht aus Profilstahl bestehen, für die ständigen Lasten vorgespannt, um ihre Steifigkeit zu erhöhen; denn sie verlängern sich dann nur um denjenigen Betrag, der der Dekompression des Betons entspricht (vgl. I B, 3.2), also um den Bruchteil der Verlängerung von Zugstäben aus hochwertigem Stahl. Zur Rißverteilung erhalten die vorgespannten Hänger außerdem eine schlaffe Bewehrung.

4.3.4.2 Fertigteilbauweisen

Die Bauelemente für die Vorfabrikation sind in I B besprochen, und zwar in: 2.3 (Stützen), 4.6 (Balken), 4.7 (Konsolen). 5.4.2 (Platten) und 6.3.2.4 (Wände). Über ihre Verwendung zu Balkentragwerken findet man weiteres im vorliegenden Bande in 2.2.3.2, zu Decken in 3.3.6.2 und zu Wandbauten in 4.1. Außerdem wird vorab auf die umfassenden Darstellungen der Fertigteilbauweise in [16], auf Schriften der Fachvereinigung Betonfertigteilbau [72] und die Periodica [73] hingewiesen. Regelungen über Fertigteile enthält die DIN 1045 in Abschnitt 19.

Die wichtigsten Vorteile der Fertigteilbauweise seien hier nochmals stichwortartig aufgezählt und ergänzt:

- wirtschaftliche Vorteile durch den Einsatz industrieller Fertigungsverfahren und Taktfertigung;
- kürzere Bauzeiten durch Vorfertigung, parallele Fertigung verschiedener Bauteile, Montage auch im Winter;
- bessere Qualität durch werkmäßige Fertigung, wichtig insbesondere bei Sichtbeton, bei komplizierten und feingliedrigen Bauteilen;
- Material- und Gewichtsersparnis durch Verwenden hochfesten Betons, Vorspannen oder ausgeprägtes Profilieren der Querschnitte;
- geringe Zwangskräfte durch weiche Verbindungen und Vorwegnahme eines Großteils der Schwind- und Kriechverkürzungen vor dem Einbau der Fertigteile;
- leichte Demontierbarkeit von Montagebauten.

Wesentliche Voraussetzungen und Gesichtspunkte für den wirtschaftlichen Einsatz von Fertigteilen sind

- ausreichende Seriengrößen für die verschiedenen Elementtypen mit möglichst geringen Variationen für Rand- und Eckelemente;
- reichliche Planungs- und Entwicklungszeit *vor* Beginn der Fertigung und besonders sorgfältige Planung;
- Aussteifen des Gebäudes für Horizontalkräfte durch Kerne oder Wandscheiben und Verbinden der Deckenfertigteile zu einer Scheibe;
- Rastern der Gebäudeabmessungen und eine strenge Maßordnung sowohl für die Rohbau- wie die Ausbauteile;
- Entfernung zum Fertigteilwerk, Beschränken der Abmessungen und Gewichte für Transport und Montage;
- Abstimmen von Anliefern und Montage, um Zwischenlagern zu vermeiden und die teuren Hebezeuge laufend zu beschäftigen;
- Berechnen und Einhalten der Toleranzen für die Fertigung und Montage;
- zweckmäßige Verbindungen der Fertigteile miteinander;
- kurze Kranzeiten durch möglichst gleich große Gewichte, einfaches Ausrichten und schnelles Fixieren der einzelnen Fertigteile;
- bauphysikalische Gesichtspunkte; der Brand- und Schallschutz läßt z. B. die bei Fertigteilen ausführbaren geringen Dickenabmessungen nicht immer zu;
- möglichst konstanter Stützenquerschnitt in allen Geschossen, damit die Unterzug- bzw. Deckenlängen gleich bleiben;
- Flexibilität für den Ausbau und die Installationsführung; denn nachträgliche „Anpassungen" der Tragkonstruktion sind bei Fertigteilbauten fast unmöglich.

Die geometrischen Probleme spielen beim Entwurf von Fertigteilkonstruktionen eine im Vergleich zum Ortbetonbau viel wichtigere Rolle. Sie werden erheblich verringert, wenn zwei gegeneinander versetzte Raster für die Tragkonstruktion und den Ausbau (Trennwände usw.) verwendet werden.

Das Tragwerk wird unter Beachtung der genannten Gesichtspunkte „elementiert" in Stützen, Unterzüge, Decken- und Fassadenelemente, gegebenenfalls auch Balkonelemente. Häufig werden außerdem Treppen vorgefertigt, aber nur sehr selten die Keller- und Kernwände. Die Deckenelemente und Unterzüge sind fast immer einfeldrig; lediglich die Stützen werden häufig für zwei bis drei Geschosse, mitunter sogar bis zu fünf Geschosse, in einem Stück vorgefertigt, um die Anzahl der relativ auf-

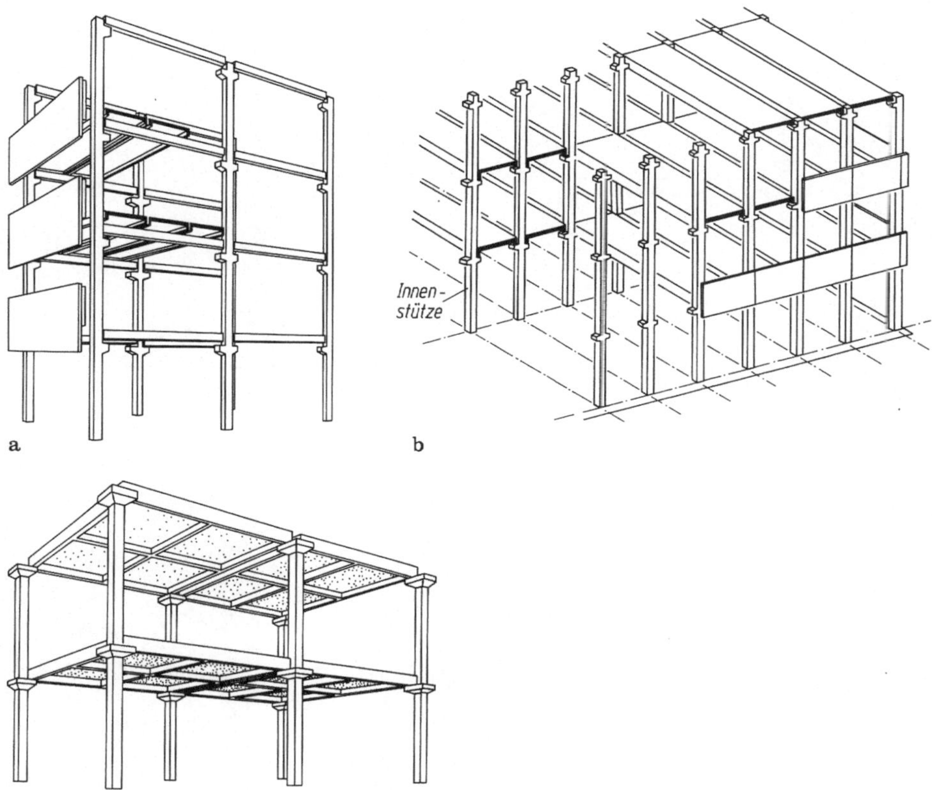

Abb. 4/60. Fertigteilkonstruktionen. **a** „Gerichtete" Konstruktion mit quadratischem Stützenraster, bestehend aus Deckenelementen, Unterzügen, Stützen und Vorhangwänden [16.2]; **b** unterzugslose (gerichtete) Konstruktion aus eng stehenden Stützen, Deckenelementen und Vorhangwänden; **c** „ungerichtete" Konstruktion aus Stützen und großformatigen Deckenelementen [16.2]

wendigen Stützenstöße zu vermindern. So lange Stützen müssen allerdings in mehreren Höhen ausgerichtet und in ihrer Sollage fixiert werden.

Eine „gerichtete" Konstruktion aus Unterzügen in einer Richtung und quer dazu gespannten Deckenelementen (Abb. 4/60a, b) ist wirtschaftlicher als eine „ungerichtete" Konstruktion mit gleichberechtigter Lastabtragung in beiden Richtungen, aber auch dieses Prinzip ist mitunter bei breiten Gebäuden verwirklicht worden (Abb. 4/60c) [3/77].

Die *Verbindung der Fertigteile* miteinander in den Knoten ist ein wichtiger Gesichtspunkt schon beim Tragwerksentwurf. Fertigteile, die an Ortbetonbauteile angrenzen, wie z. B. Fertigteilstützen oder Deckenelemente an Ortbetonunterzüge, lassen sich durch eine aus dem Fertigteil herausgeführte Anschlußbewehrung problemlos zu monolithischen Tragwerken verbinden und bedürften hier keiner weiteren Erörterung; Schwierigkeiten bereitet dagegen oft die Verbindung aufeinandertreffender Fertigteile bei Vollmontagebauten [16; 19 bis 28; 33; 54]. Bewehrungsstöße in nachträglich ausbetonierten Aussparungen im Knotenbereich der Fertigteile sind arbeits- und zeitaufwendig, meistens schlecht zugänglich und deshalb auch fehlerempfindlich (vgl. I B,

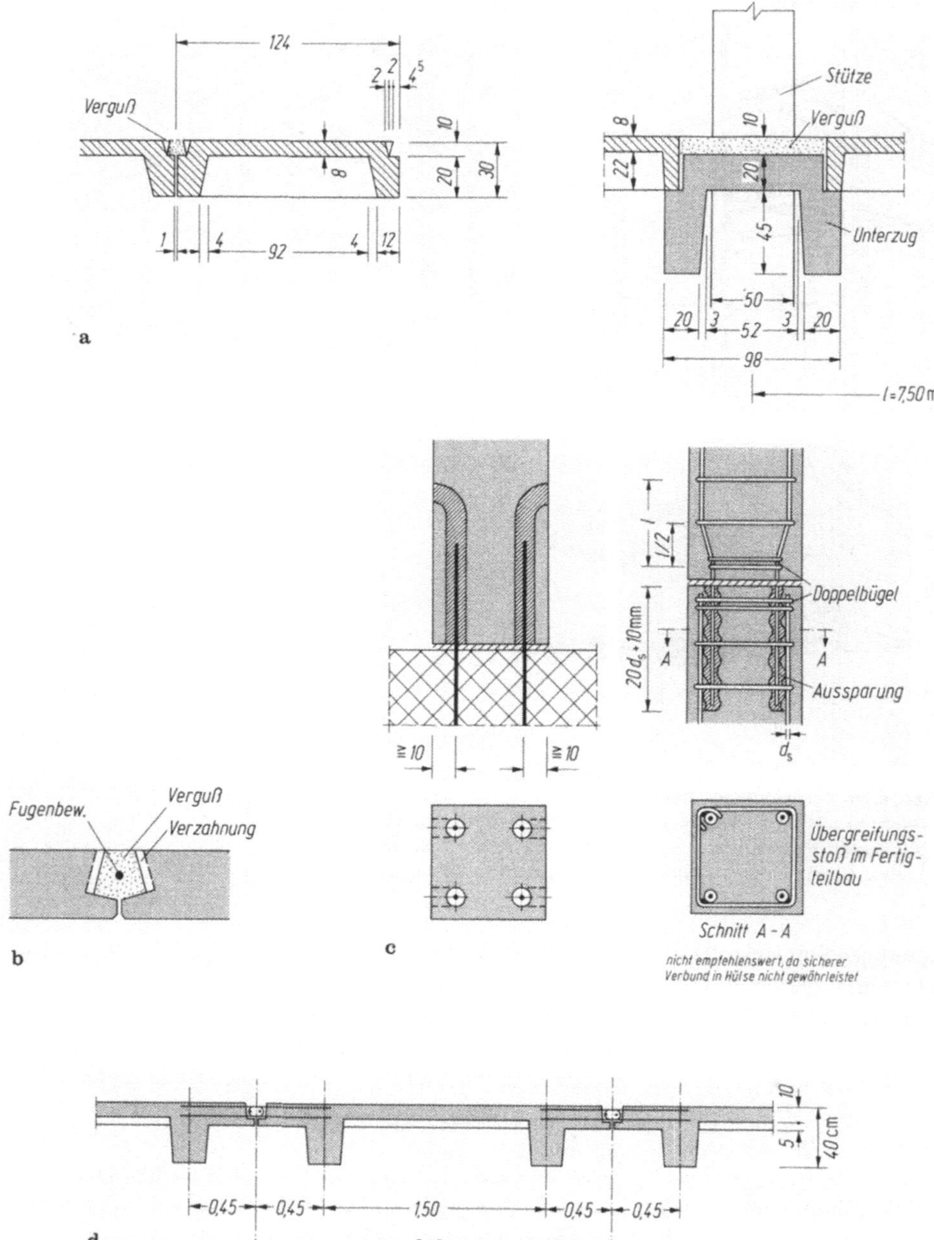

Abb. 4/61. Fertigteilergänzungen durch Ortbeton und Mörtel. **a** Fugenverguß der Kassettenplatten und Aufbeton auf Unterzügen beim „Darmstädter System" [3/77; 74]; **b** Fuge zwischen Fertigteilplatten (vgl. DIN 1045, 19.7.5); **c** nachträgliches Vergießen oder Verpressen von Aussparungen für die Stützenbewehrung [16.1]; **d** Verbindung von Π-Elementen (vgl. Abb. 3/45)

Abb. 4.6/1 u. 2). Besser ist das möglichst einfache Aufeinanderlegen der Fertigteile. Ortbeton ist dabei allenfalls als Aufbeton oder Füllbeton für breite Fugen, die bereits durch die Fertigteile „geschalt" sind, zweckmäßig (Abb. 4/61). Im Ausland sind stahlbaugemäße Verbindungen (Schweißen, Schrauben, einbetonierte Stahlprofile) viel verbreiteter als bei uns (Abb. 4/62). Voraussetzungen dafür sind genaue Passung und Lage der zu verbindenden Teile.

Auch das Vorspannen kann zum kraftschlüssigen Verbinden von Fertigteilen eingesetzt werden, beispielsweise um Deckenelemente zu einer Scheibe zu verbinden. Die Reibung in den Fugen kann dabei, sofern die Pressungen nicht sehr hoch sind, mit etwa $\mu = 0{,}25$ bis 0,30 bei 2,5facher Sicherheit in Rechnung gestellt werden [75].

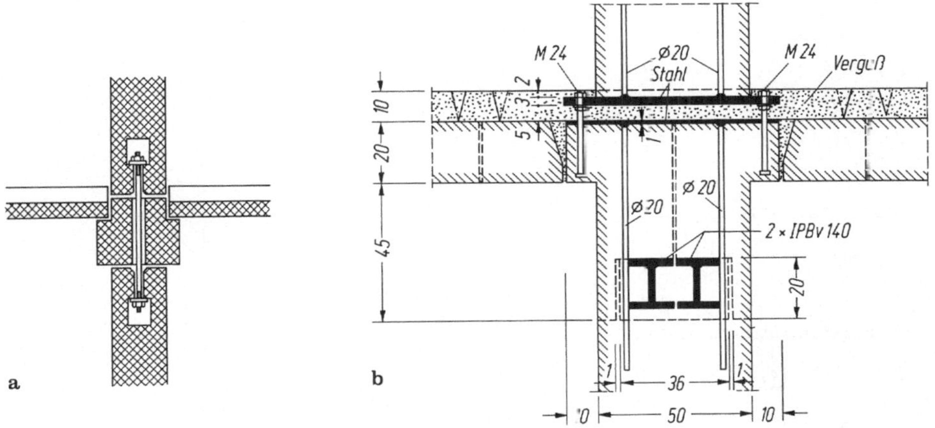

Abb. 4/62. Verbindung von Fertigteilstützen (vgl. I B, Abb. 2/11 u. 12). **a** Verschrauben in Stützenaussparungen [16.2 Bd III] **b** Aufschrauben von Stirnplatten, mit denen die Stützenbewehrung verschweißt ist (Darmstädter System [3/77], vgl. auch Abb. 4/60a)

Das baukastenartige Zusammenfügen von Fertigteilen in Montagebauten bedingt eigene geometrische Formen der Bauteile, die sich auch auf das äußere Erscheinungsbild von Fertigteilbauten (nicht immer vorteilhaft) auswirken.

Die gebräuchlichste Querschnittsform bei Fertigteildecken ist die Vollplatte mit 3 bis 6 m Spannweite (Abb. 4/63a). Zur Gewichtsersparnis werden mitunter Hohlplatten verwendet ($l = 4$ bis 7 m) (Abb. 4/63b). Wesentlich leichter sind die sogenannten **π**-Platten, zweistegige Plattenbalken, die mit Vorspannung für Spannweiten bis zu 15 m hergestellt werden (Abb. 4/63c). Einstegige Plattenbalken (**T**-Querschnitte, Abb. 4/63d) haben den Nachteil, daß sie beim Transport und der Montage gegen Kippen gesichert werden müssen; sie lassen sich aber mit statisch günstiger, gleichbleibender Stegdicke herstellen, während die Stege der **π**-Platten zum Entschalen einen Anzug von mindestens 1:20 benötigen. Dies gilt auch für die Platten mit umgekehrter Trogform und für Kassettenplatten, die für Dächer sehr schlank und feingliedrig ausgeführt werden können (Abb. 4/63e).

Häufig wird die statisch und bauphysikalisch erforderliche Plattendicke erst durch eine Ortbetonauflage erreicht, die auch die Scheibenwirkung der Decken sicherstellt und die Querverteilung der Lasten verbessert.

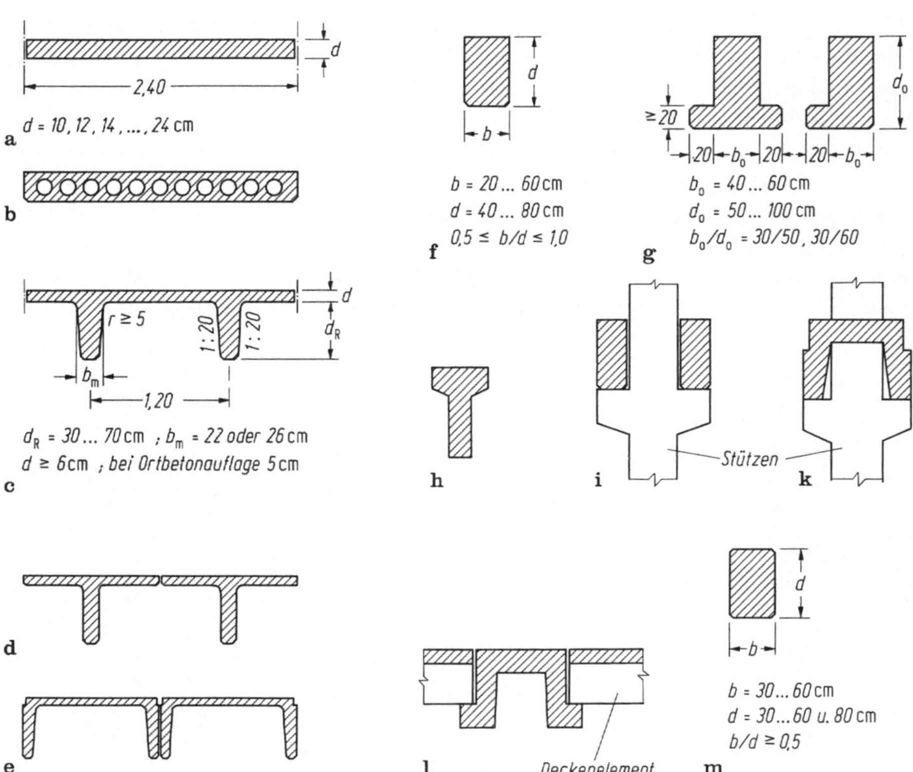

Abb. 4/63. Gebräuchliche Querschnittsformen für Fertigteile von Stockwerkbauten. Die angegebenen Abmessungen (Staffelung 10 cm) sind dem „Typenprogramm Skelettbau der Fachvereinigung Betonfertigteilbau" entnommen [72.2]. **a** bis **e** Deckenplatten; **f** bis **l** Unterzüge; **m** Stützen

Mit weitgespannten Plattenbalkenelementen lassen sich bei engen Stützenabständen in der Gebäudelängsrichtung die Unterzüge einsparen (Abb. 4/60b); wenn diese Elemente auf einer tragenden Fassade und einem dazu parallelen langgestreckten Kern auflagern, entfallen sogar die Stützen.

Gebräuchliche Querschnittsformen für Unterzüge zeigt die Abb. 4/63f bis l. Seitliche Konsolleisten an den Unterzügen zur Auflagerung der Deckplatten vermindern die Gesamthöhe der Decke. Im gleichen Sinne wirken abgesetzte (hochgezogene) Auflager an den Deckenenden (Abb. 4/64). Solche Ausklinkungen sind ein typisches, aber statisch ungünstiges Konstruktionsdetail bei Fertigteilen und sollten möglichst nicht höher als bis zur halben Bauteildicke reichen (I B, Abb. 4.7/15 u. 16; B. Kal. 1984 II, S. 913ff).

Doppelbalken (Abb. 4/63i) und die Stege von Balken mit Hutquerschnitten (Abb. 4/63k, l) können an den Stützen seitlich aufgelagert und an diesen vorbei ausgekragt werden. Sie ermöglichen in einfacher Weise die Auflagerung von Balkonelementen, verkürzen die Stützweite der Deckenplatten und verringern die Torsionsmomente bei einseitiger Nutzlast und Auflagerung der Decken während der Montage. Der Raum zwischen den Balken bzw. Stegen ist für Leitungen nutzbar.

Die Installationsführung ist bei übereinandergelegten Balken und Plattenbalken in beiden Richtungen sehr freizügig, wenn die Plattenbalken keine Auflagerquerrippen aufweisen (Abb. 4/64a). Je mehr durch Ausklinkungen, Auflagertaschen oder tiefliegende Konsolleisten die Gesamtbauhöhe für beide sich kreuzende Elemente genutzt und dadurch reduziert wird, desto undurchlässiger wird die Konstruktion für die Installation (Abb. 4/64b bis d). Reichliche und systematisch angeordnete Aussparungen für die Durchführung von Leitungen sind dann sehr wichtig, um kostspielige Sonderfertigungen und Änderungen zu vermeiden. Improvisieren ist beim Fertigteilbau kaum möglich!

Die über mehrere Stockwerke durchlaufenden Stützen weisen in der Regel Konsolen zum Auflagern der Decken auf (Abb. 4/60a, b; 4/63i, k; 4/65a bis c). Durch Ausklinken der Stege „verschwinden" die Stützenkonsolen in der Bauhöhe der Unterzüge (Abb. 4/65b). Stahlprofile, die durch die Betonstütze gesteckt werden, vermindern die Bauhöhe der Konsolen (Abb. 4/62b). Stahlkonsolen und vorgefertigte Betonkonsolen sind auch schon mit HV-Schrauben an die Stützen gespannt worden (Abb. 4/65f; auch I B, Abb. 4.7/19).

Manchmal werden die Unterzüge in Aussparungen breiter Stützen gelagert oder die Stützen gabelförmig ausgebildet (Abb. 4/65e). Aussparungen über die volle Stützenbreite würden die Knotenbereiche durchlaufender Stützen zu sehr schwächen.

Wenn die Stützen in jedem Geschoß gestoßen werden, können die Unterzüge gemäß Abb. 4/65d oder 4/66a auf die Stütze aufgelegt werden. Der Bewehrungsstoß der Stützen ist aufwendig und unnötig, wenn die Bewehrung nicht für die Längsdruckkräfte benötigt wird und die Stützen durch die Decken gegen Horizontalverschieben gesichert sind. Wichtig ist eine reichliche Verbügelung der Stützenköpfe (Abb. 4/66a), um Querzugkräfte aus der Kraftüberleitung vom Beton in den Stahl

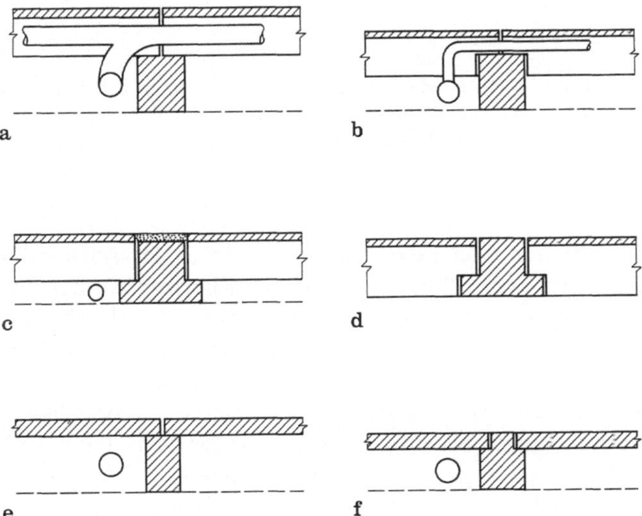

Abb. 4/64. Decken-Unterzug-Knoten, Bauhöhen und Durchlässigkeit der Konstruktion für Installationsleitungen (schematisch). **a** bis **d** Verschiedene Auflagerdetails einer Plattenbalkendecke (z. B. aus **π**-Platten), geordnet nach der Gesamtbauhöhe der Decke; **e** und **f** Auflagerdetails für eine Vollplatte

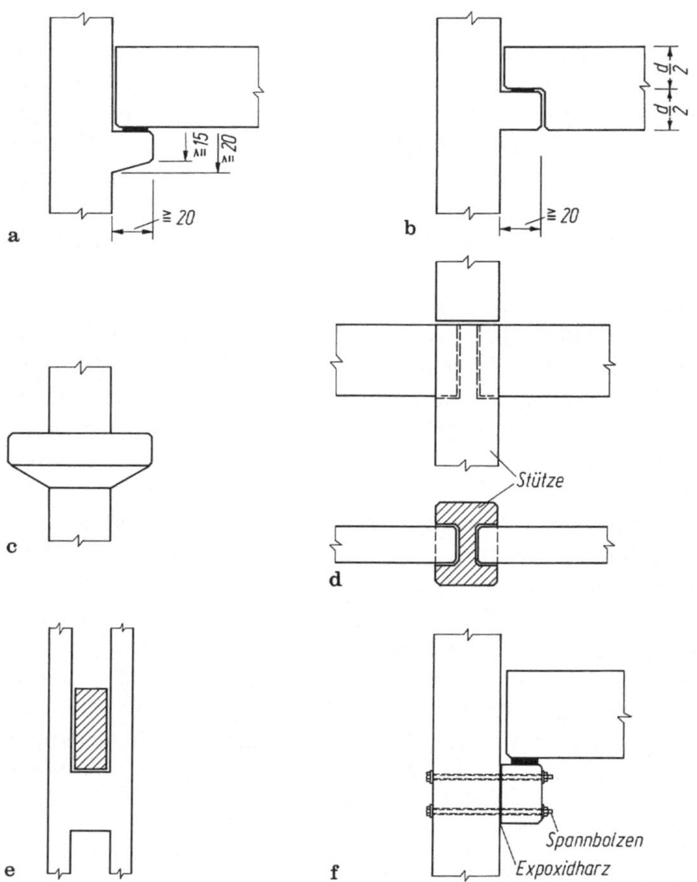

Abb. 4/65. Stützenknoten (siehe auch Abb. 4/62). **a** und **b** Unterzug-Auflager auf Konsolen, Maße gemäß Typenprogramm Skelettbau der Fachvereinigung Betonfertigteilbau [72.2]; **c** Kranzkonsole zur Auflagerung von Unterzügen in beiden Richtungen; **d** Lagerung in Nischen; **e** gabelförmige Stützen; **f** Fertigteilkonsole [3/74.2]

(Abb. 4/66b) und aus konzentrierten oder exzentrischen Lasten in der Aufstandsfläche aufnehmen zu können. Ungleichmäßige Pressungen und horizontale Zerrungen ergeben sich auch aus den Auflagerdrehwinkeln der Balken (Abb. 4/66c); zu bedenken sind ferner die Zwänge aus Schwind- und Temperaturverkürzungen der Decken, die Horizontalkräfte auslösen.

Direktes „trockenes“ Aufeinanderlegen von Fertigteilen kommt nur bei kleinen Bauteilen und geringen Lagerpressungen bis etwa 0,5 N/mm^2 in Betracht. Um kleine Unebenheiten in den Lagerflächen auszugleichen und bei Auflagerverdrehungen die Auflagerkraft zu zentrieren, ist eine Mörtelschicht (1 bis 4 cm dick) oder eine Zwischenlage aus Pappe, Haarfilz, Weichfaserplatten, Holz, Neoprene etc. anzuordnen (DIN 1045, 19.5.4). Solche Zwischenlagen erlauben Lagerpressungen zwischen etwa 1 N/mm^2 (Pappe) bis 15 N/mm^2 (bewehrtes Neoprenelager) [3/74.2; 16]. Asbestzement- und Hartfaserplatten verbessern die Beweglichkeit praktisch nicht.

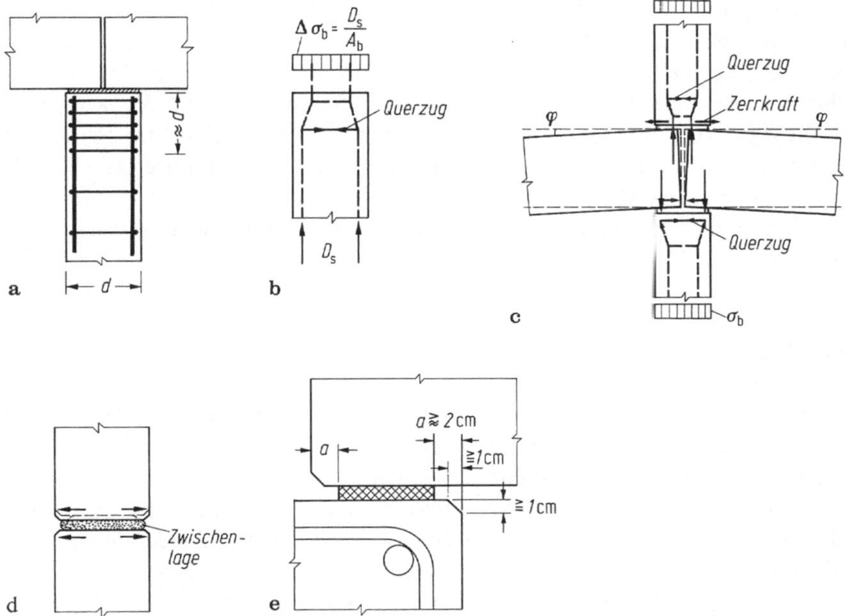

Abb. 4/66. Querzugkräfte in Auflagerbereichen (vgl. Abb. 4/10). **a** Enge Verbügelung der Stützenenden für Querzugkräfte; **b** Querzugkräfte aus der Krafteinleitung in die Längsbewehrung, wenn diese nicht durch den Knoten hindurchgeführt wird; **c** aus Auflagerdrehwinkeln φ entstehen Zerrkräfte und Lastkonzentrationen, die ihrerseits Querzugkräfte zur Folge haben. **d** Querdehnung der Zwischenlage (z. B. Neoprene) weckt beim Zusammenpressen Querzugkräfte im angrenzenden Bauteil. **e** Abfasen der Kanten und Abstand a der Zwischenlage, um Ausbrechen der Kanten zu vermeiden. Bei hohen Pressungen sind die Randabstände zu vergrößern (I B, Abb. 4.7/7)

Die Zwischenschichten, insbesondere unbewehrte Neoprenelager, dehnen sich quer zur Belastungsrichtung stärker als der darunter und darüber liegende Beton und wekken dadurch Reibungskräfte, die die Fertigteile aufspalten wollen (Abb. 4/66d) und eine entsprechende Querbewehrung verlangen [76]. Andererseits bewirken die Reibungskräfte in den Zwischenlagen einen günstigen dreiaxialen Druckspannungszustand. Damit ist auch zu erklären, daß die Tragfähigkeit von Mörtelfugen weniger von der Prismendruckfestigkeit des Mörtels als von der Zugfestigkeit und Querbewehrung der anschließenden Bauteile und vom Verhältnis Fugendicke zu Fugenbreite abhängt (DIN 1045, 17.3.4) [77].

Damit die Reibungskräfte in den Fugen nicht die Fertigteilkanten absprengen, müssen die Zwischenlagen einen Abstand *a* von den Bauteil-Seitenflächen einhalten und die Kanten abgefast werden (Abb. 4/66e). Das Abfasen der Kanten empfiehlt sich übrigens generell bei allen Fertigteilen, besonders im Hinblick auf den Transport. Rechtwinklige Kanten sind nur schwer „sauber" herstellbar und brechen leicht ab.

Vertikalfugen zwischen Fertigteilen, die mit Mörtel verfüllt werden, sind 2 bis 4 cm breit zu planen, injizierte Fugen mindestens 1 cm breit; für einen einwandfrei zu verdichtenden Betonverguß sollten wenigstens 12 cm Breite vorgesehen werden. Das Ausfüllen von Fugen mit dauerplastischen oder -elastischen Kitten muß sehr sorgfältig geschehen (Vorbehandeln der Flanken). Fehlschläge durch Verspröden der Kittmassen sind häufig zu beobachten.

Zur Sicherung der Lage von Fertigteilen und zum Weiterleiten geringer Horizontalkräfte durch Lagerfugen hindurch dienen Bolzen, Mörtel oder das Verschweißen von Bewehrung, evtl. auch von speziellen Stahleinbauten. Ungewolltes Behindern von Dehnungen z. B. durch blockierte Fugen kann erhebliche Kräfte und Zerstörungen zur Folge haben (Abb. 4/67).

Eine systematische Darstellung von Fertigteilverbindungen und praktische Hinweise dazu enthält [3/74.2].

4.4 Fassadenkonstruktion

Die Fassade hat sehr vielfältige Anforderungen zu erfüllen: Sie muß die Wind- und Gewichtslasten aufnehmen, Schutz gegen Nässe, Kälte, Hitze, Wind, Lärm und überschlagendes Feuer aus anderen Geschossen bieten, Licht und Frischluft einlassen, Feuchtigkeit aus dem Gebäudeinneren abführen, und sie soll auch gut aussehen. Dabei muß die Fassade auch die relativ großen Temperaturunterschiede mit den daraus resultierenden Verformungen und Eigenspannungen verkraften können. Diese verschiedenartigen Anforderungen lassen sich nur durch eine Aufteilung der Funktionen auf verschiedene Konstruktionselemente und sorgfältige konstruktive Durchbildung im Detail befriedigen.

Meist werden die Vertikallasten der Fassade durch das Skelett abgetragen und die Fassade als *Vorhangwand* (curtain wall) daran aufgehängt. Dabei ist darauf zu achten, daß die Verformungen, denen die Fassade durch Temperaturunterschiede bis etwa 40 K gegenüber dem Tragwerk unterworfen wird, keinen Schaden am Tragwerk und der Fassade anrichten. Auch das bei Vorhangwänden häufig zu hörende Knistern bei Temperaturveränderungen und Klappern bei Wind wird als lästig empfunden. Die Fassadenelemente und der Sonnenschutz müssen deshalb möglichst zwängungsarm, also beweglich geführt, mit der Tragkonstruktion, meistens den Decken, verbunden werden. Lagerung auf Gummiplatten, Langlochschraubenverbindungen und einfaches Einhängen sind die gängigen konstruktiven Lösungen dafür.

Schäden an Fassaden infolge behinderter Temperaturbewegungen sind relativ häufig. An einem Klinikgebäude waren z. B. einige der Stahlbetonkonsolen, welche das Sonnenraster tragen, regelrecht horizontal abgeschert, weil die alle 8 m ausgebildeten Fugen in den Rasterplatten mit Bauschutt gefüllt waren (Abb. 4/67). Die Temperaturdehnungen in den horizontalen Rasterplatten addierten sich deshalb über die halbe Gebäudelänge zu etwa einem Zentimeter auf und beschädigten vor allem die Konsolen am Gebäudeende.

Die Vorhangwände werden im allgemeinen in Sandwichbauweise aus einer widerstandsfähigen Außenhaut, einer leichten, wärmedämmenden Zwischenschicht und einer der Benutzung angepaßten Innenschicht aufgebaut. Die Außenhaut besteht meistens aus Beton (Leichtbeton) oder Aluminium. Bei Kunsstoffen ist Vorsicht geboten. Diese organischen Verbindungen verändern vielfach mit der Zeit ihre molekulare Struktur, insbesondere durch die UV-Strahlen des Sonnenlichtes, und verspröden dadurch. Die Materialien und deren Schichtdicken müssen so aufeinander abgestimmt sein, daß sich auch bei ungünstigen Temperatur- und Feuchtebedingungen

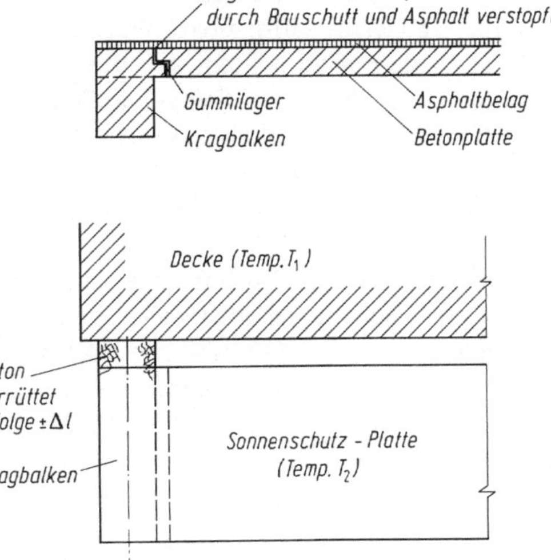

Abb. 4/67. Abscheren des Kragbalkens eines Sonnenschutzdaches an einer Südfassade wegen verstopfter Dehnungsfugen

kein Kondensat bildet. Kritisch sind in dieser Hinsicht insbesondere Metallbolzen oder -bügel zwischen Außen- und Innenschalen, welche die Wärme über tausend mal besser leiten als die Kunststoffdämmschicht. Sie wirken deshalb als „Kältebrücken" und setzen die Wärmedämmung empfindlich herab (vgl. 3.3.3). Verbindungsmittel aus glasfaserverstärkten Kunststoffen, deren Wärmeleitzahl etwa eine Zehnerpotenz kleiner ist, sind daher vorzuziehen, falls die Zwischenschicht nicht selbst die Verbindung zwischen den Außenschalen herzustellen vermag. Bezüglich der bauphysikalischen Anforderungen und ihrer Bewältigung wird im übrigen auf die umfangreiche Fachliteratur verwiesen [78; 6; 7].

Die Problematik der Verankerungen von Fassadenelementen ist in [79.1] umfassend abgehandelt, kurzgefaßte Hinweise für Verankerungen von Fassadenelementen enthält [79.2]. Die wichtigsten Gesichtspunkte sind die Abtragung der Lasten, die Bewegungsspielräume und der Korrosionsschutz. Nicht alle sogenannten „rostfreien Stähle" sind korrosionsbeständig. Die Verankerungen werden durch Eigengewicht der Fassadenelemente, Winddruck oder -sog und Zwänge (meist Reibung) beansprucht. Die Fassadenelemente sollten gegen Verschiebungen in ihrer Ebene statisch bestimmt gelagert werden. Senkrecht dazu sind bei großen Elementen zusätzliche Befestigungen (in regelmäßigem Raster) nötig. Toleranzen von 2 bis 3 cm für die Montage sind zweckmäßig. Große Teile mit möglichst wenigen Verankerungspunkten sind meistens am wirtschaftlichsten. Die Befestigung hat auch der Krümmung der Sandwichplatten infolge der Temperaturdifferenzen zwischen innen und außen Rechnung zu tragen. Bei starrer Festhaltung können unangenehme Schäden auftreten, wenn man nicht durch entsprechende Bewehrung die Risse verteilt.

Bei *tragenden Fassaden* sind die Temperaturverformungen noch wichtiger als bei den Vorhangwänden, weil sie die tragende Konstruktion unmittelbar beeinflussen. Die Fassade wird sich beispielsweise durch die Sonneneinstrahlung in der Höhe gegenüber den Kern- und anderen tragenden Wänden ausdehnen. Dadurch entstehen

Zwänge in den Decken und vor allem in den Unterzügen. Man legt deshalb gerne die eigentlich tragende Schicht der Fassade hinter eine leicht verformbare Wärmedämmschicht, die man ja ohnehin benötigt; dabei ist darauf zu achten, daß die Wärmedämmung auch an den Verbindungsstellen der Tafeln durchgeht. Bei von außen sichtbaren Stützen mit zwischengehängten Vorhangwänden empfiehlt es sich, auch die Außenflächen der Stützen zu dämmen. Dasselbe gilt für Außenwände, z. B. Kernwände, wenn große vertikale Bewegungsdifferenzen zum übrigen Tragwerk vermieden werden sollen.

Während man früher tragende Fassaden allenfalls bei Wohnbauten ausführte, beispielsweise im Großtafelbau, findet man seit Beginn der 70er Jahre auch sehr eigenwillig geformte tragende Fassaden bei Bürohäusern. Oft sind diese Elemente aus Leichtbeton hergestellt und konstruktiv vorgespannt. Sie haben Stahlkonsolen für die Auflagerung der Decken und wurden für manche Bauten fix und fertig mit Verglasung und Finish der Innenseite aus dem Werk angeliefert.

4.5 Kellerkasten und Gründung

Wenn die Bodenverhältnisse es erlauben, wählt man eine „Flachgründung“ (vgl. II B, 3.2 oder B. Kal. 1982 [80]), wobei diese bei Hochhäusern mit ihren zwei bis fünf Untergeschossen tief unter Gelände liegen kann. Oftmals werden Kern und Stützen unabhängig voneinander gegründet, aber bei sehr hohen Gebäuden benötigt man die gesamte Grundfläche zur Kippstabilisierung des aussteifenden Kerns. Um ein Schiefstellen zu vermeiden, sollte bei Hochhäusern der Schwerpunkt der Gründungsfläche möglichst senkrecht unter dem Lastschwerpunkt liegen. Das gilt besonders bei bindigen Böden.

Zur Verteilung der im Kern konzentrierten Windmomente über eine größere Grundfläche werden die Untergeschosse herangezogen. Wenn die Gebäudebreite nicht viel größer ist als die Gesamthöhe der Untergeschosse, breiten sich die Kräfte aus dem Kern in den damit verbundenen Kellerwänden aus wie in der Querschnittsverdickung eines Balkens oder in den abstehenden Platten eines Plattenbalkens. Das gilt auch für die Normalkraft des Kerns aus den senkrechten Lasten. Es bietet sich dann eine gemeinsame Gründung für den ganzen Kellerblock samt Kern an (Abb. 4/68a). Bei der Ausbreitung der Vertikalkräfte entstehen nicht zu vernachlässigende Horizontalkräfte in den Wänden und Decken.

Bei großer Breite (oder Länge) der Untergeschosse im Verhältnis zu ihrer Gesamthöhe kann man den Kern, um ihn getrennt zu gründen, von den übrigen Wänden trennen und nur die Kellerdecken einbinden. Diese und die Fundamentplatte bilden zusammen mit den Längs- und Querwänden der Untergeschosse einen mehrzelligen liegenden Hohlkasten. Die Decken stützen den Kern elastisch ab, wobei sehr große Horizontalkräfte in die Decken, vor allem in die oberste, eingetragen werden, denen entsprechende Querkräfte im Kern gegenüberstehen. Je nach Steifigkeit der Horizontalabstützung wird das Kernmoment dadurch bis zur Einspannung des Kerns in die Gründungsplatte mehr oder weniger abgebaut (Abb. 4/68b).

Selbstverständlich sind die Kräfte aus der Kernabstützung auch in den Decken und Wänden und der Fundamentplatte zu verfolgen, bis sie sich im Tragwerk aus-

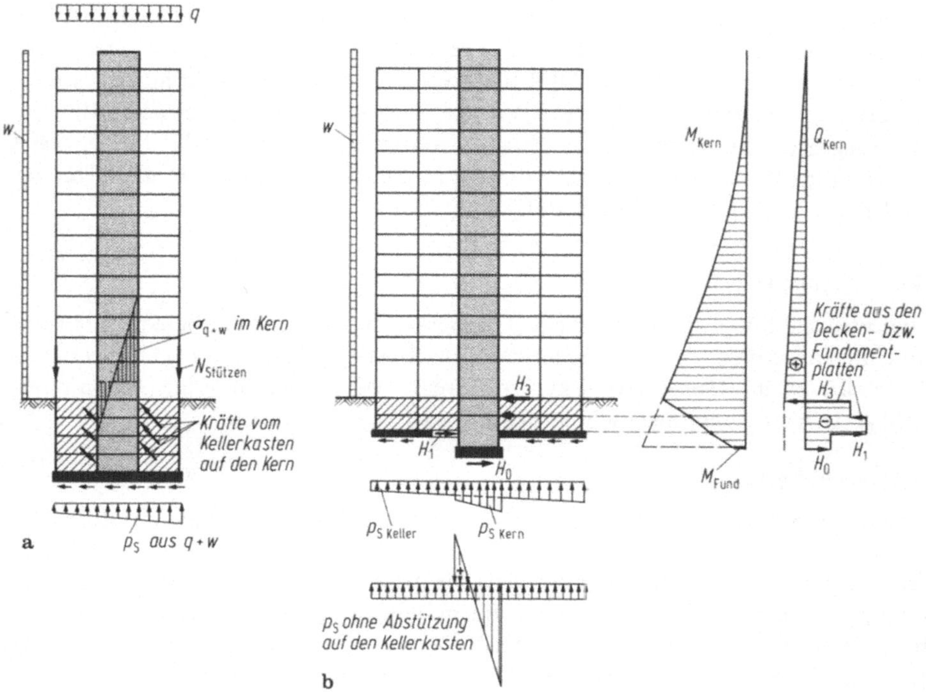

Abb. 4/68. Einspannung des Kerns in Keller und Gründung (Bodenpressungsverteilung vereinfacht). **a** Kellerwände mit Kern verbunden, gemeinsame Gründung des Kerns und der Stützen mittels des lastverteilenden, relativ hohen Kellerkastens; **b** Kellerwände ohne Verbindung zum Kern, horizontale Abstützung des Kerns über die Kellerdecken und Fundamentplatten

gleichen oder über zulässige Bodenpressungen und Reibungskräfte in den Boden abgeleitet sind (siehe hierzu Bild 11.5, S. 994 im B. Kal. 1984 II [18]).

Man kann Geschoßbauten wie andere Ingenieurbauwerke auch auf Pfählen, Brunnen oder Senkkasten gründen (vgl. II B, 3.3). Bei Hochhäusern ist in jedem Falle ein Sachverständiger für die Gründung hinzuzuziehen, und immer sind sehr tiefe Bodenaufschlüsse — Größenordnung 50 m tief — unerläßlich. Die Gründungsart kann bei enger Nachbarbebauung auch durch die Probleme mit der Baugrube und durch die gegenseitige Setzungsbeeinflussung maßgeblich mitbestimmt sein.

Die Wechselwirkung zwischen dem Boden, der Gründung, dem Kellerkasten und dem aufgehenden Tragwerk muß schon beim Tragwerksentwurf bedacht werden. Die Setzungen bzw. die Verformungen dieser Tragwerksbereiche müssen zumindest näherungsweise miteinander veträglich sein, um grobe Risse und Überlastung einzelner Bereiche zu vermeiden.

4.6 Treppen

Die Anordnung der Treppen im Gebäude wird maßgeblich durch feuerpolizeiliche Anforderungen (Fluchtwege) mitbestimmt. Bei mehrgeschossigen Gebäuden müssen die Treppen mit massiven Wänden umschlossen werden, die (evtl. zusammen mit den

Schächten für Fahrstühle und Versorgungsleitungen) auch als aussteifende Bauteile für Horizontallasten willkommen sind. Die Lastannahmen für Treppen sind meist höher als im übrigen Gebäude (DIN 1055, Teil 3), decken aber nicht immer extreme Einzellasten auf einzelnen Stufen ab, wie sie beim Transport von schweren Einrichtungsgegenständen (z. B. Panzerschrank) auftreten können. DIN 18065 regelt die Hauptmaße von Gebäudetreppen. Eine ausführliche Abhandlung über Treppen findet sich im B. Kal. 1980 II, S. 901.

4.6.1 Treppen aus Ortbeton

sind oftmals komplizierte räumliche Tragwerke, die aber für die Berechnung stark vereinfacht werden. Man ist dann hinsichtlich der Tragfähigkeit „auf der sicheren Seite", muß aber zur Rissesicherung konstruktive Bewehrung dort anordnen, wo in Wirklichkeit größere Zugbeanspruchungen auftreten.

Treppen mit geraden Läufen

Quer zur Steigung tragende, im Mauerwerk eingespannte Treppenläufe sind auf mäßige Breite (etwa 1,2 m) beschränkt, da sie zur Stabilisierung einer Mauerauflast bedürfen. Sie dürfen nicht ausgeschalt werden, ehe diese vorhanden ist. Außerdem ist der schräge Abgleich des Mauerwerks unbequem. Die lotrechten Lasten sind in Komponenten senkrecht und parallel zur Plattenebene zu zerlegen. Erstere beanspruchen den Lauf als Platte auf Biegung, letztere als Scheibe mit meistens vernachlässigbaren Normalkräften.

Zumeist werden die Treppenläufe in Richtung der Steigung gespannt und über die Podeste abgestützt. Im Randbereich des Podestes wird dazu ein „versteckter Balken" angeordnet oder das Podest wird als dreiseitig gelagerte Platte berechnet.

In Wirklichkeit aktiviert das Zusammenwirken von Wänden, Podesten und geneigten Treppenläufen die Faltwerkwirkung (vgl. 6), wodurch auch Längskräfte (Scheibenkräfte) *in* den Plattenebenen (nicht nur Momente) geweckt werden. Diese werden als Schubkräfte an die Wände abgegeben, die somit — aus vertikalen Lasten — auch Horizontalkräfte erhalten! Ausführlicher ist dies in einem Beispiel (Abb. 6/6) in 6 behandelt.

Die Faltwerkwirkung vermindert die Momente in den Podesten und Treppen beträchtlich gegenüber den vereinfachten (Platten)-Berechnungen, bewirkt aber auch an manchen Stellen eine Vorzeichenumkehr der Momente, weil praktisch alle Verschneidungskanten der Läufe und Podeste als Stützungen wirken. Der „versteckte Balken" kommt also gar nicht recht zur Wirkung. Es lohnt sich im allgemeinen nicht, die Faltwerkwirkung rechnerisch zu verfolgen, man sollte sich aber eine qualitative Vorstellung vom wirklichen Tragverhalten verschaffen, damit die konstruktive Bewehrung an die richtige Stelle gelegt wird. — Offen zutage trat die außerordentliche Steifigkeit der Treppenhäuser in den Kriegsruinen, wo oft nur das Treppenhaus stehenblieb.

Treppen mit gewendelten Läufen

In die Wand eingespannte Läufe werden meist vereinfacht als Kragplatten berechnet, obwohl sie als Schalen wirken. Freitragende Wendeltreppen werden wegen der Eleganz ihrer Raumkurven gerne für repräsentative Eingangshallen und Geschäftsräume gewählt, obwohl ihre Ausführung sehr arbeitsintensiv ist. Wenn für die Berechnung kein geeignetes Schalenprogramm zur Verfügung steht, kann man sich mit einer Idealisierung des Treppenlaufs als räumlich gekrümmten Stab behelfen. Für Treppen mit konstantem Radius liegen fertige Formeln für die Schnittkräfte vor (Längskraft, Querkräfte und Biegemomente um beide Achsen sowie Torsionsmoment) (B. Kal. 1980). Bei der Bemessung sind die Torsionsmomente mit gleicher Sorgfalt wie die Biegemomente abzudecken, weil sie für das Gleichgewicht nötig sind (Gleichgewichtstorsion). Beide Schnittgrößen können sich durch Rißbildung zwar umlagern, sie nehmen aber mit abnehmender Steifigkeit keineswegs überall ab wie die Verträglichkeitstorsion (vgl. 2.3.2).

4.6.2 Treppen aus Fertigteilen

Treppen sind zwar arbeitsaufwendige, aber relativ gleichartige und häufig wiederkehrende Bauelemente, deren Belastung und Beanspruchung zudem unabhängig vom übrigen Tragwerk ist. Sie bieten sich deshalb geradezu zur Vorfertigung an. Dabei können auch Estrich und Vorsatzbeton, selbst Kantenschutz und Belag im Werk aufgebracht werden — allerdings mit dem Risiko, daß diese beim normalen Baubetrieb beschädigt werden.

Bei geraden Läufen werden oft Einzelstufen auf zwei Laufbalken gelagert. Attraktiv aussehende Einzelstufen aus bewehrtem Naturstein mit nur 6 cm Dicke lassen sich aus zwei miteinander verklebten Steinschichten und in Nuten eingeklebter Bewehrung herstellen. Wird nur ein mittiger Laufbalken angeordnet, dann ist dieser für einseitige Verkehrslast auf Torsion zu bemessen und verdrehungssteif zu lagern. Einzelstufen können auch wie Ortbetontreppen in Wände aus Mauerwerk eingespannt werden. Um die Einspannmomente aufnehmen zu können, muß das Mauerwerk an der Einspannstelle eine genügend hohe Auflast aufweisen, und zwar schon im Bauzustand (vgl. Landesbauordnungen). Solche durchsichtigen Treppen aus unabhängigen Einzelstufen können schwere Einzellasten nicht auf mehrere Stufen verteilen, weshalb diese jeweils für eine Last von 1,5 kN am freien Ende zu bemessen sind.

Die Tragwirkung wird wesentlich günstiger, wenn sich die Einzelstufen längs einer Kante aufeinander abstützen (Abb. 4/69), Dann laufen die senkrechten Lasten durch die Stufen bis zum Auflager der Treppe durch, wobei die in jeder Stufe auftretenden Versatzmomente als Torsionsmomente der Einspannung zugeleitet werden [68]. Biegemomente treten dabei nicht auf. Maßgebend für die Bemessung sind die Torsionsmomente in den untersten Stufen, weil diese ja das Gewicht aller darüber liegenden Stufen um die Stufenbreite zu versetzen haben. Die Stufen werden in 6 cm tief gefräste Schlitze im massiven Mauerwerk eingeschoben und eingemörtelt. Auch die alten Blockstufentreppen aus Naturstein wirken in entsprechender Weise.

Mitunter werden bei Großbauvorhaben halbe oder ganze Läufe vorfabriziert und versetzt. Dabei sind zur Gewichtsersparnis die Stufen nur durch seitliche oder einen mittigen Wangenbalken miteinander verbunden.

Freitragende Wendeltreppen mit einer Mittelsäule (Spindeltreppen) lassen sich aus Fertigteilstufen zusammensetzen, die einen ringförmigen Ansatz besitzen. Der dadurch gebildete Kern der Mittelsäule wird für die Biegemomente der Säule bewehrt und ausbetoniert. Diese Biegemomente und die dafür ungünstigste Laststellung lassen sich durch Einführen eines Knickwinkels „1“ in die Biegelinie $w(z)$ der Mittelsäule ermitteln (Bild 4/70a). Die dadurch entstehenden Senkungen und Hebungen der Stufen sind dann die (positiven bzw. negativen) Einflußordinaten η für die Stufenlasten. Sie sind den Neigungen $\mathrm{d}w/\mathrm{d}z$ der Mittelsäulen-Biegelinie und den Abstandsprojektionen $x = a \sin \varphi$ der Stufenlasten proportional (Bild 4/70b).

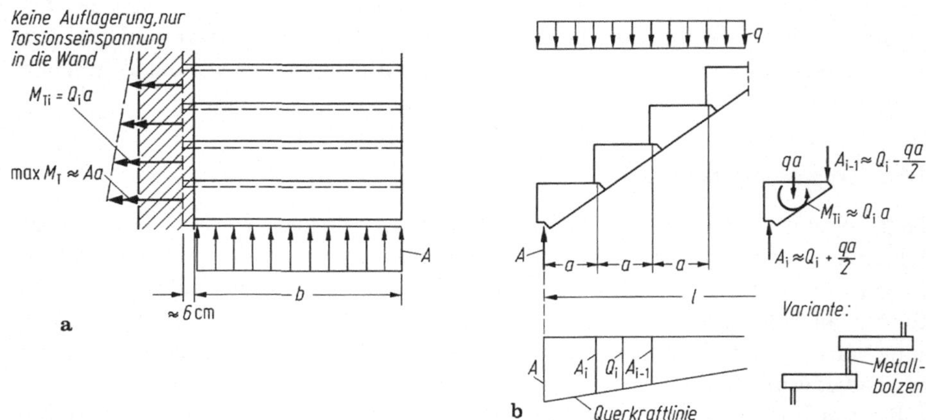

Abb. 4/69. Fertigteilstufen, die sich aufeinander abstützen, benötigen lediglich eine Torsionseinspannung in die Wand. **a** Ansicht; **b** Querschnitt der Treppe und einer Einzelstufe mit angreifenden Kräften

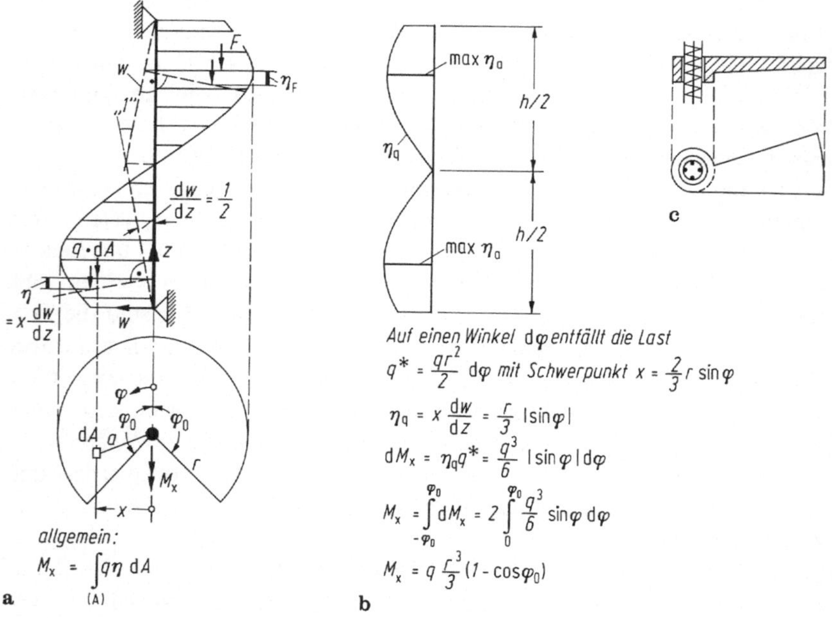

Abb. 4/70. Ermittlung der max M in der Mittelsäule einer Spindeltreppe mittels Einflußlinie. **a** Infolge eines Knickwinkels „1" senken sich die Lasten $q\,\mathrm{d}A$ der Stufen um η; **b** Einflußlinie η_q für Gleichlast q auf den Stufen; **c** einzelne Stufe

4.7 Ausbau

Ausrüstung und Ausbau der Bauten sind Gegenstand dieses Buches nur insoweit, als sie die Tragwerke beeinflussen.

Die Leitungen werden zweckmäßigerweise in Steigschächten zusammengefaßt, die im Kernbereich angeordnet werden. Für ihre Verteilung in den Geschossen steht der Raum über den untergehängten Decken [81] zur Verfügung (vgl. Abb. 4/18 bis 21). Auch die für Abfangkonstruktionen benötigte Bauhöhe wird dafür — oft in Form eines Installationsgeschosses — genutzt. Bei Laborgebäuden und Krankenhäusern werden mitunter niedrige Installationsgeschosse nach jedem Hauptgeschoß eingeschaltet. Je größer ein Gebäude, desto größer ist der relative Platzbedarf der Versorgungsleitungen und Verkehrswege. Besondere Sorgfalt ist der Feuersicherheit dieser Schächte, ihren Abzweigungen und Durchbrüchen zuzuwenden, damit sie nicht einen Brand in die darüberliegenden Geschosse weiterleiten, was schon zu schweren Katastrophen geführt hat. Die Landesbauordnungen enthalten deshalb diesbezüglich eingehende Vorschriften.

Bürogebäude erhalten — abgesehen vom Kern oder einigen Windscheiben — oftmals keine tragenden Innenwände, um die Raumnutzung möglichst flexibel zu gestalten und spätere Änderungen leicht vornehmen zu können. Die Unterteilung in Räume und Flure erfolgt durch unbelastete „*leichte Trennwände*", deren Eigengewicht (nach DIN 1055, Teil 3, Abschn. 4) bei der Bemessung der Decken durch einen gleichmäßig verteilten Zuschlag zur Verkehrslast berücksichtigt wird. Massive Leichtwände aus Schaumbeton oder Gips sind die billigste Lösung, Wände aus geschoßhohen Tafeln in Sandwichbauweise mit Metall- oder Holzrahmen sind aber leichter versetzbar. Die senkrechten und waagerechten Fugen müssen dabei sorgfältig gedichtet werden, besonders mit Rücksicht auf den Schallschutz, der wegen des geringen Wandgewichtes ohnehin Schwierigkeiten bereitet.

Auf die Empfindlichkeit massiver Leichtwände gegenüber Durchbiegungen der Decken sei nochmals hingewiesen (Abb. 4/5e). Anforderungen und Nachweise für nichttragende innere Trennwände regelt die DIN 4103, Teil I.

5 Türme und Masten

Dieser Hauptabschnitt ist denjenigen Bauwerken gewidmet, die — als ganzes betrachtet — einen in den Boden eingespannten senkrechten Kragträger darstellen. Beispiele dafür sind zunächst alle Arten von freistehenden Türmen, z. B. Fernseh- und Fernmeldetürme [2; 3], Schornsteine [4–7], Glockentürme [8], Wassertürme [9], Aussichtstürme [19], Kontrolltürme [10] und Leuchttürme. Wir denken dabei aber auch an die mit anderen Bauteilen gekoppelten turmartigen Tragwerke, wie z. B. Brückenpfeiler [12] und -pylone [13], Beine von Meeresplattformen [14], Kerne von Hochhäusern (4.3), und außerdem an Masten für Freileitungen [15] (Abb. 5/1). Allerdings können diese verschiedenen Bauwerksarten hier nicht alle im einzelnen behandelt werden, sondern nur gemeinsame oder typische Eigenarten ihrer Tragwerke sowie einige Gesichtspunkte für deren Entwurf und Ausführung. Einzelne Bauwerke und für eine Bauwerksart spezifische Einzelheiten sind in der soeben zitierten Literatur beschrieben. Umfassendere Abhandlungen sind unter [1] aufgeführt.

Beim Abfassen dieses Abschnitts über Türme war eine Schrift von Schlaich [1.1] besonders hilfreich, der außerdem seine umfangreiche Literatursammlung über Türme zur Verfügung stellte. Dafür danken wir. Besonders hervorzuheben sind hier auch die Veröffentlichungen über Türme von Leonhardt [1–3; 19], der mit dem 1955 fertiggestellten Stuttgarter Fernsehturm der Stahlbetonbauweise bei solchen Türmen zum Durchbruch verhalf.

Türme wirken als Blickfang und haben wegen ihrer Höhe eine besondere architektonische Bedeutung. Dessen sollte sich der entwerfende Ingenieur stets bewußt sein und einen Architekten zu Rate ziehen, auch wenn es sich um ein „reines Ingenieurbauwerk" handelt [3.5].

5.1 Belastung

Da die Natur der Lasten in II B, 2, ausführlich behandelt wird, möge hier eine Aufzählung der wichtigsten Lasten mit kurzen Hinweisen genügen (s. auch 4.1):

- *Eigenlasten* und *lotrechte Gewichtslasten*, z. B. Behälterfüllung, Verkehrslasten, Schneelast, Auflagerkräfte auf Brückenpfeilern (DIN 1055).
- Die *Windlast* wirkt auf den Kragträger in wechselnden Richtungen ein und ist für hohe, schlanke Bauwerke die bei weitem wichtigste Bemessungslast. Dementspechend sind bei turmartigen Bauwerken möglichst zutreffende Windlastannahmen, die auch die stochastische Natur des Windes berücksichtigen, besonders wichtig (vgl. DIN 4288; Entwurf zum Teil 4 der DIN 1055) [4/3; 11; 17].

— Massenkräfte aus *Erdbeben* werden als nicht gleichzeitig mit den größten Windlasten wirkend angenommen, können aber in Erdbebengebieten maßgebend werden (B. Kal. 1978 II, S. 745; DIN 4149; [4/4; 17; 18]). Die Horizontalkomponenten erregen das Bauwerk zu Schwingungen.
— *Wasserdruck*, *Wellen* und *Eisdruck* bei Wassertürmen [9.1] und bei Seebauten [16].
— Massenkräfte von *Glocken* erregen Glockentürme zu periodischen Schwingungen (B. Kal. 1978 II, S. 745; [8; 1.3]).

Abb. 5/1. Typische turmartige Bauwerke. **a** Schornstein; **b** Fernsehturm; **c** und **d** Wassertürme; **e** Glockenturm; **f** Mast; **g** Brückenpfeiler; **h** Brückenpylon; **i** Offshore-Plattform

- Kräfte aus *Seilverankerungen* und *Seilumlenkungen*, z. B. bei Masten, Brückenpylonen und Abspannungen, insbesondere auch
- *Eisbehang* und *Eisbefall*, z. B. an den Drähten von Freileitungsmasten [1.3]. Eisbehang verändert auch den Windwiderstand.
- *Horizontale Auflagerkräfte* bei Brückenpfeilern, verursacht durch Bremslasten, Windlasten und Zwängungen des Überbaus.
- Momente nach Theorie II. Ordnung aus ungewollten *Lotabweichungen* infolge ungenauer Herstellung, ungleichmäßiger Fundamentsetzungen, einseitiger Sonneneinstrahlung usw. (vgl. 4.3.2.1).
- *Temperaturunterschiede* und *chemische Angriffe* spielen insbesondere bei Schornsteinen eine wichtige Rolle [4; 1.3; 1.5; 1.9; 7.1; 7.10]
- *Katastrophenlasten*, z. B. aus Flugzeuganprall, Schiffsanprall, Explosion

5.2 Der Turmschaft, ein lotrechter Kragträger

5.2.1 Querschnittswahl und Längsprofil

Wegen der Knickgefahr, den Schwingungen und großen Durchbiegungen schlanker Türme sind aufgelöste Querschnitte und Hohlquerschnitte zweckmäßig. Die günstigste Querschnittsform im Hinblick auf Windlasten, Verformungen und Beanspruchungen ist der Kreisringquerschnitt (Abb. 5/2). Sie wurde auch für die weitaus meisten

Windrichtung → (y, x)	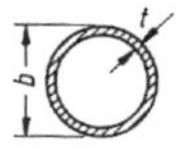 Bezugsform	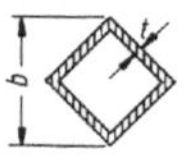	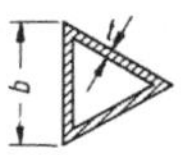	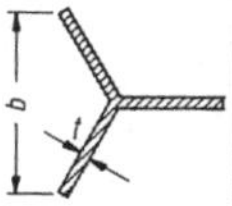	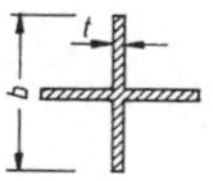
Wanddicken t Betonquerschnitt A_b	für alle Querschnittsformen gleich groß gewählt				
Windangriffsbreite b	1	1,11	1,05	1,81	1,57
Trägheitsmoment I_b im Zustand I (in allen Richtungen gleich)	1	0,82	0,73	1,46	0,82
min. Widerstandsmoment W_{by}	1	0,74	0,52	0,60	0,52
Windwiderstandsbeiwert c_w (grobe Näherung)	0,8	1,0	1,0	1,2	1,2
Windlast je m Höhe $p \sim c_w b$ (Vergleichswert)	1	1,39	1,31	2,72	2,36
Durchbiegung aus Wind $\delta \sim p/I_b$ (Vergleichswert)	1	1,69	1,79	1,86	2,87
max. Beanspruchung $\sigma \sim p/W_{by}$ (Vergleichswert)	1	1,88	2,50	4,50	4,50

~ bedeutet proportional

Abb. 5.2. Vergleich von Querschnittsgrößen, Durchbiegungen und Beanspruchungen aus Windbelastung für einige idealisierte Querschnittsformen. Alle (maßstäblich) dargestellten Querschnittsformen haben die gleiche Wanddicke t ($\ll b$) und den gleichen gesamten Wandquerschnitt A_b (Betonquerschnitt). Der Querschnitt und die Windbelastung sind über die Turmhöhe konstant angenommen

Fernsehtürme, Schornsteine, Masten und andere freistehende Turmkonstruktionen gewählt.

Einige Beispiele für andere Querschnittsformen zeigt Abb. 5/3 (siehe auch [2.8]). Als Vorteil des sternförmigen Grundrisses des CN-Tower in Toronto [2.21] (Abb. 5/3a) wird unter anderem angeführt, daß die Schalung lediglich an den schalen Stirnseiten der Wände mit der Turmhöhe verändert werden mußte, während bei Ringquerschnitten die Schalung über den ganzen Umfang dem mit der Höhe veränderlichen Durchmesser angepaßt werden muß. Ein Aussichtsturm in Hannover besteht aus zwei rahmenartig miteinander verbundenen ovalen Röhren (Abb. 5/3c). Für Hochhauskerne werden schon wegen der Einordnung in das übrige Tragwerk rechteckige Hohlkastenquerschnitte bevorzugt, die außerdem einfacher zu schalen sind. Rechteckige Hohlkästen, auch mit abgeschrägten Ecken, findet man außerdem häufig als Brückenpfeiler, wo für die Lageranordnung und die Aufnahme der Horizontalkräfte ungleiche Seitenlängen des Schaftes zweckmäßig sind. Bei mehrzügigen Schornsteinen können abgerundete Dreieck-, Viereck- und Vieleckquerschnitte in Betracht kommen (Abb. 5/3e). Bei Wassertürmen sind die Horizontallasten gegenüber den Vertikallasten gering, und die Höhen sind nicht allzu groß, so daß der Behälter auch durch rahmenartig versteifte Stützen getragen werden kann (Abb. 5/3f). Oftmals wird dabei eine innere Treppenröhre mit einem äußeren Kranz von Stützen umgeben (s. auch Abb. 5/12d).

Der Mindestdurchmesser des Schaftes wird meistens schon durch den Platzbedarf für den Vertikaltransport bestimmt (Treppenhaus und Aufzüge, Rauchrohre bei Schornsteinen).

Turmschäfte mittlerer und großer Höhe sollten nach unten zunehmend verbreitert werden. Dies ist nicht nur statisch zweckmäßig, sondern auch aus optischen Gründen nötig, denn Türme mit zylindrischem und auch solche mit konischem Schaft wirken so, als ob sie einen „Bauch" hätten. Bei einem optisch gut wirkenden, gekrümmten Längsprofil ist die Zunahme des Schaftdurchmessers so, daß der Einspannquerschnitt nicht der am höchsten beanspruchte ist. Dadurch ist die Schwächung der Röhre am Turmfuß durch Türen oder Fuchsöffnungen (bei Schornsteinen) leichter zu verkraften. Der über die Höhe veränderliche Durchmesser des Schaftes und eine geeignete Formgebung des Turmes verhindern außerdem die Anregung des ganzen Turmes mit der gleichen Wirbelablösefrequenz und verringern dadurch die Schwingungsamplituden.

Die Turmauslenkungen sind nicht nur aus statischen Gründen, sondern auch aus betrieblichen Gründen gering zu halten, z. B. wegen der Richtungsabweichung von Richtfunkantennen und des Wohlbefindens von Benutzern und Besuchern des Turmes [4/39].

5.2.2 Berechnung und Bemessung des Schaftes

Der lotrechte Kragträger wird hauptsächlich durch Biegemomente — in wechselnden Richtungen — und durch Längsdruckkräfte beansprucht. Die Querkräfte spielen nur eine untergeordnete Rolle. Bei ausmittigem Lastangriff in Bezug auf den Schubmittelpunkt des Schaftquerschnitts entstehen außerdem Torsionsmomente, wie z. B. in einem ausmittig angeordneten Hochhauskern (Abb. 4/32c) oder bei einseitigem Leiterzug an einem Freileitungsmast.

Wenn der Schaft lang im Verhältnis zum Durchmesser ist, bleiben die Querschnitte bei der Verformung des Schaftes eben und dieser kann dann wie ein Balken für

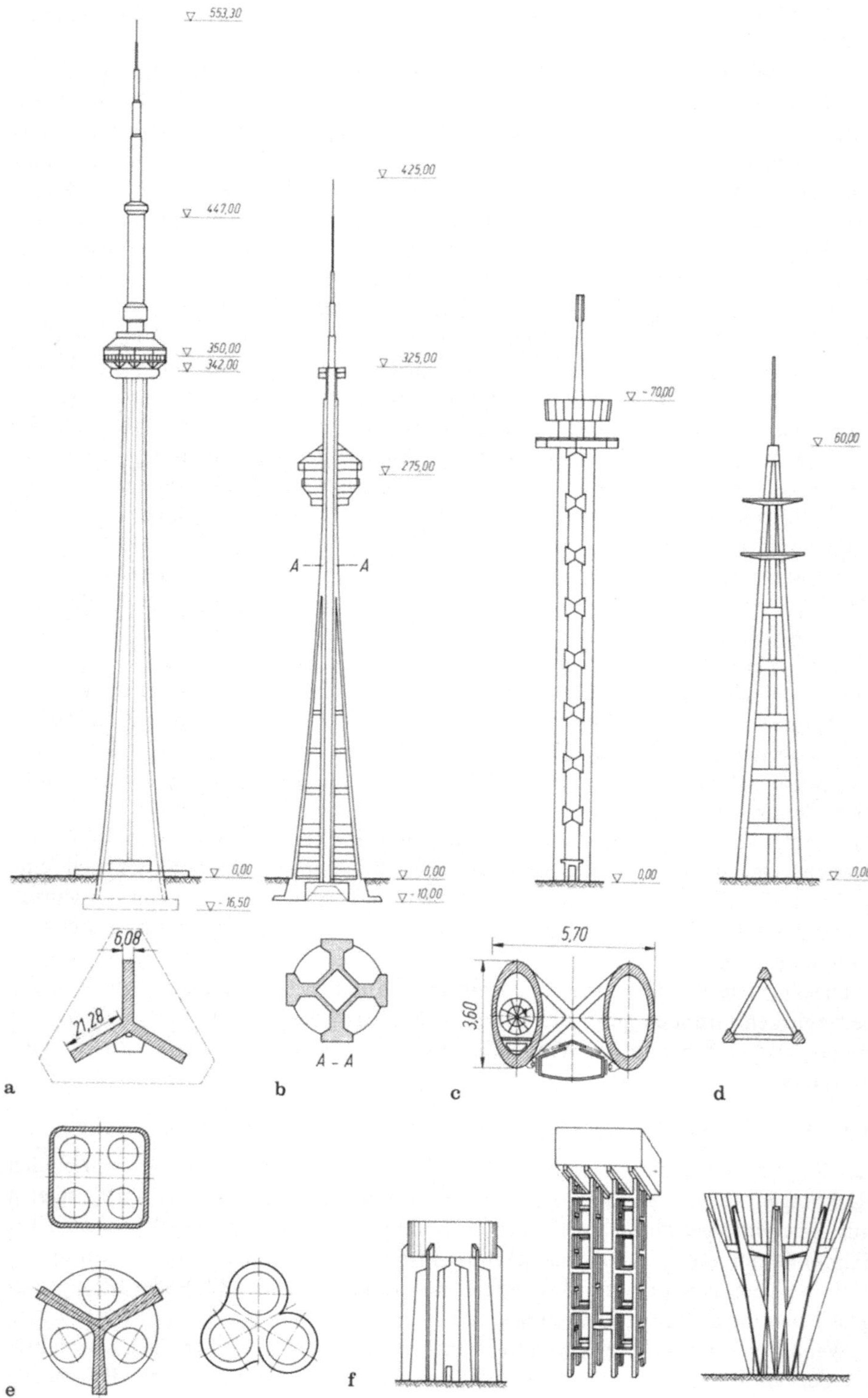
553,30
447,00
350,00
342,00
0,00
-16,50
425,00
325,00
275,00
A
A
0,00
-10,00
~70,00
0,00
60,00
0,00
6,08
21,28
A - A
5,70
3,60
a
b
c
d
e
f

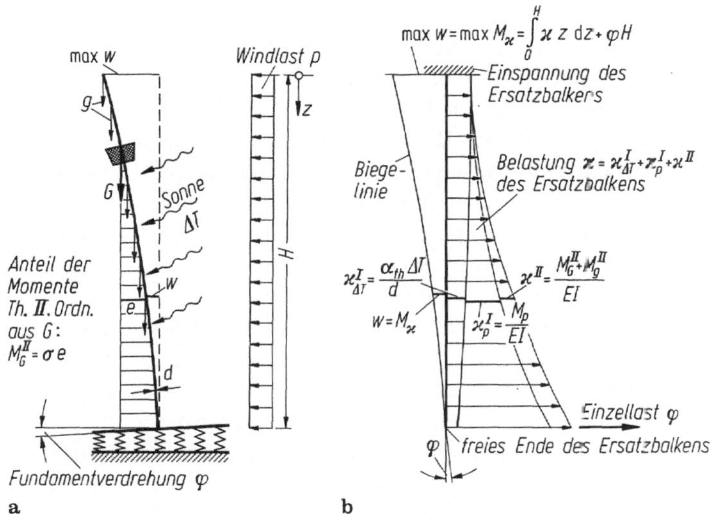

Abb. 5/4. a Die Schnittkräfte schlanker Türme sind am verformten System zu berechnen; **b** Ermittlung der dafür benötigten Biegelinie als Moment der Krümmungen am Mohrschen Ersatzbalken.

die Schnittkräfte N, M, Q und gegebenenfalls M_T nach Zustand II bemessen werden (vgl. auch Abb. 7/17) [32]. Dabei wird vorausgesetzt, daß die Querschnittsform des „Balkens" erhalten bleibt. Die bei Betonschäften nötigen Dickenabmessungen der Wände sichern eine in dieser Hinsicht ausreichende Querbiegesteifigkeit des Schaftes. Querschotte in Form von Decken, Plattformen oder Versteifungsringen sind dann nur bei der Einleitung konzentrierter Kräfte nötig. Bei Kühltürmen mit ihren großen Durchmessern im Vergleich zur Wanddicke treffen diese Voraussetzungen der Balkenbiegelehre nicht zu; sie sind als Schalen zu behandeln (Abschnitt 7).

Die im Grunde einfache statische Berechnung der Schnittkräfte eines (statisch bestimmten) Kragarms wird bei den meisten turmartigen Tragwerken durch folgende Umstände erheblich erschwert:

- Die Normalkräfte erzeugen bei schlanken Tragwerken im verformten Zustand zusätzliche Momente nach Theorie II. Ordnung [31] (Abb. 5/4).
- Die Eigenfrequenzen schlanker, hoher Bauwerke sind relativ gering, so daß diese durch die Böigkeit des Windes oder durch Massenkräfte (Glocken, Erdbeben) leicht zu beträchtlichen Horizontalschwingungen angeregt werden [4/3; 4/4; 17]. Außer den Längsschwingungen in der Windrichtung führen die Türme infolge der Kármánschen Wirbelablösungen auch schon bei mäßigen Windgeschwindigkeiten erhebliche Querschwingungen aus.

Diese Problemkreise werden ausführlich in II B sowie in der zitierten Literatur behandelt.

◀ **Abb. 5/3.** Türme mit nicht kreisringförmigem Schaftquerschnitt. **a** CN-Tower, Toronto [30]; **b** Entwurf für Fernsehturm Bukarest; **c** Aussichtsturm in Hannover [19]; **d** Fernmeldetürme aus Fertigteilen in Marne und Minden [2.12]; **e** Querschnitte von Schornsteinen mit mehreren Zügen (Entwürfe) [1.2]; **f** Wassertürme mit rahmenartigen Stützen

Eine weitere Problematik liegt im Ansatz zweckmäßiger Sicherheitsbeiwerte (vgl. II B, 5, und 3. Absatz in 4.1.1). Sie ist in neueren Regelwerken [4/1; 4/2; 4.1; 4.3] durch das Sicherheitskonzept mit Teilsicherheitsbeiwerten gelöst.

Die Zunahme der Momente infolge der Verformungen (Theorie II. Ordnung) ist in vielen Fällen vernachlässigbar gering. Beim Abschätzen von Verformungen oder der Knickempfindlichkeit mittels Überschlagsformeln entsprechend [4/31] (vgl. 4.3.2.1) oder nach [31] darf die Abminderung der Steifigkeit beim Übergang in Zustand II [32] und die Nachgiebigkeit der Einspannung des Kragarms im Boden nicht vergessen werden. Einen weiteren Betrag zu den Ausbiegungen liefert die unterschiedliche Erwärmung durch einseitige Sonnenbestrahlung.

Bei üblichen, nicht extrem schlanken Türmen können die Momente nach Theorie II. Ordnung in einfacher Weise dadurch gewonnen werden, daß die Zusatzmomente aus den senkrechten Lasten (Abb. 5/4a) zunächst näherungsweise für die Verformungen I. Ordnung berechnet und dann so lange iterativ verbessert werden, bis sie konvergieren. Wenn sich nach zwei bis drei Schritten noch wesentliche Änderungen ergeben, ist der Turm knickgefährdet. Die Biegelinien sind dabei anschaulich als Momentlinien der Krümmungen am Mohrschen Ersatzträger oder mittels Arbeitssatz zu ermitteln (Abb. 5/4b). Unterschiedliche Steifigkeiten (auch Zustand II) lassen sich dabei durch Unterteilung in mehrere Höhenabschnitte mit näherungsweise konstanten Werten realistisch und genügend genau berücksichtigen.

Die Zusatzmomente aus Theorie II. Ordnung sind mit den Verformungen zu berechnen, die sich aus den γ_L-fachen Lasten und den Lotabweichungen (5.1) ergeben. Die Teilsicherheitsbeiwerte γ_L für die verschiedenen Belastungen (z. B. Wind, Eigengewicht, Verkehrslast) sind dabei in ungünstigster Kombination zu wählen. Alle gleichzeitig möglichen Lasten und Verformungen sind *gemeinsam* anzusetzen; denn die Superposition einzelner Belastungszustände liefert zu geringe Zusatzmomente.

Die Verformungen für die Berechnung der Zusatzmomente sind mit realistischen Steifigkeiten, also gegebenenfalls für den gerissenen Zustand des Betons zu ermitteln. Da der „nackte Zustand II" zu große Ausbiegungen liefert, kann es sich bei schlanken Türmen lohnen, die günstige Mitwirkung des Betons zwischen den Rissen zu berücksichtigen. Zu diesem Zweck durchgeführte Versuche an Röhren von 1,2 m Durchmesser, die mit Normalkraft und Momenten belastet wurden, lieferten die in Abb. 5/5 gezeigten Ergebnisse [21]. In Abstimmung damit sind verschiedene Konzepte zur realistischen Berechnung der Verformungen von Stahlbetontürmen entwickelt worden [22].

Nach [21] wird der Schaft zur realistischen Berechnung der Verformungen aus Prismen zusammengesetzt, für die die Last-Verformungsgesetze des Betondruckstabes bzw. des (gerissenen) Stahlbetonzugstabes angewendet werden. Zu beachten ist allerdings noch, daß die Rißabstände *aller* Zugprismen von dem Prisma am Zugrand der Röhre bestimmt werden, weil die dort beginnenden Biegerisse meistens gleich bis in die Nähe der Nullinie vordringen.

Die mit der Windrichtung wechselnden Momentenrichtungen und die abwechselnden Zug-Druck-Belastungen der Prismen haben nach den bisherigen Erkenntnissen keinen wesentlichen Einfluß auf die Steifigkeit des Turmschaftes bei einer späteren, höheren Belastung. Auf die Tragfähigkeit wirkt sich die wiederholte Belastung aber in üblicher Weise durch die Ermüdung der Baustoffe Stahl bzw. Beton aus. Mit Rück-

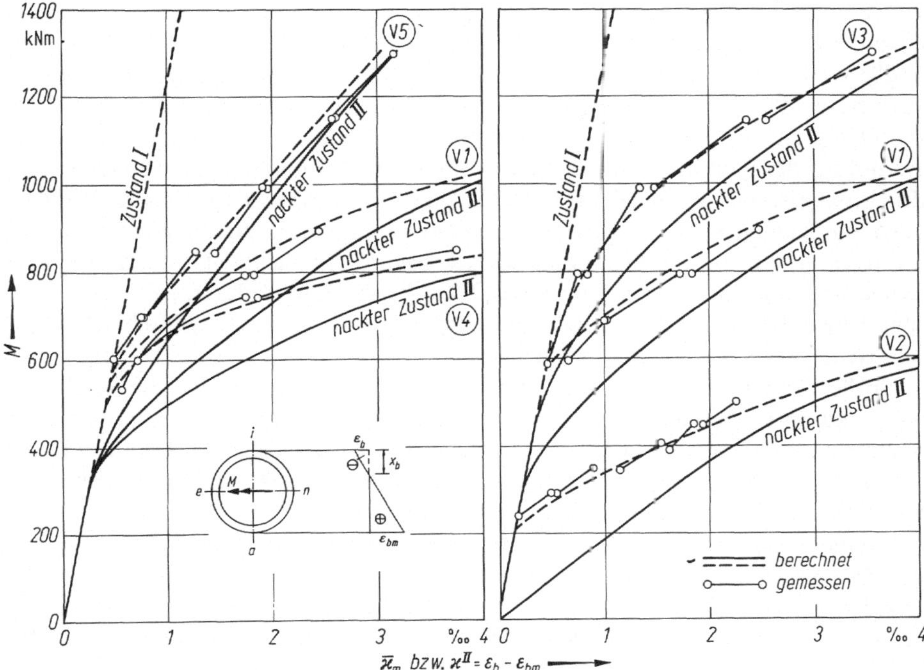

Abb. 5/5. Vergleich gemessener Krümmungen von Röhren mit denen nach Zustand II ohne Mitwirkung des Betons zwischen den Rissen [21]

sicht darauf wird z. B. in den CICIND-Empfehlungen für Schornsteine [4.3] die Betonstauchung auf — $2^0/_{00}$ begrenzt.

Beim Ermitteln der Momente nach Theorie II. Ordnung können örtliche Schwachstellen (z. B. Betonierabschnitt mit zu geringer Betongüte) außer Betracht bleiben, weil sie sich auf die Durchbiegung nicht wesentlich auswirken — diese stellen ja ein Integral der Verformungen über die *ganze* Turmhöhe dar. Man führt deshalb auf der Materialseite keinen oder nur einen geringen Teilsicherheitsbeiwert ein. Selbstverständlich sind aber örtliche Festigkeitsminderungen beim Tragfähigkeitsnachweis mit den berechneten Momenten durch entsprechende Teilsicherheitsbeiwerte zu berücksichtigen.

Da das Biegemoment in jedem Turmquerschnitt von den Verformungen aller übrigen Querschnitte und damit auch von der dort liegenden Bewehrung beeinflußt wird, läßt sich die Bemessung nur iterativ durchführen: Ausgehend von einer gewählten Bewehrungsanordnung im ganzen Turm werden zunächst die Steifigkeiten berechnet, dann die Ausbiegungen, die Momente und schließlich die dafür erforderliche Bewehrung. Diese darf aber letztlich nicht geringer gewählt werden als für die Steifigkeitsermittlung angenommen wurde, oder die Berechnung muß wiederholt werden.

Manchmal liefern die Einbauten (Fahrstuhlschächte, Schornsteinfutter) einen Beitrag zur Steifigkeit, dessen Berücksichtigung sich lohnt.

Natürlich muß versucht werden, eine Resonanz zwischen Erregerfrequenzen (Glockenschwingzahlen, Wirbelablösefrequenzen) und Eigenfrequenzen des Bauwerks zu verhindern. Entsprechende Berechnungen sind aber nicht immer zuverlässig. Bei einem breitbandigen Angebot an Frequenzen, wie sie der natürliche Wind und Erdbeben beinhalten, filtert sich das Bauwerk nämlich die seinen Eigenfrequenzen entsprechenden Anteile heraus. Das beste Mittel gegen Schwingungen ist deshalb die Dämpfung. Die durch das Baumaterial und den Baugrund immer vorhandene Dämpfung des Bauwerks [20] kann durch künstliche Dämpfung erhöht werden, z. B. durch mitschwingende gedämpfte Massen oder durch zwischengeschaltete Viskoseglieder in Bauteilen, die sich gegeneinander bewegen können. Neben dieser sogenannten passiven künstlichen Dämpfung werden neuerdings auch elektronisch geregelte aktive Schwingungsdämpfer eingesetzt [23]. Allerdings wird durch solch eine wartungsbedürftige Vorrichtung die Grenze vom „Bauwerk" zur „Maschine" überschritten, was uns bedenklich erscheint.

Große Torsionsbeanspruchungen treten in Freileitungsmasten auf, die durch Leiterzug ausmittig belastet werden. Beispielsweise hat das Abfallen des Eisbehanges von einem Leiter gelegentlich zum Abdrehen des Mastzopfes geführt. Offene Querschnitte und durch große Öffnungen geschwächte Hohlkastenquerschnitte sind besonders empfindlich gegenüber Torsionsmomenten.

Die Biegebeanspruchungen des Turmschaftes in der Ringrichtung sind — abgesehen von Zwangsbeanspruchungen — meist gering und durch die konstruktive Bewehrung abgedeckt. Im Zweifelsfalle kann man die Ringbiegung aus senkrecht zur Schaftachse wirkenden Lasten (z. B. Windlast) mit dem Verfahren von Lundgren (Abb. 7/64) berechnen, indem man einen aus dem Schaft herausgeschnittenen Ring als Rahmen untersucht, der durch die Schubkräfte in den Schaftquerschnitten und die am Umfang eingreifenden Horizontallasten beansprucht wird. Die so berechneten Quermomente sind Grenzwerte, die nur in den von Querschotten (Decken usw.) unbeeinflußten Schaftbereichen in voller Größe auftreten können; denn die Querschotte behindern die („drehungslosen") Querschnittverformungen der Schaftröhre auf erhebliche Länge (mehrere Schaftdurchmesser) beiderseits der Schotte.

Öffnungen im runden Schaft sollten möglichst nicht in dem höchstbeanspruchten Querschnitt angeordnet werden und im Grundriß höchstens 60° ausschneiden. Nach DIN 1056 dürfen dann die Spannungen im Öffnungsbereich noch unter der Annahme ebenbleibender Querschnitte (also Dehnungen linear über den Durchmesser verteilt) ermittelt werden; außerdem darf danach der über und unter der Öffnung befindliche „Sturz" vereinfacht als ebene Scheibe berechnet werden. Wegen der zusätzlichen Umlenkung der Lasttrajektorien in der Grundrißprojektion entstehen in der Schale aber zusätzlich auch Biegemomente, die zumindest konstruktiv berücksichtigt werden müssen. Eine Randverstärkung der Schalenränder um die Öffnung herum oder horizontale, aussteifende Scheiben über und unter der Öffnung sind zweckmäßig. Bemessungshilfen für Schalen mit Öffnungen finden sich auch in [4.1], [4.3] und [24].

Die Schornsteinnormen [4] enthalten viele Berechnungsgrundlagen und konstruktive Hinweise, die auch für andere turmartige Bauwerke brauchbar sind. In [5] sind Schornsteinnormen miteinander verglichen.

5.2.3 Herstellen und Bewehren des Schaftes

Der Schaft kann mit Gleit- oder Kletterschalung hochgezogen werden. Letztere ist vorzuziehen im Hinblick auf Störungen des Betongefüges beim Gleiten, auf Maßgenau-

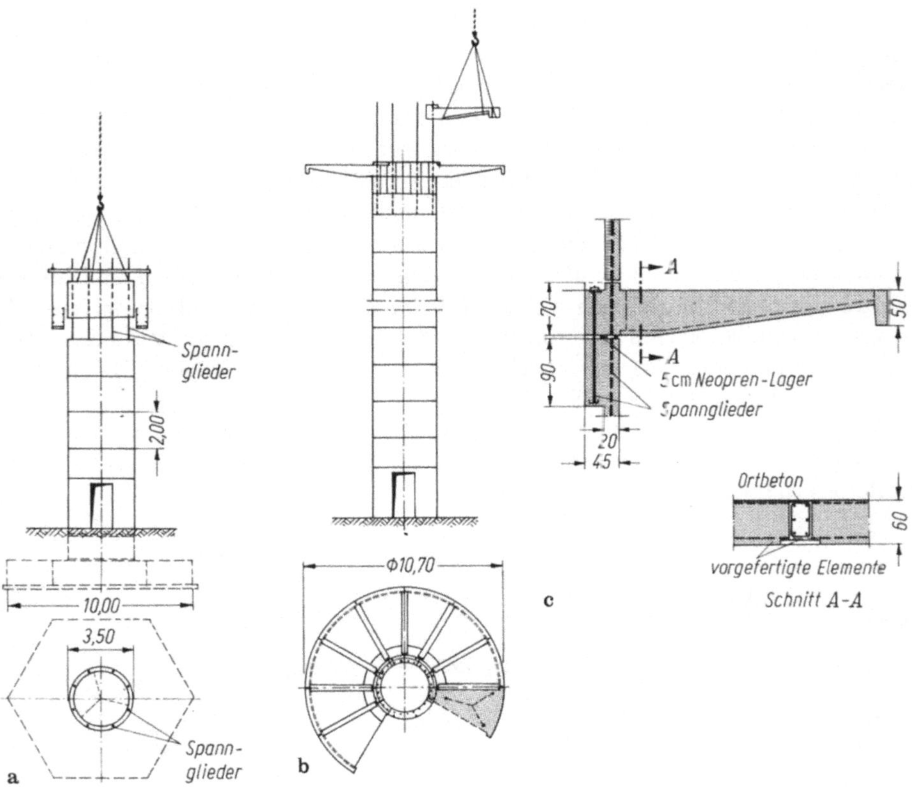

Abb. 5/6. Fertigteilvariante der Typentürme FMT 8-10 der Deutschen Bundespost. **a** Errichtung des Schaftes; **b** Errichtung der Plattform aus segmentförmigen Elementen; **c** Details

igkeit und Arbeitsunterbrechungen (4.3.4.1). Bei Schornsteinen wird in der Regel Gleitschalung verwendet, mit der Fortschritte von 10 m in 24 h erreicht werden können.

Mitunter wird der spätere Aufzugs- oder Treppenschacht gleichzeitig mit dem Schaft hergestellt, um ihn als Arbeitsbühne oder für den Baukran nutzen zu können. Er muß dann in größeren Abständen am Schaft verankert werden. Turmschäfte mit geringem, über die ganze Höhe konstantem Durchmesser werden oftmals aus vorgefertigten Ringen zusammengesetzt, die dann vertikal zusammengespannt werden (Abb. 5/6). Masten werden meistens im Schleuderbetonverfahren hergestellt.

Ortbetonschäfte werden selten in Längsrichtung vorgespannt [2.21; 9.5], da das Eigengewicht schon eine gewisse „Vorspannung" ersetzt. In Ringrichtung lohnt sich Vorspannung gewöhnlich nicht, da — abgesehen von Zwang — nur relativ geringe Ringzugbeanspruchungen auftreten. Lediglich bei Silos oder bei den als Flüssigkeitsbehälter genutzten Schäften ist eine Ringvorspannung zweckmäßig (7.5.1.4).

Der mittlere Bewehrungsprozentsatz im Schaftquerschnitt sollte aus wirtschaftlichen Gründen 1,5% nicht überschreiten, auch damit der Zeitaufwand für das Bewehren und für das Betonieren in vernünftigem Verhältnis zueinander stehen.

Die vertikale Bewehrung besteht meistens aus 6 m langen Stäben, die durch Überlappen gestoßen werden. Die Stöße benachbarter Stäbe sind gegeneinander zu versetzen. Die Bewehrung ist zwar im allgemeinen für Zugkräfte dimensioniert, erhält aber aus den wechselnden Momenten und den Gewichtslasten auch Druck, der durch Kriechumlagerungen im Laufe der Zeit noch erhöht wird. Die Druckkräfte der Bewehrungsstäbe werden zu einem erheblichen Teil über die Stirnflächen der Stabenden konzentriert in den Beton eingeleitet und können u. U. die Betondeckung absprengen. Die Spannungsspitzen lassen sich auch durch größere Überdeckungslängen nicht vermindern. Stäbe ab 20 mm Durchmesser sollten deshalb durch Muffen oder Stumpfschweißen gestoßen werden (I A, 3.2.2) und die Betondeckung generell wenigstens 3 cm betragen. Da Türme den Atmosphärilien besonders stark ausgesetzt sind, ist die Betondeckung der Bewehrung hinsichtlich der Dicke und Dichte entscheidend wichtig [I B, 6/28 u. 29].

Die beim Betonieren freistehende lotrechte Bewehrung ist sorgfältig auszusteifen, auch um unerwünschte Bewegungen und damit verbundene Auflockerungen des jungen Betons zu mindern.

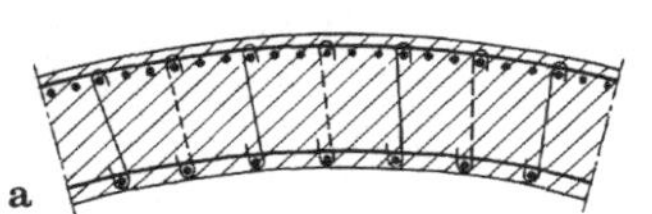

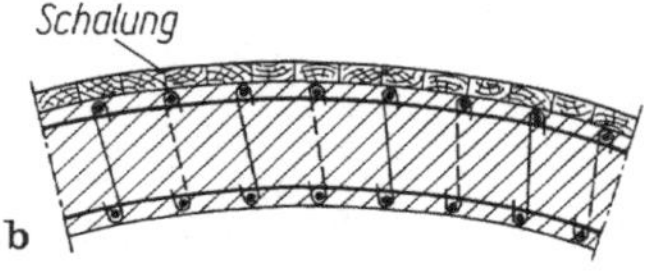

Abb. 5/7. Anordnung der Ringbewehrung in einem Turmschaft: Innere Ringbewehrung immer innen, äußere Ringbewehrung **a** außen (bessere Sicherung der Vertikalstäbe gegen Knicken) oder **b** innen (einfacher zu verlegen)

Die Ringbewehrung an der Innenseite einer zylindrischen Schaftwand muß wegen der Umlenkkräfte unter allen Umständen hinter der Vertikalbewehrung in der zweiten Lage liegen (Abb. 5/7). Dann können die S-Haken nach gängiger Interpretation gleich zwei bis drei Stäbe der Ringbewehrung sichern. Im Hinblick auf den Aufwand, der mit der Ausführung so zahlreicher S-Haken verbunden ist, muß man aber die Frage aufwerfen, ob diese zweckmäßig und nötig sind. Die Haken können nämlich das Ausknicken der vertikalen Bewehrung und das Ausbrechen der inneren Ringbewehrung erst dann wirksam behindern, wenn sich die Betondeckung bereits gelöst hat. Dazu darf es aber nicht kommen. Wichtiger als die S-Haken erscheint uns deshalb eine reichliche und sorgfältig ausgeführte Betondeckung der Bewehrung.

Mitunter werden dünne Turmwände mit nur einseitiger, außen liegender Bewehrung ausgeführt. Wegen der immer wieder beobachteten vertikalen Risse, die auf kaum berechenbare Zwänge zurückzuführen sind, empfehlen wir für die Ringrichtung eine beidseitige Mindestbewehrung von insgesamt etwa $\mu = 0{,}4\%$, wobei mindestens 1/3 davon auf der Wandinnenseite liegt. Nach DIN 1056 sind in Schornsteinen auf jeder Wandseite mindestens $0{,}2\%\ A_b$ als Ringbewehrung einzulegen, wobei der Stababstand 20 cm nicht überschreiten darf. Der CICIND-Model Code [4.3] enthält Diagramme zur Rißbreitenkontrolle.

Bei vorgespannten Betonmasten hat die Entmischung des Betons beim Schleudern gelegentlich zu einem sehr ungleichmäßigen, schichtenförmigen Aufbau der Mastwand geführt, der dann entsprechende Eigenspannungen und bei unzureichender Ringbewehrung auch grobe Längsrisse zur Folge hatte.

Horizontalrisse sind wesentlich seltener zu finden, da die ständige Normakraft sehr günstig wirkt; auch die Zugfestigkeit des Betons ist in vertikaler Richtung wegen der schon beim Erhärten wirkenden Normalkraft im allgemeinen deutlich größer als in der Horizontalrichtung.

Vertikale Zwänge aus unterschiedlichen Temperaturen von Aufzugsschacht und Schaftwand werden vermieden, wenn der Aufzugsschacht sich unten auf das Fundament oder einen Schaftboden vertikal abstützt und im übrigen nur horizontal gehalten wird. Der Aufzuchsschacht kann evtl. vorauseilend hergestellt und dabei für den Materialtransport genutzt werden.

5.3 Plattformen und Turmköpfe

Aus dem Schaft von Fernmeldetürmen auskragende Plattformen nehmen Antennen und Parabolspiegel bis zu 8 m Durchmesser auf oder werden als Aussichtsplattformen genutzt. Turmköpfe (wir meinen damit auch Turmkörbe) sind z. B. für Technik- und Bedienungsräume, Wasserbehälter oder Cafés nötig. Ihre Form und Anordnung bestimmen maßgeblich das Erscheinungsbild des Turmes. Wie beim Schaft ist die Kreisform im Grundriß statisch und aerodynamisch am günstigsten. Im Aufriß bieten sich viele Gestaltungsmöglichkeiten, wie die unterschiedlichen Silhouetten ausgeführter Fernseh- und Wassertürme zeigen (siehe z. B. Abb. 5/3, 11 u. 13). Manchmal ist die Suche nach einer unverwechselbaren, neuen Form ein entscheidendes Entwurfskriterium [3.5]. Um die Windgeräusche, Schnee- und Eisablagerung zu vermindern, sollten die Plattformen und Turmköpfe möglichst abgerundet, glatt und ohne vorspringende Kanten geformt sein.

Für den Versatz der Lasten aus den oftmals weit ausladenden Plattformen und Turmköpfen in die Schaftwand kommen im wesentlichen folgende drei Tragwerksformen in verschiedenen Variationen zur Ausführung:

(a) Kreisringplatten

Diese Platten sind nur bei Auskragungen bis höchstens 5 m zweckmäßig. Sie können im Schaft eingespannt oder gelenkig und verschieblich gelagert werden (Abb. 5/8). Letzteres hat den Vorteil, daß die Lasten aus der Platte tangential in die Schaftwand eingeleitet werden, ohne dort wesentliche Biegemomente zu erzeugen, und daß sich die Platte bei Temperaturunterschieden gegenüber dem Schaft verformen

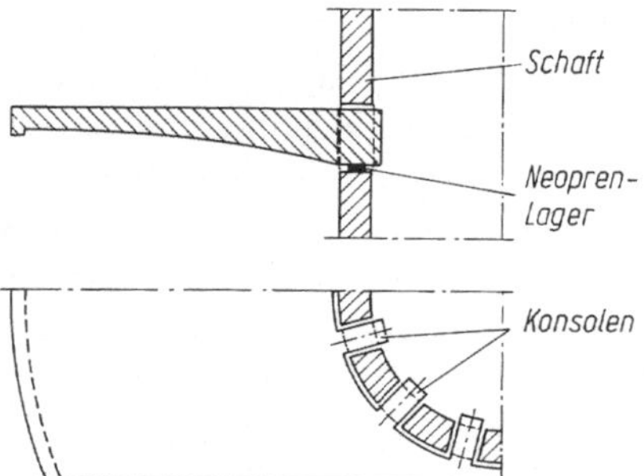

Abb. 5/8. Gelenkig gelagerte Kreisringplatte für eine Plattform

kann. Außerdem muß das Betonieren des Schaftes nicht wegen der herausstehenden Anschlußbewehrung unterbrochen werden. Andererseits ergeben sich bei fehlender Einspannung große Ringbiegemomente in der Platte und entsprechende Durchbiegungen [29.1–29.4]. Außerdem sind die Plattenkonsolen schwierig zu bewehren und dadurch empfindlich gegenüber Ausführungsmängeln.

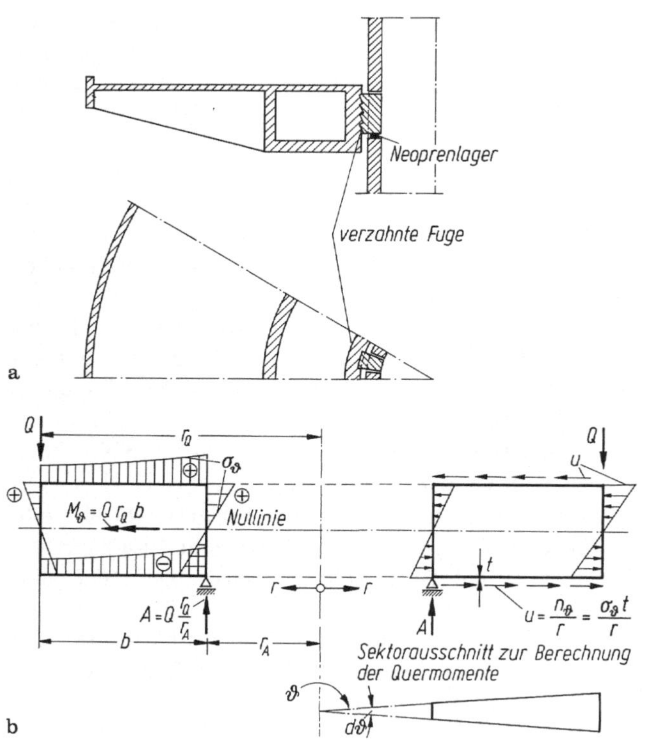

Abb. 5/9. Gelenkig gelagerter ringförmiger Hohlkasten für eine Plattform. **a** Ausführung beim Turm in Romainville [2.16]. **b** Ringzugkräfte (links) und Belastung eines Hohlkastens in der Querrichtung (rechts) aus rotationssymmetrischer Last Q

(b) Ringförmiger Hohlkasten

Dieser trägt grundsätzlich wie ein durch „Krempelmomente" belasteter Ringbalken (7.6.2.2) die Lasten durch Ringbiegung zum Lager auf dem Schaft ab. Er kann wie die Kreisringplatte gelenkig und verschieblich auf dem Schaft aufgelagert werden (Abb. 5/9), so daß in der Schaftwand keine oder (bei exzentrischer Auflagerung) nur geringe Momente erzeugt werden. Durch die Ringbiegung wird die ganze obere Hohlkastenplatte in der Ringrichtung auf Zug, die untere auf Druck beansprucht. Entsprechendes gilt für die oberhalb bzw. unterhalb der Nullinie liegenden Stegbereiche. Die Ringspannungen σ_ϑ nehmen dabei wegen der nicht zu vernachlässigenden Breite dieser Platten im Verhältnis zum Radius von außen nach innen zu (etwa mit $1/r$). Hauptbewehrung ist wie bei der Kreisringplatte eine (evtl. vorgespannte) Ringzugbewehrung in der oberen Platte. Am äußeren Rand konzentrierte Ringbewehrung ist zur Aufnahme der Ringbiegemomente zwar weniger wirksam als über die Plattenbreite verteilte Bewehrung, sie verhindert aber auch Radialzugkräfte in den Platten.

Die Platten und Stege des Hohlkastens werden ohnehin durch Biegung in Radialrichtung zusätzlich beansprucht, auch bei rotationssymmetrischer Belastung; denn ein aus dem Hohlkasten herausgeschnittener sektorförmiger Rahmen würde sich unter den angreifenden Lasten und Umlenkkräften verzerren, ähnlich wie ein gerader Hohlkasten unter ausmittiger Last (3.2.2.1), (Abb. 5/9b). Es ist deshalb zweckmäßig, ihn durch radiale Querschotte in engem Abstand auszusteifen. Zu bedenken sind auch die radialen Umlenkkräfte in den Hohlkastenstegen. Insgesamt gesehen, erscheint es fraglich, ob diese relativ komplizierte Lösung neben den anderen bestehen kann.

(c) Rotationsschalen

Rotationsschalen sind ebenso für die Abstützung großer Turmköpfe (Abb 5/10) und für den Übergang vom Schaft zum Fundament (5.5) wie die Plattformen (als sehr flache Kegelschalen) ausgeführt worden (Abb. 5/10b) [3.3]. Sie tragen die Lasten sehr viel wirksamer und steifer als Platten im wesentlichen durch Längskräfte (Membrankräfte) ab. Ihr Tragverhalten wird in 7 ausführlich behandelt. Als Nachteile sind hauptsächlich die aufwendige Schalung zu nennen, besonders wenn die Schale auch im Aufriß gekrümmt ist, außerdem die Neigung der Schalenoberseite, die — außer bei Wassertürmen oder Dächern — zusätzliche, horizontale Decken oder Ausgleichsschichten erforderlich macht. Andererseits kann der entstehende Hohlraum für Leitungen genutzt werden.

Die großen Meridianstützkräfte flacher Turmkopfschalen beanspruchen den Turmschaft erheblich auf Biegung (Abb. 7/34), falls nicht in Höhe der Verschneidung von Turmkopfschale und Schaftschale eine Deckenplatte im Schaft oder zumindest ein kräftiger Druckring (bzw. Zugring bei hängenden Turmkopfschalen) angeordnet wird.

Die Ringzugkräfte in der Turmkopfschale werden zweckmäßigerweise durch Spannglieder aufgenommen, die bei flachen Kegelschalen im äußeren Randbereich konzentriert werden, wo sie die Außenwand und Deckenplatte abstützen (Abb. 5/10e). Die gelenkige Lagerung der Turmkopfschale am Schaft ergibt geringere Randstörmomente als die Einspannung. Sie erleichtert außerdem das Herstellen des Schaftes, in dem lediglich eine Nut für die Turmkopfschale vorzusehen ist (Abb. 5/10b bis d).

Die Ränder der Schalen bedürfen, falls sie nicht schon durch die Verschneidung mit anderen Schalen ausgesteift werden, einer Randversteifung, um auch nicht rotationssymmetrische und konzentrierte Lasten aufnehmen zu können. Bei den flachen Kegelschalen der Plattformen wird z. B. der Randbereich, auf dem auch die Antennen stehen, hohlkastenförmig ausgebildet (z. B. die Plattenform auf Kote 173 m in Abb. 5/10a). Bei den Turmköpfen ergibt sich ein dreieckförmiger Kastenquerschnitt aus der Verbindung von Kegelschale, Decke und Schaftwand.

d) Schrägabstützung durch Stäbe

In den letzten Jahren wurden Turmköpfe von Fernsehtürmen statt über geschlossene Schalen zunehmend über einen kegelförmigen Kranz aus stählernen Streben oder Hängern am Schaft abgestützt bzw. aufgehängt. Diese können sichtbar angeordnet oder in den Wänden des Betriebsgeschosses versteckt werden. Die Ringzug- oder -druckkräfte aus den Horizontalkomponenten dieser Stäbe übernimmt meist ein Ring oder eine Deckenplatte, so daß der Turmkopf nur vertikale Kräfte an den Schaft

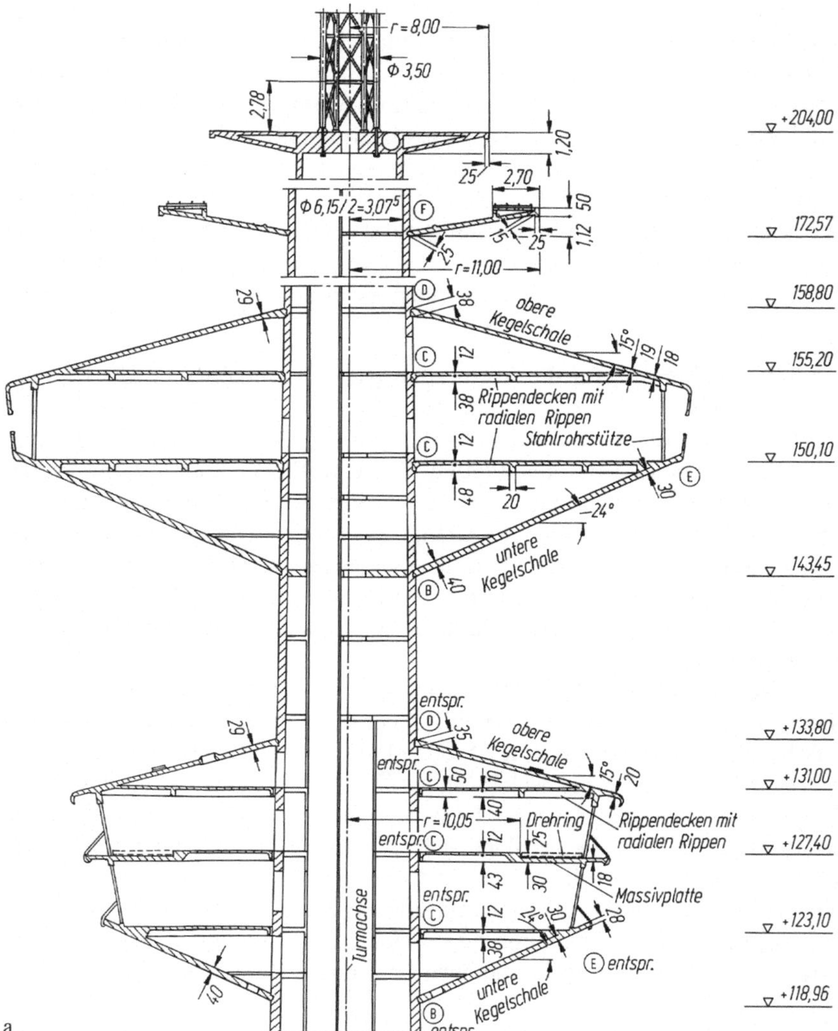

Abb. 5/10. Kegelschalen stützen die Turmköpfe und Plattformen des Hamburger Fernsehturms [3.2]. **a** Übersicht

abgibt. In entsprechender Weise wurde der Wasserbehälter in Abb. 5/12c durch schräge Druckstreben aus Beton auf den Schaft abgestützt.

Bei den Turmköpfen und Plattformen beeinflussen die Herstellungsverfahren erheblich das zu wählende Tragwerk, Gleiche Neigungen mehrerer Plattform- oder Turmkopfschalen ermöglichen den mehrfachen Einsatz der aufwendigen Kegelschalung. Diese wird möglichst am Boden zusammengebaut, wo dann allerdings der größere Schaftdurchmesser im Wege ist, und dann hochgezogen [2.5].

Eine andere Möglichkeit besteht darin, Radialträger für die Schalung zunächst in senkrechter Position auf einem inneren Ring abzustützen und sie dann zum Betonieren herabzuklappen, wobei die äußeren Trägerenden am überstehenden Turmschaft angehängt sind. Ebenso können Radialträger als Fertigteile montiert wer-

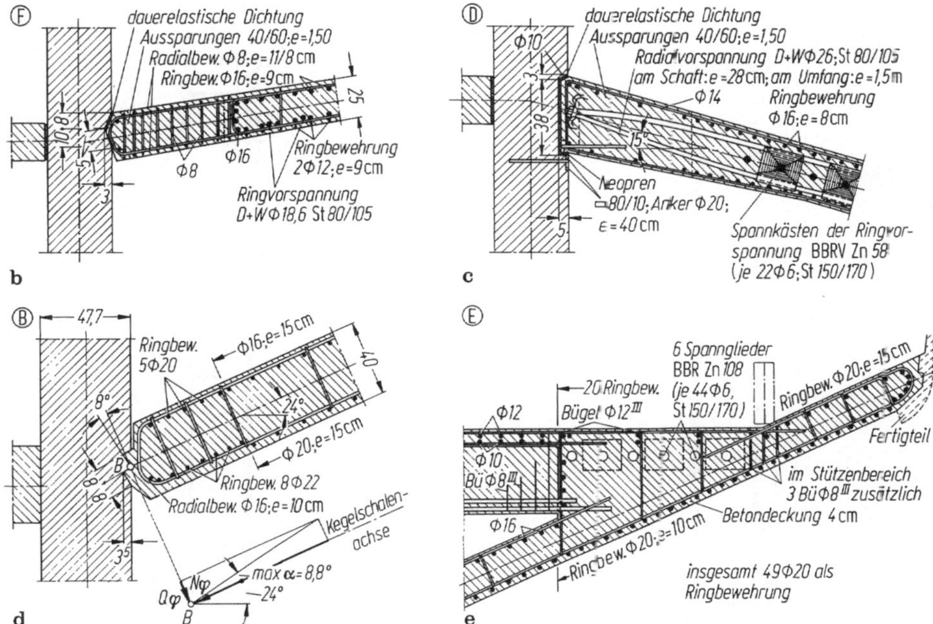

Abb. 5/10b—e. b Auflager der Antennenplattformen; **c** Auflager der oberen Kegelschalen; **d** Auflager der unteren Kegelschalen; **e** äußerer Bereich der unteren Kegelschalen mit Ringspanngliedern

den, die dann durch eine Ortbetonschale mit Ringvorspannung verbunden werden [9.15]. Es wurden auch schon ganze Plattformen und Turmköpfe (vor allem für Wassertürme, Abb. 5/11) am Boden hergestellt und in die endgültige Lage gehoben [2.10; 2.11; 2.16; 9.7; 9.8]. Beim Kieler Fernsehturm besteht die Kegelschale aus vorgefertigten Stahlbetonsegmenten mit Füllbeton. Oftmals werden Stahl- und Mischbauweisen bei den Turmköpfen angewendet, um die Schalung zu vereinfachen oder zu ersparen.

Im Einspannquerschnitt einer Schaftröhre in eine Kegelschale am Turmfuß (5.5) passen die der Bemessung des Schaftes als Balken zugrundegelegten Spannungsverteilungen nach Zustand II und die für den Kegel nach der Elastizitätstheorie sich ergebende, über den Durchmesser lineare Spannungsverteilung aus dem Schaftmoment nicht zusammen. Diese Diskrepanz vermeidet man, wenn der Kegel für Randlasten berechnet wird, die der Zustand II-Verteilung im Schaft entsprechen.

Bezüglich der Randstörungen, die von den Unstetigkeiten der Behältergeometrie und -belastung ausgehen, wird auf (7) verwiesen. Die Randstörungen sind zwar für die Grenztragfähigkeit von untergeordneter Bedeutung, sofern sich ein Membranzustand einstellen kann, sie sind jedoch für die Rißbildung bedeutsam.

Bei Wassertürmen spielen deshalb die Randstörungen der Behälterschalen (7.5 und 7.6) und die Zwangsspannungen im Hinblick auf die Dichtigkeit eine wichtige Rolle. Zweckmäßig ist eine Kombination von teilweiser Vorspannung und rißverteilender Bewehrung. Die Behälter werden meistens thermisch gedämmt und mitunter sogar zweischalig ausgeführt. Die Abb. 5/12 auf S. 300 u. 301 zeigt einige ausgeführte Wasserbehälter.

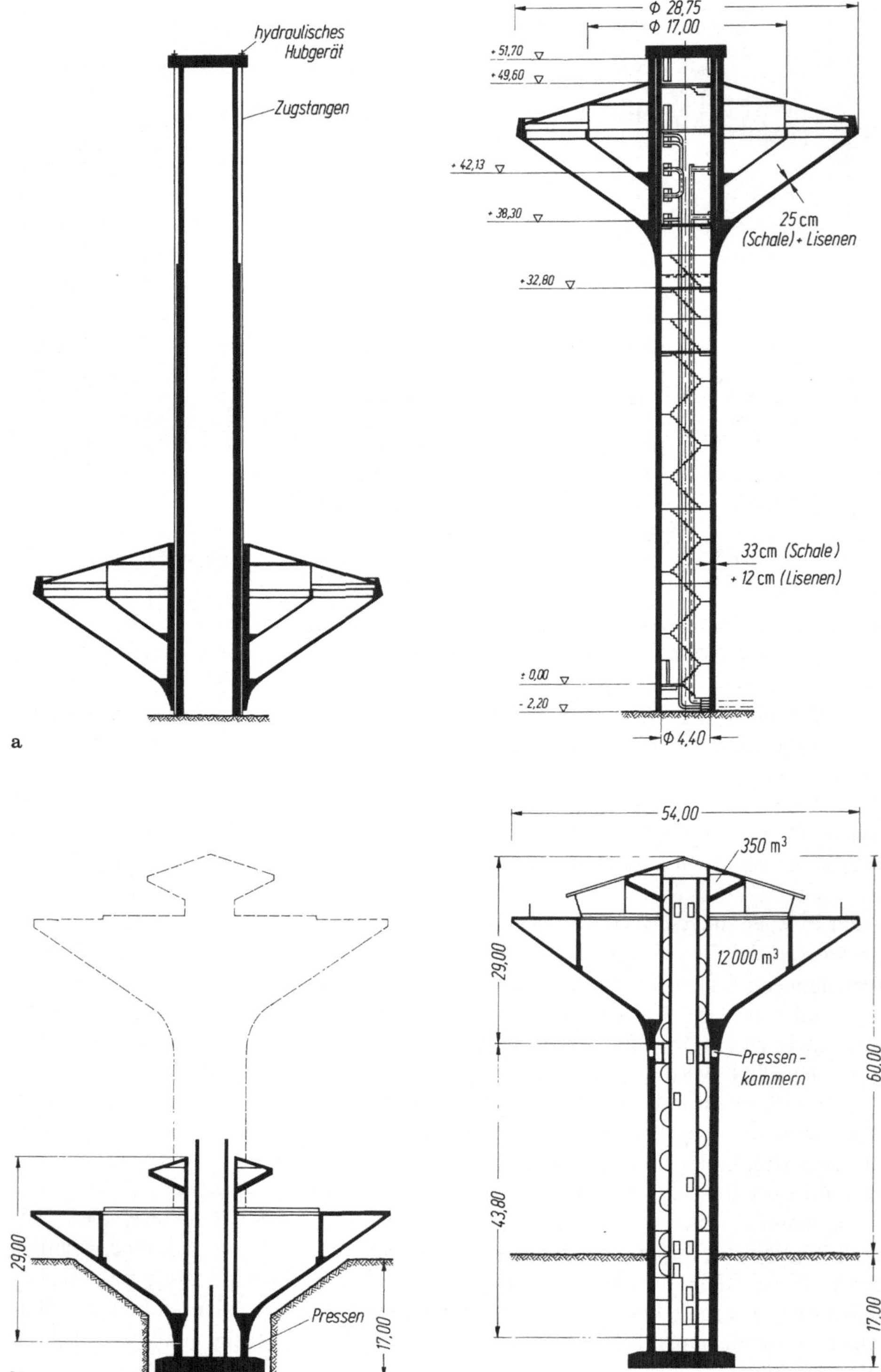

hydraulisches Hubgerät
Zugstangen
a
Φ 28,75
Φ 17,00
+ 51,70
+ 49,60
+ 42,13
+ 38,30
25 cm (Schale) + Lisenen
+ 32,80
33 cm (Schale)
+ 12 cm (Lisenen)
± 0,00
- 2,20
Φ 4,40
54,00
350 m³
12 000 m³
29,00
Pressen-kammern
60,00
43,80
17,00
Pressen
b

Schwindrisse an Arbeitsfugen zu vermeiden, ist sehr schwierig. Besser als nachträgliches Verpressen solcher Risse von der Betonoberfläche aus ist es, dafür von vornherein zwischen den Betonierabschnitten einen Verpreßkanal vorzusehen [9.14].

5.4 Ein- und Aufbauten des Schaftes

Ein schon beim Entwurf von Fernmeldetürmen zu bedenkendes Detail ist die Einspannung des (stählernen) Antennenmastes in den Betonschaft (Abb. 5/13). In [1.1] wurde vorgeschlagen, den Antennenmast durch Schrägstreben in die Außenwand des Turmkopfes einzuspannen; dann kann der Turmschaft bereits am Fuß des Turmkopfes enden, was besonders bei kleinen Turmköpfen eine günstigere Nutzung ermöglicht.

Im Schaft stehende Einbauten, wie z. B. Treppenhäuser und Aufzugsschächte, dehnen sich — vor allem wegen der Temperaturunterschiede — anders als die Schaftwand und bewirken dadurch erhebliche Zwangskräfte, sofern sie durch mehrere biegesteife Decken oder Podeste mit dem Schaft verbunden sind. Es kann deshalb zweckmäßig sein, die Decken „weich“ auszubilden oder Fugen anzuordnen. Aufzugsschächte sollten allerdings gegenüber Horizontalverbiegungen möglichst steif sein und müssen deshalb in genügend engen Abständen horizontal gegen den Schaft abgestützt werden.

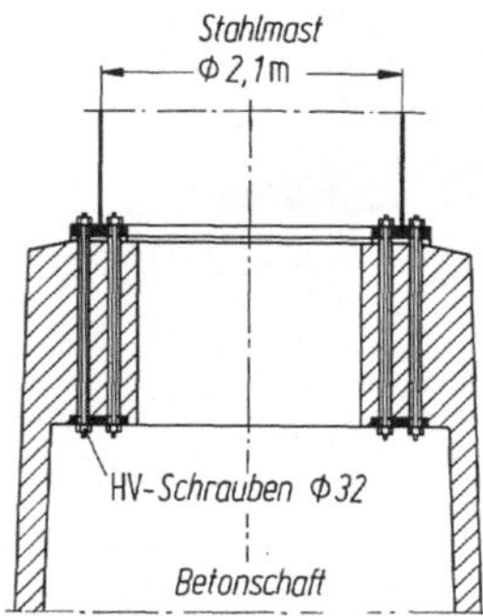

Abb. 5/13. Einspannung des Antennenmastes in den Schaft [1.10]

Stahlbetonschornsteine dürfen nur bei relativ geringen Rauchgastemperaturen unmittelbar vom Rauchgas beaufschlagt werden, und durch Beschichten kann der Beton nur in beschränktem Maße gegen dessen chemische Angriffe geschützt werden [4.5]. Meistens werden die Rauchgase deshalb in einem oder mehreren Futterrohren aus Ziegelmauerwerk, Stahl oder Beton geführt. Keramische Auskleidungen werden vor allem für Gase aus der chemischen Industrie verwendet und bei Rauchgastemperaturen über 350 °C; zunehmend kommen aber auch Edelstahlrohre zum Einsatz. Futterohre aus wärmebeständigem Beton sind 12 bis 25 cm dick und meist 10 m hoch.

◀ **Abb. 5/11.** Heben bzw. Hochdrücken von Turmköpfen. **a** Turmkopf am Boden hergestellt und an der Kopfplatte des Schaftes hängend in die endgültige Lage hochgezogen [9.4]. **b** Wasserturm in Riyadh, Behälterkopf und Schaft am Boden hergestellt und im Taktverfahren in die endgültige Lage hochgedrückt [9.11]

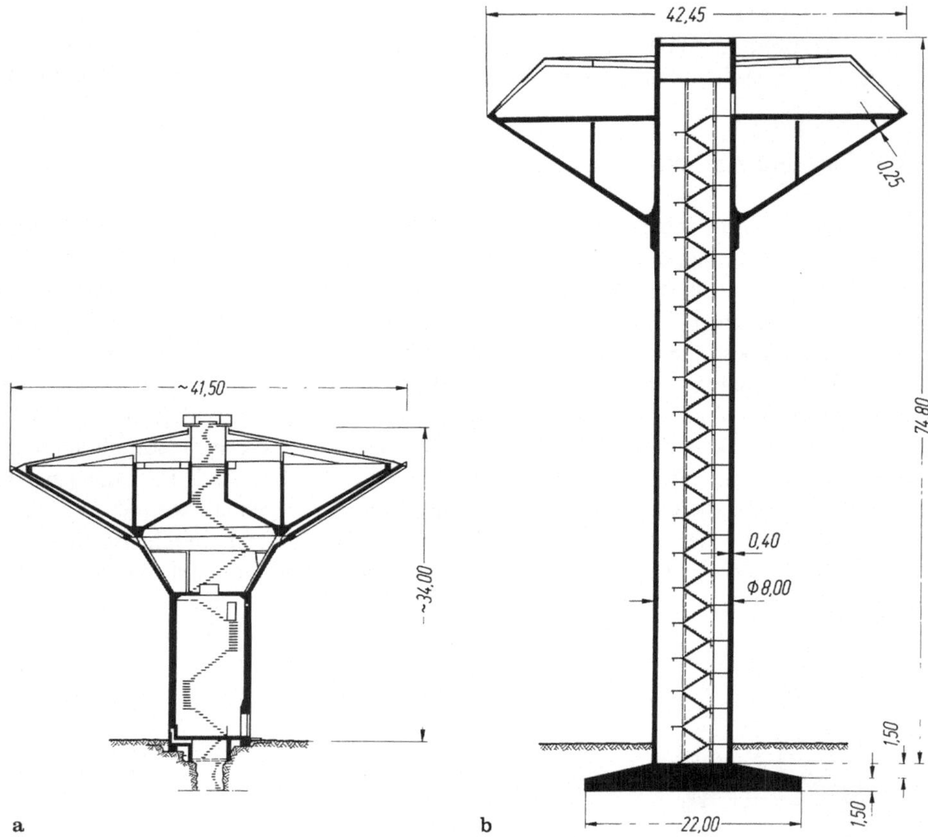

Abb. 5/12a und b. Ausgeführte Wassertürme in **a** Lautasaari [9.5]; **b** Leverkusen [9.7]

Die Futterrohre werden bei Rauchgastemperaturen über 100 °C in der Regel gegen den tragenden Schaft hin durch Schaumglas oder Schlackenwolle wärmegedämmt, um den Schaft vor zu hohen Temperaturen zu schützen und um zu starke Abkühlung der Rauchgase (und damit Zugverluste) zu vermeiden. Zwischen den Futterrohren und dem Schaft soll ein belüfteter Spalt verbleiben, der durch das Futter durchdiffundierende agressive Rauchgase abführt und auch während des Betriebes Inspektionen ermöglicht. Die Futterrohre müssen sich wegen der großen Temperaturunterschiede unbehindert vom Schaft dehnen können. Sie werden deshalb in Schüssen von 7 bis 15 m Höhe auf Schaftauskragungen mit einer Asbestauflage aufgesetzt (Abb. 5/14). Einzelkonsolen sind besser als eine geschlossene Ringkonsole, weil diese zu größerem Zwang aus der Erwärmung in der Aufstandsfläche der Futter führt. Auch die Decken unter den Mündungen der Füchse (Rauchkanäle zwischen Feuerung und Schornstein) mit ihren angehängten Aschetrichtern sind vom Schornsteinschaft konstruktiv zu trennen, um die Temperaturzwänge zu vermindern. Ebenso sind die Füchse selbst im Hinblick auf Setzungsdifferenzen abzutrennen.

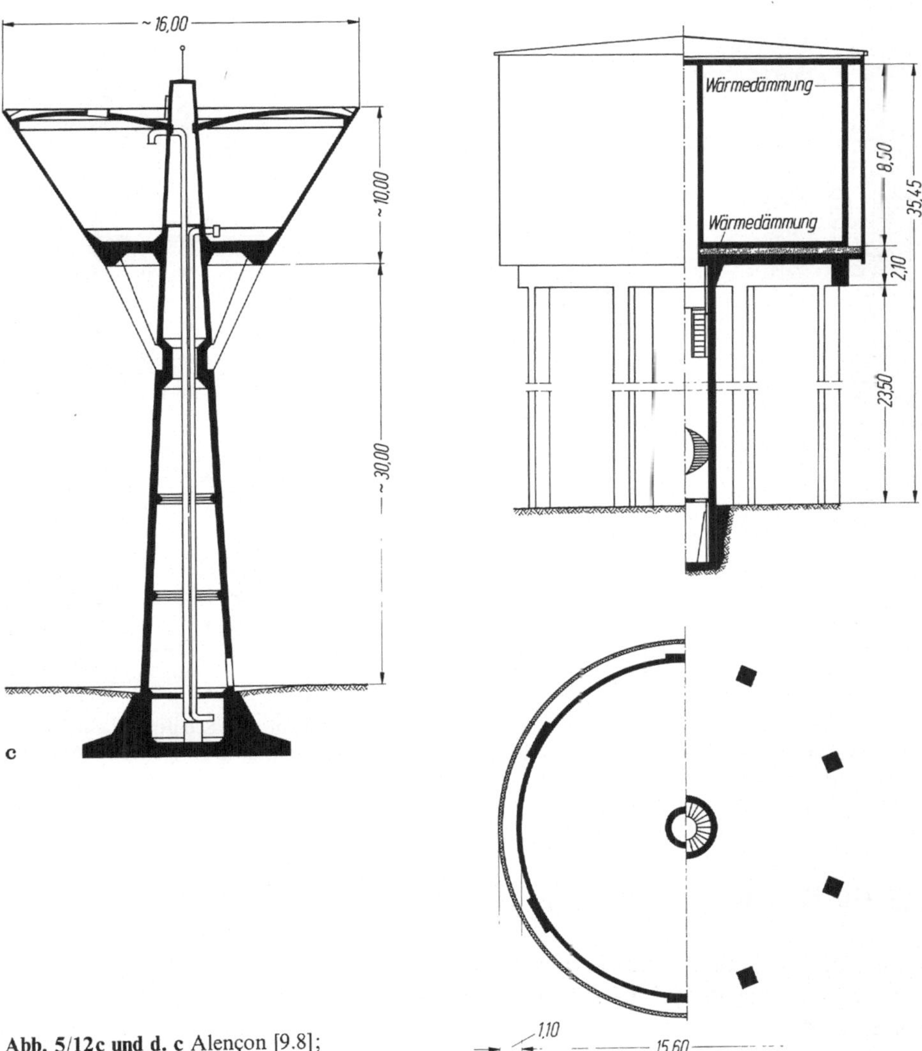

Abb. 5/12c und d. c Alençon [9.8]; **d** Vousaari [9.5]

Man hat in neuerer Zeit die Rauchrohre auch schon monolithisch über die ganze Schornsteinhöhe durchgeführt und sie nur in zwei oder drei Höhenlagen vertikal verschieblich (z. B. mittels Rollenlagern [7.6]) gegen den umhüllenden Schaft abgestützt, um ihre Knicklänge zu verringern.

Bei den Schornsteinen sind neben den Gewichts- und Windlasten die thermischen und chemischen Beanspruchungen sehr wichtig [25]. Im übrigen wird bezüglich Schornsteinen auf die neue deutsche Schornsteinnorm DIN 1056, auf den American Standard ACI 307-79 und den neuen internationalen CICIND-Model Code [4.3] verwiesen, sowie auf die Konferenzbeiträge zu den CICIND-Kongressen [6] und auf [7].

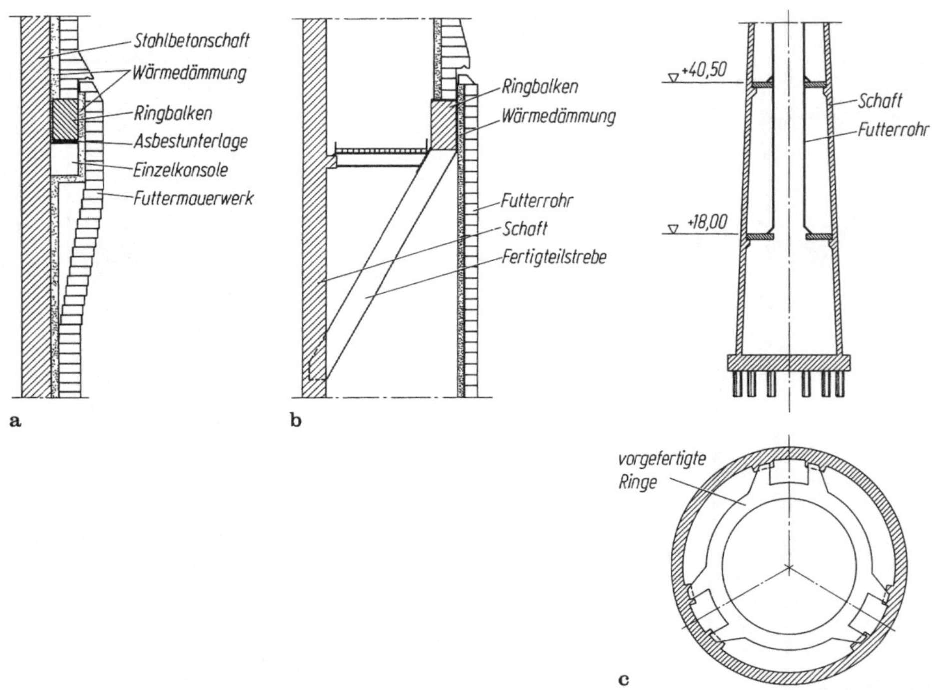

Abb. 5/14. Beispiele für die Auflagerung der Schornsteinfutterrohre auf dem Schaft. **a** Nicht hinterlüftete, gemauerte Auskleidung; **b** hinterlüftete, gemauerte Auskleidung; **c** 200 m hoher Schornstein mit hinterlüfteten Stahlbeton-Futterrohren und vorgefertigten ringförmigen Platten zu ihrer Abstützung [7.7]

5.5 Die Gründung von Türmen

Grundsätzlich kommen für Türme dieselben Gründungsarten in Betracht wie für andere Bauwerke, so daß wiederum auf den Abschnitt „Gründungen" in II B verwiesen wird.

Eine Besonderheit liegt bei Türmen insofern vor, als die aus dem Turmschaft ankommenden Vertikallasten und Momente in der Regel eine wesentlich größere Gründungsfläche verlangen, als für den Schaftquerschnitt am Turmfuß nötig wäre. Bei Fernmeldetürmen sind außer der Tragfähigkeit des Bodens auch dessen Verformungen im Hinblick auf die zulässigen Richtungsabweichungen der Richtfunkantennen sehr wichtig.

Einfache Fundamentplatten direkt unter dem Schaft sind vor allem bei geringen Turmhöhen und bei Schornsteinen zweckmäßig. Man hat die Fundamentplatte auch schon durch darüberliegende, radial vom Schaft ausstrahlende Rippen verstärkt, wobei allerdings die Rotationssymmetrie des Tragwerks verlorengeht und die Plattenbalkenstege relativ hoch beansprucht werden [30]. Um bei großen Türmen allzu weite Überstände des Fundaments über die Turmaußenwände zu vermindern, kann man zwischen dem Fundament und dem Turmschaft eine Übergangskonstruktion anordnen. Bei Hochhauskernen dient der Kellerkasten zur Lastverteilung (4.5). Bei frei-

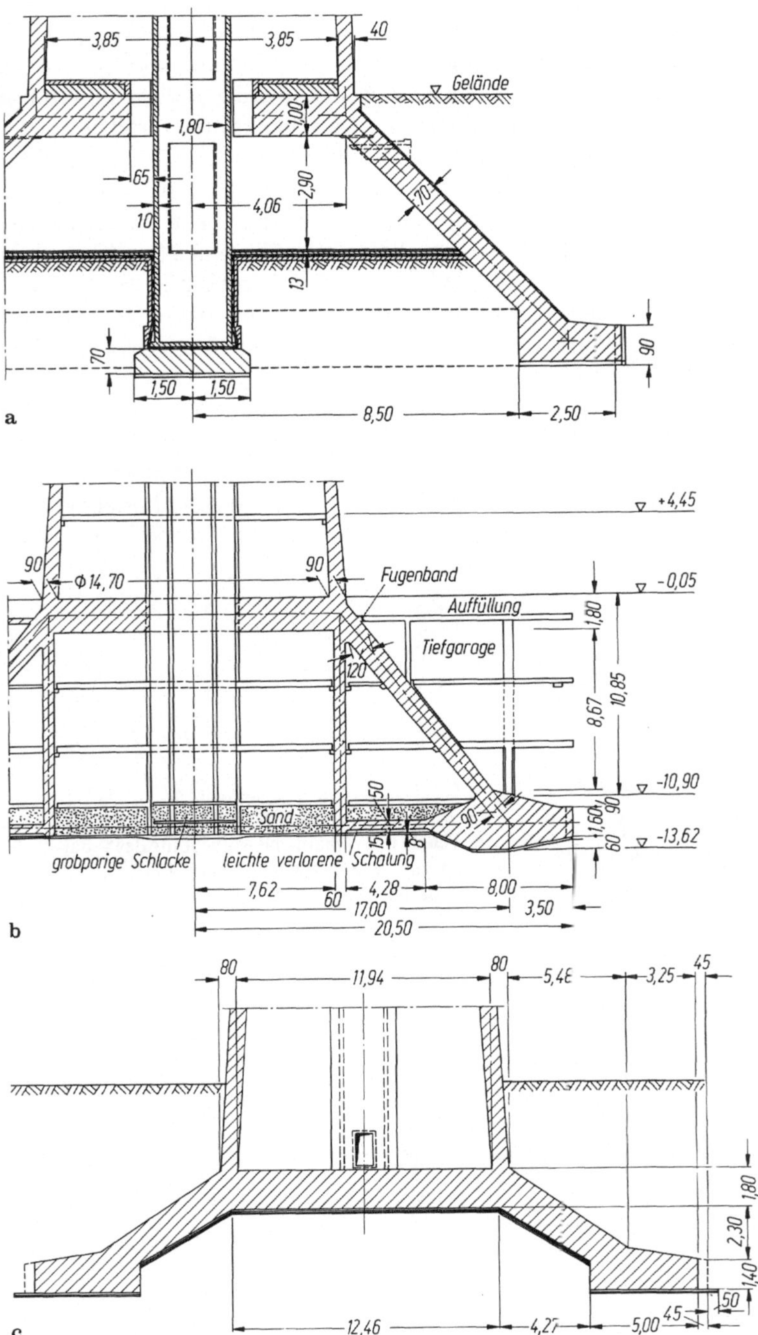

Abb. 5/15. Kegelschale als Übergangskonstruktion zwischen Turmschaft und Fundamentring beim **a** Fernmeldeturm Hannover [2.2]; **b** Fernmeldeturm Hamburg [2.3]; **c** Fernmeldeturm Kiel [2.5]

stehenden Türmen erfüllt diesen Zweck oftmals — wie bei den Turmköpfen (5.3) — eine Kegelschale (Abb. 5/15) [28]. Bei manchen Türmen wird der Übergang durch eine allmähliche, in der Ansicht gekrümmte Aufweitung des Schaftes vollzogen (Abb. 5/16). Solche doppelt gekrümmten Schalen erfordern allerdings eine aufwendige Schalung. Aus der allmählichen Umlenkung der Meridiankräfte entstehen in der Ringrichtung Druckspannungen in der Übergangsschale. Wenn die Übergangsschale im unteren Bereich in einzelne Stützen aufgelöst wird (vgl. Fernsehturm Moskau [2.9]), müssen diese auf einer Kegelfläche liegen, um große Biegemomente zu vermeiden.

Die Übergangsschalen geben ihre Lasten im allgemeinen über einen Fundamentring an den Boden ab (Abb. 5/15 u. 16), es sind aber auch schon unmittelbar auf dem Boden aufliegende Fundamentschalen vorgeschlagen worden (Abb. 5/17). Naturgemäß beeinflußt auch der Platzbedarf im Turmfluß und die Nutzungsmöglichkeit des Übergangsbereichs dessen Form und die Gründung.

Die oft hohen Randpressungen aus wechselnden Momenten (Wind) im Vergleich zu den mittigen Pressungen aus ständiger Last können bei Plattengründungen von Türmen zu größeren Fundamentsetzungen am Rand und zum „Reiten" auf dem mittleren Fundamentbereich führen. Ein Fundamentring ist in dieser Hinsicht günstiger, hat aber den Nachteil, daß der in Schaftmitte befindliche Treppen- und Fahr-

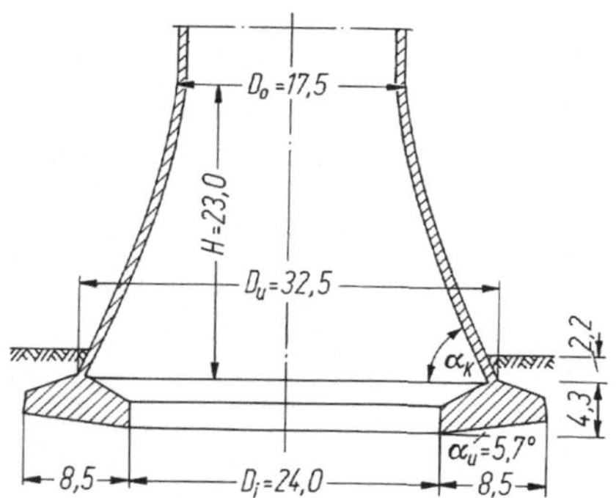

Abb. 5/16. Allmähliche Aufweitung des Schaftes zum Fundament hin beim Fernsehturm in Berlin (Ost) [28.1]

a
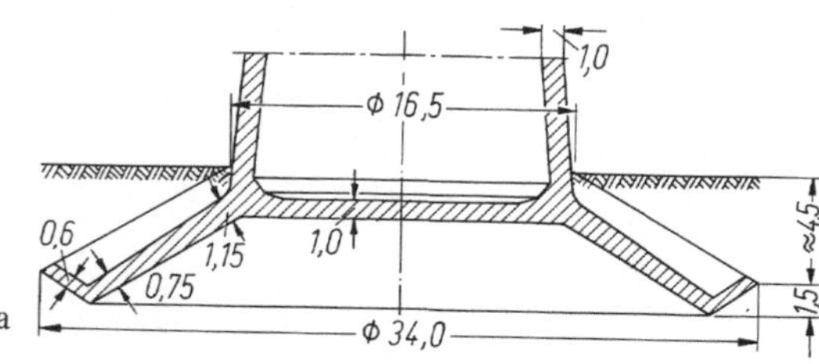

b
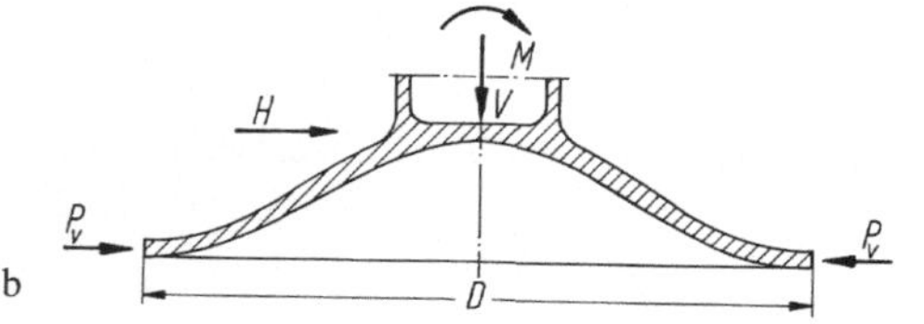

Abb. 5/17. Vorschläge für direkt auf dem Boden gelagerte Schalenfundamente von Türmen. **a** Kegelschale mit Versteifungsrippen; **b** Tellerschale nach Havelka

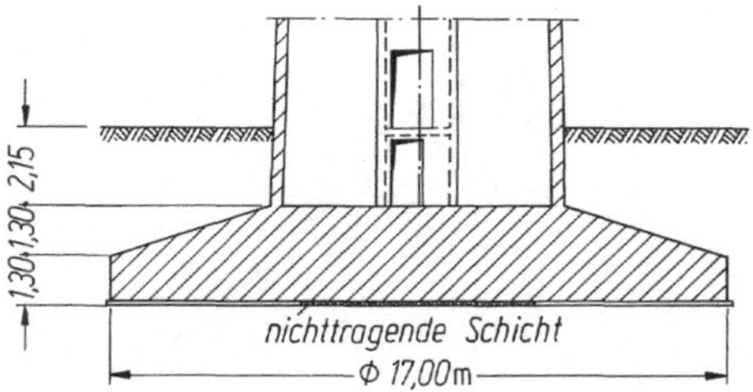

Abb. 5/18. Plattengründung mit weicher Schicht im Mittelbereich beim Typenturm FMT 1 der Bundespost [3.2]

stuhlbereich abgefangen werden muß. Einen Kompromiß zwischen Kreisplatte und Kreisring stellt die durchgehende Platte mit einer weichen Unterlage im mittleren Bereich dar (Abb. 5/18). Die Unterlage muß dann aber auch Zusammendrückungen in der Größenordnung des Setzungsunterschiedes zwischen Ringfundament und Mittelbereich ertragen, ohne allzu großen Widerstand zu leisten; eine nur wenige Zentimeter dicke Kunststoffschauplatte taugt dafür in aller Regel nicht. Klaffende Bodenfugen sind bei den im Wind schwingenden Türmen nicht am Platze.

Sofern der Boden es erlaubt, ist eine Zugverankerung durch vorgespannte Daueranker im Fels oder in nichtbindigem Boden ohne Aufweitung des Schaftes die wirtschaftlichste Lösung für die Aufnahme der Turmmomente in der Gründungssohle (Abb. 5/19).

Literatur über Schnittkräfte und Setzungen von Kreis- und Kreisringplatten ist in [29] zusammengestellt.

Die großen horizontalen Zugkräfte in den Fundamenten aus der Umlenkung der Meridiankräfte der geneigten Übergangsschalen werden zweckmäßigerweise durch Spannglieder aufgenommen. Bei durchgehenden kreisförmigen Fundamentplatten können die Spannglieder sowohl radial (oder annähernd radial, Abb. 5/20a) als auch ringförmig im Randbereich des Fundaments geführt werden. In beiden Fällen ergibt sich die gleiche erforderliche Spannstahlmenge (von Reibung, Stößen und Ver-

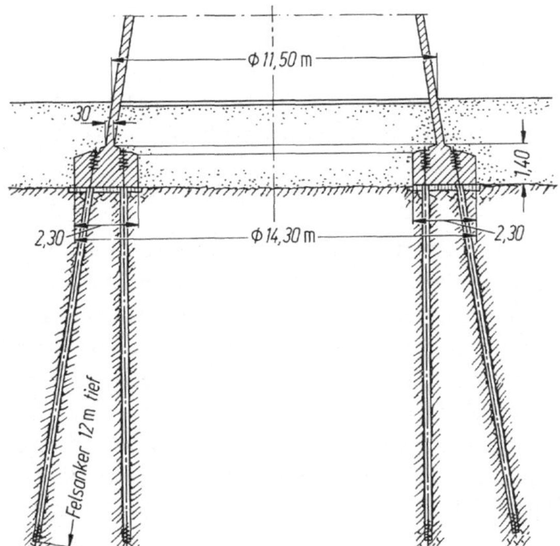

Abb. 5/19. Einspannung des Schaftes in die Gründungssohle durch Zugverankerung im Fels beim Fernmeldeturm Heubach [3.1]

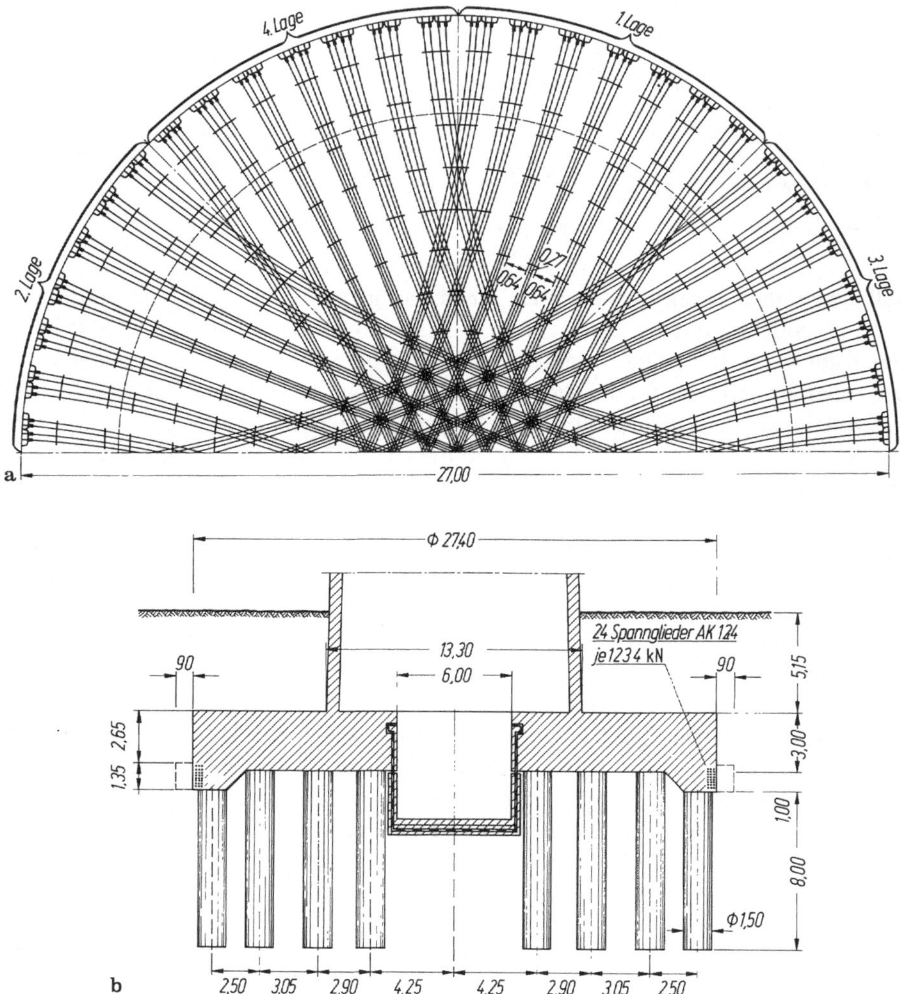

Abb. 5/20. Vorspannung von kreisförmigen Fundamentplatten. **a** Radiale Vorspannung beim 1. Stuttgarter Fernsehturm [2.1]; **b** exzentrische Ringvorspannung beim Mannheimer Fernsehturm [2.6]

ankerungen abgesehen). Ringvorspannung (exzentrisch) eignet sich übrigens auch für die Aufnahme von Plattenbiegemomenten (Abb. 5/20 b). Die Ringspannglieder müssen — falls sie nicht durch Radialpressen gespannt oder unter Spannung aufgewickelt werden — wegen der Reibungsverluste in Abständen von 1/3 bis 1 Behälterumfang verankert und gespannt werden. Dabei sind die Stöße gegeneinander zu versetzen, um die Wirkung der Reibungsverluste längs des Umfangs zu vergleichmäßigen.

Den horizontalen Zugkräften im Fundament stehen horizontale Druckkräfte am Übergang zwischen Schaft und Kegelschale gegenüber. Die Druckkräfte werden — wie beim Turmkopf — durch eine Platte im Schaft oder einen Betondruckring aufgenommen.

Mitunter wurde bei großen Türmen der Schaft innerhalb der Kegelschale bis zum Fundament hinuntergeführt oder eine weitere, entgegengesetzt geneigte Kegelschale angeordnet. Dadurch soll unter anderem die Aufnahme der antimetrischen Lasten aus Wind erleichtert werden. Zur Stabilisierung sind solche Innenschalen nicht nötig, wenn die Kegelschale am oberen und unteren Ende durch jeweils eine horizontale Membran ausgesteift ist, welche den Kreisquerschnitt am Ovalisieren hindert. Diesen Zweck erfüllen zweifelsohne die Fundamentplatte und die Decke am Übergang Kegel/Schaft und u. U. auch noch sehr breite, in ihrer Ebene steife Ringplatten. Auf eine dieser aussteifenden Membranen könnte sogar theoretisch verzichtet werden, wenn durch eine unnachgiebige vertikale Lagerung des Fundamentringes auf dem Boden das Ebenbleiben der horizontalen Ringebene erzwungen würde, oder wenn der aufgehende Schaft das Ebenbleiben des oberen Kegelhorizontalschnitts sichert. Unter den genannten Voraussetzungen kann der Kegel die Schnittkräfte aus der Balkenwirkung des Schaftes allein durch Membrankräfte (7.2.2.5) abtragen, und Schalenmomente entstehen nur aus den Verträglichkeitsbedingungen („Randstörungen", 7.3). Selbst wenn keine dieser Voraussetzungen in idealer Weise erfüllt ist, ist die Aufnahme der unsymmetrischen Belastungen in der äußeren Kegelschale wohl immer wirtschaftlicher als eine zusätzliche Innenschale [3.2]. Die Unterfahrt eines Aufzugschachtes läßt sich auch an der Decke des Kegels aufhängen.

6 Faltwerke

6.1 Tragwirkung und Schnittkräfte

Die Kombination dünner Platten (Abb. 6/1) nimmt sowohl deren Steifigkeit *rechtwinklig* zu ihrer Ebene als auch *in* ihrer Ebene zum Abtragen der Lasten in Anspruch. Die senkrecht zu den Flächen wirkenden äußeren Kräfte werden durch Biegung den Rändern zugeleitet. In den Kanten stützen sich die belasteten Platten

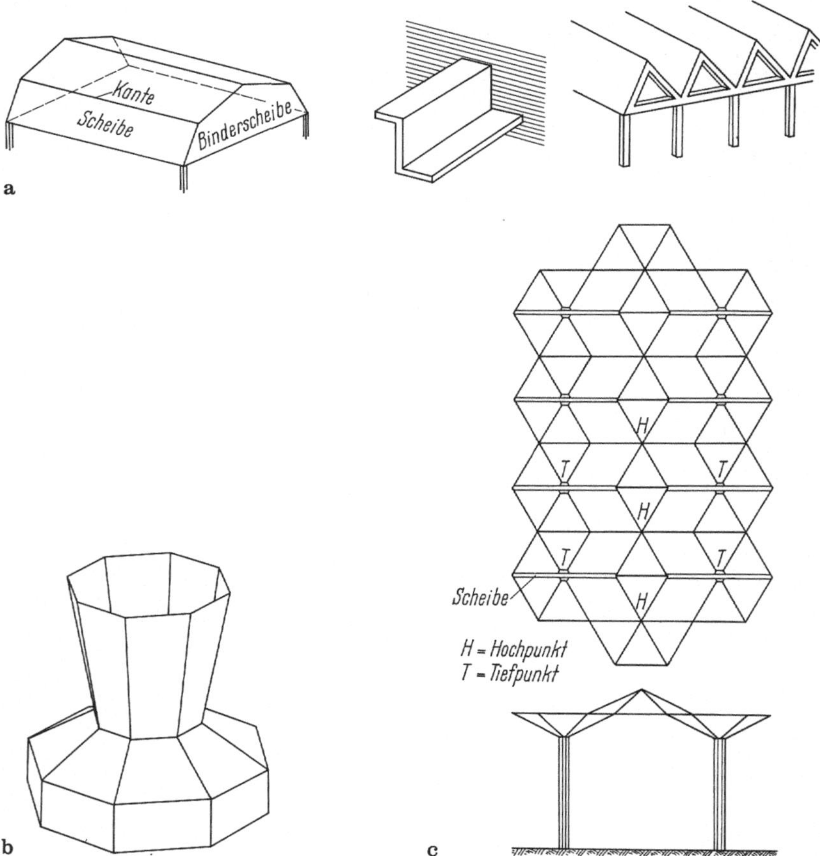

Abb. 6/1. Faltwerke, aufgebaut aus dünnen Platten (Scheiben); **a** aus Rechtecken: Tonnendach, Kragträger, Zick-Zack-Dach; **b** aus Trapezen: Kühlturm; **c** aus Dreiecken: Dach für Kirchenraum [1]

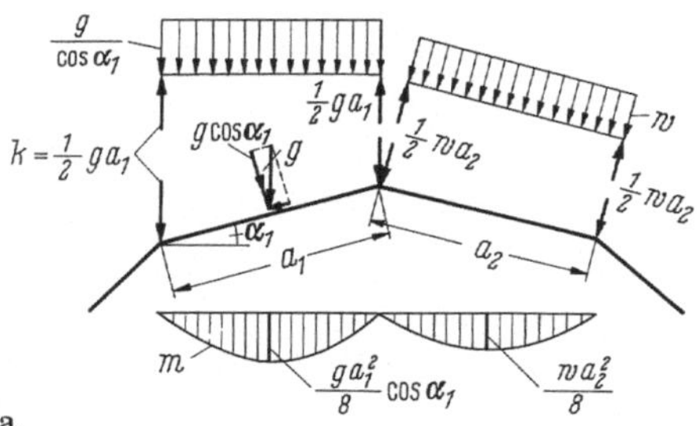

a

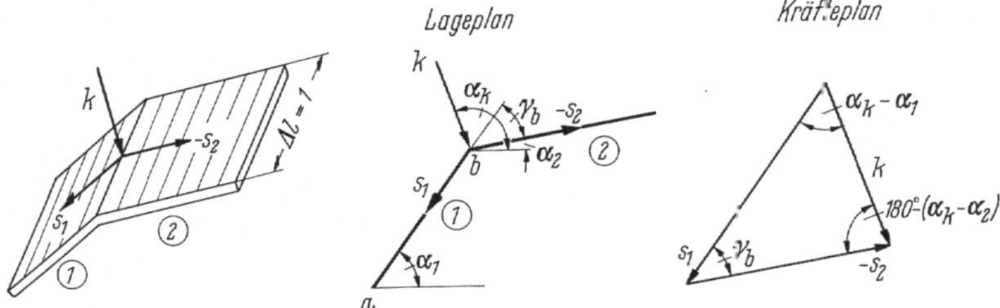

s positiv in Richtung abnehmender Scheibennummer.

$$\gamma_b = \alpha_1 - \alpha_2$$

$$s_1 \sin \gamma_b = k \sin [180^\circ - (\alpha_k - \alpha_2)] \rightarrow s_1 = \frac{\sin (\alpha_k - \alpha_2)}{\sin \gamma_b} k$$

$$-s_2 \sin \gamma_b = k \sin (\alpha_k - \alpha_1) \rightarrow s_2 = -\frac{\sin (\alpha_k - \alpha_1)}{\sin \gamma_b} k$$

Sonderfall: lotrechte Last ($\alpha_k = 90^\circ$): $s_1 = \dfrac{\cos \alpha_2}{\sin \gamma_b} k$

$$s_2 = -\frac{\cos \alpha_1}{\sin \gamma_b}$$

Abb. 6/2. Wirkungsweise der Faltwerke; Querstreifen von der Breite $\Delta l = 1$. **a** Herleitung der Kantenlasten k und Biegemomente m aus den Flächenlasten ohne Berücksichtigung der Kontinuität der Scheiben an den Kanten; **b** Zerlegung der Kantenlasten in Scheibenlasten s

gegenseitig ab; dabei erzeugen ihre Stützkräfte in den anstoßenden Platten Scheibenspannungen (Abb. 6/2), die über die Dicke gleichförmig verteilt sind. Auf dieser Wechselwirkung von „weichen" Platten und „steifen" Scheiben beruht die Tragwirkung der Faltwerke, die sich mit dem Satz *„jede Kante bildet eine Auflagelinie"* charakterisieren läßt.

Bei gedrungenen Scheiben mit Abmessungen Länge/Breite $\lesssim 3$ sind die Verformungen der Scheiben in ihrer Ebene sehr gering im Vergleich zu denen aus der Plattenbiegung; die Verschneidungskanten solcher Scheiben stellen deshalb praktisch starre Stützungen der Platten dar. Schlanke Scheiben biegen sich auch in ihrer Ebene durch und liefern deshalb nur eine nachgiebige (elastische) Stützung für die Platten. Man kann bereits an Faltwerkmodellen aus Karton sehr anschaulich die Steifigkeit einer Anordnung studieren, insbesondere auch die Wirkung der Binderscheiben, welche in den Beispielen nach Abb. 6/1 a eine Faltwerkwirkung überhaupt erst ermöglichen.

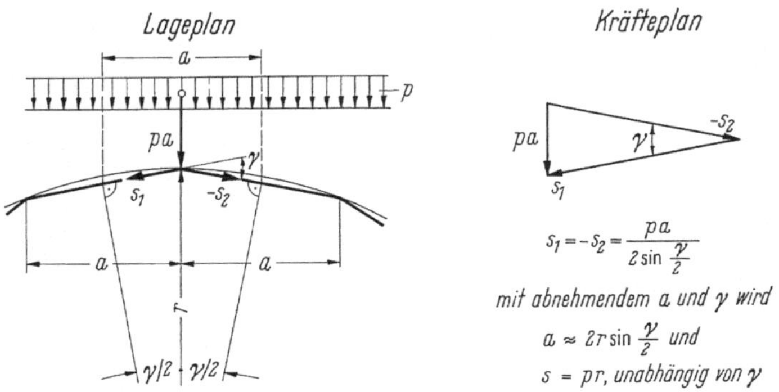

Abb. 6/3. Scheibenlasten s aus verteilter Belastung p bei kleinen Kantenwinkeln γ zwischen den Scheiben (Übergang zur Membran, vgl. Abb. 7/8)

Die Scheibenlasten werden bei Belastung einer einzelnen Platte um so größer, je kleiner die Neigungsdifferenz benachbarter Platten gewählt wird. Praktisch liegt hierin jedoch kein Nachteil, da bei durchgehender Belastung nur die Differenzen der Scheibenkräfte wirksam werden, die aus der Zerlegung der Plattenstützkräfte an bebenachbarten Kanten stammen (Abb. 6/3). Die Scheibenkräfte einer Faltwerktonne streben daher für kleine Neigungsdifferenzen dem endlichen Grenzwert $s = p_r r$ wie bei einer Tonnenschale zu (7.2.2.1). Mit der abnehmenden Breite der Faltwerkscheiben verschwinden in diesem Grenzfall auch die Biegemomente, die aus dem Transport der Flächenlasten zu den Kanten entstehen. Diese Verwandtschaft gestattet es, Ergebnisse der Schnittkraft- und Verformungsberechnungen von Faltwerken auf gleichartige Schalen und umgekehrt angenähert zu übertragen.

Die beiden Spannungszustände aus Plattenbiegung und Längskraft überlagern sich in den Scheiben. Durch sie hervorgerufene Verformungen müssen an den gemeinsamen Kanten benachbarter Scheiben übereinstimmen, wobei man sich dem wirklichen Tragverhalten um so mehr nähert, je besser die Verträglichkeitsbedingungen erfüllt werden. Das Gleichgewicht muß aber für jeden Tragwerkteil stets gewährleistet sein. Man verfügt dementsprechend über mehrere Berechnungsweisen, die die Verformungen verschieden genau erfassen.

Um das Verständnis für die Tragwirkung zu schulen, gehen wir von den statischen Beziehungen zwischen den einzelnen Scheiben aus. Auch hier würde die Finite-Element-Methode zu genaueren, aber nicht so überschaubaren Lösungen führen.

6.1.1 Das Faltwerk mit starren Scheiben

Die Scheiben werden in ihrer Ebene als starr betrachtet, was bei gedrungenen Abmessungen zulässig ist. Dann stellen die Kanten unverschiebliche Auflagerlinien der Platten dar. Die quer zur Plattenebene angreifenden Lasten werden durch Biegung zu den Kanten abgetragen. Die Biegemomente entsprechen denen von über die Kanten hinweglaufenden Durchlaufplatten. Näherungsweise kann man das Biegemoment in der Kante auch als Mittelwert der beiderseitigen Volleinspannmomente von Einfeldplatten annehmen (Abb. 6/4). Bessere Näherungen findet man in I B, 5.1.3.2.

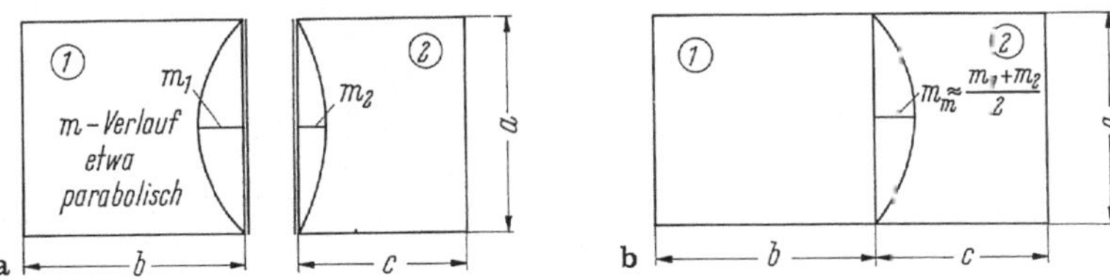

Abb. 6/4. Näherung für die Kantenmomente, abgeleitet aus den Plattenmomenten für starre Einspannung. **a** Starreinspannmomente. **b** gemittelte Momente für Durchlaufplatte mit Linienstützung im gemeinsamen Rand

Für die Ermittlung der Plattenstützkräfte kann man von der üblichen Aufteilung der Flächenlasten durch die Winkelhalbierenden ausgehen (Abb. 6/5). Die Plattenstützkräfte werden in die benachbarten Scheiben eingetragen und zu deren Abstützungen oder auch mittelbar in eine andere Scheibe weitergeleitet. Dabei werden die Stützkräfte als parallel zur Kante gerichtete Schubkräfte „scheibengerecht" von der von der abgestützten auf die stützende Scheibe übertragen.

Falls die Ecke einer Scheibe gestützt ist, ist es am einfachsten, die Stützkraft in die Richtungen der Scheibenränder zu zerlegen und dort, z. B. in einer Gratkraft, die Scheibenkräfte zu sammeln. Bei der Bemessung der Scheiben sollte man aber daran denken, daß sich solche konzentrierten Kräfte in Wirklichkeit in den Scheiben ausbreiten müssen und die resultierenden Kräfte dadurch größer werden. Es empfiehlt sich deshalb, den Kraftfluß in den Scheiben zumindest näherungsweise in der Form eines Bogens mit Zugband, Sprengwerks oder Fachwerks zu skizzieren (I B, 6.3.1.2). In dieser Weise läßt sich das Kräftespiel auch in dem zeltförmigen Faltwerkdach in Abb. 6/5 verfolgen.

Abb. 6/5. (Zahlenbeispiel). Faltwerk über quadratischem Grundriß, an den Ecken gestützt

1. Abmessungen

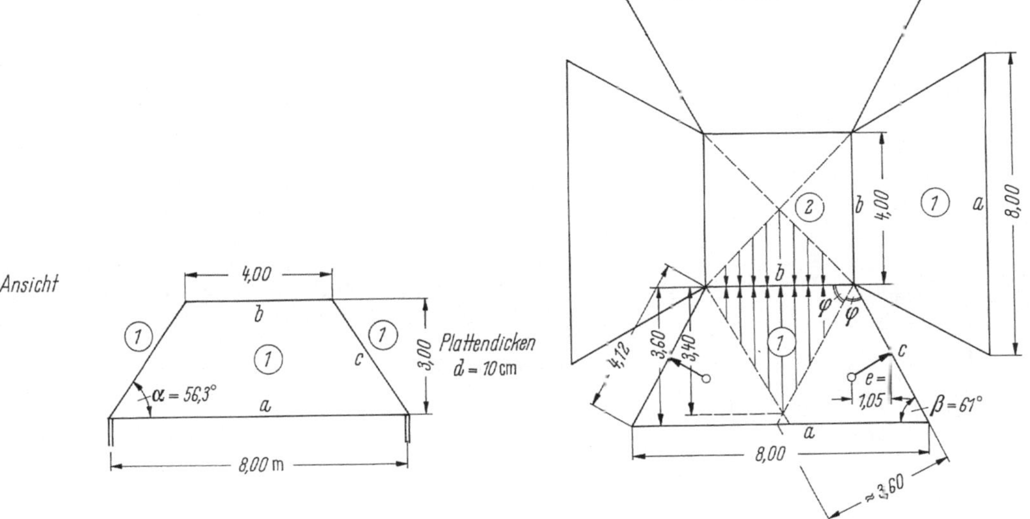

2. Belastung

Beton	$0{,}1 \cdot 25 =$	$2{,}50\ \text{kN/m}^2$;
Isolierung		$1{,}00\ \text{kN/m}^2$;
Schnee		$0{,}75\ \text{kN/m}^2$;
	$q =$	$4{,}25\ \text{kN/m}^2$.

3. Scheibenlasten (vgl. Abb. 6/2)

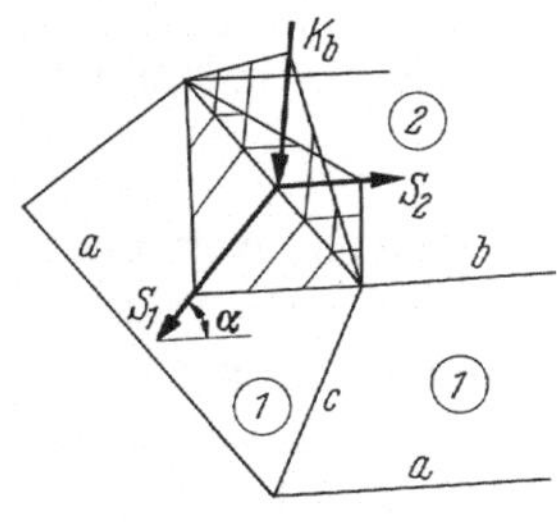

Kante b:

aus Scheibe 1: $\frac{1}{2} \cdot 4{,}0 \cdot 3{,}4 \cdot 4{,}25 = 29{,}0\ \text{kN}$;

aus Scheibe 2: $\frac{1}{2} \cdot 4{,}0 \cdot 2{,}0 \cdot 4{,}25 = 17{,}0\ \text{kN}$;

aus Scheibe 1 + 2: $K_b = 46{,}0\ \text{kN}$.

Zerlegung in Scheibenlasten:

$$S_1 = \frac{K_b}{\sin \alpha} = \frac{46{,}0}{0{,}832} = 55{,}3\ \text{kN};$$

$$S_2 = \frac{K}{\tan \alpha} = \frac{46{,}0}{1{,}500} = 30{,}7\ \text{kN}.$$

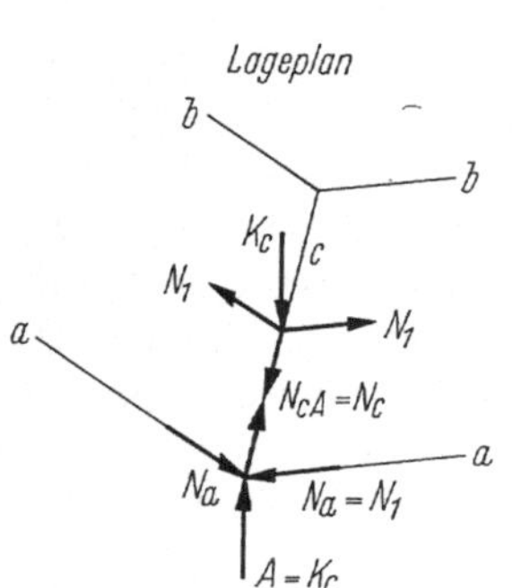

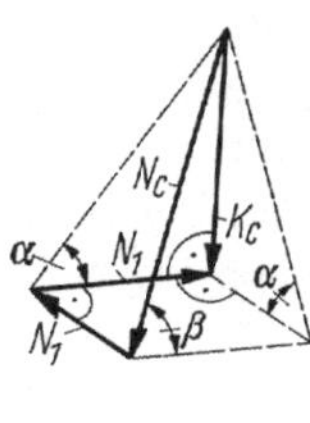

Grat c:
aus einer Scheibe 1:

$$\frac{1}{2} \cdot 4{,}12 \cdot 3{,}6 \cdot 4{,}25 = 31{,}5\ \text{kN};$$

aus beiden Scheiben 1:

$K_c = 63{,}0\ \text{kN}$.

In Scheibenebene entsteht das Versetzmoment (vgl. Grundriß)

$$\Delta M = \frac{K_c}{2} \sin \alpha \cdot e = $$
$$= 31{,}5 \cdot 0{,}832 \cdot 1{,}05 =$$
$$= 27{,}5\ \text{kN m}.$$

Zerlegung von K_c in Grat- und Scheibenkräfte:

$$N_a = N_1 = K_c \cot \alpha =$$
$$= 63{,}0 \cdot 0{,}667 = 42{,}0\ \text{kN};$$

$$N_c = \sqrt{K_c^2 + 2N_1^2} =$$
$$= \sqrt{63{,}0^2 + 2 \cdot 42{,}0^2} =$$
$$= 86{,}5\ \text{kN}.$$

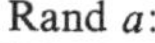

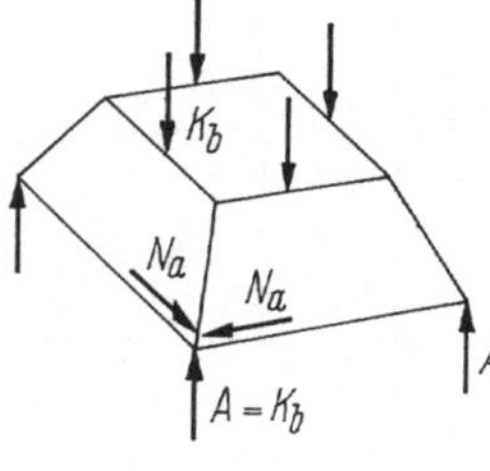

Rand a:
Die Gratkraft N_c wird am Auflager wieder in die Vertikale umgelenkt. Hierdurch entstehen Zugkräfte N_a am unteren Rand der Scheiben, die gleich groß wie die zuvor ermittelten Druckkräfte N_1 sind.
Aus den Kantenlasten K_b entstehen ebenfalls Horizontalkomponenten am Auflager:

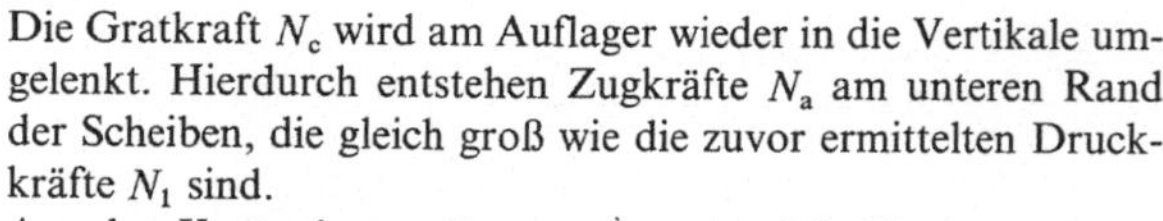

$$A = K_b = 46{,}0\ \text{kN};$$

$$N_a = A \cot \alpha = 46{,}0 \cdot 0{,}667 = 30{,}6\ \text{kN};$$

$$N_{cA} = \sqrt{A^2 + 2N_a^2} = \sqrt{46{,}0^2 + 2 \cdot 30{,}6^2} = 63{,}2\ \text{kN}.$$

4. Beanspruchung der Scheiben
Scheibe 1:

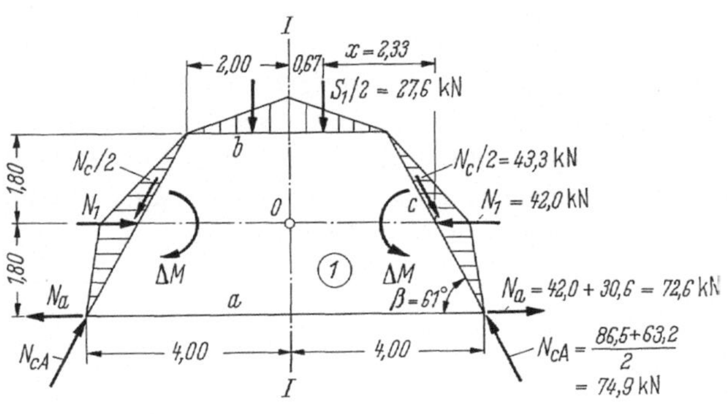

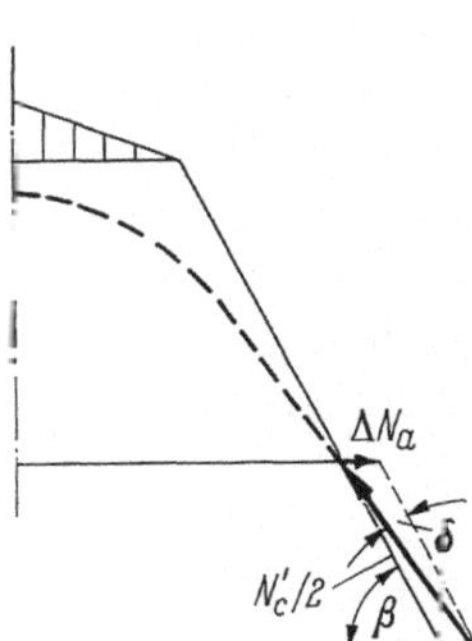

Scheibenmoment im Schnitt I — I, bezogen auf 0:

$$M = \frac{S_1}{2}x + N_a\frac{h}{2} + \Delta M =$$

$$= 27{,}6 \cdot 2{,}33 + 72{,}6 \cdot 1{,}8 + 27{,}5 = 223 \text{ kNm};$$

zugehörige Längskraft (Zug):

$$N = N_a - N_1 - \frac{N_c - N_{cA}}{2}\cos\beta =$$

$$= 72{,}6 - 42{,}0 - (74{,}9 - 43{,}3) \cdot 0{,}485 = 15{,}3 \text{ kN}.$$

Horizontale Zugkraft N'_a am Auflager unter Berücksichtigung der Verteilung der Gratlast N_{cA} in der Scheibe ($\delta \approx 10°$ angenommen):

$$N'_a = N_a + \Delta N_a = N_a + \frac{N_{cA}}{2}\frac{\sin\delta}{\sin\beta} =$$

$$= 72{,}6 + 74{,}9\frac{\sin 10°}{\sin 61°} = 87{,}5 = 83{,}8 \text{ kN}.$$

Scheibe 2:
Druckkräfte S_2 wirken in beiden Richtungen.
Den Spannungen aus den Längskräften (Scheibenwirkung) überlagern sich noch die Biegespannungen aus der Plattenwirkung. Für die Berechnung der Plattenbiegung wird angenommen, daß die Scheiben in den Kanten starr gestützt sind (vgl. Abb. 6/4). Scheibe 1 ist nur auf drei Seiten gestützt und besitzt eine Flächenlast von

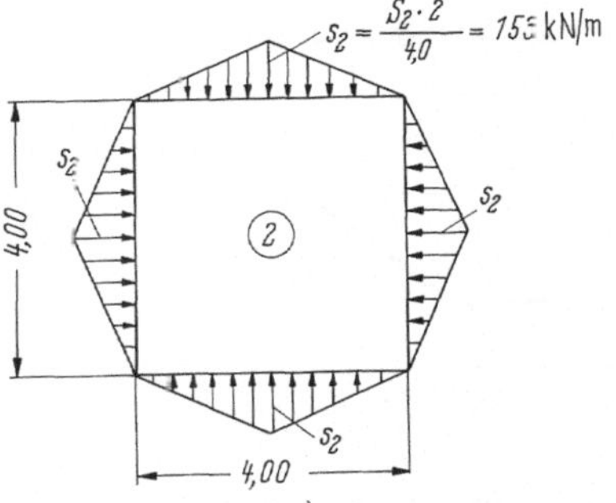

$$q_1 = q\cos\alpha = 4{,}25 \cdot 0{,}554 = 2{,}35 \text{ kN/m}^2$$

Oftmals wirken Treppen zusammen mit den Podesten, Massivdecken und Wänden als Faltwerke, obwohl diese Wirkung nicht beabsichtigt ist. Wenn auch eine genaue Berechnung als Faltwerk sich für die gängigen geringen Spannweiten nicht lohnt, so ist es doch zweckmäßig, sich ein Bild über das wirkliche Tragverhalten zu machen, um unbeabsichtigte Zugkräfte durch konstruktive Bewehrung abzudecken.

Nehmen wir zunächst einmal an, daß die Treppenläufe in Abb. 6/6 in die Wände eingebunden oder gegen das rauhe Mauerwerk betoniert sind, so daß in der Fuge zur Wand Schubkräfte übertragen werden können. Die Verschneidungskanten der Treppenläufe mit den Podesten und Decken stellen dann praktisch unverschiebliche Stützungen für die Plattenwirkung der anstoßenden Faltwerkscheiben dar (Abb. 6/6a bis c). Die zugehörigen Plattenmomente sind insgesamt wesentlich geringer als bei einer Berechnung der Treppe als längsgespannter Streifen (Abb. 6/6d), haben aber stellenweise sogar das umgekehrte Vorzeichen. Podestträger an den Kanten wie in Abb. 6/6e ändern an der Momentverteilung nach Abb. 6/6c überhaupt nichts und sind deshalb unnütz.

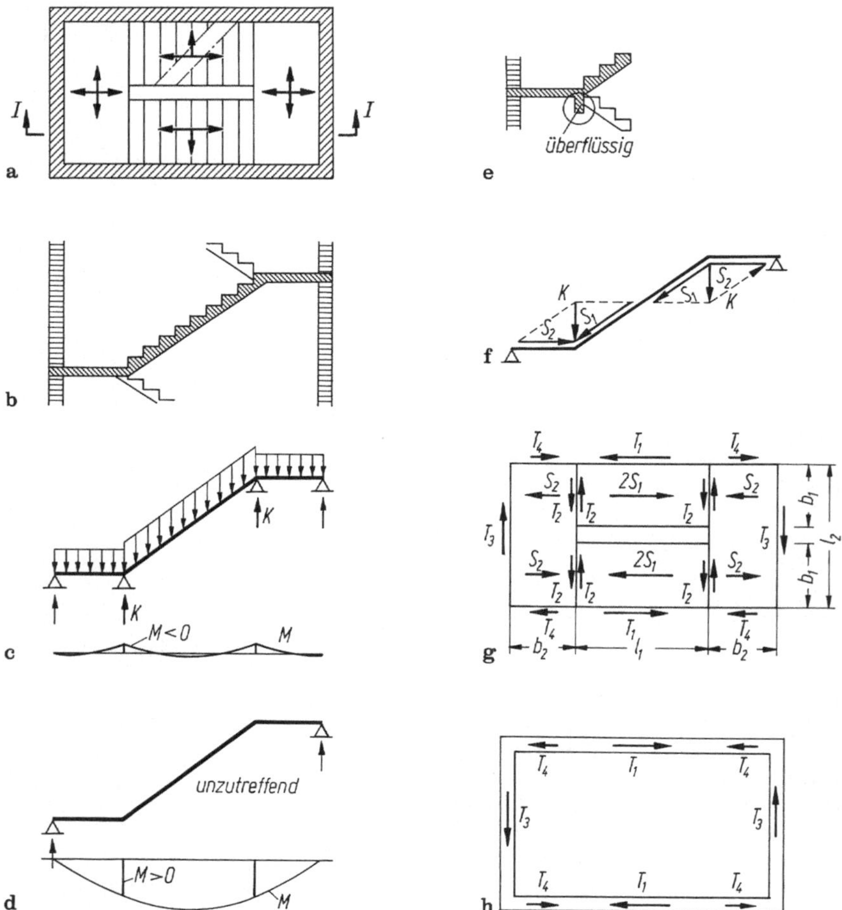

Abb. 6/6. Faltwerkwirkung in einem typischen Treppenhaus, dessen Treppenläufe schubfest mit den Umfassungswänden verbunden sind. **a** Grundriß mit schematischer Angabe der Lastabtragung durch Plattenwirkung; **b** Schnitt I—I; **c** Auflagerbedingungen für die Plattenwirkung und zugehörige Momente in der Treppenlaufrichtung; **d** unzutreffende Systemannahme liefert sehr ungünstige, teilweise vorzeichenfalsche Momente; **e** Podestträger sind unnütz; **f** Zerlegung der Kantenlasten in Scheibenlasten; **g** Scheibenlasten und mit ihnen im Gleichgewicht stehende Kantenschubkräfte; **h** auf das Mauerwerk wirkende Schubkräfte aus der Treppe

Die Scheibenlasten S aus den Auflagekräften K (Kantenlasten) der Platten (Abb. 6/6f) stehen im Gleichgewicht mit den in Abb. 6/6g angegebenen Kantenschubkräften T, die sich aus den Gleichgewichtsbedingungen gegen Verschieben und Verdrehen der einzelnen Scheiben nacheinander errechnen lassen:

$$T_1 = 2S_1\,,$$

$$T_2 l_1 = 2S_1 \frac{b_1}{2} \rightarrow T_2 = S_1 \frac{b_1}{l_1}\,,$$

$$T_3 = 2T_2\,,$$

$$T_4 l_2 = S_2(l_2 - b_1) - T_3 b_2 \rightarrow T_4 = S_2\left(1 - \frac{b_1}{l_2}\right) - T_3 \frac{b_2}{l_2}\,.$$

Die Außenwände werden demnach durch die in Abb. 6/6h angegebenen Schubkräfte beansprucht. Kann die Schubkraft $T_3 = 2T_2$ in der Stirnwand nicht aufgenommen werden, weil dort z. B. eine Fensteröffnung liegt, so wird das Podest die Kräfte T_3 als quergerichtete Horizontalkräfte auf die Treppenhauslängswände abgeben und diese dadurch auf Biegung beanspruchen — eine wohl nicht erwartete Wirkung senkrechter Lasten.

In der Regel werden Läufe nicht in das Mauerwerk eingreifen. Dann sollte man vorsichtshalber annehmen, daß keine Schubkraftübertragung T_1 zwischen Treppenlauf und Wand möglich ist (Abb. 6/7). Auch dann bleibt eine erhebliche Faltwirkung bestehen. Man kann sich davon überzeugen, wenn man eine Durchbiegung der Kanten annimmt und prüft, ob diese möglich ist, ohne daß Scheibenkräfte geweckt werden. Beispielsweise kann sich der Rand der Podestplatte nur in senkrechter Richtung durchbiegen, der dort liegende Punkt A kann als Teil des Treppenlaufs dieser Bewegung allerdings nicht folgen, weil damit eine Scheibenverkürzung längs der Linie A–B einherginge. In der Tat bildet sich im Lauf eine zum Auflagerpunkt B gerichtete schräge Druckstrebe aus, welche dort — mittels hoher lokaler Querkraft- und Biegebeanspruchung der Podestplatte — in die Wand abgeleitet wird. Die Biegung kann man er-

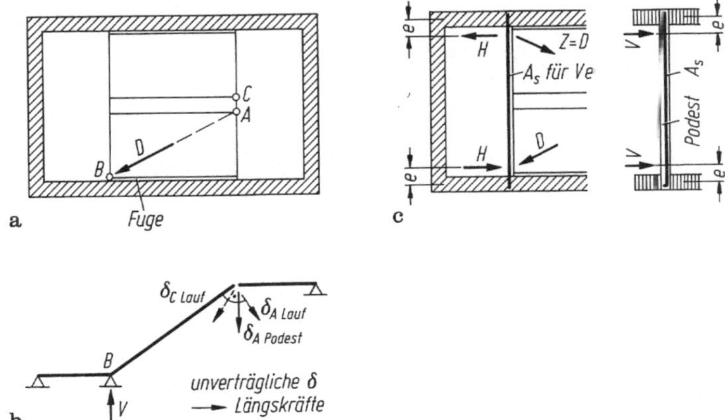

Abb. 6/7. Auch in einem Treppenhaus ohne schubfeste Verbindung der Treppenläufe mit den Wänden stellt sich eine Faltwerkwirkung ein. **a** Grundriß; **b** mögliche Verformungen aus Biegung; **c** Kräfte und dafür nötige Randbewehrung des Podestes im Grundriß und Querschnitt

mitteln, wenn man die Vertikalkomponente V der Scheibenkraft D mit ihrem geschätzten Hebearm e zum Auflager multipliziert: $M \approx Ve$. Da die Kraft V sehr nahe am Auflager angreift, muß die Bewehrung A_s für M gut im Auflagebereich verankert werden. Sie soll über die ganze Podestlänge durchgehen.

6.1.2 Das prismatische Faltwerk als Gelenkkette („Technische Theorie")

Wenn die einzelnen Scheiben schlanker als etwa 3:1 sind, dürfen die Verformungen in der Scheibenebene nicht mehr vernachlässigt werden; denn durch sie weichen die

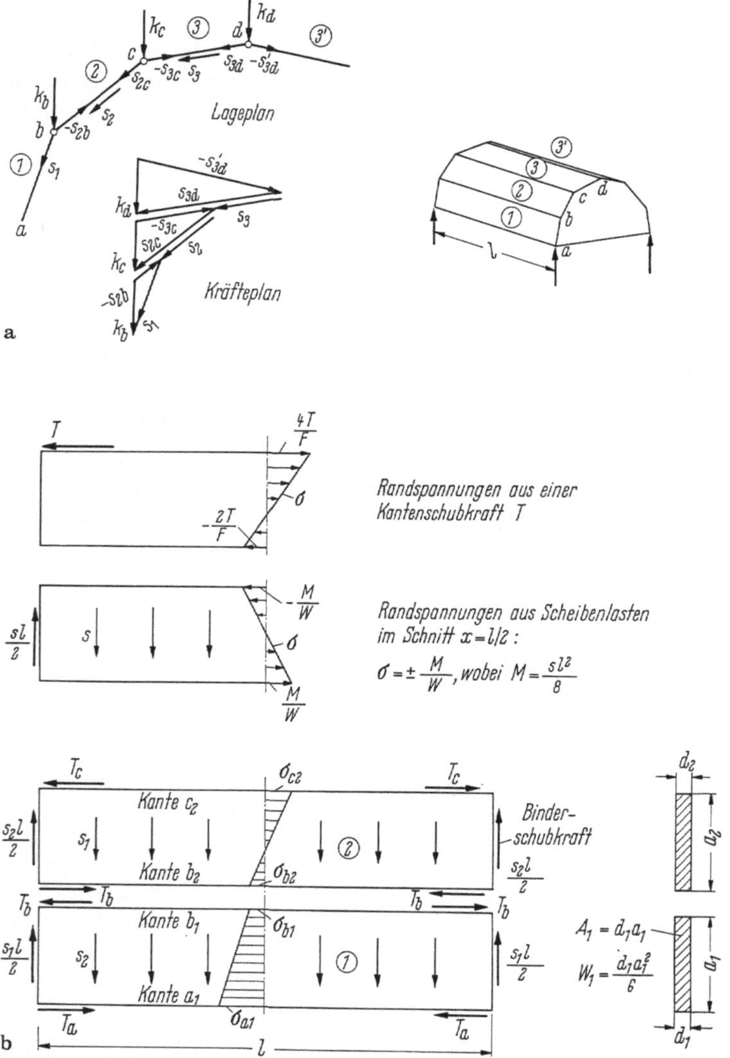

Abb. 6/8. Faltwerk aus schlanken Scheiben, die als Balken wirken und durch Scharniere schubfest verbunden sind. **a** Ermittlung der Scheibenlasten; **b** Ableitung der Dreischübegleichung

Kantenlängen benachbarter, belasteter Scheiben voneinander ab, wenn wir deren Verbindung lösen. Um diese wieder herzustellen, müssen Kantenschubkräfte T angebracht werden (Abb. 6/8). Da man sich damit begnügt, die Dehnungen (oder Spannungen) benachbarter Scheiben nur in Kantenmitte ($x = l/2$) gleich zu machen, kann die Verteilung der Schubkräfte längs der Kanten offen bleiben. Dies setzt voraus, daß die Biegelinien aller Scheiben zueinander affin sind, was auch Modellversuche gezeigt haben. Da die Scheiben untereinander scharnierartig verbunden gedacht werden, sind die gegenseitigen Verdrehungen an den Kanten, die sich infolge der Biegung der Scheiben einstellen, ohne Einfluß. Die Kontinuitätsbedingung in Längsrichtung für die Scheibenmitte verlangt (Abb. 6/8b): Dehnung der Kante b_1 = Dehnung der Kante b_2, daher auch $\sigma_{b1} = \sigma_{b2}$. Wenn man geradlinige Verteilung der Spannungen über die Scheibenbreite voraussetzt, ist

$$\sigma_{b1} = \frac{2}{A_1} T_a + \frac{4}{A_1} T_b - \frac{M_1}{W_1},$$

$$\sigma_{b2} = -\frac{4}{A_2} T_b - \frac{2}{A_2} T_c + \frac{M_2}{W_2}.$$

Daraus folgt für Kante b eine dreigliedrige Gleichung („Dreischübegleichung"):

$$\frac{2}{A_1} T_a + 4\left(\frac{1}{A_1} + \frac{1}{A_2}\right) T_b + \frac{2}{A_2} T_c = \frac{M_1}{W_1} + \frac{M_2}{W_2}.$$

Die entsprechenden n Gleichungen für alle n Kanten bilden zusammen ein lineares Gleichungssystem, aus dem die unbekannten Kantenschubkräfte T ermittelt werden können [2].

Der Widerstand der Scheiben gegen Verdrillen, das sich aus den unterschiedlichen Durchbiegungen der beiden Kanten einer Scheibe ergibt, wird vernachlässigt (Abb. 6/9). Auch die Schubverformungen der Faltwerkscheiben und ihre Plattenbiegesteifigkeit in Längsrichtung werden außer Betracht gelassen. Die Binderscheiben nimmt man in ihrer Ebene als starr und rechtwinklig dazu als biegeweich an. Die Stützkräfte der Scheiben können daher nur als Schubkräfte in die Binder eingetragen werden (Abb. 6/27a). Dieser stark vereinfachte Ansatz leistet nur dann gute Dienste, wenn die vernachlässigten Biegemomente an den Kanten nicht ins Gewicht fallen. Ferner versagt diese Näherungsmethode bei horizontalen und geneigten Randscheiben (Abb.

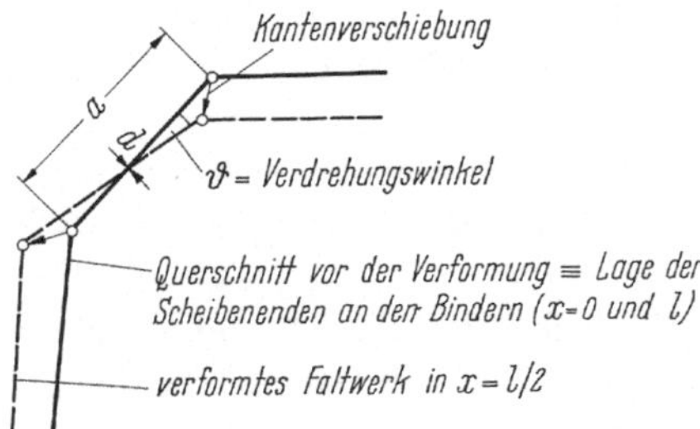

Abb. 6/9. Verdrillung der Scheiben eines Faltwerks

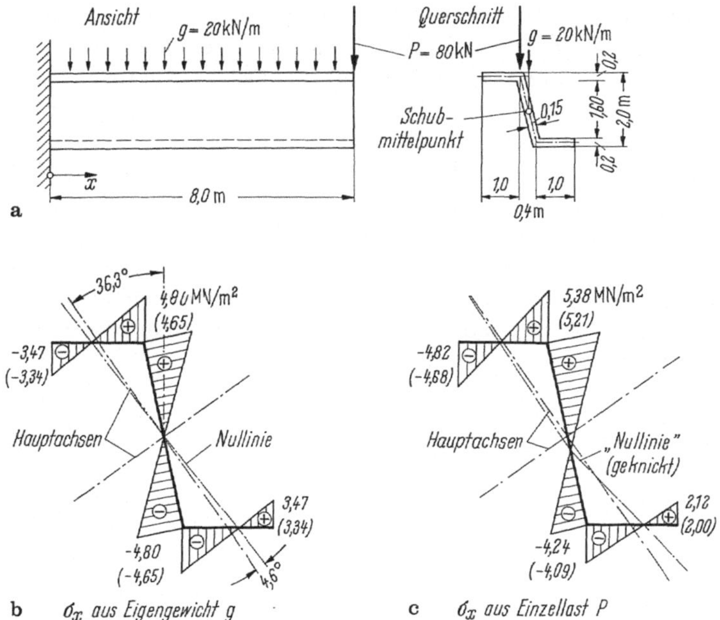

Abb. 6/10. Kragträger als Faltwerk. **a** System, Querschnitt und Belastungen; **b** Längsspannungen im Einspannquerschnitt infolge verteilter Last g, berechnet als Gelenkwerk. In Klammern sind die Spannungen in der Plattenmittelfläche angeschrieben, die sich aus der Berechnung nach der Balkenbiegelehre ergeben; **c** dgl. für die Einzellast P

6/16 u. 17). Diese könnten nur durch die vernachlässigten Plattenbiegesteifigkeiten gehalten werden.

Die Querschnitte eines Faltwerks ändern ihre Form und bleiben daher nicht mehr eben, so daß auch die Spannungen nicht mehr geradlinig verteilt sind. In einem Kragbalken mit ʃ-Querschnitt (Abb. 6/10) beispielsweise ergeben sich deshalb nach der „technischen Faltwerktheorie" andere Längsspannungen als nach der hier nicht mehr zutreffenden Balkenbiegelehre. Obwohl aus der Einzellast das gleiche Einspannmoment wie aus dem Eigengewicht entsteht, ergibt sich eine andere Längsspannungsverteilung, weil die Einzellast exzentrisch zum Schubmittelpunkt wirkt. Die Nullinie verliert ihre Bedeutung, da die Spannungen im Querschnitt nicht mehr proportional zum Abstand von der Nullfaser anwachsen.

Zum Vergleich sind in Abb. 6/10 auch die Werte angegeben, die sich bei der Berechnung des Kragträgers als dünnwandiger Stab ergeben [3], wobei die Längskräfte aus verhinderter Querschnittsverwölbung berücksichtigt sind, da mit dem Ebenbleiben der Querschnitte gerecht wurde; andernfalls würden sich bei gleichem Moment aus Einzellast und Gleichlast auch dieselben Balkenspannungen ergeben. Die Ergebnisse der Berechnung als Faltwerk bzw. Balken unterscheiden sich nur wenig und lassen erkennen, daß die Wirkung der Verwölbung des Gesamtquerschnitts in der Faltwerkberechnung enthalten ist.

Die *Durchlaufwirkung* mehrfeldriger Faltwerke (vgl.Abb. 6/19) [4] und vor allem auch die bei größeren Spannweiten kaum zu entbehrende *Vorspannung* läßt sich bei der technischen Faltwerktheorie leicht in den Rechengang einbauen. Die einzelnen

Scheiben werden dabei als durchlaufende Balken behandelt. Die Übereinstimmung der Kantendehnungen im Feld gilt aber nur dann auch für die Stützquerschnitte, wenn die Belastungen aller Scheiben affin zueinander sind. Bei Vorspannung der Randscheiben ist daher ein parabolischer Spanngliedverlauf Voraussetzung, wenn die technische Theorie brauchbare Ergebnisse liefern soll.

Das folgende Zahlenbeispiel (Abb. 6/11) zeigt den Rechengang und die Ergebnisse für eine Faltwerktonne.

Abb. 6/11. (Zahlenbeispiel). Prismatisches Faltwerk, berechnet als Gelenkwerk mittels der Dreischübegleichungen
Belastung: Eigengewicht $g = 5{,}50\ \mathrm{kN/m^2}$.

1. Abmessungen

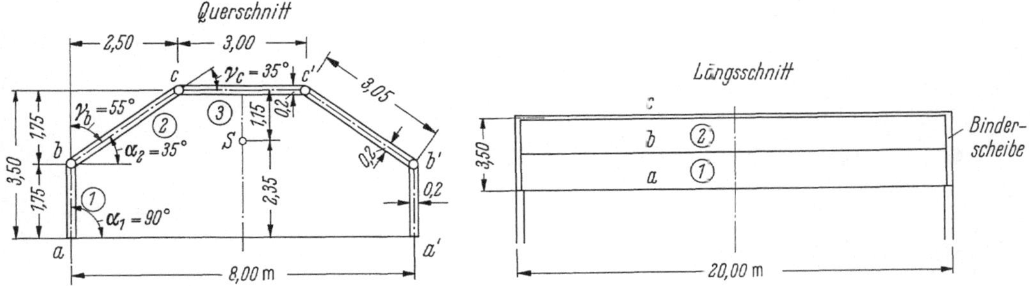

2. Querschnittswerte

Scheibe 1 bzw. 1′: $a_1 = 1{,}75$ m; $A_1 = 0{,}35\ \mathrm{m^2}$; $W_1 = 0{,}102\ \mathrm{m^3}$;
Scheibe 2 bzw. 2′: $a_2 = 3{,}05$ m; $A_2 = 0{,}61\ \mathrm{m^2}$; $W_2 = 0{,}310\ \mathrm{m^3}$;
Scheibe 3: $a_3 = 3{,}00$ m; $A_3 = 0{,}60\ \mathrm{m^2}$; $W_3 = 0{,}300\ \mathrm{m^3}$.

3. Kantenlasten

Kante *b*, aus Scheibe 1:	$1{,}75 \cdot 5{,}50$	$= 9{,}6$ kN/m;
aus Scheibe 2:	$3{,}05 \cdot 5{,}50/2$	$= 8{,}4$ kN/m;
		$k_b = 18{,}0$ kN/m.
Kante *c*, aus Scheibe 2:	$3{,}05 \cdot 5{,}50/2$	$= 8{,}4$ kN/m;
aus Scheibe 3:	$3{,}00 \cdot 5{,}50/2$	$= 8{,}3$ kN/m;
		$k_c = 16{,}7$ kN/m.

4. Scheibenlasten

Zerlegung der Kantenlasten in die anschließenden Scheiben nach Abb. 6.2.

Kante *b*: $s_{1b} = \dfrac{\cos\alpha_2}{\sin\gamma_b} k_b = \dfrac{\cos 35°}{\sin 55°} \cdot 18{,}0 = 18{,}0$ kN/m; $s_1 = 18{,}0$ kN/m;

$$s_{2b} = -\frac{\cos\alpha_1}{\sin\gamma_b} k_b = -\frac{\cos 90°}{\sin 55°} \cdot 18{,}0 = 0;$$

Kante *c*: $s_{2c} = \dfrac{\cos\alpha_3}{\sin\gamma_c} k_c = \dfrac{\cos 0°}{\sin 35°} \cdot 16{,}7 = 29{,}0$ kN/m; $s_2 = 29{,}0$ kN/m;

$$s_{3c} = -\frac{\cos\alpha_2}{\sin\gamma_c} k_c = -\frac{\cos 35°}{\sin 35°} \cdot 16{,}7 = -23{,}8\ \mathrm{kN/m};$$

Kante *c′*: $s'_{3c} = -s_{3c}$; $s_3 = 0$.

5. Scheibenmomente in Längsrichtung

$$M_1 = \frac{s_1 l^2}{8} = \frac{180 \cdot 20{,}0^2}{8} = \frac{18{,}0 \cdot 20{,}0^2}{8} = 900\ \text{kNm} = 0{,}90\ \text{MNm}$$

$$M_2 = \frac{s_2 l^2}{8} = \frac{290 \cdot 20{,}0^2}{8} = \frac{29{,}0 \cdot 20{,}0^2}{8} = 1450\ \text{kNm} = 1{,}45\ \text{MNm}$$

$$M_3 = 0\,.$$

6. Dreischübegleichungen (Abschn. 6.1.2)
$T_a = 0$, da freier Rand; $T_c' = -T_c$ wegen Symmetrie.

Kante b: $4T_b\left(\frac{1}{A_1} + \frac{1}{A_2}\right) + 2T_c\frac{1}{A_2} = \frac{M_2}{W_2} + \frac{M_1}{W_1}$;

$$4T_b\left(\frac{1}{0{,}35} + \frac{1}{0{,}61}\right) + 2T_c\frac{1}{0{,}61} = \frac{1{,}45}{0{,}310} + \frac{0{,}90}{0{,}102};$$

$$18{,}0T_b + 3{,}28T_c = 13{,}51\,.$$

Kante c: $2T_b\frac{1}{A_2} + 4T_c\left(\frac{1}{A_2} + \frac{1}{A_3}\right) + 2T_c'\frac{1}{A_3} = \frac{M_2}{W_2}$;

$$2T_b\frac{1}{0{,}61} + 2T_c\left(\frac{2}{0{,}61} + \frac{1}{0{,}60}\right) = \frac{1{,}45}{0{,}310};$$

$$3{,}28T_b + 9{,}90T_c = 4{,}68\,.$$

Lösung: $T_b = 0{,}708$ MN; $T_c = 0{,}238$ MN.

7. Längsspannungen in Feldmitte $x = l/2$

$$\sigma_{a1} = -2\frac{T_b}{F_1} + \frac{M_1}{W_1} = -2\frac{0{,}708}{0{,}35} + 8{,}83 = 4{,}79\ \text{MN/m}^2;$$

$$\sigma_{b1} = 4\frac{T_b}{F_1} - \frac{M_1}{W_1} = 4\frac{0{,}708}{0{,}35} - 8{,}83 = -0{,}74\ \text{MN/m}^2;$$

$$\sigma_{b2} = -4\frac{T_b}{F_2} - 2\frac{T_c}{F_2} + \frac{M_2}{W_2} = \frac{-4 \cdot 0{,}708 - 2 \cdot 0{,}238}{0{,}61} + 4{,}68 = -0{,}74\ \text{MN/m}^2;$$

$$\sigma_{c2} = 2\frac{T_b}{F_2} + 4\frac{T_c}{F_2} - \frac{M_2}{W_2} = \frac{2 \cdot 0{,}708 + 4 \cdot 0{,}238}{0{,}61} - 4{,}68 = -0{,}80\ \text{MN/m}^2;$$

$$\sigma_{c3} = -4\frac{T_c}{F_3} - 2\frac{T'_c}{F_3} = -2\frac{0{,}238}{0{,}60} = -0{,}80\ \text{MN/m}^2\,.$$

Verlauf der Spannungen im Querschnitt (Spannungen für Balken mit unverformtem Querschnitt zum Vergleich):

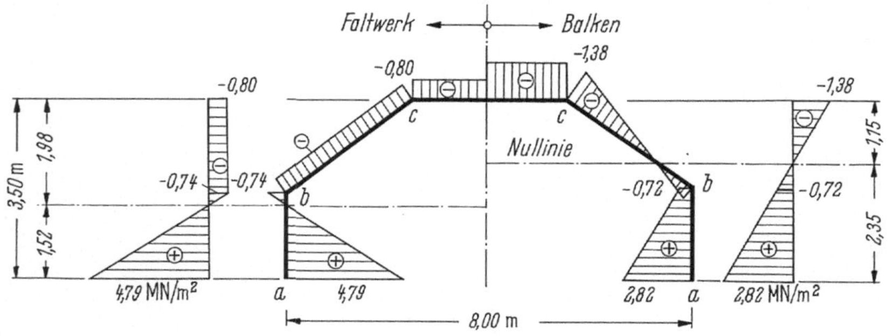

8. Verformungen in Feldmitte $x = l/2$ (vergrößert dargestellt) für $E = 30000\ \text{N/mm}^2$

Scheibendurchbiegungen $f = \dfrac{\Delta\sigma\, l^2}{9{,}6aE}$ (vgl. Abb. 6/24a):

$$f_1 = \frac{(4{,}79 + 0{,}74) \cdot 2000^2}{9{,}6 \cdot 175 \cdot 30000} = 0{,}439\ \text{cm};$$

$$f_2 = \frac{(-0{,}74 + 0{,}80) \cdot 2000^2}{9{,}6 \cdot 305 \cdot 30000} = 0{,}003\ \text{cm}; \qquad f_3 = 0\,.$$

Kantenverschiebungen (vgl. Abb. 6/24b):
Kante c: $\delta_h = 0$;

$$\delta_v = \frac{f_2}{\sin\alpha_2} = \frac{0{,}003}{\sin 35^\circ} = 0{,}005\ \text{cm}\,.$$

Kante a und b: $\delta_h = \dfrac{f_1}{\cot\alpha_2} - \dfrac{f_2}{\cos\alpha_2} = \dfrac{0{,}439}{\cot 35^\circ} - \dfrac{0{,}003}{\cos 35^\circ} = 0{,}304\ \text{cm}$;

$$\delta_v = f_1 = 0{,}439\ \text{cm}\,.$$

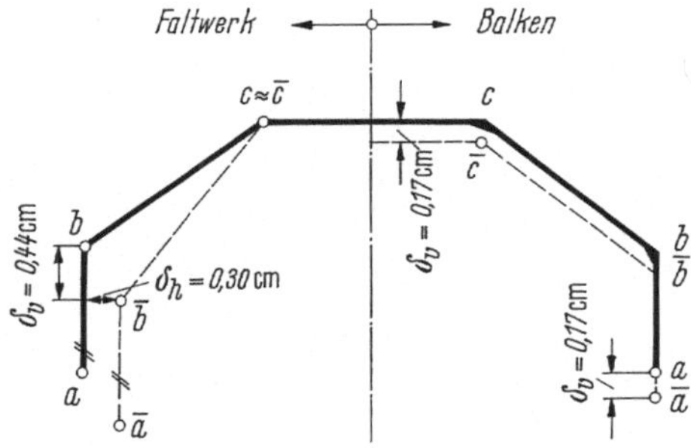

9. Biegemomente in Querrichtung

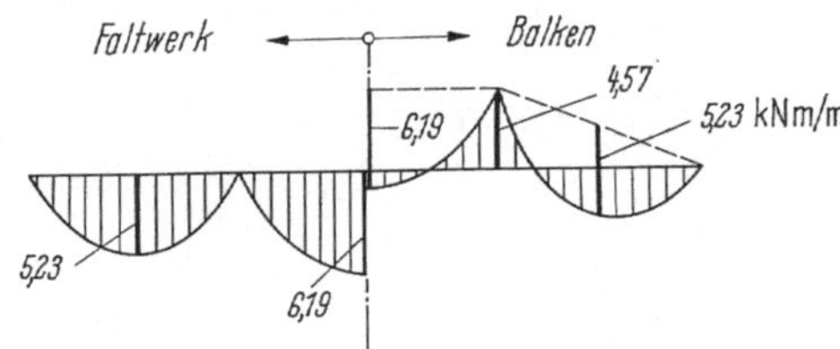

Bemerkung: Die Momente der rechten Seite treffen nur dann zu, wenn der Querschnitt durch dicke Wandung oder Versteifungsrippen (vgl. Abb. 6/26c) ausreichend querbiegesteif ist.

6.1.3 Die Biegetheorie des prismatischen Faltwerks

Ein der Wirklichkeit besser entsprechendes Modell erhält man, wenn an den Längskanten auch die gegenseitige Verdrehung beseitigt wird, worauf die englische Bezeichnung „folded plates" für Faltwerke schon deutlich hinweist.

Die Tragwirkung eines solchen Faltwerks wird zunächst an dem einfachen Zick-Zack-Dach [5] gezeigt:

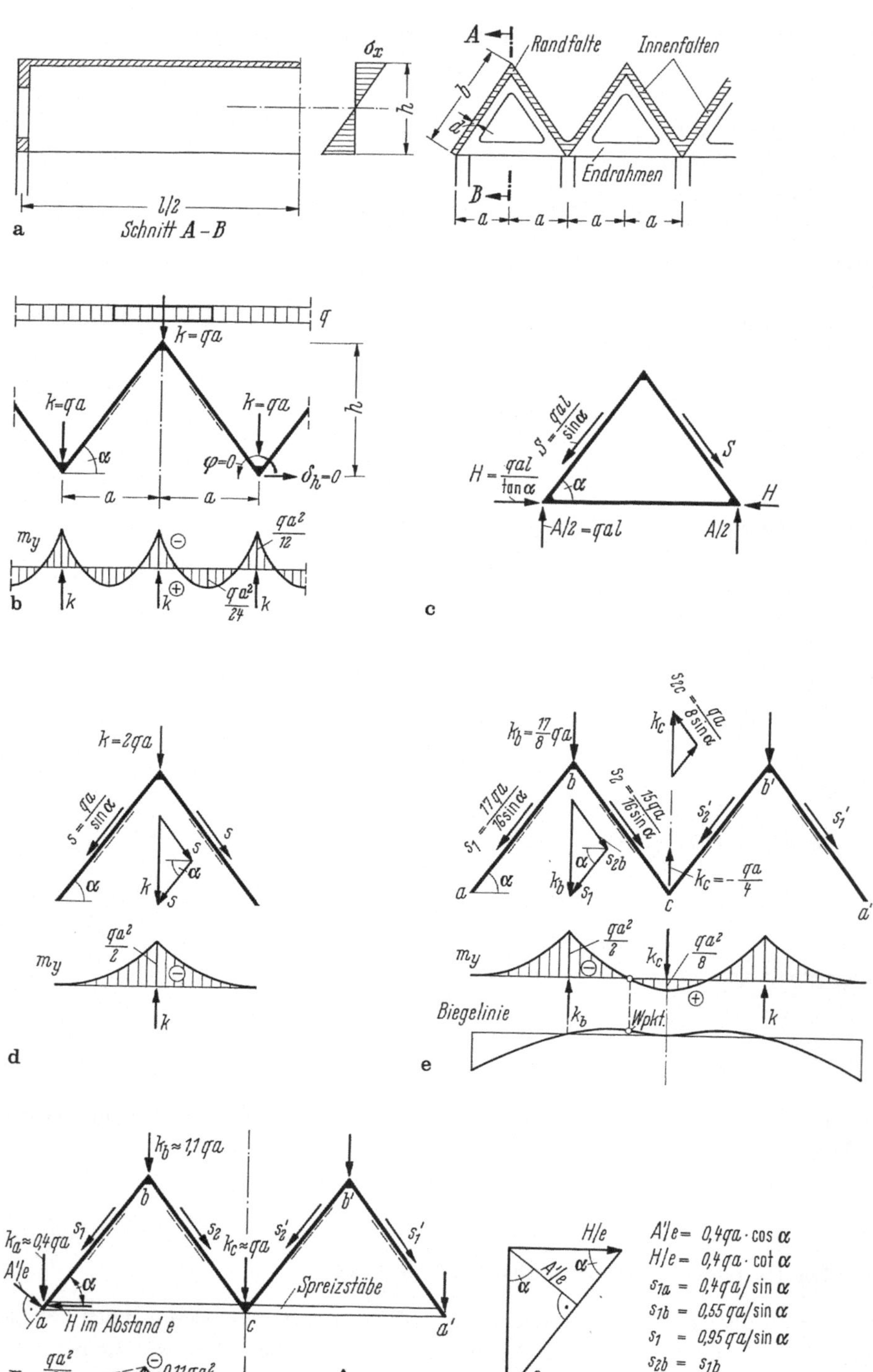

σ_x
h
Randfalte
Innenfalten
Endrahmen
$l/2$
Schnitt A – B
$k=qa$
$k=2qa$
$H=\frac{qal}{\tan\alpha}$
$S=\frac{qal}{\sin\alpha}$
$A/2=qal$
$k_b=\frac{17}{8}qa$
$k_c=-\frac{qa}{4}$
$s_1=\frac{17qa}{16\sin\alpha}$
$s_2=\frac{15qa}{16\sin\alpha}$
$s_{2c}=\frac{qa}{8\sin\alpha}$
Biegelinie
Wpkt.
$k_b\approx 1{,}1\,qa$
$k_a\approx 0{,}4\,qa$
$k_c\approx qa$
Spreizstäbe
H im Abstand e
$0{,}11\,qa^2$
$A'/e= 0{,}4qa\cdot\cos\alpha$
$H/e= 0{,}4qa\cdot\cot\alpha$
$s_{1a} = 0{,}4qa/\sin\alpha$
$s_{1b} = 0{,}55qa/\sin\alpha$
$s_1 = 0{,}95qa/\sin\alpha$
$s_{2b} = s_{1b}$
$s_{2c} = 0{,}5qa/\sin\alpha$
$s_2 = 1{,}05qa/\sin\alpha$

Da sich aus Symmetriegründen weder First noch Kehle der inneren Falten waagerecht verschieben können, sind hier die Längskräfte n_x wie bei einem Balken geradlinig verteilt (Abb. 6/12a). Da die inneren Scheiben an beiden Längskanten eingespannt sind, können dafür auch die Quermomente m_y ohne weitere Rechnung angegeben werden (Abb. 6/12b). Die Binder haben die Stützkräfte tangential aufzunehmen und den Auflagern zuzuleiten (Abb. 6/12c).

Wesentlich ungünstiger wird die Randfalte beansprucht. In erster Näherung kann man sie losgelöst betrachten (Abb. 6/12d). Das Gewicht der Randscheibe wird in der Querrichtung durch Kragwirkung aufgenommen, so daß das Firstmoment gleich $-qa^2/2$, also sechsmal so groß wie bei einer Innenfalte ist. Die Längskräfte bleiben ungeändert.

Eine bessere Näherung erhält man durch Zusammenfassen zweier Falten (Abb. 6/12e). Das große Firstmoment bleibt als Kragmoment jedoch erhalten. Deshalb biegt sich der freie Rand stark nach innen durch.

Diese Verformung und die Beanspruchungen lassen sich durch ein Randglied wesentlich vermindern. Am wirksamsten wird die Randfalte durch Querriegel oder Querrahmen versteift (Abb. 6/12f). Deren Abstand e ist so zu wählen, daß die Längsbiegung unter den Stützkräften $A' \approx 0{,}4qae\cos\alpha$ vom Rand aufgenommen werden kann. Die Aussteifung ist für die Horizontalkraft $H \approx 0{,}4qa^2e/h$ zu bemessen.

Eine aus mehreren Scheiben bestehende Faltwerktonne läßt sich nicht so leicht durchschauen. Man beseitigt die gegenseitige Verdrehung in den Scharnieren des Gelenkwerks durch überzählige Momente (Abb. 6/13). Ein durch zwei Querschnitte herausgetrennter Faltwerkstreifen wird damit zu einem durchlaufenden Balken auf elastisch nachgiebigen Stützen. Die Stützmomente dieser Streifen und die Kantenschübe beeinflussen sich gegenseitig, da die Momente an den Kanten zusätzliche Stütz- und damit Scheibenkräfte verursachen (Abb. 6/13c u. d). Diese haben ihrerseits wieder zusätzliche Kantenverschiebungen und -schübe zur Folge. Die Zusammenhänge lassen sich durch ein lineares Gleichungssystem erfassen [6.1], wenn über die Verteilung der Stützmomente und Schübe längs der Kanten vereinfachende Annahmen getroffen werden (sinusförmig [6.2.] oder parabolisch [6.3]).

Die Drehwinkel an den Kanten setzen sich aus zwei Anteilen zusammen: Derjenige aus der Querabtragung der Flächenlasten ist im Rahmen der Annahmen auf die ganze Länge konstant; derjenige aus den Kantenverschiebungen (Abb. 6/24b u. c) ist dagegen affin zu den Biegelinien der Scheiben in ihrer Ebene (Abb. 6/13a u. b). Die „statisch unbestimmten" Kantenmomente müssen für beide Anteile die Kontinuität herstellen.

Die geschlossenen Ansätze für die ganzen Scheiben führen auf ein System von linearen Differentialgleichungen 4. Ordnung mit konstanten Koeffizienten. Sie können

◀ **Abb. 6/12.** Zick-Zack-Dach aus schlanken Scheiben; q = Belastung in der Grundfläche. **a** Längsspannungen σ_x wie für Balken berechnet; **b** Quermomente m_y der Innenfalten wie für beiderseits eingespannte Platte berechnet; **c** Beanspruchung der Endrahmen (Binder); **d** Randfalte abgetrennt; Scheibenlasten s und Quermomente m_y; **e** zwei Falten am Rand abgetrennt; Scheibenlasten s und Quermomente m_y sowie Biegelinie der Scheiben (Kanten festgehalten); **f** zwei Falten am Rand mit Spreizstäben im Abstand e versehen; angenäherte Scheibenlasten s, Quermomente m_y und Querbelastung A' des Randstreifens (Kanten festgehalten)

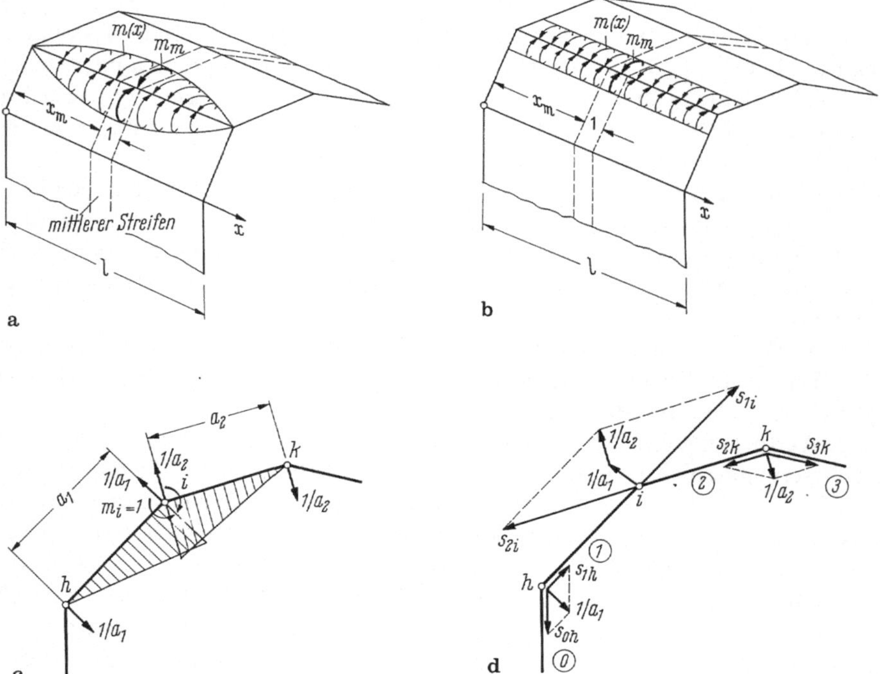

Abb. 6/13. Kantenmomente $m(x)$ als Überzählige. Hauptsystem: Gelenkwerk. **a** Die Momente infolge der Kantenverschiebungen verlaufen affin zur Biegelinie der Scheiben in ihrer Ebene und werden durch eine Parabel oder Sinuskurve angenähert: $m(x) = m_m \sin \pi x/l$; **b** die Momente infolge gleichmäßig verteilter Flächenlasten sind näherungsweise konstant auf die ganze Länge: $m(x) = m_m$; **c** Kantenlasten infolge der Momente $m_i = 1$ im mittleren Faltwerkstreifen; **d** Scheibenlasten s aus der Zerlegung der Kantenlasten in die Scheibenebenen

mit den gleichen Eigenfunktionen gelöst werden, die in der Theorie der freien Schwingungen des prismatischen Balkens verwendet werden [7]. Für das Einfeldfaltwerk ergeben sich Sinusreihen; die äußeren Lasten werden daher in Fourier-Reihen entwickelt. Hier ist vor allem auf das Verfahren von Wlassow in [7] zu verweisen, das die zusätzlichen Quermomente des Mittelstreifens und die Kantenverlängerungen als Unbekannte benutzt.

Die Brauchbarkeit dieser Verfahren hängt von der Konvergenz der benutzten Reihen ab, die praktisch nur für gleichförmig verteilte Lasten hinreichend ist. Tetzlaff [8.1] gibt daher ein Näherungsverfahren an, in dem er sinusförmige Biegelinien für die verschiedenen Lastenarten einführt. Die Methode ist jedoch nur für annähernd sinusförmige Lasten ausreichend genau. Böttger [8.2] baut auf der Näherung von Tetzlaff auf und beseitigt durch Einführung einer Ersatzlast die dort bestehenden Ungenauigkeiten. Hierdurch lassen sich sowohl Einzellasten als auch Spannkräfte erfassen. Die genannten Verfahren werden aber zunehmend durch FEM-Berechnungen verdrängt.

Schnittgrößen (Feldmitte)

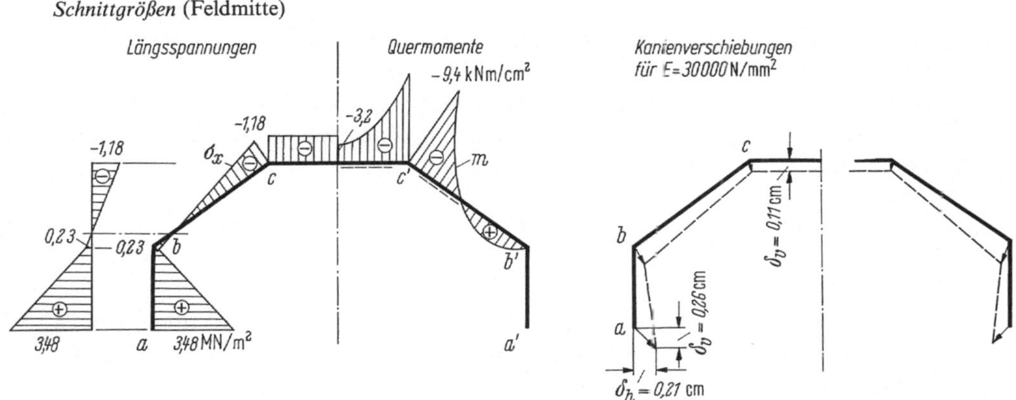

Vergleich der Ergebnisse

Berechnung als		Gelenkwerk	Faltwerk (Biegeth.)	Balken
Längsspannungen [MN/m²]	Kante *c*	−0,80	−1,18	−1,38
	Kante *b*	−0,74	0,23	0,72
	Rand *a*	4,79	3,48	2,82
Quermomente [kNm/m]	Kante *c*	0	−9,4	−4,6
	Scheibe 3, Mitte	6,2	−3,2	1,6
vertikale Durchbiegungen [cm]	Kante *c*	≈0	0,11	0,17
	Rand *a*	0,44	0,26	0,17
horizontale Verschiebung [cm]	Rand *a* (nach innen)	0,30	0,21	0

Abb. 6/14. Prismatisches Faltwerk wie in Abb. 6/11, berechnet nach der Biegetheorie. Vergleich mit Gelenkwerk und Balken

Den erheblichen Unterschied biegesteif miteinander verbundener Scheiben gegenüber dem Gelenkwerk zeigt das Beispiel in Abb. 6/14. Es ist also ratsam, schon bei verhältnismäßig gedrungenen Faltwerkquerschnitten die Quermomente für die Schnittkraftermittlung zu berücksichtigen.

In der Randscheibe bildet sich ein um so größeres Längsspannungsgefälle aus, je weniger steif sie ist. Diesem Spannungsgefälle entspricht eine größere Durchbiegung der Randscheibe, die die oberen Scheiben herabzieht und wegen des biegesteifen Anschlusses zu der Schrägstellung nach innen führt. Das Bestreben solcher Faltwerke und entsprechender Tonnenschalen, sich unter Last zusammenzuziehen, führt zur Abweichung von der geradlinigen Spannungsverteilung. Diesem Bestreben leistet die Quersteifigkeit des Faltwerks Widerstand, so daß durchgehend negative Quermomente entstehen. Die Balkenwirkung kann sich nur bei einem in der Querrichtung steifen Querschnitt einstellen. Bei dem Faltwerk nach Abb. 6/14 läßt sich die Queraussteifung z. B. durch Spreizstäbe zwischen den Kanten *b* verwirklichen.

Um die Zusatzkraft H in einer horizontalen Aussteifung zu berechnen, welche die Form des Querschnitts aufrechterhält, schneiden wir einen Querstreifen von der Breite 1 heraus (Abb. 6/15a). In seinen horizontalen Schnitten wirken die Schubkräfte $t = QS/I$, wie sich aus der Balkenbiegelehre ergibt. Die gleichen Schubkräfte sind auch tangential in den Querschnitten vorhanden und nehmen über die Streifenbreite $\Delta x = 1$ zu um

$$\Delta t = \frac{\partial t}{\partial x}\,\Delta x = \frac{S}{I}\,\frac{\partial Q}{\partial x}\,\Delta x = q\,\frac{S}{I}\,,$$

wobei q das Gewicht des Querstreifens und S das statische Moment der abgetrennten Fläche einer Querschnittshälfte in bezug auf die Schwerachse ist. Die Summe der senkrechten Komponenten der Δt ist gleich q, denn

$$\int\limits_{(s)} \Delta t \sin\alpha \, \mathrm{d}s = \int\limits_{u}^{o} \Delta t \, \mathrm{d}y = \frac{q}{I}\int\limits_{u}^{o} S\,\mathrm{d}y = q\,.$$

Aus dem Diagramm der Δt (Abb. 6/15b) berechnen wir die Resultierende ΔT_k für jeden Stab des Plattenstreifens, z. B. $\Delta T_2 = \int_b^c \Delta t\,\mathrm{d}s$. Diese ergeben zusammen mit den Stabgewichten $G_k = g_k a_k$ und der horizontalen Steifenkraft H das Quermoment

$$m_c = (\Delta T_1 - G_1)\,a_{2h} - G_2 a_{2h}/2 + H a_{2v} \quad \text{(Abb. 6/15c).}$$

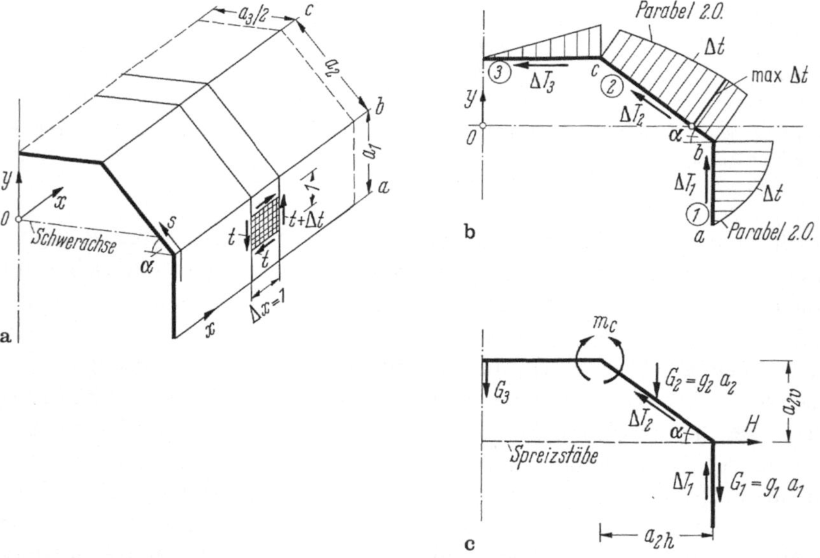

Abb. 6/15. Faltwerk mit Balkenwirkung. Spreizstäbe oder Versteifungsrippen erhalten die Querschnittsform aufrecht. **a** Querstreifen ($\Delta x = 1$) mit Schubkräften t und der Schubzunahme Δt; **b** Verlauf der Schubzunahme Δt; Resultierende ΔT_k; **c** Bedingung für Balkenwirkung: $m_c = m_c^0$ für Querstreifen als Durchlaufträger auf starren Stützen

Aus der Bedingung, daß m so groß sein muß wie m_c^0 bei unverschieblicher Stützung der Kanten, ergibt sich, daß in Kante b eine nach außen gerichtete Kraft H angreifen muß, um die Querschnittform aufrechtzuerhalten. Spreizstäbe im Abstand e erhalten Druckkräfte der Größe He. Fehlen diese, zieht sich der Querschnitt zusammen, und das negative Moment in Kante c steigt an (Abb. 6/14).

Aus Abb. 6/16 ist zu ersehen, daß der freie Rand einer Tonnenreihe um so größere Quermomente erzeugt, je flacher er geneigt ist. Dabei sind die Quermomente in der Randplatte selbst nahezu unabhängig von der Stichhöhe, die Kragplattenwirkung reicht aber bei dem flacheren Faltwerk weiter ins Innere hinein. Die Längsspannungen sind ebenfalls in dem flachen Faltwerk am größten und demzufolge auch die Randdurchbiegung. Die Verformungsdiagramme veranschaulichen die Kragplattenwirkung der freien Randbereiche. Diese müssen ausgesteift werden. Wie Abb. 6/17 zeigt, ist eine zusätzliche horizontale Randscheibe dafür nicht geeignet. Ihre Neigung unterscheidet sich zu wenig von derjenigen der Nachbarplatte, so daß sich noch größere Längsspannungen ergeben als beim randgliedlosen Faltwerk (Abb. 6/16). Eine wesentlich günstigere Spannungs- und Momentverteilung ergibt sich für senkrechte oder steil geneigte Randglieder (Abb. 6/17), da diese die anschließenden Scheiben etwa in der Richtung abstützen, in der sich die freien Ränder durchbiegen würden.

Die Abb. 6/18 zeigt nochmals die flache randgliedlose Doppeltonne I von Abb. 6/16, nun aber mit Spanngliedern in den unteren Scheiben. Dadurch gelingt es, die Längszugspannungen in allen Scheibenquerschnitten wesentlich zu vermindern oder ganz zu überdrücken. Die Quermomente und die Verformungen werden durch die Vorspannung jedoch nicht wesentlich verringert. Insbesondere können die Quermomente in der Randscheibe durch Vorspannung in der Scheibenebene nicht beeinflußt werden, da senkrecht zur Scheibenebene keine Umlenkkräfte entstehen, die das Eigengewicht aufnehmen könnten.

Wenn bei der Berechnung von *mehrfeldrigen Faltwerken* wie üblich die Schubverzerrungen vernachlässigt werden, verhalten sich die einzelnen Scheiben wie Durchlaufbalken [9]. Der Zusammenhang der Scheiben muß dann — ähnlich wie beim Einfeldfaltwerk — durch Kantenschubkräfte und Quermomente hergestellt werden. Ansätze mit Reihenentwicklungen in Eigenfunktionen, welche die Randbedingungen befriedigen, gibt Wlassow [7] an (siehe auch [10]).

Eine einfache Lösungsmethode findet man bei Tetzlaff [8.1] (Abb. 6/19). Zwischen den zwei Momentennullpunkten eines Durchlaufbalkens wird ein Stück herausgetrennt und als Einfeldfaltwerk mit der Spannweite l_0 berechnet. Das Ergebnis wird entsprechend dem Momentenverlauf des Durchlaufträgers auf die übrigen Faltwerkquerschnitte übertragen. Diese Methode ergibt nur eine grobe Näherung, denn beim Ersatzfaltwerk wird im Momentennullpunkt eine Binderscheibe angenommen, welche die Form des Querschnitts an dieser Stelle aufrechterhält. Beim Durchlauffaltwerk kann sich jedoch dieser Querschnitt verformen. Die Quermomente werden dadurch etwa 20% größer (Beispiel in [8.2]), während die Längsspannungen sich nur geringfügig ändern.

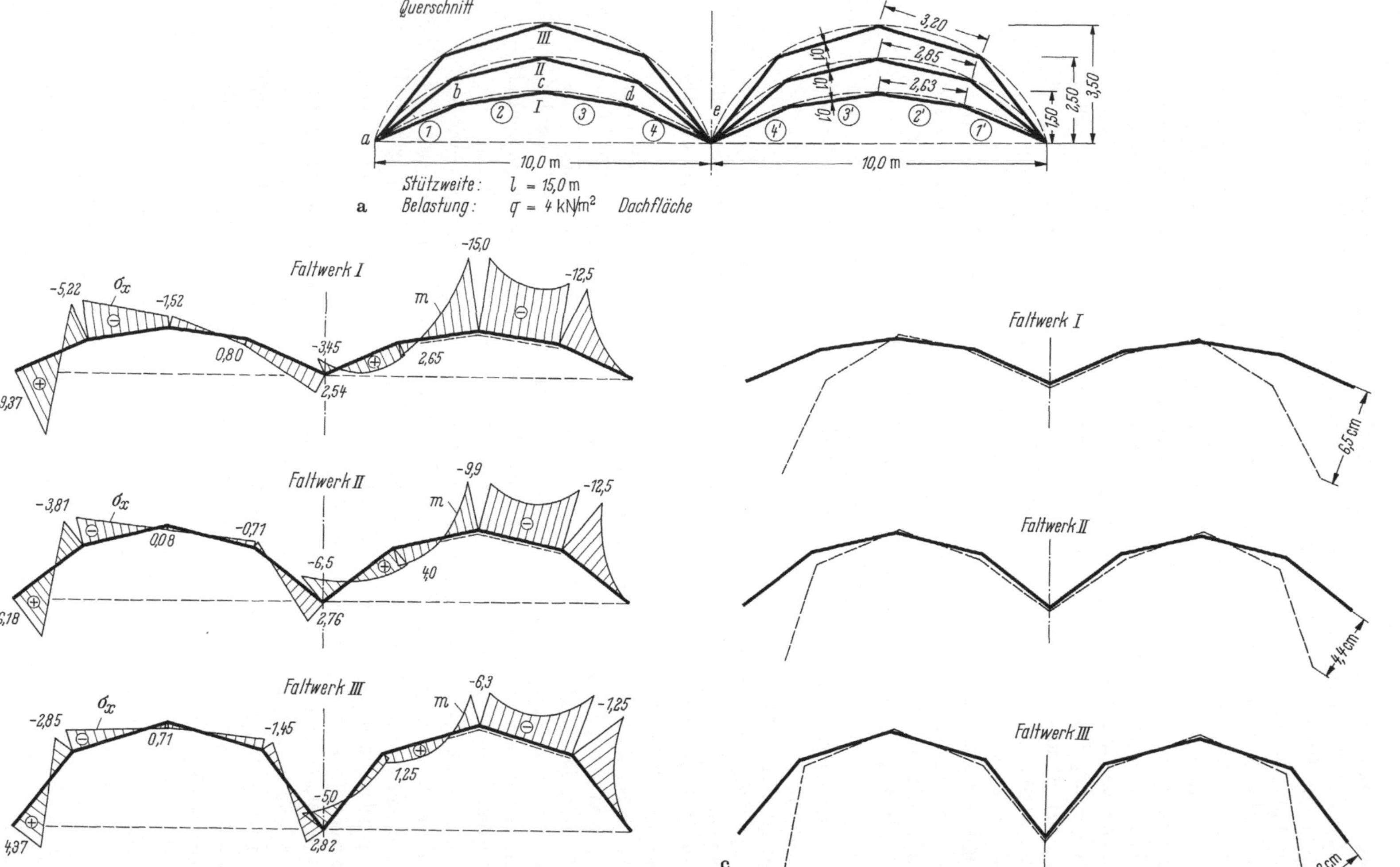

Abb. 6/16. Schnittkräfte von Faltwerk-Doppeltonnen mit verschiedenen Stichhöhen, berechnet mit der Biegetheorie [8.2]. **a** Querschnitt; **b** Längsspannungen σ_x [MN/m²] und Quermomente m [kNm/m] in Feldmitte; **c** Verformungen (Kantenverschiebungen) in Feldmitte (vergrößert dargestellt) für $E = 30\,000$ N/mm²

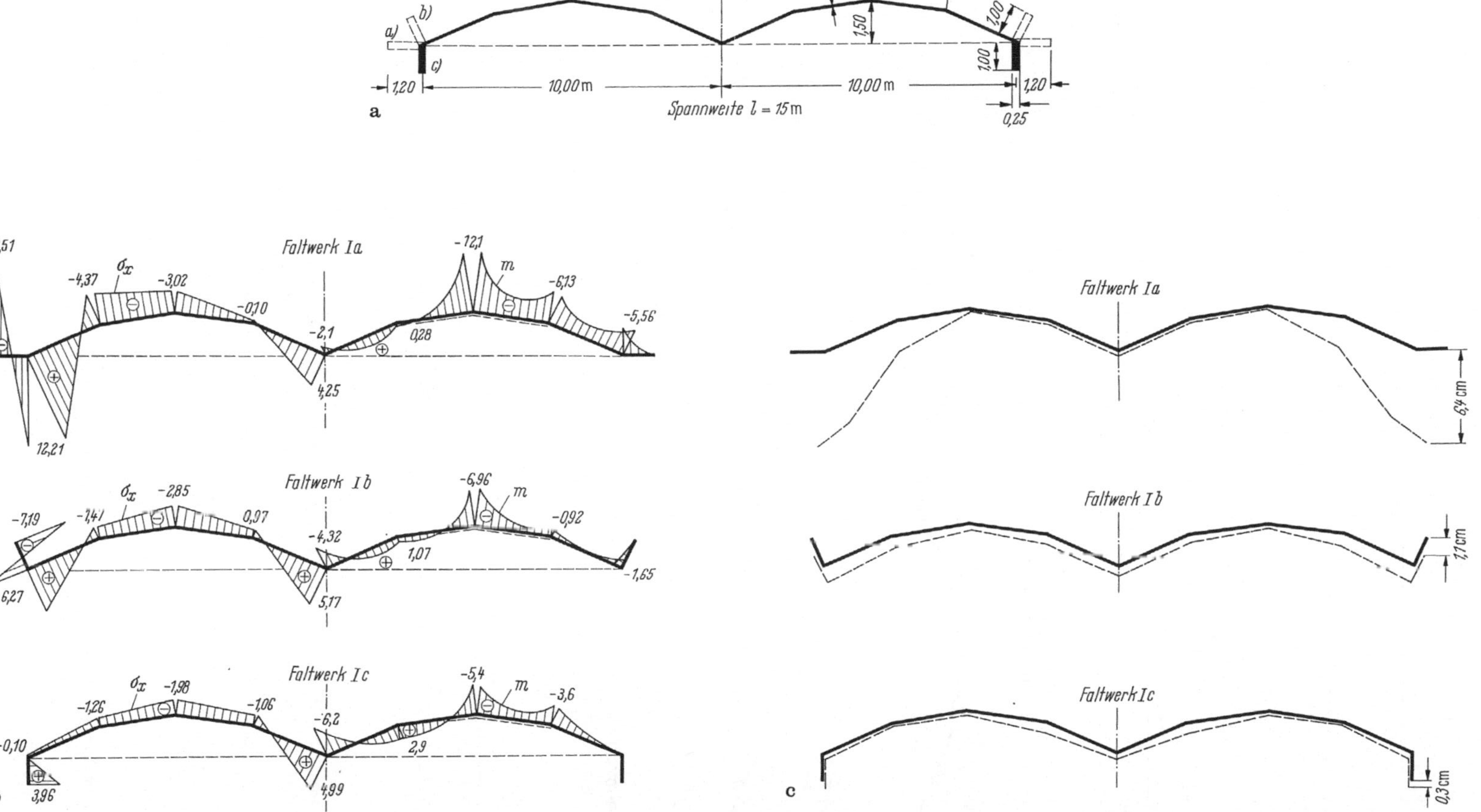

Abb. 6/17. Faltwerktonne I aus Abb. 6/16 mit verschieden geneigten Randgliedern. **a** Querschnitt; **b** Längsspannungen σ_x [MN/m²] und Quermomente m [kNm/m] in Feldmitte; **c** Verformungen in Feldmitte (vergrößert dargestellt) für $E = 30000$ N/mm²

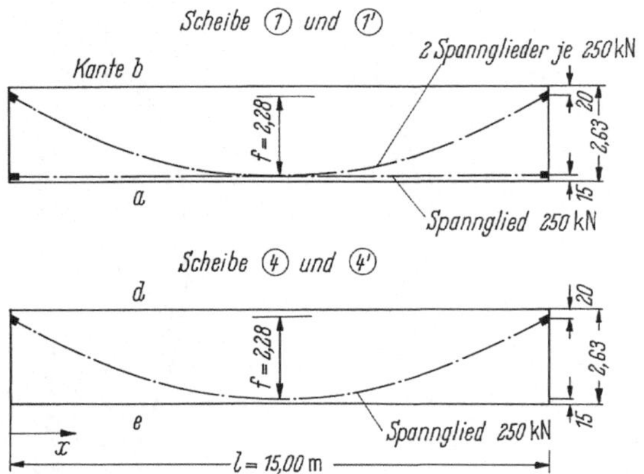

Längsspannungen σ_x [MN/m²]
aus äußerer Last und Vorspannung: aus Vorspannung allein:

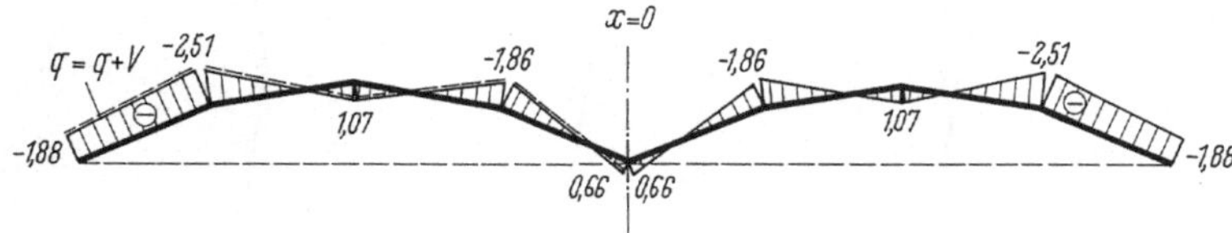

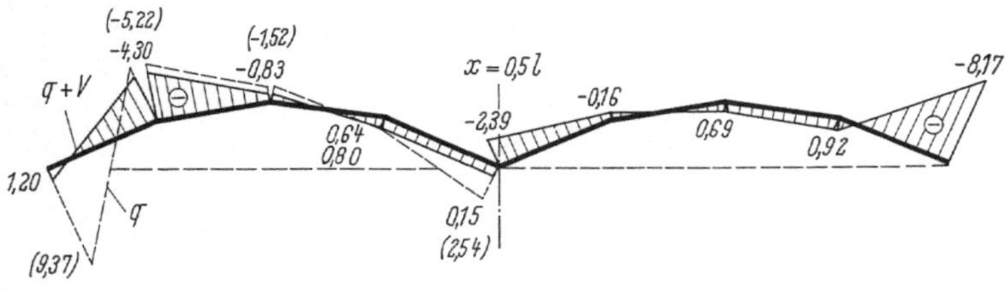

Quermomente [kNm/m] in Feldmitte
aus äußerer Last und Vorspannung: aus Vorspannung allein:

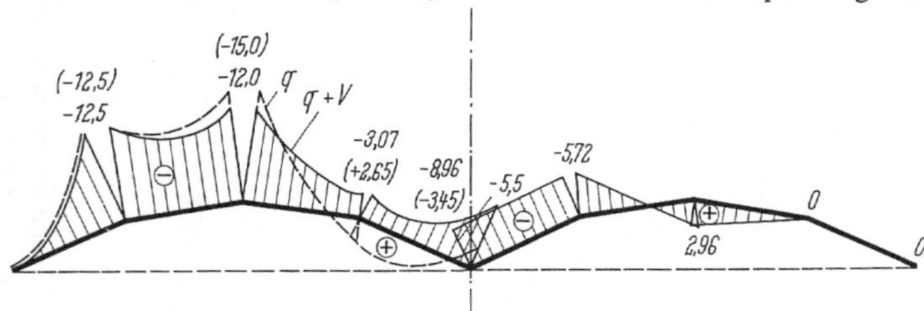

Verformungen in Feldmitte (vergrößert dargestellt) für $E = 30000$ N/mm²
aus äußerer Last und Vorspannung: aus Vorspannung allein:

Abb. 6/18. Vorgespannte Faltwerktonne (vgl. Abb. 6/16, I)

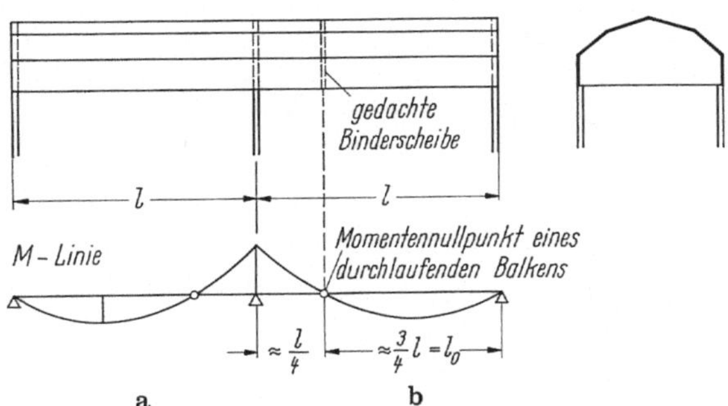

Abb. 6/19. Über zwei Felder durchlaufendes Faltwerk. **a** Anordnung und Balkenmomente; **b** Näherung: Einfeldfaltwerk zwischen den Momentennullpunkten [8.1]

Das statisch sehr günstige Zick-Zack-Dach läßt sich für Hallen durch Faltwerkstützen zu eleganten Rahmen weiterentwickeln (Abb. 6/20; siehe auch [20]). Eine Vorberechnung als Stabwerk liefert die Momentennullquerschnitte und den Rahmenschub als Grundlage für die Berechnung als Einfeldfaltwerk entsprechend [8.1].

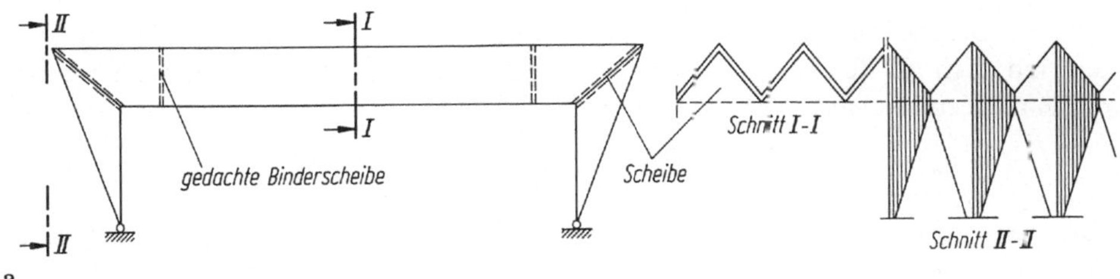

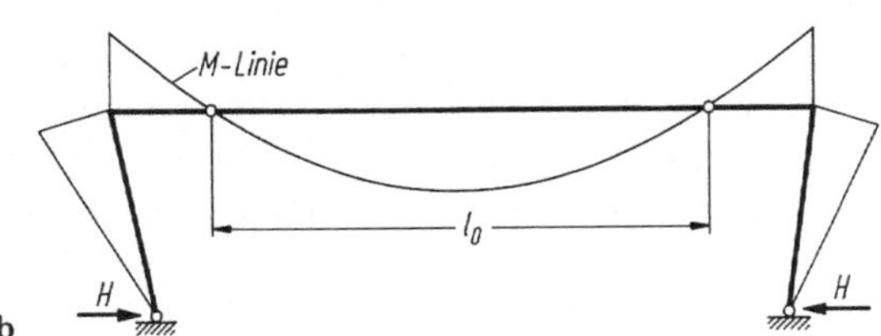

Abb. 6/20. Rahmenartiges Faltwerk. **a** Ansicht und Querschnitte; **b** Längsmomente für die Festlegung der Stützweite des einfeldrigen Ersatzfaltwerks nach Tetzlaff [8.1]

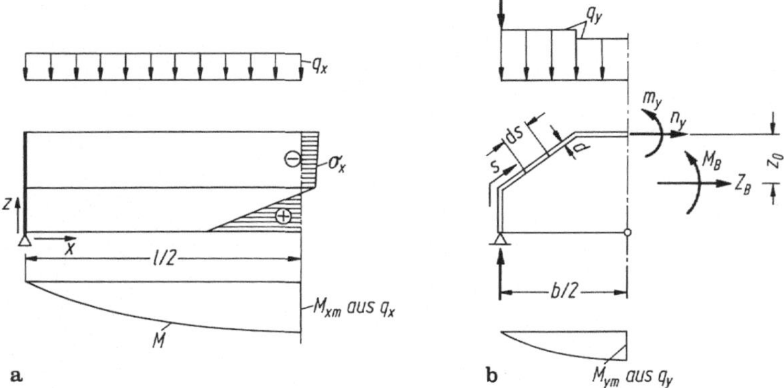

Abb. 6/21. Gleichgewichtskontrollen für ein Tonnenfaltwerk (siehe Text) **a** im Mittelquerschnitt; **b** im mittleren Längsschnitt

Für Hallendächer haben sich auch vorgespannte Hohlkästen als wirtschaftlich erwiesen, die in Shed-Form mit Dreieckquerschnitt bis rd. 20 m Spannweite, mit Rechteckform bis rd. 30 m Spannweite ausgeführt worden sind. Ihre große Torsionssteifigkeit macht sie relativ unempfindlich bei der Montage und gegen einseitige Lasten.

Der errechnete Längsspannungszustand einer Faltwerktonne sollte stets durch zwei Gleichgewichtskontrollen für den mittleren Querschnitt geprüft werden (Abb. 6/21 a). Für ein einfeldriges Faltwerk gilt

$$\int_{(A)} \sigma_x \, dA = 0 \quad \text{und} \quad \int \sigma_x z \, dA = M_m = \frac{ql^2}{8}$$

mit q = Gesamtlast der Tonne je m Länge und $dA = d\,ds$. Entsprechende Kontrollen sind auch für den Längsschnitt zweckmäßig, wobei die Schnittkräfte der Binder mit einzubeziehen sind (Abb. 6/21 b):

$$\int_{(l)} n_y \, dx + 2Z_B = 0 \quad \text{und} \quad \int_{(l)} m_y \, dx + 2Z_B z_0 + 2M_B = M_{ym},$$

wobei M_{ym} = Gesamtmoment im Längsschnitt aus den über die ganze Faltwerklänge zusammengefaßten Lasten q_y; Z_B und M_B sind die resultierenden Schnittgrößen eines Binders.

Nachdem in diesem Abschnitt das Tragverhalten prismatischer Faltwerke vorwiegend an Dachkonstruktionen vorgeführt wurde, sei darauf hingewiesen, daß die Faltwerkwirkung auch in vielen anderen, wesentlich häufiger ausgeführten Bauteilen eine Rolle spielt. Prinzipiell ist jeder profilierte Träger ein Faltwerk. Beispiele dafür sind auch die Hohlkastenträger von Brücken (2.2.1), die Kerne von Skelettbauten (4.3.2.2) und die Wände von Wandbauten (4.2). Es wird deshalb auch auf die Literatur zu solchen Bauten verwiesen, die oftmals Lösungen für spezielle Faltwerkprobleme enthält, z. B. [15; 17; 2/32, 36, 37; 4/43, 45].

6.1.4 Faltwerke mit konischen Scheiben

Aus formalen Gründen wird das aus dreieckigen Scheiben aufgebaute Zick-Zack-Dach (Abb. 6/22a) mitunter dem aus Rechtecken zusammengesetzten vorgezogen.

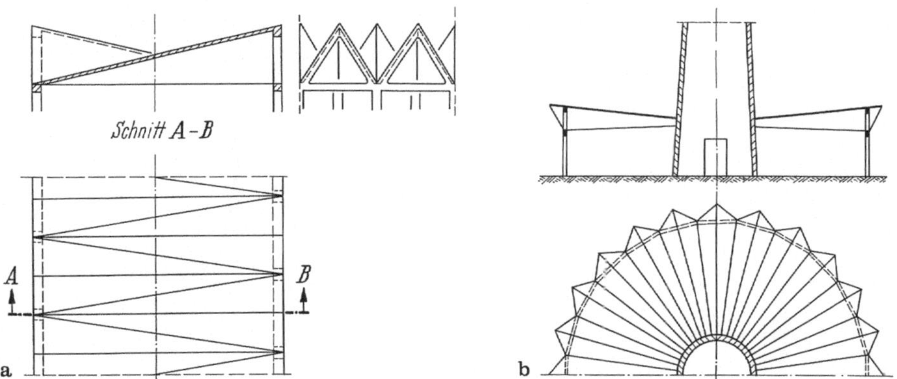

Abb. 6/22. Aus dreieckigen Scheiben aufgebaute Faltwerke (Zick-Zack-Dächer). **a** Dach für eine Halle; **b** Dach für einen Anbau zu einem Turm

Auch für Dächer über rundem Grundriß wird gern diese Form gewählt (Abb. 6/22b) [19]. Die Längskräfte im Mittelquerschnitt kann man näherungsweise wie für ein prismatisches Faltwerk berechnen. Bei den Quermomenten ist die veränderliche Breite der Scheiben zu berücksichtigen.

Kleine Kühlturmschlote lassen sich aus trapezförmigen Scheiben zusammensetzen (Abb. 6/23a). Die Längs- und Ringkräfte aus den senkrechten Lasten sind wie diese rotationssymmetrisch verteilt und lassen sich leicht übersehen. Die Wirkung der Windkräfte ist aber nur näherungsweise zu erfassen. Zunächst wird man die Stützkräfte aus den Flächenlasten an den Graten in die anstoßenden Scheiben zerlegen (Abb. 6/23b) und dann die „technische Theorie" (Gelenkwerk) anwenden. Hierbei sind im höchstbeanspruchten Querschnitt, also im untersten Ring, gleiche Dehnungen (oder Spannungen) benachbarter Scheiben herzustellen (Abb. 6/23c). Da die Verteilung der Kantenschübe ohnehin offen bleibt, bereitet die Trapezform der Scheiben beim Aufstellen der Dreischübegleichungen keine Schwierigkeiten.

Die Quermomente m_m der Platten kann man abschätzen, indem man die Verformungen der Scheiben berechnet [11], daraus die gegenseitigen Verdrehungen in den Kanten sowie die Kantenmomente ableitet und schließlich die Quermomente des Gelenkwerks superponiert. Wegen der Unsicherheit der Winddruckverteilung hat eine „genauere" Berechnung keinen Sinn.

Ein anderer Weg zur Bemessung solcher Faltwerke läßt sich aus dem einbeschriebenden Kegelstumpf ableiten, dessen Längs- und Schubkräfte auf den polygonalen Körper übertragen werden.

6.1.5 Strenge Theorie

Die „strenge Theorie" unterscheidet sich von den vorhergehenden Näherungen dadurch, daß sie keine geradlinige Verteilung der Längsspannungen über die Scheibenbreite voraussetzt [12]. Außerdem wird auch die bisher vernachlässigte Längsbiegung der Platten infolge der Abstützung auf den Binderscheiben berücksichtigt. Die Formulierung der Ansätze in Matrizenschreibweise [13] oder mittels finiter Elemente [16] eignet sich gut für Rechenautomaten, die erst die strenge Theorie anwendbar machen.

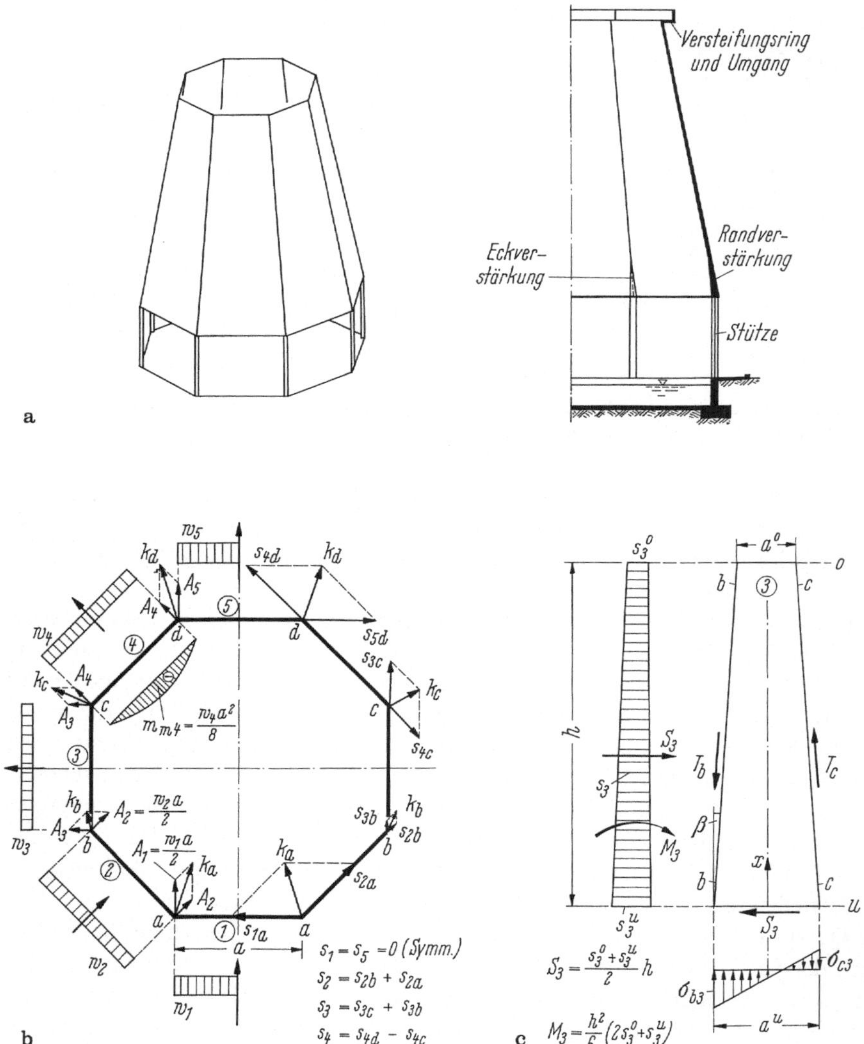

Abb. 6/23. Aus Trapezscheiben aufgebautes Faltwerk (Kühlturmschlot). **a** Anordnung axonometrisch und Schnitt; **b** Bestimmung der Kantenlasten k und Scheibenlasten s aus Winddruck; **c** Berechnung der Kantenschübe T aus der Übereinstimmung der Spannungen σ_x in der unteren Zone, z. B. bei Scheibe 3 (mit $\cos\beta \approx 1$):

$$\sigma_{b3} = \frac{M_3}{W} - 4\frac{T_b}{A} - 2\frac{T_c}{A} = \sigma_{b2}\,; \qquad \sigma_{c3} = -\frac{M_3}{W} + 2\frac{T_b}{A} + 4\frac{T_c}{A} = \sigma_{c4}\,.$$

Daraus vier „Dreischübegleichungen" für die vier Kantenschübe T

6.2 Verformungen

Aus den Abb. 6/11 und 6/14 bis 6/16 ist zu ersehen, daß die Faltwerktonnen wie auch die Zylindertonnen bestrebt sind, sich in der Querrichtung zusammenzuziehen.

Diese Erscheinung ist um so ausgeprägter, je geringer die Biegesteifigkeit in der Querrichtung ist. Sie ist aus dem Gefälle der Längskräfte in den einzelnen Scheiben zu erklären, da dieses maßgebend für die Krümmung der Scheiben ist:

$$\frac{1}{\varrho} = \frac{\varepsilon_u - \varepsilon_o}{a} = \frac{\sigma_u - \sigma_o}{aE} = \frac{\Delta\sigma}{aE}.$$

Hieraus lassen sich die Durchbiegungen in der Mitte (Abb. 6/24a)

$$f = \frac{l^2}{\pi^2 \varrho} \approx \frac{l^2}{10\varrho} = \frac{\Delta\sigma\, l^2}{10aE}$$

und daraus mittels Verschiebungsplan die Kantenverschiebungen δ und die Scheibenverdrehungen ϑ ableiten (Abb. 6/24b). Für die Scheibe 2 ist in den oben erwähnten Beispielen die Durchbiegung f wesentlich kleiner als für die Randscheibe 1. Deshalb drehen sich diese Scheiben nach innen. Demgegenüber ist das Längskraftgefälle in den Scheiben eines als Balken tragenden Faltwerks so beschaffen, daß die Kanten sich nur senkrecht verschieben (Abb. 6/24c). Diese Bedingung fordert

$$\delta = \frac{f_1}{\sin\alpha_1} = \frac{f_2}{\sin\alpha_2}, \qquad \text{d. h.} \quad \frac{f_1}{f_2} = \frac{\sin\alpha_1}{\sin\alpha_2} = \frac{c\,\Delta\sigma_1\, a_2}{c\,\Delta\sigma_2\, a_1}$$

oder

$$\frac{\Delta\sigma_1}{\Delta\sigma_2} = \frac{a_1 \sin\alpha_1}{a_2 \sin\alpha_2} = \frac{\Delta y_1}{\Delta y_2}.$$

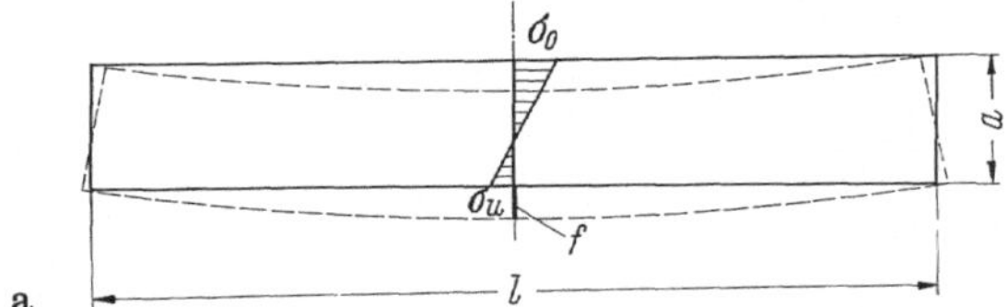

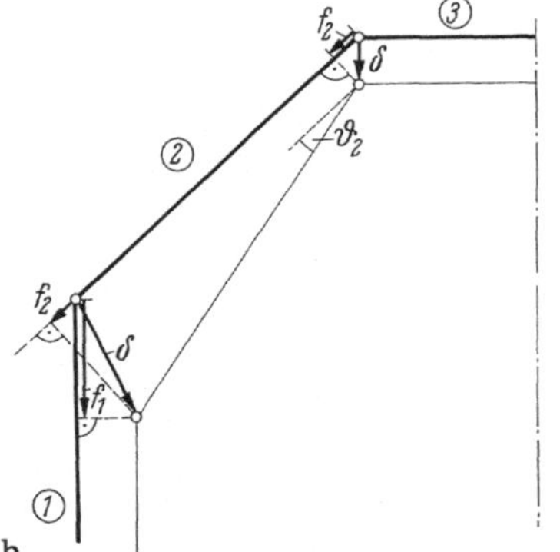

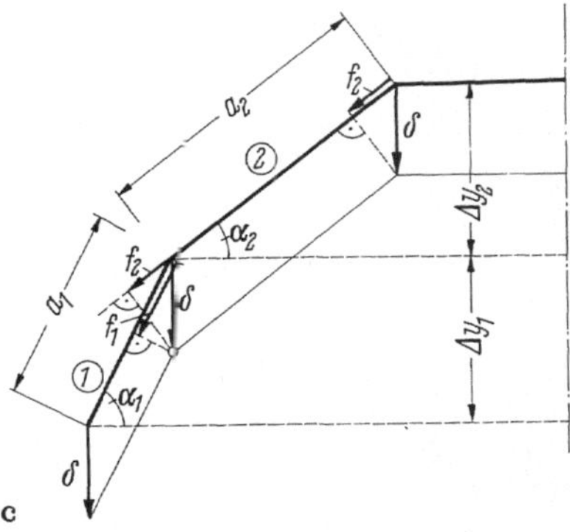

Abb. 6/24. Ableitung der Kantenverschiebungen in Feldmitte aus den Durchbiegungen. **a** Durchbiegung f einer Scheibe; **b** Konstruktion der Verschiebungen δ; **c** Verschiebungen eines Faltwerks mit Balkenwirkung

Das bedeutet also, daß die Längsspannungen dem Abstand von der Nullfaser proportional sein müssen. Umgekehrt ist auch einzusehen, daß die Spannungen in einem Querschnitt nicht mehr linear über die ganze Höhe verteilt sein können, wenn dieser seine Gestalt ändert.

Mitunter interessieren nur die Verschiebungen des unteren Faltwerkrandes. Man berechnet diese zweckmäßigerweise mit dem Prinzip der virtuellen Arbeit (Abb. 6/25; I B, Abb. 1/13). Dabei kann die Integration der Schnittgrößen gemäß dem Reduktionssatz auf Streifen beliebiger Breite beschränkt werden, die aus dem Tragwerk herausgeschnitten werden. Die Streifen werden zweckmäßigerweise so gewählt, daß eventuelle Lagerkräfte aus den Prüflasten 1 keine Arbeit leisten, also das Tragwerk an diesen Lagern sich nicht in Richtung der Lagerkräfte verformt. Mit den Bezeichnungen von Abb. 6/25 erhält man:

(a) Horizontalverschiebung δ_h des Randes:

$$\bar{1} \cdot \delta_h = \int_0^{s_m} m\bar{m} \frac{ds}{EI} .$$

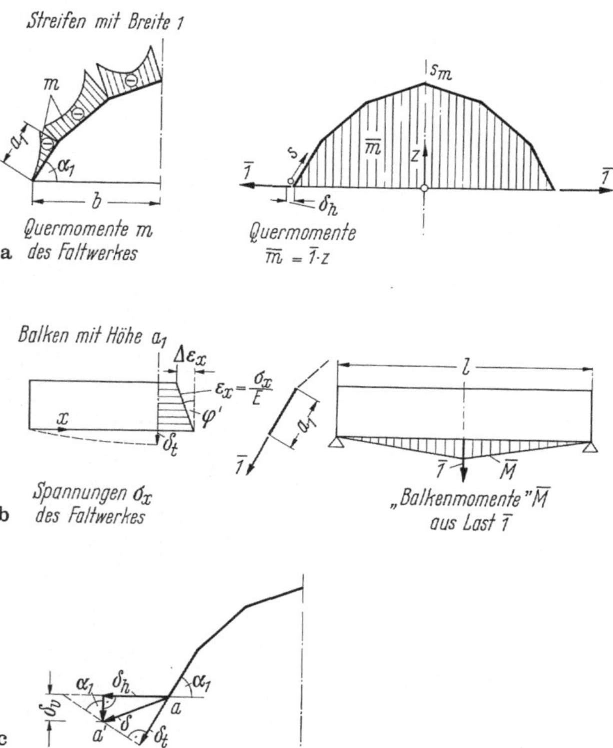

Abb. 6/25. Systeme und Schnittgrößen zur Berechnung der Randverformung einer Faltwerktonne in Feldmitte mit Hilfe des Prinzips der virtuellen Arbeit und des Reduktionssatzes

(b) Tangetialverschiebung δ_t der Randscheibe:

$$\overline{1} \cdot \delta_t = \int_0^l \varphi' \overline{M} \, dx = \int_0^l \frac{\Delta\sigma_x}{Ea_1} \overline{M} \, dx \quad \text{mit} \quad \varphi' = \frac{1}{\varrho} = \frac{\Delta\varepsilon_x}{a_1} = \frac{\Delta\sigma_x}{Ea_1}.$$

Für gleichmäßig verteilte Belastung: $\delta_t = \dfrac{\Delta\sigma_x \, l}{9{,}6Ea_1}$.

(c) Vertikalverschiebung δ_v und Gesamtverschiebung δ des Randes:

$$\delta_v = \frac{\delta_t - \delta_h \cos\alpha_1}{\sin\alpha_1}; \qquad \delta = \sqrt{\delta_h^2 + \delta_v^2}.$$

6.3 Zum Entwurf und der konstruktiven Durchbildung

(a) Die Abb. 6/16 ließ erkennen, daß die Durchbiegung des freien Randes mit abnehmender Neigung der Scheiben entsprechend der zunehmenden Querbiegung anwächst und schließlich unzuträglich groß werden kann. Solche Faltwerke sind nur mit besonderer Querversteifung durch Rippen oder Spreizstäbe ausführbar.

(b) Die Stützkräfte der einzelnen Scheiben werden als Schubkräfte S den Binderscheiben zugeleitet, die als Wände oder Rahmen ausgebildet werden können (Abb. 6/26a u. b). Diese werden durch die Schübe S der einzelnen Scheiben und die Stützkräfte A beansprucht. Auf genügende Steifigkeit der Rahmenbinder ist zu achten.

(c) Wenn die Lasten nach den Kanten abgetragen werden, entstehen Quermomente. Diese sind gleich den Momenten einer starr gestützten, durchlaufenden Platte, wenn der Querschnitt seine Form beibehält. Diese Bedingung ist angenähert erfüllt, wenn der untere Längsrand horizontal festgehalten wird, wie z. B. bei den inneren Kehlen eines Daches aus mehreren parallelen Tonnen.

(d) Die Längskräfte in prismatischen Faltwerken nähern sich der Geradlinienverteilung (Balkenwirkung) um so mehr, je weniger sich die Scheiben gegeneinander verdrehen können, d. h. je besser die Querschnittsform erhalten bleibt. Die Biegespannungen sind daher bei Innentonnen den Balkenspannungen sehr ähnlich, weichen dagegen bei den Randtonnen stärker ab. Ordnet man genügend versteifende Zwischenbinder oder Rippen an (Abb. 6/26c), so kann ein schlankes Faltwerk als „Balken" berechnet werden.

(e) Jede Scheibe ist für die Biegung in Querrichtung (Plattenwirkung) und für die Längskräfte (Scheibenwirkung) zu bemessen. Mit letzteren sind auch die Querkräfte der Scheiben zu berücksichtigen. Aus den daraus folgenden Schubkräften und den Normalkräften der Scheibe sind die schief verlaufenden Hauptzug- und -druckkräfte zu ermitteln. Die Bemessung wird wie bei den Schalen meistens vereinfacht für die Kräfte in Scheibenebene und für die Biegekräfte getrennt (vgl. 7.4.2). Bei großen Längszugkräften ordnet man einen Teil oder die ganze dafür erforderliche Bewehrung in der Mittelfläche der Scheibe an (Trajektorienbewehrung). Zusammen mit der stets erforderlichen beidseitigen Netzbewehrung ergibt sich so die „Dreibahnenbewehrung" (Abb. 6/26d).

(f) Die Theorie setzt die tangentiale Abstützung der einzelnen Scheiben an den Bindern allein durch Schubkräfte voraus. Infolge der Kantendurchbiegungen treten dort

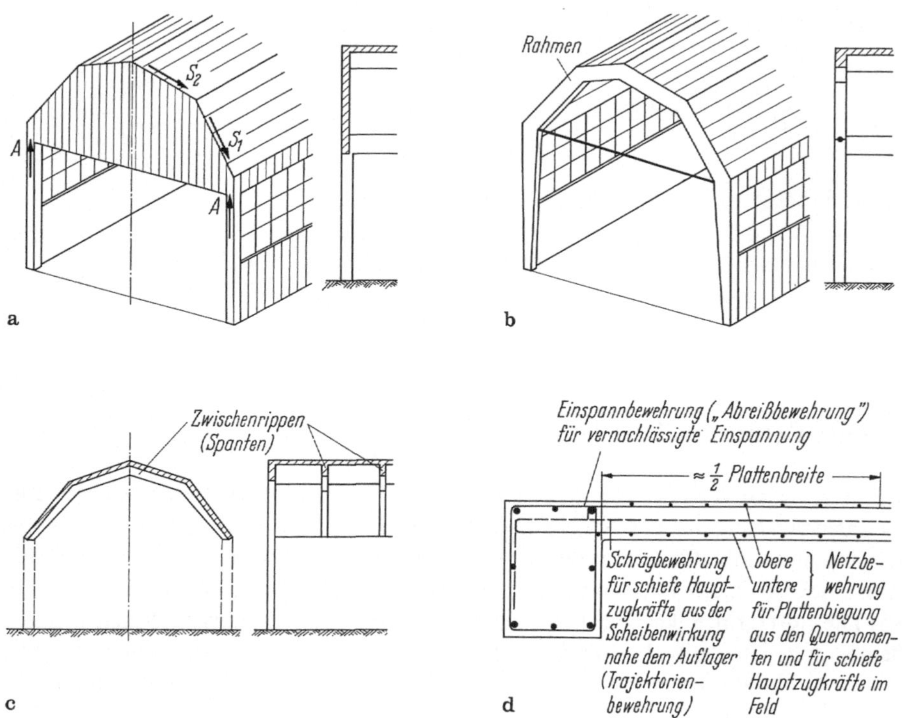

Abb. 6/26. Konstruktive Ausbildung eines tonnenartigen Faltwerkdaches. **a** Volle Binderscheibe; **b** als Rahmen ausgebildeter Binder, evtl. mit Zugband zur Erhöhung der Steifigkeit des Rahmens; **c** Zwischenrippen (als Ersatz für Randglied), um die Randscheiben abzustützen und Balkenwirkung zu erreichen; **d** Anordnung der Bewehrung am Binder („Dreibahnenbewehrung", vgl. Abb. 7/27)

aber auch Querkräfte senkrecht zur Scheibenebene sowie Einspannmomente auf (Abb. 6/27). Die dadurch verursachten, in der Berechnung vernachlässigten Plattenlängsmomente müssen konstruktiv durch „Abreißbewehrung" gedeckt werden (Abb. 6/26d und 7/27; I B, Abb. 5/17).

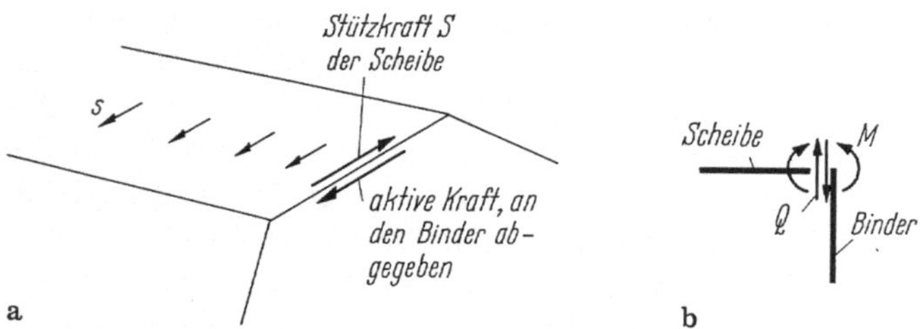

Abb. 6/27. Scheiben-Stützkräfte am Binder. **a** Tangentiale Stützkraft in der Scheibenebene: $S = sl/2$ bei konstantem s bzw. $S = s_m l/\pi$ bei sinusförmig verlaufendem s; **b** rechnerisch vernachlässigte Momente und Querkräfte sind konstruktiv zu berücksichtigen (vgl. Abb. 6/26d)!

Diese ist in den Binderscheiben fortzusetzen. Man kann ihren Querschnitt näherungsweise wie für dreiseitig gestützte Platten berechnen oder ganz roh zu etwa 1/3 des Querschnitts der Biegebewehrung an den Faltwerkkanten abschätzen.

Ausgeführte Faltwerke werden z. B. in [18] beschrieben. Empfehlungen für die Berechnung und Ausführung enthält [7/60].

7 Schalen

7.1 Formen und Eigenarten der Schalen

Unter Schalen versteht man Tragwerke aus gekrümmten Flächen, in denen die Lasten durch Längskräfte und Biegung aufgenommen werden. Sie ähneln in ihrer Tragwirkung daher den Faltwerken.

Schalenbauwerke üben eine gewisse Faszination auf den Betrachter aus. Das liegt zum Teil sicherlich daran, daß sie mit ihren gekrümmten Formen aus der Uniformität der Geraden und der rechten Winkel in unserer Architektur ausbrechen. Ein zweiter Grund ist wohl ihre ungewöhnliche Tragfähigkeit, die mit relativ geringen Dickenabmessungen große und größte Spannweiten bewältigt; denn Schalentragwerke ermöglichen eine optimale Ausnutzung des Baustoffs.

Beton eignet sich für Schalen besonders gut, weil er sich in beliebige Formen gießen läßt. Insofern ist es zu bedauern, daß Schalendächer mit doppelter Krümmung wegen der vergleichsweise hohen Schalungskosten nur selten ausgeführt werden. Häufiger findet man Betonschalen im Behälterbau und bei Türmen (vgl. 5) sowie als Rohre. Dabei werden Rotationsschalen mit einfacher Krümmung bevorzugt und deshalb auch ausführlicher abgehandelt. Hyparschalen (7.8) lassen sich ebenfalls mit geraden Elementen schalen und werden deshalb häufiger ausgeführt. Sie eignen sich wegen ihrer geraden Erzeugenden auch für „hybride" Bauweisen im Verbund mit Stahlprofilen [57].

Neue Anwendungsgebiete wurden den Betonschalen durch die Reaktorsicherheitsbehälter (Containments) [52.1] und Druckbehälter für die unterseeische Lagerung von Öl [53] sowie andere off-shore-Bauten erschlossen. Ein noch nicht genutztes Entwicklungspotential liegt in der Anwendung für Reaktoren der chemischen Industrie [52.2]

Rotationsflächen entstehen durch die Drehung einer erzeugenden Geraden oder einer beliebigen Meridiankurve um eine (meist senkrechte) Achse. So lassen sich Zylinder, Kegel, Hyperboloide, Kugelkuppeln, Spitzkuppeln, Paraboloide, Torusschalen und andere Kuppelformen in großer Vielfalt erzeugen (Abb. 7/1) [1.1]. Verschiedenartige einfache Rotationsflächen mit gleicher Rotationsachse können zu komplizierteren Formen zusammengesetzt (Abb. 7/1 a) oder mit Kreisplatten und Kreisringen kombiniert werden (Abb. 5/10 bis 20).

Ausschnitte von Zylinderschalen mit liegender Achse wurden früher häufig für Schalendächer (Tonnen- und Sheddächer) verwendet [1.2]. Heute werden für Dächer Translationsflächen bevorzugt (Abb. 7/2). Sie entstehen durch parallele oder annähernd parallele Bewegung einer erzeugenden Kurve oder Geraden längs zweier Leitlinien. Beispiele dafür sind Wellenschalen, Translationskuppeln, Konoide und vor allem die sehr beliebten Hyparschalen (hyperbolisches Paraboloid). Diese Scha-

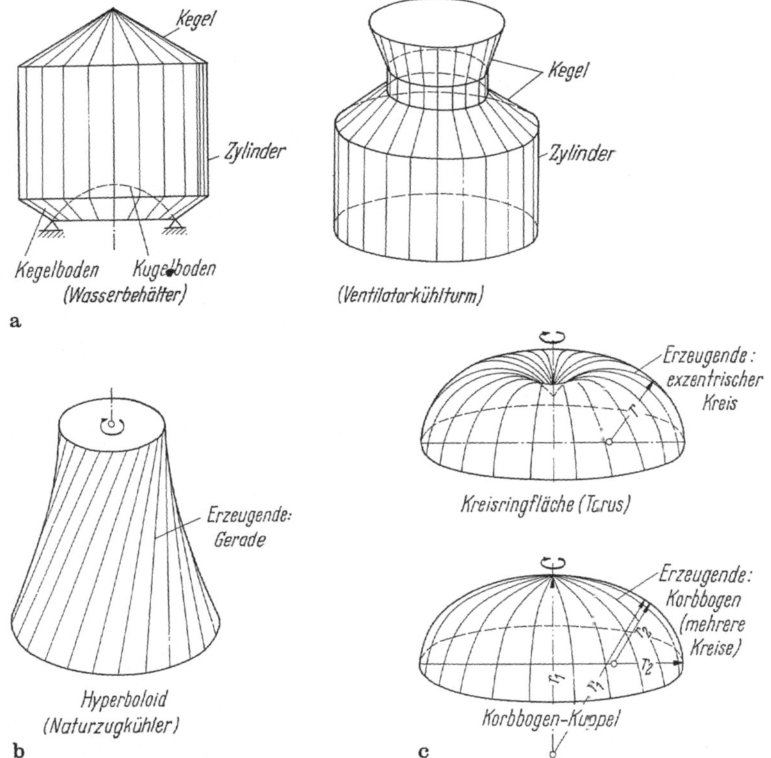

Abb. 7/1. Rotationsschalen. Erzeugende: **a** Geknickter Geradenzug; **b** zur Achse windschiefe Gerade; **c** Kreisbögen

lenform, die durch Candelas Bauten [1.3] bekannt wurde, läßt sich längs der geraden Erzeugenden mit weiteren Hyparflächen zu abwechslungsreichen größeren Flächen zusammensetzen (Abb. 7/3a) [1.2]. Die geraden Erzeugenden und geraden Leitlinien erleichtern außerdem die Herstellung. Auch sektorförmige Schalenausschnitte lassen sich zu reizvollen „Sternschalen" kombinieren (Abb. 7/3b).

In neuerer Zeit werden gerne physikalisch definierte Schalenflächen ausgeführt. Ihre Form wird z. B. aus Membranen (Blech, Gummihaut, Seifenhaut, Gewebe) oder Netzen abgeleitet, die durch Eigengewicht, eine Gipsschicht, Stempellasten, Anspannen, Gas- oder Flüssigkeitsdruck belastet werden (Abb. 7/4) [2].

Vor allem Isler hat in dieser Weise sehr elegante, flache Kuppelschalen mit Einzelstützungen entwickelt (Abb. 7/4d) [2.1; 2.6]. Auch „Fließformen", wie sie die Vorderfront zäher Flüssigkeiten in Rohren bilden, sind vorgeschlagen worden. Schließlich werden auch Naturformen, geologische Intrusionen und Erosionen zum Vorbild genommen oder „freie" Formen modelliert.

Mit dem Gaußschen Krümmungsmaß

$$\varkappa = \frac{1}{r_1 r_2}, \tag{1}$$

r_1, r_2 = Hauptkrümmungsradien,

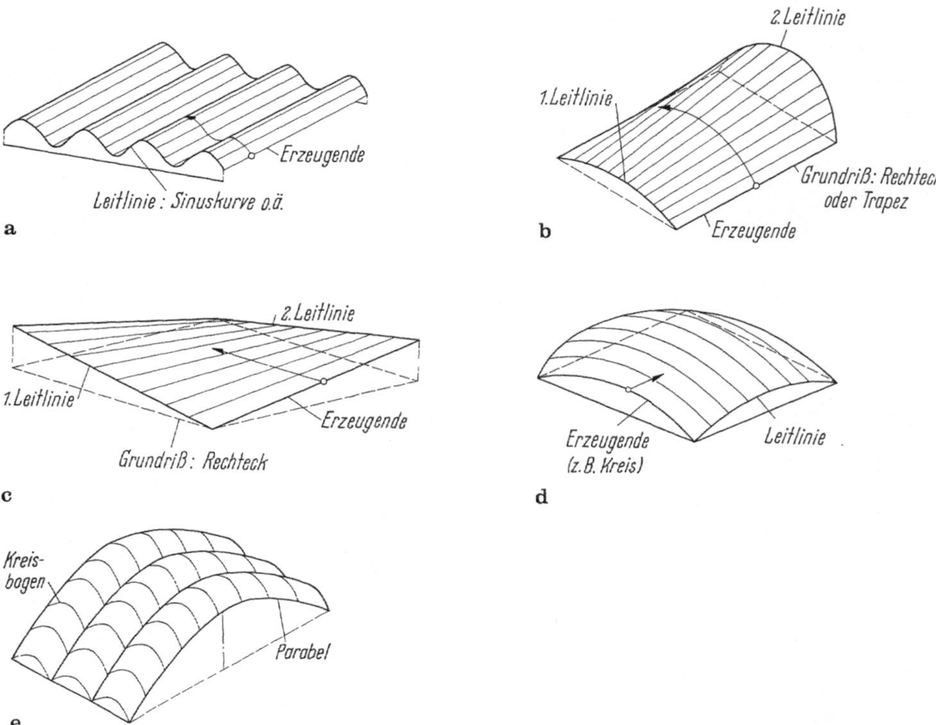

Abb. 7/2. Translationsschalen. **a** Wellenschale; **b** Konoid; **c** Hyparschale; **d** Translationskuppel (keine Kugelfläche); **e** Schalenbogen

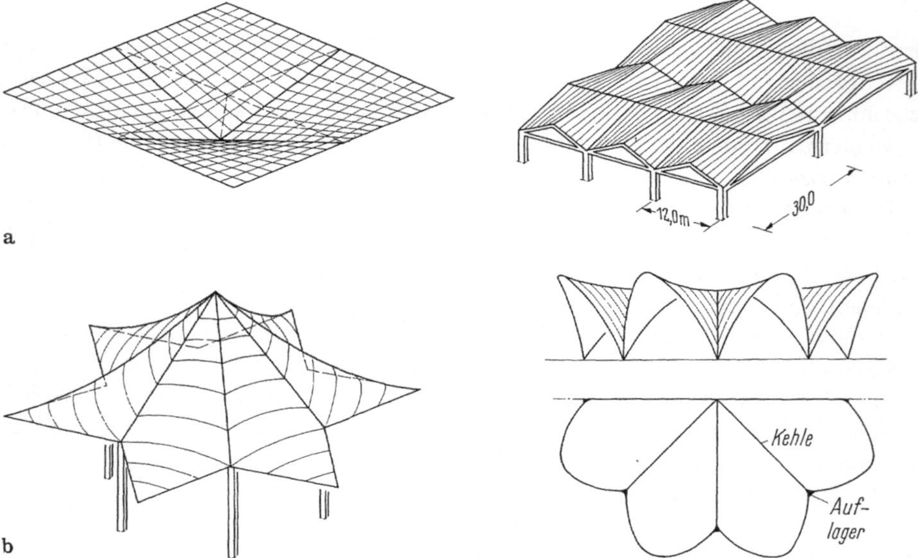

Abb. 7/3. Aus Hyparflächen (Abb. 7.2c) zusammengesetzte Schalen. **a** Längs der geraden Erzeugenden gestoßene Flächen über rechtwinkligem Grundriß; **b** Sternschalen

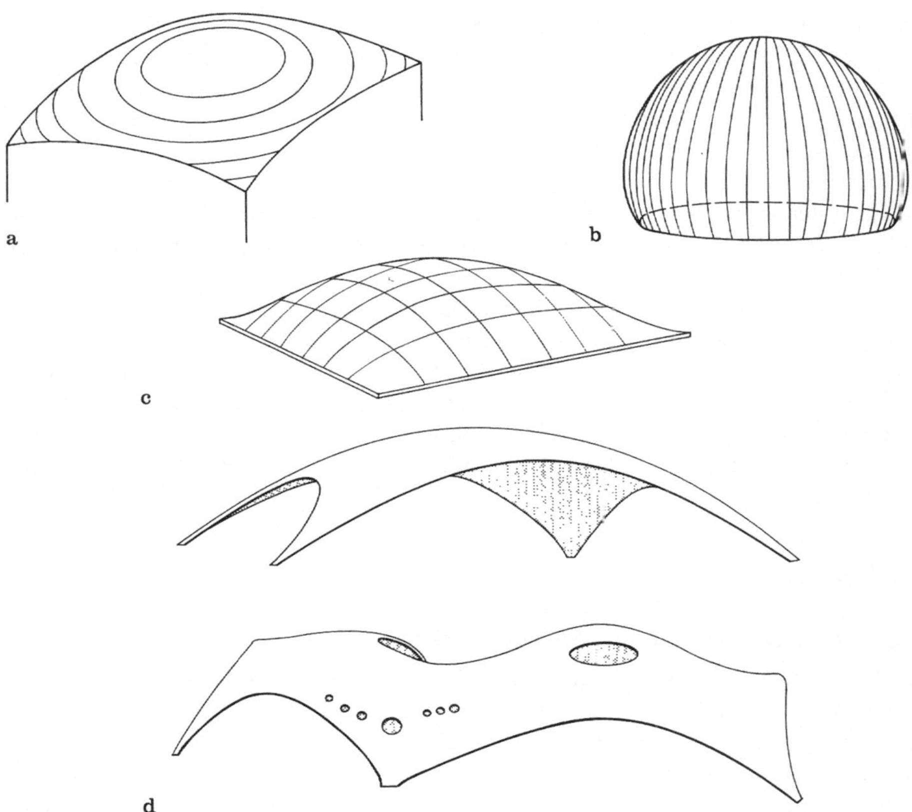

Abb. 7/4. Physikalisch definierte und freie Schalenflächen. **a** Schalenform abgeleitet aus einem mit Wasser gefüllten Gummituch [2.1]; **b** Schale in Form eines Flüssigkeitstropfens (konstante Oberflächenspannung) [2.2]; **c** plastisch verformte Blechmembran (überall gleiche Spannungen) [2.4]; **d** Kuppelschalen von Isler

kann man eine grobe Einteilung der Flächenformen in drei Gruppen vornehmen und diesen einige typische Eigenschaften zuordnen [3]:

(a) *Elliptische Flächen* (z. B. Kuppelschalen) besitzen positives Krümmungsmaß $\varkappa$ (synclastische Krümmung), da die beiden Hauptkrümmungsradien auf derselben Seite der Fläche liegen. Hiernach geformte Schalen können ihre Gestalt nicht ohne Dehnung der Mittelfläche ändern. Sie sind deshalb sehr steif. Voraussetzung dafür ist allerdings, daß sie am Rand „membrangerecht" gestützt sind (7.2.1 und 7.3). Davon kann man sich an einem halbierten, hohlen Gummiball überzeugen.

(b) *Hyperbolische Flächen* (Sattelflächen) besitzen negatives Krümmungsmaß $\varkappa$ (anticlastische Krümmung), da die beiden Hauptkrümmungsradien auf verschiedenen Seiten der Fläche liegen. Solche Flächen sind wegen ihrer geraden Erzeugenden zu „dehnungslosen Verbiegungen" fähig, d. h. es sind Verbiegungen ohne Dehnung der Mittelfläche möglich. Die hyperbolischen Schalen sind deshalb nicht so steif wie die elliptischen und benötigen Randaussteifungen, um die Form zu stabilisieren.

(c) *Parabolische Flächen* (Zylinder- und Kegelschalen) besitzen das Krümmungsmaß $\varkappa = 0$, da ein Hauptkrümmungsradius unendlich groß ist. Diese Flächen mit geraden

Erzeugenden sind mithin einfach gekrümmt und im Gegensatz zu den anderen Flächen abwickelbar. Da nur die Biegesteifigkeit einer Verbiegung um die geraden Erzeugenden entgegenwirkt, sind „dehnungslose Verbiegungen (der Mittelfläche)“ möglich. Hiernach geformte Schalen benötigen also Binderscheiben, um ihre Gestalt aufrechtzuerhalten.

Über die Berechnung der Beanspruchungen von Schalen gibt es viele gute Bücher [4; 5], in denen mit meist erheblichem mathematischem Aufwand diese anspruchsvollen Tragwerke behandelt werden. Wir wollen damit nicht konkurrieren, sondern durch einfache statische Überlegungen einen Einblick in das Tragverhalten vermitteln. Aus der großen Vielfalt von Schalenformen können deshalb nur wenige einfache, aber häufig vorkommende und die typischen Eigenschaften der Schalen zeigende Formen und Lastfälle behandelt werden. Im übrigen wird auf die Literatur verwiesen. Einen stets empfehlenswerten Leitfaden mit umfangreichen Literaturverzeichnissen stellen die Beiträge im Betonkalender dar [6]. Außerdem wird vorab auf die Kongreßberichte und Bulletins der IASS (Internationale Vereinigung für Schalen und Raumtragwerke) verwiesen.

7.2 Der Membranzustand

7.2.1 Voraussetzungen für die Membranwirkung

Bei dünnen Schalen, deren Dicke klein gegenüber dem Krümmungsradius ist, kann die Biegung in erster Annäherung vernachlässigt werden. Die Lasten werden in diesem Falle primär durch Längskräfte nach den Auflagern hin übertragen, was man als „Membranspannungszustand“ bezeichnet. Wir werden auch sehen, daß eine gut konstruierte Schale ihr Last vorwiegend durch Längskräfte (Membrankräfte) und nur wenig durch Biegung abträgt. Dieses Verhalten wird zweckmäßigerweise als Kriterium in die Definition der „Schalen“ aufgenommen, die dann lautet: *„Schalen sind gekrümmte Flächentragwerke, in denen die Lasten primär durch Membranwirkung abgetragen werden“.*

Man kann dies mit dem Satz vom Minimum der Formänderungsarbeit begründen, wonach sich in einem Tragwerk von allen möglichen Gleichgewichtszuständen derjenige einstellt, bei dem die innere Arbeit zum Minimum wird. Biegung ist mit verhältnismäßig großen Verformungen und inneren Arbeiten verbunden, weshalb die steifere Lastabtragung über Normalkräfte bevorzugt wird. Als Beispiel dafür sind in Abb. 7/5 die Verformungen und inneren Arbeiten eines Stabs miteinander verglichen, der einmal so gestützt ist, daß er die Lasten wie ein Balken durch Biegung abtragen muß, und der im anderen Fall wie ein Sprengwerk tragen kann. Entsprechend sind auch die Verformungen einer dünnen Schale wesentlich geringer, wenn die Lasten durch Längskräfte übertragen werden können, als wenn hierzu die Biegung in Anspruch genommen werden muß.

Das Beispiel zeigt auch die Bedeutung geeigneter Randbedingungen als Voraussetzung für die Lastabtragung durch Längskräfte. Diese Voraussetzung gilt in gleicher Weise für den Membranzustand. Die Vorherrschaft des Membranzustands setzt voraus, daß die Gestalt der Schale durch ihre Dehnsteifigkeit und durch Abstützung ihrer Ränder aufrechterhalten wird, wozu mitunter besondere Randglieder (z. B. Binderscheiben) nötig sind.

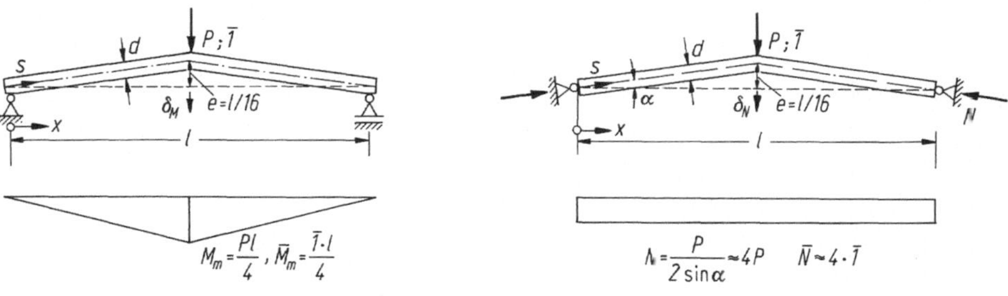

a b

Durchbiegung δ in Feldmitte für Rechteckquerschnitt mit $d = l/24$:

$$\bar{1} \cdot \delta_{\mathrm{M}} = \int \frac{M\bar{M}}{EI}\,\mathrm{d}s \approx \frac{M_{\mathrm{m}}\bar{M}_{\mathrm{m}}}{3EAd^2/12}\,l = 144\,\frac{Pl}{EA}, \qquad \bar{1} \cdot \delta_{\mathrm{N}} = \int \frac{N\bar{N}}{EA}\,\mathrm{d}s \approx \frac{N\bar{N}}{EA}\,l = 16\,\frac{Pl}{EA},$$

also $\delta_{\mathrm{M}}/\delta_{\mathrm{N}} = 9$. Ebenso verhalten sich die inneren Arbeiten zueinander, denn:

$$A_{\mathrm{iM}} = \frac{1}{2}\int \frac{M^2}{EI}\,\mathrm{d}s \approx 72\,\frac{P^2 l}{EA} \qquad A_{\mathrm{iN}} = \frac{1}{2}\int \frac{N^2}{EA}\,\mathrm{d}s \approx 8\,\frac{P^2 l}{EA}$$

Abb. 7/5. Verformungen und innere Arbeiten in einem geknickten Stab aus der Abtragung einer Last, **a** durch Momente als Balken, **b** durch Längskräfte als Sprengwerk

Ob diese Voraussetzungen erfüllt sind, läßt sich schon an Modellen aus Pappe oder anderen dünnen (schubsteifen) Werkstoffen anschaulich zeigen. Beispielsweise verhält sich ein oben offener Zylinder auf biegsamer Unterlage sehr weich gegenüber Horizontalkräften, die ihn zusammendrücken. Das ändert sich, wenn auch am oberen Rand eine steife, aber senkrecht zu ihrer Ebene biegeweiche Scheibe oder Randverstärkung („Binderscheibe") angeschlossen wird, oder wenn der Zylinder mit einer starren Unterlage verbunden wird (Abb. 7/6a) [43.1; 6.1]. Den Zylinder mit den beiden „Binderscheiben" kann man auch in senkrechter Richtung belasten und ihm bereichsweise die Abstützung entziehen, ohne daß wesentliche Verformungen auftreten; der Zylinder ohne obere Binderscheibe würde sich dabei ungleichmäßig „setzen" und in der Querrichtung nach oben zunehmend verformen (Abb. 7/6b). Dabei treten wegen der dehnungslosen Verbiegungen geringere Längskräfte auf als beim ausgesteiften Zylinder, was unter Umständen (Setzungsunterschiede) auch einmal von Vorteil sein kann. Bei periodisch wechselnden Lasten (z. B. Windböen) besteht aber die Gefahr, daß die Schale ins „Flattern" gerät und durch Biegung bricht.

7.2.2 Ermittlung der Membrankräfte und -verformungen

7.2.2.1 Allgemeines, Hauptgleichung der Membrantheorie

Beim Membranzustand wird angenommen, daß die Schale wie eine dünne Haut (Membran) nur Dehnkräfte (Längskräfte, Membrankräfte) und keine Biegemomente aufnehmen kann (Abb. 7/7). Die Spannungen sind dann gleichmäßig über die Dicke verteilt. Die Gleichgewichtsbedingung gegen Verdrehen des Elements um die Schalennormale liefert

$$n_{\mathrm{yx}} = n_{\mathrm{xy}} = t \tag{2}$$

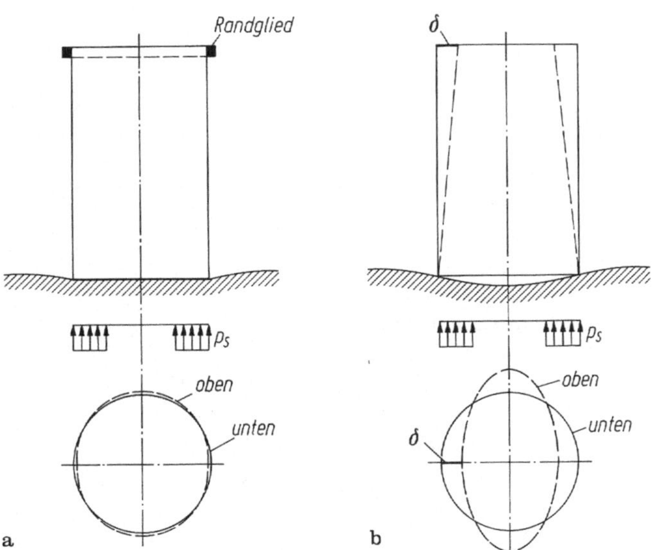

Abb. 7/6. Bei ungenügender Aussteifung von Schalen können z. B. infolge unterschiedlicher Bodeneigenschaften große „dehnungslose Verformungen" auftreten. **a** Schale mit oberer Randaussteifung; **b** Schale ohne obere Randaussteifung

(Gleichheit der zugeordneten Schubspannungen), und die drei Gleichgewichtsbedingungen gegen Verschieben führen auf ein System partieller Differentialgleichungen, welche für die Bestimmung der drei Membrankräfte ausreichen. Im Gegensatz zu den innerlich hochgradig statisch unbestimmten Scheiben ist also bei den Membranen keine Verträglichkeitsbedingung zur Ermittlung der Schnittgrößen nötig, es kann aber auch keine Verträglichkeitsbedingung erfüllt werden. Der Unterschied rührt von der nichttrivialen Bedingung gegen Verschieben des Membranelements in der z-Richtung her.

Diese Gleichgewichtsbedingung läßt sich an einem Element, das parallel zu den Hauptkrümmungslinien *1* und *2* herausgeschnitten ist, in einfacher Weise ableiten (Abb. 7/8). Da die Schubkräfte und die Tangentiallasten keinen Beitrag zum Gleichgewicht in der Normalenrichtung z liefern, muß die Normalkomponente p_r der Belastung durch die Umlenkung der Normalkräfte n_1 und n_2 aufgenommen werden,

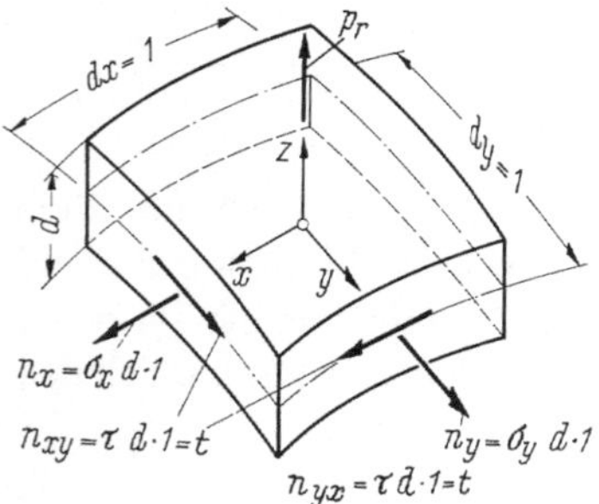

Abb. 7/7. Membrankräfte n_x, n_y und $n_{xy} = n_{yx} = t$, in der Schalenmittelfläche wirkend

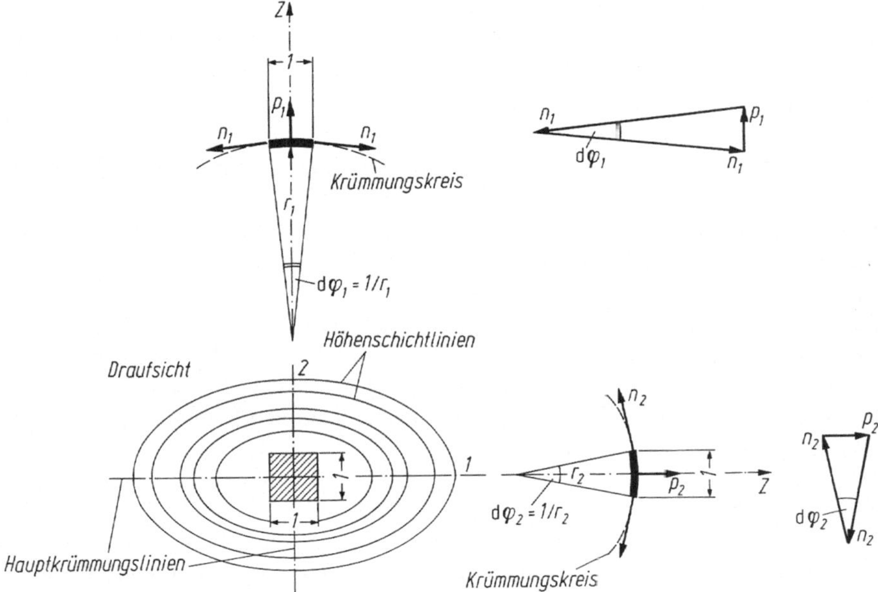

Abb. 7/8. Die Umlenkkräfte p_1 und p_2 der Membrankräfte n_1 bzw. n_2 in den Hauptkrümmungsrichtungen stehen mit der Radiallast p_r im Gleichgewicht

ähnlich wie in einem quadratischen Netz (2-string-theory):

$p_r = p_1 + p_2 = n_1 d\varphi_1 + n_2 d\varphi_2$; daraus folgt

$$\frac{n_1}{r_1} + \frac{n_2}{r_2} = p_r\,, \tag{3}$$

die Hauptgleichung der Membrantheorie. Die Gleichung gilt für alle Schalenformen und ermöglicht bei Schalen mit geringen Tangentiallasten (z. B. flachen Schalen unter Eigengewicht) folgende qualitative Aussagen:

(a) Schalen mit $\varkappa > 0$ (Kuppelschalen):

Da die inneren Kräfte sich im allgemeinen so einstellen, daß sie sich bei der Lastabtragung gegenseitig „helfen“, haben die Membrankräfte in beiden Hauptkrümmungsrichtungen das gleiche Vorzeichen. Es sind Druckkräfte, wenn p_r (wie üblich) nach innen gerichtet ist (Abb. 7/9a). Wenn ein Schalenelement unbelastet ist, muß

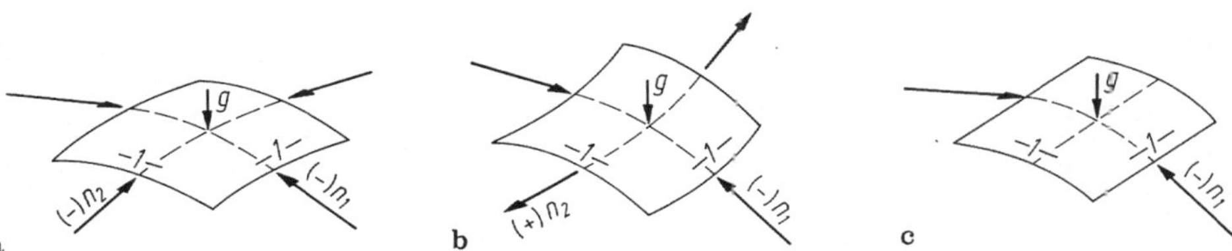

Abb. 7/9. Vorherrschende Richtung (Vorzeichen) der Membrankräfte flacher Schalen unter Eigengewicht für: **a** Gauß'sche Krümmung $\varkappa > 0$; **b** $\varkappa < 0$; **c** $\varkappa = 0$. (Kraftpfeile in Wirkungsrichtung, nicht nach Vorzeichenkonvention der Kräfte)

$n_1/n_2 = -r_1/r_2$ und bei einer Kugelkuppel $n_2 = -n_1$ sein, d. h. es ist ein Membranzustand auch ohne lokale Belastung möglich. Im allgemeinen Fall ist bei der Kugelschale $n_1 + n_2 = p_r r$ und das Verhältnis n_1/n_2 kann nur aus Randbedingungen bestimmt werden.

(b) Schalen mit $\varkappa < 0$ (Hyparschalen):
Aus den gleichen Gründen haben nun die beiden Membrankräfte verschiedenes Vorzeichen; Druck herrscht in der sich der Last entgegenwölbenden Richtung, Zug in der anderen (Abb. 7/9b). Am unbelasteten Schalenelement ist wieder $n_1/n_2 = -r_1/r_2$, und im Fall gerader Erzeugender mit $r_1 = -r_2$ ist deshalb $n_1 = n_2$.

(c) Schalen mit $\varkappa = 0$ (Kegel, Zylinder):
Da ein Hauptkrümmungsradius, z. B. r_2, unendlich groß ist, muß die Ringkraft n_1 die Radiallast alleine abtragen (Abb. 7/9c). Sie kann deshalb völlig unabhängig von den Tangentiallasten und auch unabhängig von den Radiallasten an anderer Stelle der Schale alleine aus der örtlichen Radiallast des betrachteten Elements und seinem Hauptkrümmungsradius r_1 berechnet werden:

$$n_1 = p_r r_1 \,, \tag{4}$$

unabhängig von allen Randbedingungen. Für $p_r = 0$ ist also stets $n_1 = 0$.

Geschlossene Lösungen der Differentialgleichungen der Membrantheorie für einfache geometrische Schalenformen und Belastungen finden sich in der Literatur, z. B. in [3 bis 6; 2/4; 5/29.1; 5/29.3]. Einige Fälle werden in den folgenden Abschnitten behandelt.

7.2.2.2 Membrankräfte und -verformungen bei Rotationssymmetrie von System und Belastung

(a) *Meridiankräfte.* Die über den Umfang konstanten Meridiankräfte n_φ können in einem beliebigen Querschnitt, der als Rand eines abgeschnittenen Membranteils zu denken ist, aus einer Gleichgewichtsbetrachtung abgeleitet werden (Abb. 7/10).

Die oberhalb des Schnittes angreifende Resultierende R aller Lasten muß von den Vertikalkomponenten der Schnittkraft n_φ getragen werden:

$$n_\varphi = \frac{R}{2\pi a \sin\varphi} \tag{5a}$$

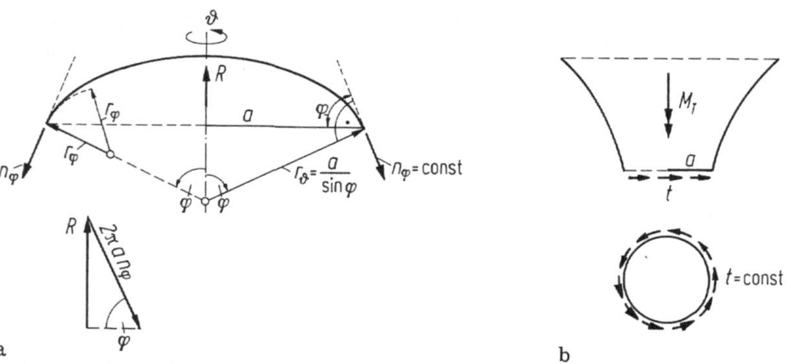

Abb. 7/10. Bezeichnungen und Gleichgewicht an abgeschnittenen Teilen von Rotationsschalen. **a** Vertikales Gleichgewicht; **b** Gleichgewicht gegen Verdrehen um die Rotationsachse

Bei einer Kegelschale ergibt sich beispielsweise

$$\text{für Schneelast } p_s\text{:} \quad R = -\pi a^2 p_s, \quad n_x(\text{oder } n_\varphi) = -\frac{p_s a}{2 \sin \varphi}; \tag{5b}$$

$$\text{für Eigengewicht } g\text{:} \quad R = -\frac{\pi a^2 g}{\cos \varphi}, \quad n_x = -\frac{ga}{2 \sin \varphi \cos \varphi} = -\frac{gx}{2 \sin \varphi} \tag{5c}$$

(b) *Ringkräfte*. Da die Meridiane der Rotationsschalen Hauptkrümmungslinien sind, kann nun die zu n_φ senkrecht stehende Membranringkraft n_ϑ mit der Hautgleichung der Membrantheorie Gleichung (3) berechnet werden.

$$\text{Aus} \quad \frac{n_\varphi}{r_\varphi} + \frac{n_\vartheta}{r_\vartheta} = p_r \quad \text{folgt} \quad n_\vartheta = r_\vartheta \left(p_r - \frac{n_\varphi}{r_\varphi} \right). \tag{6a}$$

Für die Kegelschale gilt Gleichung (4) $n_\vartheta = p_r r_\vartheta$ (6b)

Dabei ist r_φ der Krümmungsradius des Meridians und r_ϑ der zweite Hauptkrümmungsradius, dessen Ursprung im Schnittpunkt der Schalennormalen mit der Rotationsachse liegt (Abb. 7/10a):

$$r_\vartheta = a/\sin \varphi \tag{7}$$

Die durch r_ϑ festgelegte Richtung der Umlenkkräfte von n_ϑ liegt also nicht in der Breitenkreisebene, in der man sich die Ringkräfte n_ϑ und damit auch deren Umlenkkräfte n_ϑ/a meistens vorstellt. Der Widerspruch klärt sich dadurch auf, daß der Breitenkreis und der Hauptkrümmungskreis sich im betrachteten Schalenpunkt tangieren, n_ϑ somit in beiden Kreisebenen liegt. Der Beitrag von n_ϑ zum Gleichgewicht in Richtung der Schalennormalen (vgl. 7.2.2.1) ist gleich groß, unabhängig davon, ob die Umlenkkräfte in Richtung r_ϑ (Abb. 7/8 und 7/11 a) oder in Richtung a in der Breitenkreisebene angesetzt werden (Abb. 7/11 b).

(c) *Schubkräfte*. Bei rotationssymmetrischen Lasten müssen die Schubkräfte über den ganzen Umfang konstant sein und können deshalb aus dem Gleichgewicht eines abgeschnittenen Schalenteils gegen Verdrehen um die Rotationsachse leicht ermittelt werden (Abb. 7/10b):

$$t = \frac{M_T}{2\pi a^2}.$$

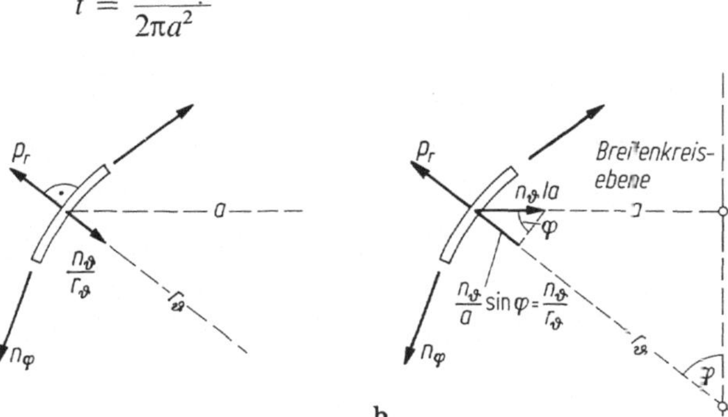

Abb. 7/11. Die Umlenkkräfte der Ringkräfte n_ϑ in Richtung der Schalennormalen. **a** Entsprechend Abb. 7/8; **b** aus der Umlenkung in der Breitenkreisebene berechnet

(d) *Verschiebung in Radialrichtung*. Die Ringdehnung beträgt

$$\varepsilon_\vartheta = \frac{n_\vartheta}{Ed}. \tag{8a}$$

Da die Radialdehnung $\varepsilon_a = \Delta a/a$ gleich groß sein muß:

$$\varepsilon_a = \varepsilon_\vartheta , \tag{8b}$$

ergibt sich als Radialverschiebung der Schale

$$\Delta a = \varepsilon_a a = \frac{n_\vartheta a}{Ed}. \tag{9a}$$

Zum gleichen Ergebnis führt das Prinzip der virtuellen Arbeiten, angewendet auf einen Ringstreifen der Breite 1, unter Ausnutzung des Reduktionssatzes (Abb. 7/12a):

$$\bar{1} \cdot \Delta a = \bar{n}_\vartheta \varepsilon_\vartheta \quad \text{mit} \quad \bar{n}_\vartheta = \bar{1} a \quad \text{und} \quad \varepsilon_\vartheta = \frac{n_\vartheta}{Ed}.$$

Bei der Zylinderschale geht diese Gleichung mit $n_\vartheta = p_r r$ über in

$$w = \Delta a = \frac{p_r r^2}{Ed} = \frac{p_r}{C}, \tag{9b}$$

wobei der Bettungsmodul

$$C = \frac{Ed}{r^2} \tag{10}$$

die Federkonstante darstellt, welche die Last und Verschiebung miteinander verknüpft.

(e) *Verdrehung in Meridianrichtung*. Die Verdrehung $\mathrm{d}w/\mathrm{d}x$ bzw. $\mathrm{d}w/r_\varphi \, \mathrm{d}\varphi$ wird neben der Verformung in Radialrichtung bei der Anwendung der Biegetheorie benötigt. Sie läßt sich ebenso an einem Ringstreifen berechnen, ohne daß die Biegelinie der gesamten Schale dazu benötigt wird (Abb. 7/12b).
Anteil der n_ϑ (Abb. 7/12b 2):
Die Differenz δ_a zwischen den Aufweitungen Δa_2 und Δa_1 der Ränder des Rings führt zur Verdrehung

$$w' = \frac{\mathrm{d}w}{\mathrm{d}x} = \frac{\delta_a/\sin\varphi}{\mathrm{d}x} = \frac{1}{Ed\sin\varphi} = \frac{\mathrm{d}(n_\vartheta a)}{\mathrm{d}x} = \frac{\cot\varphi}{Ed}\left(a\,\frac{\mathrm{d}n_\vartheta}{\mathrm{d}a} + n_\vartheta\right) \tag{11}$$

Anteil der n_x (bzw. n_φ) (Abb. 7/12b 3):

$$w' = -\varepsilon_x \cot\varphi = -\frac{n_x}{Ed}\cot\varphi .$$

Insgesamt:

$$w' = \frac{1}{Ed\sin\varphi}\left(\frac{\mathrm{d}(n_\vartheta a)}{\mathrm{d}x} - n_x\cos\varphi\right) \tag{12a}$$

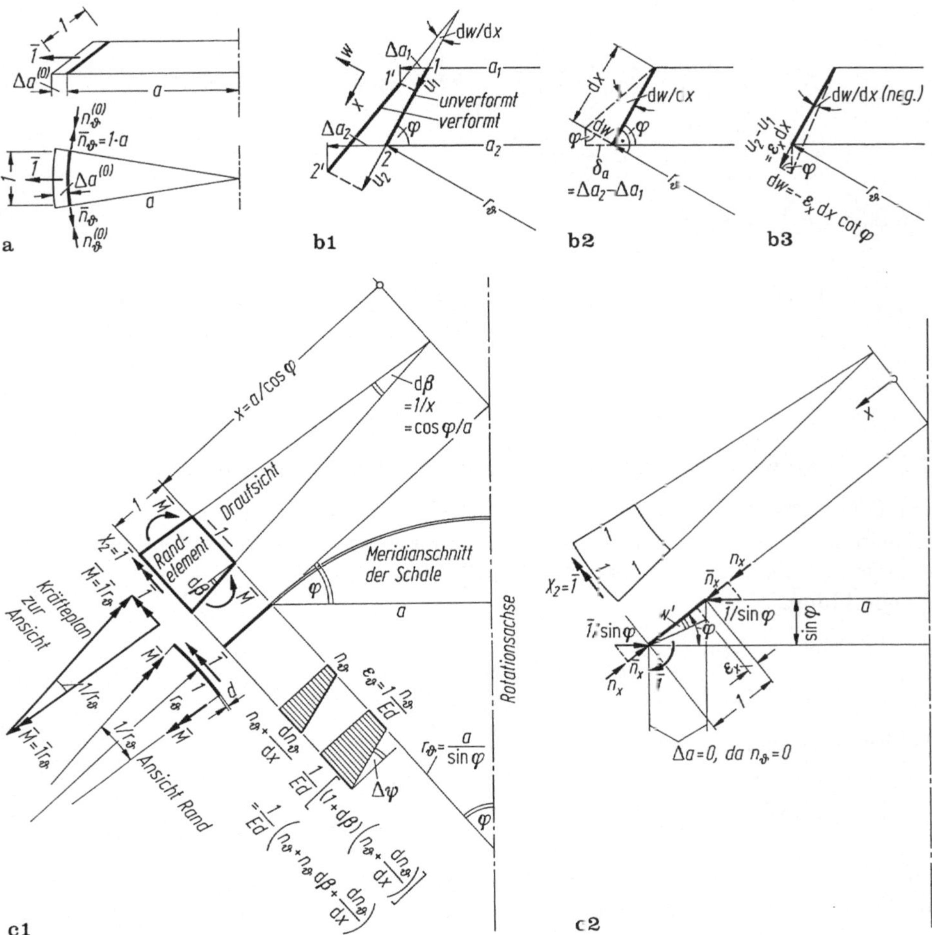

Abb. 7/12. Verformungen bei Rotationsschalen. **a** Radialverschiebung in Richtung a, berechnet mittels virtueller Arbeit; **b** Berechnung der Verdrehung nach der geometrischen Methode; **b1** Gesamtverformungen eines Ringelementes; **b2** Verdrehung infolge unterschiedlicher Aufweitung durch Ringkräfte; **b3** Verdrehung infolge der Verformungen aus Meridiankräften; **c** Berechnung der Verdrehung mittels virtueller Arbeit (vgl. IB, Abb. 1/13); **c1** Anteil aus der Ringkraft n_ϑ; **c2** Anteil aus der Längskraft n_x bzw. n_φ

bzw.

$$w' = \frac{\mathrm{d}w}{r_\varphi \, \mathrm{d}\varphi} = \frac{1}{Ed \sin\varphi} \left(\frac{\mathrm{d}(n_\vartheta a)}{r_\varphi \, \mathrm{d}\varphi} - n_\varphi \cos\varphi \right) \tag{12 b}$$

Wiederum soll alternativ auch die Berechnung mittels virtueller Arbeiten gezeigt werden.

Anteil der n_ϑ (Abb. 7/12 c 1):

$$\bar{1} \cdot w' = \bar{M} \, \Delta\psi \quad \text{mit} \quad \bar{M} = \bar{1} \cdot r_\vartheta = \frac{a}{\sin\varphi}$$

und

$$\Delta\psi = \frac{1}{Ed}\left(n_\vartheta + n_\vartheta\,\mathrm{d}\beta + \frac{\mathrm{d}n_\vartheta}{\mathrm{d}x} - n_\vartheta\right) = \frac{1}{Ed}\left(n_\vartheta\,\frac{\cos\varphi}{a} + \frac{\mathrm{d}n_\vartheta}{\mathrm{d}a}\cos\varphi\right);$$

$$w' = \frac{\cot\varphi}{Ed}\left(n_\vartheta + a\,\frac{\mathrm{d}n_\vartheta}{\mathrm{d}a}\right)$$

Anteil der n_x bzw. n_φ (Abb. 7/12c 2):

$$\bar{1}\cdot w' = \bar{n}_x\varepsilon_x \quad \text{mit} \quad \bar{n}_x = -\frac{\bar{1}}{\sin\varphi}\cos\varphi = -\cot\varphi \quad \text{und} \quad \varepsilon_x = \frac{n_x}{Ed};$$

$$w' = -\frac{n_x}{Ed}\cot\varphi\,.$$

7.2.2.3 Membrangleichungen der Rotationsschalen mit veränderlicher Belastung

Die Gleichgewichtsbedingungen für das Schalenelement in Abb. 7/13a liefern außer Gleichung (6) noch die beiden folgenden miteinander gekoppelten Differentialgleichungen für die Membrankräfte [4; 5; 2/4]

Ringrichtung:

$$\frac{\partial n_\vartheta}{\partial\vartheta} + \frac{\partial(ta)}{r_\varphi\,\partial\varphi} + t\cos\varphi = -p_\vartheta a \tag{13a}$$

Meridianrichtung:

$$-n_\vartheta\cos\varphi + \frac{\partial t}{\partial\vartheta} + \frac{\partial(n_\varphi a)}{r_\varphi\,\partial\varphi} = -p_\varphi a \tag{13b}$$

Ihre Integration ist nur für Sonderfälle in geschlossener Form möglich. Dabei treten als Freiwerte zwei Funktionen von ϑ auf, die im allgemeinen aus den statischen

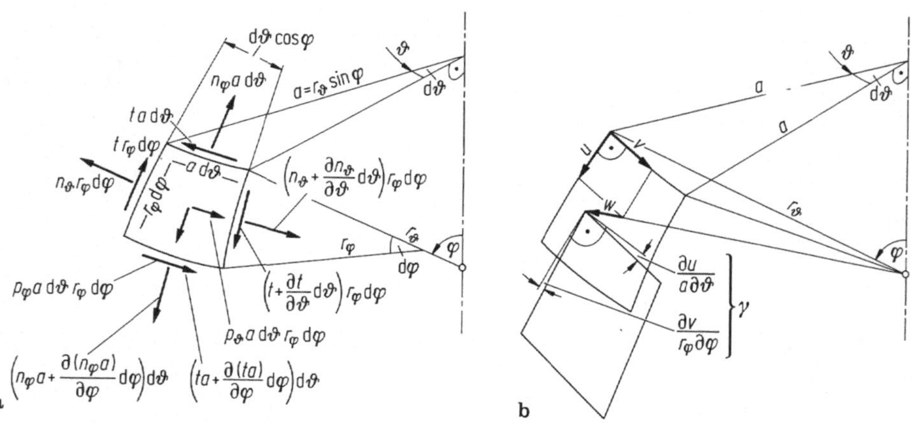

Abb. 7/13. Element einer Rotationsschale. **a** Membrankräfte und Tangentiallasten; **b** Membranverformungen

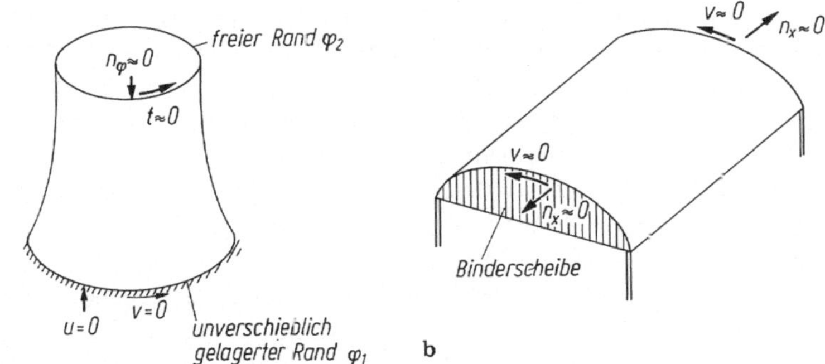

Abb. 7/14. Statische und geometrische Randbedingungen. **a** Bei einem Kühlturm; **b** an den Binderscheiben einer Tonnenschale

Randbedingungen an den Rändern φ_1 und φ_2 bestimmt werden. Beispiele für solche Randbedingungen sind $n_\varphi = 0$ und $t = 0$ für einen völlig kräftefreien Rand (Abb. 7/14a, oberer Rand) und $n_x = 0$ für die beiden gekrümmten Ränder einer Tonnenschale (Abb. 7/14b).

Die partiellen Differentialgleichungen (13) gehen in eine Reihe gewöhnlicher Differentialgleichungen von φ über, wenn die Belastung und alle Schnittgrößen in Fourierreihen mit dem Argument ϑ entwickelt werden, wobei die Amplituden der Fourierglieder nur Funktionen von φ oder konstant sind (vgl. Beispiel 7.2.2.4c).

Aus den Membrankräften ergeben sich mit dem Hookeschen Gesetz für den ebenen Spannungszustand die Verzerrungen

$$\varepsilon_\varphi = \frac{\sigma_\varphi - \mu\sigma_\vartheta}{E} = \frac{n_\varphi - \mu n_\vartheta}{Ed} \tag{14 a}$$

$$\varepsilon_\vartheta = \frac{\sigma_\vartheta - \mu\sigma_\varphi}{E} = \frac{n_\vartheta - \mu n_\varphi}{Ed} \tag{14 b}$$

$$\gamma = \frac{\tau}{G} = \frac{2(1 + \mu)\, t}{Ed} \tag{14 c}$$

und aus den kinematischen Bedingungen die drei Differentialgleichungen zur Berechnung der Verschiebungen u, v, w (Abb. 7/13b) [4.4].

$$\varepsilon_\varphi = \frac{w}{r_\varphi} + \frac{\partial u}{r_\varphi\, \partial\varphi} \tag{15 a}$$

$$\varepsilon_\vartheta = \frac{w}{r_\vartheta} + \frac{u}{r_\vartheta}\, \omega t\varphi + \frac{\partial v}{a\, \partial\vartheta} \tag{15 b}$$

$$\gamma = \frac{\partial u}{a\, \partial\vartheta} + \frac{\partial v}{r_\varphi\, \partial\varphi} \tag{15 c}$$

Der Term w/r_φ in (15a) läßt sich als Dehnung des Membranelements von der Länge $r_\varphi\, \mathrm{d}\varphi$ auf die Länge $(r_\varphi + w)\, \mathrm{d}\varphi$ infolge der Aufweitung w erklären; entsprechendes gilt für w/r_ϑ in (15b). Die Meridianverschiebung u verursacht eine

Änderung von r_ϑ um $u \cot \varphi$ und damit Ringdehnungen $u \cot \varphi / r_\vartheta$. Die anderen Terme in (15) sind dieselben wie in den Verschiebungs-Verzerrungsbeziehungen der Scheibentheorie, wobei $a\,\mathrm{d}\vartheta = \mathrm{d}x$ und $r_\varphi\,\mathrm{d}\varphi = \mathrm{d}y$ zu setzen ist.

Wie bei den Schnittkräften treten bei der Integration der Verformungen wieder zwei freie Funktionen von ϑ auf, die nunmehr aus geometrischen Randbedingungen bestimmt werden. Beispiele dafür sind $u = 0$ und $v = 0$ bei unverschieblicher Stützung eines Randes (Abb. 7/14a, unterer Rand) oder $v = 0$ an beiden Rändern, wenn diese durch „Binderscheiben" ausgesteift sind (Abb. 7/14b).

Anstelle der statischen Randbedingungen müssen manchmal zusätzliche geometrische Randbedingungen zur Bestimmung der Membrankräfte verwendet werden. Dann ist die Membran statisch unbestimmt gelagert, und die Membrankräfte können erst nach der Integration der Gleichung (15) berechnet werden.

Immer sind insgesamt zwei Bedingungen an jedem Rand φ_1 und φ_2 nach der Membrantheorie erfüllbar, und zwar jeweils eine (für n_φ oder u) in Meridianrichtung φ wirkend und die andere (für t oder v) in Richtung der Breitenkreise ϑ. Verschiebungen w senkrecht zur Schalenfläche und Verdrehungen $\partial w / \partial \varphi$ der Schalenränder können ebenso wie Querkräfte und Momente am freien Schalenrand nur mit der Biegetheorie der Schalen an die wirklichen Randbedingungen angepaßt werden.

Die zweckmäßige Abstützung der Schalenränder ist entscheidend dafür, ob eine Schale überhaupt als Membran tragen kann. Dementsprechend wichtig ist der richtige Ansatz der Randbedingungen in der Berechnung, insbesondere auch bei der Verwendung von Computerprogrammen.

7.2.2.4 Membrankräfte und Verschiebungen von Zylinderschalen

Die Gleichgewichtsbedingungen zur Ermittlung der Membrankräfte ergeben sich aus Gl. (6) und (13) mit $r_\varphi = \infty$, $r_\varphi\,\mathrm{d}_\varphi = \mathrm{d}x$ und $r_\vartheta = a = r$ oder aus Abb. 7/15:

Radialrichtung $$\frac{n_\vartheta}{r} = p_r\,, \tag{16a}$$

Tangentialrichtung $$\frac{\partial n_\vartheta}{r \cdot \partial \vartheta} + \frac{\partial t}{\partial x} = -\,p_\vartheta\,, \tag{16b}$$

Längsrichtung $$\frac{\partial t}{r \cdot \partial \vartheta} + \frac{\partial n_x}{\partial x} = -\,p_x\,. \tag{16c}$$

Aus diesen Gleichungen können wesentliche Erkenntnisse über das Tragverhalten unmittelbar abgelesen werden:

(1) Sie sind nacheinander durch Integration lösbar und liefern dabei n_ϑ, t und n_x, wobei zwei Freiwerte die Anpassung von t und n_x an die Abstützung gestatten.

(2) Die Ringkraft n_ϑ ist in jedem Punkt nur von p_r abhängig, nicht von p_ϑ und p_x.

(3) Die Änderungen der Ringkräfte n_ϑ werden zusammen mit den Tangentiallasten p_ϑ durch Schubkräfte t den Binderscheiben zugeleitet und an diese abgegeben. Die t hängen somit von p_r und p_ϑ ab. Wenn p_r und damit n_ϑ über den Umfang konstant ist, sind alle $t = 0$, und die Last breitet sich nicht in Richtung x aus (Abb. 7/16a), da die Biegesteifigkeit der Schale im Rahmen der Membrantheorie ja vernachlässigt wird.

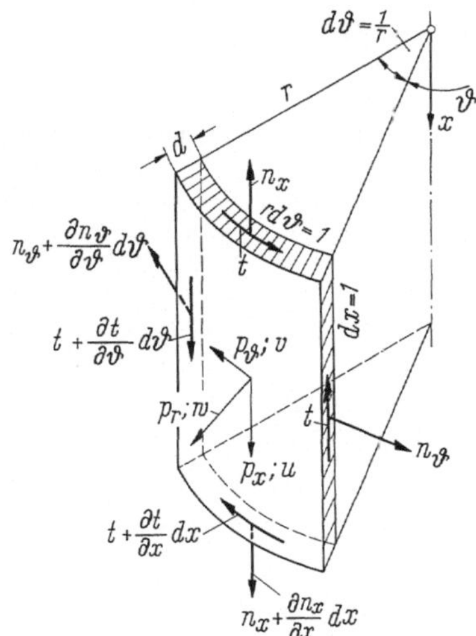

Abb. 7/15. Schnittkräfte am Zylinderelement im Membranzustand

(4) Die Änderungen der Schubkräfte in Ringrichtung bewirken, ähnlich wie die Änderungen der Schubspannungen beim Balken in der Balkenquerrichtung, die Zunahme der Längskräfte n_x in Längsrichtung. Die n_x hängen daher von allen drei Lastkomponenten ab.

(5) Lasten in Richtung der Erzeugenden werden nur durch Längskräfte aufgenommen und können sich nicht ausbreiten (Abb. 7/16b), sofern die Membrantheorie gelten soll.

Die Gleichungen (15) vereinfachen sich beim Zylinder, so daß sie ebenfalls nacheinander integriert werden können:

$$\varepsilon_x = \frac{\partial u}{\partial x} = \frac{n_x - \mu n_\vartheta}{Ed} \tag{17a}$$

$$\varepsilon_\vartheta = \frac{w}{r} + \frac{\partial v}{r\,\partial\vartheta} = \frac{n_\vartheta - \mu n_x}{Ed} \tag{17b}$$

$$\gamma = \frac{\partial u}{r\,\partial\vartheta} + \frac{\partial v}{\partial x} = \frac{2(1+\mu)\,t}{Ed} \tag{17c}$$

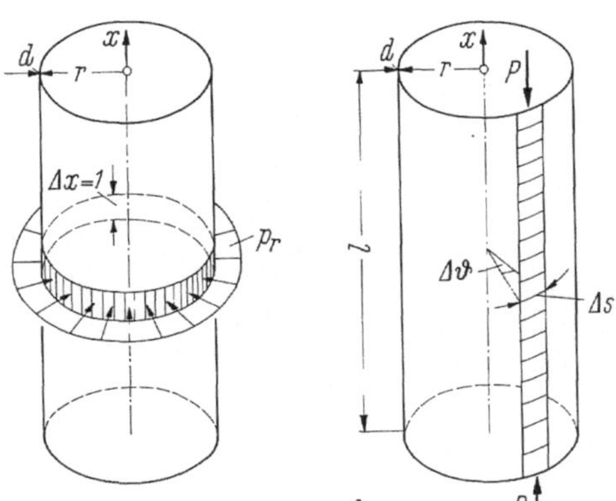

Abb. 7/16. Beanspruchung einer Zylinderschale nach der Membrantheorie bei lokaler Belastung. **a** Ringlast: Gleichförmig über Δx verteilte Radiallast wird allein vom Ring (Breite Δx) aufgenommen. **b** Längslast: Über Δs verteilte Einzellast wird allein vom Streifen (Breite Δs) aufgenommen.

Einige Beispiele sollen die Anwendung der Membrantheorie zeigen:

(a) *Liegendes zylindrisches Rohr unter Eigengewicht g* (Abb. 7/17).

Mit $p_r = -g\cos\vartheta$, $p_\vartheta = g\sin\vartheta$ und $p_x = 0$ ergibt sich aus (16) und den Randbedingungen $n_x = 0$ für $x = \pm l/2$:

$$n_\vartheta = \bar{n}_\vartheta \cos\vartheta = \bar{n}_\vartheta \frac{y}{r}, \qquad \text{wobei} \quad \bar{n}_\vartheta = -gr;$$

$$t = \bar{t}\sin\vartheta \quad = \bar{t}\,\frac{z}{r}, \qquad \text{wobei} \quad \bar{t} = -2gx;$$

$$n_x = \bar{n}_x \cos\vartheta = \bar{n}_x \frac{y}{r}, \qquad \text{wobei} \quad \bar{n}_x = -\frac{g}{r}\left(\frac{l^2}{4} - x^2\right).$$

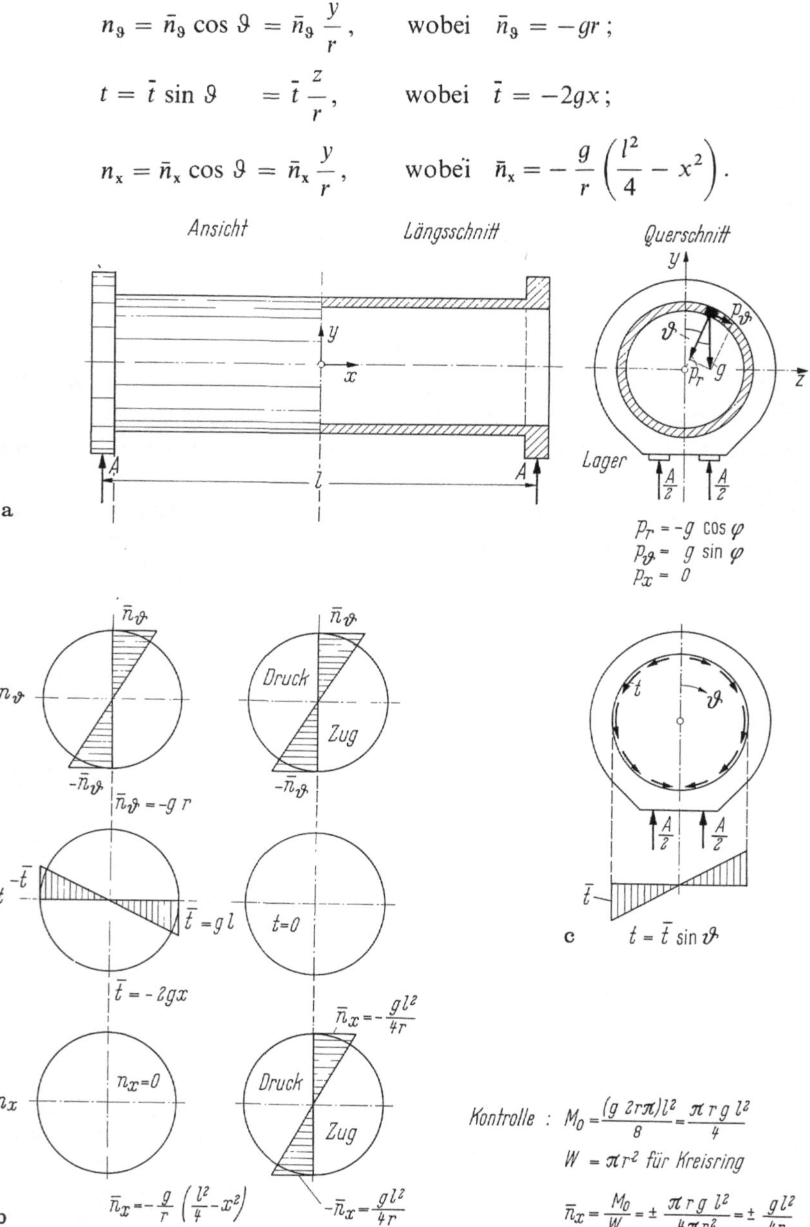

Abb. 7/17. Schnittkräfte aus Eigengewicht g in einem freitragenden Rohr. **a** System und Belastung; **b** Schnittkräfte am Auflager (links) und in Feldmitte; **c** Beanspruchung des Auflagerringes durch Schubkräfte. Auflagerring in seiner Ebene starr angenommen, rechtwinklig dazu weich

Das Rohr weist wie ein Balken eine geradlinige Verteilung der Längskraft n_x im Querschnitt auf. Die Stützkräfte werden durch Schubkräfte in die Rohrenden eingeleitet. Das Rohr benötigt daher dort Versteifungsringe; diese werden auf Biegung und Längskraft in der Ringebene beansprucht. Durch die Verbiegung des Auflagerrings und durch dessen Behinderung der Membranverformungen treten Unverträglichkeiten auf, die in dem Randbereich der Schale Biegung hervorrufen (7.5.2.1).

(b) *Aufrecht stehende Zylinderschale mit konzentrierter Last A am freien Ende* (Abb. 7/18). Die Zylinderschale kann eine konzentrierte Kraft quer zu ihrer Achse im Rahmen des Membranzustands nicht aufnehmen. Sie benötigt im Einleitungsquerschnitt eine Binderscheibe, um die Last durch Schubkräfte membrangerecht einzutragen. Diese Binderscheibe wird in ihrer Ebene als starr, quer dazu jedoch biegsam angenommen.

Die Ringkraft n_ϑ muß mangels Flächenlast gleich null sein. Die Schubkraft t muß in der Symmetrieebene verschwinden, für $\vartheta = 90°$ muß sie max $t = \bar{t}$ sein. Dem entspricht der Ansatz $t = \bar{t} \sin \vartheta$.

Aus der Summenbedingung folgt

$$\bar{t} = \frac{A}{\pi r};$$

t ist in allen Querschnitten gleich groß. Gleichung (16c) liefert

$$n_x = \bar{n}_x \cos \vartheta, \quad \text{wobei} \quad \bar{n}_x = \frac{Ax}{\pi r^2}.$$

Die Integrationskonstanten sind gleich null wegen $t = n_x = 0$ am Rand $x = 0$.

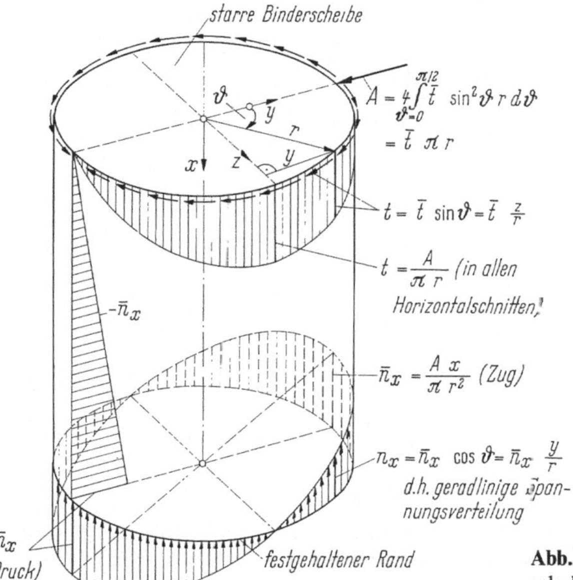

Abb. 7/18. Unten eingespannte Zylinderschale mit Querlast A am freien Ende

Wir finden:

(1) Die Schale kann die Querlast A als Membran nur in Form von tangentialen Schubkräften aufnehmen, die mit den Längskräften zusammen Hauptkräfte ergeben. Am belasteten Querrand sind die Längskräfte $n_x = 0$. Die Hauptkräfte verlaufen daher hier unter 45° zum Rand.

(2) Die Schale benötigt zur Eintragung einer Einzellast eine Versteifung in Form einer Binderscheibe oder eines Rings, da sonst die Biegung zu stark wird [7].

(3) Eine Randbelastung quer zum Zylinder verursacht linear über den Durchmesser verteilte Längskräfte n_x, wenn der Rand durch eine Binderscheibe ausgesteift ist.

(4) Auch infolge der Schubkräfte tritt keine Verwölbung der Querschnitte auf.

(5) Da die Ringkräfte verschwinden, gibt es auch keine Ringdehnungen und keine daraus folgenden Unverträglichkeiten am Rand.

(c) *Aufrecht stehender Schlot mit Windlast w* (Abb. 7/19).

Die über den Umfang veränderliche Winddruckverteilung nach DIN 1055 Teil 4 approximiert man zweckmäßigerweise mittels trigonometrischer Funktionen in der Form $p_r = \Sigma p_{rn}$ mit $p_{rn} = \bar{p}_{rn} \cos n\vartheta$ und $n = 0, 1, 2, \ldots$ Wenn wir die Glieder p_{rn} nacheinander in (16a) bis (16c) einsetzen und dabei die Randbedingungen $t = n_x = 0$ für einen kräftefreien oberen Rand $x = 0$ verwenden, stellen wir der Reihe nach folgendes fest:

$$n_{\vartheta n} = \bar{n}_{\vartheta n} \cos n\vartheta\,, \qquad \bar{n}_{\vartheta n} = \bar{p}_{rn} r; \tag{18c}$$

$$t_n = \bar{t}_n \sin n\vartheta\,, \qquad \bar{t}_n = \bar{p}_{rn} n x; \tag{18b}$$

$$n_{xn} = \bar{n}_{xn} \cos n\vartheta\,, \qquad \bar{n}_{xn} = -\frac{\bar{p}_{rn} n^2 x^2}{2r}. \tag{18c}$$

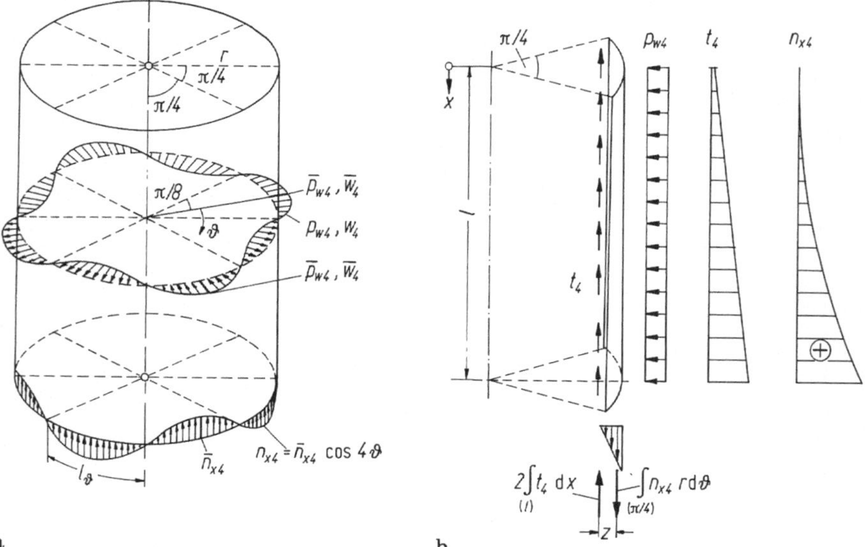

Abb. 7/19. Unten eingespannte Zylinderschale mit Windlast; hier nur 4. Reihenglied dargestellt. **a** Übersicht; **b** längs der Belastungsnullpunkte herausgeschnittener Schalensektor mit den darauf wirkenden Kräften

Die Verschiebungen in Längs- und Radialrichtung ergeben sich aus (17) für die Randbedingungen $u = 0$ und $v = 0$ des unteren Randes $x = l$ bei Vernachlässigung der Querkontraktion μ zu

$$u_n = \bar{u}_n \cos n\vartheta\,, \qquad \bar{u}_n = -\frac{\bar{p}_{rn}\, n^2(l^3 - x^3)}{6rEd} \tag{18d}$$

$$w_n = \bar{w}_n \cos n\vartheta\,, \qquad \bar{w}_n = \frac{\bar{p}_{rn} r^2}{Ed}\left(1 + n^2\,\frac{l^2 - x^2}{r^2} + n^4\,\frac{3\,l^4 - 4\,l^3 x + x^4}{24\,r^4}\right) \tag{18e}$$

Wir erkennen:

(1) Die Schnittkräfte haben alle die gleiche Periode wie die Belastung p_{rn}; die Schubkräfte sind um $\pi/2n$ gegen die Längskräfte versetzt.

(2) Das Glied mit $n = 1$ ergibt die Naviersche, geradlinige Spannungsverteilung mit eben bleibenden Querschnitten. Man könnte deshalb die zugehörigen Schnittgrößen auch nach der technischen Biegelehre aus dem Gesamtmoment und der Querkraft in einem Ringschnitt berechnen (Abb. 7/17).

(3) Die Längskräfte n_{xn} wachsen gemäß (18c) mit n^2 stark an, weil ihr „innerer Hebelarm" z zur Aufnahme der Windlast p_{rn} in einem durch die halbe Wellenlänge begrenzten Schalenfeld entsprechend abnimmt (Abb. 7/19b). Eine Näherung mit $n = 1$ ist also unzureichend; man sollte wenigstens bis $n = 3$ gehen.

(4) Eine bessere Anpassung der Lastfunktion an die Kurve der DIN 1055 durch Glieder der Ordnung $n > 5$ bringt nur scheinbar eine genauere Erfassung der Längskräfte. Die Verformungen w der Membran in Radialrichtung besitzen die gleichen Perioden wie die Lasten und bilden zunehmend mit n schmälere Felder mit alternierenden Vorzeichen aus. Sie wachsen entsprechend (18e) mit n^4 an und aktivieren mit kürzer werdender „Stützweite" l_ϑ (Abb. 7/19a) zunehmend die Abtragung der p_{rn} durch Ringbiegung wie in einem Rahmen. Diese Biegewirkung verwischt die Membranwirkung und löst sie schließlich völlig ab.

(5) Die mit $n \geqq 2$ alternierenden Lastanteile p_{rn} bilden Gleichgewichtsgruppen und ermöglichen deshalb keine Schnittgrößenberechnung aus Gleichgewichtsbedingungen im Ringschnitt.

Um die großen Verformungen im oberen Bereich der Schale zu verringern (vgl. auch Abb. 7/6b), sollte man eine Randverstärkung anordnen. Dadurch werden die Tangentialverschiebungen v_n für alle Reihenglieder $n \geqq 2$ unterdrückt, während eine horizontale Starrkörperbewegung des gesamten Rings entsprechend $v_1 = \bar{v}_1 \cos \vartheta$ nach wie vor möglich ist. Die Randbedingungen am oberen Rand sind dann also unterschiedlich für unterschiedliche n:

$$n_x = 0 \quad \text{und} \quad t = 0 \quad \text{für} \quad n = 1$$
$$n_x = 0 \quad \text{und} \quad v = 0 \quad \text{für} \quad n \geqq 2$$

Die Membrankräfte t und n_x können nun nicht mehr allein aus den Gleichgewichtsbedingungen berechnet werden, weil zur Bestimmung der Integrationskonstanten auch geometrische Randbedingungen herangezogen werden müssen. Die Berechnung der Membrankräfte und -verschiebungen gelingt aber in elementarer Weise mittels (16) und (17).

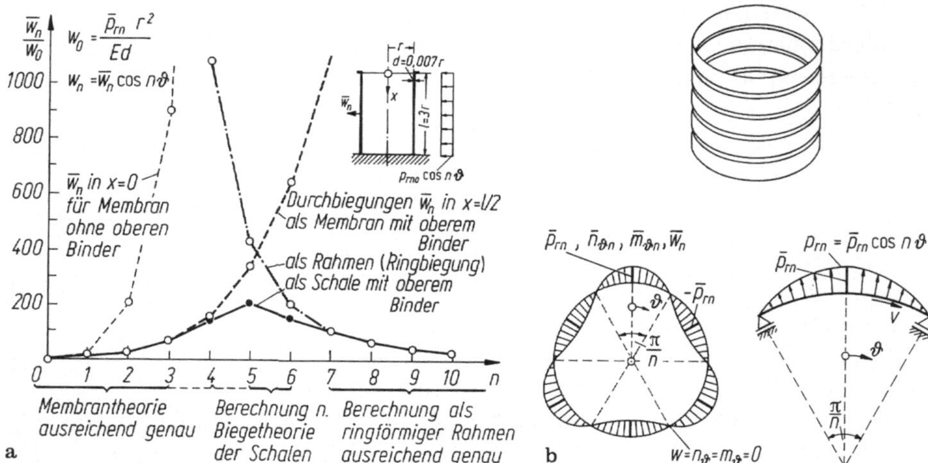

Abb. 7/20. Gültigkeitsgrenze der Membrantheorie. **a** Durchbiegungen w_n einer dünnen Zylinderschale aus Fourierlastgliedern $p_{rn} \cos n\vartheta$, berechnet nach Membrantheorie, als Rahmen und als biegesteife Schale; **b** ringförmige Rahmen als statisch bestimmtes Grundsystem für Fourierglieder mit hoher Ordnungszahl n

Die Abb. 7/20a zeigt exemplarisch für eine relativ dünne Schale die größten Membranauslenkungen $\bar{w}_n$ in Abhängigkeit von der Reihengliednummer n, jeweils mit und ohne oberes Randglied (gestrichelte Linien). In das gleiche Bild sind (strichpunktiert) auch die Durchbiegungen eingetragen, die sich ergeben, wenn die wellenförmige Belastung allein durch Ringbiegung (Rahmenwirkung) abgetragen wird; dies ist möglich, weil die Lasten der Reihenglieder $n \geqq 2$ jeweils für sich allein an einem ringförmigen Streifen der Schale im Gleichgewicht sind. Dazu werden weder Schubkräfte t noch Längskräfte n_x benötigt. Lediglich für antimetrische Lasten (Reihennummer $n = 1$) ist am Ring allein kein Gleichgewicht möglich; dieses Reihenglied bewirkt die Abtragung der Windmomente des Gesamttragwerks durch Membrankräfte. Für alle anderen ist die in Ringe aufgeteilte Schale (Abb. 7/20b) ein mögliches statisches Grundsystem, das damit eine Alternative zur Membran als Grundsystem für die Berechnung der biegesteifen Schalen darstellt. Am Ringsystem ergeben sich folgende Schnittgrößen aus Radialdruck $p_{rn} = \bar{p}_{rn} \cos n\vartheta$ [8]:

$$m_{\vartheta n} = n_{\vartheta n} r = -\frac{1}{n^2 - 1} \bar{p}_{rn} r^2 \cos n\vartheta$$

$$q_{\vartheta n} = \frac{\partial m_{\vartheta n}}{r\,\partial\vartheta} = \frac{n}{n^2 - 1} \bar{p}_{rn} r \sin n\vartheta$$

$$w_n = \frac{1}{k(n^2 - 1)^2} \frac{\bar{p}_{rn}}{C} \cos n\vartheta, \qquad \text{wobei} \quad k = \frac{d^2}{12r^2}.$$

$$v_n = -\frac{1}{kn(n^2 - 1)^2} \frac{\bar{p}_{rn}}{C} \sin n\vartheta$$

$$n_x = t = u = 0$$

Da $k \ll 1$, sind die Durchbiegungen w_n bei kleinen n sehr viel kleiner als die Membranverformungen, die in der Größenordnung p_{rn}/C liegen. Sie nehmen aber mit zunehmendem n sehr schnell ab (etwa proportional zu $1/n^4$).

In Abb. 7/20a ist neben der Ausbiegung für die beiden alternativen Grundsysteme auch noch (durchgehende Linie) die Ausbiegung für die biegesteife Schale eingetragen. Der Vergleich zeigt:

(1) Schon ab $n = 6$ ist die Lastabtragung durch Ringbiegung steifer als die Membranwirkung.

(2) Die nach der Membrantheorie berechneten Durchbiegungen stimmen für $n \leqq 3$ praktisch mit den Ergebnissen nach der Biegetheorie der Schale überein, werden dann aber mit größer werdendem n schnell unbrauchbar.

(3) Für niedrige n ist die Ringbiegung nicht als Lösung brauchbar, aber schon ab $n = 7$ liefert sie eine ausreichend genaue Lösung für die Schale, und mit größer werdendem n stimmen die beiden Lösungen zunehmend besser überein.

Die im Beispiel festgestellten Grenzen für die Brauchbarkeit der Membrantheorie bzw. Ringbiegung verschieben sich bei größeren Verhältnissen l/r oder d/r in Richtung kleinerer n, also zugunsten der Ringbiegung.

Die Amplituden der einzelnen Fourierglieder p_{rn} nehmen bei stetig über den Umfang verlaufenden Lasten mit zunehmender Reihennummer n schnell ab; bei einer Linienlast sind sie für alle n gleich groß. Man erkennt daraus, daß die höheren Reihenglieder nur bei unstetig verteilten Lasten wesentlichen Einfluß auf die Schnittgrößen der biegesteifen Schalen haben.

7.2.2.5 Membrankräfte von Kegelschalen

Die Belastung wird wieder in eine Reihe von trigonometrischen Funktionen entwickelt. Die Schnittkräfte n_x für den rotationssymmetrischen Lastanteil (Reihenglied $n = 0$ der Fourierreihe) können nach 7.2.2.2 aus dem Kräftegleichgewicht ($\Sigma V = 0$) am abgeschnittenen Kegelteil ermittelt werden.

In analoger Weise ergeben sich die Schnittkräfte n_x für das Reihenglied $n = 1$ aus dem Momentengleichgewicht (Abb. 7/21):

$$n_x = \bar{n}_x \cos \vartheta\,, \qquad \bar{n}_x \sin \varphi = \frac{M}{W} \quad \text{mit} \quad W = \pi a^2\,. \tag{19}$$

Dabei ist M das Gesamtmonoment der Lasten, bezogen auf den betrachteten Ringschnitt. Es beträgt z. B. für eine Flächenlast $p_{r1} \cos \vartheta$ aus Wind

$$M = \frac{\pi}{2}\left(\frac{1}{3} - \cos^2 \varphi\right) l^2 a p_{r1} \qquad (p_{r1} \text{ positiv als Sog})\,. \tag{20}$$

Für $\varphi \approx 55°$ ist $n_x = 0$; die Windlast wird allein durch Ring- und Schubkräfte übertragen. Für einen steileren Kegel ($\varphi > 55°$) entsteht an der Luvseite Zug ($n_x > 0$), für einen flacheren ($\varphi < 55°$) Druck ($n_x < 0$).

Die zu $p_{r1} \cos \vartheta$ gehörenden Schubkräfte teilen sich mit den Horizontalkomponenten der n_x in die Aufnahme der Horizontallasten und ergeben sich zu

$$t = \bar{t} \sin \vartheta\,, \qquad \bar{t} = \frac{p_{r1} x}{3 \sin \varphi}\,. \tag{21}$$

Die Belastungsglieder höherer Ordnung aus der Windlast lassen sich wieder nur mittels der Gleichgewichtsbedingungen am differentialen Element verarbeiten [2/4]. Die Gleichgewichtsbedingungen (3) und (13) liefern für $a = x \cos \varphi$ und $r_\varphi \, d\varphi = dx$:

$$n_\vartheta = p_r r \,, \tag{22a}$$

$$\frac{1}{\cos \varphi} \frac{\partial n_\vartheta}{\partial \vartheta} + \frac{\partial (t x)}{\partial x} + t = -p_\vartheta x \,, \tag{22b}$$

$$-n_\vartheta + \frac{1}{\cos \varphi} \frac{\partial t}{\partial \vartheta} + \frac{\partial (n_x x)}{\partial x} = -p_x x \,. \tag{22c}$$

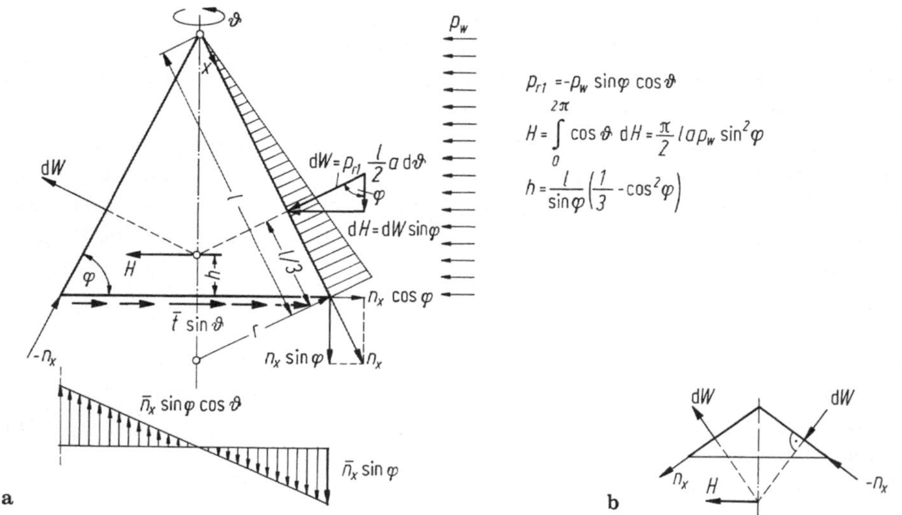

Abb. 7/21. Windbelastung auf Kegelschale (Reihenglied $n = 1$ der Fourierentwicklung). **a** Steiler Kegel, *H oberhalb* der Aufstandsfläche; **b** flacher Kegel, *H* unterhalb der Aufstandsfläche, Umkehrung der Richtung von n_x

Für das Glied $p_{wn} \cos n\vartheta$ ergibt sich mit $p_{rn} = p_{wn} \sin \varphi$ und $p_t = 0$ und $p_x = 0$:

$$\bar{n}_{\vartheta n} = -p_{wn} a \,, \tag{23a}$$

$$\bar{t}_n = -\frac{p_{wn} x \, n}{3} \,, \tag{23b}$$

$$\bar{n}_{xn} = \frac{p_{wn} x \, n^2}{2 \cos \alpha} \left(\frac{1}{3} - \frac{\cos^2 \alpha}{n^2} \right). \tag{23c}$$

Die für den Zylinder mit Windlast (7.2.2.4c) formulierten Erkenntnisse treffen somit auch für den Kegel zu.

7.3 Grenzen der Brauchbarkeit der Membrantheorie und ihre Ergänzung durch die Biegetheorie

Einige Fälle, bei denen die Membranwirkung nicht zur Lastabtragung geeignet ist oder das wirkliche Tragverhalten nur ungenügend beschreibt, wurden bereits erwähnt:

(a) Unzureichend ausgestreifte Schalen, bei denen „dehnungslose Verformungen" der Schalenmittelfläche möglich sind (7.2.1) [43; 6.1];

(b) kurzwellige oder nur lokale Flächenlasten (7.2.2.4c);

(c) Unverträglichkeiten der Membranverformungen mit den Randbedingungen (7.2.2.3), (Abb. 7/22a);

(d) Unstetigkeiten der Membranverformungen innerhalb der Schalenfläche infolge unstetiger Lastverteilung (Abb. 7/16) oder unstetiger Schalengeometrie, z. B. Änderung der Schalendicke.

Einige weitere Fälle lassen sich unmittelbar aus Gleichung (3) oder der Vorstellung über die Abtragung der Radiallasten allein durch Längskräfte in den Hauptkrümmungsrichtungen erklären:

(e) Einzellasten können von einer Membran nicht aufgenommen werden (Abb. 7/22b), es sei denn, diese hat im Aufpunkt der Last eine Spitze; anderenfalls würden sich unendlich große Membrankräfte ergeben;

(f) entsprechendes gilt für Linienlasten außerhalb von Graten;

(g) nicht membrangerechte Stützung (Abb. 7/22d);

(h) Bereiche, in denen die Schale keine Krümmung aufweist, sog. Flachpunkte.

Einen weiteren Fall werden wir erst in 7.8.2 behandeln:

(i) Diskontinuitäten der Membrankräfte im Inneren von stetigen Hyparschalen.

Man muß diese Fälle unterschiedlich bewerten, je nachdem ob die Lasten allein mit Membrankräften aufnehmbar sind und Biegung nur aus Unverträglichkeiten der Verformungen entsteht (wie bei c, d und i), oder ob ohne Momente überhaupt kein Gleichgewicht möglich ist (wie bei e, f, g und h). Wenn mit Membrankräften das Gleichgewicht hergestellt werden kann, sichert nach dem 1. Grenzwertsatz der

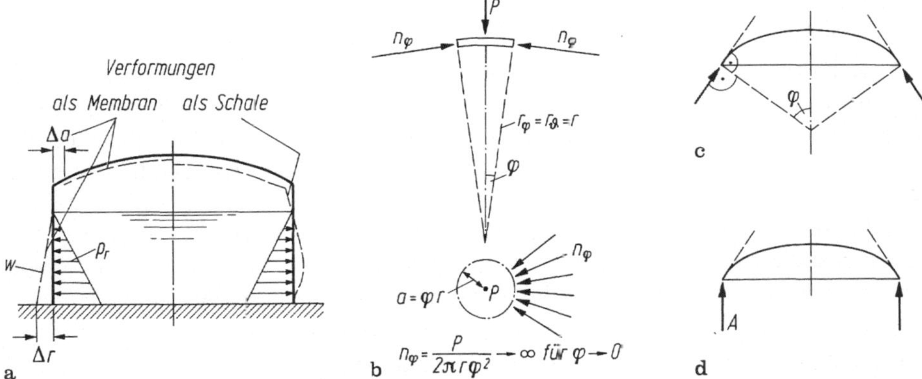

Abb. 7/22. Beispiele für „Störungen" des Membranzustandes. **a** Randstörungen aus Unverträglichkeiten der Verformungen am oberen und unteren Zylinderrand; **b** eine Einzellast auf einer Kugelschale kann in der Nähe der Last nicht durch Membrankräfte aufgenommen werden; **c** Membrangerechte und **d** nicht membrangerechte Lagerung einer Kuppelschale

Plastizitätstheorie eine Bemessung der Schale für diese Kräfte bereits die Tragfähigkeit; denn sobald Risse infolge Biegung auftreten, nimmt an den betreffenden Stellen die Biegesteifigkeit ab bis zur Bildung plastischer Gelenke (I B Abb. 1/3 und 4.2/33), und die Momente nehmen mit den Lasten im Vergleich zu den Membrankräften nur wenig zu. Das Tragwerk schafft sich schließlich bis zum Bruch selbst das vorausgesetzte biegeweiche Tragsystem, sofern die Duktilität der Baustoffe dafür ausreicht. In Stuttgart durchgeführte Versuche an Behälterschalen [9], die im wesentlichen nach der Membrantheorie bewehrt waren, haben dieses Verhalten bestätigt. Es ist daher nicht nur Bequemlichkeit, wenn man den Membranzustand, der rechnerisch leichter zu behandeln ist, bevorzugt betrachtet. Es können allerdings bereits im Gebrauchszustand grobe Risse auftreten, wenn die aus Unverträglichkeiten der Verformungen entstehende Biegung nicht durch eine risseverteilende Bewehrung berücksichtigt wird. Diese Biegung ist besonders dann wichtig, wenn bei Behältern Dichtigkeit gefordert wird und daher keine Risse auftreten sollen.

Der Membranzustand ist nach der systematischen Einteilung (I B, 1.1.1) den „Grundspannungen" zuzurechnen, da die statisch bestimmten Kräfte allein schon in der Lage sind, die Lasten aufzunehmen und im Rahmen der zulässigen Werte die Standsicherheit zu gewährleisten. Er bildet daher in der Regel auch den Ausgangspunkt für die Ermittlung der Schalenbiegung. Die zu ihm gehörigen Unverträglichkeiten müssen durch statisch unbestimmte zusätzliche Schnittkräfte (Zusatzspannungen) beseitigt werden.

Dieser statischen Betrachtung entspricht die mathematische Behandlung. Die Membrantheorie liefert in vielen Fällen eine brauchbare Partikularlösung der „vollständigen" (inhomogenen) Differentialgleichungen *mit* Lastgliedern. Dieser Lösung werden dann die Lösungen der „verkürzten" (homogenen) Gleichungen *ohne* Lastglieder so überlagert, daß die Verträglichkeitsbedingungen (z. B. Randbedingungen) befriedigt werden. Die homogenen Lösungen entsprechen den Schnittgrößen aus den statisch Unbestimmten. Da sie Gleichgewichtsgruppen bilden, klingen die von ihnen ausgehenden Schnittgrößen im allgemeinen von der Stelle der Unverträglichkeit mit zunehmender Entfernung ab und „stören" den Membranzustand meistens nur bereichsweise, z. B. in der Nähe der Schalenränder („Randstörungen" oder „Störspannungen" nach I B, 1.1.1 u. 1.1.1.4).

Auch in den Fällen, in denen mit Membrankräften allein kein Gleichgewicht möglich ist, Momente aber nur in relativ kleinen „Störbereichen" benötigt werden, um die Lasten oder Lagerkräfte in Membrankräfte umsetzen, kann die Membrantheorie zur Berechnung des Gesamttragverhaltens der Schale dienen. Die zur Befriedigung des Gleichgewichts in den „Störbereichen" nötigen Biegekräfte werden dort der Membranlösung überlagert. Sie lassen sich in prinzipiell gleicher Weise wie bei den bereits genannten Unverträglichkeiten ermitteln, sind aber für die Standsicherheit sehr viel wichtiger und müssen deshalb unbedingt abgedeckt werden.

In der biegesteifen Schale treten zu den vier Membrankräften n_x, n_y, n_{xy} und n_{yx} mit gleichmäßiger Spannungsverteilung zwei Biegemomente m_x und m_y, zwei Querkräfte q_x und q_y, sowie zwei Drillmomente m_{xy} und m_{yx} hinzu (Abb. 7/23). Diesen 10 Schnittkräften am Element stehen sechs Gleichgewichtsbedingungen (drei Verschiebungs- und drei Verdrehungsgleichungen) gegenüber, so daß vier Bedingungen fehlen. Diese werden aus der Kontinuität zwischen den Schalenelementen gewonnen, die sich durch die Stetigkeit der Verschiebungen der Mittelfläche in den drei Koordinatenrichtungen ausdrücken läßt [4].

Dabei wird vorausgesetzt, daß die Normalen zur Schalenmittelfläche gerade bleiben (entsprechend der Bernoulli-Hyperthese beim Balken), daß die Schalendicke klein ist gegenüber den übrigen Schalenabmessungen und daß die Verformungen klein sind gegenüber der Schalendicke. Letztere Annahme, die die Berechnung der Schnittgrößen am unverformten Tragwerk ermöglichen soll, (geometrische Linearität) ist gerade bei den oft sehr schlanken Schalentragwerken nicht so selbstverständlich gegeben, wie sie meistens unterstellt wird.

Noch weniger realistisch, aber (fast) immer „auf der sicheren Seite liegend" ist für Betonschalen die Annahme linear elastisch Baustoffverhaltens (Hookesches Gesetz), die praktisch allen Schalenberechnungen zugrunde liegt. Man sollte sich dieser Annahme bei der Beurteilung von „genau" ermittelten Rechenergebnissen bewußt bleiben und überlegen, welche „Schnittkraftumlagerungen" infolge der Rißbildung eintreten können. Dies kann vorteilhaft dazu benutzt werden, allzu starke Bewehrungskonzentrationen in Bereichen mit Spannungsspitzen zu vermeiden, sofern diese aus der Verträglichkeit entstehen (Zusatzspannungen; I B, 1.1.1). Bei den meistens statisch bestimmten Membrankräften sind solche Umlagerungen aber nicht oder nur in Verbindung mit sehr großen zusätzlichen Biegemomenten möglich.

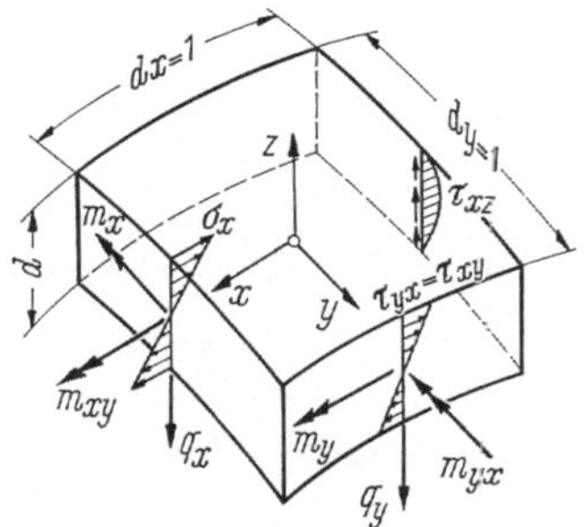

Abb. 7/23. Biegekräfte in der Schale als zusätzliche Schnittgrößen m_x, m_y, $m_{xy} \approx m_{yx}$, q_x, q_y zu den Membrankräften (Abb. 7/7)

Das Aufstellen und das Lösen von Differentialgleichungen der allgemeinen Schalentheorie und insbesondere ihre Anpassung an die Randbedingungen bereitet meist erhebliche mathematische Schwierigkeiten, so daß es nur für einfache Schalenformen mit konstanter Dicke gelingt, da in diesem Falle die Koeffizienten der Differentialquotienten konstant sind. Mit Hilfe der Differentialrechnung können dann die entstehenden partiellen Differentialgleichungen in *eine* partielle Differentialgleichung 8. Ordnung überführt werden, die nur noch *eine* Verschiebungskomponente oder *eine* Spannungsfunktion enthält. Mit Reihenansätzen geeigneter Funktionen (*e*-Funktionen) erhält man für jedes Reihenglied eine gewöhnliche Differentialgleichung mit konstanten Koeffizienten. Damit ist das Problem auf die Lösung von charakteristischen Gleichungen 8. Ordnung zurückgeführt. Es gibt andererseits zahlreiche Finite-Element-Programme, mit denen beliebige Schalen näherungsweise berechnet werden können. Ihre Anwendung und die Interpretation der Ergebnisse [58] erfordern aber ebenfalls Sachverstand und ein gewisses Vertrautsein mit dem Tragverhalten der Schalen.

Bei Rotationsschalen können die Störungen in der Randregion, auf die sich die Biegung oftmals beschränkt, meistens aus einfachen Näherungen abgeleitet werden.

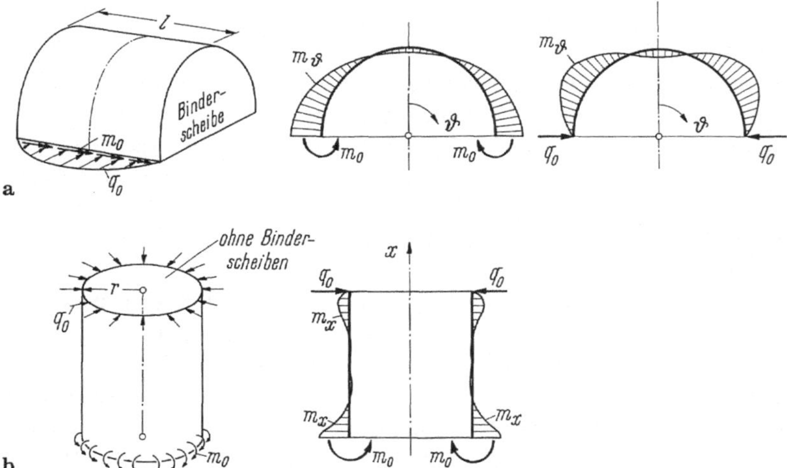

Abb. 7/24. Randlasten am geraden bzw. gekrümmten Rand einer Zylinderschale. **a** m_0 und q_0 am geraden, freien Rand; Verlauf von m_0 in Ringrichtung im Mittelschnitt; **b** m_0 und q_0 am gekrümmten, freien Rand ohne Binderscheiben; Verlauf von m_x längs einer Mantellinie.

Wie sich solche Randstörungen ins Schaleninnere fortpflanzen, hängt entscheidend von der Form der Schale ab. Greift die Randquerkraft oder das Randbiegemoment an einem gekrümmten Schalenrand an, so klingt die Randstörung rasch ab, da sie innerhalb einer kurzen Strecke in Längskräfte umgesetzt wird. Ein solcher Rand ist also sehr steif. Von einem geraden Rand aus pflanzt sich eine Störung dagegen weit in die Schalenfläche hinein fort (Abb. 7/24). In diesem Falle ist die Fläche um randparallele Achsen sehr biegsam, weil nur die Plattenbiegesteifigkeit Widerstand leistet, ohne Längskräfte zu erzeugen.

Die charakteristischen Eigenschaften der Schalen werden besonders an einfachen Formen deutlich, weil bei ihnen der Zusammenhang zwischen dem mechanischen Kern des mathematischen Ansatzes und seinem Ergebnis leicht zu verfolgen ist. Kompliziertere Schalenformen, zu denen auch Teilabschnitte von einfachen Grundformen gehören, verursachen zumeist eine so umfangreiche Rechenarbeit, daß man die Auswirkungen konstruktiver Maßnahmen nicht mehr unmittelbar erkennt. Die Erleichterung der Zahlenberechnung durch Tabellen oder elektronisches Rechengerät bedeutet zwar einen großen Fortschritt [38], eine klare Vorstellung von der statischen Wirkungsweise ist jedoch als primäre Voraussetzung für eine zweckmäßige und wirtschaftliche Konstruktion auch bei Schalen unerläßlich.

Die praktisch wichtigste Lösung der Biegetheorie wird in 7.5 für die rotationssymmetrisch belastete Zylinderschale abgeleitet und an Beispielen ausführlich erläutert. Wie wir in den darauf folgenden Abschnitten zeigen werden, kann diese Lösung auch als Näherung für andere Rotationsschalen und für nicht rotationssymmetrische Lasten verwendet werden, ja sogar zur Abschätzung der Randstörungen von „freien" Schalen. Im übrigen wird auf die „klassische" Schalenliteratur verwiesen [4–6; 11; 22]. Nichtlineare Probleme werden z. B. in [45] behandelt, Beulen in II B, 4.7.

Auf einige Besonderheiten bei den Schnittgrößen und Spannungen von Schalen wird noch vorab hingewiesen, um das Verständnis der Fachliteratur zu erleichtern und vereinfachende Annahmen bewußt zu machen:

— Die üblichen statischen Beziehungen gelten nur näherungsweise:

$$\sigma_x \approx \frac{n_x}{d} + \frac{m_x}{I} z \qquad \sigma_y \approx \frac{n_y}{d} + \frac{m_y}{I} z \tag{24 a}$$

$$\tau_{xy} \approx \frac{n_{xy}}{d} + \frac{m_{xy}}{I} z \qquad \tau_{yx} \approx \frac{n_{yx}}{d} + \frac{m_{yx}}{I} z \tag{24 b}$$

$$I = \frac{d^3}{12}; \quad z = \text{Abstand von Schalenmittelfläche (Abb. 7/23).}$$

Sie beruhen auf *linearer* Spannungsverteilung. Diese Voraussetzung trifft für Schalen nicht zu, wie man an einer gleichmäßigen Aufweitung eines Ringes um w veranschaulichen kann. Dessen Ringdehnungen und -spannungen verlaufen über die Dicke wie $w/(r + z)$, also hyperbolisch gekrümmt. Das Beispiel zeigt außerdem, daß die gleichförmige Aufweitung unterschiedliche Randspannungen und damit Biegemomente erzeugt, obwohl kein Querschnitt gegenüber einem anderen verdreht wird.

— Bei Schalen weicht die Schwerlinie des Querschnitts von der Mittellinie ab, da das Schalenelement einen trapezförmigen Querschnitt hat. Damit die Längskräfte in verschiedenen Richtungen nicht in verschiedenen Schichten angreifen, werden alle Momente auf den Mittelquerschnitt bezogen. Dadurch erzeugt z. B. eine Längskraft außer den gleichmäßig verteilten Spannungen σ zusätzliche Biegespannungen $\sigma\, z/r$.

Solche Besonderheiten führen auch dazu, daß streng genommen $n_{xy} \neq n_{yx}$, obwohl natürlich die paarweise Gleichheit der Schubspannungen $\tau_{xy} = \tau_{yx}$ gilt. Mit abnehmendem d/r verlieren diese Abweichungen an Bedeutung; sie können bei üblichen Verhältnissen $d/r < 1/5$ praktisch vernachlässigt werden.

7.4 Hinweise für den Entwurf und die Bemessung

7.4.1 Zum Entwurf von Schalen

Wir können aus den bisher angestellten Betrachtungen bereits folgende Hinweise für den Entwurf ableiten:

(a) Das primäre Tragsystem für die Standsicherheit beruht auf der Membranwirkung.

(b) Form und Abmessungen der Membran sollen der Belastung angepaßt werden. Treten konzentrierte Lasten auf, so sind die von ihnen beanspruchten Streifen (Abb. 7/16) z. B. durch rippen- oder plattenartige Verdickungen so weit zu verstärken, daß ihre Spannungen etwa denjenigen der benachbarten Schale entsprechen.

(c) Da die Membrankräfte infolge äußerer Lasten nicht von der Schalendicke abhängen, kann diese theoretisch den Schnittkräften beliebig angepaßt werden. Diese Maßnahme findet ihre Grenze dadurch, daß der Membranzustand nicht nur durch Unstetigkeiten der Belastung, sondern auch der Abmessungen gestört wird.

(d) Die Membranspannungen infolge Eigenlast sind von der Schalendicke unabhängig, wenn diese konstant ist. Die Dicke kann aber nur soweit vermindert werden, daß die Schale auch die äußeren Lasten zu tragen vermag und eine genügende Sicherheit gegen Beulen besteht (II B, 4.7).

(e) Die Membran sollte möglichst „membrangerecht" abgestützt werden, d. h. ihre Stützkräfte sollten als Längs- und Schubkräfte in der Schalenebene liegen. Stützkräfte rechtwinklig zu dieser rufen stets Störungen (Biegung) in der Randzone hervor. Man lagert daher Schalen oft auf tangentialen Pendelstützen oder schräg gestellten Gleitlagern auf. Ist nur senkrechte Abstützung möglich, muß der Schalenrand durch einen Ring oder ein anderes Randglied versteift werden, das den horizontalen Schub der Membrane aufnimmt. Die Dehnung der unteren Schalenzone wird allerdings durch das Randglied behindert, wodurch zusätzliche Schubkräfte in die Schale eingetragen werden.

(f) Die Randbedingungen müssen sorgfältig auf die Schalenform abgestimmt werden, damit eine Membranwirkung überhaupt zustande kommen kann; sonst trägt die Schale unter Umständen wie eine gebogene Platte (vgl. 7.8.2). Die Abstützung sollte so gewählt werden, daß ein steifer Membranzustand bei *allen* denkbaren Belastungszuständen möglich ist, nicht nur bei den vereinfachten Bemessungslastfällen. Beispielsweise muß der freie Rand einer stehenden Rotationsschale auch dann durch einen Ring versteift werden, wenn er „theoretisch" kräftefrei ist; denn eine hiervon abweichende, besonders eine lokale Last, kann sonst zu großen Deformationen und Biegebrüchen führen.

(g) Die Schalen werden zumeist nur für gleichförmig verteilte Eigen- und Schneelast sowie Windlast mit stark vereinfachter Verteilung berechnet. Man sollte sich darüber klar sein, daß selbst die aus Windkanalversuchen abgeleiteten Lastverteilungen nicht ohne weiteres auf das Bauwerk übertragen werden können, weil bei großen Angriffsflächen die Luft in „Schläuchen" und Wirbeln strömt, so daß turmartige Schalen mit großen Durchmessern lokal stark beansprucht werden können. Ebenso ist es möglich, daß Schnee durch Verwehungen oder einseitiges Abtauen eine Dachschale sehr ungleichförmig belastet. Gegebenenfalls muß man versuchen, sich ein Bild von der Beanspruchung der Schale durch Einsatz der FEM zu machen, da eine Fourieranalyse für eine lokale Belastung ungeeignet ist.

(h) Eine Membranschale besitzt als innerlich „statisch bestimmtes System" keineswegs so große Tragreserven wie eine Scheibe, bei der die inneren Kräfte infolge einer Last verschiedene Wege einschlagen können (plastische Umlagerung). Deshalb hat die genaue Analyse des Kräftezustandes, vor allem aber eine den Lasten angepaßte Form, bei einer Schale vorrangige Bedeutung.

(i) Man muß die dünnen Schalen steif konstruieren und den Stabilitätsproblemen (Beulen), also den Schnittkräften im *verformten* Tragwerk besondere Beachtung schenken (II B, 4.7).

(k) Auch die Schalen unterliegen dem Gesetz von Rubner, wie in 1 erwähnt, wonach es nicht möglich ist, ein Tragwerk im Rahmen einer bestimmten Baustoffgüte einfach geometrisch ähnlich um einen Faktor n zu vergrößern. Denn bei vorherrschenden Eigenlasten wachsen diese mit n^3, die Querschnitte mit n^2, die Spannungen also mit n. Eine von n unabhängige Flächenlast schiebt die Grenze weiter hinaus.

Die erforderliche Schalendicke ergibt sich in der Regel nicht aus der Bemessung für Biegung und Längskraft sondern aus der ausführbaren und konstruktiv zweckmäßigen Mindestdicke. Eine Lage kreuzweiser Bewehrung und die beiden Betonüberdeckungen erfordern mindestens $d = 4$–5 cm; meistens werden 6–7 cm gewählt, um mehrere Bewehrungslagen unterzubringen. Oftmals bestimmt auch die erforderliche Beulsteifigkeit die nötige Dicke (II B, 4.7).

Hydromechanisch belastete Schalen, wie sie bei off-shore-Bauten vorkommen, werden in [50] behandelt (s. auch [5/16]), außergewöhnliche dynamische Einwirkungen auf Behälter in [41]. Über Flüssigkeitsbehälter finden sich ausführliche Abhandlungen mit vielen weiteren Quellenangaben im B. Kal. 1986 [42.1] und in [42.2]. Viele Anregungen und Beispiele ausgeführter Schalen enthalten die Kongreßberichte [55; 45.2] und die IASS-Bulletins. Dicke Kreiszylinderschalen, wie sie vor allem in der Meeres- und Energietechnik vorkommen, werden in [56] berechnet.

7.4.2 Bemessung von Schalen

Die Schnittgrößen dienen zur Bemessung der Betonquerschnitte und der Bewehrung. Auch für Schalen wenden wir den Grundsatz an, unter Einhaltung von zulässigen Spannungen und Dehnungen die Druckkräfte dem Beton und die Zugkräfte der Bewehrung zuzuweisen. Wie bei den anderen Flächentragwerken müssen wir dabei auf die Hauptkräfte zurückgehen, da für den Bruch des Betons die Hauptdruckkraft maßgebend ist und der Beton senkrecht zu der Hauptzugkraft reißt. Die Schubkräfte t bzw. die Drillmomente m_{xy} dienen nur zur Ermittlung von Richtung und Größe der Hauptkräfte bzw. Hauptmomente, so daß hieraus abgeleitete Schubspannungen keine eigenständige Bedeutung haben. Die Bewehrung ist am wirksamsten, wenn sie den Zugtrajektorien folgt, weil sie dann gleichgerichtet zu den Bewegungen in den Trennrissen verläuft. Man verfährt so aber nur bei großen Zugkräften. Bei kleineren begnügt man sich mit der Transformation auf eine Netzbewehrung (I B, 5.4.1.1, S. 256).

(a) Die Membrankräfte n_x, n_y, t werden zu Hauptkräften $n_{I;II}$ zusammengefaßt und liefern die größte Druck- und Zugkraft:

$$n_{I;II} = \frac{n_x + n_y}{2} \pm \sqrt{\left(\frac{n_x - n_y}{2}\right)^2 + t^2}\,. \tag{25a}$$

Der Winkel α zwischen den Richtungen von n_I und n_x (Abb. 7/25) ergibt sich aus

$$\tan 2\alpha = \frac{2t}{n_x - n_y} \tag{25b}$$

oder eindeutig aus

$$\tan \alpha = \frac{n_I - n_x}{t}\,. \tag{25c}$$

Eine Zugkraft erfordert $a_s = n_I/\sigma_s$, eine Druckkraft $d \geqq n_{II}/\sigma_b$, wobei aber die übliche zulässige Betondruckbeanspruchung $\beta_R/2{,}1$ schon wegen der Beulgefahr nicht ausausgenutzt werden kann; es sind außerdem auch die Beanspruchungen aus Biegung zu berücksichtigen, sowie zusätzliche schräge Druckkräfte aus der Schubkraft H, falls die Bewehrungsrichtung von der Hauptspannungsrichtung abweicht (I B, Abb. 5/55).

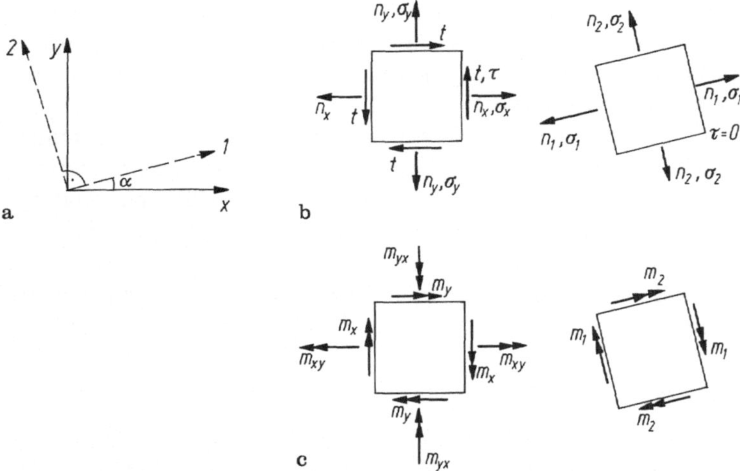

Abb. 7/25. Definition positiver Schnittgrößen und Richtungen für die Berechnung der Hauptkräfte nach Gl. (25) und (26). **a** Koordinaten; **b** Membrankräfte und Spannungen; **c** Momente; die positiven Momente erzeugen auf der Schalenunterseite Spannungen in den gleichen Richtungen wie die positiven Membrankräfte in b

(b) Die Biegemomente m_x, m_y werden entsprechend mit Hilfe der Drillmomente m_{xy} zu Hauptmomenten $m_{I;II}$ zusammengefaßt:

$$m_{I;II} = \frac{m_x + m_y}{2} \pm \sqrt{\left(\frac{m_x - m_y}{2}\right)^2 + m_{xy}^2}\,, \tag{26a}$$

$$\tan 2\alpha = \frac{2m_{xy}}{m_x - m_y} \tag{26b}$$

oder

$$\tan \alpha = \frac{m_I - m_x}{m_{xy}}. \tag{26c}$$

Die Zusammenfassung der Spannungen aus $n_{I;II}$ und $m_{I;II}$ ist in allgemeiner Form umständlich, da die resultierende Hauptrichtung in jeder Schicht der Schale sich ändert. Im gerissenen Zustand sind die so berechneten Beanspruchungen außerdem unrealistisch. Man ermittelt deshalb meistens die Bewehrung getrennt für die Membrankräfte und die Momente wie für Scheiben bzw. Platten und legt beide Bewehrungen ein.

Die getrennte Bemessung für Membrankräfte und Biegung kann sowohl unwirtschaftlich als auch unsicher sein: Ersteres ist der Fall, wenn für Membranzugkräfte auf beiden Seiten der Schale Bewehrung eingelegt wird, obwohl die Zugspannungen auf einer Seite durch Biegedruckspannungen überlagert werden; der andere Fall liegt vor, wenn die Betondruckfestigkeit sowohl für die Membrankräfte als auch für die Biegung getrennt in Anspruch genommen wird; dabei wird außerdem noch der Hebelarm der inneren Kräfte überschätzt.

Eine bessere Näherung für die kombinierte Wirkung von Membrankräften und Biegemomenten kann man aus der Vorstellung ableiten, daß die Schale durch zwei

Membranschichten 1 und 2 ersetzt wird, die jeweils die halben Membrankräfte und aus der Biegung zusätzliche Membrankräfte m/z erhalten, also folgende Gesamtkräfte:

$$n_{x1} = \frac{n_x}{2} - \frac{m_x}{z} \qquad n_{x2} = \frac{n_x}{2} + \frac{m_x}{z} \tag{27a}$$

$$n_{y1} = \frac{n_y}{2} - \frac{m_y}{z} \qquad n_{y2} = \frac{n_y}{2} + \frac{m_y}{z} \tag{27b}$$

$$t_1 = \frac{t}{2} - \frac{m_{xy}}{z} \qquad t_2 = \frac{t}{2} + \frac{m_{xy}}{z} \tag{27c}$$

Jede Membranschicht wird nun wie eine Scheibe für ihre Längskräfte bemessen, wobei Richtungsabweichungen der Bewehrung von den x-y Richtungen in üblicher Weise berücksichtigt werden [39; I B 5/52] (I B 5.4). Dabei liegt man auf der sicheren Seite, wenn ausgehend von den zulässigen Grenzdehnungen $\varepsilon_{su} = 5‰$ und $\varepsilon_{bu} = 3{,}5‰$ die Druckzonenhöhe $x = 0{,}4h$ und der innere Hebelarm

$$z = h - 0{,}4x = 0{,}84h \leqq h - h' \tag{28a}$$

angenommen werden (Abb. 7/26a). Die zugehörige Höhe des Spannungsblocks bzw. der Membranschicht, in welcher die Druckkräfte unter der Annahme gleichmäßiger Betondruckspannungen aufzunehmen sind, beträgt dann

$$d_1 = 0{,}8\,x = 0{,}32\,h, \quad \text{bzw. } d_1 = 2\,h' \text{ falls } z = h - h', \tag{28b}$$

und die Hauptdruckkraft im Bruchzustand

$$n_{\mathrm{IIu}} = d_1 \beta_R\,. \tag{29}$$

Wenn in der betrachteten Membranschicht gleichzeitig Zugkräfte quer zur Druckrichtung wirken, die durch Bewehrung in davon abweichenden Richtungen ξ und η

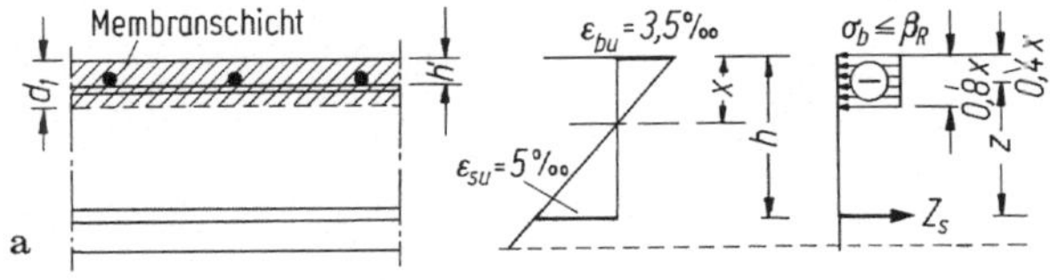

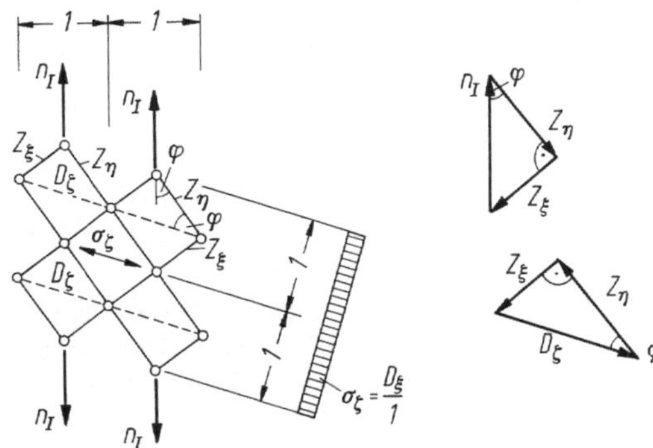

Abb. 7/26. Zur Bemessung von Schalen. **a** Ermittlung der Membranschichtdicke d_1 zum Nachweis der Druckspannungen; **b** Ableitung der zusätzlichen Druckspannungen σ_ξ aus Richtungsabweichungen der Bewehrung von der Hauptzugkraft n_{I}

abgedeckt werden, dann werden dadurch zusätzliche Druckspannungen σ_ζ geweckt. Diese müssen aus Gleichgewichtsgründen zusammen mit den rechnerischen Hauptdruckspannungen unter n_{IIu} bleiben. Bei orthogonaler Bewehrung ist die zusätzliche Druckkraft D_ζ gleich groß wie die Hauptzugkraft n_I allerdings nicht unbedingt parallel zur Hauptdruckkraft (Abb. 7/26b). Man begeht aber keinen wesentlichen Fehler, wenn man die beiden Druckkräfte für den Spannungsnachweis einfach addiert. Die zusätzliche Druckkraft D_ζ, die in der Ebene der Bewehrung wirkt, ist der Grund dafür, daß in (28a) der Hebelarm z auf den Abstand der Bewehrungslagen h-h' begrenzt wurde.

Diese Vorgehensweise vernachlässigt die in I B, 5.4 beschriebene Umlagerung der Schnittgrößen unter Berücksichtigung der kinematischen Bedingungen, weil bei Schalen die Möglichkeiten zur Umlagerung der Schnittkräfte — die Membrankräfte sind ja im allgemeinen statisch bestimmt — nicht in gleicher Weise gegeben ist, wie bei den Platten.

Beim Ansatz der Betondruckfestigkeit ist grundsätzlich zu beachten, daß diese durch gleichzeitig quer dazu wirkende Zugbeanspruchungen gegenüber der einaxialen Prismenfestigkeit herabgemindert wird, allerdings nicht in dem Maße, wie es für unbewehrten Beton in Zweiaxialversuchen festgestellt wurde (I A, 1.2, S. 49 und 50). Wenn nämlich der Beton quer zur Zugrichtung reißt und die Bewehrung die Zugkräfte übernimmt, verschwinden die Betonzugspannungen in den gerissenen Querschnitten und damit kommt wieder die Einaxialfestigkeit zum Tragen. Allerdings wird die nutzbare Druckfestigkeit durch die Risse verringert, insbesondere wenn diese nicht rechtwinklig zur Druckrichtung verlaufen, weil z. B. die Bewehrungsrichtung von der Hauptzugrichtung abweicht, oder weil zu verschiedenen Lastfällen unterschiedliche Hauptzugrichtungen gehören [47]. Außerdem wird durch den Verbund mit der Bewehrung immer etwas Zug in den Beton zwischen den Rissen eingetragen,

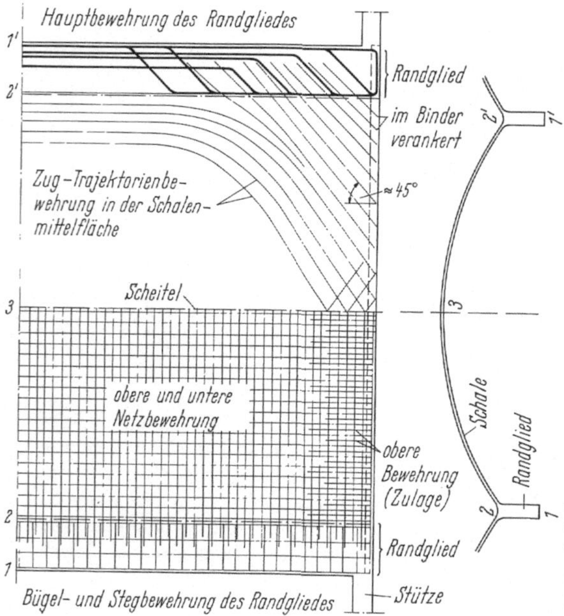

Abb. 7/27. Dreilagige Bewehrung einer Tonnenschale (abgewickelt dargestellt). Trajektorienbewehrung ergänzt durch Netzbewehrung sowie Zulagen für die nicht berechneten Momente m_x am Binder (vgl. Abb. 6/26)

der den „Druckbruch" bei Beanspruchungen über 0,8 β_P begünstigt. Aus den genannten Gründen wird in [47.1] empfohlen, bei zweiaxialen Druck-Querzugbeanspruchungen nur 80% der Rechenfestigkeit anzusetzen. Bei starker Zergliederung des Betons infolge fein verteilter Bewehrung mit guten Verbundeigenschaften (geschweißte Bewehrungsmatten) und gleichzeitig großen Querdehnungen (Stahlfließen) kann der Abfall der Festigkeit in der Druckrichtung noch wesentlich größer sein [47.2].

Wenn die Schalendicke es erlaubt, kann eine Dreibahnenbewehrung angeordnet werden, wobei die mittlere Lage für die Membrankräfte als Trajektorienbewehrung näherungsweise entsprechend den Hauptspannungsrichtungen geführt wird (Abb. 7/27 und 6/26). Eine andere Möglichkeit besteht darin, die erforderlichen Netzbewehrungen für Membrankräfte und Momente in je einem Bewehrungsnetz auf jeder Schalenseite zusammenzufassen. Schalenbereiche mit geringer Zugbeanspruchung und auch die Druckbereiche erhalten eine leichte beiderseitige Netzbewehrung. Bei sehr dünnen Schalen ($d \leqq 5$ cm) muß man mit einem einzigen Bewehrungsnetz in der Schalenmittelfläche auskommen.

Bei einlagiger Bewehrung dickerer Schalen ist zu bedenken, daß die Biegesteifigkeit im Zustand II sehr stark zurückgeht, was bei unvorhergesehenen Biegebeanspruchungen oder hinsichtlich Beulen katastrophale Folgen haben kann. Die nur einlagige Bewehrung der 13 cm dicken Wände war eine der Ursachen für den spektakulären Einsturz mehrerer Kühlturmschalen in Ferrybridge [48].

Nicht nachgewiesene Randmomente sind konstruktiv zu berücksichtigen. Vorschriften über Bewehrungsdurchmesser und -abstände enthält DIN 1045, 24.5. Um Risse in Zugzonen fein zu halten, muß man dünne Stäbe in geringem Abstand einlegen. Einen Anhalt bietet (I B, Abb. 3/3f).

An den Randgliedern oder Binderscheiben treten oftmals große Membranschubkräfte auf, insbesondere in der Nähe der Abstützungen. Dort empfiehlt sich deshalb eine unter 45° verlaufende Bewehrung zusätzlich zur Netzbewehrung.

7.4.3 Vorspannung von Schalen

Das volle oder teilweise „Überdrücken" von Zugspannungen (I B, 3.2 und 4.2) kann auch bei Schalen erhebliche konstruktive und wirtschaftliche Vorteile bringen. Die Rißbildung in Zugzonen läßt sich entscheidend herabsetzen, wodurch auch geringere Betonabmessungen möglich werden. Die geringere Eigenlast erschließt vorfabrizierten Fertigteilen (7.10.2) neue Anwendungsmöglichkeiten. Große Flüssigkeitsbehälter können nur in dieser Weise ausgeführt werden; um die zulässige Zugspannung nach DIN 1045, 17.6.3 einzuhalten, müßten entsprechende Wände aus Stahlbeton und passiver (schlaffer) Bewegung so dick gemacht werden, daß die unvermeidlichen Temperatur- und Schwindspannungen kaum noch beherrscht werden könnten.

Schließlich erhöht eine aktive (vorgespannte) Bewehrung trotz geringerer Betonabmessungen die Steifigkeit tragender Glieder beträchtlich, so daß die Formänderungen von Schalen und deren Randgliedern herabgesetzt werden, was sich auch günstig auf die Randstörungen auswirkt. Beispielsweise kann der Zugring einer flachen Kuppel derart vorgespannt werden, daß der ungestörte Membranzustand aus Eigenlast hergestellt wird (7.6.2.4a). Es ist außerdem von Vorteil, daß die Berechnung für den homogenen Zustand gut verifiziert wird, weil das Tragwerk überwiegend im Zustand I verbleibt.

Die Wirkung einer Spanngliedkraft V läßt sich bei Schalen im allgemeinen nicht wie bei Balken aus Schnittkräften M_V, Q_V und $N_V = -V$ ableiten, weil der Querschnitt, auf den V wirkt, nicht konstant ist und weil die Bernoulli-Hypothese bei Schalen in Querschnitten durch das Gesamttragwerk nicht gilt. Man muß die Vorspannung vielmehr durch die auf den Beton ausgeübten Anker- und Umlenkkräfte der Spannglieder erfassen. Für das Verständnis des Tragverhaltens ist es zweckmäßig, die Wirkung von V in die Schlußlinien- und Leibungskräfte aufzuteilen, wie in I B, Abb. 4.2/5 und 6 für Balken und in I B, Abb. 5/41 und 42 für Platten gezeigt. Die Spannungen aus diesen beiden Gleichgewichtsgruppen werden getrennt verfolgt.

Die „formtreue Vorspannung" für ständige Last (bei Balken I B, Abb. 4.2/6g; bei Platten I B, Abb. 5/44a) ist bei Schalen im allgemeinen nicht möglich, da die meist schrägen Leibungskräfte nicht mit den senkrechten Eigenlasten übereinstimmen (7.5.2.3). Lediglich bei Behältern lassen sich die Leibungskräfte auf den Innendruck abstimmen, da beide rechtwinklig zur Wandung wirken (7.5.1.4).

7.5 Kreiszylinderschalen

7.5.1 Zylinderschalen mit rotationssymmetrischen Radiallasten (Behälter)

Der Beitrag „Behälter" im B.Kal. 1986 II [42.1] enthält ausführliche Angaben über die Bauarten und Berechnung von Behältern für Flüssigkeiten aller Art.

7.5.1.1 Lösungsfunktionen für die Biegestörungen

Wir betrachten als Beispiel einen Wasserbehälter unter Wasserdruck $p = p_0(h - x)/h$ (Abb. 7/28). Im Membranzustand entsteht daraus eine Ringzugkraft $n_\vartheta^{(0)} = pr$. Die Radialverschiebung beträgt (9b)

$$w^{(0)} = \frac{p}{C} \quad \text{mit} \quad C = \frac{Ed}{r^2}. \tag{30}$$

Die Verformungslinie zeigt, daß zwischen der Schale und der Bodenplatte eine Klaffung entsteht. Um diese zu beseitigen, muß sich die Wand in Richtung der Erzeugenden x verbiegen. Daraus entstehen in der Wand Momente m_x und Querkräfte q_x. Sie bewirken, daß ein Lastteil $p_B = m_x'' = EIw^{IV}$ durch Biegung abgetragen wird. Für die Ringbewehrung verbleibt der Anteil $p_R = Cw$. Die Belastung p verteilt sich auf

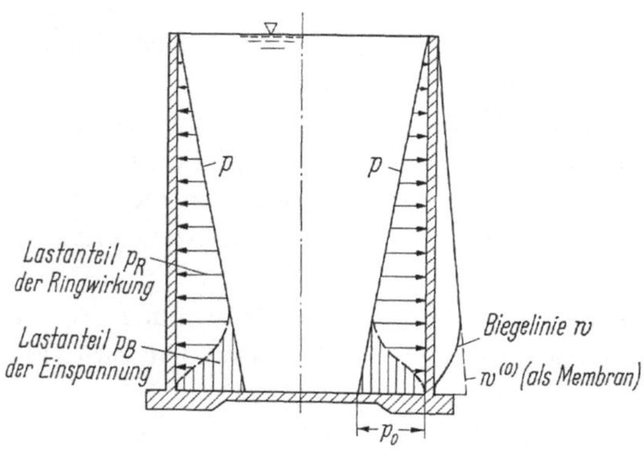

Abb. 7/28. Behälter mit Bodenplatte unter Wasserdruck p. Die Ringkraft n_ϑ in der Wand ist zur Ausbiegung w proportional.

beide Anteile, wobei die Querdehnung, wie bei Schalenberechnungen üblich, vernachlässigt wird:

$$p_B + p_R = EIw^{IV} + Cw = p, \quad \text{wobei} \quad w^{IV} = \frac{d^4w}{dx^4} \tag{31}$$

Man überzeugt sich leicht, daß die Ausbiegung der Schale unter p, d. h. die Aufweitung der Membran (31), die vollständige Differentialgleichung als Partikularlösung erfüllt. Es bleibt noch die Lösung $w^{(1)}$ der verkürzten (homogenen) Gleichung

$$EIw^{(1)IV} + Cw^{(1)} = 0 \tag{32}$$

zu suchen, welche die Randbedingungen erfüllen muß. Die Zusatzdurchbiegung $w^{(1)}$ bleibt im allgemeinen auf den Randbereich in der Nähe der Störstelle beschränkt und wird durch Randkräfte verursacht.

Die allgemein angewandte Methode zur Berechnung biegesteifer Flächentragwerke besteht darin, daß man die Schnittkräfte mit der Ausbiegung w der Mittelfläche ausdrückt und den Verlauf von w den Randbedingungen anpaßt. Die Stütz- und Schnittkräfte ergeben sich dann durch Rekursion ($m = EIw''$ und $q = EIw'''$). Wir wollen im Gegensatz dazu den anschaulicheren Weg einschlagen, der an die Behandlung statisch unbestimmter Tragwerke anknüpft,und die Randschnittkräfte zuerst ermitteln. Der Verlauf der Schnittkräfte im Inneren, die sich den Schnittkräften im statisch bestimmten System (Membranzustand) überlagern, wird dann als Funktion der Randkräfte angegeben.

Bei der Behandlung des elastisch gebetteten Stabs tritt formal die gleiche Beziehung wie (31) auf, da sich auch dabei die Belastung p auf den Biegungsanteil EIw^{IV} und den Bodenfederungsanteil Cw aufteilt (II B, 3.2). Da hierfür zahlreiche Formeln und Tabellen vorliegen [10], ist diese Parallele recht nützlich. Dem Bettungsmodul C, der den Gegendruck des Bodens für die Einsenkung 1 angibt, entspricht beim Zylinder der bereits durch (10) definierte Wert $C = Ed/r^2$. Die „charakteristische Länge"

$$L = \sqrt[4]{\frac{4EI}{C}}, \qquad EI = \frac{CL^4}{4} \tag{33}$$

ergibt sich bei der Schale mit $I = 1\,d^3/12$ zu

$$L = \sqrt[4]{\frac{r^2d^2}{3}} = 0{,}76\sqrt{rd}\,. \tag{34}$$

Je kleiner die „charakteristische Länge" L im Verhältnis zur „Schalenlänge" h ist, um so mehr tritt die Biege- gegenüber der Ringwirkung zurück.

Mit Hilfe von L macht man die homogene Gleichung dimensionslos, um die Tabellierung zu erleichtern:

$$\xi = \frac{x}{L}, \qquad \eta = \frac{w^{(1)}}{L}\,. \tag{35}$$

Mit (34) und

$$\eta^{IV} = \frac{d^4\eta}{d\xi^4} = \frac{1}{L}\,\frac{d^4w^{(1)}}{dx^4}\left(\frac{dx}{d\xi}\right)^4 = L^3w^{(1)IV}$$

liefert (32)

$$\eta^{\mathrm{IV}} + 4\eta = 0\,. \tag{36}$$

Es sind also vier voneinander unabhängige Lösungsfunktionen η zu suchen und den vier Randbedingungen an den beiden Schalenrändern anzupassen [2/4]. Die Lösungsfunktionen haben die Form stark gedämpfter bzw. angefachter Schwingungen:

$$\eta = e^{\xi}\cos\xi\,, \qquad e^{\xi}\sin\xi\,, \qquad e^{-\xi}\cos\xi\,, \qquad e^{-\xi}\sin\xi \tag{37}$$

Für die praktische Berechnung genügen jedoch meist die beiden vom betrachteten Rand aus abklingenden Funktionen η_1 und η_3 bzw. deren Linearkombinationen η_2 und η_4 (Abb. 7/29) [2/4, 142]. Ihre Funktionswerte betragen schon im Abstand $\xi = 3$, d. h. $x = 3L$ (L liegt bei Betonschalen meist in der Größenordnung von 1 m) nur noch $e^{-3} = 5\%$ ihres Wertes bei $\xi = 0$ und sind in größerer Entfernung vernachlässigbar klein. Die Randstörungen zweier um mindestens $3L$ auseinanderliegender Ränder können also unabhängig voneinander berechnet und dann überlagert werden. Lediglich bei sehr kurzen Schalen ($h \leqq 3L$) müssen beide Randstörungen, also vier voneinander unabhängige homogene Lösungen gleichzeitig berücksichtigt werden (7.5.1.5).

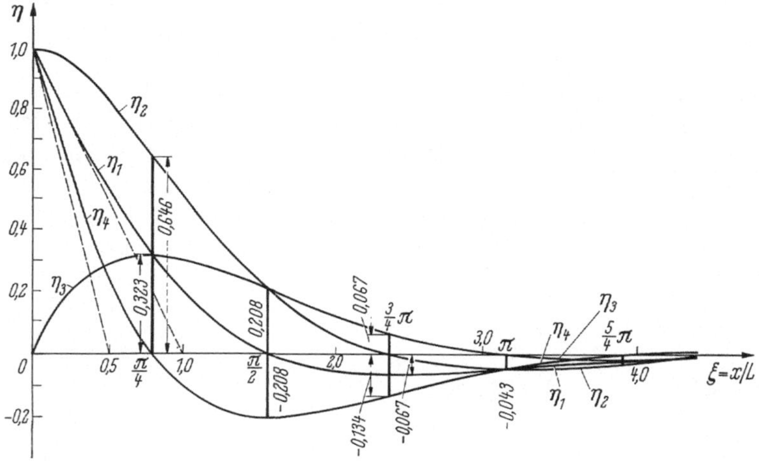

Abb. 7/29. Lösungsfunktionen η der homogenen, dimensionslosen Differentialgleichung $\eta^{\mathrm{IV}} + 4\eta = 0$, wobei $\eta = \eta' = \eta'' = \eta''' = 0$ für $\xi \to \infty$

Funktionen	Ableitungen der Funktionen	Funktionswerte für $\xi = 0$				
		$\eta \sim w$	$\eta' \sim \frac{\mathrm{d}w}{\mathrm{d}x}$	$\eta'' \sim m$	$\eta''' \sim q$	(38a)
$\eta_1 = e^{-\xi}\cos\xi$	$\eta_1' = -\eta_2$	1	−1	0	2	(38b)
$\eta_2 = e^{-\xi}(\cos\xi + \sin\xi) = \eta_1 + \eta_3$	$\eta_2' = -2\eta_3$	1	0	−2	4	(38c)
$\eta_3 = e^{-\xi}\sin\xi$	$\eta_3' = \eta_4$	0	1	−2	2	(38d)
$\eta_4 = e^{-\xi}(\cos\xi - \sin\xi) = \eta_1 - \eta_3$	$\eta_4' = -2\eta_1$	1	−2	2	0	(38e)
	$\eta_i' \sim \eta_{i+1}$	$\sim$ bedeutet proportional				(38f)

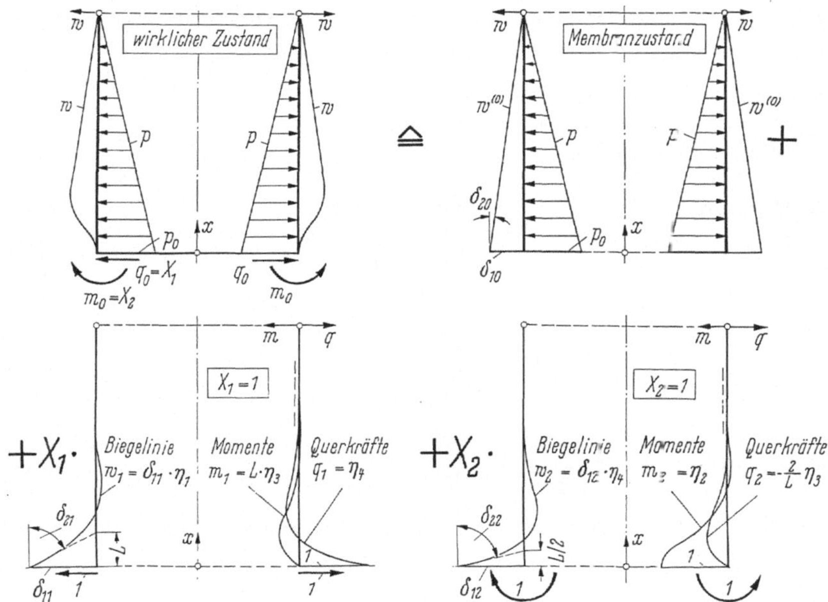

Abb. 7/30. Anwendung des Kraftgrößenverfahrens für die Berechnung des Biegezustandes rotationssymmetrisch belasteter Behälter. (δ_{ik} positiv im Sinne positiver X_k)

Zur Beseitigung der Klaffung am Rande $x = \xi = 0$ des Zylinders werden Querkräfte $q_0 = X_1$ und Momente $m_0 = X_2$ angebracht, die sich in die Schalenfläche hinein fortsetzen (Abb. 7/30). Die geeigneten Funktionen η zur Beschreibung des Verlaufes der Durchbiegungen infolge dieser Querkräfte und Momente ergeben sich aus der Betrachtung der Randbedingungen. Für den Belastungszustand X_1 (Randquerkraft) ist am Rand: $m \sim \eta'' = 0$. Diese Bedingung wird von η_1 erfüllt, vgl. (38). Also verläuft die Biegelinie infolge X_1 gemäß $w = \delta_{11}\eta_1$. Die Randausbiegung δ_{11} bestimmen wir aus der Randbedingung $q = 1$ für $x = 0$:

$$q = EI \frac{d^3w}{dx^3} = \frac{EI}{L^3} \delta_{11}\eta_1''' = \frac{2EI}{L^3} \delta_{11} \stackrel{!}{=} 1$$

Mit (33) folgt daraus

$$\delta_{11} = \frac{2}{CL}. \tag{39a}$$

Entsprechend gilt für den Zustand X_2 (Randmoment): $q \sim \eta''' = 0$, also verläuft die zu X_2 gehörige Biegelinie gemäß $w = \delta_{12}\eta_4$. Die Randbedingung lautet nun $m = 1$ für $x = 0$:

$$m = EI \frac{d^2w}{dx^2} = \frac{EI}{L^2} \delta_{12}\eta_4'' = \frac{2EI}{L^2} \delta_{12} \stackrel{!}{=} 1$$

und liefert

$$\delta_{12} = \frac{2}{CL^2}. \tag{39b}$$

Die Zustände X_1, X_2 und der Membranzustand zusammen ergeben die Schnittgrößen des wirklichen Zustandes:

$$w = X_1\delta_{11}\eta_1 + X_2\delta_{12}\eta_4 + w^{(0)} \tag{40}$$

bzw. mit (39) und $q_0 = X_1, \quad m_0 = X_2$

$$\text{Ausbiegung} \quad w = w^{(0)} + \frac{2}{CL^2}(q_0 L\eta_1 + m_0\eta_4) \tag{41 a}$$

$$\text{Verdrehung} \quad \frac{\mathrm{d}w}{\mathrm{d}x} = w'^{(0)} + \frac{2}{CL^3}(-q_0 L\eta_2 - 2m_0\eta_1) \tag{41 b}$$

$$\text{Moment} \quad m = EI\frac{\mathrm{d}^2w}{\mathrm{d}x^2} = q_0 L\eta_3 + m_0\eta_2 \tag{41 c}$$

$$\text{Querkraft} \quad q = EI\frac{\mathrm{d}^3w}{\mathrm{d}x^3} = q_0\eta_4 - 2\frac{m_0}{L}\eta_3 \tag{41 d}$$

Die Schnittgrößen sind im Sinne von Abb. 7/30 positiv definiert. Die Ringkraft ist proportional zur Ausbiegung w:

$$n_\vartheta = \varepsilon_\vartheta Ed = \varepsilon_r Ed = \frac{w}{r}Ed$$

oder mit (10):

$$\text{Ringkraft } n_\vartheta = Crw = \frac{2r}{L^2}(q_0 L\eta_1 + m_0\eta_4) + n_\vartheta^{(0)}. \tag{41 e}$$

7.5.1.2 Biegestörungen von Zylinderschalen mit Flächenlasten

Mit den im vorhergehenden Abschnitt 7.5.1.1 abgeleiteten Gleichungen lassen sich die Störungen des Membranzustandes rasch ermitteln; dies wird für einige Fälle vorgeführt:

(a) *Zylinderende gelenkig festgehalten* (Abb. 7/31 a)

$$\text{Aus (30):} \quad \delta_{10} = \frac{p_0}{C} \tag{42}$$

Die Randbedingung $w = 0$ für $x = 0$ liefert (40):

$$q_0 = X_1 = -\frac{\delta_{10}}{\delta_{11}} = -\frac{p_0 L}{2}. \tag{43}$$

Verlauf der Schnittgrößen aus (41):

$$w = w^{(0)} + \frac{2}{CL}X_1\eta_1 = \frac{p}{C} - \frac{p_0}{C}\eta_1 \tag{44 a}$$

$$m = q_0 L\eta_3 = -\frac{p_0 L^2}{2}\eta_3 \tag{44 b}$$

$$q = q_0\eta_4 = -\frac{p_0 L}{2}\eta_4, \tag{44 c}$$

$$n_\vartheta = Crw = pr - p_0 r\,\eta_1 \tag{44 d}$$

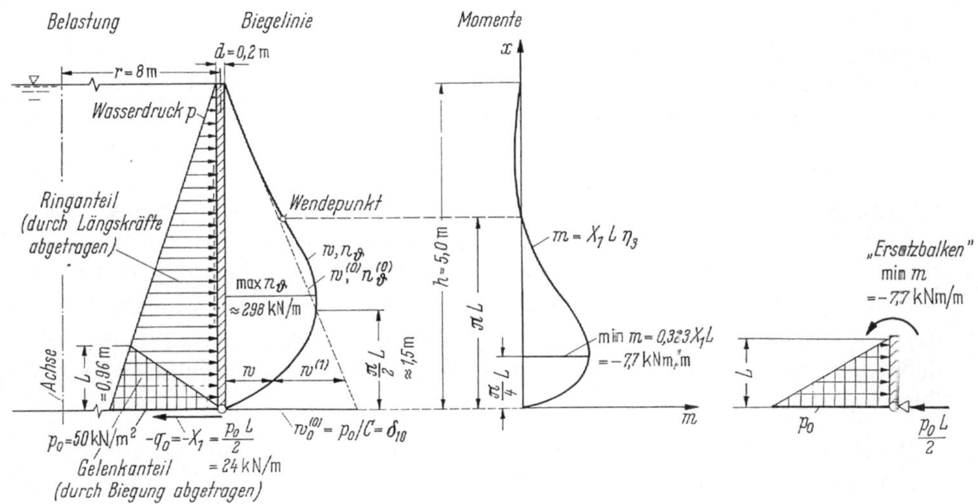

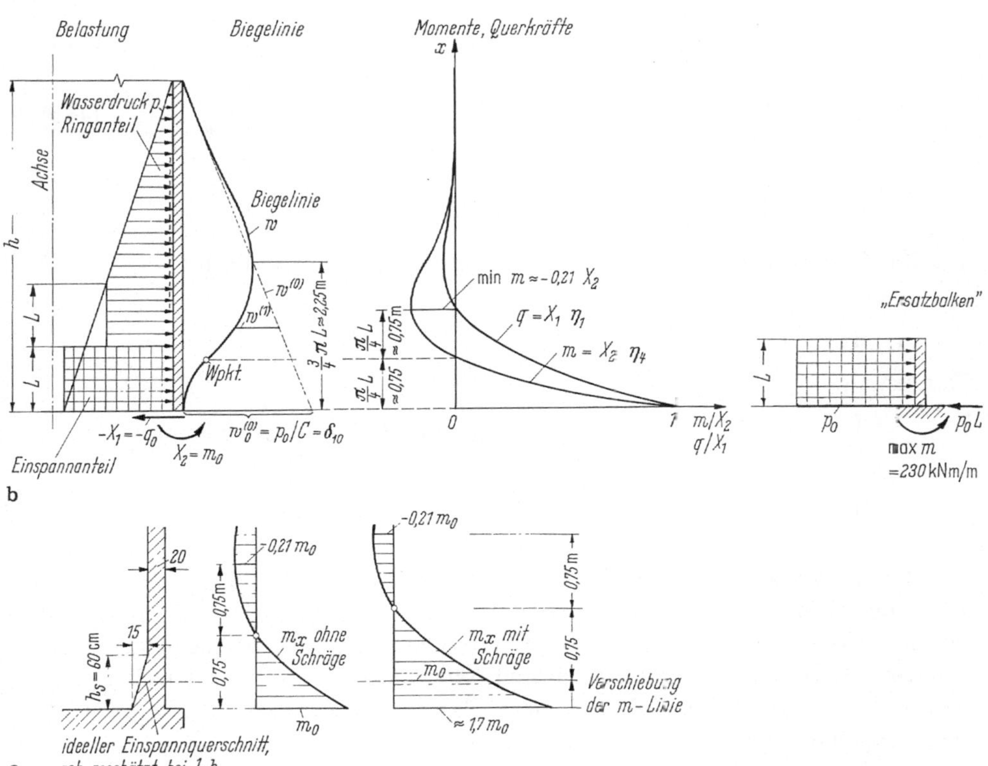

Abb. 7/31. Verlauf einiger Schnittgrößen in der Wand eines kreiszylindrischen Wasserbehälters. „Ersatzbalken". **a** Wand unten gelenkig gelagert; **b** Wand unten starr eingespannt; **c** Wirkung der Verstärkung des Wandfußes durch eine Schräge

Von der Gesamtlast wird also der in Abb. 7/31 a doppelt schraffierte Teil vom Fundament, der übrige Teil von der Ringkraft aufgenommen. Man kann mit der darauf aufbauenden Vorstellung von einem Ersatzbalken schnell die Auflagerkraft im Gelenk $q_0 = -p_0 L/2$ und näherungsweise auch das betragsmäßig größte Biegemoment allein aus Gleichgewichtsbedingungen berechnen:

$$\min m \approx q_0 L/3 = -p_0 L^2/6 \,. \tag{45}$$

Gleichung (44 b) liefert min $m = 0{,}323\, p_0 L^2/2$, also ein nur 3% geringeres Moment.

Auch der Verlauf der Schnittgrößen läßt sich ohne Berechnungen sofort angeben: Da $m = 0$ für $x = 0$, kommt für den Momentverlauf nur η_3 in Frage (38) (Abb. 7/29); aus $q \sim \mathrm{d}m/\mathrm{d}x \sim \eta_3' \sim \eta_4$ folgt der Verlauf von q nach η_4, und wegen $m \sim \mathrm{d}^2 w/dx_2 \sim \eta_3$ muß w und n_9 proportional zu η_1 sein. Die η-Funktionen sind so geordnet, daß sich bei ihrer Differentiation die jeweils nächste η-Funktion in zyklischer Reihenfolge ergibt (38 f).

(b) *Zylinderende starr eingespannt* (Abb. 7/31 b). Mit (39) und (42) erhält man δ_{11}, δ_{12} und δ_{10}. Zusätzlich zu X_1 wird die Überzählige X_2 angebracht. Aus der Neigung der Biegelinie in Abb. 7/30 oder aus 41 ergeben sich

$$\delta_{21} = \frac{\delta_{11}}{L} = \frac{2}{CL^2} = \delta_{12} \tag{46 a}$$

$$\delta_{22} = \frac{\delta_{12}}{L/2} = \frac{4}{CL^3}\,; \tag{46 b}$$

$$\delta_{20} = \frac{\delta_{10}}{h} = \frac{p_0}{Ch}\,(\approx 0)\,. \tag{47}$$

Die Randbedingungen $w = 0$ und $\mathrm{d}w/\mathrm{d}x = 0$ für $x = 0$ sind erfüllt für

$$\begin{aligned} X_1\delta_{11} + X_2\delta_{12} + \delta_{10} &= 0 \\ X_1\delta_{21} + X_2\delta_{22} + \delta_{20} &= 0\,. \end{aligned} \tag{48}$$

Daraus:

$$X_1 = q_0 = -p_0 L\left(1 - \frac{L}{2h}\right) \approx -p_0 L \quad \text{für} \quad h \gg L \quad \text{oder} \quad p = \text{const} \tag{49 a}$$

$$X_2 = m_0 = \frac{p_0 L^2}{2}\left(1 - \frac{L}{h}\right) \approx \frac{p_0 L^2}{2}\,. \tag{49 b}$$

Die doppelt schraffierte Fläche in Abb. 7/31 b zeigt die mechanische Ausdeutung. Das Fundament nimmt zweimal soviel Last auf wie bei gelenkiger Lagerung der Schale. Wiederum können die Auflagerkraft und das größte Moment aus einer einfachen statischen Betrachtung an einem Ersatzbalken mit der Länge L recht genau abgeschätzt werden (Abb. 7/31 b): Seine Auflagerkraft beträgt ebenfalls $p_0 L/2$ und sein Einspannmoment max $m = p_0 L^2/2$, vgl. (49).

Aus (41) ergibt sich der Verlauf der Biegekräfte:

$$m \approx -p_0 L^2 \eta_3 + \frac{p_0 L^2}{2}\eta_2 = m_0(-2\eta_3 + \eta_2) = m_0 \eta_4\,, \tag{50 a}$$

$$q \approx -p_0 L \eta_4 - p_0 L \eta_3 = q_0(\eta_4 + \eta_3) = q_0 \eta_1\,. \tag{50 b}$$

Wie bei gelenkiger Lagerung läßt sich der Verlauf von $w \sim \eta_2$ und daraus $m \sim \eta'' \sim \eta_4$ und $q \sim \eta_4' \sim \eta_1$ auch anschaulich ableiten.

Wenn man die Wirkung einer Temperaturdifferenz ΔT zwischen Wand und Sohle untersuchen will, ist zu setzen:

$$\delta_{10} = \varepsilon_r\, r = \alpha_T\, \Delta T\, r; \qquad \delta_{20} = 0\,.$$

Es macht mitunter Schwierigkeiten, das Einspannmoment am Wandfuß im Rahmen der zulässigen Zugspannung aufzunehmen (7.4.2). Man hat daher manchmal der Wand unten einen Anlauf gegeben (Abb. 7/31c), um dort ein größeres Widerstandsmoment zu haben. Diese Maßnahme hat aber zur Folge, daß das Einspannmoment erheblich anwächst und der Momentennullpunkt entsprechend höher rückt, weil die Verformungen, die zu den δ_{ik} führen, sich je in der Randzone abspielen. Man erreicht also keine wesentliche Verbesserung. Der Einfluß der Schräge auf die Momentenverteilung ist viel größer als bei einem durchlaufenden Balken, dessen δ_{ik} sich aus den Verformungen des ganzen Balkens ableiten.

(c) *Zylinderschale mit freitragender Platte als Boden* (Abb. 7/32).
Zu den Formänderungen δ' der Schale aus (39), (42), (46) und (47) kommen noch die der Platte δ'' am anderen Ufer des Schnittes zwischen Schale und Platte hinzu [2/4]:

$$\delta''_{11} \approx 0; \qquad \delta''_{12} = 0; \qquad \delta''_{10} = 0;$$

$$\delta''_{22} = \frac{r}{B}; \qquad \delta''_{20} = -\frac{p_0 r^3}{8B}, \qquad \text{wobei} \quad B = \frac{E d_1^3}{12} \quad \text{für} \quad \mu = 0\,.$$

Insgesamt wird:

$$\delta_{11} = \delta'_{11} = \frac{2}{CL}; \qquad \delta_{12} = \delta'_{12} = \frac{2}{CL^2};$$

$$\delta_{10} = \delta'_{10} = \frac{p_0}{C};$$

$$\delta_{22} = \delta'_{22} + \delta''_{22} = \frac{4}{CL^3} + \frac{r}{B} = \frac{4}{CL^3}\left(1 + \frac{rd^3}{Ld_1^3}\right);$$

$$\delta_{20} = \delta'_{20} + \delta''_{20} = \frac{p_0}{Ch} - \frac{p_0 r^3}{8B} = -\frac{p_0 r^3}{8B}\left(1 - \frac{2d_1^3}{3dhr}\right).$$

Diese Werte zeigen:

(1) Bei gleicher Dicke von Schale und Platte ($d = d_1$) ist die Randverdrehung δ''_{22} der Platte $r/L = 1{,}32\sqrt{r/d}$ mal so groß wie die der Schale δ'_{22}, z. B. für $r/d = 15$ rund fünfmal so groß!

(2) Dadurch entstehen wesentlich größere Momente im Wandfluß als bei starrer Auflagerung (im Beispiel Abb. 7/32a: 24,6 kNm/m statt 5,2 kMm/m). Die Betonwand würde vermutlich aufreißen ($\sigma_b = M/W = 3{,}7\ \mathrm{N/mm^2} \gtrapprox \beta_{BZ}$) und wäre für einen Flüssigkeitsbehälter zu hoch beansprucht. Eine zusätzliche Mittelstütze vermindert bei sonst gleichen Abmessungen σ_b auf 1,5 N/mm² (Abb. 7/32b).

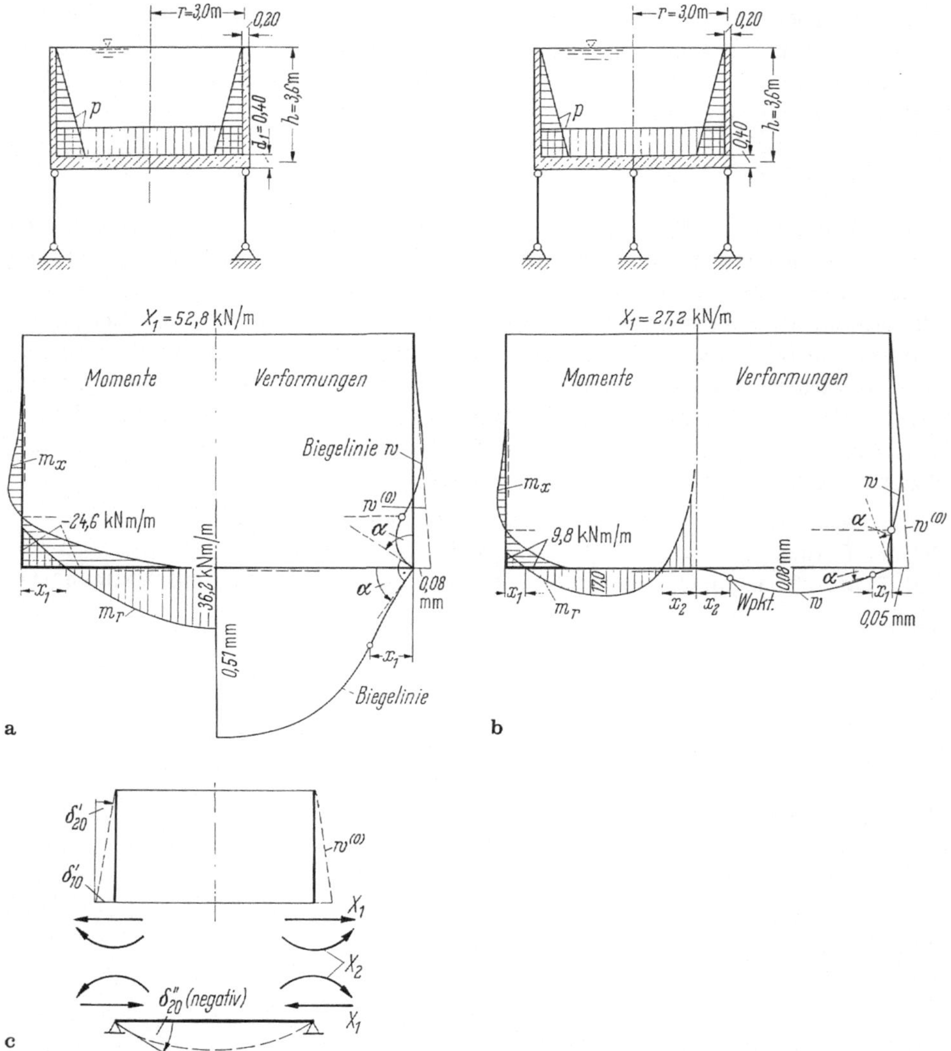

Abb. 7/32. Behälter mit freitragender Bodenplatte (B25, $E_b = 30000$ N/mm², $\mu = 0$), **a** ohne, **b** mit Mittelunterstützung; **c** statisches Grundsystem mit statisch Unbestimmten

(d) *Zylinderschale mit unstetig über die Höhe verteilter Radiallast* (Abb. 7/33). $L = 0{,}59$ m. Die Störzonen aus der Auflagerung und aus der Unstetigkeit der Belastung beeinflussen sich nicht merkbar, da ihr Abstand 4,0 m = 6,8 L beträgt.

$$\delta_{11} = 2\,\frac{2}{CL} = \frac{4}{CL}; \qquad \delta_{12} = \frac{2}{CL^2} - \frac{2}{CL^2} = 0;$$

$$\delta_{22} = 2\,\frac{4}{CL^3} = \frac{8}{CL^3}; \qquad \delta_{10} = -\,\frac{p_1}{C};$$

$$\delta_{20} = \frac{p_0 - p_1}{Ch_1}.$$

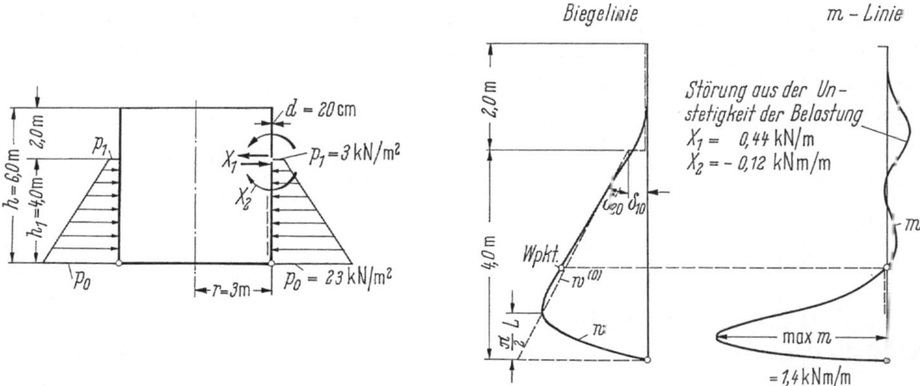

Abb. 7/33. Zylinderbehälter mit unstetig über die Höhe verteilter Radiallast (Seitendruck einer Anschüttung mit Auflast) und gelenkiger Lagerung des Wandfußes

Die Matrix zerfällt in

$$X_1 = -\frac{\delta_{10}}{\delta_{11}} = \frac{p_1 L}{4} \quad \text{und} \quad X_2 = -\frac{\delta_{20}}{\delta_{22}} = -\frac{(p_0 - p_1) L^3}{8h_1}.$$

7.5.1.3 Zylinderschalen mit Ringlinienlasten

(a) *Ringlinienlast im Abstand $x > 3L$ von den Rändern.* Beispiel: Spannglied mit der Kraft Z oder dem Leibungsdruck $p_0 = Z/r$ (Abb. 7/34). Der Membran-

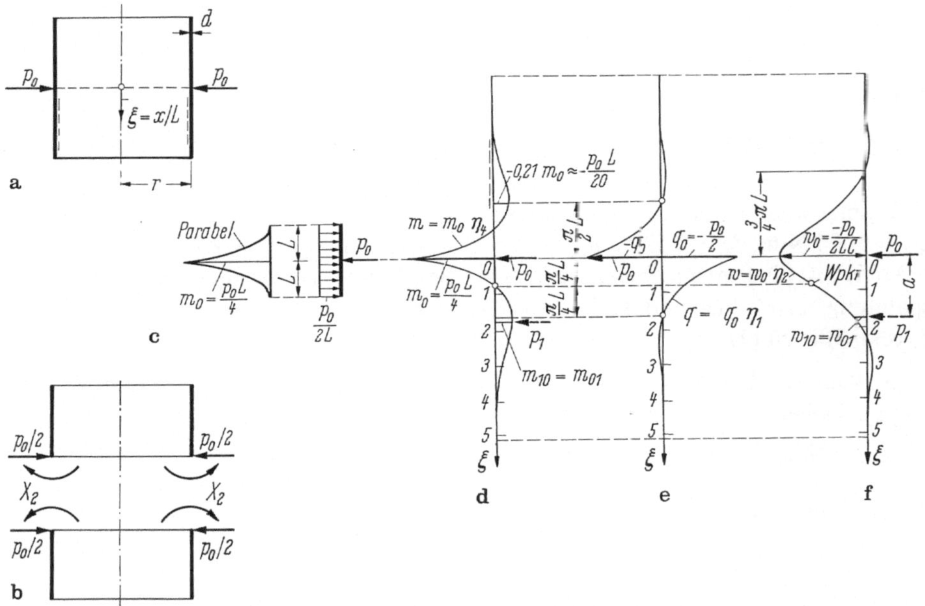

Abb. 7/34. Zylinder mit Ringlinienlast p_0. **a** System und Belastung; **b** Grundsystem und statisch Unbestimmte; **c** Ersatzbalken mit gleichem m_0; **d** m-Linie für p_0, zugleich Einflußlinie der Momente in $x = 0$; **e** q-Linie; **f** Linie der Durchbiegungen w, zugleich Einflußlinie der Durchbiegungen in $x = 0$ für eine wandernde Last p_1

zustand taugt für die Linienlast nicht als Grundsystem; stattdessen wählen wir den aus der Biegetheorie bekannten Zustand mit Randquerkräften $q_0 = -p_0/2$ gemäß Abb. 7/34b. Aus Symmetriegründen ist $X_1 = 0$.
Aus

$$\delta_{20} = -2 \frac{2}{CL^2} \frac{p_0}{2} \quad \text{und} \quad \delta_{22} = 2 \frac{4}{CL^3} \quad \text{folgt:}$$

$$m_0 = X_2 = -\frac{\delta_{20}}{\delta_{22}} = \frac{p_0 L}{4} \tag{51}$$

Das gleiche Biegemoment ergibt sich am Ersatzbalken nach Abb. 7/34c. Bei der Berechnung der Schnittgrößen nach (41) tritt die Randquerkraft q_0 an die Stelle von X_1:

$$w = \frac{2}{CL}\left(-\frac{p_0}{2} L\eta_1 + \frac{p_0 L}{4} \eta_4\right) = -\frac{p_0}{2CL} \eta_2$$

Die betragsmäßig größte Ringkraft beträgt

$$n_{\vartheta 0} = -\frac{p_0 r}{2L} = -\frac{Z}{2L} = \frac{D_b}{b}. \tag{52a}$$

Sie ist gleich groß wie die in einem Ringstreifen mit der *mitwirkenden Breite*

$$b = 2L \tag{52b}$$

aus $D = Z = p_0 r$ entstehende, gleichmäßig verteilte Ringkraft.
Die maximale Biegespannung beträgt

$$\sigma_{x0} = \pm \frac{m_0}{d^2/6} = \pm \frac{3}{2} \frac{p_0 L}{d^2}.$$

Mit

$$L^2 = dr/\sqrt{3} \qquad \text{wird} \quad \sigma_{x0} = \pm \sqrt{3} \frac{n_{\vartheta 0}}{d} \approx \pm 1{,}7 \sigma_{\vartheta 0}.$$

Beispielsweise ist bei einem Behälter mit $r = 3$ m, $d = 20$ cm, $Z = 300$ kN: $p_0 = 100$ kN/m, $L = 0{,}59$ m, $\sigma_{\vartheta 0} = -1{,}3$ MN/m^2 und $\sigma_{x0} = \pm 2{,}2$ MN/m^2.

Mithin ist eine entsprechende senkrechte Bewehrung, besser noch senkrechte Vorspannung anzuordnen und die Reihenfolge beim Spannen einzelner Ringspannglieder zweckmäßig zu planen.

(b) *Ringlinienlast am Zylinderende* (Abb. 7/35). Beispiel: Horizontalschub H eines Kuppeldaches auf einen zylindrischen Behälter.

Nach (41) ist mit $q_0 = H$, $m_0 = 0$:

$$m = HL\eta_3; \qquad \max m = 0{,}323\, HL \approx H\frac{L}{3};$$

$$q = H\eta_4;$$

$$w = w_0\eta_1; \qquad w_0 = \frac{2H}{CL};$$

$$n_\vartheta = n_{\vartheta 0}\eta_1; \qquad n_{\vartheta 0} = Crw_0 = \frac{2rH}{L}.$$

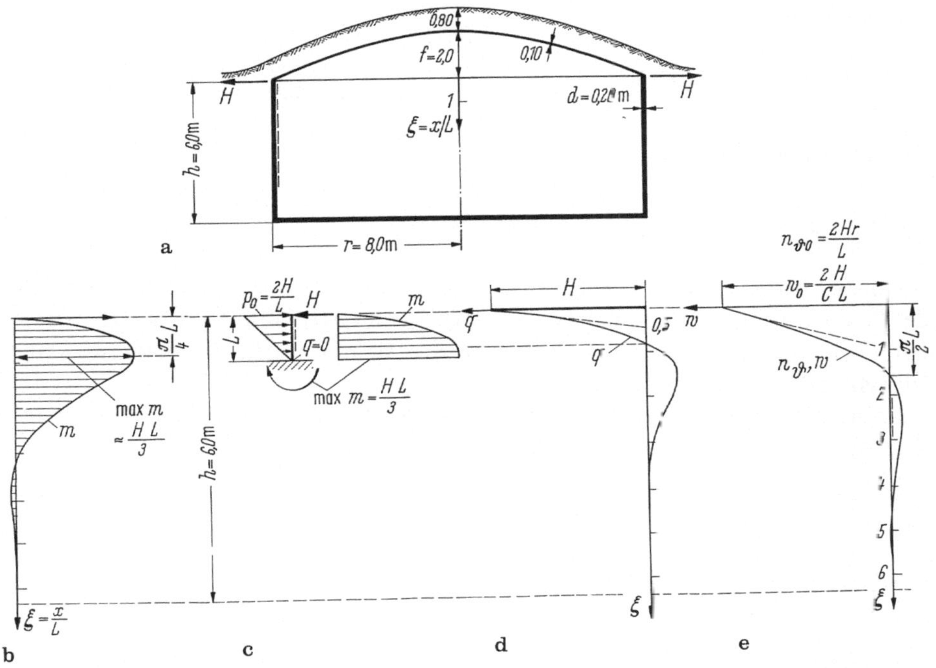

Abb. 7/35. Ringlinienlast aus Kuppelschub am oberen Behälterrand. **a** System und Belastung; **b** m-Linie: $m = HL\eta_3$; **c** Ersatzkragbalken mit gleichem max m; **d** q-Linie: $q = H\eta_4$; **e** Biegelinie: $w = w_0\eta_1$ und Ringzugkräfte $n_\vartheta = n_{\vartheta 0}\eta_1$

Mit $Z = Hr$ wird

$$n_{\vartheta 0} = \frac{Z}{L/2} = \frac{Z}{b} \tag{53a}$$

Die maximale Ringzugkraft $n_{\vartheta 0}$ am Schalenrand ist also ebenso groß, wie wenn die gesamte Ringzugkraft Z gleichmäßig von einem Ringstreifen mit der *mitwirkenden Breite*

$$b = L/2 \tag{53b}$$

oder dreieckförmig verteilt über die Höhe L (vgl. Last auf Ersatzbalken, Abb. 7/35c) aufgenommen würde. Die gleiche Wirkung, jedoch mit umgekehrtem Vorzeichen hätte ein Spannglied mit der Kraft Z am Zylinderrand. Die größte Ringkraft ist viermal so groß, wie bei einem Ringspannglied außerhalb des Randbereiches, vgl. (52)

Zahlenbeispiel:

$r = 8{,}0$ m; $d = 0{,}2$ m; $L = 0{,}76\sqrt{0{,}2 \cdot 8{,}0} = 0{,}95$ m; $H = 120$ kN/m;

$Z = 8{,}0 \times 120 = 960$ kN

$\max m = \max \eta_3\, HL = 0{,}323 \cdot 120 \cdot 0{,}96 = 37$ kNm/m;

$$n_{\vartheta 0} = \frac{Z}{L/2} = \frac{960}{0{,}48} = 2000 \text{ kN/m}.$$

Biegespannung:

$$\max \sigma_x = \pm \frac{\max m}{W} = \pm \frac{37}{0{,}2^2/6} = \pm 5550 \text{ kN/m}^2 = \pm 5{,}6 \text{ MN/m}^2 .$$

Ringspannung:

$$\max \sigma_\vartheta = \frac{n_{\vartheta 0}}{d} = \frac{2{,}0}{0{,}2} = 10 \text{ MN/m}^2$$

Obwohl wir auch Schalen mit gerissener Zugzone konstruieren und die Zugkräfte der Bewehrung zuweisen, sind die errechneten Spannungen für einen Behälter untragbar hoch und hätten grobe Risse zur Folge. Diese Konstruktion hat „zu wenig Fleisch" und ist also unbrauchbar!

Sie wird durch einen Zugring (Abb. 7/36) verbessert, für den wir $\sigma_{bZ} = 2{,}5 \text{ MN/m}^2$ Zug lassen. Wir brauchen einen Querschnitt von etwa

$$A = \frac{Z}{\sigma_{bZ}} = \frac{0{,}96}{2{,}5} \approx 0{,}4 \text{ m}^2 .$$

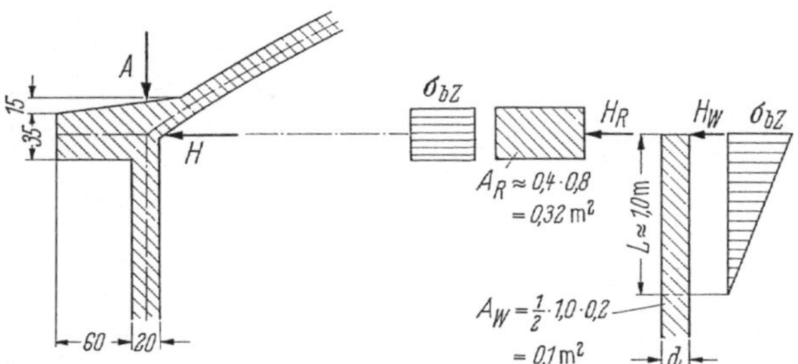

Abb. 7/36. Zugring für den Behälter aus Abb. 7/35

Da der Zugring und die daran anschließenden Schalränder unter der Randzugkraft Z gleichermaßen aufgeweitet werden, beteiligen sich die Schalränder auch an der Aufnahme der Zugkraft. Die wirksame Fläche A_w der Zylinderschale, welche dem Zugring zugerechnet werden kann, ergibt sich mit (53) zu

$$A_W = d\,b = d\,\frac{L}{2} = 0{,}2 \cdot \frac{0{,}96}{2} \approx 0{,}1 \text{ m}^2 .$$

Für den eigentlichen Zugring ist also erforderlich:

$$A_R = A - A_w = 0{,}4 - 0{,}1 = 0{,}3 \text{ m}^2 ,$$

wobei die Mitwirkung der Kugelschale vernachlässigt ist. Die Zylinderwand beteiligt sich also an der Aufnahme des Kuppelschubes H mit

$$H_W = H\,\frac{A_W}{A_R + A_W} \approx \frac{1}{4} H .$$

7.5.1.4 Vorspannung von zylindrischen Behältern

Hierzu wird auch auf 7.4.3, 7.5.1.3 und 7.6.2.4 verwiesen.

(a) *Flächenvorspannung*. Die Leibungskräfte des Spanngliedes nehmen die Flächendrücke p der Belastung unmittelbar auf (Abb. 7/37a), wenn die Spannkraft $Z = pr$ ist. Dabei ist für Z der durch Schwinden und Kriechen bei leerstehendem Behälter verminderte Wert einzusetzen. Der Beton hat dann bei gefülltem Behälter keine Ringspannungen. Im Hinblick auf die Dichtigkeit von Behältern wird man stets etwas stärker vorspannen, um die Auswirkung von Arbeitsfugen, Schwind- und Eigenspannungen usw. zu berücksichtigen:

$$Z = pr + \sigma_0 d\,,$$

wobei die Druckspannungsreserve $\sigma_0 = 0{,}5$ bis $1\ \mathrm{MN/m^2}$ gewählt wird. Für leere Behälter ist $p = 0$, und Z wird durch den Beton allein im Gleichgewicht gehalten:

$$\sigma_b = \frac{Z}{(1 + n\mu)\, d} \approx \frac{Z}{d}, \qquad \text{wobei} \quad n\mu = \frac{E_z}{E_b}\,\frac{A_z}{A_b}\,.$$

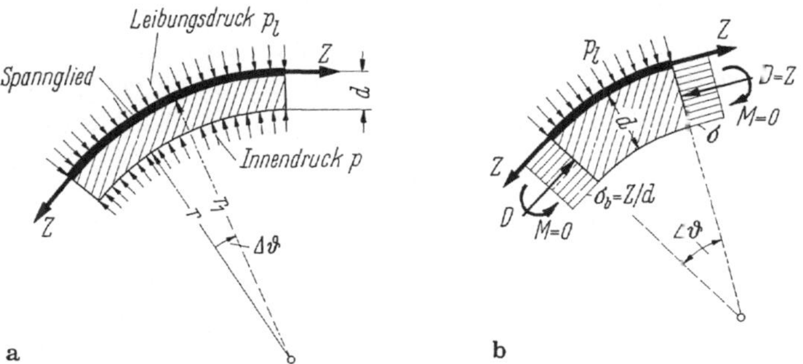

Abb. 7/37. Flächenvorspannung, Spannglieder außen auf dem Beton liegend. **a** Leibungskräfte im Gleichgewicht mit Innendruck; Beton ohne Ringspannungen; **b** Vorspannung allein

Daraus ergibt sich die untere Grenze für die Wanddicke

$$d = \frac{Z}{\mathrm{zul}\,\sigma_b}\,.$$

Diese beträgt theoretisch nur einen kleinen Bruchteil der erforderlichen Dicke $d' = Z/\mathrm{zul}\,\sigma_{bZ}$ einer nicht vorgespannten Betonwand mit Begrenzung der Betonzugspannungen. Praktisch wird man aber mindestens 20 cm wählen, bei Behältern mit in der Wand liegenden Ringspanngliedern und der üblichen beidseitigen Netzbewehrung besser 25 cm, damit der Beton einwandfrei über die ganze Wandhöhe eingebracht und verdichtet werden kann. Mit zunehmender Wanddicke wächst zwar die Gefahr von Rissen aus Temperatur- und Schwinddifferenzen, andererseits nimmt die Gefahr durchgehender Risse und die Leckage ab.

Für die Längskräfte und Momente ist es belanglos, ob die Spannglieder in oder auf der Wand liegen. Wenn die Leibungskräfte gerade im Gleichgewicht mit dem Innendruck stehen, ergibt sich beispielsweise (Abb. 7/37a):

$$p_1 r_1 \, \Delta\vartheta = pr \, \Delta\vartheta$$
$$Z = p_1 r_1 = pr \qquad \text{unabhängig von } r_1 \, .$$

In einem geschlossenen Kreisring kann infolge einer konstanten Exzentrizität eines Spannglieds keine Verbiegung entstehen, da aus Gründen der Rotationssymmetrie die Kreisform erhalten bleiben muß (Abb. 7/37b). Für die Beanspruchung des Betons in radialer Richtung ist es dagegen keineswegs gleichgültig, wo das Spannglied liegt: Die Leibungskraft $p_1 = Z/r$ lenkt ja die Druckkraft im Beton um und muß von der Betondeckung des Spannglieds übertragen werden (I A, Abb. 4.1/4). Die Spannbewehrung gehört also (wie auch eine schlaffe Bewehrung) nahe an die Außenseite der Wand.

Die Flächenvorspannung hat naturgemäß auch Einfluß auf die Randstörungen. Wenn die Leibungskräfte der Spannglieder wie die Flächenlast, jedoch mit umgekehrten Vorzeichen gewählt werden, tilgen sie die Randstörungen. Bei Fortfall der Flächenlast (leerer Behälter) rufen sie dann Randstörungen mit umgekehrten Vorzeichen hervor (Abb. 7/38a, b). Man wird daher die Leibungskräfte in der Nähe des Randes so einrichten, daß sie nur die Hälfte der Randstörungen hervorrufen und bei Vollast auch nur die Hälfte mit anderem Vorzeichen auftritt.

Die zweckmäßige Verteilung von p_l läßt sich aus der Einflußlinie der Randstörung ableiten, die ja mit der Biegelinie für die Verformung „1“ im Sinne der Randstörung identisch ist: $\delta_{ik} = \delta_{ki}$ (Abb. 7/38c, d). So ergibt sich die Querkraft am Wandfuß aus

$$q_{1o} = L \int_0^{h/L} p_1 \delta_{\xi 1} \, d\xi = L \int_0^{h/L} p_1 \eta_2 \, d\xi \, ,$$

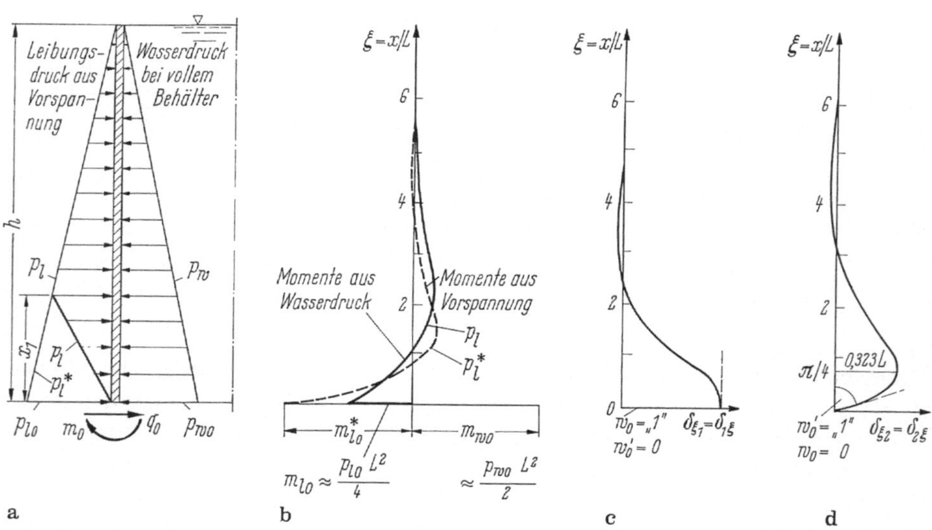

Abb. 7/38. Flächenvorspannung einer unten eingespannten Behälterwand. **a** Leibungsdruck aus Vorspannung und Wasserdruck; **b** Momente m_x aus Wasserdruck und aus Vorspannung; **c** Einflußlinie der Querkraft q_0 am Behälterfuß, zugleich Biegelinie für Verschiebung $w_0 =$ „1“ und Verdrehung $w_0' = 0$ am Rand; **d** Einflußlinie des Einspannmomentes m_0 am Behälterfuß, zugleich Biegelinie für Verdrehung $w_0' =$ „1“ und Verschiebung $w_0 = 0$ am Rand

und das Einspannmoment aus

$$m_{1o} = L \int_0^{h/L} p_1 \delta_{\xi 2} \, d\xi = L^2 \int_0^{h/L} p_1 \eta_3 \, d\xi .$$

Will man $|m_{10}| = m_{w0}/2$ z. B. mit einer dreieckförmigen Verteilung der Leibungskräfte p_1 erreichen, die im oberen Bereich $|p_1| = p_w$ sind und zum Wandfuß hin auf null zurückgehen, so ergibt die Auswertung der Einflußlinie, daß die Spitze des Druckdreiecks bei $x_1 = 2.13L$ liegen muß (Abb. 7/38 c).

Statisch klarer ist es freilich, so zu konstruieren, daß überhaupt keine Randstörungen auftreten, also den Wandfluß verschieb- und drehbar auszubilden. Dann sind die Leibungsdrücke überall dem Wasserdruck anzupassen. Es wird zwar etwas mehr Ringbewehrung benötigt, aber die senkrechte Bewehrung kann erheblich reduziert werden. Die konstruktive Ausbildung dieser Bauweise ist in B. Kal. 1986 II, S. 719, Bild 4.2.2 bis 4.2.7 dargestellt.

(b) *Gegenseitige Beeinflussung benachbarter Spannglieder*. Die Wirkungen benachbarter Spannglieder überlagern sich (Abb. 7/34). Liegen diese nahe beieinander ($a < \pi L/4$), erzeugen sie Biegespannungen mit gleichem Vorzeichen, ferner liegende ($a > \pi L/4$) vermindern die Biegung. Viele, engliegende Spannglieder ergeben $m = 0$ (gleichmäßige Flächenvorspannung), da ja $\int m \, dx = 0$ sein muß.

Während der Ausführung wird die Zylinderwand durch ein neues Spannglied komprimiert, wodurch die Spannung eines bereits vorhandenen Spannglieds vermindert wird. Dieses erleidet einen Verlust

$$\Delta\sigma_z = \varepsilon_\vartheta E_z = \frac{w_{01}}{r} E_z = \frac{\sigma_\vartheta E_z}{E_b} = n\sigma_{\vartheta 0}\eta_2 , \qquad \text{wobei} \quad n = \frac{E_z}{E_b} .$$

Zweckmäßigerweise werden die Spannglieder vorher entsprechend mehr gedehnt (überspannt).

Man kann eine Behälterwand auch dadurch vorspannen, daß man sie mit gespannten Drähten umwickelt (Wickelverfahren). Jede neue Windung vermindert dann jeweils die Kraft in der vorhergehenden, da sie eine neue Verbiegung der Wand hervorruft. In der Wand entstehen Biegemomente (Abb. 7/39), die sich entsprechend Beispiel 7.5.1.2a) ergeben, wenn der Wert δ_{11} verdoppelt wird:

$$q_0 = \frac{pL}{4} ; \qquad m = \frac{pL^2}{4} \eta_3 .$$

Der Größtwert

$$\max m \approx \frac{pL^2}{12}$$

bewirkt senkrechte Biegespannungen

$$\sigma_x = \pm \frac{pL^2}{2d^2} \approx 0{,}29\sigma_\vartheta , \quad \text{wobei} \quad \sigma_\vartheta = \frac{pr}{d}$$

die durch das Wickeln erzeugte Ringspannung ist. Für beispielsweise $\sigma = 9 \text{ MN/m}^2$ ist $\sigma_x = \pm 2{,}6 \text{ MN/m}^2$. Die senkrechte Bewehrung der Wand ist für $\max m$ im Zustand II zu bemessen oder vorzuspannen.

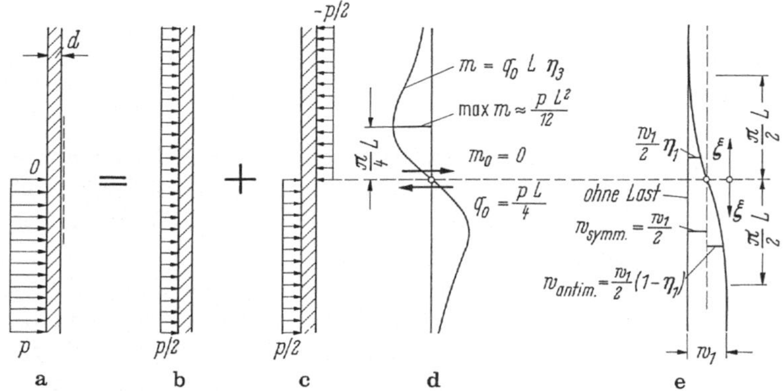

Abb. 7/39. Flächenvorspannung auf einem Teilbereich (Bewicklung). **a** Wirkliche Belastung; **b** Symmetrischer Anteil: $m = 0$, $q = 0$; **c** Antimetrischer Anteil: $m_0 = 0$, $w_0 = 0$; **d** Momente m infolge Teilbelastung p; **e** Biegelinie w mit $w_1 = p/C$

7.5.1.5 Gegenseitige Beeinflussung der beiden Ränder

Die bisher benutzten Ansätze setzen voraus, daß die Schnittgrößen über die Zylinderlänge $h > 3L$ abklingen (Abb. 7/29). Wenn am entgegengesetzten Rand einer kürzeren Wand noch nennenswerte Schnittgrößen (mehr als etwa 10%) ankommen, muß man die gegenseitige Beeinflussung der beiden Ränder berücksichtigen. Drei Möglichkeiten bieten sich dafür an:

(1) Von dem zunächst unendlich lang angenommenen Zylinder wird das entsprechende Stück abgeschnitten. An dem entstehenden Rand werden durch zusätzliche Kräfte und Momente die vorgeschriebenen Bedingungen des kurzen Zylinders erfüllt:

(a) An einem *freien* Rand (Abb. 7/40a) werden die Schnittgrößen $q_0^{(\infty)}$ und $m_0^{(\infty)}$ des unendlich langen Zylinders mit umgekehrtem Vorzeichen als von außen wirkend angebracht.

(b) An einem *gelenkig* gelagerten Rand (Abb. 7/40b) werden das Moment $m_0^{(\infty)}$ mit umgekehrtem Vorzeichen und eine zunächst unbekannte Querkraft Δq_0 angesetzt, welche zusammen die Ausbiegung $w_0^{(\infty)}$ rückgängig machen.

$$w_0^{(\infty)} + \Delta w_0 = 0\,, \qquad \text{wobei} \quad (41\,\text{a}) \qquad \Delta w_0 = \frac{2}{CL}\,\Delta q_0 - \frac{2}{CL^2}\,m_0^{(\infty)}$$

liefert. Daraus ergibt sich die Unbekannte

$$\Delta q_0 = \frac{m_0^{(\infty)}}{L} - \frac{CL}{2}\,w_0^{(\infty)}\,.$$

(c) An einem *eingespannten* Rand wird durch zwei statisch unbestimmte Größen Δq_0 und Δm_0 die Auslenkung $w_0^{(\infty)}$ und die Verdrehung $w_0'^{(\infty)}$ rückgängig gemacht.

Wenn die Störungen aus den zusätzlichen Kräften und Momenten bis zum anderen Rand nicht genügend abklingen, muß das Verfahren an dieser Stelle wiederholt werden. Es ist dann in der Regel vorteilhafter, eines der anderen Verfahren anzuwenden.

(2) Berechnung nach dem Kraftgrößenverfahren mittels Tafelwerten [10] für den *kurzen* elastisch gebetteten Balken.

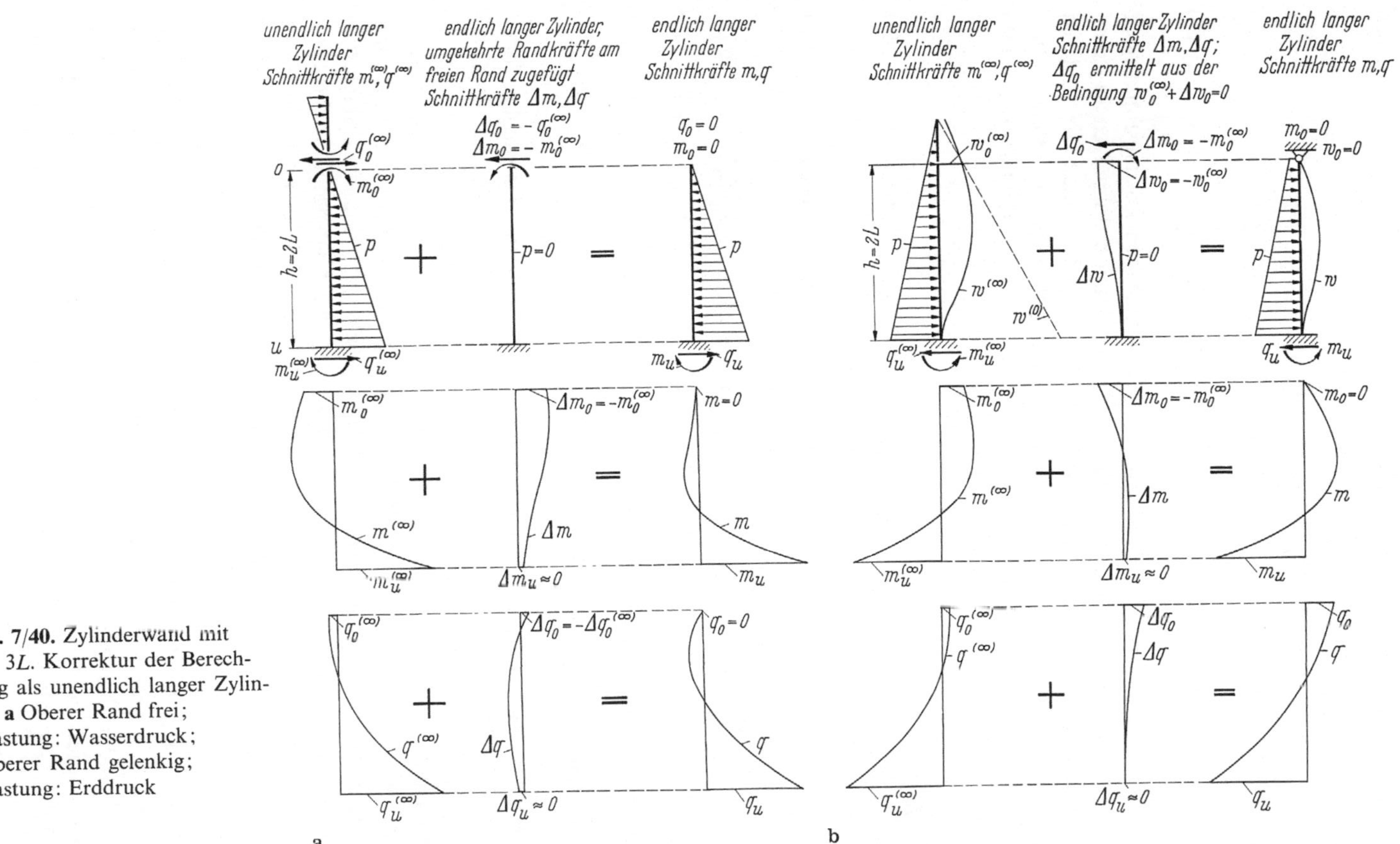

Abb. 7/40. Zylinderwand mit $h < 3L$. Korrektur der Berechnung als unendlich langer Zylinder. **a** Oberer Rand frei; Belastung: Wasserdruck; **b** oberer Rand gelenkig; Belastung: Erddruck

(3) Berechnung mittels *vier* linear voneinander *unabhängiger Lösungsfunktionen* der homogenen Differentialgleichung (32), z. B.

$$w^{(1)} = w_0(A_1\eta_1 + A_2\eta_2 + \bar{A}_1\bar{\eta}_1 + \bar{A}_2\bar{\eta}_2), \tag{54a}$$

wobei w_0 beliebig und

$$\bar{\eta}_1 = e^{-\bar{\xi}} \cos \bar{\xi}, \qquad \bar{\eta}_2 = e^{-\bar{\xi}} (\cos \bar{\xi} + \sin \bar{\xi}), \qquad \bar{\xi} = \frac{\bar{x}}{L} \tag{54b}$$

die vom anderen Rand her, also mit $\bar{x} = l - x$ abklingenden Lösungsfunktionen darstellen. Die vier Konstanten werden aus jeweils zwei Randbedingungen an jedem Rand bestimmt (Beispiel in 7.5.2.1). Mit (38) lassen sich schnell die anderen Schnittgrößen aus $w^{(1)}$ ermitteln, wobei zu beachten ist, daß bei jeder Differentiation einer $\bar{\eta}$-Funktion nach $x = l - \bar{x}$ sich das Vorzeichen der Funktionswerte in (38) umdreht:

$$\frac{dw^{(1)}}{dx} = \frac{w_0}{L}(-A_1\eta_2 - 2A_2\eta_3 + \bar{A}_1\bar{\eta}_2 + 2\bar{A}_2\bar{\eta}_3) \tag{54c}$$

$$m^{(1)} = EI\frac{d^2w^{(1)}}{dx^2} = \frac{EIw_0}{L^2}(2A_1\eta_3 - 2A_2\eta_4 + 2\bar{A}_1\bar{\eta}_3 - 2\bar{A}_2\bar{\eta}_4) \tag{54d}$$

$$q^{(1)} = \frac{dm^{(1)}}{dx} = \frac{EIw_0}{L^3}(2A_1\eta_4 + 4A_2\eta_1 - 2\bar{A}_1\bar{\eta}_4 - 4\bar{A}_2\bar{\eta}_1) \tag{54e}$$

7.5.2 Zylinderschalen mit nicht rotationssymmetrischer Last

7.5.2.1 Störungen am gekrümmten Rand

Wenn die Belastung sich in der Ringrichtung nur allmählich, nicht sprunghaft oder mit kurzer Wellenlänge (vgl. 7.2.2.4c) ändert, gilt die Analogie zum Balken auf elastischer Bettung näherungsweise wie bei rotationssymmetrischerLast [8]. Für das 1. Reihenglied der Fourrierreihenentwicklung, also z. B. für das Eigengewicht eines liegenden Zylinders (Abb. 7/17), ist diese Lösung sogar streng richtig; sie wird mit kürzer werdender „Wellenlänge" der Last wie im Beispiel 7.2.2.4c zunehmend schlechter, weil sich dann die Lasten immer mehr durch Biegung in der Ringrichtung abtragen. Die Vernachlässigung der Ringbiegung bei der Berechnung als Balken auf elastischer Bettung liegt aber für die Biegung in Richtung der Mantellinien auf der sicheren Seite.

Eine bessere, für alle Momente auf der sicheren Seite liegende Lösung für höhere Reihenglieder liefert die Berechnung als drei- oder vierseitig gelagerte Platte mit den Stützweiten $l_y = l_\vartheta$ und $l_x = l$ entsprechend den wirklichen Randbedingungen (Abb. 7/19): Die Nulldurchgänge der wellenförmigen Biegelinie sind zugleich Momentennullpunkte für die Ringbiegung und entsprechen einer gelenkigen Stützung der „Platte" (Abb. 7/20b). Der schmale Rand des Plattenstreifens wird wie in Wirklichkeit gelagert.

Als Beispiel wird die Biegung in der schwach gekrümmten Schale zwischen den Bogenbindern einer Halle (Abb. 7/41) mittels der vier Lösungsfunktionen nach 7.5.1

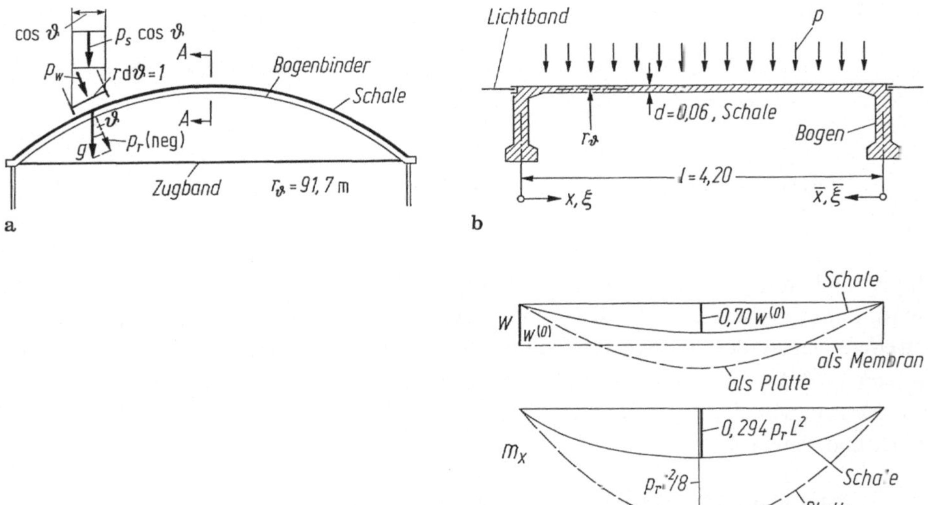

Abb. 7/41. Biegung in einer schwach gekrümmten, kurzen Schale zwischen den Bogenbindern einer Halle. **a** Binder und Belastungen g (Eigengewicht, kN/m² Schalenfläche), p_s (Schnee, kN/m² Grundfläche), p_w (Winddruck, kN/m² Schalenfläche); **b** Querschnitt durch zwei Binder und die Schale; **c** Biegelinie und Momente m_x der Schale

berechnet. Größter Radialdruck aus Eigengewicht g, Schneelast p_s und Winddruck p_w:

$$p_r = -g \cos \vartheta - p_s \cos^2 \vartheta - p_w$$

$$L = 0{,}76 \sqrt{dr} = 0{,}76 \sqrt{0{,}06 \cdot 91{,}7} = 1{,}78 \text{ m}$$

$$l/L = 4{,}20/1{,}78 = 2{,}36 \left(\approx \frac{3}{4} \pi\right).$$

Ansatz gemäß (54a) unter Ausnutzung der Symmetrie ($A_1 = \bar{A}_1$, $A_2 = \bar{A}_2$):

$$w = w^{(0)} + w^{(1)} = \frac{p_r}{C} [1 + A_1(\eta_1 + \bar{\eta}_1) + A_2(\eta_2 + \bar{\eta}_2)] \tag{55a}$$

Mit (54d) und (33) folgt daraus

$$m_x = \frac{p_r L^2}{4} [2A_1(\eta_3 + \bar{\eta}_3) - 2A_2(\eta_4 + \bar{\eta}_4)] . \tag{55b}$$

Randbedingungen: Die Bogen werden vereinfacht als biegeweiche, dehnstarre Binderschreiben betrachtet, d. h. für $\bar{x} = 0$ ist $w = 0$ und $m = 0$:

$$1 + A_1(1 - 0{,}067) + A_2(1 + 0) = 0$$

$$2A_1(0 + 0{,}067) - 2A_2(1 - 0{,}134) = 0$$

ergibt $A_1 = -0{,}990, \qquad A_2 = -0{,}0766$.

Es folgt nach (55a) und (55b):

$$\max w = w(l/2) = \frac{p_r}{C}[1 - 0{,}990\,(0{,}118 \cdot 2) - 0{,}0766\,(0{,}402 \cdot 2)]$$
$$= 0{,}70 w^{(0)}$$

$$\max m_x = m_x(l/2) = \frac{p_r L^2}{4}[2\,(-0{,}990)\,(0{,}284 \cdot 2) - 2\,(-0{,}0766)\,(-0{,}1672)]$$
$$= -0{,}294 p_r L^2$$

(p_r ist nach innen gerichtet negativ). Obwohl die kurze Schale nur wenig gekrümmt ist, wird dadurch $\max m_x$ auf 42% im Vergleich zu $\max m_x = p_r l^2/8$ eines Plattenstreifens vermindert. Die m_x werden noch geringer, wenn auch die Verkürzung der Bögen berücksichtigt wird. Die Randbedingungen $w = 0$ sind dann durch $w = r\varepsilon_B$ zu ersetzen, wobei ε_B = Dehnung des Bogens am Schalenanschnitt aus seiner Normalkraft und seinem Moment.

7.5.2.2 Störungen am geraden Rand, Tonnen- und Shedschalen

Zylinderausschnitte wurden in symmetrischer Form als Tonnendächer und in unsymmetrischer Form als Sheddächer viel verwendet. Hierüber ist eine umfangreiche Literatur entstanden [11; 12; 6/8.1; 4] so daß wir uns auf die Andeutung der Grundgedanken beschränken können.

Ausgangspunkt ist stets der Membranzustand (Abb. 7/42) für Eigengewichts- und Schneelast. Letztere wird im allgemeinen als Zuschlag zu ersterer berücksichtigt, obgleich bei wachsender Schalenneigung die Schneelast je m² Grundriß ab-, das Eigengewicht aber zunimmt. An den Querrändern wird die Tonne durch Binderscheiben gestützt, die auch die Form der Schale aufrechterhalten. Nach der Membrantheorie müßten an den beiden Längsrändern Ringkräfte $n_\vartheta^{(0)} = -gr\cos\vartheta$ und Schubkräfte $t^{(0)} = -2gx\sin\vartheta$ abgegeben werden (7.2.2.4a). Die Schubkräfte addieren sich längs des Randes bis zur Mitte zu Zugkräften auf,

$$Z_0 = \int_0^{l/2} t^{(0)}\,dx = \frac{t_0^{(0)} l}{4},$$

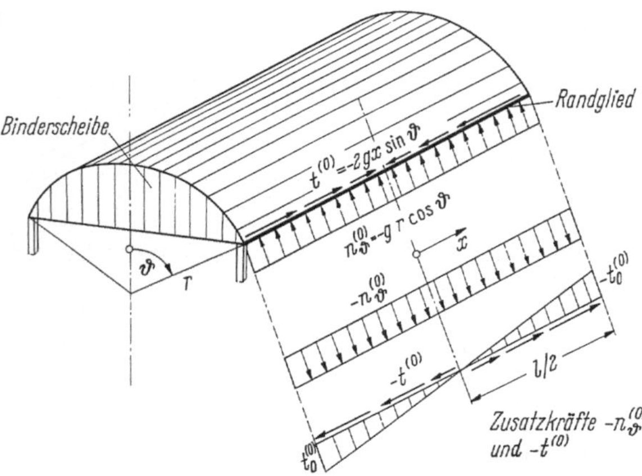

Abb. 7/42. Tonnendach; Membrankräfte am geraden Rand

die einem stabförmigen Randglied zugewiesen werden können. Unter den Zugkräften wird es gedehnt, während der anschließende Schalenrand unter der Wirkung der Kräfte n_x sich verkürzen will, wodurch bereits eine Störung entsteht.

Das Randglied ist nicht steif genug, um auch die Kräfte $n_\vartheta^{(0)} = p_r r$ der Schale aufzunehmen. Da diese Kräfte am Längsrand der Tonnen verschwinden müssen, sind sie mit umgekehrtem Vorzeichen als äußere Kräfte am Rand anzubringen. Die tangential angreifenden Zugkräfte verhängen sich ähnlich wie in einer Scheibe und erzeugen dabei unter anderem zusätzliche Längskräfte n_x: Zug am Rand, Druck weiter innen bzw. im Scheitelbereich. Sie sind den Membrankräften zu überlagern und nehmen zusammen mit diesen und den Längskräften der Randglieder die Lastmomente M_x auf, die sich bei einer Betrachtung des Daches als Balken ergeben. Die n_x sind nicht linear über den Schalenquerschnitt verteilt.

Durch die Umlenkung der zusätzlichen Randkräfte n_ϑ in der Schalenfläche werden die Schalenränder außerdem sehr stark nach innen gebogen. Die damit verbundenen Ringbiegemomente setzen sich wegen der einfachen Krümmung bis in die Scheitelregion fort. Um die großen Biegespannungen und die Radialverformungen w der Längsränder zu vermindern, sollten diese durch Randglieder ausgesteift werden, die *senkrecht* zur Schalenfläche möglichst biegesteif sind (vgl. Abb. 6/17). Eine andere Möglichkeit besteht darin, die Schale in kurzen Abständen durch ringförmige Rippen oder durch Druckstreben zwischen den Schalenrändern auszusteifen.

Das Zusammenwirken von Randglied und Schale macht recht umfangreiche Untersuchungen nötig. Da in der Berührungsfuge die Verformungen übereinstimmen müssen, sind in jedem Punkt vier Bedingungen zu erfüllen: Gleichheit von drei Verschiebungen und einer Verdrehung von Randglied und Schale. Aus diesen Bedingungen sind die vier unbekannten Schnittgrößen n_ϑ, t, q_ϑ^*, m_ϑ zu bestimmen ($q_\vartheta^* = q_\vartheta + \partial m_{\vartheta x}/\partial x =$ Ersatzquerkraft). Dabei muß das Gewicht sowie die Biege- und Verdrehungssteifigkeit des Randglieds berücksichtigt werden. Tafeln, welche die Schnittgrößenverläufe für cosinusförmig verteilte, am Rand angreifende Einheitslasten angeben, erleichtern die umfangreiche Rechnung ganz erheblich [12]. Die Lasten und alle Schnittgrößen müssen dazu in der Längsrichtung in eine Fourierreihe zerlegt werden, von der oftmals schon das erste Glied für eine Abschätzung genügt (Abb. 7/43).

Meist werden mehrere Tonnen nebeneinander angeordnet (Abb. 7/44). Da sich die Horizontalschübe $n_\vartheta \cos \vartheta$ der benachbarten Tonnen ausgleichen und keine seitlichen Verschiebungen der gemeinsamen Kanten auftreten können, wird die Querbiegung wesentlich vermindert. Je weniger sich eine Tonne verformen kann (etwa durch Versteifungsrippen), um so mehr nähert sich ja die Verteilung der Längskräfte derjenigen in einem Balken. Wenn die Spannweite das Mehrfache der Tonnenbreite mißt, verteilen sich die Längsspannungen fast geradlinig. Bei Innentonnen ist dann die Berechnung der Schale als Balken entsprechend 7.7 ausreichend.

Die unsymmetrische Randtonne mit *einem* freien Rand wird viel ungünstiger beansprucht. Genügend genaue Werte für die Schnittkräfte liefert die Untersuchung der Doppeltonne. Es ist jedoch konstruktiv besser, die unangenehmen Folgen der seitlichen Weichheit des freien Randes zu vermindern, indem man der Randtonne durch eine stehende oder liegende Scheibe (z. B. anschließendes Dach) eine größere Steifigkeit verleiht (Abb. 7/44) und (6/17).

Sind die Tonnen unsymmetrisch wie z. B. bei Sheddächern (Abb. 7/45), so tritt

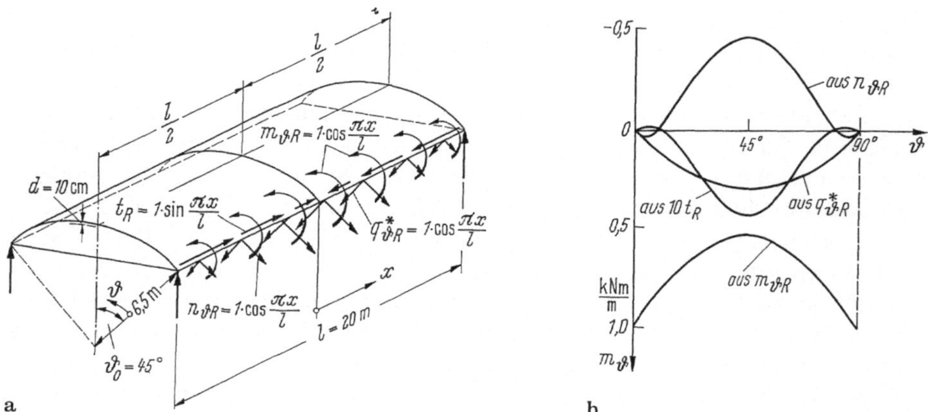

Abb. 7/43. Einheitslasten $n_{\vartheta R}$, t_R, $q^*_{\vartheta R}$ und $m_{\vartheta R}$ am Rande einer Zylinderschale zur Berechnung der Randstörung [12]. **a** System und Belastung (Belastung des zweiten Randes und der Randglieder nicht dargestellt); **b** Ringbiegemomente im Mittelquerschnitt aus den Einheitslasten. Man vergleiche hierzu den Verlauf der Schnittgrößen aus Belastung am gekrümmten Rand, Abb. 7/30

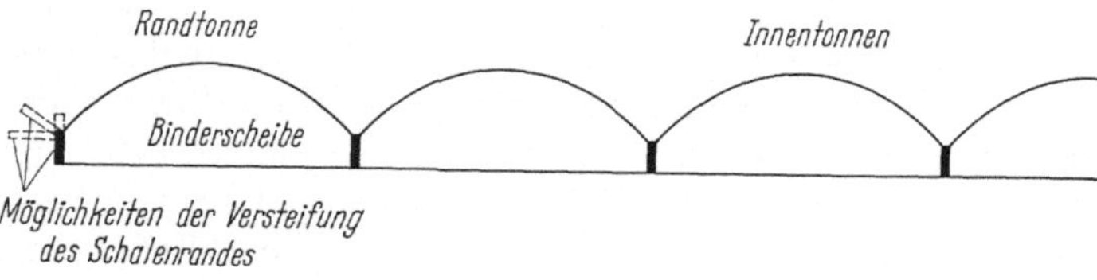

Abb. 7/44. Tonnenreihendach (Querschnitt)

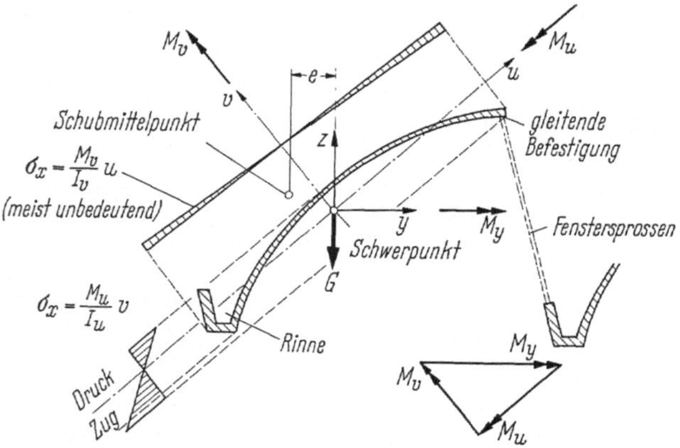

Abb. 7/45. Tonnen-Sheddach (Zylinderschale). Näherungsberechnung als Balken ohne Abstützung auf Fenstersprossen durch Zerlegen des Momentes M_y in die Hauptachsen

eine weitere Schwierigkeit auf. Die Resultierende der Schubspannungen aus dem Membranzustand fällt meist nicht mit der Resultierenden der Lasten zusammen. Daraus ergibt sich eine Verdrillung des Querschnittes mit zusätzlichen Schubkräften [11.1].

Auch bei Sheddächern kann man näherungsweise von der Balkenwirkung ausgehen, indem man das Moment der Lasten auf das Kreuz der Hauptträgheitsachsen bezieht (Abb. 7/45). Diese Untersuchung zeigt, daß der Querschnitt nicht zu flach gehalten werden darf, da sonst seine Steifigkeit in bezug auf die eine Hauptachse zu klein ausfällt. Sie liefert aber noch keinen Anhalt über die Querbiegung, die besonders am oberen Rand eine Rolle spielt, da dort meist kein Randglied angeordnet werden kann.

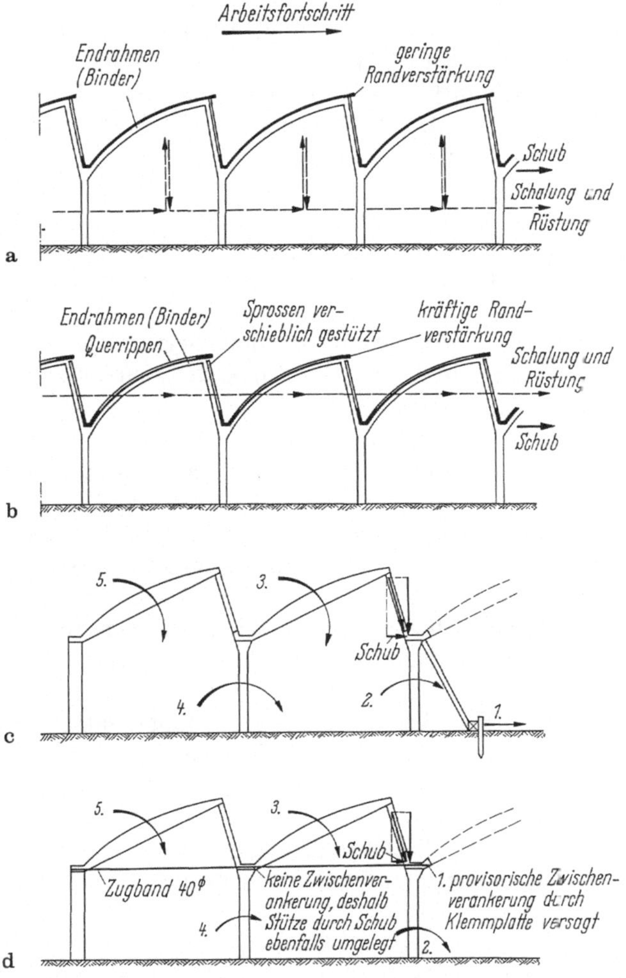

Abb. 7/46. Konstruktion und Ausführung von Tonnen-Sheddächern. Bei Herstellung in Abschnitten Aufnahme des Horizontalschubes sicherstellen! **a** Fenstersprossen tragend; **b** Sprossen nicht tragend. Schale durch Querrippen im Abstand von ca. 1,5 m ausgesteift; **c** provisorische Schrägstützen haben versagt, da sie unten nicht genügend gesichert waren; **d** provisorische Zwischenverankerung des Zugbandes hat versagt.

Nach dem Verfahren von Lundgren (7.7) kann man die Querbiegung abschätzen [11.1]. Diese läßt sich durch Querrippen auf der Oberseite aufnehmen, ohne die Schalendicke zu vergrößern. Wird der obere Schalenrand mittels Fenstersprossen auf die Rinne des benachbarten Sheds abgestützt, so vermindert sich die Querbiegung. Allerdings erschwert man hierdurch die Ausführung, denn die Schale ist nicht ohne den nächsten Rinnenträger standfest, und die Schauung kann nicht mehr durch einfaches Horizontalverschieben in das nächste Feld gebracht, sondern muß jedesmal abgesenkt werden (Abb. 7/46).

Wenn die Zylindertonne „kurz" im Verhältnis zu ihrer Bogenlänge ist, können die Membrankräfte und die Randstörungen unabhängig voneinander berechnet werden [11.1; 6.2].

Bisher wurden Kreiszylinderschalen vorausgesetzt. Ist aber der Kreisquerschnitt der günstigste? Eine graphische Untersuchung (Abb. 7/47) zeigt die statischen Zusammenhänge für den Membranzustand sehr deutlich. Wir benutzen als Veränderliche die Winkelabschnitte $\Delta\vartheta$, die die Querschnittslinie in Abschnitte $\Delta s = r\,\Delta\vartheta$ zerlegen. Gleichung (16a) liefert dann $n_\vartheta = p_r\, r = p_r\, \Delta s/\Delta\vartheta$. Gleichung (16b) schreiben wir $\Delta t/\Delta x = -\Delta n_\vartheta/\Delta s - p_\vartheta$ oder mit $\Delta x = \Delta s$ und $P_\vartheta = p_\vartheta\, \Delta s$:

$$\Delta t = -(\Delta n_\vartheta + P_\vartheta)\,.$$

Das Gleichgewicht der Schalenelemente ist in den Kräfteplänen in Abb. 7/47 dargestellt. Die Δt, die von der Schale nach den Bindern transportiert werden, lassen sich daraus unmittelbar ablesen:

(a) Nur wenn die Mittellinie der Schale *höher* als die Stützlinie liegt, werden die Lasten nach den Bindern zu abgeleitet (Abb. 7/47a). Die Ringkraft n_ϑ nimmt zum Kämpfer hin ab.

(b) Wenn Mittellinie und Stützlinie *zusammenfallen*, gibt es keine Längsabtragung; die Schale wirkt als Gewölbe: jeder Querring leitet für sich seine Lasten den Kämpfern zu (Abb. 7/47b).

(c) Wenn die Mittellinie *unter* der Stützlinie liegt, holt sich die Schale durch Schubkräfte Lasten von den Bindern heran und übt entsprechend vergrößerte Kämpferkräfte aus (Abb. 7/47c).

(d) Da die Kämpferkräfte n_ϑ beseitigt werden müssen und dadurch erhebliche Biegemomente auftreten, sind die Fälle b) und c) mit ihren großen Schüben für freitragende Tonnen ungeeignet.

(e) Die schleifenden Schnitte in den Kraftecken zeigen die große Empfindlichkeit der Schnittkräfte für Fehler in der Schalenform. Da die Ausführung stets mit unvermeidlichen Abweichungen behaftet ist, können die errechneten und wirklichen Kräfte immer nur angenähert übereinstimmen.

In grundsätzlich gleicher Weise wie bei den freitragenden Schalendächern können auch andere Unstetigketen längs der geraden Erzeugenden von Zylinderschalen be-

Abb. 7/47. Membranwirkung verschiedener Querschnittsformen von Tonnenschalen (Kräfte sind in der Wirkungsrichtung angetragen, unabhängig von der Vorzeichendefinition). **a** Halbkreistonne mit Schneelast (Mittellinie oberhalb der Stützlinie). Δt nach aufwärts gerichtet. Die Lasten werden vollständig nach den Bindern abgetragen; **b** Parabeltonne mit Schneelast (Mittellinie $\equiv$ Stützlinie). $\Delta t = 0$. Keine Lastabtragung nach den Bindern; **c** Parabeltonne mit Eigengewicht (Mittellinie unterhalb der Stützlinie). Δt nach abwärts gerichtet, daher Lastübernahme von den Bindern her ▶

Lageplan
Kräfteplan

p
P_1
P_2
P_3
P_4
P_5
P_6
Mittellinie
Stützlinie (Parabel)
r

$\Delta t_6 = n_{\vartheta 5} - n_{\vartheta 6} + P_{t6}$
$\Delta t_5 = n_{\vartheta 4} - n_{\vartheta 5} + P_{t5}$
$\Delta t_1 = n_{\vartheta 0} - n_{\vartheta 1} + P_{t1}$
$n_{\vartheta 0} = p\, r$

a

p
P_1
P_2
P_3
P_4
P_5
P_6
Stützlinie ≡
Mittellinie (Parabel)

b

g
g_0
G_1
G_2
G_3
G_4
G_5
G_6
Stützlinie
Mittellinie

$\Delta t_1 = -n_{\vartheta 0} + n_{\vartheta 1} - G_{t1}$
$\Delta t_6 = -n_{\vartheta 5} + n_{\vartheta 6} - G_{t6}$

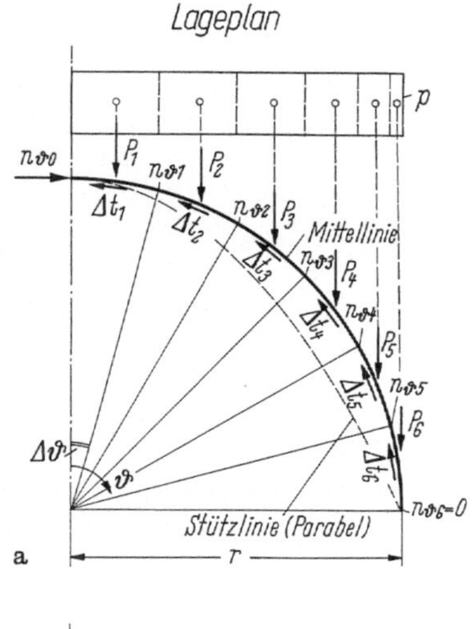

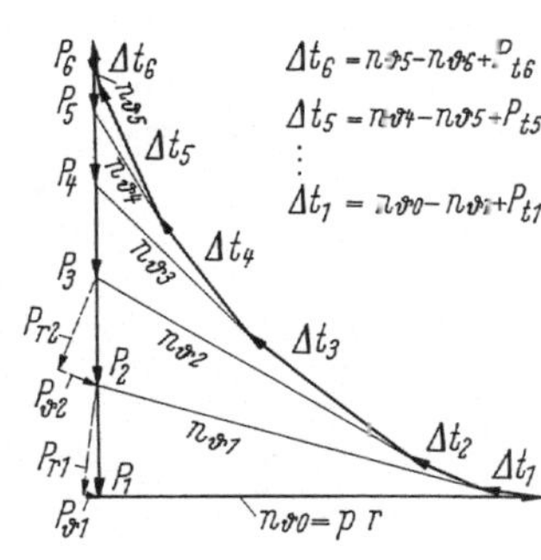

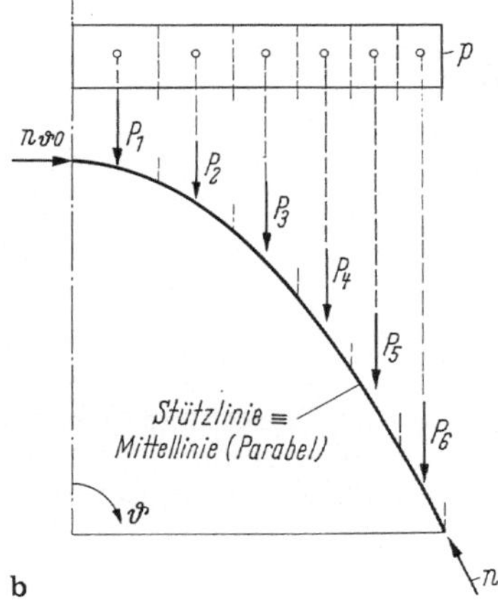

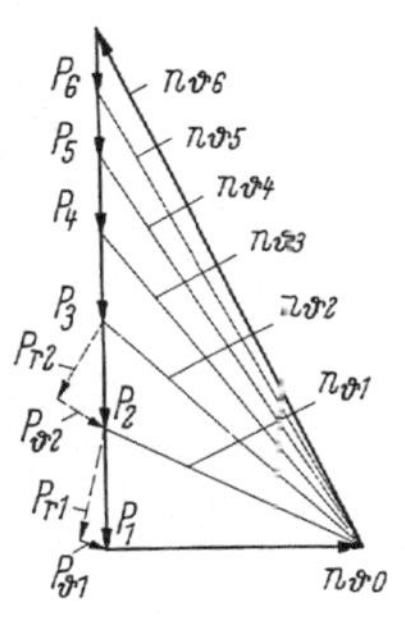

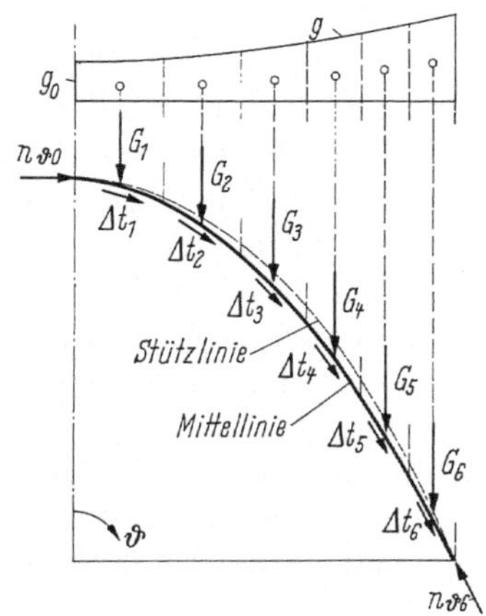

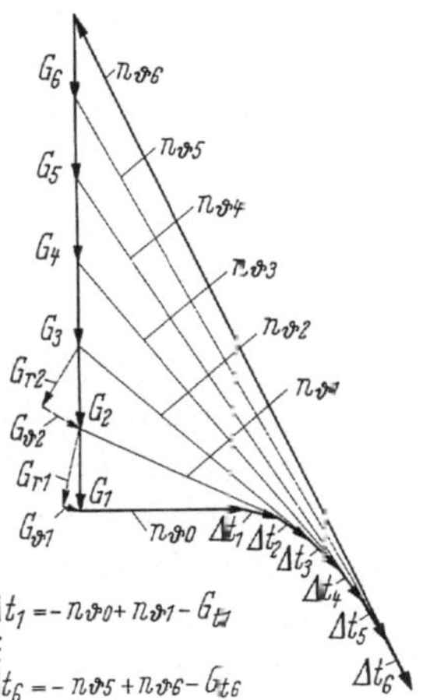

c

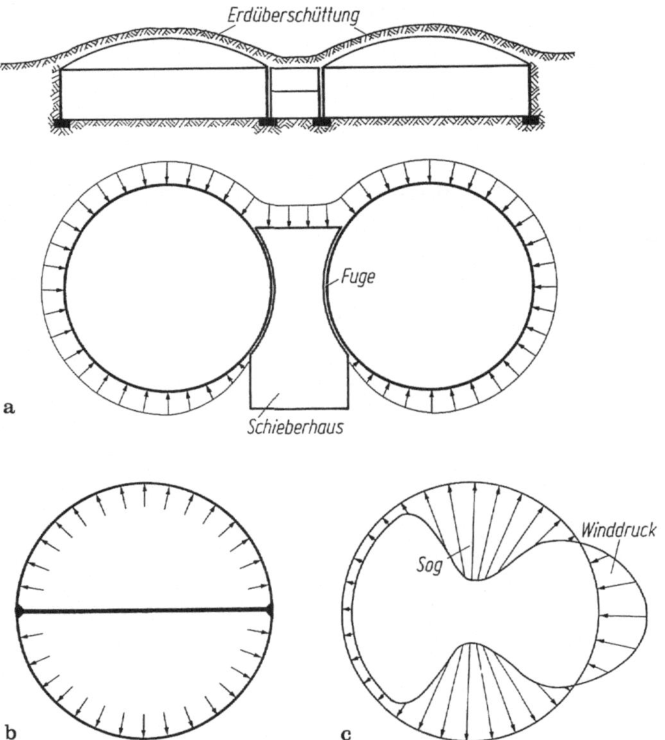

Abb. 7/48. In Ringrichtung unstetige oder schnell wechselnde Lasten bzw. Randbedingungen. **a** Teilweise Abschirmung des Erddruckes auf den Wasserbehälter durch das Schieberhaus; **b** Wasserbehälter mit Mittelwand; **c** steile Lastgradiente aus Winddruck an der Stelle der Strömungsablösung bei einer Turmschale

rücksichtigt werden (Abb. 7/48): Die Schalenteile werden zunächst an der Unstetigkeitsstelle abgetrennt, so daß für sie der Membranzustand gilt; danach wird durch je vier statisch unbestimmte Gleichgewichtsgruppen von Kräften entsprechend Abb. 7/43a die Verrträglichkeit zwischen den Schalenteilen und anderen Bauteilen (z. B. der Wand in Abb. 7/48b) wieder hergestellt. Um die Randwerttafeln [12] benutzen zu können, müssen wiederum alle Lasten in Fourrierreihen entwickelt werden. Für die höheren Reihenglieder n verkürzt sich die wirksame Stützwerte $l_n = l/n$ zwischen den Belastungsnullpunkten immer mehr, bis schließlich sehr „kurze" Schalen entstehen, die näherungsweise als Platte betrachtet werden können (7.5.2.1).

Für geschlossene Kreiszylinderschalen, bei denen nur die Belastung in der Ringrichtung unstetig verläuft oder schnell wechselt (Abb. 7/48a, c), sind Einflußtafeln mittels Fourierentwicklung der Last in der Ringrichtung ermitteln worden [8]. Einflußtafeln für Punktlasten auf Zylinderschalen enthält [7].

Die Möglichkeit von Fehlern ist bei den umfangreichen Schalenberechnungen verhältnismäßig groß. Es sollten daher stets Kontrollen entsprechend Abb. 6/21 durchgeführt werden [13].

7.5.2.3 Vorspannung von freitragenden zylindrischen Schalen (Tonne, Shed, Wellenschale)

Man kann die Spannglieder bei freitragenden Schalen in die Randglieder oder auch unmittelbar in die Zugzone der Schale legen.

(a) *Vorspannung der Randglieder*

Da sich die Randglieder infolge einer exzentrischen Vorspannung verbiegen, kann die Schale selbst im erwünschten Sinne beeinflußt werden; denn die Verformungen des Schalenrands stimmen mit denen des anschließenden Randglieds überein. Die Randglieder von freitragenden Zylinderschalen oder auch von Faltwerken werden zweckmäßigerweise so vorgespannt, daß sie den Schalenrand anheben (Abb. 7/49). Dadurch werden die Quermomente m_ϑ der Tonne vermindert. Die Größe der Spannkraft läßt sich bei schlanken Tonnen für den Gesamtquerschnitt aus der Balkenbiegung abschätzen. Die Schnittgrößen der Randglieder im statisch bestimmten Grundsystem, insbesondere die Formänderungsgrößen für die Ermittlung der statisch Unbestimmten, können mit linearer Spannungsverteilung wie für einen Balken berechnet werden: Für das Randglied in Abb. 7/49 ergeben sich:

Randspannungen aus Vorspannung:

$$\sigma_{o,u} = -\frac{V}{A} \mp \frac{M}{W} = -\frac{V}{A}\left(1 \mp \frac{e}{k_{u,o}}\right); \qquad k_o, k_u = \text{Kernweiten}.$$

Hebung in der Mitte infolge Vorspannung (vgl. I B, Abb. 4.2/17):

$$f = \frac{V(5e_m - k_o)\,l^2}{48EI} \approx \frac{\sigma_{om} - \sigma_{um}}{10}$$

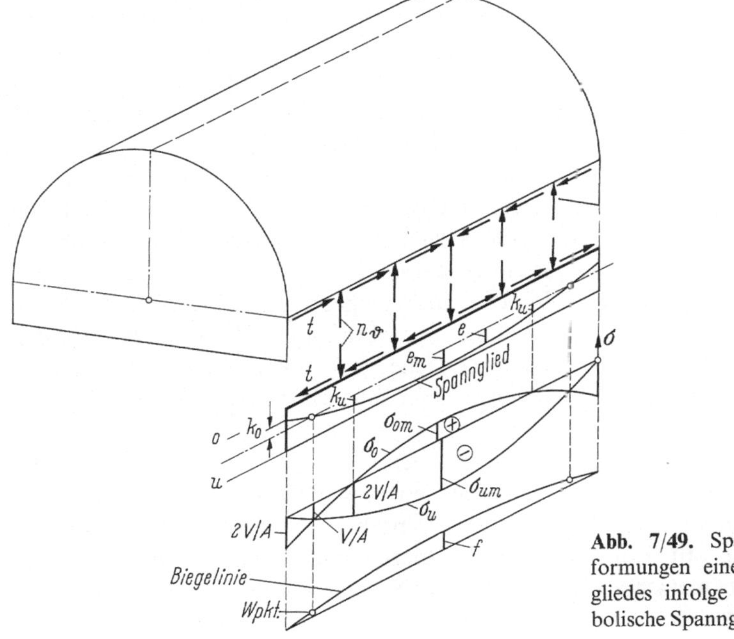

Abb. 7/49. Spannungen und Verformungen eines losgelösten Randgliedes infolge Vorspannung (parabolische Spanngliedführung)

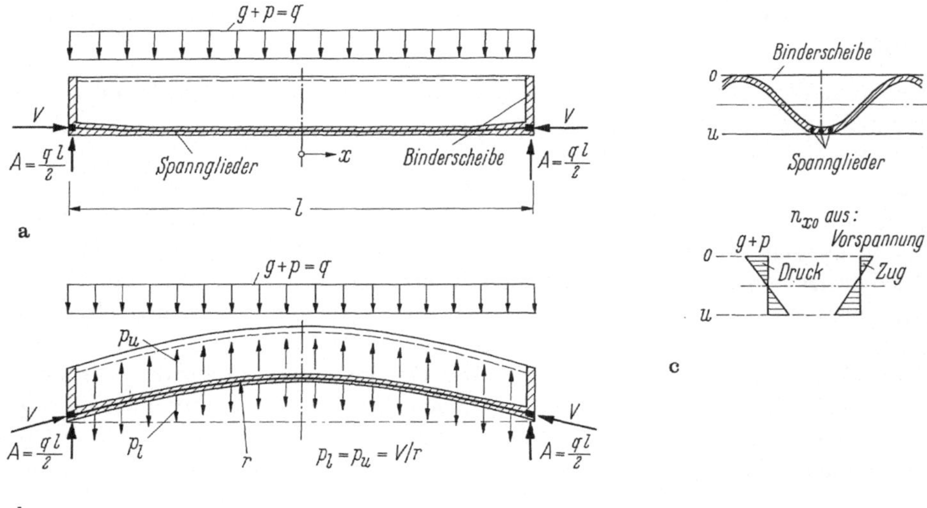

Abb. 7/50. Vorspannung von Wellenschalen; **a** in Längsrichtung gerade Schale, Längsschnitt; **b** in Längsrichtung gekrümmte Schale. Längsschnitt; **c** Querschnitt und Längskräfte im Mittelquerschnitt für beide Schalen

(b) *Vorspannung der Zugzone von freitragenden Schalen*

Wie bereits in 7.4.3 gesagt, muß die Vorspannung in Schalen rechnerisch durch die Leibungskräfte und Ankerkräfte erfaßt werden. Diese Wirkungen der Vorspannung sind wie äußere Lasten zu behandeln und erzeugen Schnittgrößen, die mit denjenigen aus Eigenlast und anderen Lasten zu überlagern sind. Die Kräfte aus Vorspannung sind insgesamt miteinander im Gleichgewicht. Man kann sie in zwei Gleichgewichtsgruppen unterteilen, die zweckmäßigerweise auch getrennt berechnet werden: Die Schlußlinienkräfte S in Richtung der Verbindungsgerade zwischen den Verankerungen einerseits und die Leibungskräfte p_l (Umlenkkräfte) sowie die quer zur Schlußlinie wirkenden Ankerkraftkomponenten Q andererseits.

Eine Zugzone, wie etwa bei nebeneinanderliegenden Tonnen-, Trog- oder Wellenschalen (Abb. 7/50), versieht man meist mit geraden Spanngliedern, die dann nur durch ihre Verankerungen Kräfte in die Schale eintragen (Abb. 7/50a). Wenn die Schale auch in der Längsrichtung leicht gekrümmt ist (Abb. 7/50b), ändern sich gegenüber dem geraden Träger die Momente aus Vorspannung nicht, da die Umlenkkräfte p_l des Spannglieds mit denen der Betondruckkraft p_u aus den Ankerkräften der Spannglieder im Gleichgewicht stehen. Es entstehen jedoch zusätzliche Quermomente und Querzugkräfte aus der „Aufhängung“ der Umlenkkräfte p_l des Spannglieds in der Betondruckzone.

Eine Einzellast (Verankerungskraft) breitet sich in einem kreiszylindrischen Rohr unter einem kleineren Winkel aus ($<30°$ nach jeder Seite) als in einer Scheibe ($\approx 45°$) [14]. Durch die umgelenkten, ausstrahlenden Längskräfte entsteht Biegung in Ring- und Längsrichtung. Mit dem Abklingen der Biegemomente und mit linearer Spannungsverteilung im Querschnitt kann bei dünnen Schalen erst in einer Entfernung von mehreren Schalendurchmessern gerechnet werden (Abb. 7/51 u. I B, Abb. 1/7).

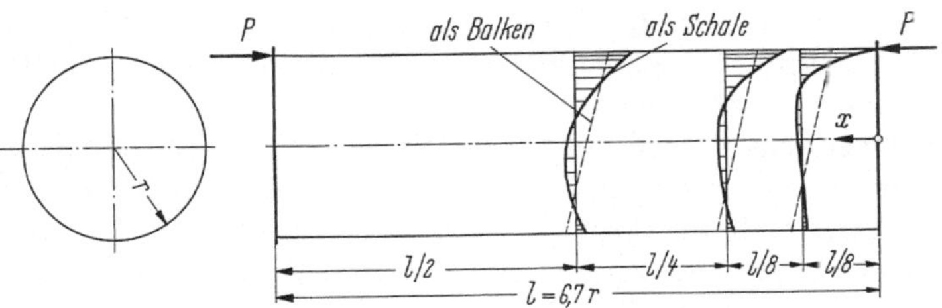

Abb. 7/51. Ausbreitung der Längskräfte n_x aus zwei symmetrischen Einzellasten in einer Kreiszylinderschale mit $l = 6{,}7r$

In der Randzone einer Einzelschale oder Randschale treten, wie erwähnt, starke Störungen auf, da die Membranschnittkräfte n_ϑ und t nur sehr unvollkommen durch ein Randglied aufgenommen werden können (vgl. Abb. 7/42). Dessen Dehnung verursacht in einem beschränkten Bereich der Schale Längskräfte n_x, die sich durch ein gerades Spannglied annähernd überdrücken lassen. Die hierzu nötige Kraft beträgt etwa:

$$V = \int_0^{l/2} t \, dx = \int_{\text{Rand}}^{\text{Scheitel}} n_x r \, d\vartheta \, .$$

Die fehlenden Ringkräfte n_ϑ kann man in guter Annäherung durch ein parabolisch gekrümmtes Spannglied erzeugen, dessen zur Schale tangentiale Leibungskräfte $p_l = V/R = n_\vartheta$ sind, wobei der Krümmungsradius des Spanngliedes $R = l^2/8f$ ist (Abb. 7/52). Mit $n_\vartheta = p_r r$ und $f = \Delta\vartheta \, r$ folgt:

$$V = n_\vartheta R = p_r r R = \frac{p_r l^2}{8 \, \Delta\vartheta} \, . \tag{56}$$

Wählen wir $\Delta\vartheta = 15°$ (bzw. $10°$) $\hat{=}$ 0,26 (bzw. 0,175), da innerhalb dieses Bogens die Schale noch als leidlich eben betrachtet werden kann, so folgt

$$V = \frac{p_r l^2}{2{,}1 (\text{bzw. } 1{,}4)} \, .$$

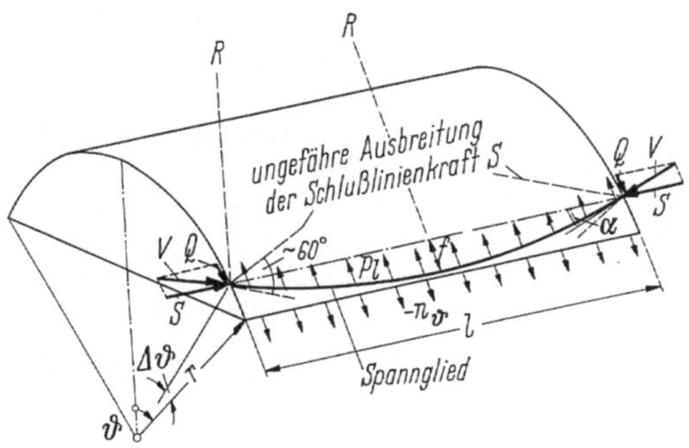

Abb. 7/52. Tonnenschale mit gekrümmtem Spannglied in der als eben angenommenen Randzone

Für eine 10 cm dicke Schale mit Belag, deren freier Rand unter 45° endigt, ist $p_r \approx 3\,\text{kN/m}^2 \cos 45° = 2{,}1\,\text{kN/m}^2$; damit ergeben sich für eine 20 m weit gespannte Tonnenschale Spannkräfte $V = 400$ (bzw. 600) kN.

Man könnte auf diese Weise eine randgliedlose Tonne bauen, ohne dabei übermäßige Formänderungen befürchten zu müssen, da ja der Membranzustand annähernd verwirklicht wird. Allerdings wäre diese Vorspannung naturgemäß auch hier auf einen bestimmten Lastfall zugeschnitten. Dem Zustand ständiger Last g ist noch die Schneelast p hinzuzufügen, wodurch sich der Rand nach unten durchbiegt und negative Quermomente entstehen. Man könnte nun für einen Mittelwert $g + p/2$ vorspannen und zur Versteifung ein kleines Randglied anbringen. Allerdings ergibt diese Vorspannung zur Verminderung der Querbiegung große Druckspannungen am Rand. Aus wirtschaftlichen Gründen wird man sich in den meisten Fällen damit begnügen, die Längszugspannungen zu überdrücken, und wird Quermomente in Kauf nehmen.

Neben den Leibungskräften in der Tangentialebene der Schale sind noch zu berücksichtigen:

(a) die Verankerungskräfte (Schlußlinienkräfte); diese breiten sich in der Schale aus und verursachen Längskräfte n_x, n_ϑ und t sowie Biegung, vorwiegend in Ringrichtung;

(b) die radial zur Schalenachse hin gerichteten Leibungskräfte (Abb. 7/53) [15], die nur bei sehr kleinen Winkeln $\Delta\vartheta$ (Abb. 7/52) vernachlässigt werden können:

$$p_r = \frac{\Delta U}{\Delta l} = \frac{V \sin\beta\, \Delta\vartheta}{r\, \Delta\vartheta/\sin\beta} = \frac{V \sin^2\beta}{r}. \tag{57}$$

Wenn wir uns ein Spannglied mit dem Betonstreifen, der es unmittelbar umgibt, herausgeschnitten denken, so gibt es in diesem räumlich gekrümmten Stab keine Biegung, weil dann die Druckkraft parallel an der Zugkraft entlangläuft und sich ihre Umlenkkräfte überall aufheben. In Flächentragwerken ist dies nicht der Fall, da die

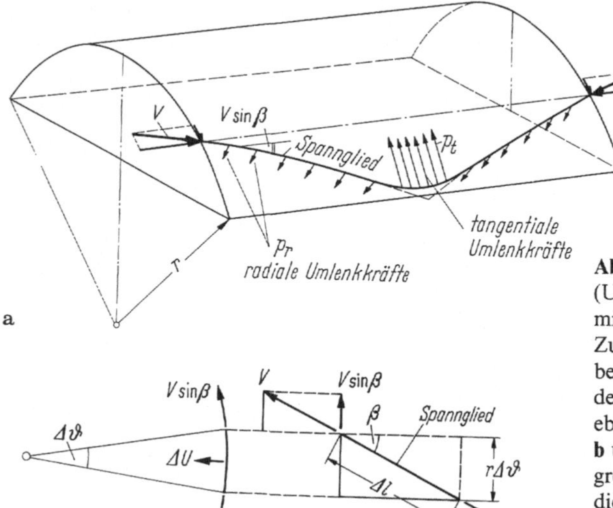

Abb. 7/53. Radiale Leibungskräfte (Umlenkkräfte) p_r eines wendelförmig geführten Spanngliedes [15]. Zusatzkräfte zu Abb. 7/52, wenn bei größerem Stich des Spanngliedes die Randzone nicht mehr als eben anzusehen ist. **a** Schrägsicht; **b** und **c** Spanngliedelement mit angreifenden Kräften, projiziert auf die Binderebene bzw. die Schalenfläche

Ankerkräfte sich in der Schale ausbreiten, während die Leibungskräfte lokal als Streifenlast angreifen.

Die Leibungskräfte der Spannglieder bewirken Schubkräfte t zwischen der Schale und der Binderscheibe. Diese Schubkräfte sind mit den Ankerkraftkomponenten $Q = V \tan \alpha$ im Gleichgewicht (Abb. 7/52). Der Binder ist dafür zu bemessen.

Unsymmetrische Zylinderschalen (Shedschalen) lassen sich ebenfalls in der angegebenen Weise vorspannen. Bei ihnen ist zusätzlich zu berücksichtigen, daß die angreifenden aktiven Leibungskräfte um den Schubmittelpunkt ein Moment bewirken.

7.6 Kegel- und Kuppelschalen

Die Krümmung ist bei diesen Schalen veränderlich, wodurch die Behandlung im allgemeinen schwieriger wird als bei den Zylinderschalen.

7.6.1 Tragverhalten als Membran unter rotationssymmetrischer Belastung

Die Berechnung der Membrankräfte und -verformungen ist in 7.2.2.2 gezeigt. Für die in Betracht kommenden Lasten sind aus Symmetriegründen alle Schubkräfte $t = 0$.

In der einfach gekrümmten Kegelschale hängt die Ringkraft $n_\vartheta^{(0)} = p_r r_\vartheta$ wiederum nur vom Normaldruck und vom Hauptkrümmungsradius r_ϑ an der betreffenden Stelle ab. Ihre Längskraft $n_x^{(0)}$ nimmt bei konstanter Flächenlast linear mit dem Abstand x von der Spitze aus zu, da die Gesamtlast quadratisch und der Umfang linear mit x anwächst. Sie wird bei flachen Schalen sehr groß. Mit Rücksicht auf die große waagerechte Stützkraft und auf die Stabilität (Gefahr des „Durchschlagens") ist eine Neigung $\alpha < 15°$ kaum möglich.

In den doppelt gekrümmten Schalen bestimmt sich die Ringkraft n_ϑ gemäß Gleichung (6) aus der Radialkomponente p_r der Flächenlast und aus der Umlenkung der Meridiankraft. Für Kuppeln allgemeiner Form ist die Integration der Differentialgleichung selbst für den Membranzustand schwierig, weil die Gleichungen infolge der wechselnden Radien variable Koeffizienten besitzen, so daß bislang geschlossene Lösungen nur für wenige Fälle vorliegen. Die Kräfte lassen sich aber leicht numerisch oder aus einem Kräfteplan ermitteln (Abb. 7/54a), aus dem man die statischen Zusammenhänge deutlich erkennt. Diese Konstruktion kann man auch anwenden, wenn die Kuppel im Scheitel eine Einzellast oder eine Ringlast (Laterne) trägt (Abb. 7/54b). So läßt sich auch eine „Stützlinienkuppel" formen, bei der überall $n_\vartheta = 0$ ist (Abb. 7/54c).

Es zeigt sich:

(a) Bei *jeder* Belastung bildet die Membran eine „Stützfläche". Die Ringkräfte n_ϑ stellen sich so ein, daß die Meridiankräfte n_φ in der Schalenmittelfläche verlaufen, ohne Biegung oder Schubkräfte t (wie beim Zylinder) zu Hilfe zu nehmen. Demgegenüber kann ein Bogen nur nach der Stützlinie für *eine* Last geformt werden.

(b) In Meridianrichtung erhält die Kuppel unter senkrechten Lasten Druckkräfte, in Ringrichtung ebenfalls, sofern die Neigung klein ist. Wird sie stärker geneigt, dann wechselt die Ringkraft an der sogenannten „Bruchfuge" in Zug über. Je nach Belastung liegt diese bei $\varphi = 45$ bis $60°$. Hierunter haben gemauerte Kuppeln zu leiden, wie die Schäden z. B. am Petersdom in Rom und an der St.-Pauls-Kathedrale in London bezeugen.

Kräfteplan

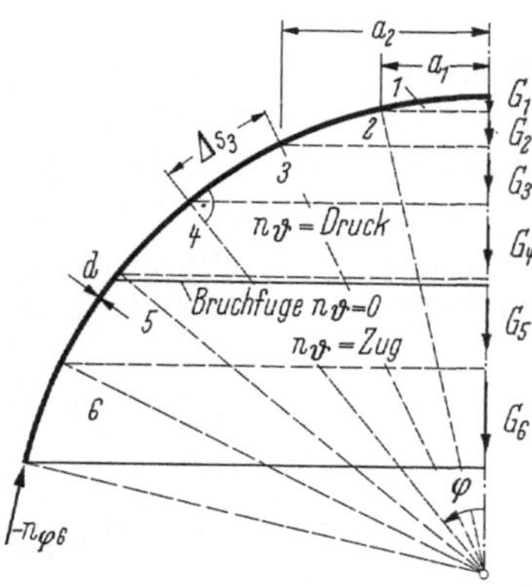

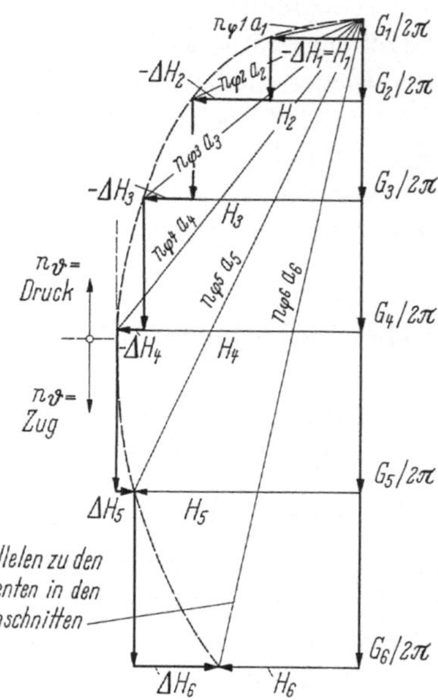

G_i = Gewicht eines Ringes

$$n_{\varphi k}\, a_k = \frac{-\sum_1^k G_i}{2\pi \sin \varphi_k}$$

$$\Delta H_k = \Delta (n_{\varphi k}\, a_k \cos \varphi_k)$$

$$n_{\vartheta k} = \frac{\Delta H_k}{\Delta s_k}$$

a

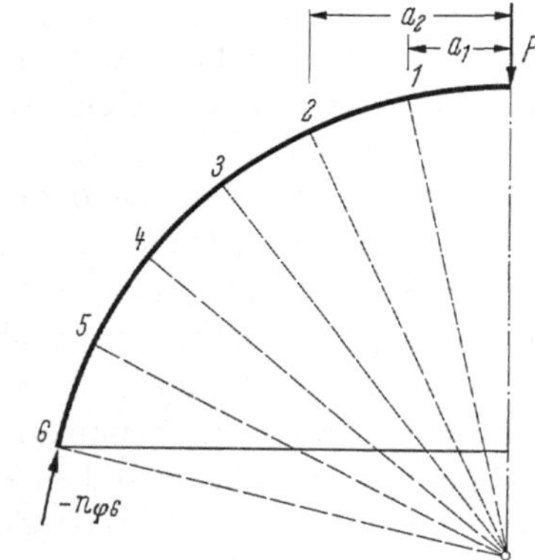

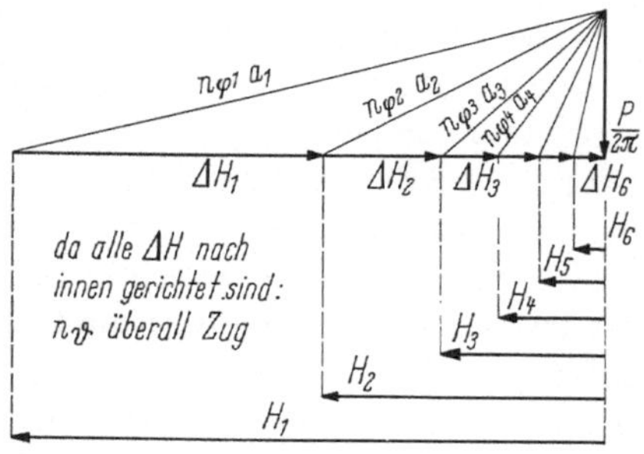

b

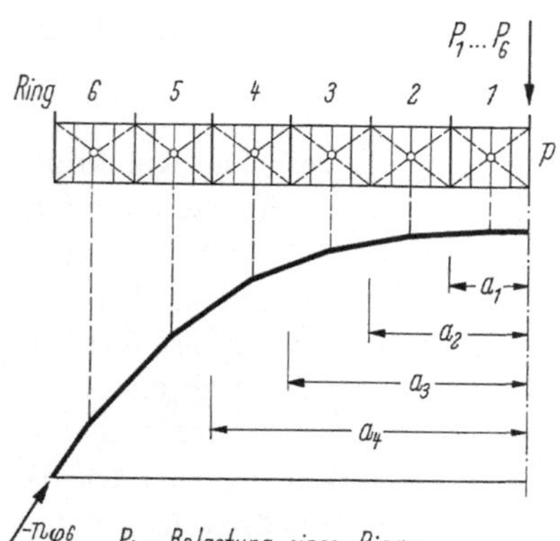

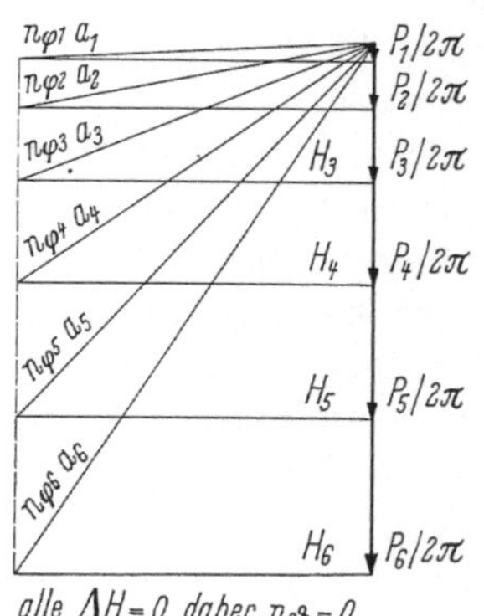

c

(c) Diese Untersuchungen und Betrachtungen lassen sich auch auf Rotationsschalen mit beliebiger Meridianform übertragen (Spitzkuppeln, Korbbogen-Kuppeln, hyperbolische Kühltürme).

(d) Durch eine entsprechende Formgebung läßt sich erreichen, daß unter einer bestimmten Belastung keine Ringkräfte auftreten (Abb. 7/54c) oder nur Ringdruckkräfte.

(e) Die Randstörungen von Kuppelschalen entstehen hauptsächlich aus den Ringkräften: Oberhalb der „Bruchfuge" verengt sich die Kuppel (Ringdruck), unterhalb davon erweitert sie sich (Ringzug). Da die Kuppeln zumeist einen Zugring zur Aufnahme des Horizontalschubs erhalten, versucht man, durch Vorspannen dessen Dehnung derjenigen des Schalenrands anzugleichen und dadurch die Randstörungen klein zu halten (7.6.2.4a).

7.6.2 Randstörungen bei rotationssymmetrischer Belastung

Die „membrangerechte Abstützung" müßte aus durchgehenden Pendelstützen in Richtung n_x bestehen. Da diese Auflagerung sich praktisch schwer verwirklichen läßt, entstehen stets Unverträglichkeiten, die zusätzliche Randkräfte erzeugen und sich als Randstörungen ins Innere der Schale fortsetzen. Um diese nach dem Kraftgrößenverfahren berechnen zu können, benötigt man außer den Membranverformungen auch die Verformungen der Schale unter einer Randquerkraft und einem Randmoment (Abb. 7/55). Allerdings wird nicht die Querkraft, sondern eine Horizontalkraft X_1 als Überzählige eingeführt; denn die Schnittkraft in einem Ringschnitt durch die Schale muß horizontal gerichtet sein, damit die Gleichgewichtsbedingung $\Sigma V = 0$ an dem im übrigen unbelasteten Schalenteil erfüllt ist.

7.6.2.1 Biegeverformungen des Schalenrandes

Die „genaue" Berechnung der Biegeverformungen von Kegel- und Kuppelschalen ist aufwendig [4.1], [5.1 Bd. 3]. Angesichts der sonstigen Idealisierungen der tatsächlichen Verhältnisse genügt zumeist die „Geckelersche Näherung". Demnach können die Verbiegungen des Schalenrandes unter den Randkräften X_1 und X_2 näherungsweise wie diejenigen eines „Schmiegzylinders" (auch „Ersatzzylinder" genannt) berechnet werden, wenn $\alpha \gtrapprox 20°$ und $L \ll l$, d. h. wenn der Kegel nicht zu flach und relativ dünnwandig ist (Abb. 7/55) [16]. Die charakteristische Länge L ergibt sich mit dem Radius r_9 des Schmiegzylinders zu (34)

$$L = 0{,}76 \sqrt{d\, r_9}\,. \tag{58}$$

Die Randstörungen klingen dann wie beim Zylinder mit der Länge L rasch ab. Der Anteil der Längskomponente $X_1 \cos \varphi$ von X_1 erzeugt nur geringe Dehnungen der Mantellinien, die ebenso schnell abklingen und vernachlässigt werden; für die Querkomponente

$$q_0 = X_1 \sin \varphi \tag{59}$$

◀ **Abb. 7/54.** Graphische Ermittlung der Schnittkräfte einer Rotationskuppel bei rotationssymmetrischer, senkrechter Last. **a** Kugelkuppel unter Flächenlast (Eigengewicht); **b** Kugelkuppel unter Einzellast P im Scheitel (Laternenlast); **c** Stützlinienkuppel ohne Ringkräfte unter Flächenlast

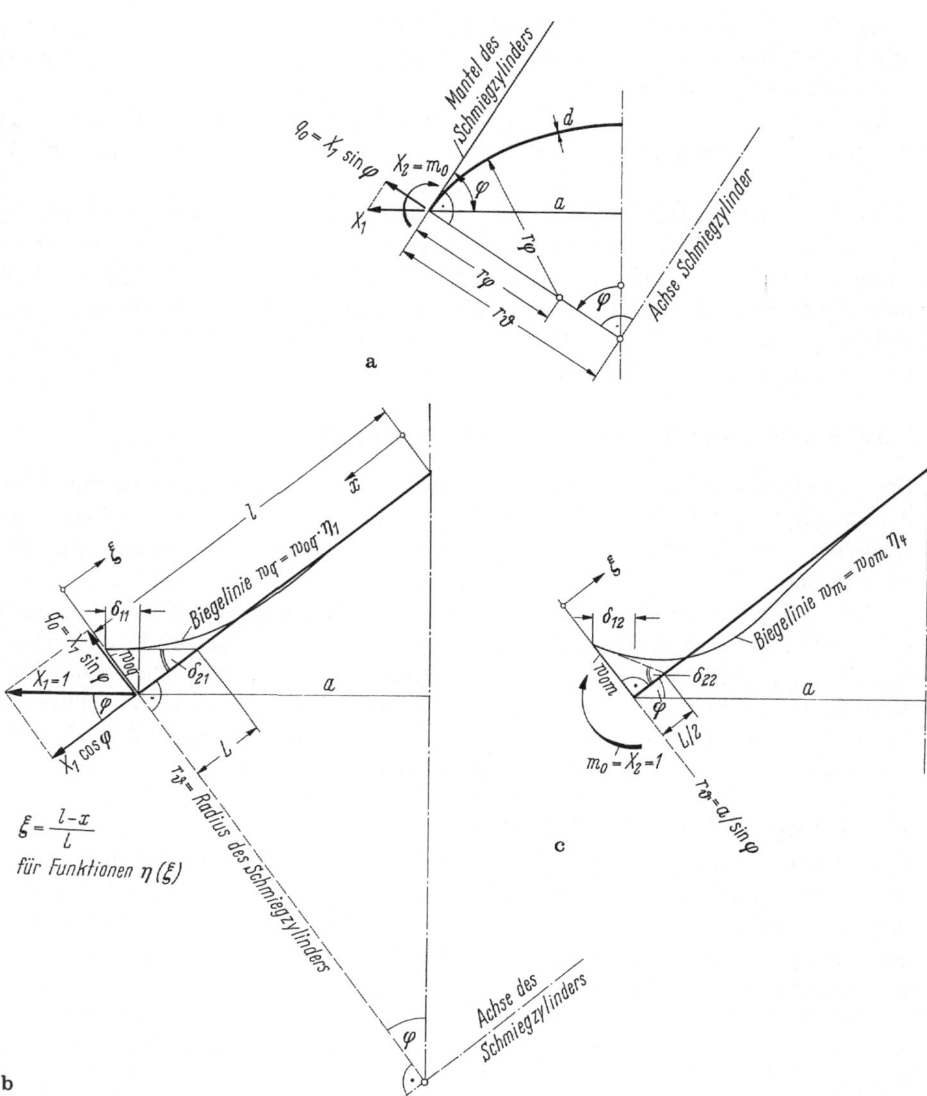

Abb. 7/55. „Schmiegzylinder" zur angenäherten Berechnung der Verformungen infolge der statisch unbestimmten Randkräfte X_1 und X_2 **a** bei einer Kuppel, **b** und **c** bei einer Kegelschale

ergibt sich dann $w_{0q} = 2q_0/(CL)$ aus Gleichung (41 a), wobei

$$C = \frac{Ed}{r_\vartheta^2} = \frac{Ed \sin^2 \varphi}{a^2} . \tag{60}$$

Die Aufweitung des Grundkreises infolge $X_1 = 1$ ist (Abb. 7/55b)

$$\delta_{11} = w_{0q} \sin \varphi = \frac{2}{CL} \sin^2 \varphi ; \tag{61 a}$$

die zugehörige Meridianverdrehung beträgt

$$\delta_{21} = \frac{w_{0q}}{L} = \frac{2}{CL^2} \sin \varphi \,. \tag{61b}$$

Aus dem Randmoment $X_2 = 1$ (Abb. 7/60c) entsteht die Ausbiegung $w_{om} = 2/CL^2$ und die Aufweitung

$$\delta_{12} = w_{om} \sin \varphi = \frac{2}{CL^2} \sin \varphi = \delta_{21} \,,$$

sowie eine Verdrehung des Randes um

$$\delta_{22} = \frac{4}{CL^3} \,. \tag{61c}$$

Die Formänderungen des Randes aus den äußeren Lasten (Membranzustand) weichen unter Umständen von denen des Ersatzzylinders wesentlich ab. Sie sind daher für die wirkliche Membran entweder aus der Biegelinie der Schale abzuleiten oder durch Anbringen von virtuellen Kräften $\bar{1}$ zu berechnen (Abb. 7/12).

7.6.2.2 Der Zug- oder Druckring

Um den Kuppelschub $H^{(0)}$ der Membrankräfte $n_\varphi^{(0)}$ von Kuppelschalen am Schalenrand aufzunehmen, benötigt man ein steifes Widerlager oder einen Zugring (Abb. 7/56a). Entsprechend sind Druckringe, z. B. bei kegelförmigen Antennenplattformen oder Wasserbehältern, an deren innerem Rand zweckmäßig (5.3c).

Im statisch bestimmten Grundsystem für die Berechnung der Randstörungen in Schalen werden diese Ringe abgetrennt und mit den Membrankräften der angrenzenden Schale(n) belastet (Abb. 7/56b). Die Verträglichkeit wird dann durch statisch unbestimmte Schnittkräfte bzw. -momente hergestellt. Um diese bestimmen zu können, benötigt man die Verformungen des Ringes aus einer Radialkraft H [kN/m] in der Ringebene und aus einem „Krempelmoment“ oder „Bördelmoment“ m [kNm/m].

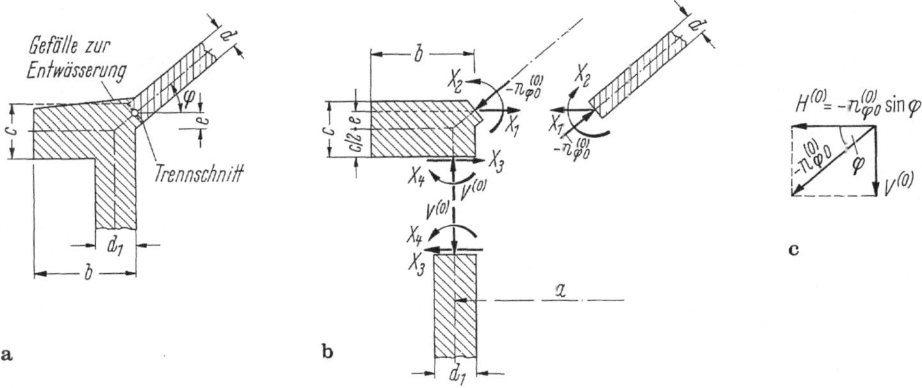

Abb. 7/56. Berücksichtigung der Verbindung von Zugring, Zylinderwand und Kuppelschale. **a** Anordnung; **b** Kräfte am statisch bestimmten Grundsystem (idealisiert); **c** Zerlegen der Meridiankraft der Kuppel in eine Horizontalkomponente $H^{(0)}$ in der Ringebene und die Auflagerkraft $V^{(0)}$ in der Zylindermittelfläche

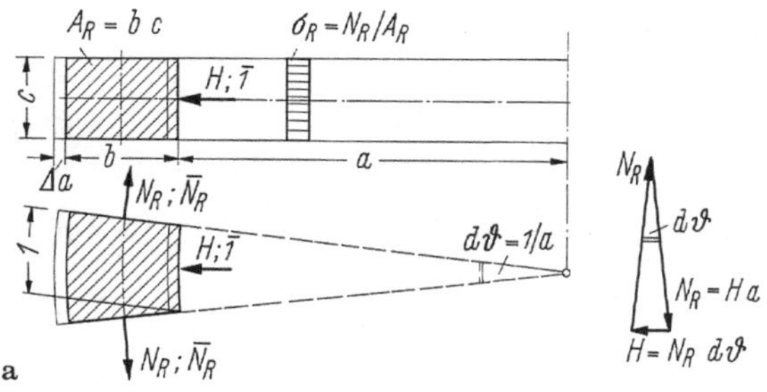

a

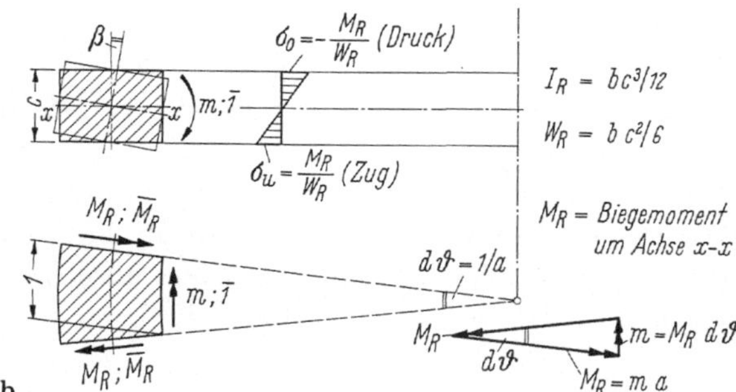

b

Abb. 7/57. Schnittkräfte und -verformungen eines Zugringes aus **a** rotationssymmetrischen Randkräften H; **b** rotationssymmetrischen „Krempelmomenten“ m

(a) Aus H entsteht im Ring eine nahezu mittige Längskraft (Abb. 7/57a)

$$N_R = Ha \tag{62a}$$

und eine radiale Aufweitung, vgl. (9a),

$$\Delta a = \frac{N_R(a + b/2)}{EA_R} = \frac{Ha(a + b/2)}{EA_R} \approx \frac{Ha^2}{EA_R}. \tag{63a}$$

Man kann diese auch mittels virtueller Arbeiten ableiten (Abb. 7/57a):

$$\bar{N}_R = \bar{1} \cdot a; \qquad \bar{1} \cdot \Delta a\, 2\pi a = \frac{N_R \bar{N}_R}{EA_R}\, 2\pi(a + b/2)$$

(b) Das Krempelmoment m bewirkt im ganzen Ring ein konstantes Biegemoment (keine Torsion!)

$$M_R = ma \tag{62b}$$

und eine Verdrehung des Ringes um β (Abb. 7/57b):

$$\bar{M}_R = \bar{1} \cdot a; \qquad \bar{1} \cdot \beta\, 2\pi a = \frac{M_R \bar{M}_R}{EI_R}\, 2\pi(a + b/2)$$

$$\beta = \frac{M_R(a + b/2)}{EI_R} = \frac{m_R a(a + b/2)}{EI_R} \approx \frac{ma^2}{EI_R}. \tag{63b}$$

Die Randspannungen aus der Verbiegung des Ringes ermöglichen eine Kontrolle:

$$\varepsilon_u = \frac{\sigma_u}{E} = \frac{M_R c/2}{EI_R} \qquad \beta = \frac{\varepsilon_u(a + b/2)}{c/2} = \frac{M_R(a + b/2)}{EI_R}$$

Mitunter bereitet die Vorstellung Schwierigkeiten, daß mit M_R keine Verbiegung der Ringachse verbunden ist. Betrachtet man aber die Kegelfläche, zu der sich die Ringebene verformt, dann wird die Verbiegung des Rings um die nunmehr geneigte Achse $x—x$ offensichtlich (Abb. 7/57b).

Im allgemeinen empfiehlt es sich, den Zugring so anzuordnen, daß sich die Schalenmittelfläche und die Achse der Zugringabstützung in der horizontalen Mittelebene des Rings schneiden (Abb. 7/56). Im statisch bestimmten Zustand entstehen dann keine Verdrehungen β des Rings.

Wenn die Schale im Zugring eingespannt ist, dürfen wir den Trennschnitt zwischen Schale und Ring und damit den Angriffspunkt der Überzähligen nicht in den Schnittpunkt der Achsen legen, da dann das Einspannmoment im Ringquerschnitt liegen würde. Wir trennen deshalb am Schalenanschnitt (Abb. 7/56b). Die Überzähligen X_1 und X_3, jedoch nicht H_0, rufen dann Bördelmomente $m = X_1 e$ bzw. $m = -X_3 e/2$ im Ring hervor. Diese sind bei den Verformungen des Ringes zu berücksichtigen. Mit $H = X_1 = 1$ und $m = 1 \cdot e$ ergibt sich beispielsweise aus (63):

$$\delta_{31} \approx \frac{a^2}{EA_R} - \frac{c}{2}\frac{ea^2}{EI_R} = \frac{a^2}{EA_R}\left(1 - \frac{ce}{2i_R^2}\right); \qquad i_R^2 = \frac{I_R}{A_R} \tag{66}$$

Zum gleichen Ergebnis führt natürlich auch die Anwendung des Arbeitssatzes entsprechend Abb. 7/57. Die anderen δ_{ik}-Werte des Rings sind im Beispiel d) in 7.6.2.3 als δ_{ik}^R-Anteile formelmäßig angegeben. Sie sind mit den entsprechenden δ_{ik}^S-Anteilen der angrenzenden Schale zusammenzufassen:

$$\delta_{ik} = \delta_{ik}^R + \delta_{ik}^S .$$

7.6.2.3 Beispiele

Da die Berechnung der Randstörungen bei allen Kegel- und Kuppelschalen prinzipiell gleich ist, werden die Auswirkungen unterschiedlicher Randbedingungen beispielhaft an einer Kegelschale unter Eigengewicht untersucht (Abb. 7/58);

$$g = 4 \text{ kN/m}^2 \text{ (einschließlich Belag)}$$

$$p_r = -g \cos\varphi = -4{,}0 \cos 30° = -3{,}47 \text{ kN/m}^2 . \tag{67}$$

Nach Gleichung (7): $r_\vartheta = a/\sin\varphi = 8{,}0/\sin 30° = 16{,}0$ m ; $x = a/\cos\varphi = 9{,}24$ m

(58): $L = 0{,}76\sqrt{dr_\vartheta} = 0{,}76\sqrt{0{,}1 \cdot 16{,}0} = 0{,}96$ m ;

(60): $C = \dfrac{Ed}{r_\vartheta^2} = \dfrac{30 \cdot 10^6 \cdot 0{,}1}{16{,}0^2} = 11\,700 \text{ kN/m}^3$;

(a) *Kegelschale membrangerecht abgestützt* (Abb. 7/58a)
Membrankräfte am Rand:

(6b): $n_{\vartheta 0}^{(0)} = p_r r_\vartheta = -3{,}47 \cdot 16{,}0 = -55{,}5$ kN/m;

(5c): $n_{x0}^{(0)} = -\dfrac{gl}{2\sin\varphi} = -\dfrac{4{,}0 \cdot 9{,}24}{2 \sin 30°} = -37{,}0$ kN/m;

$$H^{(0)} = -n_x^{(0)} \cos\varphi = 37{,}0 \cos 30° = 32{,}0 \text{ kN/m} . \tag{68}$$

Keine Momente.

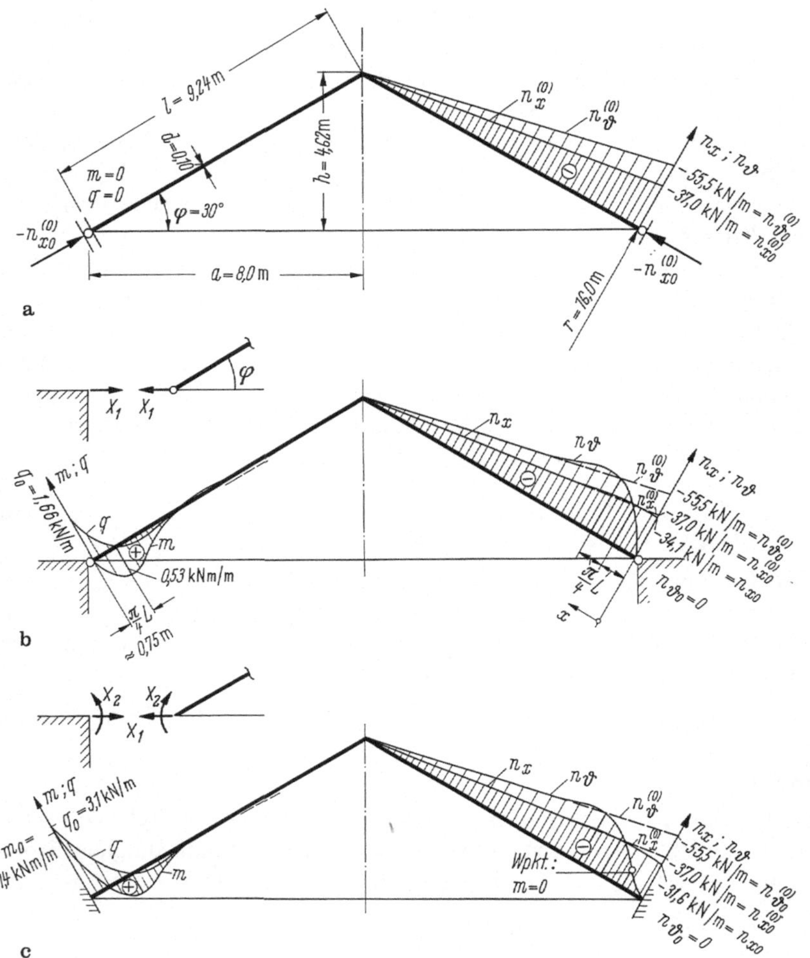

Abb. 7/58. Kegelschale unter Eigengewicht $g = 4{,}0\ \mathrm{kN/m^2}$ (einschließlich Belag). Beispiel für die Auswirkungen verschiedener Auflagerungsarten. **a** Drehbare und verschiebliche Lagerung („membrangerechte Abstützung"); **b** Gelenkige Lagerung auf starrem Widerlager; **c** Einspannung in starrem Widerlager

Verformungen am Rand (9a) und (60):

$$\delta_{10} = \Delta a^{(0)} = \frac{n_\vartheta^{(0)} a}{Ed} = \frac{p_r r_\vartheta a}{Ed} = \frac{p_r}{C} \sin\varphi = -\frac{3{,}47}{11\,700}\, 0{,}5 = -0{,}148 \cdot 10^{-3}\ \mathrm{m};$$

$$n_\vartheta^{(0)} a = p_r r_\vartheta a = -g x^2 \cot\varphi \cos^2\varphi\,; \tag{69 a}$$

Nach (12a) und (5c) gilt

$$\delta_{20} = \frac{\mathrm{d}w^{(0)}}{\mathrm{d}x} = \frac{1}{Ed \sin\varphi}\left(-2gx \cot\varphi \cos^2\varphi + \frac{ga}{2\sin\varphi}\right);$$

und mit (60):

$$\delta_{20} = -\frac{g}{Ca}\left(2\cos^2\varphi - \frac{1}{2}\right) = -\frac{4{,}0}{11\,700\cdot 8{,}0}\left(2\cos^2 30^\circ - \frac{1}{2}\right) \qquad (69\,\text{b})$$

$$= -0{,}043\cdot 10^{-3};$$

Der Schalenrand zieht sich also zusammen und verdreht sich nach innen.

(b) *Gelenkige Lagerung auf starrem Widerlager* (Abb. 7/58 b)
Wie nehmen an, daß die Schale rundum *gelenkig* auf einem starren Widerlager aufruht, was man allerdings praktisch nicht verwirklichen wird. Um die nach innen gerichtete Verformung der Schale im Membranzustand zu beseitigen, wird die statisch unbestimmte Randkraft X_1 angesetzt.

(61 a): $\delta_{11} = \frac{2}{CL}\sin^2\varphi$;

(69 a): $\delta_{10} = \frac{p_r}{C}\sin\varphi$;

$$X_1 = -\frac{\delta_{10}}{\delta_{11}} = -\frac{p_r L}{2\sin\varphi} = \frac{gL}{2}\cot\varphi$$

(59): $q_0 = X_1\sin\varphi = -\frac{p_r L}{2} = \frac{3{,}47\cdot 0{,}96}{2} = 1{,}66\ \text{kN/m}$;
(wie für den Schmierzylinder!).

(41 c): $m = -\frac{p_r L^2}{2}\eta_3$ mit

$$\max m \approx \frac{q_0 L}{3} = \frac{1{,}66\cdot 0{,}96}{3} = 0{,}53\ \text{kN m/m} \quad \text{im Abstand} \quad \frac{\pi}{4}L \approx 0{,}75\ \text{m};$$

$$n_{x0} = n_{x0}^{(0)} + q_0\cot\alpha = -37{,}0 + 1{,}66\cot 30^\circ = -34{,}1\ \text{kN/m};$$

Horizontalschub auf das Widerlager:

$$H = H^{(0)} - X_1 = H^{(0)}\left(1 - \frac{L}{l}\right) = 32{,}0\left(1 - \frac{0{,}96}{9{,}24}\right) = 28{,}7\ \text{kN/m}. \qquad (70)$$

(41 a): $w = w^{(0)} + w_{0q}\cdot\eta_1 = w^{(0)} - \frac{p_r}{C}\eta_1$;

(41 e): $n_\vartheta = n_\vartheta^{(0)} + Crw_{0q}\eta_1 = n_\vartheta^{(0)} - p_r r\eta_1 = n_\vartheta^{(0)} - n_{\vartheta 0}^{(0)}\eta_1$. (71)

Das Verhalten entspricht also völlig dem der gelenkig gelagerten Zylinderschale (7.5.1 a).

(c) *Einspannung in starrem Widerlager* (vgl. Abb. 7/58 c)
Die δ_{ik}-Werte können aus den vorherigen Beispielen und 7.6.2.1 übernommen werden. Hieraus folgt:

$$X_1 = gL\cot\varphi\left(1 - \frac{L}{l}k\right), \qquad X_2 = -\frac{gl^2}{2}\cos\varphi\left(1 - \frac{2L}{l}k\right), \qquad (72)$$

wobei

$$k = 1 - \frac{1}{4\cos^2\varphi} = 1 - \frac{1}{4\cos^2 30°} = \frac{2}{3}.$$

Das Klammerglied in (72) rührt von der Verdrehung der Kegelmembran am Auflager her. Die Verdrehung hat bei $\varphi = 60°$ einen Nulldurchgang ($k = 0$), weil die Anteile aus der Ringverformung und aus der Meridianverformung sich dann gerade aufheben. Letztere werden in der Literatur oftmals vernachlässigt ($k = 1$), was aber nicht berechtigt ist.

Wenn man (67) und (59) einsetzt, erkennt man die prinzipielle Übereinstimmung mit den Randstörungen des eingespannten Zylinders (Abb. 7/31 b).

(72): $$q_0 = -p_r L\left(1 - \frac{L}{l}k\right) = 3{,}47 \cdot 0{,}96\left(1 - \frac{0{,}96}{9{,}24}\cdot\frac{2}{3}\right) = 3{,}1\ \text{kN/m};$$

(72): $$m_0 = \frac{p_r L^2}{2}\left(1 - 2\frac{L}{l}k\right) = \frac{-3{,}47 \cdot 0{,}96^2}{2}\left(1 - 2\frac{0{,}96}{9{,}24}\frac{2}{3}\right) = -1{,}4\ \text{kNm/m};$$

(41 d): $$q = q_0\eta_4 - \frac{2m_0}{L}\eta_3 = 3{,}1\eta_4 + 2{,}9\eta_3\ [\text{kN/m}];$$

(41 c): $$m = q_0 L\eta_3 + m_0\eta_2 = 3{,}0\eta_3 - 1{,}4\eta_2\ [\text{kNm/m}];$$

$$n_x = n_x^{(0)} + q\cot\alpha;$$

$$n_{x0} = n_{x0}^{(0)} + q_0\cot\alpha = -37{,}0 + 3{,}1\cot 30° = -31{,}6\ \text{kN/m};$$

(41 e): $$n_\vartheta = n_\vartheta^{(0)} + \frac{2r}{L}\left(q_0\eta_1 + \frac{m_0}{L}\eta_4\right) = n_\vartheta^{(0)} + \frac{2\cdot 16{,}0}{0{,}96}\left(3{,}1\eta_1 - \frac{1{,}4}{0{,}96}\eta_4\right)$$

$$= n_\vartheta^{(0)} + 103\eta_1 - 48\eta_4[\text{kN/m}].$$

(d) *Abstützung auf einen elastischen Zugring* (Abb. 7/59 a)
Zugring 0,5/0,7 m: $A_R = 0{,}35\ \text{m}^2$, $I_R = 0{,}0073\ \text{m}^4$, $i_R = 0{,}145\ \text{m}$, $e = 0{,}18\ \text{m}$, $c = 0{,}50\ \text{m}$. Zu den δ^K-Werten des Kegels kommen die δ^R des Ringes hinzu (positiv jeweils im Sinne der angesetzten X_k gemäß Abb. 7/56):
(69 a), (63 a), (66):

$$\delta_{10} = \delta_{10}^K + \delta_{10}^R = \frac{p_r}{C}\sin\varphi - \frac{H^{(0)}a^2}{EA_R} \tag{73 a}$$

$$= -\frac{3{,}47}{11\,700}0{,}5 - \frac{32{,}0\cdot 8{,}0^2}{30\cdot 10^6\cdot 0{,}35} = -(148 + 195)\,10^{-6} = 343\cdot 10^{-6}\ \text{m};$$

(69 b): $$\delta_{20} = \delta_{20}^K = -43\cdot 10^{-6}\ \text{(wie im Beispiel } a);$$

(61 a), (63):

$$\delta_{11} = \delta_{11}^K + \delta_{11}^R = \frac{2}{CL}\sin^2\varphi + \frac{a^2}{EA_R}\left(1 + \frac{e^2}{i_R^2}\right); \tag{73 b}$$

$$= \frac{2\sin^2 30°}{11\,700\cdot 0{,}96} + \frac{8{,}0^2}{30\cdot 10^6\cdot 0{,}35}\left(1 + \frac{0{,}18^2}{0{,}145^2}\right)$$

$$= (44{,}5 + 15{,}5)\cdot 10^{-6} = 60{,}0\cdot 10^{-6}\ \text{m}^2/\text{kN};$$

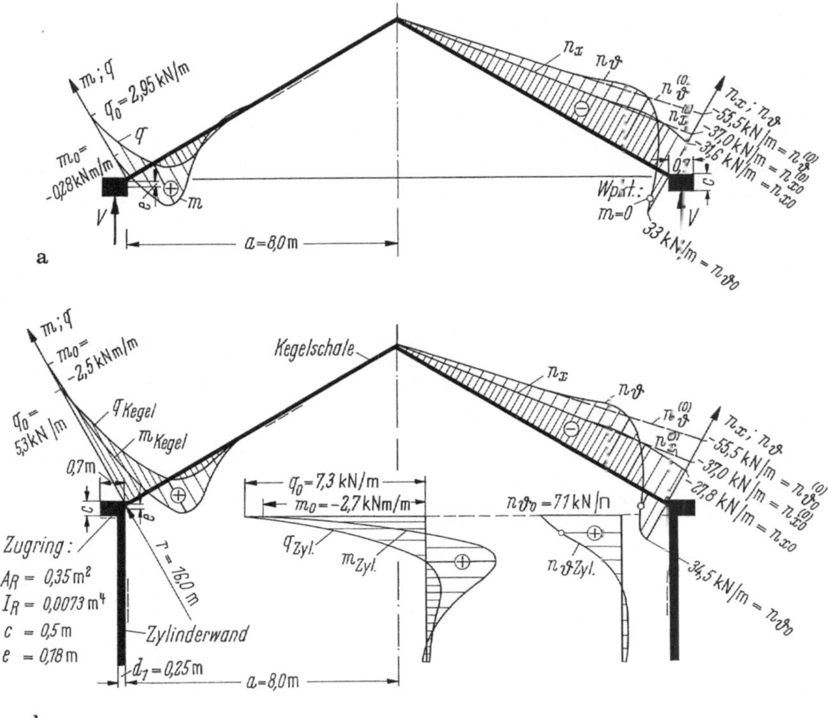

Abb. 7/59. Kegelschale wie in Abb. 7/58, jedoch mit Zugring. **a** Einspannung in elastischen Zugring; **b** Einspannung in Zugring und Zylinderwand

(61 b), (63 b):

$$\delta_{12} = \delta_{12}^{K} + \delta_{12}^{R} = \frac{2}{CL^2} \sin \varphi - \frac{a^2 e}{EI_R} \tag{73 c}$$

$$= \frac{2 \sin 30°}{11\,700 \cdot 0{,}96^2} - \frac{8{,}0^2 \cdot 0{,}18}{30 \cdot 10^6 \cdot 0{,}0073}$$

$$= (92{,}7 - 52{,}6) \cdot 10^{-6} = 40{,}0 \cdot 10^{-6} \text{ m/kN};$$

(61 c), (63 b):

$$\delta_{22} = \delta_{22}^{K} + \delta_{22}^{R} = \frac{4}{CL^3} + \frac{a^2}{EI_R} \tag{73 d}$$

$$= \frac{4}{11\,700 \cdot 0{,}96^3} + \frac{8{,}0^2}{30 \cdot 10^6 \cdot 0{,}0073}$$

$$= (386 + 292)\, 10^{-6} = 687 \cdot 10^{-6} \text{ 1/kN}.$$

$X_1 = 5{,}9$ kN/m; $q_0 = X_1 \sin \varphi = 5{,}9 \sin 30° = 2{,}95$ kN/m;
$X_2 = m_0 = -0{,}28$ kNm/m;

Ermittlung von q, m, n_x, n_ϑ wie bei c);

$$H = H^{(0)} - X_1 = 32{,}0 - 2{,}95 = 29 \text{ kN/m} .$$

e) *Abstützung auf Zugring und Zylinderwand* (Abb. 7/59b)

Zylinder: $L_1 = 0{,}76\sqrt{0{,}25 \cdot 8{,}0} = 1{,}07$ m; $C_1 = 30 \cdot 10^6 \cdot 0{,}25/8{,}0^2 = 117000$ kN/m³.
Zusätzliche Weggrößen nach 7.5.1 und 7.6.2.1:

(73 a): $\delta_{30} = \delta_{30}^{R} = \delta_{10}^{R} = -195 \cdot 10^{-6}$ m;

$\delta_{40} = 0$;

(66): $$\delta_{31} = \delta_{31}^{R} = \frac{a^2}{EA_R}\left(1 - \frac{ce}{2i_R^2}\right) = \frac{8{,}0^2}{30 \cdot 10^6 \cdot 0{,}35}\left(1 - \frac{0{,}5 \cdot 0{,}18}{2 \cdot 0{,}145^2}\right)$$

$$= -7{,}0 \cdot 10^{-6} \text{ m}^2/\text{kN};$$

(63b): $$\delta_{41} = \delta_{41}^{R} = \frac{ea^2}{EI_R} = \frac{0{,}18 \cdot 8{,}0^2}{30 \cdot 10^6 \cdot 0{,}0073} = 52{,}6 \cdot 10^{-6} \text{ m/kN};$$

(63 b): $$\delta_{32} = \delta_{32}^{R} = \frac{ca^2}{2EI_R} = \frac{0{,}50 \cdot 8{,}0^2}{2 \cdot 30 \cdot 10^6 \cdot 0{,}0073} = 73{,}1 \cdot 10^{-6} \text{ m/kN};$$

(63 b): $$\delta_{42} = \delta_{42}^{R} = -\frac{a^2}{EI_R} = -\frac{8{,}0^2}{30 \cdot 10^6 \cdot 0{,}0073} = -292 \cdot 10^{-6} \text{ m/kN};$$

(63): $$\delta_{33}^{R} = \frac{a^2}{EA_R}\left(1 + \frac{c^2 A_R}{4I_R}\right) = \frac{4a^2}{EA_R}; \tag{74}$$

(39 a), (74):

$$\delta_{33} = \delta_{33}^{Z} + \delta_{33}^{R} = \frac{2}{C_1 L_1} + \frac{4a^2}{EA_R} = \frac{2}{117000 \cdot 1{,}07} + \frac{4 \cdot 8{,}0^2}{30 \cdot 10^6 \cdot 0{,}35}$$

$$= (16{,}0 + 24{,}4) \cdot 10^{-6} = 40{,}4 \cdot 10^{-6} \text{ m}^2/\text{kN};$$

(39 b), (63 b):

$$\delta_{34} = \delta_{34}^{Z} + \delta_{34}^{R} = \frac{2}{C_1 L_1^2} - \frac{ca^2}{2EI_R} = \frac{2}{117000 \cdot 1{,}07^2} - \frac{0{,}50 \cdot 8{,}0^2}{2 \cdot 30 \cdot 10^6 \cdot 0{,}0073}$$

$$= (15{,}0 - 73{,}1) \cdot 10^{-6} = -58{,}1 \cdot 10^{-6} \text{ m/kN};$$

(46 b), (63 b):

$$\delta_{44} = \delta_{44}^{Z} + \delta_{44}^{R} = \frac{4}{C_1 L_1^3} + \frac{a^2}{EI_R} = \frac{4}{117000 \cdot 1{,}07^3} + \frac{8{,}0^2}{30 \cdot 10^6 \cdot 0{,}0073}$$

$$= (27{,}9 + 292) \cdot 10^6 = 320 \cdot 10^6 \text{ 1/kN}.$$

$X_1 = 10{,}6$ kN/m; $q_0 = X_1 \sin\alpha = 10{,}6 \sin 30° = 30° = 5{,}3$ kN/m;
$X_2 = m_0 = -2{,}5$ kNm/m .

Mit q_0 und m_0 werden die Schnittgrößen der Kegelschale wie bei c) berechnet:

$$(41\,\text{d}):\quad q = q_0\eta_4 - \frac{2m_0}{L}\,\eta_3 = 5{,}3\eta_4 + 5{,}2\eta_3\ [\text{kN/m}];$$

$$(41\,\text{c}):\quad m = q_0 L\eta_3 + m_0\eta_2 = 5{,}1\,\eta_3 - 2{,}5\,\eta_2\ [\text{kNm/m}];$$

$$n_{x0} = n_{x0}^{(0)} + q_0 \cot\varphi = -37{,}0 + 5{,}3\cot 30° = -27{,}8\ \text{kN/m};$$

$$(41\,\text{e}):\quad n_\vartheta = n_\vartheta^{(0)} + \frac{2r}{L}\left(q_0\eta_1 + \frac{m_0}{L}\,\eta_4\right) = n_\vartheta^{(0)} + \frac{2\cdot 16{,}0}{0{,}96}\left(5{,}3\eta_1 - \frac{2{,}5}{0{,}96}\,\eta_4\right)$$

$$= n_\vartheta^{(0)} + 17{,}7\eta_1 - 8{,}7\eta_4\ [\text{kN/m}]\,.$$

Die Schnittgrößen der Zylinderschale aus der Abstützung der Kegelschale ergeben sich aus den gleichen Beziehungen, wobei

$$q_0 = X_3 = 7{,}3\ \text{kN/m}; \qquad m_0 = X_4 = -2{,}7\ \text{kNm/m}\,.$$

Der Zugring wird beansprucht durch die Ringzugkraft Z_R und das Biegemoment M_R:

$$(62\,\text{a}):\quad Z_R = Ha = (H^{(0)} - X_1 - X_3)\,a = (32{,}0 - 10{,}6 - 7{,}3)\,8{,}0 = 113\ \text{kN};$$

$$(62\,\text{b}):\quad M_R = ma = \left(X_1 e - X_2 - X_3\,\frac{c}{2} + X_4\right) a$$

$$= (10{,}6\cdot 0{,}18 + 2{,}5 - 7{,}3\cdot 0{,}25 - 2{,}7)\,8{,}0 = -0{,}9\ \text{kNm}\,.$$

Die Beispiele zeigen:

(1) Die Membranverformungen sind sehr gering; der Radius der Kegelschale verengt sich nur um 0,15 mm. Dies bestätigt die enorme Steifigkeit und Tragfähigkeit von Membranschalen unter Flächenlasten.

(2) Die Lastglieder δ_{ko} können an einem Ringstreifen ohne Kenntnis der übrigen Membranverformungen aus den Membranschnittkräften am Schalenrand ermittelt werden.

(3) Die starre Abstützung, die dehnungsloser Auflagerung entspricht, bedingt, daß die Ringkraft am Schalenrand gleich null wird. Dadurch wird der Horizontalschub vermindert. Die Schale muß sich in diesem Fall durch Ringzugkräfte in ihrer Randregion an der Aufnahme des Horizontalschubes beteiligen.

(4) Am Schalenrand entstehen bei gelenkiger Lagerung rasch abklingende Momente in Richtung der Erzeugenden, die auf der Innenseite Zugspannungen bewirken, da der Zusatzschub X_1 an der Kegelschale nach außen gerichtet ist.

(5) Die starre Einspannung vergrößert den Zusatzschub und bewirkt ein „Durchschlagen" der Biegemomente m auf negative Werte, d. h. daß auf der Außenseite der Schale die größten Biegezugspannungen σ_x auftreten.

(6) Bei der elastischen Abstützung auf einen Zugring ist im Membranzustand die Klaffung zwischen Schalenrand und Auflager größer als bei starrer Lagerung, da sich ja der Grundkreis des Kegels verkleinert und der Zugring erweitert. Dies hat größere positive Momente zur Folge. Am Schalenanschnitt erscheinen außerdem negative Momente, weil der Ring zugleich als elastische Einspannung wirkt.

(7) Die Verbindung des Ringes mit der Wand führt zu seiner Versteifung und damit zu einer stärkeren Einspannung des Kegelschalenrands.

(8) Für alle Lagerungsarten ergeben sich die Schnittgrößen der Kegelschale aus den statisch Überzähligen wie beim Zylinder.

Zusammenfassend ist festzustellen:

Der Membranzustand wird bei dünnen Kegelschalen nur in einem schmalen Randbereich gestört. Die Störungen sind um so größer, je stärker die Randverformungen des Membranzustandes behindert werden. Ebenso verhalten sich Rotationsschalen mit anderer Meridianform, sofern in der Nähe des Randes die Neigung $\varphi > 20°$ und $d \ll a$. Dann dürfen Formänderungen des Schalenrandes aus Randkraft und Randmoment wie für den Schmiegzylinder berechnet werden. Anderenfalls ist eine genauere Rechnung nötig [4.1; 5.1 Bd. 3].

7.6.2.4 Vorspannung von Rotationsschalen

(a) *Vorspannung des Zugrings.* Man kann sich dem Membranzustand nähern, wenn der Zugring durch Vorspannung elastisch verkürzt wird. Diese besitzt daher wegen ihres günstigen Einflusses bei Kuppeln besondere Bedeutung.

Wenn wir einen durch Membrankräfte $H^{(0)} = -n_{x0} \cos \varphi$ belasteten Zugring mit der Spannkraft V komprimieren, wird die Aufweitung des Rings (63a) vermindert auf

$$\Delta_{\mathrm{a}}^{(0)} = \frac{a^2 H^{(0)}}{E A_{\mathrm{R}}} (1 - \zeta), \tag{75 a}$$

wobei

$$\zeta = \frac{V}{H^{(0)} a} \tag{75 b}$$

das Verhältnis der Ringkraft aus Vorspannung zu derjenigen aus dem Kuppelschub darstellt. Sehen wir einmal von dem relativ geringen Einfluß δ_{20} der Membranverdrehung auf die Schnittkräfte ab, dann können wir den Membranzustand in einer Kuppelschale mit Ring dadurch verwirklichen, daß wir die Klaffung

$$\delta_{10} = \delta_{10}^{\mathrm{S}} + \delta_{10}^{\mathrm{R}} = \frac{p_{\mathrm{r}} \sin \varphi}{C} - \Delta a_0^{(0)} \tag{76}$$

durch Vorspannung zu Null machen. Für eine Kegelschale unter Eigengewicht ergibt sich mit $p_{\mathrm{r}} = -g \cos \varphi$ (67), $C = Ed \sin^2 \varphi / a^2$ (60) und $H_0 = -n_{x0} \cos \varphi = gl \cot \varphi / 2$ (5c):

$$\delta_{10} = -\frac{g}{C} \sin \varphi \cos \varphi \left[1 + \frac{ld}{2A_{\mathrm{R}}} (1 - \zeta) \right].$$

$$\delta_{10} = 0 \quad \text{für} \quad \zeta = 1 + \frac{2A_{\mathrm{R}}}{ld}.$$

V müßte also größer als $H^{(0)} a$ sein. Für unser Beispiel Abb. 7/59a ergibt sich

$$\zeta = 1 + \frac{2 \cdot 0{,}35}{9{,}24 \cdot 0{,}1} = 1{,}76.$$

Der Ring weist dann bei Vollast noch eine Druckkraftreserve von $H^{(0)}a(\zeta - 1)$ auf. So weit geht man aber wegen des großen Spannstahlaufwands meist nicht, sondern man begnügt sich damit, den Ring unter Vollast zugspannungsfrei zu halten. Dann ist die Aufweitung des Randes gerade Null, und der Beanspruchungszustand des Kegels entspricht genau demjenigen bei starrer Abstützung (Beispiel 7.6.2.3b). Der Horizontalschub $H = H^{(0)}(1 - L/l)$ (70) wird durch die Umlenkkräfte V/a aufgenommen. Daraus folgt mit (75b):

$$\frac{V}{a} = H^{(0)}\left(1 - \frac{L}{l}\right)$$

$$\zeta = 1 - \frac{L}{l}, \quad \text{im Beispiel: } \zeta = 0{,}90 .$$

Wir lernen daraus:

(1) Die Vorspannung überdrückt den Ringzug schon, wenn $V/(H^{(0)}a) \geqq 1 - L/l$ ist, da ja ein Teil von $H^{(0)}$ durch die Schale selbst aufgenommen wird.

(2) Wenn $V = H^{(0)}a$, verbleibt unter Eigenlast eine Restdruckkraft im Ring.

(3) Um die Randstörung möglichst vollkommen zu beseitigen, muß der Ring erheblich mehr gedrückt werden, als zur Beseitigung der Zugspannungen nötig ist.

Will man auch die bisher vernachlässigte Verdrehung der Schale im Membranzustand ausgleichen, so kann man die Spannglieder aus der Symmetrieebene des Rings verschieben. Wenn aber mehrere Schalen mit dem Ring verbunden sind, wie im Beispiel 7.6.2.3e, dann ist eine biegefreie Vorspannung aller Schalen nicht möglich.

Die vorstehenden Überlegungen wurden für Eigengewicht durchgeführt. Für Vollast ist die Spannkraft entsprechend zu vermehren, indem man zu δ_{10} den Anteil aus Nutzlast hinzufügt. Durch die erhöhte Spannkraft wird das Ausrüsten erleichtert. Wenn man den Ring durch Vorspannen verkürzt, hebt sich der Kegel von der Schalung ab, wodurch das schwierige gleichmäßige Absenken der Rüstung im ganzen fortfällt. Mitunter wird vorgeschlagen, den Zugring bereits vorzuspannen, ehe er mit der Schale in konstruktive Verbindung gebracht wird, bzw. ehe man die Schale betoniert. Damit wird zwar die Gefahr von Zugrissen im Ring beseitigt, aber anfänglich keine Herabsetzung der Randstörungen erreicht, so daß dieser Bauvorgang im allgemeinen nicht zweckmäßig ist. Durch das Kriechen des Ringbetons tritt allerdings mit der Zeit eine Kräfteumlagerung ein, und man nähert sich den Ergebnissen des vorher beschriebenen Verfahrens.

Wenn die ständigen Lasten der Schale überwiegen, wird man dem Querschnitt A_R des Ringes möglichst klein halten, um die Vorspannkraft zu beschränken. Bei vorgespannten Kuppeln wird der Rand nur so weit verstärkt, wie es zur Unterbringung der Spannglieder und Aufnahme der Spannkraft bei kleinster Last notwendig ist. Bei hohen Nutzlastanteilen (Erdüberdeckung eines Behälters) sind größere Ringquerschnitte günstig. In solchen Fällen kann es auch zweckmäßig sein, die Vorspannung mit der Belastung in mehreren Stufen aufzubringen, um die unbelastete Schale nicht durch überschließende Vorspannung zu schädigen.

Die an einer Kegelschale studierten Wirkungen der Ringvorspannung lassen sich leicht mit Hilfe der in 7.6.2.1 angedeuteten Analogien auf andere Rotationskuppeln übertragen. Allein deshalb wurden die statischen Zusammenhänge der selten gebauten Kegelschale so ausführlich dargestellt.

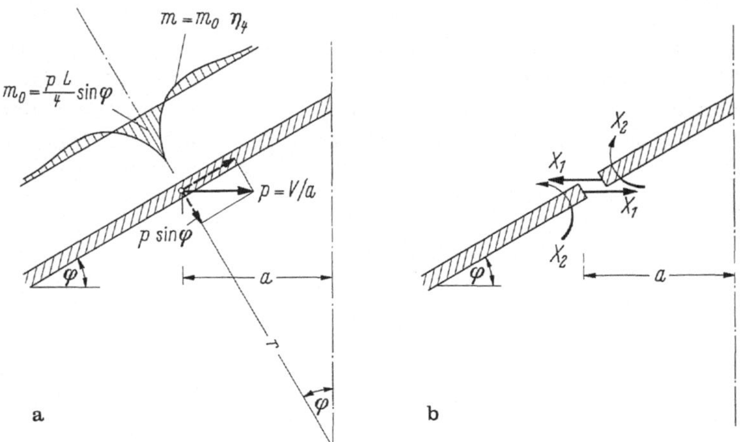

Abb. 7/60. Kegelschale mit Spannglied in einem Breitenkreis. **a** System mit Belastung; **b** Statisch Überzählige

(b) *Spannglieder in einem Breitenkreis.* Mitunter wird auch die Fläche einer Kegel- oder Kuppelschale in Ringrichtung vorgespannt, wozu sich aber nur Einzelspannglieder im Beton eignen. Die Herstellung der Kontinuität in einem Ringschnitt (Abb. 7/60) mit $p/2$ an jedem Rand bringt nach 7.6.2.1 mit

$$\delta_{10} = 0; \qquad \delta_{20} = \frac{2p}{CL^2} \sin\varphi;$$

$$\delta_{11} = 2\delta'_{11} = \frac{4}{CL} \sin^2\varphi; \qquad \delta_{22} = 2\delta'_{22} = \frac{8}{CL^3}; \qquad \delta_{12} = 0:$$

$$X_1 = 0; \qquad q_0 = \frac{p}{2} \sin\varphi; \qquad \max m = X_2 = \frac{pL}{4} \sin\varphi. \tag{77}$$

Die Ergebnisse für die Zylinderschale (7.5.1.3a) sind mithin unter Berücksichtigung der Neigung φ und des wechselnden Hauptkrümmungsradius r_ϑ übertragbar. Für eine Kugel erhält man im Rahmen der in 7.6.2.1 angegebenen Näherung unter der Wirkung eines auf einem Größtkreis geführten Spannglieds wie für den tangierenden Zylinder $m = pL/4$ und bei Führung auf einem Breitenkreis wie für den Kegel $m = (pL/4) \sin\varphi$.

Die Verankerungen der Ringspannglieder werden meist in lisenenartigen Verstärkungen der Schalenwand angeordnet (Abb. 7/61a), in denen jedes zweite Spannglied gestoßen wird. Damit der Spannkraftabfall infolge Reibung nicht zu groß wird — bei einem Reibungsbeiwert $\mu = 0{,}22$ geht auf einem halben Behälterumfang die Hälfte der Spannkraft verloren — wählt man oftmals drei oder noch mehr solcher Lisenen und spannt von beiden Seiten vor. Bei der Bewehrung der Lisenen zur Einleitung der Ankerkräfte sind auch die Bauzustände (nur einzelne Spannglieder gespannt) zu bedenken.

(c) *Wendelförmige Spanngliedführung.* Dadurch kann die Schale mit einer einzigen Spanngliedposition sowohl in Ringrichtung als auch in Meridianrichtung vorgespannt werden (Abb. 7/61 b). Dies ist besonders bei Behältern vorteilhaft, die durch Gasdruck beaufschlagt werden und dadurch Zug in beiden Richtungen erhalten, z. B. bei Reaktorsicherheitsbehältern. Bei wendelförmiger Spanngliedführung entfallen außerdem die Lisenen.

Die radialen Umlenkräfte p_r eines Spanngliedes mit der Spannkraft V können aus der Umlenkung in der ϑ und φ-Richtung zusammengesetzt werden (vgl. Abb. 7/53) (57):

$$p_r = -\frac{V \sin^2 \beta}{r_\vartheta} - \frac{V \cos^2 \beta}{r_\varphi}.$$

Liegen die Spannglieder in gleichmäßigem Abstand s, dann ist ihr Radialdruck $p_r^* = p_r/s$, bezogen auf die Schalenoberfläche. Die von den Verankerungen ausgehenden Meridiankräfte sind

$$n_\varphi = -\frac{V \cos^2 \beta}{s}$$

und erzeugen zusammen mit p_r^* die Ringkräfte nach Gleichung (6 a)

$$n_\vartheta = -\frac{V \sin^2 \beta}{s},$$

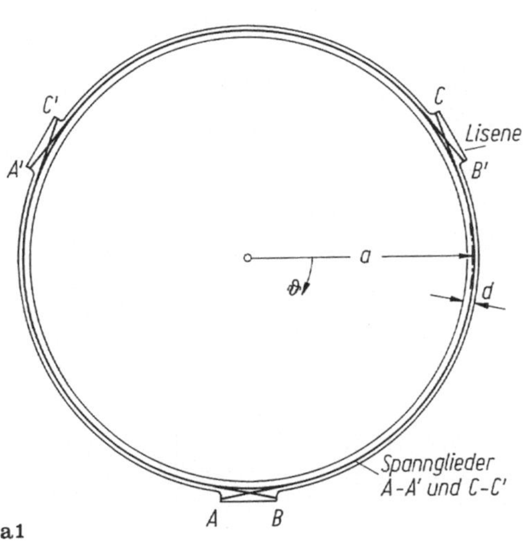

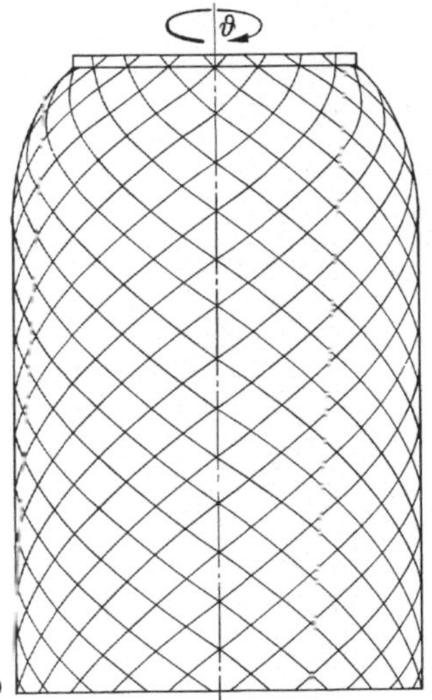

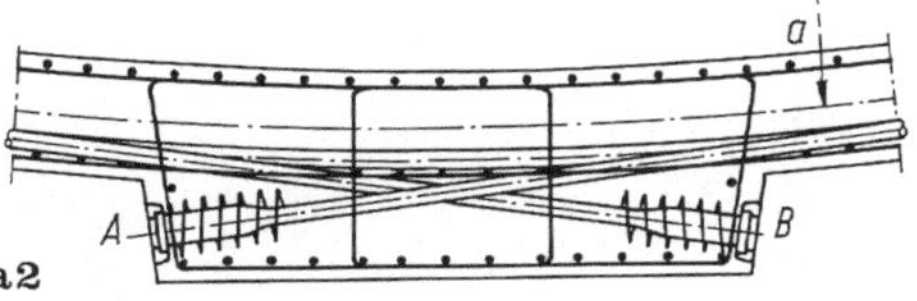

Abb. 7/61. Vorspannung von Rotationsschalen mit Einzelspanngliedern. **a** Verankerung von Ringspanngliedern in Linsen der Wand. **a1** Grundriß; Spannglieder über 2/3 Behälterumfang, jeweils von A bis A' usw.; **a2** Detail der Lisene. **b** Wendelförmige Spanngliedführung bei einem Druckbehälter (schematisch) erzeugt Ringdruck- und Meridiandruckkräfte

die sich auch unmittelbar aus dem Gleichgewicht in einem Meridianschnitt ableiten lassen.

Insgesamt gesehen benötigt man (theoretisch) die gleiche Menge Spannstahl, gleichgültig ob man die Spannglieder wendelförmig oder parallel zu den Breitenkreisen und Meridianen verlegt, denn $n_\varphi + n_\vartheta = -V/s$.

7.6.3 Unsymmetrische Belastung von Rotationsschalen, Schalenausschnitte

Sofern das Tragwerk rotationssymmetrisch ist und nur seine Belastung oder Abstützung in der Ringrichtung wechselt, kann man die Lasten bzw. Stützkräfte in trigonometrische Reihen entwickeln. Diese ergeben Schnittkräfte n_φ, n_ϑ und t, die mit der gleichen Periode wechseln. Die Membrankräfte und Biegestörungen für die Reihenglieder mit niedriger Ordnungszahl m lassen sich dann wieder mit Hilfe der Geckelerschen Näherung (7.6.2.1) wie bei der Zylinderschale (7.2.2.4c und 7.5.2.1) abschätzen. Die Reihenglieder mit einer Periode großer Ordnungszahl (etwa 5 und mehr) können bei allmählich wechselnden Lasten vernachlässigt werden.

Da in doppelt gekrümmten Schalen für Randkräfte allein ein Membranspannungszustand möglich ist, kann man eine Kuppel auch abschnittsweise längs ihres Umfangs auflagern (Abb. 7/62) [4.1]. Man geht von den gleichmäßig verteilten Stützkräften $n_{\varphi 0}$ unter einer gegebenen rotationssymmetrischen Belastung aus und überlagert diesen eine periodische Gleichgewichtsgruppe $n_{\varphi\,\mathrm{Rand}} = p_n \cos n\vartheta$ als tangentiale Randlast, wobei $n \geqq 2$ ist. Sie ruft in der Membran Meridiankräfte

$$n_\varphi = \frac{\sin^2 \varphi_0}{\sin^2 \varphi} \cdot \frac{\tan^n \varphi/2}{\tan^n \varphi_0/2}\, n_{\varphi\,\mathrm{Rand}}$$

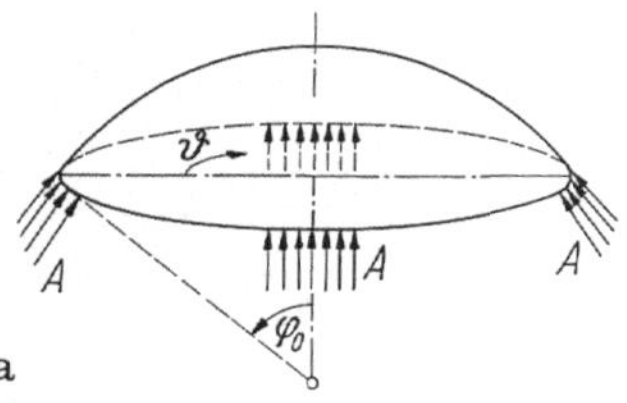

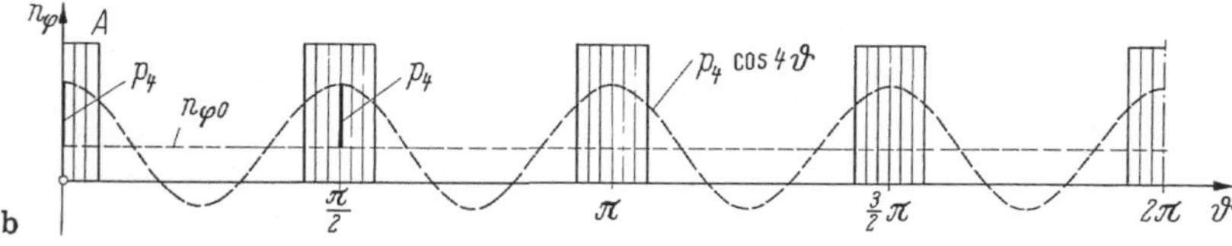

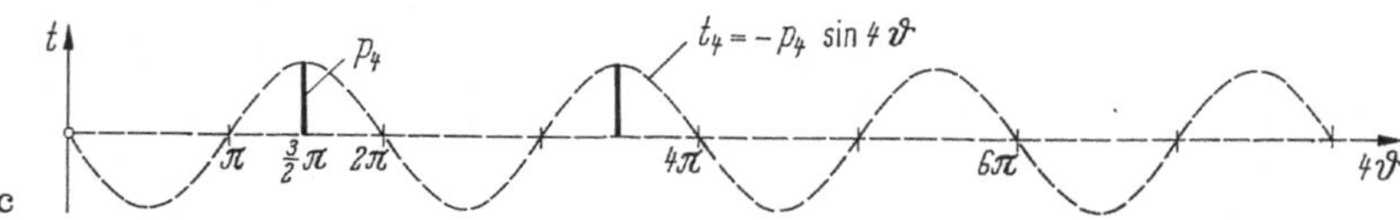

Abb. 7/62. Auflagerung einer Kuppel in vier Abschnitten. **a** Anordnung; **b** Meridiankräfte am Rand; $n_{\varphi 0}$ = rotationssymmetrischer Stützkraftanteil; $p_4 \cos 4\vartheta$: erstes Zusatzglied der Reihenentwicklung; **c** Randschubkräfte aus dem 1. Zusatzglied: $t_4 = -p_4 \sin 4\vartheta$

hervor, denen in jedem Punkt eine Ringkraft $n_\vartheta = -n_\varphi$ gegenübersteht. Beide Längskräfte setzen sich bis zum Kuppelscheitel fort. Außerdem fordert das Gleichgewicht, daß $t = -n_\varphi \tan n\vartheta$ ist. Mit Hilfe weiterer Randlasten $n_{\varphi n}$ für größere n kann man sich der wirklichen Auflagerkraftverteilung zunehmnd besser anpassen. Für eine Abstützung auf vier symmetrisch angeordnete Abschnitte wie in Abb. 7/62 ist dann

$$A = n_{\varphi 0} + \sum_{n=4,8\ldots}^{\infty} p_n \cos n\vartheta$$

Allerdings treten noch Randschubkräfte auf. Diese sind durch ein Randglied aufzunehmen, das daher auf Biegung in seiner Ebene beansprucht wird. Die Diskrepanz der Formänderungen zwischen Randglied und Kuppel führt zu Randstörungen, die aber rasch abklingen. Höhere Fourier-Glieder der Randlast ($n > 5$) ergeben kleinwellige Verformungen der Kuppel, so daß in zunehmendem Maße Biegespannungen entstehen. Hierfür gelten die gleichen Überlegungen, wie sie für Zylinderschalen in 7.5.2 angestellt wurden.

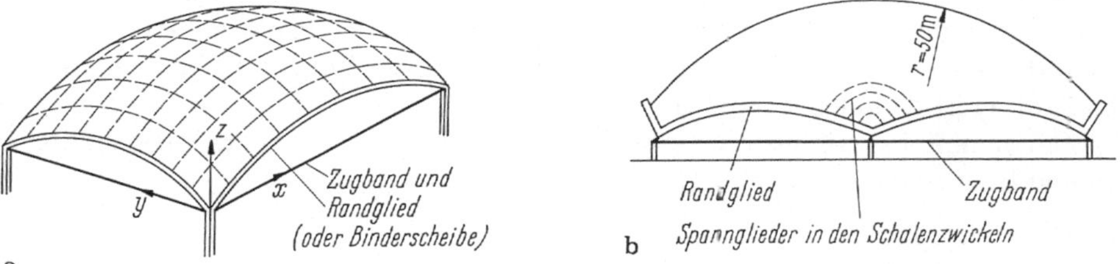

Abb. 7/63. Ausschnitte aus Kuppeln. **a** Translationskuppel über rechteckigem Grundriß mit bogenförmigen Randgliedern zur Aufnahme der Randschubkräfte; **b** Kugelkuppel über sechseckigem Grundriß [19]

Ausschnitte aus Kuppeln über einem drei- oder rechteckigen Grundriß [17; 44] (Abb. 7/63a) haben die Vorteile guter Belichtung des Innenraums und brauchen nur in den Eckpunkten abgestützt zu werden. Sie bereiten jedoch bei der Formulierung der Randbedingungen in Polarkoordinaten erhebliche mathematische Schwierigkeiten, da die Randpunkte veränderliche φ- und ϑ-Koordinaten besitzen. Man wendet daher in diesem Falle besser ein kartesisches Koordinatensystem (x, y, z) an, das nach dem Grundriß orientiert wird, und projiziert nach dem Vorbild von Pucher [18], ausführlich dargestellt z. B. in [3] und [4.11], die Schalenelemente, Lasten und Schnittkräfte auf die waagerechte Ebene sowie die senkrechte Achse. Die drei Gleichgewichtsbedingungen lassen sich auf nur eine Differentialgleichung für eine Spannungsfunktion zurückführen. Die Lösung muß den Randbedingungen genügen, d. h. die Längskraftkomponenten in den Koordinatenrichtungen müssen an den Rändern verschwinden. Die Schubkräfte, die sich dort zwangsläufig ergeben, sind wieder durch Randglieder aufzunehmen. Infolge der Diskrepanz der Verformungen von Schale und Randglied entstehen naturgemäß Biegemomente im Randbereich der Schale, die konstruktiv abzudecken sind, wenn keine genauere Berechnung (z. B. mittels FEM) erfolgt.

Kuppeln über polygonalem Grundriß lassen sich in entsprechender Weise berechnen (Abb. 7/63b). Bezüglich der Kappenschalen wird vor allem auf die Arbeiten von Czonka hingewiesen [44] (dort und in [6.1] finden sich viele weitere Quellen). Über elliptische Paraboloidschalen siehe auch [63], über Konoidschalen [64].

Gerade für flache Kuppeln werden heute die eingangs genannten physikalisch definierten oder frei geformten Schalenflächen bevorzugt. Deren Schnittkräfte lassen sich mit FEM-Programmen berechnen, so daß die mathematischen Methoden zur Lösung der Differentialgleichungen an Bedeutung verlieren. Wichtig ist ein Entwurf, der zumindest für die dominanten Lastfälle Eigengewicht und auch ungleichmäßige Schnee- und Windlasten einen Membranzustand ermöglicht. Der Computer kann das grundsätzliche Verständnis des Tragverhaltens nicht ersetzen. Er wird auf einen schlechten Entwurf mit großen Beanspruchungen und Verformungen oder numerischer Instabilität antworten.

7.7 Wellenschalen

Die Wellenschale ergibt eine bessere Dachausbildung als aneinandergereihte Tonnen, da die Verschneidungskehlen entfallen. Um als Schale zu wirken, braucht sie naturgemäß ebenfalls volle oder aufgelöste Binderscheiben an den Auflagern, die die Stützkräfte „membrangerecht" (tangential) eintragen. Die Wellenform wird zumeist nicht durch eine einfache Funktion beschrieben. Eine analytische Berechnung durch Integration ist dann nicht möglich.

Man nimmt näherungsweise geradlinige Spannungsverteilung wie beim Balken an und leitet daraus die Schubkräfte t ab (Abb. 7/64a, b):

$$2t = \frac{QS_s}{I}$$

I = Trägheitsmoment des Gesamtquerschnittes;
S_s = statisches Moment des abgetrennten Querschnittsteiles in bezug auf die horizontale Schwerachse.

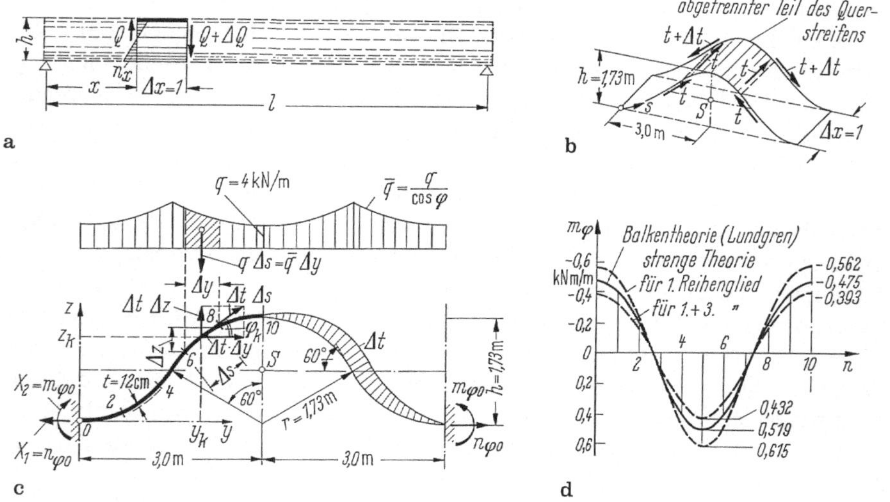

Abb. 7/64. Ermittlung der Querbiegung einer Wellenschale nach Lundgren. **a** Längsschnitt und Verteilung der Längskräfte n_x; **b** herausgetrennter Querstreifen mit den Schubkräften t und Δt; **c** Querschnitt einer Welle mit Verteilung der Belastung $\bar{q}$ (bezogen auf die Grundfläche); **d** Quermomente der Innenwelle einer Wellenreihe (abgewickelt dargestellt)

Für einen Querstreifen von der Breite $\Delta x = 1$ werden daraus abschnittsweise die Schubkraftdifferenzen Δt ermittelt:

$$\Delta t = \frac{\Delta Q S_s}{2I}$$

ΔQ = Gesamtlast des Querstreifens.

Diese Δt ersetzen am herausgeschnittenen Querstreifen die Wirkung der Lastabtragung in der Schalenlängsrichtung, da die Längsbiegung (q_x, m_x) der Schale nur in der Nähe der Stützung eine Rolle spielt. Zusammen mit der Belastung q des Querstreifens bewirken die Δt die Querbiegung. Sie stehen in ihrer Summe zwar mit den Lasten im Gleichgewicht, nicht jedoch an jeder Stelle des Streifens.

Für die numerische Berechnung unterteilt man den Querstreifen in Bogenelemente gleicher Länge Δs (Abb. 7/69c). Auf ein Element k wirken in lotrechter Richtung:

$$q_k \, \Delta s - \Delta t_k \, \Delta s \sin \varphi_k = q_k \, \Delta s - \Delta t_k \, \Delta z_k$$

in waagerechter Richtung:

$$\Delta t \, \Delta s \cos \varphi_k = \Delta t_k \, \Delta y_k$$

Bei freien Längsrändern des Streifens entstehen daraus Quermomente

$$m_{\varphi n}^{(0)} = - \sum_{k=1}^{n-1} \left[(q_k \, \Delta s - \Delta t_k \, \Delta z_k)(y_n - y_k) + \Delta t_k \, \Delta y_k (z_n - z_k) \right]$$

$n = 0, 2, 4 \ldots$ Intervalltrennschnitte
$n = 1, 3, 5 \ldots$ Intervallmitten

Zusammen mit den statisch unbestimmten Randschnittgrößen $X_1 = n_{\varphi 0}$ und $X_2 = m_{\varphi 0}$ ergeben sich die Quermomente

$$m_{\varphi n} = m_{\varphi n}^{(0)} + n_{\varphi 0} z_n + m_{\varphi 0} \, .$$

Die statisch Unbestimmten werden aus den Bedingungen bestimmt, daß sich die Trennschnitte 0 und 20 (oder 0 und 10) nicht waagerecht verschieben und verdrehen. Formänderungsgrößen $\bar{\delta} = \delta E I_1 / \Delta s$ mit $I_1 = d^3/12$:

$$\bar{\delta}_{11} = \sum_{k=1}^{9} z_k^2 \, ; \qquad \bar{\delta}_{12} = \sum_{k=1}^{9} z_k \, ; \qquad \bar{\delta}_{22} = 5 \, ; \qquad \bar{\delta}_{10} = \sum_{k=1}^{9} m_{\varphi k}^{(0)} \cdot z_k \, ;$$

$$\bar{\delta}_{20} = \sum_{k=1}^{9} m_{\varphi k}^{(0)} \, .$$

In Abb. 7/69d ist zum Vergleich der Verlauf der Quermomente dargestellt, wie er sich nach der obigen Methode und nach der strengen Theorie [12] für das 1. sowie das 1. und 3. Reihenglied der Fourier-Entwicklung einer gleichförmig verteilten Last ergibt. Bei Berücksichtigung weiterer Glieder wird der Unterschied zwischen Balken- und strenger Theorie noch geringer.

In gleicher Weise wie bei Wellenschalen kann auch bei anderen langen Schalen (z. B. Tonnenschalen, Sheds) die Querbiegung berechnet werden, sofern die σ_x-Spannungen annähernd linear über den Querschnitt verteilt sind.

Ein genaueres Näherungsverfahren für die Berechnung derartiger Schalenträger gibt Rabich an [20]. Damit läßt sich außer der Querbiegung auch die nichtlineare Verteilung der Längskräfte ermitteln.

Die Randwelle muß gesondert untersucht werden, wenn der äußere Längsrand frei ist. Man kann sie, wie bei den Tonnen gezeigt, zur Abschätzung als symmetrische Welle mit *zwei* freien Rändern behandeln. Die stärkere Biegung bedingt mitunter für die Randschale eine größere Dicke.

7.8 Hyparschalen (Hyperbolisches Paraboloid)

7.8.1 Zur Geometrie

Bei dieser Schalenform liegen die beiden Krümmungsmittelpunkte auf verschiedenen Seiten der Schalenfläche (hyperbolische, anticlastische oder negative Gaußsche Krümmung). Das hyperbolische Paraboloid besitzt gerade Erzeugende in zwei Richtungen (Abb. 7/2c) und ist für den rechteckigen oder rhombischen Grundriß besonders geeignet. Wenn die (evtl. schiefwinkligen) Koordinaten x, y parallel zu den Erzeugenden gewählt werden, lautet die Gleichung der Schalenfläche

$$z = kxy\,. \tag{78}$$

Dabei ist $k = \dfrac{\partial^2 z}{\partial x\, \partial y}$ eine Konstante. Mit den diagonal, in Richtung der Hauptkrümmungslinien verlaufenden Koordinaten ξ und η wird dieselbe Fläche durch die folgende Gleichung beschrieben:

$$z = \frac{\xi^2}{2r_1} - \frac{\eta^2}{2r_2}\,. \tag{79}$$

Vertikalschnitte parallel zu diesen Achsen schneiden aus der Hyparschale Parabeln aus, deren Krümmungsradien im Scheitel gleich r_1 bzw. r_2 sind. Horizontalschnitte liefern Hyperbeln bzw. (für $z = 0$) die Koordinatenachsen x und y, die den Winkel 2φ einschließen ($\tan^2 \varphi = r_2/r_1$). Wenn die geraden Erzeugenden senkrecht aufeinander stehen, gilt (Abb. 7/65)

$$k = \frac{1}{r_1} = \frac{1}{r_2} = \frac{1}{r} = \frac{8f}{l^2} \tag{80}$$

7.8.2 Die Membranwirkung der Hyparschalen

Sehr aufschlußreich ist wieder die Betrachtung des Kräftegleichgewichts an einem Schalenelement in Richtung der Schalennormalen (vgl. 7.2.2.1) Wir wählen dazu ein Element im Koordinatennullpunkt aus, wo die Achse z in Richtung der Schalennormalen zeigt (Abb. 7/66a). Da die Membrankräfte n_x und n_y parallel zu den Erzeugenden durch das Schalenelement hindurchlaufen, ohne Umlenkkräfte zu erzeugen, kann eine Radiallast p_r nur durch die unterschiedliche Neigung $\Delta\varphi$ der Schubkräfte an den Rändern des Elementes aufgenommen werden:

$$2t\varphi = p_r \quad \text{oder} \quad t = \frac{p_r}{2\varphi}\,. \tag{81}$$

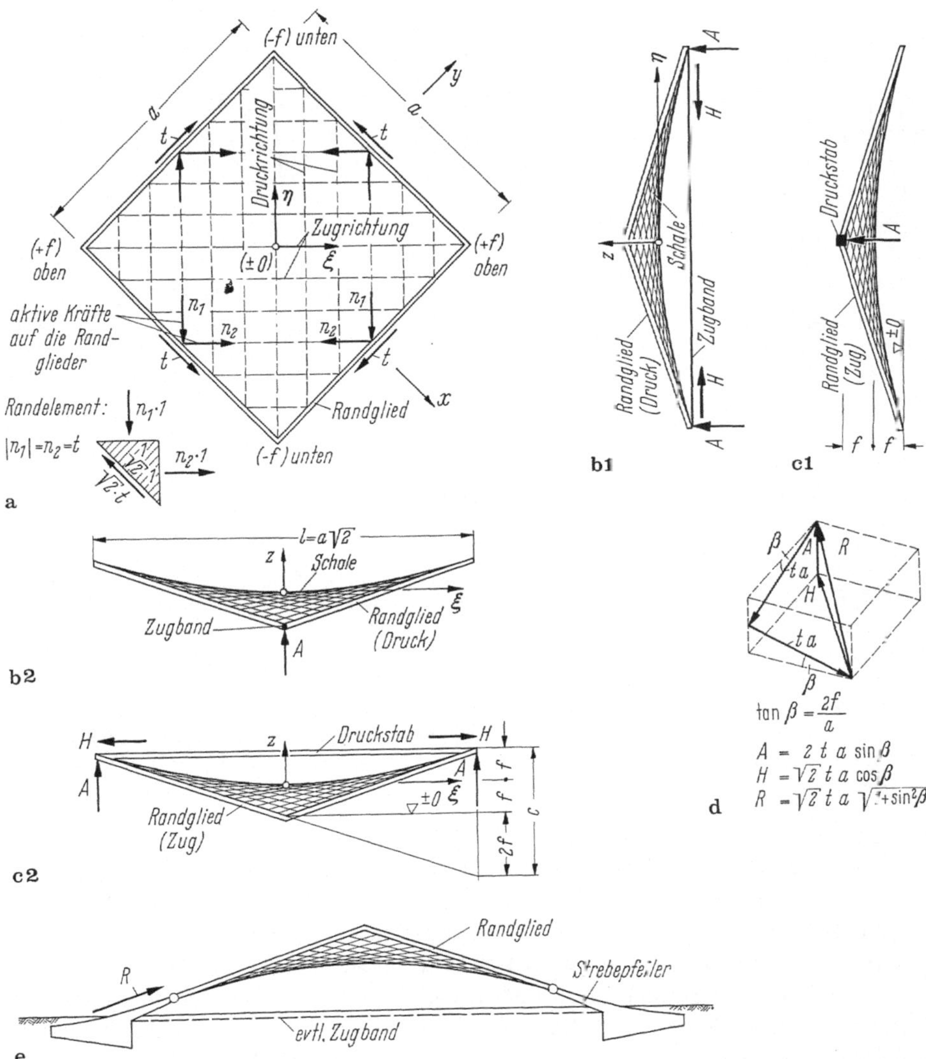

Abb. 7/65. Hyparschale (hyperbolisches Paraboloid) unter gleichförmiger, vertikaler Last (Eigengewicht bei flacher Schale und Schnee). **a** Quadratischer Grundriß; **b1** u. **b2** Diagonalschnitte bei Abstützung an den beiden unteren Ecken; **c1** u. **c2** Diagonalschnitte bei Abstützung an den beiden oberen Ecken; **d** Kraftzerlegung an einer Ecke (axonometrisch); **e** Abstützung durch zwei Strebepfeiler an den unteren Ecken in Richtung der resultierenden Kräfte R aus jeweils zwei Randgliedern

Diese Gleichung zeigt, daß ohne p_r keine Schubkräfte möglich sind. Ähnlich wie die Ringkräfte in der Zylinder- und Kegelschale hängen in der Hyparschale die Schubkräfte allein von der örtlichen Belastung senkrecht zur Schalenfläche ab.

Die Verwindung φ des Schalenelementes ist im Koordinatennullpunkt gleich k, so daß dort für eine Flächenlast p parallel zur z-Achse

$$t = \frac{p}{2k}. \tag{82}$$

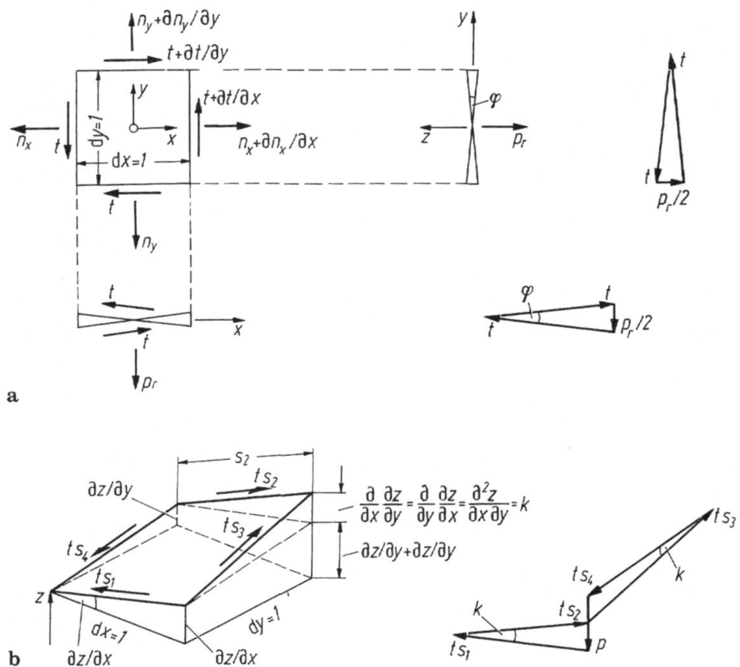

Abb. 7/66. Gleichgewicht am Schalenelement der Hyparschale. **a** Gleichgewicht in Richtung der Schalennormalen, gezeigt am Element im Sattelpunkt; **b** Gleichgewicht an einem allgemeinen Element unter lotrechten Lasten p

Diese einfache Gleichung zur Berechnung der Schubkräfte gilt, wie man bei Berücksichtigung der geometrischen Zusammenhänge aus Abb. 7/66b ableiten kann, auch für alle anderen Schalenelemente mit parallel zur z-Achse wirkender Flächenlast p, also bei senkrechter z-Achse für die wichtigen Eigen- und Schneelasten.

Die Längskräfte n_x bzw. n_y ändern sich in einem parallel zu den Erzeugenden herausgeschnittenen Streifen infolge der entsprechenden Tangentialkomponente der Last und durch die Schubkraftdifferenzen. Letztere sind wegen (82) zu den Änderungen der Last p proportional. Wenn p konstant ist, können die Schubkräfte keine Längskräfte in den Streifen eintragen, und umgekehrt können im Streifen angreifende Tangentiallasten sowie an den Streifenenden eingeleitete Randnormalkräfte n_x bzw. n_y nicht aus dem Streifen heraus sich in die Schale ausbreiten. Die beiden Randnormalkräfte unterscheiden sich also nur um die Summe der am Streifen in Längsrichtung wirkenden Lasten. Wenn an einem Streifende keine Normalkraft aufgenommen werden kann, sammeln sich die Tangentiallasten zum anderen Ende hin an. Die Normalkräfte sind dann statisch bestimmt. Im allgemeinen Fall der Abstützung des Streifens auf Randglieder an *beiden* Enden sind die Normalkräfte statisch unbestimmt und stellen sich entsprechend den Biegesteifigkeiten der Randglieder und der Dehnsteifigkeit der Schale ein.

Um das wesentliche Tragverhalten zu verdeutlichen, betrachten wir nun eine flache Hyparschale entsprechend Abb. 7/65 unter senkrechter Gleichlast und vernachlässigen die geringen Tangentialkomponenten der Last. Auch an den Rändern sollen keine

Längskräfte n_x oder n_y eingeleitet werden. Dann sind in der ganzen Schale die Längskräfte

$$n_x = n_y = 0 \,,$$

und die Schubkräfte t in Richtung der Erzeugenden sind konstant. Daraus ergeben sich in den Koordinatenrichtungen ξ, η parallel zu den Hauptkrümmungslinien die Hauptkräfte

$$n_1 = -n_2 = t = \frac{p}{2k} = \frac{pr}{2} \,. \tag{84}$$

Es bilden sich in diesen Richtungen zwei Scharen von parabolischen Stützlinien aus, von denen die einen, deren Krümmungsradien oberhalb der Schale liegen, wie Seile wirken, während die anderen, deren Krümmungsradien unterhalb liegen, als Bögen jeweils gleiche Lastanteile tragen.

Die Kräfte der in jedem Punkt des Randes einlaufenden Stützlinien vereinigen sich dort zu den bereits berechneten Schubkräften t. Diese müssen durch Randglieder aufgenommen werden, in denen sie sich aufsummieren. Ihre Resultierenden kann man den unteren oder den oberen Enden des Randgliedes zuleiten und dort ihre senkrechten Komponenten auf Stützen übertragen (Abb. 7/65 b bzw. c). Für die Horizontalkomponenten ist ein Druckstab oder ein Zugband zwischen den gestützten Ecken anzuordnen; feste Lager machen diese Querverbindung überflüssig (Abb. 7/65 e). Die Schale bedarf also bei senkrechter, symmetrischer Last nur dieser zwei Auflager. Zur Stabilisierung und für unsymmetrische Lasten ist aber eine zusätzliche schlanke Stütze unter einer auskragenden Ecke zweckmäßig. Aus mehreren Flächen zusammengesetzte Schalen stützen sich teilweise gegeneinander ab, so daß nicht immer Zugbänder oder Druckstäbe nötig sind (Abb. 7/67) [1.2].

Nicht konstante Belastung $p(x, y)$ führt zu Schubkraftdifferenzen, die sich wie die tangentialen Lastkomponenten in den Streifen parallel zu den Erzeugenden als

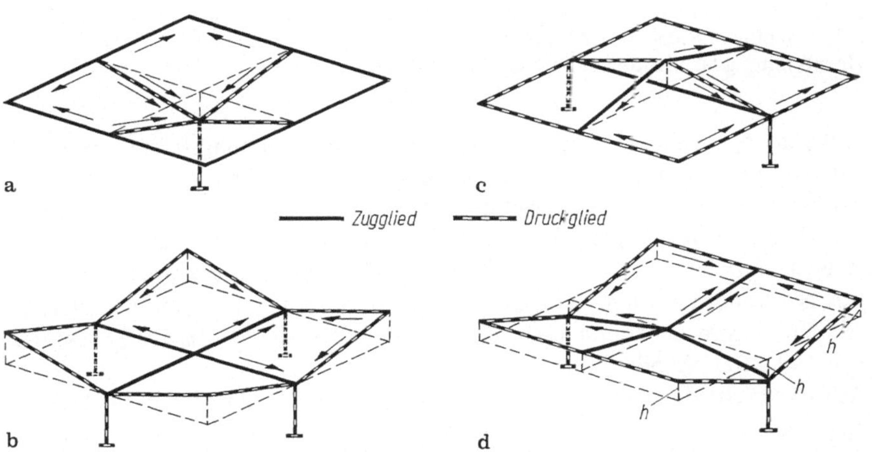

Abb. 7/67. Aus denselben vier Hyparflächen in verschiedener Weise zusammengesetzte Schalen mit den zugehörigen Schubkräften auf die Randglieder. Lagerung: **a** Auf einer Stütze; **b** auf vier Stützen; **c** und **d** auf zwei Stützen. Nur bei c) ist ein Zugband erforderlich

Längskräfte n_x bzw. n_y aufsammeln und von den Randgliedern oder der Randabstützung der Schale aufgenommen werden müssen. Die Schale selbst kann diese Kräfte nicht abtragen, sie kann sie nur auf die beiden gegenüberliegenden Ränder verteilen. Wenn die Längskräfte n_x und n_y jeweils an einem Ende der Erzeugenden abgenommen werden, können die anderen Ränder theoretisch frei bleiben; die Membran ist dann statisch bestimmt.

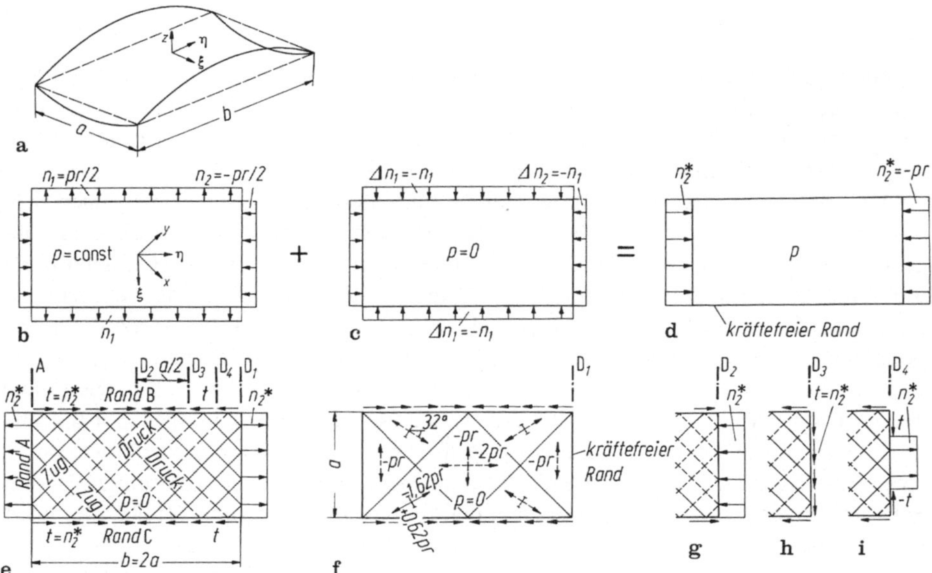

Abb. 7/68. Hyparschale mit Rändern parallel zu den Hauptkrümmungslinien. **a** Schrägsicht; **b** Stützkräfte auf die Schale bei gleicher Lastabtragung in beiden Richtungen (entsprechend Abb. 7/65); **c** Gleichgewichtsgruppe von Randkräften; **d** Lastabtragung allein in einer Richtung; **e** Gleichgewichtsgruppe von Randkräften zur Beseitigung von $-n_2^*$ am Rand A in d) und daraus entstehende Längskräfte in Richtung der Erzeugenden; **f** Überlagerung von d) und e); Diskontinuitätslinien, Hauptkräfte; **g** bis **i** Kräfte am rechten Rand entsprechend e), jedoch für $b \neq 2a$

Wir betrachten nun Schalen, die parallel zu den Hauptkrümmungslinien ξ, η berandet und deren Ränder demnach parabelförmig gekrümmt sind (Abb. 7/68a). Hier müßten, falls wir den Membranspannungszustand $n_1 = -n_2$ übernehmen, die Ränder große Horizontalkräfte aufnehmen, was mit einem stabförmigen Randglied praktisch nicht möglich ist (Abb. 7/68b). Da aber die Hyparschale doppelt gekrümmt ist, kann man dem beschriebenen Membranspannungszustand einen Eigenspannungszustand $\Delta n_1 = \Delta n_2$ überlagern, der zumindest an einzelnen Rändern die Normalkräfte beseitigt und sogar völlig freie Ränder ermöglicht:

Zunächst ist leicht einzusehen, daß für $\Delta n_1 = \Delta n_2 = -n_1$ (Abb. 7/68c) die Hängewirkung n_1 zum Verschwinden gebracht werden kann, dank stärkerer Bogenwirkung, die nun die ganze Last alleine trägt: $n_2^* = -pr$ (Abb. 7/68d). Wir wollen aber noch einen Schritt weitergehen und auch die Druckkraft n_2^* an einem der kurzen Ränder beseitigen und nur die leichter zu bewältigenden Randschubkräfte zulassen. Dazu bringen wir eine gleichgroße Zugkraft n_2^* am kurzen Rand A an und zerlegen sie in Komponenten parallel zu den Erzeugenden. Aus den bereits erläuterten Gründen laufen die Kräfte in den Erzeugenden unbeeinflußt bis zum langen Rand B bzw. C durch. Dort werden sie mit Hilfe einer Randschubkraft $t = n_2^*$ aus dem Randglied gespiegelt und — nun mit umgekehrtem Vorzeichen — in Richtung der anderen Erzeugenden weitergeleitet usw., bis sie am kurzen Rand D_1 ankommen.

Wenn nun die Schale gerade doppelt so lang wie breit ist ($b = 2a$, Abb, 7/68e), setzen sich die Kräfte am Rand D_1 zu einer Zugkraft von gleicher Größe wie am Ausgangspunkt zusammen und löschen hier wie dort die Normalkräfte n_2. Die Schale benötigt dann also nur Randglieder (für Schubkräfte) an den langen Rändern (Abb. 7/68f). Ist die Schale im Grundriß quadratisch, wird am Rand D_2 ein Schubwiderlager benötigt, weil dort nur Druckkräfte ankommen (Abb. 7/68g). Wenn $b = 3/2a$, entstehen nur zusätzliche Schubkräfte am Rand D_3 (Abb. 7/68h). Ist schließlich das Verhältnis $2b/a$ nicht ganzzahlig, dann müßten manche Teile des schmalen Randes D_4 zusätzliche Längskräfte (Zug- oder Druck), andere zusätzliche Schubkräfte aufnehmen können, wenn ein Membranenspannungszustand möglich sein soll (Abb. 7/68i).

Versucht man, in gleicher Weise wie in Abb. 7/68 auch die Bogenschübe bei antimetrischer Belastung p zu beseitigen, so gelingt das nicht für die Abmessungsverhältnisse, bei denen unter Gleichlast freie Ränder möglich sind. Antimetrische Lasten werden dann praktisch allein durch Biegung (Plattenwirkung) zu den Schalenrändern abgetragen [6.1; 22.1]. Das für Gleichlast so günstige „normale" Hypar mit $b = 2a$ ist deshalb für halbseitige Schnee- oder Windlasten nicht günstig. Am ehesten eignen sich Abmessungsverhältnisse $b = a$, 3a, 5a usw, bei denen sowohl unter symmetrischen (Abb. 7/68h) als auch unter antimetrischen Lasten ein Membranspannungszustand allein mit Schubkräften an den Rändern möglich ist. Es müssen dann alle Ränder für die Ableitung von Schubkräften verstärkt werden.

Den auf den ersten Blick bestechenden Vorteilen statischer Natur und dem ästhetischen Reiz durch die ständig wechselnden Neigungen stehen Eigenarten der Hyparschalen gegenüber, die zu großer Vorsicht bei ihrer Anwendung mahnen [4.1; 21]:

(a) Ungleichmäßige, auch allmählich sich ändernde Lasten führen zu großen Biegebeanspruchungen der Randglieder oder der Schale selbst.

(b) Die Membranspannungszustände sind oftmals mit großen Unverträglichkeiten der Verformungen verbunden. Bei der Schale in Abb. 7/65 besteht eine erhebliche Diskrepanz zwischen der Dehnung des auf Druck oder Zug beanspruchten Randglieds und derjenigen des Schalenrands, in dem die Längskraft parallel zum Rand gleich null ist. An den in Abb. 7/68f eingezeichneten diagonalen „Diskontinuitätslinien" wechseln die Hauptlängskräfte plötzlich ihr Vorzeichen, die Druck- und Zugbögen der Schale liegen dort also unmittelbar nebeneinander und wollen sich entsprechend verkürzen bzw. verlängern. In beiden Fällen entstehen Biegestörungen in der Schale, die von der Diskontinuität weg abklingen. Ihre Berechnung ist schwierig [22].

(c) Das Gewicht gerader Randglieder kann von der Schale nur unvollkommen getragen werden. Näheres hierzu in 7.8.4.

(d) Die Schalenfläche ist samt Randgliedern zu „dehnungslosen" Verbiegungen fähig und muß deshalb entsprechend ausgesteift und abgestützt werden. Bei „überzähliger" Abstützung oder Lagerung reagiert sie sehr stark auf Änderungen ihrer Grundrißform, für die in vielen Fällen die Dehnung des Zugbandes zwischen den aufgelagerten Ecken verantwortlich ist (7.8.3).

(e) Das Verhältnis der Zugbogen- und Druckbogenkräfte in Schalen mit gekrümmten Rändern hängt erheblich von der Biegesteifigkeit der Randglieder bzw. den Steifigkeiten der Abstützung ab; es kann stark von dem nach der Membrantheorie für idealisierte Randbedingungen berechneten Verhältnis abweichen [21.1].

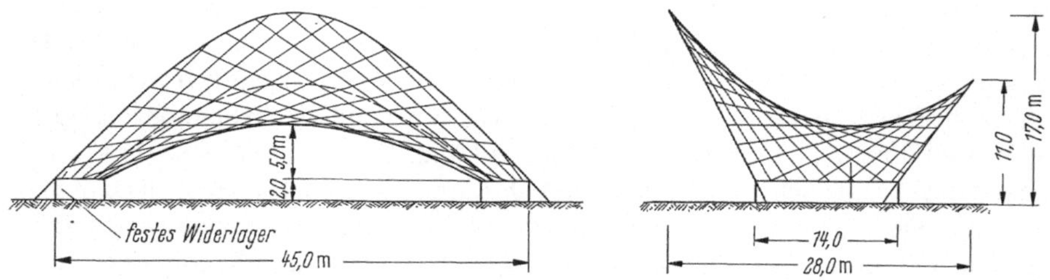

Abb. 7/69. Randgliedlose Hyparschale als Kirchendach. Die freien Ränder sind durch Stützen mit Spiel gegen Ausbeulen gesichert [23]

Ausschnitte aus Hyparschalen ergeben faszinierende Räume [1]. Sie sind aber statisch mit großer Vorsicht zu beurteilen. Abbildung 7/69 zeigt ein solches Kirchendach, das im wesentlichen als Gewölbe trägt und ohne Randglied ausgeführt wurde. Die Berechnung dieser Schale hat man durch einen Modellversuch überprüft.

7.8.3 Der Einfluß von Verformungen

Um die Auswirkung einer Eckpunktverschiebung beurteilen zu können, benutzen wir den Näherungsausdruck für die Länge eines flachen Bogens:

$$b = (1 + \beta)\, l\,, \qquad \text{wobei} \quad \beta = \frac{8}{3}\,\frac{f^2}{l^2} = \frac{f}{3r}\,. \tag{85}$$

Durch Differenzieren kann man daraus ableiten, daß eine Verlängerung Δb des Bogens oder eine Verkürzung $-\Delta l$ der Sehne eine Vergrößerung des Stiches f um

$$\Delta f = \frac{3}{16}\,\frac{l}{f}\,\Delta b \quad \text{bzw.} \quad \Delta f = -\,\frac{3}{16}\,\frac{l}{f}\,\Delta l(1 - \beta) \tag{86}$$

zur Folge hat.

Wir betrachten vier Fälle an Hand einer Schale, ähnlich der in Abb. 7/65, mit den Abmessungen $l = 20$ m, $f \doteq 1{,}5$ m, $d = 0{,}08$ m.

$$(85):\ b = (1 + \beta)\, l = (1 + 0{,}027)\, 20{,}0 = 20{,}53 \text{ m} \quad \text{mit} \quad \beta = \frac{8 \cdot 2{,}0^2}{3 \cdot 20{,}0^2} = 0{,}027.$$

Abb. 7/70. Verformungen einer Hyparschale. (Der mittlere „Druckbogen" und „Zugbogen" wird jeweils für sich allein betrachtet.) **a** Alleinige Verlängerung des Zugbogens; **b** antimetrische horizontale Verschiebung der Eckpunkte; **c** alleinige Verschiebung der unteren Eckpunkte nach außen; obere Eckpunkte unverschieblich gestützt ▶

l
Δl/2 = Δf tan α
Δf
α
f
2f

a

Δl/2
unverformte Lage
verformte Lage
Zugband
Δf
f
l
„Druckbogen"
Δl/2
-Δl/2
-Δl/2
l
„Zugbogen"
f
Δf
Schale
vor und
nach Verformung
Randglied
Zugband

b

Δl/2
Zugband
Δf̄
f - Δf
Δf̄/2
f
l
nach elast. Verformung
vor elast. Verformung
α
Δl/2
Δh
l
Δf̄/2 infolge elast. Verformung
f

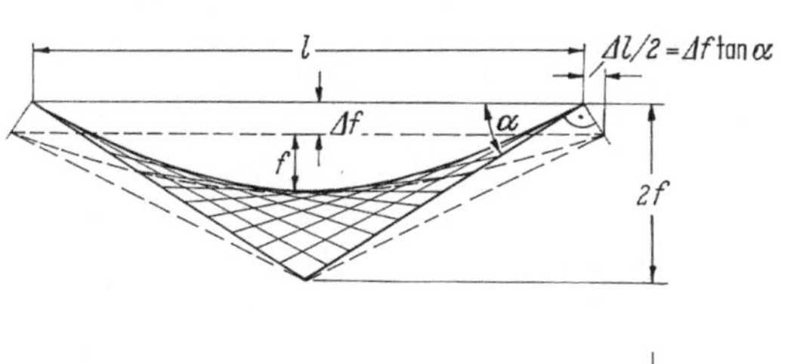

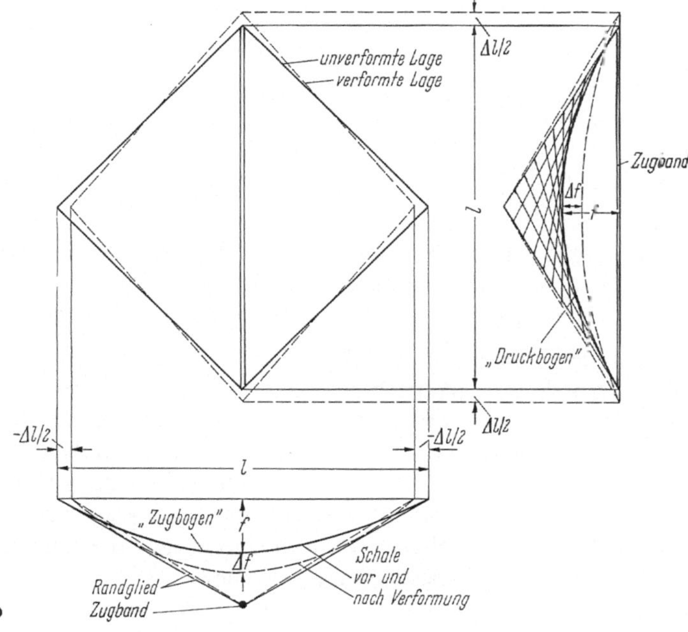

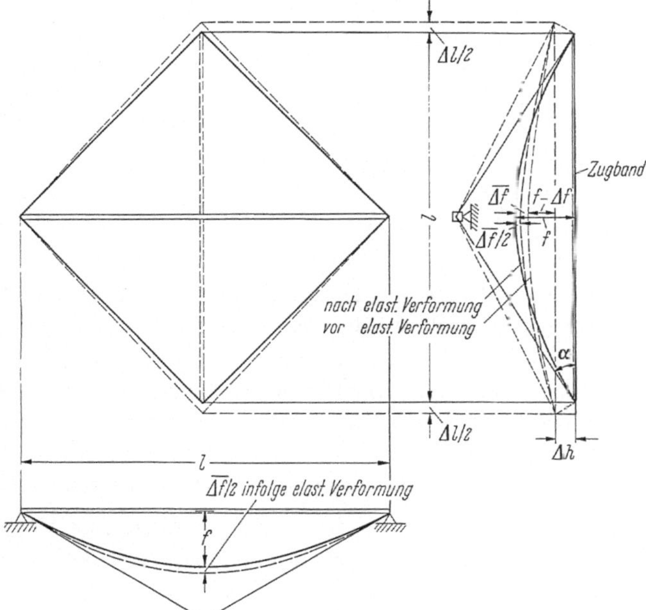

c

(1) Membrankräfte und -verformungen unter senkrechter Gleichlast $p = 4{,}0$ kN/m²

(80): $$k = \frac{1}{r} = \frac{8f}{l^2} = \frac{8 \cdot 2{,}0}{20^2} = 0{,}04;$$

(84): $$n_1 = -n_2 = \frac{p}{2k} = \frac{4{,}0}{2 \cdot 0{,}04} = 50 \text{ kN/m}$$

$$\sigma_b = \frac{n_{1,2}}{d} = \pm \frac{50}{0{,}08} = \pm 625 \text{ kN/m}^2;$$

$$\Delta b = \frac{\sigma_b}{E_b} b = \pm \frac{625}{30 \cdot 10^6} 20{,}53 = \pm 0{,}43 \cdot 10^{-3} \text{ m};$$

(86): $$\Delta f = \frac{3}{16} \frac{l}{f} \Delta b = \frac{3 \cdot 20}{16 \cdot 2{,}0} 0{,}43 \cdot 10^{-3} = 0{,}80 \cdot 10^{-3} \text{ m}. \quad (87)$$

Solange die Druck- und Zugbögen gleiche Steifigkeiten aufweisen (Zustand I), senken sich beide infolge $n_1 = -n_2$ um den gleichen Betrag $\Delta f = 0{,}8$ mm, ohne daß dadurch eine Unverträglichkeit entsteht. Die Grundrißform bleibt erhalten.

(2) Ungleiche Dehnungen der Druck- und Zugbögen (Zustand II). Obwohl man vermeiden sollte, daß die Schale aus zentrischen Zugkräften in den gerissenen Zustand II gerät, wollen wir überlegen, welche Auswirkung dies auf die Schnittkräfte und -verformungen haben könnte und nehmen deshalb an, daß sich die Zugbögen zusätzlich um Δb verlängern. Dies führt zu einer Absenkung der oberen Schalenecken um $-\Delta f$ und zu einer Verlängerung der Zugbogensehne um $\Delta l = -8\,\Delta f f/l$ (Abb. 7/70a) durch die Drehung der Randglieder um die unteren Auflager. Eingesetzt in (86) ergibt dies die Bestimmungsgleichung

$$\Delta f = \frac{3}{16} \frac{l}{f} \Delta b - \frac{3}{16} \frac{l}{f} \Delta l(1-\beta) = \frac{3}{16} \frac{l}{f} \Delta b + \frac{3}{2} \Delta f(1-\beta),$$

also

$$\Delta f = -\frac{3}{24(1-\beta) - 16} \frac{l}{f} \Delta b \approx -\frac{3}{8} \frac{l}{f} \Delta b \quad \text{für} \quad \beta \ll 1 \quad (88\,\text{a})$$

und

$$\Delta l = -8 \frac{f}{l} \Delta f \approx 3\,\Delta b. \quad (88\,\text{b})$$

Die Verminderung Δf des Bogenstichs aus einer alleinigen Verlängerung Δb des Zugbogens ist also etwa doppelt so groß wie die Vergrößerung Δf seines Stichs aus gleichen Längenänderungen im Druck- *und* Zugbögen (87). Die zusätzliche Verformung der Zugbögen ist möglich, ohne daß zusätzliche Membrankräfte entstehen. Das Grundquadrat der Schale längt sich in Richtung der Zugbögen dreimal so viel wie die Zugbögen (88b), wobei vorausgesetzt ist, daß die Bewegungen der oberen Schalenecken in keiner Weise durch Stützen oder Lager behindert werden.

(3) Zugbandverlängerung um $\Delta l = 10$ mm ($\varepsilon = 0{,}5\,‰$). Auch eine Zugbandverlängerung zwischen zwei gestützten Ecken ist mit dehnungslosen Verformungen der Schale möglich. Das Grundquadrat der Schale verschiebt sich zu einem

Rhombus, wobei sich die oberen Ecken ohne Vertikalbewegung um Δl nähern (Abb. 7/70b). Diese dürfen also nicht gegeneinander festgehalten werden, wenn sich der Kräftezustand nicht ändern soll. Die Schalenmitte senkt sich um (86)

$$-\Delta f = \frac{3}{16}\frac{l}{f}\Delta l(1-\beta) = \frac{3\cdot 20}{16\cdot 2{,}0}(1-0{,}027)\,10 = 18{,}2\text{ mm} \approx 2\,\Delta l\,!$$

Bei kleinen Verschiebungen Δl ändern sich die Radien und Schnittkräfte praktisch nicht. Auch die reine Längsbeanspruchung der Randglieder bleibt erhalten.

(4) Das Zugband zwischen den unteren Ecken verlängert sich durch äußere Einwirkung um Δl, während die oberen Ecken in jeder Richtung festgehalten werden (Abb. 7/70c). Der mittlere Druckbogen verflacht sich um Δf und wird um Δh angehoben, wenn die Randglieder ihre Länge nicht ändern. Die Mitte des Druckbogens würde sich gegenüber der Mitte des Zugbogens senken um

$$\overline{\Delta f} = -\Delta f - \Delta h \approx \frac{l}{16f}\Delta l\,, \tag{89}$$

wobei (86):

$$\Delta f \approx -\frac{3}{16}\frac{l}{f}\Delta l \quad \text{für} \quad k \ll 1$$

und

$$\Delta h \approx \frac{\Delta l}{2\tan\alpha} = \frac{l}{8f}\Delta l\,; \qquad \tan\alpha = \frac{4f}{l}\,.$$

Diese Unverträglichkeit bewirkt elastische Längenänderungen Δb beider Bögen. Auf jeden entfällt (89), (86)

$$\frac{\overline{\Delta f}}{2} = \frac{l}{32f}\Delta l = \frac{3l}{16f}\Delta b\,,$$

woraus sich $\Delta b = \Delta l/6$ ergibt.

In unserem 1. Beispiel erhielten wir $\Delta b = 0{,}43$ mm aus q. Eine Zugbandverlängerung von $\Delta l = 6\,\Delta b = 2{,}6$ mm genügt also bereits, um die Verkürzung des Druckbogens rückgängig zu machen. Damit werden die Kräfte im Druckbogen gleich null, während sie sich im Zugbogen verdoppeln. Die Stützkräfte wirken dann nicht mehr tangential zu den Randgliedern, so daß diese auf Biegung beansprucht werden. Ist der Verlängerungsbetrag noch größer, so ergeben sich in *beiden* Bogenrichtungen Zugkräfte. Diese Tragwirkung benutzt man bei den Hängedächern (2.1.3).

Die Hyparschalen reagieren mithin sehr empfindlich, sowohl auf die eigenen Verformungen als auch auf die Verschiebungen der Stützpunkte, womit die Mahnung zur Vorsicht in 7.8.2 ergänzt wird. Beim Festlegen der Schalendicke muß man daher zwei widersprechenden Gesichtspunkten Rechnung tragen:

(a) Man soll die Biegung infolge von Verformungen gering halten, also die Dicke beschränken.

(b) Andererseits wird eine nicht zu geringe Dicke gebraucht, um ungleichförmige Lasten, z. B. Schneesäcke, aufnehmen zu können.

Immerhin haben sich Hyparschalen auch bei den unvermeidlich von der Berechnung abweichenden Belastungen vielfach bewährt. Woran liegt das?

So wie sich die konzentrierte Mantellinienlast auf dem Zylinder in Abb. 7/16b in Wirklichkeit in der Schale ausbreiten wird, so wird das auch mit den Lasten längs der Erzeugenden der Hyparschale geschehen [54.6]. Um dies zu ermöglichen, genügen schon verhältnismäßig geringe Biegesteifigkeiten. Dadurch werden örtliche Verletzungen der Verträglichkeitsbedingungen also letztlich doch räumlich begrenzt, wenn auch nicht so eng wie bei den Scheiben. Es würde schwierig sein, die Scheiben- und Biegesteifigkeit gleichzeitig rechnerisch zu erfassen (Biegetheorie) — aber dies ist auch nicht unbedingt nötig. Begnügen wir uns daher mit der Membrantheorie, die das Gleichgewicht herstellt und die Standsicherheit gewährleistet [29]. Sorgen wir dafür, daß die entsprechenden Randbedingungen (Randglieder, Lagerung) möglichst gut verwirklicht werden. Vermeiden wir Membranwirkungen, die mit großen Unverträglichkeiten oder Biegeverformungen verbunden sind. Bewehren wir konstruktiv so, daß eine gute Rißverteilung erreicht wird, auch in den Bereichen, in denen sich nach der Membrantheorie für die Bemessungslastfälle keine Zugkräfte ergeben.

7.8.4 Die Randglieder von Hyparschalen

Neben den Schubkräften und den Längskräften aus der Schale ist auch das Gewicht des Randglieds zu den Auflagern hin abzutragen. Dafür kommen folgende Tragwirkungen in Betracht:

(a) Membranwirkung der Schale. Die Schale kann das Randglied im Rahmen des Membranzustands nur durch Längskräfte in Richtung der Erzeugenden stützen, wobei die Längskräfte aber an beiden Enden jeder Mantellinie gleich groß sein müssen (7.8.2). Die Erzeugenden wirken also wie eine Seilverspannung zwischen den Randgliedern [24]. Deutlich zu erkennen ist diese stützende Wirkung beispielsweise an den horizontalen Mantellinien durch den Sattelpunkt der Schale in Abb. 7/65b2; sie greifen in der Randgliedmitte an und haben den Hebelarm f in Bezug auf die untere Abstützung des Randglieds. Die stützenden Kräfte aus der Schale verursachen aber auch Biegemomente im Randglied, und zwar um beide Achsen, da sich die Richtungen der Mantellinien längs des Randglieds ändern.

(b) Biegewirkung der Schale. Für Randglieder parallel zu den Erzeugenden kann die Biegesteifigkeit der Schale nur wenig zur Lastabtragung beitragen, da die Schalenfläche rechtwinklig zur Richtung des Rands nicht gekrümmt und deshalb weich ist. Die Biegestörungen klingen aber wegen der Verwindung der Fläche wesentlich schneller ab als vom geraden Rand einer Zylinderschale aus [22]; [23].

(c) Biegesteifigkeit des Randglieds. Diese wird für Biegebeanspruchungen in der Tangentialebene der Schale durch eine mitwirkende Breite der Schale erhöht.

(d) Abstützung des Randglieds auf Stützen z. B. Stahlstützen der Fassadenkonstruktion.

Durch die Membranwirkung nach a) und die Abstützung flacher Schalen nach d) läßt sich vor allem die Randgliedbiegung senkrecht zur Schalenfläche verringern; man kann die Randglieder deshalb verhältnismäßig dünn, durch allmähliche Verstärkung der Schale optisch vorteilhaft ausbilden, im Gegensatz zur Zylinderschale, wo Biegesteifigkeit senkrecht zur Schalenfläche benötigt wird. In der „Schalenebene" sollte das Randglied verhältnismäßig steif sein, um die genannten Normalkräfte aus

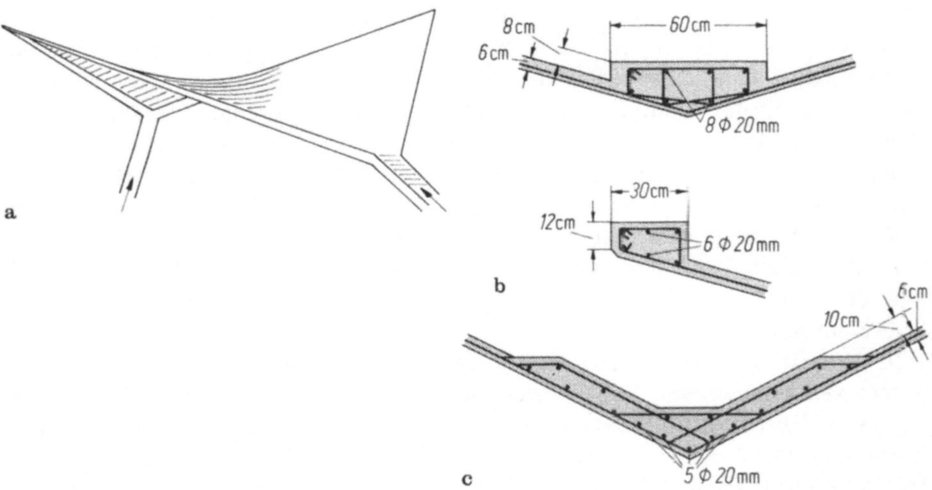

Abb. 7/71. Randglieder von Hyparschalen. **a** Zur Abstützung hin zunehmende Dicke des Randgliedes ist optisch und statisch vorteilhaft (Dach der Messehalle in Rostock); **b** Querschnitte von geraden Randgliedern; **c** Randverstärkung in der Kehle einer Sternschale

den tangentialen Lastkomponenten der Schale und ungleichförmigen Lasten, sowie die Kräfte aus der Verspannung gemäß a) aufnehmen zu können. Da die gesamten Lasten der Schale in den Randgliedern gesammelt werden, ist es im allgemeinen zweckmäßig und auch für das Erscheinungsbild günstig, wenn die Abmessungen der Randglieder zur Abstützung hin allmählich zunehmen (Abb. 7/71 a). Dies ist auch im Hinblick auf die Verformungen auskragender Schalenecken zweckmäßig, die durch Kriechen noch vergrößert werden. Wenn die Schale nicht durch zusätzliche Stützen unter den Randgliedern stabilisiert wird, ist deren Abstützung (z. B. die Schrägstützen in Abb. 7/71 a) natürlich auch für das Umsturzmoment aus Wind zu bemessen.

Die Momente im Randträger lassen sich auch dadurch beeinflussen, daß dessen Achse gekrümmt oder die Schale exzentrisch angeschlossen wird [21.4; 21.6].

Wenn die Randgliedlasten jeweils durch eine Reihe von Stützen direkt abgetragen werden, sind die Biegemomente in der Schale im allgemeinen so gering, daß eine konstruktive Bewehrung genügt. Auch bei sattelförmigen Hyparschalen mit geeigneter Randabstützung kann die Membrantheorie für gleichmäßig verteilte Lasten als Näherung benutzt werden [22.3].

7.8.5 Das Rotationshyperboloid

Diese Schalenform (Abb. 7/14a) ist durch die Naturzugkühltürme unübersehbar geworden, die mit Höhen bis etwa 160 m und Durchmessern um 100 m die voluminösesten Einzeltragwerke überhaupt darstellen. Sie stellen zugleich mit Wanddicken von nur 14—18 cm ($\approx H/1000$) wohl auch die schlanksten Tragwerke dar.

Als Rotationsschalen können sie grundsätzlich nach 7.2.2.2 und 7.2.2.3 berechnet werden. Ebenso können Randstörungen am gekrümmten Rand wie bei Kuppelschalen ermittelt werden (7.6). Natürlich gilt für die geschlossenen Rotationshyperboloide auch die Membrantheorie der Hyparschalen (7.8.2) mit der Möglichkeit zu „dehnungslosen Verbiegungen“ und Längskräften, die sich nur entlang den Erzeugenden verschieben, aber nicht seitlich ausbreiten können. Insofern ähnelt das Tragverhalten demjenigen des Zylinders (Abb. 7/6 und 7/16b). Anders als beim Zylinder erhält das Rotationshyperboloid aber Ringdruckspannungen aus der Umlenkung der Meridiankräfte. Damit ist die Berechnung der Rotationshyperboloide weitgehend auf die bisher behandelten Schalenformen zurückgeführt. Näherungsformeln für Eigengewicht und die ersten Reihenglieder der Windlast finden sich z. B. in [54.1] und [6.1], numerische Methoden in [54.2].

Problematisch ist bei den sehr dünnen Schalen vor allem das Beulen (II B) [54.7] und die zutreffende Erfassung der Windlast [54.8]. Diese kann die Schale zu Schwingungen anregen [48].

In Ringrichtung wechselnde Lasten müssen ähnlich wie beim Zylinder entweder durch Membranwirkung in schmalen Sektoren des Turmes abgetragen werden (vgl. Abb. 7/19b) oder durch Biegung in der Ringrichtung (Abb. 7/20). Beispielsweise wurde an dem Modell einer 100 m hohen Schale im Windkanal festgestellt, daß die Hauptausführung unter Windlast eine horizontale, wellenförmige Biegelinie mit einer größten Einbeulung auf der Luvseite von 6 cm besitzen wird. Ferner wurde an dieser Stelle eine Biegespannung von umgerechnet 3,0 MN/m^2 gemessen, was bei 15 cm Wanddicke einem Moment von $m_\varphi = 1\ 1$ kNm/m entspricht. Wenn man einen sinus-förmigen Verlauf der Momente zwischen deren Nullpunkten im Abstand von etwa $l = 20$ m annimmt, kann man hieraus einen Anteil $p \approx \pi^2\ m_\vartheta/l^2 = 0{,}27$ kN/m^2 ableiten. Es werden daher an dieser Stelle vom Staudruck 1,1 kN/m^2 etwa 25% durch die Biegesteifigkeit der Wand aufgenommen, so daß auch die Membrankräfte merklich beeinflußt werden. Obwohl diese Zahlen nur für den ganz speziellen Fall zutreffen, kann man hieraus doch die Grenzen der Membrantheorie erkennen. Damit die Biegesteifigkeit beim Reißen des Betons nicht zu stark abfällt und die Wand unter böigem Wind nicht ins Flattern gerät, ist die Wand *beidseitig* zu bewehren.

Um die für den Lufteintritt unten offene Schale möglichst membrangerecht abzustützen (Abb. 7/14a), werden meistens tangential in die Schalenfläche einlaufende V- oder X-Stützen verwendet, die sich ihrerseits auf ein Ringfundament abstützen, das zugleich als Zugband wirkt. Wegen der diskontinuierlichen Abstützung des unteren Schalenrands muß die Schale im unteren Bereich verstärkt werden (vgl. 7.6.3). Auf die Notwendigkeit einer oberen Randversteifung wurde bereits hingewiesen. Bei sehr hohen Schalen wird durch zusätzliche Ringrippen das Beulproblem entschärft und die Aufnahme der Windmomente erleichtert [54.4]; [54.7]. Zahlreiche Beiträge über die Berechnung von Kühlturmschalen finden sich in [54.11]. Die Nachgiebigkeit der Gründung behandelt [54.12].

7.9 Schalenkombinationen

Kombinationen einfacher Schalen bieten reiche Möglichkeiten für viele Zwecke. Die Kontinuität zwischen den Schalenteilen muß insbesondere bei Flüssigkeitsbehältern genau verfolgt werden, um Rißschäden zu vermeiden.

7.9.1 Rotationsschalen mit gleicher Achse, Schalenbögen

Rotationssymmetrische Behälter, die aus mehreren Schalen zusammengesetzt sind (Abb. 7/1a), lassen sich konstruktiv und rechnerisch mit den angegebenen Hilfsmitteln (7.2–7.6) bewältigen; zumeist kommt man für die Schnittkräfte mit den zwischen den Nähten abklingenden Ansätzen aus [25]. Radiale Schübe haben meist so große Ringkräfte und Momente in den Kanten zur Folge, daß Zug- oder Druckringe nötig werden (Abb. 7/56). Die Biegung in diesen Ringen infolge der Längs- und Schubkräfte aus den Windlasten sollte zumindest bei größeren Schalen abgeschätzt werden. Die Bewehrung der Zugringe muß hauptsächlich auf die Außenseite gelegt werden, damit sie den Beton nicht absprengt (IA. Abb. 4.1/6 und 7).

Positiv gekrümmte Schalenbögen (Abb. 7/2e) werden meist mit geringer Breite zu mehreren nebeneinander angeordnet. Die Kehlen bewirken dabei eine gegenseitige Versteifung wie bei einer Reihe von Tonnen und eine Verminderung der Querbiegung (7.5.2.2). Den Randbogen wird man stets mit einem leichten Randglied, Zugbändern oder Querrippen versehen. Mit Rücksicht auf eine ungleiche Belastung der einzelnen Bögen sollte diese Versteifung über die ganze Breite des Daches durchlaufen [26].

7.9.2 Schalenkombinationen aus sektorförmigen Ausschnitten

Solche Schalenkombinationen (Abb. 7/3b) werden benutzt, um vier- und mehreckige Grundrisse zu überdecken.

(a) *Gratkuppeln.* Für die aus zwei oder vier Zylinderschalen bestehenden Klostergewölbe (Gratkuppeln) hat Dischinger die Membrantheorie entwickelt [27]. Für sie spielen die Biegemomente in Richtung der Erzeugenden keine wesentliche Rolle. Vom Kämpfer gehen Randstörungen aus, die wie bei Tonnenschalen aus den Randbedingungen berechnet werden [28].

Abbildung 7/72 zeigt ein Klostergewölbe als Decke eines Wasserbehälters. Es wurde zwar als solches zutreffend berechnet, aber bei der Ausführung wurde grundlegend von den vorausgesetzten Randbedingungen abgewichen, indem man zur Unterteilung des Behälters Querwände einzog. Hierdurch traten in erheblichem Ausmaß Risse ein, die zu gefährlicher Verschmutzung des Trinkwassers infolge des durch die Überschüttung sickernden Tagewassers führten. Um die Rißbildung verständlich zu machen, sei der Spannungszustand qualitativ beschrieben:

Die Meridiankräfte der Gratkuppel n_φ können angenähert denjenigen der einbeschriebenen Kugelkuppel gleichgesetzt werden. Die Schubkräfte in den Berührungskurven sind aus Symmetriegründen gleich null. Die „Ringkräfte" sind nicht mit denen der Kuppel vergleichbar, da die Zylinderabschnitte in dieser Richtung nicht gekrümmt sind. Den Meridiankräften am freien unteren Rand (Abb. 7/72b1) wird eine Gleichgewichtsgruppe von Kräften gleicher Größe mit umgekehrten Vorzeichen derart überlagert, daß die Meridiankräfte zwischen den Graten zu null werden (Abb. 7/72b2). An diesen ergeben sich Einzelstützkräfte A, die in der Ebene der Meridiankräfte wirken. Die Wirkung der Randkräfte kann man angenähert wie diejenige in einer Scheibe berechnen, da sie sich auf die Randregion beschränkt. Zu diesen Schnittkräften kommen diejenigen aus den Gratkräften A, die jeweils in eine senkrechte Komponente V und eine waagrechte Komponente H zerlegt werden (Abb. 7/72b3). V wird von der Wand aufgenommen, und die Kräfte H erzeugen die Ringkraft Z in einem Zugband in der Kehle zwischen Wand und Schale (Abb. 7/72b4). Diese Ringkraft zusammen mit der Zugkraft aus der Scheibenwirkung erfordert eine starke Zugbewehrung im unteren Schalenbereich.

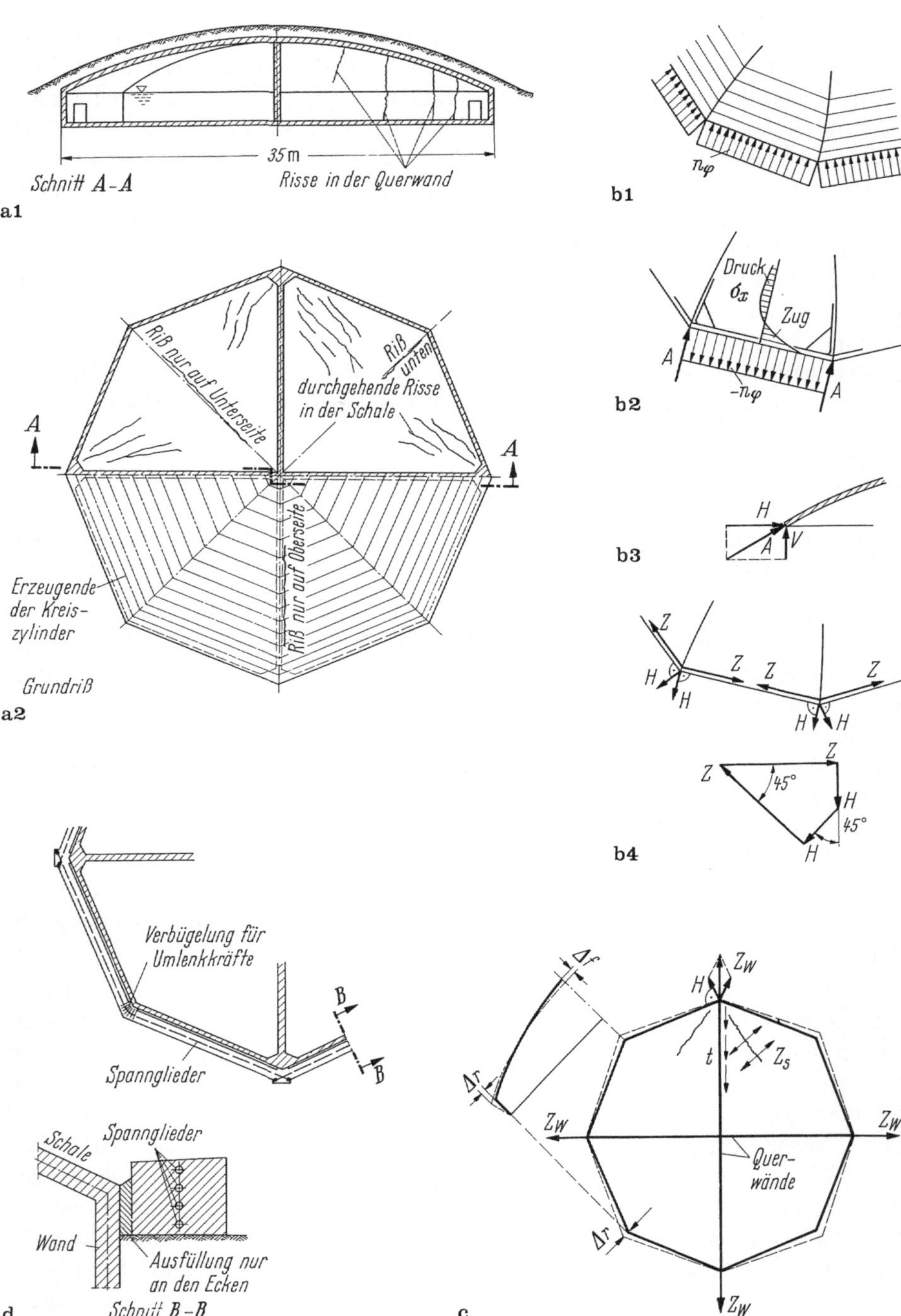

Abb. 7/72. Gratkuppel als Decke eines achteckigen Wasserbehälters mit unbeabsichtigter Unterfangung durch Trennwände. **a** Querschnitt und Grundriß; **b** Membranzustand und Zusatzkräfte im Kuppelrand; **c** Verformungen der Kuppel; **d** Behälter mit nachträglich angebrachtem, vorgespanntem Zugring

Besser wäre es gewesen, einen Zugring anzuordnen, um dieser konzentrierten Zugkraft mehr „Fleisch“ entgegenzustellen und dadurch die Zugspannung klein zu halten.

Aus unserer vereinfachten Betrachtung läßt sich bereits erkennen, daß die Kuppel sich infolge der Kompression der Meridiane senken und der Fuß sich infolge der Dehnung des Kuppelringes um Δr nach außen bewegen wird (Abb. 7/72c). Beide Formänderungen wären rotationssymmetrisch verteilt, wurden aber im vorliegenden Falle durch die Querwände in senkrechtem und waagrechtem Sinne empfindlich behindert. Dadurch bildeten sich drei Arten von Rissen:

(1) Da sich die unterstützten Grate nicht senken konnten, traten negative Momente und Risse an der Oberseite der Kuppel über den Querwänden auf, ferner positive Momente und Risse an der Unterseite der freien Grate (Abb. 7/72a2).

(2) Die Querwände wirkten als Zugband zwischen zwei gegenüberliegenden Ecken, ohne dafür bewehrt zu sein. Sie wiesen daher senkrechte Risse auf (Abb. 7/72a1).

(3) Infolge der Verbindung von vier Ecken durch Querwände wurde dort die radiale Abstützung „härter“ als bei den allein durch Ringzugbewehrung gehaltenen. Dementsprechend vergrößerten sich an jenen Ecken die Meridiankräfte n_φ und die Auflagerkräfte A. Damit wuchsen auch die schrägen Zugkräfte in der Kuppel erheblich an und führten, da die Bewehrung überdehnt wurde, zu Rissen, die vollständig dem Trajektorienbild entsprachen, das die Membrantheorie bei Berücksichtigung der ungleichmäßigen Verteilung der Schübe geliefert hätte.

Weil damit zu rechnen war, daß sich die Risse durch Betonkriechen vergrößern würden, erschien ein Ausbessern ohne Stabilisierung zwecklos. Diese wurde durch einen kräftigen Zugring (Abb. 7/72d) erreicht, der nur an den Ecken den Behälter berührt. Er wurde vorgespannt, um eine aktive Kraft auszuüben und so nach Möglichkeit den beabsichtigten zyklisch symmetrischen Zustand nachträglich herzustellen. Außerdem mußte die Kuppel eine durchgehende geklebte Dichtung erhalten, um zukünftig Sickerwasser abzuhalten. Dieser kostspielige Fehlschlag bestätigt wieder die allgemein wichtige Lehre: *Man soll so rechnen, wie man konstruiert!* oder, anders ausgedrückt: *Die Tragwerke verhalten sich so, wie wir sie ausbilden, nicht so, wie wir sie berechnen.*

Dem steht zwar die Erkenntnis gegenüber, daß wir bei unseren Untersuchungen idealisieren und dabei stets vereinfachen müssen, um nicht einen uferlosen Aufwand zu treiben. Aber der Konstrukteur muß sich immer über die Tragweite dessen, was er außer Betracht läßt, klar sein und gegebenenfalls entsprechende Maßnahmen treffen (Zulagebewehrung). Er darf nicht nur in Kräften denken, sondern muß sich zumindest ein qualitatives Bild von den Verformungen machen, auch wenn er diese nicht berechnet. Das in der Einleitung zu *IB* geforderte Durchdenken einer Konstruktion, *bevor* man diese berechnet, ist mithin bei den Schalen besonders wichtig.

(b) *Sternschalen.* Bei den Kombinationen von sektor- oder segmentförmigen Schalen über sternartigem Grundriß (Abb. 7/3b) begnügt man sich zumeist mit der Membrantheorie [44; 3; 4.10]. Wenn die freien Ränder der Schalen durch Scheiben oder Bögen versteift werden, herrscht der Membranzustand vor, und Biegung tritt vorwiegend nur an den Kehlen auf. Werden aus architektonischen Gründen die Randversteifungen fortgelassen, so tragen die Schalen um so mehr als Bögen, je schwächer ihre Krümmung in radialer Richtung ist. Sie müssen dann dicker ausgeführt werden, um die nötige Biegesteifigkeit zu besitzen.

In den Kehlen stützen sich die Druckbögen der Schale in horizontaler Richtung gegeneinander ab, wenn die Belastung symmetrisch ist. Die Vertikalkomponenten der Schalendruckkräfte und die aus der Schale einlaufenden Schubkräfte beanspruchen die Kehlen in Richtung der Grate als Druckbögen. Dementsprechend ist die Schale im Bereich der Kehlen zu verstärken (Abb. 7/71c) und in Richtung der Grate tangential abzustützen, bzw. sind bei vertikaler Abstützung Zugbänder nötig.

Ungleichmäßige Belastung führt zu einem Ungleichgewicht der Horizontalkräfte auf die Grate und damit zur seitlichen Ausbiegung. Solche Horizontalkräfte entstehen auch durch Ausführungsungenauigkeiten. Sie können zur Instabilität durch Verdrehen der gesamten Schale um ihre lotrechte Achse führen.

7.10 Hinweise zur Ausführung von Schalen

Schalen erregen Aufmerksamkeit. Jeder Fehler, jedes falsch angeordnete Schalbrett fällt auf. Schon deshalb ist besondere Sorgfalt bei der Ausführung nötig. Diese wird durch die Krümmung und Neigung der Schalflächen sowie durch die geringe Wanddicke noch besonders erschwert.

7.10.1 Ausführung in Ortbeton

Schalung und Rüstung bilden einen wesentlichen Anteil der Ausführungskosten von Schalen. Bei umfangreichen Überdachungen mit vielfach wiederkehrenden gleichen Elementen kann man durch verschiebbare Rüstung und Großtafelschalung die Wirtschaftlichkeit steigern. Auch die Wände von großen Kreisbehältern werden vielfach abschnittsweise hergestellt, so daß die Schalung mehrfach verwendet wird. Der Ringzug in den Arbeitsfugen muß durch Vorspannen voll „überdrückt" werden.

Hinsichtlich der Ausführung werden die Schalen mit geraden Erzeugenden (Zylinder, Kegel, Hyparschale) bevorzugt, da sie mit geraden Brettern oder noch einfacher mit Sperrholztafeln oder Kunststoffplatten großflächig geschalt werden können. Auch biegsame, auf verschiedene Radien einstellbare Stahlschalungen kommen für einfach gekrümmte Flächen in Betracht. Für die doppelt gekrümmten kuppelförmigen Schalen ($\varkappa > 0$) benutzt man kleinere trapezförmige Tafeln, konische Brettstücke oder parallelbesäumte, nicht zu dicke Bretter (Abb. 7/73). Die Rüstungsarbeit läßt sich mit verstellbaren stählernen Rüstungsträgern sehr erleichtern (Abb. 7/74).

Im Zusammenhang mit besonderen Bauverfahren werden auch aufblasbare Schalungen verwendet [30]. Die Abb. 7/75 zeigt die Form einer pneumatischen Schalung für die Decke eines unterirdischen Wasserbehälters. Die Kunststoffmembran wird durch im Fundament verankerte Seile niedergehalten. Dadurch wird die „Schalung" versteift, und in der Betonschale entstehen günstigere Krümmungen zur Aufnahme der Erdauflast [30.3].

Das Aufspritzen des Betons erlaubt, auf einseitiger Schalung Flächen mit beliebiger Neigung herzustellen, während Rüttelbeton nur bis zu einer Neigung von etwa 35° — je nach Konsistenz — aufgebracht werden kann und darüber hinaus doppelt geschalt werden muß. Kleinere Kuppeln wurden schon ganz ohne

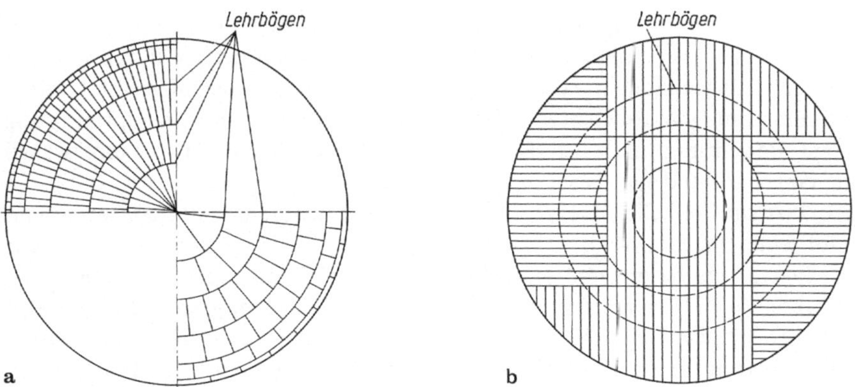

Abb. 7/73. Schalung einer Kuppel (Grundrißprojektion). **a** Konische Brettstücke oder Sperrholztafeln; **b** parallele dünne Bretter, gebogen und verwunden

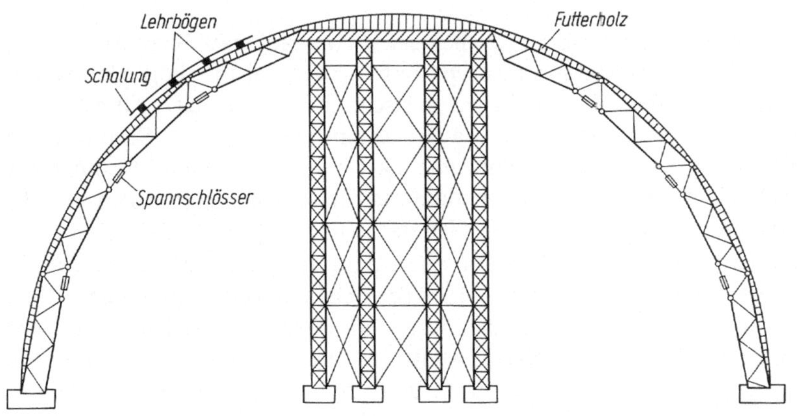

Abb. 7/74. Rüstung einer Kuppel mit Stahlfachwerkträgern; Radius einstellbar

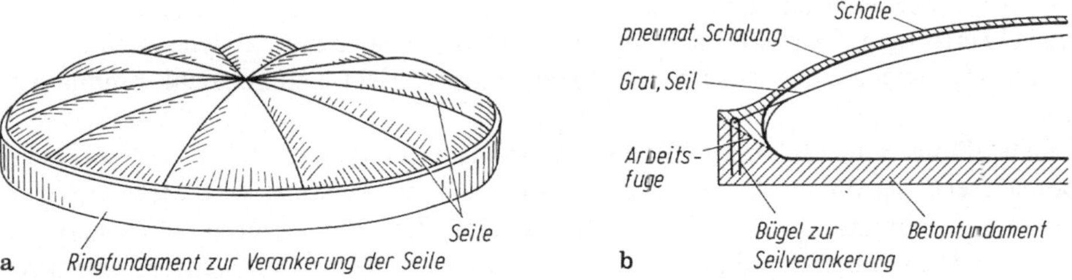

Abb. 7/75. Pneumatische Schalung für einen Abwasserbehälter. **a** Aufgeblasene, gewebeverstärkte Kunststoffmembran, mittels Spannseilen ähnlich einer Sternschale verformt; **b** Radialschnitt mit Verankerung der Seile im Ringfundament

Rüstung und Schalung in Spritzbeton ausgeführt, wobei der Beton erst von unten und dann von oben auf Streckmetallmatten aufgespritzt wurde, die durch die freitragenden, steif ausgebildeten Bewehrungskörbe der Randglieder abgestützt waren [40; 4.9]. Bei dem von Bini entwickelten Verfahren wird sogar eine spiralförmig gewundene Bewehrung und der Beton *vor* dem Aufblasen der pneumatischen Schalung eingebaut und mit dieser angehoben [30.2].

In den USA sind verschiedene Verfahren entwickelt worden, bei denen (meist von innen) auf eine pneumatische Schalung Polyurethan aufgesprüht wird, das auf ca. 10 cm Dicke aufschäumt und schnell erhärtet [30.4]. Dann werden ebenfalls von innen mehrere Lagen Stahlfaserbeton bis zu etwa 7 cm Dicke aufgespritzt. Alternativ wird auch gewöhnlicher Spritzbeton mit einer Bewehrung aus Drahtnetzen ausgeführt. Die Oberseite wird beschichtet oder ebenfalls torkretiert, so daß letztlich eine stabile Sandwichschale mit guter Wärmedämmung entsteht, in der auch die Installation verlegt wird.

In [30.5] wird ein Verfahren beschrieben, bei dem Zement oder Mörtel zwischen mehreren Lagen von Propylene-Gewebe in trockenem Zustand eingebracht wird. Das Gewebe liegt dabei noch flach auf dem Boden, eingespannt in Randglieder aus Beton. Erst nach dem Aufblasen wird das ganze mit dem Wasserschlauch benetzt und erhärtet in dieser Form zur steifen Schale.

Hyparschalendächer können dadurch hergestellt werden, daß Bewehrungsnetze zwischen Randgliedern aus Stahlprofilen von unten gegen darüber liegende Dämmplatten torkretiert werden. In ähnlicher Weise werden bei der „Offset Wire Method“ Drähte zwischen Randgliedern aus Stahlprofilen gespannt, Schaumstoffe zur Wärmedämmung darauf gelegt und eine zweite Lage Spanndrähte mit einer dünnen Mörtelschicht überzogen, auf die dann die Betonschale betoniert wird [51]. Kühltürme werden ohne Einrüstung mit Kletterschalung hergestellt [59].

Mitunter wurden auch schon Schalen auf einem Erdhügel betoniert, der zu diesem Zwecke angeschüttet und später unter der Schale abgegraben wurde [32].

Die Dickenkontrolle ist bei den Schalen besonders wichtig und schwierig. Bogenförmige Lehren helfen dabei. Auch das Einstellen der geeigneten Konsistenz und das Rütteln so dünner geneigter Flächen bringt besondere Probleme mit sich. Innenrüttler sind meist unbrauchbar, und die gängigen Oberflächenrüttler führen so viel Energie zu, daß der Beton sich entmischt oder von der Schalung abfließt. Spritzbeton liefert genügende Dichte ohne Rütteln.

Als Bewehrung sollen möglichst fein verteilte dünne Stäbe verwendet werden. Diese haben allerdings den Nachteil, daß sie leicht heruntergetreten werden. Günstiger sind in dieser Hinsicht geschweißte Bewehrungsmatten, die sich wieder elastisch zurückverformen. Sie passen sich allerdings nur bei Schalen mit einfacher Krümmung und in Hyparschalen, parallel zu den Erzeugenden verlegt, den Schalenkrümmungen an.

Sehr dünne Schalen kann man aus Ferrocement herstellen (auch als Armozement bezeichnet). Bei dieser Bauweise, die schon Nervi verwendete, wird Bewehrung in Form von feinmaschigen Geweben oder geschweißten Drahtgittern (Maschenweite 0,5 bis 2 cm, Drahtdicke $\lesseqgtr 1$ mm) in mehreren Lagen in einer nur wenige Zentimeter dicken Mörtelmatrix angeordnet [46]. Problematisch ist dabei der Korrosionsschutz der Bewehrung, die z. B. bei einer 2 cm dicken Schale planmäßig nur 2–3 mm Betondeckung aufweist. Immerhin werden viele Schalendächer im Ausland (z. B. in der UdSSR) aus vorgefertigten Ferrocementschalen errichtet, und in Entwicklungsländern werden im „do-it-yourself-Verfahren" Behälter oder kleine Dächer mit möglichst geringem Baustoffaufwand als Ferrocementschalen erstellt. Auch Schiffe wurden gelegentlich, besonders bei Stahlknappheit (2. Weltkrieg), aus Ferrocement gefertigt [46.2]. Ferrocement-Kanus mit Wanddicken bis herab zu 2 mm und noch dünnere Boote aus Kunststoffen, wie sie von Studenten für die in letzter Zeit beliebt gewordenen Regatten gebaut werden, zeigen die außerordentliche Leistungsfähigkeit der Schalentragwerke.

Eine weitere grundsätzliche Möglichkeit zur Verringerung der Schalendicke und besseren Ausnutzung der Schalentragfähigkeit besteht darin, die Bewehrung in Form von Fasern dem Beton zuzusetzen [49]. So gelang es bei einem Versuchsbau mit einer nur 1,5 cm dicken Schale (ähnlich zu Abb. 7/3b rechts) aus glasfaserbewehrtem Beton einen Austellungsraum mit 26 m Spannweite zu überdachen [49.1]. Aber auch bei dieser Bewehrung sind noch Fragen zur Dauerhaftigkeit (Alkalibeständigkeit der Fasern) offen. Bei Stahlfasern ist die Problematik des Korrosionsschutzes ähnlich wie bei Ferrocement, außerdem verursachen sie ein sehr sperriges Gefüge, das sich schlecht in dünnen Flächen verarbeiten läßt.

7.10.2 Schalen aus Fertigteilen

Die Vor- und Nachteile dieser Bauweise sind grundsätzlich in *IB*, 2.3.1 erörtert. Die wichtigste Voraussetzung für eine rationelle Anwendung sind große Serien gleicher Elemente.

7.10.2.1 Fertigteile über die ganze Spannweite

Der Montagevorgang wird dann am einfachsten, wenn die Einzelelemente die ganze Spannweite überdecken. Das Handhaben so großer Teile erfordert jedoch starkes Hubgerät und große Vorsicht, um die empfindlichen Schalen beim Heben und Auflagern nicht zu beschädigen.

Schalen mit geringen Dicken lassen sich auf Matrizen werkmäßig herstellen. Sie müssen Randglieder aufweisen, um die Form zu erhalten (Abb. 7/76a) [33]. Dünne Schalen haben nicht nur den Vorzug geringen Gewichts; in ihnen klingen auch die Randstörungen rasch ab.

Das Montagegewicht läßt sich durch verminderte Breite der Elemente herabsetzen. Diese wirken dann in guter Annäherung als Balken mit Zylinderquerschnitt [34], Trogquerschnitt [35] oder Wellenquerschnitt [36] (Abb. 7/76b, c, d). Um die Steifigkeit zu erhöhen, wird häufig die Zugzone vorgespannt. Die Länge der Einzelteile kann bis zu 25 m betragen. Bei diesen weitgespannten „Schalen" fehlen oftmals die Randglieder, mitunter auch die Endbinder. Die „Schale" hält ihre Form dann allein durch ihre Biegesteifigkeit aufrecht. Beim Fehlen von Endbindern ist für ein sattes Auflagern längs des gesamten Umfanges Sorge zu tragen. Da die Stützkraft auf diese Weise nicht tangential, sondern nahezu rechtwinklig zur Schalenfläche eingetragen wird, entstehen auch hierdurch Biegemomente.

7.10.2.2 Aus vorgefertigten Teilen zusammengesetzte Schalen

Schalen mit größeren Abmessungen können aus einzelnen vorgefertigten Teilen zusammengesetzt werden. Wenn die herausragende Bewehrung der Fertigteile in Schlaufenform geführt oder verschweißt und dann durch Ortbeton umhüllt wird,

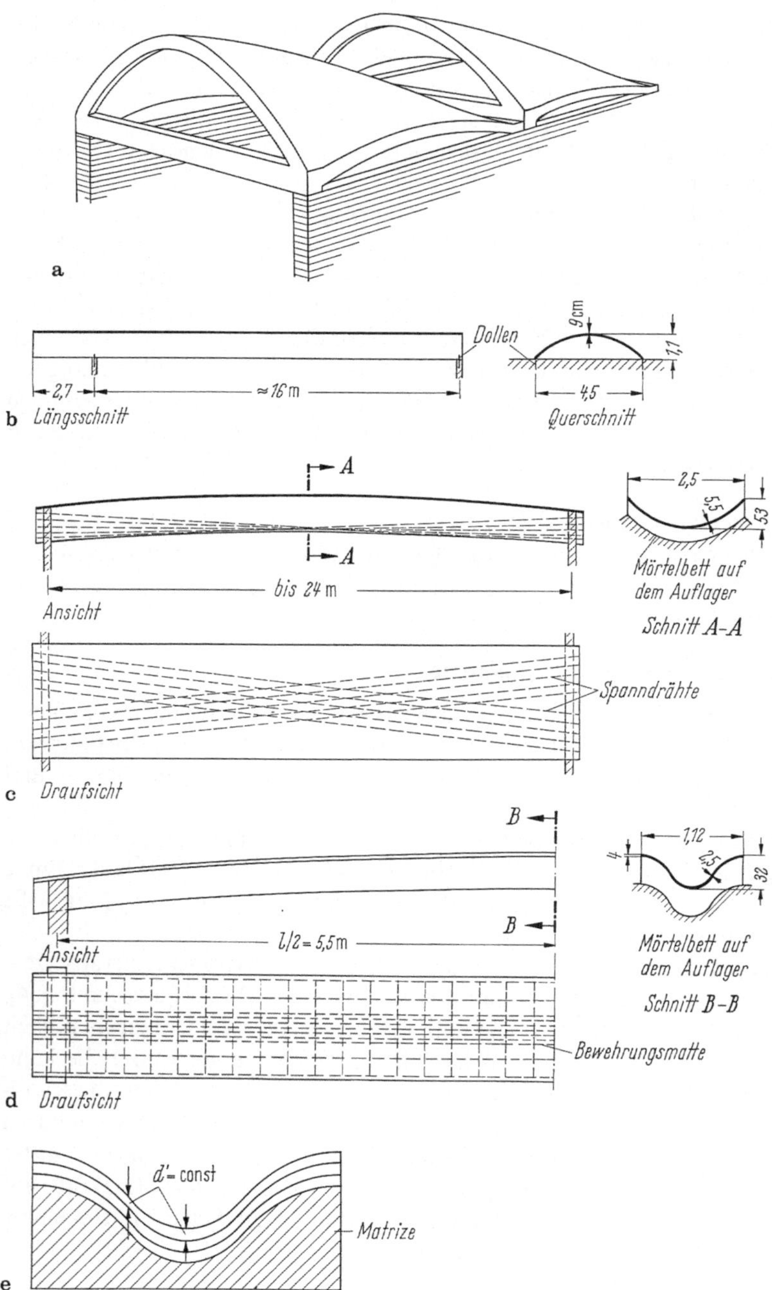
a
Dollen
9cm
1,1
2,7
≈16 m
4,5
b Längsschnitt
Querschnitt
A
A
2,5
5,5
53
bis 24 m
Ansicht
Mörtelbett auf dem Auflager
Schnitt A-A
Spanndrähte
c Draufsicht
B
1,12
4
2,5
32
B
l/2 = 5,5 m
Ansicht
Mörtelbett auf dem Auflager
Schnitt B-B
Bewehrungsmatte
d Draufsicht
d' = const
Matrize
e

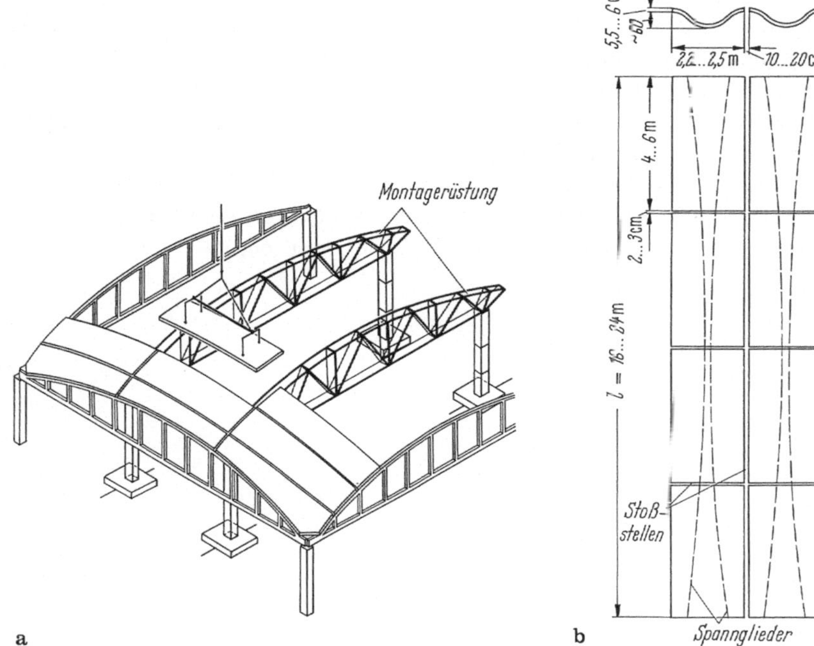

Abb. 7/77. Aus vorgefertigten Teilen zusammengesetzte Schalen. **a** Kappenschale aus Kassettenplatten 3/12 m mit Randverstärkung (UdSSR); **b** Wellenschale (Balken). Die Spannglieder werden nachträglich in Rohre eingezogen und gespannt, die Stoßstellen der Fertigteile vermörtelt [37.1]

entsteht ein annähernd monolithisches Bauwerk. Man beschränkt tunlichst die Zahl der freiliegenden Stoßfugen, um der Witterung wenig Angriffspunkte zu bieten. Ferner darf man den Fugen wegen der Rißbildung nur Zug- und Schubkräfte mäßiger Größe zumuten, so daß diese Bauart auf Schalen mit vorwiegender Druckbeanspruchung beschränkt ist, wie zum Beispiel Kappenschalen (Abb. 7/77a) [31].

Durch das nachträgliche Zusammenspannen von Fertigteilen („Segmentbauweise" wie bei Balken mit Voll- oder Hohlquerschnitt, 2.2.3.3) erschließen sich der Schalenbauweise weitere vielseitige Anwendungsmöglichkeiten, vor allem für Dächer. Man zieht dabei Spannglieder in vorbereiteten Kanälen durch mehrere Schalenteile hindurch. Die Querfugen zwischen den Elementen brauchen nur etwa 2 bis 3 cm breit zu sein. Sie werden mit rasch erhärtendem Zement- oder Kunststoff-Mörtel

◀ **Abb. 7/76.** Fertigteilschalen aus einem Stück über die ganze Spannweite. **a** Konoidähnliche Schalen, 3 cm dick, mit Randgliedern [33]; **b** Pseudozylinderschale aus Leichtbeton ohne Binderscheiben [34]; zur Versteifung werden die Schalenränder durch Dollen mit der Unterkonstruktion verbunden; **c** vorgespannte Trogschale (Ausschnitt aus Rotationshyperboloid, vgl. Abb. 7/1b); Formhaltung nur durch Biegesteifigkeit möglich; gerade Spanndrähte in den Erzeugenden (Spannbettvorspannung); schlaffe Netzbewehrung nicht dargestellt; **d** doppelt gekrümmte Wellenschale mit schlaffer, punktverschweißter Bewehrung [36]; **e** Herstellen von Schalen nach der „Blätterteig-Methode" ergibt Ersparnis an Schalung, aber wechselnde Dicke; Trennschicht: Anstrich mit Kunstharz oder Lehm, Papierzwischenlage, Gummiplane

ausgestopft. Durch „Überdrücken“ der Zugspannungen und die dadurch erzeugte Reibung werden Zug- und Schubkräfte in der Fuge übertragen. Auf diese Weise lassen sich Trog-, Shed- und Wellenschalen aus Einzelteilen für erhebliche Längen zusammenspannen [37] (Abb. 7/77b). Selbst reine Zugkräfte können solche „überdrückte“ Fugen aufnehmen, z. B. bei Wasserbehältern aus vorgefertigten Segmenten. Selbstverständlich muß in den Querfugen eine ausreichende Druckreserve von 0,5 bis 1 N/mm^2 bei größter Zugkraft und nach voller Auswirkung von Schwinden und Kriechen vorhanden sein. Die Längsfugen werden zweckmäßig mit herausstehenden Schlaufen bewehrt; sie müssen deshalb 10 bis 20 cm breit sein.

8 Gedrungene Tragwerke

Hierunter verstehen wir Tragwerke, die nach allen drei Achsrichtungen Abmessungen gleicher Größenordnung besitzen, so daß in ihnen im allgemeinen ein räumlicher Spannungszustand herrscht. Sie dienen beispielsweise als Gründungskörper für Stützen, als Maschinenfundamente oder als Schwergewichtstau- und stützkörper. In den genannten Fällen ist ihre Beanspruchung aus Lasten verhältnismäßig gering, da für ihre Abmessungen in erster Linie ihr Gewicht oder ihr konstruktiv notwendiges Volumen maßgebend sind. Bei der Bemessung — auch der Bewehrung, sofern eine solche eingelegt wird — kann man sich daher im allgemeinen mit groben Näherungsansätzen begnügen.

Hingegen sind die Eigen- und Zwängungsspannungen (*IB*, 1.1.1) bei massiven Bauteilen von besonderer Bedeutung, ferner die Standsicherheit als Ganzes gegen Kippen oder Gleiten. Es ist bemerkenswert, daß massige Bauwerke gefühlsmäßig den Eindruck großer Sicherheit erwecken, obgleich man sich in diesen Fällen mit verhältnismäßig kleinen Sicherheiten begnügt (*IIB*, 5). Hierbei ist sorgfältig zu prüfen, ob an den Aufstands- oder Seitenflächen Wasser auftreten kann. In Form von Sohl- oder Porenwasserdruck vermag es das Gleichgewicht entscheidend zu beeinflussen. Im Gegensatz zu aktiven Erddrücken werden jene Kräfte durch kleine Verschiebungen des Baukörpers *nicht* vermindert, was sie besonders gefährlich macht!

Es ist sehr schwierig, ja fast unmöglich, feine Oberflächenrisse bei massigen Bauteilen zu vermeiden, da der Ausgleich der Temperatur- und Feuchtigkeitsdifferenzen nur langsam vor sich geht und hierdurch erhebliche Eigenspannungen entstehen. Der Stau der Abbindewärme und der Feuchtigkeit im Blockinnern ruft an der Außenseite Zugspannungen und oft Risse hervor (*IA*, Abb. 1.3/12, 20, 21). Man wird daher bei Massenbeton die Zementbeigabe, auf die allein ja das Schwinden und die Wärmeentwicklung zurückzuführen ist (*IA*, Abb. 1/11), dadurch beschränken, daß man für eine gute Abstufung der Körnung sorgt und Grobzuschläge bis 200 mm und mehr verwendet. Denn die Festigkeit des Betons hängt ja in erster Linie von derjenigen des Mörtels ab (*IA*, 1.1.2). Auch ist möglichst ein Zement mit kleiner Wärmetönung (HOZ oder spezieller „low heat"-Zement, *IA*, 1.3.4.1) zu wählen. Hinweise für die Ausführung gibt [1]. Maßnahmen zum Herabsetzen oder Abführen der Abbindewärme [3] und das Feuchthalten der Oberfläche bis zum Erhärten des Zementes spielen bei Blöcken daher eine besondere Rolle. Ein geringes Gefälle der Temperaturen und Feuchtigkeiten, also kleinere Eigenspannungen, lassen sich auch durch Wärmedämmung und Feuchthalten oder Versiegeln der Betonoberflächen mit aufgespritzter Kunststoffolie erzielen. Diese

Maßnahmen sind besonders in den ersten Tagen wichtig, in denen die Gefälle groß und die Zugfestigkeit des Betons noch klein ist. Einen Anhalt für die notwendige Dauer gibt *IA*, Abb. 1.1/8, da sich die Zugfestigkeit etwa proportional zur Druckfestigkeit entwickelt.

Trotzdem lassen sich Risse in den Berührungszonen von jungem Beton mit altem Beton infolge von Temperatur- und Schwindunterschieden kaum vermeiden, wenn ein Block länger als etwa 5 m ist („Pfeilerkrankheit" *IA*, 1.3.4.2). Anhalt für eine die Zahl dieser Risse vergrößernde und ihre Breite vermindernde Bewehrung gibt *IB*, 6.3.2.2.

Wegen der geringen Beanspruchungen der Blöcke sind solche Risse im allgemeinen harmlos. Es ist jedoch stets zu empfehlen, die Oberfläche (auch die Aufstandsfläche!) mit einer Netzbewehrung aus profiliertem Stahl zu versehen, um eine Verteilung der Risse und damit eine geringere Rißbreite zu erzielen. Wie in *IB*, 6.3.2.2 erwähnt, genügt es nach [*IB*, 1/2 Teil 4], eine 20—30 cm dicke Schicht der Oberfläche zu betrachten, deren Verkürzung ε_s abzuschätzen und die zweckmäßige Bewehrung nach Abb. 3/3 in *IB* einzulegen. Genauere Untersuchungen findet man in [2].

Mitunter kann aber auch das vorgesehene Kräftespiel durch einen groben, durchgehenden Riß bedenklich gestört werden, so daß dann schwierige Verstärkungen nötig sind. Als Beispiel zeigt Abb. 8/1 sehr starke Strebepfeiler einer aufgelösten Talsperre, die in ihrer ganzen Länge von etwa 40 m auf festem Fels stehen. Die unvermeidlichen Temperatur- und Schwindverkürzungen führten in jeder Wand zu einem breiten senkrechten Riß, der die Abtragung des Wasserdruckes beeinträchtigte. Die Pfeiler mußten beiderseits mit Stahlbeton ummantelt werden, um den gewünschten Kräftefluß wieder herzustellen. Die Risse hätten sich durch Auflösen der Pfeiler in Einzelstützen vermeiden lassen.

Schließlich ist bei der Eintragung von großen konzentrierten Lasten in Betonblöcken auf die Spaltwirkung zu achten. Die hierdurch entstehenden räumlichen Zugspannungen sind in *IA*, 7 angegeben und müssen, sofern sie etwa 0,5 MN/m² überschreiten, durch eine Spaltzugbewehrung (Roste oder Ringe, am besten Wendel) gedeckt werden (*IB*, 2.3.2).

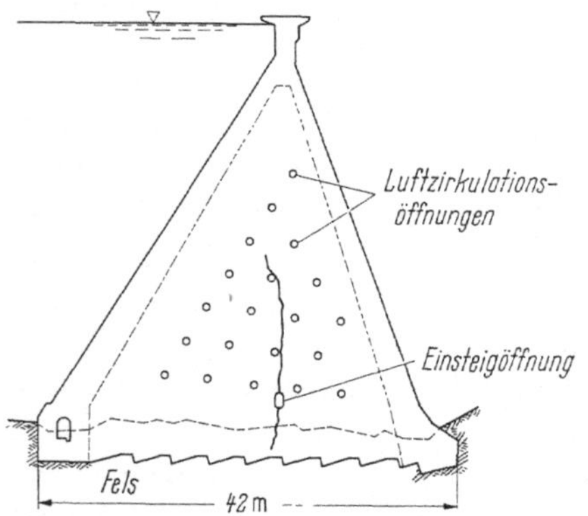

Abb. 8/1. Risse infolge von Eigenspannungen in den Strebepfeilern einer aufgelösten Talsperre

In Sonderfällen, z. B. bei Reaktordruckbehältern für gasgekühlte Reaktoren, werden massige Bauwerke auch statisch sehr hoch beansprucht. Um den Gasdruck in der Größenordnung von 50 bar (5 MN/m^2) in den etwa 10 m Durchmesser messenden Kavernen aufzunehmen, sind mehrere Meter dicke Betonwände erforderlich, die in allen drei Richtungen vorgespannt werden müssen. Als zweckmäßige Form solcher Behälter hat sich der stehende Zylinder mit ebenen Böden herausgebildet, der durch eine Ringvorspannung — in vielen Lagen unmittelbar übereinander gewickelt — und durch Längsspannglieder mit bis zu 10 MN Tragkraft vorgespannt wird (Abb. 8/2a).

Die Beanspruchungen solcher Behälter müssen für ein dreidimensionales Kontinuum mittels finiter Elemente berechnet werden, weil sie in allen Richtungen dieselbe Größenordnung erreichen können. Für Vorberechnungen können rotationssymmetrische Modelle ausreichen. Zu den hohen Beanspruchungen aus dem Gasdruck kommen meist noch Zwänge aus unterschiedlichen Temperaturen hinzu, die insbesondere bei Störfällen sehr hohe lokale Beanspruchungen (hot spots) hervorrufen. Auch das generell erhöhte Temperaturniveau wirkt sich auf die Materialeigenschaften aus; insbesondere verstärkt es wesentlich das Betonkriechen.

Neben den Nachweisen für Gebrauchszustände (normaler und gestörter Betrieb) bei denen sich der Behälter im großen und ganzen elastisch verhalten soll, ist wie für Spannbetonbauten üblich auch der Nachweis der Grenztragfähigkeit zu erbringen, bzw. ist sein Verhalten bei hypothetischen Störfällen zu untersuchen. Darüber ist aber nur bei Berücksichtigung des nichtlinearen Baustoffverhaltens (*IA*, 1.3) eine wirklichkeitsnahe Aussage möglich. Nichtlineare FEM-Berechnungen komplizierter räumlicher Strukturen sind immer noch zu aufwendig, so daß in der Praxis eine dem Bruchlinienverfahren ähnliche Methode für die Berechnung der Grenzzustände angewendet wird. Da diese Methode auch für den Tragfähigkeitsnachweis anderer massiger Bauwerke geeignet ist, soll sie hier an einem vereinfachten Beispiel erläutert werden:

Ausgehend vom erwarteten Riß- und Verformungsbild im Versagenszustand wird der Körper in einzelne starre Blöcke zerlegt, die sich in scharnierartigen plastischen Gelenken in den Betondruckzonen gegeneinander verdrehen können, wobei die Zugzonen aufklaffen (Abb. 8/2b).

Für einen angenommenen Verformungszustand mit der Aufweitung Δ werden die Kräfte in den Bewehrungen ermittelt. Wenn ein schlaffer Bewehrungsstab eine Bruchfuge kreuzt, kann in ihm die Fließgrenze angesetzt werden, es sei denn, die Fuge klafft an dieser Stelle so weit auf, daß der Stab schon gerissen ist. Auch die vertikale Spannbewehrung wird im Bereich der klaffenden Risse bis zur Fließgrenze gedehnt, falls der Verbund mit dem Beton in der Lage ist, die Differenz ΔZ zwischen einer Spanngliedkraft $A_z \beta_S$ im Rißquerschnitt und der Spanngliedkraft Z in einer um l_e vom Riß entfernten Länge einzuleiten. Bei sehr großen Spanngliedern, wie sie für Reaktordruckbehälter verwendet werden, trifft dies nicht immer zu. Gegebenenfalls und bei Vorspannung ohne Verbund muß die Erhöhung der Spanngliedkraft aus der Spanngliedverlängerung für die angenommene Tragwerksverformung ermittelt werden. Dasselbe gilt für die Stahlbeanspruchung der schlaffen Ringbewehrung. Diese wird abhängig von ihrer Höhenlage teilweise elastisch, teilweise über die Fließgrenze gedehnt (Abb. 8/2c).

Gleichgewicht in dem angenommenen Verformungszustand ist dann vorhanden,

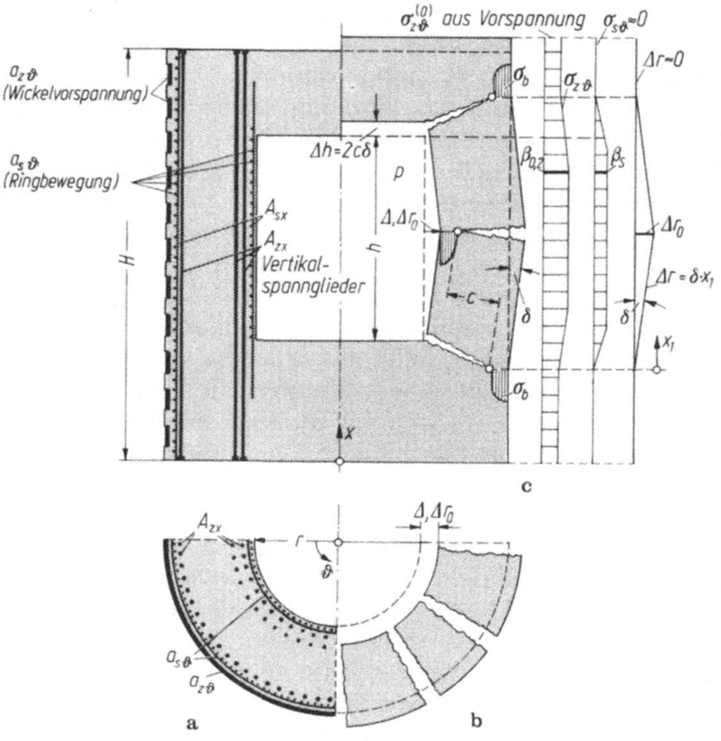

Abb. 8/2. Ein Mechanismus zum Berechnen des Berstdruckes für einen Reaktordruckbehälter (stark vereinfacht). **a** Unverformter Behälter mit Bewehrung (unvollständig); **b** angenommener Mechanismus mit Verformung Δ, zugleich Verformungsbild für die virtuelle Bewegung δ; **c** Verlauf der Stahlspannungen in der Ringbewehrung und Wickelvorspannung

wenn bei einer kleinen zusätzlichen virtuellen Bewegung δ des Mechanismus die äußere Arbeit A_a der Lasten gleich ist der inneren Arbeit A_i der gedehnten Bewehrungen. Bei dem stark vereinfachten Beispiel nach Abb. 8/2 leistet beispielsweise der Innendruck auf die Decke und Wände folgende äußere Arbeit:

$$A_a = \pi r^2 p \, \Delta h + 2r\pi p \int_{(h)} \Delta r \, dx \quad \text{mit} \quad \Delta h \text{ und } \Delta r \text{ gemäß Abb. 8/2b und c} .$$

Wenn die sich nach innen öffnenden Risse vom Gasdruck beaufschlagt werden, kommt noch dessen Arbeit mit der Relativverschiebung der Rißufer hinzu.

Die um insgesamt Δh gelängte Vertikalbewehrung (Querschnitt A_{sx}, Spannung β_S) und die vertikale Spannbewehrung (Querschnitt A_{zx} Spannung σ_{zx}) verrichten die innere Arbeit

$$A_{ix} = (A_{sx}\beta_S + A_{zx}\sigma_{zx}) \, \Delta h .$$

Die Ringbewehrung $a_{s\vartheta}$ und die Wickelbewehrung $a_{z\vartheta}$ (Querschnitte je m Höhe) liefern den Beitrag

$$A_{i\vartheta} = 2\pi \int_{(H)} (a_{s\vartheta}\sigma_{s\vartheta} + a_{z\vartheta}\sigma_{z\vartheta}) \, \Delta r \, dx ,$$

wobei die Stahlspannungen und Δr entsprechend Abb. 8/2c von der Höhenlage x abhängen.

Aus $\Sigma A_a = \Sigma A_i$ ergibt sich der zu dem Verformungszustand gehörige Innendruck p. Er nimmt mit zunehmender Ausgangsverformung Δ zu, zumindest so lange, bis die ersten Stahlstäbe reißen, unter Umständen auch noch danach, und erreicht schließlich einen Maximalwert.

Dieses Verfahren liefert gemäß dem 2. Grenzwertsatz der Plastizitätstheorie obere — also zu hohe — Grenzwerte der Traglast. Die wirkliche Traglast ergibt sich nur, wenn der richtige Mechanismus zugrunde liegt und nirgends höhere Beanspruchungen auftreten, als die Baustoffe aufnehmen können. Problematisch ist in dieser Hinsicht vor allem die Rotationsfähigkeit in den Betongelenken; sie sollte durch eine Abschätzung der zu erwartenden größten Betonstauchung abgesichert werden.

Durch Variation der Rißneigungen, die Untersuchung mehrerer plausibler Mechanismen und durch deren Kombination kann man sich der wirklichen (kleinsten) Traglast nähern, wobei die Einzelmechanismen so zu kombinieren sind, daß A_a groß, A_i dagegen relativ klein wird.

Das Verfahren kann man bei Versagensarten, die maßgeblich durch die Zugfestigkeit des Betons bestimmt sind, z. B. beim Durchstanzen (*IIA*, 3.2.2) nicht anwenden.

Literaturverzeichnis

Vorbemerkungen

Die Quellen in dieser 2. Auflage sind ebenso wie der Text größtenteils erneuert und bis Mitte 1986 berücksichtigt worden. Dabei haben wir uns, um die Zahl der Titel nicht allzusehr anschwellen zu lassen, vorwiegend wieder auf das deutsche Schrifttum beschränkt. Man findet die einschlägigen ausländischen Veröffentlichungen meist dort angeführt.

Das vorliegende Werk will einerseits die tägliche Arbeit des Konstrukteurs erleichtern, andererseits aber auch tiefergehendes Interesse am Stahlbeton befriedigen und die Frage nach dem „Warum?" beantworten. Deshalb sind die angeführten Schriftstellen entsprechend gekennzeichnet, damit man sich rasch orientieren kann und zwar in folgender Weise:

● Unentbehrlich für den Alltag. (Normen wurden nicht in dieser Weise hervorgehoben, weil sie selbstverständlich stets zu berücksichtigen sind. Sie sind daher meist im Text bereits erwähnt.)

◑ Sehr nützliche Angaben und wesentlich für die Erweiterung des Ingenieur-Horizontes.

○ Besonders geeignet, tiefere Einsichten zu gewinnen.

Ohne Punkt: Veröffentlichungen, die andere Arbeiten ergänzen, oder Forschungsberichte, die neue Wege aufzeigen. Die Hefte des DAfSt (im Text bei Verweisen als [H.xy] bezeichnet) erhielten keinen Punkt, sofern sie einem speziellen Problem nachgehen und die Ergebnisse nicht ohne Aufbereitung für die Praxis verwendbar sind. Einzelne Hefte sind jedoch als Rechenhilfen geschaffen und deshalb im Literaturverzeichnis ausdrücklich aufgeführt.

Mit der Kennzeichnung durch Punkte ist keinesfalls eine Qualifikation beabsichtigt und die Hervorhebung nicht frei von subjektiver Einschätzung.

Es erwies sich als praktisch, das Verzeichnis entsprechend der Einteilung des Textes in Abschnitte zu zerlegen.

Es sei ferner (vgl. Ende Inhaltsverzeichnis) das System der Verweisungen wiederholt:
z. B. auf Literatur des jeweiligen Abschnittes: z. B. [11] oder [42.2],
auf Literatur eines anderen Abschnittes: z. B. [2/53]
auf Literatur des Teiles A des Bandes I: z. B. [I A, 1/15]
auf Literatur des Teiles B des Bandes I: z. B. [I B, 2/8.3]

Manche Arbeiten sind in verschiedenen Zeitschriften abgedruckt. Sie erhalten dann den Hinweis „sowie". Auf Besonderheiten des Inhaltes wird mitunter durch eine eingeklammerte Bemerkung hingewiesen.

Häufig zitierte Literatur, zum Teil mit ihren Abkürzungen

a) Zeitschriften und Periodica

Abkürzung	Titel	Verlag
Beton	Beton – Herstellung und Verwendung	Betonverlag, Düsseldorf
BuSt.	Beton- und Stahlbetonbau	W. Ernst & Sohn, Berlin
BT.	Die Bautechnik	W. Ernst & Sohn, Berlin
BI.	Der Bauingenieur	Springer-Verlag, Berlin, Heidelberg, New York
Betonwerk- u. Fertigteiltechn. (Betonsteinztg.)	Betonwerk- und Fertigteiltechnik (früher: Betonsteinzeitung)	Bauverlag, Wiesbaden
	Zement – Kalk – Gips	Bauverlag, Wiesbaden
Betontech. Ber.	Betontechnische Berichte des Forschungsinstitutes der Zementindustrie Düsseldorf (jährlich)	Betonverlag, Düsseldorf
Kurzber. a. d. Bauforsch.	Kurzberichte aus der Bauforschung	Informationsverbundzentrum Raum u. Bau der Fraunhofer-Gesellschaft, Stuttgart
Baupl. u. Bautech.	Bauplanung und Bautechnik	VEB Verlag für Bauwesen, Berlin
Zem. u. Bet.	Zement und Beton	Zeitschrift des Österreichischen Betonvereins und des Vereins Österr. Zementfabriken, Wien
B. Kal.	Betonkalender (jährlich)	W. Ernst & Sohn, Berlin
M. Kal.	Mauerwerk-Kalender (jährlich)	W. Ernst & Sohn, Berlin
Mitt. IfBt.	Mitteilungsblatt des Institutes für Bautechnik, Berlin	W. Ernst & Sohn, Berlin
Zem. TB.	Zement-Taschenbuch des Vereins der Deutschen Zementwerke (zweijährlich)	Bauverlag, Wiesbaden
Bet.-St. i. d. Entw.	Betonstahl in der Entwicklung	Tor-Isteg Steel Corporation, Luxembourg
	Concrete	Cement and Concrete Association, London
J. ACI	Journal of the American Concrete Institute	American Concrete Institute, Detroit
	FIP Notes	Fédération Internationale de la Précontrainte, London
J. PCI	Journal of the Prestressed Concrete Institute	Prestressed Concrete Institute, Chicago
Struct. Eng.	Journal of Structural Engineering (ASCE)	American Society of Civil Engineers, New York
Ann. Inst. Tech. Bâtim. Trav. Publics	Annales de l'Institut Technique du Bâtiment et des Travaux Publics	Société d'Edition du Bâtiment et des Travaux Publics, Paris
	Cement	Verkoopasociatie Nederlands Cement BV, Amsterdam
CUR Rapp.	Stichting Commissie for uitföring van Research	Nederlandse Betonvereiniging, Zoetermeer
	Heron	Stevin-Laboratory, Department of Civil Engineering, University of Technology, Delft
	Schweizer Bauzeitung, seit 1979: Schweizer Ingenieur und Architekt.	Verlags AG Akad.-techn. Vereine, Zürich

b) Institutionen

Abkürzung	Name	Ort (Verwaltung)
DBV	Deutscher Betonverein	Wiesbaden
DAfSt	Deutscher Ausschuß für Stahlbeton Forschungshefte	Berlin W. Ernst & Sohn, Berlin
IfBt	Institut für Bautechnik	Berlin
IRB	Informationszentrum „Raum und Bau" der Fraunhofer-Gesellschaft. Es gibt laufend den „Informationsdienst Schrifttum Bauwesen" heraus und liefert auf Anfordern Zusammenstellungen für bestimmte Sondergebiete und Zeiträume [1/32]	Stuttgart
FBW	Forschungsgemeinschaft Bauen und Wohnen	Stuttgart
BMV	Bundesministerium für Verkehr	Bonn
PZWH	Portland-Zementwerke	Heidelberg
IVBH	Internationale Vereinigung für Brücken und Hochbau (französisch: AIPC, englisch: IABSE)	Zürich
CEB	Comité Euro-international du Béton	Paris
FIP	Fédération Internationale de la Précontrainte	London
RILEM	Réunion Internationale des Laboratoires d'Essai et de Recherche sur les Matériaux et les Constructions	
IASS	International Association for Shell and Spatial Structures	Madrid
VBI	Verband Beratender Ingenieure	Essen
VPI	Bundesvereinigung der Prüfingenieure für Baustatik	Berlin und Landesvereinigung der VPI, Stuttgart (BW.)

Literatur zur Einleitung und zu Abschnitt 1 (Überblick über die Tragwerke)

● 1.1 Leonhardt, F.: Brücken. Stuttgart: Deutsche Verlags-Anstalt 1982
1.2 Leonhardt, F.: Die schönheitliche Gestaltung der Brücken- eine Herausforderung. Consulting (1980) H. 10, S. 18
○ 1.3 Leonhardt, F. u. a.: Ästhetik im Ingenieurbau. IVBH Schlußbericht Kongreß Wien 1980, S. 43—158
2 Abeles, P. W. u. a.: Prestressed concrete designers handbook. A viewpoint publication bei CCA/GB Wexham Springs 1975. Kernsätze auch in: ders.: Introduction to prestressed concrete
3 Graefe, R.: Kettenlinien und Stützlinien. Baukultur (1983) H. 1, S. 4
○ 4.1 Büttner, O.; Hampe, E.: Bauwerk, Tragwerk, Tragstruktur. Berlin, VEB Verlag für Bauwesen. Bd. I: 1977; Bd. II: 1984. Lizenzausgaben: Bd. I: Stuttgart, Hatje, 1977; Bd. II: Berlin, Ernst u. Sohn, 1985
○ 4.2 Wittfoht, H.: Triumph der Spannweiten (historisch). Düsseldorf: Betonverlag 1972
○ 4.3 Pettersson: Betonkonstruktionen. Historischer Rückblick und Ausblick (erreichbare Spannweiten). Inst. för Konstr. Lära Kgl. Tekniska Högsk., Bull. 8, Stockholm 1962
5 Frei Otto u. a.: Natürliche Konstruktionen. In: Architektur, Forschung und Entwicklung (Hrsg. Schmidt, K.) Stuttgart Deutsche Verlags-Anstalt

6 Natur — Wissen — Bauen. Biologie und Bauen. Inst. für leichte Flächentragwerke, Univ. Stuttgart. Dtsche. Bauztg. (1980) H. 9. S. 11

7 Bennighof, A.; Goerttler, K.: Lehrbuch der Anatomie des Menschen. München: Urban & Schwarzenberg 1960

8 Wyss, Th.: Kraftfelder in festen, elastischen Körpern. Vierteljahresschrift d. Naturforschenden Ges. Zürich (1948) S. 170

9 Beles, A.; Soare, M.: Les paraboloides elliptiques et hyperboliques dans les constructions. Paris: Dunod 1967, S. 39

○ 10.1 Domke, H.: Grundlagen konstruktiver Gestaltung. Wiesbaden: Bauverlag 1972

10.2 Siegel, C.: Strukturformen der modernen Architektur. München: Callwey 1960

10.3 Glück, J. u. a.: Kreativität im Tragwerksentwurf. Baukultur (1983) H. 1, S. 14

○ 10.4 Die Welt des Betons. 75 Jahre DBV 1973

11 Fortschritte der Mechanik bewehrter Betonkonstruktionen. IVBH Rep. Bd. 33 u. 34 (Koll. Delft 1981)

○ 12 Werner, H. u. a.: Rechnereinsatz für Entwurfsaufgaben im konstruktiven Ingenieurbau. B I. (1983) S. 361

◑ 13 Entwurf einer Richtlinie für das Aufstellen und Prüfen von elektronischen Standsicherheitsnachweisen. VPI (Bund) Hannover 1984

14 Freihardt, G.: Die Fußeinspannung von Rahmenstützen bei Berücksichtigung der Baugrundelastizität. BuSt. (1960) S. 187

15 Craemer, H.: Kritik an der Berechnung von Stockwerkrahmen unter Eigenlast. BuSt. (1962) S. 209

○ 16 Trost, H.: Kräfteumlagerung bei abschnittsweise hergestellten Spannbetontragwerken. Vorträge DBV Betontag 1965, S. 455

Literatur zu Abschnitt 2 (Stabtragwerke)

1 Finsterwalder, U.: Eisenbetonträger unter selbsttätiger Vorspannung. Bl. (1983) S. 495

2 Butzer, H.: Vorgespannte Betonfachwerkträger, (Ber. J. ACI). BuSt. (1979) S. 209

3 Swida, W.: Statik der Bögen. Karlsruhe: Müller 1954

● 4 Beyer, K.: Die Statik im Stahlbetonbau. Berlin: Springer 1956

5 Czerny, F.: Weitgespannte Stahlbeton-Bogenbrücken. Zem. u. Bet. (1980) S. 117

6 Stojadinovič, J.; Šram, S.: Entwurf und Ausführung der Bogenbrücken vom jugoslawischen Festland zu den Adria-Inseln St. Marko und Krk. BuSt. (1982) S. 185, 197

7 Braune, W.: Über die Tragwirkung von Gewölbebrücken mit längsgegliederten massiven Aufbauten. BT. (1980) S. 37, 93

8 Bill, M.: Robert Maillart. Erlenbach/Zürich: Verlag für Architektur. 1947

9.1 Fritz, B.: Über das elastische Zusammenwirken von Fahrbahnrost und Bogenträger. Stahlbau (1944) S. 71

○ 9.2 Čandrlič, V.: Zusammengesetzte Stahlbetonbogenkonstruktionen. BuSt. (1984) S. 7

10 Nielsen, O.: Bogenträger mit schräg gestellten Hängestangen. IVBH-Abh. 1 (1932) S. 355

11.1 Mörsch, E.; Bay, H.; Deininger, K.: Brücken aus Stahlbeton oder Spannbeton, Bd. 2: Herstellung und bauliche Einzelheiten. Stuttgart: Wittwer 1968

◑ 11.2 Leonhardt, F.: Vorlesungen über Massivbau, Teil 6: Grundlagen des Massivbrückenbaues. Berlin: Springer 1979

○ 12.1 Freivorbau von Bogenbrücken. Informationszentrum Raum und Bau IRB Stuttgart, Lit.-Auslese Nr. 4

○ 12.2 Koberg, A.: Über den freien Vorbau von Bogenbrücken. BI. (1984) S. 161

13.1 Wössner, K. u. a.: Die Talbrücke Rottweil. BuSt. (1979) S. 241, 278

○ 13.2 Tendenzen beim Brückenbau. IVBH-Symp. Zürich 1979. Beton (1979) S.382

13.3 Größte Bogenbrücke bei Rijeka/Jugoslawien. Freivorbau als Fachwerk. BI. (1979) S. 314

13.4 Čandrlič, V.: Zur weiteren Entwicklung des Freivorbaues von weitgespannten Massivbogenbrücken. BuSt. (1981) S. 1

13.5 Thal, H.: Heben, Senken und Verschieben von Bauwerken. Zem. u. Bet. (1984) S. 131

13.6 Doka Schaltechnik G.m.b.H.: Bogenbrücke wird mit neuem Bauverfahren hergestellt. BI. (1984) S. 444

13.7 Hünlein, W.; Rose, P.: Ein neues Bauverfahren für den Bau von Bogenbrücken. BI. 1985, S. 487

14.1 Ebene Seiltragwerke. Merkbl. Stahl Nr. 496 (Grundlagen u. Möglichkeiten). Ber.-Stelle f. Stahlverwendung Düsseldorf 1980

14.2 Seile und Bündel im Bauwesen. Weitgespannte Flächentragwerke. Ber.-Stelle f. Stahlverwendung.Düsseldorf 1981

15 Nehse, H.: Spannbandbrücken. (Festschr. Finsterwalder). Karlsruhe: Braun 1973, S. 172

○ 16.1 Eibl, J.; Pelle, K.: Zur Berechnung von Spannbandbrücken-flache Hängebänder. Düsseldorf: Werner 1973

16.2 Kostov, G.: Hängedach aus gebogenen Spannbetonplatten (Bulgarien). BI. (1985) S. 131

○ 17.1 Weidemann, H.: Brückenbau (Stahlbet. u. Spannbet.). Düsseldorf: Werner 1982 (Balken, Rahmen, Bögen)

17.2 Langrock, J. u. a.: Betonbrückenbau. Berlin: VEB Verlag für Bauwesen 1979

17.3 Bauer, F.: Spannbetonbauten. Konstruktion und Herstellung. Ingenieurbauten, Theorie und Praxis, Bd. 1 (Hrsg. Sattler, K.). Wien: Springer 1974

17.4 Winter, K.; Baumann, H.: Wirtschaftliche Konstruktionsformen im Straßenbrückenbau. Bauing.-Prax. H. 110, Berlin: Ernst & Sohn (1965)

17.5 Innovations dans le domaine des ouvrages d'art en béton précoutraint. Association française du béton. Cahier No. 215, 1983. (Übersicht der Bauverfahren von Brücken in Frankreich)

◑ 17.6 Menn, Ch.: Stahlbetonbrücken. Wien, Springer. 1986 (Balken, Rahmen, Bögen, Schrägseilbrücken) Modernste und ausführlichste Darstellung!

○ 18 Spannbetonbau in der Bundesrepublik Deutschland 1978—1982. Wiesbaden: DBV 1982. (Viele Beispiele, vorwiegend Brücken)

19 Fenz, M.: Die Anwendung der teilweisen Vorspannung im österreichischen Brückenbau. Zem. u. Bet. (1982) S. 53, 59

○ 20.1 Walther, R. u. a.: FIP Recommendations on practical design of reinforced and prestressed concrete structures based on the CEB/FIP Model Code 1978. Entwurf 1982

20.2 Miehlbradt, M.: Conception et calcul des structures en béton armé ou précontraint. Applications du Code Modèle CEB/FIP 1978. Schweiz. Ingenieur u. Architekt (1983) H. 3, S. 57

20.3 Schambeck, H.: Über den Einfluß unterschiedlicher Berechnungsgrundlagen auf den Brückenentwurf. Vorträge Betontag DBV 1983, S. 179

○ 21 Pfefferkorn, W.: Lagerungen und Lager im Hochbau. Vortrag VPI (BW), Ber. 7, 1983

◑ 22 Frey, I.; Trost, H.: Zur Berechnung von teilweise vorgespannten Betonbauwerken im Gebrauchszustand. BuSt. (1983) S. 302, 331

23 Schneider, K.: Elastisch eingespannte Plattenstreifen unter Rechtecklast. Schweiz. Bauztg. (1962) S. 537

○ 24 Homberg, H.; Ropers, W.: Fahrbahnplatten mit veränderlicher Dicke, 2 Bde. Berlin: Springer 1965/1968

25 Kupfer, H.; Maier, A.: Beiwerte zur Berechnung der Momentengrenzwerte aus Verkehrslast für durchlaufende rechtwinklige Fahrbahnplatten von Straßenbrücken. BuSt. (1969) S. 233 (Verbesserte α-Werte der alten DIN 1075)

26.1 Liptak, L.: Über die Einspannung der Stahlbeton-Fahrbahnplatte in drillsteife Randträger. BuSt. (1962) S. 216

26.2 Nötzold, F.: Zur Berechnung des zweistegigen Plattenbalkens ohne Querträger. BuSt. (1969) S. 43

○ 27 Leonhardt, F.: Rißschäden an Betonbrücken. Ursachen und Abhilfen. BuSt. (1979) S. 36

○ 28 Kehlbeck, F.: Einfluß von Sonnenstrahlung bei Brückenbauwerken. Mitt. Inst. f. Massivbau TU Hannover. Düsseldorf: Werner 1975

○ 29 Fenz, M.: Großbrücken in Massivbauweise-Wechselwirkung von Konstruktibn und Baudurchführung. Zem. u. Bet. (1980) S. 48

30.1 Koch, R. u. a.: Tragfähigkeit auf schrägen Druck von Brückenstegen, die durch Hüllrohre geschwächt sind. DAfSt 1979, H. 308

○ 30.2 Jungwirth, D.: Entwicklungen im Spannbetonbau. BI. (1981) S. 417

30.3 Stone, W.; Breen, W.: Design criteria for posttensioned anchorage zone (tensile stresses). FIP-Notes No. 97, 1982

○ 31 Bachmann, H.: Längsschub und Querbiegung in der Druckplatte von Betonträgern. BuSt. (1978) S. 57, 116

◑ 32 Schlaich, J.; Scheef, H.: Betonhohlkastenbrücken. Ber. für IVBH Inst. für Massivbau Univ. Stuttgart 1982. Structural Engineering Documents, H. 1d. IVBH Zürich 1982

33 Grundtner, S.: Anliegen der Bundesstraßenverwaltung — Erfahrungen mit der Erhaltung von Straßenbrücken. Zem. u. Bet. (1980) S. 25

○ 34 Wyss, Th.: Kraftfelder in festen, elastischen Körpern. Berlin: Springer 1926

35.1 Leonhardt, F. u. a.: Torsions- und Schubversuche an vorgespannten Hohlkastenträgern. DAfSt 1968, H. 202

35.2 Lüchinger, P.: Der Bruchwiderstand von Kastenträgern aus Stahlbeton unter Torsion, Biegung und Querkraft. Bericht Nr. 69d. Inst. f. Baustatik ETH Zürich 1977 und Birkhäuser Verlag Stuttgart 1977

○ 36.1 Pauser, A.: Betrachtungen über die Konstruktion und Berechnung weitgespannter Talbrücken. Zem. u. Bet. (1980) S. 30

36.2 Steinle, A.: Torsion und Profilverformung beim einzelligen Kastenträger. BuSt. (1970) S. 215; (1972) S. 143

37.1 Eibl, J.: Ein Beitrag zur Torsion des zweistegigen Plattenbalkens. BuSt. (1977) S. 193

37.2 Eibl, J.; Pelle, K.: Schnittgrößen des schiefen, einzelligen Hohlkastens. Forschungsbeiträge für die Baupraxis (Festschr. Kordina). Berlin: Ernst & Sohn, 1979, S. 183

37.3 Glahn, H.: Die Berechnung der Profilverformung symmetrischer einzelliger Kastenträger mit veränderlichen Querschnittsverhältnissen. BuSt. (1980) S. 5

37.4 Dittler, J.: Querbiegung und Profilverformung des Hohlkastens (ein- u. zweizellig). BI. (1980) S. 317

37.5 Rao, P.: Einfluß der Querschnittsabmessungen auf die Profilverformung von massiven Hohlkastenträgern. BuSt. (1981) S. 6

37.6 Mehlhorn, G.; Rützel, H.: Wölbkrafttorsion bei dünnwandigen Stahlbeton- und Spannbetonträgern. BI. (1974) S. 50

38.1 Kollbrunner, C. F.; Basler, K.: Torsion. Berlin: Springer 1966

38.2 Szabó, I.: Einführung in die Technische Mechanik, 8. Aufl. Berlin: Springer 1975; ders.: Höhere Technische Mechanik, Korr. Nachdr. der 5. Aufl. Berlin: Springer 1977

39.1 Bornscheuer, F. W.: Systematische Darstellung des Biege- und Verdrehungsvorganges unter besonderer Berücksichtigung der Wölbkrafttorsion. Der Stahlbau (1952) H. 1

○ 39.2 Wlassow, W. S.: Dünnwandige elastische Stäbe. Berlin: VEB Verlag für Bauwesen 1964

○ 40.1 Anwendung der Plastizitätstheorie im Stahlbeton- und Spannbetonbau. Vorträge DBV Betontag 1983. Kurzber. BuSt. (1983) S. 280

40.2 Schlaich, J. u. a.: Verhalten von Plattenbalken im Gebrauchs- und Bruchzustand, die nach dem Traglastverfahren bemessen wurden. Kurzber. a. d. Bauforsch. (1983) H. 10, S. 809

○ 41 Eibl, J.; Iványi, G.: Ermittlung der Querbiegung von Druckplatten gevouteter Hohlkastenträger. BT. (1971) H. 4

42.1 Helminger, E.; Kroner, E.: Technische Daten neuerer Straßenbrücken in Spannbetonbauweise. BT. (1966) S. 8, 57

○ 42.2 Helminger, E.: Der absolute und spezifische Materialaufwand für Brückentragwerke aus Spannbeton im Zuge neuzeitlichen Straßenbaues. BT. (1978) S. 5, 83, 133

43 Bieger, K.: Stahl- und Spannbetonbrücken. Zusammenstellung ausgeführter Bauwerke. Lehrst. für Massivbau TU Hannover 1973. (Das Manuskript wurde mir freundlicherweise von Herrn Prof. K. Bieger zur Verfügung gestellt und hieraus die Diagramme abgeleitet.)

◑ 44 Homberg, H.; Weinmeister, J.: Einflußflächen für Kreuzwerke über eine und mehrere Öffnungen. Berlin: Springer 1956

○ 45 Homberg, H.; Trenks, K.: Drehsteife Kreuzwerke. Berlin: Springer 1962; ders.: Lastverteilungszahlen für Brücken, Bd. I. Berlin: Springer 1967

46 Leonhardt, F.; Andrae, W.: Die vereinfachte Trägerrostberechnung. Stuttgart: Hoffmann 1950

● 47.1 Girkmann, K.: Flächentragwerke. Wien: Springer 1978, S. 300

47.2 Giencke, E.: Die Grundgleichungen für die orthotrope Platte mit exzentrischen Steifen. Stahlbau (1955) S. 128

47.3 Cornelius, W.: Die Berechnung der ebenen Flächentragwerke mit Hilfe der Theorie der orthogonal-anisotropen Platte. Der Stahlbau (1952) S. 21, 43, 60

47.4 Krug, S.; Stein, P.: Einflußfelder orthogonal-anisotroper Platten. Berlin: Springer 1961

◑ 47.5 Sattler, K.: Betrachtungen zum Berechnungsverfahren von Guyon-Massonet für freiaufliegende Trägerroste und Erweiterung dieses Verfahrens auf beliebige Systeme. BI. (1955) S. 77 (zweiseitig gelagerte Roste)

47.6 Homberg, H.: Orthotrope Platten. Bundesanstalt für Straßenwesen 1976, H. 205 (zweiseitig gelagerte Platten)

48.1 Hass, B.: Zur Berechnung recht- und schiefwinkliger, querträgerloser Plattenbalkenroste. BT. (1966) S. 391

48.2 Trost, H.: Lastverteilung bei Plattenbalkenbrücken. Düsseldorf: Werner 1960

○ 48.3 Homberg, H.: Platten mit zwei Stegen. Berlin: Springer 1973

○ 48.4 Ropers, W.: Mehrfeldrige zweistegige Plattenbalkenbrücken. Berlin: Springer 1979 sowie BI. (1981) S. 77

48.5 Grasshoff, St.: Einflußflächen für Plattenmomente zweistegiger Plattenbalkenbrücken. Düsseldorf: Werner 1975

48.6 Deimling, R.: Der querträgerlose, zweistegige Plattenbalken unter antimetrischer Belastung (der Balkenenden). BuSt. (1981) S. 162

48.7 Eibl, J.; Iványi, G.: Ein Beitrag zur Torsion des zweistegigen Plattenbalkens. BuSt. (1977) S. 193

48.8 May, B.: Ermittlung der Querbiegemomente mehrstegiger Plattenbalkenbrücken. BuSt. (1982) S. 174

49 Walther, R.; Houriet, B.: Calcul plastique des poutres courbes en béton armé et précontraint. Schweiz. Ingenieur u. Architekt (1983) H. 3, S. 51

50 Wippel, H.: Gekrümmte Balkenträgerbrücken ohne Drillsteifigkeit. BuSt. (1982) S. 126

51.1 Glahn, H.: Zur Berechnung der Lastverteilung in schiefwinkligen, durchlaufenden Plattenbalkenbrücken nach den Ansätzen der Stabstatik. BuSt. (1976) S. 292

51.2 Beer, H.; Resinger, F.: Genaue Berechnung schiefer Trägerrostbrücken mit Einflusslinien. BI. (1955), S. 425

52 Nervi, P.: Bauten und Projekte. Stuttgart: Hatje 1957

● 53 DBV — Merkblätter, Sachstandberichte, Richtlinien. DBV 1987

○ 54 Maas, G.: Rackwitz, R.: Lage der Spannbewehrung in Brücken. BI. (1979) S. 298

○ 55.1 Rehm, G. u. a.: Rationalisierung der Bewehrungstechnik. BI. (1982) S. 445

55.2 Rationalization of the reinforcement, Part I. CUR Rapp. (1976) No. 74

○ 55.3 Rationalisierung der Bewehrungstechnik. Inf.-Zentrum Raum u. Bau, Stuttgart 1983. Lit.-Auslese Nr. 6

56.1 Schleeh, W.: Die gezogenen Gurtscheiben über den Innenstützen durchlaufender Plattenbalken. BuSt. (1980) S. 56

○ 56.2 Eibl, J.; Kühn, E.: Versuche an Stahlbetonplattenbalken mit gezogener Platte. BuSt. (1979) S. 176, 204

○ 57 Bachmann, H.; Bachetta, A.: Längsschub, Querbiegung und teilweise Quervorspannung in Zugplatten von Betonträgern. BuSt. (1983) S. 57, 109

58 Herzog, M.: Der Flansch — Scherbruch von Plattenbalken und Hohlkästen aus Stahlbeton und Spannbeton nach Versuchen. BuSt. (1977) S. 64

59 Schleeh, W.: Die Bedeutung des Endquerträgers beim Plattenbalken. BuSt. (1977) S. 85

60.1 Lippoth, W.: Mehrzellige Hohlkastenquerschnitte. Beanspruchung in Querrichtung durch Umlenkkräfte der Längsvorspannung. BuSt. (1970) S. 279

60.2 Stegbauer, A.; Förster, W.: Spannungszustand in den Platten von Brücken mit Plattenbalken- oder Kastenquerschnitt infolge Verankerung konzentrierter Vorspannkräfte im Schwerpunkt des Endquerschnittes. BI. (1974) S. 46

● 61.1 Vorläufige Richtlinien für Straßen- und Wegebrücken aus Spann- und Stahlbeton-Fertigteilen. Forsch. Ges. für das Straßenwesen, Köln 1979 (in Einzelheiten überholt durch DIN 4227 Teil 1 (79))

61.2 Verzeichnis der gültigen Richtzeichnungen für Kappen, Geländer, Entwässerung usw. für Straßenbrücken. BMV ARS 21/1982

61.3 Ausführung und Instandsetzung von Stahlbetonkappen auf Straßenbrücken. BMV ARS 19/1982

◑ 61.4 Abdichten von Ingenieurbauwerken. AIB (82) der Deutschen Bundesbahn sowie DIN-Taschenbuch 129 (1979), Abdichtung. Berlin: Beuth-Verlag

62 Bausch, D. u. a.: Tendenzen bei Transportbeton. Beton (1983) S. 289

○ 63 Meyer, A.: Betonzusätze. Entwicklung und Tendenzen. Beton (1983) S. 321
○ 64 Beton mit verlängerter Verarbeitungszeit. Richtlinien des DAfSt 1983
○ 65.1 Bonzel, J.: Fließmittel im Betonbau. Düsseldorf: Betonverlag 1979
65.2 Herstellung von Fließbeton. Richtlinie des DAfSt 1974
66.1 Schmitt, O.: Einführung in die Schaltechnik des Betonbaues. Düsseldorf: Werner 1981
66.2 Maidl, B. u. a.: Industrialisierung der Schalungstechnik. Mitt. Inst. f. konstr. Ing.-Bau Univ. Bochum 1979, Nr. 6
67 Hütte, Taschenbücher der Technik. Bautechnik, Bd. III: Baumaschinen, Schalung, Rüstung. Berlin: Springer 1977
68 Richtlinien DBV: Trennmittel für Betonschalungen und -formen. Teil 1 (1977): Lieferung, Anwendung; Teil 4 (1980): Prüfung. Beton (1980) S. 429 (auch in [53, S. 128])
○ 69.1 Nather, F.: Entwicklungsstand der Rüsttechnik. Vorträge DBV Betontag 1983, S. 374
69.2 Eibl, J.: Die Sicherheit beim Entwurf von Traggerüsten. Kurzber. a. d. Bauforsch. (1984) H. 7, S. 554
69.3 Eibl, J.: Traggerüste im Hoch- und Brückenbau nach DIN 4421 (82). Vortrag VPJ-Tagung (Bund) 1984. Bericht Nr. 9, S. 87
69.4 Eibl, J.: Erläuterungen zur DIN 4421 (82). BuSt. 1983, S. 325
70.1 Bauer, F.: Zeitliche Änderung der Schnittkräfte infolge Kriecherscheinungen bei Herstellung eines Bauwerkes in Abschnitten. BI. (1966) S. 133
70.2 Schuller, R.: Beitrag zur Kriechberechnung von Tragwerken aus Spannbeton, die in zeitlich aufeinander folgenden Abschnitten hergestellt werden. BI. (1966) S. 238
70.3 Hollfeld, G.: Ermittlung der Kriechumlagerungen aus Bauzuständen. Konstruktiver Ingenieurbau (Festschr. Hirschfeld). Düsseldorf: Werner 1967
70.4 Schaade, D.; Haas, W.: Elektronische Berechnung der Auswirkungen von Kriechen und Schwinden bei abschnittweise hergestellten Verbundstabwerken. DAfSt 1975, H. 244
◑ 70.5 Trost, H.; Wolff, H.: Zur wirklichkeitsnahen Ermittlung der Beanspruchung abschnittweise hergestellten Spannbetonträger. BI. (1970) S. 155
○ 70.6 Mader, H.: Beitrag zur Berechnung von feldweise hergestellten durchlaufenden Balken- und Plattenbalkenbrücken unter besonderer Berücksichtigung der Momentenumlagerung infolge Kriechens. BI. (1976) S. 302
71 Creep and shrinkage in concrete structures. (Hrsg. Bažant, P.) Ber. Symp. Lausanne 1980. New York: Wiley 1982
○ 72 Cordes, H. u. a.: Eintragung der Spannkraft-Einflußgrößen bei Entwurf und Ausführung. Mitt. IfBt 1983, Nr. 2, S. 45
73 Uherkovich, J. u. a.: Friction and elongation tests of prestressed tendons. FIP-Notes 1983, Nr. 3, S. 14
74.1 Baur, W.; Göhler, B.: Spannungen in Koppelfugen durchlaufender Spannbetonbrücken. BuSt. (1972) S. 282
74.2 Mehlhorn, G.; Hoshimo, M.: Zum Spannungszustand an Arbeitsfugen mit Spanngliedkoppelungen. Beitr. FIP-Congr. 1974
◑ 74.3 Wölfel, E.: Bemessung von Koppelfugen an Spannbetonbrücken. Mitt. IfBt 1977, S. 33
74.4 Schröder, P.: Spannungsumlagerungen infolge zeitabhängigen Betonverhaltens in Koppelfugen abschnittweise hergestellter Spannbetontragwerke. BuSt. (1978) S. 145
○ 74.5 Kordina, K.: Schäden an Koppelfugen. BuSt (1979) S. 95
○ 74.6 König, G. u. a.: Nachträgliche Verstärkung von Spannbetonbrücken im Koppelfugenbereich mit bewehrten Betonlaschen. BuSt. (1980) S. 229
74.7 Schmaus, W. u. a.: Zum Nachweis der Querkraftübertragung in Koppelfugen. BuSt (1980) S. 85
74.8 Rossner, W.: Konstruktion und Bewehrungsführung im Fugenbereich von Brücken bei abschnittweiser Herstellung. BuSt. (1981) S. 89
74.9 Merkbl. für das Verpressen von Rissen mit Epoxidharzen im Bereich von Spanngliedkoppelstellen. Merkbl. des BMV Mai 1980, StB 325/38.55.40 – 04/25043 Va 80
○ 74.10 König, G.; Giegold, J.: Zur Bemessung von Koppelfugen von Massivbrücken. BuSt. (1984) S. 141
○ 75 Jungwirth, D.: Verbesserung des Langzeitverhaltens von Spannbetonkonstruktionen am Beispiel Koppelfuge. BI. (1981) S. 413

○ 76.1 Scheidler, J.: Betonfertigteile im Brückenbau. Bet. u. Fertigteiljahrbuch. Wiesbaden: Bauverlag 1981

76.2 Albrecht, R.: Montagelehre. Berlin: Ernst & Sohn 1973

77.1 Paschen, H. u. a.: Untersuchungen über in Beton eingelassene Scheerbolzen aus Baustahl. DafSt 1983, H. 346

77.2 Streit, W.; Mang, R.: Überschlägiger Kippnachweis für Stahlbeton- und Spannbetonbinder mit konstantem Querschnitt. BI. (1984) S. 433.

78.1 Rühle, H.: Das Problem der Zwängungsspannungen infolge Kriechens und Schwindens bei aus Stahlbetonfertigteilen hergestellten Konstruktionen. Vorber. IVBH 1960, S. 759

78.2 Rühle, H.: Verbund und Verbundsicherung bei Betonverbundkonstruktionen. Aus Theorie und Praxis des Stahlbetonbaues (Festschr. Franz). Berlin: Ernst & Sohn 1969, S. 101

78.3 Wolter, F.: Die Spannungsumlagerung bei Spannbetonverbundkonstruktionen. Baupl. u. Bautech. (1962) S. 71

○ 78.4 Hampe, E.: Vorgespannte Konstruktionen, Bd. I (Theorie) Berlin: VEB Verlag für Bauwesen, 1964, S. 187

78.5 Busemann, R.; Baldauf, H.: Spannungsumlagerung infolge Kriechens und Schwindens in Verbundkonstruktionen aus vorgespannten Fertigteilen und Ortbeton. BuSt. (1963) S. 137

78.6 Wittmayr, H.: Vorgespannte Verbundquerschnitte im Gebrauchszustand unter Berücksichtigung von Kriechen und Schwinden. Straße, Brücke, Tunnel 1975

78.7 Wolf. H.-J.; Mainz, B.: Einfluß des Betonzeitverhaltens. (Hrsg. Lehrst. f. Massivbau TU Hannover). Düsseldorf: Werner 1972

78.8 Johannsen, K.: Nachweise und Bemessung von abschnittsweise hergestellten Querschnitten. BuSt. (1977) S. 142

78.9 Hampe, E.: Vorgespannte Verbundquerschnitte. In: Spannbeton-Lehrbuch. Berlin: VEB Verlag für Bauwesen 1978

○ 78.10 Frey, J.: Zur Berechnung von vorgespannten Betonverbundtragwerken im Gebrauchszustand. BuSt. (1980) S. 257, 297

○ 78.11 Eyberg, Th.: Geschlossene Darstellung der Spannungsumlagerungen in Verbundkonstruktionen. BuSt. (1981) S. 301

79 van den Beukel, A.: Composite beams. Heron (1978) No. 2

○ 80.1 Daschner, F.: Notwendige Schubbewehrung zwischen Betonfertigteilen und Ortbeton. Kurzber. a. d. Bauforsch. (1977) H. 6, S. 509; Exzerpt davon: Rundschr. DBV 1977, Nr. 79, S. 8

80.2 Daschner, F.; Kupfer, H.: Durchlaufende Deckenkonstruktionen aus Spannbetonfertigteilen mit ergänzender Ortbetonschicht. (Schubtragverhalten). DAfSt 1982, H. 340, S. 67

80.3 Shear at the interface of precast and in situ concrete. Guide to good practice. FIP London 1978

81 May, B.; Wehlmann, Th.: Zur Querbiegung der Fahrbahnplatten von Fertigteilbrücken mit Kastenträgern. BuSt. (1984) S. 29

○ 82 Wagner, F.; Büchtig, F.: Die Federplattenbauweise bei mehrfeldrigen Fertigträgerbrücken aus Beton. BI. (1981) S. 131

○ 83.1 Sattler, K.: Theorie der Verbundkonstruktionen, Bd. 1: Theorie; Bd. 2: Beispiele. Berlin: Ernst & Sohn, 1959

83.2 Wippel, H.: Berechnung von Verbundkonstruktionen. Berlin: Springer 1953

○ 83.3 Birkenmaier, M.: Berechnung der Verbundkonstruktionen aus Beton und Stahl. Zürich: Leemann 1969

○ 83.4 Haensel, J.: Stahlträgerverbundkonstruktionen unter Berücksichtigung neuerer Erkenntnisse zum Betonzeitverhalten. Mitt. Nr. 2 Inst. f. konstr. Ing.-Bau Univ. Bochum 1975

83.5 Kupfer, H. u. a.: Beschränkung der Rißbreiten im Stützenbereich durchlaufender Stahlverbundträger. BI. (1978) S. 387

○ 83.6 Obholzer, A.: Elektronische Berechnung von Stahlverbundtragwerken unter Berücksichtigung von Kriechen und Schwinden nach CEB/FIP. BI. (1983) S. 471

83.7 Roik, K.; Ehlert, W.: Beitrag zur Grenztragfähigkeit durchlaufender Stahlverbundträger. BI. (1983) S. 381 (Elastoplastische Berechnung)

83.8 Roik, K.; Hanswille, G.: Beitrag zur Bestimmung der Tragfähigkeit von Kopfbolzendübeln. Der Stahlbau (1983) S. 301

83.9 Richtlinien für die Bemessung und Ausführung von Stahlverbundträgern (1981), abgedruckt im B. Kal. 1983 II, S. 429; dazu: Ergänzende Bestimmungen (1984) DIN 18806 Teil 1 Verbundstützen

84.1 Stiller, M.: Bemessung von Mörtelfugen. Betonsteinztg. (1970) H. 6

84.2 Grasser, E.: Die Druckfestigkeit von Mörtelfugen zwischen Betonfertigteilen. DafSt 1972, H. 221

◑ 85 Vergußmörtel. Merkbl. des DBV für die Anwendung, Abnahme und Prüfung (1982). Beton (1983) S. 24 (auch in [53, S. 71])

86.1 Müller, J.: Ten years experience in precast segmental construction. J. Portland Cem. Assoc. Chicago 1975

86.2 Scheuch, G.: Erfahrung beim Bau von Balkenbrücken mit geklebten Betonfertigteilen. (Frankr.) BT. (1978) S. 427

87.1 Kupfer, H. u. a.: Segmentäre Spannbetonträger im Brückenbau. DAfSt 1980, H. 311 sowie Kurzber. a. d. Bauforsch. (1980) H. 7, S. 497

87.2 Kupfer, H. u. a.: Versuche zum Tragverhalten von segmentären Spannbetonträgern (versch. Fugenmörtel). DAfSt 1982, H. 335

88.1 Jahn, M.: Zum Ansatz der Betonzugfestigkeit bei den Nachweisen zur Trag- und Gebrauchsfähigkeit von unbewehrten und bewehrten Betonbauteilen. DAfSt 1983, H. 341

88.2 Rehm, G.; Franke, L.: Kleben im konstruktiven Ingenieurbau. DAfSt 1982, H. 331

89 Kordina, K.: Spannbetonbauteile in Segmentbauweise unter kombinierter Beanspruchung aus Torsion, Biegung und Querkraft. DAfSt 1984, H. 350 sowie Kurzber. a. d. Bauforsch. (1981) H. 7, S. 625

○ 90 Podolny, W.; Muller, J.: Construction and design of prestressed concrete segmental bridges. New York: Wiley 1983

91 v. Loenen, J.; Krijn, A.: Brücke über die Oosterschelde. Entwurf und Ausführung. Vorträge DBV Betontag 1965, S. 338

92.1 Chaudesaigue, J.: Evolution de la technique de construction des ponts en encorbellement en France. Travaux (1966) H. 1

92.2 Guyon, Y.: Constructions en béton précontraint, Tome 2. Paris: Eyrolles 1968

93.1 Bažant, Z.: Langzeitige Durchbiegungen von Spannbetonbrücken infolge Schwindens und Kriechens unter Verkehrslast. BuSt. (1968) S. 282

93.2 Linse, A.; Wössner, K.: Die Kochertalbrücke — Entwurf einer Grossbrücke. B I. 1978, S. 453
Baumann, H.: desgl. Vorträge Betontag DBV 1979, S. 315

○ 94.1 Walther, R. u. a.: Ponts haubannés. Lausanne, Presses polytechniques romandes 1985, (deutsche Ausgabe wird vorbereitet) (umfassende Angaben über Schrägkabelbrücken)

94.2 v. Loenen, J.: Neue Möglichkeiten von Spannbetonbrücken am Beispiel der Schrägseilbrücke über den Waal. Vorträge DBV Betontag 1973, S. 335

94.3 Leonhardt, F. u. a.: Spannbetonschrägkabelbrücke in USA. (Segmentbauweise) BI. (1980) S. 29, 173 sowie Vorträge DBV Betontag 1979, S. 280

◑ ders.: Cable stayed bridges. Lecture FIP Congress, New Delhi Febr. 1986. Inst. of Structural Engineers, London 1987

94.4 Zellner, W.; Svensson, H.: Zur Entwicklung der Schrägkabelbrücken aus Beton. Spannbetonbrücken in der Bundesrepublik Deutschland 1978–82. DBV 1982, S. 81

94.5 Cable-stayed concrete bridges. Research activities period 1978/79 Dept. of Civ. Eng. Delft University of Technology

94.6 Spannbetonhängebrücke Tancarville $l = 320$ m. FIP-Notes No. 70, Sept. 1977 desgl. über den Paraná ($l = 330$ m) FIP Notes 1986/3

94.7 Thul, H.: Entwicklungen im Brückenbau. Vortrag DBV Betontag 1977, S. 369

94.8 Stritzke, J.: Zum Stand der Entwicklung der Schrägseilbrücken aus Spannbeton. Wiss. Zeitschr. der TU Dresden (1984) H. 3, S. 151

94.9 Matt, P.: The Ing. Carlos Casado Bridge/Spain ($l = 440$ m). FIP Notes 1985/1

95.1 Baur, W.; Leonhardt, F.: Erfahrungen mit dem Taktschiebeverfahren. BuSt. (1971) S. 161; sowie Vorber. IVBH Kongreß Amsterdam Mai 1972

○ 95.2 Wittfoht, H.: Neue Entwicklungen für den Bau langer Spannbetonbrücken. Aus Theorie und Praxis des Stahlbetonbaues. (Festschr. Franz) Berlin: Ernst & Sohn 1969

95.3 Koncz, T.: Vorschub-Freivorbau bei einer hohen Talbrücke. BuSt. (1968) S. 49

95.4 Stipp, W.: Schalungsarbeit beim Taktschiebeverfahren. Beton (1980) S. 319

95.5 Bedingungen für die Anwendung des Taktschiebeverfahrens im Brückenbau. BMV ARS 1982, Nr. 14

95.6 Cichocki, B.: Erfahrungen mit dem Taktschiebeverfahren. Zem. u. Bet. (1984) S. 100

96 Aus unseren Forschungsarbeiten 1978–1983. Inst. f. Massivbau TU München 1983

○ 97.1 Kleinlogel, A.; Haselbach, W.: Rahmenformeln. Berlin: Ernst & Sohn 1979

○ 97.1 Kleinlogel, A.; Haselbach, W.: Rahmenformeln. Berlin: Bernst & Sohn 1979

○ 97.2 Hahn, J.: Durchlaufträger, Rahmen und Platten. Düsseldorf: Werner 1981

98 Brodda, E.: Die Formänderungen der Tragwerke. Essen: Girardet 1974

99 Blauwendraad, J.: Realistic analysis of reinforced concrete framed structures. Heron (1972) No. 4

100.1 Baker, A.: Das Traglastverfahren für die Bemessung von Rahmentragwerken. Wiesbaden: Bauverlag 1960

100.2 Baker, A.: The inelastic reinforced concrete space frame. Abh. IVBH 1963, Bd. 23

100.3 Baker, A.; Heymann, J.: Plastic design of frames. Vol. I Fundamentals. Cambridge: Univ. Press 1980

100.4 Bubenheim: Berechnung von Rahmen mit nichtlinearem Werkstoffgesetz. Diss. TH Darmstadt 1969

100.5 Pape, G. u. a.: Traglasten ebener Stabwerke. Inst. für konstr. Ing.-Bau Univ. Bochum, Ber. Nr. 28, 1977

100.6 Twelmaier, H.; Bauch, S.: Versuche zum Grenzverformungsvermögen von Stahlbetonrahmen. BI. (1980) S. 409

100.7 Tragwerksberechnung. Teil 1: Nichtlineare Berechnung von Rahmen und Platten; Teil 2: Unsicherheiten des Berechnungsmodells; Thermische Auswirkungen. CEB-Bull. 153/54. Paris 1982

○ 100.8 Walther, R.: Anwendung der Plastizitätstheorie im Stahlbeton- und Spannbetonbau. Vortrag DBV Betontag 1983, S. 271 sowie BuSt. (1984) S. 70

100.9 Wicke, M.: Die Anwendung der Plastizitätstheorie im Massivbau. Zem. u. Bet. (1982) S. 161

100.10 Uhlmann, W.: Ausgewählte Rahmenformeln für das Traglastverfahren. Berlin: Ernst & Sohn 1979

101 Palotás, L.: Verfahren zur Stabilitätsuntersuchung vonecksteifen Stahlbeton-Tragwerken. Abh. IVBH Bd. 24 (1964) S. 143

102 Gudehus, G.: Bodenmechanik. Stuttgart: Enke 1981, S. 196

103 Schweizer, D.: Industriehallen mit Stahlbetonfertigteilen. Beton- u. Fertigteiljahrb. 1983, S. 145

○ 104 Kordina, K.: Bewehrungsführung in den Ecken von Rahmenendknoten. Kurzber. a. d. Bauforsch. (1984) H. 5, S. 389 sowie: DAfSt 1984 H. 354

Literatur zu Abschnitt 3 (Decken)

1 Eisenbiegler, G.: Die Berechnung von Momentenumlagerungen bei der praktischen Berechnung von vierseitig gestützten Durchlaufplatten. BuSt. (1983) S. 251

2 Eisenbiegler, G.: Querkräfte an Rand- und Innenauflagern von ein- und mehrfeldrigen Plattenvollstreifen unter Linien- und Rechtecklasten. BuSt. (1983) S. 293

3.1 Stiglat, K.: Einfluß von biege- und torsionssteifen Unterstützungen bei Platten. BT. (1970) S. 355

○ 3.2 Celep, Z.: Ein Beitrag zur Berechnung gelenkig gelagerter Platten auf elastischen Trägern. BuSt. (1979) S. 44

3.3 Zillich, W.: Umfangsgelagerte Platten auf elastischen Unterzügen. BuSt. (1976) S. 252

3.4 Eisenbiegler, G.: Dreiseitig frei drehbar gelagerte Rechteckplatten mit elastischem Innenunterzug parallel zum freien Rand. BuSt. (1979) S. 68

4.1 Säger, W.: Über die Berücksichtigung der Torsionssteifigkeit der Randbalken von Stahlbetondecken. BuSt. (1950) S. 230

4.2 Schmid, E.: Einspannung von Decken in Randbalken. BI. (1964) S. 270

5 Dischinger, F.: Massivbau. In: Taschenbuch für Bauingenieure, (Hrsg. Schleicher, F.) Berlin: Springer 1955, S. 762

○ 6.1 Schlaich, J.: Gewölbewirkung in durchlaufenden Stahlbetonplatten. BuSt. (1964) S. 250, 280

6.2 Birke, H.: Arch action of concrete slabs. Medd. Inst. för Byggnadsstatik Kgl. Tech. Högskolon Stockholm 1975, Nr. 108

○ 6.3 Herzog, M.: Die Membranwirkung in Stahlbetonplatten nach Versuchen. BuSt. (1976) S. 270

7 Guyon, Y.: Béton précontraint, Tome II: Constructions hyperstatiques. Paris: Eyroller 1958

8.1 Adjukiewicz, A.; Starosolski, W.: Stahlbeton-Platten/Stützen-Systeme (deutsch). Berlin: Ernst & Sohn 1984

8.2 Nadai, A.: Elastische Platten. Berlin: Springer 1925

8.3 Lewe, V.: Pilzdecken und andere trägerlose Eisenbetonplatten. Berlin: Springer 1929

◑ 9.1 Bornschever, F. W.: Platten. Theorie, Berechnung, Bemessung, Teil II/B. Ber. Nr. 1 Inst. f. Baustatik Univ. Stuttgart 1976

9.2 Eisenbiegler, G.; Lieb, H.: Schnittgrößen und Verformung von Pilzdecken mit Stützkopfverstärkung infolge Gleichlast. BuSt. (1979) S. 219

10.1 Grünberg, J.: Berechnung ebener Stahlbetonflächentragwerke im gerissenen Zustand mit der Methode der FEM. Düsseldorf: Werner 1974

10.2 Fujii, F.: Berechnung gerissener Stahlbetonplatten. BuSt. (1979) S. 189

10.3 Wegner, R.; Duddeck, H.: Flach- und Pilzdecken im ungerissenen und gerissenen Zustand. BI. (1975) S. 19

11.1 Duddeck, H.: Praktische Berechnung der Pilzdecke ohne Stützenkopfverstärkung. BuSt. (1963) S. 56

◑ 11.2 Thürlimann, B.; Pfaffinger, D.: Tabellen für unterzuglose Decken. Zürich: Verlag der akad.techn.Vereine 1967

11.3 Paddestoel Vloeren. (Pilzdecken: Theorie, Modellversuche, Vorschriften). CUR Rapp. 1965, Nr. 29, A u. B

11.4 Bretthauser, G.; Seiler, G.: Die Pilzdecke ohne verstärkte Säulenköpfe (Flachdecke) bei verschiedenen Randbedingungen. BuSt. (1966) S. 229, 279

◑ 11.5 Bretthauser, G.; Nötzold, F.: Zur Berechnung von Pilzdecken. BuSt. (1968) S. 221, 251, 277

○ 11.6 Glahn, H.; Trost, H.: Zur Berechnung von Pilzdecken. BI. (1974) S. 122

11.7 Nyffeler, H.: Biegemomente über Flachdeckenstützen bei veränderlichen Stützflächen (Stützenquerschnitten). BuSt. (1975) S. 126

◑ 11.8 Bareš, R.: Berechnungstafeln für Platten und Wandscheiben, 3. Aufl. Wiesbaden: Bauverlag 1979

11.9 Tokarz, B.: Eine Methode für den unmittelbaren Entwurf der Mindestkonstruktionshöhe von Pilz- und Flachdecken. BT. (1976) S. 374

○ 11.10 Gunten, H.: Flachdecken. HTB-Bericht Nr. 8. Verlag der Fachvereine an den Schweizer Hochschulen und Techniken 1982 (gute Übersicht)

○ 11.11 Hornung, R.; Oesterle, E.: Betonstahlmengen von Pilzdecken und zweiachsig gespannten Massivdecken. BuSt. (1979) S. 281

12.1 Rabe, J.: Schnittkräfte der Eckfelder von Flachdecken mit und ohne Randträger. BuSt. (1969) S. 69

12.2 Rabe, J.: Ein neunfeldriges, randträgerversteiftes Flachdeckensystem unter gleichmäßig verteilter Vollast. Aus Theorie und Praxis des Stahlbetonbaues. (Festschr. Franz) Berlin: Ernst & Sohn 1969

12.3 Schulz, W.: Die Anwendung des Kraftgrößenverfahrens auf die Berechnung von Flachdekken. (Ränder drehbar gelagert, Stützendicke variabel; Tabellen). Diss. Inst. für Baustatik der Hochschule für Bodenkultur, Wien 1975

12.4 Eisenbiegler, G.: Flachdecken mit einer Innenstützenreihe. (Ränder drehbar gelagert). Ber. Nr. 9 Inst. f. Tragkonstruktionen Univ. Stuttgart 1979

12.5 Bärschneider, M.: Der freidrehbar gelagerte Plattenstreifen (Flachdecke) mit zwei Stützenreihen unter Gleichlast. BuSt. (1977) S. 124

○ 12.6 Reiss, M. u. a.: Kragplatten. BuSt. (1983) S. 105 (Auskragende Flachdecke)

13.1 Stiglat, K.: Mitwirkende Plattenbreite bei Flachdecken unter Momentenangriff. BT. (1969) S. 127

13.2 Völkel, W.: Biegesteife Verbindung von Flachdecken mit Randstützen. BI. (1974) S. 27. Zuschrift BI. (1974) S. 494

○ 13.3 Wegner, R.: Einfluß der Stützensteifigkeit auf die Zustandsgrößen in Flachdecken. BI (1978) S. 169

13.4 Anderssen, J.: Einspannmomente von Randstützen bei Platten. Nordisk Beton (1965) H. 1

13.5 Ingvarsson, H.: Load-bearing capacity of concrete slabs and arrangement of reinforcement at corner columns. Medd. Inst. för Byggnadsstatik Kgl. Tech. Högskolan Stockholm 1977, Nr. 122. (schwed, engl. summary)

14 Wurm, P.: Ermittlung der Momente in Flachdecken unter Berücksichtigung der Steifigkeit der Stützen. Inst. für Massivbau TU München 1975

○ 15 Building Code Requirements for reinforced concrete. (Code ACI 318–77). American Concrete Inst. 1977

16 Code of practice for the structural use of concrete. CP 110, 1972. British Standard Inst. London, abgedr.: B. Kal. 1976 II, S. 923

17.1 Marti, P.; Ritz, P.; Thürlimann, B.: Prestressed concrete flat slabs. Abh. IVBH 1977, S. 1/77, S. 1

○ 17.2 Marti, P.: Gleichgewichtslösungen für Flachdecken. Ber. Nr. 117 Inst. f. Baustatik ETH Zürich 1981

18 Matt, P.: FIP- Design recommendations for flat slabs in posttensioned concrete using unbonded and bonded tendons. FIP-Notes, Jan. 1980, No. 84, S. 7 sowie Proc. 8. Congr. FIP, Part 3, London 1978 (nach J. ACI 1974, No. 2, S. 61)

○ 19 Walther, R.: Teilweise Vorspannung. In: Vorgespannter Beton in der Schweiz. Hrsg. Techn. Forschungs- u. Ber.-Stelle der Schweizer Zementindustrie. Wildegg 1982

○ 20.1 FIP-Recommendations for the design of flat slabs in posttensioned concrete, using unbonded and bonded tendons. FIP Publ. No. 15/709. Cement Concr. Ass. Wexham Springs 1980

20.2 Wölfel, E.: Vorspannung ohne Verbund. Tagungsber. Nr. 2 VPI (BW), S. 31. Freudenstadt 1978, vgl. auch DIN 4227, Teil 6

○ 20.3 Matt, P.: Vorspannung ohne Verbund. BuSt. (1981) S. 212

20.4 Narayanan, R.; Schneider, J.: Berechnung und Bemessung von vorgespannten Flachdecken mit Hilfe eines Tischcomputers. Schweiz. Ingenieur u. Architekt (1982) S. 651

○ 21.1 Wölfel, E.: Flachdecken mit Vorspannung ohne Verbund. BI. (1980) S. 185

21.2 Gerber, Ch.; Özgen, E.: Flachdecken mit teilweiser Vorspannung ohne Verbund. BuSt. (1980) S. 129

○ 21.3 Kordina, K. u. a.: Ermittlung der wirtschaftlichsten Bewehrung von Flachdecken ohne Verbund. Kurzber. a. d. Bauforsch. (1983) H. 7, S. 555

22.1 Herzog, M.: Tragfähigkeit und Bemessung von Flachdecken aus Spannbeton ohne Verbund. BI (1979) S. 377

22.2 Desserich, G.; Narayanan, R.: Vorgespannte Flachdecken. Erfahrungen und Entwicklungen. Schweiz. Ingenieur u. Architekt (1980) S. 929, 991

22.3 Pauser, A.: Spannbeton- Rückblick und Vorschau. Zem. u. Bet. (1982) S. 100

22.4 Preisinger, H.; Heintzel, D.: Fünf Jahre vorgespannte Flachdecken in Österreich. Zem. u. Bet. (1983) S. 74

22.5 Pauser, A.: Verbundlose Vorspannung im Hochbau. Zem. u. Bet. (1984) S. 71

22.6 Kordina, K.; Trost, H.: Flachdecken mit Vorspannung ohne Verbund. DAfSt 1984, H. 355

22.7 Pauser, A.; Pralong, J.; Krapfenbauer, R.: Vorspannung im Hochbau (Flachdecken). Österreichischer Betonverein 1985, H. 3

○ 23 Losinger AG: Spannbeton im Hochbau. Vorgespannte Decken. Bern 1983

○ 24 Norm für die Berechnung, Konstruktion und Ausführung von Bauwerken aus Stahlbeton und Spannbeton. Schweiz. Arch. u. Ing. Verein 1968, Norm 162 (wird neu bearbeitet; hierbei [23] berücksichtigt)

25 Seiler, H.-F.: Berechnung von Plattenstreifen mit zwei freien Rändern unter Gleichgewichtsgruppen und Einzellasten. Diss. TH Darmstadt 1971

26 Schäfer, H.; Jahn, M.: Der Spannungszustand im Stützenbereich von Flachdecken. BuSt. (1979) S. 23

○ 27 Ladner, M. u. a.: Experimentelle Untersuchungen an Stahlbetonflachdecken. Ber. Nr. 205 EMPA 1977

28.1 Braestrup, M.; Nielsen, M.-P. u. a.: Punching of plain and reinforced concrete. Rapp. Nr. 75 Struct. Res. Lab. Tech. Univ. of Denmark 1976

28.2 Nielsen, M.-P. u. a.: Concrete plasticity. Beam Shear—Shear in joints—Punching Shear. Spec. Publ. Dansk selskab for Byggningsstatik. Lyngby 1978, S. 106

29 Fröhling, H.; Zeller, W.: Durchstanz-Schubspannungen von Pilzdecken nach DIN 1045. BI. (1973) S. 82

30.1 Schaeidt, W. u. a.: Berechnung von Flachdecken auf Durchstanzen. Tech. Forsch. u. Ber.-Stelle d. Schweiz. Zem.-Ind. 1970

○ 30.2 Stiglat, K.: Statische und konstruktive Probleme bei Flachdecken im Stanzbereich. Ber. Nr. 3 der Arb.-Tagung VPI (Bund) Juni 1979

30.3 Fuchssteiner, W.; Olsen, O.: Gedanken über das Durchstanzen. BuSt. (1980) S. 163

○ 30.4 Dragosavić, M.; v. d. Beukel, A.: Punching shear. Heron (1974) No. 2

30.5 Ruffer, D.: Sicherheit gegen Durchstanzen in Fundamenten und Pilzdecken. BT. (1977) S. 91

30.6 Querkraft, Torsion, Durchstanzen. CEB Bull. (1982) No. 146

30.7 Schäffers, U.: Konstruktion, Bemessung und Sicherheit gegen Durchstanzen von balkenlosen Decken im Bereich der Innenstützen. DAfSt 1984, H. 357

◑ 30.8 Stiglat, K. u. a.: Zum Tragverhalten, Konstruieren und Bemessen von Flachdecken. BuSt. (1984) S. 258, 303, 328

31 Nylander, S.; Kinnunen, H.: Punching of concrete slabs without and with shear reinforcement. Trans. of the Royal Inst. of Technol. Stockholm. Nr. 158, 1960; Nr. 198 u. 212, 1963

32.1 Thürlimann, B. u. a.: Durchstanzversuche an Stahlbeton- und Spannbetonplatten. Ber. Nr. 7305-3 Inst. f. Baustatik ETH. Zürich 1979 und Birkhäuser Verl. Stuttgart 1979

○ 32.2 Thürlimann, B. u. a.: Durchstanzversuche an Flachdecken mit Aussparungen. Stuttgart: Birkhäuser 1984

○ 32.3 Pralong, J.: Poinçonnement symmétrique des planchers-dalles. Ber. Nr. 131 Inst. f. Baustatik ETH Zürich. Stuttgart: Birkhäuser 1982

○ 33 Herzog, M.: Der Durchstanzwiderstand von Stahlbetonplatten nach Versuchen. Österr. Ing. Zeitschrift. (1971) S. 186, 216, 296, 318; (1972) S. 192

○ 33.2 Kordina, K.; Nölting, D.: Tragfähigkeit durchstanzgefährdeter Stahlbetonplatten. DAfSt. 1986 H. 371 (neuer Bemessungsvorschlag)

34 Hognestad, E. u. a.: Laboratory test of a 45-foot square flat plate structure. J. PCA Res. and Dev. Lab. Vol. 3, Jan. 1961

35 Nylander, H. u. a.: Durchstanzen dicker Platten. Medd. Inst. för Byggnadsstatik Kgl. Tech. Högskolan Stockholm 1980, Nr. 137

○ 36 Herzog, M.: Einfluß der Spanngliedanordnung auf den Durchstanzwiderstand vorgespannter Flachdecken nach Versuchen. BuSt. (1979) S. 294

○ 37.1 Andrä, H.-P.: Dübelleisten zur Verhinderung des Durchstanzens bei hochbelasteten Flachdecken. BT. (1979) S. 244

37.2 Andrä, H.-P. u. a.: Durchstanzbewehrung von Flachdecken. BuSt. (1979) S. 129

37.3 Andrä, H.-P.: Zum Tragverhalten von Flachdecken mit Dübelleisten im Auflagerbereich (Versuche). BuSt. (1981) S. 53, 100

38 Langohr, P.-H. u. a.: Special shear reinforcement for concrete flat plates. J. ACI (1976) S. 141

39 Bolzenschweißen im Bauwesen. Merkbl. Stahl. Nr. 459. Ber.-Stelle f. Stahlverwendung Düsseldorf 1971

40 Herzog, M.: Durchbiegung von Flachdecken nach Messung und Rechnung. BT. (1980) H. 2, S. 66

41 Bryl, S.; Sassnick, D.: Lösung von Flachdeckenproblemen mit Hilfe von Stahlpilzen. BI. (1978) S. 355

42 Vaessen, F.: Das Hubdecken-Verfahren. Beiträge zum Massivbau. (Festschr. Mehmel) Düsseldorf: Betonverlag 1967, S. 35

43 Stiglat, K.; Steiner, J.: Durchstanzen von mit Dübelleisten verstärkten Flachdecken, die auf Stahlstützen aufliegen. (Hubdecken) BuSt. (1980) S. 239

44.1 Anderssen, J.: Genomstansning av liftslabs. (punching of lift slabs). Medd. Inst. för Byggnadsstatik Kgl. Tech. Högskolan Stockholm 1964, Nr. 49 sowie Nordisk Beton (1963) S. 224; (1964) S. 27

44.2 Bretthauer, G.: Auflagerbereich Hubdecke. BuSt. (1970) S. 35

44.3 Dettmann, G.; Reyer, E.: Statische und konstruktive Aspekte zur Lagerung lochrandgestützter Flachdecken. BT. (1979) S. 27, 60

44.4 Reyer, E.: Lochrandgestützte Platten. Berlin: Ernst & Sohn 1980

44.5 Reyer, E.: Die lochrandgestützte Platte. Ber. Nr. 5 der Arb.-Tagung VPI (Bund) Berlin 1980

○ 44.6 Reyer, E.: Zur Konstruktion lochrandgestützter Platten. BI. (1982) S. 11

○ 45 Herzog, M.: Wichtige Sonderfälle des Durchstanzens von Stahlbeton- und Spannbetonplatten nach Versuchen. BI. (1974) S. 333

○ 46.1 v. d. Beukel, A.: Punching shear at inner, edge and corner columns. Heron (1976) No. 3 sowie CUR Rapp. 1976, Nr. 84

46.2 Niederländische Stahlbetonnorm 1974, Teil E-504 abgedruckt in B. Kal. 1978 I, S. 999

47.1 Andersson, J.: Punching of slabs supported on columns at free edges. Medd. Inst. för Byggnadsstatik Kgl. Tech. Högskolan Stockholm 1966, Nr. 61

○ 47.2 Shin Narui: Tragfähigkeit von Flachdecken an Rand- und Eckstützen. Diss. Univ. Stuttgart 1977

○ 47.3 Trost, H. u. a.: Untersuchungen von Flachdecken auf Durchstanzen im Bereich von Eck- und Randstützen. Kurzber. a. d. Bauforsch. (1984) H. 8, S. 665

48.1 Soretz, S.: Weitgespannte Stahlbetondecken. Bet.-St. i. d. Entw. (1974) H. 42; vgl. auch Betonsteinztg. (1970) H. 9

48.2 Lewicki, B.: Dalles et planchers en béton léger. Paris: Eyrolles 1968

○ 48.3 Hornung, R.: Wirtschaftlichkeit von Deckensystemen. Wiesbaden: Bauverlag 1979

48.4 Hornung, R.; Oesterle, E.: Grundlagen, Gleichungen, Kennwerte für die genaue Ermittlung der Betonstahlmengen von einachsig gespannten Massivplattendecken auf Unterzügen. BuSt. (1978) S. 294

○ 48.5 Hornung, R.; Oesterle, E.: Betonstahlmengen von Pilzdecken und zweiachsig gespannten Massivplattendecken. BuSt. (1979) S. 281

48.6 Fleischmann, H.-D.: Zu den Kosten von Massivdecken. BT. (1981) S. 202

48.7 Vlčeck, J. u. a.: Stahlbetondecken, Tafeln zur wirtschaftlichen Berechnung. Ber. Nr. 7 HBT. Zürich: Verlag der Fachvereine an den Schweizer Hochschulen 1981

49 Cassens, J.: Lastverteilung in Stahlbetonrippendecken durch Querrippen. BuSt. (1958) S. 311

50 Müller, G.: Massivstreifen bei Durchlaufplatten von Rippendecken. BT. (1965) S. 24 (erf. Länge der Streifen)

51 Aster, H.: Vierseitig gelagerte Stahlbetonhohlplatten. (Röhbau). DAfSt 1970, H. 213

52 Kordina, K.; Fröning, H.: Überprüfung des Tragverhaltens von deckengleichen Unterzügen. Kurzber. a. d. Bauforsch. (1981) H. 5, S. 413

○ 53.1 Mayer, H.; Rüsch, H.: Bauschäden als Folge der Durchbiegungen von Stahlbetonbauteilen. DAfSt 1967, H. 193

53.2 Schubert, P; Glitza, H.: Untersuchungen zur Rißsicherheit von Mauerwerk bei Formänderungen in vertikaler Richtung. BT. (1979) S. 325

54.1 Luftschall, Trittschall, Körperschall. Ber. a. d. Bauforsch. des BM Bau, H. 35. Berlin: Ernst & Sohn 1964

○ 54.2 Gösele, K.: Schallschutz von Bauteilen aus Beton. Betontechn. Ber. (1976) S. 17

○ 55.1 Hebgen, H.; Heck, H.: Dächer-Decken-Fußböden mit optimalem Wärmeschutz. Wiesbaden: Vieweg 1975

55.2 Otto, J.: Bauphysik für Ingenieure und Architekten. Wärme- und Feuchtigkeitsschutz. Düsseldorf: Werner 1976

56 Blévot, J.: Enseignements tirés de la pathologie des constructions en béton armé. Paris: Eyrolles 1975

57 Schrage, J.: Flachdachlagerung. Gleitlager und Gleitfolien unter Flachdächern. Kurzber. a. d. Bauforsch. (1981) H. 5, S. 433

58.1 Seiffert, K.: Richtig belüftete Flachdächer. Wiesbaden: Bauverlag 1978

○ 58.2 IFD-Empfehlungen für geneigte Dächer als Kaltdachkonstruktion. Hrsg.: VDD: Schwarz auf Weiß. Abdichtungen mit Bitumenwerkstoffen Bd. 2, S. 103, 1982

○ 59.1 Jaeger, Th.: Dächer mit massiven Deckenkonstruktionen. Ursachen für Schäden und deren Verhinderung. Forsch.-Arb. für BM Bau, Kurzber. a. d. Bauforsch. 13 (1972) H. 8, S. 145–150

○ 59.2 Pfefferkorn, W.: Konstruktive Planungsgrundsätze für Dachdecken und ihre Unterkonstruktionen. Das Baugewebe (1973) H. 18–21

○ 59.3 Moritz, K.: Flachdachhandbuch. Wiesbaden: Bauverlag 1975

○ 59.4 Schild, E. u. a.: Schwachstellen und Bauschadensverhütung im Hochbau. Bd. I: Flachdächer, Dachterrassen, Balkone. Bd. II: Außenwände. Bd. III: Innenwände. Wiesbaden: Bauverlag 1980

59.5 Hoch, E.: Flachdächer-Flachdachschäden. Köln: Müller 1981

59.6 Konstruktion und Ausführung von Flachdächern. Mitt.-Bl. Nr. 79 Arge Zeitgemäßes Bauen Kiel 1982

60 Gravert, F.; Schneider, K.: Ein Beitrag zur Berechnung von am Rande temperaturbeanspruchten Geschoßdecken. Beiträge zum Massivbau (Festschr. Mehmel). Düsseldorf: Betonverlag 1967, S. 155

61 Seekamp, H.: Brandversuche an Rippendecken. DAfSt 1967, H. 197

62.1 Kordina, K.: Brandverhalten von Stahlbetonplatten. Einflüsse von Schutzschichten. DAfSt 1967, H. 181

62.2 Kordina, K.; Schneider, U.: Grundlagen des baulichen Brandschutzes im Industriebau. Beiträge zur Bautechnik (Festschr. Halász). Berlin: Ernst & Sohn 1980 S. 45

○ 62.3 Kordina, K.: FIP/CEB Report on methods of assessment of the fire resistance of concrete structural members. London 1978

○ 62.4 Baulicher Brandschutz im Beton. Brandschutz im Industriebau. Vorträge Arb.-Tagung DBV, Frankfurt/M. 1982. Betonwerk- u. Fertigteiltech. (1982) H. 8–12; (1983) H. 10 u. 11

● 62,5 Kordina, K.; Meyer-Ottens, C.: Beton-Brandschutz-Handbuch. Düsseldorf: Betonverlag 1981

○ 63 Lohmeyer, G.: Wasserundurchlässige Betonbauwerke. Gegenmaßnahmen bei Durchfeuchtungen. Beton (1984) S. 54

64.1 Hochpolymerbahnen für die Abdichtung im Bausektor BMWo. Schriftenreihe “Bau- und Wohnungsforschung” 1983

64.2 DIN 18 195 (83) 10 Teile: Abdichtungshäute

64.3 AIB (82) der DB: Vorschriften für die Abdichtung von Ingenieurbauwerken

65.1 Merkblatt DBV: Prüfverfahren für Beschichtungswerkstoffe (1978). Betonwerk- u. Fertigteiltech. (1975) S. 173. Auch in [2/53]

65.2 Estriche im Industriebau. FBW, H. 101. Köln: Müller 1976

○ 65.3 Kunststoffe im Bauwesen. Betonschutz mit Kunststoffen, S. 53. Beschichtungsstoffe f. Beton, S. 65. Fugen im Beton- und Stahlbetonbau, S. 97. Imprägnierungen und Versiegelungen, S. 75. Ber. Nr. 384 VDI-Tagung Ulm 1980

○ 66 Merkblatt zum Prüfen der Ebenheit von Decken und Wänden. Anwendung von DIN 18 202, Teil 5: Maßtoleranzen im Hochbau. Hauptverband d. Deutschen Bauindustrie 1983

67.1 Vollmer, H.: Raumschalungen im Wohnungsbau. Köln: Müller 1976

67.2 Kowalski, R.: Schaltechnik im Betonbau (bes. Hochbau). Düsseldorf: Werner 1977

67.3 Sinemus, W.: Zur wirtschaftlichen Gestaltung des Einsatzes moderner Schalverfahren. BI (1981) S. 259

67.4 Rationalisierung der Schaltechnik. Informationszentrum Raum und Bau IRB Stuttgart 1983, Lit.-Auslese Nr. 3

◑ 68.1 Richtlinien für die Nachbehandlung von Beton. DAfSt Entwurf 1983

68.2 Risse in jungem Beton. Ursachen und Gegenmaßnahmen. Ber. VDB-Arb.-Kreis “Betonangriff-Betonschutz”. Beton (1980) S. 415

◑ 68.3 Merkblatt DBV: Untergrund von Beschichtungen (1977). Abgedruckt in [2/53]

69.1 Mokk, L.; Loke, K.: Montagebau im Stahlbeton. Köln: Müller 1973

69.2 Clausen, P.: Decken aus Stahlbetonfertigteilen. Beton- u. Fertigteiljahrb. 1983, S. 53

○ 69.3 Krieger, R.: Decken aus Beton-Bauteilen. Beton- u. Fertigteiljahrb. 1984, S. 152

69.4 Schwerm, D: Decken aus Betonfertigteilen. Informationsstelle Beton-Bauteile. Düsseldorf Betonverlag 1986

70 Sasse, H. u. a.: Stützenstöße im Stahlbeton-Fertigteilbau mit unbewehrten Elastomerelagern. BuSt. (1982) S. 282, 305

71.1 Reul, H.: Vergußmörtel im Fertigteilbau. Betonwerk- u. Fertigteiltech. 1983, S. 710

○ 71.2 Merkblatt DBV: Vergußmörtel (1982) Abgedruckt in [2/53]

○ 72 Tiltmann, O.: Toleranzen bei Stahlbetonfertigteilen. Köln: Müller 1977

73 Teepe, W.: Über das Zusammenwirken von Fertigteilen in Stahlbetondecken. Aus Theorie und Praxis des Stahlbetonbaues. (Festschr. Franz). Berlin: Ernst & Sohn 1969, S. 107
74.1 Martin, B.: Fugen und Verbindungen im Hochbau. (Joints in buildings). Düsseldorf: Betonverlag 1982
74.2 Stupré (Studienvereinigung für das Bauen mit Betonfertigteilen in NL): Konstruktionsatlas für kraftschlüssige Verbindungen im Fertigteilbau, Teil II: Deckenverbindungen. Düsseldorf: Betonverlag 1981
○ 75.1 Paschen, H.; Zillich, V.: Tragfähigkeit querkraftschlüssiger Fugen zwischen Stahlbeton-Fertigteildeckenelementen. DAfSt 1979, H. 303 u. DAfSt 1983, H. 348, sowie Kurzber. a. d. Bauforsch. 10 (1979) S. 671
75.2 Paschen, H.; Malonn, H.: Vorschläge zur Bemessung rechteckiger und kranzförmiger Konsolen aufgrund neuerer Versuche. DAfSt 1984, H. 354
76.1 Twelmeier, H.: Scheibenwirkung von Decken im Fertigteilbau. Ber. Nr. 30 Inst. f. Statik TU Braunschweig 1978, S. 77
76.2 Mehlhorn, G.; Schwing, H.: Tragverhalten von aus Fertigteilen zusammengesetzten Scheiben. DAfSt 1977, H. 288
77 Zelenka, R.: Drei Fertigteilbauweisen in Stahlbeton für Hochschulinstitute. Beiträge zum Massivbau (Festschr. Mehmel). Düsseldorf: Betonverlag 1967, S. 195
78 Kupfer, H. u. a.: Festigkeit von Innenwand-Deckenknoten in der Tafelbauweise. DAfSt 1972, H. 221
79 Wegebau mit Beton für schwachbelastete Straßen. Verein Österr. Zem.-Fabr. Wien 1982
80.1 Schuster, F.: Bau und Erhaltung von Betonstraßen. Beton (1981) S. 91
○ 80.2 Wehner, B.; Siedek, P.; Schulze, K.-H. (Hrsg): Handbuch des Straßenbaues. Berlin: Springer. Bd. 1: Grundlagen und Entwurf (1979); Bd. 2: Baustoffe, Bauweisen, Baudurchführung (1977); Bd. 3: Bemessungsverfahren und besondere Bauweisen (1977)
◑ 80.3 Eisenmann, J.: Betonfahrbahnen, Handbuch für Beton-, Stahlbeton- und Spannbetonbau, Bd. 1. Berlin: Ernst & Sohn 1979
81 Kany, M.: Berechnung von Flächengründungen (2 Bde.). Berlin: Ernst & Sohn 1974
82 Mittelmann, G.: Zur Anwendbarkeit der Westergaard-Formel. BT. (1966) S. 380
83 Hof, W.: Elastisch gebettete Fahrbahnplatten unter großen Einzellasten. Ber. Nr. 6 VPI (BW) 1982, S. 93
84 Verdübelung von Betonstraßendecken. Jahresber. DBV 1981, S. 33
85 Bastgen, K.: Übersicht über das Verfahren zur Berechnung des Relaxationsverhaltens des Betons aus dem Kriechverhalten des Betons. BuSt. (1977) S. 179
○ 86.1 Bonzel, J.: Frühhochfester Beton mit Fließmittel für Verkehrsflächen. Betontechn. Ber. (1977) S. 149 vgl. [2/65]
86.2 Fahrbahndecken aus Beton. ZTV Beton 1978 des BMV. Ergänzung: Fließbeton. ZTV Beton Erg. 1980
87.1 Bonzel, J.; Siebel, E.: Neuere Untersuchungen über den Frost-Tausalzwiderstand von Beton. Betontech. Ber. (1977) S. 55
○ 87.2 Bonzel, J.: Beton unter hohem Frost- und Tausalzwiderstand. Zem. TB. 1979/80, S. 72
87.3 Grasenick, F.; Soretz, St.: Beitrag der Elektronenmikroskopie zur Frost- und Frost-Tausalzforschung. Zem. u. Bet. (1982) S. 120
○ 88.1 Merkblatt für die Unterhaltung und Instandsetzung von Fahrbahndecken aus Beton. Forsch.-Ges. für d. Straßenwesen. Köln. Teil 1: Imprägnieren (1976); Teil 2: Ausbessern von Oberflächen- und Kantenschäden mit Reaktionsharzmörtel (1978); Teil 3: desgl. mit Zementmörtel (1976)
88.2 Ausländische Erfahrungen bei der Instandsetzung von Betonfahrbahndecken. Betonstraßenbau 1979 in Österreich. Arb.-Gruppe Betonstraßen d. Forsch.-Gruppe für d. Straßenwesen im Österr. Ing. u. Arch.-Verein, April 1980

Literatur zu Abschnitt 4 (Stockwerkbauten)

◑ 1 CEB/FIP: Mustervorschrift für Tragwerke aus Stahlbeton und Spannbeton (Model Code). DAfSt Berlin 1978
2.1 NABau Arbeitsausschuß "Sicherheit von Bauwerken": Grundlagen zur Festlegung von Sicherheitsanforderungen für bauliche Anlagen. Berlin: Beuth-Verlag 1981

◑ 2.2 König, G.; Hosser, D.; Schobbe, W.: Sicherheitsanforderungen für die Bemessung von baulichen Anlagen nach den Empfehlungen des NABau — eine Erläuterung. BI. (1982) S. 69–78.

◑ 3.1 Zilch, K.: Ein anschauliches Lastkonzept für Hochhäuser im böigen Wind. Habil. Schrift TH Darmstadt 1983

3.2 Zilch, K.: Die Auslegung von Hochhäusern gegen Windeinwirkung unter besonderer Berücksichtigung der Gebrauchsfähigkeit. In: Aeroelastische Probleme außerhalb der Luft- und Raumfahrt. Mitt. d. Curt-Risch-Inst. d. TU Hannover Band II, 1978

○ 4.1 Müller, F. P.; Keintzel, E.: Erdbebensicherung von Hochbauten. Berlin: Ernst & Sohn 1984

4.2 Rosenblueth, E.: Design of earthquake resistant structures. Plymouth: Pentech Press 1980

◑ 4.3 CEB: Model code for seismic design of concrete structures. Bull. d'Information No. 160. (Trial calculations: Bull. d'Information No. 160 Bis) Oct. 1983

4.4 Yamadá, M.: Erdbebensicherheit von Hochbauten. Der Stahlbau (1980) S. 225, 276

5.1 Dyrbye, C.: Harmonische Schwingungen von Geschäftsbauten. BI. (1984) S. 127

5.2 Fajfar, P.: Beitrag zur dynamischen Berechnung von Hochhäusern. BT. (1973) S. 175

5.3 Rosman, R.: Schwingungen im Grundriß unsymmetrischer Stützen- und Wandscheibensysteme. BuSt. (1979) S. 271

5.4 DIN 4150 Teil 1: Erschütterungen im Bauwesen, Grundsätze, Ermittlung und Messung von Schwingungsgrößen. Teil 2: Einwirkungen auf Menschen in Gebäuden. Teil 3: Einwirkungen auf bauliche Anlagen. Vornorm Sept. 1975

◑ 6.1 Schülle, W.; Gösele, K.: Bauphysik. I: Wärme- und Feuchteschutz; II: Schallschutz. B. Kal. 1983 II, S. 849–965.

◑ 6.2 Gösele, K.; Schüle, W.: Schall — Wärme — Feuchtigkeit. Wiesbaden: Bauverlag 1983

6.3 Schild, E. u. a.: Bauphysik. Planung und Anwendung. Wiesbaden: Vieweg 1982

6.4 Lohmeyer, G. C.: Praktische Bauphysik. Eine Einführung mit Berechnungsbeispielen. Stuttgart: Teubner 1985.

6.5 Lutz, P.; Jenisch, R. u. a.: Lehrbuch der Bauphysik Schall—Wärme—Feuchte—Licht —Brand. Stuttgart: Teubner 1985

6.6 Brandt, J.; Krieger, R.; Moritz, H.: Wärmeschutz nach Maß. Herausgeber Bundesverband der Deutschen Zementindustrie. Düsseldorf: Betonverlag 1983

6.7 Bobran, H. W.: Handbuch der Bauphysik. Berechnungs- und Konstruktionsunterlagen für Schallschutz, Raumakustik, Wärmeschutz, Feuchtigkeitsschutz. Frankfurt/M.: Ullstein 1982

6.8 Kleber, K.: Bauphysik Berlin: VEB-Verlag für Bauwesen 1963

6.9 Cammerer, J. S.: Der Wärme- und Kälteschutz in der Industrie. Berlin: Springer 1980

6.10 Meinert, S.: Normgerechter und wirtschaftlicher Wärmeschutz. Bildkommentar. Köln: Müller 1978

6.11 Moritz, K.: Richtig und falsch im Wärmeschutz, Feuchtigkeitsschutz, Bautenschutz. Wiesbaden: Bauverlag 1970

6.12 Grimm, M.; Hempel, R. u. a.: Handbuch der Dämmtechnik. Wärme—Kälte—Feuchte—Schall—Brandschutz. Bundesfachabt. Wärme-, Kälte-, Schallschutz im Zentralverband der Deutschen Bauindustrie, Düsseldorf 1979

6.13 Bauphysik. Zeitschrift (zweimonatlich) Berlin: Ernst & Sohn

6.14 Sälzer, E; Gothe, U.: Bauphysik-Taschenbuch. (Erscheint jährlich) Wiesbaden: Bauverlag

6.15 Flachdächer. Siehe [3/59]

◑ 7.1 Rybicki, R.: Bauschäden an Tragwerken. Analyse und Sanierung, Teil 1: Mauerwerksbauten und Gründungen (1978); Teil 2: Beton- und Stahlbetonbauten (1984). Düsseldorf: Werner

7.2 Schild, E.; Oswald, R. u. a.: Schwachstellen. Bauschadensverhütung im Hochbau. Bd. I: Flachdächer, Dachterrassen, Balkone (1980). Bd. II: Außenwände und Öffnungsanschlüsse (1983). Bd. III: Keller, Dränagen (1982). Bd. IV: Innenwände, Decken Fußböden (1980); Bd. V: Fenster, Außentüren (1984). Wiesbaden: Bauverlag

7.3 Grassnick, A.; Holzapfel, W.: Der schadenfreie Hochbau. Grundlagen zur Vermeidung von Bauschäden. Bd. I: Rohbau (1982); Bd. II: Allgemeiner Ausbau (1981). Köln: Müller

7.4 Albrecht, R.: Bauschäden. Vermeiden — Untersuchen — Sanieren. Wiesbaden: Bauverlag 1977

8.1 Siehe [6.5; 6.12; 3/62]

8.2 Schriftenreihe Brandschutz im Bauwesen. Berlin: Schmidt

8.3 Danielewski, G.: Beton brennt wirklich nicht. Düsseldorf: Betonverlag 1974

◑ 9.1 Linder, R.: Bauwerke aus dichtem Beton. B. Kal. 1986 11.

9.2 Grube, H.: Wasserundurchlässige Bauwerke aus Beton. Otto Elsner Verlagsgesellschaft, Darmstadt, 1982

○ 10.1 Krenkler, K.: Chemie des Bauwesens. Bd. 1: Anorganische Chemie. Berlin: Springer 1980

○ 10.2 Knöfel, D.: Stichwort: Baustoffkorrosion. Wiesbaden: Bauverlag 1982

11 Bausch, D.: Ein Hochhaus aus der Nullserie. In 6 Wochen 26 Geschosse betoniert. Beton (1972) S. 234

12.1 DIN 18000: Modulordnung im Bauwesen. Beiblatt dazu: Erläuterungen zur Anwendung

12.2 DIN 4172: Maßordnung im Hochbau

12.3 DIN 18202: Maßtoleranzen im Hochbau (für fertiges Bauwerk)

12.4 DIN 18203: Maßtoleranzen im Hochbau (für das einzelne Fertigteil)

12.5 ISO/DIS 3443 Tolerances for buildings, Part 3: Calculation of joint clearance and prediction of fit. Entwurf Juni 1984

12.6 Paschen, H.; Sachs, W.: Maßtoleranzen und Passungsberechnung im Stahlbetonfertigteilskelettbau. Wiesbaden: Bauverlag 1980

12.7 Paschen, H.: Bewertung von Maßtoleranzen im Fertigteilbau. Betonwerk u. Fertigteiltech. (1981) S. 2/1

13 Schneider, K. H.: Hochhäuser im Mauerwerksbau. M. Kal. 1976. Berlin: Ernst & Sohn S. 355

14 Pilny, F.: Ermittlung der Ursachen von Rissen in Bauwerken. BT. (1977) S. 181

◑ 15.1 Labutin, N.: Schalung und Rüstung, Moderne Schalungstechnik. Berlin: Ernst & Sohn 1975

15.2 Kowalski, R.: Schaltechnik im Betonbau. Düsseldorf: Werner 1977

16.1 Paschen, H.; Wolff, H.: Entwerfen und Konstruieren mit Betonfertigteilen. Düsseldorf: Werner 1975

◑ 16.2 Koncz, T.: Handbuch der Fertigteilbauweise. Wiesbaden: Bauverlag. Bd. I: Grundlagen, Dach- und Deckenelemente, Wandtafeln (1973). Bd. II: Hallen und Flachbauten, Zweckbauten (1975); Bd. III: Mehrgeschoßbauten der Industrie und Verwaltung, Schul- und Universitätsbauten, Wohnbauten (1974)

◑ 16.3 Paschen, H.: Das Bauen mit Beton-, Stahlbeton- und Spannbetonfertigbauteilen (viele Lit.-Angaben). B. Kal. 1982 II, S. 533

16.4 Koncz, T.: Bauen industrialisiert. Wiesbaden: Bauverlag 1976

17.1 Cziesielski, E.: Berechnung von Wänden des Großtafelbaus, die aus mehreren Einzelwänden zu einer großen Wandscheibe zusammengeschlossen werden. BT. (1966) S. 73

17.2 Leonhardt, F.; Cziesielski, E.: Beitrag zur Berechnung von Wänden des Großtafelbaus. BT. (1967) S. 314

◑ 18 Schlaich, J.; Schäfer, K.: Konstruieren im Stahlbetonbau. B. Kal. 1984 II, S. 828

19.1 Richtlinien für die Prüfung von Wand-Decken-Knoten nach DIN 1045, Abschn. 19.8.4. (Fassung Juli 1975). Inst. f. Bautechnik, Berlin 1975

○ 19.2 Hasse, E.: Zum Tragfähigkeitsnachweis für Wand-Decken-Knoten im Großtafelbau. DAfSt 1982, H. 328

19.3 CEB/FIP: Structural analysis of joints in precast wall structures. Report (Oct. 1983)

◑ 20 CEB: Draft guide for the design of precast wall connections. Bull. d'Information No. 169, (April 1985)

○ 21 Beck, H.: Die Großtafelbauweise. Bemerkungen zur statischen Berechnung und konstruktiven Durchbildung. BI. (1961) S. 382

22.1 The implications of the report of the inquiry into the collapse of flats at Ronan Point, Canning Town. Struct. Eng. 47 (1969) No. 7

22.2 Bericht und Diskussion über die Explosion in einem Fertigteil-Hochhaus in London. Betonsteinztg. (1968) S. 290, 635

23 Kavychrine, M.: Les assemblages dans les structures en beton. Les Dossiers de la Construction. Paris: Eyrolles 1984

24.1 Fintel, M.; Schultz, D. M.: A philosophy for structural integrity of large panel buildings. J. PCI, vol. 21, no. 3, May-June 1976, S. 46

○ 24.2 Speyer, I. J.: Considerations for the design of precast concrete bearing wall buildings to withstand abnormal loads. PCI Committee report. J. PCI, vol. 21, no. 2, March–April 1976, S. 18

25 Stiller, M.: CEB-Empfehlungen für Großtafelbauten. BuSt. (1968) S. 138

26 Meyer-Keller, D.: Raumzellenbauweisen – Entwicklungsstand und Tendenzen. Wiesbaden: Bauverlag 1972

27 Mehlhorn, G.; Schwing, H.; Berg, K.: Versuche zur Schubtragfähigkeit verzahnter Fugen. DAfSt 1977, H. 288 (siehe auch H. 224)

28 Maidl, B.; Günther, F.: Verbindungskonstruktionen bei Mischbauweisen. Mitt. Inst. für konstr. Ing.-bau, Univ. Bochum Nr. 10, 1978

○ 29.1 Beck, H.; König, G.: Haltekräfte im Skelettbau (nicht für Torsion). BuSt. (1967) S. 7, 37

○ 29.2 Beck, H.; König, G.; Reeh, H.: Kenngrößen zur Beurteilung der Torsionssteifigkeit von Hochhäusern. BuSt. (1968) S. 268

◑ 30.1 Council on tall buildings and urban habitat: Planning and design of tall buildings. Hrsg.: ASCE, New York.
Vol. PC: Planning and environmental criteria for tall buildings (1981); Vol. SC: Tall building systems and concepts (1980); Vol. CL: Tall building criteria and loading (1980); Vol. SB: Structural design of tall steel buildings (1979); Vol. CB: Structural design of tall concrete and masonry buildings (1978). The monograph updates: Developments in tall buildings (1983); advances in tall buildings (1985).

30.2 Proc. Int. Conf. on "Planning and Design of Tall Buildings" in Lehigh, USA. (5 Bde.). Hrsg.: ASCE, New York 1972. Vol. C: Introduction, conference record, indexes. Vol. Ia: Tall building systems and concepts. Vol. Ib: Tall building criteria and loading. Vol II: Structural design of tall steel buildings. Vol. III: Structural design of tall concrete and masonry buildings.

30.3 Internationaler Ausschuß für Hochhäuser: Deutsche Konferenz Hochhäuser. Hrsg. Deutsche Gruppe der IVBH, Wiesbaden, Köln 1975

◑ 31 König, G; Liphardt, S.: Hochhäuser aus Stahlbeton. B. Kal. 1985 II, S. 675.

○ 32.1 Rafeiner, F. (Hrsg.): Hochhäuser, Bd. I: Konzeption und Grundlagen; Bd. 2: Elemente, Erschließungen, Konstruktionen, Fassaden; Bd. 3: Planung, Nutzungsformen, Kosten, Lösungen. Wiesbaden: Bauverlag 1978

32.2 Schueller, W.: High-rise building structures. New York: Wiley 1977

32.3 Hart, F.; Henn, W.; Sontag, H.: Stahlbauatlas, Geschoßbauten. Deutscher Stahlbauverband, Köln, 1982

32.4 Reese, R.; Picardi E. A.: Spezielle Probleme bei Hochhäusern (Schubwände, Stabilität der Stützen, thermische Einflüsse, konstruktive Probleme). Vorber. zum 8. IVBH-Kongr. New York 1968

○ 32.5 Hampe, E.; Heller, H.: Tragstrukturen für Hochhäuser. Bauforschung – Baupraxis, Heft 5. Bauakademie der DDR, Berlin 1977

33 Paschen, H.; Zillich, V.: Tragfähigkeit querkraftschlüssiger Fugen zwischen Stahlbeton-Fertigteildeckenelementen. DAfSt. 1983, H. 348 (siehe auch H. 303)

34 Schmidt, H.: Stahltrapezprofildecken. Bemessung und Brandschutz. Stahlbau (1984) S. 295

35.1 Tichý, M.; Rákosnik, J.: Plastic analysis of concrete frames. London: Collet's 1977

◑ 35.2 Tichý, M.; Rákosnik, J.: Kräfteumlagerung in Stahlbetontragwerken. Berlin: VEB-Verlag für Bauwesen 1973

35.3 Schäfer, K.; Schlaich, J.; Weischede, D.: Traglastverfahren im Massivbau. Grundlagen, Möglichkeiten und Grenzen für die praktische Anwendung der Plastizitätstheorie. Tagungsber. 5, Landesvereinigung der Prüfingenieure für Baustatik Baden-Württemberg e. V., Freudenstadt, 1980

35.4 CEB: Non linear analysis and design of concrete frames and slabs. Bull. d'Information No. 153 (April 1982)

35.5 Woidelko, E.-O.; Schäfer, K.; Schlaich, J.: Nach Traglastverfahren bemessene Stahlbetonplattenbalken. BuSt. (1986) S. 197 u. 244

35.6 Bieger, K.-W.; Yi-Lung Mo: Zur Momentenumlagerung in Stahlbeton-Rahmentragwerken. BuSt. (1985) S. 94, 137

36.1 Schleich, J. B.: Une nouvelle technologie dans la construction en acier résistant au feu. Matériaux et constructions. Rilem No. 101 (1984)

36.2 Schleich, J. B.; Hutmacher, H.; Lahoda E.; Lickes, J. P.: A new technology in fireproof steel construction Rev. Acier, Stahl, Steel No. 3 (1983)

36.3 Roik, K; Bergmann, R.: Zur Traglastberechnung von Verbundstützen. Der Stahlbau (1982) S. 8

36.4 Reyer, E.: Verwendung von Stahlstützen und Verbundstützen bei Skelettbauten mit Betondecken. Der Stahlbau (1982) S. 49

37 Hoppe, C. J.: Konstruktionsgrundsätze für den Bau von Hochhäusern mit Stahl- und Stahlbetongerippe. BI. (1973) S. 28

38 Jankó, B.: Berechnung von Hochhauswänden mit Öffnungen (unter vertikaler Belastung). BT. (1969) S. 23

39.1 VDI 2057: Beurteilung der Einwirkung mechanischer Schwingungen auf den Menschen. Herausgegeben vom Verein Deutscher Ingenieure, Oktober 1963

39.2 Iwin, A. W.: Human response to dynamic motion of structures. Struct. Eng. Sept. (1978)

◑ 40.1 König, G.; Irle, A.: Lastansatz zur Berücksichtigung geometrischer Imperfektionen beim Stabilitätsnachweis von Stahlbetonrahmen. BuSt. (1983) S. 181

40.2 Lindner, J.; Gietzelt, R.: Imperfektionsannahmen für Stützenschiefstellungen (Stahlstützen). Der Stahlbau (1984) S. 97

41.1 Ambos, G.: Zur wirklichkeitsnahen Berechnung aussteifender Bauteile von Hochhäusern. Mitt. aus dem Inst. f. Massivbau der TH Darmstadt, H. 24 Berlin: Ernst & Sohn 1967

41.2 Imhof, L.: Ein Beitrag zur Berechnung aussteifender Bauteile von Hochhäusern unter Berücksichtigung des Stahlbeton-Werkstoffverhaltens. Diss. TH Darmstadt 1970

◑ 42.1 Fey, T.: Vereinfachte Berechnung von Rahmensystemen des Stahlbetonbaus nach Theorie II. Ordnung. BI. (1966) S. 231

42.2 Jankó, B.: Zum Trag- und Verformungsverhalten ebener Stockwerkrahmen aus Stahlbeton. Inst. f. Baustoffkunde und Stahlbeton der TU Braunschweig, H. 21 (1972)

○ 43.1 Beck, H.; Schäfer, H.: Berechnung von Hochhäusern durch Zusammenfassung aller aussteifenden Bauteile zu einem Balken. BI. (1969) S. 80. (Auszug davon in [31])

43.2 Keintzel, E.: Die Berechnung von Hochhausstrukturen mit drillsteifen Konstruktionsgliedern unter Trapezbelastung (Ergänzung zu [43.1]). BI. (1971) S. 28

44 Schrefler, B.: Zur Berechnung aussteifender Systeme allgemeiner Art von Hochhäusern. BuSt. (1971) S. 213

45 Rosman, R.: Faltwerke als aussteifende Systeme bei Hochbauten. BI. (1967) S. 55

○ 46.1 Beck, H.: Zur Berechnung einfeldriger, unsymmetrischer und regelmäßiger Windrahmen. Beiträge zum Massivbau (Festschr. Mehmel) Düsseldorf: Betonverlag 1967

46.2 Rosman, R.: Statik und Dynamik der Scheibensysteme des Hochbaus. Berlin: Springer 1968

46.3 Rosman, R.: Numerisches Verfahren zur exakten Untersuchung mehrparametriger Scheibensysteme des Hochbaus. BT. (1969) S. 119

46.4 Rosman, R.: Die statische Berechnung von Hochhauswänden mit Öffnungsreihen. Bauing.-Prax. H. 65 (1965)

46.5 Rosmann, R.: Zahlentafeln für die Schnittkräfte von Winscheiben mit Öffnungsreihen. Bauing.-Prax. H. 66 (1966)

46.6 Rosmann, R.: Gegliederte Winscheiben mit stufenartig veränderlichen Querschnittswerten. Bauing.-Prax. H. 67 (1967)

46.7 Keintzel, E.: Die Berechnung elastisch gestützter, durchbrochener Wände auf Horizontallasten. BI. (1968) S. 335

46.8 Beck, H.; Eisert, H. D.: Zur Berechnung mehrfeldriger Windrahmen. BI. (1971) S. 290

46.9 Keintzel, E.: Zur Berechnung von Hochhauswänden mit einer Öffnungsreihe unter beliebiger Horizontallast. BI. (1970) S. 373

47.1 Schwaighofer, J.: Ein Beitrag zum Windscheibenproblem. BI. (1969) S. 370

47.2 Hoeland, G.: Beitrag zur Berechnung wandartiger Rahmen. BuSt. (1969) S. 124

48.1 Barnard, P. R.; Schwaighofer, J.: Interaction of shear walls connected solely through slabs. In [30.1], Vol. CL, S. 157

48.2 Quadeer, A.; Smith, B. S.: The bending stiffness of slabs connecting shear walls. J. ACI Proc. V 66 (1969), S. 464. (Einige Tafeln daraus in [31])

49 Coull, A.; Wong, Y. C.: Stresses in slabs coupling flanged shear walls. Struct. Eng. ASCE 110 (1984) No. 1, S. 105

◑ 50.1 Liphardt, S.: Berechnung von Hohlkästen aus Rahmen ohne und mit Wandscheiben als Aussteifung von Hochhäusern. Mitt. aus dem Inst. f. Massivbau der TH Darmstadt, H. 21. Berlin: Ernst & Sohn 1977

50.2 König, G.; Liphardt, S.: Hohlkästen aus Rahmen als Aussteifung von Hochhäusern. BuSt. (1978) S. 157

51.1 Grossman, J. S.; Cruvellier, R.; Stafford-Smith, B.: Behaviour, analysis and construction of a braced-tube concrete structure. Concrete International, Sept. 1986, S. 32.

51.2 Zils, J. H.; Clark, R. S.: The concrete diagonal. Civil Engineering (ASCE), Oct. 1986, S. 48

52.1 Khan, F. R.; Sbarounis, J. A.: Interaction of shear walls and frames. ASCE Proc. V 90 (1964) S. 285

52.2 Rosman, R.: Systeme aus durchbrochenen Wänden und Stockwerkrahmen. BT. (1964) S. 51

52.3 Rosman, R.: Beitrag zur Untersuchung des Zusammenwirkens von waagrecht belasteten Wänden und Stockwerkrahmen bei Hochbauten. BuSt. (1964) S. 36

52.4 Rosman, R.: Untersuchung von Hochhäusern mit Tragsystem aus einem mittigen Kern und raumabschließenden Stockwerkrahmen. BuSt. (1969) S. 284

53.1 The quiet revolution in skyscraper design. Civ. Eng. (1983) S. 54

53.2 Khan, F. R.: The future of highrise structures. Progressive Architecture 10 (1972)

54.1 Paschen, H.; Zillich, V. C.: Versuche zur Bestimmung der Tragfähigkeit stumpf gestossener Stahlbetonfertigteilstützen. DAfSt 1980, H. 316

54.2 Müller, F.; Sasse, R. H.; Thormählen, U.: Stützenstöße im Stahlbetonfertigteilbau mit unbewehrten Elastomerlagern. DAfSt 1982, H. 339

◑ 55 DBV: Arbeits- und Bewegungsfugen, Planung und Ausführung. Jahresbericht 1982, S. 24

56.1 Rybicki, R.: Faustformeln und Faustwerte für Konstruktionen im Hochbau, Teil 1: Geschoßbauten. Düsseldorf: Werner 1980

56.2 Pilny, F.: Risse und Fugen in Bauwerken. Wien: Springer 1981

57 TGL 22903 Bewegungsfugen in Bauwerken. Anordnung und Ausbildung. Fachbereichsstandard der DDR, Leipzig 1983. Erläuterungen dazu: Baupl. u. Bautechn. (1986) S. 365

58.1 Falkner, H.; Schneider, A.: Fugenlose Stahlbeton-Konstruktionen. Beton (1983) S. 367

58.2 Falkner, H.: Fugenloser Stahlbetonbau. BuSt. (1984) S. 183

58.3 Boll, K.: Anordnung von Dehnfugen bei tragenden Skeletten des Hochbaues. BT. (1974) S. 94

59 Fintel, L.; Khan, F. R.: Effects of column exposure in tall structures. J. ACI, Proc. V 62 (1965), S. 1533; V 63 (1966) S. 834; V 65 (1968) S. 99

○ 60 Hock, B.; Schäfer, K.; Schlaich, J.: Bericht über die Forschungsarbeit Fugen und Aussteifungen. DAfSt 1985, H. 368

61.1 Janson, J. E.: Deformation capacity of concrete columns. National Swedish Building Research Document D 5, 1974

61.2 Schlaich, J.; Steidle, P.: Tragfähigkeit und Verformbarkeit von Stützen bei großen Verschiebungen der Decken durch Zwang. BuSt. (1986) S. 230. Ausführlicher in DAfSt 1986, H. 376

62 CEB: Thermal effects in concrete structures. Bull. d'Information No. 167 (Jan. 1985)

● 63 Leonhardt, F.: Vorlesungen über Massivbau, 4. Teil: Nachweis der Gebrauchsfähigkeit. Berlin: Springer 1976

64 Kühn, H.: 25 Jahre erfolgreiche Erzeugnisentwicklung zur Durchsetzung des Montagebaues im Industriebau. Baupl. u. Bautech. (1985) S. 3

65.1 Lindner, H.: Gleiten und Klettern. Betrachtungen zu modernen Schalungsmethoden. Beton (1984) S. 397

65.2 Pieper, K.: Gleitbau — Vorteile und Gefahren. Maschinenschaden (1978) S. 247

66 Schmidt-Thrö, G.; Stöckl, S.: Versuche über das Verbundverhalten von Rippenstählen bei Anwendung des Gleitbauverfahrens. DAfSt 1986, H. 378

67 Kordina, K.; Droese, S.: Korrosionsschutz an Bauwerken, die im Gleitschalungsbau errichtet wurden. DAfSt 1984, H. 356

68 A. Irle; H. Schwing: Vereinfachter Mauerwerksnachweis für Regelfälle von Einbolzentreppen. Mitt. IfBt. Heft 4/1985, S. 109

70.1 Nölting, D.: Hochhausbau im Jackblockverfahren. BI. (1980) S. 67
70.2 Jackblock-Verfahren. BT. (1971) S. 393
70.3 Jackblock-Hochhausbau. BuSt. (1971) H. 12, S. XXI
71.1 Boll, K.; Hettasch, K.; Doetsch, R.: Das Bettenhaus der Medizinischen Fakultät der Universität zu Köln. Ein Hängehaus mit zwei Kernen. BI. (1973) S. 233
71.2 Bomhard, H.: Das BMW-Hochhaus in München. Vorträge DBV Betontag 1973
71.3 Beck, H.; Schneider, H.: Tragwerke des Hochhauses AfE der Universität Frankfurt/M. BuSt. (1972) S. 1
71.4 Wolf, H.-M.; Müller, E.: Hängehochhaus für den Deutschlandfunk in Köln. BuSt. (1976) S. 133.
72.1 Rösel, W.; Stöffler, J.: Beton-Fertigteile im Skelettbau. Herausgeber Fachvereinigung Betonfertigteilbau e. V., Düsseldorf: Betonverlag 1982
72.2 Fachvereinigung Betonfertigteilbau im Bundesverband Deutsche Beton- und Fertigteilindustrie e. V. (BDB): Typenprogramm Skelettbau. Teil I: Eine Standardisierung von Betonfertigteilquerschnitten. Mit Erläuterungen. Betonfertigteilforum 7/1973. Teil II: Eine Standardisierung von Betonfertigteilknotenpunkten. Mit Erläuterungen. Betonfertigteilforum 6/1978.
72.3 Fachvereinigung Betonfertigteilbau e. V.: Knotenverbindungen. Betonwerk + Fertigteil-Technik. Fertigteilbauforum Nr. 17, Jan. 1986
73.1 Betonwerk + Fertigteil-Technik. (Erscheint monatlich)
73.2 Beton- und Fertigteil-Jahrbuch. Wiesbaden: Bauverlag (Erscheint jährlich)
74 Beck, H.; Rohn, G.: Ein Konstruktionssystem für Geschoßbauten. Beton (1968) S. 385
75 Franz, G.: Versuche über die Querkraftaufnahme in Fugen von Spannbetonträgern aus Fertigteilen. BuSt. (1959) S. 137
76.1 Kordina, K.; Osteroth, H.: Zur Auflagerung von Stahlbetonbauteilen, mittels bewehrter und unbewehrter Elastomerlager. BI. (1984) S. 461
76.2 Paschen, H. u. a.: Querzugbeanspruchung durch Mörtelfugen infolge Mörteldehnung und von Teilflächenbelastung. Betonwerk u. Fertigteiltech. (1981) S. 385
77 Grasser, E.; Daschner, F.: Die Druckfestigkeit von Mörtelfugen zwischen Betonfertigteilen. DafSt 1972, H. 221, S. 31
78.1 DIN 18515: Fassadenbekleidungen aus Naturwerkstein, Betonwerkstein und keramischen Baustoffen. Richtlinien für die Ausführung. Beibl.: Erläuterungen dazu
78.2 DIN 18516 Teil 1 (Entwurf 1982); Außenwandbekleidungen. Bekleidung, Unterkonstruktion und Befestigung. Allgemeine Anforderungen
78.3 Richtlinien für Fassadenbekleidungen mit und ohne Unterkonstruktion. Berlin: Beuth-Verlag 1975
78.4 Einsfeld, U.: Erläuterungen zu den Richtlinien für Fassadenbekleidungen mit und ohne Unterkonstruktion. Mitt. IfBt. 1976, H. 3
78.5 Standsicherheit und Gebrauchsfähigkeit vorgehängter Hochhausfassaden. Schriftenreihe „Bau- und Wohnforschung“ des Bundesministers für Raumordnung, Bauwesen und Städtebau 1978. H. 04.041
78.6 Liersch, K.: Belüftete Dach- und Wandkonstruktionen. Bd. 1: Vorhangfassaden. Bauphysikalische Grundlagen des Wärme- und Feuchteschutzes; Bd. 2: Vorhangfassaden. Anwendungstechnische Grundlagen. Wiesbaden: Bauverlag 1984
○ 78.7 Utescher, G.: Der Tragsicherheitsnachweis für dreischichtige Außenwandplatten (Sandwichplatten) aus Stahlbeton. BT. (1973) S. 163
78.8 Hees, G.: Zum Standsicherheitsnachweis von Außenwandbekleidungen. Beiträge zur Bautechnik (Festschr. Halász). Berlin: Ernst & Sohn 1980
78.9 Rostásy, F. S.: Zwang in Außenwandplatten infolge Temperaturunterschieden. Beton (1969) S. 294
○ 79.1 Utescher, G.: Beurteilungsgrundlagen für Fassadenverankerungen. Berlin: Ernst & Sohn 1978
79.2 Hinweise für Verankerungen von Fassadenelementen. (Aus PCI-Publication No. MNL-121-77). Beton (1979) S. 445 und (1980) S. 23
79.3 Doganoff, I.: Vorhang-Fassadenbekleidungen. Dtsch. Bauzeitschr. (1983) S. 10091
80 Klöckner, W.; Engelhardt, K.; Schmidt, H.-G.: Gründungen. B. Kal. 1982 II, S. 697

81.1 DIN 18168 Teil 1: Leichte Deckenbekleidungen und Unterdecken; Anforderungen für die Ausführung
81.2 DIN 18168 Teil 2 (Entwurf): Leichte Deckenbekleidungen und Unterdecken; Nachweis der Trakraft von Unterkonstruktionen und Anhängern aus Metall

Literatur zu Abschnitt 5 (Türme und Masten)

◑ 1.1 Schlaich, J.; Bergermann, R.: Tall structures in concrete and steel. General Report. Seminar on Tall Structures and Use of Prestressed Concrete in Hydraulic Structures. Srinagar 1984, IABSE
◑ 1.2 Ciesielski, R.; Mitzel, A.; Stachurski, W.; Suwalski, J.: Behälter, Bunker, Silos, Schornsteine und Fernsehtürme. Berlin: Ernst & Sohn 1985
◑ 1.3 Drechsel, W.: Turmbauwerke. Wiesbaden: Bauverlag 1967
1.4 Knodel, R.: Stahlbetonschornsteine und Fernmeldetürme — Entwicklungen in der Lösung der Bauaufgaben. BuSt. (1979) S. 3
◑ 1.5 Pinfold, G. M.: Reinforced concrete chimneys and towers. Cement and Concrete Association. London 1975
1.6 Leonhardt, F.: Hohe, schlanke Bauwerke. Einführungsber. 9. Kongreß der IVBH in Amsterdam, 1972
1.7 Kongresse und Tagungen der Arbeitsgruppe für turmartige Bauten der IASS in Bratislawa (1966), The Hague (1969), Sopron (1970), Kraków (1973), Bratislava (1981)
○ 1.8 Varga, L.; Kaliszky, S.: Gründung turmartiger Bauwerke. Wiesbaden: Bauverlag 1974
1.9 Jungwirth, D.: Zur Konstruktion und Beanspruchung hoher Stahlbetontürme. Stahlbetonbau, Berichte aus Forschung und Praxis. (Festschr. Rüsch) 1969
1.10 Leonhardt, F.: The present position of reinforced concrete tower design. Proc. Symp. on Tower Shaped Steel and Reinforced Concrete Structures. IASS, Bratislava 1966
2.1 Leonhardt, F.: Der Stuttgarter Fernsehturm. BuSt. (1956) S. 73, 104
2.2 Leonhardt, F.; Greiner, G.: Der Fernmeldeturm in Hannover. BI. (1961) S. 410
2.3 Leonhardt, F.; Schlaich, J.: Der Hamburger Fernmeldeturm. BuSt. (1968) S. 193
2.4 Schlaich, J.: Der neue Richtfunkturm auf dem Frauenkopf in Stuttgart. BuSt. (1971) S. 93
2.5 Schlaich, J.; Otto, U.: Der Fernmeldeturm Kiel. BuSt. (1977) S. 117
2.6 Schlaich, J.; Kunzl, W.: Der Fernmeldeturm Mannheim. BuSt. (1977) S. 121
2.7 Ahrendt, W.: Fernseh- und UKW-Turm der Deutschen Post Berlin. Baupl. u. Bautech. (1969) H. 10, S. 496, 554
2.8 IABSE (IVBH): Fernmeldetürme (Kurzbeschreibungen). IABSE Periodica 2/1985
2.9 Nikitin, N. V.: Basic design considerations for the Moscow 533 m TV tower. IABSE, 8th Congr., New York 1968
2.10 Rosenberg, K.: Interessante Entwicklung beim Bau von Fernmeldetürmen. BI. (1971) S. 25
2.11 Fey, T.: Statische Probleme beim Hub der Kanzel eines Fernmeldeturms. BI. (1973) S. 188
2.12 Aschmann, W.: Fernmeldetürme aus Stahlbeton-Fertigteilen. BuSt. (1974) S. 105
2.13 Teutschbein, W.: Fernmeldeturm der DBP. Betontag 1975
2.14 Pieckert, W.: Der neue Berliner Fernmeldeturm. BI. (1964) S. 1
2.15 Knoll, F.: Structural design concepts for the Canadian National Tower, Toronto. Can. J. Civ. Eng. 2 (1975) No. 2, S. 123
2.16 Ciolina, F.: La tour Hertzienne TdF à Romainville. Ann. Inst. Tech. Bâtim Trav.-Publics. No. 415 (Juni 1983). Außerdem „Kurzer Technischer Bericht" in BT. (1984) S. 361
2.17 Bartak, A. J. J.; Shears, M.: The new tower for the Independent Television Authority at Ernley Moor, Yorkshire. Struct. Eng. (1972) No. 2, S. 67
2.18 Krapfenbauer, R.: Der neue Fernmeldeturm Arsenal in Wien. Österr. Ing. Z. (1977) S. 369
2.19 Maier, H. O.: Der Turm auf dem Hohenpeißenberg. Tiefbau-BG 1976/8, S. 444
2.20 Forsythe, L.: 50-story Reunion Tower slipformed in 68 days. Concrete International (Febr. 1979) S. 21
2.21 Thürlimann, B.: Foundation structure of the CN Tower (Toronto). Schlußber. 10. Kongr. der IVBH in Tokyo, 1976
3.1 Leonhardt, F.: Zum Stand der Kunst, Stahlbetontürme zu bauen. Beton (1967) S. 73

○ 3.2 Schlaich, J.; Leonhardt, F.: Zur konstruktiven Entwicklung der Fernmeldetürme in der Bundesrepublik Deutschland. Jahrbuch des elektrischen Fernmeldewesens 1974, Bad Windsheim: Heidecker 1974

○ 3.3 Schlaich, J.; Leonhardt, F.: Flache Kegelschalen für Antennenplattformen auf Sendetürmen. BuSt. (1967) S. 129

3.4 Leonhardt, F.: Modern design of television towers. Proc. Inst. Civ. Eng. London, July 1970

3.5 Heinle, E.: Fernmeldetürme in der Bundesrepublik Deutschland. Funktion, Kosten, Gestaltung. Jahrbuch des elektrischen Fernmeldewesens 1974. Bad Winsheim: Heidecker 1974

4.1 DIN 1056 E (10/84): Freistehende Schornsteine in Massivbauart; Berechnung und Ausführung. Beiblatt 1 (9/82): Bemessungshilfen für die statische Berechnung von Stahlbetonschornsteinen

4.2 DIN 1057 E (3/84): Baustoffe für freistehende Schornsteine

◑ 4.3 CICIND-Model Code for the design of chimneys. Internationaler Ausschuß für Industrieschornsteine, April 1982

◑ 4.4 ACI – standard 307-69 – specification for the design and construction of reinforced concrete chimneys. J. ACI (Sept. 1954)

4.5 DBV: Beschichten von Stahlbetonschornsteinen. DBV-Merkbl. Sept. 1983

4.6 Techn. Vereinig. der Großkraftwerksbetreiber e. V. (VGB M 640): Schornsteine; Beurteilung der Bauarten, Hinweise zur Bauausführung und Inbetriebnahme

4.7 DIN-Taschenbuch 146: Normen über Schornsteine. Berlin: Beuth-Verlag 1983

4.8 TGL 10705/03: Industrieschornsteine – Stahlbetonschornsteine. (Norm der DDR)

5.1 Noakowski, P.; Kämmer, K.: Comparison of chimneys, constructed according to various standards. Karena GmbH Düsseldorf, März 1983

5.2 Hees, G.; Miske, G.-W.: State-of-art-Bericht; Berechnung von Stahlbetonschornsteinen (Vergleich von Vorschriften verschiedener Länder). Forschungsber. TU Berlin, März 1975

○ 6.1 Symp. on Industrial Chimneys, Crakow 1973. Special Publ. TU Crakow, 1974

○ 6.2 CICIND (Int. Ausschuß für Industrie-Schornsteine): 2nd Chimney Design Symp. and Exhibition. Edinburgh 1976, University of Edinbøurgh

○ 6.3 CICIND: Industrieschornsteine. Planung, Bau und Betrieb. 3. Int. Schornsteintagung, 1978 München. Essen: Vulkan-Verlag 1979

○ 6.4 CICIND: 4th Int. Symp. on Industrial Chimneys, The Hague, 1981. Institute TNO for Building Materials and Building Structures, Delft

○ 6.5 CICIND: Vorträge der 5. Schornsteintagung (in Essen 1984). Beton (1984) S. 509

○ 7.1 Hampe, E.: Industrieschornsteine. Berlin: VEB Verlag für Bauwesen, 1970

7.2 Götzen, W.: Schornsteine in Massivbauweise. Essen: Vulkan-Verlag 1978

7.3 Auerbach, W.; Förster, V.: Kleine zylindrische Gleitbauschornsteine. Baupl. u. Bautech. (1979) S. 61

7.4 Cieślik, J.; Mateja, O.: 250 m hoher Mehrrohrschornstein. Baupl. u. Bautech. (1978) S. 35

7.5 Heinzelmann, E.: 250 m Schornstein mit Silo für das Kraftwerk Altbach. Beton (1984) S. 137

7.6 Ballinger, M. K.: 210 metre multi-flue chimney for Tarong Power Station, Australia. Paper 10 aus [6.5]

7.7 Bermejo, J. d. S.; Morcillo, J. R. B.: Chimneys with precast reinforced concrete slabs. Paper 12 aus [6.5]

7.8 Bay, H.: 40 Jahre Stahlbetonschornsteine. Beton (1967) S. 87

7.9 Williams, G. M. J.; Houghton, D. S.: The design of two unusual structures at York University (Kamin und Wasserturm). Struct. Eng. (Mai 1967) S. 175

7.10 Nußbaumer, H.: Betrachtungen zur Konstruktion und Bemessung von Stahlbeton-Sammelschornsteinen. BI. (1971) S. 349

7.11 Welter, B.-N.: Neue Lösungen zur Montage von vorgefertigten Industrieschornsteinen. Baupl. u. Bautech. (1985) S. 244

8.1 DIN 4178: Glockentürme; Berechnung und Ausführung. Aug. 1978

◑ 8.2 Müller, F. P.: Berechnung und Konstruktion von Glockentürmen. Berlin: Ernst & Sohn 1968

8.3 Kánya, J.: Glockentürme. Entwurf, Konstruktion, Berechnung. Wiesbaden: Bauverlag 1968

◑ 9.1 Hampe, E.: Flüssigkeitsbehälter. B. Kal. 1986 II

9.2 DVGW-Regelwerk: Bau von Wassertürmen; Grundlagen und Ausführungsbeispiele

9.3 Davidovici, V.; Haddadi, A.: Calcul pratique de réservoirs en zone sismique (Berechnung für Wasserspiegelschwankungen in Wassertürmen, mit praktischen Beispielen) Ann Inst. Tech. Bâtim. Trav. Publics. No. 409 (Nov. 1982)

9.4 Dywidag-Berichte H. 1

9.5 Dywidag-Berichte H. 2, 1968

9.6 Dywidag-Berichte 1972–3, H. 2

9.7 Losinger AG: Behälter aus Beton, Anwendung der VSL-Spezialbauverfahren. Firmenschrift Mai 1983

9.8 Arnold, G.: Vom 3. Internationalen Spannbetonkongreß Berlin 1958, Sitzung IV b (Wasserturm Örebro). BuSt. (1958), S. 231

9.9 Watts, G.: Tadley water tower and the team. Concrete (April 1975) S. 18

9.10 Siehe [7.9]

9.11 Arnold, G.: Bericht über Arbeitssitzung VIII des VI. Int. Spannbetonkongr. Prag 1970. BuSt. (1971) S. 38

9.12 Leonhardt, F.; Frühauf, H.; Netzel, D.: Wasserturm ohne Wärmedämmung, Abminderung von Zwängkräften und Rissebeschränkung. BuSt. (1969) S. 129

9.13 Hampe, E.: Neuere Entwicklungen von Wasserbehältern und -türmen. Baupl. u. Bautech. (1978) S. 363

◑ 9.14 23 Beiträge über Wasserbehälter und Wassertürme in den Juni/Juli und August/September-Heften von Travaux (1974). Kurzber. in BI. (1976) S. 347

9.15 Torvinen, J.: Cast in situ water tower. Nordisk Betong (1982) S. 71

9.16 Kesseler, R.: Wassertürme. Beton (1967) S. 1

10 NN.: Precast prestressed segmentally constructed air traffic tower. J. PCI (May June 1978) S. 82

11.1 Rosemeier, G.: Winddruckprobleme bei Bauwerken. Berlin: Springer 1976

11.2 Żurański, J. A.: Windeinflüsse auf Baukonstruktionen. Köln: Müller 1981

● 12.1 Leonhardt, F.: Vorlesungen über Massivbau, 6. Teil: Grundlagen des Massivbrückenbaues. Berlin: Springer 1979

12.2 Weihermüller, H.; Knöppler, K.: Lagerreibung beim Stabilitätsnachweis von Brückenpfeilern. BI. (1980) S. 285

12.3 Herzog, M.: Die Traglast hoher Brückenpfeiler mit festen Lagern. BI. (1985) S. 179

12.4 Schmaus, W.; Gasche, K.: Eisenbahnbrücken der Neubaustrecken der Deutschen Bundesbahn. Planungsvorgaben, Systeme, Erfordernisse. BT. (1984) S. 1

13.1 Leonhardt, F.; Zellner, W.: Cable-stayed bridges. IABSE-Surveys S-13/80, IABSE Periodica 2/1980

13.2 Schlaich, J.; Bergermann, R.: Cable-stayed bridges with composite stiffening girders. The Second Hooghly Bridge in Calcutta. Sino-American Symp. Peking, Sept. 1982

14 FIP Commission on Concrete Sea Structures: Concrete Sea Structures. FIP-Notes 87, Aug. 1980

15.1 DIN 4228 (in Vorb): Werkmäßig hergestellte Betonmaste. Anhang A: Windlast.

15.2 DIN 48353 Teil 1 (Juni 1967): Stahlbetonmasten und -querträger für Einfachleitungen bis 20 kV. Teil 2: Stahlbetonmasten und -querträger, Richtlinie für die Auswahl der Maste.

15.3 E DIN EN 40 Teil 9 (Jan. 1977): Lichtmaste; besondere Anforderungen für Maste aus Stahlbeton und Spannbeton.

15.4 DIN EN 40 Teil 6 (Febr. 1977): Lichtmaste; Belastungsannahmen.

15.5 Richtlinien für die Bemessung und Ausführung von Spannbetonmasten. Rd Erl. Nordrhein-Westf. Fassung Mai 1974. Als vorläufiger Ersatz für DIN 4228.

15.6 Richtlinien für die Bemessung und Ausführung von Stahlbetonmasten. Rd Erl. Nordrhein-Westf. Fassung Mai 1974. Als vorläufiger Ersatz für DIN 4234.

15.7 Majer, J.: Schiefstellung und „zulässige Spannungen“ bei Mastfundamenten. BI. (1980) S. 90

15.8 Petersen: Abgespannte Masten und Schornsteine Bauing.-Prax., H. 76 (1970)

15.9 Rodgers, T. E.: Prestressed concrete poles: State of the art. J. PCI 29 (1984) No. 5, S. 53

○ 16.1 Smoltczyk, H.: Statistische und konstruktive Fragen beim Bau des Leuchtturms „Alte Weser" (Kräfte aus Seegang). BT. (1964) H. 6

16.2 US-Army Coastal Eng. Res. Center: Shore protection manual. Washington, 1975 (Angaben über Bemessungswelle)

16.3 Dietze, W.: Seegangskräfte nichtbrechender Wellen auf senkrechte Pfähle. BT. (1964) S. 354

16.4 Hafner, E.: Berechnung der Seegangskräfte auf große Meeresbauwerke. BI. (1978) S. 213

16.5 Hasselmann et al.: A parametric wave prediction model. J. Phys. Oceanography 6 (1976) S. 200

16.6 BOSS '76. Proc. Int. Conf. on the Behaviour of Off Shore-Structures. Norwegian Institute of Technology, Trondheim 1976

16.7 BOSS '79. Proc. 2nd Int. Conf. on the Behavior of Off Shore Structures in London. BHRA Fluid Engineering, Cranfield, Bedford 1979

○ 17.1 Zilch, K.: Bemessung von Bauwerken gegen Erdbebenbelastungen. Ein Bericht zum Stand von Forschung und Praxis. BT. (1974) S. 145

17.2 Wills: Movements in large concrete chimneys. Concrete (Juli 1974) S. 42

17.3 Nieser: Schwingungsberechnung turmartiger Bauwerke bei böigem Wind. Diss. Univ. Karlsruhe 1974

17.4 Lenk, H.: Über die Windschwingungen des Stuttgarter Fernsehturms. BT. (1966) S. 2

17.5 Kluwick, A.; Sockel, H.: Schwingungen kreiszylindrischer Bauwerke unter Windeinfluß. BI. (1974) S. 58

17.6 Petersen, C.: Nachweis zylindrischer Bauwerke, insbesondere stählerner Kamine gegen Kármansche Querschwingungen. BT. (1973) S. 109

17.7 Inst. f. Beton u. Stb., Univ. Karlsruhe: Auswertung der Untersuchungen über den Einfluß von Querschwingungen auf die Standsicherheit von Stahlbetonschornsteinen. Kurzber. a. d. Bauforsch. Nr. 7/77–109, S. 595. IRB, Stuttgart

17.8 Irish, K.; Cochrane, R. G.: Windvibration of chimneys. J. ACI (Sept. 1972) S. 589

18 Lukas, H. G.: Erdbebensicherung. (Mit Schäden des Bebens im Friaul). Dtsch. Bauztg. (1976) H. 11, S. 39

19 Leonhard, F.: Der „Hermes-Turm" auf dem Messegelände in Hannover. BuSt. (1956) S. 121

20.1 Van Koten, H.: Structural damping. Heron 22 (1977) No. 4

20.2 Dieterle, R.; Bachmann, H.: Einfluß der Rißbildung auf die dynamischen Eigenschaften von Leichtbeton- und Betonbalken. Schweiz. Ingenieur u. Architekt 1980/32 und Ber. Nr. 101, Inst. f. Baustatik und Konstruktion, ETH Zürich, 1980

21 Schlaich, J.; Schober, H.; Koch, R.: Versuche zur Mitwirkung des Betons in der Zugzone von Stahlbetonröhren. DAfSt 1985, H. 363

○ 22.1 Noakowski, P.; Kupfer, H.: Versteifende Mitwirkung des Betons im Zugbereich von turmartigen Bauwerken. BuSt. (1981) S. 241, 276

22.2 Quast, U.: Zur Mitwirkung des Betons der Zugzone. BuSt. (1981) S. 247

22.3 Meier, H.: Berücksichtigung des wirklichkeitsnahen Werkstoffverhaltens beim Standsicherheitsnachweis turmartiger Stahlbetonbauwerke. Diss., Univ. Stuttgart 1983

23.1 Raps, F.; Schmidt, G.: Der aktive, geregelte Schwingungsdämpfer zur Verringerung winderregter Schwingungen an Bauwerken. Stahlbau (1985) S. 175

23.2 Hirsch, G.: Aktive und passive Kontrolle dynamischer Verformungen von schlanken Strukturen unter Windbelastung. Konstruktiver Ingenieurbau, Heft 35/36

24.1 Lee, C. H.; Jabali, H. H.: Stresses in concrete chimneys weakened by openings. J. ACI (Aug. 1976)

24.2 v. Koten, H.: Stress-concentrations around the openings. S. 39 in [6.4]

24.3 Bay, H.; Keitel, H.; Heinzelmann, E.: Schnittkräfte und Spannungsverteilung sowie Bewehrung im Bereich großer rechteckiger Fuchsöffnungen von Stahlbetonschornsteinen. 100 Jahre Wayss u. Freytag AG. (Festschrift). Eigenverlag 1975

24.4 Avak, R.; Specht, M.: Bemessung von Kreiszylinderschalen in der Umgebung ihrer quadratischen Öffnungen. BT. (1985) S. 79

25.1 Noakowski, P.: Praxisgerechtes Verfahren für die Bemessung von Stahlbetonbauteilen bei Zwangsbeanspruchung. BuSt. (1980) S. 1

25.2 Kupfer, H. und Noakowski, P.: Bemessungsverfahren für die horizontale Temperaturbeanspruchung von Stahlbetonschornsteinen. Forschungsreihe der Bauindustrie, Band 35. Hauptverband der Deutschen Bauindustrie, Wiesbaden 1975.

25.3 Kupfer, H. und Noakowski, P.: Untersuchung der vertikalen Temperaturrisse in Schäften von Industrieschornsteinen aus Stahlbeton

28.1 Schlaich, J.; Otto, U.: Zur Gründung hoher Stahlbetontürme. IABSE, 10th Congr., Tokyo 1976

28.2 Dierks, K.; Kurian, N. P.: Zum Verhalten von Kegelschalenfundamenten unter zentrischer und exzentrischer Belastung. BI. (1981) S. 61

◑ 29.1 Hampe, E.: Statik rotationssymmetrischer Flächentragwerke. Bd. 1 (1963): Allgemeine Rotationsschale, Kreis- und Kreisringscheibe, Kreis- und Kreisringplatte. Bd. 2 (1964): Kreiszylinderschale. Bd. 3 (1963): Kegelschale, Kugelschale. Bd. 4 (1964): Zusammengesetzte Flächentragwerke. Bd. 5 (1973): Hyperbelschalen. Berlin: VEB Verlag für Bauwesen

29.2 Markus, G.: Kreis- und Kreisringplatten unter antimetrischer Belastung: Konstante und veränderliche Dicke, starre und elastische Bettung. Kreisringplatten. Berlin: Ernst & Sohn 1973

◑ 29.3 Markus, G.: Theorie und Berechnung rotationssymmetrischer Bauwerke Düsseldorf: Werner 1967

◑ 29.4 Beyer, K.: Die Statik im Stahlbetonbau. Berlin: Springer 1948

29.5 Fischer, K.: Zur Schiefstellung einer starren Kreisplatte auf geschichteter Unterlage. BI. (1969) S. 173

29.6 Fischer, K.: Zur Berechnung der Setzung von Fundamenten in der Form einer kreisförmigen Ringfläche. BI. (1956) S. 257 u. BI. (1957) S. 172 (Berichtigung)

29.7 Pitloun, R.: Schnittkräfte und Verformungen der Kreisringplatte und der biegesteifen, geschlossenen Zylinderschale bei einer mit der Periode n = 1 angreifenden Belastung. Baupl. u. Bautech. (1959) S. 505, 564

29.8 Schikora, K.: Berechnung beliebig belasteter Kreisplatten mit veränderlicher Steifigkeit auf elastischem Halbraum. BI. (1978) S. 391

29.9 Oravas, G.: Beitrag zur Berechnung des Kreisringes auf elastischer Unterlage. BI. (1956) S. 171

29.10 Bechert, H.: Zur Berechnung der Kreisringfundamente auf elastischer Unterlage. BuSt. (1958) S. 156

29.11 Paduart, A.: Entwurf eines ringförmigen Fundamentträgers auf elastischer Unterlage. ECE-EIB 1 (1971) S. 30

29.12 Opladen, K.: Beitrag zur Berechnung des Kreisringes auf elastischer Unterlage. BI. (1961) S. 460

29.13 Jalil, W. A.: Calcul des fondations annulaires et circulaires d'ouvrages de révolution. Ann. Inst. Tech. Bâtim. Trav. Publics, No. 258 (Juni 1969)

29.14 Schlaich, J.: Der kontinuierlich gelagerte Kreisring unter antimetrischer Belastung. BuSt. (1967) S. 21

29.15 Siehe [1.8]

29.16 Sherif, G.: Elastisch eingespannte Bauwerke (Tafeln für nicht konstante Bettungsmodul-Verteilung). Berlin: Ernst & Sohn 1974

29.17 Krings, W.: Berechnung von Kreis- und Kreisringplatten BT. (1986) S. 263

30 Macher, E.; Paul, F.: Untersuchung eines Turmfundamentes mit einem Großmodell aus Feinbeton (aufgrund von Schäden). Baupl. u. Bautech. (1968) S. 333

31.1 Quast, U.: Zum Stabilitätsnachweis freistehender Stahlbetonbauteile. Vorträge DBV Betontag 1983

31.2 Bachmann, K.: Beitrag zum Bemessungskonzept für freistehende Schornsteine aus Stahlbeton. Mitt. a. d. Inst. f. Massivbau der TH Darmstadt. Berlin: Ernst & Sohn 1981

31.3 Noakowski, P.: Simplified determination of the moments of "second order" in industrial chimneys. Aus [6.4]

31.4 Habel, A.: Berechnung turmartiger Bauwerke nach der Verformungstheorie mit Berücksichtigung des Betonkriechens und der elastischen Einspannung im Baugrund. BT. (1970) S. 73

31.5 Patzschke, F.: Zur Berechnung des gedrückten Kragstabes nach Theorie II. Ordnung. Baupl. u. Bautech. (1978) S. 453

31.6 König, G.; Hosser, D.: Beitrag zum Bemessungskonzept von Stahlbetonschornsteinen. BI. (1981) S. 205

31.7 König, G.; Bachmann, K.: Erarbeitung von Bemessungshilfen zur Neufassung von DIN 1056: „Freistehende Schornsteine in Massivbauart". Kurzber. a. d. Bauforschung, 12/82–163, S. 1031. IRB, Stuttgart

31.8 Rumman, W.; Ru-Tsung Sun: Ultimate strength design of r. c. chimneys. J. ACI (April 1977) S. 179

32 Bräuer, H.-M.: Momenten-Krümmungs-Beziehungen und Steifigkeitswerte für Kreisringquerschnitte aus Stahlbeton (ohne Mitwirkung des Betons auf Zug). BuSt. (1976) S. 123

Literatur zu Abschnitt 6 (Faltwerke)

1 Vaessen, F.: Hallen aus Stahlbeton-Fertigteilen. VDI-Z. 106 (1964) S. 301

2.1 Ehlers, G.: Die Spannungsermittlung in Flächentragwerken. Beton und Eisen 29 (1930) S. 281

2.2 Craemer, H.: Allgemeine Theorie der Faltwerke. Beton und Eisen 29 (1930) S. 276

3 Wlassow, W. S.: Dünnwandige elastische Stäbe, Bd. 1. Berlin: VEB Verlag für Bauwesen 1964

◑ 4 Girkmann, K.: Flächentragwerke, 6. Aufl. Wien: Springer 1963

5 Strohmayer, H.: Zickzackförmige Stahlbetonfaltdächer. Bauing.-Prax. (1966) H. 12

6.1 Gruber, E.: Berechnung prismatischer Scheibenwerke. IVBH-Abh. Bd. 1 (1932) S. 225

6.2 Valentin, W.: Berechnung von Faltwerken nach dem Zusammensetz-Verfahren. BuSt. (1955) S. 314

6.3 Gross, G.: Zur statischen Berechnung der prismatischen Faltwerke. BuSt. (1959) S. 215

6.4 Nyffeler, H.: Faltwerke im Hallen- und Brückenbau. Düsseldorf: Werner 1967

◑ 7 Wlassow, W. S.: Allgemeine Schalentheorie und ihre Anwendung in der Technik. Berlin: Akademie-Verlag 1958

◑ 8.1 Tetzlaff, W.: Tonnen- und trogartige Schalen. Praktische Berechnungsverfahren. Berlin: Verlag Technik 1959

8.2 Böttger, W.: Praktisches Verfahren zur Berechnung prismatischer Faltwerke unter besonderer Berücksichtigung der Vorspannung. Bautech.-Arch. (1966) H. 18

8.3 Schäfer, H.: Zur Berechnung biegesteifer prismatischer Faltwerke. BuSt. (1979) S. 65

9 Gruber, E.: Die durchlaufenden, prismatischen Faltwerke. Abh. IVBH 12 (1952) S. 167

10.1 Reiss, M.: Die Berechnung von durchlaufenden prismatischen Faltwerken. BuSt. (1967) S. 87

10.2 Rao, P. S.; Rao, S.: Continuous foldes plates. IASS-bulletin Nr. 67 (1978), S. 37

11 Born, J.: Faltwerke. Ihre Theorie und Berechnung. Stuttgart: Wittwer 1954

12.1 Werfel, A.: Die genaue Theorie der prismatischen Faltwerke und ihre praktische Anwendung. Abh. IVBH 14 (1954) S. 277

12.2 Rüdiger, D.: Die strenge Theorie anisotroper prismatischer Faltwerke. Ing. Arch. 23 (1955) S. 133

13 Gradowczyk, M. H.: The exact theory of bending of prismatic shells – an application of transfer matrices. Ing. Arch. 32 (1963) S. 81

14 Johnson, C. D.; Lee, T.: Long nonprismatic folded plate strucutres. ASCE Struct. Div. 94 (1968) S. 1457

15 Schlaich, J.; Scheef, H.: Beton-Hohlkastenbrücken. IVBH-Struct. Eng. Documents 1d, Zürich 1982

16 Abdellah, G.: Finite-Element-Methode zur Berechnung beliebiger Faltwerke. Inst. f. Statik, Ber. Nr. 73/10. TU Braunschweig 1973

17 Kollbrunner, C.; Haydin, N.: Dünnwandige Stäbe. Berlin: Springer. Bd. I: Stäbe mit undeformierbarem Querschnitt (1972). Bd. II: Stäbe mit deformierbarem Querschnitt (1975)

18 Rühle, H.; Kühn, E.; Weissbach, K.; Zeidler, D.: Räumliche Dachtragwerke. Berlin: VEB Verlag für Bauwesen 1969

19 Dehousse, N. M.; Kosinsky, V. de: Folded auditorium roof for the Ministry of Foreign Affairs in Kinshasa. IASS-bulletin Nr. 73 (1980), S. 55

20 Palaco, R. L.: Shell structure for a covered swimming pool in Jerez de la Frontera (Spain). IASS bulletin Nr. 86 (1984), S. 13

Literatur zu Abschnitt 7 (Schalen)

1.1 Joedicke, J.: Schalenbau. Konstruktion und Gestaltung. Stuttgart: Krämer 1962
1.2 Rühle, H.; Kühn, E.; Weißbach, K.; Zeidler, D.: Räumliche Dachtragwerke, Konstruktion und Ausführung, Bd. 1. Köln: Müller 1969
1.3 Faber, C.: Candela und seine Schalen. München: Callwey 1965
1.4 Candela, F.: Notes for history. The development of thin shells in Mexico. IASS-bulletin Nr. 71/72 (1980), S. 27
2.1 Isler, H.: Experimental shell design. Proc. Symp. on Shell Research. IASS, Delft 1961. Amsterdam: North-Holland 1961, S. 356
2.2 Otto, F.; Trostel, R.: Zugbeanspruchte Konstruktionen, Bd. 1. Frankfurt: Ullstein 1962
2.3 Otto, F. et al.: Natürliche Konstruktionen. Stuttgart: Deutsche Verlags-Anstalt 1982
2.4 Greiner, S.: Membrantragwerke aus dünnem Blech. Sonderforschungsbereich 64, Univ. Stuttgart, Mitteilungen 64/1983, Düsseldorf: Werner 1983
2.5 Caminos, H.: Research on shape. Bull. IASS Nr. 9, Madrid 1962
2.6 Isler, H.: Typologie und Technik der modernen Schalen. Werk, Bauen + Wohnen 12 (1983) S. 34
3 Csonka, P.: Membranschalen. Bauing.-Prax. H. 16 (1966)
● 4.1 Flügge, W.: Statik und Dynamik der Schalen, 3. Aufl. Berlin: Springer 1962
◑ 4.2 Flügge, W.: Stresses in shells. Berlin: Springer 1966 (ausführlicher als [4.1])
4.3 Timoshenko, S.; Woinowsky-Krieger, S.: Theory of plates and shells, 2. Aufl. New York: McGraw-Hill 1959
◑ 4.4 Girkmann, K.: Flächentragwerke. 5. Aufl. Wien: Springer 1959
◑ 4.5 Fischer, L.: Theorie und Praxis der Schalenkonstruktionen. Berlin: Ernst & Sohn 1967
○ 4.6 Beles, A. A.; Soare, M. V.: Berechnung von Schalentragwerken. Wiesbaden: Bauverlag 1972
○ 4.7 Wlassow, W. S.: Allgemeine Schalentheorie und ihre Anwendung in der Technik. Berlin: Akademie-Verlag 1958
◑ 4.8 Haas, A. M.: Entwurf und Konstruktion dünner Betonschalen. Düsseldorf: Werner 1959
○ 4.9 Haas, A. M.: Thin concrete shells, Vol. 1: Positive curvature index. New York: Wiley 1962
○ 4.10 Haas, A. M.: Thin concrete shells, Vol. 2: Negativ curvature index. New York: Wiley 1967
○ 4.11 Szmodits, K.: Statik der modernen Schalenkonstruktionen. Düsseldorf: Werner 1966
○ 4.12 Kraus, H.: Thin elastic shells. New York: Wiley 1967
4.13 Pflüger, A.: Elementare Schalenstatik, 4. Aufl. Berlin: Springer 1967 (Zur Einführung)
4.14 Ramaswamy, G. S.: Design and construction of concrete shell roofs. New York: McGraw-Hill 1968
4.15 Basar, Y.; Krätzig, W. B.: Mechanik der Flächentragwerke. Braunschweig: Viehweg 1985
○ 4.16 Rabich, R.: Theorie und Berechnung der Schalen. Beton-Taschenbuch Bd. V. Berlin: Verlag für Bauwesen 1971
4.17 Paduart, A.: Shell roof analysis. London: CR Books Ltd. 1966
4.18 Baker, E.; Kovalevski, L.; Rish, F.: Structural analysis of shells. New York: McGraw-Hill 1972
◑ 5.1 Hampe, E.: Statik rotationssymmetrischer Flächentragwerke, Bd. 1–5 Berlin: Verlag für Bauwesen 1963/64, 1971 (Bd. 4), 1973 (Bd. 5)
5.2 Hampe, E.: Statik rotationssymmetrischer Flächentragwerke — Einführung in das Tragverhalten. Berlin: Ernst & Sohn 1981
5.3 Starke, P.: Biegungssteife Rotationsschalen. Bauing.-Prax. H. 15 (1968).
5.4 Gravina, P. B. J.: Theorie und Berechnung der Rotationsschalen. Berlin: Springer 1961
5.5 Hirschfeld, K.: Rotationsschalen. Eine Einführung in den Membranspannungszustand. Düsseldorf: Werner 1972
5.6 Tsui, T. Y. W.: Stresses in shells of revolution. Menlo-Park, USA: Pacific coast publ. 1968
◑ 6.1 Kollar, L.: Schalenkonstruktionen. B. Kal. 1984 II, S. 515
6.2 Worch, G.: Elastische Schalen. B. Kal. 1968 II, S. 263

7 Bieger, K.-W.: Kreiszylinderschalen mit radialen Einzellasten. Berechnungsverfahren und Katalog von Einflußflächen. Berlin: Springer 1976

8 Schäfer, K.: Ermittlung von Einflußflächen für geschlossene Kreiszylinderschalen mit radialer Belastung und Randbelastung. Diss. TH Karlsruhe 1967

9 Kurzbericht von K.-H. Reineck auf dem Forschungskolloquium des DAfStb in Stuttgart 1984. Veröffentlichung in Vorbereitung

◑ 10.1 Wölfer, K.-H.: Elastisch gebettete Balken und Platten. Zylinderschalen. Wiesbaden: Bauverlag 1978

10.2 Hentényi, M.: Beam on elastic foundation. Ann Arbor: University of Michigan Press, 1964

10.3 Hayashi, K.: Theorie des Trägers auf elastischer Unterlage und ihre Anwendung auf den Tiefbau. Berlin: Springer 1921

10.4 Duddeck, H.; Niemann, H.: Kreiszylindrische Behälter. Tabellen und Rechenprogramme für allgemeine Lastfälle. Berlin: Ernst & Sohn 1976

○ 11.1 Lundgren, H.: Cylindrical shells, Vol. 1: Cylindrical roofs. Kopenhagen: Danish Technical Press 1960

11.2 Aas-Jakobsen, A.: Die Berechnung der Zylinderschalen. Berlin: Springer 1958

11.3 Chronowicz, A., Born, J.: Die Berechnung von Zylinderschalen. Stuttgart: Wittwer 1961

11.5 Bosniakowski, S.; Bergmann, R.: Analytische Berechnung von durchlaufenden Kreiszylinderschalen mit beliebigen Randträgern. BT. (1985) S. 259

12.1 Rabich, R.: Randwerttabellen für Kreiszylinderschalen. Berlin: Verlag für Bauwesen 1960

◑ 12.2 Rabich, R.: Berechnung von Kreiszylinderschalen mit Randgliedern. Leitfaden (mit Tabellen). Berlin: Verlag für Bauwesen 1965

12.3 Rüdiger, D.; Urban, J.: Kreiszylinderschalen. Leipzig: Teubner 1955

12.4 Mehmel, A.; Kruse, W.; Samaan, S.; Schwarz, H.: Schnittkrafttafeln für den Entwurf kreiszylindrischer Tonnenkettendächer. DAfSt 1971, H. 216

13 Schleeh, W.: Die Rechenkontrolle bei biegungsfesten Kreiszylinderschalen. BuSt. (1957) S. 277

14 Teepe, W.: Beitrag zur spannungsoptischen Untersuchung von Schalen. Diss. TH Karlsruhe 1959

15 Scherberger, M.: Die Wirkung von schräg über eine Kreiszylinderschale verlaufenden Spanngliedern. Diss. TH Karlsruhe 1961

16 Wittneben, H. J.; Stenersen, D.: Über die Brauchbarkeit des Ersatzzylinder-Verfahrens zur Berechnung drehsymmetrischer Biegestörungen bei Rotationsschalen. Mitt. Inst. f. Massivbau TH Darmstadt H. 9, 1965

17.1 Zerna, W.; Krätzig, W.; Twelmeier, H.: Zur Festigkeitsberechnung des Schalentragwerkes der Städtischen Bühnen Dortmund. BuSt. (1964) S. 193

17.2 Doganoff, I.: Berechnung von Kugelschalen über rechteckigem Grundriß. Mitt. Inst. f. Massivbau TH Hannover Bd. 3. Düsseldorf: Werner 1962

18 Pucher, A.: Die Berechnung von doppelt gekrümmten Schalen mittels Differenzengleichungen. BI. (1937) S. 118

19 Beck, H.: Die tragende Konstruktion der Festhalle der Farbwerke Hoechst AG. BI. (1963) S. 95

20 Rabich, R.: Die näherungsweise Berechnung symmetrischer, zylindrischer Schalenträger. Baupl. u. Bautech. (1966) S. 79

21.1 Tietge, H.-W.: Das Tragverhalten hyperbolischer Paraboloidschalen über schiefwinkligem Grundriß. Ber. aus dem konstr. Ingenieurbau, TU Berlin, H. 4, Düsseldorf: Werner 1984

21.2 Kollár, L.: Bemerkungen zum Membran-Kräftespiel der hyperbolischen Paraboloidenschale über parallelogrammförmigem Grundriß. BI. (1983) S. 309

21.3 Ringleben, W.: Ein Beitrag zum Tragverhalten von hyperbolischen Paraboloidschalen. BI. (1985) S. 523

21.4 Gohle, H.: Bogenförmige Randträger an Schalentragwerken. BI. (1967) S. 91

21.5 Giongu, V.: Stresses and deflections in umbrella roof hypar-shells. IASS-bulletin Nr. 56 (1974), S. 31

21.6 Paduart, A.: Hypar edge beams with no bending. IASS-bulletin Nr. 58 (1975), S. 3

◑ 22.1 Beleş, A. A.; Soare, M. V.: Das elliptische und hyperbolische Paraboloid im Bauwesen. Berlin: VEB Verlag für Bauwesen – Bukarest: Akademie-Verlag, 1971

22.2 Duddeck, H.: Die Biegetheorie der flachen hyperbolischen Paraboloidschale $z = \bar{c}xy$. Ing.-Arch. 31 (1962) S. 44
22.3 Jankó, L.: Analyse des Verhältnisses zwischen Membran- und Biegeschnittkräften in sattelförmigen, flachen, normalkraftfrei gelagerten HP-Schalen unter gleichmäßig verteilter Belastung. Acta Techn. Acad. Sci. Hung. (1980) S. 19
22.4 Rothert, H.: On the bending theory of hyperbolic paraboloid shells bounded by two sets of oblique characteristics. IASS-bulletin Nr. 45 (1971), S. 47
23 Polónyi, S.: Schalen und Faltwerke. Bauwelt 58 (1967) S. 906
24 Schlaich, J.: Zum Tragverhalten von Hyparschalen mit nicht unterstützten Randträgern. BuSt. (1970) S. 54
25.1 Wittneben, H. J.: Ein Beitrag zur Berechnung rotationssymmetrischer Behälter. BT. (1960) S. 366
25.2 Wittneben, H. J.; Stenersen, D.: Ein erweitertes Ersatzzylinder-Verfahren zur Berechnung von Rotationsschalen. BuSt. (1965) S. 266
26 Misch, P.: Bau der Flugzeughalle Marignane. BT. (1953) S. 82
27 Dischinger, F.: Schalen und Rippenkuppeln. Beitrag S. 163–383 in: Handbuch für Eisenbetonbau, Bd. 6: Hochbau II, 4. Aufl. Berlin: Ernst & Sohn 1928
28 Fuchssteiner, W.: Eine Biegetheorie der eckaufgelagerten Klostergewölbe. BuSt. (1964) S. 25
29.1 Akbar, H.; Gupta, A. K.: Membrane reinforcement in saddle shells: Design versus ultimate behavior. J. ASCE Vol. 112, No. 4, Apr. 1986, S. 800
29.2 Schaper, G.; Scordelis, A. C.: Comparative linear and nonlinear analysis of reinforced concrete HP groined vaults. IASS-bulletin Nr. 79 (1982) S. 3
30.1 Derflinger, F.: Kuppelbau mit pneumatischer Schalung. BuSt. (1983) S. 299
30.2 Godwin, M.: Malvern sports centre — an architect's adventure story. (Bini-shell). Concrete April (1978) S. 20
30.3 Sobek, W.: Auf pneumatisch gestützten Schalungen hergestellte Schalentragwerke aus Beton. Diss. Univ. Stuttgart 1986
30.4 Shotcrete and foam insulation shaped over inflated baloon form. Concr. Constr. Juni (1982) S. 511
30.5 Nicholls, R. L.: Design, construction, and cost of inflated fabric-reinforced concrete shells. IASS-bulletin Nr. 80 (1982) S. 17
31 Khaidukov, G. K.: Design problems of industrialized reinforced concrete shell structures. IASS bulletin Nr. 91 (1986) S. 43
32 Dome roof formed on mound needs no shoring. Eng. News-Rec. 157 (S. 36)
33 Doganoff, I.: Eine neuartige Shedschale aus Stahlbetonfertigteilen. BT. (1957) S. 232
34 L'Allemand, F.: Dachhaut aus Tonnenschalen. BI. (1958) S. 200
35.1 Haeussler, E.: Über eine neuartige Schalenkonstruktion. Bau und Bauindustrie (1959) S. 52
35.2 Saeed, N. R.: Optimization of partially prestressed hyperboloid shell unit. IASS-bulletin Nr. 78 (1982) S. 31
36 Hoffmann, C.; Rühle, H.; Thiele, E.; Tyc, R.: Entwicklung eines neuartigen vorgefertigten Wellenschalenträgers. Baupl. u. Bautech. (1960) S. 143
37.1 Doganoff, I.; Hoffmann, C.: Rühle, H.: Schalen und Faltwerkdächer aus vorgefertigten, zusammengespannten Stahlbetonelementen. Baupl. u. Bautech. (1959) S. 441 u. 511
37.2 Hossdorf, H.: Schalen-Shed-Dach aus zusammengespannten Fertigteilen. BuSt. (1963) S. 52
38 Kolár, V.; Kratochvíl, J.; Leitner, F.; Ženíšek, A.: Berechnung von Flächen- und Raumtragwerken nach der Methode der finiten Elemente. Wien: Springer 1975
39 Kuyt, B.: Zur Frage der Netzbewehrung von Flächentragwerken. BuSt. (1964) S. 158
40 Müther, U.: Spritzbeton-Kuppel des Planetariums Wolfsburg. BuSt. (1985) S. 57–59
41 Hampe, E.: Bemerkungen zum Tragverhalten von Behälterbauwerken unter außergewöhnlichen dynamischen Einwirkungen. BuSt. (1985) S. 123, 161, 194
○ 42.1 Hampe, E.: Behälter. B. Kal. 1986 II, S. 671
○ 42.2 Hampe, E.: Flüssigkeitsbehälter. Bd. 1: Grundlagen; Bd. 2: Bauwerke. Berlin: Ernst & Sohn 1980 bzw. 1982
○ 42.3 PCI (Prestressed Concrete Institute, USA): State-of-the-art of precast prestressed concrete tank construction. J. PCI 28 (1983) No. 4, S. 36

43.1 Tompert, K.: Berechnung kreiszylindrischer Silos auf elastischer Unterlage. Ber. Nr. 74-3; Inst. f. Baustatik, Univ. Stuttgart 1974

43.2 Flügge, W.; Geyling, F. T.: A general theory of deformations of membrane shells. IVBH, Abhandlungen 17 (1957) S. 23

43.3 Kollár. L.: Die dehnungslosen Formänderungen von Schalen. Konstr. Ingenieurbau Ber. H. 20. Ruhr-Univ. Bochum (1974) S. 35

○ 44 Csonka, P.: Shell structures. Budapest: Akadémiai Könyvkiadó 1981

45.1 Mehlhorn, G.; Rühle, H.; Zerna, W. (Hrsg.): Nonlinear behaviour of reinforced concrete spatial structures. 3 Bde. Beiträge zum IASS Symp. in Darmstadt 1978. Düsseldorf: Werner

45.2 IASS: International colloquium on progress of shell structures in the last 10 years and its future development. Bd. I–VIII. Madrid 1969

45.3 Olszak, W.; Sawzuk, A. (Hrsg.): Non-classical shell problems (nichtlineares Stoffverhalten). Proc. Symp. IASS, Warsov 1963. Amsterdam: North-Holland 1964

45.4 Zerna, W.; Mungan, I.; Winter, M.: Das nichtlineare Tragverhalten der Kühlturmschalen unter Windlast. BI (1986) S. 149

45.5 Olszak, W. (Hrsg.): Thin shell theory — new trends and applications. Int. Centre for Mechn. Sci. Courses and Lectures 240. Wien: Springer 1980

45.6 Koiter, W. T.: On the nonlinear theory of thin elastic shells. Proc. Kon. Ned. Akad. Wet. B 69, 1966

45.7 Basar, Y.; Krätzig, W. B.: Mechanik der Flächentragwerke. Braunschweig: Vieweg 1984

46.1 Bayer, E.: Ferrocement. Eigenschaften, Anwendungsgebiete. BuSt. (1982) S. 231 u. 257

46.2 Chana, P. S.; Turner, F. H.: Sandwich type precast prestressed ferrocement panels for doubly-curved ship hulls. J. Ferrocement, April (1984) S. 143

46.3 Rühle, H.; Weiss, D.: Ferrocement—present aspects and trends. IASS bulletin Nr. 81 (1983) S. 15

46.4 RILEM, ISMES, ACI, IASS: International Symposium on ferrocement, bergamo 1981. Proceedings

47.1 Schlaich, J.; Schäfer, K.: Zur Druck-Querzug-Festigkeit des Stahlbetons.. BuSt. (1983) S. 73

47.2 Collins, M. P.; Vecchio, F.: The response of reinforced concrete to inplane shear and normal stresses. Univ. Toronto. Publication No. 82-03. März 1982.

48 Einsturz der Kühltürme im Kraftwerk Ferrybridge. Baupl. u. Bautech. (1967) S. 146

49.1 Schlaich, J.: Die Glasfaserbetonschale für die Bundesgartenschau 1977 in Stuttgart. DBV Betontag 1977

49.2 Schade, D.: Die Glasfaserbeton-Fertigteilschalen Nellestein, Amsterdam. BuSt. (1981) S. 12

50 Szilard, R. (Hrsg.): Hydromechanically loaded shells. Proc. Pacific Symp. IASS. Honolulu: Univ. Press of Hawaii

51 Waling, J. L.; Ziegler, E. E.; Kemmer, H. G.: Hypar shell construction by offset wire method. Proc. World Conf. on Shell Structures (1964). Civ. Eng. (1964) 12

52.1 DIN 25459: Sicherheitsumschließungen aus Stahlbeton und Spannbeton (Vornorm März 1985)

52.2 FIP: Prestressed concrete pressure vessels for non nuclear thermal processes. State of art report (Okt. 1982)

53 Offshore-Bauten (mehrere Aufsätze). Concrete International. 7 (1985) No. 8

54.1 Rabich, R.: Die Membrantheorie der einschalig hyperbolischen Rotationsschalen. Baupl. u. Bautech. (1953) S. 310

54.2 Krätzig, W.: Schnittgrößen und Verformungen windbeanspruchter Naturzugkühltürme. BuSt. (1966) S. 247

54.3 Krätzig, W. B.; Peters, H. L.; Zerna, W.: Naturzugkühltürme aus Stahlbeton — Derzeitiger Stand und Entwicklungsmöglichkeiten. BuSt. (1978) S. 37

54.4 Form, J.; Krings, W.; Mazur, H.; Peters, H. L.: Berechnung und Ausführung eines ringversteiften Naturzugkühlturms aus Stahlbeton. BuSt. (1980) S. 205

54.5 Paduart, A. A.: A comparison of some recommandations for Reinforced Concrete Cooling Towers. IASS-Bull. No. 76 (1981) S. 3

54.6 Dumitrescu, J.; Billington, D. P.: Concentrated edge loads on hyperboloidal shells. ASCE J. Structural Div. 110 (1984) No. 1

54.7 Zerna, W.; Mungan, I.: Über das Beulen von Kühlturmschalen mit Versteifungsringen. BuSt. (1981) S. 33

54.8 Nguyen, B.; Rosemeier, G.-E.; Spierig, S.: Dynamisches Verhalten von Kühlturmschalen infolge von Windkräften unter besonderer Berücksichtigung kinetischer Instabilitäten. BuSt. (1981) S. 169

54.9 IASS Working Group Cooling Towers: Recommendations for the design of hyperbolic or other similarly shaped cooling towers. IASS-Sekretariat, Madrid

54.10 Krätzig, W. B.; Sanal, Z.: Resonanzfaktoren zur Bemessung von Naturzugkühltürmen unter dynamischer Windbelastung. SFB 151, Ruhr-Univ. Bochum, Juni 1985

54.11 Weitere Beiträge über Kühltürme in den „technisch-wissenschaftlichen Mitteilungen" des Inst. f. konstruktiven Ingenieurbau der Ruhr-Univ. Bochum

54.12 Dumitrescu, J. A.; Croll, J. G.; Billington, D. P.: Cooling towers on flexible foundations. J. ASCE, Vol. 109, No. 10. Oct. 1983, S. 2248

54.13 2nd International Symposium on Natural Draft Cooling Towers, Bochum 1984. Proceedings. Berlin: Springer. (General report von I. Mungan in IASS-bulletin Nr. 89)

54.14 IASS: IASS recommendations for the design of hyperbolic or other similarly shaped cooling towers. Madrid: IASS, 1979

55.1 Krapfenbauer, R. (Hrsg.): IASS-Symp. on folded plates and prismatic structures (2 Bde.). Wien 1970

55.2 Symp. on pipes and tanks. IASS-Bull. No. 46. Weimar 1968

55.3 IASS: Symposia-proceedings. Quellenverzeichnis für 39 IASS-Symposia zwischen Sept. 1959 und Sept. 1986 in den IASS-bulletins ab Nr. 91

55.4 ACI: Concrete thin shells. ACI-publ. SP-28 (Bericht über Symposium in New York, 1970)

55.5 Polónyi, S. (Hrsg.) mit Beiträgen von Haas, A. M.; Rühle, H.; Csonka, P.; Isler, H.; Candela, F.: Schalen in Beton und Kunststoff. Entwurf, Bemessung, Ausführung. Wiesbaden: Bauverlag 1970

55.6 American Concrete Institute: Concrete thin shells. Proc. Symp. ACI in New York 1966. Publication SP-28, American Concrete Inst. Detroit

56 Rosemeier, G. E.: Eine verschärfte Biegetheorie der dicken Kreiszylinderschale. BuSt. (1983) S. 270

57 Räumliches Dachtragwerk mit HP-Schalen. BI. (1981) S. 102

58 Rießland, B.; Haugeneder, E.: Zur Glättung unstetiger Schnittkraftverläufe bei der Berechnung von Schalentragwerken mittels der Methode der finiten Elemente. BI. (1983) S. 27

59 Bausch, D.: Neue Technik beim Kraftwerksbau. Kühlturmschalung mit Kletterautomaten. Beton (1981) S. 254

60.1 IASS: Recommendations for reinforced concrete shells and folded plates. Madrid: IASS Secretariat

60.2 Dulácska, E.: Explanation of the chapter on stability of the "Recommendations for reinforced concrete shells and folded plates" and a proposal to its improvement. IASS-bulletin Nr. 77 (1981) S. 3

61 Medwadowski, S. J.: The interrelation between the theory and the form of shells. IASS-bulletin Nr. 70 (1979) S. 41

62 Tedesco, A.: How have concrete shell structures performed? IASS-bulletin Nr. 73 (1980) S. 3

63.1 Hadid, H. A.; Thanon, A. Y.: Bending analysis of elliptic paraboloid shells. IASS-bulletin Nr. 77 (1981) S. 51

63.2 Ballesteros, P.: Nonlinear dynamic and creep buckling of elliptical paraboloided shell. IASS-bulletin Nr. 66 (1978) S. 39

64 Ghosh, B. N.; Bhattacharya, S. R.; Som, P.: Theoretical and experimental study of a conoidal shell using bending theory. IASS-bulletin Nr. 50 (1972) S. 39

Literatur zu Abschnitt 8 (Gedrungene Tragwerke)

1 DBV Sachstandber. „Massenbeton". DAfStb.-H. 329, Berlin: Ernst & Sohn 1982

2 Noakowski, P.: Verbundorientierte, kontinuierliche Theorie zur Ermittlung der Rißbreite. BuSt. (1985) S. 185 u. 215

3 Wischers, G.: Betontechnische und konstruktive Maßnahmen gegen Temperaturrisse in massigen Bauteilen. Beton (1964) S. 22 u. 65

Sachverzeichnis

Abdichtung 204
Abfangung von Stützen 220
Abstützung von Schalen 368
Antennenmast-Einspannung 299
Arbeitsfugen 299
Aufbauten bei Türmen 299
Aufhängung von Fertigteilen 193
Auflagerschäden
—, gekröpfte Balken 192
—, unbeabsichtigt eingespannte Balken 182
Aufzugsschacht bei Türmen 299
Ausbau 281
Ausführung, Herstellung
—, massive Bauwerke 449
—, Schalen 442
—, Shedschalen 397
—, Stockwerkbauten 263
—, Türme 296
Ausmitte, ungewollte 206
Aussparungen, Öffnungen 224, 229, 260
— im Turmschaft 290
Aussteifung von Gebäuden 217, 231
— durch Diagonalen 249

Balken (Abschn. 2.2) 33
—, erreichbare Spannweiten 35
—, Querschnitte 35, 37
—, Steifigkeit variabel 60, 100
Balkenbrücken, Baustoffaufwand 64
—, feste Rüstung 74
—, Freivorbau 91
—, Taktschiebeverfahren 93
—, Vorschubrüstung 76
Balkenroste, gekrümmt 69
—, rechtwinklig 65
—, schiefwinklig 68
Balkenwirkung bei Schalen 397
Bauphysik 204
Baustoffe, Aufwand bei Brücken 64
—, Stoff-Lohnkosten 63
Bauverfahren, vgl. Ausführung
Bauzustände 200, 208

Behälter 369, 374
—, Schäden 439
Belastung siehe Lasten
Bemessung von Schalen 369
Bettungsmodul 375
Biegetheorie, Schalen (s. dort) 364
—, Faltwerke 321
Binderscheibe, Schalen 345
—, Faltwerke 308, 309
Blätterteigverfahren 265
Blockbauwerke 449
Bogenbinder 493
Bogenbrücken, erreichbare Spannweiten 22
—, Fahrbahnanordnung 25
—, Querschnitte 23
—, Tragwirkung 18
Bruchfuge, Schalen 404
Brücken, vgl. Balkenbrücken

Candela, Schalen von 341
Charakteristische Länge 375
Chemische Angriffe 204
c_0-c_u-Verfahren 226
CICIND, Schornsteine 292
Containment 340

Dachdecke 189
Dämpfung, künstliche 290
Decken (Abschn. 3) 135
—, Durchbiegungen 161, 208
—, Koppelkräfte 237
—, System 222
—, Verbunddecken 185
—, Wärmedehnung 175
—, Zwischendecke 191
Deckenscheibe 231, 236
— aus Fertigteilen 189
Dehnfuge, vgl. Fugen 206, 222, 251
dehnungslose Verbiegungen 344
Differentialgleichungen von Schalen 364

Differentialgleichungen von Schalen, Membranzustand 352
—, rotationssymmetrische Zylinderschale 375
Diskontinuitätslinien, Schalen 431
Dreischübegleichungen (Faltwerke) 317
Druckbehälter 340
Druckring 409
Durchbiegungen, Decken 208
—, Flachdecken 161
—, Folgen 169
Durchstanzen von Platten 155
—, Einfluß der Stützensteifigkeit 162
—, mit Profilstahlbewehrung 161
—, mit Rundstahlbewehrung 159
dynamische Probleme
—, Kühlturmschalen 438
—, Stockwerkbauten 202, 236
—, Türme 287

Eigenspannungen, massige Bauwerke 449
Einzellast, Zylinderschale 400, 403
Eisdruck 283
Elastische Bettung 375
—, Betonplatten 193
Elliptische Flächen 343
Entwurf, Faltwerke 337
—, Hyparschalen 436, 442
—, Schalen 367
—, Türme 284, 293
Erdbeben, vgl. auch dynamische Probleme 203, 283
Ersatzbalken, Schalen 379
Ersatzzylinder, Schalen 407

Fachwerkbinder 16
Fassaden 220, 274
—, tragende 275
—, Verankerung 275
Faltwerke (Abschn. 6) 308
—, Biegetheorie 321
—, Dreischübegleichungen 317
—, durchlaufende 318, 327, 331
—, Entwurf 337
—, Gelenkwerk 316, 335
—, konstruktive Durchbildung 337
—, mit konischen Scheiben 332
—, mit starren Scheiben 310
—, prismatische 316, 321
—, Quermomente siehe Biegetheorie
—, Querschnittverwölbung 318
—, strenge Theorie 333
—, Verformungen (siehe auch Biegetheorie) 334
—, Vorspannung 318
Faltwerkwirkung in Stockwerkbauten 206, 238, 278

Ferrozement-Schalen 444
Fertigteil
— Aufhängung 193
— Bauweise 207, 210, 265
— Querschnittsformen 270
— Schalen 445
— Treppen 279
— Verbindungen, s. auch Knoten 189, 212, 215, 267
Feuer, Brandschutz 204
Flachdecken
—, Berechnung 145
—, Durchstanzbewehrung 159
—, Einspannung in Stützen 162
—, Elastizitätstheorie 146
—, Löcher neben Stütze 164
—, plastische Berechnung 147
—, Randbewehrung 163
—, stellvertretender Rahmen 147
—, Vorspannen 149, 158
—, Installationsleitungen 223
Flachpunkte, Schalen 363
Freivorbau von Brücken, in Orbeton 30, 91
—, mit Fertigteilen 92
Fourierreihen für Schalen 353, 357, 400, 422
Fugen 212
—, Abstände 251
—, Anordnung 252, 276
— bei Segmentbauweise 89
—, Bewehrung 215
—, Vergußbeton 215
— zwischen Fertigteilen 447
Fugenlose Bauwerke 251
Fundamente, vgl. Gründung
Futterrohre in Schornsteinen 299

Gaußsche Krümmung 343, 347
Geckelersche Näherung 407
gegliederte Scheiben 233, 239
Gelenkwerk, Faltwerke 316, 335
Glasfaserbetonschale 445
Gleichgewichtskontrollen für Faltwerke u. Schalen 332
Gleitschalung 210, 264, 290
Glockentürme 283
Gratkuppel 439
Gratkraft, Faltwerke 311
Großtafelbauweise 210
Gründung, Rahmen 130
—, Stockwerkbauten 276
—, Türme 295, 302

Hallenbinder, Balken 79
—, Bögen 29
—, Fachwerke 16

Hallenbinder, Hängetragwerke 31
—, Segmentbauweise 88
Hauptkräfte 369
Hauptkrümmungen, Schalen 347
Hauptmomente 370
Hauptkrümmungsradius 349
Hängedach, Hängetragwerke 31, 32
Hängehaus 222, 265
Herstellungsverfahren, s. Ausführung
Hochhäuser, siehe Skelettbauten 219
Hohlkasten, Querbiegung 51, 63
—, Querschnittswölbung 47
—, Torsion, wölbfrei 47
—, Wölbspannungen 49
—, Zwänge 38
Hubdecken 264
Hyparschale (Hyperbolisches Paraboloid; Abschn. 7.8) 426
—, Abstützung 428
—, Biegung 431, 436
—, Geometrie 426
—, Membranwirkung 426
—, mit gekrümmten Rändern 430
—, Randglieder 429, 436
—, —, gerade 429
—, rotationssymmetrische 437
—, Verformungen 432
—, Zugbandverlängerung 434
—, zusammengesetzte 429
Hyperbolische Flächen 344

Installationsleitungen 207, 222, 271, 281
Isler, Schalen von 341

Jack-block-Verfahren 265

Kältebrücken (Thermodiffusion und Kondensation) 175, 275
Kantenschubkräfte, Faltwerke 317
Kappenschalen 447
Kegelschalen (Abschn. 7.6) 405
—, Beispiele 411
—, Biegestörungen 411
Kellerkasten 276
Kernbauweise 231
Kernpunktmomente, Bögen 20
—, Rahmen 108
Kletterschalung 264, 290
Knicken, Stabilität 288
Knoten, Fertigteile 214, 267
Konoidschale 446
Konstruktive Bewehrung, Balken 71, 181
—, Flachdecken 159
—, Plattenbalken 135
—, Streifenplatten 138
Kontrollen der Schnittkräfte
—, Faltwerke, Schalen 332
—, Rahmen 230
Kopfbolzen, Stahlverbundbrücken 87
—, Flachdecken 159
Koppelfugen von vorgespannten Balken 78
Koppelkräfte in Decken 237
Koppelung Rahmen-Kern 248
Kragkonstruktion, Stockwerkbau 222
Kreisringplatte 293
Kreiszylinderschale (Abschn. 7.5) vgl. Zylinderschalen 374
Krümmungen, Schalen 289
Kühlturmschalen 437
Kuppelschalen (Abschn. 7.6) 405
—, Ausschnitte 423
kurze Zylinderschalen (l < 3L) 390, 392, 398

Lamellenmethode für vielgeschossige Rahmen 239
Lasten
—, auf Brücken, Verkehr 64
—, auf Brücken, Wind 65
—, Linienlast auf Zylinderschale 360
—, Punktlast auf Zylinderschale 357
—, auf Stockwerkbauten 199
Leibungskräfte der Spannglieder in Schalen 404
leichte Trennwände 281
Lift-slab s. Hubdecken 264
Lotabweichung 235
Lundgren-Verfahren 398, 424

Massige Tragwerke 449
Masten 282, 292
Mauerwerksbau 206
Mechanismusmethode 451
Membrantheorie (vgl. auch Schalen) 344
—, Gleichungen 352
—, Gültigkeitsgrenze 359
—, Hauptgleichung 347
—, Kräfte 345
—, — in Kegelschalen 361
—, — in Hyparschalen 426
—, Schubkräfte 349
—, Verformungen 350
—, Verschiebungen und Verzerrungen 353
Membranwirkung
—, Kuppelschalen 405
—, Netz 144

Membranwirkung, Platte, Gewölbe 143
—, Tonnenschale 398
Mindestbewehrung 260
Mindestdicke von Schalen 369
Mitwirkung des Betons zwischen Rissen bei Türmen 288
Mittelkraftlinien von Rahmen 112
—, von Bögen 19
Modellcharakter 3
Mörtelfugen (vgl. auch Fugen) 273
Montage, Stockwerkbauten 208, 211

Nachbehandeln von Decken 184, 198
Nachträglich ergänzte Querschnitte 201, 264

Öffnungen im Schaft 290
Ortbetonbauweisen bei Stockwerkbauten 264

Parabolische Flächen 344
Plastizitätstheorie (Fließgelenke), Balken 60
—, Flachdecken 147
—, Rahmen 122, 227
—, Reaktordruckbehälter 451
Platten elastisch gestützt, auf Balken 136
—, elastisch gestützt, auf Baugrund 193
—, Randeinspannung ungewollt 139
Plattenbalkenwirkung, Druckzone Platte 67
—, Querbiegung Platte 136
Plattformen 293
Prinzip der virtuellen Arbeiten 350

Querbiegung bei Wellenschalen 424
Querschnitte, Balken 35
—, Bögen 23
—, Türme 284

Rahmen (Abschn. 2.3) 98
—, Bruchzustand 122
—, c_0-c_u-Verfahren 226
—, Einflußlinien 108
—, elastische Fußverschiebung 115
—, Fundamente 130
—, mehrgeschossige 226, 231, 241
—, Mittelkraftlinie 112
—, Momentenkontrolle 110
—, Momentenumlagerung 226
—, Stab mit Zugkraft 107
Rahmen, Stabbwerk 104
—, Steifigkeitseinfluß Einzelstab 100, 107
—, Stellvertreter für Flachdecken 147
—, Stützlinien, Brücken 124, 129
—, Tubebauweise 232, 245
—, Überschlagsrechnung 102
—, Verformung 112
—, Vorspannen 115
Rahmenwirkung durch Zwischengeschoß 234
Randbedingungen bei Schalen (vgl. auch Schalen) 353, 359, 429
Randeinspannung, ungewollt
—, Balken 181
—, Platten 139
Randglieder, Hyparschalen 429, 436
—, Zylinderschalen 345, 395, 401
Randstörungen, vgl. Schalen 366
—, Kuppelschalen 407
—, Turmkopfschalen 297
—, Zylinderschalen 376, 394
Rastermaße 222
Rauchrohre in Schornsteinen 299
Raumzellenbauweise 218
Reaktordruckbehälter 451
Richtungsabweichung der Bewehrung 371
Ringanker 208
Ringbiegung in Schalen 360
Ringförmiger Hohlkasten 294
Ringplatten 294
Rippendecken, Ortbeton 165
—, Fertigteile 168, 186
Risse aus Zwang in Decken 260
— in Wänden 209, 249
Rotationsschalen
— auf Einzelstützen 422
— für Plattformen 295
—, Membrankräfte 348
— unsymmetrisch belastet 422
—, Verformungen 348
Rotationshyperboloid, s. auch Hyparschale 437
Rubner, Gesetz von 4
Rüstung, Brücken, fest 74
—, Brücken, freitragend 76
—, Brücken, für Fertigbalken 81
—, Schalen 443

Schalen (Abschn. 7; vgl. auch Hypar-, Kappen-, Kegel-, Konoid-, Kühlturm-, Kuppel-, Rotations-, Shed-, Stern-, Tonnen-, Wellen-, Zylinderschalen) 340
—, Abstützung 368
—, Balkenwirkung 397
—, Bemessung 369
—, Bewehrung 371

Schalen, Biegetheorie 363, 374
—, dicke Schalen 369
—, Differentialgleichungen 364, 375
—, Entwurf 367, 436, 442
—, Ersatzbalken 379
—, Ersatzzylinder 407
— für Turmgründung 304
— für Turmköpfe und Plattformen 295
—, Geckelersche Näherung 407
—, Störungen des Membranzustandes 363
Schalenausschnitte 422
Schalenbögen 439
Schalenformen 340
Schalenkombinationen 438
Schalung
—, pneumatische 442
—, für Schalen 442
—, für Stockwerkbauten 209, 264
—, für Türme 296
Schallschutz 205
Scheibenkräfte (-lasten) bei Faltwerken 309
Schmiegzylinder, Schalen 407
Schornsteine 290, 299, 301
Schottenbau (Wandbauten) 210
Schrägseilhängebrücken 93
Schubfluß bei Torsion, Hohlquerschnitt 43
—, Vollquerschnitt 44
Schubkräfte in Decken 212
Schubmittelpunkt, unregelmäßiger Querschnitt 58
Schubverzahnung zwischen Tafeln 212, 217
Schwingungen, Stockwerkbauten 203
—, Türme 287
Schwingungsdämpfer 290
Segmentbauweise, Hallenbinder 88
—, Schalen 447
Shedschalen 394
Skelettbauten (Abschn. 4.3) 219
Spannbandbrücken 32
Spannglieder, siehe Vorspannung
Sprengwerke 26
Spritzbeton 444
Stabilität von Stockwerkbauten (vgl. Aussteifung) 217, 235
Stabtragwerke (Abschn. 2) 16
Stahlverbundbalken 84
Sternschalen 441
Stockwerkbauten 199
—, Bauzustände 200, 208
—, Lasten und Einwirkungen 199
—, Sicherheitskonzept 200
—, Tragwerke 220
Straßendecken, Berechnung 196
—, Vorspannung 197
Streifenplatte, mit Randquerträger 140
—, mit Zwischenquerträger 138
Stützen
—, Abfangung 220
—, Anordnung 220, 222
—, Einspannung in Riegel 226
—, stark bewehrte 229
—, Verformungsfähigkeit 254
Stützlinien, Bögen 19
—, Rahmen 112

Tafelbauweise 210
Taktschiebeverfahren 93
Talsperre (Schäden) 450
Technische (Faltwerk)-Theorie 316
Temperaturwirkungen in Gebäuden 203, 275
Theorie II. Ordnung, Türme 288
—, Stockwerkbauten 235
Toleranzen, Fassadenverankerung 275
Tonnenschalen 394
Torsion des Hohlquerschnitts
—, Wölbspannungen 48
—, Wölbung behindert 44
—, Wölbung unbehindert 43
Torsion des Vollquerschnitts
—, Wölbung behindert 55
—, Wölbung unbehindert 44
Torsion in Gebäuden 237
— in Masten 290
— in Unterzügen 229
Torsionsmomente, Grundkräfte 40
—, Zusatzkräfte 41
Traglastverfahren vgl. Plastizitätstheorie
Tragwerke für Stockwerkbauten 220
— für Turmköpfe 293
Translationsflächen 340, 426
Trapezbleche 225
Treppen 277, 314
Tube-Bauweise 232, 245
—, bundled tubes 246
—, Stützenkräfte 245
Türme (Abschn. 5) 282
—, Aufbauten 299
—, Entwurf 284, 293
—, Gründung 295, 302
—, kopf, korb 293
—, Längsprofil 284
—, Querschnittswahl 284
—, Schaft 284, 291
—, Schnittkräfte 287
Tunnelschalung 209

Umlagerung Momente, vgl. Plastizitätstheorie 227
Ungewollte Ausmitte 206
Unterzüge, Anordnung 224

Verankerung von Fassaden 275
Verbundbalken, Beton, Längsbiegung 80
—, —, Querbiegung 84
—, —, Schub (Verbund) 82
—, Stahl 86
Verbunddeckenbalken, Stahlbeton 185
—, Stahl 187
Verbundstützen 228
Verdrehung, Schalen 350
Verformungen
—, Faltwerke 321, 334
—, Kuppelrand 407
—, Membranzustand 353
—, in mehrgeschossigen Rahmen 243
—, —, aus Längskraft 230, 244
—, —, horizontal 233
—, —, infolge Querkraft 243
—, Schalen 350
—, Stockwerkbauten 208, 229
—, Türme 285, 288
—, Zylinderschalen 378
Verformungsfähigkeit von Stützen 254
Vergrößern von Bauwerken 5
—, Balken 35
—, Bögen 22
Vergußbeton 215
Vollquerschnitt, Torsion 42, 58
—, —, Wölbspannungen 56
Vorfertigung vgl. Fertigteile
Vorhangwand (Fassade) 274
Vorspannung, Decken 229
—, Faltwerke 318
—, Fertigteilschalen 447
—, Flachdecken 149, 158
—, ohne Verbund 73, 149
—, Rahmen 115
—, Ringspannglieder in Schalen 420
—, Rotationsschalen 418
—, Schalen 373
—, Shed- und Tonnenschalen 401
—, Straßendecken 197
—, Türme 291, 295, 297, 306
—, wendelförmig (Schalen) 420
—, Wickelverfahren 389
—, zylindrische Behälter 387

Wände, tragende und nichttragende 207
—, aus Leichtbeton 210
Wärmebrücken in Dämmschichten 174
Wärmedehnung, Decken 175
—, Deckenrand 176
—, Dehnfugen (vgl. auch Fugen) 179
Wandbauten (Abschn. 4.2) 206
Wassertürme 297
Wellen, Kräfte aus 283
Wellenschale 402, 424
Wickelverfahren, Behälter 389
Windkräfte, Durchlaufbalken 66
—, Türme 283
Windscheiben 231
Wölbkräfte, Wölbspannungen, s. Torsion

Zellenbauweise 206
Zugbandverlängerung, Hyparschale 434
Zugring 386, 409, 418
Zwang in gedrungenen Tragwerken 449
Zwang in Stockwerkbauten, vgl. auch Fugen 208, 251
—, Decken 258
—, Fassade 276
—, Kerne und Windscheiben 262
—, Stützen 253
Zwang in Türmen 293, 297, 299
Zylinderschalen 374
—, Ausschnitte 394
—, Aussteifung 345
—, gelenkig gelagert 378
—, Membrankräfte 354
—, mit Einzellast 373, 403
—, mit freitragender Bodenplatte 381
—, mit Kuppelschub 384
—, mit nicht rotationssymmetrischer Last 392
—, mit Ringlast (Spannglied) 383
—, mit unstetiger Radiallast 382
—, Schnittgrößen 378
—, Schnittkräfte 355
—, starr eingespannt 380
—, Verschiebungen 354
—, Vorspannung 418